AF671292

Handbuch Betrieblicher Immissionsschutz

Gabi Förtsch • Heinz Meinholz

Handbuch Betrieblicher Immissionsschutz

2., überarbeitete und erweiterte Auflage

Gabi Förtsch
Förtsch & Meinholz Personal- und Managementberatung
Villingen-Schwenningen, Deutschland

Heinz Meinholz
Hochschule Furtwangen
Villingen-Schwenningen, Deutschland

ISBN 978-3-658-29146-4 ISBN 978-3-658-29147-1 (eBook)
https://doi.org/10.1007/978-3-658-29147-1

Die Deutsche Nationalbibliothek verzeichnet diese Publikation in der Deutschen Nationalbibliografie; detaillierte bibliografische Daten sind im Internet über http://dnb.d-nb.de abrufbar.

Springer Vieweg

Lektorat: Dr. Daniel Fröhlich
Springer Vieweg ist ein Imprint der eingetragenen Gesellschaft Springer Fachmedien Wiesbaden GmbH und ist ein Teil von Springer Nature.
Die Anschrift der Gesellschaft ist: Abraham-Lincoln-Str. 46, 65189 Wiesbaden, Germany

Vorwort

In Zukunft wird das gesellschaftliche Umfeld immer verstärkter Anforderungen an eine nachhaltige Unternehmensführung stellen. Von daher ist das Unternehmen gefordert, gleichzeitig ökonomische, ökologische und soziale Aspekte zum Schutz von Mensch und Umwelt zu erfüllen. Verstärkt werden die Anforderungen durch spezifische Kundenwünsche. Nur wenn sich die Unternehmen den entsprechenden Entwicklungen stellen, können sie die sich daraus ergebenden Möglichkeiten als Chancen nutzen und sich zukunftsorientiert aufstellen. Die Anforderungen des Umfelds müssen vom Unternehmen aufgenommen und in langfristige Strategien umgesetzt werden. Die gesamte Organisation sollte die sich daraus ergebenden Ziele nach intern und extern kommunizieren. Eine nachhaltige Zielerreichung ist nur mit gut ausgebildeten, qualifizierten und motivierten Beschäftigten möglich. Führungskräfte und deren Mitarbeiter müssen sich ihrer spezifischen Verantwortung bewusst sein und dieser nachkommen. Dazu sollten sie in ihrem Verantwortungs- und Aufgabenbereich die Nachhaltigkeitsaspekte erkennen und verstehen. Durch das Engagement der Mitarbeiter lassen sich Prozesse optimieren, Ressourcen einsparen und die Unternehmensleistung erhöhen. Aufgrund ihrer Vorbildfunktion und Kompetenzen tragen Führungskräfte eine besondere Verantwortung zur Erreichung der ökonomischen, ökologischen und sozialen Ziele in ihrem Organisationsbereich.

Aspekte einer umweltorientierten, nachhaltigen Unternehmensführung

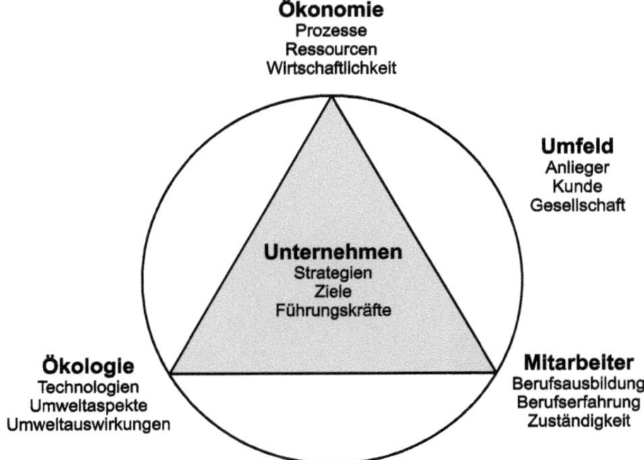

Die Handbuchreihe zum betrieblichen Umweltschutz besteht aus insgesamt 5 Bänden. Das Basiswerk ist das Handbuch zum betrieblichen Umweltmanagement, das durch Themenbände zum Gefahrstoffmanagement, Immissionsschutz und Energiesektor, Gewässerschutz und zur Kreislaufwirtschaft ergänzt wird. Ganzheitlich betrachten sie den betrieblichen Umweltschutz unter organisatorischen, rechtlichen, technologischen und naturwissenschaftlichen Gesichtspunkten.

Im Kap. 1 wird kurz die Zusammensetzung der Erdatmosphäre erläutert. Troposphäre/Stratosphäre und Tropopause/Stratopause spielen für die atmosphärische Chemie eine wichtige Rolle.

Das Bundes-Immissionsschutzgesetz mit seinen Verordnungen legt die rechtlichen Grundlagen im Immissionsschutz. Es werden die Anforderungen an genehmigungsbedürftige und nichtgenehmigungsbedürftige Anlagen und das entsprechende Genehmigungsverfahren behandelt. Einige Verordnungen, wie z. B. zu Feuerungsanlagen (1. BImSchV), leichtflüchtigen halogenierten organischen Verbindungen (2. BImSchV), Störfall-Verordnung (12. BImSchV), Abfallverbrennung (17. BImSchV) und VOC-Verordnung (31. BImSchV) vertiefen die Anforderungen. Die Aufgaben, Anforderungen, Rechte und Pflichten des Immissionsschutzbeauftragten (5. BImSchV) runden das Kap. 2 ab.

Das Kap. 3 behandelt die Herkunft und Senken von Luftverunreinigungen. Dazu werden Kohlendioxid (CO_2) und Kohlenmonoxid (CO), flüchtige organische Kohlenwasserstoffe (VOCs) und Methan, Schwefeldioxid (SO_2), Stickoxide (NO_x), Ozon (O_3), halogenierte Kohlenwasserstoffe, Staub und Aerosole, Dioxine und Furane sowie polyzyklische aromatische Kohlenwasserstoffe (PAKs) betrachtet.

Zu den wesentlichsten Auswirkungen von Luftverunreinigungen zählen der saure Regen, die Ozonzerstörung und der Klimawandel. Die europäische Ozon-Verordnung schränkt die Produktion und Verwendung zahlreicher ozonabbauender Stoffe drastisch ein. Nur so ist eine Wiederherstellung der Ozonschicht gewährleistet. Die Erwärmung der

Erdatmosphäre und damit verbunden der Klimawandel werden in diesem Kap. 4 behandelt. Die enthaltenen Informationen bilden die Basis für eine tiefergehende Betrachtung des Energiesektors in späteren Kapiteln.

Um zielgerichtet Verbesserungen im Immissionsschutz zu erzielen, ist ein analytischer Nachweis von Luftverunreinigungen und deren zeitlicher Entwicklung notwendig. Beginnend mit der Probenahme werden einige analytische Verfahren wie UV/Vis-Spektroskopie, Infrarotspektroskopie (IR), Gaschromatografie (GC), Prüfröhrchen, Olfaktometrie und die Messung von Stäuben im Kap. 5 behandelt.

Maßnahmen zur Luftreinhaltung (Kap. 6) behandeln die Abscheidung von Stäuben und Aerosolen mittels Massenkraftabscheider, Nassabscheider, Filter und Elektroabscheider. Weitere technische Verfahren umfassen die Physisorption und die Chemisorption mit den entsprechenden Adsorptions- und Absorptionsverfahren. Thermische und katalytische Abluftreinigung schließen das Kapitel ab.

Lärm und Vibrationen (Kap. 7) sind häufig unterschätzte Umweltbelastungen. Der Schutz der Arbeitnehmer vor entsprechenden Belastungen und gesundheitlichen Einschränkungen ist zu gewährleisten. Bezüglich Nachbarschaft geben Immissionsrichtwerte entsprechende Anforderungen vor. Die Geräte- und Maschinenlärmschutzverordnung (32. BImSchV) zeigt dies für zahlreiche Geräte und Maschinen auf. Das menschliche Ohr und unser Körper reagieren empfindlich auf Lärm und Vibrationen. Es werden die Auswirkungen des Schalls (z. B. Gehörschädigungen) behandelt.

Das Kap. 8 behandelt die Themen Energiemanagement und Energieaudit. Sie sind unternehmensinterne Instrumente, um eine fortlaufende Verbesserung der betrieblichen Nachhaltigkeit zu erzielen. Es werden die Anforderungen der DIN EN ISO 50001 an Energiemanagementsysteme und die damit verbundenen Chancen beschrieben. Ein Vergleich zur DIN EN ISO 14001 Umweltmanagementsysteme eröffnet Wege hin zu einem integrierten Managementsystem. Die regelmäßige Durchführung von Energieaudits eröffnet eine fortlaufende Verbesserung der ökonomischen und ökologischen Faktoren im Energiesektor. Eine Checkliste für ein Energieaudit steht zur Verfügung.

Die Europäische Union will bis 2050 eine CO_2-arme Wirtschaft realisieren. Dazu hat sie einige rechtliche Vorschriften wie die Energieeffizienz-Richtlinie, Förderung der Nutzung erneuerbarer Energien und die Ökodesign-Richtlinie erlassen. Mit den dort beschriebenen Anforderungen lässt sich die Energieeffizienz von Gebäuden, Anlagen, Prozessen und Produkten deutlich verbessern (Kap. 9).

Auf nationaler Ebene wurden mit dem Gesetz über Energiedienstleistungen und andere Energieeffizienzmaßnahmen weitere Grundlagen zur Verbesserung der Energieeffizienz gelegt. Dies betrifft u. a. erneuerbare Energien im Strom- und Wärmesektor und die Einsparung von Energien in Gebäuden und Anlagen (Kap. 10).

Der Energiebedarf der Welt (Kap. 11) wird weiter stark ansteigen. Trotz zahlreicher Anstrengungen in Richtung erneuerbare Energien werden die fossilen Energieträger weiterhin einen hohen Anteil an der Energieerzeugung besitzen. Die statische Reichweite der konventionellen Energieträger bemisst sich teilweise in Jahrhunderten. Um die negativen

Umweltauswirkungen (Klimawandel) zu reduzieren, sind starke Anstrengungen in Richtung erneuerbare Energien notwendig.

Der Energiebedarf für Deutschland basiert heute überwiegend auf fossilen Energieträgern (Kap. 12). Regenerative Energien liefern bisher nur einen kleinen Anteil am Primär- und Endenergieverbrauch. Während die Entwicklung im Stromsektor gut verläuft, sind bei der Wärme und im Verkehrssektor noch erhebliche Anstrengungen notwendig, um bis 2050 eine CO_2-arme Gesellschaft zu verwirklichen.

Biogene Energieträger wie Biogas, Biodiesel und Bioethanol können einen gewissen Beitrag zu erneuerbaren Energien liefern (Kap. 13). Es werden die einzelnen Prozessabläufe zu ihrer Herstellung beschrieben. Es ist zu beachten, dass sie in Konkurrenz zum Lebensmittelsektor stehen und ebenfalls Auswirkungen auf die Umwelt haben.

Jeder Einsatz von Energieträgern hat Auswirkungen auf die Umwelt. Als Teil des ökologischen Fußabdrucks liefert der Carbon Footprint eine anschauliche Kennziffer für ein Unternehmen. Für verschiedene fossile und regenerative Energieträger wird deren Umweltrelevanz für Kohlendioxid (CO_2), Methan (CH_4), Stickoxide (NO_x) und Schwefeldioxid (SO_2) miteinander verglichen. Deutlich sind die geringeren Umweltauswirkungen der regenerativen Energieträger zu erkennen. Vielfach werden biogene Energieträger als besonders umweltfreundlich herausgestellt. Die Vorteile bei den Treibhausgasen werden jedoch durch starke Nachteile bei anderen Umweltaspekten kompensiert (Kap. 14).

Das Werk zum betrieblichen Immissionsschutz schließt mit Maßnahmen zur Steigerung der Energieeffizienz (Kap. 15). Eine Übersicht zu Anwendungen für die Endenergie eröffnet den Einstieg für verschiedene Anwendungsgebiete. Dazu zählen die Prozesswärme und die Möglichkeiten zur Wärmerückgewinnung. Die Energieeffizienzstrategie für Wohngebäude ist sehr stark vom Alter der Gebäude abhängig. Elektrische Antriebe, Pumpen, Druckluftanlagen, Beleuchtung und die Informations- und Kommunikationstechnologien sowie raumlufttechnische Anlagen bieten erhebliches Einsparpotenzial. Eine große Herausforderung ist der Personen- und Güterverkehr. Nur mit einer langfristigen Strategie lässt sich hier eine Verkehrswende erreichen.

Villingen-Schwenningen
Oktober 2019

Gabi Förtsch
Heinz Meinholz

Wichtige und hilfreiche Informationen finden sich z. B. unter folgenden Internetadressen

- Berufsgenossenschaft Rohstoffe und chemische Industrie (BG RCI)
  www.bgrci.de
- Bundesanstalt für Arbeitsschutz und Arbeitsmedizin (BAuA)
  www.baua.de
- Bundesministerium der Justiz
  www.gesetze-im-internet.de
- Bundesministerium für Umwelt, Naturschutz und Reaktorsicherheit (BMU)
  www.bmu.de
- Deutsche Bundesstiftung Umwelt (DBU)
  www.dbu.de
- Deutsche Gesetzliche Unfallversicherung (DGUV)
  www.dguv.de
- Deutsches Institut für Normung e. V.
  www.din.de
- Europäische Umweltagentur – European Environment Agency (EEA)
  www.eea.europa.eu
- European Chemicals Agency (ECHA)
  www.echa.europa.eu
- International Organization for Standardization (ISO)
  www.iso.org
- NASA: Climate Change and Global Warming
  https://climate.nasa.gov/
- Organisation for Economic Co-operation and Development (OECD)
  www.oecd.org
- Umweltbundesamt (UBA)
  www.umweltbundesamt.de
- United Nations Environment Programme (UNEP)
  www.unep.org
- Verband der chemischen Industrie (VCI)
  www.vci.de
- Verein Deutscher Ingenieure e. V.
  www.vdi.de

Ergänzend zu diesem Handbuch wurden weitere Werke zum betrieblichen Umweltschutz publiziert

- Förtsch, G; Meinholz, H.; *Handbuch Betriebliches Umweltmanagement,* Springer-Vieweg, **2018,** 978-3-658-19150-4
- Förtsch, G.; Meinholz, H.; *Handbuch Betriebliches Gefahrstoffmanagement,* Springer-Vieweg, **2016,** 978-3-658-13087-9
- Förtsch, G; Meinholz, H.; *Handbuch Betriebliche Kreislaufwirtschaft,* Springer-Spektrum, **2015,** 978-3-658-06440-0
- Förtsch, G.; Meinholz, H.; *Handbuch Betrieblicher Gewässerschutz,* Springer-Spektrum, **2014,** 978-3-658-03323-1

Inhaltsübersicht

1 **Die Atmosphäre** ... 1

2 **Immissionsschutzrecht** ... 7

3 **Herkunft und Senken von Luftverunreinigungen** ... 185

4 **Auswirkungen von Luftverunreinigungen** ... 241

5 **Nachweis von Luftverunreinigungen** ... 295

6 **Maßnahmen zur Luftreinhaltung** ... 319

7 **Lärm und Vibrationen** ... 373

8 **Energiemanagement und Energieaudit** ... 415

9 **Europäisches Energierecht** ... 485

10 **Nationales Energierecht** ... 523

11 **Der Energiebedarf der Welt** ... 545

12 **Der Energiebedarf für Deutschland** ... 557

13 **Biogene Energieträger** ... 567

14 **Umweltrelevanz von Energieträgern** ... 593

15 **Maßnahmen zur Steigerung der Energieeffizienz** ... 609

Erratum zu: Handbuch Betrieblicher Immissionsschutz ... E1

Anhang: Einheiten und Umrechnungsfaktoren ... 637

Stichwortverzeichnis ... 639

Inhaltsverzeichnis

1 **Die Atmosphäre** ... 1
Literatur ... 4

2 **Immissionsschutzrecht** ... 7
2.1 Vorschriften des Bundes-Immissionsschutzgesetzes (BImSchG) ... 7
2.2 Anlagengenehmigungen ... 10
2.2.1 Genehmigungsbedürftige Anlagen ... 10
2.2.2 Nicht genehmigungsbedürftige Anlagen ... 25
2.2.3 Verordnung über genehmigungsbedürftige Anlagen (4. BImSchV) ... 29
2.2.4 Verordnung über das Genehmigungsverfahren (9. BImSchV) ... 31
2.2.4.1 Antrag ... 32
2.2.4.2 Bekanntmachung und Erörterung ... 40
2.2.4.3 Genehmigung ... 44
2.2.5 Technische Anleitung zur Reinhaltung der Luft (TA Luft) ... 51
2.2.5.1 Anforderungen zum Schutz vor schädlichen Umwelteinwirkungen ... 51
2.2.5.2 Emissionsbegrenzung von Stäuben ... 54
2.2.5.3 Emissionsbegrenzung gasförmiger anorganischer Stoffe ... 55
2.2.5.4 Emissionsbegrenzung organischer Stoffe ... 56
2.2.5.5 Krebserzeugende und andere hochtoxische Stoffe ... 57
2.3 Ermittlung von Emissionen und Immission, sicherheitstechnische Prüfungen nach BImSchG ... 60
2.4 Beschaffenheit von Anlagen, Stoffen und Erzeugnissen ... 63
2.4.1 Anforderungen des BImSchG ... 63
2.5 Weitere Verordnungen zum Bundes-Immissionsschutzgesetz ... 66
2.5.1 Kleine und mittlere Feuerungsanlagen (1. BImSchV) ... 66
2.5.1.1 Feuerungsanlagen für feste Brennstoffe ... 69
2.5.1.2 Öl- und Gasfeuerungsanlagen ... 69
2.5.1.3 Überwachung ... 71

2.5.2 Emissionsbegrenzung von leichtflüchtigen halogenierten organischen Verbindungen (2. BImSchV) ... 72
2.5.2.1 Anlagenbetrieb ... 74
2.5.2.2 Eigenkontrolle und Überwachung ... 76
2.5.3 Auswurfbegrenzung von Holzstaub (7. BImSchV) ... 79
2.5.4 Störfall-Verordnung (12. BImSchV) ... 80
2.5.4.1 Grundpflichten ... 81
2.5.4.2 Sicherheitsmanagementsystem (Anhang III) ... 85
2.5.4.3 Sicherheitsbericht ... 87
2.5.4.4 Alarm- und Gefahrenabwehrpläne ... 89
2.5.4.5 Information der Öffentlichkeit ... 91
2.5.4.6 Behördenpflichten ... 93
2.5.4.7 Genehmigungsverfahren nach § 23b BImSchG ... 96
2.5.4.8 Meldeverfahren ... 97
2.5.5 Verbrennung und die Mitverbrennung von Abfällen (17. BImSchV) ... 98
2.5.6 Anlagen zur biologischen Behandlung von Abfällen (30. BImSchV) ... 113
2.5.7 VOC-Verordnung (31. BImSchV) ... 118
2.5.8 Verordnung über Verdunstungskühlanlagen, Kühltürme und Nassabscheider (42. BImSchV) ... 123
2.5.9 Verordnung über mittelgroße Feuerungs-, Gasturbinen- und Verbrennungsmotoranlagen (44. BImSchV) ... 131
2.5.9.1 Allgemeine Vorschriften ... 131
2.5.9.2 Anforderungen an die Errichtung und den Betrieb ... 138
2.5.9.3 Messung und Überwachung ... 145
2.6 Überwachung und Verbesserung der Luftqualität ... 154
2.7 Betriebsorganisation ... 158
2.7.1 Anforderungen nach Bundes-Immissionsschutzgesetz (BImSchG) ... 158
2.7.2 Immissionsschutz- und Störfallbeauftragte (5. BImSchV) ... 165
2.8 Industrieemissions-Richtlinie (IED) und BVT-Merkblätter ... 170
2.9 Aufgaben für die Praxis ... 183
Weiterführende Literatur ... 184

3 Herkunft und Senken von Luftverunreinigungen ... 185
3.1 Troposphäre als Fotoreaktor ... 185
3.2 Kohlendioxid und Kohlenmonoxid ... 187
3.2.1 Eigenschaften ... 187
3.2.2 Kohlenstoffkreislauf ... 190
3.3 Flüchtige organische Kohlenwasserstoffe (VOC's) und Methan ... 194
3.3.1 VOC-Quellen ... 194

3.3.2 Methankreislauf 195
3.4 Schwefelverbindungen 198
3.4.1 Eigenschaften 198
3.4.2 Schwefelkreislauf 200
3.4.3 Nachweis von SO_2 203
3.5 Stickstoffverbindungen 204
3.5.1 Eigenschaften 204
3.5.2 Stickstoffkreislauf 206
3.5.3 Nachweis von Stickoxiden 212
3.6 Ozon 215
3.6.1 Eigenschaften 215
3.6.2 Ozonkreislauf 215
3.6.3 Nachweis von Ozon 217
3.7 Halogenierte Kohlenwasserstoffe 218
3.7.1 Eigenschaften 218
3.7.2 Fluorkohlenwasserstoffe (FKW/H-FKW) 219
3.7.3 Ozonschichtschädigende Stoffe 220
3.8 Staub und Aerosole 222
3.8.1 Eigenschaften 222
3.8.2 Mengen 223
3.9 Dioxine und Furane 225
3.9.1 Eigenschaften 225
3.9.2 Entstehung 229
3.9.3 Emissionsquellen und Minderungsmaßnahmen 231
3.10 Polyzyklische aromatische Kohlenwasserstoffe (PAK) 234
3.11 Aufgaben für die Praxis 235
Literatur 236

4 Auswirkungen von Luftverunreinigungen 241
4.1 Saurer Regen 241
4.2 Stratosphärisches Ozon und Ozonzerstörung 244
4.2.1 Ozon in der Atmosphäre 244
4.2.2 Ozonabbauende Substanzen 245
4.2.3 Wiederherstellung der Ozonschicht 248
4.3 Ozon-Verordnung (EG) 1005/2009 248
4.4 Chemikalien-Ozonschichtverordnung (ChemOzonSchichtV) 258
4.5 Treibhauseffekt und Klimaveränderungen 260
4.5.1 Die Erwärmung der Erde 260
4.5.2 Der Treibhauseffekt 265
4.5.3 Pro-Kopf-Emissionen 270
4.6 Fluorierte Treibhausgase (EU) 517/2014 271
4.7 Chemikalien-Klimaschutzverordnung (ChemKlimaschutzV) 287

4.8 Aufgaben für die Praxis 290
Literatur 291

5 Nachweis von Luftverunreinigungen 295
5.1 Probenahme 295
5.2 UV/VIS-Spektroskopie 299
5.3 Infrarotspektroskopie (IR) 305
5.4 Gaschromatografie (GC) 306
5.5 Prüfröhrchen 311
5.6 Olfaktometrie 313
5.7 Staubmessungen 314
5.8 Aufgaben für die Praxis 317
Literatur 317

6 Maßnahmen zur Luftreinhaltung 319
6.1 Entschwefelung von Brennstoffen 319
6.2 Abscheidung von Stäuben und Aerosolen 320
6.2.1 Einleitung 320
6.2.2 Massenkraftabscheider 321
6.2.3 Nassabscheider 324
6.2.4 Filter 326
6.2.5 Elektroabscheider 331
6.3 Absorptionsverfahren 333
6.3.1 Physisorption 333
6.3.2 Chemisorption 333
6.3.3 Absorptionsanlagen 335
6.4 Adsorptionsverfahren 338
6.4.1 Physisorption und Chemisorption 338
6.4.2 Adsorptionsgleichgewicht 340
6.4.3 Adsorptionsmittel 341
6.4.4 Betriebsweisen von Adsorptionsanlagen 344
6.5 Thermische Nachverbrennung 345
6.6 Katalytische Abgasreinigung 347
6.6.1 Grundlagen katalytischer Reaktionen 347
6.6.2 Katalytische Nachverbrennung 351
6.6.3 SCR-/SNCR-Verfahren 353
6.6.4 Der Autoabgaskatalysator 356
6.6.4.1 Dreiwegekatalysator 357
6.6.4.2 Katalysatoren bei Dieselfahrzeugen 361
6.7 Biologische Abluftreinigung 364
6.7.1 Biofilter und Biorieselbettreaktor 364
6.7.2 Biowäscher 366
6.7.3 Mikroorganismen 367

6.8 Aufgaben für die Praxis ... 369
Literatur ... 369

7 Lärm und Vibrationen ... 373
7.1 Schutz der Arbeitnehmer ... 373
7.2 Lärm- und Vibrations-Arbeitsschutzverordnung ... 377
7.3 Technische Anleitung zum Schutz gegen Lärm (TA Lärm) ... 384
7.3.1 Genehmigungsbedürftige Anlagen ... 385
7.3.2 Nicht genehmigungsbedürftige Anlagen ... 386
7.3.3 Anforderungen an bestehende Anlagen ... 387
7.3.4 Immissionsrichtwerte ... 388
7.4 Geräte- und Maschinenlärmschutzverordnung (32. BImSchV) ... 390
7.5 Lärm und Vibrationen – naturwissenschaftliche Grundlagen ... 394
7.5.1 Einleitung ... 394
7.5.2 Das menschliche Ohr ... 394
7.5.3 Der Schall und seine Kenngrößen ... 397
7.5.4 Vom dB zum dB(A) ... 399
7.5.5 Gehörschädigungen durch Lärm ... 402
7.5.6 Schalldämmung und Lärmminderung ... 403
7.5.7 Vibrationen ... 406
7.6 Aufgaben für die Praxis ... 410
Literatur ... 412

8 Energiemanagement und Energieaudit ... 415
8.1 Einführung ... 415
8.2 Energiemanagementsysteme nach DIN EN ISO 50001 ... 417
8.2.1 Einführung ... 417
8.2.2 Ziele und Nutzen eines Energiemanagementsystems ... 418
8.2.3 Grundsätze und wesentliche Elemente ... 420
8.2.4 Kontext der Organisation ... 422
8.2.4.1 Die Organisation und ihre Kontexte ... 423
8.2.4.2 Erfordernisse und Erwartungen interessierter Parteien ... 424
8.2.4.3 Anwendungsbereich des Energiemanagementsystems ... 424
8.2.4.4 Energiemanagementsystem ... 425
8.2.5 Führung ... 425
8.2.5.1 Führung und Verpflichtung ... 426
8.2.5.2 Energiepolitik ... 426
8.2.5.3 Rollen, Verantwortlichkeiten und Befugnisse ... 427
8.2.6 Planung ... 430
8.2.6.1 Maßnahmen zum Umgang mit Risiken und Chancen ... 430
8.2.6.2 Ziele, Energieziele und Planung zu deren Erreichung ... 430

8.2.6.3 Energetische Bewertung, energetische Ausgangsbasis (EnB) und Energieleistungskennzahlen (EnPI) ... 431
8.2.6.4 Planung der Energiedatensammlung ... 433
8.2.7 Unterstützung ... 434
8.2.7.1 Ressourcen ... 434
8.2.7.2 Kompetenz ... 434
8.2.7.3 Bewusstsein ... 435
8.2.7.4 Kommunikation ... 436
8.2.7.5 Dokumentierte Information ... 437
8.2.8 Betrieb ... 438
8.2.8.1 Betriebliche Planung und Steuerung ... 439
8.2.8.2 Auslegung ... 439
8.2.8.3 Beschaffung ... 440
8.2.9 Bewertung der Leistung ... 441
8.2.9.1 Überwachung, Messung, Analyse und Bewertung der energiebezogenen Leistung und des EnMS ... 441
8.2.9.2 Internes Audit ... 443
8.2.9.3 Managementbewertung ... 444
8.2.10 Verbesserung ... 446
8.2.10.1 Nichtkonformität und Korrekturmaßnahmen ... 446
8.2.10.2 Fortlaufende Verbesserung ... 446
8.2.11 Zertifizierungen nach DIN EN ISO 50001 ... 447
8.3 Energieaudit gemäß DIN EN 16247 ... 447
8.3.1 Einführung ... 447
8.3.2 Spitzenausgleich-Effizienzsystemverordnung (SpaEfV) ... 449
8.3.3 Kompetenz von Energieauditoren ... 451
8.3.4 Energieaudits von Gebäuden ... 452
8.3.5 Energieaudits von Prozessen ... 455
8.4 Checkliste für ein Energieaudit ... 459
8.5 Aufgaben für die Praxis ... 483
Literatur ... 483

9 Europäisches Energierecht ... 485
9.1 Einführung ... 485
9.2 Energieeffizienz-Richtlinie 2012/27/EU ... 486
9.3 Förderung der Nutzung erneuerbarer Energien (RL 2009/28/EG) ... 490
9.4 Ökodesign-Richtlinie 2009/125/EG ... 498
9.4.1 Einführung ... 498
9.4.2 Methode zur Festlegung allgemeiner Ökodesign-Anforderungen (Anhang I) ... 501

9.4.3 Methode zur Festlegung spezifischer Ökodesign-Anforderungen (Anhang II) ... 504
9.4.4 Interne Entwurfskontrolle (Anhang IV) ... 505
9.4.5 Managementsystem für die Konformitätsbewertung (Anhang V) ... 506
9.4.6 Inhalt der Durchführungsmaßnahmen (Anhang VII) ... 508
9.4.7 Produktgruppen ... 509
9.5 Gesamtenergieeffizienz von Gebäuden (RL 2010/31/EU) ... 509
9.6 Aufgaben für die Praxis ... 521
Weiterführende Literatur ... 521

10 Nationales Energierecht ... 523
10.1 Einführung ... 523
10.2 Gesetz über Energiedienstleistungen und andere Energieeffizienzmaßnahmen (EDL-G) ... 524
10.3 Erneuerbare-Energien-Gesetz (EEG 2017) ... 528
10.4 Erneuerbare-Energien-Wärmegesetz (EEWärmeG) ... 528
10.5 Energieeinsparungsgesetz (EnEG) ... 530
10.6 Energieeinsparverordnung (EnEV) ... 534
10.7 Aufgaben für die Praxis ... 542
Weiterführende Literatur ... 543

11 Der Energiebedarf der Welt ... 545
11.1 Einführung ... 545
11.2 Reserven, Ressourcen und Reichweiten ... 548
11.3 Erdöl ... 550
11.4 Erdgas ... 551
11.5 Kohle ... 552
11.6 Kernenergie ... 553
11.7 Regenerative Energien ... 553
11.8 Aufgaben für die Praxis ... 554
Literatur ... 555

12 Der Energiebedarf für Deutschland ... 557
12.1 Einführung ... 557
12.2 Primärenergieverbrauch ... 558
12.3 Endenergieverbrauch ... 559
12.4 Erneuerbare Energien ... 562
12.5 Aufgaben für die Praxis ... 565
Literatur ... 565

13 Biogene Energieträger ... 567
13.1 Einführung ... 567
13.2 Biomasseverordnung (BiomasseV) ... 570
13.3 Mengenentwicklung biogener Energieträger ... 572
13.4 Herstellung von Biodiesel ... 574

13.5 Herstellung von Bioethanol ... 576
13.5.1 Auswahl der Rohstoffe ... 576
13.5.2 Herstellung des zuckerhaltigen Substrates ... 577
13.5.3 Gewinnung von Ethanol ... 579
13.5.4 Bioethanolproduktion und -verwendung ... 580
13.6 Gewinnung von Biogas ... 580
13.6.1 Biochemische Grundlagen der Biogaserzeugung ... 580
13.6.2 Betriebsparameter bei der anaeroben Abfallbehandlung ... 583
13.6.3 Verfahrenstechnik der anaeroben Substratbehandlung ... 587
13.6.4 Vergärungsverfahren ... 588
13.6.5 Vergärungsprodukte ... 590
13.7 Aufgaben für die Praxis ... 590
Literatur ... 591

14 Umweltrelevanz von Energieträgern ... 593
14.1 Ökologischer Fußabdruck ... 594
14.2 Carbon Footprint ... 596
14.3 Umweltrelevanz von fossilen und regenerativen Energieträgern ... 601
14.4 Umweltrelevanz biogener Energieträger ... 605
14.5 Aufgaben für die Praxis ... 607
Literatur ... 607

15 Maßnahmen zur Steigerung der Energieeffizienz ... 609
15.1 Einführung ... 609
15.2 Prozesswärme und Wärmerückgewinnung ... 614
15.3 Prozesskälte ... 617
15.4 Gebäude, Heizung, Warmwasser ... 618
15.5 Elektrische Antriebe ... 621
15.6 Pumpen ... 621
15.7 Druckluft ... 623
15.8 Beleuchtung ... 625
15.9 Informations- und Kommunikationstechnologie ... 626
15.10 Raumlufttechnische Anlagen (RLT) ... 628
15.11 Personen- und Güterverkehr ... 629
15.12 Aufgaben für die Praxis ... 633
Literatur ... 633

Erratum zu: Handbuch Betrieblicher Immissionsschutz ... E1

Anhang: Einheiten und Umrechnungsfaktoren ... 637

Stichwortverzeichnis ... 639

1 Die Atmosphäre

Die Bedeutung der Atmosphäre ist für den Menschen essenziell. Die in der Atmosphäre enthaltenen Luftbestandteile – insbesondere Sauerstoff – sind überlebenswichtig. Zusammen mit den Umweltmedien Wasser und Boden ist sie eine wichtige Quelle für alle biologischen Vorgänge auf der Erde. Die Atmosphäre hat eine Reihe lebenswichtiger Funktionen:

- sie schützt die Lebewesen vor schädlicher UV- und Röntgenstrahlung aus dem Weltall,
- sie lässt lebensnotwendige Wellenlängen des Sonnenlichts auf die Erdoberfläche und Ozeane durch,
- über physikalische Prozesse bestimmt sie das kurzfristige Wettergeschehen und das langfristige Klima,
- durch fotochemische Reaktionen baut sie natürliche und anthropogene Stoffe ab,
- über den Austausch von Stickstoff (N_2), Sauerstoff (O_2) und Kohlendioxid (CO_2) ist sie in den weltweiten Stoffkreislauf eingebunden.

Durch natürliche oder vom Menschen (anthropogen) verursachte Luftverunreinigungen wird die natürliche Zusammensetzung der Luft kurz-, mittel- oder langfristig verändert. Natürliche Emissionen treten bei Vulkanausbrüchen (z. B. SO_2), Waldbränden (z. B. CO_2) oder Sandstürmen (z. B. Staub) auf. Anthropogene Luftverunreinigungen verursachen in einer komplexen Wechselwirkung Phänomene wie den *Klimawandel* oder das *Ozonloch*. Die Luftschadstoffe können sich regional (z. B. *saurer Regen*) oder global (z. B. *Klimawandel*) auswirken. Durch chemische Reaktionen in der Atmosphäre werden häufig neue Stoffe (z. B. *troposphärisches Ozon*) gebildet, die sich schädlich auf Mensch und Umwelt auswirken.

Die Lufthülle ist im Verhältnis zum Erddurchmesser so dünn wie die Schale eines Apfels. Die prozentuale Zusammensetzung der einzelnen Bestandteile wie Stickstoff,

G. Förtsch, H. Meinholz, *Handbuch Betrieblicher Immissionsschutz*,
https://doi.org/10.1007/978-3-658-29147-1_1

Tab. 1.1 Zusammensetzung der Erdatmosphäre

Bestandteil	Formel	Konzentration
Stickstoff	N_2	78,08 %
Sauerstoff	O_2	20,95 %
Argon	Ar	0,934 %
Neon	Ne	18 ppm
Helium	He	5 ppm
Krypton	Kr	1 ppm
Xenon	Xe	0,09 ppm
Kohlendioxid	CO_2	410 ppm
Methan	CH_4	1,9 ppm
Wasserstoff	H_2	0,5 ppm
Distickstoffoxid	N_2O	0,33 ppm
Kohlenmonoxid	CO	0,2 ppm
Ozon	O_3	30–50 ppb
Schwefeldioxid	SO_2	0,1–2 ppb
FCKW 12	CF_2Cl_2	0,5 ppb
FCKW 11	$CFCl_3$	0,2 ppb
Ammoniak	NH_3	6 ppb
Stickoxide	NO_x (NO; NO_2)	0,01–5 ppb

Sauerstoff, Edelgase ist in den unteren Atmosphärenschichten bis ca. 80 km Höhe infolge von Durchmischung konstant. Die mittlere Zusammensetzung von trockener Luft ist in Tab. 1.1 angegeben. Geringe Konzentrationen werden nicht mehr in Prozent, sondern üblicherweise in folgenden Einheiten angegeben:

• ppm,	Parts per Million (Teile pro Million)
• ppb,	Parts per Billion (Teile pro Milliarde)
• ppt	Parts per Trillion (Teile pro Billion).

In Abhängigkeit von Temperatur (T), Druck (p) und Molmasse (M) der Stoffe lassen sich die Mischungsverhältnisse mithilfe des Molvolumens (V_M) in Konzentrationen umrechnen. Das Molvolumen ist das Volumen, das ein Mol eines Stoffes einnimmt.

$$c\left[mg/m^3\right] = \frac{M}{V_M} \cdot c\left[ppm\right]$$

Während die stoffliche Zusammensetzung der Atmosphäre weitgehend homogen ist, gibt es einen ausgeprägten vertikalen und horizontalen Temperaturverlauf. So herrscht bei der horizontalen Temperaturverteilung am Äquator eine andere Temperatur als an den Polen. Bei der vertikalen Temperaturverteilung ergibt sich mit wachsender Höhe eine charakteristische Änderung (Abb. 1.1).

Die auffälligen Temperaturwechsel in ca. 20 km, 50 km und 85 km Höhe bezeichnet man als *Pausen* oder *Inversionen* (Tropopause, Stratopause, Mesopause). So gelangen

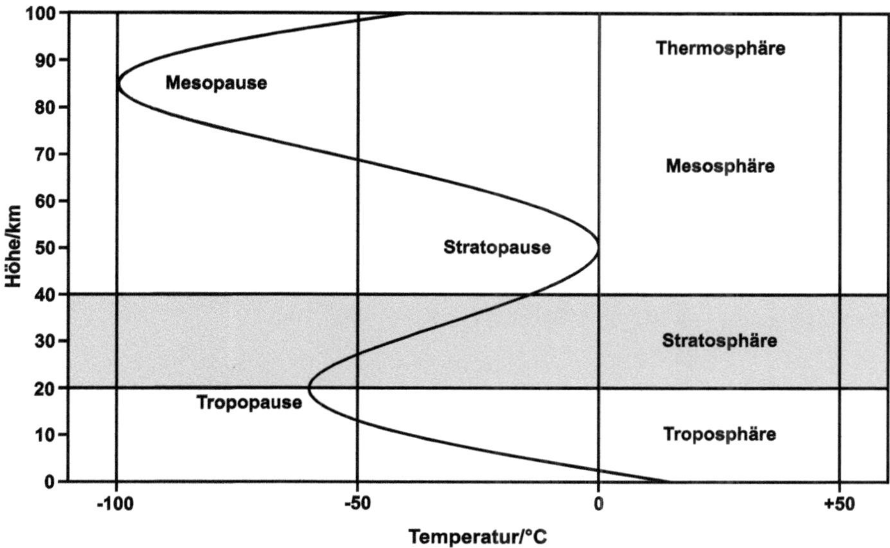

Abb. 1.1 Schichtung der Erdatmosphäre [1]

wegen der Tropopause Spurenstoffe nur sehr langsam von der Troposphäre in die Stratosphäre und umgekehrt.

Troposphäre

Die Höhe der Troposphäre ist von den Jahreszeiten und den geografischen Breiten abhängig. Sie ist im Sommer größer als im Winter und hat über den Tropen eine Höhe von ca. 18 km, über den mittleren Breiten von 10–15 km und an den Polarregionen von ca. 8 km. In ihr sind starke Luftströmungen vorhanden, die das Wettergeschehen entscheidend beeinflussen. Sie enthält fast den gesamten Wasserdampf (ca. 99 %) der Atmosphäre. In der unteren Troposphäre – der planetarischen Grenzschicht – bewirkt der Einfluss der Erdoberfläche starke Veränderungen der meteorologischen Parameter Temperatur, Feuchtigkeit und Windgeschwindigkeit. Innerhalb der Troposphäre nimmt die Temperatur kontinuierlich von +15 °C auf −60 °C ab. Die Troposphäre wird nach oben durch die Tropopause begrenzt, deren Lage stark von der geografischen Breite und der Jahreszeit abhängig ist. Innerhalb der Tropopause ist die Temperatur konstant und liegt bei ca. −60 °C. Hier treten *Jetstreams* mit sehr hohen Windgeschwindigkeiten von bis zu 500 km/h auf.

Stratosphäre

In der Stratosphäre steigt die Lufttemperatur von ca. −60 °C mit der Höhe bis auf 0 °C an. Zu dieser Erwärmung der Stratosphäre kommt es durch die in ihr liegende Ozonschicht. Dabei absorbiert das Ozon den kurzwelligen Teil der UV-Strahlung und schützt somit die Menschen und die Natur vor dieser Strahlung. Sie ist beinahe wolkenfrei, da aufgrund der niedrigen Temperatur in der Tropopause (−60 °C) kaum Wasserdampf aus der Troposphäre in die Stratosphäre transportiert werden kann. Durch den Temperaturanstieg gibt es nur sehr geringe vertikale Strömungen innerhalb der Stratosphäre. Sie wird in ca. 50 km Höhe durch die Stratopause begrenzt.

Mesosphäre

Die Mesosphäre ist von der Stratosphäre durch die Stratopause getrennt. Sie reicht von etwa 50–85 km über die Erdoberfläche. Da sich ca. 99 % der Atmosphärenmasse in den unteren 30–40 km der Atmosphäre konzentrieren, ist die Luft in der Mesosphäre extrem dünn. Sie besteht überwiegend aus den leichteren Gasen, wobei die Temperatur mit steigender Höhe auf ca. −100 °C im Bereich der Mesopause fällt.

Thermosphäre

Sie ist gekennzeichnet durch einen enormen Temperaturanstieg, der oberhalb von 200 km Höhe je nach Sonnenaktivität (Sonnenflecken) Werte zwischen 500 °C und 2000 °C annehmen kann. Dabei wird die Ionisierung der Luft infolge Absorption von Sonnenstrahlung sehr groß und erreicht in 300 km einen Höchstwert. Man bezeichnet diesen Bereich deshalb auch als Ionosphäre.

Exosphäre

Die Exosphäre markiert den Übergang zwischen Atmosphäre und dem interplanetaren Raum. Die Erdanziehung ist so gering, dass Gasteilchen in den Weltraum entweichen können. In der Exosphäre ist der Druck so niedrig, dass ein hohes Vakuum vorliegt.

Literatur

1. Seinfeld, J. H.; Pandis, S. N.; *Atmospheric Chemistry and Physics,* Wiley, **2006,** 978-0-471-72018-8

Weiterführende Literatur

1. Bachmann, G. et al.; *Nanotechnologien für den Umweltschutz,* VDI Technologiezentrum, **Dezember 2007**
2. Baumbach, G.; *Luftreinhaltung*, Springer, **1993,** 3-540-56823-9
3. Deutsche Rohstoffagentur (DERA); Bundesanstalt für Geowissenschaften und Rohstoffe (GBR); *Edelgase – Versorgung wirklich kritisch? DERA-Rohstoff-informationen 39,* **Oktober 2018,** 978-3-943566-54-3
4. DIN 1343; *Referenzzustand, Normzustand, Normvolumen – Begriffe und Werte,* Beuth, **Januar 1990**
5. Guderian, R. (Hrsg.); *Handbuch der Umweltveränderungen und Ökotoxikologie,* Springer, **2000,** Bd. 1A Atmosphäre, 3-540-66184-0,
6. Möller, D.; *Luft,* de Gruyter, **2003,** 3-11-016431-0
7. Roedel, W.; Wagner, Th.; *Physik unserer Umwelt: Die Atmosphäre,* Springer, **2011,** 978-3-642-15728-8

8. United Nations Environment Programme (UNEP); *Frontiers 2018/19 – Emerging Issues of Environmental Concern*, **2019,** 978-92-807-3737-0
9. United Nations Environment Programme (UNEP); *Global Environment Outlook GEO 6 – Healthy Planet, Healthy People,* **2019,** 978-1-108-70766-4
10. World Meteorological Organization (WMO); *WMO Statement on the State of the Global Climate in 2018,* **2019,** 978-92-63-11233-0
11. Zellner, R.; Gesellschaft Deutscher Chemiker (Hrsg.); *Chemie über den Wolken – und darunter,* Wiley-VCH, **2011,** 978-3-527-32651-8

Immissionsschutzrecht 2

2.1 Vorschriften des Bundes-Immissionsschutzgesetzes (BImSchG)

Zweck des Gesetzes (§ 1)
Zweck dieses Gesetzes ist es, Menschen, Tiere und Pflanzen, den Boden, das Wasser, die Atmosphäre sowie Kultur- und sonstige Sachgüter vor schädlichen Umwelteinwirkungen zu schützen und dem Entstehen schädlicher Umwelteinwirkungen vorzubeugen. Soweit es sich um genehmigungsbedürftige Anlagen handelt, dient dieses Gesetz auch

- der integrierten Vermeidung und Verminderung schädlicher Umwelteinwirkungen durch Emissionen in Luft, Wasser und Boden unter Einbeziehung der Abfallwirtschaft, um ein hohes Schutzniveau für die Umwelt insgesamt zu erreichen, sowie
- dem Schutz und der Vorsorge gegen Gefahren, erhebliche Nachteile und erhebliche Belästigungen, die auf andere Weise herbeigeführt werden.

Geltungsbereich (§ 2)
Die Vorschriften dieses Gesetzes gelten für

- die Errichtung und den Betrieb von Anlagen,
- das Herstellen, Inverkehrbringen und Einführen von Anlagen, Brennstoffen und Treibstoffen, Stoffen und Erzeugnissen aus Stoffen,
- die Beschaffenheit, die Ausrüstung, den Betrieb und die Prüfung von Kraftfahrzeugen und ihren Anhängern und von Schienen-, Luft- und Wasserfahrzeugen sowie von Schwimmkörpern und schwimmenden Anlagen und
- den Bau öffentlicher Straßen sowie von Eisenbahnen, Magnetschwebebahnen und Straßenbahnen.

G. Förtsch, H. Meinholz, *Handbuch Betrieblicher Immissionsschutz*,
https://doi.org/10.1007/978-3-658-29147-1_2

Begriffsbestimmungen (§ 3)

- **Schädliche Umwelteinwirkungen:**
  sind Immissionen, die nach Art, Ausmaß oder Dauer geeignet sind, Gefahren, erhebliche Nachteile oder erhebliche Belästigungen für die Allgemeinheit oder die Nachbarschaft herbeizuführen.
- **Immissionen:**
  sind auf Menschen, Tiere und Pflanzen, den Boden, das Wasser, die Atmosphäre sowie Kultur- und sonstige Sachgüter einwirkende Luftverunreinigungen, Geräusche, Erschütterungen, Licht, Wärme, Strahlen und ähnliche Umwelteinwirkungen.
- **Emissionen:**
  sind die von einer Anlage ausgehenden Luftverunreinigungen, Geräusche, Erschütterungen, Licht, Wärme, Strahlen und ähnlichen Erscheinungen.
- **Luftverunreinigungen:**
  sind Veränderungen der natürlichen Zusammensetzung der Luft, insbesondere durch Rauch, Ruß, Staub, Gase, Aerosole, Dämpfe oder Geruchsstoffe.
- **Anlagen:**
  - Betriebsstätten und sonstige ortsfeste Einrichtungen,
  - Maschinen, Geräte und sonstige ortsveränderliche technische Einrichtungen sowie Fahrzeuge und
  - Grundstücke, auf denen Stoffe gelagert oder abgelagert oder Arbeiten durchgeführt werden, die Emissionen verursachen können, ausgenommen öffentliche Verkehrswege.
- **Betriebsbereich:**
  ist der gesamte unter der Aufsicht eines Betreibers stehende Bereich, in dem gefährliche Stoffe in einer oder mehreren Anlagen einschließlich gemeinsamer oder verbundener Infrastrukturen oder Tätigkeiten auch bei Lagerung der bezeichneten Mengen tatsächlich vorhanden oder vorgesehen sind oder vorhanden sein werden, soweit vernünftigerweise vorhersehbar ist, dass die genannten gefährlichen Stoffe bei außer Kontrolle geratenen Prozessen anfallen.
- **Störfallrelevante Errichtung:**
  und ein Betrieb oder eine störfallrelevante Änderung einer Anlage oder eines Betriebsbereichs ist eine Errichtung und ein Betrieb einer Anlage, die Betriebsbereich oder Bestandteil eines Betriebsbereichs ist oder eine Änderung einer Anlage oder eines Betriebsbereichs einschließlich der Änderung eines Lagers, eines Verfahrens oder der Art oder physikalischen Form oder der Mengen der gefährlichen Stoffe aus der sich erhebliche Auswirkungen auf die Gefahren schwerer Unfälle ergeben können. Eine störfallrelevante Änderung einer Anlage oder eines Betriebsbereichs liegt zudem vor, wenn eine Änderung dazu führen könnte, dass ein Betriebsbereich der unteren Klasse zu einem Betriebsbereich der oberen Klasse wird oder umgekehrt.
- **Angemessener Sicherheitsabstand:**
  ist der Abstand zwischen einem Betriebsbereich oder einer Anlage, die Betriebsbereich oder Bestandteil eines Betriebsbereichs ist und einem benachbarten Schutzobjekt, der zur gebotenen Begrenzung der Auswirkungen auf das benachbarte Schutzobjekt,

welche durch schwere Unfälle hervorgerufen werden können, beiträgt. Der angemessene Sicherheitsabstand ist anhand störfallspezifischer Faktoren zu ermitteln.

- **Benachbarte Schutzobjekte:**
  sind ausschließlich oder überwiegend dem Wohnen dienende Gebiete, öffentlich genutzte Gebäude und Gebiete, Freizeitgebiete, wichtige Verkehrswege und unter dem Gesichtspunkt des Naturschutzes besonders wertvolle oder besonders empfindliche Gebiete.
- **Stand der Technik:**
  ist der Entwicklungsstand fortschrittlicher Verfahren, Einrichtungen oder Betriebsweisen, der die praktische Eignung einer Maßnahme zur Begrenzung von Emissionen in Luft, Wasser und Boden, zur Gewährleistung der Anlagensicherheit, zur Gewährleistung einer umweltverträglichen Abfallentsorgung oder sonst zur Vermeidung oder Verminderung von Auswirkungen auf die Umwelt zur Erreichung eines allgemein hohen Schutzniveaus für die Umwelt insgesamt gesichert erscheinen lässt. Bei der Bestimmung des Standes der Technik sind insbesondere die in der Anlage aufgeführten Kriterien zu berücksichtigen. Bei der Bestimmung des Standes der Technik sind unter Berücksichtigung der Verhältnismäßigkeit zwischen Aufwand und Nutzen möglicher Maßnahmen sowie des Grundsatzes der Vorsorge und der Vorbeugung, jeweils bezogen auf Anlagen einer bestimmten Art, insbesondere folgende Kriterien zu berücksichtigen:
  - Einsatz abfallarmer Technologie,
  - Einsatz weniger gefährlicher Stoffe,
  - Förderung der Rückgewinnung und Wiederverwertung der bei den einzelnen Verfahren erzeugten und verwendeten Stoffe und gegebenenfalls der Abfälle,
  - vergleichbare Verfahren, Vorrichtungen und Betriebsmethoden, die mit Erfolg im Betrieb erprobt wurden,
  - Fortschritte in der Technologie und in den wissenschaftlichen Erkenntnissen,
  - Art, Auswirkungen und Menge der jeweiligen Emissionen,
  - Zeitpunkte der Inbetriebnahme der neuen oder der bestehenden Anlagen,
  - für die Einführung einer besseren verfügbaren Technik erforderliche Zeit,
  - Verbrauch an Rohstoffen und Art der bei den einzelnen Verfahren verwendeten Rohstoffe (einschließlich Wasser) sowie Energieeffizienz,
  - Notwendigkeit, die Gesamtwirkung der Emissionen und die Gefahren für den Menschen und die Umwelt soweit wie möglich zu vermeiden oder zu verringern,
  - Notwendigkeit, Unfällen vorzubeugen und deren Folgen für den Menschen und die Umwelt zu verringern,
  - Informationen, die von internationalen Organisationen veröffentlicht werden,
  - Informationen, die in BVT-Merkblättern enthalten sind.
- **BVT-Merkblatt:**
  ist ein Dokument, das aufgrund des Informationsaustausches nach Art. 13 der Richtlinie 2010/75/EU über Industrieemissionen (integrierte Vermeidung und Verminderung der Umweltverschmutzung) für bestimmte Tätigkeiten erstellt wird und insbesondere die angewandten Techniken, die derzeitigen Emissions- und Verbrauchswerte, alle

Zukunftstechniken sowie die Techniken beschreibt, die für die Festlegung der besten verfügbaren Techniken sowie der BVT-Schlussfolgerungen berücksichtigt wurden.

- **BVT-Schlussfolgerungen:**
  sind ein von der Europäischen Kommission erlassenes Dokument, das die Teile eines BVT-Merkblatts mit den Schlussfolgerungen in Bezug auf Folgendes enthält:
  - die besten verfügbaren Techniken, ihrer Beschreibung und Informationen zur Bewertung ihrer Anwendbarkeit,
  - die mit den besten verfügbaren Techniken assoziierten Emissionswerte,
  - die zugehörigen Überwachungsmaßnahmen,
  - die zugehörigen Verbrauchswerte sowie
  - die gegebenenfalls einschlägigen Standortsanierungsmaßnahmen.
- **Emissionsbandbreiten:**
  sind die mit den besten verfügbaren Techniken assoziierten Emissionswerte. Die mit den besten verfügbaren Techniken assoziierten Emissionswerte sind der Bereich von Emissionswerten, die unter normalen Betriebsbedingungen unter Verwendung einer besten verfügbaren Technik oder einer Kombination von besten verfügbaren Techniken entsprechend der Beschreibung in den BVT-Schlussfolgerungen erzielt werden, ausgedrückt als Mittelwert für einen vorgegebenen Zeitraum unter spezifischen Referenzbedingungen.
- **Zukunftstechniken:**
  sind neue Techniken für Anlagen nach der Industrieemissions-Richtlinie, die bei gewerblicher Nutzung entweder ein höheres allgemeines Umweltschutzniveau oder zumindest das gleiche Umweltschutzniveau und größere Kostenersparnisse bieten könnten als der bestehende Stand der Technik.

In Tab. 2.1 sind die Verordnungen zu Bundes-Immissionsschutzgesetz (BImSchG) zusammengestellt.

2.2 Anlagengenehmigungen

2.2.1 Genehmigungsbedürftige Anlagen

Genehmigung (§ 4)

Die Errichtung und der Betrieb von Anlagen, die aufgrund ihrer Beschaffenheit oder ihres Betriebs in besonderem Maße geeignet sind, schädliche Umwelteinwirkungen hervorzurufen oder in anderer Weise die Allgemeinheit oder die Nachbarschaft zu gefährden, erheblich zu benachteiligen oder erheblich zu belästigen, sowie von ortsfesten Abfallentsorgungsanlagen zur Lagerung oder Behandlung von Abfällen bedürfen einer Genehmigung. Mit Ausnahme von Abfallentsorgungsanlagen bedürfen Anlagen, die nicht gewerblichen Zwecken dienen und nicht im Rahmen wirtschaftlicher Unternehmungen Verwendung finden, der Genehmigung nur, wenn sie in besonderem Maße geeignet sind,

Tab. 2.1 Verordnungen nach Bundes-Immissionsschutzgesetz

BImSchV	Verordnung	Datum
1. BImSchV	Verordnung über kleine und mittlere Feuerungsanlagen	10.03.2017
2. BImSchV	Verordnung zur Emissionsbegrenzung von leichtflüchtigen halogenierten organischen Verbindungen	29.03.2017
4. BImSchV	Verordnung über genehmigungsbedürftige Anlagen	31.05.2017
5. BImSchV	Verordnung über Immissionsschutz- und Störfallbeauftragte	28.04.2015
7. BImSchV	Verordnung zur Auswurfsbegrenzung von Holzstaub	18.12.1975
9. BImSchV	Verordnung über das Genehmigungsverfahren	08.12.2017
10. BImSchV	Verordnung über die Beschaffenheit und die Auszeichnung der Qualität von Kraftstoffen	01.12.2014
11. BImSchV	Verordnung über Emissionserklärungen	09.01.2017
12. BImSchV	Störfallverordnung	08.12.2017
13. BImSchV	Verordnung über Großfeuerungs-, Gastturbinen- und Verbrennungsmotoranlagen	19.12.2017
14. BImSchV	Verordnung über Anlagen der Landesverteidigung	09.04.1986
16. BImSchV	Verkehrslärmschutzverordnung	18.12.2014
17. BImSchV	Verordnung über die Verbrennung und die Mitverbrennung von Abfällen	07.10.2013
18. BImSchV	Sportanlagenlärmschutzverordnung	01.06.2017
20. BImSchV	Verordnung zur Begrenzung der Emissionen flüchtiger organischer Verbindungen beim Umfüllen und Lagern von Ottokraftstoffen, Kraftstoffgemischen oder Rohbenzin	24.03.2017
21. BImSchV	Verordnung zur Begrenzung der Kohlenwasserstoffemissionen bei der Betankung von Kraftfahrzeugen	29.03.2017
24. BImSchV	Verkehrswege-Schallschutzmaßnahmenverordnung	03.09.1997
25. BImSchV	Verordnung zur Begrenzung von Emissionen aus der Titandioxid-Industrie	24.03.2017
26. BImSchV	Verordnung über elektromagnetische Felder	14.08.2013
27. BImSchV	Verordnung über Anlagen zur Feuerbestattung	02.05.2013
28. BImSchV	Verordnung über Emissionsgrenzwerte für Verbrennungsmotoren	31.08.2015
29. BImSchV	Gebührenverordnung für Maßnahmen bei Typprüfungen von Verbrennungsmotoren	14.08.2012
30. BImSchV	Verordnung über Anlagen zur biologischen Behandlung von Abfällen	27.09.2017
31. BImSchV	Verordnung zur Begrenzung der Emissionen flüchtiger organischer Verbindungen bei der Verwendung organischer Lösemittel in bestimmten Anlagen – VOC-Verordnung	24.03.2017
32. BImSchV	Geräte- und Maschinenlärmschutzverordnung	31.08.2015
34. BImSchV	Verordnung über die Lärmkartierung	31.08.2015
35. BImSchV	Verordnung zur Kennzeichnung der Kraftfahrzeuge mit geringem Beitrag zur Schadstoffbelastung	31.08.2015
36. BImSchV	Verordnung zur Durchführung der Regelungen der Biokraftstoffquote	04.04.2016

(Fortsetzung)

Tab. 2.1 (Fortsetzung)

BImSchV	Verordnung	Datum
39. BImSchV	Verordnung über Luftqualitätsstandards und Emissionshöchstmengen	10.10.2016
41. BImSchV	Bekanntgabeverordnung	29.03.2017
42. BImSchV	Verordnung über Verdunstungskühlanlagen, Kühltürme und Nassabscheider	12.07.2017
44. BImSchV	Verordnung über mittelgroße Feuerungs-, Gasturbinen- und Verbrennungsmotoranlagen	13.06.2019

schädliche Umwelteinwirkungen durch Luftverunreinigungen oder Geräusche hervorzurufen. Die Bundesregierung bestimmt nach Anhörung der beteiligten Kreise durch Rechtsverordnung mit Zustimmung des Bundesrates die Anlagen, die einer Genehmigung bedürfen (genehmigungsbedürftige Anlagen). In der Rechtsverordnung kann auch vorgesehen werden, dass eine Genehmigung nicht erforderlich ist, wenn eine Anlage insgesamt oder in ihren in der Rechtsverordnung bezeichneten wesentlichen Teilen der Bauart nach zugelassen ist und in Übereinstimmung mit der Bauartzulassung errichtet und betrieben wird.

Pflichten der Betreiber genehmigungsbedürftiger Anlagen (§ 5)
Genehmigungsbedürftige Anlagen sind so zu errichten und zu betreiben, dass zur Gewährleistung eines hohen Schutzniveaus für die Umwelt insgesamt

- schädliche Umwelteinwirkungen und sonstige Gefahren, erhebliche Nachteile und erhebliche Belästigungen für die Allgemeinheit und die Nachbarschaft nicht hervorgerufen werden können,
- Vorsorge gegen schädliche Umwelteinwirkungen und sonstige Gefahren, erhebliche Nachteile und erhebliche Belästigungen getroffen wird, insbesondere durch die dem Stand der Technik entsprechenden Maßnahmen,
- Abfälle vermieden, nicht zu vermeidende Abfälle verwertet und nicht zu verwertende Abfälle ohne Beeinträchtigung des Wohls der Allgemeinheit beseitigt werden. Abfälle sind nicht zu vermeiden, soweit die Vermeidung technisch nicht möglich oder nicht zumutbar ist. Die Vermeidung ist unzulässig, soweit sie zu nachteiligeren Umweltauswirkungen führt als die Verwertung. Die Verwertung und Beseitigung von Abfällen erfolgt nach den Vorschriften des Kreislaufwirtschaftsgesetzes und den sonstigen für die Abfälle geltenden Vorschriften,
- Energie sparsam und effizient verwendet wird.

Genehmigungsbedürftige Anlagen sind so zu errichten, zu betreiben und stillzulegen, dass auch nach einer Betriebseinstellung

- von der Anlage oder dem Anlagengrundstück keine schädlichen Umwelteinwirkungen und sonstige Gefahren, erhebliche Nachteile und erhebliche Belästigungen für die Allgemeinheit und die Nachbarschaft hervorgerufen werden können,

- vorhandene Abfälle ordnungsgemäß und schadlos verwertet oder ohne Beeinträchtigung des Wohls der Allgemeinheit beseitigt werden und
- die Wiederherstellung eines ordnungsgemäßen Zustandes des Anlagengrundstücks gewährleistet ist.

Wurden nach dem 7. Januar 2013 aufgrund des Betriebs einer Anlage nach der Industrieemissions-Richtlinie erhebliche Bodenverschmutzungen oder erhebliche Grundwasserverschmutzungen durch relevante gefährliche Stoffe im Vergleich zu dem im Bericht über den Ausgangszustand angegebenen Zustand verursacht, so ist der Betreiber nach Einstellung des Betriebs der Anlage verpflichtet, soweit dies verhältnismäßig ist, Maßnahmen zur Beseitigung dieser Verschmutzung zu ergreifen, um das Anlagengrundstück in jenen Ausgangszustand zurückzuführen. Die zuständige Behörde hat der Öffentlichkeit relevante Informationen zu diesen vom Betreiber getroffenen Maßnahmen zugänglich zu machen und zwar auch über das Internet.

Genehmigungsvoraussetzungen (§ 6)
Die Genehmigung ist zu erteilen, wenn

- sichergestellt ist, dass die sich aus § 5 und einer aufgrund des § 7 erlassenen Rechtsverordnung ergebenden Pflichten erfüllt werden und
- andere öffentlich-rechtliche Vorschriften und Belange des Arbeitsschutzes der Errichtung und dem Betrieb der Anlage nicht entgegenstehen.

Bei Anlagen, die unterschiedlichen Betriebsweisen dienen oder in denen unterschiedliche Stoffe eingesetzt werden (Mehrzweck- oder Vielstoffanlagen), ist die Genehmigung auf Antrag auf die unterschiedlichen Betriebsweisen und Stoffe zu erstrecken, wenn die Voraussetzungen für alle erfassten Betriebsweisen und Stoffe erfüllt sind. Eine beantragte Änderungsgenehmigung darf auch dann nicht versagt werden, wenn zwar nach ihrer Durchführung nicht alle Immissionswerte einer Verwaltungsvorschrift nach eingehalten werden, wenn aber

- der Immissionsbeitrag der Anlage durch das Vorhaben deutlich und über das durch nachträgliche Anordnungen durchsetzbare Maß reduziert wird,
- weitere Maßnahmen zur Luftreinhaltung, insbesondere Maßnahmen, die über den Stand der Technik bei neu zu errichtenden Anlagen hinausgehen, durchgeführt werden,
- der Antragsteller darüber hinaus einen Immissionsmanagementplan zur Verringerung seines Verursacheranteils vorlegt, um eine spätere Einhaltung der Anforderungen zu erreichen und
- die konkreten Umstände einen Widerruf der Genehmigung nicht erfordern.

Rechtsverordnungen über Anforderungen an genehmigungsbedürftige Anlagen (§ 7)
Die Bundesregierung wird ermächtigt, nach Anhörung der beteiligten Kreise (§ 51) durch Rechtsverordnung mit Zustimmung des Bundesrates vorzuschreiben, dass die Errichtung, die Beschaffenheit, der Betrieb, der Zustand nach Betriebseinstellung und die betreibereigene Überwachung genehmigungsbedürftiger Anlagen zur Erfüllung der sich aus § 5 ergebenden Pflichten bestimmten Anforderungen genügen müssen, insbesondere, dass

- die Anlagen bestimmten technischen Anforderungen entsprechen müssen,
- die von Anlagen ausgehenden Emissionen bestimmte Grenzwerte nicht überschreiten dürfen,
- der Einsatz von Energie bestimmten Anforderungen entsprechen muss,
- die Betreiber von Anlagen Messungen von Emissionen und Immissionen nach in der Rechtsverordnung näher zu bestimmenden Verfahren vorzunehmen haben oder vornehmen lassen müssen und
- die Betreiber von Anlagen bestimmte sicherheitstechnische Prüfungen sowie bestimmte Prüfungen von sicherheitstechnischen Unterlagen
  - während der Errichtung oder sonst vor der Inbetriebnahme der Anlage,
  - nach deren Inbetriebnahme oder einer Änderung,
  - in regelmäßigen Abständen oder
  - bei oder nach einer Betriebseinstellung

  durch einen Sachverständigen vornehmen lassen müssen und
- die Rückführung in den Ausgangszustand bestimmten Anforderungen entsprechen muss, insbesondere in Bezug auf den Ausgangszustandsbericht und die Feststellung der Erheblichkeit von Boden- und Grundwasserverschmutzungen.

Bei der Festlegung der Anforderungen sind insbesondere mögliche Verlagerungen von nachteiligen Auswirkungen von einem Schutzgut auf ein anderes zu berücksichtigen. Ein hohes Schutzniveau für die Umwelt insgesamt ist zu gewährleisten. Nach jeder Veröffentlichung einer BVT-Schlussfolgerung ist unverzüglich zu gewährleisten, dass für Anlagen nach der Industrieemissions-Richtlinie bei der Festlegung von Emissionsgrenzwerten die Emissionen unter normalen Betriebsbedingungen die in den BVT-Schlussfolgerungen genannten Emissionsbandbreiten nicht überschreiten. Im Hinblick auf bestehende Anlagen ist

- innerhalb eines Jahres nach Veröffentlichung von BVT-Schlussfolgerungen zur Haupttätigkeit eine Überprüfung und gegebenenfalls Anpassung der Rechtsverordnung vorzunehmen und
- innerhalb von vier Jahren nach Veröffentlichung von BVT-Schlussfolgerungen zur Haupttätigkeit sicherzustellen, dass die betreffenden Anlagen die Emissionsgrenzwerte der Rechtsverordnung einhalten.

Abweichend können in der Rechtsverordnung weniger strenge Emissionsgrenzwerte und Fristen festgelegt werden, wenn

- wegen technischer Merkmale der betroffenen Anlagenart die Anwendung der in den BVT-Schlussfolgerungen genannten Emissionsbandbreiten unverhältnismäßig wäre und dies begründet wird oder
- in Anlagen Zukunftstechniken für einen Gesamtzeitraum von höchstens neun Monaten erprobt oder angewendet werden sollen, sofern nach dem festgelegten Zeitraum die Anwendung der betreffenden Technik beendet wird oder in der Anlage mindestens die mit den besten verfügbaren Techniken assoziierten Emissionsbandbreiten erreicht werden.

Emissionsgrenzwerte und Emissionsbegrenzungen dürfen die in den Anhängen der Richtlinie 2010/75/EU festgelegten Emissionsgrenzwerte nicht überschreiten und keine schädlichen Umwelteinwirkungen hervorrufen. In der Rechtsverordnung kann bestimmt werden, inwieweit die zur Vorsorge gegen schädliche Umwelteinwirkungen festgelegten Anforderungen nach Ablauf bestimmter Übergangsfristen erfüllt werden müssen, soweit zum Zeitpunkt des Inkrafttretens der Rechtsverordnung in einem Vorbescheid oder einer Genehmigung geringere Anforderungen gestellt worden sind. Bei der Bestimmung der Dauer der Übergangsfristen und der einzuhaltenden Anforderungen sind insbesondere Art, Menge und Gefährlichkeit der von den Anlagen ausgehenden Emissionen sowie die Nutzungsdauer und technische Besonderheiten der Anlagen zu berücksichtigen. Zur Erfüllung von bindenden Rechtsakten der Europäischen Gemeinschaften oder der Europäischen Union kann die Bundesregierung zu dem in § 1 genannten Zweck mit Zustimmung des Bundesrates durch Rechtsverordnung Anforderungen an die Errichtung, die Beschaffenheit und den Betrieb, die Betriebseinstellung und betreibereigene Überwachung genehmigungsbedürftiger Anlagen vorschreiben.

Teilgenehmigung (§ 8)
Auf Antrag soll eine Genehmigung für die Errichtung einer Anlage oder eines Teils einer Anlage oder für die Errichtung und den Betrieb eines Teils einer Anlage erteilt werden, wenn

- ein berechtigtes Interesse an der Erteilung einer Teilgenehmigung besteht,
- die Genehmigungsvoraussetzungen für den beantragten Gegenstand der Teilgenehmigung vorliegen und
- eine vorläufige Beurteilung ergibt, dass der Errichtung und dem Betrieb der gesamten Anlage keine von vornherein unüberwindlichen Hindernisse im Hinblick auf die Genehmigungsvoraussetzungen entgegenstehen.

Die Bindungswirkung der vorläufigen Gesamtbeurteilung entfällt, wenn eine Änderung der Sach- oder Rechtslage oder Einzelprüfungen im Rahmen späterer Teilgenehmigungen zu einer von der vorläufigen Gesamtbeurteilung abweichenden Beurteilung führen.

Zulassung vorzeitigen Beginns (§ 8a)
In einem Verfahren zur Erteilung einer Genehmigung soll die Genehmigungsbehörde auf Antrag vorläufig zulassen, dass bereits vor Erteilung der Genehmigung mit der Errichtung einschließlich der Maßnahmen, die zur Prüfung der Betriebstüchtigkeit der Anlage erforderlich sind, begonnen wird, wenn

- mit einer Entscheidung zugunsten des Antragstellers gerechnet werden kann,
- ein öffentliches Interesse oder ein berechtigtes Interesse des Antragstellers an dem vorzeitigen Beginn besteht und
- der Antragsteller sich verpflichtet, alle bis zur Entscheidung durch die Errichtung der Anlage verursachten Schäden zu ersetzen und, wenn das Vorhaben nicht genehmigt wird, den früheren Zustand wiederherzustellen.

Die Zulassung kann jederzeit widerrufen werden. Sie kann mit Auflagen verbunden oder unter dem Vorbehalt nachträglicher Auflagen erteilt werden. Die zuständige Behörde kann die Leistung einer Sicherheit verlangen, soweit dies erforderlich ist, um die Erfüllung der Pflichten des Antragstellers zu sichern.

Vorbescheid (§ 9)
Auf Antrag soll durch Vorbescheid über einzelne Genehmigungsvoraussetzungen sowie über den Standort der Anlage entschieden werden, sofern die Auswirkungen der geplanten Anlage ausreichend beurteilt werden können und ein berechtigtes Interesse an der Erteilung eines Vorbescheides besteht. Der Vorbescheid wird unwirksam, wenn der Antragsteller nicht innerhalb von zwei Jahren nach Eintritt der Unanfechtbarkeit die Genehmigung beantragt. Die Frist kann auf Antrag bis auf vier Jahre verlängert werden.

Genehmigungsverfahren (§ 10)
Das Genehmigungsverfahren setzt einen schriftlichen oder elektronischen Antrag voraus. Dem Antrag sind die zur Prüfung nach § 6 erforderlichen Zeichnungen, Erläuterungen und sonstigen Unterlagen beizufügen. Reichen die Unterlagen für die Prüfung nicht aus, so hat sie der Antragsteller auf Verlangen der zuständigen Behörde innerhalb einer angemessenen Frist zu ergänzen. Erfolgt die Antragstellung elektronisch, kann die zuständige Behörde Mehrfertigungen sowie die Übermittlung der dem Antrag beizufügenden Unterlagen auch in schriftlicher Form verlangen. Der Antragsteller, der beabsichtigt, eine Anlage nach der Industrieemissions-Richtlinie zu betreiben, in der relevante gefährliche Stoffe verwendet, erzeugt oder freigesetzt werden, hat mit den Unterlagen einen Bericht über den Ausgangszustand vorzulegen, wenn und soweit eine Verschmutzung des Bodens oder des Grundwassers auf dem Anlagengrundstück durch die relevanten gefährlichen Stoffe möglich ist. Die Möglichkeit einer Verschmutzung des Bodens oder des Grundwassers besteht nicht, wenn aufgrund der tatsächlichen Umstände ein Eintrag ausgeschlossen werden kann. Soweit Unterlagen Geschäfts- oder Betriebsgeheimnisse enthalten, sind die Unterlagen zu kennzeichnen und getrennt vorzulegen. Ihr Inhalt muss, soweit es ohne Preisgabe des Geheimnisses geschehen kann, so ausführlich dargestellt sein, dass es Dritten möglich ist, zu beurteilen, ob und in welchem Umfang sie von den Auswirkungen der Anlage betroffen werden können.

Sind die Unterlagen des Antragstellers vollständig, so hat die zuständige Behörde das Vorhaben in ihrem amtlichen Veröffentlichungsblatt und außerdem entweder im Internet oder in örtlichen Tageszeitungen, die im Bereich des Standortes der Anlage verbreitet sind, öffentlich bekannt zu machen. Der Antrag und die vom Antragsteller vorgelegten Unterlagen sowie die entscheidungserheblichen Berichte und Empfehlungen, die der Behörde im Zeitpunkt der Bekanntmachung vorliegen, sind nach der Bekanntmachung einen Monat zur Einsicht auszulegen. Weitere Informationen, die für die Entscheidung über die Zulässigkeit des Vorhabens von Bedeutung sein können und die der zuständigen Behörde erst nach Beginn der Auslegung vorliegen, sind der Öffentlichkeit nach den Bestimmungen über den Zugang zu Umweltinformationen zugänglich zu machen. Bis zwei Wochen nach Ablauf der Auslegungsfrist kann die Öffentlichkeit gegenüber der zuständigen Behörde schriftlich oder elektronisch Einwendungen erheben. Bei Anlagen nach der Industrieemissions-Richtlinie gilt eine Frist von einem Monat. Mit Ablauf der Einwendungsfrist sind alle Einwendungen ausgeschlossen, die nicht auf besonderen privatrechtlichen Titeln beruhen. Einwendungen, die auf besonderen privatrechtlichen Titeln beruhen, sind auf den Rechtsweg vor den ordentlichen Gerichten zu verweisen. Nach dem Umwelt-Rechtsbehelfsgesetz anerkannte Vereinigungen sollen die zuständige Behörde in einer dem Umweltschutz dienenden Weise unterstützen. In der Bekanntmachung ist

- darauf hinzuweisen, wo und wann der Antrag auf Erteilung der Genehmigung und die Unterlagen zur Einsicht ausgelegt sind,
- dazu aufzufordern, etwaige Einwendungen bei einer in der Bekanntmachung zu bezeichnenden Stelle innerhalb der Einwendungsfrist vorzubringen; dabei ist auf die Rechtsfolgen hinzuweisen,
- ein Erörterungstermin zu bestimmen und darauf hinzuweisen, dass er aufgrund einer Ermessensentscheidung der Genehmigungsbehörde durchgeführt wird und dass dann die formgerecht erhobenen Einwendungen auch bei Ausbleiben des Antragstellers oder von Personen, die Einwendungen erhoben haben, erörtert werden,
- darauf hinzuweisen, dass die Zustellung der Entscheidung über die Einwendungen durch öffentliche Bekanntmachung ersetzt werden kann.

Die für die Erteilung der Genehmigung zuständige Behörde (Genehmigungsbehörde) holt die Stellungnahmen der Behörden ein, deren Aufgabenbereich durch das Vorhaben berührt wird. Soweit für das Vorhaben selbst oder für weitere damit unmittelbar in einem räumlichen oder betrieblichen Zusammenhang stehende Vorhaben, die Auswirkungen auf die Umwelt haben können und die für die Genehmigung Bedeutung haben, eine Zulassung nach anderen Gesetzen vorgeschrieben ist, hat die Genehmigungsbehörde eine vollständige Koordinierung der Zulassungsverfahren sowie der Inhalts- und Nebenbestimmungen sicherzustellen. Nach Ablauf der Einwendungsfrist kann die Genehmigungsbehörde die rechtzeitig gegen das Vorhaben erhobenen Einwendungen mit dem Antragsteller und denjenigen, die Einwendungen erhoben haben, erörtern.

Über den Genehmigungsantrag ist nach Eingang des Antrags und der einzureichenden Unterlagen innerhalb einer Frist von sieben Monaten, in vereinfachten Verfahren innerhalb einer Frist von drei Monaten, zu entscheiden. Die zuständige Behörde kann die Frist um jeweils drei Monate verlängern, wenn dies wegen der Schwierigkeit der Prüfung oder aus

Gründen, die dem Antragsteller zuzurechnen sind, erforderlich ist. Die Fristverlängerung soll gegenüber dem Antragsteller begründet werden. Der Genehmigungsbescheid ist schriftlich zu erlassen, schriftlich zu begründen und dem Antragsteller und den Personen, die Einwendungen erhoben haben, zuzustellen. Er ist öffentlich bekannt zu machen. Die Zustellung des Genehmigungsbescheids an die Personen, die Einwendungen erhoben haben, kann durch öffentliche Bekanntmachung ersetzt werden. Die öffentliche Bekanntmachung wird dadurch bewirkt, dass der verfügende Teil des Bescheids und die Rechtsbehelfsbelehrung in entsprechender Anwendung bekannt gemacht werden. Auf Auflagen ist hinzuweisen. In diesem Fall ist eine Ausfertigung des gesamten Bescheids vom Tage nach der Bekanntmachung an zwei Wochen zur Einsicht auszulegen. In der öffentlichen Bekanntmachung ist anzugeben, wo und wann der Bescheid und seine Begründung eingesehen und angefordert werden können. Mit dem Ende der Auslegungsfrist gilt der Bescheid auch gegenüber Dritten, die keine Einwendung erhoben haben, als zugestellt. Darauf ist in der Bekanntmachung hinzuweisen. Nach der öffentlichen Bekanntmachung können der Bescheid und seine Begründung bis zum Ablauf der Widerspruchsfrist von den Personen, die Einwendungen erhoben haben, schriftlich angefordert werden. Unbeschadet sind bei Anlagen nach der Industrieemissions-Richtlinie folgende Unterlagen im Internet öffentlich bekannt zu machen:

- der Genehmigungsbescheid mit Ausnahme in Bezug genommener Antragsunterlagen und des Berichts über den Ausgangszustand sowie
- die Bezeichnung des für die betreffende Anlage maßgeblichen BVT-Merkblatts.

Soweit der Genehmigungsbescheid Geschäfts- oder Betriebsgeheimnisse enthält, sind die entsprechenden Stellen unkenntlich zu machen. Die Bundesregierung wird ermächtigt, durch Rechtsverordnung mit Zustimmung des Bundesrates das Genehmigungsverfahren zu regeln. In der Rechtsverordnung kann auch das Verfahren bei Erteilung einer Genehmigung im vereinfachten Verfahren (§ 19) sowie bei der Erteilung eines Vorbescheids (§ 9), einer Teilgenehmigung (§ 8) und einer Zulassung vorzeitigen Beginns (§ 8a) geregelt werden. In der Verordnung ist auch näher zu bestimmen, welchen Anforderungen das Genehmigungsverfahren für Anlagen genügen muss, für die nach dem Gesetz über die Umweltverträglichkeitsprüfung eine Umweltverträglichkeitsprüfung durchzuführen ist.

Einwendungen Dritter bei Teilgenehmigung und Vorbescheid (§ 11)
Ist eine Teilgenehmigung oder ein Vorbescheid erteilt worden, können nach Eintritt ihrer Unanfechtbarkeit im weiteren Verfahren zur Genehmigung der Errichtung und des Betriebs der Anlage Einwendungen nicht mehr aufgrund von Tatsachen erhoben werden, die im vorhergehenden Verfahren fristgerecht vorgebracht worden sind oder nach den ausgelegten Unterlagen hätten vorgebracht werden können.

Nebenbestimmungen zur Genehmigung (§ 12)
Die Genehmigung kann unter Bedingungen erteilt und mit Auflagen verbunden werden, soweit dies erforderlich ist, um die Erfüllung der in § 6 genannten Genehmigungsvoraus-

setzungen sicherzustellen. Für den Fall, dass eine Verwaltungsvorschrift für die jeweilige Anlagenart keine Anforderungen vorsieht, ist bei der Festlegung von Emissionsbegrenzungen für Anlagen nach der Industrieemissions-Richtlinie in der Genehmigung sicherzustellen, dass die Emissionen unter normalen Betriebsbedingungen die in den BVT-Schlussfolgerungen genannten Emissionsbandbreiten nicht überschreiten. Abweichend kann die zuständige Behörde weniger strenge Emissionsbegrenzungen festlegen, wenn

- eine Bewertung ergibt, dass wegen technischer Merkmale der Anlage die Anwendung der in den BVT-Schlussfolgerungen genannten Emissionsbandbreiten unverhältnismäßig wäre oder
- in Anlagen Zukunftstechniken für einen Gesamtzeitraum von höchstens neun Monaten erprobt oder angewendet werden sollen, sofern nach dem festgelegten Zeitraum die Anwendung der betreffenden Technik beendet wird oder in der Anlage mindestens die mit den besten verfügbaren Techniken assoziierten Emissionsbandbreiten erreicht werden.

Bei der Festlegung der Emissionsbegrenzungen sind insbesondere mögliche Verlagerungen von nachteiligen Auswirkungen von einem Schutzgut auf ein anderes zu berücksichtigen. Ein hohes Schutzniveau für die Umwelt insgesamt ist zu gewährleisten. Emissionsbegrenzungen dürfen die in den Anhängen der Richtlinie 2010/75/EU festgelegten Emissionsgrenzwerte nicht überschreiten und keine schädlichen Umwelteinwirkungen hervorrufen. Die Genehmigung kann auf Antrag für einen bestimmten Zeitraum erteilt werden. Sie kann mit einem Vorbehalt des Widerrufs erteilt werden, wenn die genehmigungsbedürftige Anlage lediglich Erprobungszwecken dienen soll. Die Genehmigung kann mit Einverständnis des Antragstellers mit dem Vorbehalt nachträglicher Auflagen erteilt werden, soweit hierdurch hinreichend bestimmte, in der Genehmigung bereits allgemein festgelegte Anforderungen an die Errichtung oder den Betrieb der Anlage in einem Zeitpunkt nach Erteilung der Genehmigung näher festgelegt werden sollen.

Im Falle des § 6 soll der Antragsteller durch eine Auflage verpflichtet werden, der zuständigen Behörde unverzüglich die erstmalige Herstellung oder Verwendung eines anderen Stoffes innerhalb der genehmigten Betriebsweise mitzuteilen. Der Betreiber kann durch Auflage verpflichtet werden, den Wechsel eines im Genehmigungsverfahren dargelegten Entsorgungswegs von Abfällen der zuständigen Behörde anzuzeigen. Das gilt ebenso für in Abfallbehandlungsanlagen erzeugte Abfälle. Bei Abfallbehandlungsanlagen können außerdem Anforderungen an die Qualität und das Schadstoffpotenzial der angenommenen Abfälle sowie der die Anlage verlassenden Abfälle gestellt werden. Die Teilgenehmigung kann für einen bestimmten Zeitraum oder mit dem Vorbehalt erteilt werden, dass sie bis zur Entscheidung über die Genehmigung widerrufen oder mit Auflagen verbunden werden kann.

Genehmigung und andere behördliche Entscheidungen (§ 13)

Die Genehmigung schließt andere die Anlage betreffende behördliche Entscheidungen ein, insbesondere öffentlich-rechtliche Genehmigungen, Zulassungen, Verleihungen, Erlaubnisse und Bewilligungen mit Ausnahme von Planfeststellungen, Zulassungen bergrechtlicher Betriebspläne, behördlichen Entscheidungen aufgrund atomrechtlicher Vorschriften und wasserrechtlichen Erlaubnissen und Bewilligungen nach § 8 in Verbindung mit § 10 des Wasserhaushaltsgesetzes.

Änderung genehmigungsbedürftiger Anlagen (§ 15)
Die Änderung der Lage, der Beschaffenheit oder des Betriebs einer genehmigungsbedürftigen Anlage ist, sofern eine Genehmigung nicht beantragt wird, der zuständigen Behörde mindestens einen Monat, bevor mit der Änderung begonnen werden soll, schriftlich oder elektronisch anzuzeigen, wenn sich die Änderung auf in § 1 genannte Schutzgüter auswirken kann. Der Anzeige sind Unterlagen beizufügen, soweit diese für die Prüfung erforderlich sein können, ob das Vorhaben genehmigungsbedürftig ist. Die zuständige Behörde hat dem Träger des Vorhabens den Eingang der Anzeige und der beigefügten Unterlagen unverzüglich schriftlich oder elektronisch zu bestätigen. Sie kann bei einer elektronischen Anzeige Mehrausfertigungen sowie die Übermittlung der Unterlagen, die der Anzeige beizufügen sind, auch in schriftlicher Form verlangen. Sie teilt dem Träger des Vorhabens nach Eingang der Anzeige unverzüglich mit, welche zusätzlichen Unterlagen sie zur Beurteilung benötigt. Die zuständige Behörde hat unverzüglich, spätestens innerhalb eines Monats nach Eingang der Anzeige und der erforderlichen Unterlagen, zu prüfen, ob die Änderung einer Genehmigung bedarf. Der Träger des Vorhabens darf die Änderung vornehmen, sobald die zuständige Behörde ihm mitteilt, dass die Änderung keiner Genehmigung bedarf oder sich innerhalb der bestimmten Frist nicht geäußert hat. Dies gilt für nachgereichte Unterlagen entsprechend.

Bei einer störfallrelevanten Änderung einer genehmigungsbedürftigen Anlage, die Betriebsbereich oder Bestandteil eines Betriebsbereichs ist, hat die zuständige Behörde unverzüglich, spätestens innerhalb von zwei Monaten nach Eingang der Anzeige und der erforderlichen Unterlagen zu prüfen, ob diese Änderung einer Genehmigung bedarf. Soweit es zur Ermittlung des angemessenen Sicherheitsabstands erforderlich ist, kann die zuständige Behörde ein Gutachten zu den Auswirkungen verlangen, die bei schweren Unfällen durch die Anlage hervorgerufen werden können. Der Träger des Vorhabens darf die störfallrelevante Änderung vornehmen, sobald ihm die zuständige Behörde mitteilt, dass sie keiner Genehmigung bedarf. Beabsichtigt der Betreiber, den Betrieb einer genehmigungsbedürftigen Anlage einzustellen, so hat er dies unter Angabe des Zeitpunktes der Einstellung der zuständigen Behörde unverzüglich anzuzeigen. Der Anzeige sind Unterlagen über die vom Betreiber vorgesehenen Maßnahmen zur Erfüllung der sich ergebenden Pflichten beizufügen.

Wesentliche Änderung genehmigungsbedürftiger Anlagen (§ 16)
Die Änderung der Lage, der Beschaffenheit oder des Betriebs einer genehmigungsbedürftigen Anlage bedarf der Genehmigung, wenn durch die Änderung nachteilige Auswirkungen hervorgerufen werden können und diese für die Prüfung erheblich sein können (wesentliche Änderung). Eine Genehmigung ist stets erforderlich, wenn die Änderung oder

Erweiterung des Betriebs einer genehmigungsbedürftigen Anlage für sich genommen die Leistungsgrenzen oder Anlagengrößen des Anhangs zur Verordnung über genehmigungsbedürftige Anlagen erreichen. Eine Genehmigung ist nicht erforderlich, wenn durch die Änderung hervorgerufene nachteilige Auswirkungen offensichtlich gering sind und die Erfüllung der sich ergebenden Anforderungen sichergestellt ist.

Die zuständige Behörde soll von der öffentlichen Bekanntmachung des Vorhabens sowie der Auslegung des Antrags und der Unterlagen absehen, wenn der Träger des Vorhabens dies beantragt und erhebliche nachteilige Auswirkungen auf in § 1 genannte Schutzgüter nicht zu besorgen sind. Dies ist insbesondere dann der Fall, wenn erkennbar ist, dass die Auswirkungen durch die getroffenen oder vom Träger des Vorhabens vorgesehenen Maßnahmen ausgeschlossen werden oder die Nachteile im Verhältnis zu den jeweils vergleichbaren Vorteilen gering sind. Betrifft die wesentliche Änderung eine in einem vereinfachten Verfahren zu genehmigende Anlage, ist auch die wesentliche Änderung im vereinfachten Verfahren zu genehmigen. Einer Genehmigung bedarf es nicht, wenn eine genehmigte Anlage oder Teile einer genehmigten Anlage im Rahmen der erteilten Genehmigung ersetzt oder ausgetauscht werden sollen.

Störfallrelevante Änderung genehmigungsbedürftiger Anlagen (§ 16a)
Die störfallrelevante Änderung einer genehmigungsbedürftigen Anlage, die Betriebsbereich oder Bestandteil eines Betriebsbereichs ist, bedarf der Genehmigung, wenn durch die störfallrelevante Änderung der angemessene Sicherheitsabstand zu benachbarten Schutzobjekten erstmalig unterschritten wird, der bereits unterschrittene Sicherheitsabstand räumlich noch weiter unterschritten wird oder eine erhebliche Gefahrenerhöhung ausgelöst wird. Einer Genehmigung bedarf es nicht, soweit dem Gebot, den angemessenen Sicherheitsabstand zu wahren, bereits auf Ebene einer raumbedeutsamen Planung oder Maßnahme durch verbindliche Vorgaben Rechnung getragen worden ist.

Nachträgliche Anordnungen (§ 17)
Zur Erfüllung der sich aus diesem Gesetz und der aufgrund dieses Gesetzes erlassenen Rechtsverordnungen ergebenden Pflichten können nach Erteilung der Genehmigung sowie nach einer nach § 15 angezeigten Änderung Anordnungen getroffen werden. Wird nach Erteilung der Genehmigung sowie nach einer nach § 15 angezeigten Änderung festgestellt, dass die Allgemeinheit oder die Nachbarschaft nicht ausreichend vor schädlichen Umwelteinwirkungen oder sonstigen Gefahren, erheblichen Nachteilen oder erheblichen Belästigungen geschützt ist, soll die zuständige Behörde nachträgliche Anordnungen treffen. Bei Anlagen nach der Industrieemissions-Richtlinie ist vor dem Erlass einer nachträglichen Anordnung, durch welche Emissionsbegrenzungen neu festgelegt werden sollen, der Entwurf der Anordnung öffentlich bekannt zu machen. Einwendungsbefugt sind Personen, deren Belange durch die nachträgliche Anordnung berührt werden, sowie Vereinigungen, welche die Anforderungen des Umwelt-Rechtsbehelfsgesetzes erfüllen.

Die zuständige Behörde darf eine nachträgliche Anordnung nicht treffen, wenn sie unverhältnismäßig ist, vor allem wenn der mit der Erfüllung der Anordnung verbundene

Aufwand außer Verhältnis zu dem mit der Anordnung angestrebten Erfolg steht. Dabei sind insbesondere Art, Menge und Gefährlichkeit der von der Anlage ausgehenden Emissionen und der von ihr verursachten Immissionen sowie die Nutzungsdauer und technische Besonderheiten der Anlage zu berücksichtigen. Darf eine nachträgliche Anordnung wegen Unverhältnismäßigkeit nicht getroffen werden, soll die zuständige Behörde die Genehmigung ganz oder teilweise widerrufen. Abweichend kann die zuständige Behörde weniger strenge Emissionsbegrenzungen festlegen, wenn

- wegen technischer Merkmale der Anlage die Anwendung der in den BVT-Schlussfolgerungen genannten Emissionsbandbreiten unverhältnismäßig wäre und die Behörde dies begründet oder
- in Anlagen Zukunftstechniken für einen Gesamtzeitraum von höchstens neun Monaten erprobt oder angewendet werden sollen, sofern nach dem festgelegten Zeitraum die Anwendung der betreffenden Technik beendet wird oder in der Anlage mindestens die mit den besten verfügbaren Techniken assoziierten Emissionsbandbreiten erreicht werden.

Soweit durch Rechtsverordnung die Anforderungen abschließend festgelegt sind, dürfen durch nachträgliche Anordnungen weitergehende Anforderungen zur Vorsorge gegen schädliche Umwelteinwirkungen nicht gestellt werden. Die zuständige Behörde soll von nachträglichen Anordnungen absehen, soweit in einem vom Betreiber vorgelegten Plan technische Maßnahmen an dessen Anlagen oder an Anlagen Dritter vorgesehen sind, die zu einer weitergehenden Verringerung der Emissionsfrachten führen als die Summe der Minderungen, die durch den Erlass nachträglicher Anordnungen zur Erfüllung der sich aus diesem Gesetz oder den aufgrund dieses Gesetzes erlassenen Rechtsverordnungen ergebenden Pflichten bei den beteiligten Anlagen erreichbar wäre und hierdurch der in § 1 genannte Zweck gefördert wird. Dies gilt nicht, soweit der Betreiber bereits zur Emissionsminderung aufgrund einer nachträglichen Anordnung oder einer Auflage verpflichtet ist. Der Ausgleich ist nur zwischen denselben oder in der Wirkung auf die Umwelt vergleichbaren Stoffen zulässig. Dies gilt auch für nicht betriebsbereite Anlagen, für die die Genehmigung zur Errichtung und zum Betrieb erteilt ist oder für die in einem Vorbescheid oder einer Teilgenehmigung Anforderungen festgelegt sind. Die Durchführung der Maßnahmen des Plans ist durch Anordnung sicherzustellen.

Ist es zur Erfüllung der Anordnung erforderlich, die Lage, die Beschaffenheit oder den Betrieb der Anlage wesentlich zu ändern und ist in der Anordnung nicht abschließend bestimmt, in welcher Weise sie zu erfüllen ist, so bedarf die Änderung der Genehmigung nach § 16. Ist zur Erfüllung der Anordnung die störfallrelevante Änderung einer Anlage erforderlich, die Betriebsbereich oder Bestandteil eines Betriebsbereichs ist und wird durch diese Änderung der angemessene Sicherheitsabstand erstmalig unterschritten, wird der bereits unterschrittene Sicherheitsabstand räumlich noch weiter unterschritten oder wird eine erhebliche Gefahrenerhöhung ausgelöst, so bedarf die Änderung einer Genehmigung nach § 16 oder § 16a, wenn in der Anordnung nicht abschließend bestimmt ist, in welcher Weise sie zu erfüllen ist.

Erlöschen der Genehmigung (§ 18)
Die Genehmigung erlischt, wenn

- innerhalb einer von der Genehmigungsbehörde gesetzten angemessenen Frist nicht mit der Errichtung oder dem Betrieb der Anlage begonnen oder
- eine Anlage während eines Zeitraums von mehr als drei Jahren nicht mehr betrieben

worden ist. Die Genehmigung erlischt ferner, soweit das Genehmigungserfordernis aufgehoben wird. Die Genehmigungsbehörde kann auf Antrag die Fristen aus wichtigem Grunde verlängern, wenn hierdurch der Zweck des Gesetzes nicht gefährdet wird.

Vereinfachtes Verfahren (§ 19)
Durch Rechtsverordnung kann vorgeschrieben werden, dass die Genehmigung von Anlagen bestimmter Art oder bestimmten Umfangs in einem vereinfachten Verfahren erteilt wird, sofern dies nach Art, Ausmaß und Dauer der von diesen Anlagen hervorgerufenen schädlichen Umwelteinwirkungen und sonstigen Gefahren, erheblichen Nachteilen und erheblichen Belästigungen mit dem Schutz der Allgemeinheit und der Nachbarschaft vereinbar ist. Die Genehmigung einer Anlage, die Betriebsbereich oder Bestandteil eines Betriebsbereichs ist, kann nicht im vereinfachten Verfahren erteilt werden, wenn durch deren störfallrelevante Errichtung und Betrieb der angemessene Sicherheitsabstand zu benachbarten Schutzobjekten unterschritten wird oder durch deren störfallrelevante Änderung der angemessene Sicherheitsabstand zu benachbarten Schutzobjekten erstmalig unterschritten wird, der bereits unterschrittene Sicherheitsabstand räumlich noch weiter unterschritten wird oder eine erhebliche Gefahrenerhöhung ausgelöst wird. Tab. 2.2 zeigt einen Überblick von förmlichen und vereinfachten Genehmigungsverfahren.

Untersagung, Stilllegung und Beseitigung (§ 20)
Kommt der Betreiber einer genehmigungsbedürftigen Anlage einer Auflage, einer vollziehbaren nachträglichen Anordnung oder einer abschließend bestimmten Pflicht aus einer Rechtsverordnung nach § 7 nicht nach und betreffen die Auflage, die Anordnung oder die Pflicht die Beschaffenheit oder den Betrieb der Anlage, so kann die zuständige Behörde den Betrieb ganz oder teilweise bis zur Erfüllung der Auflage, der Anordnung oder der Pflichten aus der Rechtsverordnung nach § 7 untersagen. Die zuständige Behörde hat den Betrieb ganz oder teilweise zu untersagen, wenn ein Verstoß gegen die Auflage, Anordnung oder Pflicht eine unmittelbare Gefährdung der menschlichen Gesundheit verursacht oder eine unmittelbare erhebliche Gefährdung der Umwelt darstellt. Die zuständige Behörde hat die Inbetriebnahme oder Weiterführung einer genehmigungsbedürftigen Anlage, die Betriebsbereich oder Bestandteil eines Betriebsbereichs ist und gewerblichen Zwecken dient oder im Rahmen wirtschaftlicher Unternehmungen Verwendung findet, ganz oder teilweise zu untersagen, solange und soweit die von dem Betreiber getroffenen Maßnahmen zur Verhütung schwerer Unfälle oder zur Begrenzung der Auswirkungen der-

Tab. 2.2 Überblick über die Genehmigungsverfahren

Förmliches Genehmigungsverfahren gemäß § 10 BImSchG	Vereinfachtes Genehmigungsverfahren gemäß § 19 BImSchG
Abs. 1 Schriftlicher Antrag an die zuständige Behörde	Wie förmliches Verfahren
Abs. 3 Antragsunterlagen werden durch die Behörde der Öffentlichkeit für einen Monat zugänglich gemacht	Keine öffentliche Auslegung
Einspruchsfrist bis 2 Wochen nach Ende der Auslegungsfrist	Keine Einspruchsfrist
Abs. 4 Form der Bekanntmachung	Keine Bekanntmachung
Abs. 5 Genehmigungsbehörde holt fachliche Stellungnahme bei den Fachbehörden ein	Wie förmliches Verfahren
Abs. 6 Erhobene Einwendungen sind von der Genehmigungsbehörde mit den Antragstellern zu erörtern	Kein Erörterungstermin
Abs. 6a Entscheidung über die Genehmigung ist innerhalb von 7 Monaten (evtl. + 3 Monate Verlängerungsfrist) zu fällen	Entscheidung über die Genehmigung ist innerhalb von 3 Monaten (evtl. + 3 Monate Verlängerungsfrist) zu fällen
Abs. 7 Der Genehmigungsbescheid wird schriftlich erlassen	Wie förmliches Verfahren

artiger Unfälle eindeutig unzureichend sind. Bei der Entscheidung über eine Untersagung berücksichtigt die zuständige Behörde auch schwerwiegende Unterlassungen in Bezug auf erforderliche Folgemaßnahmen, die in einem Überwachungsbericht nach § 16 der Störfall-Verordnung festgelegt worden sind. Die zuständige Behörde kann die Inbetriebnahme oder Weiterführung einer Anlage ganz oder teilweise untersagen, wenn der Betreiber die in einer zur Umsetzung der Richtlinie 2012/18/EU erlassenen Rechtsverordnung vorgeschriebenen Mitteilungen, Berichte oder sonstigen Informationen nicht fristgerecht übermittelt.

Die zuständige Behörde soll anordnen, dass eine Anlage, die ohne die erforderliche Genehmigung errichtet, betrieben oder wesentlich geändert wird, stillzulegen oder zu beseitigen ist. Sie hat die Beseitigung anzuordnen, wenn die Allgemeinheit oder die Nachbarschaft nicht auf andere Weise ausreichend geschützt werden kann. Die zuständige Behörde kann den weiteren Betrieb einer genehmigungsbedürftigen Anlage durch den Betreiber oder einen mit der Leitung des Betriebs Beauftragten untersagen, wenn Tatsachen vorliegen, welche die Unzuverlässigkeit dieser Personen in Bezug auf die Einhaltung von Rechtsvorschriften zum Schutz vor schädlichen Umwelteinwirkungen dartun und die Untersagung zum Wohl der Allgemeinheit geboten ist. Dem Betreiber der Anlage kann auf Antrag die Erlaubnis erteilt werden, die Anlage durch eine Person betreiben zu lassen, die die Gewähr für den ordnungsgemäßen Betrieb der Anlage bietet. Die Erlaubnis kann mit Auflagen verbunden werden.

Widerruf der Genehmigung (§ 21)

Eine nach diesem Gesetz erteilte rechtmäßige Genehmigung darf, auch nachdem sie unanfechtbar geworden ist, ganz oder teilweise mit Wirkung für die Zukunft nur widerrufen werden,

- wenn der Widerruf gemäß § 12 vorbehalten ist,
- wenn mit der Genehmigung eine Auflage verbunden ist und der Begünstigte diese nicht oder nicht innerhalb einer ihm gesetzten Frist erfüllt hat,
- wenn die Genehmigungsbehörde aufgrund nachträglich eingetretener Tatsachen berechtigt wäre, die Genehmigung nicht zu erteilen und wenn ohne den Widerruf das öffentliche Interesse gefährdet würde,
- wenn die Genehmigungsbehörde aufgrund einer geänderten Rechtsvorschrift berechtigt wäre, die Genehmigung nicht zu erteilen, soweit der Betreiber von der Genehmigung noch keinen Gebrauch gemacht hat und wenn ohne den Widerruf das öffentliche Interesse gefährdet würde,
- um schwere Nachteile für das Gemeinwohl zu verhüten oder zu beseitigen.

Erhält die Genehmigungsbehörde von Tatsachen Kenntnis, welche den Widerruf einer Genehmigung rechtfertigen, so ist der Widerruf nur innerhalb eines Jahres seit dem Zeitpunkt der Kenntnisnahme zulässig. Die widerrufene Genehmigung wird mit dem Wirksamwerden des Widerrufs unwirksam, wenn die Genehmigungsbehörde keinen späteren Zeitpunkt bestimmt.

2.2.2 Nicht genehmigungsbedürftige Anlagen

Pflichten der Betreiber nicht genehmigungsbedürftiger Anlagen (§ 22)

Nicht genehmigungsbedürftige Anlagen sind so zu errichten und zu betreiben, dass

- schädliche Umwelteinwirkungen verhindert werden, die nach dem Stand der Technik vermeidbar sind,
- nach dem Stand der Technik unvermeidbare schädliche Umwelteinwirkungen auf ein Mindestmaß beschränkt werden und
- die beim Betrieb der Anlagen entstehenden Abfälle ordnungsgemäß beseitigt werden können.

Die Bundesregierung wird ermächtigt, nach Anhörung der beteiligten Kreise durch Rechtsverordnung mit Zustimmung des Bundesrates aufgrund der Art oder Menge aller oder einzelner anfallender Abfälle die Anlagen zu bestimmen, für die die Anforderungen gelten. Geräuscheinwirkungen, die von Kindertageseinrichtungen, Kinderspielplätzen und ähnlichen Einrichtungen, wie beispielsweise Ballspielplätzen, durch Kinder hervorgerufen werden, sind im Regelfall keine schädliche Umwelteinwirkung. Bei der Beurteilung der Geräuscheinwirkungen dürfen Immissionsgrenz- und -richtwerte nicht herangezogen werden.

Anforderungen an die Errichtung, die Beschaffenheit und den Betrieb nicht genehmigungsbedürftiger Anlagen (§ 23)

Die Bundesregierung wird ermächtigt, nach Anhörung der beteiligten Kreise durch Rechtsverordnung mit Zustimmung des Bundesrates vorzuschreiben, dass die Errichtung, die Beschaffenheit und der Betrieb nicht genehmigungsbedürftiger Anlagen bestimmten Anforderungen zum Schutz der Allgemeinheit und der Nachbarschaft vor schädlichen Umwelteinwirkungen und, soweit diese Anlagen gewerblichen Zwecken dienen oder im Rahmen wirtschaftlicher Unternehmungen Verwendung finden und Betriebsbereiche oder Bestandteile von Betriebsbereichen sind, vor sonstigen Gefahren zur Verhütung schwerer Unfälle und zur Begrenzung der Auswirkungen derartiger Unfälle für Mensch und Umwelt sowie zur Vorsorge gegen schädliche Umwelteinwirkungen genügen müssen, insbesondere dass

- die Anlagen bestimmten technischen Anforderungen entsprechen müssen,
- die von Anlagen ausgehenden Emissionen bestimmte Grenzwerte nicht überschreiten dürfen,
- die Betreiber von Anlagen Messungen von Emissionen und Immissionen nach in der Rechtsverordnung näher zu bestimmenden Verfahren vorzunehmen haben oder von einer in der Rechtsverordnung zu bestimmenden Stelle vornehmen lassen müssen,
- die Betreiber bestimmter Anlagen der zuständigen Behörde unverzüglich die Inbetriebnahme oder eine Änderung einer Anlage, die für die Erfüllung von in der Rechtsverordnung vorgeschriebenen Pflichten von Bedeutung sein kann, anzuzeigen haben,
- die Betreiber von Anlagen, die Betriebsbereiche oder Bestandteile von Betriebsbereichen sind, innerhalb einer angemessenen Frist vor Errichtung, vor Inbetriebnahme oder vor einer Änderung dieser Anlagen, die für die Erfüllung von in der Rechtsverordnung vorgeschriebenen Pflichten von Bedeutung sein kann, dies der zuständigen Behörde anzuzeigen haben und
- bestimmte Anlagen nur betrieben werden dürfen, nachdem die Bescheinigung eines von der nach Landesrecht zuständigen Behörde bekannt gegebenen Sachverständigen vorgelegt worden ist, dass die Anlage den Anforderungen der Rechtsverordnung oder einer Bauartzulassung entspricht.

In der Rechtsverordnung können auch die Anforderungen bestimmt werden, denen Sachverständige hinsichtlich ihrer Fachkunde, Zuverlässigkeit und gerätetechnischen Ausstattung genügen müssen.

Anzeigeverfahren für nicht genehmigungsbedürftige Anlagen, die Betriebsbereich oder Bestandteil eines Betriebsbereichs sind (§ 23a)

Die störfallrelevante Errichtung und der Betrieb oder die störfallrelevante Änderung einer nicht genehmigungsbedürftigen Anlage, die Betriebsbereich oder Bestandteil eines Betriebsbereichs ist, ist der zuständigen Behörde vor ihrer Durchführung schriftlich oder elektronisch anzuzeigen. Der Anzeige sind alle Unterlagen beizufügen, die für die Feststellung erforderlich sein können. Die zuständige Behörde kann bei einer elektronischen Anzeige Mehrausfertigungen sowie die Übermittlung der der Anzeige beizufügenden Unterlagen auch in schriftlicher Form verlangen. Soweit es zur Ermittlung des angemessenen Sicherheitsabstands erforderlich ist, kann die zuständige Behörde ein Gutachten zu den Auswirkungen verlangen, die bei schweren Unfällen durch die Anlage hervorgerufen werden können. Die zuständige Behörde hat dem Träger des Vorhabens den Eingang der Anzeige und der beigefügten Unterlagen unverzüglich schriftlich oder elektronisch zu bestätigen. Sie teilt dem Träger des Vorhabens nach Eingang der Anzeige unverzüglich mit, welche zusätzlichen Unterlagen sie für die Feststellung benötigt.

Die zuständige Behörde hat festzustellen, ob durch die störfallrelevante Errichtung und den Betrieb oder die störfallrelevante Änderung der Anlage der angemessene Sicherheitsabstand zu benachbarten Schutzobjekten erstmalig unterschritten wird, räumlich noch weiter unterschritten wird oder eine erhebliche Gefahrenerhöhung ausgelöst wird. Diese Feststellung ist dem Träger des Vorhabens spätestens zwei Monate nach Eingang der Anzeige und der erforderlichen Unterlagen bekannt zu geben und der Öffentlichkeit nach den Bestimmungen des Bundes und der Länder über den Zugang zu Umweltinformationen zugänglich zu machen. Wird kein Genehmigungsverfahren nach § 23b durchgeführt, macht die zuständige Behörde dies in ihrem amtlichen Veröffentlichungsblatt und entweder im Internet oder in örtlichen Tageszeitungen, die im Bereich des Standortes des Betriebsbereichs verbreitet sind, öffentlich bekannt. Der Träger des Vorhabens darf die Errichtung und den Betrieb oder die Änderung vornehmen, sobald die zuständige Behörde ihm mitteilt, dass sein Vorhaben keiner Genehmigung bedarf.

Störfallrechtliches Genehmigungsverfahren (§ 23b)

Ergibt die Feststellung nach § 23a, dass der angemessene Sicherheitsabstand erstmalig unterschritten wird, räumlich noch weiter unterschritten wird oder eine erhebliche Gefahrenerhöhung ausgelöst wird, bedarf die störfallrelevante Errichtung und der Betrieb oder die störfallrelevante Änderung einer nicht genehmigungsbedürftigen Anlage, die Betriebsbereich oder Bestandteil eines Betriebsbereichs ist, einer störfallrechtlichen Genehmigung. Dies gilt nicht, soweit dem Gebot, den angemessenen Sicherheitsabstand zu wahren, bereits auf Ebene einer raumbedeutsamen Planung oder Maßnahme durch verbindliche Vorgaben Rechnung getragen worden ist. Die Genehmigung setzt einen schriftlichen oder elektronischen Antrag voraus. Die Genehmigung ist zu erteilen, wenn sichergestellt ist, dass die Anforderungen des § 22 und der auf Grundlage des § 23 erlassenen Rechtsverordnungen eingehalten werden und andere öffentlich-rechtliche Vorschriften und Belange des Arbeitsschutzes nicht entgegenstehen. Die Genehmigung kann unter Bedingungen erteilt und mit Auflagen verbunden werden, soweit dies erforderlich ist, um die Erfüllung der Genehmigungsvoraussetzungen sicherzustellen. Die Genehmigung schließt andere die Anlage betreffende behördliche Entscheidungen ein mit Ausnahme von Planfeststellungen, Zulassungen bergrechtlicher Betriebspläne, behördlichen Entscheidungen aufgrund atomrechtlicher Vorschriften und wasserrechtlichen Erlaubnissen und Bewilligungen nach § 8 in Verbindung mit § 10 des Wasserhaushaltsgesetzes.

Im Genehmigungsverfahren ist die Öffentlichkeit zu beteiligen. Dazu macht die zuständige Behörde das Vorhaben öffentlich bekannt und legt den Antrag, die vom Antragsteller vorgelegten Unterlagen sowie die entscheidungserheblichen Berichte und Empfehlungen, die der Behörde im Zeitpunkt der Bekanntmachung vorliegen, einen Monat zur Einsicht aus. Personen, deren Belange durch das Vorhaben berührt werden sowie Vereinigungen, welche die Anforderungen des Umwelt-Rechtsbehelfsgesetzes erfüllen, können innerhalb der genannten Frist gegenüber der zuständigen Behörde schriftlich oder elektronisch Einwendungen erheben. Die Genehmigungsbehörde holt die Stellungnahmen der Behörden ein, deren Aufgabenbereich durch das Vorhaben berührt wird. Soweit für das Vorhaben selbst oder für weitere damit unmittelbar in Zusammenhang stehende Vorhaben, die Auswirkungen auf die Umwelt haben können und die für die Genehmigung Bedeutung haben, eine Zulassung nach anderen Gesetzen vorgeschrieben ist, hat die Genehmigungsbehörde eine vollständige Koordinierung der Zulassungsverfahren sowie der Inhalts- und Nebenbestimmungen sicherzustellen.

Über den Antrag auf störfallrelevante Errichtung und Betrieb einer Anlage hat die zuständige Behörde innerhalb einer Frist von sieben Monaten nach Eingang des Antrags und der erforderlichen Unterlagen zu entscheiden. Über den Antrag auf störfallrelevante Änderung einer Anlage ist innerhalb einer Frist von sechs Monaten nach Eingang des Antrags und der erforderlichen Unterlagen zu entscheiden. Die zuständige Behörde kann die jeweilige Frist um drei Monate verlängern, wenn dies wegen der Schwierigkeit der Prüfung oder aus Gründen, die dem Antragsteller zuzurechnen sind, erforderlich ist. Die Fristverlängerung soll gegenüber dem Antragsteller begründet werden. Die Bundesregierung wird ermächtigt, durch Rechtsverordnung mit Zustimmung des Bundesrates weitere Einzelheiten des Verfahrens zu regeln, insbesondere

- Form und Inhalt des Antrags,
- Verfahren und Inhalt der Bekanntmachung und Auslegung des Vorhabens durch die zuständige Behörde sowie
- Inhalt und Bekanntmachung des Genehmigungsbescheids.

Anordnungen im Einzelfall (§ 24)

Die zuständige Behörde kann im Einzelfall die zur Durchführung des § 22 und der auf dieses Gesetz gestützten Rechtsverordnungen erforderlichen Anordnungen treffen. Kann das Ziel der Anordnung auch durch eine Maßnahme zum Zwecke des Arbeitsschutzes erreicht werden, soll diese angeordnet werden.

Untersagung (§ 25)

Kommt der Betreiber einer Anlage einer vollziehbaren behördlichen Anordnung nach § 24 nicht nach, so kann die zuständige Behörde den Betrieb der Anlage ganz oder teilweise bis zur Erfüllung der Anordnung untersagen. Die zuständige Behörde hat die Inbetriebnahme oder Weiterführung einer nicht genehmigungsbedürftigen Anlage, die Betriebsbereich oder Bestandteil eines Betriebsbereichs ist und gewerblichen Zwecken dient oder im Rahmen wirtschaftlicher Unternehmungen Verwendung findet, ganz oder teilweise zu untersagen, solange und soweit die von dem Betreiber getroffenen Maßnahmen zur Verhütung schwerer Unfälle oder zur Begrenzung der Auswirkungen derartiger Unfälle eindeutig unzureichend sind. Bei der Entscheidung über eine Untersagung berücksichtigt die zuständige Behörde auch schwerwiegende Unterlassungen in Bezug auf erforderliche Folgemaßnahmen, die in einem Überwachungsbericht nach § 16 der Störfall-Verordnung festgelegt worden sind. Die zuständige Behörde kann die Inbetriebnahme oder die Weiterführung einer Anlage außerdem ganz oder teilweise untersagen, wenn der Betreiber

- die in einer zur Umsetzung der Richtlinie 2012/18/EU erlassenen Rechtsverordnung vorgeschriebenen Mitteilungen, Berichte oder sonstige Informationen nicht fristgerecht übermittelt oder
- eine nach § 23a erforderliche Anzeige nicht macht oder die Anlage ohne die nach § 23b erforderliche Genehmigung störfallrelevant errichtet, betreibt oder störfallrelevant ändert.

Wenn die von einer Anlage hervorgerufenen schädlichen Umwelteinwirkungen das Leben oder die Gesundheit von Menschen oder bedeutende Sachwerte gefährden, soll die zuständige Behörde die Errichtung oder den Betrieb der Anlage ganz oder teilweise untersagen, soweit die Allgemeinheit oder die Nachbarschaft nicht auf andere Weise ausreichend geschützt werden kann.

Stilllegung und Beseitigung nicht genehmigungsbedürftiger Anlagen, die Betriebsbereich oder Bestandteil eines Betriebsbereichs sind (§ 25a)
Die zuständige Behörde kann anordnen, dass eine Anlage, die Betriebsbereich oder Bestandteil eines Betriebsbereichs ist und ohne die erforderliche Genehmigung nach § 23b störfallrelevant errichtet oder geändert wird, ganz oder teilweise stillzulegen oder zu beseitigen ist. Sie soll die Beseitigung anordnen, wenn die Allgemeinheit oder die Nachbarschaft nicht auf andere Weise ausreichend geschützt werden kann.

2.2.3 Verordnung über genehmigungsbedürftige Anlagen (4. BImSchV)

Genehmigungsbedürftige Anlagen (§ 1)
Die Errichtung und der Betrieb der im Anhang 1 der 4. BImSchV genannten Anlagen bedürfen einer Genehmigung. Hängt die Genehmigungsbedürftigkeit vom Erreichen oder Überschreiten einer bestimmten Leistungsgrenze oder Anlagengröße ab, ist jeweils auf den rechtlich und tatsächlich möglichen Betriebsumfang der durch denselben Betreiber betriebenen Anlage abzustellen. Das Genehmigungserfordernis erstreckt sich auf alle vorgesehenen

- Anlagenteile und Verfahrensschritte, die zum Betrieb notwendig sind und
- Nebeneinrichtungen, die mit den Anlagenteilen und Verfahrensschritten in einem räumlichen und betriebstechnischen Zusammenhang stehen und die von Bedeutung sein können für
  - das Entstehen schädlicher Umwelteinwirkungen,
  - die Vorsorge gegen schädliche Umwelteinwirkungen oder
  - das Entstehen sonstiger Gefahren, erheblicher Nachteile oder erheblicher Belästigungen.

Die Voraussetzungen sind auch erfüllt, wenn mehrere Anlagen derselben Art in einem engen räumlichen und betrieblichen Zusammenhang stehen (gemeinsame Anlage) und zusammen die maßgebenden Leistungsgrenzen oder Anlagengrößen erreichen oder überschreiten werden. Ein enger räumlicher und betrieblicher Zusammenhang ist gegeben, wenn die Anlagen

- auf demselben Betriebsgelände liegen,
- mit gemeinsamen Betriebseinrichtungen verbunden sind und
- einem vergleichbaren technischen Zweck dienen.

Gehören zu einer Anlage Teile oder Nebeneinrichtungen, die je gesondert genehmigungsbedürftig wären, so bedarf es lediglich einer Genehmigung. Soll die für die Genehmigungsbedürftigkeit maßgebende Leistungsgrenze oder Anlagengröße durch die Erweiterung einer bestehenden Anlage erstmals überschritten werden, bedarf die gesamte Anlage der Genehmigung. Keiner Genehmigung bedürfen Anlagen, soweit sie der Forschung, Entwicklung oder Erprobung neuer Einsatzstoffe, Brennstoffe, Erzeugnisse oder Verfahren im Labor- oder Technikumsmaßstab dienen. Hierunter fallen auch solche Anlagen im Labor- oder Technikumsmaßstab, in denen neue Erzeugnisse in der für die Erprobung ihrer Eigenschaften durch Dritte erforderlichen Menge vor der Markteinführung hergestellt werden, soweit die neuen Erzeugnisse noch weiter erforscht oder entwickelt werden. Keiner Genehmigung bedürfen Anlagen zur Lagerung von Stoffen, die eine Behörde in Erfüllung ihrer gesetzlichen Aufgabe zur Gefahrenabwehr sichergestellt hat.

Zuordnung zu den Verfahrensarten (§ 2)
Das Genehmigungsverfahren wird durchgeführt nach

- § 10 des Bundes-Immissionsschutzgesetzes für
  - Anlagen, die in Spalte c des Anhangs 1 mit dem Buchstaben G gekennzeichnet sind,
  - Anlagen, die sich aus in Spalte c des Anhangs 1 mit dem Buchstaben G und dem Buchstaben V gekennzeichneten Anlagen zusammensetzen,
  - Anlagen, die in Spalte c des Anhangs 1 mit dem Buchstaben V gekennzeichnet sind und zu deren Genehmigung eine Umweltverträglichkeitsprüfung durchzuführen ist,
- § 19 des Bundes-Immissionsschutzgesetzes im vereinfachten Verfahren für in Spalte c des Anhangs 1 mit dem Buchstaben V gekennzeichnete Anlagen.

Es bedeuten

- G: Genehmigungsverfahren gemäß § 10 BImSchG mit Öffentlichkeitsbeteiligung,
- V: Vereinfachtes Verfahren gemäß § 19 BImSchG ohne Öffentlichkeitsbeteiligung.

Kann eine Anlage vollständig verschiedenen Anlagenbezeichnungen im Anhang 1 zugeordnet werden, so ist die speziellere Anlagenbezeichnung maßgebend. Für in Spalte c des Anhangs 1 mit dem Buchstaben G gekennzeichnete Anlagen, die ausschließlich oder überwiegend der Entwicklung und Erprobung neuer Verfahren, Einsatzstoffe, Brennstoffe oder Erzeugnisse dienen (Versuchsanlagen), wird das vereinfachte Verfahren durchgeführt, wenn die Genehmigung für einen Zeitraum von höchstens drei Jahren nach Inbetriebnahme der Anlage erteilt werden soll. Dieser Zeitraum kann auf Antrag um höchstens ein Jahr verlängert werden. Wird die für die Zuordnung zu einer Verfahrensart maßgebende Leistungsgrenze oder Anlagengröße durch die Errichtung und den Betrieb einer weiteren Teilanlage oder durch eine sonstige Erweiterung der Anlage erreicht oder überschritten, so wird die Genehmigung für die Änderung in dem Verfahren erteilt, dem die Anlage nach der Summe ihrer Leistung oder Größe entspricht.

Anlagen nach der Industrieemissions-Richtlinie (§ 3)
Anlagen nach Art. 10 in Verbindung mit Anhang I der Richtlinie 2010/75/EU über Industrieemissionen (integrierte Vermeidung und Verminderung der Umweltverschmutzung) sind Anlagen, die in Spalte d des Anhangs 1 mit dem Buchstaben E gekennzeichnet sind. Tab. 2.3 zeigt eine Übersicht über die Zuordnung genehmigungsbedürftiger Anlagen zu den verschiedenen Industriezweigen.

2.2.4 Verordnung über das Genehmigungsverfahren (9. BImSchV)

Anwendungsbereich (§ 1)
Für die in der Vierten Verordnung zur Durchführung des Bundes-Immissionsschutzgesetzes (Verordnung über genehmigungsbedürftige Anlagen) genannten Anlagen ist das Verfahren bei der Erteilung

Tab. 2.3 Übersicht für die Zuordnung genehmigungsbedürftiger Anlagen

1.	Wärmeerzeugung, Bergbau, Energie
2.	Steine und Erden, Glas, Keramik, Baustoffe
3.	Stahl, Eisen und sonstige Metalle einschließlich Verarbeitung
4.	Chemische Erzeugnisse, Arzneimittel, Mineralölraffination und Weiterverarbeitung
5.	Oberflächenbehandlung mit organischen Stoffen, Herstellung von bahnenförmigen Materialien aus Kunststoffen, sonstige Verarbeitung von Harzen und Kunststoffen
6.	Holz und Zellstoff
7.	Nahrungs-, Genuss- und Futtermittel, landwirtschaftliche Erzeugnisse
8.	Verwertung und Beseitigung von Abfällen und sonstigen Stoffen
9.	Lagerung, Be- und Entladen von Stoffen und Gemischen
10.	Sonstige Anlagen

- einer Genehmigung
  - zur Errichtung und zum Betrieb,
  - zur wesentlichen Änderung der Lage, der Beschaffenheit oder des Betriebs oder zur störfallrelevanten Änderung (Änderungsgenehmigung),
  - zur Errichtung oder zum Betrieb einer Anlage oder eines Teils einer Anlage oder zur Errichtung und zum Betrieb eines Teils einer Anlage (Teilgenehmigung),
- eines Vorbescheides,
- einer Zulassung des vorzeitigen Beginns oder
- einer nachträglichen Anordnung nach § 17 des Bundes-Immissionsschutzgesetzes

nach dieser Verordnung durchzuführen, soweit es nicht in den §§ 8 bis 17 und 19 des Bundes-Immissionsschutzgesetzes geregelt ist. § 1 des Gesetzes über die Umweltverträglichkeitsprüfung bleibt unberührt. Ist nach den §§ 6 bis 14 des Gesetzes über die Umweltverträglichkeitsprüfung für die Errichtung und den Betrieb einer Anlage eine Umweltverträglichkeitsprüfung durchzuführen (UVP-pflichtige Anlage), so ist die Umweltverträglichkeitsprüfung jeweils unselbstständiger Teil der genannten Verfahren. Für die genehmigungsbedürftige Änderung einer Anlage gilt dies entsprechend. Soweit in den genannten Verfahren über die Zulässigkeit des Vorhabens entschieden wird, ist die Umweltverträglichkeitsprüfung nach den Vorschriften dieser Verordnung und den für diese Prüfung in den genannten Verfahren ergangenen allgemeinen Verwaltungsvorschriften durchzuführen.

Gegenstand der Prüfung der Umweltverträglichkeit (§ 1a)

Das Prüfverfahren nach § 1 umfasst die Ermittlung, Beschreibung und Bewertung der für die Prüfung der Genehmigungsvoraussetzungen sowie der für die Prüfung der Belange des Naturschutzes und der Landschaftspflege bedeutsamen Auswirkungen einer UVP-pflichtigen Anlage auf die folgenden Schutzgüter:

- Menschen, insbesondere die menschliche Gesundheit,
- Tiere, Pflanzen und die biologische Vielfalt,
- Fläche, Boden, Wasser, Luft, Klima und Landschaft,
- kulturelles Erbe und sonstige Sachgüter sowie
- die Wechselwirkung zwischen den vorgenannten Schutzgütern.

Die Auswirkungen schließen Auswirkungen des UVP-pflichtigen Vorhabens ein, die aufgrund von dessen Anfälligkeit für schwere Unfälle oder Katastrophen zu erwarten sind, soweit diese schweren Unfälle oder Katastrophen für das UVP-pflichtige Vorhaben relevant sind.

2.2.4.1 Antrag

Antragstellung (§ 2)

Der Antrag ist von dem Träger des Vorhabens bei der Genehmigungsbehörde schriftlich oder elektronisch zu stellen. Träger des Vorhabens kann auch sein, wer nicht beabsichtigt, die Anlage zu errichten oder zu betreiben. Sobald der Träger des Vorhabens die Genehmigungsbehörde über das geplante Vorhaben unterrichtet, soll diese ihn im Hinblick auf die Antragstellung beraten und mit ihm den zeitlichen Ablauf des Genehmigungsverfahrens sowie sonstige für die Durchführung dieses Verfahrens erhebliche Fragen erörtern. Sie kann andere Behörden hinzuziehen, soweit dies für Genehmigungszwecke erforderlich ist. Die Erörterung soll insbesondere der Klärung dienen,

- welche Antragsunterlagen bei Antragstellung vorgelegt werden müssen,
- welche voraussichtlichen Auswirkungen das Vorhaben auf die Allgemeinheit und die Nachbarschaft haben kann und welche Folgerungen sich daraus für das Verfahren ergeben,
- welche Gutachten voraussichtlich erforderlich sind und wie doppelte Gutachten vermieden werden können,
- wie der zeitliche Ablauf des Genehmigungsverfahrens ausgestaltet werden kann und welche sonstigen Maßnahmen zur Vereinfachung und Beschleunigung des Genehmigungsverfahrens vom Träger des Vorhabens und von der Genehmigungsbehörde getroffen werden können,
- ob eine Verfahrensbeschleunigung dadurch erreicht werden kann, dass der behördliche Verfahrensbevollmächtigte, der die Gestaltung des zeitlichen Verfahrensablaufs sowie die organisatorische und fachliche Abstimmung überwacht, sich auf Vorschlag oder mit Zustimmung und auf Kosten des Antragstellers eines Projektmanagers bedient,
- welche Behörden voraussichtlich im Verfahren zu beteiligen sind.

Unterrichtung über den Untersuchungsrahmen bei UVP-pflichtigen Vorhaben (§ 2a)

Auf Antrag des Trägers des UVP-pflichtigen Vorhabens oder wenn die Genehmigungsbehörde es für zweckmäßig hält, unterrichtet und berät die Genehmigungsbehörde den Träger des UVP-pflichtigen Vorhabens über die Beratung nach § 2 hinaus entsprechend dem Planungsstand des UVP-pflichtigen Vorhabens frühzeitig über Art, Inhalt, Umfang und Detailtiefe der Angaben, die der Träger des UVP-pflichtigen Vorhabens voraussichtlich in die nach den §§ 3 bis 4e vorzulegenden Unterlagen aufnehmen muss (Untersuchungsrahmen). Die Unterrichtung und Beratung kann sich auch auf weitere Gesichtspunkte des Verfahrens, insbesondere auf dessen zeitlichen Ablauf, auf die zu beteiligenden Behörden oder auf die Einholung von Sachverständigengutachten erstrecken. Verfügen die Genehmigungsbehörde oder die zu beteiligenden Behörden über Informationen, die für die Beibringung der in den §§ 3 bis 4e genannten Unterlagen zweckdienlich sind, so weisen sie den Träger des UVP-pflichtigen Vorhabens darauf hin und stellen ihm diese Informationen zur Verfügung, soweit nicht Rechte Dritter oder öffentliche Interessen entgegenstehen. Der Träger des UVP-pflichtigen Vorhabens hat der Genehmigungsbehörde geeignete Unterlagen zu den Merkmalen des UVP-pflichtigen Vorhabens, einschließlich seiner Größe oder Leistung und des Standorts sowie zu den möglichen Auswirkungen auf die in § 1a genannten Schutzgüter vorzulegen.

Vor der Unterrichtung über den Untersuchungsrahmen kann die zuständige Behörde dem Vorhabenträger sowie den nach § 11 zu beteiligenden Behörden Gelegenheit zu einer Besprechung über Art, Inhalt, Umfang und Detailtiefe der Unterlagen geben. Die Besprechung soll sich auf den Gegenstand, den Umfang und die Methoden der Umweltverträglichkeitsprüfung sowie auf sonstige Fragen erstrecken, die für die Durchführung der Umweltverträglichkeitsprüfung erheblich sind. Sachverständige und Dritte, insbesondere Standort- und Nachbargemeinden, können hinzugezogen werden. Verfügen die Genehmigungsbehörde oder die zu beteiligenden Behörden über Informationen, die für die Beibringung der in den §§ 3 bis 4e genannten Unterlagen zweckdienlich sind, sollen sie den Träger des Vorhabens darauf hinweisen und ihm diese Informationen zur Verfügung stellen soweit nicht Rechte Dritter entgegenstehen. Bedarf das geplante Vorhaben der Zulassung durch mehrere Behörden, obliegen der Genehmigungsbehörde die Aufgaben nur, wenn sie als federführende Behörde bestimmt ist. Die Genehmigungsbehörde nimmt diese Aufgaben im Zusammenwirken zumindest mit denjenigen Zulassungsbehörden und mit derjenigen für Naturschutz und Landschaftspflege zuständigen Behörde wahr, deren Aufgabenbereich durch das UVP-pflichtige Vorhaben berührt wird.

Antragsinhalt (§ 3)
Der Antrag muss enthalten

- die Angabe des Namens und des Wohnsitzes oder des Sitzes des Antragstellers,
- die Angabe, ob eine Genehmigung oder ein Vorbescheid beantragt wird und im Falle eines Antrags auf Genehmigung, ob es sich um eine Änderungsgenehmigung handelt, ob eine Teilgenehmigung oder ob eine Zulassung des vorzeitigen Beginns beantragt wird,
- die Angabe des Standortes der Anlage, bei ortsveränderlicher Anlage die Angabe der vorgesehenen Standorte,
- Angaben über Art und Umfang der Anlage,
- die Angabe, zu welchem Zeitpunkt die Anlage in Betrieb genommen werden soll.

Soll die Genehmigungsbehörde zulassen, dass die Genehmigung abweichend von § 19 des Bundes-Immissionsschutzgesetzes nicht in einem vereinfachten Verfahren erteilt wird, so ist dies im Antrag anzugeben.

Antragsunterlagen (§ 4)
Dem Antrag sind die Unterlagen beizufügen, die zur Prüfung der Genehmigungsvoraussetzungen erforderlich sind. Dabei ist zu berücksichtigen, ob die Anlage Teil eines eingetragenen Standorts nach EMAS-Verordnung ist, für die Angaben in einer der zuständigen Genehmigungsbehörde vorliegenden und für gültig erklärten, der Registrierung zugrunde gelegten Umwelterklärung oder in einem dieser Registrierung zugrunde liegenden Umweltbetriebsprüfungsbericht enthalten sind. Die Unterlagen müssen insbesondere die nach den §§ 4a bis 4d erforderlichen Angaben enthalten, bei UVP-pflichtigen Anlagen darüber

hinaus zusätzlich einen UVP-Bericht, der die erforderlichen Angaben nach § 4e und der Anlage enthält. Soweit die Zulässigkeit oder die Ausführung des Vorhabens nach Vorschriften über Naturschutz und Landschaftspflege zu prüfen ist, sind die hierfür erforderlichen Unterlagen beizufügen. Die Anforderungen an den Inhalt dieser Unterlagen bestimmen sich nach den naturschutzrechtlichen Vorschriften. Die Unterlagen müssen insbesondere Angaben über Maßnahmen zur Vermeidung, Verminderung, zum Ausgleich oder zum Ersatz erheblicher Beeinträchtigungen von Natur und Landschaft enthalten. Der Antragsteller hat der Genehmigungsbehörde außer den genannten Unterlagen eine allgemein verständliche, für die Auslegung geeignete Kurzbeschreibung vorzulegen, die einen Überblick über die Anlage, ihren Betrieb und die voraussichtlichen Auswirkungen auf die Allgemeinheit und die Nachbarschaft ermöglicht. Bei UVP-pflichtigen Anlagen erstreckt sich die Kurzbeschreibung auch auf die allgemein verständliche, nichttechnische Zusammenfassung des UVP-Berichts nach § 4e. Er hat ferner ein Verzeichnis der dem Antrag beigefügten Unterlagen vorzulegen, in dem die Unterlagen, die Geschäfts- oder Betriebsgeheimnisse enthalten, besonders gekennzeichnet sind.

Angaben zur Anlage und zum Anlagenbetrieb (§ **4a**)
Die Unterlagen müssen die für die Entscheidung nach § 20 oder § 21 erforderlichen Angaben enthalten über

- die Anlagenteile, Verfahrensschritte und Nebeneinrichtungen, auf die sich das Genehmigungsverfahren gemäß § 1 der Verordnung über genehmigungsbedürftige Anlagen erstreckt,
- den Bedarf an Grund und Boden und den Zustand des Anlagengrundstücks,
- das vorgesehene Verfahren oder die vorgesehenen Verfahrenstypen einschließlich der erforderlichen Daten zur Kennzeichnung, wie Angaben zu Art, Menge und Beschaffenheit
  - der Einsatzstoffe oder -stoffgruppen,
  - der Zwischen-, Neben- und Endprodukte oder -produktgruppen,
  - der anfallenden Abfälle,
  - darüber hinaus, soweit ein Stoff für Zwecke der Forschung und Entwicklung hergestellt werden soll, der von der Registrierungspflicht nach REACH ausgenommen ist,
  - Angaben zur Identität des Stoffes, soweit vorhanden,
  - dem Antragsteller vorliegende Prüfnachweise über physikalische, chemische und physikalisch-chemische sowie toxische und ökotoxische Eigenschaften des Stoffes einschließlich des Abbauverhaltens,
- die in der Anlage verwendete und anfallende Energie,
- mögliche Freisetzungen oder Reaktionen von Stoffen bei Störungen im Verfahrensablauf,
- Art und Ausmaß der Emissionen, die voraussichtlich von der Anlage ausgehen werden, wobei sich diese Angaben, soweit es sich um Luftverunreinigungen handelt, auch auf

2

das Rohgas vor einer Vermischung oder Verdünnung beziehen müssen, die Art, Lage und Abmessungen der Emissionsquellen, die räumliche und zeitliche Verteilung der Emissionen sowie über die Austrittsbedingungen und
- die wichtigsten vom Antragsteller gegebenenfalls geprüften Alternativen in einer Übersicht.

Soweit schädliche Umwelteinwirkungen hervorgerufen werden können, müssen die Unterlagen auch enthalten:

- eine Prognose der zu erwartenden Immissionen, soweit Immissionswerte in Rechts- oder Verwaltungsvorschriften festgelegt sind und nach dem Inhalt dieser Vorschriften eine Prognose zum Vergleich mit diesen Werten erforderlich ist,
- im Übrigen Angaben über Art, Ausmaß und Dauer von Immissionen sowie ihre Eignung, schädliche Umwelteinwirkungen herbeizuführen, soweit nach Rechts- oder Verwaltungsvorschriften eine Sonderfallprüfung durchzuführen ist.

Für Anlagen, auf die die Verordnung über die Verbrennung und die Mitverbrennung von Abfällen (17. BImSchV) anzuwenden ist, müssen die Unterlagen weitere Angaben enthalten über

- Art (insbesondere Abfallbezeichnung und -schlüssel gemäß der Verordnung über das Europäische Abfallverzeichnis) und Menge der zur Verbrennung vorgesehenen Abfälle,
- die kleinsten und größten Massenströme der zur Verbrennung vorgesehenen Abfälle, angegeben als stündliche Einsatzmengen,
- die kleinsten und größten Heizwerte der zur Verbrennung vorgesehenen Abfälle,
- den größten Gehalt an Schadstoffen in den zur Verbrennung vorgesehenen Abfällen, insbesondere an polychlorierten Biphenylen (PCB), Pentachlorphenol (PCP), Chlor, Fluor, Schwefel und Schwermetallen,
- die Maßnahmen für das Zuführen der Abfälle und den Einbau der Brenner, so dass ein möglichst weitgehender Ausbrand erreicht wird und
- die Maßnahmen, wie die Emissionsgrenzwerte der Verordnung über Verbrennungsanlagen für Abfälle und ähnliche brennbare Stoffe eingehalten werden.

Der Bericht über den Ausgangszustand nach § 10 des Bundes-Immissionsschutzgesetzes hat die Informationen zu enthalten, die erforderlich sind, um den Stand der Boden- und Grundwasserverschmutzungen zu ermitteln, damit ein quantifizierter Vergleich mit dem Zustand bei der Betriebseinstellung der Anlage vorgenommen werden kann. Der Bericht über den Ausgangszustand hat die folgenden Informationen zu enthalten:

- Informationen über die derzeitige Nutzung und, falls verfügbar, über die frühere Nutzung des Anlagengrundstücks,
- Informationen über Boden- und Grundwassermessungen, die den Zustand zum Zeitpunkt der Erstellung des Berichts über den Ausgangszustand nach § 10 des Bundes-

Immissionsschutzgesetzes wiedergeben und die dem Stand der Messtechnik entsprechen. Neue Boden- und Grundwassermessungen sind nicht erforderlich, soweit bereits vorhandene Informationen die Anforderungen erfüllen.

Erfüllen Informationen, die aufgrund anderer Vorschriften erstellt wurden, die Anforderungen, so können diese Informationen in den Bericht über den Ausgangszustand aufgenommen oder diesem beigefügt werden. Der Bericht über den Ausgangszustand ist für den Teilbereich des Anlagengrundstücks zu erstellen, auf dem durch Verwendung, Erzeugung oder Freisetzung der relevanten gefährlichen Stoffe durch die Anlage die Möglichkeit der Verschmutzung des Bodens oder des Grundwassers besteht. Diese Anforderungen sind bei einem Antrag für eine Änderungsgenehmigung nur dann anzuwenden, wenn mit der Änderung neue relevante gefährliche Stoffe verwendet, erzeugt oder freigesetzt werden oder wenn mit der Änderung erstmals relevante gefährliche Stoffe verwendet, erzeugt oder freigesetzt werden. Ein bereits vorhandener Bericht über den Ausgangszustand ist zu ergänzen.

Angaben zu den Schutzmaßnahmen (§ 4b)
Die Unterlagen müssen die für die Entscheidung erforderlichen Angaben enthalten über

- die vorgesehenen Maßnahmen zum Schutz vor und zur Vorsorge gegen schädliche Umwelteinwirkungen, insbesondere zur Verminderung der Emissionen, sowie zur Messung von Emissionen und Immissionen,
- die vorgesehenen Maßnahmen zum Schutz der Allgemeinheit und der Nachbarschaft vor sonstigen Gefahren, erheblichen Nachteilen und erheblichen Belästigungen, wie Angaben über die vorgesehenen technischen und organisatorischen Vorkehrungen
  - zur Verhinderung von Störungen des bestimmungsgemäßen Betriebs und
  - zur Begrenzung der Auswirkungen, die sich aus Störungen des bestimmungsgemäßen Betriebs ergeben können,
- die vorgesehenen Maßnahmen zum Arbeitsschutz,
- die vorgesehenen Maßnahmen zum Schutz vor schädlichen Umwelteinwirkungen und sonstigen Gefahren, erheblichen Nachteilen und erheblichen Belästigungen für die Allgemeinheit und die Nachbarschaft im Falle der Betriebseinstellung und
- die vorgesehenen Maßnahmen zur Überwachung der Emissionen in die Umwelt.

Soweit eine genehmigungsbedürftige Anlage Betriebsbereich oder Bestandteil eines Betriebsbereichs ist, für die ein Sicherheitsbericht nach § 9 der Störfall-Verordnung anzufertigen ist, müssen die Teile des Sicherheitsberichts dem Antrag beigefügt werden, soweit sie sich auf die genehmigungsbedürftige Anlage beziehen oder für sie von Bedeutung sind. In einem Genehmigungsverfahren nach § 16 des Bundes-Immissionsschutzgesetzes gilt dies nur, soweit durch die beantragte Änderung sicherheitsrelevante Anlagenteile betroffen sind. In diesem Fall und im Fall eines Genehmigungsverfahrens nach § 16a des Bundes-Immissionsschutzgesetzes kann die Behörde zulassen, dass sich die vorzulegenden Teile des Sicherheitsberichts nur auf diese Anlagenteile beschränken, wenn sie trotz dieser Beschränkung aus sich heraus verständlich und prüffähig erstellt werden können. Bestehen Anhaltspunkte dafür, dass eine Bekanntgabe der Angaben zu einer eine erhebliche Gefahr für die öffentliche Sicherheit darstellenden Störung der Errichtung oder des bestimmungsgemäßen Betriebs der Anlage durch Dritte führen kann und sind Maßnahmen der Gefahrenabwehr gegenüber diesen nicht möglich, ausreichend oder zulässig, kann die Genehmigungsbehörde die Vorlage einer aus sich heraus verständlichen und zusammenhängenden Darstellung verlangen, die für die Auslegung geeignet ist.

Plan zur Behandlung der Abfälle (§ 4c)
Die Unterlagen müssen die für die Entscheidung nach § 20 oder § 21 erforderlichen Angaben enthalten über die Maßnahmen zur Vermeidung oder Verwertung von Abfällen; hierzu sind insbesondere Angaben zu machen zu

- den vorgesehenen Maßnahmen zur Vermeidung von Abfällen,
- den vorgesehenen Maßnahmen zur ordnungsgemäßen und schadlosen stofflichen oder thermischen Verwertung der anfallenden Abfälle,
- den Gründen, warum eine weitergehende Vermeidung oder Verwertung von Abfällen technisch nicht möglich oder unzumutbar ist,
- den vorgesehenen Maßnahmen zur Beseitigung nicht zu vermeidender oder zu verwertender Abfälle einschließlich der rechtlichen und tatsächlichen Durchführbarkeit dieser Maßnahmen und der vorgesehenen Entsorgungswege,
- den vorgesehenen Maßnahmen zur Verwertung oder Beseitigung von Abfällen, die bei einer Störung des bestimmungsgemäßen Betriebs entstehen können, sowie
- den vorgesehenen Maßnahmen zur Behandlung der bei einer Betriebseinstellung vorhandenen Abfälle.

Angaben zur Energieeffizienz (§ 4d)
Die Unterlagen müssen Angaben über vorgesehene Maßnahmen zur sparsamen und effizienten Energieverwendung enthalten, insbesondere Angaben über Möglichkeiten zur Erreichung hoher energetischer Wirkungs- und Nutzungsgrade zur Einschränkung von Energieverlusten sowie zur Nutzung der anfallenden Energie.

Zusätzliche Angaben zur Prüfung der Umweltverträglichkeit; UVP-Bericht (§ 4e)
Der Träger des UVP-pflichtigen Vorhabens hat den Unterlagen einen Bericht zu den voraussichtlichen Auswirkungen des UVP-pflichtigen Vorhabens auf die in § 1a genannten Schutzgüter (UVP-Bericht) beizufügen, der zumindest folgende Angaben enthält:

- eine Beschreibung des UVP-pflichtigen Vorhabens mit Angaben zum Standort, zur Art, zum Umfang und zur Ausgestaltung, zur Größe und zu anderen wesentlichen Merkmalen des Vorhabens,

- eine Beschreibung der Umwelt und ihrer Bestandteile im Einwirkungsbereich des UVP-pflichtigen Vorhabens,
- eine Beschreibung der Merkmale des UVP-pflichtigen Vorhabens und des Standorts, mit denen das Auftreten erheblicher nachteiliger Auswirkungen des UVP-pflichtigen Vorhabens auf die in § 1a genannten Schutzgüter vermieden, vermindert oder ausgeglichen werden soll,
- eine Beschreibung der geplanten Maßnahmen, mit denen das Auftreten erheblicher nachteiliger Auswirkungen des UVP-pflichtigen Vorhabens auf die in § 1a genannten Schutzgüter vermieden, vermindert oder ausgeglichen werden soll, sowie eine Beschreibung geplanter Ersatzmaßnahmen,
- eine Beschreibung der möglichen erheblichen Auswirkungen des UVP-pflichtigen Vorhabens auf die in § 1a genannten Schutzgüter,
- eine Beschreibung der vernünftigen Alternativen zum Schutz vor und zur Vorsorge gegen schädliche Umwelteinwirkungen sowie zum Schutz der Allgemeinheit und der Nachbarschaft vor sonstigen Gefahren, erheblichen Nachteilen und erheblichen Belästigungen, die für das UVP-pflichtige Vorhaben und seine spezifischen Merkmale relevant und von dem Träger des UVP-pflichtigen Vorhabens geprüft worden sind und die Angabe der wesentlichen Gründe für die getroffene Wahl unter Berücksichtigung der jeweiligen Auswirkungen auf die in § 1a genannten Schutzgüter sowie
- eine allgemein verständliche, nichttechnische Zusammenfassung des UVP-Berichts.

Inhalt und Umfang des UVP-Berichts bestimmen sich nach den Rechtsvorschriften, die für die Entscheidung über die Zulassung des UVP-pflichtigen Vorhabens maßgebend sind. Der UVP-Bericht muss den gegenwärtigen Wissensstand und die gegenwärtigen Prüfmethoden berücksichtigen. Er muss die Angaben enthalten, die der Träger des UVP-pflichtigen Vorhabens mit zumutbarem Aufwand ermitteln kann. Die Angaben müssen ausreichend sein, um

- der Genehmigungsbehörde eine begründete Bewertung der Auswirkungen des UVP-pflichtigen Vorhabens auf die in § 1a genannten Schutzgüter zu ermöglichen und
- Dritten die Beurteilung zu ermöglichen, ob und in welchem Umfang sie von den Auswirkungen des UVP-pflichtigen Vorhabens auf die in § 1a genannten Schutzgüter betroffen sein können.

Zur Vermeidung von Mehrfachprüfungen hat der Träger des UVP-pflichtigen Vorhabens die vorhandenen Ergebnisse anderer rechtlich vorgeschriebener Prüfungen in den UVP-Bericht einzubeziehen. Der Träger des UVP-pflichtigen Vorhabens muss durch geeignete Maßnahmen sicherstellen, dass der UVP-Bericht den Anforderungen entspricht. Die Genehmigungsbehörde hat Nachbesserungen innerhalb einer angemessenen Frist zu verlangen, soweit der Bericht den Anforderungen nicht entspricht.

Prüfung der Vollständigkeit, Verfahrensablauf (§ 7)

Die Genehmigungsbehörde hat nach Eingang des Antrags und der Unterlagen unverzüglich, in der Regel innerhalb eines Monats, zu prüfen, ob der Antrag den Anforderungen des § 3 und die Unterlagen den Anforderungen der §§ 4 bis 4e entsprechen. Die zuständige Behörde kann die Frist in begründeten Ausnahmefällen einmal um zwei Wochen verlängern. Sind der Antrag oder die Unterlagen nicht vollständig, so hat die Genehmigungsbehörde den Antragsteller unverzüglich aufzufordern, den Antrag oder die Unterlagen innerhalb einer angemessenen Frist zu ergänzen. Teilprüfungen sind auch vor Vorlage der vollständigen Unterlagen vorzunehmen, soweit dies nach den bereits vorliegenden Unterlagen möglich ist. Die Behörde kann zulassen, dass Unterlagen, deren Einzelheiten für die Beurteilung der Genehmigungsfähigkeit der Anlage als solcher nicht unmittelbar von Bedeutung sind, insbesondere den Bericht über den Ausgangszustand nach § 10 des Bundes-Immissionsschutzgesetzes, bis zum Beginn der Errichtung oder der Inbetriebnahme der Anlage nachgereicht werden können. Sind die Unterlagen vollständig, hat die Genehmigungsbehörde den Antragsteller über die voraussichtlich zu beteiligenden Behörden und den geplanten zeitlichen Ablauf des Genehmigungsverfahrens zu unterrichten.

2.2.4.2 Bekanntmachung und Erörterung

Bekanntmachung des Vorhabens (§ 8)

Sind die zur Auslegung erforderlichen Unterlagen vollständig, so hat die Genehmigungsbehörde das Vorhaben in ihrem amtlichen Veröffentlichungsblatt und außerdem entweder im Internet oder in örtlichen Tageszeitungen, die im Bereich des Standortes der Anlage verbreitet sind, öffentlich bekanntzumachen. Bei UVP-pflichtigen Anlagen erfolgt die Bekanntmachung durch die Genehmigungsbehörde auch über das jeweilige zentrale Internetportal nach § 20 des Gesetzes über die Umweltverträglichkeitsprüfung. Maßgeblich ist der Inhalt der ausgelegten Unterlagen. Wird das Vorhaben während eines Vorbescheidsverfahrens, nach Erteilung eines Vorbescheides oder während des Genehmigungsverfahrens geändert, so darf die Genehmigungsbehörde von einer zusätzlichen Bekanntmachung und Auslegung absehen, wenn keine Umstände darzulegen wären, die nachteilige Auswirkungen für Dritte besorgen lassen. Dies ist insbesondere dann der Fall, wenn erkennbar ist, dass nachteilige Auswirkungen auf Dritte durch die getroffenen oder vom Träger des Vorhabens vorgesehenen Vorkehrungen ausgeschlossen werden oder die Nachteile im Verhältnis zu den jeweils vergleichbaren Vorteilen gering sind. Betrifft das Vorhaben eine UVP-pflichtige Anlage, darf von einer zusätzlichen Bekanntmachung und Auslegung nur abgesehen werden, wenn keine zusätzlichen erheblichen oder anderen erheblichen Auswirkungen auf in § 1a genannte Schutzgüter zu besorgen sind. Ist eine zusätzliche Bekanntmachung und Auslegung erforderlich, werden die Einwendungsmöglichkeit und die Erörterung auf die vorgesehenen Änderungen beschränkt.

Inhalt der Bekanntmachung (§ 9)

Die Bekanntmachung muss neben den Angaben nach § 10 des Bundes-Immissionsschutzgesetzes Folgendes enthalten:

- die in § 3 bezeichneten Angaben,
- den Hinweis auf die Auslegungs- und die Einwendungsfrist unter Angabe des jeweils ersten und letzten Tages und
- die Bezeichnung der für das Vorhaben entscheidungserheblichen Berichte und Empfehlungen, die der Genehmigungsbehörde zum Zeitpunkt des Beginns des Beteiligungsverfahrens vorliegen.

Auf die zuständige Genehmigungsbehörde, die für die Beteiligung der Öffentlichkeit maßgebenden Vorschriften sowie eine grenzüberschreitende Behörden- und Öffentlichkeitsbeteiligung nach § 11a ist hinzuweisen. Ist das Vorhaben UVP-pflichtig, muss die Bekanntmachung zusätzlich folgende Angaben enthalten:

- einen Hinweis auf die UVP-Pflicht des Vorhabens und
- die Angabe, dass ein UVP-Bericht vorgelegt wurde.

Zwischen der Bekanntmachung des Vorhabens und dem Beginn der Auslegungsfrist soll eine Woche liegen. Maßgebend ist dabei der voraussichtliche Tag der Ausgabe des Veröffentlichungsblattes oder der Tageszeitung, die zuletzt erscheint.

Auslegung von Antrag und Unterlagen; Veröffentlichung des UVP-Berichts (§ 10)
Bei der Genehmigungsbehörde und, soweit erforderlich, bei einer geeigneten Stelle in der Nähe des Standorts des Vorhabens sind der Antrag sowie die beigefügten Unterlagen auszulegen, die die Angaben über die Auswirkungen der Anlage auf die Nachbarschaft und die Allgemeinheit enthalten. Darüber hinaus sind, soweit vorhanden, die entscheidungserheblichen sonstigen der Genehmigungsbehörde vorliegenden behördlichen Unterlagen zu dem Vorhaben auszulegen, die Angaben über die Auswirkungen der Anlage auf die Nachbarschaft und die Allgemeinheit oder Empfehlungen zur Begrenzung dieser Auswirkungen enthalten. Verfügt die Genehmigungsbehörde bis zur Entscheidung über den Genehmigungsantrag über zusätzliche behördliche Stellungnahmen oder von ihr angeforderte Unterlagen, die Angaben über die Auswirkungen der Anlage auf die Nachbarschaft und die Allgemeinheit oder Empfehlungen zur Begrenzung dieser Auswirkungen enthalten, sind diese der Öffentlichkeit zugänglich zu machen. Betrifft das Vorhaben eine UVP-pflichtige Anlage, so ist auch der vom Antragsteller zur Durchführung einer Umweltverträglichkeitsprüfung zusätzlich beigefügte UVP-Bericht nach § 4e auszulegen. Ferner sind der Antrag und die Unterlagen auch in den Gemeinden auszulegen, in denen sich das Vorhaben voraussichtlich auswirkt. Auf Aufforderung eines Dritten ist diesem eine Abschrift oder Vervielfältigung der Kurzbeschreibung nach § 4 zu überlassen. Soweit Unterlagen Geschäfts- oder Betriebsgeheimnisse enthalten, ist an ihrer Stelle die Inhaltsdarstellung nach § 10 des Bundes-Immissionsschutzgesetzes auszulegen. Hält die Genehmigungsbehörde die Kennzeichnung der Unterlagen als Geschäfts- oder Betriebsgeheimnisse für unberechtigt, so hat sie vor der Entscheidung über die Auslegung dieser Unterlagen den Antragsteller zu hören.

Akteneinsicht (§ 10a)

Die Genehmigungsbehörde gewährt Akteneinsicht nach pflichtgemäßem Ermessen. Sonstige sich aus anderen Rechtsvorschriften ergebende Rechte auf Zugang zu Informationen bleiben unberührt.

Beteiligung anderer Behörden (§ 11)

Spätestens gleichzeitig mit der öffentlichen Bekanntmachung des Vorhabens fordert die Genehmigungsbehörde die Behörden, deren Aufgabenbereich durch das Vorhaben berührt wird, auf, für ihren Zuständigkeitsbereich eine Stellungnahme innerhalb einer Frist von einem Monat abzugeben. Die Antragsunterlagen sollen sternförmig an die zu beteiligenden Stellen versandt werden. Hat eine Behörde bis zum Ablauf der Frist keine Stellungnahme abgegeben, so ist davon auszugehen, dass die beteiligte Behörde sich nicht äußern will. Die Genehmigungsbehörde hat sich über den Stand der anderweitigen das Vorhaben betreffenden Zulassungsverfahren Kenntnis zu verschaffen und auf ihre Beteiligung hinzuwirken sowie mit den für diese Verfahren zuständigen Behörden frühzeitig den von ihr beabsichtigten Inhalt des Genehmigungsbescheids zu erörtern und abzustimmen.

Einwendungen (§ 12)

Einwendungen können bei der Genehmigungsbehörde oder bei der Stelle erhoben werden, bei der Antrag und Unterlagen zur Einsicht ausliegen. Bei UVP-pflichtigen Vorhaben gilt eine Einwendungsfrist von einem Monat nach Ablauf der Auslegungsfrist. Nach Ablauf der Einwendungsfrist entscheidet die Genehmigungsbehörde, ob im Genehmigungsverfahren ein Erörterungstermin nach § 10 des Bundes-Immissionsschutzgesetzes durchgeführt wird. Das gilt auch für UVP-pflichtige Anlagen. Die Entscheidung ist öffentlich bekannt zu machen. Die Einwendungen sind dem Antragsteller bekanntzugeben. Den nach § 11 beteiligten Behörden sind die Einwendungen bekanntzugeben, die ihren Aufgabenbereich berühren. Auf Verlangen des Einwenders sollen dessen Name und Anschrift vor der Bekanntgabe unkenntlich gemacht werden, wenn diese zur ordnungsgemäßen Durchführung des Genehmigungsverfahrens nicht erforderlich sind. Auf diese Möglichkeit ist in der öffentlichen Bekanntmachung hinzuweisen.

Zweck (§ 14)

Der Erörterungstermin dient dazu, die rechtzeitig erhobenen Einwendungen zu erörtern, soweit dies für die Prüfung der Genehmigungsvoraussetzungen von Bedeutung sein kann. Er soll denjenigen, die Einwendungen erhoben haben, Gelegenheit geben, ihre Einwendungen zu erläutern.

Wegfall (§ 16)

Ein Erörterungstermin findet nicht statt, wenn

- Einwendungen gegen das Vorhaben nicht oder nicht rechtzeitig erhoben worden sind,
- die rechtzeitig erhobenen Einwendungen zurückgenommen worden sind,

- ausschließlich Einwendungen erhoben worden sind, die auf besonderen privatrechtlichen Titeln beruhen oder
- die erhobenen Einwendungen nach der Einschätzung der Behörde keiner Erörterung bedürfen.

Das gilt auch für UVP-pflichtige Anlagen. Der Antragsteller ist vom Wegfall des Termins zu unterrichten.

Verlegung (§ 17)
Die Genehmigungsbehörde kann den bekanntgemachten Erörterungstermin verlegen, wenn dies im Hinblick auf dessen zweckgerechte Durchführung erforderlich ist. Ort und Zeit des neuen Erörterungstermins sind zum frühestmöglichen Zeitpunkt zu bestimmen. Der Antragsteller und diejenigen, die rechtzeitig Einwendungen erhoben haben, sind von der Verlegung des Erörterungstermins zu benachrichtigen. Sie können in entsprechender Anwendung des § 10 des Bundes-Immissionsschutzgesetzes durch öffentliche Bekanntmachung benachrichtigt werden.

Verlauf (§ 18)
Der Erörterungstermin ist öffentlich. Im Einzelfall kann aus besonderen Gründen die Öffentlichkeit ausgeschlossen werden. Vertreter der Aufsichtsbehörden und Personen, die bei der Behörde zur Ausbildung beschäftigt sind, sind zur Teilnahme berechtigt. Der Verhandlungsleiter kann bestimmen, dass Einwendungen zusammengefasst erörtert werden. In diesem Fall hat er die Reihenfolge der Erörterung bekanntzugeben. Er kann für einen bestimmten Zeitraum das Recht zur Teilnahme an dem Erörterungstermin auf die Personen beschränken, deren Einwendungen zusammengefasst erörtert werden sollen. Der Verhandlungsleiter erteilt das Wort und kann es demjenigen entziehen, der eine von ihm festgesetzte Redezeit für die einzelnen Wortmeldungen überschreitet oder Ausführungen macht, die nicht den Gegenstand des Erörterungstermins betreffen oder nicht in sachlichem Zusammenhang mit der zu behandelnden Einwendung stehen. Der Verhandlungsleiter ist für die Ordnung verantwortlich. Er kann Personen, die seine Anordnungen nicht befolgen, entfernen lassen. Der Erörterungstermin kann ohne diese Personen fortgesetzt werden.

Der Verhandlungsleiter beendet den Erörterungstermin, wenn dessen Zweck erreicht ist. Er kann den Erörterungstermin ferner für beendet erklären, wenn, auch nach einer Vertagung, der Erörterungstermin aus dem Kreis der Teilnehmer erneut so gestört wird, dass seine ordnungsmäßige Durchführung nicht mehr gewährleistet ist. Personen, deren Einwendungen noch nicht oder noch nicht abschließend erörtert wurden, können innerhalb eines Monats nach Aufhebung des Termins ihre Einwendungen gegenüber der Genehmigungsbehörde schriftlich oder elektronisch erläutern. Hierauf sollen die Anwesenden bei Aufhebung des Termins hingewiesen werden.

Niederschrift (§ 19)
Über den Erörterungstermin ist eine Niederschrift zu fertigen. Die Niederschrift muss Angaben enthalten über

- den Ort und den Tag der Erörterung,
- den Namen des Verhandlungsleiters,
- den Gegenstand des Genehmigungsverfahrens,
- den Verlauf und die Ergebnisse des Erörterungstermins.

Die Niederschrift ist von dem Verhandlungsleiter und, soweit ein Schriftführer hinzugezogen worden ist, auch von diesem zu unterzeichnen. Der Aufnahme in die Verhandlungsniederschrift steht die Aufnahme in eine Schrift gleich, die ihr als Anlage beigefügt und als solche bezeichnet ist. Auf die Anlage ist in der Verhandlungsniederschrift hinzuweisen. Die Genehmigungsbehörde kann den Erörterungstermin zum Zwecke der Anfertigung der Niederschrift auf Tonträger aufzeichnen. Tonaufzeichnungen sind nach dem Eintritt der Unanfechtbarkeit der Entscheidung über den Genehmigungsantrag zu löschen. Liegen im Falle eines Vorbescheidsverfahrens die Voraussetzungen des § 9 des Bundes-Immissionsschutzgesetzes vor, ist die Löschung nach Eintritt der Unwirksamkeit durchzuführen. Dem Antragsteller ist eine Abschrift der Niederschrift zu überlassen. Auf Anforderung ist auch demjenigen, der rechtzeitig Einwendungen erhoben hat, eine Abschrift der Niederschrift zu überlassen.

2.2.4.3 Genehmigung

Entscheidung (§ 20)

Sind alle Umstände ermittelt, die für die Beurteilung des Antrags von Bedeutung sind, hat die Genehmigungsbehörde unverzüglich über den Antrag zu entscheiden. Nach dem Ablauf der Einwendungsfrist oder, soweit ein Erörterungstermin nach § 10 des Bundes-Immissionsschutzgesetzes durchgeführt worden ist, nach dem Erörterungstermin eingehende Stellungnahmen von nach § 11 beteiligten Behörden sollen dabei nicht mehr berücksichtigt werden, es sei denn, die vorgebrachten öffentlichen Belange sind der Genehmigungsbehörde bereits bekannt oder hätten ihr bekannt sein müssen oder sind für die Beurteilung der Genehmigungsvoraussetzungen von Bedeutung. Die Genehmigungsbehörde erarbeitet bei UVP-pflichtigen Anlagen eine zusammenfassende Darstellung

- der möglichen Auswirkungen des UVP-pflichtigen Vorhabens auf die in § 1a genannten Schutzgüter, einschließlich der Wechselwirkung,
- der Merkmale des UVP-pflichtigen Vorhabens und des Standorts, mit denen erhebliche nachteilige Auswirkungen auf die in § 1a genannten Schutzgüter vermieden, vermindert oder ausgeglichen werden sollen und
- der Maßnahmen, mit denen erhebliche nachteilige Auswirkungen auf die in § 1a genannten Schutzgüter vermieden, vermindert oder ausgeglichen werden sollen, sowie
- der Ersatzmaßnahmen bei Eingriffen in Natur und Landschaft.

Die Genehmigungsbehörde bewertet auf der Grundlage der zusammenfassenden Darstellung und nach den für die Entscheidung maßgeblichen Rechts- und Verwaltungsvorschriften die Auswirkungen des UVP-pflichtigen Vorhabens auf die in § 1a genannten

Schutzgüter. Die Bewertung ist zu begründen. Bedarf das Vorhaben der Zulassung durch mehrere Behörden, so haben diese im Zusammenwirken auf der Grundlage der zusammenfassenden Darstellung eine Gesamtbewertung der Auswirkungen vorzunehmen. Ist die Genehmigungsbehörde federführende Behörde, so hat sie das Zusammenwirken sicherzustellen. Bei der Entscheidung über den Antrag berücksichtigt die Genehmigungsbehörde die vorgenommene Bewertung oder die Gesamtbewertung nach Maßgabe der hierfür geltenden Vorschriften. Bei der Entscheidung über die Genehmigung der UVP-pflichtigen Anlage müssen die zusammenfassende Darstellung und die begründete Bewertung nach Einschätzung der Genehmigungsbehörde hinreichend aktuell sein.

Der Antrag ist abzulehnen, sobald die Prüfung ergibt, dass die Genehmigungsvoraussetzungen nicht vorliegen und ihre Erfüllung nicht durch Nebenbestimmungen sichergestellt werden kann. Er soll abgelehnt werden, wenn der Antragsteller einer Aufforderung zur Ergänzung der Unterlagen innerhalb einer ihm gesetzten Frist, die auch im Falle ihrer Verlängerung drei Monate nicht überschreiten soll, nicht nachgekommen ist. Für die ablehnende Entscheidung gilt § 10 des Bundes-Immissionsschutzgesetzes entsprechend. Betrifft die ablehnende Entscheidung eine UVP-pflichtige Anlage und ist eine zusammenfassende Darstellung von der Genehmigungsbehörde erarbeitet worden, so ist diese in die Begründung für die Entscheidung aufzunehmen. Wird das Genehmigungsverfahren auf andere Weise abgeschlossen, so sind der Antragsteller und die Personen, die Einwendungen erhoben haben, hiervon zu benachrichtigen.

Inhalt des Genehmigungsbescheides (§ 21)
Der Genehmigungsbescheid muss enthalten

- die Angabe des Namens und des Wohnsitzes oder des Sitzes des Antragstellers,
- die Angabe, dass eine Genehmigung, eine Teilgenehmigung oder eine Änderungsgenehmigung erteilt wird und die Angabe der Rechtsgrundlage,
- die genaue Bezeichnung des Gegenstands der Genehmigung einschließlich des Standorts der Anlage sowie den Bericht über den Ausgangszustand,
- die Festlegung der erforderlichen Emissionsbegrenzungen einschließlich der Begründung für die Festlegung weniger strenger Emissionsbegrenzungen,
- die Nebenbestimmungen zur Genehmigung,
- die Begründung, aus der die wesentlichen tatsächlichen und rechtlichen Gründe, die die Behörde zu ihrer Entscheidung bewogen haben und die Behandlung der Einwendungen hervorgehen sollen,
- Angaben über das Verfahren zur Beteiligung der Öffentlichkeit,
- eine Rechtsbehelfsbelehrung.

Der Genehmigungsbescheid für UVP-pflichtige Anlagen muss noch folgende Angaben enthalten:

- eine Beschreibung der vorgesehenen Überwachungsmaßnahmen und
- eine ergänzende Begründung nach § 20.

Außer den erforderlichen Angaben muss der Genehmigungsbescheid für Anlagen nach der Industrieemissions-Richtlinie folgende Angaben enthalten:

- Auflagen zum Schutz des Bodens und des Grundwassers sowie Maßnahmen zur Überwachung und Behandlung der von der Anlage erzeugten Abfälle,
- Regelungen für die Überprüfung der Einhaltung der Emissionsgrenzwerte oder sonstiger Anforderungen, im Fall von Messungen
  - Anforderungen an die Messmethodik, die Messhäufigkeit und das Bewertungsverfahren zur Überwachung der Emissionen,
  - die Vorgabe, dass in den Fällen, in denen ein Wert außerhalb der in den BVT-Schlussfolgerungen genannten Emissionsbandbreiten festgelegt wurde, die Ergebnisse der Emissionsüberwachung für die gleichen Zeiträume und Referenzbedingungen verfügbar sein müssen wie sie für die Emissionsbandbreiten der BVT-Schlussfolgerungen gelten,
- Anforderungen an
  - die regelmäßige Wartung,
  - die Überwachung der Maßnahmen zur Vermeidung der Verschmutzung von Boden und Grundwasser sowie
  - die Überwachung von Boden und Grundwasser hinsichtlich der in der Anlage verwendeten, erzeugten oder freigesetzten relevanten gefährlichen Stoffe, einschließlich der Zeiträume, in denen die Überwachung stattzufinden hat,
- Maßnahmen im Hinblick auf von den normalen Betriebsbedingungen abweichende Bedingungen, wie das An- und Abfahren der Anlage, das unbeabsichtigte Austreten von Stoffen, Störungen, das kurzzeitige Abfahren der Anlage sowie die endgültige Stilllegung des Betriebs,
- Vorkehrungen zur weitestgehenden Verminderung der weiträumigen oder grenzüberschreitenden Umweltverschmutzung.

Die Zeiträume für die Überwachung sind so festzulegen, dass sie mindestens alle fünf Jahre für das Grundwasser und mindestens alle zehn Jahre für den Boden betragen. Außer den erforderlichen Angaben muss der Genehmigungsbescheid für Anlagen, auf die die Verordnung über die Verbrennung und die Mitverbrennung von Abfällen (17. BImSchV) anzuwenden ist, Angaben enthalten über

- Art (insbesondere Abfallschlüssel und -bezeichnung gemäß der Verordnung über das Europäische Abfallverzeichnis) und Menge der zur Verbrennung zugelassenen Abfälle,
- die gesamte Abfallverbrennungs- oder Abfallmitverbrennungskapazität der Anlage,
- die kleinsten und größten Massenströme der zur Verbrennung zugelassenen Abfälle, angegeben als stündliche Einsatzmenge,
- die kleinsten und größten Heizwerte der zur Verbrennung zugelassenen Abfälle und

- den größten Gehalt an Schadstoffen in den zur Verbrennung zugelassenen Abfällen, insbesondere an polychlorierten Biphenylen (PCB), Pentachlorphenol (PCP), Chlor, Fluor, Schwefel und Schwermetallen.

Öffentliche Bekanntmachung und Veröffentlichung des Genehmigungsbescheids (§ 21a)

Unbeschadet des § 10 des Bundes-Immissionsschutzgesetzes ist die Entscheidung über den Antrag öffentlich bekannt zu machen, wenn das Verfahren mit Öffentlichkeitsbeteiligung durchgeführt wurde oder der Träger des Vorhabens dies beantragt. In der öffentlichen Bekanntmachung ist anzugeben, wo und wann der Bescheid und seine Begründung eingesehen werden können. Bei UVP-pflichtigen Vorhaben hat die Genehmigungsbehörde die Entscheidung über den Antrag unbeschadet des § 10 des Bundes-Immissionsschutzgesetzes öffentlich bekannt zu machen sowie den Bescheid zur Einsicht auszulegen. In der öffentlichen Bekanntmachung ist anzugeben, wo und wann der Bescheid und seine Begründung eingesehen werden können.

Teilgenehmigung (§ 22)

Ist ein Antrag im Sinne des § 8 des Bundes-Immissionsschutzgesetzes gestellt, so kann die Genehmigungsbehörde zulassen, dass in den Unterlagen endgültige Angaben nur hinsichtlich des Gegenstands der Teilgenehmigung gemacht werden. Zusätzlich sind Angaben zu machen, die bei einer vorläufigen Prüfung ein ausreichendes Urteil darüber ermöglichen, ob die Genehmigungsvoraussetzungen im Hinblick auf die Errichtung und den Betrieb der gesamten Anlage vorliegen werden. Auszulegen sind der Antrag, die Unterlagen nach § 4, soweit sie den Gegenstand der jeweiligen Teilgenehmigung betreffen, sowie solche Unterlagen, die Angaben über die Auswirkungen der Anlage auf die Nachbarschaft und die Allgemeinheit enthalten. Betrifft das Vorhaben eine UVP-pflichtige Anlage, so erstreckt sich im Verfahren zur Erteilung einer Teilgenehmigung die Umweltverträglichkeitsprüfung im Rahmen der vorläufigen Prüfung auf die erkennbaren Auswirkungen der gesamten Anlage auf die in § 1a genannten Schutzgüter und abschließend auf die Auswirkungen, deren Ermittlung, Beschreibung und Bewertung Voraussetzung für Feststellungen oder Gestattungen ist, die Gegenstand dieser Teilgenehmigung sind. Ist in einem Verfahren über eine weitere Teilgenehmigung unter Einbeziehung der Öffentlichkeit zu entscheiden, soll die Umweltverträglichkeitsprüfung im nachfolgenden Verfahren auf zusätzliche erhebliche oder andere erhebliche Auswirkungen auf die in § 1a genannten Schutzgüter beschränkt werden. Die Unterrichtung über den voraussichtlichen Untersuchungsrahmen nach § 2a beschränkt sich auf den zu erwartenden Umfang der durchzuführenden Umweltverträglichkeitsprüfung.

Vorbescheid (§ 23)

Der Antrag auf Erteilung eines Vorbescheids muss außer den in § 3 genannten Angaben insbesondere die bestimmte Angabe, für welche Genehmigungsvoraussetzungen oder für welchen Standort der Vorbescheid beantragt wird, enthalten. Der Vorbescheid muss enthalten

- die Angabe des Namens und des Wohnsitzes oder des Sitzes des Antragstellers,
- die Angabe, dass ein Vorbescheid erteilt wird und die Angabe der Rechtsgrundlage,
- die genaue Bezeichnung des Gegenstandes des Vorbescheids,
- die Voraussetzungen und die Vorbehalte, unter denen der Vorbescheid erteilt wird,
- die Begründung, aus der die wesentlichen tatsächlichen und rechtlichen Gründe, die die Behörde zu ihrer Entscheidung bewogen haben und die Behandlung der Einwendungen hervorgehen sollen.

Der Vorbescheid soll enthalten

- den Hinweis auf § 9 des Bundes-Immissionsschutzgesetzes,
- den Hinweis, dass der Vorbescheid nicht zur Errichtung der Anlage oder von Teilen der Anlage berechtigt,
- den Hinweis, dass der Vorbescheid unbeschadet der behördlichen Entscheidungen ergeht, die nach § 13 des Bundes-Immissionsschutzgesetzes nicht von der Genehmigung eingeschlossen werden und
- die Rechtsbehelfsbelehrung.

Zulassung vorzeitigen Beginns (§ 24a)
Ist in einem Verfahren zur Erteilung einer Genehmigung ein Antrag auf Zulassung des vorzeitigen Beginns im Sinne des § 8a des Bundes-Immissionsschutzgesetzes gestellt, so muss dieser

- das öffentliche Interesse oder das berechtigte Interesse des Antragstellers an dem vorzeitigen Beginn darlegen und
- die Verpflichtung des Trägers des Vorhabens enthalten, alle bis zur Erteilung der Genehmigung durch die Errichtung, den Probebetrieb und den Betrieb der Anlage verursachten Schäden zu ersetzen und, falls das Vorhaben nicht genehmigt wird, den früheren Zustand wiederherzustellen.

Der Bescheid über die Zulassung des vorzeitigen Beginns muss enthalten

- die Angabe des Namens und des Wohnsitzes oder des Sitzes des Antragstellers,
- die Angabe, dass der vorzeitige Beginn zugelassen wird und die Angabe der Rechtsgrundlage,
- die genaue Bezeichnung des Gegenstandes des Bescheids,
- die Nebenbestimmungen der Zulassung,
- die Begründung, aus der die wesentlichen tatsächlichen und rechtlichen Gründe, die die Behörde zu ihrer Entscheidung bewogen haben, hervorgehen sollen.

Der Bescheid über die Zulassung des vorzeitigen Beginns soll enthalten

- die Bestätigung der Verpflichtung,
- den Hinweis, dass die Zulassung jederzeit widerrufen werden kann,
- die Bestimmung einer Sicherheitsleistung, sofern dies erforderlich ist, um die Erfüllung der Pflichten des Trägers des Vorhabens zu sichern.

Angaben des UVP-Berichts für die Umweltverträglichkeitsprüfung (Anlage)
Soweit die nachfolgenden Angaben über die in § 4e genannten Mindestanforderungen hinausgehen und sie für die Entscheidung über die Zulassung des UVP-pflichtigen Vorhabens erforderlich sind, muss nach § 4e der UVP-Bericht folgende Angaben enthalten:

- eine Beschreibung des Standorts,
- eine Beschreibung der physischen Merkmale des gesamten UVP-pflichtigen Vorhabens, einschließlich der erforderlichen Abrissarbeiten, soweit relevant, sowie des Flächenbedarfs während der Bau- und der Betriebsphase,
- eine Beschreibung der wichtigsten Merkmale der Betriebsphase des UVP-pflichtigen Vorhabens (insbesondere von Produktionsprozessen), z. B.
  - Energiebedarf und Energieverbrauch,
  - Art und Menge der verwendeten Rohstoffe und
  - Art und Menge der natürlichen Ressourcen (insbesondere Fläche, Boden, Wasser, Tiere, Pflanzen und biologische Vielfalt),
- eine Abschätzung, aufgeschlüsselt nach Art und Quantität,
  - der erwarteten Rückstände und Emissionen (z. B. Verunreinigung des Wassers, der Luft, des Bodens und Untergrunds, Lärm, Erschütterungen, Licht, Wärme, Strahlung) sowie
  - des während der Bau- und Betriebsphase erzeugten Abfalls.

Eine Beschreibung der von dem Träger des UVP-pflichtigen Vorhabens geprüften vernünftigen Alternativen (z. B. in Bezug auf Ausgestaltung, Technologie, Standort, Größe und Umfang des UVP-pflichtigen Vorhabens), die für das Vorhaben und seine spezifischen Merkmale relevant sind und die Angabe der wesentlichen Gründe für die getroffene Wahl unter Berücksichtigung der jeweiligen Auswirkungen auf die in § 1a genannten Schutzgüter. Eine Beschreibung des aktuellen Zustands der Umwelt und ihrer Bestandteile im Einwirkungsbereich des UVP-pflichtigen Vorhabens und eine Übersicht über die voraussichtliche Entwicklung der Umwelt bei Nichtdurchführung des UVP-pflichtigen Vorhabens, soweit diese Entwicklung gegenüber dem aktuellen Zustand mit zumutbarem Aufwand auf der Grundlage der verfügbaren Umweltinformationen und wissenschaftlichen Erkenntnissen abgeschätzt werden kann. Eine Beschreibung der möglichen erheblichen Auswirkungen des UVP-pflichtigen Vorhabens auf die in § 1a genannten Schutzgüter.

Die Darstellung der Auswirkungen auf die in § 1a genannten Schutzgüter soll den Umweltschutzzielen Rechnung tragen, die nach den Rechtsvorschriften, einschließlich verbindlicher planerischer Vorgaben, maßgebend sind für die Entscheidung über die Zulassung des UVP-pflichtigen Vorhabens. Die Darstellung soll sich auf die Art der

Auswirkungen auf die in § 1a genannten Schutzgüter erstrecken. Anzugeben sind jeweils die Art, in der Schutzgüter betroffen sind und die Ursachen der Auswirkungen. Die Beschreibung der möglichen erheblichen Auswirkungen auf die in § 1a genannten Schutzgüter soll sich auf die direkten und die etwaigen indirekten, sekundären, kumulativen, grenzüberschreitenden, kurzfristigen, mittelfristigen und langfristigen, ständigen und vorübergehenden, positiven und negativen Auswirkungen des UVP-pflichtigen Vorhabens erstrecken. Bei der Angabe, in welcher Hinsicht die Schutzgüter von den Auswirkungen des UVP-pflichtigen Vorhabens betroffen sein können, sind in Bezug auf die nachfolgenden Schutzgüter insbesondere folgende Auswirkungen zu berücksichtigen (Tab. 2.4).

Bei der Beschreibung der Umstände, die zu erheblichen Auswirkungen des UVP-pflichtigen Vorhabens auf die in § 1a genannten Schutzgüter führen können, sind insbesondere folgende Gesichtspunkte zu berücksichtigen:

- die Durchführung baulicher Maßnahmen, einschließlich der Abrissarbeiten, soweit relevant, sowie die physische Anwesenheit der errichteten Anlagen oder Bauwerke,
- verwendete Techniken und eingesetzte Stoffe,
- die Nutzung natürlicher Ressourcen, insbesondere Fläche, Boden, Wasser, Tiere, Pflanzen und biologische Vielfalt und, soweit möglich, jeweils auch die nachhaltige Verfügbarkeit der betroffenen Ressource,
- Emissionen und Belästigungen sowie Verwertung oder Beseitigung von Abfällen,
- Risiken für die menschliche Gesundheit, für Natur und Landschaft sowie für das kulturelle Erbe, z. B. durch schwere Unfälle oder Katastrophen,
- das Zusammenwirken mit den Auswirkungen anderer bestehender oder zugelassener Vorhaben oder Tätigkeiten; dabei ist auch auf Umweltprobleme einzugehen, die sich daraus ergeben, dass ökologisch empfindliche Gebiete vorhanden sind oder die sich aus einer Nutzung natürlicher Ressourcen ergeben,

Tab. 2.4 Schutzgüter und Art der Betroffenheit

Schutzgut (Auswahl)	Mögliche Art der Betroffenheit
Menschen, insbesondere die menschliche Gesundheit	Auswirkungen sowohl auf einzelne Menschen als auch auf die Bevölkerung
Tiere, Pflanzen, biologische Vielfalt	Auswirkungen auf Flora und Fauna
Fläche	Flächenverbrauch
Boden	Veränderung der organischen Substanz, Bodenerosion, Bodenverdichtung, Bodenversiegelung
Wasser	Hydromorphologische Veränderungen, Veränderungen von Quantität oder Qualität des Wassers
Luft	Luftverunreinigungen
Klima	Veränderungen des Klimas, z. B. durch Treibhausgasemissionen, Veränderung des Kleinklimas am Standort
Kulturelles Erbe	Auswirkungen auf historisch, architektonisch oder archäologisch bedeutende Stätten und Bauwerke und auf Kulturlandschaften

- Auswirkungen des UVP-pflichtigen Vorhabens auf das Klima, z. B. durch Art und Ausmaß der mit dem Vorhaben verbundenen Treibhausgasemissionen,
- die Anfälligkeit des UVP-pflichtigen Vorhabens gegenüber den Folgen des Klimawandels (z. B. durch erhöhte Hochwassergefahr am Standort),
- die Anfälligkeit des UVP-pflichtigen Vorhabens für die Risiken von schweren Unfällen oder Katastrophen, soweit solche Risiken nach der Art, den Merkmalen und dem Standort des UVP-pflichtigen Vorhabens von Bedeutung sind.

Eine Beschreibung und Erläuterung der geplanten Maßnahmen, mit denen das Auftreten erheblicher nachteiliger Auswirkungen auf die in § 1a genannten Schutzgüter vermieden, vermindert oder ausgeglichen werden soll, sowie eine Beschreibung geplanter Ersatzmaßnahmen und etwaiger Überwachungsmaßnahmen des Trägers des UVP-pflichtigen Vorhabens. Soweit Auswirkungen aufgrund der Anfälligkeit des UVP-pflichtigen Vorhabens für die Risiken von schweren Unfällen oder Katastrophen zu erwarten sind, soll die Beschreibung, soweit möglich, auch auf vorgesehene Vorsorge- und Notfallmaßnahmen eingehen. Eine Beschreibung der Methoden oder Nachweise, die zur Ermittlung der erheblichen Auswirkungen auf die in § 1a genannten Schutzgüter genutzt wurden, einschließlich näherer Hinweise auf Schwierigkeiten und Unsicherheiten, die bei der Zusammenstellung der Angaben aufgetreten sind, insbesondere soweit diese Schwierigkeiten auf fehlenden Kenntnissen und Prüfmethoden oder auf technischen Lücken beruhen. Eine Referenzliste der Quellen, die für die im UVP-Bericht enthaltenen Angaben herangezogen wurden.

2.2.5 Technische Anleitung zur Reinhaltung der Luft (TA Luft)

2.2.5.1 Anforderungen zum Schutz vor schädlichen Umwelteinwirkungen

Die Vorschriften enthalten

- Immissionswerte zum Schutz der menschlichen Gesundheit, zum Schutz vor erheblichen Belästigungen oder erheblichen Nachteilen und Immissionswerte zum Schutz vor schädlichen Umwelteinwirkungen durch Deposition,
- Anforderungen zur Ermittlung von Vor-, Zusatz- und Gesamtbelastung,
- Festlegungen zur Bewertung von Immissionen durch Vergleich mit den Immissionswerten und
- Anforderungen für die Durchführung der Sonderfallprüfung.

Sie dienen der Prüfung, ob der Schutz vor schädlichen Umwelteinwirkungen durch luftverunreinigende Stoffe durch den Betrieb einer Anlage sichergestellt ist. Bei der Prüfung, ob der Schutz vor schädlichen Umwelteinwirkungen durch Luftverunreinigungen sichergestellt ist, hat die zuständige Behörde zunächst den Umfang der Ermittlungspflichten festzustellen. Bei Schadstoffen, für die Immissionswerte festgelegt sind, soll die Bestimmung von Immissionskenngrößen

- wegen geringer Emissionsmassenströme,
- wegen einer geringen Vorbelastung oder
- wegen einer irrelevanten Zusatzbelastung

entfallen. In diesen Fällen kann davon ausgegangen werden, dass schädliche Umwelteinwirkungen durch die Anlage nicht hervorgerufen werden können, es sei denn, trotz geringer Massenströme oder geringer Vorbelastung liegen hinreichende Anhaltspunkte für eine Sonderfallprüfung vor. Die Festlegung der Immissionswerte berücksichtigt einen Unsicherheitsbereich bei der Ermittlung der Kenngrößen. Die Immissionswerte gelten auch bei gleichzeitigem Auftreten sowie chemischer oder physikalischer Umwandlung der Schadstoffe. Bei Schadstoffen, für die Immissionswerte nicht festgelegt sind, sind weitere Ermittlungen nur geboten, wenn die Voraussetzungen vorliegen.

Immissionswerte zum Schutz der menschlichen Gesundheit
Der Schutz vor Gefahren für die menschliche Gesundheit durch die in Tab. 2.5 bezeichneten luftverunreinigenden Stoffe ist sichergestellt, wenn die ermittelte Gesamtbelastung die nachstehenden Immissionswerte an keinem Beurteilungspunkt überschreitet. Werden in Richtlinien der Europäischen Gemeinschaften Grenzwerte zum Schutz der menschlichen Gesundheit für polyzyklische aromatische Kohlenwasserstoffe (PAKs), Arsen, Cadmium, Nickel oder Quecksilber bestimmt, sind diese als Immissionswerte zu berücksichtigen.

Immissionswert für Staubniederschlag
Der Schutz vor erheblichen Belästigungen oder erheblichen Nachteilen durch Staubniederschlag ist sichergestellt, wenn die ermittelte Gesamtbelastung den in Tab. 2.6 bezeichneten Immissionswert an keinem Beurteilungspunkt überschreitet.

Tab. 2.5 Immissionswerte für Stoffe zum Schutz der menschlichen Gesundheit

Stoff/Stoffgruppe	Konzentration µg/m³	Mittelungszeitraum	Zulässige Überschreitungshäufigkeit im Jahr
Benzol	5	Jahr	–
Blei und seine anorganischen Verbindungen als Bestandteile des Schwebstaubs (PM-10), angegeben als Pb	0,5	Jahr	–
Schwebstaub (PM-10)	40 50	Jahr 24 Stunden	– 35
Schwefeldioxid	50 125 350	Jahr 24 Stunden 1 Stunde	– 3 24
Stickstoffdioxid	40 200	Jahr 1 Stunde	– 18
Tetrachlorethan	10	Jahr	–

Immissionswerte für Schwefeldioxid und Stickstoffoxide

Der Schutz vor Gefahren für Ökosysteme durch Schwefeldioxid oder für die Vegetation durch Stickstoffoxide ist an den relevanten Beurteilungspunkten sichergestellt, wenn die ermittelte Gesamtbelastung die in Tab. 2.7 bezeichneten Immissionswerte nicht überschreitet.

Immissionswert für Fluorwasserstoff

Der Schutz vor erheblichen Nachteilen durch Fluorwasserstoff ist sichergestellt, wenn die ermittelte Gesamtbelastung den in Tab. 2.8 bezeichneten Immissionswert an keinem Beurteilungspunkt überschreitet.

Der Schutz vor erheblichen Nachteilen durch Schädigung sehr empfindlicher Tiere, Pflanzen und Sachgüter ist gewährleistet, wenn für Fluorwasserstoff und gasförmige anorganische Fluorverbindungen, angegeben als Fluor, gemittelt über ein Jahr, ein Immissionswert von 0,3 $\mu g/m^3$ eingehalten wird.

Ammoniakimmissionen

Es ist zu prüfen, ob der Schutz vor erheblichen Nachteilen durch Schädigung empfindlicher Pflanzen und Ökosysteme durch die Einwirkung von Ammoniak gewährleistet ist.

Immissionswerte für Schadstoffdepositionen

Der Schutz vor schädlichen Umwelteinwirkungen durch die Deposition luftverunreinigender Stoffe, einschließlich der Schutz vor schädlichen Bodenveränderungen, ist sichergestellt, soweit

Tab. 2.6 Immissionswert für Staubniederschlag

Stoffgruppe	Deposition $g/(m^2 \cdot d)$	Mittelungszeitraum
Staubniederschlag(nicht gefährdender Staub)	0,35	Jahr

Tab. 2.7 Immissionswerte für Schwefeldioxid und Stickstoffoxide

Stoff/Stoffgruppe	Konzentration $\mu g/m^3$	Mittelungszeitraum	Schutzgut
Schwefeldioxid	20	Jahr und Winter (1. Oktober bis 31. März)	Ökosystem
Stickstoffdioxide,angegeben als Stickstoffdioxid	30	Jahr	Vegetation

Tab. 2.8 Immissionswerte für Fluorwasserstoff

Stoffgruppe	Konzentration $\mu g/m^3$	Mittelungszeitraum
Fluorwasserstoff und gasförmige anorganische Fluorverbindungen, angegeben als Fluor	0,4	Jahr

- die ermittelte Gesamtbelastung an keinem Beurteilungspunkt die in Tab. 2.9 bezeichneten Immissionswerte überschreitet und
- keine hinreichenden Anhaltspunkte dafür bestehen, dass an einem Beurteilungspunkt die maßgebenden Prüf- und Maßnahmenwerte nach Anhang 2 der Bundes-Bodenschutz- und Altlastenverordnung aufgrund von Luftverunreinigungen überschritten sind.

2.2.5.2 Emissionsbegrenzung von Stäuben

Gesamtstaub, einschließlich Feinstaub

Die im Abgas enthaltenen staubförmigen Emissionen dürfen

- den Massenstrom 0,20 kg/h oder
- die Massenkonzentration 20 mg/m^3

nicht überschreiten. Auch bei Einhaltung oder Unterschreitung eines Massenstroms von 0,20 kg/h darf im Abgas die Massenkonzentration 0,15 g/m^3 nicht überschritten werden.

Staubförmige anorganische Stoffe

Die in Tab. 2.10 genannten staubförmigen anorganischen Stoffe dürfen, auch beim Vorhandensein mehrerer Stoffe derselben Klasse, insgesamt folgende Massenkonzentrationen oder Massenströme im Abgas nicht überschreiten. Davon abweichend gelten für Stoffe der Klasse I die Anforderungen jeweils für den Einzelstoff.

Beim Vorhandensein von Stoffen mehrerer Klassen dürfen beim Zusammentreffen von Stoffen der Klassen I und II im Abgas insgesamt die Emissionswerte der Klasse II sowie beim Zusammentreffen von Stoffen der Klassen I und III, der Klassen II und III oder der Klassen I bis III im Abgas insgesamt die Emissionswerte der Klasse III nicht überschritten werden.

Tab. 2.9 Immissionswerte für Schadstoffdepositionen

Stoff/Stoffgruppe	Deposition µg(m² • d)	Mittelungszeitraum
Arsen und seine anorganischen Verbindungen, angegeben als Arsen	4	Jahr
Blei und seine anorganischen Verbindungen, angegeben als Blei	100	Jahr
Cadmium und seine anorganischen Verbindungen, angegeben als Cadmium	2	Jahr
Nickel und seine anorganischen Verbindungen, angegeben als Nickel	15	Jahr
Quecksilber und seine anorganischen Verbindungen, angegeben als Quecksilber	1	Jahr
Thallium und seine anorganischen Verbindungen, angegeben als Thallium	2	Jahr

Tab. 2.10 Emissionswerte staubförmiger anorganischer Stoffe

Klasse	Stoff	Massenstrom/-konzentration
Klasse I	• Quecksilber und seine Verbindungen, angegeben als Hg • Thallium und seine Verbindungen, angegeben als Tl	0,25 g/h oder 0,05 mg/m³
Klasse II	• Blei und seine Verbindungen, angegeben als Pb • Kobalt und seine Verbindungen, angegeben als Co • Nickel und seine Verbindungen, angegeben als Ni • Selen und seine Verbindungen, angegeben als Se • Tellur und seine Verbindungen, angegeben als Te	2,5 g/h oder 0,5 mg/m³
Klasse III	• Antimon und seine Verbindungen, angegeben als Sb • Chrom und seine Verbindungen, angegeben als Cr • Cyanide leicht löslich (z. B. NaCN), angegeben als CN • Fluoride leicht löslich (z. B. NaF), angegeben als F • Kupfer und seine Verbindungen, angegeben als Cu • Mangan und seine Verbindungen, angegeben als Mn • Vanadium und seine Verbindungen, angegeben als V • Zinn und seine Verbindungen, angegeben als Sn	5 g/h oder 1 mg/m³

2.2.5.3 Emissionsbegrenzung gasförmiger anorganischer Stoffe

Die in Tab. 2.11 genannten gasförmigen anorganischen Stoffe dürfen jeweils die angegebenen Massenkonzentrationen oder Masseströme im Abgas nicht überschreiten.

Im Abgas von thermischen oder katalytischen Nachverbrennungseinrichtungen dürfen die Emissionen an Stickstoffmonoxid und Stickstoffdioxid, angegeben als Stickstoffdioxid, die Massenkonzentration 0,10 g/m³ nicht überschreiten. Gleichzeitig dürfen die Emissionen an Kohlenmonoxid die Massenkonzentration 0,10 g/m³ nicht überschreiten. Soweit die der Nachverbrennung zugeführten Gase nicht geringe Konzentrationen an Stickstoffoxiden oder sonstigen Stickstoffverbindungen enthalten, sind Festlegungen im Einzelfall zu treffen. Dabei dürfen die Emissionen an Stickstoffmonoxid und Stickstoffdioxid, angegeben als Stickstoffdioxid, den Massenstrom 1,8 kg/h oder die Massenkonzentration 0,35 g/m³ nicht überschreiten.

Tab. 2.11 Emissionswerte gasförmiger anorganischer Stoffe

Klasse	Stoff	Massenstrom/-konzentration
Klasse I	• Arsenwasserstoff • Chlorcyan • Phosgen • Phosphorwasserstoff	2,5 g/h oder 0,5 mg/m^3
Klasse II	• Brom und seine gasförmigen Verbindungen, angegeben als Bromwasserstoff • Chlor • Cyanwasserstoff • Fluor und seine gasförmigen Verbindungen, angegeben als Fluorwasserstoff • Schwefelwasserstoff	15 g/h oder 3 mg/m^3
Klasse III	• Ammoniak • gasförmige anorganische Chlorverbindungen, soweit nicht in Klasse I oder Klasse II enthalten, angegeben als Chlorwasserstoff	0,15 kg/h oder 30 mg/m^3
Klasse IV	• Schwefeloxide (Schwefeldioxid und Schwefeltrioxid), angegeben als Schwefeldioxid • Stickstoffoxide (Stickstoffmonoxid und Stickstoffdioxid), angegeben als Stickstoffdioxid	1,8 kg/h oder 0,35 g/m^3

2.2.5.4 Emissionsbegrenzung organischer Stoffe

Organische Stoffe im Abgas, ausgenommen staubförmige organische Stoffe, dürfen

- den Massenstrom 0,50 kg/h oder
- die Massenkonzentration 50 mg/m^3, jeweils angegeben als Gesamtkohlenstoff,

insgesamt nicht überschreiten.

Bei Altanlagen mit einem jährlichen Massenstrom an organischen Stoffen von bis zu 1,5 Mg/a, angegeben als Gesamtkohlenstoff, dürfen abweichend die Emissionen an organischen Stoffen im Abgas den Massenstrom 1,5 kg/h, angegeben als Gesamtkohlenstoff, nicht überschreiten. Die Anzahl der Betriebsstunden, in denen Massenströme von über 0,5 kg/h bis zu 1,5 kg/h auftreten, soll 8 Betriebsstunden während eines Tages unterschreiten. Innerhalb des Massenstroms oder der Massenkonzentration für Gesamtkohlenstoff dürfen die nach den Klassen I oder II eingeteilten organischen Stoffe, auch bei dem Vorhandensein mehrerer Stoffe derselben Klasse, insgesamt folgende Massenkonzentrationen oder Massenströme im Abgas, jeweils angegeben als Masse der organischen Stoffe, nicht überschreiten (Tab. 2.12).

Beim Vorhandensein von Stoffen mehrerer Klassen dürfen zusätzlich zu den Anforderungen beim Zusammentreffen von Stoffen der Klassen I und II im Abgas insgesamt die

Tab. 2.12 Emissionswerte organischer Stoffe (Beispiele)

Klasse	Stoff	Massenstrom/-konzentration
Klasse I	• Stoffe nach Anhang 4 der TA Luft	0,10 kg/h oder 20 mg/m^3
Klasse II	• 1-Brom-3-Chlorpropan • 1,1-Dichlorethan • 1,2-Dichlorethylen (cis und trans) • Essigsäure • Methylformiat • Nitroethan • Nitromethan • Octamethylcyclotetrasiloxan • 1,1,1-Trichlorethan • 1,3,5-Trioxan	0,50 kg/h oder 0,10 g/m^3

Emissionswerte der Klasse II nicht überschritten werden. Die nicht namentlich im Anhang 4 der TA Luft genannten organischen Stoffe oder deren Folgeprodukte, die mindestens eine der folgenden Einstufungen oder Kriterien erfüllen:

- Verdacht auf krebserzeugende oder erbgutverändernde Wirkungen,
- Verdacht auf reproduktionstoxische Wirkung,
- Grenzwert für die Luft am Arbeitsplatz kleiner als 25 mg/m^3,
- akut toxisch,
- mögliche Verursachung von irreversiblen Schäden,
- mögliche Sensibilisierung beim Einatmen,
- hohe Geruchsintensität,
- geringe Abbaubarkeit und hohe Anreicherbarkeit,

sind grundsätzlich der Klasse I zuzuordnen.

2.2.5.5 Krebserzeugende und andere hochtoxische Stoffe

Die im Abgas enthaltenen Emissionen krebserzeugender, erbgutverändernder oder reproduktionstoxischer Stoffe oder Emissionen schwer abbaubarer, leicht anreicherbarer und hochtoxischer organischer Stoffe sind unter Beachtung des Grundsatzes der Verhältnismäßigkeit soweit wie möglich zu begrenzen (Emissionsminimierungsgebot).

Krebserzeugende Stoffe

Die in Tab. 2.13 genannten Stoffe dürfen, auch bei dem Vorhandensein mehrerer Stoffe derselben Klasse, als Mindestanforderung insgesamt folgende Massenkonzentrationen oder Massenströme im Abgas nicht überschreiten. Beim Vorhandensein von Stoffen mehrerer Klassen dürfen beim Zusammentreffen von Stoffen der Klassen I und II im Abgas insgesamt die Emissionswerte der Klasse II sowie beim Zusammentreffen von Stoffen der Klassen I und III, der Klassen II und III oder der Klassen I bis III im Abgas insgesamt die Emissionswerte der Klasse III nicht überschritten werden. Die nicht namentlich aufge-

Tab. 2.13 Emissionswerte krebserzeugender Stoffe (Beispiele)

Klasse	Stoff	Massenstrom/-konzentration
Klasse I	• Arsen und seine Verbindungen (außer Arsenwasserstoff), angegeben als As • Benzo(a)pyren • Cadmium und seine Verbindungen, angegeben als Cd • wasserlösliche Cobaltverbindungen, angegeben als Co • Chrom(VI)verbindungen (außer Bariumchromat und Bleichromat), angegeben als Cr	0,15 g/h oder 0,05 mg/m^3
Klasse II	• Acrylamid • Acrylnitril • Dinitrotoluole • Ethylenoxid • Nickel und seine Verbindungen (außer Nickelmetall, Nickellegierungen, Nickelcarbonat, Nickelhydroxid, Nickeltetracarbonyl), angegeben als Ni • 4-Vinyl-1,2-cyclohexen-diepoxid	1,5 g/h oder 0,5 mg/m^3
Klasse III	• Benzol • Brommethan • 1,3-Butadien • 1,2-Dichlorethan • 1,2-Propylenoxid (1,2-Epoxypropan) • Styroloxid • o-Toluidin • Trichlorethen • Vinylchlorid	2,5 g/h oder 1 mg/m^3

führten krebserzeugenden Stoffe sind den Klassen zuzuordnen, deren Stoffen sie in ihrer Wirkungsstärke am nächsten stehen. Soweit für krebserzeugende Stoffe, die aufgrund dieser Zuordnung klassiert werden, die Emissionswerte der ermittelten Klasse nicht mit verhältnismäßigem Aufwand eingehalten werden können, sind die Emissionen im Einzelfall unter Beachtung des Emissionsminimierungsgebotes zu begrenzen.

Fasern

Die Emissionen der in Tab. 2.14 genannten krebserzeugenden faserförmigen Stoffe im Abgas dürfen die nachfolgend angegebenen Faserstaubkonzentrationen nicht überschreiten. Bei unterschiedlichen Kriterien von TRGS und GefStoffV sind die strengeren Kriterien zugrunde zu legen. Die Emissionen krebserzeugender faserförmiger Stoffe können im Einzelfall unter Beachtung des Emissionsminimierungsgebots auch durch Festlegung eines Emissionswertes für Gesamtstaub begrenzt werden.

Tab. 2.14 Emissionswerte von Fasern

Asbestfasern(z. B. Chrysotil, Krokydolith, Amosit)	$1 \cdot 10^4$ Fasern/m^3
Biopersistente Keramikfasern(z. B. aus Aluminiumsilicat, Aluminiumoxid, Siliciumcarbid, Kaliumtitanat)	$1{,}5 \cdot 10^4$ Fasern/m^3
Biopersistente Mineralfasern	$5 \cdot 10^4$ Fasern/m^3

Erbgutverändernde Stoffe

Soweit erbgutverändernde Stoffe oder Zubereitungen nicht von den Anforderungen für krebserzeugende Stoffe erfasst sind, ist für die Emissionen erbgutverändernder Stoffe im Abgas die Unterschreitung des Massenstroms von 0,15 g/h oder der Massenkonzentration 0,05 mg/m^3 anzustreben. Soweit diese Emissionswerte nicht mit verhältnismäßigem Aufwand eingehalten werden können, sind die Emissionen im Abgas unter Beachtung des Emissionsminimierungsgebots zu begrenzen.

Reproduktionstoxische Stoffe

Soweit reproduktionstoxische Stoffe oder Zubereitungen nicht von den Anforderungen für krebserzeugende oder erbgutverändernde Stoffe erfasst sind, sind die Emissionen reproduktionstoxischer Stoffe im Abgas unter Beachtung des Emissionsminimierungsgebots unter Berücksichtigung der Wirkungsstärke der Stoffe zu begrenzen.

Schwer abbaubare, leicht anreicherbare und hochtoxische organische Stoffe

Die im Anhang 5 der TA Luft genannten Dioxine und Furane, angegeben als Summenwert nach dem dort festgelegten Verfahren, dürfen als Mindestanforderung

- den Massenstrom im Abgas 0,25 µg/h oder
- die Massenkonzentration im Abgas 0,1 ng/m^3

nicht überschreiten. Die Probenahmezeit beträgt mindestens 6 Stunden. Sie soll 8 Stunden nicht überschreiten. Bei weiteren organischen Stoffen, die sowohl schwer abbaubar und leicht anreicherbar als auch von hoher Toxizität sind oder die aufgrund sonstiger besonders schädlicher Umwelteinwirkungen nicht der Klasse I zugeordnet werden können (z. B. polybromierte Dibenzodioxine, polybromierte Dibenzofurane oder polyhalogenierte Biphenyle) sind die Emissionen unter Beachtung des Emissionsminimierungsgebots zu begrenzen.

Geruchsintensive Stoffe

Bei Anlagen, die bei bestimmungsgemäßem Betrieb oder wegen betrieblich bedingter Störanfälligkeit geruchsintensive Stoffe emittieren können, sind Anforderungen zur Emissionsminderung zu treffen, z. B. Einhausen der Anlagen, Kapseln von Anlageteilen, Erzeugen eines Unterdrucks im gekapselten Raum, geeignete Lagerung von Einsatzstoffen, Erzeugnissen und Abfällen, Steuerung des Prozesses. Geruchsintensive Abgase sind in der Regel Abgasreinigungseinrichtungen zuzuführen oder es sind gleichwertige Maßnahmen zu treffen. Bei der Festlegung des Umfangs der Anforderungen im Einzelfall sind insbesondere der Abgasvolumenstrom, der Massenstrom geruchsintensiver Stoffe, die örtlichen Ausbreitungsbedingungen, die Dauer der Emissionen und der Abstand der Anlage zur nächsten vorhandenen oder in einem Bebauungsplan festgesetzten schützenswerten Nutzung (z. B. Wohnbebauung) zu berücksichtigen. Soweit in der Umgebung einer Anlage Geruchseinwirkungen zu erwarten sind, sind die Möglichkeiten, die Emissionen durch dem Stand der Technik entsprechende Maßnahmen weiter zu vermindern, auszuschöpfen. Sofern eine Emissionsbegrenzung für einzelne Stoffe oder Stoffgruppen, z. B. für Amine oder als Gesamtkohlenstoff nicht möglich ist oder nicht ausreicht, soll bei Anlagen mit einer Abgasreinigungseinrichtung die emissionsbegrenzende Anforderung in Form eines olfaktometrisch zu bestimmenden Geruchsminderungsgrades oder einer Geruchsstoffkonzentration festgelegt werden.

2.3 Ermittlung von Emissionen und Immission, sicherheitstechnische Prüfungen nach BImSchG

Messungen aus besonderem Anlass (§ 26)
Die zuständige Behörde kann anordnen, dass der Betreiber einer genehmigungsbedürftigen Anlage oder einer nicht genehmigungsbedürftigen Anlage Art und Ausmaß der von der Anlage ausgehenden Emissionen sowie die Immissionen im Einwirkungsbereich der Anlage durch eine der von der zuständigen Behörde eines Landes bekannt gegebenen Stellen ermitteln lässt, wenn zu befürchten ist, dass durch die Anlage schädliche Umwelteinwirkungen hervorgerufen werden. Die zuständige Behörde ist befugt, Einzelheiten über Art und Umfang der Ermittlungen sowie über die Vorlage des Ermittlungsergebnisses vorzuschreiben.

Emissionserklärung (§ 27)
Der Betreiber einer genehmigungsbedürftigen Anlage ist verpflichtet, der zuständigen Behörde innerhalb einer von ihr zu setzenden Frist oder zu dem in der Rechtsverordnung festgesetzten Zeitpunkt Angaben zu machen über Art, Menge, räumliche und zeitliche Verteilung der Luftverunreinigungen, die von der Anlage in einem bestimmten Zeitraum ausgegangen sind, sowie über die Austrittsbedingungen (Emissionserklärung). Er hat die Emissionserklärung nach Maßgabe der Rechtsverordnung entsprechend dem neuesten Stand zu ergänzen. Dies gilt nicht für Betreiber von Anlagen, von denen nur in geringem Umfang Luftverunreinigungen ausgehen können. Der Inhalt der Emissionserklärung ist Dritten auf Antrag bekannt zu geben. Einzelangaben der Emissionserklärung dürfen nicht veröffentlicht oder Dritten bekannt gegeben werden, wenn aus diesen Rückschlüsse auf Betriebs- oder Geschäftsgeheimnisse gezogen werden können. Bei Abgabe der Emissi-

onserklärung hat der Betreiber der zuständigen Behörde mitzuteilen und zu begründen, welche Einzelangaben der Emissionserklärung Rückschlüsse auf Betriebs- oder Geschäftsgeheimnisse erlauben.

Die Bundesregierung wird ermächtigt, durch Rechtsverordnung mit Zustimmung des Bundesrates Inhalt, Umfang, Form und Zeitpunkt der Abgabe der Emissionserklärung, das bei der Ermittlung der Emissionen einzuhaltende Verfahren und den Zeitraum, innerhalb dessen die Emissionserklärung zu ergänzen ist, zu regeln. In der Rechtsverordnung wird auch bestimmt, welche Betreiber genehmigungsbedürftiger Anlagen von der Pflicht zur Abgabe einer Emissionserklärung befreit sind. Darüber hinaus kann zur Erfüllung der Pflichten aus bindenden Rechtsakten der Europäischen Gemeinschaften oder der Europäischen Union in der Rechtsverordnung vorgeschrieben werden, dass die zuständigen Behörden über die nach Landesrecht zuständige Behörde dem Bundesministerium für Umwelt, Naturschutz, Bau und Reaktorsicherheit zu einem festgelegten Zeitpunkt Emissionsdaten zur Verfügung stellen, die den Emissionserklärungen zu entnehmen sind.

Erstmalige und wiederkehrende Messungen bei genehmigungsbedürftigen Anlagen (§ 28)
Die zuständige Behörde kann bei genehmigungsbedürftigen Anlagen

- nach der Inbetriebnahme oder einer Änderung im Sinne des § 15 oder des § 16 und sodann
- nach Ablauf eines Zeitraums von jeweils drei Jahren

Anordnungen nach § 26 auch ohne die dort genannten Voraussetzungen treffen. Hält die Behörde wegen Art, Menge und Gefährlichkeit der von der Anlage ausgehenden Emissionen Ermittlungen auch während des genannten Zeitraums für erforderlich, so soll sie auf Antrag des Betreibers zulassen, dass diese Ermittlungen durch den Immissionsschutzbeauftragten durchgeführt werden, wenn dieser hierfür die erforderliche Fachkunde, Zuverlässigkeit und gerätetechnische Ausstattung besitzt.

Kontinuierliche Messungen (§ 29)
Die zuständige Behörde kann bei genehmigungsbedürftigen Anlagen anordnen, dass statt durch Einzelmessungen nach § 26 oder § 28 oder neben solchen Messungen bestimmte Emissionen oder Immissionen unter Verwendung aufzeichnender Messgeräte fortlaufend ermittelt werden. Bei Anlagen mit erheblichen Emissionsmassenströmen luftverunreinigender Stoffe sollen unter Berücksichtigung von Art und Gefährlichkeit dieser Stoffe Anordnungen getroffen werden, soweit eine Überschreitung der in Rechtsvorschriften, Auflagen oder Anordnungen festgelegten Emissionsbegrenzungen nach der Art der Anlage nicht ausgeschlossen werden kann. Die zuständige Behörde kann bei nicht genehmigungsbedürftigen Anlagen anordnen, dass statt durch Einzelmessungen nach § 26 oder neben solchen Messungen bestimmte Emissionen oder Immissionen unter Verwendung aufzeichnender Messgeräte fortlaufend ermittelt werden, wenn dies zur Feststellung erforderlich ist, ob durch die Anlage schädliche Umwelteinwirkungen hervorgerufen werden.

Anordnung sicherheitstechnischer Prüfungen (§ 29a)

Die zuständige Behörde kann anordnen, dass der Betreiber einer genehmigungsbedürftigen Anlage oder einer Anlage innerhalb eines Betriebsbereichs einen der von der zuständigen Behörde eines Landes bekannt gegebenen Sachverständigen mit der Durchführung bestimmter sicherheitstechnischer Prüfungen sowie Prüfungen von sicherheitstechnischen Unterlagen beauftragt. In der Anordnung kann die Durchführung der Prüfungen durch den Störfallbeauftragten (§ 58a), eine zugelassene Überwachungsstelle nach § 37 des Produktsicherheitsgesetzes oder einen in einer für Anlagen nach § 2 des Produktsicherheitsgesetzes erlassenen Rechtsverordnung genannten Sachverständigen gestattet werden. Das Gleiche gilt für einen nach § 36 der Gewerbeordnung bestellten Sachverständigen oder für Sachverständige, die im Rahmen von § 13a der Gewerbeordnung ihre gewerbliche Tätigkeit nur vorübergehend und gelegentlich im Inland ausüben wollen, soweit eine besondere Sachkunde im Bereich sicherheitstechnischer Prüfungen nachgewiesen wird. Die zuständige Behörde ist befugt, Einzelheiten über Art und Umfang der sicherheitstechnischen Prüfungen sowie über die Vorlage des Prüfungsergebnisses vorzuschreiben. Prüfungen können angeordnet werden

- für einen Zeitpunkt während der Errichtung oder sonst vor der Inbetriebnahme der Anlage,
- für einen Zeitpunkt nach deren Inbetriebnahme,
- in regelmäßigen Abständen,
- im Falle einer Betriebseinstellung oder
- wenn Anhaltspunkte dafür bestehen, dass bestimmte sicherheitstechnische Anforderungen nicht erfüllt werden.

Der Betreiber hat die Ergebnisse der sicherheitstechnischen Prüfungen der zuständigen Behörde spätestens einen Monat nach Durchführung der Prüfungen vorzulegen; er hat diese Ergebnisse unverzüglich vorzulegen, sofern dies zur Abwehr gegenwärtiger Gefahren erforderlich ist.

Auskunftspflichten des Betreibers (§ 31)

Der Betreiber einer Anlage nach der Industrieemissions-Richtlinie hat nach Maßgabe der Nebenbestimmungen der Genehmigung oder aufgrund von Rechtsverordnungen der zuständigen Behörde jährlich Folgendes vorzulegen:

- eine Zusammenfassung der Ergebnisse der Emissionsüberwachung,
- sonstige Daten, die erforderlich sind, um die Einhaltung der Genehmigungsanforderungen zu überprüfen.

Die Pflicht besteht nicht, soweit die erforderlichen Angaben der zuständigen Behörde bereits aufgrund anderer Vorschriften vorzulegen sind. Wird in einer Rechtsverordnung in einer Verwaltungsvorschrift, in einer Genehmigung oder einer nachträglichen Anordnung eine Emissionsbegrenzung oberhalb der in den BVT-Schlussfolgerungen genannten Emissionsbandbreiten bestimmt, so hat die Zusammenfassung einen Vergleich mit den in den BVT-Schlussfolgerungen genannten Emissionsbandbreiten zu ermöglichen. Der Betreiber einer Anlage nach der Industrieemissions-Richtlinie kann von der zuständigen Behörde verpflichtet werden, diejenigen Daten zu übermitteln, deren Übermittlung nach einem Durchführungsrechtsakt nach Art. 72 der Richtlinie 2010/75/EU vorgeschrieben ist und die zur Erfüllung der Berichtspflicht erforderlich sind, soweit solche Daten nicht bereits aufgrund anderer Vorschriften bei der zuständigen Behörde vorhanden sind. § 3 und § 5 des Gesetzes zur Ausführung des Protokolls über Schadstofffreisetzungs- und -verbringungsregister sowie zur Durchführung der Verordnung (EG) Nr. 166/2006 gelten entsprechend.

Der Betreiber von Anlagen, die Betriebsbereich oder Bestandteil eines Betriebsbereichs sind, kann von der zuständigen Behörde verpflichtet werden, diejenigen Daten zu übermitteln, deren Übermittlung nach einem Durchführungsrechtsakt nach Art. 21 der Richtlinie 2012/18/EU vorgeschrieben ist und die zur Erfüllung der Berichtspflicht erforderlich sind, soweit solche Daten nicht bereits aufgrund anderer Vorschriften bei der zuständigen Behörde vorhanden sind. Wird bei einer Anlage nach der Industrieemissions-Richtlinie festgestellt, dass Anforderungen nicht eingehalten werden, hat der Betreiber dies der zuständigen Behörde unverzüglich mitzuteilen.

Der Betreiber einer Anlage nach der Industrieemissions-Richtlinie hat bei allen Ereignissen mit schädlichen Umwelteinwirkungen die zuständige Behörde unverzüglich zu unterrichten, soweit er hierzu nicht bereits nach § 4 des Umweltschadensgesetzes oder nach § 19 der Störfall-Verordnung verpflichtet ist. Der Betreiber der Anlage hat das Ergebnis der aufgrund einer Anordnung nach § 26, § 28 oder § 29 getroffenen Ermittlungen der zuständigen Behörde auf Verlangen mitzuteilen und die Aufzeichnungen der Messgeräte nach § 29 fünf Jahre lang aufzubewahren. Die zuständige Behörde kann die Art der Übermittlung der Messergebnisse vorschreiben. Die Ergebnisse der Überwachung der Emissionen, die bei der Behörde vorliegen, sind für die Öffentlichkeit nach den Bestimmungen des Umweltinformationsgesetzes zugänglich.

2.4 Beschaffenheit von Anlagen, Stoffen und Erzeugnissen

2.4.1 Anforderungen des BImSchG

Beschaffenheit von Anlagen (§ 32)

Die Bundesregierung wird ermächtigt, nach Anhörung der beteiligten Kreise durch Rechtsverordnung mit Zustimmung des Bundesrates vorzuschreiben, dass serienmäßig hergestellte Teile von Betriebsstätten und sonstigen ortsfesten Einrichtungen sowie die in § 3 bezeichneten Anlagen und hierfür serienmäßig hergestellte Teile gewerbsmäßig oder im Rahmen wirtschaftlicher Unternehmungen nur in den Verkehr gebracht oder eingeführt werden dürfen, wenn sie bestimmten Anforderungen zum Schutz vor schädlichen Umwelteinwirkungen durch Luftverunreinigungen, Geräusche, Erschütterungen oder nichtionisierende Strahlen genügen. In den Rechtsverordnungen kann insbesondere vorgeschrieben werden, dass

- die Emissionen der Anlagen oder der serienmäßig hergestellten Teile bestimmte Werte nicht überschreiten dürfen,
- die Anlagen oder die serienmäßig hergestellten Teile bestimmten technischen Anforderungen zur Begrenzung der Emissionen entsprechen müssen.

Emissionswerte können unter Berücksichtigung der technischen Entwicklung auch für einen Zeitpunkt nach Inkrafttreten der Rechtsverordnung festgesetzt werden. In einer Rechtsverordnung kann ferner vorgeschrieben werden, dass die Anlagen oder die serienmäßig hergestellten Teile gewerbsmäßig oder im Rahmen wirtschaftlicher Unternehmungen nur in den Verkehr gebracht oder eingeführt werden dürfen, wenn sie mit Angaben über die Höhe ihrer Emissionen gekennzeichnet sind.

Bauartzulassung (§ 33)
Die Bundesregierung wird ermächtigt, zum Schutz vor schädlichen Umwelteinwirkungen sowie zur Vorsorge gegen schädliche Umwelteinwirkungen nach Anhörung der beteiligten Kreise durch Rechtsverordnung mit Zustimmung des Bundesrates

- zu bestimmen, dass Anlagen oder bestimmte Teile von solchen Anlagen nach einer Bauartprüfung allgemein zugelassen und dass mit der Bauartzulassung Auflagen zur Errichtung und zum Betrieb verbunden werden können,
- vorzuschreiben, dass bestimmte serienmäßig hergestellte Anlagen oder bestimmte hierfür serienmäßig hergestellte Teile gewerbsmäßig oder im Rahmen wirtschaftlicher Unternehmungen nur in Verkehr gebracht werden dürfen, wenn die Bauart der Anlage oder des Teils allgemein zugelassen ist und die Anlage oder der Teil dem zugelassenen Muster entspricht,
- das Verfahren der Bauartzulassung zu regeln,
- zu bestimmen, welche Gebühren und Auslagen für die Bauartzulassung zu entrichten sind.

Beschaffenheit von Stoffen und Erzeugnissen (§ 35)
Die Bundesregierung wird ermächtigt, nach Anhörung der beteiligten Kreise durch Rechtsverordnung mit Zustimmung des Bundesrates vorzuschreiben, dass bestimmte Stoffe oder Erzeugnisse aus Stoffen, die geeignet sind, bei ihrer bestimmungsgemäßen Verwendung oder bei der Verbrennung zum Zwecke der Beseitigung oder der Rückgewinnung einzelner Bestandteile schädliche Umwelteinwirkungen durch Luftverunreinigungen hervorzurufen, gewerbsmäßig oder im Rahmen wirtschaftlicher Unternehmungen nur hergestellt, eingeführt oder sonst in den Verkehr gebracht werden dürfen, wenn sie zum Schutz vor schädlichen Umwelteinwirkungen durch Luftverunreinigungen bestimmten

Anforderungen an ihre Zusammensetzung und das Verfahren zu ihrer Herstellung genügen. Die Ermächtigung erstreckt sich nicht auf Anlagen, Brennstoffe, Treibstoffe und Fahrzeuge. Soweit dies mit dem Schutz der Allgemeinheit vor schädlichen Umwelteinwirkungen durch Luftverunreinigungen vereinbar ist, kann in der Rechtsverordnung an Stelle der Anforderungen über die Zusammensetzung und das Herstellungsverfahren vorgeschrieben werden, dass die Stoffe und Erzeugnisse deutlich sichtbar und leicht lesbar mit dem Hinweis zu kennzeichnen sind, dass bei ihrer bestimmungsgemäßen Verwendung oder bei ihrer Verbrennung schädliche Umwelteinwirkungen entstehen können oder dass bei einer bestimmten Verwendungsart schädliche Umwelteinwirkungen vermieden werden können.

Beschaffenheit und Betrieb von Fahrzeugen (§ 38)
Kraftfahrzeuge und ihre Anhänger, Schienen-, Luft- und Wasserfahrzeuge sowie Schwimmkörper und schwimmende Anlagen müssen so beschaffen sein, dass ihre durch die Teilnahme am Verkehr verursachten Emissionen bei bestimmungsgemäßem Betrieb die zum Schutz vor schädlichen Umwelteinwirkungen einzuhaltenden Grenzwerte nicht überschreiten. Sie müssen so betrieben werden, dass vermeidbare Emissionen verhindert und unvermeidbare Emissionen auf ein Mindestmaß beschränkt bleiben. Das Bundesministerium für Verkehr und digitale Infrastruktur und das Bundesministerium für Umwelt, Naturschutz, Bau und Reaktorsicherheit bestimmen nach Anhörung der beteiligten Kreise durch Rechtsverordnung mit Zustimmung des Bundesrates die zum Schutz vor schädlichen Umwelteinwirkungen notwendigen Anforderungen an die Beschaffenheit, die Ausrüstung, den Betrieb und die Prüfung der genannten Fahrzeuge und Anlagen, auch soweit diese den verkehrsrechtlichen Vorschriften des Bundes unterliegen.

Straßen und Schienenwege (§ 41)
Bei dem Bau oder der wesentlichen Änderung öffentlicher Straßen sowie von Eisenbahnen, Magnetschwebebahnen und Straßenbahnen ist sicherzustellen, dass durch diese keine schädlichen Umwelteinwirkungen durch Verkehrsgeräusche hervorgerufen werden können, die nach dem Stand der Technik vermeidbar sind.

Entschädigung für Schallschutzmaßnahmen (§ 42)
Werden im Falle des § 41 die in der Rechtsverordnung nach § 43 festgelegten Immissionsgrenzwerte überschritten, hat der Eigentümer einer betroffenen baulichen Anlage gegen den Träger der Baulast einen Anspruch auf angemessene Entschädigung in Geld, es sei denn, dass die Beeinträchtigung wegen der besonderen Benutzung der Anlage zumutbar ist. Dies gilt auch bei baulichen Anlagen, die bei Auslegung der Pläne im Planfeststellungsverfahren oder bei Auslegung des Entwurfs der Bauleitpläne mit ausgewiesener Wegeplanung bauaufsichtlich genehmigt waren. Die Entschädigung ist zu leisten für Schallschutzmaßnahmen an den baulichen Anlagen in Höhe der erbrachten notwendigen Aufwendungen, soweit sich diese im Rahmen der Rechtsverordnung nach § 43 halten. Vorschriften, die weitergehende Entschädigungen gewähren, bleiben unberührt. Kommt

zwischen dem Träger der Baulast und dem Betroffenen keine Einigung über die Entschädigung zustande, setzt die nach Landesrecht zuständige Behörde auf Antrag eines der Beteiligten die Entschädigung durch schriftlichen Bescheid fest. Im Übrigen gelten für das Verfahren die Enteignungsgesetze der Länder entsprechend.

Rechtsverordnung der Bundesregierung (§ 43)
Die Bundesregierung wird ermächtigt, nach Anhörung der beteiligten Kreise durch Rechtsverordnung mit Zustimmung des Bundesrates die zur Durchführung des § 41 und des § 42 erforderlichen Vorschriften zu erlassen, insbesondere über

- bestimmte Grenzwerte, die zum Schutz der Nachbarschaft vor schädlichen Umwelteinwirkungen durch Geräusche nicht überschritten werden dürfen, sowie über das Verfahren zur Ermittlung der Emissionen oder Immissionen,
- bestimmte technische Anforderungen an den Bau von Straßen, Eisenbahnen, Magnetschwebebahnen und Straßenbahnen zur Vermeidung von schädlichen Umwelteinwirkungen durch Geräusche und
- Art und Umfang der zum Schutz vor schädlichen Umwelteinwirkungen durch Geräusche notwendigen Schallschutzmaßnahmen an baulichen Anlagen.

2.5 Weitere Verordnungen zum Bundes-Immissionsschutzgesetz

2.5.1 Kleine und mittlere Feuerungsanlagen (1. BImSchV)

Anwendungsbereich (§ 1)
Diese Verordnung gilt für die Errichtung, die Beschaffenheit und den Betrieb von Feuerungsanlagen, die keiner Genehmigung nach § 4 des Bundes-Immissionsschutzgesetzes bedürfen, mit Ausnahme von Feuerungsanlagen zur Verbrennung von gasförmigen oder flüssigen Brennstoffen mit einer Feuerungswärmeleistung von 1 Megawatt oder mehr. Die §§ 4 bis 20 sowie die §§ 25 und 26 gelten nicht für

- Feuerungsanlagen, die nach dem Stand der Technik ohne eine Einrichtung zur Ableitung der Abgase betrieben werden können, insbesondere Infrarotheizstrahler,
- Feuerungsanlagen, die dazu bestimmt sind
  - Güter durch unmittelbare Berührung mit heißen Abgasen zu trocknen,
  - Speisen durch unmittelbare Berührung mit heißen Abgasen zu backen oder in ähnlicher Weise zuzubereiten,
  - Alkohol in Kleinbrennereien mit einer jährlichen Erzeugung von nicht mehr als 10 Hektoliter Alkohol und einer jährlichen Betriebszeit von nicht mehr als 20 Tagen herzustellen oder
  - Warmwasser in Badeöfen zu erzeugen,

- Feuerungsanlagen, von denen nach den Umständen zu erwarten ist, dass sie nicht länger als während der drei Monate, die auf die Inbetriebnahme folgen, an demselben Ort betrieben werden.

Begriffsbestimmungen (§ 2)
In dieser Verordnung gelten die folgenden Begriffsbestimmungen:

- **Abgasverlust:**
  die Differenz zwischen dem Wärmeinhalt des Abgases und dem Wärmeinhalt der Verbrennungsluft bezogen auf den Heizwert des Brennstoffes;
- **Brennwertgerät:**
  Wärmeerzeuger, bei dem die Verdampfungswärme des im Abgas enthaltenen Wasserdampfes konstruktionsbedingt durch Kondensation nutzbar gemacht wird;
- **Einzelraumfeuerungsanlage:**
  Feuerungsanlage, die vorrangig zur Beheizung des Aufstellraumes verwendet wird, sowie Herde mit oder ohne indirekt beheizte Backvorrichtung;
- **Emissionen:**
  die von einer Feuerungsanlage ausgehenden Luftverunreinigungen. Die Konzentrationsangaben beziehen sich auf das Abgasvolumen im Normzustand (273 Kelvin, 1013 Hektopascal) nach Abzug des Feuchtegehaltes an Wasserdampf;
- **Feuerungsanlage:**
  eine Anlage, bei der durch Verfeuerung von Brennstoffen Wärme erzeugt wird. Zur Feuerungsanlage gehören Feuerstätte und, soweit vorhanden, Einrichtungen zur Verbrennungsluftzuführung, Verbindungsstück und Abgaseinrichtung;
- **Feuerungswärmeleistung:**
  der auf den unteren Heizwert bezogene Wärmeinhalt des Brennstoffs, der einer Feuerungsanlage im Dauerbetrieb je Zeiteinheit zugeführt werden kann;
- **Holzschutzmittel:**
  bei der Be- und Verarbeitung des Holzes eingesetzte Stoffe mit biozider Wirkung gegen holzzerstörende Insekten oder Pilze sowie holzverfärbende Pilze; ferner Stoffe zur Herabsetzung der Entflammbarkeit von Holz;
- **Kern des Abgasstromes:**
  der Teil des Abgasstromes, der im Querschnitt des Abgaskanals im Bereich der Messöffnung die höchste Temperatur aufweist;
- **naturbelassenes Holz:**
  Holz, das ausschließlich mechanischer Bearbeitung ausgesetzt war und bei seiner Verwendung nicht mehr als nur unerheblich mit Schadstoffen kontaminiert wurde;
- **Nennwärmeleistung:**
  die höchste von der Feuerungsanlage im Dauerbetrieb nutzbar abgegebene Wärmemenge je Zeiteinheit. Ist die Feuerungsanlage für einen Nennwärmeleistungsbereich eingerichtet, so ist die Nennwärmeleistung die in den Grenzen des Nennwärmeleistungsbereichs fest eingestellte und auf einem Zusatzschild angegebene höchste nutz-

bare Wärmeleistung. Ohne Zusatzschild gilt als Nennwärmeleistung der höchste Wert des Nennwärmeleistungsbereichs;

- **Nutzungsgrad:**
  das Verhältnis der von einer Feuerungsanlage nutzbar abgegebenen Wärmemenge zu dem der Feuerungsanlage mit dem Brennstoff zugeführten Wärmeinhalt bezogen auf eine Heizperiode mit festgelegter Wärmebedarfs-Häufigkeitsverteilung;
- **offener Kamin:**
  Feuerstätte für feste Brennstoffe, die bestimmungsgemäß offen betrieben werden kann, soweit die Feuerstätte nicht ausschließlich für die Zubereitung von Speisen bestimmt ist;
- **Grundofen:**
  Einzelraumfeuerungsanlage als Wärmespeicherofen aus mineralischen Speichermaterialien, die an Ort und Stelle handwerklich gesetzt werden;
- **Ölderivate:**
  schwerflüchtige organische Substanzen, die sich bei der Bestimmung der Rußzahl auf dem Filterpapier niederschlagen;
- **Rußzahl:**
  die Kennzahl für die Schwärzung, die die im Abgas enthaltenen staubförmigen Emissionen bei der Rußzahlbestimmung hervorrufen. Maßstab für die Schwärzung ist das optische Reflexionsvermögen. Einer Erhöhung der Rußzahl um 1 entspricht eine Abnahme des Reflexionsvermögens um 10 Prozent;
- **wesentliche Änderung:**
  eine Änderung an einer Feuerungsanlage, die die Art oder Menge der Emissionen erheblich verändern kann. Eine wesentliche Änderung liegt regelmäßig vor bei
  - Umstellung einer Feuerungsanlage auf einen anderen Brennstoff, es sei denn, die Feuerungsanlage ist bereits für wechselweisen Brennstoffeinsatz eingerichtet,
  - Austausch eines Kessels;
- **bestehende Feuerungsanlagen:**
  Feuerungsanlagen, die vor dem 22. März 2010 errichtet worden sind.

Brennstoffe (§ 3)
In Feuerungsanlagen nach § 1 dürfen nur die folgenden Brennstoffe eingesetzt werden:

- Steinkohlen, nicht pechgebundene Steinkohlenbriketts, Steinkohlenkoks,
- Braunkohlen, Braunkohlenbriketts, Braunkohlenkoks,
- Brenntorf, Presslinge aus Brenntorf
- Grill-Holzkohle, Grill-Holzkohlebriketts,
- naturbelassenes stückiges Holz einschließlich anhaftender Rinde, insbesondere in Form von Scheitholz und Hackschnitzeln, sowie Reisig und Zapfen,
- naturbelassenes nicht stückiges Holz, insbesondere in Form von Sägemehl, Spänen und Schleifstaub, sowie Rinde,
- Presslinge aus naturbelassenem Holz in Form von Holzbriketts sowie andere Holzbriketts oder Holzpellets aus naturbelassenem Holz mit gleichwertiger Qualität,

- gestrichenes, lackiertes oder beschichtetes Holz sowie daraus anfallende Reste, soweit keine Holzschutzmittel aufgetragen oder infolge einer Behandlung enthalten sind und Beschichtungen keine halogenorganischen Verbindungen oder Schwermetalle enthalten,
- Sperrholz, Spanplatten, Faserplatten oder sonst verleimtes Holz sowie daraus anfallende Reste, soweit keine Holzschutzmittel aufgetragen oder infolge einer Behandlung enthalten sind und Beschichtungen keine halogenorganischen Verbindungen oder Schwermetalle enthalten,
- Stroh und ähnliche pflanzliche Stoffe, nicht als Lebensmittel bestimmtes Getreide wie Getreidekörner und Getreidebruchkörner, Getreideganzpflanzen, Getreideausputz, Getreidespelzen und Getreidehalmreste sowie Pellets aus den vorgenannten Brennstoffen,
- Heizöl leicht (Heizöl EL) und andere leichte Heizöle mit gleichwertiger Qualität sowie Methanol, Ethanol, naturbelassene Pflanzenöle oder Pflanzenölmethylester,
- Gase der öffentlichen Gasversorgung, naturbelassenes Erdgas oder Erdölgas mit vergleichbaren Schwefelgehalten sowie Flüssiggas oder Wasserstoff,
- Klärgas mit einem Volumengehalt an Schwefelverbindungen bis zu 1 Promille, angegeben als Schwefel oder Biogas aus der Landwirtschaft,
- Koksofengas, Grubengas, Stahlgas, Hochofengas, Raffineriegas und Synthesegas mit einem Volumengehalt an Schwefelverbindungen bis zu 1 Promille, angegeben als Schwefel, sowie
- sonstige nachwachsende Rohstoffe.

2.5.1.1 Feuerungsanlagen für feste Brennstoffe

Allgemeine Anforderungen (§ 4)

Feuerungsanlagen für feste Brennstoffe dürfen nur betrieben werden, wenn sie sich in einem ordnungsgemäßen technischen Zustand befinden. Sie dürfen nur mit Brennstoffen betrieben werden, für deren Einsatz sie nach Angaben des Herstellers geeignet sind. Errichtung und Betrieb haben sich nach den Vorgaben des Herstellers zu richten. Emissionsbegrenzungen beziehen sich auf einen Volumengehalt an Sauerstoff im Abgas von 13 Prozent.

Feuerungsanlagen mit einer Nennwärmeleistung von 4 Kilowatt oder mehr (§ 5)

Feuerungsanlagen für feste Brennstoffe mit einer Nennwärmeleistung von 4 Kilowatt oder mehr, ausgenommen Einzelraumfeuerungsanlagen, sind so zu errichten und zu betreiben, dass die in Tab. 2.15 genannten Emissionsgrenzwerte für Staub und Kohlenstoffmonoxid (CO) nicht überschritten werden.

2.5.1.2 Öl- und Gasfeuerungsanlagen

Allgemeine Anforderungen (§ 6)

Öl- und Gasfeuerungsanlagen zur Beheizung von Gebäuden oder Räumen mit Wasser als Wärmeträger und einer Feuerungswärmeleistung unter 1 Megawatt, die ab dem 22. März 2010 errichtet werden, dürfen nur betrieben werden, wenn für die eingesetzten Kessel-Brenner-Einheiten, Kessel und Brenner durch eine Bescheinigung des Herstellers belegt wird, dass der ermittelte Gehalt des Abgases an Stickstoffoxiden, angegeben als Stickstoffdioxid, in Abhängigkeit von der Nennwärmeleistung die folgenden Werte nicht überschreitet (Tab. 2.16).

Tab. 2.15 Emissionsgrenzwerte nach 1. BImSchV

	Brennstoff nach § 3	Nennwärmeleistung (kW)	Staub (g/m^3)	CO (g/m^3)
Stufe 1: Anlagen, die ab dem 22. März 2010 errichtet werden	Nummer 1 bis 3a	≥ 4 ≤ 500	0,09	1,0
		> 500	0,09	0,5
	Nummer 4 bis 5	≥ 4 ≤ 500	0,10	1,0
		> 500	0,10	0,5
	Nummer 5a	≥ 4 ≤ 500	0,06	0,8
		> 500	0,06	0,5
	Nummer 6 bis 7	≥ 30 ≤ 100	0,10	0,8
		> 100 ≤ 500	0,10	0,5
		> 500	0,10	0,3
	Nummer 8 und 13	≥ 4 < 100	0,10	1,0
Stufe 2: Anlagen, die nach dem 31.12.2014 errichtet werden	Nummer 1 bis 5a	≥ 4	0,02	0,4
	Nummer 6 bis 7	≥ 30 ≤ 500	0,02	0,4
		> 500	0,02	0,3
	Nummer 8 und 13	≥ 4 < 100	0,02	0,4

Tab. 2.16 Stickstoffdioxidemissionen bei Öl- und Gasfeuerungen

Bei Einsatz von Heizöl EL	
Nennwärmeleistung (kW)	**Emissionen (mg/kWh)**
≤ 120	110
> 120 ≤ 400	120
> 400	185
Bei Einsatz von Gasen der öffentlichen Gasversorgung	
Nennwärmeleistung (kW)	**Emissionen (mg/kWh)**
≤ 120	60
> 120 ≤ 400	80
> 400	120

Die Möglichkeiten, die Emissionen an Stickstoffoxid durch feuerungstechnische Maßnahmen nach dem Stand der Technik weiter zu vermindern, sind auszuschöpfen. In Öl- und Gasfeuerungsanlagen zur Beheizung von Gebäuden oder Räumen mit Wasser als Wärmeträger, die ab dem 22. März 2010 errichtet oder durch Austausch des Kessels wesentlich geändert werden, dürfen Heizkessel mit einer Nennwärmeleistung von mehr als 400 Kilowatt nur eingesetzt werden, soweit durch eine Bescheinigung des Herstellers belegt werden kann, dass ihr ermittelter Nutzungsgrad von 94 Prozent nicht unterschritten wird.

Ölfeuerungsanlagen mit Verdampfungsbrenner (§ 7)
Ölfeuerungsanlagen mit Verdampfungsbrenner sind so zu errichten und zu betreiben, dass

- die ermittelte Schwärzung durch die staubförmigen Emissionen im Abgas die Rußzahl 2 nicht überschreitet,
- die Abgase frei von Ölderivaten sind,

- die Grenzwerte für die Abgasverluste eingehalten werden und
- die Kohlenstoffmonoxidemissionen einen Wert von 1300 Milligramm je Kilowattstunde nicht überschreiten.

Ölfeuerungsanlagen mit Zerstäubungsbrenner (§ 8)

Ölfeuerungsanlagen mit Zerstäubungsbrenner sind so zu errichten und zu betreiben, dass

- die ermittelte Schwärzung durch die staubförmigen Emissionen im Abgas die Rußzahl 1 nicht überschreitet,
- die Abgase frei von Ölderivaten sind,
- die Grenzwerte für die Abgasverluste eingehalten werden und
- die Kohlenstoffmonoxidemissionen einen Wert von 1300 Milligramm je Kilowattstunde nicht überschreiten.

Gasfeuerungsanlagen (§ 9)

Für Feuerungsanlagen, die regelmäßig mit Gasen der öffentlichen Gasversorgung und während höchstens 300 Stunden im Jahr mit Heizöl EL betrieben werden, gilt während des Betriebs mit Heizöl EL für alle Betriebstemperaturen ein Emissionsgrenzwert für Stickstoffoxide von 250 Milligramm je Kilowattstunde Abgas. Gasfeuerungsanlagen sind so zu errichten und zu betreiben, dass die Grenzwerte für die Abgasverluste nach § 10 eingehalten werden.

Begrenzung der Abgasverluste (§ 10)

Bei Öl- und Gasfeuerungsanlagen dürfen die für die Feuerstätte ermittelten Abgasverluste die nachfolgend genannten Prozentsätze nicht überschreiten (Tab. 2.17).

Öl- und Gasfeuerungsanlagen, bei denen die Grenzwerte für die Abgasverluste aufgrund ihrer bestimmungsgemäßen Funktionen nicht eingehalten werden können, sind so zu errichten und zu betreiben, dass sie dem Stand der Technik des jeweiligen Prozesses oder der jeweiligen Bauart entsprechen.

2.5.1.3 Überwachung

Messeinrichtungen (§ 13)

Messungen zur Feststellung der Emissionen und der Abgasverluste müssen unter Einsatz von Messverfahren und Messeinrichtungen durchgeführt werden, die dem Stand der Messtechnik entsprechen. Die Messungen sind mit geeigneten Messeinrichtungen durchzuführen. Die eingesetzten Messeinrichtungen sind halbjährlich einmal von einer nach Landesrecht zuständigen Behörde bekannt gegebenen Stelle zu überprüfen.

Tab. 2.17 Abgasverluste

Nennwärmeleistung (kW)	Grenzwerte für die Abgasverluste in Prozent
$\geq 4 \leq 25$	11
$> 25 \leq 50$	10
> 50	9

Überwachung neuer und wesentlich geänderter Feuerungsanlagen (§ 14)
Die Messungen sind während der üblichen Betriebszeit einer Feuerungsanlage durchzuführen. Über das Ergebnis der Messungen sowie über die Durchführung der Überwachungstätigkeiten hat die Schornsteinfegerin oder der Schornsteinfeger dem Betreiber der Feuerungsanlage eine Bescheinigung auszustellen. Ergibt eine Überprüfung, dass die Anforderungen nicht erfüllt sind, hat der Betreiber den Mangel abzustellen und von einer Schornsteinfegerin oder einem Schornsteinfeger eine Wiederholung zur Feststellung der Einhaltung der Anforderungen durchführen zu lassen.

Wiederkehrende Überwachung (§ 15)
Der Betreiber einer Feuerungsanlage für den Einsatz der in § 3 Nummer 1 bis 8 und 13 genannten Brennstoffe mit einer Nennwärmeleistung von 4 Kilowatt oder mehr, ausgenommen Einzelraumfeuerungsanlagen, hat die Einhaltung der Anforderungen einmal in jedem zweiten Kalenderjahr von einer Schornsteinfegerin oder einem Schornsteinfeger durch Messungen feststellen zu lassen. Im Rahmen der Überwachung ist die Einhaltung der Anforderungen an die Brennstoffe überprüfen zu lassen. Der Betreiber einer Einzelraumfeuerungsanlage für feste Brennstoffe hat die Einhaltung der Anforderung im Zusammenhang mit der regelmäßigen Feuerstättenschau von dem Bezirksschornsteinfegermeister überprüfen zu lassen. Der Betreiber einer Öl- oder Gasfeuerungsanlage mit einer Nennwärmeleistung von 4 Kilowatt und mehr hat die Einhaltung der jeweiligen Anforderungen

- einmal in jedem dritten Kalenderjahr bei Anlagen, deren Inbetriebnahme oder wesentliche Änderung zwölf Jahre und weniger zurückliegt und
- einmal in jedem zweiten Kalenderjahr bei Anlagen, deren Inbetriebnahme oder wesentliche Änderung mehr als zwölf Jahre zurückliegt,

von einer Schornsteinfegerin oder einem Schornsteinfeger durch Messungen feststellen zu lassen.

Anzeige und Nachweise (§ 20)
Der Betreiber einer Feuerungsanlage hat dafür Sorge zu tragen, dass die Nachweise über die Durchführung aller von einer Schornsteinfegerin oder einem Schornsteinfeger durchzuführenden Tätigkeiten an den Bezirksschornsteinfegermeister gesendet werden. Der Bezirksschornsteinfegermeister hat die durchgeführten Arbeiten in das Kehrbuch einzutragen.

2.5.2 Emissionsbegrenzung von leichtflüchtigen halogenierten organischen Verbindungen (2. BImSchV)

Anwendungsbereich (§ 1)
Diese Verordnung gilt für die Errichtung, die Beschaffenheit und den Betrieb von Anlagen, in denen unter Verwendung von Lösemitteln, die Halogenkohlenwasserstoffe mit

einem Siedepunkt bei 1013 mbar bis zu 423 Kelvin [150 °C] (leichtflüchtige Halogenkohlenwasserstoffe) oder andere flüchtige halogenierte organische Verbindungen mit einem Siedepunkt bei 1013 mbar bis zu 423 Kelvin [150 °C] (leichtflüchtige halogenierte organische Verbindungen) enthalten,

- die Oberfläche von Gegenständen oder Materialien, insbesondere aus Metall, Glas, Keramik, Kunststoff oder Gummi, gereinigt, befettet, entfettet, beschichtet, entschichtet, entwickelt, phosphatiert, getrocknet oder in ähnlicher Weise behandelt wird (Oberflächenbehandlungsanlagen),
- Behandlungsgut, insbesondere Textilien, Leder, Pelze, Felle, Fasern, Federn oder Wolle, gereinigt, entfettet, imprägniert, ausgerüstet, getrocknet oder in ähnlicher Weise behandelt wird (Chemischreinigungs- und Textilausrüstungsanlagen),
- Aromen, Öle, Fette oder andere Stoffe aus Pflanzen oder Pflanzenteilen oder aus Tierkörpern oder Tierkörperteilen extrahiert oder raffiniert werden (Extraktionsanlagen).

Einsatzstoffe (§ 2)
Der Betreiber einer Anlage hat schädliche Stoffe oder Gemische, die eingesetzt werden und denen aufgrund ihres Gehalts an als karzinogen, keimzellmutagen oder reproduktionstoxisch eingestuften flüchtigen organischen Verbindungen die Gefahrenhinweise H340, H350, H350i, H360D oder H360F zugeordnet sind oder die mit diesen Sätzen zu kennzeichnen sind, durch weniger schädliche zu ersetzen. Diese Stoffe oder Gemische sind in kürzest möglicher Frist soweit wie möglich zu ersetzen, wobei die Gebrauchstauglichkeit, die Verwendung und die Verhältnismäßigkeit zwischen Aufwand und Nutzen zu berücksichtigen sind. Dies gilt nicht für die Verwendung solcher Stoffe oder Gemische in Anlagen, in denen die lösemittelführenden Behälter und Leitungen gasdicht ausgeführt sind oder während des Betriebs unter vermindertem Druck gehalten werden, sofern der Schwellenwert für den Lösemittelverbrauch von 1 t/Jahr unterschritten wird. Beim Betrieb von Anlagen dürfen als leichtflüchtige Halogenkohlenwasserstoffe nur Tetrachlorethen, Trichlorethen oder Dichlormethan in technisch reiner Form eingesetzt werden. Den Halogenkohlenwasserstoffen dürfen keine Stoffe zugesetzt sein oder zugesetzt werden, die krebserzeugend sind. Abweichend gilt:

- Trichlorethen darf nicht beim Betrieb von Chemischreinigungs- und Textilausrüstungsanlagen sowie Extraktionsanlagen eingesetzt werden,
- Dichlormethan darf nicht beim Betrieb von Chemischreinigungs- und Textilausrüstungsanlagen eingesetzt werden.

Die Einschränkung für Dichlormethan gilt nicht für Anlagen, in denen unter Verwendung dieses Stoffes ausschließlich Felle entfettet werden.

2.5.2.1 Anlagenbetrieb

Oberflächenbehandlungsanlagen (§ 3)

Oberflächenbehandlungsanlagen sind so zu errichten und zu betreiben, dass

- das Behandlungsgut in einem Gehäuse behandelt wird, das bis auf die zur Absaugung von Abgasen erforderlichen Öffnungen allseits geschlossen ist und bei dem die Möglichkeiten, die Emissionen durch Abdichtung, Abscheidung aus der Anlagenluft und Änderung des Behandlungsprozesses zu begrenzen, nach dem Stand der Technik ausgeschöpft werden,
- die Massenkonzentration an leichtflüchtigen halogenierten organischen Verbindungen in der Anlagenluft im Entnahmebereich unmittelbar vor der Entnahme des Behandlungsgutes aus dem Gehäuse 1 Gramm je Kubikmeter bezogen auf das Abgasvolumen im Normzustand (273,15 K; 1013 mbar) nicht überschreitet und
- eine selbsttätige Verriegelung sicherstellt, dass die Entnahme des Behandlungsgutes aus dem Entnahmebereich erst erfolgen kann, wenn die genannte Massenkonzentration nach dem Ergebnis einer laufenden messtechnischen Überprüfung nicht mehr überschritten wird.

Wird die Anlagenluft im Entnahmebereich abgesaugt, bezieht sich die genannte Massenkonzentration auf den Austritt der Anlagenluft aus dem Entnahmebereich. Abgesaugte Abgase sind einem Abscheider zuzuführen, mit dem sichergestellt wird, dass die Emissionen an leichtflüchtigen halogenierten organischen Verbindungen im unverdünnten Abgas eine Massenkonzentration von 20 Milligramm je Kubikmeter nicht überschreiten. Die abgeschiedenen leichtflüchtigen Halogenkohlenwasserstoffe sind zurückzugewinnen.

Nach Abscheidern hinter Oberflächenbehandlungsanlagen müssen bei einem Abgasvolumenstrom von mehr als 500 Kubikmetern je Stunde entweder Einrichtungen zur kontinuierlichen Messung unter Verwendung einer aufzeichnenden Messeinrichtung für die Massenkonzentration an leichtflüchtigen Halogenkohlenwasserstoffen im Abgas oder Einrichtungen verwendet werden, die einen Anstieg der Massenkonzentration auf mehr als 1 Gramm je Kubikmeter registrieren und in diesem Fall eine Zwangsabschaltung der an den Abscheider angeschlossenen Oberflächenbehandlungsanlagen auslösen. Anlagen zum Entlacken, bei denen die Anforderungen nicht eingehalten werden können, sind so zu errichten und zu betreiben, dass der Entnahmebereich bei der Entnahme des Behandlungsgutes abgesaugt, auch durch schöpfende Teile kein flüssiges Lösemittel ausgetragen und bei manueller Nachbehandlung außerhalb des geschlossenen Gehäuses der Behandlungsbereich entsprechend dem Stand der Technik gekapselt und abgesaugt wird. Oberflächenbehandlungsanlagen, bei denen die Anforderungen aufgrund der Sperrigkeit des Behandlungsgutes nicht eingehalten werden können, sind so zu errichten und zu betreiben, dass die Möglichkeiten, die Emissionen durch Kapselung, Abdichtung, Abscheidung aus der Anlagenluft, Luftschleusen und Absaugung zu begrenzen, nach dem Stand der Technik ausgeschöpft werden.

Chemischreinigungs- und Textilausrüstungsanlagen (§ 4)
Chemischreinigungs- und Textilausrüstungsmaschinen sind so zu errichten und zu betreiben, dass

- nach Abschluss des Trocknungsvorgangs die Massenkonzentration an leichtflüchtigen Halogenkohlenwasserstoffen in der Trocknungsluft am Austritt aus dem Trommelbereich bei drehender Trommel, laufender Ventilation und geschlossener Beladetür sowie einer Temperatur des Behandlungsgutes von nicht weniger als 308 Kelvin (35 °C) 2 Gramm je Kubikmeter (bei einer Luftwechselrate von mindestens 2 Kubikmeter bis höchstens 5 Kubikmeter pro Kilogramm Beladegewicht und Stunde in der Messphase; bei Anlagen mit einem höheren Luftdurchsatz ist der dabei ermittelte Wert auf eine Luftwechselrate von 5 Kubikmeter pro Kilogramm Beladegewicht und Stunde zu beziehen), bezogen auf das Abgasvolumen im Normzustand (273,15 K; 1013 mbar), nicht überschreitet und
- mit Beginn des Behandlungsprozesses selbsttätig eine Sicherung wirksam wird, die die Beladetür verriegelt bis nach Abschluss des Trocknungsvorgangs die genannte Massenkonzentration an leichtflüchtigen halogenierten organischen Verbindungen nach dem Ergebnis einer laufenden messtechnischen Überprüfung nicht mehr überschritten wird.

Abgase, die von Chemischreinigungs- oder Textilausrüstungsmaschinen abgesaugt werden, sind einem Abscheider zuzuführen, mit dem sichergestellt wird, dass die Emissionen an leichtflüchtigen halogenierten organischen Verbindungen im unverdünnten Abgas eine Massenkonzentration von 20 Milligramm je Kubikmeter, bezogen auf das Abgasvolumen im Normzustand, nicht überschreiten. Die abgeschiedenen leichtflüchtigen halogenierten organischen Verbindungen sind zurückzugewinnen. Der Abscheider darf nicht mit Frischluft oder Raumluft desorbiert werden. Nach Abscheidern hinter Chemischreinigungs- oder Textilausrüstungsanlagen müssen bei einem Abgasvolumenstrom von mehr als 500 Kubikmetern je Stunde entweder Einrichtungen zur kontinuierlichen Messung unter Verwendung einer aufzeichnenden Messeinrichtung für die Massenkonzentration an leichtflüchtigen halogenierten organischen Verbindungen im Abgas oder Einrichtungen verwendet werden, die einen Anstieg der Massenkonzentration auf mehr als 1 Gramm je Kubikmeter registrieren und in diesem Fall eine Zwangsabschaltung der an den Abscheider angeschlossenen Chemischreinigungs- sowie Textilausrüstungsanlagen auslösen. In Chemischreinigungs- und Textilausrüstungsmaschinen dürfen zur Reinigung des flüssigen Lösemittels nur regenerierbare Filter eingesetzt werden.

Die Betriebsräume sind ausschließlich durch lüftungstechnische Einrichtungen mit Absaugung der Raumluft zu lüften. Die Lüftung ist so vorzunehmen, dass die Emissionen an leichtflüchtigen halogenierten organischen Verbindungen, die in den Bereichen der Maschinen, der Lagerung des Lösemittels, der Lagerung des gereinigten oder ausgerüsteten Behandlungsgutes, der Bügeltische, der Dämpfanlagen oder der Entladung der Maschinen entstehen, an den Entstehungsstellen erfasst und abgesaugt werden. In den Betriebsräumen dürfen außerhalb der Chemischreinigungs- und Textilausrüstungsmaschinen keine leichtflüchtigen halogenierten organischen Verbindungen eingesetzt werden. Chemischreinigungsanlagen einschließlich Selbstbedienungsmaschinen dürfen nur in Anwesenheit von sachkundigem Bedienungspersonal betrieben werden.

Extraktionsanlagen (§ 5)

Extraktionsanlagen sind so zu errichten und zu betreiben, dass die Abgase einem Abscheider zugeführt werden, mit dem sichergestellt wird, dass die Emissionen an leichtflüchtigen halogenierten organischen Verbindungen im unverdünnten Abgas eine Massenkonzentration von 20 Milligramm je Kubikmeter, bezogen auf das Abgasvolumen im Normzustand (273,15 K; 1013 mbar), nicht überschreiten. Die abgeschiedenen leichtflüchtigen halogenierten organischen Verbindungen sind zurückzugewinnen. Nach Abscheidern hinter Extraktionsanlagen müssen bei einem Abgasvolumenstrom von mehr als 500 Kubikmetern je Stunde entweder Einrichtungen zur kontinuierlichen Messung unter Verwendung einer aufzeichnenden Messeinrichtung für die Massenkonzentration an leichtflüchtigen halogenierten organischen Verbindungen im Abgas oder Einrichtungen vorhanden sein, die einen Anstieg der Massenkonzentration auf mehr als 1 Gramm je Kubikmeter registrieren und in diesem Fall eine Zwangsabschaltung der an den Abscheider angeschlossenen Extraktionsanlagen auslösen.

2.5.2.2 Eigenkontrolle und Überwachung

Eigenkontrolle (§ 11)

Der Betreiber einer Anlage hat über

- die der Anlage zugeführten Mengen an leichtflüchtigen halogenierten organischen Verbindungen,
- die der Wiederaufbereitung oder Entsorgung zugeführten Mengen an Lösemittel oder lösemittelhaltigen Stoffen,
- die Betriebsstunden und
- die von ihm veranlassten oder selbst durchgeführten Instandhaltungsmaßnahmen

Aufzeichnungen zu führen, soweit er dazu nicht schon aufgrund abfall- oder wasserrechtlicher Vorschriften verpflichtet ist. Für Chemischreinigungs- und Textilausrüstungsanlagen ist zusätzlich das Gewicht des Reinigungsgutes zu erfassen. Die Aufzeichnungen sind am Betriebsort drei Jahre lang aufzubewahren und der zuständigen Behörde auf Verlangen vorzulegen. Die Betriebsstunden sind durch einen Betriebsstundenzähler zu erfassen. Der Betreiber einer Anlage, die mit einem Abscheider ausgerüstet ist, hat dessen Funktionsfähigkeit mindestens arbeitstäglich zu prüfen und das Ergebnis schriftlich oder elektronisch festzuhalten, soweit nicht die Funktion des Abscheiders der Kontrolle durch ein kontinuierlich aufzeichnendes Messgerät oder einer automatischen Abschaltung unterliegt. Die Aufzeichnungen sind am Betriebsort drei Jahre lang aufzubewahren und der zuständigen Behörde auf Verlangen vorzulegen.

Überwachung (§ 12)

Der Betreiber einer Anlage, die nach § 4 des Bundes-Immissionsschutzgesetzes keiner Genehmigung bedarf, hat diese der zuständigen Behörde vor der Inbetriebnahme anzuzeigen. Die Anzeigepflicht gilt auch für den Fall einer wesentlichen Änderung der Anlage. Eine wesentliche Änderung einer nicht genehmigungsbedürftigen Anlage ist

- eine Änderung, die nach der Beurteilung durch die zuständige Behörde erhebliche negative Auswirkungen auf die menschliche Gesundheit oder auf die Umwelt haben kann,
- eine Änderung der Nennkapazität bei Anlagen mit einem Lösemittelverbrauch von 10 Tonnen pro Jahr oder weniger, die zu einer Erhöhung der Emissionen flüchtiger organischer Verbindungen um mehr als 25 Prozent führt,
- eine Änderung der Nennkapazität bei anderen als den genannten Anlagen, die zu einer Erhöhung der Emissionen flüchtiger organischer Verbindungen um mehr als 10 Prozent führt.

Die genannte Nennkapazität ist die maximale Masse der in einer Anlage eingesetzten organischen Lösemittel, gemittelt über einen Tag, sofern die Anlage unter Bedingungen des Normalbetriebs entsprechend ihrer Auslegung betrieben wird. Der Betreiber einer nach Inkrafttreten dieser Verordnung errichteten oder wesentlich geänderten Anlage, für die Anforderungen festgelegt sind, hat die Einhaltung der jeweiligen Anforderungen frühestens drei Monate und spätestens sechs Monate nach der Inbetriebnahme von einer nach § 29b in Verbindung mit § 26 des Bundes-Immissionsschutzgesetzes bekannt gegebenen Stelle durch erstmalige Messungen feststellen zu lassen. Der Betreiber einer Anlage, für die Anforderungen festgelegt sind, hat die Einhaltung der jeweiligen Anforderungen jährlich, jeweils längstens nach zwölf Monaten von einer nach § 29b in Verbindung mit § 26 des Bundes-Immissionsschutzgesetzes bekannt gegebenen Stelle durch wiederkehrende Messungen feststellen zu lassen. Einer wiederkehrenden Messung bedarf es nicht bei einer Anlage mit einem maximalen Lösemittelfüllvolumen bis zu 50 Liter, soweit abgesaugte Abgase nicht über einen Abscheider zu führen sind. Ergibt eine Messung, dass die Anforderungen nicht erfüllt sind, so hat der Betreiber von der nach § 29b in Verbindung mit § 26 des Bundes-Immissionsschutzgesetzes bekannt gegebenen Stelle innerhalb von sechs Wochen nach der Messung eine Wiederholungsmessung durchführen zu lassen. Die Massenkonzentration an leichtflüchtigen halogenierten organischen Verbindungen ist durch mindestens drei Einzelmessungen im bestimmungsgemäßen Betrieb zu bestimmen. Die Gesamtdauer jeder Einzelmessung soll in der Regel

- bei der Bestimmung der Massenkonzentration im Trommel- oder Entnahmebereich 30 Sekunden und
- bei der Bestimmung der Massenkonzentration im Abgas während der Absaugphase 30 Minuten

betragen. Soweit das Betriebsverhalten der Anlage dies erfordert, ist die Messdauer entsprechend zu verkürzen. Die Anforderungen gelten als eingehalten, wenn das Ergebnis jeder Einzelmessung den festgelegten Grenzwert nicht überschreitet. Über das Ergebnis der Messungen hat der Betreiber jeweils einen Bericht erstellen zu lassen. Der Bericht muss Angaben über die zugrundeliegenden Anlagen- und Betriebsbedingungen, die Ergebnisse der Einzelmessungen und das verwendete Messverfahren enthalten. Er ist drei Jahre lang am Betriebsort aufzubewahren. Eine Durchschrift des Berichts ist der zuständigen Behörde innerhalb von vier Wochen zuzuleiten. Dies findet keine Anwendung, soweit die Einhaltung der Anforderungen an die Massenkonzentration an leichtflüchtigen halogenierten organischen Verbindungen im Abgas durch kontinuierliche Messungen unter Verwendung einer aufzeichnenden Messeinrichtung nachgewiesen wird. Die Messeinrichtung ist jährlich einmal durch eine von der zuständigen obersten Landesbehörde oder der nach Landesrecht bestimmten Behörde gemäß § 29b des Bundes-Immissionsschutzgesetzes bekannt gegebenen Stelle mit Prüfgasen kalibrieren und auf Funktionsfähigkeit prüfen zu lassen. Die Unterlagen über die Ergebnisse der Messungen und der Kalibrierung sind am Betriebsort drei Jahre lang aufzubewahren und der zuständigen Behörde auf Verlangen vorzulegen.

Die Anforderungen an die Massenkonzentration an leichtflüchtigen halogenierten organischen Verbindungen im Abgas gelten bei kontinuierlicher Messung als eingehalten, wenn die Auswertung der Messaufzeichnungen für die auf die Absaugphasen entfallenden Betriebsstunden eines Kalenderjahres ergibt, dass bei sämtlichen Stundenmittelwerten keine höheren Überschreitungen als bis zum Eineinhalbfachen des Grenzwertes aufgetreten sind und im Tagesmittel der Grenzwert eingehalten wird. Wird bei einer Anlage festgestellt, dass die Anforderungen nicht eingehalten werden, hat der Betreiber dies der zuständigen Behörde unverzüglich mitzuteilen. Der Betreiber hat unverzüglich die erforderlichen Maßnahmen zu treffen, um den ordnungsgemäßen Betrieb der Anlage sicherzustellen. Die zuständige Behörde trägt durch entsprechende Maßnahmen dafür Sorge, dass der Betreiber seinen Pflichten nachkommt oder die Anlage außer Betrieb nimmt.

Umgang mit leichtflüchtigen Halogenkohlenwasserstoffen (§ 13)

Die Befüllung der Anlagen mit Lösemitteln oder Hilfsstoffen sowie die Entnahme gebrauchter Lösemittel sind so vorzunehmen, dass Emissionen an leichtflüchtigen halogenierten organischen Verbindungen nach dem Stand der Technik vermindert werden, insbesondere dadurch, dass die verdrängten lösemittelhaltigen Abgase

- abgesaugt und einem Abscheider zugeführt werden oder
- nach dem Gaspendelverfahren ausgetauscht werden.

Rückstände, die leichtflüchtige halogenierte organische Verbindungen enthalten, dürfen den Anlagen nur mit einer geschlossenen Vorrichtung entnommen werden. Leichtflüchtige halogenierte organische Verbindungen oder solche Verbindungen enthaltende Rückstände dürfen nur in geschlossenen Behältnissen gelagert, transportiert und gehandhabt werden.

Ableitung der Abgase (§ 14)
Die abgesaugten Abgase sind durch eine Abgasleitung, die gegen leichtflüchtige halogenierte organische Verbindungen beständig ist, so abzuleiten, dass ein Abtransport mit der freien Luftströmung gewährleistet ist.

An- und Abfahren von Anlagen (§ 15)
Der Betreiber einer Anlage hat alle geeigneten Maßnahmen zu treffen, um die Emissionen während des An- und Abfahrens so gering wie möglich zu halten. An- oder Abfahren sind Vorgänge, mit denen der Betriebs- oder Bereitschaftszustand einer Anlage oder eines Anlagenteils hergestellt oder beendet wird. Regelmäßig wiederkehrende Phasen von Tätigkeiten, die in der Anlage durchgeführt werden, gelten nicht als An- oder Abfahren.

Allgemeine Anforderungen (§ 16)
Anlagen dürfen nur betrieben werden, wenn der Übertritt von Halogenkohlenwasserstoffen

- in einen dem Aufenthalt von Menschen dienenden betriebsfremden Raum oder
- in einen angrenzenden Betrieb, in dem Lebensmittel hergestellt, behandelt, in den Verkehr gebracht, verzehrt oder gelagert werden, nach dem Stand der Technik begrenzt ist.

Wird in einem der aufgeführten Bereiche eine Raumluftkonzentration an Tetrachlorethen von mehr als 0,1 Milligramm je Kubikmeter, ermittelt als Mittelwert über einen Zeitraum von sieben Tagen, festgestellt, die auf den Betrieb einer benachbarten Anlage zurückzuführen ist, hat der Betreiber dieser Anlage innerhalb von sechs Monaten Maßnahmen zu treffen, die sicherstellen, dass eine Raumluftkonzentration von 0,1 Milligramm je Kubikmeter nicht überschritten wird.

2.5.3 Auswurfbegrenzung von Holzstaub (7. BImSchV)

Anwendungsbereich (§ 1)
Diese Verordnung gilt für die Errichtung, die Beschaffenheit und den Betrieb staub- oder späneemittierender Anlagen im Sinne des § 3 des Bundes-Immissionsschutzgesetzes zur Bearbeitung oder Verarbeitung von Holz oder Holzwerkstoffen einschließlich der zugehörigen Förder- und Lagereinrichtungen für Späne und Stäube. Sie gilt nicht für Anlagen, die einer Genehmigung nach § 4 des Bundes-Immissionsschutzgesetzes bedürfen.

Ausrüstung (§ 2)
Anlagen sind bei ihrer Errichtung mit Abluftreinigungsanlagen auszurüsten, die ein Überschreiten des Emissionswertes ausschließen.

Lagerung (§ 3)
Holzstaub und Späne sind in Bunkern, Silos oder sonstigen geschlossenen Räumen zu lagern. An Bunkern und Silos sind regelmäßig Füllstandskontrollen, gegebenenfalls mit Füllstandsmessgeräten und Überfüllsicherungen, durchzuführen. Lagereinrichtungen und Filteranlagen sind so zu entleeren, dass Emissionen an Holzstaub oder Spänen soweit wie möglich vermieden werden, z. B. durch Abfüllen in geschlossene Behälter oder durch Befeuchten an der Austragsstelle.

Emissionswert (§ 4)
Anlagen sind so zu betreiben, dass die Massenkonzentration an Staub und Spänen in der Abluft, bezogen auf 0 °C, 1013 mbar, einen Wert von 20 Milligramm je Kubikmeter Abluft nicht überschreitet. Werden mehrere Anlagen in einem räumlichen und betrieblichen Zusammenhang betrieben, ist bei der Festlegung der zulässigen Massenkonzentration dieser Anlagen die Summe aller Volumenströme zugrunde zu legen.

2.5.4 Störfall-Verordnung (12. BImSchV)

Anwendungsbereich (§ 1)
Die Vorschriften der Störfall-Verordnung mit Ausnahme der §§ 9 bis 12 gelten für Betriebsbereiche der unteren und der oberen Klasse. Für Betriebsbereiche der oberen Klasse gelten außerdem die Vorschriften der §§ 9 bis 12. Die zuständige Behörde kann im Einzelfall dem Betreiber eines Betriebsbereichs der unteren Klasse, soweit es zur Verhinderung von Störfällen oder zur Begrenzung ihrer Auswirkungen erforderlich ist, Pflichten nach den §§ 9 bis 12 auferlegen.

Begriffsbestimmungen (§ 2)
Im Sinne dieser Verordnung sind

- **Betriebsbereich der unteren Klasse:**
  ein Betriebsbereich, in dem gefährliche Stoffe in Mengen vorhanden sind, die die in Spalte 4 der Stoffliste in Anhang I genannten Mengenschwellen erreichen oder überschreiten, aber die in Spalte 5 der Stoffliste in Anhang I genannten Mengenschwellen unterschreiten;
- **Betriebsbereich der oberen Klasse:**
  ein Betriebsbereich, in dem gefährliche Stoffe in Mengen vorhanden sind, die die in Spalte 5 der Stoffliste in Anhang I genannten Mengenschwellen erreichen oder überschreiten;
- **benachbarter Betriebsbereich:**
  ein Betriebsbereich, der sich so nah bei einem anderen Betriebsbereich befindet, dass dadurch das Risiko oder die Folgen eines Störfalls vergrößert werden;

- **gefährliche Stoffe:**
  Stoffe oder Gemische, die in Anhang I aufgeführt sind oder die dort festgelegten Kriterien erfüllen, einschließlich in Form von Rohstoffen, Endprodukten, Nebenprodukten, Rückständen oder Zwischenprodukten;
- **Vorhandensein gefährlicher Stoffe:**
  das tatsächliche oder vorgesehene Vorhandensein gefährlicher Stoffe oder ihr Vorhandensein im Betriebsbereich, soweit vernünftigerweise vorhersehbar ist, dass sie bei außer Kontrolle geratenen Prozessen, auch bei Lagerung in einer Anlage innerhalb des Betriebsbereichs, anfallen und zwar in Mengen, die die in Anhang I genannten Mengenschwellen erreichen oder überschreiten;
- **Ereignis:**
  Störung des bestimmungsgemäßen Betriebs in einem Betriebsbereich unter Beteiligung eines oder mehrerer gefährlicher Stoffe;
- **Störfall:**
  ein Ereignis, das unmittelbar oder später innerhalb oder außerhalb des Betriebsbereichs zu einer ernsten Gefahr oder zu Sachschäden führt;
- **Gefahr:**
  eine ernste Gefahr, bei der
  - das Leben von Menschen bedroht wird oder schwerwiegende Gesundheitsbeeinträchtigungen von Menschen zu befürchten sind,
  - die Gesundheit einer großen Zahl von Menschen beeinträchtigt werden kann oder
  - die Umwelt, insbesondere Tiere und Pflanzen, der Boden, das Wasser, die Atmosphäre sowie Kultur- oder sonstige Sachgüter geschädigt werden können, falls durch eine Veränderung ihres Bestands oder ihrer Nutzbarkeit das Gemeinwohl beeinträchtigt würde;
- **Überwachungssystem:**
  umfasst den Überwachungsplan, das Überwachungsprogramm und die Vor-Ort-Besichtigung sowie alle Maßnahmen, die von der zuständigen Behörde oder in ihrem Namen durchgeführt werden, um die Einhaltung der Bestimmungen dieser Verordnung durch die Betriebsbereiche zu überprüfen und zu fördern;
- **Stand der Sicherheitstechnik:**
  der Entwicklungsstand fortschrittlicher Verfahren, Einrichtungen und Betriebsweisen, der die praktische Eignung einer Maßnahme zur Verhinderung von Störfällen oder zur Begrenzung ihrer Auswirkungen gesichert erscheinen lässt. Bei der Bestimmung des Standes der Sicherheitstechnik sind insbesondere vergleichbare Verfahren, Einrichtungen oder Betriebsweisen heranzuziehen, die mit Erfolg im Betrieb erprobt worden sind.

2.5.4.1 Grundpflichten

Allgemeine Betreiberpflichten (§ 3)

Der Betreiber hat die nach Art und Ausmaß der möglichen Gefahren erforderlichen Vorkehrungen zu treffen, um Störfälle zu verhindern; Verpflichtungen nach anderen als immissionsschutzrechtlichen Vorschriften bleiben unberührt. Bei der Erfüllung der Pflicht sind

- betriebliche Gefahrenquellen,
- umgebungsbedingte Gefahrenquellen, wie Erdbeben oder Hochwasser und
- Eingriffe Unbefugter

zu berücksichtigen, es sei denn, dass diese Gefahrenquellen oder Eingriffe als Störfallursachen vernünftigerweise ausgeschlossen werden können. Darüber hinaus sind vorbeugend Maßnahmen zu treffen, um die Auswirkungen von Störfällen so gering wie möglich zu halten. Die Beschaffenheit und der Betrieb der Anlagen des Betriebsbereichs müssen dem Stand der Sicherheitstechnik entsprechen. Die Wahrung angemessener Sicherheitsabstände zwischen Betriebsbereich und benachbarten Schutzobjekten stellt keine Betreiberpflicht dar.

Anforderungen zur Verhinderung von Störfällen (§ 4)
Der Betreiber hat zur Erfüllung der sich aus § 3 ergebenden Pflicht insbesondere

- Maßnahmen zu treffen, damit Brände und Explosionen
  - innerhalb des Betriebsbereichs vermieden werden,
  - nicht in einer die Sicherheit beeinträchtigenden Weise von einer Anlage auf andere Anlagen des Betriebsbereichs einwirken können und
  - nicht in einer die Sicherheit des Betriebsbereichs beeinträchtigenden Weise von außen auf ihn einwirken können,
- Maßnahmen zu treffen, damit Freisetzungen gefährlicher Stoffe in Luft, Wasser oder Boden vermieden werden,
- den Betriebsbereich mit ausreichenden Warn-, Alarm- und Sicherheitseinrichtungen auszurüsten,
- die Anlagen des Betriebsbereichs mit zuverlässigen Messeinrichtungen und Steuer- oder Regeleinrichtungen auszustatten, die, soweit dies sicherheitstechnisch geboten ist, jeweils mehrfach vorhanden, verschiedenartig und voneinander unabhängig sind,
- die sicherheitsrelevanten Teile des Betriebsbereichs vor Eingriffen Unbefugter zu schützen.

Anforderungen zur Begrenzung von Störfallauswirkungen (§ 5)
Der Betreiber hat zur Erfüllung der sich aus § 3 ergebenden Pflicht insbesondere

- Maßnahmen zu treffen, damit durch die Beschaffenheit der Fundamente und der tragenden Gebäudeteile bei Störfällen keine zusätzlichen Gefahren hervorgerufen werden können,
- die Anlagen des Betriebsbereichs mit den erforderlichen sicherheitstechnischen Einrichtungen auszurüsten sowie die erforderlichen technischen und organisatorischen Schutzvorkehrungen zu treffen.

Der Betreiber hat dafür zu sorgen, dass in einem Störfall die für die Gefahrenabwehr zuständigen Behörden und die Einsatzkräfte unverzüglich, umfassend und sachkundig beraten werden.

Ergänzende Anforderungen (§ 6)
Der Betreiber hat zur Erfüllung der sich aus § 3 ergebenden Pflichten über die in den §§ 4 und 5 genannten Anforderungen hinaus

- die Errichtung und den Betrieb der sicherheitsrelevanten Anlagenteile zu prüfen sowie die Anlagen des Betriebsbereichs in sicherheitstechnischer Hinsicht ständig zu überwachen und regelmäßig zu warten,
- die Wartungs- und Reparaturarbeiten nach dem Stand der Technik durchzuführen,
- die erforderlichen sicherheitstechnischen Vorkehrungen zur Vermeidung von Fehlbedienungen zu treffen,
- durch geeignete Bedienungs- und Sicherheitsanweisungen und durch Schulung des Personals Fehlverhalten vorzubeugen.

Die Betreiber der nach § 15 festgelegten Betriebsbereiche haben im Benehmen mit den zuständigen Behörden

- untereinander alle erforderlichen Informationen auszutauschen, damit sie in ihrem Konzept zur Verhinderung von Störfällen, in ihren Sicherheitsmanagementsystemen, in ihren Sicherheitsberichten und ihren internen Alarm- und Gefahrenabwehrplänen der Art und dem Ausmaß der Gesamtgefahr eines Störfalls Rechnung tragen können und
- zur Information der Öffentlichkeit und benachbarter Betriebsstätten, die nicht unter den Anwendungsbereich dieser Verordnung fallen, sowie zur Übermittlung von Angaben an die für die Erstellung von externen Alarm- und Gefahrenabwehrplänen zuständige Behörde zusammenzuarbeiten.

Der Betreiber hat der zuständigen Behörde auf Verlangen genügend Informationen zu liefern, die notwendig sind, damit die Behörde

- die Möglichkeit des Eintritts eines Störfalls in voller Sachkenntnis beurteilen kann,
- ermitteln kann, inwieweit sich die Wahrscheinlichkeit des Eintritts eines Störfalls erhöhen kann oder die Auswirkungen eines Störfalls verschlimmern können,
- Entscheidungen über die Ansiedlung oder die störfallrelevante Änderung von Betriebsbereichen sowie über Entwicklungen in der Nachbarschaft von Betriebsbereichen treffen kann,
- externe Alarm- und Gefahrenabwehrpläne erstellen kann und
- Stoffe berücksichtigen kann, die aufgrund ihrer physikalischen Form, ihrer besonderen Merkmale oder des Ortes, an dem sie vorhanden sind, zusätzliche Vorkehrungen erfordern.

Anzeige (§ 7)
Der Betreiber hat der zuständigen Behörde mindestens einen Monat vor Beginn der Errichtung eines Betriebsbereichs oder vor einer störfallrelevanten Änderung nach § 3 des Bundes-Immissionsschutzgesetzes, Folgendes schriftlich anzuzeigen:

- Name oder Firma des Betreibers sowie vollständige Anschrift des betreffenden Betriebsbereichs,
- eingetragener Firmensitz und vollständige Anschrift des Betreibers,
- Name und Funktion der für den Betriebsbereich verantwortlichen Person,
- ausreichende Angaben zur Identifizierung der gefährlichen Stoffe und der Gefahrenkategorie von Stoffen,
- Menge und physikalische Form der gefährlichen Stoffe,
- Tätigkeit oder beabsichtigte Tätigkeit in den Anlagen des Betriebsbereichs,
- Gegebenheiten in der unmittelbaren Umgebung des Betriebsbereichs, die einen Störfall auslösen oder dessen Folgen verschlimmern können, einschließlich, soweit verfügbar, Einzelheiten zu
- benachbarten Betriebsbereichen,
- anderen Betriebsstätten, die nicht unter den Anwendungsbereich dieser Verordnung fallen und
- Bereichen und Entwicklungen, von denen ein Störfall ausgehen könnte oder bei denen sich die Wahrscheinlichkeit des Eintritts eines Störfalls erhöhen kann oder die Auswirkungen eines Störfalls und von Domino-Effekten nach § 15 verschlimmern können.

Der Betreiber hat der zuständigen Behörde folgende Änderungen mindestens einen Monat vorher schriftlich anzuzeigen:

- Änderungen der obigen Angaben und
- die Einstellung des Betriebs, des Betriebsbereichs oder einer Anlage des Betriebsbereichs.

Der Betreiber hat der zuständigen Behörde störfallrelevante Änderungen nach § 3 des Bundes-Immissionsschutzgesetzes schriftlich anzuzeigen. Einer gesonderten Anzeige bedarf es nicht, soweit der Betreiber die entsprechenden Angaben der zuständigen Behörde im Rahmen eines Genehmigungs- oder Anzeigeverfahrens vorgelegt hat.

Konzept zur Verhinderung von Störfällen (§ 8)
Der Betreiber hat vor Inbetriebnahme ein schriftliches Konzept zur Verhinderung von Störfällen auszuarbeiten und es der zuständigen Behörde auf Verlangen vorzulegen. Bei Betriebsbereichen der oberen Klasse kann das Konzept Bestandteil des Sicherheitsberichts sein. Das Konzept soll ein hohes Schutzniveau für die menschliche Gesundheit und die Umwelt gewährleisten und den Gefahren von Störfällen im Betriebsbereich angemessen sein. Es muss die übergeordneten Ziele und Handlungsgrundsätze des Betreibers, die Rolle und die Verantwortung der Leitung des Betriebsbereichs umfassen sowie die Verpflichtung beinhalten, die Beherrschung der Gefahren von Störfällen ständig zu verbessern und ein hohes Schutzniveau zu gewährleisten. Der Betreiber hat die Umsetzung des Konzeptes durch angemessene Mittel und Strukturen sowie durch ein Sicherheitsmanagementsystem nach Anhang III sicherzustellen. Der Betreiber hat das Konzept, das Sicher-

heitsmanagementsystem sowie die Verfahren zu dessen Umsetzung zu überprüfen und soweit erforderlich zu aktualisieren und zwar

- mindestens alle fünf Jahre nach erstmaliger Erstellung oder Änderung,
- vor einer störfallrelevanten Änderung und
- unverzüglich nach einem Ereignis nach Anhang VI Teil 1.

Information der Öffentlichkeit (§ 8a)
Der Betreiber hat der Öffentlichkeit die Angaben nach Anhang V Teil 1 ständig zugänglich zu machen, auch auf elektronischem Weg. Die Angaben sind insbesondere bei einer störfallrelevanten Änderung nach § 3 des Bundes-Immissionsschutzgesetzes auf dem neuesten Stand zu halten. Die Informationspflicht ist mindestens einen Monat vor Inbetriebnahme eines Betriebsbereichs oder vor störfallrelevanten Änderungen zu erfüllen. Andere öffentlich-rechtliche Vorschriften zur Information der Öffentlichkeit bleiben unberührt. Mit Zustimmung der zuständigen Behörde darf aus Gründen des Schutzes öffentlicher oder privater Belange nach den Bestimmungen des Bundes und der Länder über den Zugang zu Umweltinformationen von der Veröffentlichung von Informationen abgesehen werden.

2.5.4.2 Sicherheitsmanagementsystem (Anhang III)

Das Sicherheitsmanagementsystem ist den Gefahren, Tätigkeiten und der Komplexität der Betriebsorganisation angemessen und beruht auf einer Risikobeurteilung. In das Sicherheitsmanagementsystem ist derjenige Teil des allgemeinen Managementsystems einzugliedern, zu dem Organisationsstruktur, Verantwortungsbereiche, Handlungsweisen, Verfahren, Prozesse und Mittel gehören, also die für die Festlegung und Anwendung des Konzepts zur Verhinderung von Störfällen relevanten Punkte. Insbesondere bei bereits nach § 32 des Umweltauditgesetzes EMAS-registrierten Standorten kann auf deren Managementstrukturen und Vorgehensweisen aufgesetzt werden. Folgende Punkte werden durch das Sicherheitsmanagementsystem geregelt:

- **Organisation und Personal:**
  Aufgaben und Verantwortungsbereiche des für die Verhinderung von Störfällen und die Begrenzung ihrer Auswirkungen vorgesehenen Personals auf allen Organisationsebenen; Maßnahmen, die zur Sensibilisierung für die Notwendigkeit ständiger Verbesserungen ergriffen werden. Ermittlung des entsprechenden Ausbildungs- und Schulungsbedarfs sowie Durchführung der erforderlichen Ausbildungs- und Schulungsmaßnahmen. Einbeziehung der Beschäftigten des Betriebsbereichs sowie des im Betriebsbereich beschäftigten Personals von Subunternehmen, soweit dies unter dem Gesichtspunkt der Sicherheit relevant ist.
- **Ermittlung und Bewertung der Gefahren von Störfällen:**
  Festlegung und Anwendung von Verfahren zur systematischen Ermittlung der Gefahren von Störfällen bei bestimmungsgemäßem und nicht bestimmungsgemäßem Be-

trieb, einschließlich von Tätigkeiten, die als Unteraufträge vergeben sind, sowie Abschätzung der Wahrscheinlichkeit und der Schwere solcher Störfälle.

- **Überwachung des Betriebs:**
  Festlegung und Anwendung von Verfahren und Anweisungen für den sicheren Betrieb, einschließlich der Wartung der Anlagen, für Verfahren und Einrichtung sowie für Alarmmanagement und zeitlich begrenzte Unterbrechungen. Berücksichtigung verfügbarer Informationen über bewährte Verfahren zur Überwachung und Prüfung, um die Wahrscheinlichkeit von Systemausfällen zu verringern. Betrachtung und Beherrschung der durch Alterung oder Korrosion von Anlagenteilen im Betriebsbereich entstehenden Risiken. Dokumentation der Anlagenteile im Betriebsbereich, verbunden mit einer Strategie und Methodik zur Überwachung und Prüfung des Zustands dieser Anlagenteile. Gegebenenfalls Festlegung von erforderlichen Gegenmaßnahmen und angemessenen Folgemaßnahmen.
- **Sichere Durchführung von Änderungen:**
  Festlegung und Anwendung von Verfahren zur Planung von Änderungen bestehender Anlagen oder Verfahren oder Auslegung einer neuen Anlage oder eines neuen Verfahrens.
- **Planung für Notfälle:**
  Festlegung und Anwendung von Verfahren zur Ermittlung vorhersehbarer Notfälle aufgrund einer systematischen Analyse und zur Erstellung, Erprobung und Überprüfung der Alarm- und Gefahrenabwehrpläne, um in Notfällen angemessen reagieren und um dem betroffenen Personal eine spezielle Ausbildung erteilen zu können. Diese Ausbildung muss allen Beschäftigten des Betriebsbereichs, einschließlich des relevanten Personals von Subunternehmen, erteilt werden.
- **Überwachung der Leistungsfähigkeit des Sicherheitsmanagementsystems:**
  Festlegung und Anwendung von Verfahren zur ständigen Bewertung der Erreichung der Ziele, die der Betreiber im Rahmen des Konzepts zur Verhinderung von Störfällen und des Sicherheitsmanagementsystems festgelegt hat, sowie Einrichtung von Mechanismen zur Untersuchung und Korrektur bei Nichterreichung dieser Ziele. Die Verfahren umfassen das System für die Meldung von Ereignissen, insbesondere von solchen, bei denen Schutzmaßnahmen versagt haben, sowie die entsprechenden Untersuchungen und Folgemaßnahmen, bei denen einschlägige Erfahrungen und Erkenntnisse aus innerbetrieblichen und außerbetrieblichen Ereignissen zugrunde zu legen sind. Die Verfahren können auch Leistungsindikatoren wie sicherheitsbezogene Leistungsindikatoren und andere relevante Indikatoren beinhalten.
- **Systematische Überprüfung und Bewertung:**
  Festlegung und Anwendung von Verfahren zur regelmäßigen systematischen Bewertung des Konzepts zur Verhinderung von Störfällen und der Wirksamkeit und Angemessenheit des Sicherheitsmanagementsystems. Von der Leitung des Betriebsbereichs entsprechend dokumentierte Überprüfung der Leistungsfähigkeit des bestehenden Konzepts und des Sicherheitsmanagementsystems sowie seine Aktualisierung, einschließlich der Erwägung und Einarbeitung notwendiger Änderungen gemäß der systematischen Überprüfung und Bewertung.

2.5.4.3 Sicherheitsbericht

Sicherheitsbericht (§ 9)

Der Betreiber eines Betriebsbereichs der oberen Klasse hat einen Sicherheitsbericht zu erstellen, in dem dargelegt wird, dass

- ein Konzept zur Verhinderung von Störfällen umgesetzt wurde und ein Sicherheitsmanagementsystem zu seiner Anwendung gemäß Anhang III vorhanden ist und umgesetzt wurde,
- die Gefahren von Störfällen und mögliche Störfallszenarien ermittelt sowie alle erforderlichen Maßnahmen zur Verhinderung derartiger Störfälle und zur Begrenzung ihrer Auswirkungen auf die menschliche Gesundheit und die Umwelt ergriffen wurden,
- die Auslegung, die Errichtung sowie der Betrieb und die Wartung sämtlicher Teile eines Betriebsbereichs, die im Zusammenhang mit der Gefahr von Störfällen im Betriebsbereich stehen, ausreichend sicher und zuverlässig sind,
- interne Alarm- und Gefahrenabwehrpläne vorliegen und die erforderlichen Informationen zur Erstellung externer Alarm- und Gefahrenabwehrpläne gegeben werden sowie
- ausreichende Informationen bereitgestellt werden, damit die zuständige Behörde Entscheidungen über die Ansiedlung neuer Tätigkeiten oder Entwicklungen in der Nachbarschaft bestehender Betriebsbereiche treffen kann.

Der Sicherheitsbericht enthält mindestens die in Anhang II aufgeführten Angaben und Informationen. Er führt die Namen der an der Erstellung des Berichts maßgeblich Beteiligten auf. Er enthält ferner ein Verzeichnis der in dem Betriebsbereich vorhandenen gefährlichen Stoffe auf der Grundlage der Bezeichnungen und Einstufungen in Spalte 2 der Stoffliste des Anhangs I. Der Betreiber kann aufgrund anderer Rechtsvorschriften vorzulegende gleichwertige Berichte oder Teile solcher Berichte zu einem einzigen Sicherheitsbericht im Sinne dieses Paragraphen zusammenfassen, sofern alle Anforderungen dieses Paragraphen beachtet werden. Der Betreiber hat der zuständigen Behörde den Sicherheitsbericht innerhalb einer angemessenen, von der zuständigen Behörde gesetzten Frist vor Inbetriebnahme vorzulegen. Der Betreiber hat den Sicherheitsbericht zu überprüfen und soweit erforderlich zu aktualisieren und zwar

- mindestens alle fünf Jahre,
- bei einer störfallrelevanten Änderung nach § 3 des Bundes-Immissionsschutzgesetzes,
- nach einem Ereignis nach Anhang VI Teil 1 und
- zu jedem anderen Zeitpunkt, wenn neue Umstände dies erfordern oder um den neuen sicherheitstechnischen Kenntnisstand sowie aktuelle Erkenntnisse zur Beurteilung der Gefahren zu berücksichtigen.

Soweit sich bei der Überprüfung herausstellt, dass sich erhebliche Auswirkungen hinsichtlich der mit einem Störfall verbundenen Gefahren ergeben könnten, hat der Betreiber den Sicherheitsbericht unverzüglich zu aktualisieren. Er hat der zuständigen Behörde die aktualisierten Teile des Sicherheitsberichts unverzüglich bzw. bei störfallrelevanten Änderungen mindestens einen Monat vor Durchführung der Änderung vorzulegen.

Mindestangaben im Sicherheitsbericht (Anhang II)
Informationen über das Managementsystem und die Betriebsorganisation im Hinblick auf die Verhinderung von Störfällen müssen die in Anhang III aufgeführten Punkte abdecken.

- **Umfeld des Betriebsbereichs:**
  - Beschreibung des Betriebsbereichs und seines Umfelds einschließlich der geographischen Lage, der meteorologischen, geologischen und hydrographischen Daten sowie gegebenenfalls der Vorgeschichte des Standorts.
  - Verzeichnis der Anlagen und Tätigkeiten innerhalb des Betriebsbereichs, bei denen die Gefahr eines Störfalls bestehen kann.
  - Auf der Grundlage verfügbarer Informationen Verzeichnis benachbarter Betriebsbereiche und Betriebsstätten, die nicht in den Geltungsbereich der Verordnung fallen, sowie Bereiche und Entwicklungen außerhalb des Betriebsbereichs, die einen Störfall verursachen oder die Wahrscheinlichkeit des Eintritts eines Störfalls erhöhen oder die Auswirkungen eines Störfalls und von Domino-Effekten verschlimmern können.
  - Beschreibung der Bereiche, die von einem Störfall betroffen werden könnten.
- **Beschreibung der Anlagen des Betriebsbereichs:**
  - Beschreibung der wichtigsten Tätigkeiten und Produkte der sicherheitsrelevanten Teile des Betriebsbereichs, der Gefahrenquellen, die zu Störfällen führen könnten, sowie der Bedingungen, unter denen der jeweilige Störfall eintreten könnte und Beschreibung der vorgesehenen Maßnahmen zur Verhinderung von Störfällen.
  - Beschreibung der Verfahren, insbesondere der Verfahrensabläufe, unter Verwendung von Fließbildern; gegebenenfalls Berücksichtigung verfügbarer Informationen über bewährte Verfahren.
- **Beschreibung der gefährlichen Stoffe:**
  - Verzeichnis der gefährlichen Stoffe, Angaben zur Feststellung der gefährlichen Stoffe, Angabe ihrer chemischen Bezeichnung, CAS-Nummer, Bezeichnung nach der IUPAC-Nomenklatur, Höchstmenge der vorhandenen gefährlichen Stoffe oder der gefährlichen Stoffe, die vorhanden sein können
  - physikalische, chemische und toxikologische Merkmale sowie Angabe der sich auf die menschliche Gesundheit oder die Umwelt unmittelbar oder später auswirkenden Gefahren,
  - physikalisches und chemisches Verhalten unter normalen Einsatzbedingungen oder bei vorhersehbaren Störungen.
- **Ermittlung und Analyse der Risiken von Störfällen und Mittel zur Verhinderung solcher Störfälle:**
  - Eingehende Beschreibung der Szenarien möglicher Störfälle nebst ihrer Wahrscheinlichkeit oder den Bedingungen für ihr Eintreten, einschließlich einer Zusam-

menfassung der Vorfälle, die für das Eintreten jedes dieser Szenarien ausschlaggebend sein könnten, unabhängig davon, ob die Ursachen hierfür innerhalb oder außerhalb des Betriebsbereichs liegen, insbesondere unter Berücksichtigung betrieblicher Gefahrenquellen, umgebungsbedingter Gefahrenquellen, z. B. Erdbeben, Hochwasser oder Einwirkungen, die von benachbarten Betriebsbereichen oder Betriebsstätten ausgehen können, Eingriffe Unbefugter und anderer Bereiche und Entwicklungen, die einen Störfall verursachen, die Wahrscheinlichkeit des Eintritts eines Störfalls erhöhen oder Auswirkungen eines Störfalls verschlimmern können.
  - Abschätzung des Ausmaßes und der Schwere der Folgen der ermittelten Störfälle, einschließlich Karten, Bilder oder gegebenenfalls entsprechender Beschreibungen, aus denen die Bereiche ersichtlich sind, die von derartigen Störfällen betroffen sein können.
  - Bewertung vergangener Ereignisse im Zusammenhang mit den gleichen Stoffen und Verfahren, Berücksichtigung der daraus gezogenen Lehren und ausdrückliche Bezugnahme auf die jeweiligen Maßnahmen, die ergriffen wurden, um entsprechende Ereignisse zu verhindern. Beschreibung der technischen Parameter sowie Ausrüstungen zur Sicherung der Anlagen.
- **Schutz- und Notfallmaßnahmen zur Begrenzung der Auswirkungen von Störfällen:**
  - Beschreibung der Einrichtungen, die in der Anlage zur Begrenzung der Auswirkungen von Störfällen vorhanden sind, beispielsweise Melde-/Schutzsysteme und technische Vorrichtungen zur Begrenzung von ungeplanten Stofffreisetzungen, einschließlich Berieselungsanlagen, Dampfabschirmung, Auffangvorrichtungen oder -behälter, Notabsperrventilen, Inertisierungssystemen, Löschwasserrückhaltung.
  - Alarmplan und Organisation der Notfallmaßnahmen, Beschreibung der Mittel, die innerhalb oder außerhalb des Betriebsbereichs für den Notfall zur Verfügung stehen, Beschreibung technischer und nicht technischer Maßnahmen, die für die Begrenzung der Auswirkungen eines Störfalls von Bedeutung sind.

2.5.4.4 Alarm- und Gefahrenabwehrpläne

Alarm- und Gefahrenabwehrpläne (§ 10)

Der Betreiber eines Betriebsbereichs der oberen Klasse hat

- interne Alarm- und Gefahrenabwehrpläne zu erstellen, die die in Anhang IV aufgeführten Informationen enthalten müssen und
- der zuständigen Behörde die für die Erstellung externer Alarm- und Gefahrenabwehrpläne erforderlichen Informationen zu übermitteln.

Die Pflichten sind mindestens einen Monat vor Inbetriebnahme eines Betriebsbereichs oder vor Änderungen der Anlage oder der Tätigkeiten, aufgrund derer der Betriebsbereich unter den Anwendungsbereich dieser Verordnung fällt oder aufgrund derer ein Betriebsbereich der unteren Klasse zu einem Betriebsbereich der oberen Klasse wird, zu erfüllen. Wenn das Hoheitsgebiet eines anderen Staates von den Auswirkungen eines Störfalls betroffen werden kann, hat der Betreiber der zuständigen Behörde entsprechende Mehrausfertigungen der für die Erstellung externer Alarm- und Gefahrenabwehrpläne erforderlichen Informationen zur Weiterleitung an die zuständige Behörde des anderen Staates zu übermitteln.

Vor der Erstellung der internen Alarm- und Gefahrenabwehrpläne hat der Betreiber die Beschäftigten des Betriebsbereichs über die vorgesehenen Inhalte zu unterrichten und hierzu anzuhören. Er hat die Beschäftigten ferner vor ihrer erstmaligen Beschäftigungsaufnahme und danach mindestens alle drei Jahre über die für sie in den internen Alarm- und Gefahrenabwehrplänen für den Störfall enthaltenen Verhaltensregeln zu unterweisen. Die Pflichten gelten sinngemäß auch gegenüber dem nicht nur vorübergehend beschäftigten Personal von Subunternehmen. Der Betreiber hat die internen Alarm- und Gefahrenabwehrpläne in Abständen von höchstens drei Jahren zu überprüfen und zu erproben. Bei der Überprüfung sind Veränderungen im betreffenden Betriebsbereich und in den betreffenden Notdiensten, neue technische Erkenntnisse und Erkenntnisse darüber, wie bei Störfällen zu handeln ist, zu berücksichtigen. Soweit sich bei der Überprüfung herausstellt, dass sich erhebliche Auswirkungen hinsichtlich der bei einem Störfall zu treffenden Maßnahmen ergeben könnten, hat der Betreiber die Alarm- und Gefahrenabwehrpläne unverzüglich zu aktualisieren.

Informationen in den Alarm- und Gefahrenabwehrplänen (Anhang IV)

Der Alarm- und Gefahrenabwehrplan enthält folgende Informationen:

- Namen oder betriebliche Stellung der Personen, die zur Einleitung von Sofortmaßnahmen ermächtigt sind, sowie der Person, die für die Durchführung und Koordinierung der Abhilfemaßnahmen auf dem Gelände des Betriebsbereichs verantwortlich ist.
- Name oder betriebliche Stellung der Person, die für die Verbindung zu der für die externen Alarm- und Gefahrenabwehrpläne zuständigen Behörde verantwortlich ist.
- Für vorhersehbare Umstände oder Vorfälle, die für das Auslösen eines Störfalls ausschlaggebend sein können, in jedem Einzelfall eine Beschreibung der Maßnahmen, die zur Kontrolle dieser Umstände bzw. dieser Vorfälle sowie zur Begrenzung der Auswirkungen zu treffen sind, sowie eine Beschreibung der zur Verfügung stehenden Sicherheitsausrüstungen und Einsatzmittel.
- Vorkehrungen zur Begrenzung der Risiken für Personen auf dem Gelände des Betriebsbereichs, einschließlich Angaben über die Art der Alarmierung sowie das von den Personen bei Alarm erwartete Verhalten.
- Vorkehrungen zur frühzeitigen Warnung der für die Einleitung der in den externen Alarm- und Gefahrenabwehrplänen vorgesehenen Maßnahmen zuständigen Behörde, Art der Informationen, die bei der ersten Meldung mitzuteilen sind, sowie Vorkehrungen zur Übermittlung von detaillierteren Informationen, sobald diese verfügbar sind.
- Vorkehrungen zur Ausbildung und Schulung des Personals in den Aufgaben, deren Wahrnehmung von ihm erwartet wird, sowie gegebenenfalls zur Koordinierung dieser Ausbildung und Schulung mit externen Notfall- und Rettungsdiensten.
- Vorkehrungen zur Unterstützung von Abhilfemaßnahmen außerhalb des Geländes des Betriebsbereichs.

2.5.4.5 Information der Öffentlichkeit

Weitergehende Information der Öffentlichkeit (§ 11)

Über die Anforderungen des § 8a hinaus hat der Betreiber eines Betriebsbereichs der oberen Klasse der Öffentlichkeit die Angaben nach Anhang V Teil 2 ständig zugänglich zu machen, auch auf elektronischem Weg. Die Angaben sind auf dem neuesten Stand zu halten, insbesondere bei einer störfallrelevanten Änderung. Die Informationspflicht ist mindestens einen Monat vor Inbetriebnahme eines Betriebsbereichs oder vor einer störfallrelevanten Änderung nach § 3 des Bundes-Immissionsschutzgesetzes zu erfüllen. Andere öffentlich-rechtliche Vorschriften zur Information der Öffentlichkeit bleiben unberührt. Mit Zustimmung der zuständigen Behörde darf aus Gründen des Schutzes öffentlicher oder privater Belange nach den Bestimmungen des Bundes und der Länder über den Zugang zu Umweltinformationen von der Veröffentlichung von Informationen abgesehen werden.

Der Betreiber eines Betriebsbereichs hat alle Personen und alle Einrichtungen mit Publikumsverkehr, wie öffentlich genutzte Gebäude und Gebiete, einschließlich Schulen und Krankenhäuser, sowie Betriebsstätten oder benachbarte Betriebsbereiche, die von einem Störfall in diesem Betriebsbereich betroffen sein könnten, vor Inbetriebnahme über die Sicherheitsmaßnahmen und das richtige Verhalten im Fall eines Störfalls in einer auf die speziellen Bedürfnisse der jeweiligen Adressatengruppe abgestimmten Weise zu informieren. Die Informationen enthalten zumindest die in Anhang V Teil 1 und 2 aufgeführten Angaben. Soweit die Informationen zum Schutze der Öffentlichkeit bestimmt sind, sind sie mit den für den Katastrophenschutz und die allgemeine Gefahrenabwehr zuständigen Behörden abzustimmen. Die genannten Betreiberpflichten gelten auch gegenüber Personen, der Öffentlichkeit und den zuständigen Behörden in anderen Staaten, deren Hoheitsgebiet von den grenzüberschreitenden Auswirkungen eines Störfalls in dem Betriebsbereich betroffen werden könnte. Der Betreiber hat die Informationen zu überprüfen und zwar

- mindestens alle drei Jahre und
- bei einer störfallrelevanten Änderung nach § 3 des Bundes-Immissionsschutzgesetzes.

Soweit sich bei der Überprüfung Änderungen ergeben, die erhebliche Auswirkungen hinsichtlich der mit einem Störfall verbundenen Gefahren haben könnten, hat der Betreiber die Informationen unverzüglich zu aktualisieren und zu wiederholen. Der Zeitraum, innerhalb dessen die übermittelten Informationen wiederholt werden müssen, darf in keinem Fall fünf Jahre überschreiten. Der Betreiber hat der Öffentlichkeit auf Anfrage den Sicherheitsbericht nach § 9 unverzüglich zugänglich zu machen. Der Betreiber kann von der zuständigen Behörde verlangen, bestimmte Teile des Sicherheitsberichts aus Gründen nach Art. 4 der Richtlinie 2003/4/EG nicht offenlegen zu müssen. Nach Zustimmung der zuständigen Behörde legt der Betreiber in solchen Fällen der Behörde einen geänderten Sicherheitsbericht vor, in dem die nicht offenzulegenden Teile ausgespart sind und der zumindest allgemeine Informationen über mögliche Auswirkungen eines Störfalls auf die menschliche Gesundheit und die Umwelt umfasst und macht diesen der Öffentlichkeit auf Anfrage zugänglich.

Information der Öffentlichkeit zu Betriebsbereichen der unteren und der oberen Klasse (Anhang V)

- Name oder Firma des Betreibers und vollständige Anschrift des Betriebsbereichs.
- Bestätigung, dass der Betriebsbereich den Vorschriften dieser Verordnung unterliegt und dass der zuständigen Behörde die Anzeige nach § 7 und bei Betriebsbereichen der oberen Klasse der Sicherheitsbericht nach § 9 vorgelegt wurde.
- Verständlich abgefasste Erläuterung der Tätigkeiten im Betriebsbereich.
- Gebräuchliche Bezeichnungen oder – bei gefährlichen Stoffen im Sinne der Stoffliste in Anhang I Nummer 1 – generische Bezeichnung oder Gefahreneinstufung der im Betriebsbereich vorhandenen relevanten gefährlichen Stoffe, von denen ein Störfall ausgehen könnte, sowie Angabe ihrer wesentlichen Gefahreneigenschaften in einfachen Worten.
- Allgemeine Informationen darüber, wie die betroffene Bevölkerung erforderlichenfalls gewarnt wird; angemessene Informationen über das Verhalten bei einem Störfall oder Hinweis, wo diese Informationen elektronisch zugänglich sind.
- Datum der letzten Vor-Ort-Besichtigung nach § 17 oder Hinweis, wo diese Information elektronisch zugänglich ist; Unterrichtung darüber, wo ausführlichere Informationen zur Vor-Ort-Besichtigung und zum Überwachungsplan nach § 17 unter Berücksichtigung des Schutzes öffentlicher oder privater Belange nach den Bestimmungen des Bundes und der Länder über den Zugang zu Umweltinformationen auf Anfrage eingeholt werden können.
- Einzelheiten darüber, wo weitere Informationen unter Berücksichtigung des Schutzes öffentlicher oder privater Belange nach den Bestimmungen des Bundes und der Länder über den Zugang zu Umweltinformationen eingeholt werden können.

Weitergehende Information der Öffentlichkeit zu Betriebsbereichen der oberen Klasse (Anhang V)

- Allgemeine Informationen zu den Gefahren, die von einem Störfall ausgehen können, einschließlich ihrer möglichen Auswirkungen auf die menschliche Gesundheit und die Umwelt und zusammenfassende Darstellung der wesentlichen Störfallszenarien und der Maßnahmen, mit denen diese Szenarien verhindert werden oder ihre Auswirkungen begrenzt werden sollen.
- Bestätigung, dass der Betreiber verpflichtet ist, auf dem Gelände des Betriebsbereichs – auch in Zusammenarbeit mit Notfall- und Rettungsdiensten – geeignete Maßnahmen zur Bekämpfung von Störfällen und zur größtmöglichen Begrenzung der Auswirkungen von Störfällen zu treffen.
- Angemessene Informationen aus den externen Alarm- und Gefahrenabwehrplänen zur Bekämpfung der Auswirkungen von Ereignissen außerhalb des Betriebsgeländes mit der Aufforderung, allen Anordnungen von Notfall- oder Rettungsdiensten im Fall eines Ereignisses Folge zu leisten.
- Gegebenenfalls Angabe, ob der Betriebsbereich in der Nähe des Hoheitsgebiets eines anderen Mitgliedstaats liegt und damit die Möglichkeit besteht, dass ein Störfall grenz-

überschreitende Auswirkungen nach dem Übereinkommen über die grenzüberschreitenden Auswirkungen von Industrieunfällen der Wirtschaftskommission der Vereinten Nationen für Europa (UNECE) hat.

Sonstige Pflichten (§ 12)
Der Betreiber eines Betriebsbereichs der oberen Klasse hat

- auf Verlangen der zuständigen Behörde zu einer von ihr benannten, zur Informationsweitergabe geeigneten Stelle der öffentlichen Verwaltung eine jederzeit verfügbare und gegen Missbrauch geschützte Verbindung einzurichten und zu unterhalten sowie
- eine Person oder Stelle mit der Begrenzung der Auswirkungen von Störfällen zu beauftragen und diese der zuständigen Behörde zu benennen.

Der Betreiber hat Unterlagen über die nach § 6 erforderliche Durchführung

- der Prüfung, der Errichtung und des Betriebs der sicherheitsrelevanten Anlagenteile,
- der Überwachung und regelmäßigen Wartung der Anlage in sicherheitstechnischer Hinsicht,
- der sicherheitsrelevanten Wartungs- und Reparaturarbeiten sowie
- der Funktionsprüfungen der Warn-, Alarm- und Sicherheitseinrichtungen

zu erstellen. Die Unterlagen sind bis zur nächsten Vor-Ort-Besichtigung, jedoch mindestens fünf Jahre ab Erstellung zur Einsicht durch die zuständige Behörde aufzubewahren.

2.5.4.6 Behördenpflichten

Mitteilungspflicht gegenüber dem Betreiber (§ 13)
Vor Inbetriebnahme eines Betriebsbereichs und nach einer Aktualisierung des Sicherheitsberichts aufgrund der in § 9 vorgeschriebenen Überprüfungen hat die zuständige Behörde dem Betreiber die Ergebnisse ihrer Prüfung des Sicherheitsberichts, gegebenenfalls nach Anforderung zusätzlicher Informationen, innerhalb einer angemessenen Frist nach Eingang des Sicherheitsberichts mitzuteilen, soweit der Sicherheitsbericht nicht Gegenstand eines immissionsschutzrechtlichen Genehmigungsverfahrens ist.

Domino-Effekt (§ 15)
Die zuständige Behörde hat gegenüber den Betreibern festzustellen, bei welchen Betriebsbereichen oder Gruppen von Betriebsbereichen aufgrund ihrer geographischen Lage, ihres Abstands zueinander und der in ihren Anlagen vorhandenen gefährlichen Stoffe eine erhöhte Wahrscheinlichkeit von Störfällen bestehen kann oder diese Störfälle folgenschwerer sein können. Hierfür hat die zuständige Behörde insbesondere folgende Angaben zu verwenden:

- die Angaben, die der Betreiber in der Anzeige nach § 7 und im Sicherheitsbericht nach § 9 übermittelt hat,

- die Angaben, die im Anschluss an ein Ersuchen der zuständigen Behörde um zusätzliche Auskünfte vom Betreiber übermittelt wurden und
- die Informationen, die die zuständige Behörde durch Überwachungsmaßnahmen erlangt hat.

Die zuständige Behörde hat Informationen, über die sie zusätzlich zu den vom Betreiber nach § 7 übermittelten Angaben verfügt, dem Betreiber unverzüglich zur Verfügung zu stellen, sofern dies für die Zusammenarbeit der Betreiber gemäß § 6 erforderlich ist.

Überwachungssystem (§ 16)
Die zuständige Behörde hat unbeschadet des § 13 ein angemessenes Überwachungssystem einzurichten. Das Überwachungssystem hat eine planmäßige und systematische Prüfung der technischen, organisatorischen und managementspezifischen Systeme der betroffenen Betriebsbereiche zu ermöglichen, mit der sich die zuständige Behörde insbesondere vergewissert,

- dass der Betreiber nachweisen kann, dass er im Zusammenhang mit den verschiedenen betriebsspezifischen Tätigkeiten die zur Verhinderung von Störfällen erforderlichen Maßnahmen ergriffen hat,
- dass der Betreiber nachweisen kann, dass er angemessene Mittel zur Begrenzung von Störfallauswirkungen innerhalb und außerhalb des Betriebsbereichs vorgesehen hat,
- dass die im Sicherheitsbericht oder in anderen vorgelegten Berichten enthaltenen Angaben und Informationen die Gegebenheiten in dem Betriebsbereich zutreffend wiedergeben,
- dass die Informationen der Öffentlichkeit zugänglich gemacht worden sind.

Das Überwachungssystem gewährleistet, dass

- nach jeder Vor-Ort-Besichtigung von der zuständigen Behörde ein Bericht erstellt wird, welcher die relevanten Feststellungen der Behörde und erforderlichen Folgemaßnahmen enthält,
- der Bericht dem Betreiber innerhalb von vier Monaten nach der Vor-Ort-Besichtigung durch die zuständige Behörde übermittelt wird,
- baldmöglichst, aber spätestens innerhalb von sechs Monaten, eine Vor-Ort-Besichtigung oder eine sonstige Überwachungsmaßnahme durchgeführt wird, bei
  - schwerwiegenden Beschwerden,
  - Ereignissen nach Anhang VI Teil 1 und
  - bedeutenden Verstößen gegen Vorschriften dieser Verordnung oder anderer für die Anlagensicherheit relevanter Rechtsvorschriften,
- Vor-Ort-Besichtigungen mit Überwachungsmaßnahmen im Rahmen anderer Rechtsvorschriften wenn möglich koordiniert werden.

Die zuständige Behörde beteiligt sich im Rahmen ihrer Möglichkeiten aktiv an Maßnahmen und Instrumenten zum Erfahrungsaustausch und zur Wissenskonsolidierung auf dem Gebiet der Überwachung von Betriebsbereichen. Die zuständige Behörde kann einen geeigneten Sachverständigen mit Vor-Ort-Besichtigungen oder sonstigen Überwachungsmaßnahmen, der Erstellung des Berichts und der Überprüfung der Folgemaßnahmen beauftragen. Bestandteil des Auftrags muss es sein, den Bericht und das Ergebnis der Überprüfung binnen vier Wochen nach Fertigstellung des Berichts oder nach Abschluss der Überprüfung der zuständigen Behörde zu übermitteln. Als Sachverständige sind insbesondere die gemäß § 29b des Bundes-Immissionsschutzgesetzes bekannt gegebenen Sachverständigen geeignet.

Überwachungsplan und Überwachungsprogramm (§ 17)
Die zuständige Behörde hat im Rahmen des Überwachungssystems einen Überwachungsplan zu erstellen. Der Überwachungsplan muss Folgendes enthalten:

- den räumlichen Geltungsbereich des Plans,
- eine allgemeine Beurteilung der Anlagensicherheit im Geltungsbereich des Plans,
- ein Verzeichnis der in den Geltungsbereich des Plans fallenden Betriebsbereiche,
- ein Verzeichnis der Gruppen von Betriebsbereichen nach § 15,
- ein Verzeichnis der Betriebsbereiche, in denen sich durch besondere umgebungsbedingte Gefahrenquellen die Wahrscheinlichkeit des Eintritts eines Störfalls erhöhen
- oder die Auswirkungen eines solchen Störfalls verschlimmern können,
- die Verfahren für die Aufstellung von Programmen für die regelmäßige Überwachung,
- die Verfahren für die Überwachung aus besonderem Anlass,
- Bestimmungen für die Zusammenarbeit zwischen Überwachungsbehörden.

Die Überwachungspläne sind von der zuständigen Behörde regelmäßig zu überprüfen und, soweit erforderlich, zu aktualisieren. Auf der Grundlage der Überwachungspläne erstellen und aktualisieren die zuständigen Behörden regelmäßig Überwachungsprogramme, in denen auch die Zeiträume angegeben sind, in denen Vor-Ort-Besichtigungen stattfinden müssen. Der Abstand zwischen zwei Vor-Ort-Besichtigungen darf die folgenden Zeiträume nicht überschreiten

- ein Jahr, bei Betriebsbereichen der oberen Klasse, sowie
- drei Jahre, bei Betriebsbereichen der unteren Klasse,

es sei denn, die zuständige Behörde hat auf der Grundlage einer systematischen Beurteilung der mit den Betriebsbereichen verbundenen Gefahren von Störfällen andere zeitliche Abstände erarbeitet. Die systematische Beurteilung der Gefahren von Störfällen muss mindestens folgende Kriterien berücksichtigen:

- mögliche Auswirkungen des Betriebsbereichs auf die menschliche Gesundheit und auf die Umwelt,
- die Einhaltung der Anforderungen dieser Verordnung und anderer für die Anlagensicherheit wesentlicher Rechtsvorschriften und
- für die Anlagensicherheit wesentliche Ergebnisse von Überwachungsmaßnahmen, die im Rahmen anderer Rechtsvorschriften durchgeführt worden sind.

2.5.4.7 Genehmigungsverfahren nach § 23b BImSchG

Genehmigungsverfahren nach § 23b des Bundes-Immissionsschutzgesetzes (§ 18)
Der Träger des Vorhabens hat dem Antrag nach § 23b des Bundes-Immissionsschutzgesetzes alle Unterlagen beizufügen, die für die Prüfung der Genehmigungsvoraussetzungen erforderlich sind. Die zuständige Behörde teilt dem Antragsteller nach Eingang des Antrags und der Unterlagen unverzüglich mit, welche zusätzlichen Unterlagen sie für die Prüfung benötigt. Erfolgt die Antragstellung elektronisch, kann die zuständige Behörde Mehrfertigungen sowie die Übermittlung der dem Antrag beizufügenden Unterlagen auch in schriftlicher Form verlangen. Hat der Antragsteller den Antrag und die erforderlichen Unterlagen vollständig übermittelt, macht die zuständige Behörde das Vorhaben in ihrem amtlichen Veröffentlichungsblatt und außerdem entweder im Internet oder in örtlichen Tageszeitungen, die im Bereich des Standortes des Vorhabens verbreitet sind, öffentlich bekannt. In der Bekanntmachung ist die Öffentlichkeit über Folgendes zu informieren:

- über den Gegenstand des Vorhabens,
- gegebenenfalls über die Feststellung der UVP-Pflicht des Vorhabens nach § 5 des Gesetzes über die Umweltverträglichkeitsprüfung sowie erforderlichenfalls Durchführung einer grenzüberschreitenden Beteiligung nach den §§ 55 und 56 des Gesetzes über die Umweltverträglichkeitsprüfung oder das Bestehen einer grenzüberschreitenden Informationspflicht des Betreibers,
- über die für die Genehmigung zuständige Behörde, bei der der Antrag nebst Unterlagen zur Einsicht ausgelegt wird, sowie wo und wann Einsicht genommen werden kann,
- darüber, dass Personen, deren Belange berührt sind und Vereinigungen (betroffene Öffentlichkeit) Einwendungen bei einer in der Bekanntmachung bezeichneten Stelle erheben können,
- die Art möglicher Entscheidungen oder, soweit vorhanden, den Entscheidungsentwurf,
- darüber, dass die Zustellung der Entscheidung über die Einwendungen durch öffentliche Bekanntmachung ersetzt werden kann, sowie
- gegebenenfalls über weitere Einzelheiten des Verfahrens zur Unterrichtung der Öffentlichkeit und Anhörung der betroffenen Öffentlichkeit.

Weitere Informationen, die für die Entscheidung über die Genehmigung von Bedeutung sein können und die der zuständigen Behörde erst nach Beginn der Auslegung vorliegen, sind der Öffentlichkeit nach den Bestimmungen über den Zugang zu Umweltinformationen zugänglich zu machen. Besteht für das Vorhaben eine UVP-Pflicht, muss die Bekanntmachung darüber hinaus den Anforderungen des § 19 des Gesetzes über die Umweltverträglichkeitsprüfung entsprechen. Die Auslegung des Antrags und der Unterlagen erfolgt bei der Genehmigungsbehörde und, soweit erforderlich, bei einer geeigneten Stelle in der Nähe des Standortes des Vorhabens. Die Einwendungen können bei der Genehmigungsbehörde oder bei der Stelle erhoben werden, bei der Antrag und Unterlagen zur Einsicht ausliegen.

Der Genehmigungsbescheid ist schriftlich zu erlassen, schriftlich zu begründen und dem Antragsteller und den Personen, die Einwendungen erhoben haben, zuzustellen. In der Begründung sind die wesentlichen tatsächlichen und rechtlichen Gründe, die die Behörde zu ihrer Entscheidung bewogen haben, die Behandlung der Einwendungen sowie Angaben über das Verfahren zur Beteiligung der Öffentlichkeit aufzunehmen. Haben mehr als 50 Personen Einwendungen erhoben, kann die Zustellung durch die öffentliche Bekanntmachung ersetzt werden. Der Genehmigungsbescheid ist öffentlich bekannt zu machen. Die öffentliche Bekanntmachung wird dadurch bewirkt, dass der verfügende Teil des Bescheids und die Rechtsbehelfsbelehrung bekannt gemacht werden; auf Auflagen ist hinzuweisen. Eine Ausfertigung des gesamten Genehmigungsbescheids ist vom Tage nach der Bekanntmachung an zwei Wochen zur Einsicht auszulegen. In der öffentlichen Bekanntmachung ist anzugeben, wo und wann der Bescheid und seine Begründung eingesehen und angefordert werden können. Mit dem Ende der Auslegungsfrist gilt der Bescheid auch Dritten gegenüber, die keine Einwendungen erhoben haben, als zugestellt; darauf ist in der Bekanntmachung hinzuweisen. Nach der öffentlichen Bekanntmachung können der Bescheid und seine Begründung bis zum Ablauf der Widerspruchsfrist von den Personen, die Einwendungen erhoben haben, schriftlich angefordert werden.

2.5.4.8 Meldeverfahren

Meldeverfahren (§ 19)

Der Betreiber hat der zuständigen Behörde unverzüglich den Eintritt eines Ereignisses, das die Kriterien des Anhangs VI Teil 1 erfüllt, mitzuteilen. Der Betreiber hat der zuständigen Behörde unverzüglich, spätestens innerhalb einer Woche nach Eintritt eines Ereignisses eine ergänzende schriftliche oder elektronische Mitteilung vorzulegen, die mindestens die Angaben nach Anhang VI Teil 2 enthält. Er hat die Mitteilung bei Vorliegen neuer Erkenntnisse unverzüglich zu ergänzen oder zu berichtigen. Erhält die zuständige Behörde Kenntnis von einem Ereignis nach Anhang VI Teil 1 Ziffer I, hat sie

- durch Vor-Ort-Besichtigungen, Untersuchungen oder andere geeignete Mittel die für eine vollständige Analyse der technischen, organisatorischen und managementspezifischen Gesichtspunkte dieses Ereignisses erforderlichen Informationen einzuholen,
- geeignete Maßnahmen zu ergreifen, um sicherzustellen, dass der Betreiber alle erforderlichen Abhilfemaßnahmen trifft,
- die von dem Störfall möglicherweise betroffenen Personen über diesen sowie gegebenenfalls über Maßnahmen zu unterrichten, die ergriffen wurden, um seine Auswirkungen zu mildern und
- Empfehlungen zu künftigen Verhinderungsmaßnahmen abzugeben.

Zur Erfüllung ihrer Verpflichtungen kann die zuständige Behörde auch ein Gutachten vom Betreiber fordern. Der Betreiber hat die Beschäftigten oder deren Personalvertretung über eine Mitteilung unverzüglich zu unterrichten und ihnen auf Verlangen eine Kopie der Mitteilung zugänglich zu machen.

2.5.5 Verbrennung und die Mitverbrennung von Abfällen (17. BImSchV)

Anwendungsbereich (§ 1)
Diese Verordnung gilt für die Errichtung, die Beschaffenheit und den Betrieb von Abfallverbrennungs- und Abfallmitverbrennungsanlagen, die nach § 4 des Bundes-Immissionsschutzgesetzes genehmigungsbedürftig sind und in denen folgende Abfälle und Stoffe eingesetzt werden:

- feste, flüssige oder in Behältern gefasste gasförmige Abfälle oder
- ähnliche feste oder flüssige brennbare Stoffe, soweit bei ihrer Verbrennung keine anderen oder keine höheren Emissionen als bei der Verbrennung von leichtem Heizöl auftreten können oder
- feste, flüssige oder gasförmige Stoffe, die bei der Pyrolyse oder Vergasung von Abfällen entstehen.

Diese Verordnung gilt weder für Abfallverbrennungs- oder -mitverbrennungsanlagen noch für einzelne Abfallverbrennungs- oder -mitverbrennungslinien, die ausschließlich bestimmt sind für den Einsatz von

- Biobrennstoffen gemäß § 2 der Verordnung über Großfeuerungs-, Gasturbinen- und Verbrennungsmotoranlagen,
- Tierkörpern im Sinne der Verordnung (EG) Nr. 1069/2009 oder
- Abfällen, die beim Aufsuchen von Erdöl- und Erdgasvorkommen und deren Förderung auf Bohrinseln entstehen und dort verbrannt werden.

Die Verordnung ist nicht anzuwenden auf

- Abfallverbrennungs- oder -mitverbrennungslinien, die für Forschungs-, Entwicklungs- und Prüfzwecke zur Verbesserung des Verbrennungsprozesses weniger als 50 Megagramm Abfälle im Jahr behandeln und
- gasförmige Stoffe, die in Abfallmitverbrennungsanlagen eingesetzt werden, wenn ihre Verbrennung aufgrund ihrer Zusammensetzung keine anderen oder höheren Emissionen verursacht als die Verbrennung von Erdgas.

Diese Verordnung enthält Anforderungen an Abfallverbrennungs- und Abfallmitverbrennungsanlagen,

- die nach § 5 des Bundes-Immissionsschutzgesetzes zu erfüllen sind bei der Errichtung und beim Betrieb der Anlagen zur
  - Bekämpfung von Brandgefahren,
  - Vorsorge gegen schädliche Umwelteinwirkungen,
  - Behandlung von Abfällen und
  - Nutzung der entstehenden Wärme sowie
- zur Erfüllung von Luftqualitätsanforderungen der Europäischen Gemeinschaften oder Europäischen Union nach § 48a des Bundes-Immissionsschutzgesetzes.

Begriffsbestimmungen (§ 2)

- **Abfall:**
  sind Stoffe oder Gegenstände, die gemäß den Bestimmungen des Kreislaufwirtschaftsgesetzes Abfälle sind.
- **Abfallmitverbrennende Großfeuerungsanlage:**
  ist eine Abfallmitverbrennungsanlage mit einer Feuerungswärmeleistung von 50 Megawatt oder mehr.
- **Abfallmitverbrennungsanlage:**
  ist eine Feuerungsanlage, deren Hauptzweck in der Energiebereitstellung oder der Produktion stofflicher Erzeugnisse besteht und in der Abfälle oder Stoffe nach § 1, bei gemischten Siedlungsabfällen nur soweit es sich um aufbereitete gemischte Siedlungsabfälle handelt,
  - als regelmäßige oder zusätzliche Brennstoffe verwendet werden oder
  - mit dem Ziel der Beseitigung thermisch behandelt werden.

  Die Anlage in diesem Sinne erstreckt sich auf die gesamte Abfallmitverbrennungsanlage, dazu gehören alle Abfallmitverbrennungslinien, die Annahme und Lagerung der Abfälle und Stoffe nach § 1, die auf dem Gelände befindlichen Vorbehandlungsanlagen, das Zufuhrsystem für Abfälle und Stoffe nach § 1, für Brennstoffe und Luft, der Kessel, die Abgasbehandlungsanlagen, die auf dem Gelände befindlichen Anlagen zur Behandlung und Lagerung von Abfällen und Abwässern, die bei der Abfallmitverbrennung entstehen, der Schornstein, die Vorrichtungen und Systeme zur Kontrolle der Verbrennungsvorgänge, zur Aufzeichnung und zur Überwachung der Verbrennungsbedingungen. Falls die Abfallmitverbrennung in solch einer Weise erfolgt, dass der Hauptzweck der Anlage nicht in der Energiebereitstellung oder der Produktion stofflicher Erzeugnisse, sondern in der thermischen Behandlung von Abfällen besteht, gilt die Anlage als Abfallverbrennungsanlage.
- **Abfallverbrennungsanlage:**
  ist eine Feuerungsanlage, deren Hauptzweck darin besteht, thermische Verfahren zur Behandlung von Abfällen oder Stoffen nach § 1 zu verwenden. Diese Verfahren umfassen die Verbrennung durch Oxidation der oben genannten Stoffe und andere vergleichbare thermische Verfahren wie Pyrolyse, Vergasung oder Plasmaverfahren, soweit die bei den vorgenannten thermischen Verfahren aus Abfällen entstehenden festen, flüssigen oder gasförmigen Stoffe verbrannt werden. Die Anlage in diesem Sinne er-

streckt sich auf die gesamte Abfallverbrennungsanlage, dazu gehören alle Abfallverbrennungslinien, die Annahme und Lagerung der Abfälle und Stoffe nach § 1, die auf dem Gelände befindlichen Vorbehandlungsanlagen, das Zufuhrsystem für Abfälle und Stoffe nach § 1, für Brennstoffe und Luft, der Kessel, die Abgasbehandlungsanlagen, die auf dem Gelände befindlichen Anlagen zur Behandlung und Lagerung von Abfällen und Abwässern, die bei der Abfallverbrennung entstehen, der Schornstein, die Vorrichtungen und Systeme zur Kontrolle der Verbrennungsvorgänge, zur Aufzeichnung und zur Überwachung der Verbrennungsbedingungen.

- **Abfallverbrennungs- oder -mitverbrennungslinie:**
  ist die jeweilige technische Einrichtung der Abfallverbrennungs- oder -mitverbrennungsanlage. Dazu gehören ein Brennraum, gegebenenfalls ein Brenner und die dazugehörige Steuerungseinheit, eine Abgasreinigungseinrichtung sowie sonstige Nebeneinrichtungen entsprechend § 1 der Verordnung über genehmigungsbedürftige Anlagen.
- **Abgas:**
  ist das Trägergas mit den festen, flüssigen oder gasförmigen Emissionen, angegeben als Volumenstrom in der Einheit Kubikmeter je Stunde (m^3/h) und bezogen auf das Abgasvolumen im Normzustand (Temperatur 273,15 Kelvin (K), Druck 101,3 Kilopascal (kPa)) nach Abzug des Feuchtegehalts an Wasserdampf.
- **Aufbereitete gemischte Siedlungsabfälle:**
  sind gemischte Siedlungsabfälle, für die zum Zwecke der Mitverbrennung Maßnahmen ergriffen wurden, die eine Belastung mit anorganischen Schadstoffen, insbesondere Schwermetallen, deutlich reduzieren; Trocknen, Pressen oder Mischen zählen in der Regel nicht zu diesen Maßnahmen.
- **Emissionen:**
  sind die von einer Anlage ausgehenden Luftverunreinigungen; angegeben als Massenkonzentration in der Einheit Milligramm je Kubikmeter Abgas (mg/m^3) oder Nanogramm je Kubikmeter Abgas (ng/m^3) oder als Massenstrom in der Einheit Megagramm pro Jahr (Mg/a).
- **Emissionsgrenzwert:**
  ist die Emission einer Anlage, die zulässigerweise in die Luft abgeleitet werden darf, angegeben als Massenkonzentration und bezogen auf den jeweiligen Bezugssauerstoffgehalt.
- **Gefährliche Abfälle:**
  sind gefährliche Abfälle gemäß der Abfallverzeichnis-Verordnung.

Anforderungen an die Anlieferung, die Annahme und die Zwischenlagerung der Einsatzstoffe (§ 3)

Der Betreiber einer Abfallverbrennungs- oder -mitverbrennungsanlage hat alle erforderlichen Vorsichtsmaßnahmen hinsichtlich der Anlieferung und Annahme der Abfälle zu ergreifen, um die Verschmutzung der Luft, des Bodens, des Oberflächenwassers und des Grundwassers, andere Belastungen der Umwelt, Geruchs- und Lärmbelästigungen sowie direkte Gefahren für die menschliche Gesundheit zu vermeiden oder, soweit wie möglich zu begrenzen. Der Betreiber trägt vor Annahme gefährlicher Abfälle in der Abfallverbrennungs- oder -mitverbrennungsanlage die verfügbaren Angaben über die Abfälle zusammen, damit festgestellt werden kann, ob die Genehmigungsbedingungen erfüllt sind. Diese Angaben müssen Folgendes umfassen:

- alle verwaltungsmäßigen Angaben über den Entstehungsprozess der Abfälle,
- die physikalische und soweit praktikabel die chemische Zusammensetzung der Abfälle,
- alle sonstigen erforderlichen Angaben zur Beurteilung der Eignung der Abfälle für den vorgesehenen Verbrennungsprozess,
- Gefahrenmerkmale der Abfälle, Stoffe, mit denen sie nicht vermischt werden dürfen und Vorsichtsmaßnahmen beim Umgang mit diesen Abfällen.

Der Betreiber muss vor Annahme gefährlicher Abfälle in der Abfallverbrennungs- oder -mitverbrennungsanlage mindestens folgende Maßnahmen durchführen:

- Prüfung der Dokumente, die in der Richtlinie 2008/98/EG (Abfallrahmenrichtlinie) und gegebenenfalls in der Verordnung (EG) Nr. 1013/2006 über die Verbringung von Abfällen sowie den Rechtsvorschriften für Gefahrguttransporte vorgeschrieben sind, sowie
- Entnahme von repräsentativen Proben und Kontrolle der entnommenen Proben, um zu überprüfen, ob die Abfälle den Angaben entsprechen und den zuständigen Behörden die Feststellung der Art der behandelten Abfälle zu ermöglichen. Die Proben sind vor dem Abladen zu entnehmen, sofern dies nicht mit unverhältnismäßigem Aufwand verbunden ist.

Die Proben sind nach der Verbrennung oder Mitverbrennung des betreffenden Abfalls mindestens einen Monat lang aufzubewahren. Der Betreiber der Anlage hat vor der Annahme des Abfalls in der Abfallverbrennungs- oder -mitverbrennungsanlage die Masse einer jeden Abfallart gemäß der Abfallverzeichnis-Verordnung zu bestimmen. Die zuständige Behörde kann auf Antrag des Betreibers für Abfallverbrennungs- oder -mitverbrennungsanlagen Ausnahmen zulassen, wenn diese Anlagen

- Teil einer in Anhang 1 der Verordnung über genehmigungsbedürftige Anlagen in Spalte d mit dem Buchstaben E gekennzeichneten Anlage sind und
- nur Abfälle verbrennen oder mitverbrennen, die innerhalb der Anlage entstanden sind.

Flüssige Abfälle oder Stoffe sind in geschlossenen, gegen Überdruck gesicherten Behältern zu lagern. Bei der Befüllung der Behälter ist das Gaspendelverfahren anzuwenden oder die Verdrängungsluft zu erfassen. Der Betreiber hat vor Inbetriebnahme einer Abfallverbrennungs- oder -mitverbrennungsanlage offene Übergabestellen mit einer Luftabsaugung auszurüsten. Die Verdrängungsluft aus den Behältern sowie die abgesaugte Luft sind der Feuerung zuzuführen. Bei Stillstand der Feuerung ist eine Annahme an offenen Übergabestellen oder ein Füllen von Lagertanks nur zulässig, wenn emissionsmindernde Maßnahmen, insbesondere die Gaspendelung oder eine Abgasreinigung, angewandt werden.

Errichtung und Beschaffenheit der Anlagen (§ 4)
Abfallverbrennungs- oder -mitverbrennungsanlagen sind so auszulegen, zu errichten und zu betreiben, dass ein unerlaubtes und unbeabsichtigtes Freisetzen von Schadstoffen in den Boden, in das Oberflächenwasser oder das Grundwasser vermieden wird. Außerdem muss für das auf dem Gelände der Abfallverbrennungs- oder -mitverbrennungsanlage anfallende verunreinigte Regenwasser und für verunreinigtes Wasser, das bei Störungen oder bei der Brandbekämpfung anfällt, eine ausreichende Speicherkapazität vorgesehen werden. Sie ist ausreichend, wenn das anfallende Wasser geprüft und erforderlichenfalls vor der Ableitung behandelt werden kann. Der Betreiber hat eine Abfallverbrennungsanlage für feste Abfälle oder Stoffe vor Inbetriebnahme mit einem Bunker auszurüsten, der mit einer Absaugung zu versehen ist und dessen abgesaugte Luft der Feuerung zuzuführen ist. Für den Fall, dass die Feuerung nicht in Betrieb ist, sind Maßnahmen zur Reinigung und Ableitung der abgesaugten Luft vorzusehen.

Der Betreiber hat eine Abfallmitverbrennungsanlage für feste Abfälle oder Stoffe vor Inbetriebnahme mit geschlossenen Lagereinrichtungen für diese Stoffe auszurüsten. Die bei der Lagerung entstehende Abluft ist zu fassen. Für Abfallverbrennungs- oder -mitverbrennungsanlagen sind Maßnahmen und Einrichtungen zur Erkennung und Bekämpfung von Bränden vorzusehen. Die Brandschutzeinrichtungen und -maßnahmen sind so auszulegen, dass im Abfallbunker entstehende oder eingetragene Brände erkannt und bekämpft werden können. Der Betreiber hat vor der Inbetriebnahme jede Abfallverbrennungs- oder -mitverbrennungslinie einer Abfallverbrennungs- oder -mitverbrennungsanlage mit einem oder mehreren Brennern auszurüsten. Der Betreiber hat eine Abfallverbrennungs- oder -mitverbrennungsanlage vor der Inbetriebnahme mit automatischen Vorrichtungen auszurüsten, durch die sichergestellt wird, dass

- eine Beschickung der Anlagen mit Abfällen oder Stoffen erst möglich ist, wenn beim Anfahren die Mindesttemperatur erreicht ist,
- eine Beschickung der Anlagen mit Abfällen oder Stoffen nur so lange erfolgen kann, wie die Mindesttemperatur aufrechterhalten wird,
- eine Beschickung der Anlagen mit Abfällen oder Stoffen unterbrochen wird, wenn infolge eines Ausfalls oder einer Störung von Abgasreinigungseinrichtungen eine Überschreitung eines kontinuierlich überwachten Emissionsgrenzwertes eintreten kann. Dabei sind sicherheitstechnische Belange des Brand- und Explosionsschutzes zu beachten.

Die Abfallverbrennungs- oder -mitverbrennungsanlagen sind mit Registriereinrichtungen auszurüsten, durch die Verriegelungen oder Abschaltungen durch die automatischen Vorrichtungen registriert werden.

Betriebsbedingungen (§ 5)
Eine Abfallverbrennungsanlage ist so zu errichten und zu betreiben, dass

- ein weitgehender Ausbrand der Abfälle oder der Stoffe erreicht wird und
- in der Schlacke und in der Rostasche ein Gehalt an organisch gebundenem Gesamtkohlenstoff von weniger als 3 Prozent oder ein Glühverlust von weniger als 5 Prozent des Trockengewichts eingehalten wird.

Soweit es zur Erfüllung der Anforderungen erforderlich ist, sind die Abfälle oder Stoffe vorzubehandeln. Die Vorbehandlung erfolgt in der Regel durch Zerkleinern oder Mischen oder durch das Öffnen von Einwegbehältnissen. Entgegen den Anforderungen sollen infektiöse krankenhausspezifische Abfälle in die Feuerung gebracht werden, ohne vorher mit anderen Abfallarten vermischt oder anderweitig vorbehandelt worden zu sein. Die Abfallmitverbrennungsanlagen sind so zu betreiben, dass eine möglichst vollständige Verbrennung von Abfällen und Stoffen erreicht wird. Flugascheablagerungen sind möglichst gering zu halten, insbesondere durch geeignete Abgasführung sowie häufige Reinigung von Kesseln, Heizflächen, Kesselspeisewasser-Vorwärmern und Abgaszügen.

Verbrennungsbedingungen für Abfallverbrennungsanlagen (§ 6)
Abfallverbrennungsanlagen sind so zu errichten und zu betreiben, dass für die Verbrennungsgase nach der letzten Verbrennungsluftzuführung eine Mindesttemperatur von 850 Grad Celsius eingehalten wird. Bei der Verbrennung von gefährlichen Abfällen mit einem Halogengehalt aus halogenorganischen Stoffen von mehr als 1 Prozent des Gewichts, berechnet als Chlor, hat der Betreiber dafür zu sorgen, dass eine Mindesttemperatur von 1100 Grad Celsius eingehalten wird. Die Mindesttemperatur muss auch unter ungünstigsten Bedingungen bei gleichmäßiger Durchmischung der Verbrennungsgase mit der Verbrennungsluft für eine Verweilzeit von mindestens zwei Sekunden eingehalten werden. Die Messung der Mindesttemperatur hat in der Nähe der Innenwand des Brennraums zu erfolgen. Die zuständige Behörde kann genehmigen, dass die Messung an einer anderen repräsentativen Stelle des Brennraums oder Nachverbrennungsraums erfolgen kann. Die Überprüfung und gegebenenfalls Anpassung der repräsentativen Stelle erfolgt mit Zustimmung der zuständigen Behörde im Rahmen der Inbetriebnahme der Anlage. Die Einhaltung der Mindesttemperatur und der Mindestverweilzeit ist zumindest einmal bei Inbetriebnahme der Anlage durch Messungen oder durch ein von der zuständigen Behörde anerkanntes Gutachten nachzuweisen. Abweichend können die zuständigen Behörden andere Mindesttemperaturen oder Mindestverweilzeiten (Verbrennungsbedingungen) zulassen, sofern

- die sonstigen Anforderungen dieser Verordnung eingehalten werden und
- nachgewiesen wird, dass durch die Änderung der Verbrennungsbedingungen keine größeren Abfallmengen und keine Abfälle mit einem höheren Gehalt an organischen Schadstoffen, insbesondere an polyzyklischen aromatischen Kohlenwasserstoffen, polyhalogenierten Dibenzodioxinen, polyhalogenierten Dibenzofuranen oder polyhalogenierten Biphenylen, entstehen.

Der Nachweis ist zumindest einmal bei der Inbetriebnahme der Abfallverbrennungsanlage unter den geänderten Verbrennungsbedingungen durch Messungen oder durch ein von der zuständigen Behörde anerkanntes Gutachten zu erbringen. Die zuständigen Behörden haben Ausnahmegenehmigungen den zuständigen obersten Immissionsschutzbehörden der Länder zur Weiterleitung an die Europäische Kommission vorzulegen. Für bestehende Anlagen gilt der Nachweis für ausreichende Verbrennungsbedingungen auch als erbracht, sofern zumindest einmal nach der Inbetriebnahme der Anlage durch Messungen nachgewiesen wird, dass keine höheren Emissionen, insbesondere an polyzyklischen aromatischen Kohlenwasserstoffen, polyhalogenierten Dibenzodioxinen, polyhalogenierten Dibenzofuranen oder polyhalogenierten Biphenylen, entstehen. Während des Anfahrens und bei drohender Unterschreitung der Mindesttemperatur müssen die Brenner mit Erdgas, Flüssiggas, Wasserstoff, gasförmigen Brennstoffen, leichtem Heizöl oder sonstigen flüssigen Stoffen betrieben werden. Beim Abfahren von Abfallverbrennungsanlagen oder einzelnen Abfallverbrennungslinien müssen die Brenner zur Aufrechterhaltung der Verbrennungsbedingungen so lange betrieben werden, bis sich keine Abfälle oder Stoffe mehr im Feuerraum befinden.

Verbrennungsbedingungen für Abfallmitverbrennungsanlagen (§ 7)
Abfallmitverbrennungsanlagen sind so zu errichten und zu betreiben, dass für die Verbrennungsgase, die bei der Abfallmitverbrennung entstehen, eine Mindesttemperatur von 850 Grad Celsius eingehalten wird. Bei der Verbrennung von gefährlichen Abfällen mit einem Halogengehalt aus halogenorganischen Stoffen von mehr als 1 Prozent des Gewichts, berechnet als Chlor, hat der Betreiber dafür zu sorgen, dass eine Mindesttemperatur von 1100 Grad Celsius eingehalten wird. Die Mindesttemperatur muss auch unter ungünstigsten Bedingungen für eine Verweilzeit von mindestens zwei Sekunden eingehalten werden. Die Messung der Mindesttemperatur hat an einer durch die zuständige Behörde in der Genehmigung festgelegten repräsentativen Stelle des Brennraums oder Nachverbrennungsraums zu erfolgen. Die Überprüfung und gegebenenfalls Anpassung der repräsentativen Stelle erfolgt mit Zustimmung der zuständigen Behörde im Rahmen der Inbetriebnahme der Anlage. Die Einhaltung der Mindesttemperatur und der Mindestverweilzeit ist zumindest einmal bei Inbetriebnahme der Anlage durch Messungen oder durch ein von der zuständigen Behörde anerkanntes Gutachten nachzuweisen. Abweichend kann die zuständige Behörde andere Verbrennungsbedingungen zulassen, sofern

- die sonstigen Anforderungen dieser Verordnung eingehalten werden und
- die Emissionsgrenzwerte nach § 8 für organische Stoffe, angegeben als Gesamtkohlenstoff und für Kohlenmonoxid eingehalten werden.

Die zuständigen Behörden haben Ausnahmegenehmigungen den zuständigen obersten Immissionsschutzbehörden der Länder zur Weiterleitung an die Europäische Kommission vorzulegen.

Emissionsgrenzwerte für Abfallverbrennungsanlagen (§ 8)

Abfallverbrennungsanlagen sind so zu errichten und zu betreiben, dass kein Tagesmittelwert die Emissionsgrenzwerte nach Tab. 2.18 und Halbstundenmittelwert die Emissionsgrenzwerte nach Tab. 2.19 überschreiten und kein Mittelwert, der über die jeweilige Probenahmezeit gebildet ist, die Emissionsgrenzwerte nach Tab. 2.20 und Tab. 2.21 überschreiten.

Für Abfallverbrennungsanlagen mit einer Feuerungswärmeleistung von weniger als 50 MW gilt

- ein Emissionsgrenzwert für Gesamtstaub von 10 mg/m^3 für den Tagesmittelwert und
- ein Emissionsgrenzwert für Stickstoffmonoxid und Stickstoffdioxid, angegeben als Stickstoffdioxid, von 200 mg/m^3 für den Tagesmittelwert.

Tab. 2.18 Emissionsgrenzwerte – Tagesmittelwert

Substanzen	Konzentration [mg/m^3]
Gesamtstaub	5
Organische Stoffe, angegeben als Gesamtkohlenstoff	10
Gasförmige anorganische Chlorverbindungen, angegeben als Chlorwasserstoff	10
Gasförmige anorganische Fluorverbindungen, angegeben als Fluorwasserstoff	1
Schwefeldioxid und Schwefeltrioxid, angegeben als Schwefeldioxid	50
Stickstoffmonoxid und Stickstoffdioxid, angegeben als Stickstoffdioxid	150
Quecksilber und seine Verbindungen, angegeben als Quecksilber	0,03
Kohlenmonoxid	50
Ammoniak, sofern zur Minderung der Emissionen von Stickstoffoxiden ein Verfahren zur selektiven katalytischen oder nichtkatalytischen Reduktion eingesetzt wird	10

Tab. 2.19 Emissionsgrenzwerte – Halbstundenmittelwert

Substanzen	Konzentration [mg/m^3]
Gesamtstaub	20
Organische Stoffe, angegeben als Gesamtkohlenstoff	20
Gasförmige anorganische Chlorverbindungen, angegeben als Chlorwasserstoff	60
Gasförmige anorganische Fluorverbindungen, angegeben als Fluorwasserstoff	4
Schwefeldioxid und Schwefeltrioxid, angegeben als Schwefeldioxid	200
Stickstoffmonoxid und Stickstoffdioxid, angegeben als Stickstoffdioxid	400
Quecksilber und seine Verbindungen, angegeben als Quecksilber	0,05
Kohlenmonoxid	100
Ammoniak, sofern zur Minderung der Emissionen von Stickstoffoxiden ein Verfahren zur selektiven katalytischen oder nichtkatalytischen Reduktion eingesetzt wird	15

Tab. 2.20 Emissionsgrenzwerte für krebserzeugende Stoffe

Substanzen	Konzentration [mg/m³]
Cadmium und seine Verbindungen, angegeben als Cadmium Thallium und seine Verbindungen, angegeben als Thallium	insgesamt 0,05
Antimon und seine Verbindungen, angegeben als Antimon Arsen und seine Verbindungen, angegeben als Arsen Blei und seine Verbindungen, angegeben als Blei Chrom und seine Verbindungen, angegeben als Chrom Cobalt und seine Verbindungen, angegeben als Cobalt Kupfer und seine Verbindungen, angegeben als Kupfer Mangan und seine Verbindungen, angegeben als Mangan Nickel und seine Verbindungen, angegeben als Nickel Vanadium und seine Verbindungen, angegeben als Vanadium Zinn und seine Verbindungen, angegeben als Zinn	insgesamt 0,5
Arsen und seine Verbindungen (außer Arsenwasserstoff), angegeben als Arsen Benzo(a)pyren Cadmium und seine Verbindungen, angegeben als Cadmium Wasserlösliche Cobaltverbindungen, angegeben als Cobalt Chrom(VI)verbindungen (außer Bariumchromat und Bleichromat), angegeben als Chrom	insgesamt 0,05
oder Arsen und seine Verbindungen, angegeben als Arsen Benzo(a)pyren Cadmium und seine Verbindungen, angegeben als Cadmium Cobalt und seine Verbindungen, angegeben als Cobalt Chrom und seine Verbindungen, angegeben als Chrom	insgesamt 0,05

Tab. 2.21 Äquivalenzfaktoren für Dioxine, Furane und PCBs

Verbindung	Äquivalenzfaktor
Für den zu bildenden Summenwert für polychlorierte Dibenzodioxine, Dibenzofurane und PCB sind die im Abgas ermittelten Konzentrationen der nachstehend genannten Dioxine, Furane und PCB mit den angegebenen Äquivalenzfaktoren zu multiplizieren und zu summieren. Die Konzentration darf insgesamt 0,1 ng/m³ nicht überschreiten.	
Polychlorierte Dibenzodioxine (PCDD)	
2,3,7,8-Tetrachlordibenzodioxin (TCDD)	1
1,2,3,7,8-Pentachlordibenzodioxin (PeCDD)	1
1,2,3,4,7,8-Hexachlordibenzodioxin (HxCDD)	0,1
1,2,3,7,8,9-Hexachlordibenzodioxin (HxCDD)	0,1
1,2,3,6,7,8-Hexachlordibenzodioxin (HxCDD)	0,1
1,2,3,4,6,7,8-Heptachlordibenzodioxin (HpCDD)	0,01
Octachlordibenzodioxin (OCDD)	0,0003
Polychlorierte Dibenzofurane (PCDF)	
2,3,7,8-Tetrachlordibenzofuran (TCDF)	0,1

(Fortsetzung)

Tab. 2.21 (Fortsetzung)

Verbindung	Äquivalenzfaktor
2,3,4,7,8-Pentachlordibenzofuran (PeCDF)	0,3
1,2,3,7,8-Pentachlordibenzofuran (PeCDF)	0,03
1,2,3,4,7,8-Hexachlordibenzofuran (HxCDF)	0,1
1,2,3,7,8,9-Hexachlordibenzofuran (HxCDF)	0,1
1,2,3,6,7,8-Hexachlordibenzofuran (HxCDF)	0,1
2,3,4,6,7,8-Hexachlordibenzofuran (HxCDF)	0,1
1,2,3,4,6,7,8-Heptachlordibenzofuran (HpCDF)	0,01
1,2,3,4,7,8,9-Heptachlordibenzofuran (HpCDF)	0,01
Octachlordibenzofuran (OCDF)	0,0003
Polychlorierte Biphenyle	
PCB 77	0,0001
PCB 81	0,0003
PCB 126	0,1
PCB 169	0,03
PCB 105	0,00003
PCB 114	0,00003
PCB 118	0,00003
PCB 123	0,00003
PCB 156	0,00003
PCB 157	0,00003
PCB 167	0,00003
PCB 189	0,00003

Emissionsgrenzwerte für Abfallmitverbrennungsanlagen (§ 9)
Abfallmitverbrennungsanlagen sind so zu errichten und zu betreiben, dass folgende Emissionsgrenzwerte in den Abgasen eingehalten werden:

- die Emissionsgrenzwerte nach Anlage 3 der Verordnung und
- die Emissionsgrenzwerte nach § 8 und § 10 der Verordnung.

Im Jahresmittel einzuhaltende Emissionsgrenzwerte (§ 10)
Abfallverbrennungsanlagen sind so zu errichten und zu betreiben, dass kein Jahresmittelwert folgende Emissionsgrenzwerte überschreitet:

- Stickstoffmonoxid und Stickstoffdioxid, angegeben als Stickstoffdioxid, 100 mg/m^3,
- Quecksilber und seine Verbindungen, angegeben als Quecksilber, 0,01 mg/m^3.

Abfallmitverbrennungsanlagen sind so zu errichten und zu betreiben, dass kein Jahresmittelwert die Emissionsgrenzwerte gemäß Anlage 3 der Verordnung überschreitet.

Ableitungsbedingungen für Abgase (§ 11)
Die Abgase sind in kontrollierter Weise so abzuleiten, dass ein ungestörter Abtransport mit der freien Luftströmung ermöglicht wird. Zur Ermittlung der Ableitungshöhen sind die

Anforderungen der Technischen Anleitung zur Reinhaltung der Luft zu berücksichtigen. Die näheren Bestimmungen sind in der Genehmigung festzulegen.

Behandlung der bei der Abfallverbrennung und Abfallmitverbrennung entstehenden Rückstände (§ 12)
Rückstände, wie Schlacken, Rostaschen, Filter- und Kesselstäube sowie Reaktionsprodukte und sonstige Abfälle der Abgasbehandlung, sind nach § 5 des Bundes-Immissionsschutzgesetzes zu vermeiden, zu verwerten oder zu beseitigen. Soweit die Verwertung der Rückstände technisch nicht möglich oder unzumutbar ist, sind sie ohne Beeinträchtigung des Wohls der Allgemeinheit zu beseitigen. Der Betreiber hat dafür zu sorgen, dass Filter- und Kesselstäube, die bei der Abgasentstaubung sowie bei der Reinigung von Kesseln, Heizflächen und Abgaszügen anfallen, getrennt von anderen festen Abfällen erfasst werden. Dies gilt nicht für Anlagen mit einer Wirbelschichtfeuerung. Soweit es zur Erfüllung der Pflichten erforderlich ist, sind die Bestandteile an organischen und löslichen Stoffen in den Abfällen und sonstigen Stoffen zu vermindern.

Die Förder- und Lagersysteme für schadstoffhaltige, staubförmige Rückstände sind so auszulegen und zu betreiben, dass hiervon keine relevanten diffusen Emissionen ausgehen können. Dies gilt besonders hinsichtlich notwendiger Wartungs- und Reparaturarbeiten an verschleißanfälligen Anlagenteilen. Der Betreiber hat dafür zu sorgen, dass trockene Filter- und Kesselstäube, Reaktionsprodukte der Abgasbehandlung und trocken abgezogene Schlacken in geschlossenen Behältnissen befördert oder zwischengelagert werden. Vor der Festlegung der Verfahren für die Verwertung oder Beseitigung der bei der Abfallverbrennung oder -mitverbrennung entstehenden Abfälle, insbesondere der Schlacken, Rostaschen und der Filter- und Kesselstäube, ist ihr Schadstoffpotenzial, insbesondere deren physikalische und chemische Eigenschaften sowie deren Gehalt an schädlichen Verunreinigungen, durch geeignete Analysen zu ermitteln. Die Analysen sind für die gesamte lösliche Fraktion und die Schwermetalle im löslichen und unlöslichen Teil durchzuführen.

Wärmenutzung (§ 13)
Wärme, die in Abfallverbrennungs- oder -mitverbrennungsanlagen entsteht und die nicht an Dritte abgegeben wird, ist in Anlagen des Betreibers zu nutzen, soweit dies nach Art und Standort dieser Anlagen technisch möglich und zumutbar ist. Der Betreiber hat, soweit aus entstehender Wärme, die nicht an Dritte abgegeben wird oder die nicht in Anlagen des Betreibers genutzt wird, eine elektrische Klemmenleistung von mehr als einem halben Megawatt erzeugbar ist, elektrischen Strom zu erzeugen.

Messplätze (§ 14)
Der Betreiber hat vor Inbetriebnahme einer Anlage für die Messungen zur Feststellung der Emissionen oder der Verbrennungsbedingungen sowie zur Ermittlung der Bezugs- oder Betriebsgrößen Messplätze einzurichten. Die Messplätze sollen ausreichend groß, leicht begehbar und so beschaffen sein sowie so ausgewählt werden, dass repräsentative und einwandfreie Messungen gewährleistet sind.

Messverfahren und Messeinrichtungen (§ 15)
Der Betreiber hat sicherzustellen, dass für Messungen die dem Stand der Messtechnik entsprechenden Messverfahren angewendet und geeignete Messeinrichtungen verwendet werden. Der Betreiber hat sicherzustellen, dass die Probenahme und Analyse aller Schadstoffe sowie die Qualitätssicherung von automatischen Messsystemen und die Referenzmessverfahren zur Kalibrierung automatischer Messsysteme nach CEN-Normen durchgeführt werden. Sind keine CEN-Normen verfügbar, so werden ISO-Normen, nationale Normen oder sonstige internationale Normen angewandt, die sicherstellen, dass Daten von gleichwertiger wissenschaftlicher Qualität ermittelt werden. Der Betreiber hat den ordnungsgemäßen Einbau von Mess- und Auswerteeinrichtungen zur kontinuierlichen Überwachung vor der Inbetriebnahme der Abfallverbrennungs- oder -mitverbrennungsanlage der zuständigen Behörde durch die Bescheinigung einer Stelle für Kalibrierungen nachzuweisen, die von der zuständigen Landesbehörde oder der nach Landesrecht bestimmten Behörde nach § 29b des Bundes-Immissionsschutzgesetzes bekannt gegeben wurde.

Der Betreiber hat Messeinrichtungen, die zur kontinuierlichen Feststellung der Emissionen oder der Verbrennungsbedingungen sowie zur Ermittlung der Bezugs- oder Betriebsgrößen eingesetzt werden, durch eine Stelle, die von einer nach Landesrecht zuständigen Behörde nach § 29b des Bundes-Immissionsschutzgesetzes bekannt gegebenen wurde, kalibrieren zu lassen und auf Funktionsfähigkeit prüfen zu lassen. Die Funktionsfähigkeit ist jährlich mittels Parallelmessung unter Verwendung der Referenzmethode prüfen zu lassen. Die Kalibrierung ist jeweils nach der Errichtung und jeder wesentlichen Änderung durchführen zu lassen, sobald der ungestörte Betrieb erreicht ist, jedoch frühestens drei Monate und spätestens sechs Monate nach Inbetriebnahme. Die Kalibrierung ist mindestens alle drei Jahre zu wiederholen. Der Betreiber hat die Berichte über das Ergebnis der Kalibrierung und der Prüfung der Funktionsfähigkeit der zuständigen Behörde innerhalb von zwölf Wochen nach Kalibrierung und Prüfung vorzulegen.

Kontinuierliche Messungen (§ 16)
Der Betreiber hat unter Berücksichtigung der Anforderungen folgende Parameter kontinuierlich zu ermitteln, zu registrieren und auszuwerten:

- die Massenkonzentration der Emissionen,
- den Volumengehalt an Sauerstoff im Abgas,
- die Temperaturen und
- die zur Beurteilung des ordnungsgemäßen Betriebs erforderlichen Betriebsgrößen, insbesondere die Abgastemperatur, das Abgasvolumen, den Feuchtegehalt und den Druck.

Der Betreiber hat hierzu die Abfallverbrennungs- oder -mitverbrennungsanlagen vor Inbetriebnahme mit geeigneten Messeinrichtungen und Messwertrechnern auszurüsten. Messeinrichtungen für den Feuchtegehalt sind nicht notwendig, wenn das Abgas vor der Ermittlung der Massenkonzentration der Emissionen getrocknet wird. Ergibt sich aufgrund der eingesetzten Abfälle oder Stoffe, der Bauart, der Betriebsweise oder von Einzelmessungen, dass der Anteil des Stickstoffdioxids an den Stickstoffdioxidemissionen unter 10 Prozent liegt, soll die zuständige Behörde auf die kontinuierliche Messung des Stickstoffdioxids verzichten und die Bestimmung des Anteils durch Berechnung zulassen. In diesem Fall hat der Betreiber Nachweise über den Anteil des Stickstoffdioxids bei der Kalibrierung zu führen und der zuständigen Behörde auf Verlangen vorzulegen. Der Betreiber hat die Nachweise jeweils fünf Jahre nach der Kalibrierung aufzubewahren.

Der Betreiber hat auf Verlangen der zuständigen Behörde Massenkonzentrationen der Emissionen nach § 8 kontinuierlich zu messen, wenn geeignete Messeinrichtungen verfügbar sind. Die zuständigen Behörden können auf Antrag des Betreibers Einzelmessungen für Chlorwasserstoff, Fluorwasserstoff, Schwefeltrioxid und Schwefeldioxid zulassen, wenn durch den Betreiber sichergestellt ist, dass die Emissionen dieser Schadstoffe nicht höher sind als die dafür festgelegten Emissionsgrenzwerte. Der Betreiber hat zur Feststellung des Schwefelabscheidegrads neben der Messung der Emissionen an Schwefeldioxid und Schwefeltrioxid im Abgas den Schwefelgehalt im eingesetzten Brennstoff regelmäßig zu ermitteln. Dabei bestimmt die zuständige Behörde näher, wie nachgewiesen wird, dass die Schwefelabscheidegrade als Tagesmittelwert eingehalten werden. Für Quecksilber und seine Verbindungen, angegeben als Quecksilber, soll die zuständige Behörde auf Antrag auf die kontinuierliche Messung verzichten, wenn zuverlässig nachgewiesen ist, dass die Emissionsgrenzwerte nur zu weniger als 20 vom Hundert in Anspruch genommen werden.

Auswertung und Beurteilung von kontinuierlichen Messungen (§ 17)
Während des Betriebs der Abfallverbrennungs- oder -mitverbrennungsanlagen ist aus den nach § 16 ermittelten Messwerten für jede aufeinander folgende halbe Stunde jeweils der Halbstundenmittelwert zu bilden und auf den Bezugssauerstoffgehalt umzurechnen.

$$E_B = \frac{21 - O_B}{21 - O_M} \text{ x } E_M$$

E_B = Massenkonzentration, bezogen auf den Bezugssauerstoffgehalt
E_M = gemessene Massenkonzentration
O_B = Bezugssauerstoffgehalt
O_M = gemessener Sauerstoffgehalt

Für die Stoffe, deren Emissionen durch Abgasreinigungseinrichtungen gemindert und begrenzt werden, darf die Umrechnung der Messwerte nur für die Zeiten erfolgen, in denen der gemessene Sauerstoffgehalt über dem Bezugssauerstoffgehalt liegt. Aus den Halbstundenmittelwerten ist für jeden Tag der Tagesmittelwert, bezogen auf die tägliche Betriebszeit einschließlich der An- oder Abfahrvorgänge, zu bilden. Über die Ergebnisse der kontinuierlichen Messungen hat der Betreiber für jedes Kalenderjahr einen Messbericht zu erstellen und der zuständigen Behörde bis zum 31. März des Folgejahres vorzulegen. Der Betreiber hat den Bericht sowie die zugehörigen Aufzeichnungen der Messgeräte fünf Jahre nach Ende des Berichtszeitraums aufzubewahren. Soweit die Messergebnisse der zuständigen Behörde durch geeignete telemetrische Übermittlung vorliegen, entfällt die Pflicht, ihr den Messbericht vorzulegen. Der Betreiber hat in den Messbericht Folgendes aufzunehmen:

- die Häufigkeit und die Dauer einer Nichteinhaltung der Anforderungen nach § 6 oder nach § 7 und
- die Aufzeichnungen der Registriereinrichtungen nach § 4.

Der Betreiber hat die Jahresmittelwerte auf der Grundlage der validierten Tagesmittelwerte zu berechnen. Hierzu sind die Tagesmittelwerte eines Kalenderjahres zusammenzuzählen und durch die Anzahl der Tagesmittelwerte zu teilen. Der Betreiber hat für jedes Kalenderjahr einen Nachweis über die Jahresmittelwerte zu führen und der zuständigen Behörde bis zum 31. März des Folgejahres auf Verlangen vorzulegen. Die Nachweise sind fünf Jahre nach Ende des Nachweiszeitraums aufzubewahren.

Einzelmessungen (§ 18)
Der Betreiber hat nach Errichtung oder wesentlicher Änderung einer Abfallverbrennungs- oder -mitverbrennungsanlage bei der Inbetriebnahme durch Messungen überprüfen zu lassen, ob die Verbrennungsbedingungen erfüllt werden. Die Messungen sind im Zeitraum von zwölf Monaten nach Inbetriebnahme alle zwei Monate mindestens an einem Tag und anschließend wiederkehrend spätestens alle zwölf Monate mindestens an drei Tagen durchführen zu lassen. Die Messungen sind vorzunehmen, wenn die Anlage mit der höchsten Leistung betrieben wird, für die sie bei den während der Messung verwendeten Abfällen oder Stoffen für den Dauerbetrieb zugelassen ist.

Berichte und Beurteilung von Einzelmessungen (§ 19)
Der Betreiber hat über die Ergebnisse der Einzelmessungen einen Messbericht zu erstellen und diesen der zuständigen Behörde spätestens acht Wochen nach den Messungen vorzulegen. Der Messbericht muss Folgendes enthalten:

- Angaben über die Messplanung,
- das Ergebnis jeder Einzelmessung,
- das verwendete Messverfahren und
- die Betriebsbedingungen, die für die Beurteilung der Messergebnisse von Bedeutung sind.

Besondere Überwachung der Emissionen an Schwermetallen (§ 20)
Soweit aufgrund der Zusammensetzung der Abfälle oder Stoffe nach § 1 oder anderer Erkenntnisse, insbesondere aufgrund der Beurteilung von Einzelmessungen, Emissionskonzentrationen an Stoffen zu erwarten sind, die 60 Prozent der Emissionsgrenzwerte überschreiten können, hat der Betreiber die Massenkonzentrationen dieser Stoffe einmal

wöchentlich zu ermitteln und zu dokumentieren. Auf die Ermittlung der Massenkonzentrationen kann verzichtet werden, wenn durch andere Prüfungen, zum Beispiel durch Funktionskontrollen der Abgasreinigungseinrichtungen, mit ausreichender Sicherheit festgestellt werden kann, dass die Emissionsbegrenzungen nicht überschritten werden.

Störungen des Betriebs (§ 21)
Ergibt sich aus Messungen, dass Anforderungen an den Betrieb einer Abfallverbrennungs- oder -mitverbrennungsanlage oder zur Begrenzung von Emissionen nicht erfüllt werden, hat der Betreiber dies der zuständigen Behörde unverzüglich mitzuteilen. Er hat unverzüglich die erforderlichen Maßnahmen für einen ordnungsgemäßen Betrieb zu treffen. Die zuständige Behörde trägt durch entsprechende Überwachungsmaßnahmen dafür Sorge, dass der Betreiber

- seinen rechtlichen Verpflichtungen zu einem ordnungsgemäßen Betrieb nachkommt oder
- die Anlage außer Betrieb nimmt.

Bei Abfallverbrennungs- oder -mitverbrennungsanlagen, die aus einer oder mehreren Abfallverbrennungslinien mit gemeinsamen Abgaseinrichtungen bestehen, soll die Behörde für technisch unvermeidbare Ausfälle der Abgasreinigungseinrichtungen in der Anlagengenehmigung den Zeitraum festlegen, währenddessen von den Emissionsgrenzwerten unter bestimmten Voraussetzungen abgewichen werden darf. Die Anlage darf nicht länger weiterbetrieben werden als

- vier aufeinander folgende Stunden und
- innerhalb eines Kalenderjahres 60 Stunden.

Jährliche Berichte über Emissionen (§ 22)
Der Betreiber einer abfallmitverbrennenden Großfeuerungsanlage hat der zuständigen Behörde bis zum 31. Mai des Folgejahres für jede einzelne Anlage zu berichten:

- die installierte Feuerungswärmeleistung der Feuerungsanlage, in Megawatt,
- die Art der Feuerungsanlage: Kesselfeuerung, Gasturbine, Gasmotor, Dieselmotor, andere Feuerungsanlage mit genauer Angabe der Art der Feuerungsanlage,
- das Datum der Betriebsaufnahme und der letzten wesentlichen Änderung der Feuerungsanlage, inklusive Benennung der wesentlichen Änderung,
- die Jahresgesamtemissionen, in Megagramm pro Jahr, an Schwefeloxiden, angegeben als Schwefeldioxid, Stickstoffoxiden, angegeben als Stickstoffdioxid und Staub, angegeben als Schwebstoffe insgesamt,
- die jährlichen Betriebsstunden der Feuerungsanlage,
- den jährlichen Gesamtenergieeinsatz, in Terajoule pro Jahr, bezogen auf den unteren Heizwert, aufgeschlüsselt in die folgenden Brennstoffkategorien:
  - Steinkohle,
  - Braunkohle, Biobrennstoffe,

- Torf,
- andere feste Brennstoffe mit genauer Angabe der Bezeichnung des festen Brennstoffs,
- flüssige Brennstoffe,
- Erdgas,
- sonstige Gase mit genauer Angabe der Bezeichnung des Gases,

- für Feuerungsanlagen, die im gleitenden Durchschnitt über einen Zeitraum von fünf Jahren nicht mehr als 1500 Betriebsstunden pro Jahr in Betrieb sind, die Zahl der Betriebsstunden pro Jahr für das Berichtsjahr und die vorangegangenen vier Kalenderjahre,
- die Angabe, ob die Feuerungsanlage Teil einer Raffinerie ist.

Die nach Landesrecht zuständigen obersten Landesbehörden oder die von ihnen bestimmten Behörden prüfen den Bericht auf Plausibilität und leiten diesen dem Umweltbundesamt bis zum 31. Oktober des auf das Berichtsjahr folgenden Jahres auf elektronischem Weg zur Weiterleitung an die Europäische Kommission zu. Das Umweltbundesamt hat die Berichte zu Aufstellungen für jedes einzelne Berichtsjahr und Dreijahreszeiträume zusammenzustellen, wobei die Angaben zu Feuerungsanlagen in Raffinerien gesondert aufzuführen sind.

Veröffentlichungspflichten (§ 23)
Der Betreiber einer Abfallverbrennungs- oder -mitverbrennungsanlage hat nach erstmaliger Kalibrierung der Messeinrichtungen und danach einmal jährlich Folgendes zu veröffentlichen:

- die Ergebnisse der Emissionsmessungen,
- einen Vergleich der Ergebnisse der Emissionsmessungen mit den Emissionsgrenzwerten und
- eine Beurteilung der Verbrennungsbedingungen.

2.5.6 Anlagen zur biologischen Behandlung von Abfällen (30. BImSchV)

Anwendungsbereich (§ 1)
Diese Verordnung gilt für die Errichtung, die Beschaffenheit und den Betrieb von Anlagen, in denen Siedlungsabfälle und Abfälle, die wie Siedlungsabfälle entsorgt werden können, mit biologischen oder einer Kombination von biologischen mit physikalischen Verfahren behandelt werden, soweit

- biologisch stabilisierte Abfälle als Vorbehandlung zur Ablagerung oder vor einer thermischen Behandlung erzeugt,
- heizwertreiche Fraktionen oder Ersatzbrennstoffe gewonnen oder
- Biogase zur energetischen Nutzung erzeugt

werden (biologische Abfallbehandlungsanlagen) und sie nach § 4 des Bundes-Immissionsschutzgesetzes in Verbindung mit der Verordnung über genehmigungsbedürftige Anlagen genehmigungsbedürftig sind. Diese Verordnung gilt nicht für Anlagen, die

- für die Erzeugung von verwertbarem Kompost oder Biogas ausschließlich aus Bioabfällen, Erzeugnissen oder Nebenerzeugnissen aus der Land-, Forst- oder Fischwirtschaft oder Klärschlämmen, Klärschlammgemisch oder Klärschlammkompost sowie aus einem Gemisch der vorgenannten Stoffe in Kofermentationsanlagen oder
- für die Ausfaulung von Klärschlamm bestimmt sind.

Mindestabstand (§ 3)
Bei der Errichtung von biologischen Abfallbehandlungsanlagen soll ein Mindestabstand von 300 Meter zur nächsten vorhandenen oder in einem Bebauungsplan festgesetzten Wohnbebauung nicht unterschritten werden.

Emissionsbezogene Anforderungen für Anlieferung, Aufbereitung, Stofftrennung, Lagerung und Transport (§ 4)
Entladestellen, Aufgabe- oder Aufnahmebunker oder andere Einrichtungen für Anlieferung, Transport und Lagerung der Einsatzstoffe sind in geschlossenen Räumen mit Schleusen zu errichten, in denen der Luftdruck durch Absaugung im Schleusenbereich oder im Bereich der Be- und Entladung und der Lagerung kleiner als der Atmosphärendruck zu halten ist. Das abgesaugte Abgas ist einer Abgasreinigungseinrichtung zuzuführen. Maschinen, Geräte oder sonstige Einrichtungen zur mechanischen Aufbereitung oder zur physikalischen Trennung der Einsatzstoffe oder der anfallenden Abfälle (zum Beispiel durch Zerkleinern, Klassieren, Sortieren, Mischen, Homogenisieren, Entwässern, Trocknen, Pelletieren, Verpressen) sind zu kapseln. Soweit eine abgasdichte Ausführung, insbesondere an den Aufgabe-, Austrags- oder Übergabestellen, nicht oder nur teilweise möglich ist, sind die Abgasströme dieser Einrichtungen zu erfassen und einer Abgasreinigungseinrichtung zuzuführen. Die Abgasströme können auch als Zuluft für die beim Rottevorgang benötigte Prozessluft dienen. Für den Abtransport staubender Güter sind geschlossene Behälter zu verwenden. Die Fahrwege im Bereich der biologischen Abfallbehandlungsanlage sind mit einer Deckschicht aus Asphalt-Straßenbaustoffen, in Zementbeton oder gleichwertigem Material auszuführen und entsprechend dem Verschmutzungsgrad zu säubern. Es ist sicherzustellen, dass erhebliche Verschmutzungen durch Fahrzeuge nach Verlassen des Anlagenbereichs vermieden oder beseitigt werden, zum Beispiel durch Reifenwaschanlagen oder regelmäßiges Säubern der Fahrwege.

Emissionsbezogene Anforderungen für biologische Behandlung, Prozesswässer und Brüdenkondensate (§ 5)
Einrichtungen zur biologischen Behandlung von Einsatzstoffen oder von anfallenden Abfällen unter aeroben Bedingungen (Verrottung) oder unter anaeroben Bedingungen (Vergärung) sind zu kapseln oder in geschlossenen Räumen mit Schleusen zu errichten, in denen der Luftdruck durch Absaugung im Schleusenbereich oder im Bereich der biologischen Behandlung

kleiner als der Atmosphärendruck zu halten ist. Soweit eine abgasdichte Ausführung an den Aufgabe-, Austrags- oder Übergabestellen und beim Umsetzen des Rottegutes nicht oder nur teilweise möglich ist, sind die Abgasströme zu erfassen und einer Abgasreinigungseinrichtung zuzuführen. Das beim Rottevorgang in den Rottesystemen entstehende Abgas ist vollständig einer Abgasreinigungseinrichtung zuzuführen. Die beim Vergärungsvorgang in Einrichtungen zur Nass- oder Trockenfermentation entstehenden Biogase sind einer Gasreinigungsanlage zur Umwandlung in ein nutzbares Gas zuzuführen, soweit sie nicht unmittelbar in einer Verbrennungsanlage energetisch genutzt werden können. Möglichkeiten, die Emissionen durch den Einsatz emissionsarmer Verfahren und Technologien zu mindern, zum Beispiel durch eine Mehrfachnutzung von Abgas als Prozessluft beim Rottevorgang oder eine prozessintegrierte Rückführung anfallender Prozesswässer oder schlammförmiger Rückstände, sind auszuschöpfen. Die Förder- und Lagersysteme sowie die anlageninternen Behandlungseinrichtungen für Prozesswässer und Brüdenkondensate sind so auszulegen und zu betreiben, dass hiervon keine relevanten diffusen Emissionen ausgehen können.

Emissionsgrenzwerte (§ 6)
Der Betreiber hat die biologische Abfallbehandlungsanlage so zu errichten und zu betreiben, dass in den zur Ableitung in die Atmosphäre bestimmten Abgasströmen folgende Grenzwerte eingehalten werden (Tab. 2.22).

Ableitbedingungen für Abgase (§ 7)
Der Betreiber hat die Abgasströme so abzuleiten, dass ein ungestörter Abtransport mit der freien Luftströmung erfolgt. Eine Ableitung über Schornsteine ist erforderlich.

Tab. 2.22 Grenzwerte für biologische Abfallbehandlungsanlagen

Emissionsgrenzwerte	Konzentration
• Kein Tagesmittelwert die folgenden Emissionsgrenzwerte überschreitet:	
– Gesamtstaub	10 mg/m³
– Organische Stoffe, angegeben als Gesamtkohlenstoff	20 mg/m³
• Kein Halbstundenmittelwert für die folgenden Emissionsgrenzwerte überschreitet:	
– Gesamtstaub	30 mg/m³
– Organische Stoffe, angegeben als Gesamtkohlenstoff	40 mg/m³
• Kein Monatsmittelwert, bestimmt als Massenverhältnis, die folgenden Emissionsgrenzwerte überschreitet:	
– Distickstoffoxid	100 g/Mg
– Organische Stoffe, angegeben als Gesamtkohlenstoff	55 g/Mg
• Kein Messwert einer Probe den folgenden Emissionsgrenzwert überschreitet:	
– Geruchsstoffe	500 GE/m³
und	
• Kein Mittelwert, der über die jeweiligen Probenahmezeit gebildet ist, den folgenden Emissionsgrenzwert überschreitet:	
– Dioxine/Furane, angegeben als Summenwert gemäß Anhang zur 17. BImSchV	0,1 ng/m³

Messverfahren und Messeinrichtungen (§ 8)
Für die Messungen sind nach näherer Bestimmung der zuständigen Behörde Messplätze einzurichten. Diese sollen ausreichend groß, leicht zugänglich und so beschaffen sein sowie so ausgewählt werden, dass repräsentative und einwandfreie Messungen gewährleistet sind. Für Messungen zur Feststellung der Emissionen und zur Ermittlung der Bezugs- und Betriebsgrößen sind die dem Stand der Messtechnik entsprechenden Messverfahren und geeignete Messeinrichtungen nach näherer Bestimmung der zuständigen Behörde anzuwenden oder zu verwenden. Über den ordnungsgemäßen Einbau von Messeinrichtungen zur kontinuierlichen Überwachung ist eine Bescheinigung einer von der nach Landesrecht zuständigen Behörde bekannt gegebenen Stelle zu erbringen. Der Betreiber hat Messeinrichtungen, die zur kontinuierlichen Feststellung der Emissionen eingesetzt werden, durch eine von der nach Landesrecht zuständigen Behörde bekannt gegebenen Stelle vor Inbetriebnahme der Anlage kalibrieren und jährlich einmal auf Funktionsfähigkeit prüfen zu lassen. Die Kalibrierung ist vor Inbetriebnahme einer wesentlich geänderten Anlage, im Übrigen im Abstand von drei Jahren zu wiederholen. Die Berichte über das Ergebnis der Kalibrierung und der Prüfung der Funktionsfähigkeit sind der zuständigen Behörde innerhalb von acht Wochen nach Eingang der Berichte vorzulegen.

Kontinuierliche Messungen (§ 9)
Der Betreiber hat

- die Massenkonzentrationen der Emissionen,
- die Massenkonzentrationen der Emissionen an Distickstoffoxid und
- die zur Auswertung und Beurteilung des ordnungsgemäßen Betriebs erforderlichen Bezugsgrößen, insbesondere Abgastemperatur, Abgasvolumenstrom, Druck, Feuchtegehalt an Wasserdampf sowie Masse der zugeführten Einsatzstoffe im Anlieferungszustand

kontinuierlich zu ermitteln, zu registrieren und auszuwerten. Messeinrichtungen für den Feuchtegehalt an Wasserdampf sind nicht notwendig, soweit das Abgas vor der Ermittlung der Massenkonzentration der Emissionen getrocknet wird.

Auswertung und Beurteilung von kontinuierlichen Messungen (§ 10)
Während des Betriebs der biologischen Abfallbehandlungsanlage ist aus den Messwerten für jede aufeinanderfolgende halbe Stunde der Halbstundenmittelwert zu bilden. Aus den Halbstundenmittelwerten ist für jeden Tag der Tagesmittelwert, bezogen auf die tägliche Betriebszeit einschließlich der Anfahr- oder Abstellvorgänge, zu bilden. Aus den gebildeten Tagesmittelwerten der Massenkonzentrationen für organische Stoffe, angegeben als Gesamtkohlenstoff und für Distickstoffoxid und der Abgasmenge als Tagessumme der Abgasströme sind die emittierten Tagesmassen dieser Luftverunreinigungen zu ermitteln. Aus den emittierten Tagesmassen sind die während des Betriebs der biologischen Abfallbehandlungsanlage emittierten Monatsmassen zu bilden. Die monatliche Einsatzstoffmenge ist als Monatssumme der zugeführten Einsatzstoffe im Anlieferungszustand zu er-

fassen. Über die Auswertung der kontinuierlichen Messungen und die Bestimmung der Massenverhältnisse hat der Betreiber einen Messbericht zu erstellen und innerhalb von drei Monaten nach Ablauf eines jeden Kalenderjahres der zuständigen Behörde vorzulegen. Der Betreiber muss die Aufzeichnungen der Messgeräte nach dem Erstellen des Messberichts fünf Jahre aufbewahren.

Einzelmessungen (§ 11)
Der Betreiber hat nach Errichtung oder wesentlicher Änderung der biologischen Abfallbehandlungsanlage Messungen einer nach § 26 des Bundes-Immissionsschutzgesetzes bekannt gegebenen Stelle zur Feststellung, ob die Anforderungen erfüllt werden, durchführen zu lassen. Die Messungen sind im Zeitraum von zwölf Monaten nach Inbetriebnahme alle zwei Monate mindestens an einem Tag und anschließend wiederkehrend spätestens alle zwölf Monate mindestens an drei Tagen durchführen zu lassen. Diese sollen vorgenommen werden, wenn die Anlagen mit der höchsten Leistung betrieben werden, für die sie bei den während der Messung verwendeten Einsatzstoffen für den Dauerbetrieb zugelassen sind. Für jede Einzelmessung sollen je Emissionsquelle mindestens drei Proben genommen werden. Die olfaktometrische Analyse hat unmittelbar nach der Probenahme zu erfolgen. Nach Errichtung oder wesentlicher Änderung der biologischen Abfallbehandlungsanlage kann die zuständige Behörde vom Betreiber die Durchführung von Messungen einer nach § 26 des Bundes-Immissionsschutzgesetzes bekannt gegebenen Stelle zur Feststellung, ob durch den Betrieb der Anlage in der Nachbarschaft Geruchsimmissionen hervorgerufen werden, die eine erhebliche Belästigung darstellen, verlangen. Für die Ermittlung der Immissionsbelastung sind olfaktorische Feststellungen im Rahmen von Begehungen vorzunehmen. Die Messungen sind nach Erreichen des ungestörten Betriebs, jedoch spätestens zwölf Monate nach Inbetriebnahme durchführen zu lassen. Diese sollen vorgenommen werden, wenn die Anlagen mit der höchsten Leistung betrieben werden, für die sie bei den während der Messung verwendeten Einsatzstoffen für den Dauerbetrieb zugelassen sind.

Störungen des Betriebs (§ 13)
Ergibt sich aus Messungen und sonstigen offensichtlichen Wahrnehmungen, dass Anforderungen an den Betrieb der Anlagen oder zur Begrenzung von Emissionen nicht erfüllt werden, hat der Betreiber dies den zuständigen Behörden unverzüglich mitzuteilen. Er hat unverzüglich die erforderlichen Maßnahmen für einen ordnungsgemäßen Betrieb zu treffen. Die Behörde soll für technisch unvermeidbare Abschaltungen, Störungen oder Ausfälle der Abgasreinigungseinrichtungen den Zeitraum festlegen, währenddessen von den Emissionsgrenzwerten unter bestimmten Voraussetzungen abgewichen werden darf. Der Weiterbetrieb der biologischen Abfallbehandlungsanlage darf unter den genannten Bedingungen acht aufeinander folgende Stunden und innerhalb eines Kalenderjahres 96 Stunden nicht überschreiten. Die Emission von Gesamtstaub darf eine Massenkonzentration von 100 Milligramm je Kubikmeter Abgas, gemessen als Halbstundenmittelwert, nicht überschreiten. Bei Stillstand der Abgasreinigungseinrichtungen ist das abgesaugte

Abgas abzuleiten. Sind Stillstandszeiten von mehr als acht Stunden zu erwarten, hat der Betreiber zusätzliche Maßnahmen zu treffen und die zuständige Behörde hierüber unverzüglich zu unterrichten.

Unterrichtung der Öffentlichkeit (§ 15)
Der Betreiber der biologischen Abfallbehandlungsanlage hat die Öffentlichkeit nach erstmaliger Kalibrierung der Messeinrichtung zur kontinuierlichen Feststellung der Emissionen und erstmaligen Einzelmessungen einmal jährlich zu unterrichten. Die zuständige Behörde kann Art und Form der Öffentlichkeitsunterrichtung festlegen.

2.5.7 VOC-Verordnung (31. BImSchV)

Anwendungsbereich (§ 1)
Die Verordnung gilt für Errichtung und Betrieb der in Anhang I der 31. BImSchV genannten Anlagen, in denen unter Verwendung organischer Lösemittel Tätigkeiten nach Anhang II ausgeführt werden, soweit der Lösemittelverbrauch bei den jeweiligen Tätigkeiten die in Anhang I genannten Schwellenwerte überschreitet. Bei Anlagen, in denen eine bestimmte Tätigkeit in mehreren Teilanlagen, Verfahrensschritten oder Nebeneinrichtungen ausgeführt wird, ist für den Lösemittelverbrauch die Summe der jeweiligen Teillösemittelverbräuche maßgebend. Das Vorhandensein gemeinsamer, verbindender Betriebseinrichtungen zwischen den Teilanlagen ist nicht erforderlich. Diese Verordnung gilt nicht für Anlagen nach der Zweiten Verordnung zur Durchführung des Bundes-Immissionsschutzgesetzes, in denen organische Lösemittel, die flüchtige halogenierte organische Verbindungen mit einem Siedepunkt bei 1013 Hektopascal bis zu 423 Kelvin [150 Grad Celsius] (leichtflüchtige halogenierte organische Verbindungen) enthalten, verwendet werden.

Begriffsbestimmungen (§ 2)
Im Sinne dieser Verordnung bedeuten die Begriffe

- **Abgase:**
  die Trägergase mit den Emissionen;
- **Abgasreinigungseinrichtung:**
  eine Einrichtung zur Entfernung von flüchtigen organischen Verbindungen aus den Abgasen einer Anlage;
- **An- und Abfahren:**
  Vorgänge, mit denen der Betriebs- oder Bereitschaftszustand einer Anlage oder eines Anlagenteils hergestellt oder beendet wird. Regelmäßig wiederkehrende Phasen der in der Anlage durchgeführten Tätigkeiten gelten nicht als An- oder Abfahren;
- **diffuse Emissionen:**
  alle nicht in gefassten Abgasen einer Anlage enthaltenen Emissionen flüchtiger organischer Verbindungen einschließlich der Emissionen, die durch Fenster, Türen, Entlüf-

tungsschächte und ähnliche Öffnungen in die Umwelt gelangen sowie die flüchtigen organischen Verbindungen, die in einem von der Anlage hergestellten Produkt enthalten sind;

- **Emissionen:**
  die von einer Anlage ausgehenden Luftverunreinigungen an flüchtigen organischen Verbindungen;
- **Emissionsgrenzwert:**
  einen Wert für die im Verhältnis zu bestimmten spezifischen Parametern ausgedrückte Masse an Emissionen oder für die Konzentration, den Prozentsatz und/oder die Höhe einer Emission, bezogen auf Normbedingungen, der in einem oder mehreren Zeiträumen nicht überschritten werden darf;
- **flüchtige organische Verbindung:**
  eine organische Verbindung, die bei 293,15 Kelvin einen Dampfdruck von 0,01 Kilopascal oder mehr hat oder unter den jeweiligen Verwendungsbedingungen eine entsprechende Flüchtigkeit aufweist. Der Kreosotanteil, der bei 293,15 Kelvin diesen Dampfdruck übersteigt oder unter den jeweiligen Verwendungsbedingungen eine entsprechende Flüchtigkeit aufweist, gilt als flüchtige organische Verbindung;
- **gefasste Abgase:**
  - Abgase, die aus einer Abgasreinigungseinrichtung endgültig in die Luft freigesetzt werden (gefasste behandelte Abgase) oder
  - Abgase, die ohne Behandlung in einer Abgasreinigungseinrichtung über einen Schornstein oder sonstige Abgasleitungen endgültig in die Luft freigesetzt werden (gefasste unbehandelte Abgase);
- **Gesamtemissionen:**
  die Summe der diffusen Emissionen an flüchtigen organischen Verbindungen und der Emissionen an flüchtigen organischen Verbindungen in gefassten Abgasen;
- **Grenzwert für diffuse Emissionen:**
  die Menge der diffusen Emissionen als Vomhundertsatz der eingesetzten organischen Lösemittel;
- **Lösemittelverbrauch:**
  die Gesamtmenge an organischen Lösemitteln, die in einer Anlage je Kalenderjahr oder innerhalb eines beliebigen Zwölfmonatszeitraums eingesetzt wird, abzüglich aller flüchtigen organischen Verbindungen, die zur Wiederverwendung zurückgewonnen werden;
- **Massenstrom:**
  die auf die Zeiteinheit bezogene Masse der emittierten flüchtigen organischen Verbindungen;
- **Nennkapazität:**
  die maximale Masse der in einer Anlage eingesetzten organischen Lösemittel, gemittelt über einen Tag, sofern die Anlage unter Bedingungen des Normalbetriebs entsprechend ihrer Auslegung betrieben wird;

- **Normalbetrieb:**
Betrieb einer Anlage zur Durchführung einer Tätigkeit während aller Zeiträume mit Ausnahme der Zeiträume, in denen das An- und Abfahren und die Wartung erfolgen;
- **Normbedingungen:**
eine Temperatur von 273,15 Kelvin und einen Druck von 101,3 Kilopascal.

Allgemeine Anforderungen (§ 3)
Anlagen sind so zu errichten und zu betreiben, dass die Anforderungen eingehalten werden, soweit durch § 4 in Verbindung mit Anhang III nichts anderes bestimmt ist. Der Betreiber einer Anlage hat schädliche Stoffe oder Gemische, denen aufgrund ihres Gehaltes an nach der Verordnung (EG) Nr. 1272/2008 als karzinogen, keimzellmutagen oder reproduktionstoxisch eingestuften flüchtigen organischen Verbindungen die Gefahrenhinweise H340, H350, H350i, H360D oder H360F zugeordnet sind oder die mit diesen Sätzen zu kennzeichnen sind, durch weniger schädliche zu ersetzen. Diese Stoffe oder Gemische sind in kürzest möglicher Frist soweit wie möglich zu ersetzen, wobei die Gebrauchstauglichkeit, die Verwendung und die Verhältnismäßigkeit zwischen Aufwand und Nutzen zu berücksichtigen sind. Die Emissionen an flüchtigen organischen Verbindungen, die als karzinogen, keimzellmutagen oder reproduktionstoxisch eingestuft sind, dürfen, auch beim Vorhandensein mehrerer dieser Verbindungen, einen Massenstrom von 2,5 Gramm je Stunde oder im gefassten Abgas eine Massenkonzentration von 1 Milligramm je Kubikmeter nicht überschreiten. Die Emissionen flüchtiger organischer Verbindungen dürfen aus einer Anlage, denen die Gefahrenhinweise H341 oder H351 zugeordnet sind, auch wenn mehrere dieser Verbindungen vorhanden sind, folgende Werte nicht überschreiten:

- einen Massenstrom von 100 Gramm je Stunde oder
- in gefassten Abgasen eine Massenkonzentration von 20 Milligramm je Kubikmeter.

Dies ist auch bei anderen als den dort genannten Stoffen einzuhalten, soweit diese Stoffe den organischen Stoffen der Klasse I der Ersten Allgemeinen Verwaltungsvorschrift zum Bundes-Immissionsschutzgesetz (Technische Anleitung zur Reinhaltung der Luft – TA Luft) zuzuordnen sind. Der Betreiber einer Anlage hat alle geeigneten Maßnahmen zu treffen, um die Emissionen während des An- und Abfahrens so gering wie möglich zu halten. Beim Umfüllen von organischen Lösemitteln mit einem Siedepunkt bei 1013 Hektopascal bis zu 423 Kelvin (150 Grad Celsius) sind besondere technische Maßnahmen zur Emissionsminderung zu treffen, wenn davon jährlich 100 Tonnen oder mehr umgefüllt werden. Auf genehmigungsbedürftige Anlagen finden darüber hinaus die Anforderungen der Technischen Anleitung zur Reinhaltung der Luft zum Verarbeiten, Fördern, Umfüllen oder Lagern von flüssigen organischen Stoffen Anwendung. Auf genehmigungsbedürftige Anlagen wird stets der Stand der Technik nach § 5 des Bundes-Immissionsschutzgesetzes angewendet. Hieraus können sich weitergehende Anforderungen ergeben.

Spezielle Anforderungen (§ 4)

Der Betreiber hat eine Anlage so zu errichten und zu betreiben, dass

- die im Anhang III für die Anlage festgelegten
  - Emissionsgrenzwerte für gefasste Abgase,
  - Grenzwerte für diffuse Emissionen und
  - Grenzwerte für die Gesamtemissionen und
- die im Anhang III für die Anlage festgelegten besonderen Anforderungen

eingehalten werden. An Stelle der Einhaltung der Anforderungen kann ein Reduzierungsplan nach Anhang IV eingesetzt werden, mit dem sich der Betreiber verpflichtet, eine Emissionsminderung in mindestens der gleichen Höhe wie bei Einhaltung der festgelegten Anforderungen sicherzustellen. Dieser Plan muss von realistischen technischen Voraussetzungen ausgehen, insbesondere muss die Verfügbarkeit von Ersatzstoffen zum jeweiligen Zeitpunkt gewährleistet sein. Auf genehmigungsbedürftige Anlagen wird stets der Stand der Technik nach § 5 des Bundes-Immissionsschutzgesetzes angewendet. Hieraus können sich weitergehende Anforderungen ergeben.

Nicht genehmigungsbedürftige Anlagen (§ 5)

Der Betreiber einer nicht genehmigungsbedürftigen Anlage, bei der für die jeweilige Tätigkeit der in Anhang I genannte Schwellenwert für den Lösemittelverbrauch überschritten wird, hat diese der zuständigen Behörde vor der Inbetriebnahme anzuzeigen. Nicht genehmigungsbedürftige Anlagen, die zum Zeitpunkt des Inkrafttretens der Verordnung die in Anhang 1 genannten Schwellenwerte nicht überschreiten, sind bei erstmaliger Überschreitung der Schwellenwerte innerhalb von sechs Monaten anzuzeigen. Der Betreiber hat ferner eine wesentliche Änderung einer nicht genehmigungsbedürftigen Anlage der zuständigen Behörde vorher anzuzeigen. Die Anzeige hat die für die Anlage maßgebenden Daten zu enthalten. Soweit zur Kontrolle von Anforderungen nach den §§ 3 und 4 Messungen erforderlich sind, hat der Betreiber geeignete Messöffnungen und Messplätze einzurichten. Der Betreiber einer nicht genehmigungsbedürftigen Anlage, für die Anforderungen festgelegt sind, hat die Einhaltung der jeweiligen Anforderungen

- erstmals bei Neuanlagen und wesentlich geänderten Anlagen frühestens drei Monate und spätestens sechs Monate nach der Inbetriebnahme und sodann
- wiederkehrend in jedem dritten Kalenderjahr

durch Messungen feststellen zu lassen. Dies gilt nicht, wenn die Überwachung der Emissionen durch eine kontinuierlich aufzeichnende Messeinrichtung erfolgt. Luftmengen, die einer Anlage zugeführt werden, um die gefassten Abgase zu verdünnen oder zu kühlen, bleiben bei der Bestimmung der Massenkonzentration im gefassten Abgas unberücksichtigt. Messungen zur Feststellung der Einhaltung der Emissionsgrenzwerte für gefasste Abgase können entfallen, soweit nach dem Stand der Technik zur Einhaltung dieser Grenzwerte eine Abgasreinigungseinrichtung nicht erforderlich ist. Nicht genehmigungsbedürftige Anlagen, bei denen der Massenstrom an flüchtigen organischen Verbindungen im gefassten Abgas 10 Kilogramm Gesamtkohlenstoff je Stunde überschreitet, hat der Betreiber vor der Inbetriebnahme mit einer geeigneten Messeinrichtung auszustatten, die den Gesamtkohlenstoffgehalt und die zur Auswertung und Beurteilung der Messergebnisse erforderlichen Betriebsparameter kontinuierlich ermittelt. Eine kontinuierliche Messung kann entfallen, wenn durch eine andere kontinuierliche Überwachung sichergestellt werden kann, dass die Emissionsgrenzwerte für gefasste Abgase eingehalten werden.

Der Betreiber einer nicht genehmigungsbedürftigen Anlage hat die Einhaltung der für die Anlage maßgeblichen Anforderungen mindestens einmal in einem Kalenderjahr durch eine Lösemittelbilanz feststellen zu lassen. Zur Ermittlung der Ein- und Austragsmengen einer Anlage an flüchtigen organischen Verbindungen kann auf verbindliche Angaben der Hersteller zum Lösemittelgehalt der Einsatzstoffe oder auf andere gleichwertige Informationsquellen zurückgegriffen werden. Die zuständige Behörde kann den Betreiber anweisen, die Lösemittelbilanz, sofern sie offensichtlich mit schwerwiegenden Mängeln behaftet ist und der Betreiber diese nicht in angemessener Frist behebt, von einer zugelassenen Überwachungsstelle oder einem öffentlich bestellten und vereidigten Sachverständigen aufstellen zu lassen. Entscheidet sich der Betreiber für einen Reduzierungsplan, so muss er diesen der zuständigen Behörde rechtzeitig vor Inbetriebnahme der Anlage vorlegen. Die verbindliche Erklärung bedarf der Annahme der zuständigen Behörde. Eine Ausfertigung des Reduzierungsplans hat der Betreiber am Betriebsort der Anlage aufzubewahren, solange der Reduzierungsplan angewendet wird. Der Betreiber einer Anlage hat über die Ergebnisse der Messungen sowie über die Ergebnisse der Lösemittelbilanz für die maßgeblichen Anforderungen jeweils unverzüglich einen Bericht zu erstellen oder erstellen zu lassen. Der Betreiber hat den Bericht am Betriebsort fünf Jahre ab der Erstellung aufzubewahren und der zuständigen Behörde auf Verlangen vorzulegen. Wird bei einer nicht genehmigungsbedürftigen Anlage festgestellt, dass die Anforderungen nicht eingehalten werden, hat der Betreiber dies der zuständigen Behörde unverzüglich mitzuteilen. Der Betreiber hat unverzüglich die erforderlichen Maßnahmen zu treffen, um den ordnungsgemäßen Betrieb der Anlage sicherzustellen.

Genehmigungsbedürftige Anlagen (§ 6)

Für die Messung und Überwachung der Emissionen von genehmigungsbedürftigen Anlagen finden die Anforderungen der TA Luft Anwendung.

Ableitbedingungen für Abgase (§ 7)

Die gefassten Abgase von nicht genehmigungsbedürftigen Anlagen hat der Betreiber so abzuleiten, dass ein Abtransport mit der freien Luftströmung nach dem Stand der Technik gewährleistet ist. Die gefassten Abgase von genehmigungsbedürftigen Anlagen hat der Betreiber nach den Anforderungen für die Ableitung von Abgasen gemäß der Technischen Anleitung zur Reinhaltung der Luft abzuleiten.

Berichterstattung an die Europäische Kommission (§ 8)
Der Betreiber einer Anlage hat die für die Berichterstattung an die Europäische Kommission benötigten Informationen der zuständigen Behörde mitzuteilen. Die Informationen schließen die Erfahrungen aus der Anwendung von Reduzierungsplänen ein.

Unterrichtung der Öffentlichkeit (§ 9)
Die zuständige Behörde hat

- die für Anlagen geltenden allgemein verbindlichen Regeln und die Verzeichnisse der angezeigten und genehmigten Tätigkeiten sowie
- die ihr vorliegenden Ergebnisse der nach § 5 oder § 6 durchzuführenden Überwachung der Emissionen

der Öffentlichkeit zugänglich zu machen.

2.5.8 Verordnung über Verdunstungskühlanlagen, Kühltürme und Nassabscheider (42. BImSchV)

Anwendungsbereich (§ 1)
Diese Verordnung gilt für die Errichtung, die Beschaffenheit und den Betrieb folgender Anlagen, in denen Wasser verrieselt oder versprüht wird oder anderweitig in Kontakt mit der Atmosphäre kommen kann:

- Verdunstungskühlanlagen,
- Kühltürme und
- Nassabscheider.

Begriffsbestimmungen (§ 2)
Im Sinne dieser Verordnung ist

- **Änderung einer Anlage:**
  die Änderung der Lage, der Beschaffenheit oder des Betriebs einer Anlage, die sich auf die Vermehrung oder die Ausbreitung von Legionellen auswirken kann;
- **Koloniebildende Einheit (KBE):**
  die Einheit, in der die Anzahl anzüchtbarer und auszählbarer Mikroorganismen ausgedrückt wird;
- **Kühlturm:**
  eine Anlage, bei der durch Verdunstung von Wasser Wärme an die Umgebungsluft abgeführt wird, insbesondere bestehend aus einer Verrieselungs- oder Verregnungseinrichtung für Kühlwasser und einem Wärmeübertrager, in der die Luft im Wesentlichen durch den natürlichen Zug, der im Kaminbauwerk des Kühlturms erzeugt wird, durch

den Kühlturm gefördert wird und einer Kühlleistung von mehr als 200 Megawatt je Luftaustritt einschließlich der Nassabscheider, deren gereinigte Rauchgase über den Kühlturm abgeleitet werden. Der Einsatz drückend angeordneter Ventilatoren zur Unterstützung der Luftzufuhr ist unschädlich, soweit diese das Charakteristikum des Kühlturms nur unwesentlich beeinflussen;

- **Legionellen:**
  ein Parameter zur Beurteilung der hygienischen Qualität des Nutzwassers; er umfasst alle Legionellenarten, die nach genormten Verfahren auf einem definierten Nährmedium anzüchtbar sind und Kolonien bilden;
- **Nassabscheider:**
  ein Abscheider, der dem Entfernen fester, flüssiger und gasförmiger Verunreinigungen aus einem Abgas mit Hilfe einer Waschflüssigkeit dient, wobei die Verunreinigungen an die in die Abgasströmung eingebrachte Waschflüssigkeit gebunden und mit dieser zusammen abgeschieden werden. Nicht erfasst sind insbesondere Abscheider, bei denen die Reinigungsleistung durch Mikroorganismen bewirkt wird, wie Biofilter oder Rieselbettfilter, unbeschadet einer gegebenenfalls vorhandenen Berieselung des Filters zur Lebenserhaltung der die Abscheideleistung erbringenden Mikroorganismen;
- **Nutzwasser:**
  - das Wasser, das in einer Verdunstungskühlanlage oder einem Kühlturm zum Zweck der Wärmeabfuhr eingesetzt wird und dabei im Kontakt mit der Atmosphäre steht (Kühlwasser) und
  - das Wasser, das in einem Nassabscheider zum Zwecke der Reinigung eingesetzt wird und dabei im Kontakt mit der Atmosphäre steht (Waschflüssigkeit);
- **Referenzwert:**
  die sich bei ordnungsgemäßem Betrieb einstellende anlagentypische allgemeine Koloniezahl im Nutzwasser;
- **Verdunstungskühlanlage:**
  eine Anlage, bei der durch Verdunstung von Wasser Wärme an die Umgebungsluft abgeführt wird, insbesondere bestehend aus einer Verrieselungs- oder Verregnungseinrichtung für Kühlwasser und einem Wärmeübertrager, ausgenommen Kühltürme;
- **Wiederinbetriebnahme:**
  die erneute Aufnahme des Betriebs einer Anlage nach einer Änderung;
- **Zusatzwasser:**
  das Wasser, das dem Nutzwasser zugesetzt wird, insbesondere zum Ausgleich von Verdunstungsverlusten oder zur Begrenzung der Eindickung;
- **allgemeine Koloniezahl:**
  ein Parameter zur Beurteilung der hygienischen Qualität des Nutzwassers. Er umfasst alle Mikroorganismen, die nach genormten Verfahren auf oder in einem definierten Nähragarmedium anzüchtbar sind und Kolonien bilden;
- **mikrobiologische Untersuchung:**
  - die Untersuchung des Nutzwassers nach genormten Prüfverfahren durch ein dafür akkreditiertes Prüflaboratorium (Laboruntersuchung) und

- die Untersuchung zur Differenzierung der Legionellen durch ein dafür akkreditiertes Prüflaboratorium;

- **hygienisch fachkundige Person:**
Person, die an einer Schulung entsprechend der Richtlinie VDI 2047 Blatt 2 oder der Richtlinie VDI 6022 Blatt 4 oder vergleichbarer Art und vergleichbaren Umfangs teilgenommen hat.

Allgemeine Anforderungen (§ 3)
Anlagen im Anwendungsbereich dieser Verordnung sind so auszulegen, zu errichten und zu betreiben, dass Verunreinigungen des Nutzwassers durch Mikroorganismen, insbesondere Legionellen, nach dem Stand der Technik vermieden werden. Der Betreiber hat dafür zu sorgen, dass Anlagen so ausgelegt und errichtet werden, dass insbesondere

- die eingesetzten Werkstoffe für die Wasserqualität und die einzusetzenden Betriebsstoffe, einschließlich Desinfektions- und Reinigungsmittel, geeignet sind,
- Tropfenauswurf durch geeignete Tropfenabscheider oder gleichwertige Maßnahmen effektiv minimiert wird,
- Totzonen, in denen das Wasser während des bestimmungsgemäßen Betriebs stagniert, möglichst vermieden werden,
- wasserführende Bauteile möglichst vollständig entleert werden können,
- Biozide dem Nutzwasser dosiert zugesetzt werden können,
- Vorkehrungen für die regelmäßige Überprüfung relevanter chemischer, physikalischer oder mikrobiologischer Parameter getroffen werden,
- Vorkehrungen für die regelmäßige Probenahme für mikrobiologische Untersuchungen getroffen werden und
- Vorkehrungen für die Durchführung regelmäßiger Instandhaltungen getroffen werden.

Anlagen dürfen nur mit Betriebsstoffen betrieben werden, die mit den in der Anlage vorhandenen Werkstoffen verträglich sind. Der Betreiber hat sicherzustellen, dass vor der Inbetriebnahme oder der Wiederinbetriebnahme für die Anlage eine Gefährdungsbeurteilung unter Beteiligung einer hygienisch fachkundigen Person erstellt wird. Diese umfasst die Schritte Risikoanalyse, die mögliche Gefährdungen identifiziert und das Risiko hinsichtlich des potenziellen Schadensausmaßes und der Eintrittswahrscheinlichkeiten für Gefährdungen betrachtet und der Risikobewertung, die Risiken hinsichtlich ihrer potenziellen Auswirkungen auf die hygienische Sicherheit und die daraus abzuleitenden Maßnahmen priorisiert. Der Betreiber hat die Erstellung der Gefährdungsbeurteilung im Betriebstagebuch zu dokumentieren. Der Betreiber hat sicherzustellen, dass dem Nutzwasser zugesetztes Zusatzwasser die vorgegebenen Prüfwerte 2 (Tab. 2.23) nicht überschreitet. Dies gilt nicht für Anlagen, in denen die Verweilzeit des Kühlwassers nicht mehr als eine Stunde beträgt.

Der Betreiber hat sicherzustellen, dass vor der Inbetriebnahme oder der Wiederinbetriebnahme einer Anlage die Prüfschritte unter Beteiligung einer hygienisch fachkundigen

Tab. 2.23 Prüfwerte und Maßnahmenwerte für die Konzentration von Legionellen im Nutzwasser

Art der Anlage	Prüfwerte 1	Prüfwerte 2	Maßnahmenwerte
	Legionellenkonzentration je 100 ml		
Verdunstungskühlanlagen	100	1000	10.000
Nassabscheider	100	1000	10.000
Kühltürme	500	5000	50.000

Person durchgeführt wurden. Der Betreiber hat die Durchführung der Prüfschritte im Betriebstagebuch zu dokumentieren. Dies gilt auch für Anlagen oder Anlagenteile, die nach Trockenlegung oder nach Unterbrechung des Nutzwasserkreislaufs für mehr als eine Woche wieder angefahren werden. Der Betreiber hat innerhalb von vier Wochen nach der Inbetriebnahme oder der Wiederinbetriebnahme einer Anlage die erste regelmäßige Laboruntersuchung des Nutzwassers durchführen zu lassen (Erstuntersuchung). Bei Anlagen, die bestimmungsgemäß an nicht mehr als 90 aufeinanderfolgenden Tagen im Jahr in Betrieb sind, hat der Betreiber innerhalb von zwei Wochen nach der jährlichen Wiederaufnahme des Betriebs die erste regelmäßige Laboruntersuchung des Nutzwassers durchführen zu lassen. Der Betreiber hat die Erstuntersuchung nach deren Veranlassung und die Ergebnisse der Erstuntersuchung nach deren Vorliegen unverzüglich im Betriebstagebuch zu dokumentieren. Der Betreiber hat die Laboruntersuchungen und die dafür erforderlichen Probenahmen jeweils von einem akkreditierten Prüflaboratorium durchführen zu lassen. Die Probenahme und die Untersuchung zur Bestimmung der Legionellen sind nach genormten Verfahren, unter Berücksichtigung gegebenenfalls vorliegender Empfehlungen des Umweltbundesamtes, durchzuführen. Der Betreiber hat dem Labor und dem Probenehmer den Zeitpunkt einer erfolgten Biozidzugabe sowie die Menge und die Art des Biozids mitzuteilen. Der Betreiber hat sicherzustellen, dass während des Betriebs ohne oder mit verminderter Last die Vermehrung von Mikroorganismen und bei Wiederaufnahme des Betriebs unter Last sowie bei Reinigungs- und Desinfektionsmaßnahmen eine Freisetzung mikroorganismenhaltiger Aerosole in die Umgebungsluft weitgehend vermieden wird.

Ermittlung des Referenzwertes, betriebsinterne Überprüfungen und Laboruntersuchungen in Verdunstungskühlanlagen und Nassabscheidern (§ 4)

Nach der Inbetriebnahme oder der Wiederinbetriebnahme einer Verdunstungskühlanlage oder eines Nassabscheiders ist der Referenzwert des Nutzwassers aus mindestens sechs aufeinanderfolgenden Laboruntersuchungen auf den Parameter allgemeine Koloniezahl zu bestimmen. Dies findet keine Anwendung bei Anlagen, die bestimmungsgemäß an nicht mehr als 90 aufeinanderfolgenden Tagen im Jahr in Betrieb sind. Bis zur Bestimmung des Referenzwertes ist die bei der Erstuntersuchung ermittelte Konzentration der allgemeinen Koloniezahl, jedoch nicht mehr als 10.000 KBE/Milliliter, als Referenzwert heranzuziehen. Der Betreiber hat

- zur Sicherstellung der hygienischen Beschaffenheit des Nutzwassers regelmäßig mindestens zweiwöchentliche betriebsinterne Überprüfungen chemischer, physikalischer oder mikrobiologischer Kenngrößen des Nutzwassers durchzuführen,

- zur Überprüfung der Einhaltung des Referenzwertes regelmäßig mindestens alle drei Monate Laboruntersuchungen des Nutzwassers auf den Parameter allgemeine Koloniezahl durchführen zu lassen.

Der Betreiber hat regelmäßig mindestens alle drei Monate Laboruntersuchungen des Nutzwassers auf den Parameter Legionellen durchführen zu lassen. Werden die genannten Prüfwerte 1 in zwei aufeinanderfolgenden Jahren bei keiner Laboruntersuchung überschritten, können die regelmäßigen Laboruntersuchungen alle sechs Monate durchgeführt werden. Dabei muss immer eine Laboruntersuchung zwischen dem 1. Juni und dem 31. August durchgeführt werden. Der Betreiber hat sicherzustellen, dass er über das Ergebnis der Laboruntersuchungen unverzüglich unterrichtet wird. Der Betreiber hat die betriebsinternen Überprüfungen, die Laboruntersuchungen nach deren Veranlassung und die Ergebnisse der betriebsinternen Überprüfungen und der Laboruntersuchungen jeweils nach deren Vorliegen unverzüglich im Betriebstagebuch zu dokumentieren. Zusätzlich ist der mikrobiologische Untersuchungsbefund als Anlage zum Betriebstagebuch zu nehmen.

Maßnahmen bei einem Anstieg der Konzentration der allgemeinen Koloniezahl (§ 5)
Ist aufgrund einer Laboruntersuchung ein Anstieg der Konzentration der allgemeinen Koloniezahl um den Faktor 100 oder mehr gegenüber dem Referenzwert festzustellen, hat der Betreiber unverzüglich

- Untersuchungen zur Aufklärung der Ursachen durchzuführen und
- die erforderlichen Maßnahmen für einen ordnungsgemäßen Betrieb, insbesondere Sofortmaßnahmen zur Verminderung der mikrobiellen Belastung, zu ergreifen.

Der Betreiber hat die ermittelten Ursachen und die gegebenenfalls ergriffenen Maßnahmen jeweils nach deren Durchführung unverzüglich im Betriebstagebuch zu dokumentieren.

Maßnahmen bei einer Überschreitung der Prüfwerte in Verdunstungskühlanlagen und Nassabscheidern (§ 6)
Wird bei einer Laboruntersuchung eine Überschreitung der in Tab. 2.23 genannten Prüfwerte 1 oder 2 festgestellt, hat der Betreiber unverzüglich eine zusätzliche Laboruntersuchung auf den Parameter Legionellen durchführen zu lassen. Bestätigt die zusätzliche Laboruntersuchung eine Überschreitung des Prüfwertes 1, hat der Betreiber unverzüglich

- Untersuchungen zur Aufklärung der Ursachen durchzuführen,
- die erforderlichen Maßnahmen für einen ordnungsgemäßen Betrieb zu ergreifen,
- betriebsinterne Überprüfungen wöchentlich durchzuführen und
- Laboruntersuchungen auf die Parameter allgemeine Koloniezahl und Legionellen monatlich durchführen zulassen.

Bestätigt die zusätzliche Laboruntersuchung eine Überschreitung des genannten Prüfwertes 2, hat der Betreiber unverzüglich

- Untersuchungen zur Aufklärung der Ursachen durchzuführen,
- die erforderlichen Maßnahmen für einen ordnungsgemäßen Betrieb zu ergreifen,
- betriebsinterne Überprüfungen wöchentlich durchzuführen und
- Laboruntersuchungen auf die Parameter allgemeine Koloniezahl und Legionellen monatlich durchführen zulassen,
- technische Maßnahmen nach dem Stand der Technik, insbesondere Sofortmaßnahmen zur Verminderung der mikrobiellen Belastung, zu ergreifen, um die Legionellenkonzentration im Nutzwasser unter den genannten Prüfwert 2 zu reduzieren.

Der Betreiber hat die zusätzliche Laboruntersuchung nach deren Veranlassung sowie die Ergebnisse der Laboruntersuchung und die Ergebnisse der Untersuchungen jeweils nach deren Vorliegen sowie die gegebenenfalls ergriffenen Maßnahmen unverzüglich im Betriebstagebuch zu dokumentieren. Wird bei drei aufeinanderfolgenden Untersuchungen festgestellt, dass die genannten Prüfwerte 1 eingehalten werden, gelten ab dem Zeitpunkt der letzten Probenahme wieder die Prüfintervalle nach § 4.

Betriebsinterne Überprüfungen und Laboruntersuchungen in Kühltürmen (§ 7)
Der Betreiber hat durch regelmäßige mindestens zweiwöchentliche betriebsinterne Überprüfungen chemischer, physikalischer oder mikrobiologischer Kenngrößen die hygienische Beschaffenheit des Nutzwassers sicherzustellen. Der Betreiber hat regelmäßig mindestens monatlich Laboruntersuchungen des Nutzwassers auf den Parameter Legionellen durchführen zu lassen. Werden die in Tab. 2.23 genannten Prüfwerte 1 in zwei aufeinanderfolgenden Jahren bei keiner Laboruntersuchung überschritten, können die regelmäßigen Untersuchungen alle zwei Monate durchgeführt werden. Der Betreiber hat sicherzustellen, dass er über das Ergebnis der Laboruntersuchungen unverzüglich unterrichtet wird. Der Betreiber hat die betriebsinternen Überprüfungen und die Laboruntersuchungen nach deren Veranlassung sowie deren jeweilige Ergebnisse nach Vorliegen unverzüglich im Betriebstagebuch zu dokumentieren. Zusätzlich ist der mikrobiologische Untersuchungsbefund als Anlage zum Betriebstagebuch zu nehmen.

Maßnahmen bei einer Überschreitung der Prüfwerte in Kühltürmen (§ 8)
Wird bei einer Laboruntersuchung eine Überschreitung des in Tab. 2.23 genannten Prüfwertes 2 festgestellt, hat der Betreiber unverzüglich eine zusätzliche Laboruntersuchung auf den Parameter Legionellen durchführen zu lassen. Bestätigt die zusätzliche Laboruntersuchung eine Überschreitung des genannten Prüfwertes 2, hat der Betreiber unverzüglich

- Untersuchungen zur Aufklärung der Ursachen durchzuführen,
- die erforderlichen Maßnahmen für einen ordnungsgemäßen Betrieb, insbesondere Sofortmaßnahmen zur Verminderung der mikrobiellen Belastung, zu ergreifen,

- technische Maßnahmen nach dem Stand der Technik zu ergreifen, um die Legionellenkonzentration im Nutzwasser unter den genannten Prüfwert 2 zu reduzieren.

Der Betreiber hat die zusätzliche Laboruntersuchung nach deren Veranlassung sowie die Ergebnisse der Laboruntersuchung und die Ergebnisse der Untersuchungen jeweils nach deren Vorliegen sowie die gegebenenfalls ergriffenen Maßnahmen jeweils nach deren Durchführung unverzüglich im Betriebstagebuch zu dokumentieren.

Maßnahmen bei einer Überschreitung der Maßnahmenwerte (§ 9)
Wird bei einer Laboruntersuchung eine Überschreitung der in Tab. 2.23 genannten Maßnahmenwerte festgestellt, hat der Betreiber unverzüglich

- eine Untersuchung zur Differenzierung der nachgewiesenen Legionellen nach
  - Legionella pneumophila – Serogruppe 1,
  - Legionella pneumophila – andere Serogruppen und
  - andere Legionellenarten (Legionella non-pneumophila)

  durch ein akkreditiertes Prüflaboratorium durchführen zu lassen,
- bei Verdunstungskühlanlagen und Nassabscheidern die Pflichten nach § 6 zu erfüllen oder bei Kühltürmen die Pflichten aus § 8 zu erfüllen sowie
- eine zusätzliche Laboruntersuchung auf den Parameter Legionellen durchführen zu lassen.

Bestätigt die zusätzliche Laboruntersuchung eine Überschreitung der in Tab. 2.23 genannten Maßnahmenwerte, hat der Betreiber unverzüglich zusätzlich Gefahrenabwehrmaßnahmen, insbesondere zur Vermeidung der Freisetzung mikroorganismenhaltiger Aerosole, zu ergreifen. Der Betreiber hat die Untersuchung zur Differenzierung der Legionellen und die zusätzliche Laboruntersuchung jeweils nach deren Veranlassung, die jeweiligen Ergebnisse nach deren Vorliegen, sowie die gegebenenfalls ergriffenen Gefahrenabwehrmaßnahmen jeweils nach deren Durchführung unverzüglich im Betriebstagebuch zu dokumentieren.

Informationspflichten (§ 10)
Wird bei einer Laboruntersuchung eine Überschreitung der in Tab. 2.23 genannten Maßnahmenwerte festgestellt, hat der Betreiber die zuständigen Behörden unverzüglich zu informieren. Informations- oder Meldepflichten nach anderen Vorschriften bleiben unberührt.

Störungen des Betriebs (§ 11)
Können Anforderungen an den Betrieb einer Anlage im Anwendungsbereich dieser Verordnung aufgrund oder infolge eines technischen Defekts innerhalb oder außerhalb der Anlage, der zur Vermehrung oder Ausbreitung von Legionellen führen kann, nicht eingehalten werden, hat der Betreiber unverzüglich

- die Ursachen der Störung zu ermitteln und
- die erforderlichen Maßnahmen für einen ordnungsgemäßen Betrieb zu ergreifen.

Der Betreiber hat die Ursachen jeweils nach deren Ermittlung und die ergriffenen Maßnahmen jeweils nach deren Durchführung unverzüglich im Betriebstagebuch zu dokumentieren.

Betriebstagebuch (§ 12)
Der Betreiber einer Anlage hat zur Überprüfung des ordnungsgemäßen Anlagenbetriebs ein Betriebstagebuch zu führen. Das Betriebstagebuch kann durch Speicherung der Angaben mittels elektronischer Datenverarbeitung geführt werden. Das Betriebstagebuch muss jederzeit einsehbar sein und in Klarschrift vorgelegt werden können. Der Betreiber hat die in das Betriebstagebuch eingestellten Angaben der zuständigen Behörde sowie im Rahmen der Überprüfung den gemäß § 14 Beauftragten jederzeit in Klarschrift auf Verlangen vorzulegen. Der Betreiber hat das Betriebstagebuch samt Anlagen jeweils beginnend mit dem Datum der Einstellung des letzten Eintrags fünf Jahre aufzubewahren.

Anzeigepflichten (§ 13)
Der Betreiber einer Neuanlage hat diese spätestens einen Monat nach der Erstbefüllung mit Nutzwasser der zuständigen Behörde anzuzeigen. Der Betreiber hat unverzüglich, aber spätestens innerhalb eines Monats, Folgendes der zuständigen Behörde anzuzeigen:

- Änderungen der Anlage und
- die Anlagenstilllegung.

Bei einem Betreiberwechsel hat der neue Betreiber diesen Wechsel unverzüglich, aber spätestens innerhalb eines Monats, der zuständigen Behörde anzuzeigen.

Überprüfung der Anlagen (§ 14)
Der Betreiber hat nach der Inbetriebnahme regelmäßig alle fünf Jahre von

- einem öffentlich bestellten und vereidigten Sachverständigen oder
- einer akkreditierten Inspektionsstelle Typ A

eine Überprüfung des ordnungsgemäßen Anlagenbetriebs durchführen zu lassen. Der Betreiber hat den Sachverständigen und die Inspektionsstelle zu beauftragen, die Ergebnisse der Überprüfungen zeitgleich dem Betreiber und der zuständigen Behörde jeweils innerhalb von vier Wochen nach Abschluss der Überprüfung mitzuteilen. Für Anlagen, die als Anlagenteile oder Nebeneinrichtungen von immissionsschutzrechtlich genehmigungsbedürftigen Anlagen betrieben werden, kann die zuständige Behörde abweichende Anforderungen zur Überprüfung dieser Anlagen in der Genehmigung festlegen.

Weitergehende Anforderungen (§ 16)

Die Befugnis der zuständigen Behörde, andere oder weitergehende Anforderungen, insbesondere zur Vermeidung schädlicher Umwelteinwirkungen nach § 22 des Bundes-Immissionsschutzgesetzes, zu stellen, bleibt unberührt. Hat die zuständige Behörde bei einer Anlage im Einzelfall bereits Anforderungen zur Vorsorge gegen schädliche Umwelteinwirkungen durch Luftverunreinigungen gestellt, die über die Anforderungen dieser Verordnung hinausgehen, sind diese weiterhin maßgeblich.

2.5.9 Verordnung über mittelgroße Feuerungs-, Gasturbinen- und Verbrennungsmotoranlagen (44. BImSchV)

2.5.9.1 Allgemeine Vorschriften

Anwendungsbereich (§ 1)

Diese Verordnung gilt für die Errichtung, die Beschaffenheit und den Betrieb von

- genehmigungsbedürftigen und nicht genehmigungsbedürftigen Feuerungsanlagen (mittelgroße Feuerungsanlagen, Gasturbinen- und Verbrennungsmotoranlagen) mit einer Feuerungswärmeleistung von mindestens 1 Megawatt und weniger als 50 Megawatt, unabhängig davon, welche Brennstoffe oder welche Arten von Brennstoffen eingesetzt werden,
- genehmigungsbedürftigen Feuerungsanlagen (mittelgroße Feuerungsanlagen, Gasturbinen- und Verbrennungsmotoranlagen) mit einer Feuerungswärmeleistung von weniger als 1 Megawatt, unabhängig davon, welche Brennstoffe oder welche Arten von Brennstoffen eingesetzt werden und
- gemeinsamen Feuerungsanlagen gemäß § 4 mit einer Feuerungswärmeleistung von mindestens 1 Megawatt, unabhängig davon, welche Brennstoffe oder welche Arten von Brennstoffen eingesetzt werden, es sei denn, diese Kombination bildet eine Feuerungsanlage mit einer Feuerungswärmeleistung von 50 Megawatt oder mehr, die unter den Anwendungsbereich der Verordnung über Großfeuerungs-, Gasturbinen- und Verbrennungsmotoranlagen fällt.

Diese Verordnung gilt nicht für

- Feuerungsanlagen, die dem Anwendungsbereich der Verordnung über Großfeuerungs-, Gasturbinen- und Verbrennungsmotoranlagen unterliegen (13. BImSchV),
- Feuerungsanlagen, die dem Anwendungsbereich der Verordnung (EU) 2016/1628 über die Anforderungen in Bezug auf die Emissionsgrenzwerte für gasförmige Schadstoffe und luftverunreinigende Partikel und die Typgenehmigung für Verbrennungsmotoren für nicht für den Straßenverkehr bestimmte mobile Maschinen und Geräte unterliegen,
- Feuerungsanlagen in landwirtschaftlichen Betrieben mit einer Gesamtfeuerungswärmeleistung von höchstens 5 Megawatt, die als Brennstoff ausschließlich unverarbeitete

Geflügelgülle gemäß der Verordnung (EG) Nr. 1069/2009 mit Hygienevorschriften für nicht für den menschlichen Verzehr bestimmte tierische Nebenprodukte verwenden,
- Feuerungsanlagen, in denen die Verbrennungsprodukte unmittelbar zum Erwärmen, zum Trocknen oder zu einer anderweitigen Behandlung von Gegenständen oder Materialien genutzt werden, zum Beispiel Schmelzöfen und -wannen, Wärme- und Wärmebehandlungsöfen und Hochöfen,
- Nachverbrennungsanlagen, die dafür ausgelegt sind, die Abgase aus industriellen Prozessen durch Verbrennung zu reinigen und die nicht als unabhängige Feuerungsanlagen betrieben werden,
- technische Geräte, die zum Antrieb von Fahrzeugen, Schiffen oder Flugzeugen in diesen eingesetzt werden,
- Einrichtungen zum Regenerieren von Katalysatoren für katalytisches Kracken,
- Einrichtungen für die Umwandlung von Schwefelwasserstoff in Schwefel nach dem Claus-Prozess,
- Reaktoren, die in der chemischen Industrie verwendet werden,
- Koksöfen,
- Winderhitzer,
- Krematorien,
- Feuerungsanlagen, die Raffineriebrennstoffe allein oder zusammen mit anderen Brennstoffen zur Energieerzeugung in Mineralöl- und Gasraffinerien verfeuern,
- Ablaugekessel in Anlagen für die Zellstofferzeugung,
- Feuerungsanlagen, die der Forschung, Entwicklung oder Erprobung neuer Einsatzstoffe, Brennstoffe, Erzeugnisse oder Verfahren im Labor- oder Technikumsmaßstab dienen, sowie Prüfstände für oder mit Verbrennungsmotoren und Prüfstände für oder mit Gasturbinen oder Triebwerke von Luftfahrzeugen,
- Anlagen, die als Brennstoff andere feste oder flüssige Abfälle als die in § 1 der Verordnung über die Verbrennung und die Mitverbrennung von Abfällen genannten Stoffe verwenden.

Begriffsbestimmungen (§ 2)

- **Abgas:**
  ist das Trägergas mit den festen, flüssigen oder gasförmigen Emissionen, angegeben als Volumenstrom in der Einheit Kubikmeter je Stunde (m^3/h) und bezogen auf das Abgasvolumen im Normzustand, Temperatur 273,15 Kelvin (K), Druck 101,3 Kilopascal (kPa), nach Abzug des Feuchtegehalts an Wasserdampf.
- **Abgasreinigungseinrichtung:**
  ist eine der Feuerung nachgeschaltete Einrichtung zur Verminderung von Luftverunreinigungen einschließlich Einrichtungen zur selektiven katalytischen Reduktion oder Einrichtungen zur selektiven nichtkatalytischen Reduktion.
- **Abgasverlust:**
  ist die Differenz zwischen dem Wärmeinhalt des Abgases und dem Wärmeinhalt der Verbrennungsluft bezogen auf den Heizwert des Brennstoffs.

- **Bestehende Anlage:**
  ist eine Feuerungsanlage,
  - die vor dem 20. Dezember 2018 in Betrieb genommen wurde oder
  - für die vor dem 19. Dezember 2017 nach § 4 oder § 16 des Bundes-Immissionsschutzgesetzes eine Genehmigung erteilt wurde, sofern die Anlage spätestens am 20. Dezember 2018 in Betrieb genommen wurde.
- **Betriebsstunden:**
  ist der in Stunden ausgedrückte Zeitraum, in dem sich eine Feuerungsanlage in Betrieb befindet und Emissionen in die Luft abgibt, ohne An- und Abfahrzeiten.
- **Bezugssauerstoffgehalt:**
  ist der jeweils vorgegebene oder zu berechnende Volumengehalt an Sauerstoff im Abgas, auf den der jeweilige Emissionsgrenzwert zu beziehen ist.
- **Biobrennstoffe:**
  sind
  - die Produkte land- oder forstwirtschaftlichen Ursprungs aus pflanzlichem Material oder aus Teilen davon, sofern sie zur Nutzung ihres Energieinhalts verwendet werden und
  - folgende Abfälle, falls die erzeugte Wärme genutzt wird:
    a. pflanzliche Abfälle aus der Land- und Forstwirtschaft,
    b. pflanzliche Abfälle aus der Nahrungsmittelindustrie,
    c. natürliche, nicht gefährliche Hölzer aus der Landschaftspflege, sofern sie aufgrund ihrer stofflichen Beschaffenheit mit den Hölzern aus der Forstwirtschaft vergleichbar sind,
    d. faserige pflanzliche Abfälle und Ablaugen aus der Herstellung von natürlichem Zellstoff und aus der Herstellung von Papier aus Zellstoff, sofern sie am Herstellungsort mitverbrannt werden,
    e. Korkabfälle,
    f. Holzabfälle mit Ausnahme von Holzabfällen, die infolge einer Behandlung mit Holzschutzmitteln oder infolge einer Beschichtung halogenorganische Verbindungen oder Schwermetalle enthalten können. Hierzu gehören insbesondere Holzabfälle aus Bau- und Abbruchabfällen.
- **Brennstoffe:**
  sind alle festen, flüssigen oder gasförmigen brennbaren Stoffe einschließlich ihrer nicht brennbaren Bestandteile. Hiervon ausgenommen sind brennbare Stoffe, die dem Anwendungsbereich der Verordnung über die Verbrennung und die Mitverbrennung von Abfällen unterliegen.
- **Brennstofftypen:**
  sind
  - feste Biobrennstoffe,
  - andere feste Brennstoffe,
  - Gasöl,
  - flüssige Brennstoffe, ausgenommen Gasöl,

  - Erdgas,
  - gasförmige Brennstoffe, ausgenommen Erdgas.
- **Brennwertgerät:**
  ist ein Wärmeerzeuger, bei dem die Verdampfungswärme des im Abgas enthaltenen Wasserdampfes konstruktionsbedingt durch Kondensation nutzbar gemacht wird.
- **Emissionen:**
  sind die von einer Anlage ausgehenden Luftverunreinigungen, angegeben als Massenkonzentrationen in der Einheit Gramm je Kubikmeter Abgas (g/m^3), Milligramm je Kubikmeter Abgas (mg/m^3) oder Nanogramm je Kubikmeter Abgas (ng/m^3) oder als Massenstrom in der Einheit Megagramm pro Jahr (Mg/a). Gesamtstaubemissionen können auch als Rußzahl angegeben werden.
- **Emissionsgrenzwert:**
  ist der Wert, der die Menge der Emission einer Anlage festlegt, die zulässigerweise in die Luft abgeleitet werden darf, angegeben als Massenkonzentration und bezogen auf den jeweiligen Bezugssauerstoffgehalt der Emission, im Fall von Gesamtstaubemissionen alternativ auch angegeben als zulässige Rußzahl.
- **Emissionsrelevante Änderung:**
  ist jede Änderung an einer Feuerungsanlage, die sich auf die anzuwendenden Emissionsgrenzwerte auswirken würde.
- **Feuerungswärmeleistung:**
  ist der auf den unteren Heizwert bezogene Wärmeinhalt der Brennstoffe, der einer Feuerungsanlage im Dauerbetrieb je Zeiteinheit zugeführt wird, angegeben in Kilowatt oder Megawatt.
- **Gasöl:**
  ist
  - aus Erdöl gewonnener flüssiger Kraft- oder Brennstoff oder
  - aus Erdöl gewonnener flüssiger Kraft- oder Brennstoff, bei dessen Destillation bei 250 °C nach den Methoden, die nach dem Stand von Wissenschaft und Technik festgelegt sind, weniger als 65 Volumenprozent, einschließlich Verlusten und bei 350 °C mindestens 85 Volumenprozent, einschließlich Verlusten, übergehen.
- **Gasturbinenanlage:**
  ist eine Feuerungsanlage mit einer rotierenden Maschine, die thermische Energie in mechanische Arbeit umwandelt und im Wesentlichen aus einem Verdichter, aus einer Brennkammer, in der Brennstoff zur Erhitzung des Arbeitsmediums oxidiert wird und aus einer Turbine besteht.
- **Genehmigungsbedürftige Anlage:**
  ist eine Anlage, die nach § 4 des Bundes-Immissionsschutzgesetzes einer Genehmigung bedarf.
- **Mittelgroße Feuerungsanlage:**
  ist eine Feuerungsanlage, die keine Gasturbinenanlage oder Verbrennungsmotoranlage ist.

- **Mehrstofffeuerung:**
  ist eine Einzelfeuerung, die mit zwei oder mehr Brennstoffen wechselweise betrieben werden kann.
- **Mischfeuerung:**
  ist eine Einzelfeuerung, die mit zwei oder mehr Brennstoffen gleichzeitig betrieben werden kann.
- **Raffineriebrennstoffe:**
  sind alle festen, flüssigen oder gasförmigen brennbaren Stoffe aus den Destillations- und Konversionsstufen der Rohölraffinierung, einschließlich Raffineriebrenngas, Synthesegas, Raffinerieöl und Petrolkoks.
- **Verbrennungsmotoranlage:**
  ist eine Anlage, bei der durch Oxidation von Brennstoffen im Inneren des Arbeitsraums eines Motors die Brennstoffenergie in mechanische Energie umgewandelt wird.
- **Zweistoffmotoranlage:**
  ist eine Verbrennungsmotoranlage mit Selbstzündung des Brennstoffs, die bei der Verbrennung flüssiger Brennstoffe nach dem Dieselprinzip und bei der Verbrennung gasförmiger Brennstoffe nach dem Ottoprinzip arbeitet.

Bezugssauerstoffgehalt (§ 3)
Emissionsgrenzwerte beziehen sich auf einen Volumengehalt an Sauerstoff im Abgas von

- 3 Prozent bei mittelgroßen Feuerungsanlagen für flüssige oder gasförmige Brennstoffe,
- 6 Prozent bei mittelgroßen Feuerungsanlagen für feste Brennstoffe,
- 15 Prozent bei Gasturbinenanlagen sowie
- 5 Prozent bei Verbrennungsmotoranlagen.

Aggregationsregeln (§ 4)
Werden in einer Anlage nach § 1 der Verordnung über genehmigungsbedürftige Anlagen die Abgase von zwei oder mehr Einzelfeuerungen gemeinsam über einen Schornstein abgeleitet, so gilt die von solchen Feuerungsanlagen gebildete Kombination als eine Feuerungsanlage im Sinne dieser Verordnung. Bei nicht genehmigungsbedürftigen Anlagen gilt § 1 der Verordnung über genehmigungsbedürftige Anlagen entsprechend. Dies gilt auch, wenn in einer Anlage die Abgase aus zwei oder mehr Einzelfeuerungen unter Berücksichtigung technischer und wirtschaftlicher Faktoren gemeinsam über einen Schornstein abgeleitet werden können. Der Betreiber hat die Gründe, aus denen die Aggregationsregel nicht zur Anwendung kommen kann, der zuständigen Behörde zur Beurteilung vorzulegen. Bei einer der oben beschriebenen Kombination von Einzelfeuerungen werden nur Einzelfeuerungen mit einer Feuerungswärmeleistung von 1 Megawatt oder mehr berücksichtigt. Dies gilt nicht für Einzelfeuerungen, die Teil einer genehmigungsbedürftigen Feuerungsanlage sind.

Emissionsrelevante Änderung in einer Feuerungsanlage (§ 5)
Eine emissionsrelevante Änderung an einer nicht genehmigungsbedürftigen Feuerungsanlage liegt regelmäßig vor bei

- der Umstellung des Brennstoffs auf einen anderen Brennstoff, es sei denn, die Feuerungsanlage ist bereits für wechselweisen Brennstoffeinsatz eingerichtet,
- dem Austausch eines Kessels.

Eine emissionsrelevante Änderung an einer genehmigungsbedürftigen Feuerungsanlage liegt regelmäßig vor bei einer Änderung einer Feuerungsanlage nach § 16 des Bundes-Immissionsschutzgesetzes.

Registrierung von Feuerungsanlagen (§ 6)
Der Betreiber einer Feuerungsanlage nach § 1 hat vor der Inbetriebnahme den beabsichtigten Betrieb der Feuerungsanlage schriftlich oder elektronisch der zuständigen Behörde anzuzeigen und dabei die folgenden Angaben gemäß Anhang 1 vorzulegen:

- Feuerungswärmeleistung in MW,
- Art der Feuerungsanlage,
- Art der verwendeten Brennstoffe,
- Datum der Inbetriebnahme,
- NACE-Code,
- voraussichtliche Zahl der jährlichen Betriebsstunden und durchschnittliche Betriebslast,
- wenn von einer Regelung für Anlagen mit wenigen Betriebsstunden gemäß § 15, § 16 oder § 39 Gebrauch gemacht wird,
- wenn von einer Regelung für den Notbetrieb gemäß § 15, § 16 Gebrauch gemacht wird,
- Name und Geschäftssitz des Betreibers sowie Standort der Anlage mit Anschrift und
- Geokoordinaten des Schornsteins und Höhe über Gelände.

Abweichend hat der Betreiber einer bestehenden Feuerungsanlage den Betrieb der Feuerungsanlage schriftlich oder elektronisch der zuständigen Behörde bis zum 1. Dezember 2023 anzuzeigen und dabei die in der Anlage 1 genannten Angaben vorzulegen. Dies gilt nicht für Einzelfeuerungen, die nach § 4 als Teil einer genehmigungsbedürftigen Feuerungsanlage zu aggregieren sind, sofern die Feuerungswärmeleistung der Einzelfeuerungen weniger als 1 Megawatt beträgt. Die zuständige Behörde kann verlangen, dass der Betreiber

- bei einer schriftlichen Anzeige Mehrfachausfertigungen der Unterlagen, die der Anzeige beizufügen sind, übermittelt oder
- bei einer elektronischen Anzeige die Unterlagen, die er der Anzeige beizufügen hat, auch in schriftlicher Form übermittelt.

Die zuständige Behörde teilt dem Betreiber nach Eingang der Anzeige unverzüglich mit, welche zusätzlichen Unterlagen sie für die Registrierung benötigt. Sie registriert die Feuerungsanlage innerhalb eines Monats nach dem Eingang der Anzeige und der vollständigen Unterlagen. Die zuständige Behörde unterrichtet den Betreiber über die Registrierung. Der Betreiber einer anzuzeigenden Feuerungsanlage hat der zuständigen Behörde jede emissionsrelevante Änderung vor ihrer Durchführung sowie den Wechsel des Betreibers und die endgültige Stilllegung der Anlage unverzüglich, spätestens jedoch innerhalb eines Monats, schriftlich oder elektronisch anzuzeigen. Die zuständige Behörde aktualisiert die Registrierung erforderlichenfalls. Die Pflicht zur Durchführung eines Änderungsgenehmigungsverfahrens nach § 16 des Bundes-Immissionsschutzgesetzes oder eines Anzeigeverfahrens nach § 15 des Bundes-Immissionsschutzgesetzes bleibt davon unberührt.

Aufzeichnungs- und Aufbewahrungspflichten des Betreibers (§ 7)
Der Betreiber einer Feuerungsanlage hat folgende Aufzeichnungen zu führen:

- Aufzeichnungen über Betriebsstunden,
- Aufzeichnungen über die Art und Menge der in der Feuerungsanlage verwendeten Brennstoffe,
- Aufzeichnungen über etwaige Störungen oder Ausfälle der Abgasreinigungseinrichtung und
- Aufzeichnungen über die Fälle, in denen die Emissionsgrenzwerte nicht eingehalten wurden und über die diesbezüglich ergriffenen Maßnahmen.

Der Betreiber einer Feuerungsanlage hat Folgendes aufzubewahren:

- die Genehmigung zum Betrieb der Feuerungsanlage oder den Nachweis der Registrierung der Feuerungsanlage durch die zuständige Behörde und, falls vorhanden, die aktualisierte Fassung der Genehmigung oder der Registrierung sowie die zur Genehmigung oder zum Nachweis der Registrierung zugehörigen von der zuständigen Behörde übersandten Informationen,
- die Überwachungsergebnisse sowie die Nachweise über den kontinuierlichen effektiven Betrieb von Abgasreinigungseinrichtungen sowie
- die oben genannten Aufzeichnungen.

Der Betreiber hat die genannten Unterlagen ein Jahr nach der Einstellung des gesamten Betriebs der Anlage aufzubewahren. Der Betreiber hat die genannten Unterlagen mindestens sechs Jahre lang ab dem Zeitpunkt des Vorliegens der Überwachungsergebnisse oder der Aufzeichnungen aufzubewahren. Der Betreiber hat der zuständigen Behörde die genannten Unterlagen auf deren Verlangen vorzulegen. Die zuständige Behörde verlangt die Vorlage insbesondere, um sie der Öffentlichkeit nach den Bestimmungen über den Zugang zu Umweltinformationen zugänglich zu machen.

An- und Abfahrzeiten (§ 8)
Der Betreiber hält die An- und Abfahrzeiten von Feuerungsanlagen möglichst kurz.

2.5.9.2 Anforderungen an die Errichtung und den Betrieb

Emissionsgrenzwerte für Ammoniak (§ 9)
Feuerungsanlagen, die selektive katalytische Reduktion oder selektive nichtkatalytische Reduktion einsetzen, sind so zu errichten und zu betreiben, dass die Emissionen an Ammoniak im Abgas eine Massenkonzentration von 30 mg/m^3 nicht überschreiten.

Emissionsgrenzwerte für Feuerungsanlagen bei Einsatz von festen Brennstoffen (§ 10)
Feuerungsanlagen, die feste Brennstoffe einsetzen, sind so zu errichten und zu betreiben, dass die Emissionen für

- Kohlenmonoxid,
- Gesamtstaub,
- Stickstoffmonoxid und Stickstoffdioxid,
- Distickstoffdioxid,
- Schwefeldioxid und Schwefeltrioxid,
- Schwefeldioxid und Schwefeltrioxid beim Einsatz von Biobrennstoffen,
- anorganische Chlorverbindungen beim Einsatz von Biobrennstoffen,
- organische Stoffe beim Einsatz von Biobrennstoffen,
- Quecksilber und seine Verbindungen beim Einsatz von fossilen Brennstoffen oder Holzabfällen

eingehalten werden.

Besondere Grenzwerte sind zu beachten

- beim Einsatz von Biobrennstoffen in genehmigungsbedürftigen Feuerungsanlagen mit einer Feuerungswärmeleistung von weniger als 1 MW,
- für Gesamtstaub beim Einsatz von naturbelassenem Holz mit einer Feuerungswärmeleistung von weniger als 5 MW,
- für Gesamtstaub beim Einsatz von sonstigen Biobrennstoffen mit einer Feuerungswärmeleistung von weniger als 20 MW,
- für Stickstoffmonoxid und Stickstoffdioxid beim Einsatz von naturbelassenem Holz mit einer Feuerungswärmeleistung von 5 MW oder mehr,
- für Stickstoffmonoxid und Stickstoffdioxid beim Einsatz von sonstigen Biobrennstoffen,
- für Stickstoffmonoxid und Stickstoffdioxid beim Einsatz fossiler Brennstoffe,
- für Schwefeldioxid und Schwefeltrioxid beim Einsatz fossiler Brennstoffe mit einer Feuerungswärmeleistung von weniger als 20 MW,
- für Schwefeldioxid und Schwefeltrioxid beim Einsatz von Biobrennstoffen mit einer Feuerungswärmeleistung von weniger als 1 MW,
- für Schwefeldioxid und Schwefeltrioxid beim Einsatz von Stroh mit einer Feuerungswärmeleistung von weniger als 20 MW.

Emissionsgrenzwerte bei Einsatz von flüssigen Brennstoffen in nicht genehmigungsbedürftigen mittelgroßen Feuerungsanlagen mit einer Feuerungswärmeleistung von 10 Megawatt oder mehr oder in genehmigungsbedürftigen mittelgroßen Feuerungsanlagen (§ 11)
Nicht genehmigungsbedürftige mittelgroße Feuerungsanlagen mit einer Feuerungswärmeleistung von 10 Megawatt oder mehr und genehmigungsbedürftige mittelgroße Feuerungsanlagen, die flüssige Brennstoffe einsetzen, sind so zu errichten und zu betreiben, dass die folgenden Anforderungen eingehalten werden:

- die Rußzahl den Wert 1 nicht überschreitet,
- das Abgas muss soweit frei von Ölderivaten sein, dass die Rußmessung möglich ist,
- Gesamtstaubemissionen,
- Emissionen an Kohlenmonoxid,
- Stickstoffmonoxid und Stickstoffdioxid.

Andere flüssige Brennstoffe als Heizöle mit einem Massengehalt an Schwefel dürfen nur eingesetzt werden, wenn sichergestellt wird, dass der Schwefelgehalt im Brennstoff oder durch Entschwefelungseinrichtungen sichergestellt wird, dass keine höheren Emissionen an Schwefeldioxiden als beim Einsatz von leichtem Heizöl entstehen.

Besondere Grenzwerte sind zu beachten

- für Stickstoffmonoxid und Stickstoffdioxid mit einer Feuerungswärmeleistung von 10 MW bis weniger als 20 MW,
- für Schwefeldioxid und Schwefeltrioxid beim Einsatz von flüssigen Brennstoffen mit einem höheren Schwefelgehalt als leichtes Heizöl mit einer Feuerungswärmeleistung von 5 MW oder mehr.

Emissionsgrenzwerte bei Einsatz von flüssigen Brennstoffen in nicht genehmigungsbedürftigen mittelgroßen Feuerungsanlagen mit einer Feuerungswärmeleistung von weniger als 10 Megawatt (§ 12)
Nicht genehmigungsbedürftige mittelgroße Feuerungsanlagen mit einer Feuerungswärmeleistung von weniger als 10 Megawatt, die flüssige Brennstoffe einsetzen, sind so zu errichten und zu betreiben, dass die folgenden Anforderungen eingehalten werden. Der Betreiber hat sicherzustellen, dass Ölfeuerungsanlagen so errichtet und betrieben werden, dass

- die Rußzahl bei Verdampfungsbrennern den Wert 2 und bei Zerstäubungsbrennern den Wert 1 nicht überschreitet,
- die Abgase frei von Ölderivaten sind,
- die Emissionen an Kohlenmonoxid im Abgas eine Massenkonzentration von 80 mg/m^3 nicht überschreiten und
- die Emissionen an Stickstoffoxiden im Abgas eine Massenkonzentration von 200 mg/m^3, angegeben als Stickstoffdioxid, nicht überschreiten.

Abweichend dürfen bei bestehenden Anlagen die Emissionen an Kohlenmonoxid im Abgas eine Massenkonzentration von 150 mg/m^3 nicht überschreiten. Beim Einsatz von anderen flüssigen Brennstoffen gelten die Anforderungen des § 11 entsprechend.

Emissionsgrenzwerte bei Einsatz von gasförmigen Brennstoffen in nicht genehmigungsbedürftigen mittelgroßen Feuerungsanlagen mit einer Feuerungswärmeleistung von 10 Megawatt oder mehr oder in genehmigungsbedürftigen mittelgroßen Feuerungsanlagen (§ 13)
Nicht genehmigungsbedürftige mittelgroße Feuerungsanlagen mit einer Feuerungswärmeleistung von 10 Megawatt oder mehr und genehmigungsbedürftige mittelgroße Feuerungsanlagen, die gasförmige Brennstoffe einsetzen, sind so zu errichten und zu betreiben, dass die folgenden Anforderungen eingehalten werden:

- Gesamtstaubemissionen,
- Emissionen an Kohlenmonoxid,
- Stickstoffmonoxid und Stickstoffdioxid,
- Schwefeldioxid und Schwefeltrioxid.

Besondere Grenzwerte sind zu beachten

- für Stickstoffmonoxid und Stickstoffdioxid beim Einsatz von Gasen der öffentlichen Gasversorgung oder Flüssiggas,
- für Kohlenmonoxid beim Einsatz von Gasen aus der öffentlichen Gasversorgung oder Flüssiggas mit einer Feuerungswärmleistung von weniger als 20 MW,
- für Schwefeldioxid und Schwefeltrioxid beim Einsatz von Biogas oder Klärgas.

Emissionsgrenzwerte bei Einsatz von gasförmigen Brennstoffen in nicht genehmigungsbedürftigen mittelgroßen Feuerungsanlagen mit einer Feuerungswärmeleistung von weniger als 10 Megawatt (§ 14)
Nicht genehmigungsbedürftige mittelgroße Feuerungsanlagen mit einer Feuerungswärmeleistung von weniger als 10 Megawatt, die gasförmige Brennstoffe einsetzen, sind so zu errichten und zu betreiben, dass die folgenden Anforderungen eingehalten werden. Der Betreiber hat sicherzustellen, dass Gasfeuerungsanlagen bei Einsatz von Gasen der öffentlichen Gasversorgung und von Flüssiggas so errichtet und betrieben werden, dass

- die Emissionen an Kohlenmonoxid im Abgas eine Massenkonzentration von 80 mg/m^3 nicht überschreiten;
- die Emissionen an Stickstoffmonoxid und Stickstoffdioxid im Abgas eine Massenkonzentration von 0,10 g/m^3, angegeben als Stickstoffdioxid, nicht überschreiten.

Abweichend dürfen bei bestehenden Anlagen die Emissionen an Kohlenmonoxid eine Massenkonzentration von 110 mg/m^3 nicht überschreiten. Bei bestehenden Anlagen dürfen die Emissionen an Stickstoffmonoxid und Stickstoffdioxid im Abgas eine Massenkonzentration von 0,15 g/m^3, angegeben als Stickstoffdioxid, bis zum 31. Dezember 2035 nicht überschreiten. Beim Einsatz von Gasen, die nicht aus der öffentlichen Gasversorgung stammen und von Flüssiggasen, sind die Anforderungen aus § 13 einzuhalten.

Emissionsgrenzwerte für Gasturbinenanlagen (§ 15)
Gasturbinenanlagen sind so zu errichten und zu betreiben, dass die folgenden Anforderungen eingehalten werden:

- Rußzahl bei Einsatz flüssiger Brennstoffe im Dauerbetrieb den Wert 2 und beim Anfahren den Wert 4,
- Emissionen an Kohlenmonoxid,
- Stickstoffmonoxid und Stickstoffdioxid.

Besondere Grenzwerte und Anforderungen sind zu beachten

- für Stickstoffmonoxid und Stickstoffdioxid beim Einsatz von sonstigen gasförmigen oder flüssigen Brennstoffen,
- für Stickstoffoxide bei Gasturbinen, die ausschließlich dem Notbetrieb dienen,
- an die Verwendung flüssiger Brennstoffe,
- für Stickstoffmonoxid und Stickstoffdioxid beim Einsatz von Erdgas und sonstigen gasförmigen oder flüssigen Brennstoffen,
- an bestehende Anlagen, die ausschließlich zur Abdeckung der Spitzenlast bei der Energieversorgung bis zu 300 Stunden jährlich im Betrieb sind.

Bei Einsatz gasförmiger Brennstoffe gelten die Anforderungen an die Emissionen von Schwefeloxiden entsprechend. Die Emissionsgrenzwerte sind auf einen Bezugssauerstoffgehalt von 15 Prozent umzurechnen. Die Emissionen an Formaldehyd im Abgas dürfen bei Betrieb mit einer Last von 70 Prozent oder mehr die Massenkonzentration von 5 mg/m^3 nicht überschreiten. Für den Betrieb bei einer Last unter 70 Prozent legt die zuständige Behörde den zu überwachenden Teillastbereich sowie die in diesem Bereich einzuhaltende Emissionsbegrenzung fest.

Emissionsgrenzwerte für Verbrennungsmotoranlagen (§ 16)
Verbrennungsmotoranlagen sind so zu errichten und zu betreiben, dass die folgenden Anforderungen eingehalten werden:

- Bei Einsatz gasförmiger Brennstoffe mit Ausnahme von Gasen der öffentlichen Gasversorgung, Flüssiggas, Biogas, Klärgas und Wasserstoffgas gelten für die Gesamtstaubemissionen die Anforderungen des § 13 entsprechend. Die Emissionsgrenzwerte sind auf einen Bezugssauerstoffgehalt von 5 Prozent umzurechnen.

- Bei Einsatz von Heizöl EL, Dieselkraftstoff, Methanol, Ethanol, Pflanzenölen oder Pflanzenölmethylestern darf der Gesamtstaub im Abgas eine Massenkonzentration von 20 mg/m^3 nicht überschreiten.
- Bei Einsatz sonstiger flüssiger Brennstoffe gelten für die Emissionen von Gesamtstaub die Anforderungen des § 11 entsprechend. Die in § 11 genannten Emissionsgrenzwerte sind auf einen Bezugssauerstoffgehalt von 5 Prozent umzurechnen.
- Bei Einsatz flüssiger Brennstoffe in Anlagen, die zur Abdeckung der Spitzenlast bei der Energieversorgung bis zu 300 Stunden jährlich in Betrieb sind oder ausschließlich dem Notbetrieb dienen, hat der Betreiber die Anlage mit einem Rußfilter nach dem Stand der Technik auszustatten. Dies gilt nicht für bestehende Anlagen. Der Betreiber hat der zuständigen Behörde innerhalb von vier Monaten nach Inbetriebnahme eine Prüfbescheinigung darüber vorzulegen, dass die Emissionen an Gesamtstaub eine Massenkonzentration von 5 mg/m^3 nicht überschreiten. Der Betreiber hat den Rußfilter ordnungsgemäß zu warten. Der Betreiber kann auf den Einbau eines Rußfilters verzichten. In diesem Fall darf die Emission an Gesamtstaub eine Massenkonzentration von 50 mg/m^3 nicht überschreiten. Bei Einsatz flüssiger Brennstoffe in bestehenden Anlagen, die zur Abdeckung der Spitzenlast bei der Energieversorgung bis zu 300 Stunden jährlich in Betrieb sind oder ausschließlich dem Notbetrieb dienen, darf der Gesamtstaub eine Massenkonzentration von 80 mg/m^3 nicht überschreiten.
- Die Emissionen an Kohlenmonoxid im Abgas dürfen folgende Massenkonzentrationen nicht überschreiten:
  - bei Motoren, die mit flüssigen Brennstoffen betrieben werden, 0,30 g/m^3,
  - bei Motoren, die mit Biogas, Klärgas, Grubengas oder mit Gasen aus der thermochemischen Vergasung von naturbelassenem Holz betrieben werden, 0,50 g/m^3,
  - bei Motoren, die mit anderen Brennstoffen, insbesondere mit Gasen der öffentlichen Gasversorgung oder mit Flüssiggas, betrieben werden, 0,25 g/m^3.

  Dies ist nicht anzuwenden bei Verbrennungsmotoranlagen, die zur Abdeckung der Spitzenlast bei der Energieversorgung bis zu 300 Stunden jährlich in Betrieb sind oder ausschließlich dem Notbetrieb dienen. Bei Anlagen sind die Möglichkeiten der Emissionsminderung für Kohlenmonoxid durch motorische Maßnahmen nach dem Stand der Technik auszuschöpfen.
- Die Emissionen an Stickstoffmonoxid und Stickstoffdioxid im Abgas dürfen folgende Massenkonzentrationen, angegeben als Stickstoffdioxid, nicht überschreiten:
  - bei Motoren, die mit flüssigen Brennstoffen betrieben werden, 0,1 g/m^3,
  - bei Motoren, die mit Klärgas, Grubengas oder Gasen aus der thermochemischen Vergasung von naturbelassenem Holz betrieben werden, 0,50 g/m^3,
  - bei Motoren, die mit Biogas betrieben werden, 0,1 g/m^3,
  - bei Motoren, die mit anderen als oben genannten Brennstoffen, insbesondere mit Gasen der öffentlichen Gasversorgung oder Flüssiggas, betrieben werden, 0,1 g/m^3.

  Die Emissionsgrenzwerte für Stickstoffoxide sind nicht anzuwenden bei Verbrennungsmotoranlagen, die weniger als 300 Stunden pro Jahr betrieben werden oder ausschließlich dem Notbetrieb dienen. Bei Anlagen sind die Möglichkeiten der Emissions-

minderung für Stickstoffoxide durch motorische Maßnahmen nach dem Stand der Technik auszuschöpfen.
- Bei Einsatz flüssiger mineralischer Brennstoffe dürfen nur folgende Brennstoffe verwendet werden:
  - Heizöle mit einem Massengehalt an Schwefel für leichtes Heizöl nach der Verordnung über die Beschaffenheit und die Auszeichnung der Qualitäten von Kraft- und Brennstoffen,
  - Dieselkraftstoffe mit einem Massengehalt an Schwefel nach der Verordnung über die Beschaffenheit und die Auszeichnung der Qualitäten von Kraft- und Brennstoffen.

Die Emissionen an Formaldehyd im Abgas dürfen folgende Massenkonzentrationen nicht überschreiten:

- bei Zündstrahl- oder Magermotoren, die mit Biogas, Erdgas, Klärgas oder Grubengas betrieben werden, 20 mg/m^3,
- bei Motoren, die mit flüssigen Brennstoffen betrieben werden, 20 mg/m^3,
- bei Motoren, die mit sonstigen Brennstoffen, insbesondere mit Gasen aus der thermochemischen Vergasung von naturbelassenem Holz, betrieben werden, 10 mg/m^3,
- bei Motoren, die ausschließlich dem Notbetrieb dienen, 60 mg/m^3.

Die Emissionen an organischen Stoffen im Abgas dürfen ab dem 1. Januar 2025 folgende Massenkonzentrationen, angegeben als Gesamtkohlenstoff, nicht überschreiten:

- bei Motoren, die mit Biogas, Klärgas oder Grubengas betrieben werden, 1,3 g/m^3,
- bei Motoren, die mit Gasen der öffentlichen Gasversorgung oder mit Flüssiggas betrieben werden
  - bei Fremdzündungsmotoren im Magerbetrieb und bei Selbstzündungsmotoren 1,3 g/m^3,
  - bei anderen Fremdzündungsmotoren 0,30 g/m^3.

Bei Verbrennungsmotoranlagen, die mit Gasen aus der thermochemischen Vergasung von Holz betrieben werden, dürfen die Emissionen an Benzol eine Massenkonzentration von 1,0 mg/m^3 nicht überschreiten.

Anforderungen an die Abgasverluste von nicht genehmigungsbedürftigen mittelgroßen Öl- und Gasfeuerungsanlagen (§ 17)

Nicht genehmigungsbedürftige mittelgroße Öl- und Gasfeuerungsanlagen sind so zu errichten und zu betreiben, dass der Abgasverlust nicht mehr als 9 Prozent beträgt. Nicht genehmigungsbedürftige mittelgroße Öl- und Gasfeuerungsanlagen, bei denen der Grenzwert für den Abgasverlust aufgrund ihrer bestimmungsgemäßen Funktionen nicht eingehalten werden kann, sind so zu errichten und zu betreiben, dass sie dem Stand der Technik des jeweiligen Prozesses oder der jeweiligen Bauart entsprechen.

Anforderungen an Mischfeuerungen und Mehrstofffeuerungen (§ 18)
Bei Mischfeuerungen sind die für den jeweiligen Brennstoff festgelegten Emissionsgrenzwerte und Bezugssauerstoffgehalte nach dem Verhältnis der mit diesem Brennstoff zugeführten Feuerungswärmeleistung zur insgesamt zugeführten Feuerungswärmeleistung zu ermitteln. Die für die Feuerungsanlage maßgeblichen Emissionsgrenzwerte und der für die Feuerungsanlage maßgebliche Bezugssauerstoffgehalt ergeben sich durch Addition der ermittelten Werte. Mehrstofffeuerungen sind so zu errichten und zu betreiben, dass die Anforderungen für den jeweils verwendeten Brennstoff eingehalten werden.

Ableitbedingungen (§ 19)
Der Betreiber einer Anlage hat die Abgase in kontrollierter Weise so abzuleiten, dass ein ungestörter Abtransport mit der freien Luftströmung ermöglicht wird. Bei nicht genehmigungsbedürftigen Öl- und Gasfeuerungsanlagen mit einer Feuerungswärmeleistung von 1 bis 10 Megawatt hat die Höhe der Austrittsöffnung die höchste Kante des Dachfirstes um mindestens 3 Meter zu überragen und mindestens 10 Meter über Gelände zu liegen. Bei einer Dachneigung von weniger als 20 Grad ist die Höhe der Austrittsöffnung auf einen fiktiven Dachfirst zu beziehen, dessen Höhe unter Zugrundelegung einer Dachneigung von 20 Grad zu berechnen ist. Bei genehmigungsbedürftigen Anlagen sowie nicht genehmigungsbedürftigen Öl- und Gasfeuerungsanlagen mit einer Feuerungswärmeleistung von 10 bis 20 Megawatt sind die Ableitungshöhen anhand der Anforderungen der Technischen Anleitung zur Reinhaltung der Luft in der jeweils zum Zeitpunkt der Errichtung der Anlage geltenden Fassung zu ermitteln. Die Anforderungen an die Ableitbedingungen sind für genehmigungsbedürftige Anlagen in der Genehmigung festzulegen.

Abgasreinigungseinrichtungen (§ 20)
Sofern zur Einhaltung der Emissionsgrenzwerte Abgasreinigungseinrichtungen erforderlich sind, ist der gesamte Abgasstrom zu behandeln. Bei Feuerungsanlagen, in denen zur Einhaltung der Emissionsgrenzwerte eine Abgasreinigungseinrichtung verwendet wird, hat der Betreiber Nachweise über den kontinuierlichen effektiven Betrieb der Abgasreinigungseinrichtung zu führen. Der Betreiber einer Anlage hat bei einer Betriebsstörung an einer Abgasreinigungseinrichtung oder bei ihrem Ausfall unverzüglich die erforderlichen Maßnahmen für einen ordnungsgemäßen Betrieb zu ergreifen. Er hat den Betrieb der Anlage einzuschränken oder sie außer Betrieb zu nehmen, wenn ein ordnungsgemäßer Betrieb nicht innerhalb von 24 Stunden sichergestellt werden kann. In jedem Fall hat er die zuständige Behörde unverzüglich, spätestens jedoch innerhalb von 48 Stunden nach dem Zeitpunkt des Eintretens der Betriebsstörung oder des Ausfalls, zu unterrichten. Bei Ausfall einer Abgasreinigungseinrichtung darf eine Anlage während eines Zeitraums von zwölf aufeinanderfolgenden Monaten höchstens 400 Stunden ohne diese Abgasreinigungseinrichtung betrieben werden.

2.5.9.3 Messung und Überwachung

Messungen an mittelgroßen Feuerungsanlagen bei Einsatz von festen Brennstoffen (§ 21)

Der Betreiber hat bei Einsatz von festen Brennstoffen in Feuerungsanlagen mit einer Feuerungswärmeleistung von 25 Megawatt oder mehr die Massenkonzentration der Gesamtstaubemissionen kontinuierlich zu ermitteln. Der Betreiber hat bei Einsatz von festen Brennstoffen in Feuerungsanlagen mit einer Feuerungswärmeleistung von 20 Megawatt bis weniger als 25 Megawatt die Massenkonzentration der Gesamtstaubemissionen jährlich zu ermitteln. Der Betreiber hat bei Einsatz von festen Brennstoffen in Feuerungsanlagen mit einer Feuerungswärmeleistung von 5 Megawatt bis weniger als 25 Megawatt die Massenkonzentration der Gesamtstaubemissionen qualitativ kontinuierlich zu ermitteln.

Für Feuerungsanlagen mit einer Feuerungswärmeleistung von weniger als 5 Megawatt, die mit einer Abgasreinigungseinrichtung für Gesamtstaub ausgerüstet sind, gilt Entsprechendes. Kann der Betreiber statt einer qualitativ kontinuierlichen Messung auch Nachweise über den kontinuierlichen effektiven Betrieb des Staubabscheiders führen, sobald hierfür ein Verfahren nach dem Stand der Technik zur Verfügung steht. Der Betreiber hat bei Feuerungsanlagen mit einer Feuerungswärmeleistung von 2,5 Megawatt oder mehr die Massenkonzentration der Emissionen an Kohlenmonoxid kontinuierlich zu ermitteln. Abweichend hat der Betreiber bei Einzelfeuerungen in Altanlagen im Sinne von Nummer 2.10 der Technischen Anleitung zur Reinhaltung der Luft mit einer Feuerungswärmeleistung von weniger als 20 Megawatt die Emissionen an Kohlenmonoxid alle drei Jahre zu ermitteln.

Der Betreiber hat bei Feuerungsanlagen, die Entschwefelungsanlagen einsetzen, die Massenkonzentration der Emissionen an Schwefeloxiden kontinuierlich zu ermitteln oder den effektiven kontinuierlichen Betrieb der Entschwefelungsanlage anderweitig nachzuweisen. Der Betreiber hat bei Feuerungsanlagen mit einer Feuerungswärmeleistung von 20 Megawatt oder mehr folgende Emissionen jährlich zu ermitteln: die Emissionen an

- Stickstoffmonoxid und Stickstoffdioxid, anzugeben als Stickstoffdioxid,
- Schwefeldioxid und Schwefeltrioxid, sofern die Feuerungsanlage nicht ausschließlich mit naturbelassenem Holz oder Holzabfällen betrieben wird.

Der Betreiber hat bei Feuerungsanlagen mit einer Feuerungswärmeleistung von weniger als 20 Megawatt folgende Emissionen alle drei Jahre zu ermitteln: die Emissionen an

- Gesamtstaub,
- Stickstoffmonoxid und Stickstoffdioxid, anzugeben als Stickstoffdioxid,
- Schwefeldioxid und Schwefeltrioxid, sofern die Feuerungsanlage nicht ausschließlich mit naturbelassenem Holz oder Holzabfällen betrieben wird.

Der Betreiber hat bei Feuerungsanlagen mit einer Feuerungswärmeleistung von weniger als 2,5 Megawatt, deren Emissionen an Kohlenmonoxid nicht kontinuierlich gemessen werden müssen, die Emissionen an Kohlenmonoxid alle drei Jahre zu ermitteln. Der Betreiber hat die Emissionen an gasförmigen anorganischen Chlorverbindungen, Quecksilber und seinen Verbindungen sowie an organischen Stoffen alle drei Jahre zu ermitteln.

Messungen an mittelgroßen Feuerungsanlagen bei Einsatz von gasförmigen Brennstoffen (§ 22)

Bei Einsatz von gasförmigen Brennstoffen in Feuerungsanlagen, die selektive katalytische Reduktion oder selektive nichtkatalytische Reduktion einsetzen, hat der Betreiber Nachweise über den kontinuierlichen effektiven Betrieb der Abgasreinigungseinrichtung zur Minderung der Emissionen an Stickstoffoxiden zu führen. Der Betreiber hat bei Feuerungsanlagen mit einer Feuerungswärmeleistung von 20 Megawatt oder mehr die Emissionen an Stickstoffmonoxid und Stickstoffdioxid, anzugeben als Stickstoffdioxid und Kohlenmonoxid jährlich zu ermitteln. Der Betreiber hat bei Feuerungsanlagen mit einer Feuerungswärmeleistung von weniger als 20 Megawatt die Emissionen an Stickstoffmonoxid und Stickstoffdioxid, anzugeben als Stickstoffdioxid und Kohlenmonoxid alle drei Jahre zu ermitteln.

Der Betreiber hat bei Feuerungsanlagen für Brennstoffe außer Flüssiggas, Wasserstoffgas und Gasen der öffentlichen Gasversorgung mit einer Feuerungswärmeleistung von 20 Megawatt oder mehr die Emissionen an Schwefeloxiden und Gesamtstaub jährlich zu ermitteln. Der Betreiber hat bei Feuerungsanlagen für Brennstoffe außer Flüssiggas, Wasserstoffgas und Gasen der öffentlichen Gasversorgung mit einer Feuerungswärmeleistung von weniger als 20 Megawatt die Emissionen an Schwefeloxiden und Gesamtstaub alle drei Jahre zu ermitteln. Der Betreiber hat bei nicht genehmigungsbedürftigen Feuerungsanlagen den Abgasverlust alle drei Jahre nach der Verordnung über kleine und mittlere Feuerungsanlagen zu ermitteln.

Messungen an mittelgroßen Feuerungsanlagen bei Einsatz von flüssigen Brennstoffen (§ 23)

Der Betreiber hat bei Einsatz von flüssigen Brennstoffen in Feuerungsanlagen mit einer Feuerungswärmeleistung von 20 Megawatt oder mehr die Emissionen an Stickstoffmonoxid und Stickstoffdioxid, anzugeben als Stickstoffdioxid, jährlich zu ermitteln. Der Betreiber hat bei Einsatz von flüssigen Brennstoffen in Feuerungsanlagen mit einer Feuerungswärmeleistung von weniger als 20 Megawatt die Emissionen an Stickstoffmonoxid und Stickstoffdioxid, anzugeben als Stickstoffdioxid, alle drei Jahre zu ermitteln. Der Betreiber hat bei Einzelfeuerungen mit einer Feuerungswärmeleistung von 10 Megawatt oder mehr für den Einsatz von Heizölen, Methanol, Ethanol, naturbelassenen Pflanzenölen oder Pflanzenölmethylestern, die Bestandteil einer Feuerungsanlage mit einer Feuerungswärmeleistung von 20 Megawatt oder mehr sind, die Rußzahl und die Massenkonzentration der Emissionen an Kohlenmonoxid im Abgas kontinuierlich zu ermitteln. Der Betreiber hat bei Einsatz von Heizölen, Methanol, Ethanol, naturbelassenen Pflanzenölen oder Pflanzenölmethylestern in Feuerungsanlagen die Emissionen an Kohlenmonoxid sowie die Rußzahl

- an Feuerungsanlagen mit einer Feuerungswärmeleistung von 20 Megawatt oder mehr jährlich zu ermitteln,
- an Feuerungsanlagen mit einer Feuerungswärmeleistung von weniger als 20 Megawatt alle drei Jahre zu ermitteln.

Der Betreiber hat bei Feuerungsanlagen, die emulgiertes Naturbitumen oder Heizöle einsetzen, die Emissionen an Schwefeloxiden

- an Feuerungsanlagen mit einer Feuerungswärmeleistung von 20 Megawatt oder mehr jährlich zu ermitteln,
- an Feuerungsanlagen mit einer Feuerungswärmeleistung von weniger als 20 Megawatt alle drei Jahre zu ermitteln.

Bei Feuerungsanlagen, die Methanol, Ethanol, naturbelassenes Pflanzenöl oder Pflanzenölmethylester einsetzen, hat der Betreiber den Schwefelgehalt und den unteren Heizwert des verwendeten Brennstoffs regelmäßig zu überprüfen, einen Nachweis zu führen und den Nachweis

- bei Anlagen mit einer Feuerungswärmeleistung von 20 Megawatt oder mehr jährlich der zuständigen Behörde vorzulegen,
- bei Anlagen mit einer Feuerungswärmeleistung von weniger als 20 Megawatt alle drei Jahre der zuständigen Behörde vorzulegen.

Der Betreiber hat bei Einzelfeuerungen mit einer Feuerungswärmeleistung von 20 Megawatt oder mehr, die emulgiertes Naturbitumen oder Heizöle einsetzen, die Massenkonzentrationen der Emissionen an Gesamtstaub und Kohlenmonoxid im Abgas kontinuierlich zu ermitteln. Der Betreiber hat bei Einzelfeuerungen mit einer Feuerungswärmeleistung von weniger als 20 Megawatt, die emulgiertes Naturbitumen oder Heizöle einsetzen, die Massenkonzentration der Gesamtstaubemissionen im Abgas qualitativ kontinuierlich zu ermitteln. Der Betreiber hat bei genannten Feuerungsanlagen, die emulgiertes Naturbitumen oder Heizöle einsetzen, die Emissionen an Kohlenmonoxid und Gesamtstaub

- bei Feuerungsanlagen mit einer Feuerungswärmeleistung von 20 Megawatt oder mehr jährlich zu ermitteln,
- bei Feuerungsanlagen mit einer Feuerungswärmeleistung von weniger als 20 Megawatt alle drei Jahre zu ermitteln.

Der Betreiber hat bei nicht genehmigungsbedürftigen Feuerungsanlagen den Abgasverlust alle drei Jahre nach der Verordnung über kleine und mittlere Feuerungsanlagen zu ermitteln.

Messungen an Verbrennungsmotoranlagen (§ 24)

Der Betreiber hat bei einer Feuerungswärmeleistung von 1 Megawatt oder mehr bei Verbrennungsmotoranlagen, die mit flüssigen Brennstoffen betrieben werden, sowie bei Zündstrahlmotoren die Emissionen an Gesamtstaub jährlich zu ermitteln. Der Betreiber hat bei Verbrennungsmotoranlagen die Emissionen an Gesamtstaub alle drei Jahre zu ermitteln, sofern die Staubemissionen in § 16 begrenzt sind. Bei Verbrennungsmotoranlagen, die mit Rußfiltern ausgerüstet sind, hat der Betreiber Nachweise über den kontinuierlichen effektiven Betrieb des Rußfilters zu führen.

Der Betreiber hat bei Verbrennungsmotoranlagen mit einer Feuerungswärmeleistung von 1 Megawatt oder mehr die Emissionen an Kohlenmonoxid jährlich zu ermitteln. Bei Verbrennungsmotoranlagen mit einer Feuerungswärmeleistung von weniger als 20 Megawatt, die mit thermischer Nachverbrennung ausgestattet sind, die Emissionen an Kohlenmonoxid alle drei Jahre zu messen. Der Betreiber hat bei Verbrennungsmotoranlagen, die mit thermischer Nachverbrennung ausgestattet sind, die Temperatur der Nachverbrennung kontinuierlich zu ermitteln. Bei Verbrennungsmotoranlagen, die mit Oxidationskatalysatoren ausgestattet sind, hat der Betreiber Nachweise über den kontinuierlichen effektiven Betrieb des Katalysators zu führen.

Der Betreiber einer Verbrennungsmotoranlage hat Nachweise über die dauerhafte Einhaltung der Emissionsgrenzwerte für Stickstoffoxide, zum Beispiel über den kontinuierlichen effektiven Betrieb der Abgasreinigungseinrichtung, zu führen. Der Betreiber einer Gasmotoranlage nach dem Magergasprinzip hat die Emissionen an Stickstoffoxiden im Abgas jedes Motors mit geeigneten qualitativen Messeinrichtungen wie beispielsweise NO_x-Sensoren als Tagesmittelwert zu überwachen. Der Betreiber hat bei Verbrennungsmotoranlagen mit einer Feuerungswärmeleistung von 1 Megawatt oder mehr die Emissionen an Stickstoffmonoxid und Stickstoffdioxid, anzugeben als Stickstoffdioxid, jährlich zu ermitteln. Der Betreiber hat bei Verbrennungsmotoranlagen, die weniger als 300 Stunden pro Jahr betrieben werden oder ausschließlich dem Notbetrieb dienen, die Emissionen an Stickstoffmonoxid und Stickstoffdioxid, anzugeben als Stickstoffdioxid, alle drei Jahre zu ermitteln.

Für die Messung von Schwefeloxiden gelten für Verbrennungsmotoranlagen mit einer Feuerungswärmeleistung von 1 Megawatt oder mehr die Vorgaben des § 22 entsprechend.

Der Betreiber hat bei Verbrennungsmotoranlagen mit einer Feuerungswärmeleistung von 1 Megawatt oder mehr, die gasförmige Brennstoffe einsetzen, die Emissionen an organischen Stoffen, anzugeben als Gesamtkohlenstoff, jährlich zu ermitteln.

Der Betreiber hat bei Verbrennungsmotoranlagen zur Verbrennung von Biogas, Erdgas, Grubengas oder Klärgas die Emissionen an Formaldehyd jährlich zu ermitteln. Bei sonstigen Verbrennungsmotoranlagen mit einer Feuerungswärmeleistung von 1 Megawatt oder mehr sind die Emissionen an Formaldehyd alle drei Jahre zu ermitteln. Für nicht genehmigungsbedürftige Verbrennungsmotoranlagen, die ausschließlich dem Notbetrieb dienen, ist ein Nachweis der Einhaltung des Emissionsgrenzwerts einmalig binnen drei Monaten nach der Inbetriebnahme oder der Registrierung als bestehende Anlage zu erbringen.

Der Betreiber hat bei Verbrennungsmotoranlagen, die mit Gasen aus der thermochemischen Vergasung von Holz betrieben werden, die Emissionen an Benzol jährlich zu ermitteln. Der Betreiber hat bei Verbrennungsmotoranlagen zur Verbrennung von Deponiegas mit einer Feuerungswärmeleistung von weniger als 1 Megawatt die Emissionen an Gesamtstaub, Kohlenmonoxid, Stickstoffmonoxid und Stickstoffdioxid, anzugeben als Stickstoffdioxid, an Schwefeloxiden, an organischen Stoffen, anzugeben als Gesamtkohlenstoff und an Formaldehyd alle drei Jahre zu ermitteln.

Messungen an Gasturbinenanlagen (§ 25)
Der Betreiber hat bei Gasturbinenanlagen mit einer Feuerungswärmeleistung von 20 Megawatt oder mehr die Emissionen an Kohlenmonoxid sowie an Stickstoffmonoxid und Stickstoffdioxid, anzugeben als Stickstoffdioxid, jährlich zu ermitteln. Der Betreiber hat bei Gasturbinenanlagen mit einer Feuerungswärmeleistung von weniger als 20 Megawatt die Emissionen an Kohlenmonoxid sowie an Stickstoffmonoxid und Stickstoffdioxid, anzugeben als Stickstoffdioxid, alle drei Jahre zu ermitteln. Die Anforderungen an die Überwachung der Emissionen an Stickstoffoxiden gelten nicht für die Fälle, in denen die Massenkonzentration an Stickstoffmonoxid und Stickstoffdioxid, anzugeben als Stickstoffdioxid, kontinuierlich gemessen wird. Für die Messung von Schwefeloxiden gelten für Gasturbinenanlagen die Vorgaben von § 22 bezogen auf den verwendeten Brennstoff entsprechend. Der Betreiber hat bei Einsatz flüssiger Brennstoffe in Gasturbinenanlagen mit einer Feuerungswärmeleistung von 20 Megawatt oder mehr die Rußzahl jährlich zu ermitteln. Der Betreiber hat bei Einsatz flüssiger Brennstoffe in Gasturbinenanlagen mit einer Feuerungswärmeleistung von weniger als 20 Megawatt die Rußzahl alle drei Jahre zu ermitteln.

Der Betreiber hat bei Gasturbinen die Emissionen an Formaldehyd alle drei Jahre zu ermitteln.

Messungen an Feuerungsanlagen mit Abgasreinigungseinrichtung für Stickstoffoxide (§ 26)
Der Betreiber hat bei Feuerungsanlagen, die selektive katalytische Reduktion oder selektive nichtkatalytische Reduktion einsetzen, die Emissionen an Ammoniak gleichzeitig mit den Emissionen an Stickstoffmonoxid und Stickstoffdioxid zu ermitteln. Diese Anforderung gilt nicht für

- Anlagen, die über eine nasse Rauchgaswäsche verfügen, die der selektiven katalytischen Reduktion oder selektiven nichtkatalytischen Reduktion nachgeschaltet ist,
- Anlagen, die über einen der selektiven katalytischen Reduktion nachgeschalteten Oxidationskatalysator verfügen.

Messplätze (§ 27)
Der Betreiber hat vor Inbetriebnahme einer Anlage für die Messungen zur Feststellung der Emissionen sowie zur Ermittlung der Bezugs- oder Betriebsgrößen Messplätze einzurichten. Die Messplätze sollen ausreichend groß, leicht begehbar und so beschaffen sein, dass repräsentative und einwandfreie Messungen gewährleistet sind.

Messverfahren und Messeinrichtungen (§ 28)

Der Betreiber hat sicherzustellen, dass für Messungen die dem Stand der Messtechnik entsprechenden Messverfahren und Mess- und Auswerteeinrichtungen verwendet werden. Der Betreiber hat Feuerungsanlagen vor Inbetriebnahme mit geeigneten Mess- und Auswerteeinrichtungen auszurüsten. Der Betreiber hat vor der Inbetriebnahme der Feuerungsanlage der zuständigen Behörde den ordnungsgemäßen Einbau von Mess- und Auswerteeinrichtungen zur kontinuierlichen Überwachung durch die Vorlage der Bescheinigung einer Stelle für Kalibrierungen nachzuweisen. Diese Stelle für Kalibrierungen muss von der zuständigen Landesbehörde oder von der nach Landesrecht bestimmten Behörde bekannt gegeben worden sein. Der Betreiber hat Messeinrichtungen, die zur kontinuierlichen Feststellung der Emissionen oder der Betriebsgrößen eingesetzt werden, durch eine Stelle, die bekannt gegeben wurde von der zuständigen Landesbehörde oder der nach Landesrecht bestimmten Behörde,

- kalibrieren zu lassen und
- auf Funktionsfähigkeit prüfen zu lassen.

Die Prüfung auf Funktionsfähigkeit ist jährlich, die Kalibrierung jeweils nach der Errichtung und nach jeder wesentlichen Änderung einer Feuerungsanlage durchführen zu lassen, sobald der ungestörte Betrieb erreicht ist, jedoch spätestens vier Monate nach Inbetriebnahme oder der wesentlichen Änderung. Die Kalibrierung ist mindestens alle drei Jahre zu wiederholen. Der Betreiber hat die Berichte über das Ergebnis der Kalibrierung und der Prüfung der Funktionsfähigkeit der zuständigen Behörde innerhalb von zwölf Wochen nach Kalibrierung und Prüfung vorzulegen.

Kontinuierliche Messungen (§ 29)

Der Betreiber hat die Emissionen von Kohlenmonoxid durch kontinuierliche Messungen zu ermitteln, sofern ein Massenstrom von 5 Kilogramm Kohlenmonoxid pro Stunde überschritten wird. Der Betreiber hat Feuerungsanlagen, die den Massenstrom überschreiten, vor Inbetriebnahme mit entsprechenden Messeinrichtungen auszurüsten. Für die Bestimmung des Massenstroms ist die Festlegung im Genehmigungsbescheid maßgeblich. Auf die kontinuierliche Überwachung einer Quelle einer Anlage wird verzichtet, wenn diese weniger als 500 Stunden im Jahr emittiert oder weniger als 10 Prozent zur Jahresemission der Anlage beiträgt. Der Betreiber hat folgende Parameter kontinuierlich zu ermitteln, aufzuzeichnen und auszuwerten:

- die Massenkonzentrationen der kontinuierlich zu messenden Emissionen,
- den Volumengehalt an Sauerstoff im Abgas und
- die zur Beurteilung des ordnungsgemäßen Betriebs erforderlichen Betriebsgrößen, insbesondere Leistung, Abgastemperatur, Abgasvolumenstrom, Feuchtegehalt und Druck.

Messeinrichtungen für den Feuchtegehalt sind nicht notwendig, sofern das Abgas vor der Ermittlung der Massenkonzentration der Emissionen getrocknet wird. Ergibt sich aufgrund der Bauart und Betriebsweise von Nass-Abgasentschwefelungsanlagen infolge des Sättigungszustands des Abgases und der konstanten Abgastemperatur, dass der Feuchtegehalt im Abgas an der Messstelle einen konstanten Wert annimmt, soll die zuständige Behörde auf die kontinuierliche Messung des Feuchtegehalts verzichten und die Verwendung des in Einzelmessungen ermittelten Wertes zulassen. In diesem Fall hat der Betreiber Nachweise über das Vorliegen der vorgenannten Voraussetzungen bei der Kalibrierung der Messeinrichtungen zu führen und der zuständigen Behörde auf Verlangen vorzulegen. Der Betreiber hat die Nachweise sechs Jahre nach der Kalibrierung aufzubewahren.

Ergibt sich aufgrund der Einsatzstoffe, der Bauart, der Betriebsweise oder aufgrund von Einzelmessungen, dass der Anteil des Stickstoffdioxids an den Stickstoffoxidemissionen unter 5 Prozent liegt, soll die zuständige Behörde auf die kontinuierliche Messung des Stickstoffdioxids verzichten und die Bestimmung des Anteils durch Berechnung zulassen. In diesem Fall ist ein Nachweis über den Anteil des Stickstoffdioxids bei der Kalibrierung zu führen. Wird die Massenkonzentration an Schwefeldioxid kontinuierlich gemessen, kann die Massenkonzentration an Schwefeltrioxid bei der Kalibrierung ermittelt und durch Berechnung berücksichtigt werden. Die zuständige Behörde kann auf die kontinuierliche Messung der Emissionen verzichten, wenn durch andere Prüfungen, insbesondere durch fortlaufende Feststellung der Wirksamkeit von Einrichtungen zur Emissionsminderung, der Zusammensetzung von Brenn- und Einsatzstoffen oder der Prozessbedingungen, sichergestellt ist, dass die Emissionsgrenzwerte eingehalten werden.

Auswertung und Beurteilung von kontinuierlichen Messungen, Messbericht (§ 30)
Während des Betriebs der Anlage ist aus den ermittelten Messwerten aus kontinuierlichen Messungen für jede aufeinanderfolgende halbe Stunde jeweils der Halbstundenmittelwert zu bilden und auf den Bezugssauerstoffgehalt umzurechnen. Aus den Halbstundenmittelwerten ist für jeden Tag der Tagesmittelwert, bezogen auf die tägliche Betriebszeit, zu bilden. Für Tage, an denen mehr als sechs Halbstundenmittelwerte wegen Störung oder Wartung des Messsystems für kontinuierliche Messungen ungültig sind, können keine gültigen Tagesmittelwerte gebildet werden. Für An- und Abfahrvorgänge, bei denen ein Überschreiten des Zweifachen der festgelegten Emissionsbegrenzungen nicht verhindert werden kann, sind durch die zuständige Behörde Sonderregelungen zu treffen. Sind die Tagesmittelwerte für mehr als zehn Tage im Jahr wegen Störung oder Wartung des Messsystems für kontinuierliche Messungen ungültig, hat die zuständige Behörde den Betreiber zu verpflichten, geeignete Maßnahmen einzuleiten, um die Zuverlässigkeit des Messsystems für kontinuierliche Messungen zu verbessern.

Über die Ergebnisse der kontinuierlichen Messungen hat der Betreiber für jedes Kalenderjahr einen Messbericht zu erstellen und der zuständigen Behörde bis zum 31. März des Folgejahres vorzulegen. Der Betreiber hat den Messbericht sowie die zugrunde liegenden Aufzeichnungen der Messgeräte sechs Jahre nach Ende des Berichtszeitraums aufzubewahren. Messergebnisse, die der zuständigen Behörde durch geeignete telemetrische Übermittlung vorliegen, müssen nicht im Messbericht enthalten sein. Die Emissionsgrenzwerte sind eingehalten, wenn

- kein Ergebnis eines Tagesmittelwerts den jeweils maßgebenden Emissionsgrenzwert überschreitet und
- kein Ergebnis eines validierten Halbstundenmittelwerts das Doppelte der genannten Emissionsgrenzwerte überschreitet.

Einzelmessungen (§ 31)
Der Betreiber hat innerhalb von vier Monaten nach der Inbetriebnahme der Feuerungsanlage folgende erste Messung vornehmen zu lassen:

- Emissionen an Stickstoffoxiden,
- Emissionen an Schwefeloxiden,
- Emissionen an Gesamtstaub beziehungsweise der Rußzahl,
- Emissionen an Kohlenmonoxid,
- Emissionen an chlorhaltigen anorganischen Stoffen sowie Quecksilber und seinen Verbindungen,
- Emissionen an organischen Stoffen,
- Emissionen an Formaldehyd,
- Emissionen an Benzol,
- des Abgasverlustes.

Der Betreiber hat zudem Messungen spätestens vier Monate nach einer emissionsrelevanten Änderung der Feuerungsanlage vornehmen zu lassen. Der Betreiber einer bestehenden Anlage, für die bei Inkrafttreten dieser Verordnung noch keine Messung durchgeführt wurde, hat die erste regelmäßige Messung bis zum 20. Juni 2022 vornehmen zu lassen. Während jeder Einzelmessung muss die Anlage unter stabilen Bedingungen und bei einer repräsentativen gleichmäßigen Last laufen. Insbesondere An- und Abfahrzeiten sind in diesem Zusammenhang auszunehmen. Abweichend hat die Einzelmessung zur Überprüfung der Einhaltung der Anforderungen bei Volllast zu erfolgen, soweit dies bei Einsatz von Biogas, Grubengas, Klärgas oder Deponiegas möglich ist. Die Dauer der Einzelmessung soll eine halbe Stunde betragen; das Ergebnis der Einzelmessung ist als Halbstundenmittelwert zu ermitteln und anzugeben. Der Betreiber hat über die Ergebnisse der Einzelmessungen einen Messbericht zu erstellen und der zuständigen Behörde unverzüglich vorzulegen. Der Messbericht muss Folgendes enthalten:

- Angaben über die Messplanung,
- das Ergebnis jeder Einzelmessung,
- das verwendete Messverfahren und
- die Betriebsbedingungen, die für die Beurteilung der Messergebnisse von Bedeutung sind.

Die Emissionsgrenzwerte gelten als eingehalten, wenn kein Ergebnis einer Einzelmessung zuzüglich der Messunsicherheit einen Emissionsgrenzwert überschreitet. Sollten durch nachträgliche Anordnungen, die auf der Ermittlung von Emissionen beruhen, zusätzliche Emissionsminderungsmaßnahmen gefordert werden, ist die Messunsicherheit zugunsten des Betreibers zu berücksichtigen. Die Anforderungen an den Abgasverlust gelten als eingehalten, wenn kein Ergebnis einer Einzelmessung einen in § 17 genannten Wert für den zulässigen Abgasverlust überschreitet. Der Betreiber kann die Einzelmessungen bei nicht genehmigungsbedürftigen mittelgroßen Feuerungsanlagen mit einer Feuerungswärmeleistung von weniger als 10 Megawatt zur Feststellung von einem Schornsteinfeger oder einer Schornsteinfegerin vornehmen lassen. Die Messungen sind während der üblichen Betriebszeit einer Feuerungsanlage gemäß der Verordnung über kleine und mittlere Feuerungsanlagen durchzuführen. Über das Ergebnis der Messungen hat die Schornsteinfegerin oder der Schornsteinfeger dem Betreiber der Feuerungsanlage eine Bescheinigung auszustellen. Der Betreiber hat die Bescheinigung der zuständigen Überwachungsbehörde unverzüglich vorzulegen.

Weitergehende Anforderungen (§ 33)
Die Befugnis der zuständigen Behörde, andere oder weitergehende Anforderungen, insbesondere zur Vermeidung schädlicher Umwelteinwirkungen, zu stellen, bleibt unberührt.

Anlagenregister (§ 36)
Die zuständige Behörde führt ein Register mit Informationen über jede zu registrierende Feuerungsanlage (Anlagenregister). Im Anlagenregister werden folgende Informationen aufgezeichnet:

- die nach der Anlage 1 für jede Anlage mitzuteilenden Informationen und
- die Informationen, die bei emissionsrelevanten Änderungen einer Anlage mitzuteilen sind.

Bestehende Anlagen werden spätestens bis zum 30. September 2024 in das Anlagenregister aufgenommen. Die zuständige Behörde macht die im Anlagenregister enthaltenen Informationen nach den Bestimmungen über den Zugang zu Umweltinformationen öffentlich zugänglich, unter anderem auch über das Internet.

Übergangsregelungen (§ 39)
Für bestehende Anlagen gelten

- die Anforderungen dieser Verordnung ab dem 20. Juni 2019,
- die Anforderungen nach den §§ 9 bis 17 „Grenzwerte und Abgasverluste" gelten ab dem 1. Januar 2025.

Bis zum 31. Dezember 2024 gelten für bestehende genehmigungsbedürftige Anlagen die Anforderungen der Technischen Anleitung zur Reinhaltung der Luft fort. Bis zum 31. Dezember 2024 gelten für bestehende nicht genehmigungsbedürftige Anlagen die Vorschriften der Verordnung über kleine und mittlere Feuerungsanlagen in der vor dem 20. Juni 2019 geltenden Fassung. Für bestimmte Brennstoffe und Anlagenarten sind die zusätzlichen bzw. abweichenden Bestimmungen zu beachten.

2.6 Überwachung und Verbesserung der Luftqualität

Überwachung der Luftqualität (§ 44)
Zur Überwachung der Luftqualität führen die zuständigen Behörden regelmäßige Untersuchungen durch. Die Landesregierungen oder die von ihnen bestimmten Stellen werden ermächtigt, durch Rechtsverordnungen Untersuchungsgebiete festzulegen, in denen Art und Umfang bestimmter Luftverunreinigungen in der Atmosphäre, die schädliche Umwelteinwirkungen hervorrufen können, in einem bestimmten Zeitraum oder fortlaufend festzustellen sowie die für die Entstehung der Luftverunreinigungen und ihrer Ausbreitung bedeutsamen Umstände zu untersuchen sind.

Verbesserung der Luftqualität (§ 45)
Die zuständigen Behörden ergreifen die erforderlichen Maßnahmen, um die Einhaltung der durch eine Rechtsverordnung nach § 48a festgelegten Immissionswerte sicherzustellen. Die Maßnahmen

- müssen einem integrierten Ansatz zum Schutz von Luft, Wasser und Boden Rechnung tragen,
- dürfen nicht gegen die Vorschriften zum Schutz von Gesundheit und Sicherheit der Arbeitnehmer am Arbeitsplatz verstoßen,
- dürfen keine erheblichen Beeinträchtigungen der Umwelt in anderen Mitgliedstaaten verursachen.

Emissionskataster (§ 46)
Soweit es zur Erfüllung von bindenden Rechtsakten der Europäischen Gemeinschaften oder der Europäischen Union erforderlich ist, stellen die zuständigen Behörden Emissionskataster auf.

Unterrichtung der Öffentlichkeit (§ 46a)
Die Öffentlichkeit ist nach Maßgabe der Rechtsverordnungen nach § 48a über die Luftqualität zu informieren. Überschreitungen von in Rechtsverordnungen nach § 48a festgelegten Informations- oder Alarmschwellen sind der Öffentlichkeit von der zuständigen Behörde unverzüglich durch Rundfunk, Fernsehen, Presse oder auf andere Weise bekannt zu geben.

Luftreinhaltepläne, Pläne für kurzfristig zu ergreifende Maßnahmen, Landesverordnungen (§ 47)
Werden die durch eine Rechtsverordnung nach § 48a festgelegten Immissionsgrenzwerte einschließlich festgelegter Toleranzmargen überschritten, hat die zuständige Behörde ei-

nen Luftreinhalteplan aufzustellen, welcher die erforderlichen Maßnahmen zur dauerhaften Verminderung von Luftverunreinigungen festlegt. Die Maßnahmen eines Luftreinhalteplans müssen geeignet sein, den Zeitraum einer Überschreitung von bereits einzuhaltenden Immissionsgrenzwerten so kurz wie möglich zu halten. Besteht die Gefahr, dass die durch eine Rechtsverordnung nach § 48a festgelegten Alarmschwellen überschritten werden, hat die zuständige Behörde einen Plan für kurzfristig zu ergreifende Maßnahmen aufzustellen. Besteht die Gefahr, dass durch eine Rechtsverordnung nach § 48a festgelegte Immissionsgrenzwerte oder Zielwerte überschritten werden, kann die zuständige Behörde einen Plan für kurzfristig zu ergreifende Maßnahmen aufstellen. Die im Plan festgelegten Maßnahmen müssen geeignet sein, die Gefahr der Überschreitung der Werte zu verringern oder den Zeitraum, während dessen die Werte überschritten werden, zu verkürzen. Liegen Anhaltspunkte dafür vor, dass die durch eine Rechtsverordnung nach § 48a festgelegten Immissionswerte nicht eingehalten werden oder sind in einem Untersuchungsgebiet sonstige schädliche Umwelteinwirkungen zu erwarten, kann die zuständige Behörde einen Luftreinhalteplan aufstellen.

Die Maßnahmen sind entsprechend des Verursacheranteils unter Beachtung des Grundsatzes der Verhältnismäßigkeit gegen alle Emittenten zu richten, die zum Überschreiten der Immissionswerte oder in einem Untersuchungsgebiet zu sonstigen schädlichen Umwelteinwirkungen beitragen. Werden in Plänen Maßnahmen im Straßenverkehr erforderlich, sind diese im Einvernehmen mit den zuständigen Straßenbau- und Straßenverkehrsbehörden festzulegen. Werden Immissionswerte hinsichtlich mehrerer Schadstoffe überschritten, ist ein alle Schadstoffe erfassender Plan aufzustellen. Werden Immissionswerte durch Emissionen überschritten, die außerhalb des Plangebiets verursacht werden, hat in den Fällen auch die dort zuständige Behörde einen Plan aufzustellen. Die aufzustellenden Pläne müssen den Anforderungen des § 45 entsprechen. Die Öffentlichkeit ist bei der Aufstellung von Plänen zu beteiligen. Die Pläne müssen für die Öffentlichkeit zugänglich sein.

Bei der Aufstellung oder Änderung von Luftreinhalteplänen ist die Öffentlichkeit durch die zuständige Behörde zu beteiligen. Die Aufstellung oder Änderung eines Luftreinhalteplanes sowie Informationen über das Beteiligungsverfahren sind in einem amtlichen Veröffentlichungsblatt und auf andere geeignete Weise öffentlich bekannt zu machen. Der Entwurf des neuen oder geänderten Luftreinhalteplans ist einen Monat zur Einsicht auszulegen. Bis zwei Wochen nach Ablauf der Auslegungsfrist kann gegenüber der zuständigen Behörde schriftlich oder elektronisch Stellung genommen werden. Der Zeitpunkt des Fristablaufs ist bei der Bekanntmachung mitzuteilen. Fristgemäß eingegangene Stellungnahmen werden von der zuständigen Behörde bei der Entscheidung über die Annahme des Plans angemessen berücksichtigt. Der aufgestellte Plan ist von der zuständigen Behörde in einem amtlichen Veröffentlichungsblatt und auf andere geeignete Weise öffentlich bekannt zu machen. In der öffentlichen Bekanntmachung sind das überplante Gebiet und eine Übersicht über die wesentlichen Maßnahmen darzustellen. Eine Ausfertigung des Plans, einschließlich einer Darstellung des Ablaufs des Beteiligungsverfahrens und der Gründe und Erwägungen, auf denen die getroffene Entscheidung beruht, wird zwei Wochen zur Einsicht ausgelegt.

Werden Pläne für kurzfristig zu ergreifende Maßnahmen aufgestellt, macht die zuständige Behörde der Öffentlichkeit sowohl die Ergebnisse ihrer Untersuchungen zur Durchführbarkeit und zum Inhalt solcher Pläne als auch Informationen über die Durchführung dieser Pläne zugänglich. Die Maßnahmen sind durch Anordnungen oder sonstige Entscheidungen der zuständigen Träger öffentlicher Verwaltung nach diesem Gesetz oder nach anderen Rechtsvorschriften durchzusetzen. Die Landesregierungen oder die von ihnen bestimmten Stellen werden ermächtigt, bei der Gefahr, dass Immissionsgrenzwerte überschritten werden, dass in näher zu bestimmenden Gebieten bestimmte

- ortsveränderliche Anlagen nicht betrieben werden dürfen,
- ortsfeste Anlagen nicht errichtet werden dürfen,
- ortsveränderliche oder ortsfeste Anlagen nur zu bestimmten Zeiten betrieben werden dürfen oder erhöhten betriebstechnischen Anforderungen genügen müssen,
- Brennstoffe in Anlagen nicht oder nur beschränkt verwendet werden dürfen,

soweit die Anlagen oder Brennstoffe geeignet sind, zur Überschreitung der Immissionswerte beizutragen.

Verwaltungsvorschriften (§ 48)
Die Bundesregierung erlässt nach Anhörung der beteiligten Kreise mit Zustimmung des Bundesrates zur Durchführung dieses Gesetzes und der aufgrund dieses Gesetzes erlassenen Rechtsverordnungen des Bundes allgemeine Verwaltungsvorschriften, insbesondere über

- Immissionswerte, die zu dem in § 1 genannten Zweck nicht überschritten werden dürfen,
- Emissionswerte, deren Überschreiten nach dem Stand der Technik vermeidbar ist,
- das Verfahren zur Ermittlung der Emissionen und Immissionen,
- die von der zuständigen Behörde zu treffenden Maßnahmen bei Anlagen, für die Regelungen in einer Rechtsverordnung nach § 7 vorgesehen werden können,
- äquivalente Parameter oder äquivalente technische Maßnahmen zu Emissionswerten,
- angemessene Sicherheitsabstände gemäß § 3.

Bei der Festlegung der Anforderungen sind insbesondere mögliche Verlagerungen von nachteiligen Auswirkungen von einem Schutzgut auf ein anderes zu berücksichtigen. Ein hohes Schutzniveau für die Umwelt insgesamt ist zu gewährleisten. Nach jeder Veröffentlichung einer BVT-Schlussfolgerung ist unverzüglich zu gewährleisten, dass für Anlagen nach der Industrieemissions-Richtlinie bei der Festlegung von Emissionswerten die Emissionen unter normalen Betriebsbedingungen die in den BVT-Schlussfolgerungen genannten Emissionsbandbreiten nicht überschreiten. Im Hinblick auf bestehende Anlagen ist innerhalb eines Jahres nach Veröffentlichung von BVT-Schlussfolgerungen zur Haupttätigkeit eine Überprüfung und gegebenenfalls Anpassung der Verwaltungsvorschrift vorzunehmen. Abweichend können in der Verwaltungsvorschrift weniger strenge Emissionswerte festgelegt werden, wenn

- wegen technischer Merkmale der betroffenen Anlagenart die Anwendung der in den BVT-Schlussfolgerungen genannten Emissionsbandbreiten unverhältnismäßig wäre und dies begründet wird oder
- in Anlagen Zukunftstechniken für einen Gesamtzeitraum von höchstens neun Monaten erprobt oder angewendet werden sollen, sofern nach dem festgelegten Zeitraum die Anwendung der betreffenden Technik beendet wird oder in der Anlage mindestens die mit den besten verfügbaren Techniken assoziierten Emissionsbandbreiten erreicht werden.

Emissionswerte und Emissionsbegrenzungen dürfen die in den Anhängen der Richtlinie 2010/75/EU festgelegten Emissionsgrenzwerte nicht überschreiten.

Rechtsverordnungen über Emissionswerte und Immissionswerte (§ 48a)
Zur Erfüllung von bindenden Rechtsakten der Europäischen Gemeinschaften oder der Europäischen Union kann die Bundesregierung zu dem in § 1 genannten Zweck mit Zustimmung des Bundesrates Rechtsverordnungen über die Festsetzung von Immissions- und Emissionswerten einschließlich der Verfahren zur Ermittlung sowie Maßnahmen zur Einhaltung dieser Werte und zur Überwachung und Messung erlassen. In den Rechtsverordnungen kann auch geregelt werden, wie die Bevölkerung zu unterrichten ist. Über die Erfüllung von bindenden Rechtsakten der Europäischen Gemeinschaften oder der Europäischen Union hinaus kann die Bundesregierung zu dem in § 1 genannten Zweck mit Zustimmung des Bundesrates Rechtsverordnungen über die Festlegung von Immissionswerten für weitere Schadstoffe einschließlich der Verfahren zur Ermittlung sowie Maßnahmen zur Einhaltung dieser Werte und zur Überwachung und Messung erlassen. In den Rechtsverordnungen kann auch geregelt werden, wie die Bevölkerung zu unterrichten ist.

Schutz bestimmter Gebiete (§ 49)
Die Landesregierungen werden ermächtigt, durch Rechtsverordnung vorzuschreiben, dass in näher zu bestimmenden Gebieten, die eines besonderen Schutzes vor schädlichen Umwelteinwirkungen durch Luftverunreinigungen oder Geräusche bedürfen, bestimmte

- ortsveränderliche Anlagen nicht betrieben werden dürfen,
- ortsfeste Anlagen nicht errichtet werden dürfen,
- ortsveränderliche oder ortsfeste Anlagen nur zu bestimmten Zeiten betrieben werden dürfen oder erhöhten betriebstechnischen Anforderungen genügen müssen oder
- Brennstoffe in Anlagen nicht oder nur beschränkt verwendet werden dürfen,

soweit die Anlagen oder Brennstoffe geeignet sind, schädliche Umwelteinwirkungen durch Luftverunreinigungen oder Geräusche hervorzurufen, die mit dem besonderen Schutzbedürfnis dieser Gebiete nicht vereinbar sind und die Luftverunreinigungen und Geräusche durch Auflagen nicht verhindert werden können. Die Landesregierungen werden ermächtigt, durch Rechtsverordnung Gebiete festzusetzen, in denen während austauscharmer Wetterlagen ein starkes Anwachsen schädlicher Umwelteinwirkungen durch Luftverunreinigungen zu befürchten ist. In der Rechtsverordnung kann vorgeschrieben werden, dass in diesen Gebieten

- ortsveränderliche oder ortsfeste Anlagen nur zu bestimmten Zeiten betrieben oder
- Brennstoffe, die in besonderem Maße Luftverunreinigungen hervorrufen, in Anlagen nicht oder nur beschränkt verwendet

werden dürfen, sobald die austauscharme Wetterlage von der zuständigen Behörde bekannt gegeben wird.

2.7 Betriebsorganisation

2.7.1 Anforderungen nach Bundes-Immissionsschutzgesetz (BImSchG)

Überwachung (§ 52)

Die zuständigen Behörden haben die Durchführung dieses Gesetzes und der auf dieses Gesetz gestützten Rechtsverordnungen zu überwachen. Sie können die dafür erforderlichen Maßnahmen treffen und bei der Durchführung dieser Maßnahmen Beauftragte einsetzen. Sie haben Genehmigungen regelmäßig zu überprüfen und soweit erforderlich durch nachträgliche Anordnungen auf den neuesten Stand zu bringen. Eine Überprüfung wird in jedem Fall vorgenommen, wenn

- Anhaltspunkte dafür bestehen, dass der Schutz der Nachbarschaft und der Allgemeinheit nicht ausreichend ist und deshalb die in der Genehmigung festgelegten Begrenzungen der Emissionen überprüft oder neu festgesetzt werden müssen,
- wesentliche Veränderungen des Standes der Technik eine erhebliche Verminderung der Emissionen ermöglichen,
- eine Verbesserung der Betriebssicherheit erforderlich ist, insbesondere durch die Anwendung anderer Techniken oder
- neue umweltrechtliche Vorschriften dies fordern.

Bei Anlagen nach der Industrieemissions-Richtlinie ist innerhalb von vier Jahren nach der Veröffentlichung von BVT-Schlussfolgerungen zur Haupttätigkeit

- eine Überprüfung und gegebenenfalls Aktualisierung der Genehmigung vorzunehmen und
- sicherzustellen, dass die betreffende Anlage die Genehmigungsanforderungen und die Nebenbestimmungen einhält.

Wird festgestellt, dass eine Einhaltung der nachträglichen Anordnung oder der Genehmigung innerhalb der bestimmten Frist wegen technischer Merkmale der betroffenen Anlage unverhältnismäßig wäre, kann die zuständige Behörde einen längeren Zeitraum festlegen. Als Teil jeder Überprüfung der Genehmigung hat die zuständige Behörde die Festlegung weniger strenger Emissionsbegrenzungen erneut zu bewerten. Im Falle des § 31 hat die zuständige Behörde mindestens jährlich die Ergebnisse der Emissionsüberwachung zu bewerten, um sicherzustellen, dass die Emissionen unter normalen Betriebsbedingungen die in den BVT-Schlussfolgerungen festgelegten Emissionsbandbreiten nicht überschreiten. Zur Durchführung stellen die zuständigen Behörden zur regelmäßigen Überwachung von Anlagen nach der Industrieemissions-Richtlinie in ihrem Zuständigkeitsbereich Überwachungspläne und Überwachungsprogramme auf. Zur Überwachung gehören insbesondere Vor-Ort-Besichtigungen, Überwachung der Emissionen und Überprüfung interner Berichte und Folgedokumente, Überprüfung der Eigenkontrolle, Prüfung der angewandten Techniken und der Eignung des Umweltmanagements der Anlage zur Sicherstellung der Anforderungen.

Eigentümer und Betreiber von Anlagen sowie Eigentümer und Besitzer von Grundstücken, auf denen Anlagen betrieben werden, sind verpflichtet, den Angehörigen der zuständigen Behörde und deren Beauftragten den Zutritt zu den Grundstücken und zur Verhütung dringender Gefahren für die öffentliche Sicherheit oder Ordnung auch zu Wohnräumen und die Vornahme von Prüfungen einschließlich der Ermittlung von Emissionen und Immissionen zu gestatten sowie die Auskünfte zu erteilen und die Unterlagen vorzulegen, die zur Erfüllung ihrer Aufgaben erforderlich sind. Das Grundrecht der Unverletzlichkeit der Wohnung wird insoweit eingeschränkt. Betreiber von Anlagen, für die ein Immissionsschutzbeauftragter oder ein Störfallbeauftragter bestellt ist, haben diesen auf Verlangen der zuständigen Behörde zu Überwachungsmaßnahmen hinzuzuziehen. Im Rahmen der Pflichten haben die Eigentümer und Betreiber der Anlagen Arbeitskräfte sowie Hilfsmittel, insbesondere Treibstoffe und Antriebsaggregate, bereitzustellen. Soweit zur Durchführung dieses Gesetzes oder der auf dieses Gesetz gestützten Rechtsverordnungen Immissionen zu ermitteln sind, haben auch die Eigentümer und Besitzer von Grundstücken, auf denen Anlagen nicht betrieben werden, den Angehörigen der zuständigen Behörde und deren Beauftragten den Zutritt zu den Grundstücken und zur Verhütung dringender Gefahren für die öffentliche Sicherheit oder Ordnung auch zu Wohnräumen und die Vornahme der Prüfungen zu gestatten.

Überwachungspläne, Überwachungsprogramme für Anlagen nach der Industrieemissions-Richtlinie (§ 52a)

Überwachungspläne haben Folgendes zu enthalten:

- den räumlichen Geltungsbereich des Plans,
- eine allgemeine Bewertung der wichtigen Umweltprobleme im Geltungsbereich des Plans,
- ein Verzeichnis der in den Geltungsbereich des Plans fallenden Anlagen,

- Verfahren für die Aufstellung von Programmen für die regelmäßige Überwachung,
- Verfahren für die Überwachung aus besonderem Anlass sowie,
- soweit erforderlich, Bestimmungen für die Zusammenarbeit zwischen verschiedenen Überwachungsbehörden.

Die Überwachungspläne sind von den zuständigen Behörden regelmäßig zu überprüfen und, soweit erforderlich, zu aktualisieren. Auf der Grundlage der Überwachungspläne erstellen oder aktualisieren die zuständigen Behörden regelmäßig Überwachungsprogramme, in denen auch die Zeiträume angegeben sind, in denen Vor-Ort-Besichtigungen stattfinden müssen. In welchem zeitlichen Abstand Anlagen vor Ort besichtigt werden müssen, richtet sich nach einer systematischen Beurteilung der mit der Anlage verbundenen Umweltrisiken insbesondere anhand der folgenden Kriterien:

- mögliche und tatsächliche Auswirkungen der betreffenden Anlage auf die menschliche Gesundheit und auf die Umwelt unter Berücksichtigung der Emissionswerte und -typen, der Empfindlichkeit der örtlichen Umgebung und des von der Anlage ausgehenden Unfallrisikos,
- bisherige Einhaltung der Genehmigungsanforderungen und der Nebenbestimmungen,
- Eintragung eines Unternehmens in ein Verzeichnis der Verordnung (EG) Nr. 1221/2009 über die freiwillige Teilnahme von Organisationen an einem Gemeinschaftssystem für Umweltmanagement und Umweltbetriebsprüfung.

Der Abstand zwischen zwei Vor-Ort-Besichtigungen darf die folgenden Zeiträume nicht überschreiten:

- ein Jahr bei Anlagen, die der höchsten Risikostufe unterfallen, sowie
- drei Jahre bei Anlagen, die der niedrigsten Risikostufe unterfallen.

Wurde bei einer Überwachung festgestellt, dass der Betreiber einer Anlage in schwerwiegender Weise gegen die Genehmigung verstößt, hat die zuständige Behörde innerhalb von sechs Monaten nach der Feststellung des Verstoßes eine zusätzliche Vor-Ort-Besichtigung durchzuführen. Die zuständigen Behörden führen bei Beschwerden wegen ernsthafter Umweltbeeinträchtigungen, bei Ereignissen mit erheblichen Umweltauswirkungen und bei Verstößen gegen die Vorschriften dieses Gesetzes oder der aufgrund dieses Gesetzes erlassenen Rechtsverordnungen eine Überwachung durch. Nach jeder Vor-Ort-Besichtigung einer Anlage erstellt die zuständige Behörde einen Bericht mit den relevanten Feststellungen über die Einhaltung der Genehmigungsanforderungen und der Nebenbestimmungen sowie mit Schlussfolgerungen, ob weitere Maßnahmen notwendig sind. Der Bericht ist dem Betreiber innerhalb von zwei Monaten nach der Vor-Ort-Besichtigung durch die zuständige Behörde zu übermitteln. Der Bericht ist der Öffentlichkeit nach den Vorschriften über den Zugang zu Umweltinformationen innerhalb von vier Monaten nach der Vor-Ort-Besichtigung zugänglich zu machen.

Mitteilungspflichten zur Betriebsorganisation (§ 52b)
Besteht bei Kapitalgesellschaften das vertretungsberechtigte Organ aus mehreren Mitgliedern oder sind bei Personengesellschaften mehrere vertretungsberechtigte Gesellschafter vorhanden, so ist der zuständigen Behörde anzuzeigen, wer von ihnen nach den Bestimmungen über die Geschäftsführungsbefugnis für die Gesellschaft die Pflichten des Betreibers der genehmigungsbedürftigen Anlage wahrnimmt, die ihm nach diesem Gesetz und nach den aufgrund dieses Gesetzes erlassenen Rechtsverordnungen und allgemeinen Verwaltungsvorschriften obliegen. Die Gesamtverantwortung aller Organmitglieder oder Gesellschafter bleibt hiervon unberührt. Der Betreiber der genehmigungsbedürftigen Anlage oder im Rahmen ihrer Geschäftsführungsbefugnis die anzuzeigende Person hat der zuständigen Behörde mitzuteilen, auf welche Weise sichergestellt ist, dass die dem Schutz vor schädlichen Umwelteinwirkungen und vor sonstigen Gefahren, erheblichen Nachteilen und erheblichen Belästigungen dienenden Vorschriften und Anordnungen beim Betrieb beachtet werden.

Bestellung eines Betriebsbeauftragten für Immissionsschutz (§ 53)
Betreiber genehmigungsbedürftiger Anlagen haben einen oder mehrere Betriebsbeauftragte für Immissionsschutz (Immissionsschutzbeauftragte) zu bestellen, sofern dies im Hinblick auf die Art oder die Größe der Anlagen wegen der

- von den Anlagen ausgehenden Emissionen,
- technischen Probleme der Emissionsbegrenzung oder
- Eignung der Erzeugnisse, bei bestimmungsgemäßer Verwendung schädliche Umwelteinwirkungen durch Luftverunreinigungen, Geräusche oder Erschütterungen hervorzurufen,

erforderlich ist. Das Bundesministerium für Umwelt, Naturschutz, Bau und Reaktorsicherheit bestimmt nach Anhörung der beteiligten Kreise durch Rechtsverordnung mit Zustimmung des Bundesrates die genehmigungsbedürftigen Anlagen, deren Betreiber Immissionsschutzbeauftragte zu bestellen haben. Die zuständige Behörde kann anordnen, dass Betreiber genehmigungsbedürftiger Anlagen, für die die Bestellung eines Immissionsschutzbeauftragten nicht durch Rechtsverordnung vorgeschrieben ist, sowie Betreiber nicht genehmigungsbedürftiger Anlagen einen oder mehrere Immissionsschutzbeauftragte zu bestellen haben, soweit sich im Einzelfall die Notwendigkeit der Bestellung ergibt.

Aufgaben (§ 54)
Der Immissionsschutzbeauftragte berät den Betreiber und die Betriebsangehörigen in Angelegenheiten, die für den Immissionsschutz bedeutsam sein können. Er ist berechtigt und verpflichtet

- auf die Entwicklung und Einführung umweltfreundlicher Verfahren, einschließlich Verfahren zur Vermeidung oder ordnungsgemäßen und schadlosen Verwertung der beim

Betrieb entstehenden Abfälle oder deren Beseitigung als Abfall sowie zur Nutzung von entstehender Wärme, umweltfreundlicher Erzeugnisse, einschließlich Verfahren zur Wiedergewinnung und Wiederverwendung, hinzuwirken,

- bei der Entwicklung und Einführung umweltfreundlicher Verfahren und Erzeugnisse mitzuwirken, insbesondere durch Begutachtung der Verfahren und Erzeugnisse unter dem Gesichtspunkt der Umweltfreundlichkeit,
- soweit dies nicht Aufgabe des Störfallbeauftragten ist, die Einhaltung der Vorschriften dieses Gesetzes und der aufgrund dieses Gesetzes erlassenen Rechtsverordnungen und die Erfüllung erteilter Bedingungen und Auflagen zu überwachen, insbesondere durch Kontrolle der Betriebsstätte in regelmäßigen Abständen, Messungen von Emissionen und Immissionen, Mitteilung festgestellter Mängel und Vorschläge über Maßnahmen zur Beseitigung dieser Mängel,
- die Betriebsangehörigen über die von der Anlage verursachten schädlichen Umwelteinwirkungen aufzuklären sowie über die Einrichtungen und Maßnahmen zu ihrer Verhinderung unter Berücksichtigung der sich aus diesem Gesetz oder Rechtsverordnungen aufgrund dieses Gesetzes ergebenden Pflichten.

Der Immissionsschutzbeauftragte erstattet dem Betreiber jährlich einen Bericht über die getroffenen und beabsichtigten Maßnahmen.

Pflichten des Betreibers (§ 55)
Der Betreiber hat den Immissionsschutzbeauftragten schriftlich zu bestellen und die ihm obliegenden Aufgaben genau zu bezeichnen. Der Betreiber hat die Bestellung des Immissionsschutzbeauftragten und die Bezeichnung seiner Aufgaben sowie Veränderungen in seinem Aufgabenbereich und dessen Abberufung der zuständigen Behörde unverzüglich anzuzeigen. Dem Immissionsschutzbeauftragten ist eine Abschrift der Anzeige auszuhändigen. Der Betreiber hat den Betriebs- oder Personalrat vor der Bestellung des Immissionsschutzbeauftragten unter Bezeichnung der ihm obliegenden Aufgaben zu unterrichten. Entsprechendes gilt bei Veränderungen im Aufgabenbereich des Immissionsschutzbeauftragten und bei dessen Abberufung.

Der Betreiber darf zum Immissionsschutzbeauftragten nur bestellen, wer die zur Erfüllung seiner Aufgaben erforderliche Fachkunde und Zuverlässigkeit besitzt. Werden der zuständigen Behörde Tatsachen bekannt, aus denen sich ergibt, dass der Immissionsschutzbeauftragte nicht die zur Erfüllung seiner Aufgaben erforderliche Fachkunde oder Zuverlässigkeit besitzt, kann sie verlangen, dass der Betreiber einen anderen Immissionsschutzbeauftragten bestellt. Das Bundesministerium für Umwelt, Naturschutz, Bau und Reaktorsicherheit wird ermächtigt nach Anhörung der beteiligten Kreise durch Rechtsverordnung mit Zustimmung des Bundesrates vorzuschreiben, welche Anforderungen an die Fachkunde und Zuverlässigkeit des Immissionsschutzbeauftragten zu stellen sind.

Werden mehrere Immissionsschutzbeauftragte bestellt, so hat der Betreiber für die erforderliche Koordinierung in der Wahrnehmung der Aufgaben, insbesondere durch Bildung eines Ausschusses für Umweltschutz, zu sorgen. Entsprechendes gilt, wenn neben einem oder mehreren Immissionsschutzbeauftragten Betriebsbeauftragte nach anderen gesetzlichen Vorschriften bestellt werden. Der Betreiber hat ferner für die Zusammenarbeit der Betriebsbeauftragten mit den im Bereich des Arbeitsschutzes beauftragten Personen zu sorgen. Der Betreiber hat den Immissionsschutzbeauftragten bei der Erfüllung seiner Aufgaben zu unterstützen und ihm insbesondere, soweit dies zur Erfüllung seiner Aufgaben erforderlich ist, Hilfspersonal sowie Räume, Einrichtungen, Geräte und Mittel zur Verfügung zu stellen und die Teilnahme an Schulungen zu ermöglichen.

Stellungnahme zu Entscheidungen des Betreibers (§ 56)
Der Betreiber hat vor Entscheidungen über die Einführung von Verfahren und Erzeugnissen sowie vor Investitionsentscheidungen eine Stellungnahme des Immissionsschutzbeauftragten einzuholen, wenn die Entscheidungen für den Immissionsschutz bedeutsam sein können. Die Stellungnahme ist so rechtzeitig einzuholen, dass sie bei den Entscheidungen angemessen berücksichtigt werden kann; sie ist derjenigen Stelle vorzulegen, die über die Einführung von Verfahren und Erzeugnissen sowie über die Investition entscheidet.

Vortragsrecht (§ 57)
Der Betreiber hat durch innerbetriebliche Organisationsmaßnahmen sicherzustellen, dass der Immissionsschutzbeauftragte seine Vorschläge oder Bedenken unmittelbar der Geschäftsleitung vortragen kann, wenn er sich mit dem zuständigen Betriebsleiter nicht einigen konnte und er wegen der besonderen Bedeutung der Sache eine Entscheidung der Geschäftsleitung für erforderlich hält. Kann der Immissionsschutzbeauftragte sich über eine von ihm vorgeschlagene Maßnahme im Rahmen seines Aufgabenbereichs mit der Geschäftsleitung nicht einigen, so hat diese den Immissionsschutzbeauftragten umfassend über die Gründe ihrer Ablehnung zu unterrichten.

Benachteiligungsverbot, Kündigungsschutz (§ 58)
Der Immissionsschutzbeauftragte darf wegen der Erfüllung der ihm übertragenen Aufgaben nicht benachteiligt werden. Ist der Immissionsschutzbeauftragte Arbeitnehmer des zur Bestellung verpflichteten Betreibers, so ist die Kündigung des Arbeitsverhältnisses unzulässig, es sei denn, dass Tatsachen vorliegen, die den Betreiber zur Kündigung aus wichtigem Grund ohne Einhaltung einer Kündigungsfrist berechtigen. Nach der Abberufung als Immissionsschutzbeauftragter ist die Kündigung innerhalb eines Jahres, vom Zeitpunkt der Beendigung der Bestellung an gerechnet, unzulässig, es sei denn, dass Tatsachen vorliegen, die den Betreiber zur Kündigung aus wichtigem Grund ohne Einhaltung einer Kündigungsfrist berechtigen.

Bestellung eines Störfallbeauftragten (§ 58a)
Betreiber genehmigungsbedürftiger Anlagen haben einen oder mehrere Störfallbeauftragte zu bestellen, sofern dies im Hinblick auf die Art und Größe der Anlage wegen der

bei einer Störung des bestimmungsgemäßen Betriebs auftretenden Gefahren für die Allgemeinheit und die Nachbarschaft erforderlich ist. Die Bundesregierung bestimmt nach Anhörung der beteiligten Kreise durch Rechtsverordnung mit Zustimmung des Bundesrates die genehmigungsbedürftigen Anlagen, deren Betreiber Störfallbeauftragte zu bestellen haben. Die zuständige Behörde kann anordnen, dass Betreiber genehmigungsbedürftiger Anlagen, für die die Bestellung eines Störfallbeauftragten nicht durch Rechtsverordnung vorgeschrieben ist, einen oder mehrere Störfallbeauftragte zu bestellen haben, soweit sich im Einzelfall die Notwendigkeit der Bestellung ergibt.

Aufgaben des Störfallbeauftragten (§ 58b)
Der Störfallbeauftragte berät den Betreiber in Angelegenheiten, die für die Sicherheit der Anlage bedeutsam sein können. Er ist berechtigt und verpflichtet

- auf die Verbesserung der Sicherheit der Anlage hinzuwirken,
- dem Betreiber unverzüglich ihm bekannt gewordene Störungen des bestimmungsgemäßen Betriebs mitzuteilen, die zu Gefahren für die Allgemeinheit und die Nachbarschaft führen können,
- die Einhaltung der Vorschriften dieses Gesetzes und der aufgrund dieses Gesetzes erlassenen Rechtsverordnungen sowie die Erfüllung erteilter Bedingungen und Auflagen im Hinblick auf die Verhinderung von Störungen des bestimmungsgemäßen Betriebs der Anlage zu überwachen, insbesondere durch Kontrolle der Betriebsstätte in regelmäßigen Abständen, Mitteilung festgestellter Mängel und Vorschläge zur Beseitigung dieser Mängel,
- Mängel, die den vorbeugenden und abwehrenden Brandschutz sowie die technische Hilfeleistung betreffen, unverzüglich dem Betreiber zu melden.

Der Störfallbeauftragte erstattet dem Betreiber jährlich einen Bericht über die getroffenen und beabsichtigten Maßnahmen. Darüber hinaus ist er verpflichtet, die von ihm ergriffenen Maßnahmen zur Erfüllung seiner Aufgaben schriftlich oder elektronisch aufzuzeichnen. Er muss diese Aufzeichnungen mindestens fünf Jahre aufbewahren.

Pflichten und Rechte des Betreibers gegenüber dem Störfallbeauftragten (§ 58c)
Die in den §§ 55 und 57 genannten Pflichten des Betreibers gelten gegenüber dem Störfallbeauftragten entsprechend; in Rechtsverordnungen nach § 55 kann auch geregelt werden, welche Anforderungen an die Fachkunde und Zuverlässigkeit des Störfallbeauftragten zu stellen sind. Der Betreiber hat vor Investitionsentscheidungen sowie vor der Planung von Betriebsanlagen und der Einführung von Arbeitsverfahren und Arbeitsstoffen eine Stellungnahme des Störfallbeauftragten einzuholen, wenn diese Entscheidungen für die Sicherheit der Anlage bedeutsam sein können. Die Stellungnahme ist so rechtzeitig einzuholen, dass sie bei den Entscheidungen angemessen berücksichtigt werden kann. Sie ist derjenigen Stelle vorzulegen, die die Entscheidungen trifft. Der Betreiber kann dem Störfallbeauftragten für die Beseitigung und die Begrenzung der Auswirkungen von Störun-

gen des bestimmungsgemäßen Betriebs, die zu Gefahren für die Allgemeinheit und die Nachbarschaft führen können oder bereits geführt haben, Entscheidungsbefugnisse übertragen.

Verbot der Benachteiligung des Störfallbeauftragten, Kündigungsschutz (§ 58d)
§ 58 gilt für den Störfallbeauftragten entsprechend.

Erleichterungen für auditierte Unternehmensstandorte (§ 58e)
Die Bundesregierung wird ermächtigt, zur Förderung der privaten Eigenverantwortung für EMAS-Standorte durch Rechtsverordnung mit Zustimmung des Bundesrates Erleichterungen zum Inhalt der Antragsunterlagen im Genehmigungsverfahren sowie überwachungsrechtliche Erleichterungen vorzusehen, soweit die entsprechenden Anforderungen der Verordnung (EG) Nr. 1221/2009 gleichwertig mit den Anforderungen sind, die zur Überwachung und zu den Antragsunterlagen nach diesem Gesetz oder nach den aufgrund dieses Gesetzes erlassenen Rechtsverordnungen vorgesehen sind oder soweit die Gleichwertigkeit durch die Rechtsverordnung nach dieser Vorschrift sichergestellt wird. Durch Rechtsverordnung können weitere Voraussetzungen für die Inanspruchnahme und die Rücknahme von Erleichterungen oder die vollständige oder teilweise Aussetzung von Erleichterungen für Fälle festgelegt werden, in denen die Voraussetzungen für deren Gewährung nicht mehr vorliegen. Durch Rechtsverordnung können ordnungsrechtliche Erleichterungen gewährt werden, wenn der Umweltgutachter oder die Umweltgutachterorganisation die Einhaltung der Umweltvorschriften geprüft hat, keine Abweichungen festgestellt hat und dies in der Validierung bescheinigt. Dabei können insbesondere Erleichterungen vorgesehen werden zu

- Kalibrierungen, Ermittlungen, Prüfungen und Messungen,
- Messberichten sowie sonstigen Berichten und Mitteilungen von Ermittlungsergebnissen,
- Aufgaben des Immissionsschutz- und Störfallbeauftragten,
- Mitteilungspflichten zur Betriebsorganisation und
- der Häufigkeit der behördlichen Überwachung.

2.7.2 Immissionsschutz- und Störfallbeauftragte (5. BImSchV)

Pflicht zur Bestellung (§ 1)
Betreiber der im Anhang 1 zur 5. BImSchV bezeichneten genehmigungsbedürftigen Anlagen haben einen betriebsangehörigen Immissionsschutzbeauftragten zu bestellen. Betreiber genehmigungsbedürftiger Anlagen, die Betriebsbereich oder Teil eines Betriebsbereichs nach der Störfall-Verordnung sind, haben einen betriebsangehörigen Störfallbeauftragten zu bestellen. Die zuständige Behörde kann auf Antrag des Betreibers gestatten, dass die Bestellung eines Störfallbeauftragten unterbleibt, wenn offensichtlich

ausgeschlossen ist, dass von der betreffenden genehmigungsbedürftigen Anlage die Gefahr eines Störfalls ausgehen kann. Der Betreiber kann dieselbe Person zum Immissionsschutz- und Störfallbeauftragten bestellen, soweit hierdurch die sachgemäße Erfüllung der Aufgaben nicht beeinträchtigt wird.

Mehrere Beauftragte (§ 2)
Die zuständige Behörde kann anordnen, dass der Betreiber einer Anlage mehrere Immissionsschutz- oder Störfallbeauftragte zu bestellen hat. Die Zahl der Beauftragten ist so zu bemessen, dass eine sachgemäße Erfüllung der in den §§ 54 und 58b des Bundes-Immissionsschutzgesetzes bezeichneten Aufgaben gewährleistet ist.

Gemeinsamer Beauftragter (§ 3)
Werden von einem Betreiber mehrere Anlagen betrieben, so kann er für diese Anlagen einen gemeinsamen Immissionsschutz- oder Störfallbeauftragten bestellen, wenn hierdurch eine sachgemäße Erfüllung der in den §§ 54 und 58b des Bundes-Immissionsschutzgesetzes bezeichneten Aufgaben nicht gefährdet wird.

Beauftragter für Konzerne (§ 4)
Die zuständige Behörde kann einem Betreiber oder mehreren Betreibern von Anlagen, die unter der einheitlichen Leitung eines herrschenden Unternehmens zusammengefasst sind (Konzern), auf Antrag die Bestellung eines Immissionsschutz- oder Störfallbeauftragten für den Konzernbereich gestatten.

Nicht betriebsangehörige Beauftragte (§ 5)
Betreibern von Anlagen soll die zuständige Behörde auf Antrag die Bestellung eines oder mehrerer nicht betriebsangehöriger Immissionsschutzbeauftragter gestatten, wenn hierdurch eine sachgemäße Erfüllung der in § 54 des Bundes-Immissionsschutzgesetzes bezeichneten Aufgaben nicht gefährdet wird. Betreibern von Anlagen kann die zuständige Behörde auf Antrag die Bestellung eines oder mehrerer nicht betriebsangehöriger Störfallbeauftragter gestatten, wenn hierdurch eine sachgemäße Erfüllung der in § 58b des Bundes-Immissionsschutzgesetzes bezeichneten Aufgaben nicht gefährdet wird.

Anforderungen an die Fachkunde (§ 7)
Die Fachkunde im Sinne des § 55 und des § 58c des Bundes-Immissionsschutzgesetzes erfordert

- den Abschluss eines Studiums auf den Gebieten des Ingenieurwesens, der Chemie oder der Physik an einer Hochschule,
- die Teilnahme an einem oder mehreren von der nach Landesrecht zuständigen obersten Landesbehörde oder der nach Landesrecht bestimmten Behörde anerkannten Lehrgängen, in denen Kenntnisse entsprechend dem Anhang II zur 5. BImSchV vermittelt worden sind, die für die Angaben des Beauftragten erforderlich sind und

- während einer zweijährigen praktischen Tätigkeit erworbene Kenntnisse über die Anlage, für die der Beauftragte bestellt werden soll oder über Anlagen, die im Hinblick auf die Aufgaben des Beauftragten vergleichbar sind.

Voraussetzung der Fachkunde in Einzelfällen (§ 8)
Soweit im Einzelfall eine sachgemäße Erfüllung der gesetzlichen Aufgaben der Beauftragten gewährleistet ist, kann die zuständige Behörde auf Antrag des Betreibers als Voraussetzung der Fachkunde anerkennen:

- eine technische Fachschulausbildung oder im Falle des Immissionsschutzbeauftragten die Qualifikation als Meister auf einem Fachgebiet, dem die Anlage hinsichtlich ihrer Anlagen- und Verfahrenstechnik oder ihres Betriebs zuzuordnen ist und zusätzlich
- während einer mindestens vierjährigen praktischen Tätigkeit erworbene Kenntnisse, wobei jeweils mindestens zwei Jahre lang Aufgaben der in § 54 oder § 58b des Bundes-Immissionsschutzgesetzes bezeichneten Art wahrgenommen worden sein müssen.

Die zuständige Behörde kann die Ausbildung in anderen als den genannten Fachgebieten anerkennen, wenn die Ausbildung in diesem Fach im Hinblick auf die Aufgabenstellung im Einzelfall als gleichwertig anzusehen ist.

Anforderungen an die Fortbildung (§ 9)
Der Betreiber hat dafür Sorge zu tragen, dass der Beauftragte regelmäßig, mindestens alle zwei Jahre, an Fortbildungsmaßnahmen teilnimmt. Fortbildungsmaßnahmen erstrecken sich auf die in Anhang II zur 5. BImSchV genannten Sachbereiche. Auf Verlangen der zuständigen Behörde ist die Teilnahme des Beauftragten an im Betrieb durchgeführten Fortbildungsmaßnahmen oder an Lehrgängen nachzuweisen.

Anforderungen an die Zuverlässigkeit (§ 10)
Die Zuverlässigkeit im Sinne des § 55 und des § 58c des Bundes-Immissionsschutzgesetzes erfordert, dass der Beauftragte aufgrund seiner persönlichen Eigenschaften, seines Verhaltens und seiner Fähigkeiten zur ordnungsgemäßen Erfüllung der ihm obliegenden Aufgaben geeignet ist. Die erforderliche Zuverlässigkeit ist in der Regel nicht gegeben, wenn der Immissionsschutzbeauftragte oder der Störfallbeauftragte

- wegen Verletzung der Vorschriften
  - des Strafrechts über gemeingefährliche Delikte oder Delikte gegen die Umwelt,
  - des Natur- und Landschaftsschutz-, Chemikalien-, Gentechnik- oder Strahlenschutzrechts,
  - des Lebensmittel-, Arzneimittel-, Pflanzenschutz- oder Infektionsschutzrechts,
  - des Gewerbe-, Produktsicherheits- oder Arbeitsschutzrechts oder
  - des Betäubungsmittel-, Waffen- oder Sprengstoffrechts

  zu einer Freiheitsstrafe, Jugendstrafe oder Geldstrafe rechtskräftig verurteilt worden ist,

- wegen Verletzung der Vorschriften
  - des Immissionsschutz-, Abfall-, Wasser-, Natur- und Landschaftsschutz-, Bodenschutz-, Chemikalien-, Gentechnik- oder Atom- und Strahlenschutzrechts,
  - des Lebensmittel-, Arzneimittel-, Pflanzenschutz- oder Infektionsschutzrechts,
  - des Gewerbe-, Produktsicherheits- oder Arbeitsschutzrechts oder
  - des Betäubungsmittel-, Waffen- oder Sprengstoffrechts

  innerhalb der letzten fünf Jahre mit einer Geldbuße in Höhe von mehr als fünfhundert Euro belegt worden ist,
- wiederholt und grob pflichtwidrig gegen Vorschriften verstoßen hat oder
- seine Pflichten als Immissionsschutzbeauftragter, als Störfallbeauftragter oder als Betriebsbeauftragter nach anderen Vorschriften verletzt hat.

Fachkunde von Immissionsschutzbeauftragten (Anhang II A)
Die Kenntnisse müssen sich auf folgende Bereiche erstrecken:

- Anlagen- und Verfahrenstechnik unter Berücksichtigung des Standes der Technik,
- Überwachung und Begrenzung von Emissionen sowie Verfahren zur Ermittlung und Bewertung von Immissionen und schädlichen Umwelteinwirkungen,
- vorbeugender Brand- und Explosionsschutz,
- umwelterhebliche Eigenschaften von Erzeugnissen einschließlich Verfahren zur Wiedergewinnung und Wiederverwertung,
- chemische und physikalische Eigenschaften von Schadstoffen,
- Vermeidung sowie ordnungsgemäße und schadlose Verwertung und Beseitigung von Abfall,
- Energieeinsparung, Nutzung entstehender Wärme in der Anlage, im Betrieb oder durch Dritte,
- Vorschriften des Umweltrechts, insbesondere des Immissionsschutzrechts.

Während der praktischen Tätigkeit soll die Fähigkeit vermittelt werden, Stellungnahmen zu Investitionsentscheidungen und der Einführung neuer Verfahren und Erzeugnisse abzugeben und die Betriebsangehörigen über Belange des Immissionsschutzes zu informieren. Abb. 2.1 enthält ein Ernennungsschreiben für Immissionsschutzbeauftragte.

Fachkunde von Störfallbeauftragten (Anhang II B)
Die Kenntnisse müssen sich auf folgende Bereiche erstrecken:

- Anlagen- und Verfahrenstechnik unter Berücksichtigung des Standes der Sicherheitstechnik,
- chemische, physikalische, human- und ökotoxikologische Eigenschaften der Stoffe und Gemische, die in der Anlage bestimmungsgemäß vorhanden sind oder bei einer Störung entstehen können sowie deren mögliche Auswirkungen im Störfall,
- betriebliche Sicherheitsorganisation,

Betriebsbeauftragter für Immissionsschutz

Herr/Frau (Name, Vorname) ____________________

wird mit Wirkung vom ____________________

für das Unternehmen (Name, Sitz, Werk) ____________________

____

zum/zur Betriebsbeauftragten für Immissionsschutz gemäß § 53 Bundesimmissionsschutzgesetz (BImSchG) bestellt.

Er/sie nimmt gemäß § 54 BImSchG folgende Aufgaben wahr:

- Mitwirkung bei der Entwicklung und Einführung umweltfreundlicher Produkte und Verfahren.
- Überwachung der Einhaltung der Vorschriften des BImSchG und der aufgrund dieses Gesetzes erlassenen Rechtsverordnungen sowie erteilten Bedingungen und Auflagen.
- Beratung des Betreibers und der Betriebsangehörigen in Angelegenheiten, die für den Immissionsschutz bedeutsam sein können.
- Jährlicher Bericht über die getroffenen Maßnahmen.

Der/die Betriebsbeauftragte für Immissionsschutz berichtet Herrn/Frau

____

als Verantwortliche(r) der Geschäftsleitung.

Je eine Kopie dieser Bestellurkunde erhalten die zuständige Behörde, der Betriebsrat und die Personalabteilung unseres Unternehmens.

____________	____________
Datum, Ort	Unternehmer/Bevollmächtigter
____________	____________
Immissionsschutzbeauftragter	Betriebsrat

Abb. 2.1 Ernennungsschreiben für den Immissionsschutzbeauftragten

- Verhinderung von Störfällen und Begrenzung von Störfallauswirkungen,
- vorbeugender Brand- und Explosionsschutz,
- Anfertigung, Fortschreibung und Beurteilung von Sicherheitsbericht (Grundkenntnisse) sowie von betrieblichen Alarm- und Gefahrenabwehrplänen,
- Beurteilung sicherheitstechnischer Unterlagen und Nachweise zur Errichtung, Betriebsüberwachung, Wartung, Instandhaltung und Betriebsunterbrechung von Anlagen,

- Überwachung, Beurteilung und Begrenzung von Emissionen und Immissionen bei Störungen des bestimmungsgemäßen Betriebs,
- Vorschriften des Umweltrechts, insbesondere des Immissionsschutzrechts, des Rechts der technischen Sicherheit und des technischen Arbeitsschutzes, des Gefahrstoffrechts sowie des Katastrophenschutzrechts,
- Information der Öffentlichkeit nach der Störfall-Verordnung.

Während der praktischen Tätigkeit soll auch die Fähigkeit vermittelt werden, Stellungnahmen zu Investitionsentscheidungen und zur Planung von Betriebsanlagen sowie der Einführung von Arbeitsverfahren und Arbeitsstoffen abzugeben.

2.8 Industrieemissions-Richtlinie (IED) und BVT-Merkblätter

Gesonderte Konzepte, die lediglich der Verminderung der Emissionen jeweils in Luft, Wasser oder Boden dienen, können dazu führen, dass die Verschmutzung von einem Umweltmedium auf ein anderes verlagert wird, anstatt die Umwelt insgesamt zu schützen. Deswegen empfiehlt es sich, ein integriertes Konzept für die Vermeidung und Verminderung von Emissionen in Luft, Wasser und Boden, für die Abfallwirtschaft, für Energieeffizienz und für die Verhütung von Unfällen aufzustellen. Ein solcher Ansatz wird zudem dazu beitragen, durch die Angleichung der Umweltbilanzanforderungen an Industrieanlagen in der Europäischen Union gleiche Wettbewerbsbedingungen zu schaffen. Die Genehmigung sollte alle Maßnahmen enthalten, die für ein hohes Schutzniveau für die Umwelt als Ganzes erforderlich sind und mit denen sichergestellt wird, dass die Anlage im Einklang mit den allgemeinen Prinzipien der Grundpflichten der Betreiber betrieben wird. Die Genehmigung sollte darüber hinaus Emissionsgrenzwerte für Schadstoffe oder äquivalente Parameter bzw. äquivalente technische Maßnahmen, angemessene Vorschriften für den Boden- und Grundwasserschutz sowie Überwachungsvorschriften aufweisen. Den Genehmigungsauflagen sollten die besten verfügbaren Techniken zugrunde liegen.

Um die besten verfügbaren Techniken zu bestimmen und um Ungleichgewichte in der Europäischen Union beim Umfang der Emissionen aus Industrietätigkeiten zu beschränken, sollten im Wege eines Informationsaustauschs mit Interessenvertretern Referenzdokumente für die besten verfügbaren Techniken (BVT-Merkblätter) erstellt, überprüft und gegebenenfalls aktualisiert werden. Die zentralen Elemente der BVT-Merkblätter (BVT-Schlussfolgerungen) werden im Rahmen des Ausschussverfahrens festgelegt. Diesbezüglich sollte die Europäische Kommission im Wege des Ausschussverfahrens Leitlinien für die Erhebung von Daten sowie für die Ausarbeitung der BVT-Merkblätter und die entsprechenden Qualitätssicherungsmaßnahmen festlegen. BVT-Schlussfolgerungen sollten bei der Festlegung der Genehmigungsauflagen als Referenz dienen. Andere Informationsquellen können diese ergänzen. Die Kommission sollte sich bemühen, die BVT-Merkblätter spätestens acht Jahre nach Veröffentlichung der Vorgängerversion zu aktualisieren. Um Entwicklungen bei den besten verfügbaren Techniken oder anderen

Änderungen an einer Anlage Rechnung zu tragen, sollten die Genehmigungsauflagen regelmäßig überprüft und erforderlichenfalls auf den neuesten Stand gebracht werden, insbesondere dann, wenn neue oder aktualisierte BVT-Schlussfolgerungen festgelegt wurden.

Gegenstand (Art. 1)
Die IE-Richtlinie regelt die integrierte Vermeidung und Verminderung der Umweltverschmutzung infolge industrieller Tätigkeiten. Sie sieht auch Vorschriften zur Vermeidung und, sofern dies nicht möglich ist, zur Verminderung von Emissionen in Luft, Wasser und Boden und zur Abfallvermeidung vor, um ein hohes Schutzniveau für die Umwelt insgesamt zu erreichen.

Begriffsbestimmungen (Art. 3)
Im Sinne dieser Richtlinie bezeichnet der Ausdruck

- **Umweltverschmutzung:**
  die durch menschliche Tätigkeiten direkt oder indirekt bewirkte Freisetzung von Stoffen, Erschütterungen, Wärme oder Lärm in Luft, Wasser oder Boden, die der menschlichen Gesundheit oder der Umweltqualität schaden oder zu einer Schädigung von Sachwerten bzw. zu einer Beeinträchtigung oder Störung von Annehmlichkeiten und anderen legitimen Nutzungen der Umwelt führen können;
- **Emission:**
  die von Punktquellen oder diffusen Quellen der Anlage ausgehende direkte oder indirekte Freisetzung von Stoffen, Erschütterungen, Wärme oder Lärm in die Luft, das Wasser oder den Boden;
- **Emissionsgrenzwert:**
  die im Verhältnis zu bestimmten spezifischen Parametern ausgedrückte Masse, die Konzentration und/oder das Niveau einer Emission, die in einem oder mehreren Zeiträumen nicht überschritten werden dürfen;
- **Umweltqualitätsnorm:**
  die Gesamtheit von Anforderungen, die zu einem gegebenen Zeitpunkt in einer gegebenen Umwelt oder einem bestimmten Teil davon nach den Rechtsvorschriften der Europäischen Union erfüllt werden müssen;
- **allgemeine bindende Vorschriften:**
  Emissionsgrenzwerte oder andere Bedingungen, zumindest auf Sektorebene, die zur direkten Verwendung bei der Formulierung von Genehmigungsauflagen festgelegt werden;
- **beste verfügbare Techniken:**
  den effizientesten und fortschrittlichsten Entwicklungsstand der Tätigkeiten und entsprechenden Betriebsmethoden, der bestimmte Techniken als praktisch geeignet erscheinen lässt, als Grundlage für die Emissionsgrenzwerte und sonstige Genehmigungsauflagen zu dienen, um Emissionen in und Auswirkungen auf die gesamte Umwelt zu vermeiden oder, wenn dies nicht möglich ist, zu vermindern;

- **BVT-Merkblatt:**
  ein Dokument, das für bestimmte Tätigkeiten erstellt wird und insbesondere die angewandten Techniken, die derzeitigen Emissions- und Verbrauchswerte, die für die Festlegung der besten verfügbaren Techniken sowie der BVT-Schlussfolgerungen berücksichtigten Techniken sowie alle Zukunftstechniken beschreibt;
- **BVT-Schlussfolgerungen:**
  ein Dokument, das die Teile eines BVT-Merkblatts mit den Schlussfolgerungen zu den besten verfügbaren Techniken, ihrer Beschreibung, Informationen zur Bewertung ihrer Anwendbarkeit, den mit den besten verfügbaren Techniken assoziierten Emissionswerten, den dazugehörigen Überwachungsmaßnahmen, den dazugehörigen Verbrauchswerten sowie gegebenenfalls einschlägigen Standortsanierungsmaßnahmen enthält;
- **mit den besten verfügbaren Techniken assoziierte Emissionswerte:**
  den Bereich von Emissionswerten, die unter normalen Betriebsbedingungen unter Verwendung einer besten verfügbaren Technik oder einer Kombination von besten verfügbaren Techniken entsprechend der Beschreibung in den BVT-Schlussfolgerungen erzielt werden, ausgedrückt als Mittelwert für einen vorgegebenen Zeitraum unter spezifischen Referenzbedingungen;
- **Zukunftstechnik**:
  eine neue Technik für eine industrielle Tätigkeit, die bei gewerblicher Nutzung entweder ein höheres allgemeines Umweltschutzniveau oder zumindest das gleiche Umweltschutzniveau und größere Kostenersparnisse bieten könnte als bestehende beste verfügbare Techniken;
- **Umweltinspektionen:**
  alle Maßnahmen, einschließlich Besichtigungen vor Ort, Überwachung der Emissionen und Überprüfung interner Berichte und Folgedokumente, Überprüfung der Eigenkontrolle, Prüfung der angewandten Techniken und der Eignung des Umweltmanagements der Anlage, die von der zuständigen Behörde oder in ihrem Namen zur Prüfung und Förderung der Einhaltung der Genehmigungsauflagen durch die Anlagen und gegebenenfalls zur Überwachung ihrer Auswirkungen auf die Umwelt getroffen werden.

Genehmigungspflicht (Art. 4)
Die Mitgliedstaaten treffen die erforderlichen Maßnahmen, um sicherzustellen, dass keine Anlage, Feuerungsanlage, Abfallverbrennungsanlage oder Abfallmitverbrennungsanlage ohne eine Genehmigung betrieben wird.

Erteilung einer Genehmigung (Art. 5)
Unbeschadet sonstiger Anforderungen aufgrund einzelstaatlichen Rechts oder Unionsrechts erteilt die zuständige Behörde eine Genehmigung, wenn die Anlage den Anforderungen der IED-Richtlinie entspricht. Die Mitgliedstaaten treffen die erforderlichen Maßnahmen für eine vollständige Koordinierung der Genehmigungsverfahren und der Genehmigungsauflagen, wenn bei diesen Verfahren mehrere zuständige Behörden oder mehr als ein Betreiber mitwirken oder wenn mehr als eine Genehmigung erteilt wird, um ein wirksames integriertes Konzept aller für diese Verfahren zuständigen Behörden sicherzustellen.

Vorfälle und Unfälle (Art. 7)
Unbeschadet der Richtlinie 2004/35/EG des Europäischen Parlaments und des Rates vom 21. April 2004 über Umwelthaftung zur Vermeidung und Sanierung von Umweltschäden treffen die Mitgliedstaaten bei allen Vorfällen oder Unfällen mit erheblichen Umweltauswirkungen die erforderlichen Maßnahmen, um sicherzustellen, dass

- der Betrieb die zuständige Behörde unverzüglich unterrichtet,
- der Betreiber unverzüglich die Maßnahmen zur Begrenzung der Umweltauswirkungen und zur Vermeidung weiterer möglicher Vorfälle und Unfälle ergreift,
- die zuständige Behörde den Betreiber dazu verpflichtet, alle weiteren geeigneten Maßnahmen zu treffen, die ihres Erachtens zur Begrenzung der Umweltauswirkungen und zur Vermeidung weiterer möglicher Vorfälle und Unfälle erforderlich sind.

Nichteinhaltung der Anforderungen (Art. 8)
Die Mitgliedstaaten treffen die erforderlichen Maßnahmen, um sicherzustellen, dass die Genehmigungsauflagen eingehalten werden. Bei einer Nichteinhaltung der Genehmigungsauflagen stellen die Mitgliedstaaten Folgendes sicher:

- der Betreiber informiert unverzüglich die zuständige Behörde,
- der Betreiber ergreift unverzüglich die erforderlichen Maßnahmen, um sicherzustellen, dass die Einhaltung der Anforderungen so schnell wie möglich wieder hergestellt wird,
- die zuständige Behörde verpflichtet den Betreiber, alle weiteren geeigneten Maßnahmen zu treffen, die ihres Erachtens erforderlich sind, um die Einhaltung der Anforderungen wieder herzustellen.

Wenn ein Verstoß gegen die Genehmigungsauflagen eine unmittelbare Gefährdung der menschlichen Gesundheit verursacht oder eine unmittelbare erhebliche Gefährdung der Umwelt darstellt, wird der weitere Betrieb der Anlage, Feuerungsanlage, Abfallverbrennungsanlage, Abfallmitverbrennungsanlage oder des betreffenden Teils der Anlage ausgesetzt, bis die erneute Einhaltung der Anforderungen sichergestellt ist.

Allgemeine Prinzipien der Grundpflichten der Betreiber (Art. 11)
Die Mitgliedstaaten treffen die erforderlichen Maßnahmen, damit die Anlage nach folgenden Prinzipien betrieben wird:

- es werden alle geeigneten Vorsorgemaßnahmen gegen Umweltverschmutzungen getroffen,
- die besten verfügbaren Techniken werden angewandt,
- es werden keine erheblichen Umweltverschmutzungen verursacht,
- die Erzeugung von Abfällen wird gemäß der Richtlinie 2008/98/EG vermieden,
- falls Abfälle erzeugt werden, werden sie entsprechend der Prioritätenfolge und im Einklang mit der Richtlinie 2008/98/EG zur Wiederverwendung vorbereitet, recycelt, verwertet oder, falls dies aus technischen oder wirtschaftlichen Gründen nicht möglich ist, beseitigt, wobei Auswirkungen auf die Umwelt vermieden oder vermindert werden,

- Energie wird effizient verwendet,
- es werden die notwendigen Maßnahmen ergriffen, um Unfälle zu verhindern und deren Folgen zu begrenzen,
- bei einer endgültigen Stilllegung werden die erforderlichen Maßnahmen getroffen, um jegliche Gefahr einer Umweltverschmutzung zu vermeiden und einen zufrieden stellenden Zustand des Betriebsgeländes wiederherzustellen.

Genehmigungsantrag (Art. 12)
Die Mitgliedstaaten treffen die erforderlichen Maßnahmen, damit ein Genehmigungsantrag eine Beschreibung von Folgendem enthält:

- Anlage sowie Art und Umfang ihrer Tätigkeiten,
- Roh- und Hilfsstoffe, sonstige Stoffe und Energie, die in der Anlage verwendet oder erzeugt werden,
- Quellen der Emissionen aus der Anlage,
- Zustand des Anlagengeländes,
- gegebenenfalls einen Bericht über den Ausgangszustand,
- Art und Menge der vorhersehbaren Emissionen aus der Anlage in jedes einzelne Umweltmedium sowie Feststellung von erheblichen Auswirkungen der Emissionen auf die Umwelt,
- vorgesehene Technologie und sonstige Techniken zur Vermeidung der Emissionen aus der Anlage oder, sofern dies nicht möglich ist, Verminderung derselben,
- Maßnahmen zur Vermeidung, zur Vorbereitung, zur Wiederverwendung, zum Recycling und zur Verwertung der von der Anlage erzeugten Abfälle,
- sonstige vorgesehene Maßnahmen zur Erfüllung der Vorschriften bezüglich der allgemeinen Prinzipien der Grundpflichten der Betreiber gemäß Art. 11,
- vorgesehene Maßnahmen zur Überwachung der Emissionen in die Umwelt,
- die wichtigsten vom Antragsteller geprüften Alternativen zu den vorgeschlagenen Technologien, Techniken und Maßnahmen in einer Übersicht.

BVT-Merkblätter und Informationsaustausch (Art. 13)
Zur Erstellung, Überprüfung und erforderlichenfalls Aktualisierung der BVT-Merkblätter organisiert die EU-Kommission einen Informationsaustausch zwischen den Mitgliedstaaten, den betreffenden Industriezweigen, den Nichtregierungsorganisationen, die sich für den Umweltschutz einsetzen und der Kommission. Tab. 2.24 führt die schon erstellten BVT-Merkblätter auf. Es findet ein Informationsaustausch insbesondere über folgende Themen statt:

- Leistungsfähigkeit der Anlagen und Techniken in Bezug auf Emissionen, gegebenenfalls ausgedrückt als kurz- und langfristige Mittelwerte sowie assoziierte Referenzbedingungen, Rohstoffverbrauch und Art der Rohstoffe, Wasserverbrauch, Energieverbrauch und Abfallerzeugung,

Tab. 2.24 Übersicht zu besten verfügbaren Techniken (BVT-Merkblätter)

BVT-Merkblätter
Abfallbehandlungsanlagen
Abfallverbrennungsanlagen
Abwasser- und Abgasbehandlung/-management in der chemischen Industrie
Anorganische Grundchemikalien – Feststoffe und andere Chloralkaliindustrie
Eisen- und Stahlerzeugung
Energieeffizienz
Gießereien
Glasherstellung
Großfeuerungsanlagen
Herstellung anorganischer Grundchemikalien: Ammoniak, Säuren und Düngemittel
Herstellung anorganischer Spezialchemikalien
Herstellung organischer Feinchemikalien
Herstellung organischer Grundchemikalien
Herstellung von Polymeren
Industrielle Kühlsysteme
Intensivhaltung von Geflügel und Schweinen
Keramikindustrie
Lagerung gefährlicher Substanzen und staubender Güter
Lederindustrie
Management von Bergbauabfällen und Taubgestein
Nahrungsmittelindustrie
Nichteisenmetallindustrie
Oberflächenbehandlung unter Verwendung von organischen Lösemitteln
Oberflächenbehandlung von Metallen und Kunststoffen
Ökonomische und medienübergreifende Effekte
Raffinerien
Referenzdokument über allgemeine Überwachungsgrundsätze
Stahlverarbeitung
Textilindustrie
Tierschlachtanlagen/Anlagen zur Verarbeitung von tierischen Nebenprodukten
Zellstoff- und Papierindustrie
Zement-, Kalk- und Magnesiumoxidindustrie

- angewandte Techniken, zugehörige Überwachung, medienübergreifende Auswirkungen, wirtschaftliche Tragfähigkeit und technische Durchführbarkeit sowie Entwicklungen bei diesen Aspekten,
- beste verfügbare Techniken und Zukunftstechniken, die nach der Prüfung ermittelt worden sind.

Genehmigungsauflagen (Art. 14)
Die Mitgliedstaaten sorgen dafür, dass die Genehmigung alle Maßnahmen umfasst, die zur Erfüllung der Genehmigungsvoraussetzungen notwendig sind. Diese Maßnahmen umfassen mindestens Folgendes:

- Emissionsgrenzwerte für die Schadstoffe der Liste in Anhang II der IED-Richtlinie und für sonstige Schadstoffe, die von der betreffenden Anlage unter Berücksichtigung der Art der Schadstoffe und der Gefahr einer Verlagerung der Verschmutzung von einem Medium auf ein anderes in relevanter Menge emittiert werden können,
- angemessene Auflagen zum Schutz des Bodens und des Grundwassers sowie Maßnahmen zur Überwachung und Behandlung der von der Anlage erzeugten Abfälle,
- angemessene Anforderungen für die Überwachung der Emissionen, in denen die Messmethodik, die Messhäufigkeit und das Bewertungsverfahren festgelegt sind,
- eine Verpflichtung, der zuständigen Behörde regelmäßig – mindestens jährlich – Folgendes vorzulegen:
  - Informationen auf der Grundlage der Ergebnisse der genannten Emissionsüberwachung und sonstige erforderliche Daten, die der zuständigen Behörde die Prüfung der Einhaltung der Genehmigungsauflagen ermöglichen und
  - eine Zusammenfassung der Ergebnisse der Emissionsüberwachung, die einen Vergleich mit den mit den besten verfügbaren Techniken assoziierten Emissionswerten ermöglicht,
- angemessene Anforderungen für die regelmäßige Wartung und für die Überwachung der Maßnahmen zur Vermeidung der Verschmutzung von Boden und Grundwasser sowie angemessene Anforderungen für die wiederkehrende Überwachung von Boden und Grundwasser auf die relevanten gefährlichen Stoffe, die wahrscheinlich vor Ort anzutreffen sind, unter Berücksichtigung möglicher Boden- und Grundwasserverschmutzungen auf dem Gelände der Anlage,
- Maßnahmen im Hinblick auf von den normalen Betriebsbedingungen abweichende Bedingungen, wie das An- und Abfahren, das unbeabsichtigte Austreten von Stoffen, Störungen, kurzzeitiges Abfahren sowie die endgültige Stilllegung des Betriebs,
- Vorkehrungen zur weitestgehenden Verminderung der weiträumigen oder grenzüberschreitenden Umweltverschmutzung,
- Bedingungen für die Überprüfung der Einhaltung der Emissionsgrenzwerte oder einen Verweis auf die geltenden anderweitig genannten Anforderungen.

Die BVT-Schlussfolgerungen dienen als Referenzdokument für die Festlegung der Genehmigungsauflagen. Die zuständige Behörde darf strengere Genehmigungsauflagen vorgeben, als sie mit der Verwendung der in den BVT-Schlussfolgerungen beschriebenen besten verfügbaren Techniken einzuhalten sind. Die Mitgliedstaaten können Regeln festlegen, nach denen die zuständige Behörde solche strengeren Auflagen vorgeben kann. Legt die zuständige Behörde Genehmigungsauflagen auf der Grundlage einer besten verfügbaren Technik fest, die in keiner der einschlägigen BVT-Schlussfolgerungen beschrieben ist, so gewährleistet sie, dass

- diese Technik unter besonderer Berücksichtigung der in Anhang III der IED-Richtlinie aufgeführten Kriterien bestimmt wird und
- die Anforderungen des Art. 15 erfüllt werden.

Liegen für eine Tätigkeit oder einen Typ eines Produktionsprozesses, die bzw. der innerhalb einer Anlage durchgeführt wird, keine BVT-Schlussfolgerungen vor oder decken diese Schlussfolgerungen nicht alle potenziellen Umweltauswirkungen der Tätigkeit oder des Prozesses ab, so legt die zuständige Behörde nach vorheriger Konsultation des Betreibers auf der Grundlage der besten verfügbaren Techniken, die sie für die betreffenden Tätigkeiten oder Prozesse bestimmt hat, die Genehmigungsauflagen fest, wobei sie den Kriterien des Anhangs III besonders Rechnung trägt.

Emissionsgrenzwerte, äquivalente Parameter und äquivalente technische Maßnahmen (Art. 15)
Die Emissionsgrenzwerte für Schadstoffe gelten an dem Punkt, an dem die Emissionen die Anlage verlassen, wobei eine etwaige Verdünnung vor diesem Punkt bei der Festsetzung der Grenzwerte nicht berücksichtigt wird. Bei der indirekten Einleitung von Schadstoffen in das Wasser kann die Wirkung einer Kläranlage bei der Festsetzung der Emissionsgrenzwerte der betreffenden Anlage berücksichtigt werden, sofern ein insgesamt gleichwertiges Umweltschutzniveau sichergestellt wird und es nicht zu einer höheren Belastung der Umwelt kommt. Die zuständige Behörde legt Emissionsgrenzwerte fest, mit denen sichergestellt wird, dass die Emissionen unter normalen Betriebsbedingungen die mit den besten verfügbaren Techniken assoziierten Emissionswerte, wie sie in den Entscheidungen über die BVT-Schlussfolgerungen festgelegt sind, nicht überschreiten und trifft hierzu eine der beiden folgenden Maßnahmen:

- Festlegung von Emissionsgrenzwerten, die die mit den besten verfügbaren Techniken assoziierten Emissionswerte nicht überschreiten. Diese Emissionsgrenzwerte werden für die gleichen oder kürzeren Zeiträume und unter denselben Referenzbedingungen ausgedrückt wie die mit den besten verfügbaren Techniken assoziierten Emissionswerte; oder
- Festlegung von Emissionsgrenzwerten, die in Bezug auf Werte, Zeiträume und Referenzbedingungen von den aufgeführten Emissionsgrenzwerten abweichen. Die zuständige Behörde bewertet mindestens jährlich die Ergebnisse der Emissionsüberwachung, um sicherzustellen, dass die Emissionen unter normalen Betriebsbedingungen die mit den besten verfügbaren Techniken assoziierten Emissionswerte nicht überschritten haben.

Abweichend kann die zuständige Behörde in besonderen Fällen weniger strenge Emissionsgrenzwerte festlegen. Solche Ausnahmeregelungen dürfen nur angewandt werden, wenn eine Bewertung ergibt, dass die Erreichung der mit den besten verfügbaren Techniken assoziierten Emissionswerte entsprechend der Beschreibung in den BVT-Schlussfolgerungen aus den folgenden Gründen gemessen am Umweltnutzen zu unverhältnismäßig höheren Kosten führen würde:

- geografischer Standort und lokale Umweltbedingungen der betroffenen Anlage oder
- technische Merkmale der betroffenen Anlage.

Die zuständige Behörde dokumentiert die Gründe für die Ergebnisse der Analyse sowie die Begründung der festgelegten Auflagen im Anhang der Genehmigungsauflagen. Die zuständige Behörde stellt in jedem Fall sicher, dass keine erheblichen Umweltverschmutzungen verursacht werden und ein hohes Schutzniveau für die Umwelt insgesamt erreicht wird.

Umweltqualitätsnormen (Art. 18)
Erfordert eine Umweltqualitätsnorm strengere Auflagen, als durch die Anwendung der besten verfügbaren Techniken zu erfüllen sind, so werden unbeschadet anderer Maßnahmen, die zur Einhaltung der Umweltqualitätsnormen ergriffen werden können, zusätzliche Auflagen in der Genehmigung vorgesehen.

Entwicklungen bei den besten verfügbaren Techniken (Art. 19)
Die Mitgliedstaaten sorgen dafür, dass die zuständige Behörde die Entwicklungen bei den besten verfügbaren Techniken und die Veröffentlichung neuer oder aktualisierter BVT-Schlussfolgerungen verfolgt oder darüber unterrichtet wird und macht die diesbezüglichen Informationen der betroffenen Öffentlichkeit zugänglich.

Änderungen der Anlagen durch die Betreiber (Art. 20)
Die Mitgliedstaaten treffen die erforderlichen Maßnahmen, damit der Betreiber der zuständigen Behörde beabsichtigte Änderungen der Beschaffenheit oder der Funktionsweise oder eine Erweiterung der Anlage, die Auswirkungen auf die Umwelt haben können, mitteilt. Gegebenenfalls aktualisiert die zuständige Behörde die Genehmigung. Die Mitgliedstaaten treffen die erforderlichen Maßnahmen, um zu gewährleisten, dass keine vom Betreiber geplante, wesentliche Änderung ohne eine zuvor erteilte Genehmigung durchgeführt wird. Jede Änderung der Beschaffenheit oder der Funktionsweise oder Erweiterung einer Anlage gilt als wesentlich, wenn die Änderung oder Erweiterung für sich genommen die Kapazitätsschwellenwerte in Anhang I der IED-Richtlinie erreicht.

Überprüfung und Aktualisierung der Genehmigungsauflagen durch die zuständige Behörde (Art. 21)
Die Mitgliedstaaten treffen die erforderlichen Maßnahmen, damit die zuständige Behörde alle Genehmigungsauflagen regelmäßig überprüft und gegebenenfalls im Hinblick auf die Ein-

haltung der Bestimmungen diese Auflagen auf den neuesten Stand bringt. Auf Anfrage der zuständigen Behörde übermittelt der Betreiber ihr alle für die Überprüfung der Genehmigungsauflagen erforderlichen Informationen, insbesondere Ergebnisse der Emissionsüberwachung und sonstige Daten, die ihr einen Vergleich des Betriebs der Anlage mit den besten verfügbaren Techniken gemäß der Beschreibung in den geltenden BVT-Schlussfolgerungen und mit den besten verfügbaren Techniken assoziierten Emissionswerten ermöglichen. Innerhalb von vier Jahren nach der Veröffentlichung von Entscheidungen über BVT-Schlussfolgerungen zur Haupttätigkeit einer Anlage stellt die zuständige Behörde sicher, dass

- alle Genehmigungsauflagen für die betreffende Anlage überprüft und erforderlichenfalls auf den neuesten Stand gebracht werden,
- die betreffende Anlage diese Genehmigungsauflagen einhält.

Bei der Überprüfung wird allen für die betreffende Anlage geltenden und seit der Ausstellung oder letzten Überprüfung der Genehmigung neuen oder aktualisierten BVT-Schlussfolgerungen Rechnung getragen. Wird eine Anlage von keinen BVT-Schlussfolgerungen erfasst, so werden die Genehmigungsauflagen überprüft und erforderlichenfalls aktualisiert, wenn Entwicklungen bei den besten verfügbaren Techniken eine erhebliche Verminderung der Emissionen ermöglichen. Die Genehmigungsauflagen werden zumindest in folgenden Fällen überprüft und erforderlichenfalls aktualisiert:

- Die durch die Anlage verursachte Umweltverschmutzung ist so stark, dass die in der Genehmigung festgelegten Emissionsgrenzwerte überprüft oder in der Genehmigung neue Emissionsgrenzwerte vorgesehen werden müssen,
- die Betriebssicherheit erfordert die Anwendung anderer Techniken,
- es muss eine neue oder überarbeitete Umweltqualitätsnorm eingehalten werden.

Umweltinspektionen (Art. 23)
Die Mitgliedstaaten führen ein System für Umweltinspektionen von Anlagen ein, das die Prüfung der gesamten Bandbreite an Auswirkungen der betreffenden Anlagen auf die Umwelt umfasst. Die Mitgliedstaaten stellen sicher, dass die Betreiber den zuständigen Behörden jede notwendige Unterstützung dabei gewähren, etwaige Vor-Ort-Besichtigungen und Probenahmen durchzuführen und die zur Erfüllung ihrer Pflichten im Rahmen dieser Richtlinie erforderlichen Informationen zu sammeln. Die Mitgliedstaaten stellen sicher, dass alle Anlagen auf nationaler, regionaler oder lokaler Ebene durch einen Umweltinspektionsplan abgedeckt sind und sorgen dafür, dass dieser Plan regelmäßig überprüft und gegebenenfalls aktualisiert wird. Jeder Umweltinspektionsplan umfasst Folgendes:

- eine allgemeine Bewertung der wichtigen Umweltprobleme,
- den räumlichen Geltungsbereich des Inspektionsplans,
- ein Verzeichnis der in den Geltungsbereich des Plans fallenden Anlagen,
- Verfahren für die Aufstellung von Programmen für routinemäßige Umweltinspektionen,

- Verfahren für nicht routinemäßige Umweltinspektionen,
- gegebenenfalls Bestimmungen für die Zusammenarbeit zwischen verschiedenen Inspektionsbehörden.

Auf der Grundlage der Inspektionspläne erstellt die zuständige Behörde regelmäßig Programme für routinemäßige Umweltinspektionen, in denen auch die Häufigkeit der Vor-Ort-Besichtigungen für die verschiedenen Arten von Anlagen angegeben ist. Der Zeitraum zwischen zwei Vor-Ort-Besichtigungen richtet sich nach einer systematischen Beurteilung der mit der Anlage verbundenen Umweltrisiken und darf ein Jahr bei Anlagen der höchsten Risikostufe und drei Jahre bei Anlagen der niedrigsten Risikostufe nicht überschreiten. Wurde bei einer Inspektion festgestellt, dass eine Anlage in schwerwiegender Weise gegen die Genehmigungsauflagen verstößt, so erfolgt innerhalb der nächsten sechs Monaten nach dieser Inspektion eine zusätzliche Vor-Ort-Besichtigung. Die systematische Beurteilung der Umweltrisiken stützt sich mindestens auf folgende Kriterien:

- potenzielle und tatsächliche Auswirkungen der betreffenden Anlagen auf die menschliche Gesundheit und auf die Umwelt unter Berücksichtigung der Emissionswerte und -typen, der Empfindlichkeit der örtlichen Umgebung und des Unfallrisikos,
- bisherige Einhaltung der Genehmigungsauflagen,
- Teilnahme des Betreibers am Unionssystem für das Umweltmanagement und die Umweltbetriebsprüfung (EMAS).

Nicht routinemäßige Umweltinspektionen werden durchgeführt, um bei Beschwerden wegen ernsthaften Umweltbeeinträchtigungen, bei ernsthaften umweltbezogenen Unfällen und Vorfällen und bei Verstößen gegen die Vorschriften sobald wie möglich und gegebenenfalls vor der Ausstellung, Erneuerung oder Aktualisierung einer Genehmigung Untersuchungen vorzunehmen. Nach jeder Vor-Ort-Besichtigung erstellt die zuständige Behörde einen Bericht mit den relevanten Feststellungen bezüglich der Einhaltung der Genehmigungsauflagen durch die betreffende Anlage und Schlussfolgerungen zur etwaigen Notwendigkeit weiterer Maßnahmen. Der Bericht wird dem betreffenden Betreiber binnen zwei Monaten nach der Vor-Ort-Besichtigung übermittelt. Die zuständige Behörde macht den Bericht der Öffentlichkeit binnen vier Monaten nach der Vor-Ort-Besichtigung zugänglich.

Zukunftstechniken (Art. 27)
Die Mitgliedstaaten fördern gegebenenfalls die Entwicklung und Anwendung von Zukunftstechniken. Dies gilt insbesondere für die in den BVT-Merkblättern bestimmten Zukunftstechniken. Die Kommission legt Leitlinien zur Unterstützung der Mitgliedstaaten bei der Förderung der Entwicklung und Anwendung von Zukunftstechniken fest.

Schadstoffliste (Anhang II)
Die Genehmigung umfasst alle Maßnahmen bzgl. der Emissionsgrenzwerte für die folgenden Schadstoffe:

- **Luft:**
  - Schwefeloxide und sonstige Schwefelverbindungen,
  - Stickstoffoxide und sonstige Stickstoffverbindungen,
  - Kohlenmonoxid,
  - flüchtige organische Verbindungen,
  - Metalle und Metallverbindungen,
  - Staub, einschließlich Feinpartikel,
  - Asbest (Schwebeteilchen und Fasern),
  - Chlor und Chlorverbindungen,
  - Fluor und Fluorverbindungen,
  - Arsen und Arsenverbindungen,
  - Zyanide,
  - Stoffe und Gemische mit nachgewiesenermaßen karzinogenen, mutagenen oder sich möglicherweise auf die Fortpflanzung auswirkenden Eigenschaften, die sich über die Luft auswirken,
  - Polychlordibenzodioxine und Polychlordibenzofurane.
- **Wasser:**
  - halogenorganische Verbindungen und Stoffe, die im wässrigen Milieu halogenorganische Verbindungen bilden,
  - phosphororganische Verbindungen,
  - zinnorganische Verbindungen,
  - Stoffe und Gemische mit nachgewiesenermaßen in wässrigem Milieu oder über wässriges Milieu übertragbaren karzinogenen, mutagenen oder sich möglicherweise auf die Fortpflanzung auswirkenden Eigenschaften,
  - persistente Kohlenwasserstoffe sowie beständige und bioakkumulierbare organische Giftstoffe,
  - Zyanide,
  - Metall und Metallverbindungen,
  - Arsen und Arsenverbindungen,
  - Biozide und Pflanzenschutzmittel,
  - Schwebstoffe,
  - Stoffe, die zur Eutrophierung beitragen (insbesondere Nitrate und Phosphate),
  - Stoffe, die sich ungünstig auf den Sauerstoffgehalt auswirken (und sich mittels Parametern wie BSB und CSB usw. messen lassen),
  - Stoffe, die in Anhang X der Richtlinie 2000/60/EG aufgeführt sind.

Kriterien für die Ermittlung der besten verfügbaren Techniken (Anhang III)
Die Kriterien für die Ermittlung der besten verfügbaren Techniken basieren auf folgenden Punkten:

- Einsatz abfallarmer Technologien,
- Einsatz weniger gefährlicher Stoffe,

- Förderung der Rückgewinnung und Wiederverwertung der bei den einzelnen Verfahren erzeugten und verwendeten Stoffe und gegebenenfalls der Abfälle,
- vergleichbare Verfahren, Vorrichtungen und Betriebsmethoden, die mit Erfolg im industriellen Maßstab erprobt wurden,
- Fortschritte in der Technologie und in den wissenschaftlichen Erkenntnissen,
- Art, Auswirkungen und Menge der jeweiligen Emissionen,
- Zeitpunkt der Inbetriebnahme der neuen oder der bestehenden Anlagen,
- für die Einführung einer besseren verfügbaren Technik erforderliche Zeit,
- Verbrauch an Rohstoffen und Art der bei den einzelnen Verfahren verwendeten Rohstoffe (einschließlich Wasser) sowie Energieeffizienz,
- die Notwendigkeit, die Gesamtwirkung der Emissionen und die Gefahren für die Umwelt soweit wie möglich zu vermeiden oder zu verringern,
- die Notwendigkeit, Unfällen vorzubeugen und deren Folgen für die Umwelt zu verringern,
- von internationalen Organisationen veröffentlichte Informationen.

Äquivalenzfaktoren für Dibenzodioxine und Dibenzofurane (Anhang VI)
Zur Bestimmung der kumulierten Werte sind die Massenkonzentrationen folgender Dibenzodioxine und Dibenzofurane mit folgenden Äquivalenzfaktoren (Tab. 2.25) zu multiplizieren, bevor sie zusammengezählt werden.

Tab. 2.25 Äquivalenzfaktoren von Dioxinen und Furanen

	Toxischer Äquivalenzfaktor
2,3,7,8 – Tetrachlordibenzodioxin (TCDD)	1
1,2,3,7,8 – Pentachlordibenzodioxin (PeCDD)	0,5
1,2,3,4,7,8 – Hexachlordibenzodioxin (HxCDD)	0,1
1,2,3,6,7,8 – Hexachlordibenzodioxin (HxCDD)	0,1
1,2,3,7,8,9 – Hexachlordibenzodioxin (HxCDD)	0,1
1,2,3,4,6,7,8 – Heptachlordibenzodioxin (HpCDD)	0,01
Octachlordibenzodioxin (OCDD)	0,001
2,3,7,8 – Tetrachlordibenzofuran (TCDF)	0,1
2,3,4,7,8 – Pentachlordibenzofuran (PeCDF)	0,5
1,2,3,7,8 – Pentachlordibenzofuran (PeCDF)	0,05
1,2,3,4,7,8 – Hexachlordibenzofuran (HxCDF)	0,1
1,2,3,6,7,8 – Hexachlordibenzofuran (HxCDF)	0,1
1,2,3,7,8,9 – Hexachlordibenzofuran (HxCDF)	0,1
2,3,4,6,7,8 – Hexachlordibenzofuran (HxCDF)	0,1
1,2,3,4,6,7,8 – Heptachlordibenzofuran (HpCDF)	0,01
1,2,3,4,7,8,9 – Heptachlordibenzofuran (HpCDF)	0,01
Octachlordibenzofuran (OCDF)	0,001

2.9 Aufgaben für die Praxis

- Erläutern Sie den Begriff *Stand der Technik.*
- Welche Bedeutung haben die verschiedenen Bundes-Immissionsschutzverordnungen für die einzelnen Abteilungen Ihres Unternehmens?
- Anlagengenehmigungen unterliegen einem förmlichen oder einem vereinfachten Genehmigungsverfahren. Worin liegen die Unterschiede?
- Welche Aspekte sind bei *nicht genehmigungsbedürftigen Anlagen* zu beachten?
- Das Genehmigungsverfahren nach der 9. BImSchV fordert u. a. Angaben zum Anlagenbetrieb, zu Schutzmaßnahmen, zur Abfallbehandlung und zur Energieeffizienz. Erarbeiten Sie diesbezüglich Fallbeispiele.
- Was sind Immissionswerte und welche Bedeutung haben sie zum Schutz von Mensch und Umwelt?
- Welche Anforderungen werden an die Begrenzung von Emissionen gestellt?
- Welche Bedeutung besitzt eine Emissionserklärung?
- Welche Anforderungen stellt das BImSchG an die Beschaffenheit von Anlagen, Stoffen, Erzeugnissen und Fahrzeugen?
- Bei kleinen und mittleren Feuerungsanlagen dürfen bestimmte Emissionen nicht überschritten werden. Welche sind dies?
- Wie sind Anlagen, die mit leichtflüchtigen halogenierten Kohlenwasserstoffen betrieben werden zu überwachen?
- Beschreiben Sie die Schutz- und Notfallmaßnahmen/Alarm- und Gefahrenabwehrpläne im Rahmen Ihres betrieblichen Sicherheitsmanagementsystems.
- Welche Anforderungen werden an die (Mit-)Verbrennung von Abfällen gestellt?
- Beschreiben Sie die rechtlichen Anforderungen über Anlagen zur biologischen Behandlung von Abfällen.
- Welche rechtlichen Anforderungen existieren für den Umgang mit flüchtigen organischen Verbindungen?
- Warum sind Legionellen und deren Konzentration bei entsprechenden Anlagen zu beachten?
- Beschreiben Sie Aufgaben, Rechte und Pflichten des Betreibers und des Immissionsschutzbeauftragten.
- Welche Anforderungen werden an die Fachkunde und Weiterbildung von Immissionsschutzbeauftragten gestellt?
- Wie werden in Ihrem Unternehmen die Verantwortungen im betrieblichen Umweltschutz wahrgenommen?
- Welche Verantwortungen tragen Führungskräfte in ihrem Aufgabenbereich?
- Welche Bedeutung besitzen die BVT-Merkblätter?
- Welche Anforderungen stellt die IED-Richtlinie an die besten verfügbaren Techniken?

Weiterführende Literatur

1. *BImSchG – Bundes-Immissionsschutzgesetz; Gesetz zum Schutz vor schädlichen Umwelteinwirkungen durch Luftverunreinigungen, Geräusche, Erschütterungen und ähnliche Vorgänge,* **18.07.2017**
2. *1. BImSchV – Verordnung über kleine und mittlere Feuerungsanlagen,* **13.06.2019**
3. *2. BImSchV – Verordnung zur Emissionsbegrenzung von leichtflüchtigen halogenierten organischen Verbindungen,* **29.03.2017**
4. *4. BImSchV – Verordnung über genehmigungsbedürftige Anlagen,* **31.05.2017**
5. *5. BImSchV – Verordnung über Immissionsschutz- und Störfallbeauftragte,* **09.11.2010**
6. *7. BImSchV – Verordnung zur Auswurfbegrenzung von Holzstaub,* **18.12.1975**
7. *9. BImSchV – Verordnung über das Genehmigungsverfahren,* **08.12.2017**
8. *12. BImSchV – Störfall-Verordnung,* **08.12.2017**
9. *17. BImSchV – Verordnung über die Verbrennung und die Mitverbrennung von Abfällen,* **07.10.2013**
10. *30. BImSchV – Verordnung über Anlagen zur biologischen Behandlung von Abfällen,* **27.09.2017**
11. *31. BImSchV – Verordnung zur Begrenzung der Emissionen flüchtiger organischer Verbindungen bei der Verwendung organischer Lösemittel in bestimmten Anlagen,* **24.03.2017**
12. *42. BImSchV – Verordnung über Verdunstungskühlanlagen, Kühltürme und Nassabscheider,* **09.02.2018**
13. *44. BImSchV – Verordnung über mittelgroße Feuerungs-, Gasturbinen- und Verbrennungsmotoranlagen,* **13. Juni 2019**
14. European Environment Agency (EEA); *Fluorinated greenhouse gases in 2017,* EEA Report No 20/2017, **2017,** 978-92-9213-928-5
15. European Environment Agency (EEA); *Trends and projection in Germany 2017,* November 2017
16. Gschrey, B.; Schwarz, W.; *Projections of global emissions of fluorierte greenhouse gases in 2050,* Umweltbundesamt, Climate Change 17/2009, **2009**
17. Hackmack, U.; Mahrwald, B.; *Die Lösemittelverordnung – Einführung und Vorschläge zur Umsetzung in die Praxis,* Umweltbundesamt, **Februar 2002**
18. Kyoto-Protokoll – *Gesetz zu dem Protokoll von Kyoto vom 11. Dezember 1997 zum Rahmenübereinkommen der Vereinten Nationen über Klimaänderungen,* **27.04.2002**
19. Pfaff, Th.; Knopp, L.; Peine, F.-J. (Hrsg.); *Revision des Immissionsschutzrechts durch die Industrieemissionsrichtlinie,* lexxion, **2013,** 978-3-86965-216-0
20. Pütz, M.; Buchholz, K.-H.; *Anzeige- und Genehmigungsverfahren nach dem Bundes-Immissionsschutzgesetz,* Schmidt, **2003,** 3-503-06609-8
21. Pütz, M.; Buchholz, K.-H.; *Immissionsschutz bei nicht genehmigungsbedürftigen Anlagen,* Schmidt, **2000,** 3-503-05903-2
22. *Richtlinie 2010/75/EU des Europäischen Parlaments und des Rates vom 24. November 2010 über Industrieemissionen – integrierte Vermeidung und Verminderung der Umweltverschmutzung,* **21.01.2014**
23. *TA Luft – Technische Anleitung zur Reinhaltung der Luft; Erste Allgemeine Verwaltungsvorschrift zum Bundes-Immissionsschutzgesetz,* **24.07.2002**
24. Umweltbundesamt (UBA); *Integrierte Vermeidung und Verminderung der Umweltverschmutzung (IVU) – Referenzdokument für Allgemeine Überwachungsgrundsätze,* **2003**

Herkunft und Senken von Luftverunreinigungen

3

3.1 Troposphäre als Fotoreaktor

Durch eine Temperaturinversion ist die Troposphäre von der darüberliegenden Stratosphäre abgetrennt. Diese Tropopause behindert den Luftaustausch zwischen den beiden Sphären, wodurch die Troposphäre als fotochemischer Reaktor angesehen werden kann. Durch das Sonnenlicht werden zahlreiche fotochemische Reaktionen ausgelöst. Die Reaktionsgeschwindigkeit hängt dabei von der Intensität und Wellenlänge des Lichts sowie von der Konzentration der Schadstoffe und deren Absorptionskoeffizienten ab. Um eine Fotodissoziation und Radikalbildung zu bewirken, muss die Lichtenergie mindestens gleich der Bindungsenergie im Molekül sein. Dazu einige Beispiele:

Fotolyse von Stickstoffdioxid (NO_2)

$$NO_2 \xrightarrow{\lambda \leq 400\,nm} NO + O$$

$$O + O_2 \xrightarrow{M} O_3$$

Die durch Fotolyse von Stickstoffdioxid (NO_2) entstehenden Sauerstoffatome (O) reagieren mit Sauerstoffmolekülen (O_2) zu Ozon (O_3). M bezeichnet hier ein Teilchen, das beim Stoßprozess die frei werdende Energie aufnimmt.

Fotolyse von Ozon (O_3)

$$O_3 \xrightarrow{\lambda \leq 1120\,nm} O_2 + O$$

Die Originalversion des Kapitels wurde revidiert. Ein Erratum ist verfügbar unter https://doi.org/10.1007/978-3-658-29147-1_16

G. Förtsch, H. Meinholz, *Handbuch Betrieblicher Immissionsschutz*,
https://doi.org/10.1007/978-3-658-29147-1_3

$$O + H_2O \rightarrow 2\ \cdot OH$$

Bei der Fotolyse von Ozon entstehen elektronisch angeregte Sauerstoffatome, die mit Wasser unter Bildung von zwei OH-Radikalen weiterreagieren können.

Fotolyse von Formaldehyd (HCHO)

$$HCHO \xrightarrow{\lambda \leq 330\,nm} \cdot H + \cdot CHO$$

$$\cdot CHO + O_2 \rightarrow HO_2\cdot + CO$$

$$\cdot H + O_2 \xrightarrow{M} HO_2\cdot$$

Durch Fotolyse von Formaldehyd (HCHO) entstehen zum Teil Wasserstoffatome und Formylradikale (•CHO). Diese Radikale reagieren mit Sauerstoff sehr schnell unter Bildung von HO_2-Radikalen. Die beschriebenen fotochemischen Primärreaktionen leiten die atmosphärischen Abbaureaktionen vieler Luftverunreinigungen ein. Dies geschieht insbesondere über Reaktionen mit dem Hydroxyl-(•OH-) und HO_2-Radikal sowie über Ozon (O_3). In der Fotochemie der Troposphäre spielt das (•OH) eine zentrale Rolle. Es reagiert nahezu mit allen Schadstoffen und stellt als *Waschmittel der Atmosphäre* damit eine wichtige Senke dar. Einige beispielhafte Reaktionen:

Abbau von Kohlenwasserstoffen (R-H)

$$R-H \xrightarrow{(\cdot OH)} CO_2 + H_2O$$

Oxidation von Kohlenmonoxid (CO)

$$CO + \cdot OH \rightarrow CO_2 + H\cdot$$

$$H\cdot + O_2 \rightarrow HO_2\cdot$$

Bildung von Salpetersäure (HNO_3)

$$\cdot NO_2 + \cdot OH \xrightarrow{M} HNO_3$$

Luftverunreinigungen können unterschiedlich lange in der Atmosphäre verweilen und dadurch lokale, regionale, kontinentale oder globale Probleme verursachen (Abb. 3.1). So werden Schwefeldioxid (SO_2) oder Stickoxide (NO, NO_2) leicht durch Regen ausgewaschen. Ihre Verweilzeit in der Atmosphäre beträgt Stunden bis Tage. Am anderen Ende der Skala stehen z. B. Kohlendioxid (CO_2), Fluorchlorkohlenwasserstoffe (FCKW) oder teilfluorierte Kohlenwasserstoffe (HFKW). Aufgrund ihrer Langlebigkeit verteilen sie sich über den gesamten Globus und verursachen globale Probleme wie den Treibhauseffekt oder die Ozonzerstörung.

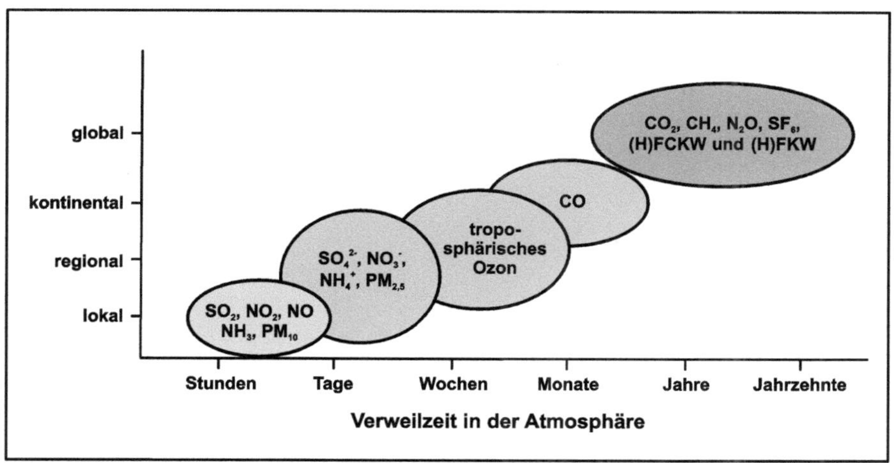

Abb. 3.1 Verweilzeit und Reichweite von Luftverunreinigungen [1, 2]

3.2 Kohlendioxid und Kohlenmonoxid

3.2.1 Eigenschaften

Kohlendioxid (CO_2)

Kohlendioxid ist ein farb-, geruch- und geschmackloses Gas, das mit einer Dichte von 1,97 g/l schwerer als Luft ist. Aus diesem Grund sammelt sich Kohlendioxid in geschlossenen Räumen am Boden an. Diese Eigenschaft wird bei Kohlendioxidfeuerlöschern ausgenutzt, da bei einem CO_2-Anteil von 8–10 % die Flammen erlöschen. Kohlendioxid lässt sich leicht verflüssigen und sublimiert bei Atmosphärendruck (1013 mbar) bereits bei −78,5 °C, d. h., es geht, ohne zu schmelzen, direkt vom festen Zustand in den gasförmigen Zustand über. Es wird daher als Trockeneis für Tiefkühlzwecke verwendet. Bei einem Druck von 73,8 bar und einer Temperatur von 31,0 °C geht CO_2 in den überkritischen Zustand über. In diesem Zustand besitzt es charakteristische Eigenschaften und wird in zahlreichen Prozessen als Lösungsmittel eingesetzt. In Wasser ist Kohlendioxid mit 1,8 g/l bei 20 °C und 1013 mbar gut löslich. Die entstehende Lösung reagiert schwach sauer.

$$H_2O + CO_2 \rightleftarrows H_2CO_3$$

$$H_2O + H_2CO_3 \rightleftarrows H_3O^+ + HCO_3^-$$

Das Gleichgewicht der Reaktion liegt sehr stark auf der linken Seite der Reaktionsgleichung. Ungefähr 99,8 % des Kohlendioxids liegen unverändert gelöst als CO_2 vor. Die als freie Säure nicht isolierbare Kohlensäure (H_2CO_3) selbst ist eine mittelstarke Säure. Im wasserfreien Zustand lässt sich die Kohlensäure nicht gewinnen, da beim Entwässern nach den beschriebenen Gleichgewichten Kohlendioxid entweicht. In reiner Form ist sie nur bei Temperaturen unterhalb −70 °C isolierbar. Als zweibasige Säure bildet Kohlensäure zwei Reihen von Salzen. Die Hydrogencarbonate ($MHCO_3$) sind bis auf Natriumhydrogencarbonat ($NaHCO_3$) alle leicht löslich. Die Carbonate (M_2CO_3) sind bis auf die Alkalicarbonate alle schwer löslich. Wie alle sauren Salze spalten die Hydrogencarbonate beim Erhitzen Wasser ab und gehen in die Carbonate über.

$$2\,MHCO_3 \rightarrow M_2CO_3 + CO_2 + H_2O$$

Leitet man umgekehrt in eine Aufschlämmung schwer löslicher Carbonate Kohlendioxid ein, so gehen diese als Hydrogencarbonate in Lösung. Das Ansäuern von Carbonat- oder Hydrogencarbonatlösung führt zur Entwicklung von Kohlendioxid.

$$CaCO_3 + CO_2 + H_2O \rightarrow Ca(HCO_3)_2$$

$$MgCO_3 + 2\,HCl \rightarrow MgCl_2 + H_2O + CO_2$$

Für den Menschen ist Kohlendioxid bei ausreichendem Sauerstoffgehalt nicht giftig. Ohne Probleme kann er bei einem CO_2-Gehalt von 2,5 % noch Atmen. Ab einer Konzentration von 4–5 % treten Schwindel, Kopfschmerzen und Übelkeit auf. Bei höheren Konzentrationen kommt es zu einem beschleunigten Herzschlag, Anstieg des Blutdrucks und zu Atemnot. Dies führt bei längerer Einatmung zu Bewusstlosigkeit, der sogenannten CO_2-Narkose. Ab einer Konzentration von 8 % kommt es bereits nach 30–60 Minuten zur Bewusstlosigkeit und zum Tod. Von zu hohen CO_2-Konzentrationen erholt sich der Körper relativ schnell, da er auf die Abgabe von Kohlendioxid eingestellt ist.

Kohlenmonoxid (CO)

Kohlenmonoxid ist ebenfalls ein farbloses, geruch- und geschmackloses Gas mit einem Schmelzpunkt von −205 °C und einem Siedepunkt von −191,5 °C. Kohlenmonoxid ist stark giftig, weil das Hämoglobin der roten Blutkörperchen Kohlenmonoxid besser bindet als Sauerstoff. So können die Körperzellen nicht mehr ausreichend mit Sauerstoff versorgt werden. Dabei wirken bereits 0,5 l/m^3 nach kurzer Zeit tödlich. Auch länger andauerndes Einatmen geringer Mengen an Kohlenmonoxid kann zu Schwindelanfällen, Atemnot oder Krämpfen führen. Kohlenmonoxid (CO) steht mit Kohlendioxid (CO_2) in einem Gleichgewicht.

$$C + CO_2 \rightleftarrows 2\,CO$$

Diese Reaktion ist temperaturabhängig und führt bei jeder Temperatur zu einem bestimmten Gleichgewicht (Boudouard-Gleichgewicht). Außerdem ist die Reaktion druckabhängig.

Es sind umso höhere Ausbeuten an Kohlenmonoxid zu erwarten, je höher die Temperatur und je kleiner der Druck ist. Das Boudouard-Gleichgewicht (Abb. 3.2) bildet sich nur aus, wenn bei der Verbrennung Kohlenstoff im Überschuss vorliegt. Bei 400 °C liegt das

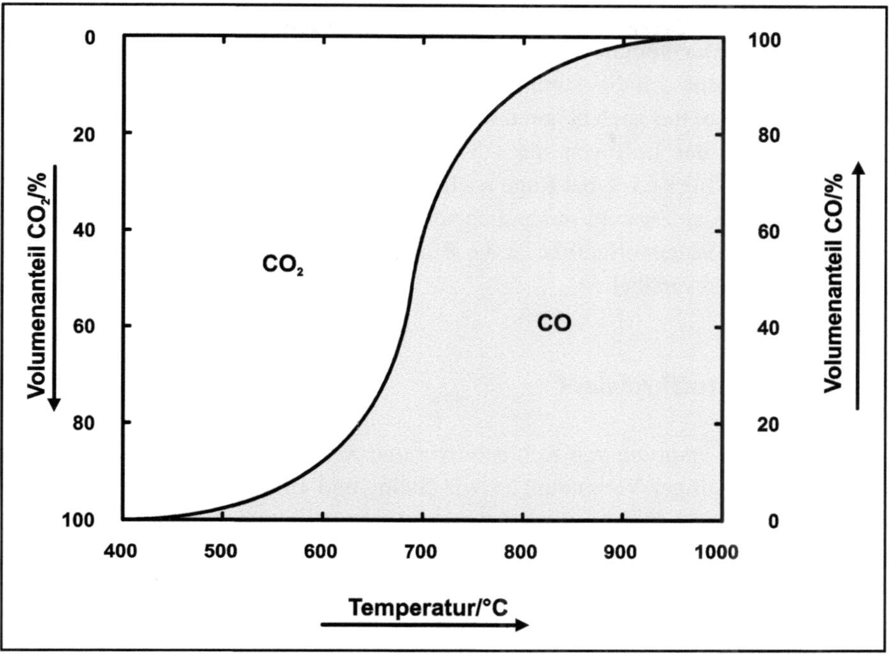

Abb. 3.2 Boudouard-Gleichgewicht von CO/CO_2

Gleichgewicht auf der Seite des Kohlendioxids, während es bei 1000 °C auf der Seite des Kohlenmonoxids liegt.

Das Boudouard-Gleichgewicht spielt bei allen technischen Prozessen eine Rolle, bei denen Sauerstoffverbindungen mit überschüssiger Kohle reduziert werden. Bei der Reduzierung von Metalloxiden bei niedrigen Temperaturen entsteht hauptsächlich CO_2:

$$2\,MO + C \rightarrow 2\,M + CO_2,$$

während bei höheren Temperaturen CO entsteht.

$$MO + C \rightarrow M + CO$$

Kohlenmonoxid ist ein starkes Blut- und Atemgift. Die häufigsten Vergiftungsquellen sind unvollständige Verbrennungsprozesse. Die Stärke der CO-Vergiftung hängt mit der Bildung eines Hämoglobin-CO-Komplexes zusammen. Kohlenmonoxid hat eine 200- bis 300-mal höhere Affinität zu Hämoglobin als Sauerstoff, wodurch dieser im Hämoglobin-O_2-Komplex durch CO verdrängt wird. Damit ist die Sauerstoffzufuhr im Körper nicht mehr gewährleistet. Bei einer relativ geringen Vergiftung von 2–5 % Hämoglobin-CO kommt es zu Auswirkungen auf das zentrale Nervensystem, einer Beeinträchtigung des Zeit- und Helligkeitsempfindens sowie der Sehleistung. Ab einem Hämoglobin-CO-Gehalt von 10–20 % treten Kopfschmerzen, Müdigkeit, Übelkeit, Kurzatmigkeit und

Herzklopfen auf. Zu Schwindel, Einschränkung des Bewusstseins, Schlaffheit und sogar Lähmung der Glieder kommt es bei einem Hämoglobin-CO-Gehalt von 20–30 %. Bei 30–40 % verlangsamt sich die Atmung und es kann zur Bewusstlosigkeit und zum Kreislaufkollaps kommen. Bei noch höheren Konzentrationen tritt der Tod ein. So kann z. B. bei einem CO-Gehalt der Luft von nur 0,1 % eine lebensbedrohende Hämoglobin-CO-Konzentration von über 65 % bei Ruhe nach 3–5 Stunden auftreten. Bei körperlicher Anstrengung wird dieser Zustand wesentlich schneller bereits nach ca. 2 Stunden erreicht. Bei ausreichender Sauerstoffzufuhr ist die Bindung von Kohlenmonoxid an Hämoglobin jedoch vollständig reversibel.

3.2.2 Kohlenstoffkreislauf

Der anthropogene Ursprung von Kohlendioxid und Kohlenmonoxid liegt in der Verbrennung kohlenstoffhaltiger Verbindungen wie Stein- und Braunkohle, Erdöl, Erdgas und Holz. Bei vollständiger Verbrennung, d. h. einer Verbrennung mit Luftüberschuss, reagiert der Kohlenstoffanteil des Brennstoffes mit Sauerstoff zu Kohlendioxid. Herrscht Sauerstoffmangel (Luftmangel) vor, kommt es aufgrund des Boudouard-Gleichgewichts zur Bildung von Kohlenmonoxid. Bei Verbrennungsprozessen wird der Luftüberschuss durch die Lambda-Zahl (λ-Zahl) definiert.

$$\lambda = \frac{\text{tatsächliche Luftmenge}}{\text{stöchiometrisch notwendige Luftmenge}}$$

Wird mit einer λ-Zahl von 1 gearbeitet, steht genau die benötigte Menge an Sauerstoff für die Reaktion zur Verfügung, damit jedes Kohlenstoffatom zu Kohlendioxid umgesetzt werden kann. Aufgrund des Boudouard-Gleichgewichts kommt es jedoch in Abhängigkeit von der Temperatur auch bei einer λ-Zahl = 1 zu einer unvollständigen Verbrennung. Neben dem Kohlenmonoxid werden bei einer unvollständigen Verbrennung auch noch unverbrannte Kohlenwasserstoffe, teiloxidierte Kohlenwasserstoffe und Ruß als Emissionen an die Umwelt abgegeben. Verbrennungsprozesse sind deshalb immer mit Luftüberschuss zu fahren, um diese Emissionen zu senken. Bei Verbrennungen im Ottomotor tritt ebenfalls eine Abhängigkeit der Emissionen von der Lambda-Zahl auf. Steigt die Lambda-Zahl etwas über 1,0 (geringer Luftüberschuss), erreichen die CH- und CO-Emissionen ihr Minimum. Die NO-Emission ist in diesem Bereich jedoch sehr hoch.

Für feste Brennstoffe (z. B. Kohle) sind die CO_2-Emissionen pro Energieeinheit am höchsten. Für gasförmige Brennstoffe (z. B. Erdgas, CH_4) sind sie am niedrigsten, da durch den Wasserstoffgehalt pro Energieeinheit weniger CO_2 emittiert wird. Ein Ersatz von Kohle durch flüssige oder gasförmige Energieträger senkt daher die CO_2-Emissionen pro Energieeinheit. In Abb. 3.3 und Abb. 3.4 sind die CO_2- bzw. CO-Emissionen für die Bundesrepublik Deutschland dargestellt. Die größten Emittenten für Kohlendioxid sind die Energiewirtschaft, gefolgt von Industrie und Verkehr. Beim Kohlenmonoxid stammen

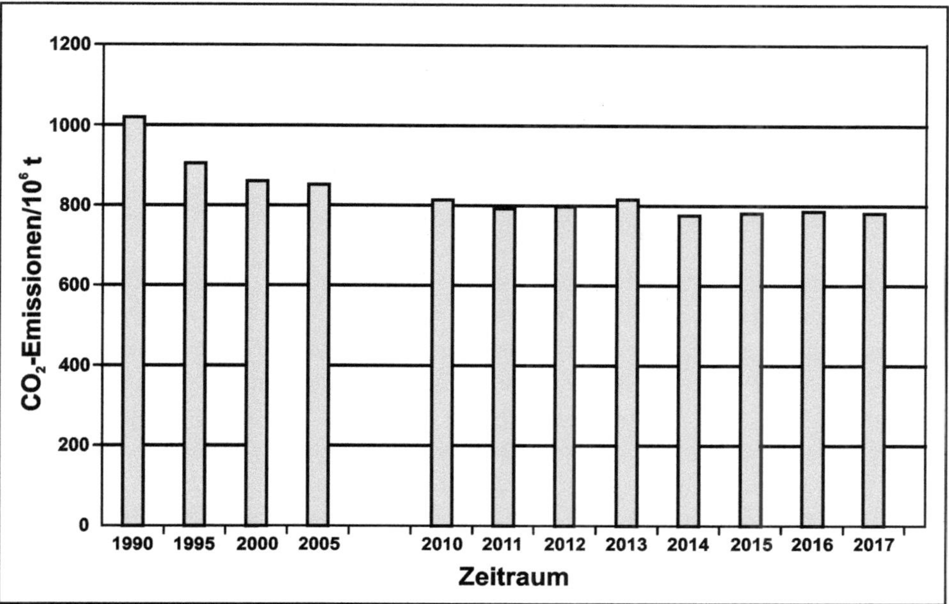

Abb. 3.3 Kohlendioxid-(CO_2-)Emissionen in Deutschland [3, 4]

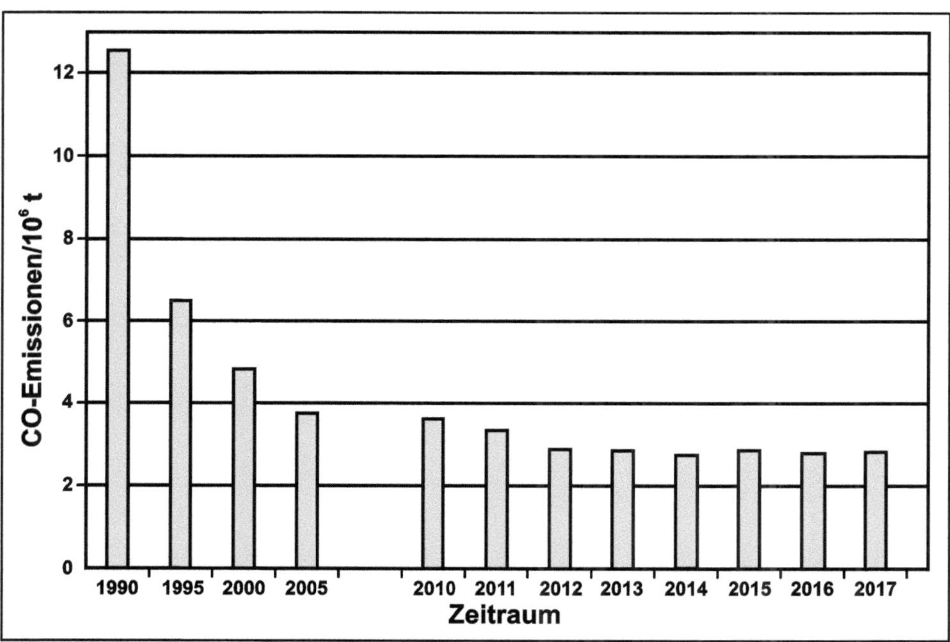

Abb. 3.4 Kohlenmonoxid-(CO-)Emissionen in Deutschland [5]

die meisten Emissionen aus den Sektoren Verkehr und Haushalt. Sowohl beim CO_2 als auch beim CO werden die Probleme der Energieerzeugung aus fossilen Brennstoffen sichtbar. Zur Verminderung dieser Emissionen müssen

- die Wirkungsgrade gesteigert,
- der Gesamtenergieverbrauch gesenkt und
- kohlenstoffarme/-freie Energiequellen genutzt werden.

Jährlich werden mehrere Milliarden Tonnen Kohlendioxid aus Verbrennungsprozessen an die Atmosphäre abgegeben. Dies führt zu einem deutlichen Anstieg der CO_2-Konzentrationen (Abb. 3.5). Vor der Industrialisierung lag die CO_2-Konzentration bei ca. 280 ppm. Heute beträgt die Konzentration ca. 410 ppm und nimmt jährlich um etwa 1–2 ppm zu. Aufgrund von Verzögerungen im CO_2-Kreislauf käme es selbst bei einem sofortigen Einfrieren der CO_2-Emissionen auf dem gegenwärtigen Stand zu einem Anstieg der CO_2-Konzentration auf ca. 470 ppm im Jahr 2050.

Abb. 3.6 zeigt den Kohlenstoffkreislauf (CO_2-Kreislauf). Es ist zu beachten, dass die angegebenen Werte fehlerbehaftet sind. Dies gilt auch für die anderen Stoffkreisläufe von CH_4 (Abb. 3.8), S (Abb. 3.13) und N (Abb. 3.19). In der Atmosphäre sind 839 × 10^9 Ton-

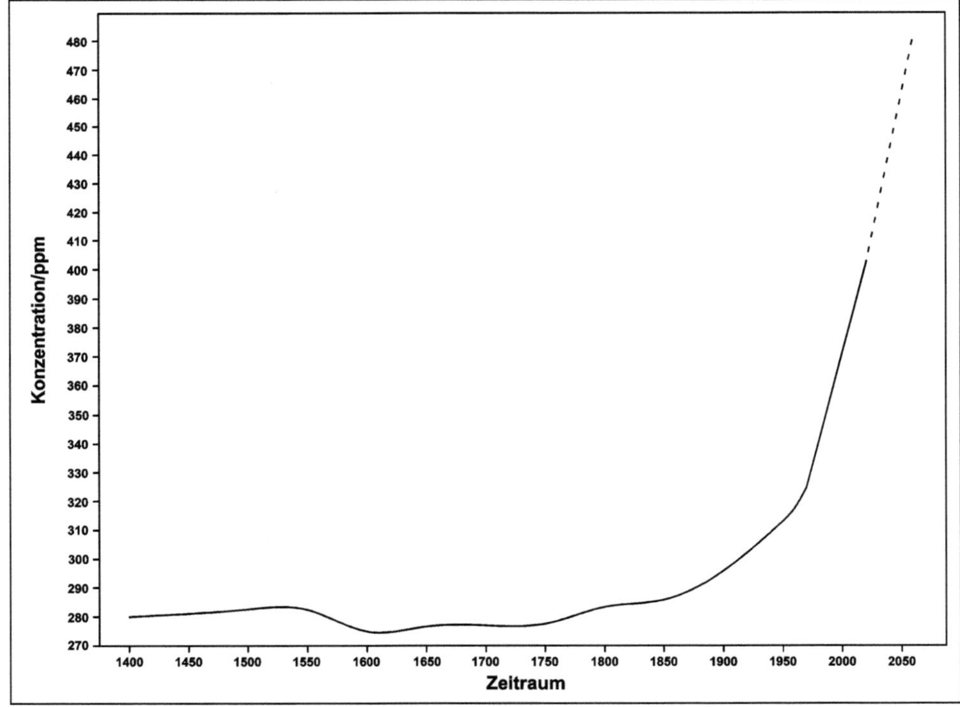

Abb. 3.5 Entwicklung der CO_2-Konzentration in der Atmosphäre [6–9]

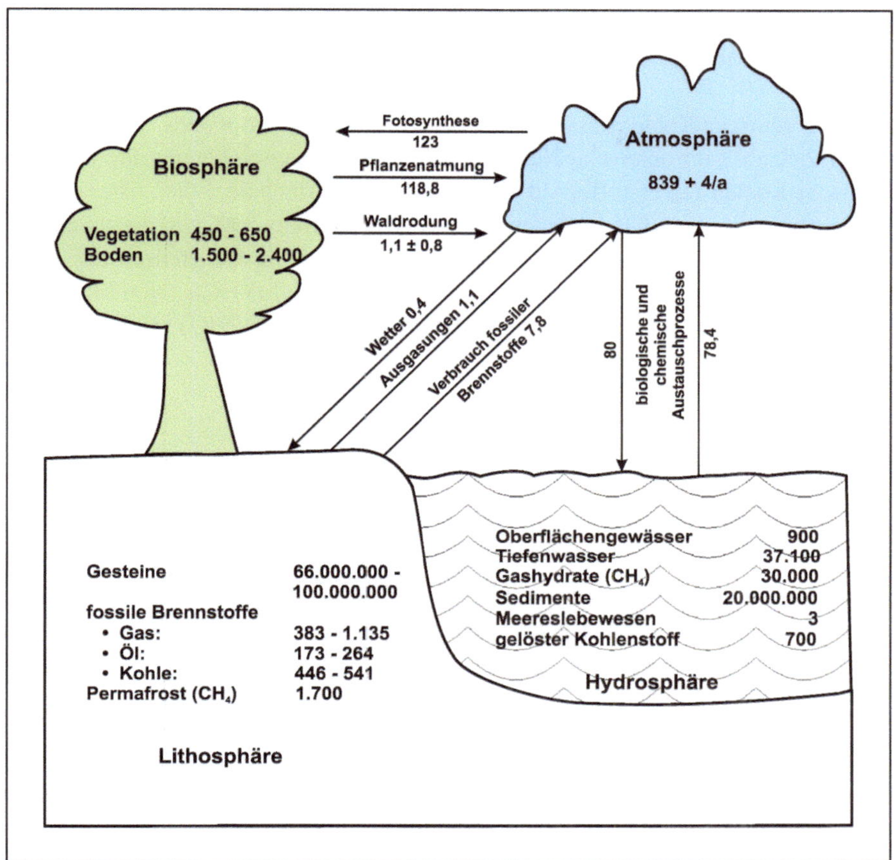

Abb. 3.6 Kohlenstoffkreislauf (10^{12} kg C/a bei den Austauschprozessen, 10^{12} kg C bei den Reservoiren; [10–12])

nen Kohlenstoff gespeichert, wobei der Kohlenstoffgehalt jährlich um ca. 4×10^9 Tonnen zunimmt. In der vorindustriellen Zeit (vor 1750) waren es 589 Milliarden Tonnen. Der Austausch von Kohlenstoff zwischen der Atmosphäre und den Ozeanen liegt in der Größenordnung von 80×10^{12} kg C/a. Das sich im Oberflächenwasser lösende Kohlendioxid wird entweder chemisch gebunden ($CaCO_3$) oder durch Fotosynthese in der ozeanischen Biosphäre eingebunden. Aus dem Oberflächenwasser wird das gebundene CO_2 über lange Zeiträume in das Tiefenwasser transportiert. Die Hydrosphäre (Ozeane) nimmt jährlich $1{,}6 \times 10^9$ Tonnen auf und dämpft somit etwas den Klimawandel. Eine Kohlenstofffixierung findet ebenfalls über die Biosphäre statt. Über die Fotosynthese werden ca. 3×10^9 Tonnen mehr Kohlenstoff gebunden, als über die Pflanzennutzung und Waldrodung freigesetzt wird. Durch den Verbrauch fossiler Brennstoffe werden jährlich $7{,}8 \pm 0{,}6 \times 10^9$ Tonnen Kohlenstoff freigesetzt, die damit den wesentlichen Beitrag zum Klimawandel liefern. Durch die fortschreitende Erwärmung besteht zusätzlich die Gefahr, dass Methan aus Permafrostböden freigesetzt wird. Dadurch kann der Treibhauseffekt an Dynamik gewinnen.

3.3 Flüchtige organische Kohlenwasserstoffe (VOC's) und Methan

Flüchtige organische Kohlenwasserstoffe (Volatile Organic Compounds, VOC's) bestehen aus einer Vielzahl ganz unterschiedlicher Stoffklassen. Chemisch können aliphatische und aromatische Kohlenwasserstoffe, Aldehyde und Ketone, Alkohole, Ether, Ester etc. zu den VOC's gehören. Methan (CH_4) ist ebenfalls ein VOC-Vertreter. Oft wird diese Verbindung jedoch separat behandelt. Soll in diesem Zusammenhang ein Ausgrenzen des Methans deutlich gemacht werden, so spricht man häufig auch von NMVOC's (Non Methan Volatile Organic Compounds). Die Weltgesundheitsorganisation (WHO) teilt die VOC's in verschiedene Klassen ein (Tab. 3.1).

3.3.1 VOC-Quellen

Leichtflüchtige Kohlenwasserstoffe werden sowohl aus biogenen als auch aus anthropogenen Quellen freigesetzt (Tab. 3.2). Die Hauptemissionsquelle der biogenen VOC's ist die Landvegetation. Alle Pflanzen emittieren eine Vielzahl organischer Verbindungen, so z. B. das Phytohormon Ethen, das wichtige physiologische Vorgänge steuert. Die mengenmäßig höchsten biogenen VOC-Emissionen sind die von Isopren (2-Methyl-1,3-butadien) und verwandten Verbindungen durch Nadelwälder.

Weitere natürlich emittierte Substanzen sind Dimethylsulfid (DMS), Methyl-3-buten-2-ol, Methanol und Aceton. Verlässliche Abschätzungen über die Höhe der biogenen Gesamtemissionen sind mit großen Unsicherheiten behaftet. Hauptgründe liegen in starken und schnellen jahreszeitlichen Schwankungen der biogenen VOC-Werte, vor allem aufgrund von (Blatt-)Temperatur, Lichtintensität und Wettereinflüssen. Hauptemittenten der anthropogenen VOC-Quellen sind Verbrennungsprozesse (z. B. Auto, Kraftwerke,

Tab. 3.1 VOC-Klassifizierung nach Weltgesundheitsorganisation [15]

Bezeichnung	Abkürzung	Siedebereich/°C		Dampfdruck bei 25 °C/kPa
		von	bis	
Sehr flüchtige organische Verbindungen	VVOC (Very Volatile Organic Compounds)	< 0	50–100	15
Flüchtige organische Verbindungen	VOC (Volatile Organic Compounds)	50–100	240–260	0,01
Schwer flüchtige organische Verbindungen	SVOC (Semivolatile Organic Compounds)	240–260	380–400	10^{-2}–10^{-8}
Staubgebundene organische Verbindungen	POM (Particulate Organic Matter)	> 380		–

Tab. 3.2 Biogene und anthropogene VOC-Quellen

Biogene Quellen	Anthropogene Quellen
• (Bio)Chemische Vorgänge in Pflanzen	• Lösemittel (z. B. in Klebstoffen, Farben, Putzmitteln)
• Biologische Quellen (z. B. Pilze, Bakterien)	• Baumaterialien und Einrichtungsgegenstände (z. B. Formaldehyd in Spanplatten)
• Mikrobielle VOC's	• Kraftfahrzeuge und Mineralölindustrie (z. B. Benzin, Diesel, Heizöl)
• Natürliche Verbrennungsvorgänge	• Verbrennungsprozesse (z. B. Kraftwerke, Müllverbrennung)

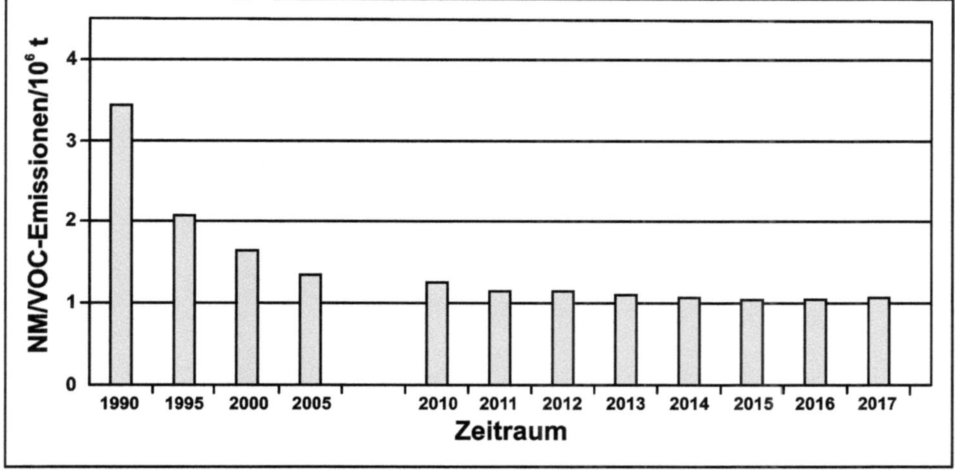

Abb. 3.7 NMVOC-Emissionen in Deutschland [5]

Haushalt) sowie die Verwendung von Lösungsmitteln in zahlreichen Anwendungsgebieten. In Abb. 3.7 sind die VOC-Emissionen in Deutschland seit 1990 dargestellt. Die Mengen enthalten kein Methan, da dieses später behandelt wird.

3.3.2 Methankreislauf

In Abb. 3.8 ist der Methankreislauf dargestellt. Methan aus natürlichen Quellen wird hauptsächlich durch mikrobiologische Zersetzung von organischem Material in Feuchtgebieten freigesetzt. Entsprechende Mikroorganismen finden sich auch in Gewässern, Nassreisfeldern, Mülldeponien oder im Verdauungstrakt von Wiederkäuern (Viehhaltung). Die Methanproduktion von Termiten und anderen Insekten erfolgt bei der Cellulosespaltung durch symbiotische Mikroorganismen im Verdauungstrakt. Eine der Hauptquellen für anthropogene Methanemissionen ist der Nassreisanbau. Ursache hierfür sind Mikroorganismen, die in den überfluteten Reisfeldern leben und dort ideale Bedingungen vorfinden. Ebenfalls hohe CH_4-Emissionen gehen auf die Viehhaltung zurück. Wiederkäuer können durch spezielle Mikroorganismen in ihrem Magen-Darm-Trakt Cellulose spalten und Methan produzieren. Nach Schätzungen werden so pro Rind jährlich 100 m^3 Methan freigesetzt.

Bei der Gewinnung, Verarbeitung und Verteilung fossiler Energieträger (Kohle, Erdöl, Erdgas) wird ebenfalls Methan an die Atmosphäre abgegeben. Bekannt sind die *schlagenden Wetter* im Kohlebergbau. Dabei entweichen Methan und andere Gase und können explosive Gemische bilden. Neben der Verbrennung von Biomasse setzt auch die Ablagerung von unbehandeltem Abfall durch mikrobiologische Umsetzungen CH_4 frei. Große Methanvorkommen liegen als Gasreserven und als Permafrosthydrate vor. Methanhydrate sind Verbindungen aus CH_4 und Wasser, die sich bei 50 bar und 4 °C bilden. Das Methan ist dabei in der Kristallstruktur des Eises eingelagert. Durch Temperaturerhöhung, Ände-

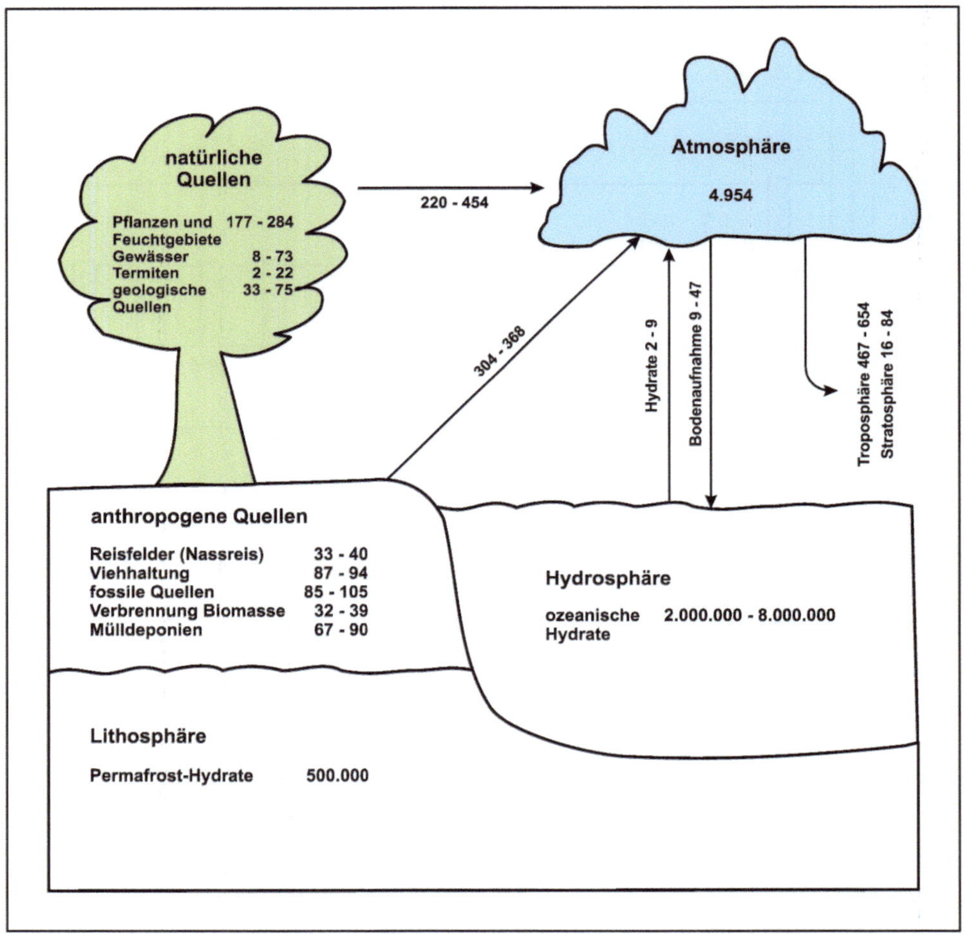

Abb. 3.8 Methankreislauf (10^9 kg CH_4/a bei den Austauschprozessen, 10^9 kg CH_4 bei den Reservoiren; [11, 13, 14])

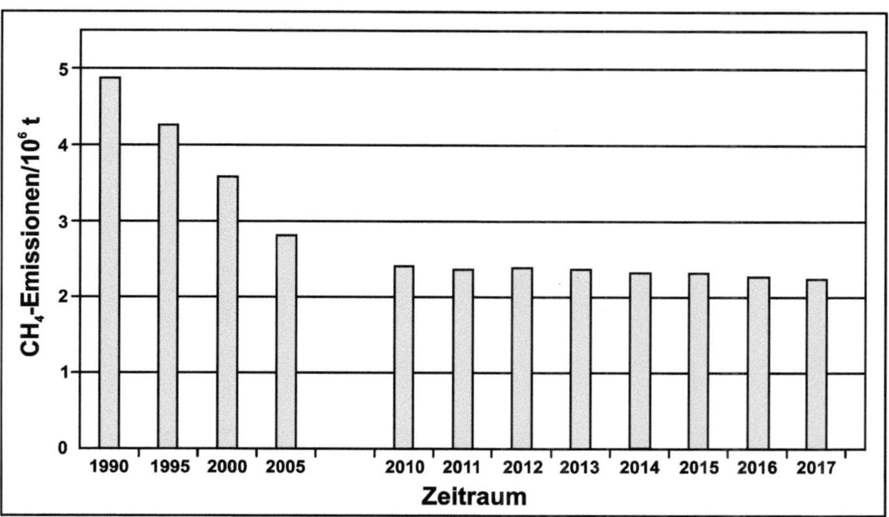

Abb. 3.9 Methan-(CH_4-)Emissionen in Deutschland [4]

rungen des Drucks oder der Salzkonzentration kann Methan freigesetzt werden. Im Hinblick auf die globale Erwärmung ist dies bedeutsam, da durch Rückkopplungseffekte verstärkt CH_4 aus Methanhydraten freigesetzt werden kann. Die Menge an natürlich emittiertem Methan aus diesen Quellen wird auf 2–9 Millionen Tonnen/Jahr geschätzt. Die global vorhandene Menge an Methanhydraten liegt in den Ozeanen bei 2–8 Billionen Tonnen, im Permafrostboden bei ca. 500 Milliarden Tonnen. Die darin gebundene Kohlenstoffmenge überschreitet deutlich die Erdgasreserven.

In Abb. 3.9 sind die CH_4-Emissionen für Deutschland dargestellt. Hauptverursacher sind die Landwirtschaft sowie diffuse Emissionen aus Brennstoffen und Abfall/Abwasser.

Hauptsenke für den Abbau von Methan ist die chemische Reaktion mit OH-Radikalen, Stickstoffmonoxid (NO) und dem Luftsauerstoff in der Troposphäre zu Kohlendioxid (CO_2) und Wasser. Entscheidend für die Reaktionsgeschwindigkeit ist die NO-Konzentration. Bei niedriger NO-Konzentration verläuft der Methanabbau langsamer. Neben dem oxidativen Abbau in der Atmosphäre können auch Mikroorganismen Methan aerob oder anaerob oxidieren. Beim aeroben Abbau wird Methan zu Methanol (CH_3OH) oxidiert und über Formaldehyd (HCHO) zu Kohlendioxid umgesetzt.

$$CH_4 \rightarrow CH_3OH \rightarrow HCHO \rightarrow CO_2 + H_2O$$

Bei der anaeroben Oxidation verwenden Mikroorganismen andere sauerstoffhaltige Verbindungen, wie z. B. Sulfationen (SO_4^{2-}), und bauen Methan zu Hydrogencarbonat (HCO_3^-) ab, aus dem letztlich Kohlendioxid und Wasser entsteht.

$$CH_4 + SO_4^{2-} \rightarrow HCO_3^- + HS^- + H_2O$$

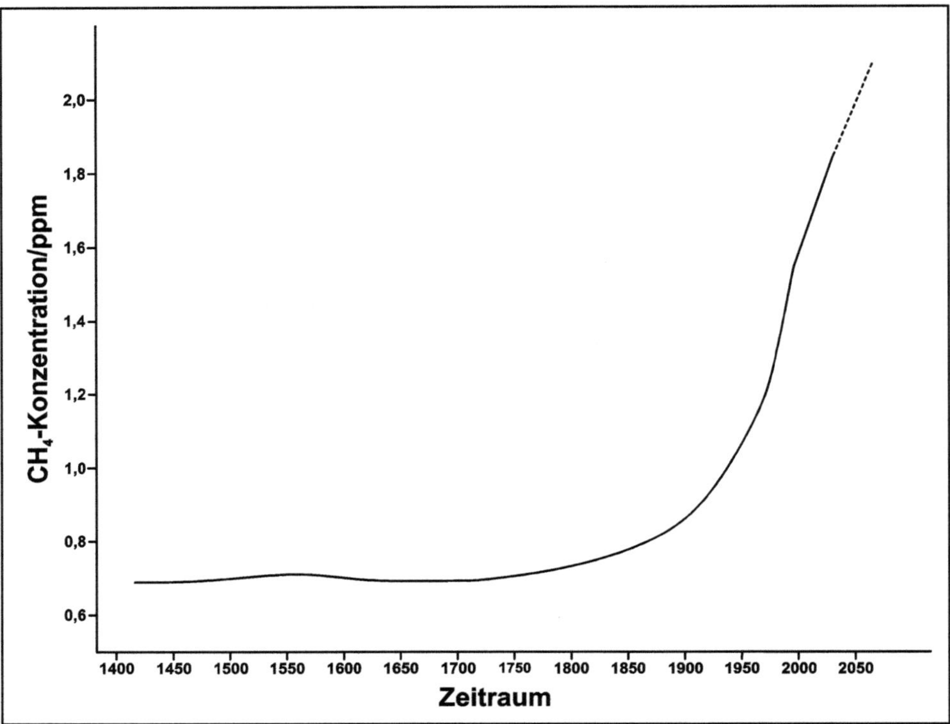

Abb. 3.10 Entwicklung der CH_4-Konzentration in der Atmosphäre [9, 16–18]

Die derzeitigen atmosphärischen Methankonzentrationen liegen bei etwa 1,85 ppm (Abb. 3.10). Diese Werte steigen jährlich um etwa 1–2 %, sodass innerhalb von etwa 50–80 Jahren mit einer Verdoppelung zu rechnen ist, wobei der atmosphärische Methangehalt direkt mit dem Bevölkerungswachstum korreliert. Die Ursachen hierfür sind ernährungs- und energiebedingte Emissionen.

3.4 Schwefelverbindungen

3.4.1 Eigenschaften

Schwefeldioxid (SO_2)

Schwefeldioxid ist ein farbloses, stechend riechendes, giftiges und stark korrosives Gas. Schwefeldioxid lässt sich leicht bei 20 °C und 3,3 bar verflüssigen. Es ist ein ausgezeichnetes Lösungsmittel für eine Vielzahl organischer Verbindungen wie Alkohole, Aldehyde, Ketone, Ether, Säuren, Ester. Flüssiges Schwefeldioxid ist kein Leiter für den elektrischen

Strom. Aufgrund seiner verhältnismäßig großen Dielektrizitätskonstante kann es viele anorganische Salze lösen und so einen Stromfluss ermöglichen. Gasförmiges SO_2 löst sich leicht in Wasser. Die Lösung reagiert sauer.

$$SO_2 + H_2O \rightleftarrows H_2SO_3$$

Das Gleichgewicht liegt allerdings überwiegend auf der linken Seite. Wichtigste Reaktion des Schwefeldioxids ist die Bildung von SO_3.

$$2\,SO_2 + O_2 \rightarrow 2\,SO_3$$

Schwefeltrioxid (SO_3)
Schwefeltrioxid ist eine klare, an Luft stark rauchende, korrosive Verbindung. Festes Schwefeltrioxid reagiert heftig und unter starker Wärmeentwicklung mit Wasser zu Schwefelsäure.

$$SO_3 + H_2O \rightarrow H_2SO_4$$

Schwefelsäure selber kann weiteres SO_3 lösen. Man erhält rauchende Schwefelsäure (Oleum), die eine Mischung aus H_2SO_4/SO_3 und Polyschwefelsäuren darstellt.

$$H_2SO_4 + SO_3 \rightarrow H_2S_2O_7 \xrightarrow{SO_3} H_2S_3O_{10} \xrightarrow{SO_3} \text{etc.}$$

Schwefeltrioxid entzieht Kohlenhydraten und anderen organischen Verbindungen Wasser. Es kommt zu einer Dehydratisierung, wobei eine verkohlte Masse zurückbleibt.

Schwefelhexafluorid (SF_6)
Schwefelhexafluorid besteht aus einem zentralen Schwefelatom an dem sechs Fluoratome über kovalente Bindungen gebunden sind. Im SF_6-Molekül sind alle F-Positionen äquivalent angeordnet, sodass sich eine oktaedrische Molekülstruktur ergibt. Schwefelhexafluorid ist eine unpolare, gasförmige Verbindung. Sie ist farb-, geruch-, geschmacklos und ungiftig. Aufgrund der sterischen Abschirmung des Schwefelatoms und der Unpolarität des oktaedrischen Moleküls ist SF_6 durch eine hohe thermische und chemische Stabilität gekennzeichnet. Die daraus resultierende Reaktionsträgheit sowie die ausgezeichneten dielektrischen Eigenschaften (hohe Durchschlagsfestigkeit) machen es für den Einsatz als Isoliergas geeignet. So wurde SF_6 in Transformatoren, Hochspannungsanlagen, elektrischen Apparaturen, zur Verringerung der Schall- und Wärmeübertragung in Isolierfenstern und beim Gießen von Magnesium und Aluminium eingesetzt. Schwefelhexafluorid (SF_6) ist ein sehr starkes Treibhausgas. Aufgrund seiner Stabilität verbleibt es mehrere Tausend Jahre in der Atmosphäre, bis es in der Stratosphäre durch die energiereiche UV-Strahlung abgebaut wird.

3.4.2 Schwefelkreislauf

In der Natur kommt Schwefel sowohl in Reinform als auch in einer Vielzahl von organischen und anorganischen Verbindungen vor. In der Lithosphäre liegt er überwiegend als Sulfate (SO_4^{2-}) oder als Sulfide (S^{2-}) vor. Hier erfolgt die stärkste Schwefelemission durch Verwitterung von Gesteinen und durch die Nutzung von Bodenschätzen. Dabei hängt die Mobilität des Schwefels vor allem von seinen Oxidationsstufen in der mineralischen Bindung und vom pH-Wert der einwirkenden Lösungen ab. Sulfate sind vor allem bei niedrigen pH-Werten relativ beweglich. Die freigesetzten Schwefelverbindungen gelangen über die Flüsse in die Ozeane bzw. durch menschliche Aktivitäten in die Biosphäre.

In der Biosphäre werden die Bindungsarten und die Umsetzung des Schwefels wesentlich von aeroben und anaeroben Mikroorganismen durch Oxidations- und Reduktionsprozesse bestimmt. Während die natürlichen Schwefeleinträge in die Atmosphäre hautsächlich aus biogenen Gasen (Schwefelwasserstoff H_2S, Dimethylsulfid DMS) und Sulfatspray (SO_4^{2-}) in Form von Meeresgischt besteht, stammen die anthropogenen Einträge überwiegend aus der Verbrennung fossiler Brennstoffe und von Biomasse. Bei der Entstehung der fossilen Brennstoffe gelangten über die Aminosäuren als Grundbausteine der Pflanzenproteine Stickstoff- und Schwefelverbindungen in diese Brennstoffe. Je nach Umwandlungsstadium der Brennstoffe liegen die Schwefelbestandteile in unterschiedlichen Verbindungen vor. Je älter die Stoffe, umso stärker sind die Schwefelverbindungen mineralisiert. In den Steinkohlen liegen sie im Extremfall als anorganische Verbindungen (Sulfide, Sulfate) vor. Je höher der Anteil flüchtiger Kohlenwasserstoffe in den Verbindungen ist, umso größer ist auch der Anteil organischer Schwefelverbindungen. So beträgt der Schwefelgehalt deutscher Stein- und Braunkohlen ca. 1–2 %. Bei Rohölen kann der Schwefelgehalt bis zu 5 % betragen. Beim Raffinerieprozess reichern sich die Schwefelverbindungen in den schwereren Fraktionen an. Im Erdgas ist Schwefel hauptsächlich als Schwefelwasserstoff (H_2S) enthalten.

Zur Reduzierung der Umweltbelastung müssen die Schwefelverbindungen entfernt werden. Beim Einsatz von Kohle geschieht dies durch nachgeschaltete Entschwefelungsprozesse in den Kraftwerken. Beim Einsatz von Erdöl und Erdgas werden Schwefelverbindungen vor ihrem Einsatz als Schwefelwasserstoff entfernt. Maßgeblich für den Entschwefelungsgrad sind die durch Rechtsverordnung festgelegten Grenzwerte. Der entstehende Schwefelwasserstoff wird im Claus-Prozess zu Schwefel weiterverarbeitet.

$$2H_2S + O_2 \rightarrow 2S + 2H_2O$$

$$2H_2S + 3O_2 \rightarrow 2SO_2 + 2H_2O$$

$$2H_2S + SO_2 \rightarrow 3S + 2H_2O$$

Aufgrund der verschiedenen Entschwefelungsprozesse ist es gelungen, die SO_2-Emissionen in Deutschland deutlich zu senken (Abb. 3.11).

In Abb. 3.12 sind die SF_6-Emissionen in CO_2-Äquivalenten aufgetragen. SF_6 besitzt eines der höchsten Treibhauspotenziale mit einer Lebensdauer von 3200 Jahren. Wie zu

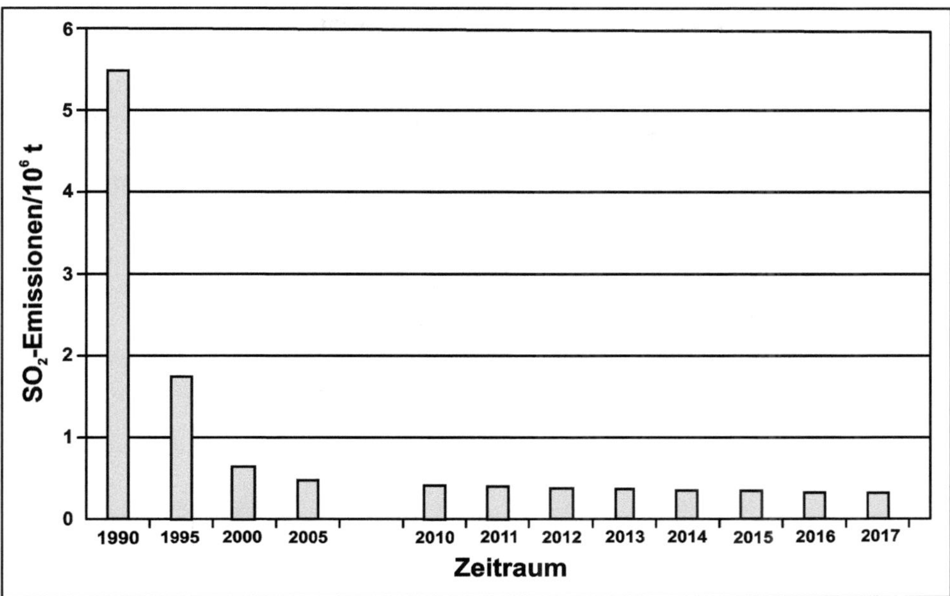

Abb. 3.11 Schwefeldioxid-(SO_2-)Emissionen in Deutschland [5]

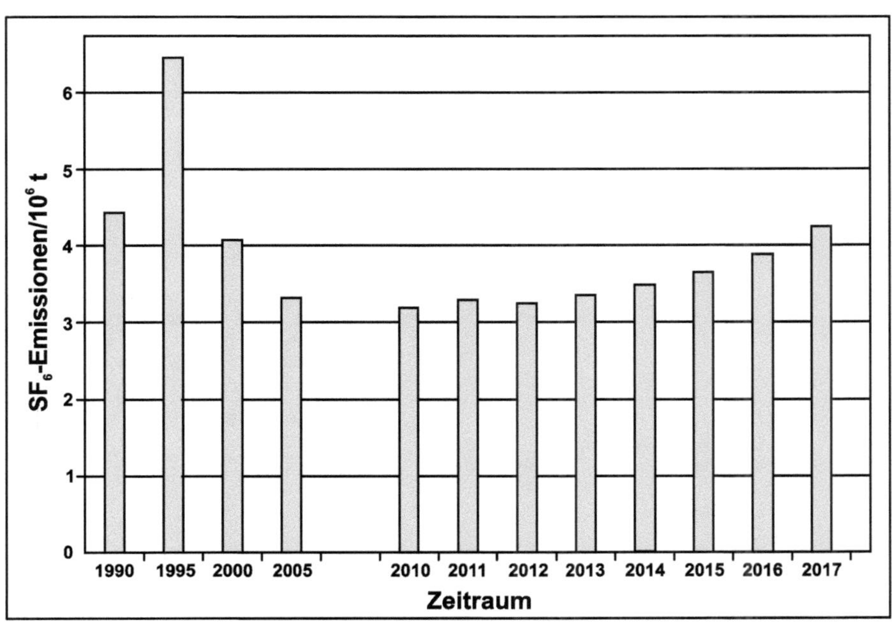

Abb. 3.12 SF_6-Emissionen in Deutschland [4]

erkennen ist, stiegen die Emissionen bis Mitte der 1990er-Jahre deutlich an. Nach einer Abnahme auf 3.200.000 t CO_2-Äquivalente steigen sie seit 2010 wieder an.

Der größte Schwefelvorrat liegt in der Biosphäre in der organisch gebundenen Form vor. Dabei handelt es sich z. B. um Aminosäuren und die darauf aufbauenden Polypeptide, Proteine und Enzyme. So basieren u. a. die charakteristischen Gerüche von Zwiebeln, Knoblauch, Lauch etc. auf Schwefelverbindungen. Der Schwefelanteil in den Reservoiren lässt sich aus der Biomasseproduktion abschätzen. Legt man ein Kohlenstoff-Schwefel-Verhältnis von 100:1 zugrunde, so ergibt sich daraus ein Schwefelgehalt für die aquatische Biomasse von ca. 500 • 10^6 Tonnen/Jahr und für die terrestrische Biomasse von ca. 10 • 10^9 Tonnen/Jahr (Abb. 3.13).

Die natürlichen Schwefeleintragungen der Flüsse ins Meer stammen hauptsächlich aus der Auflösung von Sulfatgesteinen und der Pyritverwitterung. In Bergbauregionen ist die

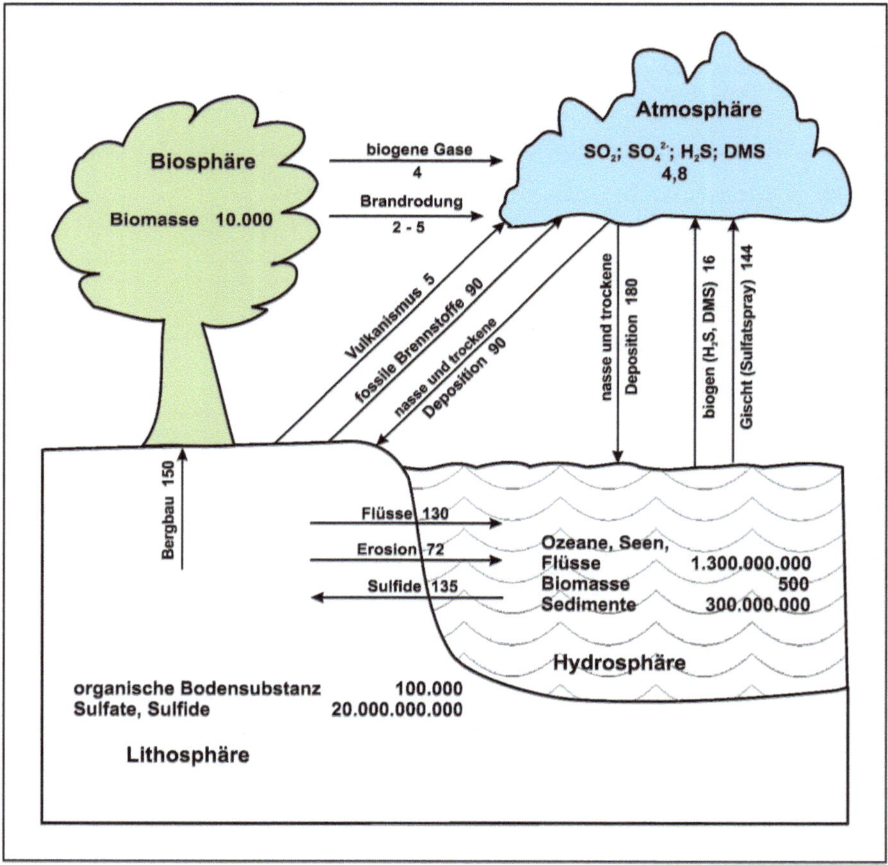

Abb. 3.13 Schwefelkreislauf (10^9 kg S/a bei den Austauschprozessen, 10^9 kg S bei den Reservoiren; [1, 12, 14])

Verwitterung von Pyritverbindungen ein starker lokaler Umweltbelastungsfaktor, da der Verwitterungsprozess Schwefelsäure erzeugt. Im Wasser der Ozeane, Seen und Flüsse ist ein großer Teil des Gesamtschwefels als Sulfat (SO_4^{2-}) gelöst. Die Menge wird auf ca. 1300 • 10^6 Tonnen weltweit geschätzt, wobei dem Meer über die Flüsse ca. 130–140 • 10^6 Tonnen Schwefel pro Jahr zugeführt werden. Überwiegend aus dem Meerwasser gelangen Sulfataerosole in die Atmosphäre. Biogene Prozesse setzen zusätzlich Schwefelverbindungen in Form von Schwefelwasserstoff (H_2S) und Dimethylsulfid (DMS) frei. Neben den Sulfataerosolen spielt DMS nach der Oxidation zu Schwefelsäure als Kondensationskeim eine zentrale Rolle bei der Wolkenbildung. Mit einer Aufenthaltszeit von 5–12 Tagen ist die Verweildauer in der Atmosphäre relativ kurz. Trotzdem können Schwefelverbindungen in dieser Zeit über sehr weite Strecken transportiert werden. Der Abbau von Schwefeldioxid in der Atmosphäre erfolgt durch Oxidationsprozesse zu Schwefelsäure bzw. zu Sulfat. Die wichtigste Gasphasenreaktion ist die Reaktion mit OH-Radikalen und Bildung von Schwefelsäure.

$$SO_2 + \cdot OH \xrightarrow{M} HSO_3\cdot$$

$$HSO_3\cdot + O_2 \rightarrow SO_3 + HO_2\cdot$$

$$SO_3 + H_2O \rightarrow H_2SO_4$$

Die Umsatzgeschwindigkeit beträgt 0,4–4 %/h. Danach ergibt sich für SO_2 eine Lebensdauer von einigen Tagen. Die entstehende Schwefelsäure wird entweder an Partikel angelagert oder in Wassertröpfchen gelöst und schließlich mit dem Regen ausgewaschen.

3.4.3 Nachweis von SO_2

Ein wichtiges Verfahren zur SO_2-Messung ist das UV-Fluoreszenzverfahren (Abb. 3.14). Das Probengas wird in einer Messkammer mit ultraviolettem Licht (λ = 200–220 nm) bestrahlt, wodurch die SO_2-Moleküle angeregt werden und ein charakteristisches Fluoreszenzspektrum bei λ = 230–420 nm aussenden. Die Fluoreszenzstrahlung wird über einen Fotomultiplier verstärkt und als Messsignal angezeigt. Sie ist proportional zur SO_2-Konzentration.

Um Messfehler zu vermeiden, wird das Probengas nach der Probenahme zuerst gefiltert. Außerdem müssen aromatische Kohlenwasserstoffe entfernt werden, da diese aufgrund ihres Fluoreszenzspektrums zu Querempfindlichkeiten führen können. Zugleich müssen während der Messung Temperatur und Druck konstant gehalten werden.

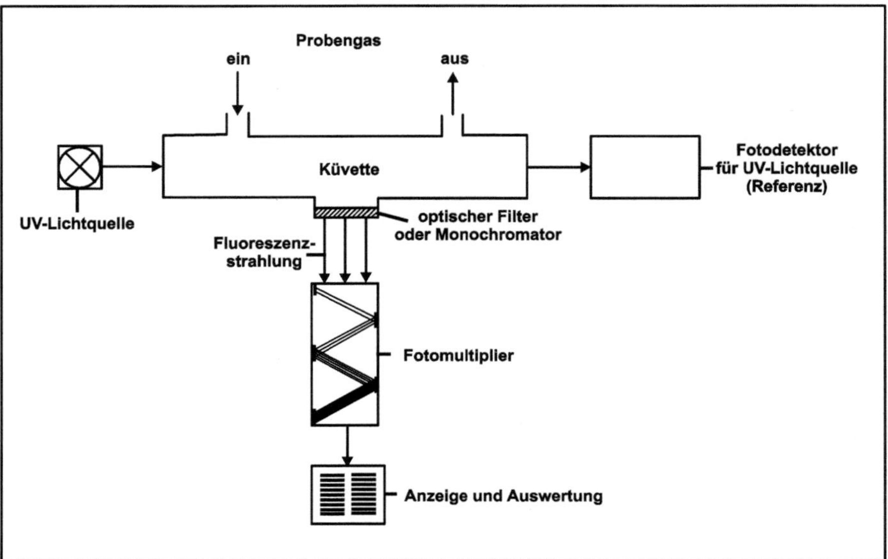

Abb. 3.14 Messprinzip zur SO_2-Bestimmung [19]

3.5 Stickstoffverbindungen

3.5.1 Eigenschaften

Stickoxide

Vom Stickstoff sind zahlreiche Oxide bekannt. Von ihnen sind allerdings nur N_2O, NO, NO_2 und N_2O_5 von größerer Bedeutung, da die anderen Stickoxide instabil sind und sich leicht zu anderen Verbindungen umsetzen.

Distickstoffoxid (N_2O)

N_2O ist auch unter seinem Trivialnamen Lachgas bekannt. In Mischung mit Sauerstoff wird es als Anästhetikum verwendet. Es lässt sich durch thermische Zersetzung von Ammoniumnitrat (NH_4NO_3) herstellen.

$$NH_4NO_3 \rightarrow N_2O + 2H_2O$$

Da Ammoniumnitrat auch als Düngemittel verwendet wird, findet diese Reaktion auch im Ackerboden statt. Distickstoffoxid ist ein farbloses, süßlich riechendes Gas. Bei ca. 500 °C zersetzt sich N_2O in seine Bestandteile N_2 und O_2. Aufgrund des freigesetzten Sauerstoffs kann es daher die Verbrennung unterhalten. Distickstoffoxid besitzt eine hohe

Verweilzeit in der Atmosphäre. In der Stratosphäre trägt es zum Abbau des dort vorhandenen Ozons bei.

$$N_2O + O_3 \rightarrow 2NO + O_2$$

Außerdem besitzt es ein entsprechendes Treibhauspotenzial.

Stickstoffmonoxid (NO)
Stickstoffmonoxid entsteht bei hohen Temperaturen aus Stickstoff und Sauerstoff.

$$N_2 + O_2 \rightleftarrows 2NO$$

Diese Reaktion läuft in der Natur bei Gewittern ab. Technisch spielt Stickstoffmonoxid als Vorläufersubstanz für die Salpetersäureherstellung eine wichtige Rolle. Dazu wird Ammoniak am Katalysator verbrannt.

$$4NH_3 + 5O_2 \rightarrow 4NO + 6H_2O$$

Das entstehende Stickstoffmonoxid reagiert mit Sauerstoff weiter zum Stickstoffdioxid (NO_2), aus dem letztlich Salpetersäure (HNO_3) gewonnen wird.

$$4NO + 2O_2 \rightleftarrows 4NO_2$$
$$4NO_2 + 2H_2O + O_2 \rightarrow 4HNO_3$$

Stickstoffmonoxid tritt bei allen Verbrennungsprozessen, die bei hoher Temperatur ablaufen, als Nebenprodukt auf. Bei Raumtemperatur reagiert es mit Sauerstoff sofort zu braunem Stickstoffdioxid (NO_2).

$$2NO + O_2 \rightleftarrows 2NO_2$$

Da es sich um eine exotherme Reaktion handelt, verschiebt sich das Gleichgewicht mit steigender Temperatur nach links zu den Ausgangsstoffen.

Stickstoffdioxid (NO_2)
Stickstoffdioxid ist ein braunes, korrosives Gas, das mit seinem farblosen Dimer Distickstofftetroxid (N_2O_4) im Gleichgewicht steht.

$$2NO_2 \rightleftarrows N_2O_4$$

Wie jedes Gleichgewicht ist auch dieses von Druck und Temperatur abhängig. Mit zunehmender Temperatur verschiebt sich das Gleichgewicht nach links. Bei 140 °C ist die Dissoziation zu NO_2 vollständig. Wegen der leichten Abgabe von Sauerstoff ist Stickstoffdioxid ein kräftiges Oxidationsmittel.

$$2NO_2 \rightleftarrows 2NO + O_2$$

Bei 650 °C ist Stickstoffdioxid vollständig in Stickstoffmonoxid und Sauerstoff zerfallen. Bei 21,1 °C kondensiert NO_2 zu einer braunen Flüssigkeit, deren Farbe sich bei weiterer Abkühlung immer mehr aufhellt. Beim Schmelzpunkt von −11,25 °C liegt farbloses N_2O_4 vor. In seiner Zusammensetzung steht es zwischen dem Anhydrid der salpetrigen Säure (Distickstofftrioxid, N_2O_3) und dem Salpetersäureanhydrid N_2O_5. Mit Wasser reagiert N_2O_4 deshalb unter Bildung eines Säuregemisches zu Salpetersäure (HNO_3) und salpetriger Säure (HNO_2).

$$N_2O_4 + H_2O \rightarrow HNO_3 + HNO_2$$

Distickstoffpentoxid (N_2O_5)
Distickstoffpentoxid ist das Anhydrid der Salpetersäure.

$$2\,HNO_3 \rightarrow N_2O_5 + H_2O$$

In der Gasphase zerfällt es leicht in entsprechende Gase.

$$N_2O_5 \rightarrow NO_2 + NO_3$$

$$N_2O_5 \rightarrow NO_2 + NO + O_2$$

Stickstofftrioxid (NO_3) ist auch beim N_2O_5-katalysierten Zerfall von Ozon beteiligt.

Ammoniak (NH_3)
Ammoniak ist ein farbloses, giftiges Gas. In einer Konzentration von 20–50 ppm wird es durch seinen stechenden, charakteristischen Geruch wahrgenommen. In höheren Konzentrationen (100–200 ppm) treten Reizungen der Augen und der Nasenschleimhaut auf. Ammoniak löst sich sehr leicht in Wasser (541 g/l bei 20 °C) und reagiert basisch. Das entstehende Ammoniumhydroxid lässt sich nicht isolieren. Das Gleichgewicht der Reaktion liegt sehr stark auf der Seite der Ausgangsstoffe.

$$NH_3 + H_2O \rightleftarrows NH_4OH$$

Bei −33,41 °C kondensiert Ammoniak zu einer wasserähnlichen Flüssigkeit. Aufgrund seiner relativ hohen Verdampfungswärme von 1,37 kJ/g wird es als Kühlmittel eingesetzt. Hauptverwendungsgebiet ist die Herstellung von Düngemitteln.

3.5.2 Stickstoffkreislauf

Stickstoff wird auf der Erde in Ozeanen (Hydrosphäre), im Boden (Lithosphäre), in Lebewesen (Biosphäre) und in der Luft (Atmosphäre) fixiert. Die Atmosphäre besteht zu 78 % aus molekularem Stickstoff (N_2) und enthält die größte Stickstoffmenge. Für Pflanzen, Tiere und den Menschen ist N_2 jedoch normalerweise nicht verwertbar. Pflanzen benötigen Stickstoff in Form von Ammonium (NH_4^+) und Nitrat (NO_3^-). Menschen und Tiere können Stickstoffverbindungen nur über Pflanzen oder andere Tiere aufnehmen und verwerten ihn hauptsächlich als Bestandteil von Amino- und Nukleinsäuren. Der größte Teil der Stickstoffumwandlung wird von Mikroorganismen übernommen. Nur wenige Mikroorganismen sind in der Lage, molekularen Stickstoff aerob oder anaerob in Ammoniak (NH_3) umzuwandeln. NH_3 wird in leicht sauren Böden protoniert und das entstehende Ammoniumion (NH_4^+) kann direkt von den Pflanzen genutzt werden. Ein großer Teil des im Boden vorhandenen Ammoniums wird durch aerobe Bodenbakterien auch als Energiequelle genutzt.

Mit zunehmender Weltbevölkerung nimmt der Einsatz von Ammoniak für die Düngemittelproduktion zur Sicherstellung der Ernährung weiter zu. Gleichzeitig steigen die Massentierhaltung und damit die NH_3-Emissionen aus Exkrementen an. Quellen für die Entstehung von Ammoniumverbindungen sind Harnstoff und Gülle. Auch durch den starken Einsatz von Mineraldünger wie Ammoniumsulfat und Kalkammonsalpeter (NH_4NO_3 + $CaCO_3$) kommt es zu vermehrten NH_3-Emissionen (Abb. 3.15). Abgestorbene Biomasse wird von sehr vielen Mikroorganismen zersetzt. Dieser Vorgang des Abbaus von Proteinen wird als Protolyse bezeichnet. In einem weiteren Abbauschritt entsteht Ammonium, das von den Pflanzen wieder assimiliert werden kann. Ein Teil der bei der Protolyse entstehenden Stickstoffverbindungen geht in den sich bildenden Humus über. Er ist ein Stickstoffspeicher, nach dessen Abbau Stickstoff wieder für die Biosynthese zur Verfügung steht.

Einige Mikroorganismen sind unter anaeroben Bedingungen in der Lage, den Sauerstoff für ihren Stoffwechsel aus Nitrat (NO_3^-) anstelle aus Luftsauerstoff zu gewinnen. In mehreren Schritten entsteht so über Nitrit (NO_2^-) und Stickstoffmonoxid (NO) am Ende Distickstoffmonoxid (N_2O) und molekularer Stickstoff (N_2). Während der Hauptteil des umgesetzten Stickstoffs als N_2 freigesetzt wird, gelangen auf diesem Wege auch geringe Anteile an NO und N_2O in die Atmosphäre. Durch diese Reaktionen fällt besonders in großen Waldgebieten mengenmäßig der größte Anteil an N_2O an. Seit Mitte des 20. Jahrhunderts werden zusätzlich anthropogene Freisetzungen aufgrund der Überdüngung landwirtschaftlicher Flächen beobachtet. Sind die Pflanzen nicht mehr aufnahmebereit und ist der Boden zusätzlich schlecht belüftet, kommt es zur stoßweisen N_2O-Freisetzung. Ein überlegterer Einsatz von Düngemitteln reduziert somit u. a. die Emissionen an N_2O.

Abb. 3.16 zeigt die Distickstoffmonoxid-(N_2O-)Emission in Deutschland. Hauptverursacher ist die Landwirtschaft gefolgt von Industrieprozessen. Distickstoffmonoxid (N_2O) trägt zum Treibhauseffekt bei. Daher ist auch hier die atmosphärische Konzentration von Bedeutung. Wie Abb. 3.17 zeigt, steigt die N_2O-Konzentration wie die CO_2- und CH_4-Konzentration seit ca. 1850 stark an.

Stickoxide (NO_x: NO und NO_2)
Eine der häufigsten, anthropogen verursachten stickstoffhaltigen Emissionen stellen die sogenannten NO_x-Verbindungen (NO, NO_2) dar. Bei Verbrennungsprozessen entsteht bei hohen Temperaturen zuerst NO, das dann bei ausreichend vorhandenem Sauerstoff in NO_2 umgewandelt wird. Die Entstehung von Stickstoffmonoxid ist von den Reaktionsbedingungen (Temperatur, Konzentration, Verweilzeit, Brennstoffart) abhängig. Die NO-Entstehung lässt sich auf drei unterschiedliche Mechanismen:

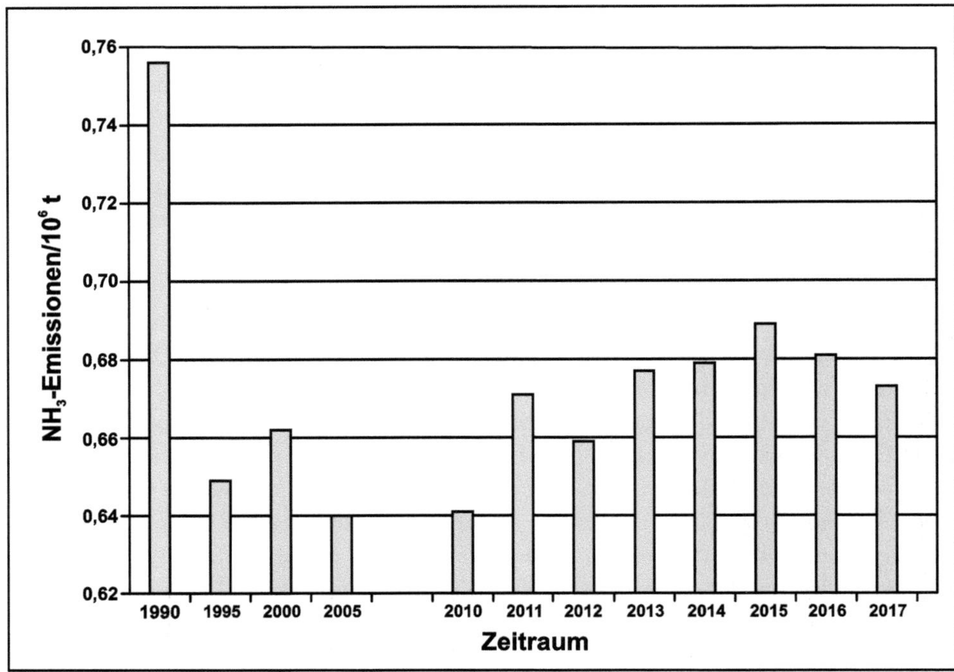

Abb. 3.15 Ammoniak-(NH_3-)Emissionen in Deutschland [5]

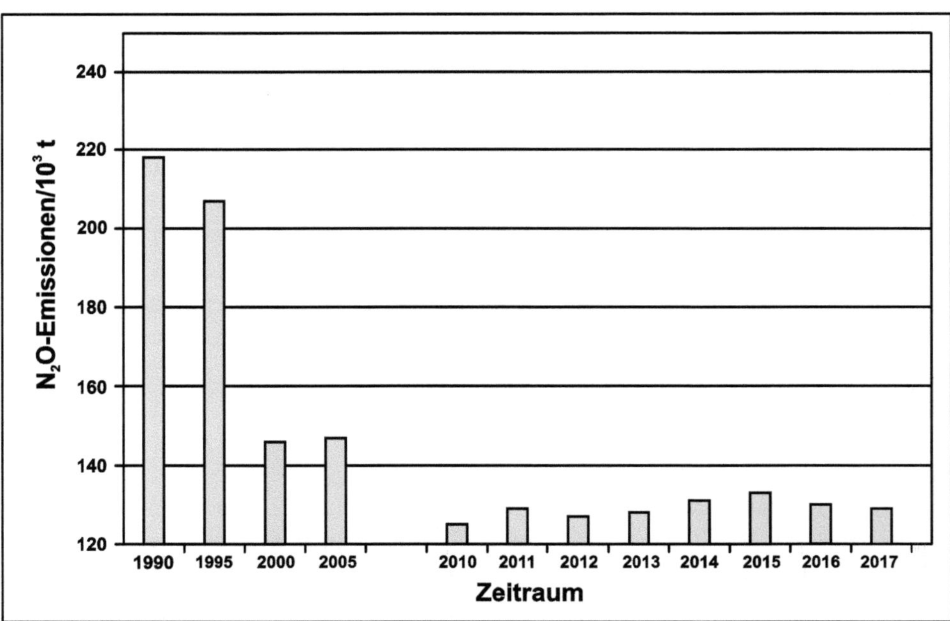

Abb. 3.16 Distickstoffmonoxid-(N_2O-)Emissionen in Deutschland [4]

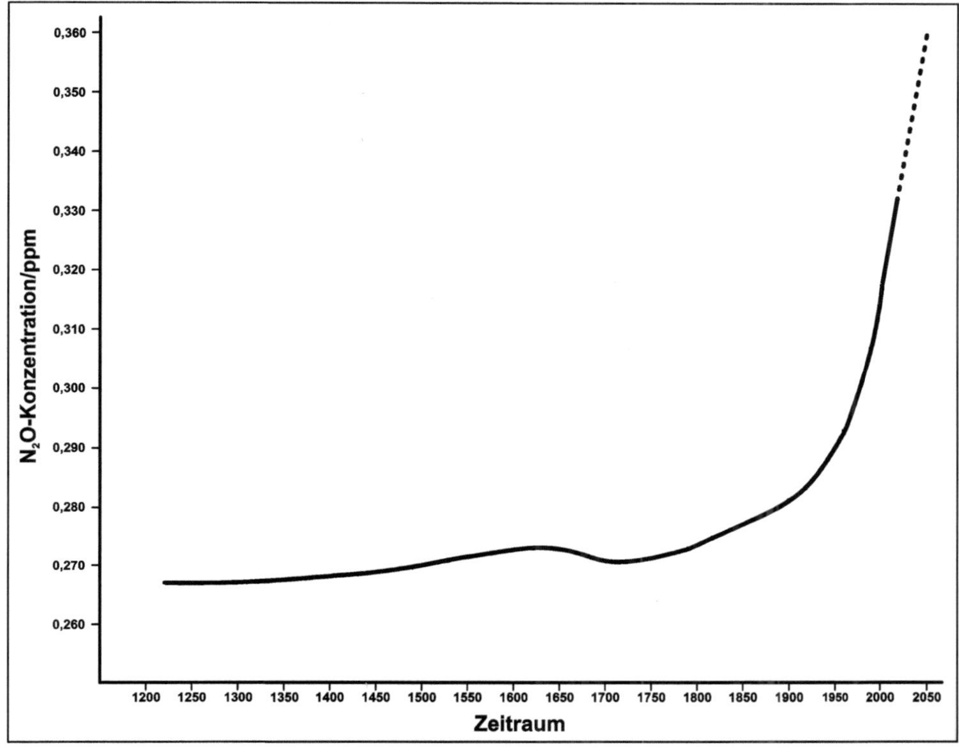

Abb. 3.17 Veränderungen der N_2O-Konzentrationen in der Atmosphäre [17, 20, 21]

- thermische NO-Bildung,
- Brennstoff-NO-Bildung,
- prompte NO-Bildung,

zurückführen. Promptes NO entsteht bei einer sauerstoffarmen Verbrennung und spielt in technischen Prozessen eine untergeordnete Rolle. Bei Temperaturen von über 1200 °C dissoziiert molekularer Luftsauerstoff zunehmend in Sauerstoffatome. Diese reagieren mit dem Luftstickstoff unter NO-Bildung.

$$O_2 \xrightarrow{>1200\,°C} 2\,O$$

$$O + N_2 \longrightarrow NO + N$$

$$N + O_2 \longrightarrow NO + O$$

Durch die frei werdende Wärme wird bei Verbrennungsprozessen dieser Reaktionskreislauf aufrechterhalten. Fossile Brennstoffe (insbesondere Kohle) enthalten bis zu 2 % Stickstoff. Fast unabhängig von der Verbrennungstemperatur wandeln sich die vorhandenen Stickstoffverbindungen in Stickstoffmonoxid (NO) um.

$$O_2 \rightarrow 2O$$
$$R - NH_2 + O \rightarrow NO + H_2O + CO_2$$

Hauptverursacher für Stickoxidemissionen ist nach wie vor der Straßenverkehr (Abb. 3.18) gefolgt von der Energiewirtschaft und den Haushalten. Letztlich basieren die NO_x-Emissionen auf Prozessen der Energieerzeugung. Im globalen Stickstoffkreislauf enthält die Atmosphäre den meisten Stickstoff (N_2). Einige wenige Pflanzen und Bakterien können elementaren Stickstoff direkt fixieren und ihn in eine verwertbare Form verwandeln. Über die biologische Fixierung werden jedes Jahr ca. $218 \cdot 10^6$ Tonnen Stickstoff umgewandelt (Abb. 3.19). Der organisch gebundene Stickstoff wird nach dem Absterben durch Aminosäureabbau und die sich anschließende Ammonitrifikation als NH_4^+ freigesetzt. Der Hauptprozess der Freisetzung von elementarem Stickstoff mit 10^9 Millionen Tonnen ist die Denitrifikation. Mit zunehmender Weltbevölkerung nimmt der Einsatz von stickstoffhaltigen Düngemitteln in der Landwirtschaft zur Sicherstellung der Ernährung zu. Weitere Umwandlungen entstehen durch Verbrennungsprozesse und durch industrielle Prozesse.

In der Atmosphäre gehen die Stickoxide vielfältige Reaktionen ein. So trägt N_2O in der Stratosphäre zum Ozonabbau bei. Mit den dort vorhandenen Sauerstoffatomen entsteht Stickstoffmonoxid.

$$O_2 \xrightarrow{h\nu} 2O$$
$$N_2O + O \rightarrow 2NO$$

In einem katalytischen Kreislauf reagiert NO mit O_3 unter Bildung von Stickstoffdioxid. NO_2 reagiert in einem zweiten Schritt mit Sauerstoffatomen, wodurch wieder NO gebildet wird. Der Kreislauf startet von vorn.

$$NO + O_3 \longrightarrow NO_2 + O_2$$
$$NO_2 + O \longrightarrow NO + O_2$$

In einem anderen Zyklus entsteht als reaktive Zwischenstufe Stickstofftrioxid (NO_3), das sich in einem weiteren Reaktionsschritt zu Stickstoffmonoxid (NO) umsetzt.

$$NO_2 + O_3 \rightarrow NO_3 + O_2$$
$$NO_3 \xrightarrow{h\nu} NO + O_2$$

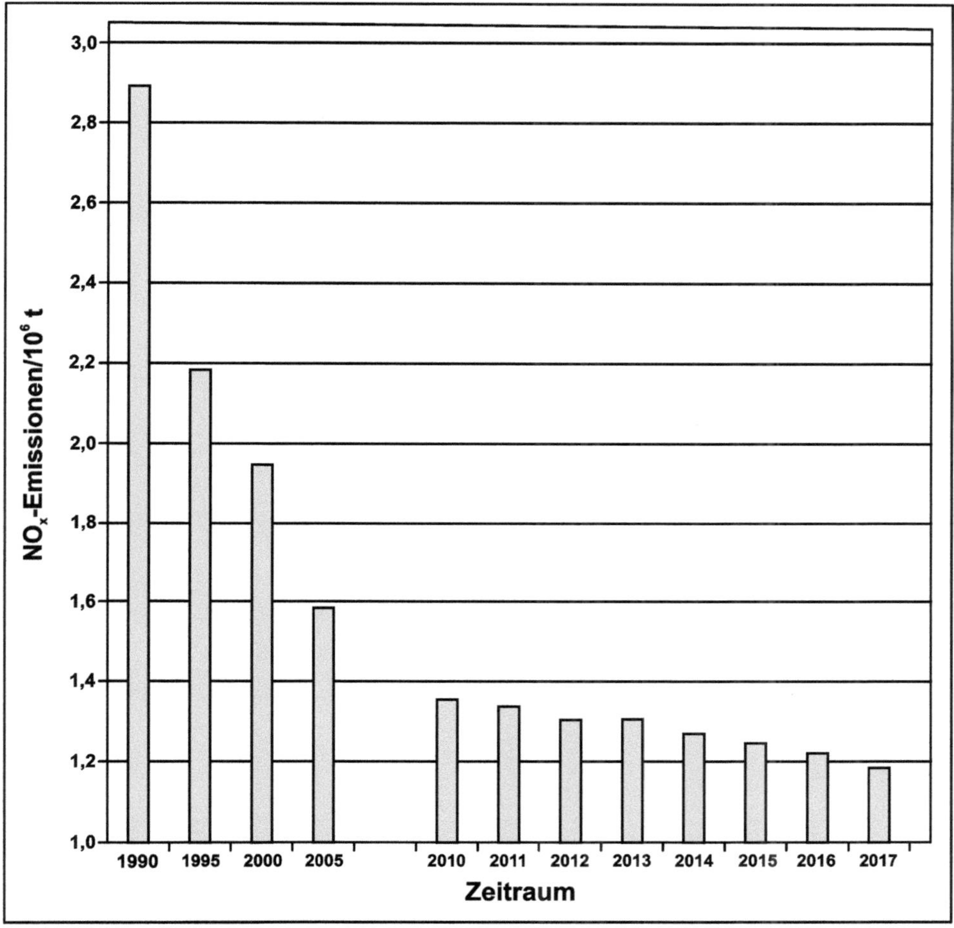

Abb. 3.18 Stickoxid-(NO_x-)Emissionen in Deutschland [5]

Die wichtigste Senke für Stickstoffdioxid ist die Reaktion mit dem Hydroxylradikal (•OH), wodurch Salpetersäure HNO_3 gebildet wird.

$$NO_2 + \cdot OH \rightarrow HNO_3$$

Diese wird mit dem Niederschlag ausgewaschen und gelangt als Bestandteil des *sauren Regens* auf die Erdoberfläche. Im Vergleich zur entsprechenden SO_2-Reaktion läuft diese Reaktion ca. 11-mal schneller ab. Damit ist die mittlere Lebensdauer von NO_2 in der Atmosphäre deutlich geringer und es wird über kürzere Entfernungen transportiert.

3

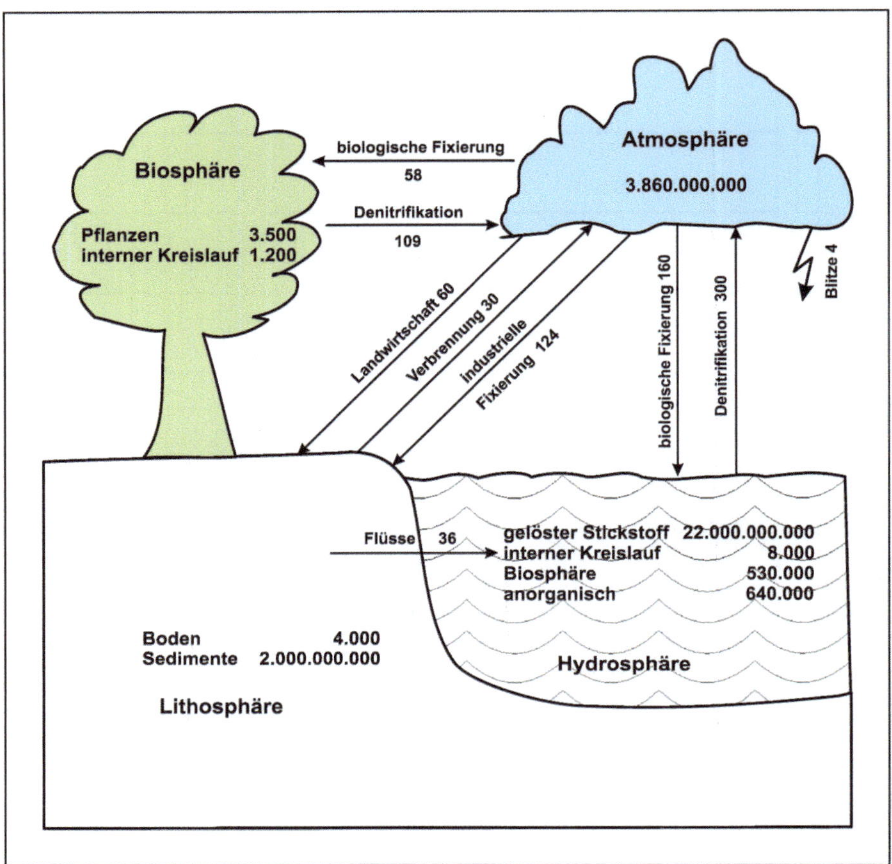

Abb. 3.19 Stickstoffkreislauf (10^9 kg N/a bei den Austauschprozessen, 10^9 kg N bei den Reservoiren; [10–12, 14])

3.5.3 Nachweis von Stickoxiden

Für die Messung von Stickoxiden kann die Chemilumineszenz verwendet werden. Sie tritt auf, wenn durch eine chemische Reaktion angeregte Moleküle bei der Rückkehr in den elektronischen Grundzustand Strahlung aussenden. Das Prinzip basiert auf folgenden Reaktionsgleichungen:

$$A + B \rightarrow C^* + D,$$

$$C^* \rightarrow C + h\nu.$$

C^* stellt den elektronisch angeregten Zustand des Stoffes C dar. $h\nu$ ist die emittierte Strahlung, deren Intensität nach Lambert-Beer ein Maß für die Stoffkonzentration ist. Wie bei allen Gasmessungen sind auch hier Druck, Temperatur und Volumenstrom konstant zu halten. Mit der Chemilumineszenz können kleinste Konzentrationen von ppm („parts per million") bis in den ppb-Bereich („parts per billion") gemessen werden. Die Chemilumineszenz wird zur Bestimmung der NO- und NO_2-Konzentrationen angewendet. Reaktionspartner ist Ozon.

$$NO + O_3 \rightarrow NO_2^* + O_2$$

$$NO_2^* \rightarrow NO_2 + h\nu$$

$$NO_2^* + M \rightarrow NO_2 + M^*$$

Für den Verlauf der Reaktionen sind unterschiedliche Reaktionswege möglich. Bei der Reaktion von NO mit O_3 liegt nur ein bestimmter Anteil des Stickstoffdioxids als angeregtes NO_2^*-Molekül vor. Der größere Anteil reagiert unter Bildung eines normalen NO_2-Moleküls. Für die Rückkehr des angeregten NO_2^*-Moleküls in den elektronischen Grundzustand sind zwei Wege möglich. Im ersten Fall wird Licht mit Wellenlängen zwischen 600 nm und 3200 nm mit einem Intensitätsmaximum bei 1200 nm abgestrahlt. Im zweiten Fall kommt es zu einer strahlungslosen Deaktivierung. Das NO_2^*-Molekül gibt dabei durch Zusammenstoß mit einem Stoßpartner M seine Energie ab. Der Effekt der strahlungslosen Energieabgabe sinkt umso mehr, je geringer der Druck in der Reaktionskammer ist. Daher werden Chemilumineszenzanalysatoren bei einem Druck von 20–60 mbar betrieben. Den Aufbau solch eines Chemilumineszenzanalysators zeigt Abb. 3.20.

Die stickstoffhaltige Gasprobe wird über einen Partikelfilter mithilfe einer Messgaspumpe in den Analysator gesaugt. Über einen Flussregler wird der benötigte Volumenstrom eingestellt. Nur Stickstoffmonoxid (NO) setzt sich in der Reaktionskammer mit Ozon (O_3) zu angeregtem NO_2^* um. Von der emittierten Strahlung werden mithilfe eines Interferenzfilters Wellenlängen unter 600 nm, die im Wesentlichen aus Reaktionen ungesättigter Kohlenwasserstoffe mit Ozon stammen, herausgefiltert. Ein Fotomultiplier verstärkt das Signal, das anschließend angezeigt und ausgewertet werden kann. Zur Bestimmung von Stickstoffdioxid (NO_2) muss dieses in einem NO_2-Konverter bei 300–370 °C zu NO reduziert werden. Als Reduktionsmittel wird Molybdän verwendet. Der Konvertierungsgrad liegt bei über 98 %. Über ein Magnetventil wird der Reaktionskammer abwechselnd Gas direkt zur NO-Bestimmung (NO-Kanal) oder über den Konverter zur Gesamt-NO_x-Messung zugeführt (NO_2-Kanal). Die Differenz aus beiden Messungen ergibt den NO_2-Gehalt der Gasprobe. Geräte mit zwei Reaktionskammern können gleichzeitig NO und NO_2 messen.

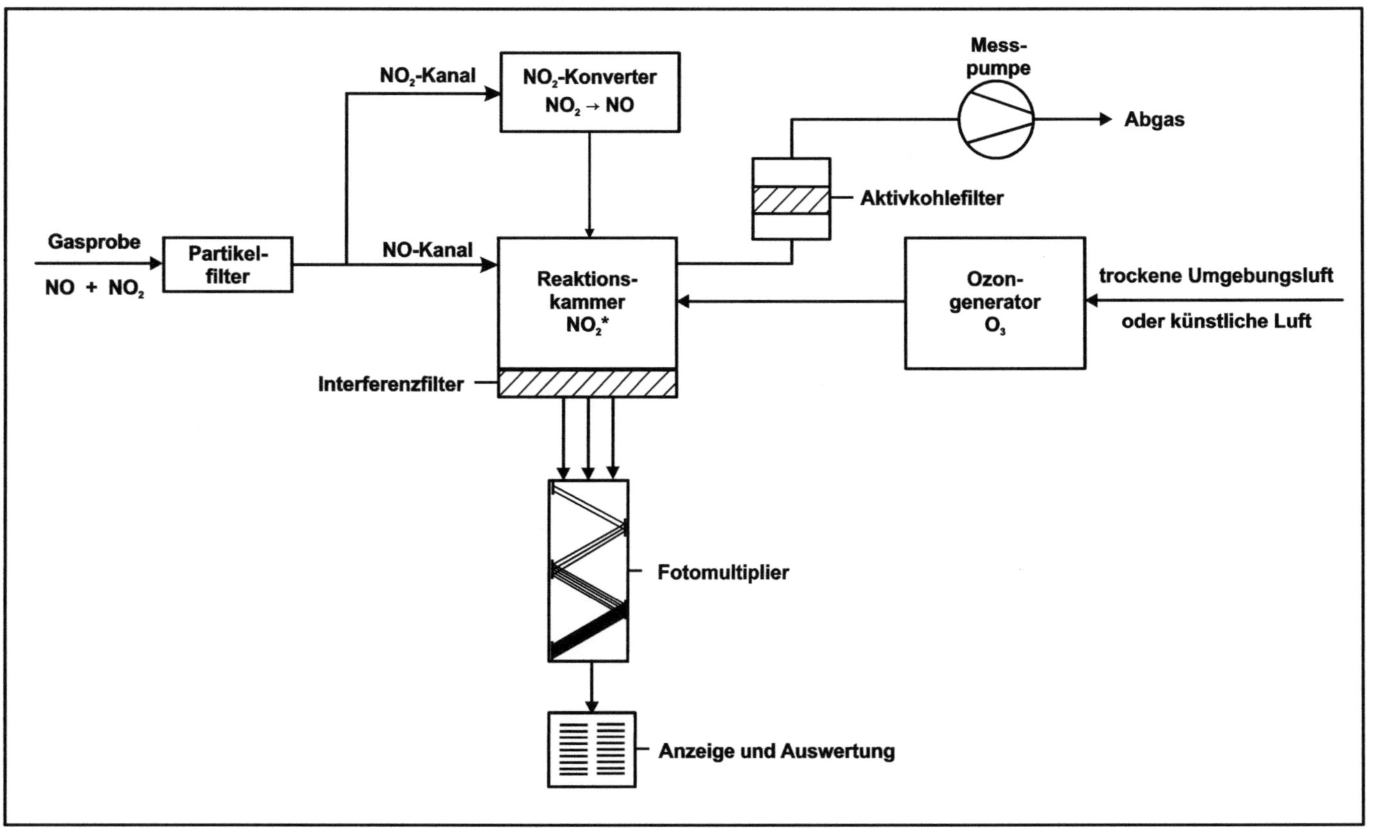

Abb. 3.20 Prinzip des Chemilumineszenzanalysators [22]

3.6 Ozon

3.6.1 Eigenschaften

Ozon (O_3) ist eine besondere Modifikation des Sauerstoffs. Es ist ein giftiges, instabiles Gas mit einem charakteristischen, stechenden Geruch. Gasförmiges Ozon ist blau. Im flüssigen Zustand ist es blauviolett und im festen Zustand schwarzviolett. Ozon ist eine stark endotherme und instabile Verbindung. In der Stratosphäre bildet es sich durch die UV-Spaltung von Sauerstoffmolekülen.

$$O_2 \xrightarrow{UV} 2O$$

$$O_2 + O \rightarrow O_3$$

Im UV-Bereich des Spektrums besitzt O_3 zwischen 220 nm und 290 nm eine starke Absorptionsbande. Durch diese Eigenschaft wird alles Leben auf der Erde vor der intensiven ultravioletten Strahlung der Sonne geschützt. Ozon hat eine brandfördernde Wirkung. Sowohl die Flüssigkeit als auch der Feststoff können explosionsartig in gasförmiges O_2 zerfallen. Eine charakteristische Eigenschaft des Ozons ist daher sein starkes Oxidationsvermögen, wofür der atomar auftretende Sauerstoff (O) verantwortlich ist.

$$O_3 \rightarrow O_2 + O$$

3.6.2 Ozonkreislauf

Normalerweise stehen in der Natur die Bildung von Ozon (O_3) aus Sauerstoff (O_2) und dessen Zerfall in einem natürlichen Gleichgewicht.

$$O_2 \xrightarrow{\lambda \leq 242\,\text{nm}} 2O$$

$$O + O_2 \xrightarrow{M} O_3$$

M ist ein Stoßpartner, der die Reaktionsenergie aufnimmt. In seiner Zerfallsreaktion wird Ozon auch durch UV-Licht gespalten.

$$O_3 \xrightarrow{\lambda \leq 360\,\text{nm}} O_2 + O$$

$$O + O_3 \rightarrow 2O_2$$

Diese Reaktionen laufen insbesondere in der Stratosphäre ab. Während das stratosphärische Ozon das Leben auf der Erde schützt, wird in der tieferen Atmosphäre troposphärisches

Ozon durch verschiedene fotochemische Reaktionen gebildet. An diesen Reaktionen sind Stickoxide (NO, NO_2) und Kohlenwasserstoffe verschiedenster Art (z. B. Methan, unverbrannte oder teilverbrannte Kohlenwasserstoffe, VOC's) beteiligt. Diese Stoffe bezeichnet man auch als Vorläufersubstanzen, da aus ihnen unter Einwirkung der ultravioletten Strahlung chemische Verbindungen entstehen, die als Fotooxidantien bekannt sind. In unseren Breitengraden kann abhängig von der Lufttemperatur und der Strahlungsintensität der Sonne von einer natürlichen Konzentration des troposphärischen Ozons von bis zu 60 µg/m^3 ausgegangen werden. Stickstoffmonoxid (NO) wird in der Atmosphäre durch Luftsauerstoff (O_2) zu Stickstoffdioxid (NO_2) oxidiert. Die Reaktion mit Sauerstoff erfolgt nur relativ langsam und steht mit zwei weiteren Reaktionen in Konkurrenz. Eine der Reaktionen ist die Umsetzung mit Ozon.

$$NO + O_3 \rightarrow NO_2 + O_2$$

Das entstandene Stickstoffdioxid kann Sonnenlicht (λ = 290–430 nm) unter Fotolyse absorbieren.

$$NO_2 \xrightarrow{\lambda = 290-430\,\text{nm}} NO + O$$

$$O + O_2 \rightarrow O_3$$

Das entstehende Sauerstoffatom reagiert schnell mit dem molekularen Luftsauerstoff unter Bildung von Ozon. Die Ozonkonzentration ist dabei abhängig von der Konzentration der Stickoxide und der Lichtintensität. Dabei geben die Tageszeiten einen groben Anhalt für den zeitlichen Verlauf der Konzentrationsänderungen (Abb. 3.21).

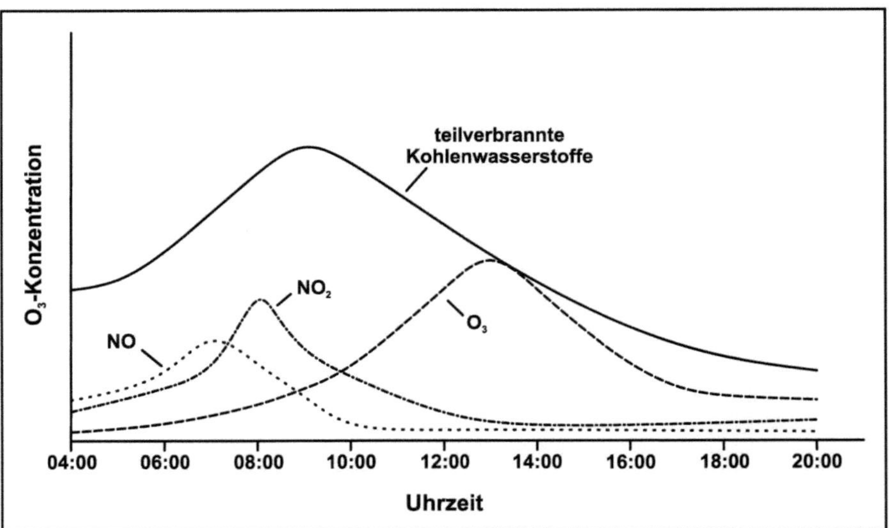

Abb. 3.21 Typischer Tagesverlauf der Ozonkonzentration beim Fotosmog [23, 24]

Es wurde lange Jahre als selbstverständlich angesehen, dass in verkehrsreichen Städten ein höherer Ozongehalt vorliegen müsste als in quellfernen Gebieten. Dies wurde durch umfangreiche Messungen widerlegt. In stark belasteten städtischen Gebieten reagiert frisch emittiertes NO sofort mit Ozon und baut daher die O_3-Konzentration ab. Ein weiterer Effekt ist eine starke nächtliche NO-Produktion in Ballungsgebieten. NO reagiert im Dunkeln mit Ozon zu NO_2. Dadurch sinkt die O_3-Konzentration in Städten ab. Das entstandene NO_2 wird dagegen in die Umgebung transportiert. Durch die Sonneneinstrahlung am Tag wird es in Reinluftgebieten wieder zu NO und Sauerstoffatomen zerlegt, wodurch eine Ozonbildung stattfinden kann. In quellfernen Gebieten kann daher eine hohe Ozonkonzentration vorliegen.

3.6.3 Nachweis von Ozon

Ozon lässt sich wie die Stickoxide (NO_x) mittels Chemilumineszenz analysieren. Als Reaktionspartner wird Ethen (C_2H_4) eingesetzt, das mit Ozon zu Sauerstoff und elektronisch angeregtem Ethylenoxid ($C_2H_4O^*$) reagiert.

$$C_2H_4 + O_3 \longrightarrow C_2H_4O^* + O_2$$

$$C_2H_4O^* \longrightarrow H_2C - CH_2 \text{ (mit O-Brücke)} + h\upsilon$$

Beim Übergang in den elektronischen Grundzustand wird Licht zwischen 300 nm und 600 nm emittiert, mit einem Intensitätsmaximum bei 435 nm. Die Intensität des emittierten Lichts ist bei einem Überschuss an Ethen ein Maß für die Ozonkonzentration. Die Chemilumineszenz ist eine sehr empfindliche analytische Nachweismethode, sodass selbst kleinste Ozonkonzentrationen nachgewiesen werden können. Eine weitere Methode zur Bestimmung der Ozonkonzentration besteht in der Messung mittels UV-Fotometrie. Dazu wird die zu messende Luft kontinuierlich durch eine Küvette gesaugt und mit einer UV-Strahlung von 253,7 nm durchstrahlt. Die von der Probe absorbierte Strahlung ist nach dem Lambert-Beer'schen-Gesetz ein Maß für die Ozonkonzentration. In der Anwendung gibt es zwei unterschiedliche Systeme zur O_3-Messung. Beim Zweiküvettentyp wird die UV-Absorption von Ozon über die Differenzmessung zwischen einer Probeküvette zu einer Bezugsküvette bestimmt. Beim Einküvettenmessprinzip wird immer abwechselnd ozonhaltige und ozonfreie Luft gemessen und aus der Differenz der Messwerte der Ozongehalt berechnet. Ozonfreie Luft erhält man durch Zerstörung des Ozons in einem Konverter. Durch Anwesenheit von Stickstoffmonoxid kommt es zu Querempfindlichkeiten und Verfälschungen des Messwertes.

3.7 Halogenierte Kohlenwasserstoffe

3.7.1 Eigenschaften

Teil- oder vollhalogenierte Kohlenwasserstoffe sind im Vergleich zu ihren verwandten, nichthalogenierten Kohlenwasserstoffen thermisch und chemisch stabiler. Vollständig halogenierte Verbindungen sind nicht brennbar und sehr reaktionsträge. Dabei wirkt Chlor nicht so stark stabilisierend auf das Molekül wie Fluor. Je höher der Fluoranteil im Molekül ist, umso höher ist auch die Stabilität der Verbindung. Vollständige (perfluorierte) Kohlenwasserstoffe (Fluorkohlenwasserstoffe, FKW) gehören zu den stabilsten organischen Verbindungen. Auch Fluorchlorkohlenwasserstoffe (FCKW) sind chemisch äußerst stabil. Sie bilden farblose, im Allgemeinen leicht zu verflüssigende Gase oder leicht bewegliche Flüssigkeiten. Mit steigendem Wasserstoffgehalt sinkt ihre Stabilität und sie werden eher brennbar. Fluorbromkohlenwasserstoffe und Fluorchlorbromkohlenwasserstoffe (Halone) stellen eine gewisse Ausnahme dar. Die Kohlenstoff-Brom-Bindung ist nicht so stabil wie die C-F- oder C-Cl-Bindung. Bei höheren Temperaturen wird die C-Br-Bindung unter Freisetzung von Bromradikalen gespalten. Dies erklärt die feuerlöschende Wirkung der Halone. Sie sind jedoch wegen ihrer negativen Auswirkungen auf die Ozonschicht inzwischen verboten.

In der Giftigkeit halogenierter Kohlenwasserstoffe gibt es große Unterschiede. Organische Fluorverbindungen sind im Allgemeinen weniger toxisch als die analogen Chlor- oder Bromverbindungen. Fluorchlorkohlenwasserstoffe sind meist weniger toxisch als die entsprechenden Chlorkohlenwasserstoffe. Hoch chlorierte Kohlenwasserstoffe weisen oftmals eine deutliche Toxizität auf. Die Giftigkeit nimmt mit steigendem Chlorgehalt zu. Sie können sich aufgrund ihrer hohen Fettlöslichkeit im Fettgewebe von Tieren und Menschen anreichern. Einige Chlorkohlenwasserstoffe, wie z. B. Trichlorethen, Dichlormethan und Tetrachlorethen, können krebserzeugend sein. Für halogenierte Kohlenwasserstoffe hat sich eine internationale Codierung eingebürgert. Dies betrifft insbesondere

• FKW	(Fluorkohlenwasserstoffe),
• FCKW,	(Fluorchlorkohlenwasserstoffe)
• Halone	(Fluorchlorbromkohlenwasserstoffe).

Die Bezeichnung besteht aus einer Buchstaben- und Zahlenkombination. Die gebräuchlichsten Buchstabenkombinationen sind z. B. *FCKW* oder *R*. *FCKW* ist die allgemeine Abkürzung für Fluorchlorkohlenwasserstoffe. *R* spielt auf die sehr bedeutende Verwendung als Kältemittel (Refrigerant) an. Teilweise werden auch die Handelsnamen der Substanzen der Zahlenkombination vorangestellt. Die Bezeichnungen Freon-12, R-12 und FCKW-12 bezeichnen somit die gleichen Stoffe. Die Zahlenkombinationen werden durch mindestens zwei Zahlen angegeben und haben folgende Bedeutung.

FCKW abc:	a = Anzahl C-Atome −1
	b = Anzahl H-Atome +1
	c = Anzahl F-Atome Rest sind Cl-Atome im Molekül

Halone abcd:	a = Anzahl C-Atome
	b = Anzahl F-Atome
	c = Anzahl Cl-Atome
	d = Anzahl Br-Atome Rest sind H-Atome im Molekül

Beispiele

Bei FCKW 11 wird die erste Ziffer nicht mitgeschrieben. Ausführlicher würde die Bezeichnung FCKW 011 lauten. Damit ergibt sich für die Verbindung die Summenformel $CFCl_3$. Analog ergibt sich für den weitverbreiteten R 22 die Summenformel CHF_2Cl. Für Halone ist die Anwendung der Codierungsregeln etwas einfacher. So ergibt sich für Halon 1211 die Summenformel CF_2ClBr und für Halon 1301 die Formel CF_3Br.

3.7.2 Fluorkohlenwasserstoffe (FKW/H-FKW)

Vollhalogenierte Fluorkohlenwasserstoffe (FKW) und deren teilhalogenierte Verwandte (H-FKW) sind durchgängig sehr starke Treibhausgase. In Abb. 3.22 sind FKW-Emissionen in CO_2-Äquivalenten dargestellt. Seit 1990 sind deutliche Mengenabnahmen zu verzeichnen.

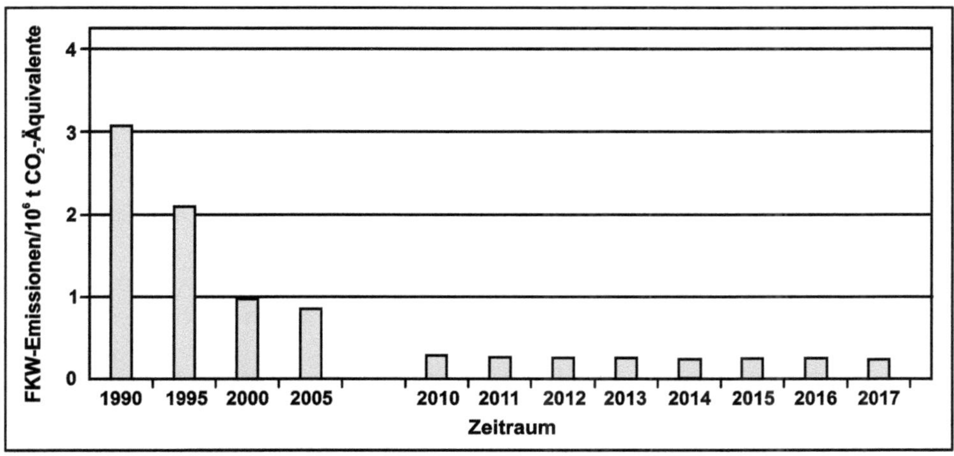

Abb. 3.22 FKW-Emissionen in Deutschland [3, 4]

3

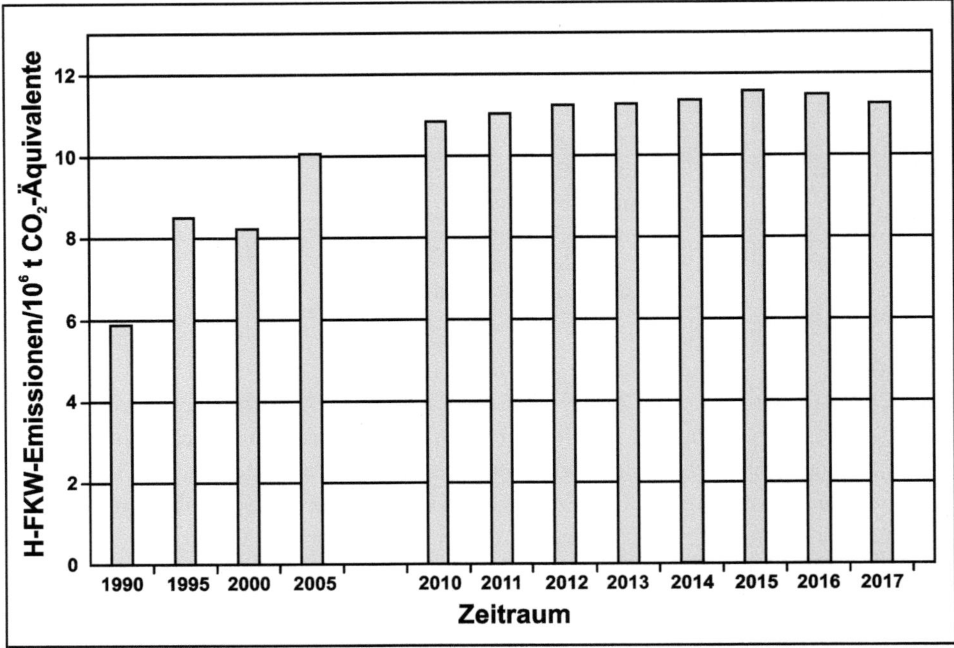

Abb. 3.23 H-FKW-Emissionen in Deutschland [3, 4]

Bei teilfluorierten Fluorkohlenwasserstoffen (H-FKW) sieht die Situation vollkommen anders aus. Nach dem Verbot von (teil)halogenierten Fluorchlorkohlenwasserstoffen (FCKW) wurde auf H-FKW ausgewichen. So findet z. B. R 134a sehr große Verwendung in Klimaanlagen von Kraftfahrzeugen. Wie die Abb. 3.23 zeigt, verharren die H-FKW-Emissionen bei ca. 11 Millionen Tonnen CO_2-Äquivalente.

3.7.3 Ozonschichtschädigende Stoffe

Halogenierte Verbindungen können sowohl natürlichen als auch anthropogenen Ursprungs sein. So produzieren die Ozeane im Jahr ca. 600 Millionen Tonnen Chlorwasserstoff (HCl). Für die Wechselwirkungen mit der Atmosphäre ist die Lebensdauer der Stoffe von Bedeutung. Nur Verbindungen mit einer langen Lebensdauer können bis in die Stratosphäre gelangen und dort die Ozonschicht schädigen. Stoffe mit einer kleinen Lebensdauer reagieren dagegen schon in der Troposphäre. So ist HCl gut wasserlöslich und wird relativ schnell mit dem Regen aus der Atmosphäre ausgewaschen. In der Biosphäre und in den Ozeanen werden auch organische Halogenverbindungen produziert. Hauptsächlich handelt es sich dabei um Methylchlorid (CH_3Cl) und kleinere Mengen an Methylbromid (CH_3Br) bzw. Methyliodid (CH_3I). Die Lebensdauer beträgt für CH_3Cl ca. 1,3 Jahre, für CH_3Br ca. 0,7 Jahre. In kleinen Mengen können diese Verbindungen bis in die Stratosphäre gelangen und durch Freisetzung von Cl- bzw. Br-Radikalen zum natürlichen Abbau des Ozons beitragen.

Bedeutender und schädlicher sind jedoch die halogenierten Kohlenwasserstoffe anthropogenen Ursprungs. Viele CKW, FCKW und Halone sind heute aufgrund ihrer umweltschädlichen Eigenschaften verboten. FCKW wurden 1929 entdeckt und die industrielle Produktion begann ca. 1930. Aufgrund ihrer besonderen Eigenschaften stieg ihre Verwendung in der Kälte- und Klimatechnik, in Sprays und Aerosolen, in der Verschäumung von Kunststoffen etc. seit den 1960er-Jahren rasant an. Seit dem Montrealer Protokoll und dem immer stärkeren Verbot für zahlreiche halogenierte Kohlenwasserstoffe gehen die Produktionsmengen kontinuierlich zurück. Abb. 3.24 zeigt die Produktion in den Mitgliedsstaaten der Europäischen Union. Die Angaben sind in ODP-Tonnen dargestellt. ODP beschreibt das Ozonabbaupotenzial der einzelnen Stoffe.

Beachtet werden muss auch, dass selbst ein sofortiger weltweiter Produktions- und Verwendungsstopp keine sofortige Wirkung erreicht. Bis alle FCKW, H-FCKW, Halone etc. aus verwendeten Materialien und Geräten zurückgewonnen oder freigesetzt werden, werden noch Jahrzehnte vergehen. Vollständig halogenierte Kohlenwasserstoffe werden in der Troposphäre kaum abgebaut. Sie gelangen bis in die Stratosphäre, wo sie die Ozonschicht zerstören (*Ozonloch*). Dagegen reagieren teilhalogenierte Kohlenwasserstoffe in der Troposphäre mit OH-Radikalen zu Kohlendioxid (CO_2), Chlorwasserstoff (HCl) und Fluorwasserstoff (HF). Chlorwasserstoff wird mit dem Regen als Salzsäure, Fluorwasserstoff als Flusssäure ausgewaschen.

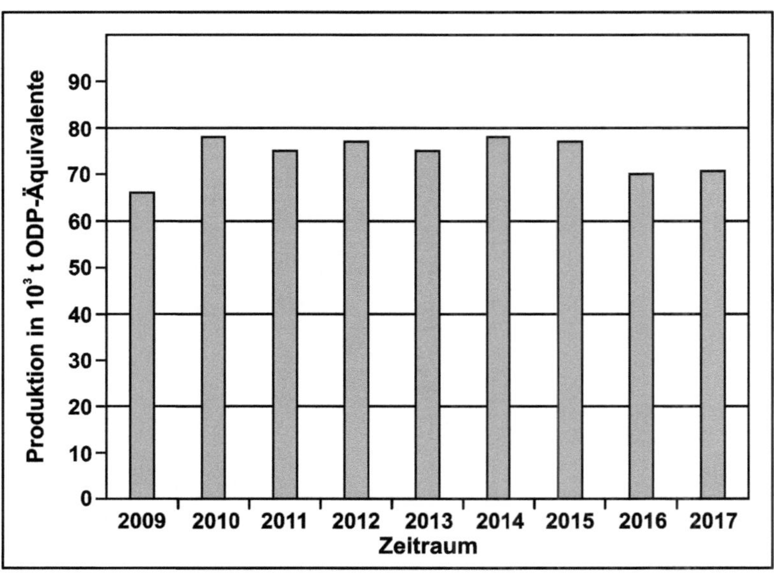

Abb. 3.24 Produktion ozonschichtschädigender Stoffe in der Europäischen Union [25]

3.8 Staub und Aerosole

3.8.1 Eigenschaften

Als Schwebstaub oder Particulate Matter (PM) bezeichnet man feste Teilchen, die eine gewisse Zeit in der Atmosphäre verweilen und nicht sofort zu Boden sinken. Der Partikeldurchmesser reicht von einigen Nanometern bis zu 100 Mikrometern. Die Partikel lassen sich entsprechend ihrer Größe in verschiedene Gruppen einteilen (Abb. 3.25).

Je kleiner die Partikelgröße ist, umso lungengängiger sind sie und es können verschiedene Krankheiten auftreten. So wird die Silikose von Quarzstaub herbeigeführt. Die Kristalloberfläche der SiO_2-Partikel tritt in direkte Wechselwirkung mit dem Lungengewebe und führt zu dessen schrittweisem Umbau. Mit einer Latenzzeit von 10–20 Jahren führt die Silikose zu einer Ventilationsstörung, zu deren Spätfolgen auch Lungenkrebs zählen kann. Unter Anthrakose versteht man eine Kohlenstaubkrankheit. Der eingeatmete Kohlenstaub führt zu einer Verfärbung der Lunge und einer eingeschränkten Funktionsfähigkeit. Erstmals wurde die Anthrakose bei Arbeitern in Steinkohleminen festgestellt. Weitere Quellen sind aber auch die Abgase aus Verbrennungsmotoren und Zigarettenrauch. Eine weitere Krankheit ist die durch Asbestfasern ausgelöste Asbestose. Mit einer Latenzzeit

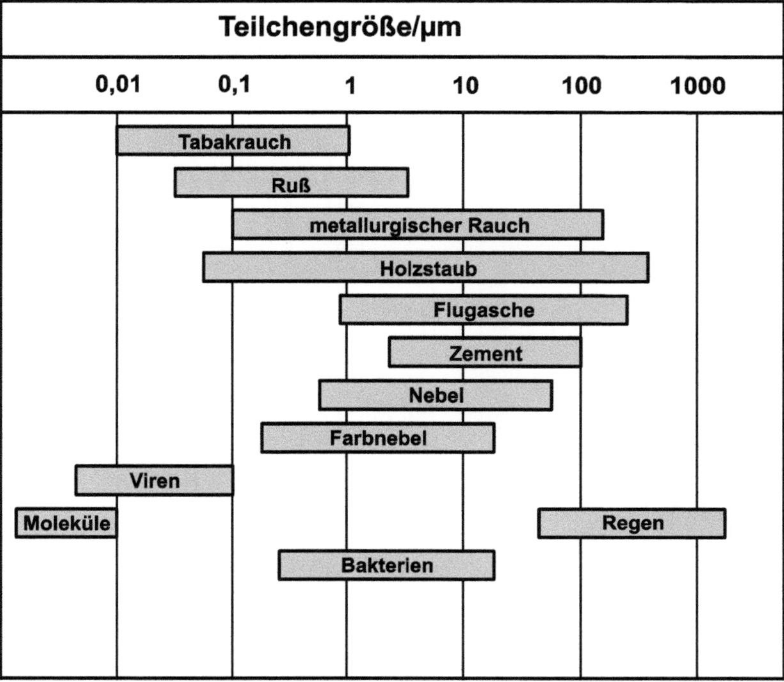

Abb. 3.25 Teilchengröße verschiedener Substanzen [24]

von 10–20 Jahren kann das Einatmen von Asbestfasern bis zum Lungenkrebs führen. Entsprechend ihrer Größe werden die Partikel in verschiedene Klassen eingeteilt:

• Nanopartikel	d < 50 nm,
• ultrafeine Partikel	d < 100 nm,
• PM_1-Partikel	d < 1 µm,
• Feinstaub ($PM_{2,5}$)	d < 2,5 µm,
• PM_{10}-Partikel	d < 10 µm,
• Grobstaub	d > 10 µm.

Im Mittel entfallen ca. 80 % des Gesamtstaubes auf PM_{10} und ca. 50 % auf $PM_{2,5}$. Während PM_{10}-Staub den oberen Bereich der Lunge erreichen kann, dringt $PM_{2,5}$ bis zum mittleren Lungenbereich vor. Ultrafeine Partikel erreichen sogar die Lungenbläschen (Alveolen). Aufgrund der langen Verweilzeit in der Luft, der Fähigkeit, bis tief in die Lunge vorzudringen, seiner physikalischen Struktur und chemischen Zusammensetzung ist Staub mit Partikelgrößen kleiner 2,5 µm besonders gefährlich für den Menschen. Bei den Aerosolen handelt es sich dagegen um entsprechende Flüssigkeitströpfchen. Aerosole und Stäube spielen beim Klima und Wetter eine Rolle. Partikel im Mikrometerbereich bilden Kondensationskeime für Wasserdampf, der sich dann als Regen niederschlägt. Durch die Reflexion der Sonnenstrahlung üben sie einen Einfluss auf das Klima der Erde aus.

3.8.2 Mengen

Schwebstaub kann aus anthropogenen oder aus natürlichen Quellen stammen. Bei primären anthropogenen Quellen entstehen die Staubteilchen direkt an der Quelle und werden dort freigesetzt. Dazu zählen z. B. Verbrennungsanlagen zur Energieerzeugung, Industrieprozesse wie die Stahlerzeugung, Abfallverbrennungsanlagen, Hausbrandanlagen (Gas, Öl, Kohle, Holz) und Schüttgutumschlagplätze. Mobile Quellen wie der Straßenverkehr verursachen vor allem in Ballungsgebieten eine erhebliche Feinstaubemission. Neben Rußpartikeln tritt Abrieb von Reifen, Bremsen und Kupplungsbelägen sowie aufgewirbelter Straßenstaub auf. In geschlossenen Räumen trägt insbesondere der Rauch von Zigaretten zur Feinstaubbelastung bei. Als sekundäre anthropogene Quellen werden jene bezeichnet, die reaktionsfähige Gase wie Schwefeldioxid, Stickoxide oder flüchtige organische Kohlenwasserstoffe freisetzen und durch Folgeprozesse zu einer Erhöhung der Staub- und Aerosolkonzentration führen. Primäre Feinstäube und Aerosole natürlichen Ursprungs treten hauptsächlich durch die Erosion von Gesteinen, Waldbränden, Vulkanausbrüchen, Meeresgischt oder aus biogenen Quellen (Pollen, Sporen, Viren, Bakterien) auf. Durch Methan aus Feuchtgebieten, Gasen aus Vulkanen oder Stickoxiden aus Böden kann es zu einer sekundären Umwandlung kommen. In den letzten Jahrzehnten konnte die Staubemission in Deutschland deutlich gesenkt werden. Der seit 1990 zu verzeichnende Rückgang wurde vor allem durch die Stilllegung veralteter Feuerungs- und Industrieanlagen in den neuen Bundesländern erzielt (Abb. 3.26 und Abb. 3.27).

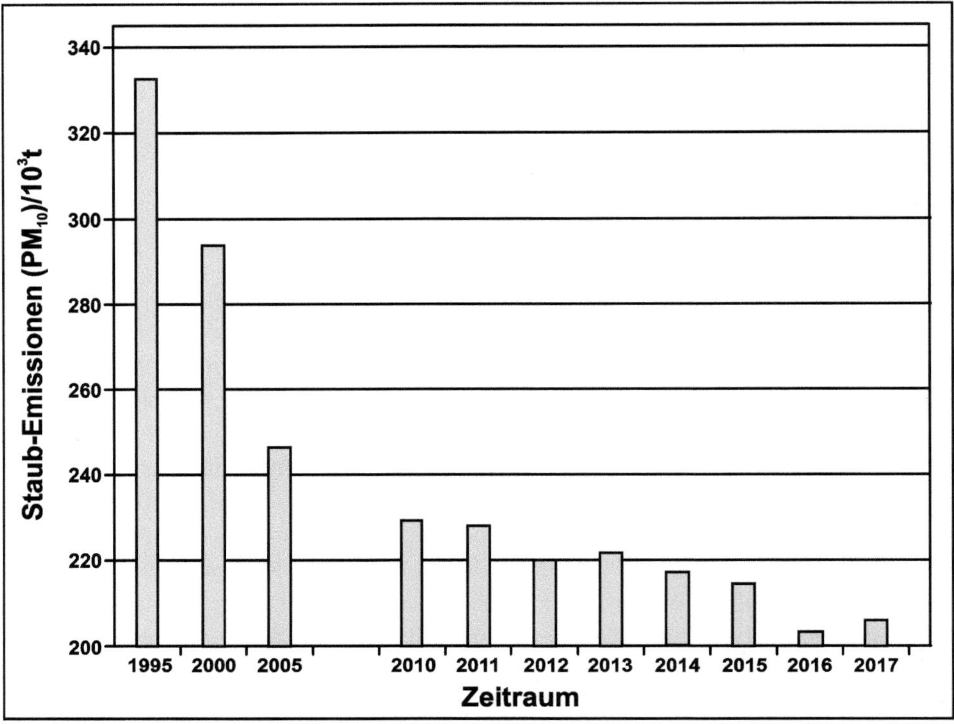

Abb. 3.26 Staubemissionen (PM_{10}) in Deutschland [5]

Die Emissionen des Straßenverkehrs durch Abrieb von Reifen, Bremsen, Asphalt etc. sind überwiegend Feinstaubemissionen ($PM_{2,5}$). Mit einem Anteil von ca. 30 % am Gesamtstaubaufkommen sind die Verbrennungsprozesse in Privathaushalten ebenfalls nicht zu unterschätzen. Hier ist durch die zunehmende Verwendung von Holz als Brennstoff ein weiterer Anstieg zu erwarten. In der Landwirtschaft sind die größten Emittenten die Tierhaltung (Trockenfutter, Kot) und der Schüttgutumschlag bei der Ernte. Stäube und Aerosole sind in der Atmosphäre vielfältigen Wandlungsprozessen unterworfen. Typischerweise verbleiben die meisten Stäube und Aerosole einige Tage bis Wochen in der Atmosphäre. Es kann zu einer Veränderung der Partikelgröße und der chemischen Zusammensetzung kommen. Bei der sogenannten trockenen Deposition kommt es zu einer Zusammenlagerung kleiner Partikel zu Grobstaub, der sich wegen der größeren Masse durch die Erdanziehung ablagert. Bei der nassen Deposition dienen die Staub- und Aerosolteilchen als Kondensationskeime und es findet eine Auswaschung aus der Atmosphäre durch Regen statt.

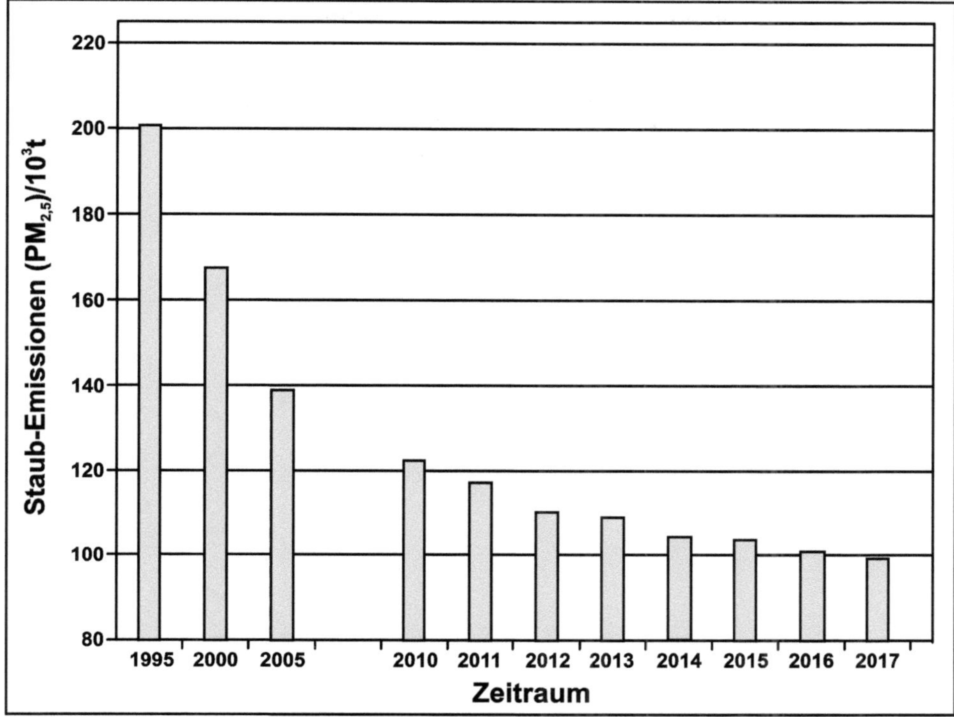

Abb. 3.27 Staubemissionen ($PM_{2,5}$) in Deutschland [5]

3.9 Dioxine und Furane

3.9.1 Eigenschaften

Die Begriffe *Dioxine* und *Furane* umfassen aromatische polychlorierte Kohlenstoffverbindungen. Sie werden stellvertretend für

- polychlorierte Dibenzodioxine (PCDD) und
- polychlorierte Dibenzofurane (PCDF)

verwendet. Abb. 3.28 zeigt die Grundstruktur von Dibenzodioxin und Dibenzofuran. Während Dioxine zwei Sauerstoffatome im Molekül enthalten, besitzen Furane nur ein Sauerstoffatom.

Die Wasserstoffatome können durch Chloratome substituiert werden. Dabei geben die nummerierten Kohlenstoffatome die möglichen Positionen für eine Chlorsubstituierung an. Insgesamt ergeben sich 75 unterschiedliche PCDD- und 135 PCDF-Kongenere.

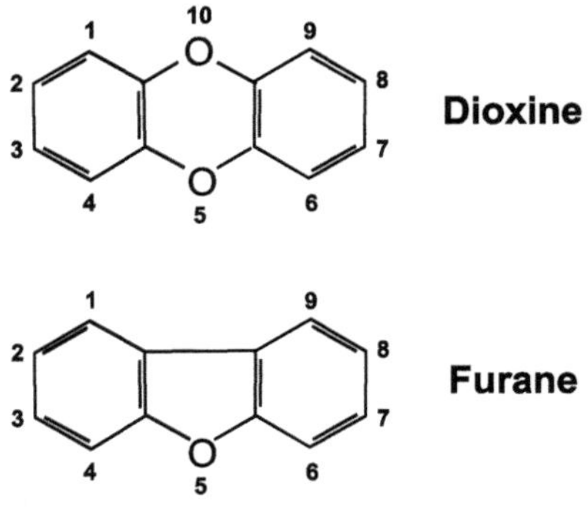

Abb. 3.28 Allgemeine Struktur von Dibenzodioxinen (Dioxine) und -furanen (Furane)

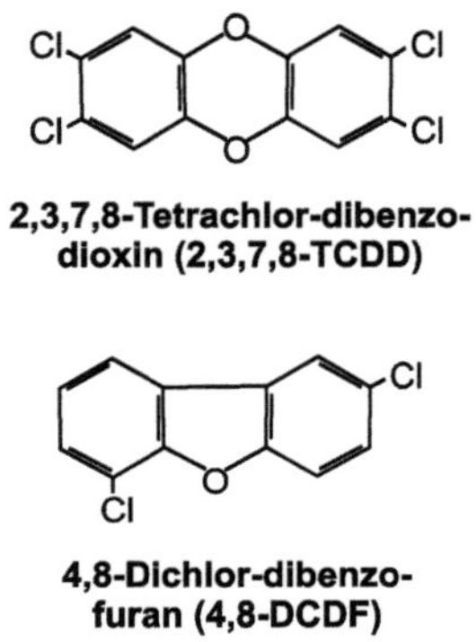

Abb. 3.29 Beispiele für PCDD- und PCDF-Kongenere

Kongenere besitzen eine identische Grundstruktur, aber eine unterschiedliche Anzahl gleicher Substituenten. Beispiele für polychlorierte Dibenzodioxine und -furane finden sich in Abb. 3.29.

Sowohl die Anzahl der Chloratome als auch deren Stellung im Molekül hat direkten Einfluss auf die Eigenschaften der Verbindung und deren Toxizität.

Physikalisch-chemische Eigenschaften

Dioxine und Furane besitzen unter Normalbedingungen einen niedrigen Dampfdruck und eine geringe Wasserlöslichkeit. Beide nehmen mit zunehmendem Substitutionsgrad (Chlorgehalt) ab. Aufgrund ihrer starken Lipophilität (Fettlöslichkeit) lösen sie sich in Fetten und organischen Lösungsmitteln, was zu einer Anreicherung führt. Deshalb wird das fetthaltige Gewebe von Tieren und Menschen leicht mit Dioxinen belastet. Aufgrund ihrer schlechten Wasserlöslichkeit dringen Dioxine und Furane kaum in tiefere Bodenschichten ein. Sie binden sich an Staub- und Aerosolpartikel und werden durch Transportvorgänge in der Atmosphäre weit verbreitet. Aufgrund des lipophilen Charakters und der geringen Wasserlöslichkeit erfolgt in Gewässern eine Adsorption an Sedimenten oder eine Verteilung in lipophilen Kompartimenten. In der Umwelt sind Dioxine und Furane sehr abbaubeständig. Dies führt zu einer langen Persistenz und ist mitverantwortlich für deren starke Verbreitung in der Umwelt.

Toxikologie

Die verschiedenen Dioxine und Furane unterscheiden sich nicht nur in ihrem molekularen Aufbau, sondern auch in ihrer Wirkung auf Organismen, Menschen und Umwelt. Um ihre toxikologische Wirkung miteinander vergleichbar zu machen, werden über Untersuchungen Toxizitätsäquivalenzfaktoren („toxic equivalency factors", TEF's) festgelegt. Hervorzuheben ist das 2,3,7,8-Tetra-chlordibenzodioxin (2,3,7,8-TCDD), das Dioxin mit der stärksten toxischen Wirkung. Diesem wird der Toxizitätsäquivalenzfaktor TEF = 1 zugewiesen. Die relative Toxizität aller anderen Dioxine und Furane werden mit dieser Verbindung verglichen und deren TEF's darauf bezogen. So ist das 2,3,7,8-TCDD 100-mal giftiger als das 1,2,3,4,6,7,8-Heptachlordibenzodioxin (1,2,3,4,6,7,8-HpCDD). Aufgrund der exponierten Stellung von 2,3,7,8-TCDD und seiner Eigenschaften werden die TEF-Werte der verschiedenen Dioxine und Furane auch in der Gesetzgebung verwendet (Tab. 3.3).

Um eine Aussage über die Toxizität eines Kongenerengemisches zu treffen, werden die Massen der einzelnen Verbindungen mit ihrem TEF-Wert multipliziert. Die Summe aller Werte wird als Toxizitätsäquivalent (TEQ) angegeben.

$$TEQ = \sum_{i=1}^{n} TEF_i * m_i$$

m_i: Masse der Substanz i

TEF_i: TEF-Wert der Substanz i

n: Zahl der in der Probe vorhandenen PCDD/PCDF

Tab. 3.3 Toxizitätsäquivalenzfaktoren für Dioxine und Furane [26]

Polychlordibenzodioxine	**Toxizitätsäquivalenzfaktor (TEF)**
2,3,7,8-TCDD	1
1,2,3,7,8-TCDD	1
1,2,3,4,7,8-HxCDD	0,1
1,2,3,6,7,8-HxCDD	0,1
1,2,3,7,8,9-HxCDD	0,1
1,2,3,4,6,7,8-HpCDD	0,01
1,2,3,4,6,7,8,9-OCDD	0,0003
Polychlordibenzofurane	**Toxizitätsäquivalenzfaktor (TEF)**
2,3,7,8-TCDF	0,1
1,2,3,7,8-PeCDF	0,03
2,3,4,7,8-PeCDF	0,3
1,2,3,4,7,8-HxCDF	0,1
1,2,3,6,7,8-HxCDF	0,1
1,2,3,7,8,9-HxCDF	0,1
2,3,4,6,7,8-HxCDF	0,1
1,2,3,4,6,7,8-HpCDF	0,01
1,2,3,4,7,8,9-HpCDF	0,01
1,2,3,4,6,7,8,9-OCDF	0,0003

Auswirkungen auf den Menschen
Durch die Anreicherung im Boden bzw. in Sedimenten gelangen Dioxine und Furane in die Nahrungskette und damit letztlich zum Menschen. Aufgrund ihrer lipophilen Eigenschaften lagern sie sich besonders im Fettgewebe ein, wobei tierisches Fett als Hauptquelle für die menschliche Dioxinbelastung durch Nahrungsmittel anzusehen ist. Tab. 3.4 zeigt den Beitrag verschiedener Lebensmittel an der mittleren täglichen Aufnahme.

Die toxischen Auswirkungen von Dioxinen und Furanen sind größtenteils bekannt. So beträgt die Halbwertszeit im menschlichen Körper beim giftigsten Dioxin (2,3,7,8-TCDD) ca. 7 Jahre, beim 2,3,4,7,8-Pentachlordibenzofuran (2,3,4,7,8-PeCDF) fast 20 Jahre. Unter der Einwirkung von Dioxinen und Furanen zeigt die Haut des Menschen eine ganze Reihe krankhafter Veränderungen. Darunter fallen Hautveränderungen in Form von Bläschen, Geschwüren oder Krusten. Bekanntestes Krankheitsbild ist die Chlorakne. Eine häufig beschriebene Veränderung der Hautoberfläche ist die Rückbildung der Talkdrüsen. Es können sich auch zystenartige Hauterhebungen mit dunkelgefärbten Mitessern in der Mitte bilden. Es kann zur Veränderung der Haarfollikel, Schwindelgefühlen, Übelkeit und Erbrechen kommen. Die Toxizität der verschiedenen Dioxine und Furane verringert die Sensibilität der Sehnerven und mindert somit das Sehvermögen. Eine weitere Auswirkung ist die Abnahme des Gehörs. Neurologische Symptome wie Nervosität, Übererregtheit, Schlaflosigkeit und Kopfschmerzen treten ebenfalls auf.

In Tierversuchen konnte die Kanzerogenität von 2,3,7,8-Tetrachlordibenzodioxin (2,3,7,8-TCDD) gezeigt werden. Bei Menschen, die einer hohen TCDD-Exposition ausgesetzt waren, ergibt sich eine erhöhte Wahrscheinlichkeit, an Krebs zu erkranken. 2,3,7,8-TCDD wurde daher als humankanzerogen eingestuft. Bei den anderen Dioxinen und Furanen besteht der Verdacht der krebserzeugenden Wirkung. Da der Großteil der Dioxinaufnahme beim Menschen über die Ernährung geschieht, wurden Grenzwerte für die Lebensmittelbelastungen festgelegt (Tab. 3.5; Picogramm (pg) sind 10^{-12} g).

Für verschiedene Futtermittel (z. B. Mineralien, Fette, Pflanzen, Fisch/-öl) wurden ebenfalls Grenzwerte festgelegt. Sie betragen 0,75–6 ng PCDD/PCDF-TEQ pro kg Futtermittel.

Tab. 3.4 Beitrag verschiedener Lebensmittel an der Dioxinaufnahme [27]

Lebensmittel	Dioxinaufnahme
Milch und Milchprodukte	42 %
Fleisch	20 %
Fisch	17 %
Eier	8 %
Pflanzliche Öle und Margarine	7 %
Obst und Gemüse	6 %

Tab. 3.5 Grenzwerte für Dioxine in Lebensmitteln [28]

Erzeugnis	TEQ-Wert für Dioxine
Rindfleisch/-fett	2,5 pg/g Fett
Geflügelfleisch/-fett	1,75 pg/g Fett
Schweinefleisch/-fett	1,0 pg/g Fett
Fischmuskelfleisch	3,5 pg/g Frischgewicht
Rohmilch und Milcherzeugnisse	2,5 pg/g Fett
Hühnereier und Eierzeugnisse	2,5 pg/g Fett
Pflanzliche Öle und Fette	0,75 pg/g Fett
Lebensmittel für Säuglinge und Kleinkinder	0,1 pg/g Frischgewicht

3.9.2 Entstehung

Dioxine finden keine praktische Anwendung. Sie entstehen jedoch bei verschiedenen Prozessen in der chemischen Industrie und bei Verbrennungsprozessen. Aufgrund ihrer großen Stabilität sind sie fast überall in der Umwelt zu finden. Die Entstehung von Dioxinen und Furanen wird vielfach mit der Abfallverbrennung in Verbindung gebracht. Wie frühere Untersuchungen zeigten, nahm die Dioxinkonzentration nach der Verbrennung im Vergleich zum Dioxingehalt vor der Verbrennung teilweise stark zu. Der Verbrennungsprozess selbst kann somit eine zusätzliche Dioxinquelle darstellen. Der Bildungsmechanismus bei thermischen Prozessen wird durch die De-novo- bzw. In-situ- Mechanismen beschrieben.

Thermische Bildung

Jeder Verbrennungsprozess hinterlässt unvollständig verbrannte Kohlenstoffverbindungen, die zusammen mit chlorhaltigen Substanzen Dioxine bilden können. An Partikel angelagerte Schwermetalle (z. B. Kupfer) wirken als Katalysator. Die zwischen 300–900 °C ablaufenden Prozesse der De-novo-Synthese zur Bildung von Dioxinen und Furanen sind komplex. Abb. 3.30 zeigt einige vereinfachte Reaktionswege auf.

Bei diesen Prozessen wird besonders das toxische 2,3,7,8-Tetrachlordibenzodioxin gebildet. Die In-situ-Synthese ähnelt vom Mechanismus her der De-novo-Synthese. Die Dioxine und Furane werden thermisch direkt aus entsprechenden Molekülen (z. B. chlorierte Phenole und Benzole) gebildet.

Industrielle Chlorchemie

Bei Dioxinen und Furanen handelt es sich um chlorierte aromatische Verbindungen. Bei entsprechenden chemischen Prozessen,

- die aromatische und chlorhaltige Verbindungen,
- ein alkalisches Reaktionsmedium und
- Reaktionstemperaturen oberhalb von 150 °C

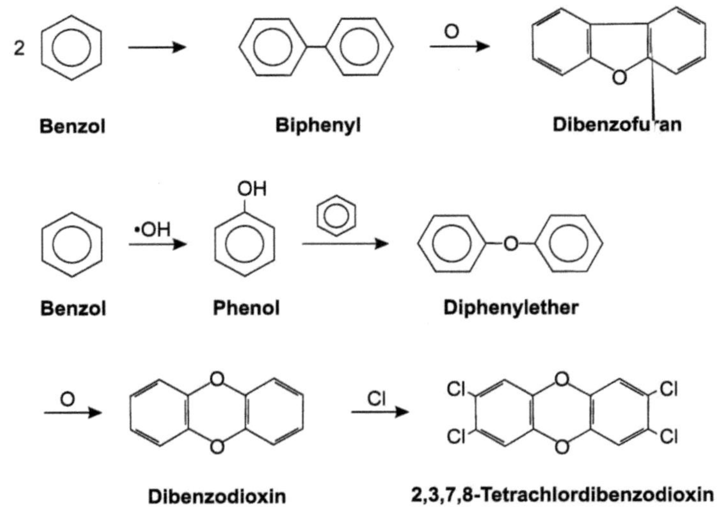

2 Benzol → Biphenyl →(O) Dibenzofuran

Benzol →(•OH) Phenol →(Benzol) Diphenylether

→(O) Dibenzodioxin →(Cl) 2,3,7,8-Tetrachlordibenzodioxin

Abb. 3.30 Bildung von Dioxinen und Furanen bei der unvollständigen Verbrennung

aufweisen, muss mit Spuren dieser Nebenprodukte gerechnet werden. Ins Bewusstsein der Bevölkerung rückten Dioxine und Furane durch den Chemieunfall in Seveso/Italien. Zur Produktion des Desinfektionsmittels Hexachlorophen wird Tetrachlorbenzol mit Natronlauge zu 2,4,5-Trichlorphenol umgesetzt. Eine sich anschließende Kondensationsreaktion mit Formaldehyd (HCHO) führt zum Hexachlorophen.

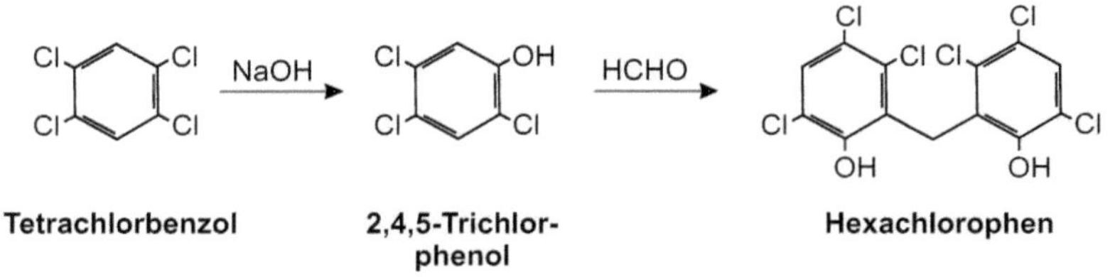

Tetrachlorbenzol →(NaOH) 2,4,5-Trichlorphenol →(HCHO) Hexachlorophen

In einer Nebenreaktion entsteht aus 2,4,5-Trichlorphenol zwangsläufig 2,3,7,8-Tetrachlordibenzodioxin.

2,4,5-Trichlorphenol + 2,4,5-Trichlorphenol →(NaOH) 2,3,7,8-Tetrachlordibenzodioxin

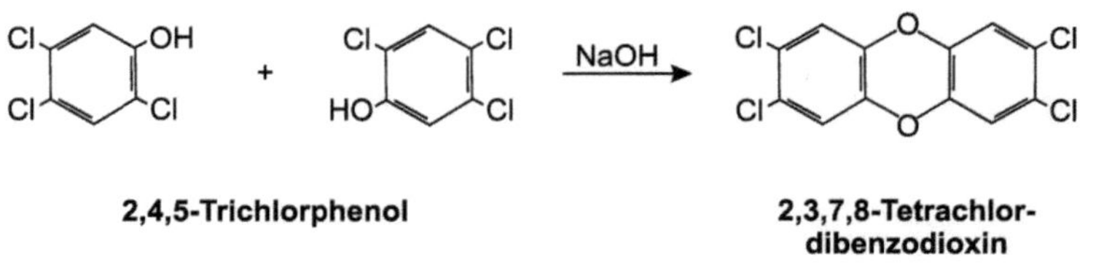

Die Chlorbleichprozesse bei der Papierherstellung führen ebenfalls zwangsläufig zur Dioxin- und Furanbildung als Nebenprodukte im Spurenbereich. In der folgenden Reaktion ist beispielsweise p-Cumarylalkohol, eine im Holz vorkommende Verbindung, das

Ausgangsmolekül. Über eine enzymatische Oxidation führt die sich anschließende Chlorbleiche zu PCDD und PCDF.

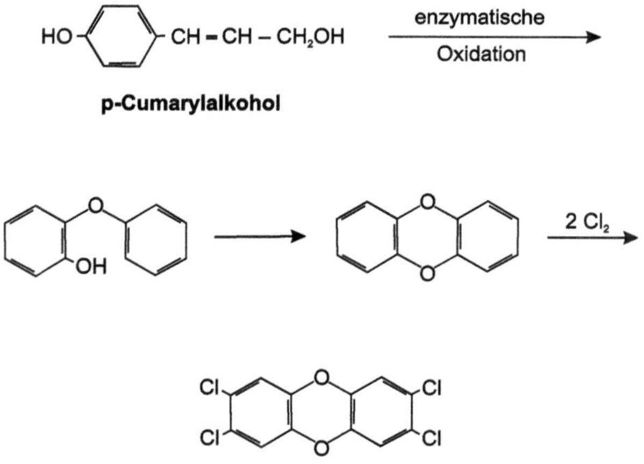

HO–⬡–CH = CH – CH_2OH —enzymatische Oxidation→

p-Cumarylalkohol

OH — → — $2\ Cl_2$ →

Cl, Cl, Cl, Cl

Biochemische Bildung

Aerobe Mikroorganismen können mithilfe von Enzymen (z. B. Peroxidasen) auf biogenem Wege Dioxine und Furane bilden. So oxidieren Peroxidasen Chlorphenole zu verschiedenen Dioxinverbindungen. Entsprechende Reaktionen laufen bei 20 °C und pH = 7 ab. Die biochemische Bildung läuft z. B. im Klärschlamm oder bei der Kompostierung ab.

3.9.3 Emissionsquellen und Minderungsmaßnahmen

Die bisherigen Abschnitte haben einen kurzen Einblick in die Bildung und Toxikologie von Dioxinen und Furanen gegeben. Bei Prozessen, die nach dem Stand der Technik betrieben werden, bilden sich nur noch sehr geringe Mengen. Daher widmen sich die folgenden Ausführungen den Expositionsquellen und möglichen Minderungsmaßnahmen. Die Abb. 3.31 zeigt die Entwicklung der Dioxinemissionen. 1990 betrugen sie noch 750 g TEQ und sanken bis 1995 auf 245 g TEQ ab. Seitdem nahmen sie weiter kontinuierlich ab und liegen heute bei ca. 62 g TEQ. Die größten Emittenten sind Haushalte und Kleinverbraucher (25,6 g TEQ) gefolgt von Industrieprozessen (23,0 g TEQ). Die Abfallverbrennung spielt mit 1,15 g TEQ eine untergeordnete Rolle.

Thermische Abfallbehandlung

In Abfallverbrennungsanlagen wird brennbares und unsortiertes Material (z. B. Haus- und Sperrmüll, Gewerbeabfall, Klärschlamm) verbrannt. Die entstehenden Abgase müssen gereinigt werden, die entstehenden festen Rückstände (z. B. Asche, Schlacke, Eisenschrott)

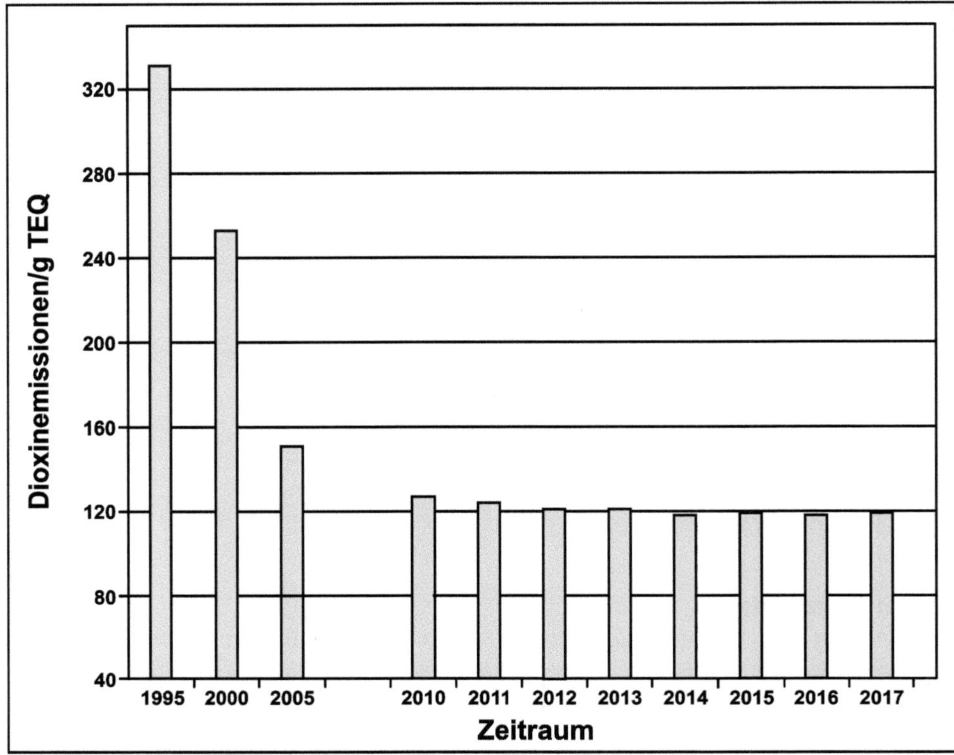

Abb. 3.31 Dioxinemissionen in Deutschland [29]

lassen sich verwerten oder deponieren. Bei den normalen Verbrennungstemperaturen von über 800–900 °C werden Dioxine und Furane normalerweise zerstört. Von Bedeutung ist die Dioxin-/Furanbildung während der Abkühlphase in der Abgasreinigung. Bei den hier vorliegenden Temperaturen von 250–450 °C kommt es zu einer Neubildung nach der De-novo-Synthese.

Primärmaßnahmen zur Emissionsminderung liegen in der Minimierung des Luftüberschusses und in einer Verbesserung des Ausbrandes. Erzielen lässt sich dies bei einer längeren Verweilzeit. Um die Neubildung von Dioxinen und Furanen nach der De-novo-Synthese zu verhindern, müssen die Abgase schnell von 800 °C auf unter 250 °C abgekühlt werden. Dies kann z. B. durch Quenchen, d. h. Einsprühen von Wasser, in das entstandene Abgas geschehen. Sekundärmaßnahmen beruhen auf adsorptiven und katalytischen Minderungstechnologien. Durch Aktivkohleadsorber werden Schadstoffe aus dem Abgas abgeschieden. Die Entsorgung der beladenen Aktivkohle geschieht durch Verbrennung in der eigenen Anlagenfeuerung. Durch Verbesserung der gesamten Anlagentechnik von Abfallverbrennungsanlagen ließ sich der Gesamtausstoß an Dioxinen und Furanen sehr deutlich verringern. Moderne Anlagen sind Dioxinsenker, d. h., gegenüber der Konzentration im Ausgangsmaterial wird in den Verbrennungsprodukten ein geringerer Gehalt an Dioxinen und Furanen gefunden.

Verbrennungsprozesse

Die Verbrennung fossiler Brennstoffe (z. B. Kohle, Öl, Gas, Holz) ist ebenfalls eine Emissionsquelle für Dioxine und Furane. Gegenüber den industriellen Feuerungsanlagen tragen auch Kleinfeuerungs-/Hausfeuerungsanlagen zu entsprechenden Emissionen bei. Festbrennstoffe wie Holz und Kohle weisen deutlich höhere Emissionswerte auf als Gas- und Ölheizungen. Ein zusätzlicher Konzentrationsanstieg wird durch die Mitverbrennung von Haushaltsabfällen oder beschichtetem/imprägniertem Holz verursacht. Neben den bisher betrachteten Verbrennungsprozessen produzieren auch andere Vorkommnisse Dioxine und Furane. Dazu zählen z. B. Waldbrände oder der Brand eines Hauses. Hier sind Stoffe und Materialien, die die Dioxin-/Furanbildung begünstigen, in größeren Mengen vorhanden.

Metallurgische Industrie

Bei den verschiedensten Prozessen zur Gewinnung, Verarbeitung und zum Recycling von Metallen kommt es zur Bildung von Dioxinen und Furanen. Heute ist die metallurgische Industrie mit die größte Emissionsquelle. Zu den Emittenten zählen Stahlwerke, Gießereien, Verzinkereien und Aluminiumumschmelzanlagen. Abb. 3.32 zeigt den zeitlichen Verlauf der Dioxin- und Furanemissionen der schweizerischen Metallindustrie am Beispiel von Stahlwerken und Gießereien. Angegeben ist die Masse der Toxizitätsäquivalente in Gramm (g-TEQ). Besonders auffällig sind die hohen Emissionswerte zwischen 1965 und 1985.

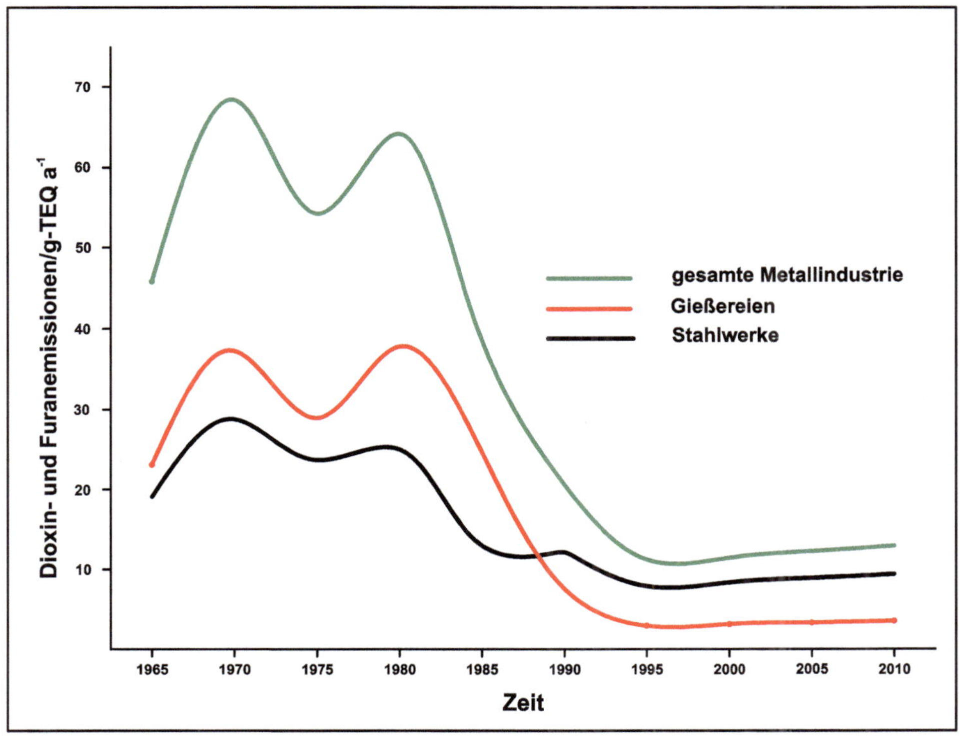

Abb. 3.32 Dioxin- und Furanemissionen der schweizerischen Metallindustrie [30]

3.10 Polyzyklische aromatische Kohlenwasserstoffe (PAK)

Polyzyklische aromatische Kohlenwasserstoffe bestehen aus mehreren Kohlenstoffringen. Ein typischer Vertreter ist Benzo(a)pyren.

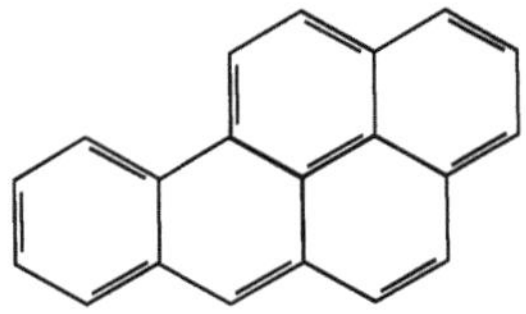

Benzo(a)pyren

Weitere wichtige PAK-Verbindungen sind:

- Benzo(a)anthracen,
- Benzo(b)fluoranthen,
- Chrysen.

Viele Stoffe dieser Verbindungsklasse sind krebserzeugend, erbgutverändernd und fortpflanzungsgefährdend (CMR-Stoffe). Aufgrund ihrer Struktur sind sie sehr stabil und werden daher in der Umwelt nur schwer abgebaut. In Wasser sind sie schwer löslich, in Fetten und Ölen dagegen leicht löslich. PAK werden daher zu den PBT-Stoffen (persistent, bioakkumulierbar, toxisch) gezählt. Sie binden an Ruß- und Staubpartikel und gelangen über Luft und Wasser in die Umwelt. Polyzyklische aromatische Kohlenwasserstoffe entstehen bei unvollständigen Verbrennungsprozessen:

- Haushalt (Feuerungsanlagen),
- Verkehr (Verbrennungsmotoren),
- Industrieprozesse,
- Verkokung von Kohle,
- Erdölraffination (Crackprozesse).

Die wichtigsten Emissionsquellen sind mit über 90 % Kleinfeuerungsanlagen (Abb. 3.33).
Aufgrund ihrer hohen Stabilität finden sich PAK überall in der Umwelt. Somit können auch Trinkwasser und Lebensmittel PAK-Verbindungen enthalten. Über europäische und nationale Rechtsvorschriften wurden verschiedene Grenzwerte festgelegt. Aufgrund des Herstellungsprozesses enthalten auch Kunststoffe oder Holzschutzmittel PAK. Um Kunststoffe geschmeidiger zu machen, werden diese oft mit PAK-haltigen Weichmacherölen versetzt.

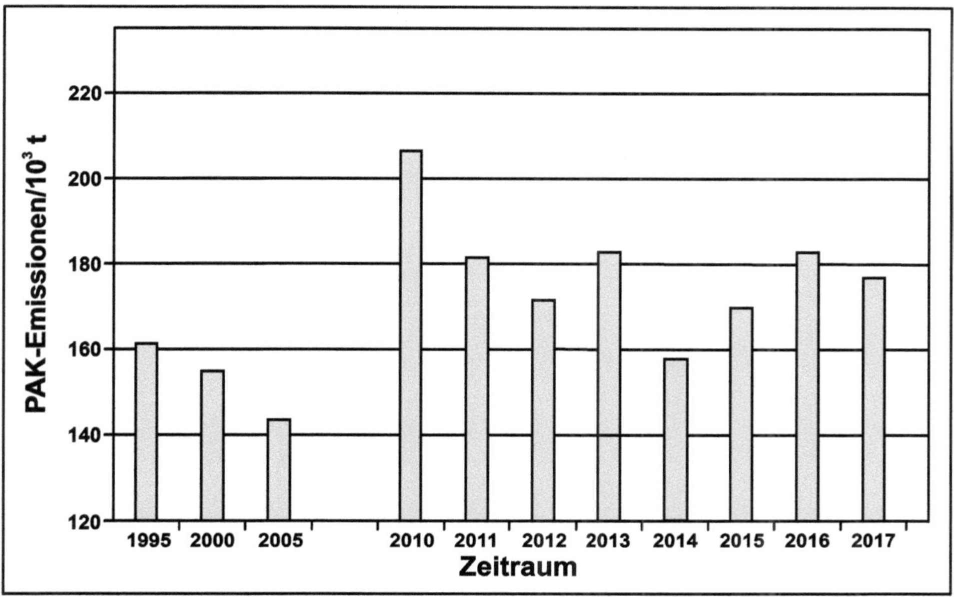

Abb. 3.33 Emissionen an polyzyklischen aromatischen Kohlenwasserstoffen (PAK; [29])

3.11 Aufgaben für die Praxis

- Welche Rolle spielt die Troposphäre beim Abbau von Luftverunreinigungen?
- Welche Bedeutung kommt der Verweilzeit von Luftverunreinigungen zu?
- Erläutern Sie den Kohlenstoffkreislauf.
- Warum nimmt der CO_2-Gehalt der Atmosphäre zu?
- Welche Maßnahmen sind notwendig, um die CO_2-Emissionen zu reduzieren?
- Was versteht man unter leichtflüchtigen organischen Kohlenwasserstoffen?
- Welchen Beitrag liefert Methan zum Treibhauseffekt?
- Erläutern Sie den Kreislauf von Methan.
- Erläutern Sie die Eigenschaften verschiedener schwefelhaltiger Luftverunreinigungen. Zu welchen Umweltauswirkungen tragen sie bei?
- Erläutern Sie den Kreislauf von Schwefel.
- Erläutern Sie die Eigenschaften verschiedener stickstoffhaltiger Luftverunreinigungen. Zu welchen Umweltauswirkungen tragen sie bei?
- Erläutern Sie den Stickstoffkreislauf.
- Erläutern Sie die Bedeutung des Ozons für die Erde.
- Welche Umweltauswirkungen sind mit fluorierten Kohlenwasserstoffen verbunden?
- Erläutern Sie den Reaktionsmechanismus ozonschichtschädigender Stoffe.

- Welche Rolle spielen Staub und Aerosole im Immissionsschutz?
- Was sind Dioxine bzw. Furane und wie entstehen sie?
- Erläutern Sie den Begriff *Toxizitätsäquivalente*.
- Welche Auswirkungen haben Dioxine und Furane auf den Menschen?
- Erläutern Sie die Auswirkungen von PAK.

Literatur

1. Seinfeld, H.H.; Pandis, S.N.; *Atmospheric Chemistry and Physics*, Wiley, **2016,** 978-1-118-94740-1
2. United Nations Environment Programme (UNEP); *Global Environment Outlook GEO 4,* Progress Press, **2007,** 978-92-807-2872-9
3. Umweltbundesamt (UBA); *Berichterstattung unter der Klimarahmenkonvention der Vereinten Nationen und dem Kyoto-Protokoll 2019,* Climate Change 23/2019, **15. April 2019**
4. Umweltbundesamt (Hrsg.); *Treibhausgas-Emissionen seit 1990 nach Gasen,* **2017**
5. Umweltbundesamt (UBA); *Emissionen ausgewählter Luftschadstoffe nach Quellkategorien,* **2018**
6. Etheridge, D.M. et al.; *Natural and anthropogenic changes in atmospheric CO_2 over the last 1000 years from air in Antarctic ice and firn,* J. Geophys. Res, 101, 4115-4128, **1996**
7. Intergovernmental Panel on Climate Change (IPCC); *Climate Change 2007: The Physical Science Basis,* Cambridge University Press, **2007,** 978-0-521-88009-1
8. Umweltbundesamt (UBA); *Atmosphärische Treibhausgas-Konzentrationen,* **2017**
9. World Meteorological Organization (WMO); *WMO Greenhouse Gas Bulletin No. 13,* **30. October 2017**
10. Chameides, W.L.; Perdue, E.M.; *Biogeochemical Cycles,* Oxford University Press, **1997,** 0-19-509279-1
11. Intergovernmental Panel on Climate Change (IPCC); *Climate Change 2013: The Physical Science Basis,* Cambridge University Press, **2013,** 978-1-107-05799-1
12. Wollast, R.; Mackenzie, F.T.; Chou, L. (Eds); *Interactions of C, N, P and S Biogeochemical Cycles and Global Change,* Springer, **1993,** 3-540-53126-2
13. Guderian, R. (Hrsg.); *Handbuch der Umweltveränderungen und Ökotoxikologie, Bd. 1B Atmosphäre,* Springer, **2000,** 978-3-540-66185-6
14. Schlesinger, W.H.; *Biogeochemistry – An Analysis of Global Change,* Academic Press, **1997,** 0-12-625155-X
15. World Health Organisation (WHO); *Indoor Air Quality: organic pollutants, Euro Reports and Studies No. 111,* **1989,** 92-890-1277-3
16. Etheridge, D.M. et al.; *Atmospheric methane between 1000 A.D. and present: Evidence of anthropogenic emissions and climate variability,* J. Geophys. Res, 103, 15979-15993, **1998**
17. Intergovernmental Panel on Climate Change (IPCC); *Climate Change 2001: The Scientific Basis,* Cambridge University Press, **2001,** 0-521-80767-0
18. Umweltbundesamt (UBA); *Methan-Konzentration in der Atmosphäre (Monats- und Jahresmittelwerte),* **2017**
19. DIN EN 14212; *Außenluft-Messverfahren zur Bestimmung der Konzentration von Schwefeldioxid mit Ultraviolett-Fluoreszenz,* Beuth, **November 2012**

20. Machida, T. et al.; *Increase in the atmospheric nitrous oxide condentration during the last 250 years,* Geophys. Res. Lett. 22, 2921-2924, **1995**
21. Umweltbundesamt (UBA); *Lachgas-Konzentrationen in der Atmosphäre (Monatsmittelwerte),* **2017**
22. DIN EN 14211; *Außenluft-Messverfahren zur Bestimmung der Konzentration von Stickstoffdioxid und Stickstoffmonoxid mit Chemilumineszenz,* Beuth, **November 2012**
23. Baumbach, Günter; *Luftreinhaltung,* Springer, **1993,** 3-540-56823-9
24. Finlayson-Pitts, B.J.; Pitts, H.N.; *Atmospheric Chemistry: Fundamentals and Experimental Technique,* John Wiley & Sons, **1986,** 0-471-88227-5
25. European Environment Agency (EEA); *Ozone – depleting substances 2018,* EEA Technical report No 10/2018, **2018,** 978-92-9213-970-4
26. van den Berg, M. et al.; *The 2005 World Health Organization Reevaluation of Human Mammalian Toxic Equivalency Factors for Dioxins and Dioxin-Like Compounds,* Toxicological Sciences, 93(2), 223-241, **2006**
27. Bundesministerium für Umwelt, Naturschutz und Reaktorsicherheit (BMU); *Dioxin- und PCB-Einträge in Lebensmittel vermeiden,* **Juni 2009**
28. *Verordnung (EG) Nr. 1881/2006 der Kommission vom 19. Dezember 2006 zur Festsetzung der Höchstgehalte für bestimmte Kontaminanten in Lebensmitteln,* **08.07.2017**
29. Umweltbundesamt (UBA); *Nationale Trendtabellen für die deutsche Berichterstattung atmosphärischer Emissionen (Persistente Organische Schadstoffe, POPs), 1990 – 2017,* **15.02.2019**
30. Bundesamt für Umwelt, Wald und Landschaft (BUWAL); *Dioxine und Furane – Standortbestimmung, Beurteilungsgrundlagen, Maßnahmen, Schriftreihe Umwelt Nr. 290,* **1997**

Weiterführende Literatur

1. Alloway, B.J.; Ayres, D.C.; *Schadstoffe in der Umwelt,* Spektrum, **1996,** 3-86025-361-1
2. Ballschmiter, K.; Bacher, R.; *Dioxine,* VCH, **1996,** 3-527-28768-X
3. Bank, P. et al.; *Erstellung eines Emissionskatasters für Feuerungsanlagen in Haushalt und Kleingewerbe,* Umweltbundesamt, **September 1999**
4. Becken, K. et al.; *Fluorierte Treibhausgase vermeiden – Wege zum Ausstieg,* Umweltbundesamt, **2010,** Texte 08/2010
5. Butcher, S. et al.; *Global Biogeochemical Cycles,* Academie Press, **1992,** 0-12-147685-5
6. Daunderer, M.; *Dioxine,* ecomed, **1990,** 3-609-71120-5
7. DIN EN 1948-1; *Emissionen aus stationären Quellen – Bestimmung der Massenkonzentration von PCDD/PCDF und dioxin-ähnlichen PCB; Teil 1: Probenahme von PCDD/PCDF,* Beuth, **Juni 2006**
8. DIN EN 1948-4; *Emissionen aus stationären Quellen – Bestimmung der Massenkonzentration von PCDD/PCDF und dioxin-ähnlichen PCB; Teil 4: Probenahme und Analyse dioxin-ähnlicher PCB,* Beuth, **März 2014**
9. DIN EN 14625; *Außenluft-Messverfahren zur Bestimmung der Konzentration von Ozon mit Ultraviolett-Photometrie,* Beuth, **Dezember 2012**
10. DIN EN 14626; *Außenluft-Messverfahren zur Bestimmung der Konzentration von Kohlenmonoxid mit nicht-dispersiver Infrarot-Photometrie,* Beuth, **Dezember 2012**
11. DIN EN 14791; *Emissionen aus stationären Quellen-Bestimmung der Massenkonzentration von Schwefeldioxid – Standardreferenzverfahren,* Beuth, **Mai 2017**
12. DIN EN 14792; *Emissionen aus stationären Quellen-Bestimmung der Massenkonzentration von Stickstoffoxiden (NO_x) – Standardreferenzverfahren,* Beuth, **Mai 2017**

3

13. DIN EN 15058; *Emissionen aus stationären Quellen-Bestimmung der Massenkonzentration von Kohlenmonoxid (CO) – Standardreferenzverfahren: Nicht-dispersive Infrarotspektrometrie,* Beuth, **Mai 2017**
14. European Environment Agency (EEA); *Air Quality in Europe – 2017 report,* EEA Report No 13/2017, **2017,** 978-92-9213-921-6
15. European Environment Agency (EEA); *Effects of air pollution on European ecosystems,* EEA Technical report No 11/2014, **2014,** 978-92-9213-463-1
16. European Environment Agency (EEA); *European Community emission inventory report 1990 – 2012 under the UNECE Convention on long-range Transboundary Air Pollution (LRTAP),* EEA Technical report No 12/2014, **2014,** 978-92-9213-464-8
17. European Environment Agency (EEA); *Fluorinated greenhouse gases 2017,* EEA Technical report No 20/2017, **2017,** 978-92-9213-928-5
18. European Environment Agency (EEA); *Annual European Union greenhouse gas inventory 1990 – 2017 and inventory report 2019,* **2019**
19. Fabian, P.; Dameris, M.; *Ozone in the Atmosphere,* Springer, **2014,** 978-3-642-54098-1
19. Fortbildungszentrum Gesundheits- und Umweltschutz Berlin e.V. (Hrsg.); *Dioxine Entstehung – Wirkung – Beseitigung,* Erich Schmidt, **1985,** 3-503-02516-2
19. Fritsche, W.; *Umwelt-Mikrobiologie,* Gustav Fischer, **1998,** 3-437-35008-0
20. Hennecke, D.; Düring, R.-A.; Becker, L.; *Expositionsbetrachtung und Beurteilung des Transfers von Dioxinen, dioxinähnlichen PCB und PCB-Literatur-studie,* Umweltbundesamt, Texte 57/2011, **2011**
21. Hartmann, D.L.; *Global Physical Climatology,* Elsevier, **2016,** 978-0-12-328531-7
22. International Energy Agency (IEA); *CO_2 Emissions from Fuel Combustion,* **2018,** 978-92-64-27819-8
23. Ivanov, M.V.; Freney, J.R. (Eds); *The Global Biogeochemical Sulphur Cycle,* John Wiley & Sons, **1983,** 0-471-10492-2
24. Jaobson, M.C. et al.; *Earth System Science,* Academic Press, **2000,** 0-12-379370-X
25. Kuckhinrichs, W. et al.; *Weltweite Innovationen bei der Entwicklung von CCS-Technologien und Möglichkeiten der Nutzung und des Recyclings von CO_2,* Forschungszentrum Jülich, **2010,** 978-3-89336-617-0
26. McMullen, C. (Ed.); *Climate Change-Science Compendium,* United Nations Environment Programme (UNEP), **2009**
27. Möller, D.; *Luft,* de Gruyter, **2003,** 3-11-016431
28. Mooney, H.A.; Canadell, J.G.; *Encyclopedia of Global Environmental Change, Vol. 2 The Earth system: biological and ecological dimensions of global environmental change,* John Wiley & Sons, **2002,** 0-471-97796-9
29. Oehme, M. (Hrsg.); *Handbuch Dioxine,* Spektrum, **1998,** 3-8274-0126-7
30. Organization for Economic Co-Operation and Development; *Human Acceleration of the Nitrogen Cycle,* **2018,** 978-92-64-30742-1
31. *Richtlinie 2001/102/EG des Rates vom 27. November 2001 zur Änderung der Richtlinie 1999/29/ EG des Rates über unerwünschte Stoffe und Erzeugnisse in der Tierernährung,* **10.01.2002**
32. Schwarz, W.; *F-Gas-Emissionen 2006,* Umweltbundesamt, **2007**
33. Smith, S.J. et al.; *Anthropogenic sulfur dioxide emissions: 1850 – 2005,* Atmos. Chem. Phys. 11, 1101-1116, **2011**
34. Styring, P.; Jansen, D.; *Utilisation in the green economy – Using CO_2 to manufacture fuel, chemicals and materials,* Centre for Low Carbon Futures, **2011,** 978-0-9572588-1-5
35. Umweltbundesamt (UBA); *1987 – 2017: 30 Jahre Montrealer Protokoll,* **Juli 2017**
36. Umweltbundesamt (UBA); *Schadstoffe im PRTR – Situation in Deutschland, Bezugsjahre 2007 – 2017,* **16. April 2019**

37. Umweltbundesamt (UBA); *Chemikalienpolitik und Schadstoffe, REACH – Dioxine,* **13.07.2011**
38. Umweltbundesamt (UBA); *Daten zur Umwelt,* **2017**
39. Umweltbundesamt (UBA); *Dioxine und dioxinähnliche PCB in Umwelt und Nahrungsketten,* **Oktober 2018**
40. Umweltbundesamt (UBA); *Emissionen flüchtiger organischer Verbindungen ohne Methan (NM-VOC) nach Quellkategorien,* **2017**
41. Umweltbundesamt (UBA); *Gesunde Luft,* **01/2019**
42. Umweltbundesamt (UBA); *Polyzyklische Aromatische Kohlenwasserstoffe Umweltschädlich! Giftig! Unvermeidbar?,* **Januar 2016**
43. Umweltbundesamt (UBA); *Projektionen zu den Emissionen von HFKW, FKW und* SF_6 *für Deutschland bis zum Jahr 2050,* Climate Change 21/2011, **2011**
44. Umweltbundesamt (Hrsg.); *Risiken und Nutzen von fluorierten Treibhausgasen in Techniken und Produkten – Bewertung technischer Fallbeispiele unter besonderer Berücksichtigung der stoff-intrinsischen Eigenschaften,* Texte 02/04, **Juni 2004**
45. United Nations Environment Programme (UNEP); *Climate in Peril – A popular guide to the latest IPCC reports,* **2009,** 978-82-7701-053-3
46. United Nations Environment Programme (UNEP); *Ozon Secretariat ODS Consumption in ODP Tonnes,* **2011**
47. United Nations Environment Programme (UNEP); *Vital Climate Change – Graphics,* **February 2005,** 82-7701-031-1
48. van Aardenne, J.A. et al.; *A 1° x 1° resolution data set of historical anthropogenic trace gas emissions for the period 1890 – 1990,* Global Biogeochemical Cycles 15, 909-928, **2001**
49. VDI 2262 Blatt 1; *Luftbeschaffenheit am Arbeitsplatz – Minderung der Exposition durch luftfremde Stoffe,* Beuth, **Juni 2013**
50. VDI 2310 Blatt 6; *Maximale Immissions-Werte zum Schutz der Vegetation, Maximal zulässige Immissions-Konzentrationsbereiche für Ozon,* Beuth, **April 2008**
51. Verein Deutscher Ingenieure (Hrsg.); *Dioxine – Vorkommen, Minderungsmaßnahmen, Messtechnik,* VDI-Berichte 1298, **1996,** 3-18-091298-7
52. Verein Deutscher Ingenieure (Hrsg.); *Luftverunreinigungen im Innenraum,* VDI-Berichte 1778, **2003,** 3-18-091778-4
53. *Verordnung (EG) Nr. 850/2004 des Europäischen Parlaments und des Rates vom 29. April 2004 über persistente organische Schadstoffe und zur Änderung der Richtlinie 79/117/EWG – POP-Verordnung,* **31.03.2016**
54. Vohr, H.-W. (Hrsg.); *Toxikologie, Band 2: Toxikologie der Stoffe,* Wiley-VCH, **2010,** 378-3-527-32385-2

3

Auswirkungen von Luftverunreinigungen 4

Der Mensch setzt durch die verschiedensten Prozesse eine Vielzahl von Spurenstoffen frei, wodurch er die natürlichen Emissionen und deren Konzentrationslevel verändert. Die emittierten Verbindungen und/oder ihre chemischen Umwandlungsprodukte können eine Reihe von Schadstoffwirkungen entfalten. Sie sind alle in vielfältiger Weise in die globalen Stoffkreisläufe der Atmosphäre, des Wassers (Hydrosphäre), des Bodens (Lithosphäre) und der belebten Welt (Biosphäre) eingebunden.

Ob die in die Atmosphäre emittierten Spurenstoffe aus Sicht des Menschen als Schadstoffe wirksam werden, hängt von ihren Wirkungen auf die menschliche Gesundheit und auf die Umwelt ab. Zwischen Pflanzen, Tieren und Menschen besteht dabei z. B. über die Nahrungskette eine enge Verbindung. Aber auch indirekte Schäden über Veränderungen des Lebensraums oder Klimaänderungen können die menschliche Gesundheit beeinflussen. Zudem treten auch Schäden an Sachgütern (Kultur- und Industriegütern, Gebäuden etc.) auf.

4.1 Saurer Regen

Regen gehört zu einem der wichtigsten Selbstreinigungsprozesse der Atmosphäre. Bei diesem Vorgang werden sämtliche wasserlöslichen Stoffe auf die Oberfläche der Erde zurücktransportiert, die zuvor durch natürliche oder anthropogene Prozesse in die Atmosphäre befördert wurden. Zu den Hauptverursachern des sauren Regens zählen u. a. Schwefeldioxid (SO_2), Stickoxide (NO_x) und Halogenverbindungen (RCl). Diese werden in der Atmosphäre in Schwefelsäure (H_2SO_4), Salpetersäure (HNO_3) oder Salzsäure (HCl) überführt. Während ein natürlicher Niederschlag aufgrund des CO_2-Gehaltes der Luft leicht sauer ist (pH = 5,6), spricht man vom sauren Regen bei einem pH-Wert von 4,5 und

Die Originalversion des Kapitels wurde revidiert. Ein Erratum ist verfügbar unter https://doi.org/10.1007/978-3-658-29147-1_16

G. Förtsch, H. Meinholz, *Handbuch Betrieblicher Immissionsschutz*,
https://doi.org/10.1007/978-3-658-29147-1_4

niedriger. Die größten anthropogenen Schadstoffquellen für SO_2 und NO_x sind eindeutig energieerzeugende Prozesse aller Art. Stammten die höchsten Emissionen ursprünglich aus den Industrienationen (Nordamerika, Europa, Japan etc.), so hat sich das Bild in den letzten Jahrzehnten stark verändert. Derzeit betrifft das Problem des sauren Regens vor allem Regionen mit schnell wachsender Wirtschaft und steigendem Energieverbrauch in Asien. China trägt durch die starke Nutzung schwefelhaltiger Brennstoffe weltweit verstärkt zum SO_2-Ausstoß bei. Bei den NO_x-Emissionen nehmen die USA aufgrund der starken Motorisierung eine Spitzenstellung ein. Aufgrund der geringen Aufenthaltsdauer von einigen Tagen in der Atmosphäre ist das Phänomen des sauren Regens regional begrenzt. Ausgehend von der Emissionsquelle und den atmosphärischen Ausbreitungen von Luftverunreinigungen umfasst das Ausbreitungsgebiet einige Hundert Kilometer. Die freigesetzten Schadstoffe werden durch chemische Umwandlungsprozesse in der Atmosphäre in die Bestandteile des sauren Regens umgewandelt.

$$SO_2 + 2 \cdot OH \rightarrow H_2SO_4$$

$$NO_2 + \cdot OH \rightarrow HNO_3$$

$$R-Cl \xrightarrow{\cdot OH;O_2;O_3} HCl$$

Die primär emittierten Verbindungen und ihre sekundären Umwandlungsprodukte sind in die verschiedensten Stoffkreisläufe eingebunden, die sich dann in Atmosphäre, Lithosphäre, Hydrosphäre und Biosphäre auswirken und zu Schäden für Mensch und Umwelt führen.

Vegetation

Die sich in der Atmosphäre befindlichen Stoffe wirken sich als Gas, Staub oder Niederschlag auf die Vegetation aus. Pflanzen nehmen diese Stoffe direkt über ihre Blätter oder Nadeln auf. Wenn die Belastung längere Zeit anhält, gelangen die Stoffe oder Umwandlungsprodukte indirekt über den Boden in das Wurzelwerk. In den Böden befindet sich eine große Zahl an verschiedensten Bakterien, Pilzen, Würmern, Insekten etc., die Laub zersetzen und den Boden durchmischen und durchlüften. Diese Bodenkulturen sind ein wichtiger Bestandteil der Pflanzenwelt, denn sie sorgen dafür, dass die Pflanzen gedeihen können. Störungen der chemischen und biologischen Bodenprozesse durch den sauren Regen schädigen die Pflanzenwurzeln und damit die Nahrungsaufnahme der Pflanzen. Sind die Wurzeln geschädigt, ist z. B. ein Baum wesentlich anfälliger gegen Krankheiten und Stürme.

Pflanzen sind auf bestimmte Stoffe als Dünger angewiesen. Im Staub und Niederschlag wirken besonders Mineralstoffe und Stickstoffkomponenten als Nährstoffe. Durch den übermäßigen Ausstoß von Stickstoff in Form von NO_x und NH_3 findet eine Überdüngung statt, die zu einem Ungleichgewicht der Nährstoffe im Boden führt und zu Wachstumsstörungen beitragen kann. Durch den sauren Regen werden vor allem Magnesium (Mg^{2+}), Kalium (K^+) und Calcium (Ca^{2+}) aus den Böden ausgewaschen. Nadelbäume zeigen häufig Wachstumsanomalien und Holzzuwachsverlust, Nadelverfärbungen und vorzeitigen Nadelverlust sowie Störungen im Wurzelbereich. Laubbäume zeigen ebenfalls Wachstumsanomalien und Holzzuwachsverluste sowie Blattverfärbungen und vorzeitigen Laubabfall. Auch Nutzpflanzen wie Getreide (Weizen, Roggen, Gerste) und Obstbäume sind empfindliche Pflanzenarten. Sie nehmen SO_2 oder NO_x durch Spaltöffnungen auf und es kommt zur Störung von Stoffwechselfunktionen.

Durch den sauren Regen werden dem Boden übermäßig viele säurebildende Stoffe zugeführt und die basenbildenden Stoffe entfernt. Ein Boden kann aufgrund des Ionengehaltes an Calcium (Ca^{2+}), Magnesium (Mg^{2+}), Kalium (K^{+}), Natrium (Na^{+}), Aluminium (Al^{3+}) und aller anderen im Boden enthaltenen Mineralien eine bestimmte Menge an Säureeinträgen puffern. Das Pufferungsvermögen wird als Säureneutralisationskapazität (SNK) bezeichnet. Wird die Pufferkapazität überschritten, sinkt der pH-Wert im Boden und Nährstoffe können verstärkt ausgewaschen werden. Damit sinkt die Fruchtbarkeit des Bodens. Durch das Unterschreiten eines kritischen pH-Wertes gehen Aluminium (Al), Mangan (Mn) oder Eisen (Fe) in Lösung und werden biologisch verfügbar. Das Al^{3+}-Ion kann für Pflanzen giftig sein und die Wurzelhaare der Pflanzen schädigen, wodurch die Aufnahmefähigkeit für Phosphor und andere Nährstoffe vermindert wird. Aus diesem Grund sterben Bäume häufig an Unterernährung und leiden wegen einer reduzierten Abwehrkraft unter Schädlings- oder Krankheitsbefall. Kalkhaltige Böden können durch Neutralisationsreaktionen dem sauren Regen besser widerstehen als andere Böden.

Gewässer und Fische

Die durch den sauren Regen ausgewaschenen Mineralien und Metallionen gelangen oft auch in Bäche, Flüsse und Seen. Dort kann die Al^{3+}-Konzentration stark ansteigen und die für Fische und andere Lebewesen tödliche Konzentration von 0,1 mg/l überschreiten. Al^{3+} vermindert Ionenaustauschprozesse in den Kiemen, was zu einem Salzverlust führt. Die Osmoseregulation ist gestört und die Fische können ihren Mineralienhaushalt nicht mehr regulieren. Der Sauerstofftransport wird gestört und kann letztendlich zum Tod des Fisches führen. Der saure Regen wirkt sich aber auch direkt durch eine Absenkung des pH-Wertes aus. Sinkt der pH-Wert deutlich unter pH = 5,5 ab, erkranken die im Gewässer lebenden Fische oder sterben. In der Vergangenheit wurden teilweise in Seen pH-Werte erreicht, die mit dem pH-Wert von Essigsäure vergleichbar waren. Ein verringerter pH-Wert beeinflusst auch die Entwicklung von Fröschen und Molchen. Die am Boden des Gewässers lebenden Organismen und die Entwicklung von Fliegen und anderen Insekten werden stark beeinflusst. Deren Vermehrung nimmt ab, was zu einem verminderten Nahrungsangebot führt. Letztlich wirkt sich der saure Regen in der gesamten Nahrungskette aus. Vögel, die sich von Fischen ernähren, nehmen zu viel Aluminium (Al^{3+}) auf, was sich negativ auf die Vogelbrut auswirkt. Die Schalen der gelegten Eier sind oft zu dünn und werden beim Brüten zerstört. So kann keine neue Vogelgeneration heranwachsen, was wiederum zu einem Artenrückgang führt.

Gebäude und Sachgüter

Saurer Regen beschleunigt die Korrosion (Verwitterung) von Gesteinen und Metallen. Die durch Schwefeldioxid (SO_2) gebildete Schwefelsäure (H_2SO_4) reagiert mit dem in den Baustoffen enthaltenen Kalkstein ($CaCO_3$) und wandelt diesen in Gips ($CaSO_4 \bullet 2\,H_2O$) um. Durch die Umwandlung

$$CaCO_3 + H_2SO_4 + H_2O \rightarrow CaSO_4 \cdot 2\,H_2O + CO_2$$

von Kalkstein zu Gips kommt es zu einer Volumenzunahme. Dies führt zur Rissbildung auf dem Gestein und zu einer verstärkten Erosion. Bei Stahl bzw. Eisen kommt es ebenfalls zu Schädigungen. Natürlicherweise läuft die Sauerstoffkorrosion ab, bei der feuchte Luft Eisen zu Rost oxidiert. Dieser platzt ab und legt wieder neue Angriffsflächen frei.

$$4\,Fe + 3\,O_2 + 2\,H_2O \rightarrow 4\,FeO(OH) \quad (Rost)$$

Zusätzlich verursacht der saure Regen die sogenannte Säurekorrosion.

$$Fe + 2\,H_3O^+ \rightarrow Fe^{2+} + H_2 + 2\,H_2O$$

Die Korrosion kann soweit führen, dass sie bei Stahlbetonbauten bis zu den Stahlarmierungen vordringen kann. Auch andere Materialien werden geschädigt. So verfärben sich Anstriche und Farben oder deren Oberfläche weicht auf. Bei Textilien, Papier, Gummi, Leder etc. kann es zu einem Festigkeitsverlust und zur Fleckenbildung kommen.

4.2 Stratosphärisches Ozon und Ozonzerstörung

4.2.1 Ozon in der Atmosphäre

Neben Stickstoff (N_2), Sauerstoff (O_2), den Edelgasen He, Ne, Ar, Kr, Xe, Wasserdampf (H_2O) und Kohlendioxid (CO_2) gehört Ozon (O_3) zu den natürlichen Bestandteilen der Atmosphäre. Stratosphärisches Ozon wird durch Fotolyse von molekularem Sauerstoff bei einer Wellenlänge von unter 242 nm gebildet.

$$O_2 \xrightarrow{\lambda \leq 242\,nm} O + O$$

Durch diese Reaktion wird das Leben auf der Erde vor harter UV-Strahlung geschützt. Der entstandene atomare Sauerstoff reagiert sehr schnell mit einem Sauerstoffmolekül zu Ozon.

$$O + O_2 + M \rightarrow O_3 + M^*$$

M^* ist ein Stoßpartner, der die freigesetzte Reaktionsenergie aufnimmt. Im natürlichen Gleichgewicht wird Ozon durch Wellenlängen unter 1120 nm schnell fotolysiert.

$$O_3 \xrightarrow{\lambda \leq 1120\,nm} O + O_2$$

Eine weitere natürliche Abbaureaktion besteht in der Umsetzung von Ozon mit Sauerstoffatomen.

$$O_3 + O \rightarrow 2O_2$$

In diese natürlichen Aufbau- und Abbaureaktionen für Ozon greifen weitere natürliche Bestandteile der Atmosphäre, wie z. B. Wasserstoff, Stickmonoxid (NO) oder Hydroxylradikale (•OH), ein.

$$X + O_3 \longrightarrow XO + O_2$$

$$XO + O \longrightarrow O_2 + X$$

$$X = H; NO; \bullet OH$$

Aufgrund seiner kurzen Lebensdauer innerhalb der Atmosphäre liegt für Ozon eine Ungleichverteilung vor. In der warmen Äquatorgegend steigt troposphärische Luft bis in die Stratosphäre auf und sinkt über den kalten Polarregionen wieder ab. Aufgrund der ungleichen Landflächenverteilung zwischen der Nord- und Südhalbkugel sind die atmosphärischen Strömungen ungleich verteilt, was eine Ozonanreicherung auf der Nordhalbkugel zur Folge hat. An den Polen liegt die höchste Ozonkonzentration bei ca. 15–20 km, über dem Äquator bei ca. 25–30 km. Die Konzentration an Ozon wird als Ozondichte bezeichnet und in Dobson-Einheiten (Dobson Units, DU) angegeben. Eine DU ist definiert als eine Schichtdicke von 10 µm, die das Ozon bei 1013 mbar und 0 °C einnehmen würde. In Abb. 4.1 ist die Änderung des Ozongehaltes der Atmosphäre dargestellt. Die Abbildung enthält die Mittelwerte der Ozonkonzentration für den Monat Oktober des jeweiligen Jahres über der Antarktis.

Seit Mitte der 1970er-Jahre ist ein deutlicher Abbau der Ozonschicht zu erkennen. Dieses Phänomen wird auch als *Ozonloch* bezeichnet. Mittlerweile ist das Ozonloch ein jährlich wiederkehrendes Ereignis mit wechselnder (Medien-)Intensität. Wie zu erkennen ist, war die geringste Ozonschichtdicke zwischen 1990 und 2000 vorhanden.

4.2.2 Ozonabbauende Substanzen

Wie heute bekannt ist, greifen verschiedene, langlebige Halogenkohlenwasserstoffe (z. B. CKW, FCKW) in den natürlichen Aufbau und Abbau des Ozons ein. Aufgrund ihrer Langlebigkeit erreichen diese Verbindungen erst nach vielen Jahren die Stratosphäre, wo sie durch die UV-Strahlung gespalten werden.

$$CFCl_3 \ (FCKW11) \xrightarrow{h\nu} CFCl_2 + Cl$$

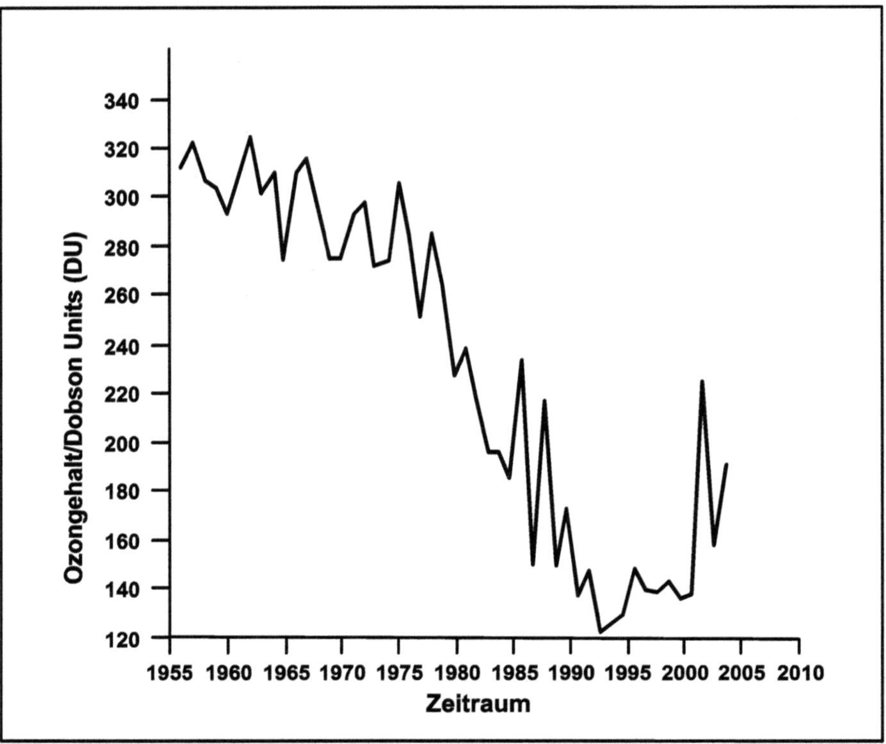

Abb. 4.1 Ozongehalt der Atmosphäre über der Antarktis [1]

Das gebildete Chloratom reagiert mit Ozon unter Bildung von Chloroxid (ClO), das in einer weiteren Reaktion mit einem Sauerstoffatom das Chloratom wieder freisetzt. Der Zerstörungszyklus beginnt von vorn.

$$Cl + O_3 \longrightarrow ClO + O_2$$

$$ClO + O \longrightarrow O_2 + Cl$$

Das Ozonloch befindet sich über dem Südpol, da hier besondere klimatische Bedingungen herrschen. Eine wichtige Rolle spielen die polaren Stratosphärenwolken, die sich im polaren Winter bei extremer Kälte bilden. An der Oberfläche der sich in den Wolken befindenden Eiskristalle laufen Reaktionen zwischen Chlornitrat ($ClONO_2$), Chlorwasserstoff (HCl) und Wasser (H_2O) ab.

$$HCl + ClONO_2 \rightarrow Cl_2 + HNO_3$$

$$H_2O + ClONO_2 \rightarrow HOCl + HNO_3$$

Diese Situation hält bis zum Ende des polaren Winters an. Mit Beginn des polaren Frühlings und dem Aufgehen der Sonne werden durch fotolytische Spaltung innerhalb kurzer Zeit große Mengen an Chloratomen freigesetzt,

$$Cl_2 \xrightarrow{h\nu} 2\,Cl,$$

$$HOCl \xrightarrow{h\nu} Cl + OH,$$

sodass die Ozonkonzentration in nur wenigen Tagen extrem abnehmen kann. Einen ähnlichen Zyklus wie Cl-Atome verursachen Bromatome, die aus den Halonen stammen.

$$Br + O_3 \longrightarrow BrO + O_2$$

$$BrO + O \longrightarrow O_2 + Br$$

Das Nettoresultat des Cl- und Br-Zyklus ist die Zerstörung von Ozonmolekülen.

$$O_3 + O \rightarrow 2\,O_2$$

Abb. 4.2 zeigt den weltweiten Verbrauch ozonschichtschädigender Stoffe, die über das Montrealer Protokoll geregelt sind. Seit dessen Verabschiedung sind die Mengen deutlich zurückgegangen. Die Mengen sind als gewichtetes Ozonzerstörungspotenzial (ODP-Tonnen) angegeben.

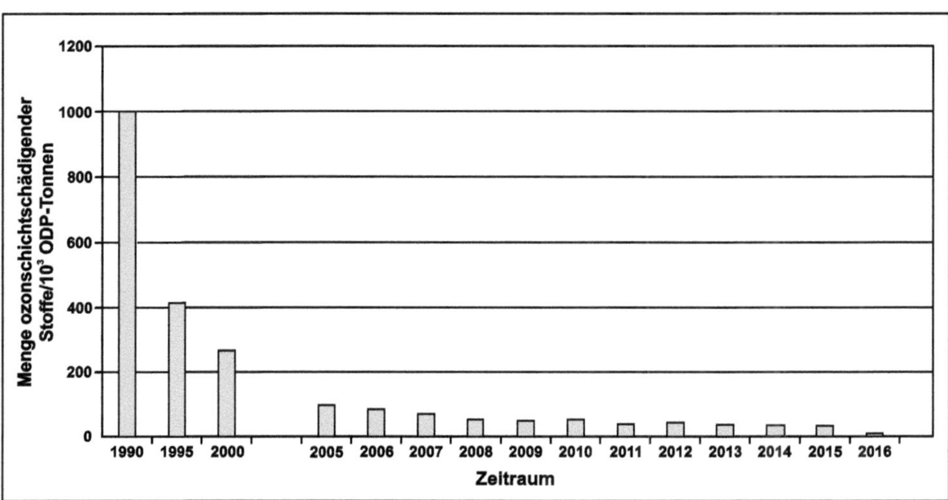

Abb. 4.2 Mengenmäßige Entwicklung ozonzerstörender Substanzen [2]

4.2.3 Wiederherstellung der Ozonschicht

Es ist weltweit anerkannt, dass der Abbau der Ozonschicht aufgrund von anthropogenen Emissionen von FCKW, H-FCKW, CKW, Halonen und verwandten Verbindungen vonstattengeht. Mit dem Montrealer Protokoll vom 16.09.1987 und völkerrechtlich verbindlichen weiteren Vereinbarungen wurden dazu entsprechende Schritte unternommen. Die Produktion und Verwendung ozonabbauender Substanzen ist weltweit gestoppt oder stark eingeschränkt. Die ozonabbauenden Stoffe sind jedoch sehr langlebig und es dauert noch sehr lange, bis sie in der Atmosphäre vollständig abgebaut sind. Es sind auch diffuse Emissionen aus alten Anwendungsgebieten (z. B. Schaumstoffe, Kühlmitteln, Klimaanlagen) zu berücksichtigen. In Abb. 4.3 sind die zeitlichen Entwicklungen für einige FCKW, H-FCKW, Halone und andere ozonabbauende Verbindungen dargestellt.

Die FCKW-Konzentrationen haben bis ca. 1990 deutlich zugenommen und sinken seitdem ab. Die ursprünglich als Ersatzstoffe propagierten H-FCKW wie FCKW 22 steigen in ihren Konzentrationen deutlich an und werden ihr Konzentrationsmaximum 2010–2020 erreichen. Auch die Konzentrationen von Halonen bzw. von CCl_4 nehmen seit 2000–2010 ab. Es wird erwartet, dass die globale Wiederherstellung der Ozonschicht durch eine Verringerung der Chlor- und Bromkonzentrationen in der Atmosphäre erfolgt. Abb. 4.4 prognostiziert die Wiederherstellung der Ozonschicht mit der gesamten Unsicherheit und Bandbreite. Allgemein wird angenommen, dass sich die Ozonschicht um das Jahr 2050 wieder regeneriert hat. Dabei ist nicht berücksichtigt, dass es durch Klimaänderungen auch zu Veränderungen in der Atmosphäre kommen kann.

4.3 Ozon-Verordnung (EG) 1005/2009

Es ist erwiesen, dass fortdauernde Emissionen von ozonabbauenden Stoffen die Ozonschicht signifikant schädigen. Die Belastung der Atmosphäre durch ozonabbauende Stoffe geht nachweislich zurück, und es wurden erste Anzeichen dafür beobachtet, dass sich die stratosphärische Ozonschicht erholt. Aber die Ozonschicht wird ihr Konzentrationsniveau von vor 1980 voraussichtlich nicht vor Mitte des 21. Jahrhunderts wieder erreichen. Die durch den Ozonabbau bewirkte erhöhte Belastung durch UV-B-Strahlung stellt daher weiterhin eine ernste Gefahr für Mensch und Umwelt dar. Gleichzeitig besitzen diese Stoffe ein hohes Treibhauspotenzial und tragen zum Anstieg der Temperaturen des Planeten bei. Deshalb sind weitere effiziente Maßnahmen erforderlich, um die menschliche Gesundheit und die Umwelt gegen schädliche Auswirkungen solcher Emissionen zu schützen und zu verhindern, dass sich die Erholung der Ozonschicht weiter verzögert.

Gegenstand (Art. 1)
Die EG-Verordnung 1005/2009 regelt die Produktion, die Einfuhr, die Ausfuhr, das Inverkehrbringen, die Verwendung, die Rückgewinnung, das Recycling, die Aufarbeitung und die Zerstörung von ozonabbauenden Stoffen, die Übermittlung von Informationen über

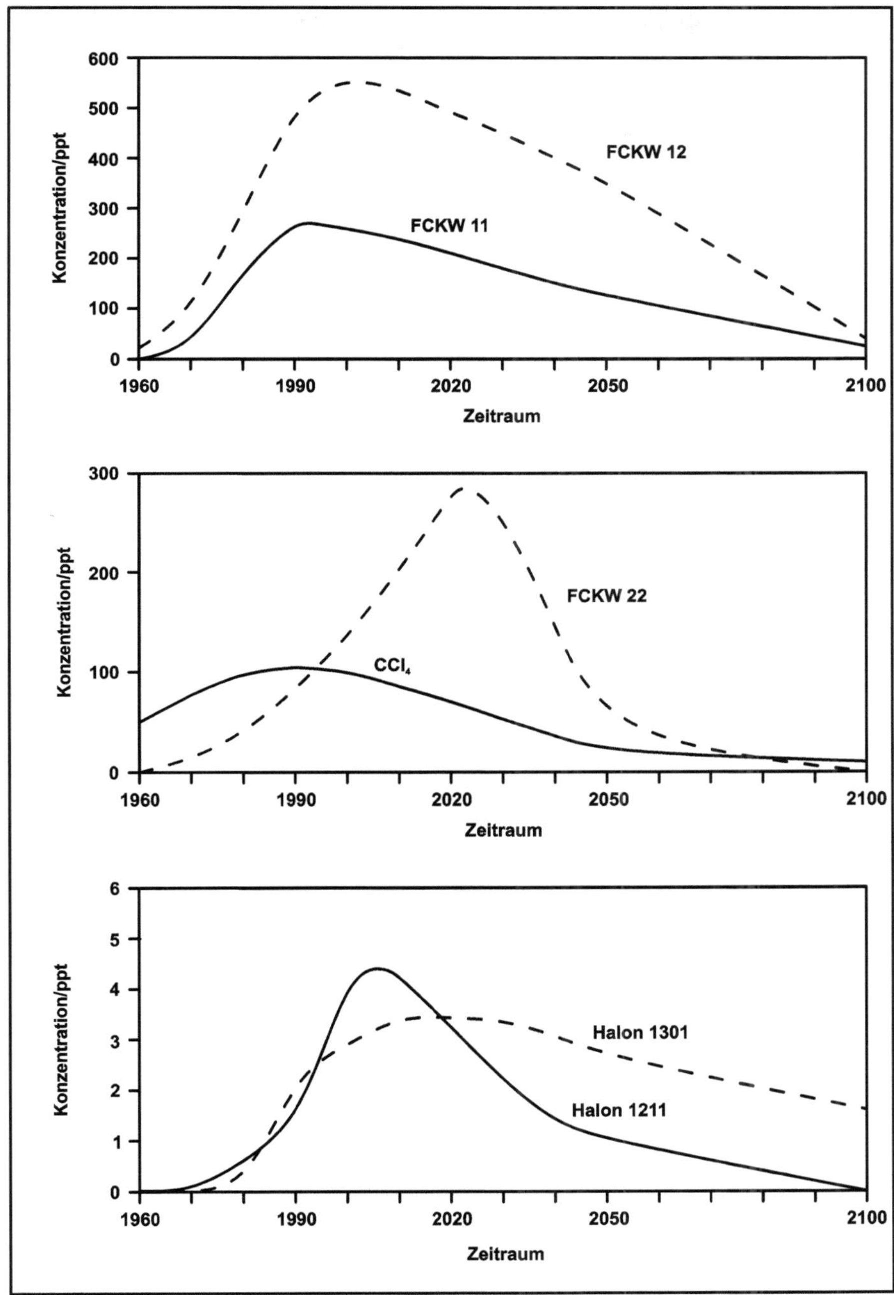

Abb. 4.3 Zeitliche Entwicklungen der Konzentration ozonabbauender Substanzen [1, 3, 4]

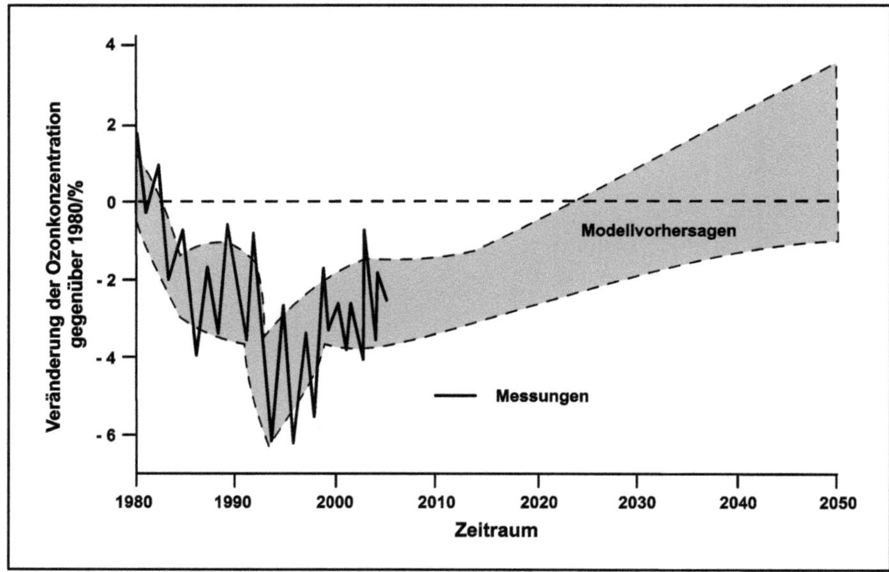

Abb. 4.4 Messungen und Modellrechnungen für die Wiederherstellung der Ozonschicht [1]

diese Stoffe sowie die Ein- und Ausfuhr, das Inverkehrbringen und die Verwendung von Produkten und Einrichtungen, die solche Stoffe enthalten oder benötigen.

Geltungsbereich (Art. 2)
Diese EG-Verordnung gilt für geregelte Stoffe und neue Stoffe sowie für Produkte und Einrichtungen, die geregelte Stoffe enthalten oder benötigen.

Begriffsbestimmungen (Art. 3)
Im Sinne der EG-Verordnung 1005/2009 bezeichnet der Ausdruck

- **geregelte Stoffe:**
  die in Tab. 4.1 aufgeführten Stoffe, einschließlich ihrer Isomere, entweder in Reinform oder in einem Gemisch, ungebraucht, nach Rückgewinnung, Recycling oder Aufarbeitung;
- **Fluorchlorkohlenwasserstoffe:**
  die in Gruppe I der Tab. 4.1 aufgeführten geregelten Stoffe, einschließlich ihrer Isomere;
- **Halone:**
  die in Gruppe III der Tab. 4.1 aufgeführten geregelten Stoffe, einschließlich ihrer Isomere;
- **Tetrachlorkohlenstoff:**
  den in Gruppe IV der Tab. 4.1 aufgeführten geregelten Stoff;
- **Methylbromid:**
  den in Gruppe VI der Tab. 4.1 aufgeführten geregelten Stoff;

Tab. 4.1 *Geregelte* ozonabbauende Stoffe

Gruppe	Stoff			Ozonabbau-potenzial
Gruppe I	$CFCl_3$	FCKW-11	Trichlorfluormethan	1,0
	CF_2Cl_2	FCKW-12	Dichlordifluormethan	1,0
	$C_2F_3Cl_2$	FCKW-113	Trichlorfluorethan	0,8
	$C_2F_4Cl_2$	FCKW-114	Dichlortetrafluorethan	1,0
	C_2F_5Cl	FCKW-115	Chlorpentafluorethan	0,6
Gruppe II	CF_3Cl	FCKW-13	Chlortrifluormethan	1,0
	C_2FCl_5	FCKW-111	Pentachlorfluorethan	1,0
	$C_2F_2Cl_4$	FCKW-112	Tetrachlordifluorethan	1,0
	C_3FCl_7	FCKW-211	Heptachlorfluorpropan	1,0
	$C_3F_2Cl_6$	FCKW-212	Hexachlordifluorpropan	1,0
	$C_3F_3Cl_5$	FCKW-213	Pentachlortrifluorpropan	1,0
	$C_3F_4Cl_4$	FCKW-214	Tetrachlortetrafluorpropan	1,0
	$C_3F_5Cl_3$	FCKW-215	Trichlorpentafluorpropan	1,0
	$C_3F_6Cl_2$	FCKW-216	Dichlorhexafluorpropan	1,0
	C_3F_7Cl	FCKW-217	Chlorheptafluorpropan	1,0
Gruppe III	CF_2BrCl	Halon-1211	Bromchlordifluormethan	3,0
	CF_3Br	Halon-1301	Bromtrifluormethan	10,0
	$C_2F_4Br_2$	Halon-2402	Dibromtetrafluorethan	6,0
Gruppe IV	CCl_4	CTC	Tetrachlormethan (Tetrachlorkohlenstoff)	1,1
Gruppe V	$C_2H_3Cl_3$	1,1-TCA	1,1,1-Trichlorethan (Methylchloroform)	0,1
Gruppe VI	CH_3Br	Methylbromid	Brommethan	0,6
Gruppe VII	$CHFBr_2$	HFBKW-21B2	Dibromfluormethan	1,0
	CHF_2Br	HFBKW-22B1	Bromdifluormethan	0,74
	CH_2FBr	HFBKW-31B1	Bromfluormethan	0,73
	C_2HFBr_4	HFBKW-121B4	Tetrabromfluorethan	0,8
	$C_2HF_2Br_3$	HFBKW-122B3	Tribromdifluorethan	1,8
	$C_2HF_3Br_2$	HFBKW-123B2	Dibromtrifluorethan	1,6
	C_2HF_4Br	HFBKW-124B1	Bromtetrafluorethan	1,2
	$C_2H_2FBr_3$	HFBKW-131B3	Tribromfluorethan	1,1
	$C_2H_2F_2Br_2$	HFBKW-132B2	Dibromdifluorethan	1,5
	$C_2H_2F_3Br$	HFBKW-133B1	Bromtrifluorethan	1,6
	$C_2H_3FBr_2$	HFBKW-141B2	Dibromfluorethan	1,7
	$C_2H_3F_2Br$	HFBKW-142B1	Bromdifluorethan	1,1
	C_2H_4FBr	HFBKW-151B1	Bromfluorethan	0,1
	C_3HFBr_6	HFBKW-221B6	Hexabromfluorpropan	1,5
	$C_3HF_2Br_5$	HFBKW-222B5	Pentabromdifluorpropan	1,9
	$C_3HF_3Br_4$	HFBKW-223B4	Tetrabromtrifluorpropan	1,8
	$C_3HF_4Br_3$	HFBKW-224B3	Tribromtetrafluorpropan	2,2
	$C_3HF_5Br_2$	HFBKW-225B2	Dibrompentafluorpropan	2,0

(Fortsetzung)

4

Tab. 4.1 (Fortsetzung)

Gruppe	Stoff			Ozonabbau-potenzial
	C_3HF_6Br	HFBKW-226B1	Bromhexafluorpropan	3,3
	$C_3H_2FBr_5$	HFBKW-231B5	Pentabromfluorpropan	1,9
	$C_3H_2F_2Br_4$	HFBKW-232B4	Tetrabromdifluorpropan	2,1
	$C_3H_2F_3Br_3$	HFBKW-233B3	Tribromtrifluorpropan	5,6
	$C_3H_2F_4Br_2$	HFBKW-234B2	Dibromtetrafluorpropan	7,5
	$C_3H_2F_5Br$	HFBKW-235B1	Brompentafluorpropan	1,4
	$C_3H_3FBr_4$	HFBKW-241B4	Tetrabromfluorpropan	1,9
	$C_3H_3F_2Br_3$	HFBKW-242B3	Tribromdifluorpropan	3,1
	$C_3H_3F_3Br_2$	HFBKW-243B2	Dibromtrifluorpropan	2,5
	$C_3H_3F_4Br$	HFBKW-244B1	Bromtetrafluorpropan	4,4
	$C_3H_4FBr_3$	HFBKW-251B1	Tribromfluorpropan	0,3
	$C_3H_4F_2Br_2$	HFBKW-252B2	Dibromdifluorpropan	1,0
	$C_3H_4F_3Br$	HFBKW-253B1	Bromtrifluorpropan	0,8
	$C_3H_5FBr_2$	HFBKW-261B2	Dibromfluorpropan	0,4
	$C_3H_5F_2Br$	HFBKW-262B1	Bromdifluorpropan	0,8
	C_3H_6FBr	HFBKW-271B1	Bromfluorpropan	0,7
Gruppe VIII	$CHFCl_2$	HFCKW-21	Dichlorfluormethan	0,040
	CHF_2Cl	HFCKW-22	Chlordifluormethan	0,055
	CH_2FCl	HFCKW-31	Chlorfluormethan	0,020
	C_2HFCl_4	HFCKW-121	Tetrachlorfluorethan	0,040
	$C_2HF_2Cl_3$	HFCKW-122	Trichlordifluorethan	0,080
	$C_2HF_3Cl_2$	HFCKW-123	Dichlortrifluorethan	0,020
	C_2HF_4Cl	HFCKW-124	Chlortetrafluorethan	0,022
	$C_2H_2FCl_3$	HFCKW-131	Trichlorfluorethan	0,050
	$C_2H_2F_2Cl_2$	HFCKW-132	Dichlordifluorethan	0,050
	$C_2H_2F_3Cl$	HFCKW-133	Chlortrifluorethan	0,060
	$C_2H_3FCl_2$	HFCKW-141	Dichlorfluorethan	0,070
	CH_3CFCl_2	HFCKW-141b	1,1-Dichlor-1-fluorethan	0,110
	$C_2H_3F_2Cl$	HFCKW-142	Chlordifluorethan	0,070
	CH_3CF_2Cl	HFCKW-142b	1-Chlor-1,1-difluorethan	0,065
	C_2H_4FCl	HFCKW-151	Chlorfluorethan	0,005
	C_3HFCl_6	HFCKW-221	Hexachlorfluorpropan	0,070
	$C_2HF_2Cl_5$	HFCKW-222	Pentachlordifluorpropan	0,090
	$C_3HF_3Cl_4$	HFCKW-223	Tetrachlortrifluorpropan	0,080
	$C_3HF_4Cl_3$	HFCKW-224	Trichlortetrafluorpropan	0,090
	$C_3HF_5Cl_2$	HFCKW-225	Dichlorpentafluorpropan	0,070
	$CF_3CF_2CHCl_2$	HFCKW-225ca	3,3-Dichlor-1,1,1,2,2-Pentafluorpropan	0,025
	CF_2ClCF_2CHClF	HFCKW-225cb	1,3-Dichlor-1,1,2,2,3-Pentafluorpropan	0,033
	C_3HF_6Cl	HFCKW-226	Chlorhexafluorpropan	0,100

(Fortsetzung)

Tab. 4.1 (Fortsetzung)

Gruppe	Stoff			Ozonabbau-potenzial
	$C_3H_2FCl_5$	HFCKW-231	Pentachlorfluorpropan	0,090
	$C_3H_2F_2Cl_4$	HFCKW-232	Tetrachlordifluorpropan	0100
	$C_3H_2F_3Cl_3$	HFCKW-233	Trichlortrifluorpropan	0,230
	$C_3H_2F_4Cl_2$	HFCKW-234	Dichlortetrafluorpropan	0,280
	$C_3H_2F_5Cl$	HFCKW-235	Chlorpentafluorpropan	0,520
	$C_3H_3FCl_4$	HFCKW-241	Tetrachlorfluorpropan	0,090
	$C_3H_3F_2Cl_3$	HFCKW-242	Trichlordifluorpropan	0,130
	$C_3H_3F_3Cl_2$	HFCKW-243	Dichlortrifluorpropan	0,120
	$C_3H_3F_4Cl$	HFCKW-244	Chlortetrafluorpropan	0,140
	$C_3H_4FCl_3$	HFCKW-251	Trichlorfluorpropan	0,010
	$C_3H_4F_2Cl_2$	HFCKW-252	Dichlordifluorpropan	0,040
	$C_3H_4F_3Cl$	HFCKW-253	Chlortrifluorpropan	0,030
	$C_3H_5FCl_2$	HFCKW-261	Dichlorfluorpropan	0,020
	$C_3H_5F_2Cl$	HFCKW-262	Chlordifluorpropan	0,020
	C_3H_5FCl	HFCKW-271	Chlorfluorpropan	0,030
Gruppe IX	CH_2BrCl	BCM	Chlorbrommethan	0,12

- **teilhalogenierte Fluorchlorkohlenwasserstoffe:**
  die in Gruppe VIII der Tab. 4.1 aufgeführten geregelten Stoffe, einschließlich ihrer Isomere;
- **neue Stoffe:**
  die in Tab. 4.2 aufgeführten Stoffe, in Reinform oder in einem Gemisch, ungebraucht, nach Rückgewinnung, Recycling oder Aufarbeitung;
- **Ausgangsstoff:**
  jeden geregelten oder neuen Stoff, dessen ursprüngliche Zusammensetzung während eines chemischen Umwandlungsprozesses vollständig verändert wird und dessen Emissionen unbedeutend sind;
- **Verarbeitungshilfsstoffe:**
  geregelte Stoffe, die als chemische Verarbeitungshilfsstoffe in einer in Tab. 4.3 genannten Anwendung eingesetzt werden;
- **Ozonabbaupotenzial:**
  die in den Tab. 4.1 und Tab. 4.2 genannte Zahl, die die potenzielle Auswirkung eines jeden geregelten Stoffes oder neuen Stoffes auf die Ozonschicht angibt.

Produktion geregelter Stoffe (Art. 4)
Die Produktion geregelter Stoffe ist verboten.

Inverkehrbringen und Verwendung geregelter Stoffe (Art. 5)
Das Inverkehrbringen und die Verwendung geregelter Stoffe sind verboten. Dies gilt nicht für geregelte Stoffe in Produkten und Einrichtungen.

Tab. 4.2 *Neue* ozonabbauende Stoffe

Stoff		Ozonabbau-potenzial
$CBrF_2$	Dibromdifluormethan (Halon-1202)	1,25
C_3H_7Br	1-Brompropan (n-Propylbromid)	0,02–0,10
C_2H_5Br	Bromethan (Ethylbromid)	0,1–0,2
CF_3I	Trifluoriodmethan (Trifluormethyliodid)	0,01–0,02
CH_3Cl	Chlormethan (Methylchlorid)	0,02

Tab. 4.3 Verwendung geregelter Stoffe als Verarbeitungshilfsstoffe

a.	Verwendung von Tetrachlorkohlenstoff zur Beseitigung von Stickstofftrichlorid bei der Herstellung von Chlor und Ätznatron
b.	Verwendung von Tetrachlorkohlenstoff für die Rückgewinnung von Chlor im Erdgas bei der Chlorproduktion
c.	Verwendung von Tetrachlorkohlenstoff bei der Herstellung von Chlorkautschuk
d.	Verwendung von Tetrachlorkohlenwasserstoff bei der Herstellung von Polyphenylenterephthalamid
e.	Verwendung von FCKW-12 bei der fotochemischen Synthese von Perfluorpolyetherpolyperoxid-Präkursoren von Z-Perfluorpolyethern und bifunktionellen Derivaten
f.	Verwendung von FCKW-113 zur Zubereitung von Perfluorpolyetherdiolen mit hoher Funktionalität
g.	Verwendung von Tetrachlorkohlenstoff bei der Herstellung von Cyclodim
h.	Verwendung von teilhalogenierten Fluorchlorkohlenwasserstoffen bei den unter den Buchstaben a bis g aufgeführten Prozessen, wenn die teilhalogenierten Fluorchlorkohlenwasserstoffe zur Ersetzung von Fluorchlorkohlenwasserstoff oder Tetrachlorkohlenstoff verwendet werden

Inverkehrbringen von Produkten und Einrichtungen, die geregelte Stoffe enthalten oder benötigen (Art. 6)

Das Inverkehrbringen von Produkten und Einrichtungen, die geregelte Stoffe enthalten oder benötigen, ist verboten. Von diesem Verbot ausgenommen sind Produkte und Einrichtungen, für die die Verwendung geregelter Stoffe gemäß Art. 10, Art. 11 oder Art. 13 zugelassen ist oder aufgrund von Art. 3 der Verordnung (EG) Nr. 2037/2000 genehmigt worden ist. Mit Ausnahme der Verwendungszwecke gemäß Art. 13 ist der Einsatz von Brandschutzeinrichtungen und Feuerlöschern mit Halonen verboten und wird eingestellt.

Herstellung, Inverkehrbringen und Verwendung geregelter Stoffe als Ausgangsstoffe (Art. 7)

Abweichend von den Art. 4 und 5 können geregelte Stoffe als Ausgangsstoffe hergestellt, in Verkehr gebracht und verwendet werden. Als Ausgangsstoffe hergestellte und in Verkehr gebrachte geregelte Stoffe dürfen nur zu diesem Zweck verwendet werden. Ab dem 1. Juli 2010 sind Behälter mit solchen Stoffen mit einer Kennzeichnung zu versehen, auf der deutlich angegeben ist, dass der betreffende Stoff nur als Ausgangsstoff verwendet werden darf.

Herstellung, Inverkehrbringen und Verwendung geregelter Stoffe als Verarbeitungshilfsstoffe (Art. 8)
Abweichend von den Art. 4 und 5 können geregelte Stoffe zur Verwendung als Verarbeitungshilfsstoffe hergestellt, in Verkehr gebracht und verwendet werden. Geregelte Stoffe dürfen als Verarbeitungshilfsstoffe nur in Anlagen, die am 1. September 1997 bestanden, und unter der Voraussetzung, dass die Emissionen unbedeutend sind, verwendet werden. Als Verarbeitungshilfsstoffe hergestellte und in Verkehr gebrachte geregelte Stoffe dürfen nur zu diesem Zweck verwendet werden. Ab dem 1. Juli 2010 sind Behälter, die solche Stoffe enthalten, mit einer Kennzeichnung zu versehen, auf der deutlich angegeben ist, dass die Stoffe nur als Verarbeitungshilfsstoffe verwendet werden dürfen. Soweit angemessen, legt die Kommission eine Liste von Betrieben fest, in denen die Verwendung von geregelten Stoffen als Verarbeitungshilfsstoff zulässig ist, wobei sie für jeden der betreffenden Betriebe Obergrenzen für die Mengen, die als Verarbeitungshilfsstoff zur Wiederauffüllung verwendet bzw. als Verarbeitungshilfsstoff verbraucht werden können, und Obergrenzen für die Emissionen vorgibt. Die Höchstmenge an geregelten Stoffen, die als Verarbeitungshilfsstoffe in der Gemeinschaft verwendet werden dürfen, darf nicht mehr als 1083 metrische Tonnen pro Jahr betragen. Die Höchstmenge an geregelten Stoffen, die bei der Verwendung als Verarbeitungshilfsstoffe in der Gemeinschaft emittiert werden dürfen, darf nicht mehr als 17 metrische Tonnen pro Jahr betragen.

4

Inverkehrbringen von geregelten Stoffen zur Zerstörung oder Aufarbeitung und von Produkten und Einrichtungen, die geregelte Stoffe enthalten oder benötigen, zur Zerstörung (Art. 9)
Abweichend von den Art. 5 und 6 können geregelte Stoffe und Produkte und Einrichtungen, die geregelte Stoffe enthalten oder benötigen, in der Gemeinschaft in Verkehr gebracht werden, um im Einklang mit den Zerstörungsvorschriften gemäß Art. 22 zerstört zu werden. Geregelte Stoffe dürfen auch zum Zweck der Aufarbeitung innerhalb der Gemeinschaft in Verkehr gebracht werden.

Verwendung anderer geregelter Stoffe als teilhalogenierter Fluorchlorkohlenwasserstoffe zu wesentlichen Labor- und Analysezwecken (Art. 10)
Abweichend von den Art. 4 und 5 dürfen andere geregelte Stoffe als teilhalogenierte Fluorchlorkohlenwasserstoffe – vorbehaltlich der Registrierungs- und Lizenzanforderungen – für wesentliche Labor- und Analysezwecke hergestellt, in Verkehr gebracht und verwendet werden. Soweit angemessen, bestimmt die Kommission die wesentlichen Labor- und Analysezwecke, für welche die Produktion von anderen geregelten Stoffen als teilhalogenierten Fluorchlorkohlenwasserstoffen in der Gemeinschaft und die Einfuhr in die Gemeinschaft zugelassen werden dürfen, die jeweiligen Mengen, die Geltungsdauer der Ausnahme sowie die Verwender, die sich diese wesentlichen Labor- und Analysezwecke zunutze machen dürfen. Für wesentliche Labor- und Analysezwecke hergestellte und in Verkehr gebrachte geregelte Stoffe dürfen nur zu diesem Zweck verwendet werden.

Ab dem 1. Juli 2010 sind Behälter, die solche Stoffe enthalten, mit einer Kennzeichnung zu versehen, auf der deutlich angegeben ist, dass die Stoffe nur zu Labor- und Analysezwecken verwendet werden dürfen.

Herstellung, Inverkehrbringen und Verwendung von teilhalogenierten Fluorchlorkohlenwasserstoffen sowie Inverkehrbringen von Produkten und Einrichtungen, die teilhalogenierte Fluorchlorkohlenwasserstoffe enthalten oder benötigen (Art. 11)
Abweichend von Art. 4 dürfen teilhalogenierte Fluorchlorkohlenwasserstoffe hergestellt werden, sofern jeder Hersteller Folgendes sicherstellt:

- der für den Zeitraum vom 1. Januar 2010 bis 31. Dezember 2010 und jeden darauf folgenden Zeitraum von 12 Monaten bis zum 31. Dezember 2013 berechnete Umfang seiner Produktion von teilhalogenierten Fluorchlorkohlenwasserstoffen übersteigt nicht 35 % desjenigen von 1997,
- der für den Zeitraum vom 1. Januar 2014 bis 31. Dezember 2014 und jeden darauf folgenden Zeitraum von 12 Monaten bis zum 31. Dezember 2016 berechnete Umfang seiner Produktion von teilhalogenierten Fluorchlorkohlenwasserstoffen übersteigt nicht 14 % desjenigen von 1997,
- der für den Zeitraum vom 1. Januar 2017 bis 31. Dezember 2017 und jeden darauf folgenden Zeitraum von 12 Monaten bis zum 31. Dezember 2019 berechnete Umfang seiner Produktion von teilhalogenierten Fluorchlorkohlenwasserstoffen übersteigt nicht 7 % desjenigen von 1997,
- er stellt nach dem 31. Dezember 2019 keine teilhalogenierten Fluorchlorkohlenwasserstoffe mehr her.

Abweichend von Art. 5 dürfen aufgearbeitete teilhalogenierte Fluorchlorkohlenwasserstoffe bis zum 31. Dezember 2014 für die Instandhaltung oder Wartung von bestehenden Kälte- und Klimaanlagen sowie Wärmepumpen in Verkehr gebracht und verwendet werden, sofern der Behälter mit einer Kennzeichnung versehen ist, auf der angegeben ist, dass es sich um einen aufgearbeiteten Stoff handelt, und auf der ferner die Seriennummer sowie Name und Anschrift der Aufarbeitungseinrichtung anzugeben sind. Bis zum 31. Dezember 2014 dürfen recycelte teilhalogenierte Fluorchlorkohlenwasserstoffe für die Instandhaltung oder Wartung von bestehenden Kälte- und Klimaanlagen sowie Wärmepumpen verwendet werden, sofern sie aus solchen Einrichtungen zurückgewonnen wurden, und dürfen ausschließlich von dem Unternehmen verwendet werden, das die Rückgewinnung als Teil der Instandhaltung oder Wartung durchgeführt hat oder für das die Rückgewinnung als Teil der Instandhaltung oder Wartung durchgeführt wurde. Abweichend von Art. 5 dürfen teilhalogenierte Fluorchlorkohlenwasserstoffe bis zum 31. Dezember 2019 für das Umverpacken und die anschließende Ausfuhr in Verkehr gebracht werden. Unternehmen, die teilhalogenierte Fluorchlorkohlenwasserstoffe umpacken und anschließend ausführen, müssen sich unter Angabe der betreffenden geregelten Stoffe, des geschätzten jährlichen

Bedarfs und der Lieferanten dieser Stoffe bei der Kommission registrieren und diese Angaben im Falle von Änderungen aktualisieren.

Werden für die Instandhaltung oder Wartung aufgearbeitete oder recycelte teilhalogenierte Fluorchlorkohlenwasserstoffe verwendet, so sind die Kälte- und Klimaanlagen sowie die Wärmepumpen mit einer Kennzeichnung zu versehen, auf der die Art des Stoffes, die in der Einrichtung enthaltene Menge und die in Anhang I der Verordnung (EG) Nr. 1272/2008 festgelegten Kennzeichnungselemente für als die Ozonschicht schädigend eingestufte Stoffe und Gemische angegeben sind. Unternehmen, die die genannten Einrichtungen betreiben, die eine Füllmenge von 3 kg oder mehr teilhalogenierte Fluorchlorkohlenwasserstoffe enthalten, führen Aufzeichnungen über die Menge und die Art des zurückgewonnenen und nachgefüllten Stoffes sowie über das Unternehmen oder das technische Personal, das die Instandhaltung oder Wartung vorgenommen hat. Unternehmen, die für die Instandhaltung oder Wartung aufgearbeitete oder recycelte teilhalogenierte Fluorchlorkohlenwasserstoffe verwenden, führen Aufzeichnungen über die Unternehmen, die die aufgearbeiteten teilhalogenierten Fluorchlorkohlenwasserstoffe geliefert haben, und über die Herkunft der recycelten teilhalogenierten Fluorchlorkohlenwasserstoffe.

Rückgewinnung und Zerstörung bereits verwendeter geregelter Stoffe (Art. 22)
Geregelte Stoffe, die in Kälte- und Klimaanlagen sowie Wärmepumpen, Lösungsmittel enthaltenden Einrichtungen oder Brandschutzvorrichtungen und Feuerlöschern enthalten sind, werden bei der Instandhaltung oder Wartung der genannten Einrichtungen oder vor deren Abbau oder Entsorgung zwecks Zerstörung, Recycling oder Aufarbeitung zurückgewonnen. Geregelte Stoffe und Produkte, die diese Stoffe enthalten, werden nur mit Hilfe zugelassener Technologien zerstört. Die Kommission erstellt eine Zusammenstellung, indem die Produkte und Einrichtungen aufgelistet sind, für die die Rückgewinnung von geregelten Stoffen oder die Zerstörung von Produkten und Einrichtungen ohne vorherige Rückgewinnung von geregelten Stoffen als technisch und wirtschaftlich machbar gilt, wobei sie, soweit angemessen, die anzuwendenden Techniken angibt.

Undichtigkeiten und Emissionen geregelter Stoffe (Art. 23)
Die Unternehmen treffen alle praktikablen Vorsichtsmaßnahmen, um jegliche Undichtigkeiten und jegliche Emissionen von geregelten Stoffen zu verhindern oder auf ein Mindestmaß zu reduzieren. Unternehmen, die Kälte- und Klimaanlagen, Wärmepumpen oder Brandschutzsysteme – einschließlich deren Kreisläufe – betreiben, die geregelte Stoffe enthalten, gewährleisten, dass die ortsfesten Anlagen oder Systeme,

- die eine Füllmenge von 3 kg oder mehr geregelte Stoffe enthalten, mindestens alle 12 Monate auf Undichtigkeiten überprüft werden. Dies gilt nicht für Einrichtungen mit hermetisch geschlossenen Systemen, die als solche gekennzeichnet sind und weniger als 6 kg geregelte Stoffe enthalten,

- die eine Füllmenge von 30 kg oder mehr geregelte Stoffe enthalten, mindestens alle sechs Monate auf Undichtigkeiten überprüft werden,
- die eine Füllmenge von 300 kg oder mehr geregelte Stoffe enthalten, mindestens alle drei Monate auf Undichtigkeiten überprüft werden,

und dass alle entdeckten Undichtigkeiten so rasch wie möglich, spätestens jedoch innerhalb von 14 Tagen repariert werden. Die Einrichtung oder Vorrichtung wird innerhalb eines Monats nach Reparatur einer Undichtigkeit erneut auf Undichtigkeiten überprüft, um sicherzustellen, dass die Reparatur wirksam war. Die Unternehmen führen Aufzeichnungen über Menge und Typ der nachgefüllten geregelten Stoffe und über die bei der Instandhaltung, Wartung und endgültigen Entsorgung zurückgewonnenen Mengen. Sie führen ferner Aufzeichnungen über andere relevante Informationen, unter anderem zur Identifizierung des Unternehmens oder des technischen Personals, das die Instandhaltung oder Wartung vorgenommen hat, sowie über die Termine und Ergebnisse der durchgeführten Überprüfungen auf Undichtigkeiten. Diese Aufzeichnungen werden der zuständigen Behörde eines Mitgliedstaats und der Kommission auf Verlangen zur Verfügung gestellt. Die Mitgliedstaaten legen Mindestanforderungen an die Befähigung des Personals fest, das die genannten Tätigkeiten durchführt. Unter Berücksichtigung einer Bewertung dieser von den Mitgliedstaaten getroffenen Maßnahmen und der technischen und anderen einschlägigen Informationen kann die Kommission Maßnahmen zur Harmonisierung dieser Mindestanforderungen erlassen.

Neue Stoffe (Art. 24)
Die Produktion, die Einfuhr, das Inverkehrbringen, die Verwendung und die Ausfuhr neuer Stoffe sind untersagt. Dieses Verbot gilt nicht für neue Stoffe, wenn sie als Ausgangsstoffe oder für Labor- und Analysezwecke verwendet werden.

4.4 Chemikalien-Ozonschichtverordnung (ChemOzonSchichtV)

Anwendungsbereich (§ 1)
Diese Verordnung gilt ergänzend zu der Verordnung (EG) Nr. 1005/2009 des Europäischen Parlaments und des Rates vom 16. September 2009 über Stoffe, die zum Abbau der Ozonschicht führen.

Rückgewinnung und Rücknahme verwendeter Stoffe (§ 3)
Für die Rückgewinnung von geregelten Stoffen im Sinne der Verordnung (EG) Nr. 1005/2009 ist der Betreiber, sofern ein solcher fehlt, der Besitzer der Einrichtung oder des Produkts, das den geregelten Stoff enthält, verantwortlich. Der Verantwortliche kann die Erfüllung seiner Verpflichtungen Dritten übertragen. Hersteller und Vertreiber der genannten Stoffe sind verpflichtet, diese nach Gebrauch zurückzunehmen oder die Rücknahme durch einen von ihnen bestimmten Dritten sicherzustellen. Wer

- Stoffe zurücknimmt oder
- als Betreiber einer Entsorgungsanlage die genannten Stoffe entsorgt,

hat über Art und Menge der zurückgenommenen oder entsorgten Stoffe sowie über deren Verbleib Aufzeichnungen zu führen. Die Aufzeichnungen sind nach ihrer Erstellung mindestens drei Jahre lang aufzubewahren und der zuständigen Behörde auf Verlangen vorzulegen.

Verhinderung des Austritts in die Atmosphäre; Dichtheitsprüfungen; Aufzeichnungs- und Aufbewahrungspflicht (§ 4)
Wer Einrichtungen oder Produkte, die geregelte Stoffe im Sinne der Verordnung (EG) Nr. 1005/2009 als Kältemittel, Treibmittel in Schaumstoffen oder Löschmittel enthalten, betreibt, wartet, außer Betrieb nimmt oder entsorgt oder geregelte Stoffe als Ausgangsstoff oder Verarbeitungshilfsstoff verwendet oder geregelte Stoffe bei der Herstellung anderer chemischer Stoffe unbeabsichtigt erzeugt, hat ein Austreten dieser Stoffe in die Atmosphäre zu verhindern. Wer Einrichtungen oder Produkte betreibt, die drei Kilogramm oder mehr der geregelten Stoffe im Sinne der Verordnung (EG) Nr. 1005/2009 als Kältemittel enthalten, hat dafür zu sorgen, dass die Einrichtungen oder Produkte regelmäßig fachgerecht inspiziert und gewartet werden. Die Häufigkeit der erforderlichen Inspektionen und Wartungen ist abhängig vom Alter, der Beschaffenheit und der Größe der betreffenden Einrichtungen und Produkte und muss in einem Betriebshandbuch unter Berücksichtigung der vom Hersteller gemachten Angaben festgeschrieben sein. Soweit nicht Dichtheitskontrollen und Reparaturen nach der Verordnung (EG) Nr. 1005/2009 vorgeschrieben sind, hat der Betreiber sicherzustellen, dass Einrichtungen und Produkte mindestens einmal alle zwölf Monate mittels geeigneten Geräts auf Undichtigkeiten überprüft und festgestellte Undichtigkeiten sofort repariert werden. Der Betreiber hat sicherzustellen, dass über die Inspektionen und Wartungen sowie die Dichtheitsprüfungen und etwaigen Reparaturen im Betriebshandbuch unter Angabe von Art und Menge eingesetzter oder rückgewonnener Kältemittel Aufzeichnungen geführt und der zuständigen Behörde auf Verlangen vorgelegt werden und dass diese Aufzeichnungen sowie die Aufzeichnungen nach der Verordnung (EG) Nr. 1005/2009 nach ihrer Erstellung mindestens fünf Jahre lang aufbewahrt werden.

Persönliche Voraussetzungen für bestimmte Arbeiten (§ 5)
Die Rückgewinnung von geregelten Stoffen im Sinne der Verordnung (EG) Nr. 1005/2009, die Rücknahme solcher Stoffe oder von Gemischen, die diese Stoffe mit einem Massengehalt von insgesamt mehr als 1 Prozent enthalten, die Inspektion und Wartung von sie enthaltenden Einrichtungen oder Produkten sowie Dichtheitskontrollen und Reparaturen dürfen nur von Personen durchgeführt werden, die

- die erforderliche Sachkunde nachgewiesen haben,
- über die hierzu erforderliche technische Ausstattung verfügen,

- zuverlässig sind und
- im Falle der Dichtheitskontrollen hinsichtlich dieser Tätigkeit keinen Weisungen unterliegen.

Abweichend dürfen Inspektionen an kältetechnischen Einrichtungen, die keinen Eingriff in den Kältemittelkreislauf erfordern, durch Betriebspersonal durchgeführt werden, welches zuvor durch einen Sachkundigen unterwiesen wurde. Über die erfolgte Unterweisung wird ein Nachweis ausgestellt, der der zuständigen Behörde auf Verlangen vorzulegen ist. Die erforderliche Sachkunde hat nachgewiesen, wer

- eine zu der jeweiligen Tätigkeit befähigende technische oder handwerkliche Ausbildung erfolgreich absolviert hat oder von dem Erfordernis einer technischen oder handwerklichen Ausbildung befreit ist, sowie jeweils an einer von der zuständigen Behörde anerkannten Fortbildungsveranstaltung teilgenommen hat,
- im Falle von Tätigkeiten an Kälte- und Klimaanlagen sowie Wärmepumpen eine abgeschlossene Ausbildung als Kälteanlagenbauer/in, Mechatroniker/in für Kältetechnik, staatlich geprüfte/r Techniker/in der Fachrichtung Kälteanlagentechnik oder als Ingenieur/in nach einem Studium, in dem die Grundlagen der Kältetechnik vermittelt wurden, hat,
- im Falle von Tätigkeiten an Feuerlösch- und Brandschutzanlagen eine von der zuständigen Behörde anerkannte Zertifizierung vorweisen kann,
- eine Sachkundebescheinigung für die entsprechende Tätigkeit nach § 5 der Chemikalien-Klimaschutzverordnung vorweisen kann oder
- für die jeweilige Tätigkeit einen Befähigungsnachweis vorweisen kann, der in einem anderen Mitgliedstaat der Europäischen Union oder in einem anderen Vertragsstaat des Abkommens über den Europäischen Wirtschaftsraum ausgestellt wurde.

Die Fortbildungsveranstaltung erstreckt sich auf die für den jeweiligen Aufgabenbereich erforderlichen Kenntnisse über die Anlagentechnik, die einschlägigen Vorschriften, Richtlinien und allgemein anerkannten Regeln der Technik sowie die wesentlichen Eigenschaften der betreffenden Stoffe und Gemische und die mit ihrer Verwendung verbundenen Gefahren. Über die Teilnahme an einer Fortbildungsveranstaltung ist ein Nachweis auszustellen. Der Nachweis ist der zuständigen Behörde auf Verlangen vorzulegen.

4.5 Treibhauseffekt und Klimaveränderungen

4.5.1 Die Erwärmung der Erde

Wir befinden uns gegenwärtig in einer Periode des Klimawandels und sich verändernder Umweltbedingungen. Die Menschheit wird sich in naher Zukunft auf ca. 9 Milliarden vermehren und muss sich den Umweltveränderungen stellen. Veränderungen bedeuten für die Menschheit sowohl ein Risiko als auch neue Möglichkeiten. Durch eine Erderwärmung kann auch in Gegenden Landwirtschaft betrieben werden, die momentan dafür nicht geeignet sind. Andererseits können Temperaturerhöhungen aber auch die Gefahr von Hitzeperioden und Dürren in anderen Regionen erhöhen und somit negative Auswirkungen auf die Produktion von Lebensmitteln haben. Außerdem hängt die Ertragsfähigkeit z. B. von der Getreideart, der Vegetationszeit und regelmäßigen Niederschlägen ab. Da Wassermenge und -verteilung zum großen Teil von Niederschlägen abhängen, wird dies automatisch durch Klimaveränderungen beeinflusst. Hinzu kommt, dass extreme Wetterzeiten (Hitzewellen und Dürreperioden, lange und intensive Regenfälle, Stürme und Wirbelstürme) wahrscheinlich häufiger auftreten werden.

Industrienationen werden sich aufgrund ihrer finanziellen und technologischen Möglichkeiten besser an die Klimaveränderungen anpassen können als weniger entwickelte Länder. Dadurch wird sich das Ungleichgewicht zwischen Entwicklungsländern und Industrienationen weiter vergrößern. Damit ist eine weltweite Sicherstellung einer nachhaltigen wirtschaftlichen Entwicklung gefährdet. Grundsätzliche menschliche Bedürfnisse, wie Essen und Trinken, ein Platz zum Leben, Gesundheit, Frieden und Freiheit, Versorgung mit Energie und Ressourcen, können durch den Klimawandel betroffen sein. So kann die menschliche Gesundheit durch eine geografische und zeitliche Verschiebung von Infektionskrankheiten beeinflusst werden. Aufgrund von Hitzewellen, Unterernährung oder Hungersnöten kann es zu einer höheren Sterberate kommen. Die Anfälligkeit für mögliche Probleme und die Fähigkeiten zu Gegenmaßnahmen hängen zum großen Teil vom Zugang zu Ressourcen, verfügbaren Informationen und Technologien ab.

Weltweit müssen sich die Ökosysteme an die neuen Verhältnisse anpassen. Eine erfolgreiche Anpassung der einzelnen Spezies hängt vom Tempo und vom Ausmaß der Klimaveränderungen ab. Eine zu schnelle oder zu starke Änderung des Klimas kann Systemstress und den Tod der Spezies zur Folge haben. Dadurch fehlen wiederum anderen Spezies die Lebensgrundlagen, auch wenn sie nicht direkt durch die Erderwärmung Schaden nehmen. Letztlich wird von allen auf uns zukommenden Veränderungen die Spezies Mensch am stärksten betroffen sein. In längerfristigen Zeiträumen wird sich die Natur an die neuen Verhältnisse anpassen. Ob der Mensch dazu in der Lage ist, sei dahingestellt. Zwischen der Einstrahlung von Energie auf die Erde durch die Sonne und der Wärmeabstrahlung des Planeten in den Weltraum besteht ein Strahlungsgleichgewicht.

$$E_{ein} = E_{aus}$$

Die einfallende Energie wird durch die Solarkonstante (S) beschrieben. Da durch die Erddrehung immer nur ein Teil der Erde von der Sonne beschienen wird und nur ein geringer Strahlungsanteil senkrecht auftrifft, ist dies durch einen Faktor 0,25 bei der Energieeinstrahlung zu berücksichtigen. Durch die Atmosphäre werden im globalen Mittel ca. 30 % der Sonneneinstrahlung direkt wieder in den Weltraum reflektiert. Dann folgt für die eingestrahlte Energie:

$$E_{ein} = 0{,}25 \cdot S \cdot (1-0{,}3) \qquad S = 1368\,\mathrm{Wm}^{-2}.$$

Bei der Energieabstrahlung ins Weltall wird die Erde als schwarzer Körper betrachtet. Nach dem Stefan-Boltzmann'schen-Gesetz gilt dafür:

$$E_{aus} = \sigma \cdot T^4 \qquad \sigma = 5{,}6695 \cdot 10^{-8}\,Wm^{-2}K^{-4}.$$

Mit dieser vereinfachten Betrachtung müsste die Temperatur auf der Erde −18 °C betragen. Die durchschnittliche Temperatur liegt jedoch bei +15 °C. Diese Temperaturdifferenz von ca. 33 °C wird als natürlicher Treibhauseffekt bezeichnet und hängt von natürlicherweise vorkommenden Gasen wie Wasserdampf (H_2O), Kohlendioxid (CO_2) und Methan (CH_4) ab. Jede Konzentrationsänderung dieser Stoffe hat Einfluss auf den Strahlungshaushalt der Erde und muss zu Temperaturveränderungen führen, wodurch sich Wetter (kurzfristig) und Klima (langfristig) verändern. Temperaturveränderungen hat es in der Vergangenheit auf der Erde immer wieder gegeben, die zu Eis- oder Warmzeiten führten. Diese Temperaturschwankungen beruhen u. a. auf Veränderungen des Neigungswinkels der Erdachse bzw. der Erdumlaufbahn um die Sonne. Abb. 4.5 zeigt die Temperaturänderung auf der Nordhemisphäre für die letzten eine Million Jahre. Bezugsgröße ist die errechnete mittlere Temperatur von +15 °C.

Abb. 4.6 zeigt die Temperaturänderungen auf dem Land und der Meeresoberfläche seit 1855. Als Bezugswert wurde die mittlere Temperatur für den Zeitraum 1961–1990 gewählt. Während von 1855 bis 1910 die Temperaturen relativ konstant blieben, steigen sie seitdem mit ca. 0,1 °C/Dekade an. Zukünftig wird ein noch stärkerer Temperaturanstieg erwartet.

Temperatur- und Klimaveränderungen lassen sich sehr weit in die Vergangenheit zurückverfolgen. Dazu werden z. B. Isotopenmessungen durchgeführt, Eiskern und Sedimentkernbohrungen ausgeführt und Jahresringe von Bäumen ausgewertet. Außerdem werden alte Aufzeichnungen, die vor allem aus Europa und China vorliegen, verwendet. Diese Methoden und Quellen sind immer mit Unsicherheiten verbunden. Sie können aber eine relativ genaue Klimaabschätzung für die letzten 1000 Jahre liefern. Unabhängig von der Untersuchungsmethode kommen die verschiedenen Studien zu einem ähnlichen Ergebnis. Die momentane Erwärmung der Atmosphäre weicht stark vom bisherigen Verlauf ab. Selbst unter Berücksichtigung starker Schwankungen ist der rapide Temperaturanstieg des letzten Jahrhunderts nicht zu erklären. Die in den letzten Jahrzehnten festgestellte Erwärmung ist ungewöhnlich. Abb. 4.7 zeigt die Temperaturentwicklung der Atmosphäre mit den entsprechenden Bandbreiten der Unsicherheit in der zukünftigen Entwicklung. Aufgrund der größeren Landfläche erwärmt sich die nördliche Hemisphäre etwas stärker als die südliche Halbkugel. Bedingt durch den Temperaturanstieg hat auch die Schneebedeckung abgenommen. Sie ist die momentan niedrigste seit 100 Jahren. Seit den 1970er-Jahren wurde mithilfe von Satelliten auch eine Abnahme der Seeeisausdehnung beobachtet. Damit einher geht eine Abnahme der Eisdicke.

Ein Viertel der Landmasse der nördlichen Hemisphäre unterliegt Permafrostbedingungen. Auch hier konnten Temperaturanstiege beobachtet werden. Gletscher werden ebenfalls durch das Klima stark beeinflusst, wobei die Gletscherausdehnung neben der Temperatur auch von der Bewölkung und der Niederschlagsmenge abhängt. Tab. 4.4 fasst die

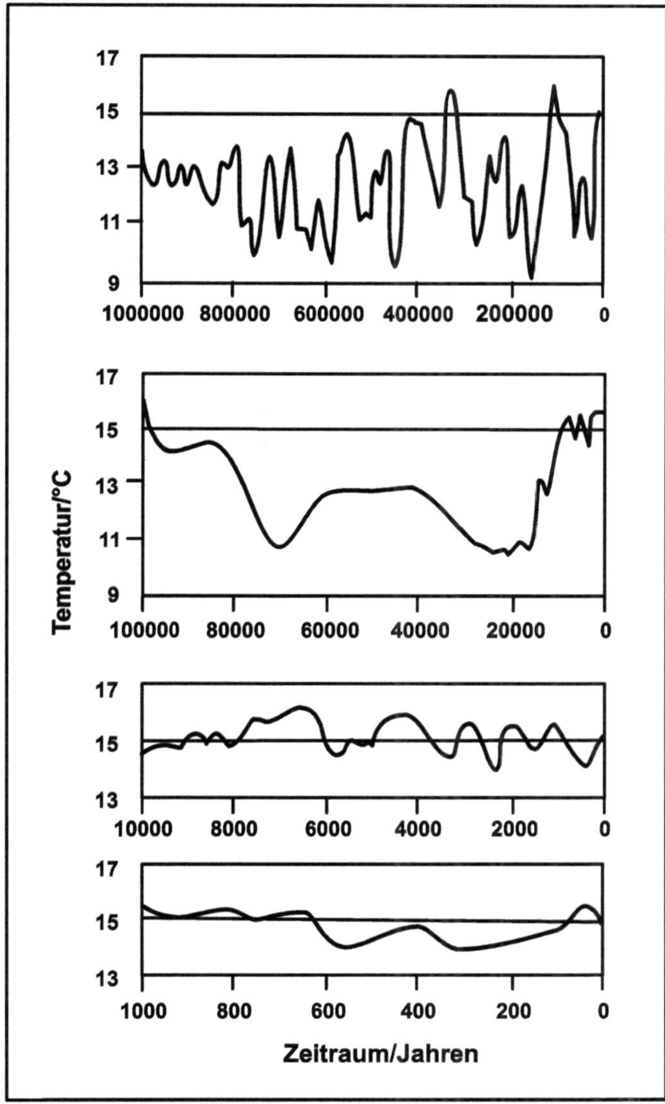

Abb. 4.5 Temperaturänderungen auf der Nordhalbkugel während der letzten 1.000.000 Jahre [5]

Aussagen verschiedener Szenarien bzgl. der Temperaturerhöhung und des Meeresspiegelanstiegs zusammen. Neben der CO_2-Konzentration ist die CO_2-Äquivalentkonzentration aufgeführt. Hierin sind die Beiträge weiterer klimarelevanter Spurengase enthalten. Je nach Entwicklung der Konzentrationen ist mit einem Temperaturanstieg zwischen 2,0 °C und 6,1 °C zu rechnen. Auch wird der Meeresspiegel aufgrund der Wärmeausdehnung des Wassers zwischen 0,4 m und 3,7 m ansteigen. Um das Eintreffen dieser Szenarien zu vermeiden, müssen drastische Maßnahmen ergriffen werden.

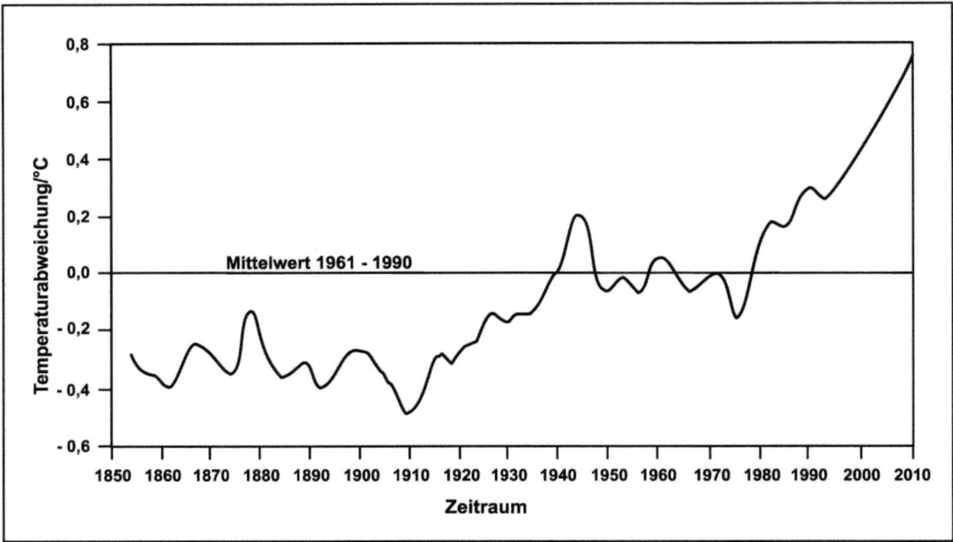

Abb. 4.6 Globale Temperaturänderungen 1850–2010 [6, 7]

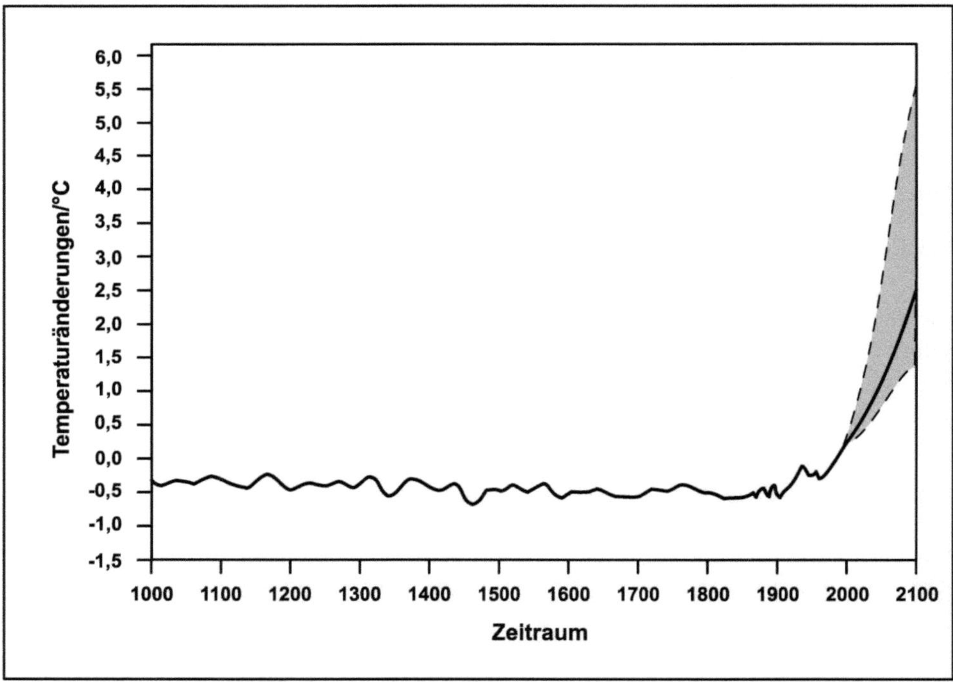

Abb. 4.7 Temperaturänderungen der Atmosphäre [8]

Tab. 4.4 Temperatur- und Meeresspiegelanstieg [9–11]

CO_2-Konzentration/ ppm	CO_2-Äquivalentkonzentration/ ppm	Temperaturanstieg/°C	Anstieg des Meeresspiegels/m
350–400	445–490	2,0–2,4	0,4–1,4
400–440	490–535	2,4–2,8	0,5–1,7
440–485	535–590	2,8–3,2	0,6–1,9
485–570	590–710	3,2–4,0	0,6–2,4
570–660	710–855	4,0–4,9	0,8–2,9
660–790	855–1130	4,9–6,1	1,0–3,7

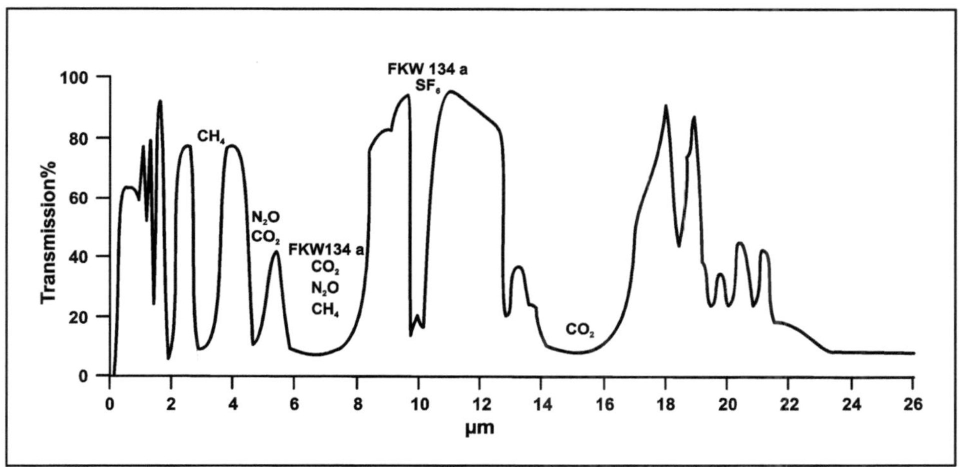

Abb. 4.8 IR-Spektrum der Atmosphäre [12]

4.5.2 Der Treibhauseffekt

Die in der Atmosphäre vorhandenen Gase tragen aufgrund ihres Infrarotspektrums zum natürlichen Treibhauseffekt bei. Abb. 4.8 zeigt das IR-Spektrum der Atmosphäre. Bei einer Transmission von 0 % wird die gesamte Strahlung absorbiert; bei 100 % Transmission wird die Strahlung vollständig durchgelassen. Im Wellenlängenbereich von ca. 3–5 µm und 8–13 µm wird die IR-Strahlung durchgelassen. Dieser Bereich wird auch als *atmosphärisches Fenster* bezeichnet.

Andere Spurengase absorbieren jedoch ebenfalls Infrarotstrahlung. Dazu zählen im Wellenbereich von 3–5 µm Kohlendioxid (CO_2), Distickstoffoxid (N_2O) und Methan (CH_4). Im Bereich oberhalb von 7 µm absorbieren Schwefelhexafluorid (SF_6), N_2O, CH_4 und verschiedene Fluorchlorkohlenwasserstoffe (FCKW) und Fluorkohlenwasserstoffe (FKW). Abb. 4.9 zeigt die zugehörigen Infrarotspektren ausgewählter Verbindungen.

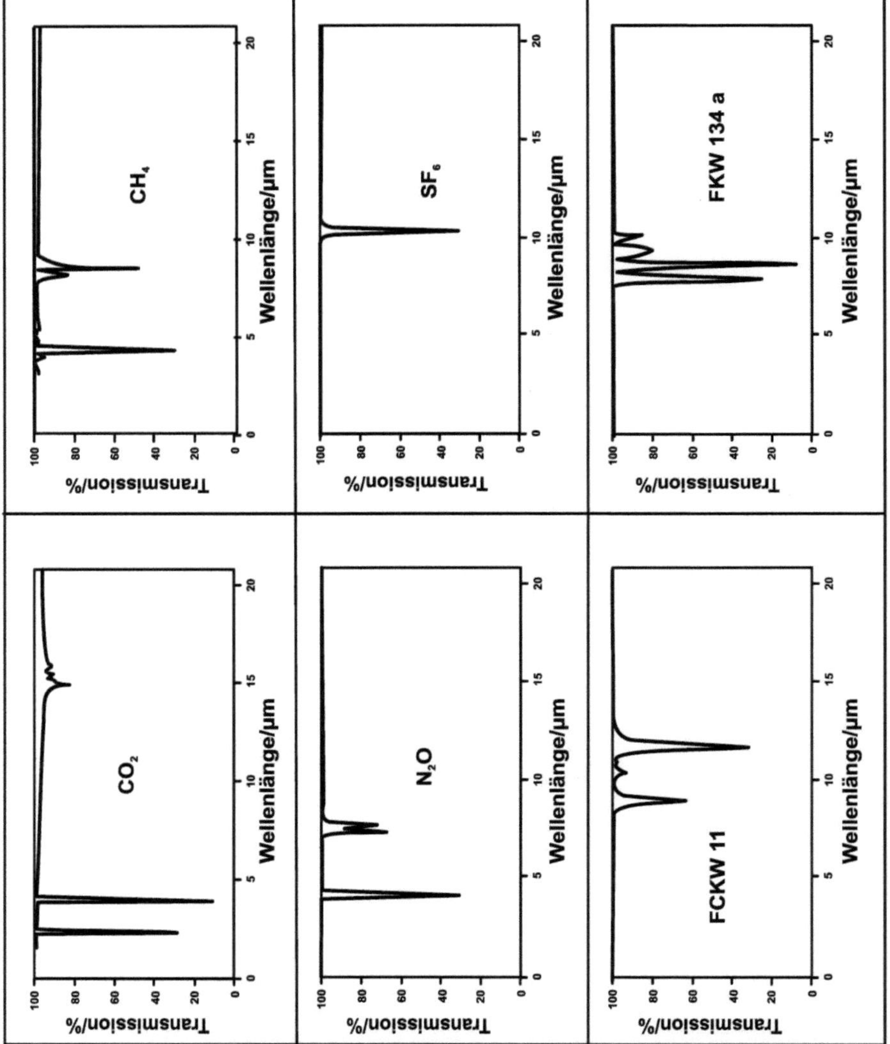

Abb. 4.9 Infrarotspektren einzelner Treibhausgase [13, 14]

Eine durch den Menschen verursachte Erhöhung der klimarelevanten Spurengase verkleinert den durchlässigen Bereich des atmosphärischen Fensters. Es kann nicht mehr so viel Wärmestrahlung in den Weltraum entweichen und es kommt zu einer Temperaturerhöhung auf der Erde. Einen weiteren Zusammenhang zwischen der Konzentration der Spurengase und der Temperatur zeigt Abb. 4.10. Wie zu erkennen ist, besteht zwischen der Konzentration der Spurengase Kohlendioxid (CO_2) und Methan (CH_4) einerseits und der Temperatur auf der Erde ein deutlicher Zusammenhang. Mit steigender (fallender) Konzentration steigt (sinkt) die Temperatur. Die Daten wurden aus Eiskernen der Vostok-Antarktisstation ermittelt. Es ist deshalb zu erwarten, dass sich heute mit zunehmender Konzentration bestimmter Spurengase die Temperatur erhöht und es zu Klimaveränderungen kommt. Zu diesen Treibhausgasen zählen insbesondere die in Tab. 4.5 aufgeführten Verbindungen. Zur Ermittlung des Treibhauspotenzials eines Gases (Global Warming Potential, GWP) wird von einer Emissionsmasse von 1 Kilogramm ausgegangen. Die von dieser Gasmenge zurückgehaltene Wärme wird über einen bestimmten Zeitraum integriert. Als Vergleichswert wird die äquivalente Menge an Kohlendioxid herangezogen, dessen GWP-Wert dementsprechend gleich Eins ist. Die Berechnung erfolgt über einen bestimmten Zeitraum von 20, 100 und 500 Jahren. Damit lassen sich aus politischer Sicht auch längere Zeiträume betrachten.

Der Beitrag der verschiedenen Treibhausgase zum Treibhauseffekt ist in Abb. 4.11 dargestellt. Die prozentualen Werte beziehen sich auf Tonnen CO_2-Äquivalente. Kohlendioxid (CO_2) liegt mit $\frac{2}{3}$ der Treibhausgasemissionen deutlich vorn. Dies ist der Verwendung fossiler Energieträger in den verschiedensten Sektoren (Strom, Wärme, Verkehr etc.) geschuldet.

Eis reagiert sehr empfindlich auf Klimaveränderungen, sowohl was Temperaturänderungen betrifft als auch Änderungen in den Niederschlagsmengen. Würde das Eis auf Grönland und der Antarktis vollständig abschmelzen, käme es zu einem drastischen Anstieg des Meeresspiegels von etwa 70 m. Zum Vergleich, seit der letzten Eiszeit vor ca. 20.000 Jahren ist der Meeresspiegel um über 120 m gestiegen. Bis zum Jahr 2100 wird ein beschleunigtes Abschmelzen großer Eisflächen als unwahrscheinlich angesehen. Aussagen über die Zeit nach 2100 sind sehr schwer zu treffen und Spekulation, da sich für diesen Zeitraum die anthropogenen Emissionen nur sehr schwer vorhersagen lassen. Zu berücksichtigen ist die Tatsache, dass sich das Klima über Jahrzehnte hinweg noch verändern wird, selbst wenn sich die Treibhausgaskonzentrationen stabilisiert haben sollten. Dies liegt an zeitlich langen Rückkoppelungsmechanismen im trägen System Klima. Momentane Klimamodelle sagen einen Anstieg des jährlichen Niederschlags in den polaren, gemäßigten und äquatorialen Gegenden voraus. In den Subtropen ist dagegen mit geringeren Niederschlägen zu rechnen. Hinzu kommt, dass durch die Erderwärmung die Zahl an heftigen und starken Regenfällen zunehmen, Schnee als Niederschlag dagegen abnehmen wird. Durch diese Veränderungen werden der Wasserkreislauf und die Wasservorräte in den einzelnen Regionen beeinflusst. Durch den Anstieg der Konzentration an Treibhausgasen und den damit verbundenen Temperaturanstieg wird sich auch die Bodenfeuchte ändern. Besonders im Sommer und in der Nordhemisphäre ist mit einem Rückgang der Feuchtigkeit im Boden zu rechnen, der sich auf die Landwirtschaft auswirken kann.

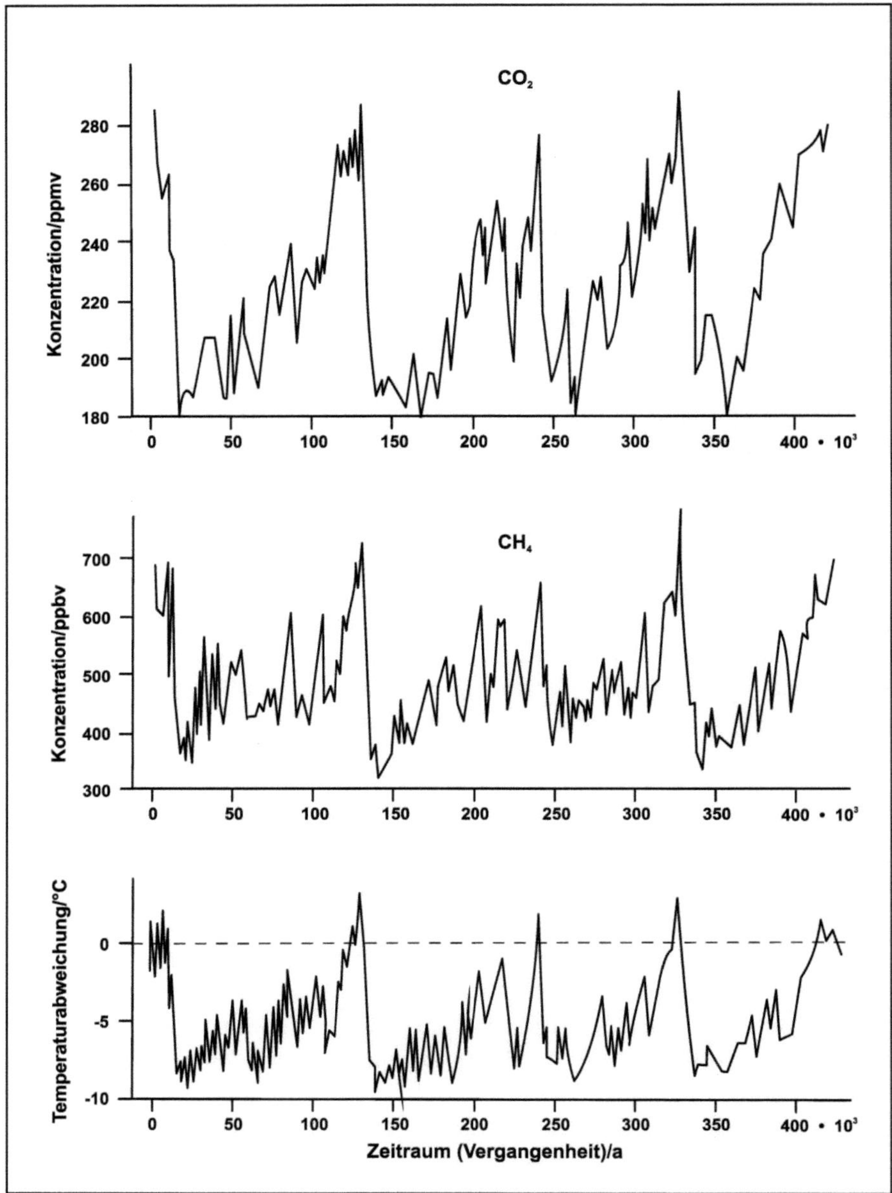

Abb. 4.10 Korrelation zwischen CO_2-/CH_4-Konzentration und Temperatur [15, 16]

Gletscher und Eisdecken dienen als Langzeitspeicher für Wasser. Durch die Eisschmelze im Frühling und Sommer werden viele Flüsse mit Wasser versorgt. Generell wurde festgestellt, dass Gletscher seit 100–300 Jahren kleiner werden. Durch die zukünftigen Klimaänderungen wird ein weiterer weltweiter Rückgang der Gletschermassen prognostiziert.

Tab. 4.5 Treibhausgase und ihr Treibhauspotenzial [17]

Verbindung			Treibhauspotenzial			
Kennzeichnung	Formel	Name	20 Jahre	100 Jahre	500 Jahre	Lebenszeit/ Jahren
	CO_2	Kohlendioxid	1	1	1	-
	CH_4	Methan	72	25	7,6	12,0
	N_2O	Distickstoffmonoxid	289	298	153	114
FCKW 11	CCl_3F	Trichlorfluormethan	6730	4750	1620	45
FCKW 12	CCl_2F_2	Dichlordifluormethan	11.000	10.900	5200	100
FCKW 113	$CCl_2F - CClF_2$	1,1,2-Trichlor-1,2,2-Trifluorethan	6540	6130	2700	85
FCKW 114	$CClF_2 - CClF_2$	1,2-Dichlor-1,1,2,2-Tetrafluorethan	8040	10.000	8730	300
H-FCKW 22	$CHClF_2$	Chlordifluormethan	5160	1810	549	12
H-FCKW 123	$CHCl_2 - CF_3$	2,2-Dichlor-1,1,1-Trifluorethan	273	77	24	1,3
H-FCKW 124	$CHClF - CF_3$	2-Chlor-1,1,1,2-Tetrafluorethan	2070	609	185	5,8
H-FCKW 141b	$CH_3 - CCl_2F$	1,1-Dichlor-1-Fluorethan	2250	725	220	9,3
H-FCKW 142b	$CH_3 - CClF_2$	1-Chlor-1,1-Difluorethan	5490	2310	705	17,9
Halon 1301	$CBrF_3$	Bromtrifluormethan	8480	7140	2760	65
Halon 1211	$CBrClF_2$	Bromchlordifluor-methan	4750	1890	575	16
	SF_6	Schwefelhexafluorid	16.300	22.800	32.600	3200
	CCl_4	Tetrachlormethan	2700	1400	435	26
	$CH_3 - CCl_3$	1,1,1-Trichlorethan	506	146	45	5,0
	CH_3Cl	Chlormethan	45	13	4	1,0
	CH_2Cl_2	Dichlormethan	31	8,7	2,7	0,38
	CH_3Br	Brommethan	17	5	1	0,7
	NF_3	Stickstofftrifluorid	12.300	17.200	20.700	740
FKW 14	CF_4	Tetrafluormethan	5210	7390	11.200	50.000
FKW 116	$CF_3 - CF_3$	Hexafluorethan	8630	12.200	18.200	10.000
H-FKW 23	CHF_3	Trifluormethan	12.000	14.800	12.200	270
H-FKW 32	CH_2F_2	Difluormethan	2330	675	205	4,9
H-FKW 125	$CHF_2 - CF_3$	Pentafluorethan	6350	3500	1100	29
H-FKW 134a	$CH_2F - CF_3$	Tetrafluorethan	3830	1430	435	14
H-FKW 143a	$CH_3 - CF_3$	1,1,1-Trifluorethan	6890	4470	1590	52
H-FKW 152a	$CH_3 - CHF_2$	1,1-Difluorethan	437	124	38	1,4

Da das Schmelzverhalten der Gletscher die Wasserführung der Flüsse beeinflusst, hat dies direkte Auswirkungen auf den Wasserhaushalt der Regionen. Weltweit werden 80 % des verbrauchten Wassers in der Landwirtschaft für Bewässerungszwecke eingesetzt. Durch eine Temperaturerhöhung können einerseits verbesserte Erträge – besonders in Regionen die bisher nur schlecht landwirtschaftlich genutzt werden – erzielt werden. Andererseits

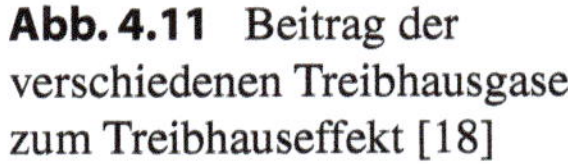

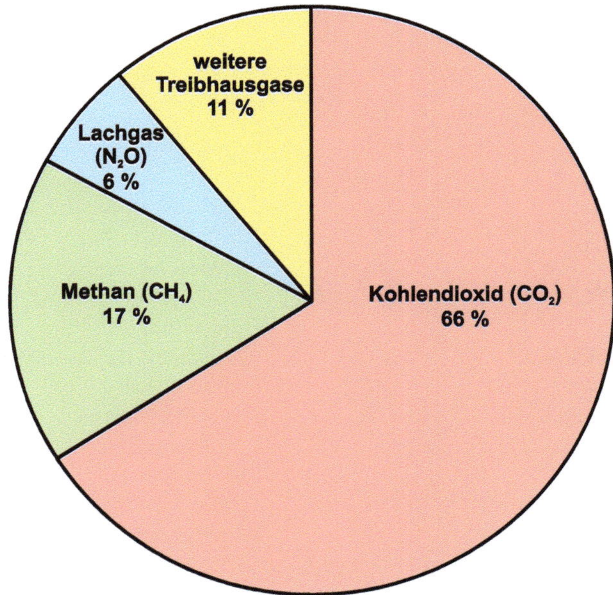

Abb. 4.11 Beitrag der verschiedenen Treibhausgase zum Treibhauseffekt [18]

können vermehrt auftretende extreme Wetterbedingungen negative Auswirkungen auf die landwirtschaftlichen Erträge haben. Die meisten Studien gehen davon aus, dass die Nahrungsmittelpreise ansteigen werden. Neben einer Bevölkerungszunahme wird dafür auch der Temperaturanstieg verantwortlich gemacht. Ein Anstieg der Temperatur um 2,5 °C oder höher verursacht bei den Pflanzen zunehmenden Stress und verringert so die Erträge.

Die wirtschaftliche Lage eines Landes hängt stark von seiner Infrastruktur ab. Überschwemmungen, Erdrutsche, Stürme und ein erhöhtes Feuerrisiko stellen für die Infrastruktur ein erhebliches Risiko dar. Zukünftig ist mit höheren Infrastruktur- und Gebäudeschäden zu rechnen. Die Reparatur der Schäden und die Wiederherstellung der Substanz kostet Milliarden, die deshalb für andere Investitionen nicht zur Verfügung stehen. Bei einer globalen Erwärmung von 1–5 °C wird der Energieverbrauch für Heizzwecke sinken, der für Klimaanlagen jedoch steigen. Ein weiterer Bereich in dem der Energiebedarf sicherlich steigen wird, ist die Bewässerung in der Landwirtschaft. Andererseits ist mit einer Verringerung der Strommenge zu rechnen, die sich durch Wasserkraft erzeugen lässt. Das liegt am veränderten Potenzial für Laufwasserkraftwerke bzw. an der verringerten Verfügbarkeit von Kühlwasser im Sommer.

4.5.3 Pro-Kopf-Emissionen

Während des Mittelalters lagen die CO_2-Konzentrationen bei ca. 280 ppm und steigen seit der Industrialisierung deutlich an. Ursache dafür ist der weltweite Energieverbrauch und die damit verbundenen CO_2-Emissionen. Die meiste Energie wird noch immer aus fossilen Brennstoffen gewonnen, deren Verwendung laufend zunimmt. Zwar werden Maßnahmen ergriffen und Technologien entwickelt, um die Treibhausgase zu verringern. Um eine Stabilisierung bei 450–550 ppm zu erzielen, sind jedoch große Anstrengungen notwendig. Je länger gezögert wird, umso stärker sind die negativen Auswirkungen der Klimaänderung auf Natur, Mensch und Gesellschaft. Abb. 4.12 zeigt die Pro-Kopf-Emissionen der CO_2-Äquivalente im internationalen Vergleich. Als Kohleland liegt Australien einsam an der Spitze, gefolgt von den USA und Russland. Deutschland liegt mit 11,5 Tonnen CO_2-Äquivalenten im Mittelfeld. Aufgrund seiner dynamischen Entwicklung hat China deutlich aufgeholt. Für Indien steht diese Entwicklung noch aus, mit allen Konsequenzen die sich daraus ergeben.

Abb. 4.13 spiegelt die von der UN-Klimarahmenkonvention abgedeckten Treibhausgase für Deutschland wider. Die Werte für den Zeitraum 2020–2050 sind Zielwerte für die Bundesrepublik. Für 2050 sollen die Emissionen an Treibhausgasen nach den Zielen der Bundesregierung zwischen 63–250 Millionen Tonnen CO_2-Äquivalente betragen.

Maßnahmen zur Energieeinsparung können sich im Privatbereich auf Haushalt und Häuser, im industriellen Sektor auf Gebäude beziehen. Maßnahmen bei Heizung, Licht, Warmwasser etc. können zu erheblichen Verbesserungen führen. Im Verkehrswesen wird auch zukünftig die Nachfrage nach Fahrzeugen weiter ansteigen. Hybrid-, Brennstoffzellen- und Elektrofahrzeuge werden in Zukunft einen höheren Anteil übernehmen. In der Industrie sind sämtliche Produktionsprozesse unter Energiegesichtspunkten zu optimieren. In der Forstwirtschaft sind durch Aufforstungsmaßnahmen Kohlenstoffsenken zu schaffen. Grundsätzlich ist die zukünftige Energieerzeugung kohlenstofffrei zu gestalten.

Die dafür notwendigen Technologien sind vorhanden und bedürfen nur der politischen Gestaltung, um einen Marktdurchbruch zu erzielen. Dazu sind politische Langzeitszenarien notwendig, die nicht auf die Wiederwahl nach einer kurzen Wahlperiode schielen. So hat sich Deutschland das Ziel gesetzt, seine Treibhausgasemissionen bis 2020 – gegenüber dem Bezugsjahr 1990 – um 40 % auf $749 \cdot 10^6$ Tonnen CO_2-Äquivalente zu reduzieren. Bis zum Jahr 2050 wird eine Verminderung von 80–95 % angestrebt. Die Fakten zum Klimawandel sind bekannt. Die Möglichkeiten zur Eindämmung sind ebenfalls bekannt. Was fehlt, ist der verstärkte Wille zur Umsetzung. Werden nur kurzfristige Ziele angestrebt und die langfristigen Folgen verdrängt, wird die zu zahlende Rechnung umso teurer sein. Die Erde kann ganz gut auch ohne den Menschen auskommen. Der Mensch auch ohne die Erde?

4.6 Fluorierte Treibhausgase (EU) 517/2014

Im Vierten Sachstandsbericht des Zwischenstaatlichen Ausschusses für Klimaänderungen (IPCC) zum Rahmenübereinkommens der Vereinten Nationen über Klimaänderungen wurde festgestellt, dass die Industrieländer auf der Grundlage der vorhandenen wissenschaftlichen Daten die Treibhausgasemissionen bis 2050 um 80 bis 95 % gegenüber den Werten von 1990 verringern müssten, um den weltweiten Klimawandel auf einen Temperaturanstieg von 2 °C zu begrenzen und damit unerwünschte Klimaauswirkungen zu vermeiden. Um dieses Ziel zu erreichen, hat die EU-Kommission einen Fahrplan für den

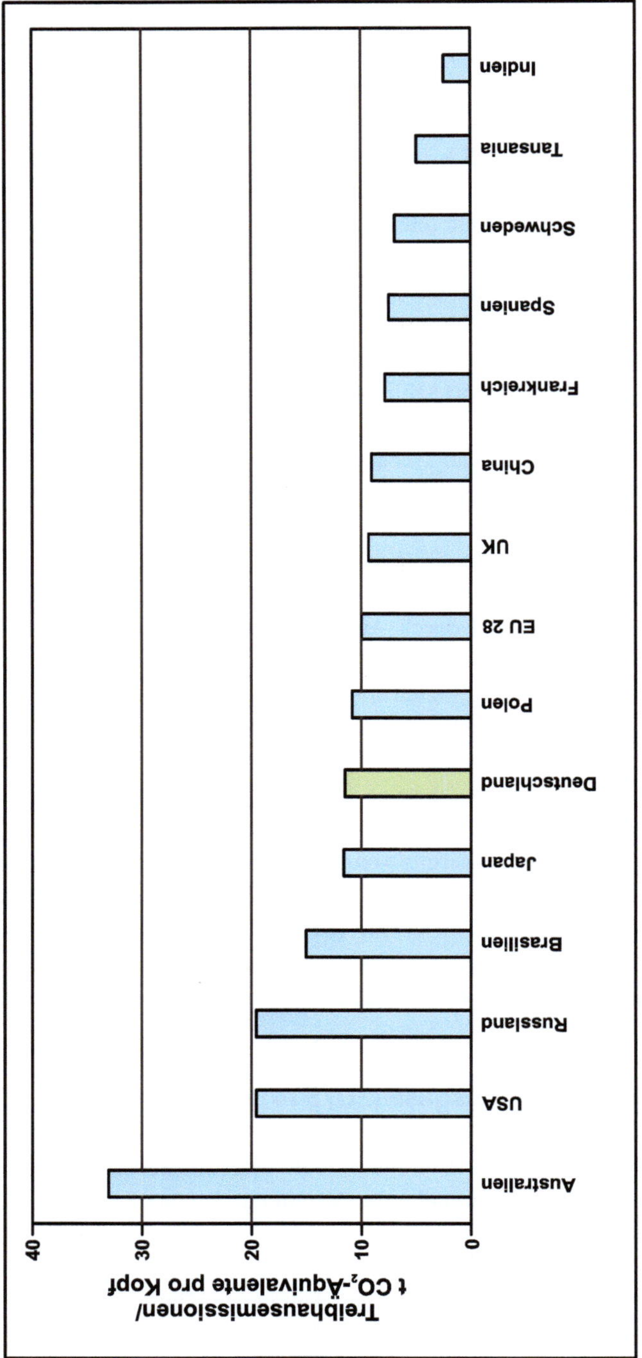

Abb. 4.12 Pro-Kopf-Emissionen im internationalen Vergleich [19]

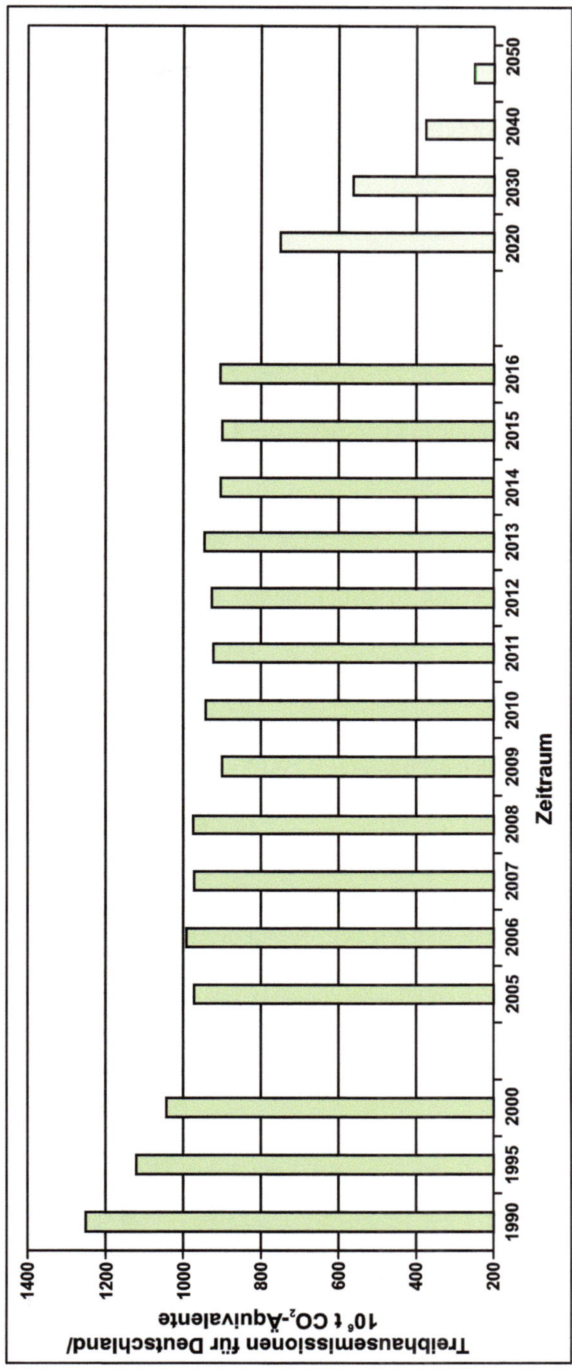

Abb. 4.13 Treibhausgasemissionen in CO_2-Äquivalenten für Deutschland [20]

Übergang zu einer wettbewerbsfähigen CO_2-armen Wirtschaft bis 2050 angenommen. In diesem Fahrplan hat die Kommission einen kostenwirksamen Weg zur Verwirklichung der notwendigen Emissionsminderungen insgesamt in der Europäischen Union bis 2050 herausgearbeitet. In diesem Fahrplan werden die in sechs Bereichen notwendigen Beiträge der verschiedenen Sektoren festgelegt. Nicht-CO_2-Emissionen, einschließlich fluorierter Treibhausgase, sollten bis 2030 um 72 bis 73 % und bis 2050 um 70 bis 78 % gegenüber den Werten von 1990 verringert werden. Wird das Jahr 2005 als Bezugsjahr zugrunde gelegt, ist eine Verringerung der Nicht-CO_2-Emissionen bis 2030 um 60 bis 61 % erforderlich. Die Emissionen von fluorierten Treibhausgasen wurden auf 90 Mio. Tonnen (Mio. t) CO_2-Äquivalent im Jahr 2005 geschätzt. Eine Verringerung um 60 % würde bedeuten, dass die Emissionen bis 2030 auf etwa 35 Mio. t CO_2-Äquivalent gesenkt werden müssten.

Um die Verwendung von Technologien mit niedrigen oder keinen Klimaauswirkungen zu fördern, sollte die Ausbildung von Personen, die Tätigkeiten in Verbindung mit fluorierten Treibhausgasen ausüben, auch Informationen über Technologien enthalten, die als Ersatz für fluorierte Treibhausgase dienen und deren Verwendung verringern sollen. Da einige Alternativen zu fluorierten Treibhausgasen, die in Erzeugnissen und Einrichtungen als Ersatz für fluorierte Treibhausgas dienen und deren Verwendung verringern sollen, giftig, entzündlich und unter hohem Druck stehen können, sollte die Kommission das geltende Unionsrecht in Bezug auf Ausbildungsmaßnahmen für natürliche Personen zur sicheren Handhabung von alternativen Kältemitteln überprüfen und gegebenenfalls einen Gesetzgebungsvorschlag zur Änderung des einschlägigen Unionsrechts vorlegen. Zur Sicherstellung der Übereinstimmung mit den Überwachungs- und Berichterstattungsanforderungen sollte das Treibhausgaspotenzial (GWP) als das globale Erwärmungspotenzial eines Kilogramms eines Gases bezogen auf einen Zeitraum von 100 Jahren gegenüber dem entsprechenden Potenzial eines Kilogramms CO_2 berechnet werden. Die Berechnung sollte, wenn möglich, auf der Grundlage des Vierten Sachstandsberichts des IPCC erfolgen. Die Kommission sollte bis Ende 2020 einen Bericht über die Verfügbarkeit von teilfluorierten Kohlenwasserstoffen auf dem Markt der Europäischen Union erstellen. Bis Ende 2022 sollte eine umfassende Überprüfung durch die Kommission so rechtzeitig durchgeführt werden, dass die Bestimmungen dieser Verordnung vor dem Hintergrund ihrer Durchführung sowie neuer Entwicklungen und internationaler Verpflichtungen angepasst und gegebenenfalls weitere Reduktionsmaßnahmen vorgeschlagen werden können.

Gegenstand (Art. 1)
Das Ziel dieser Verordnung ist der Umweltschutz durch Minderung der Emissionen von fluorierten Treibhausgasen. Dementsprechend werden in dieser Verordnung

- Regeln für die Emissionsbegrenzung, Verwendung, Rückgewinnung und Zerstörung von fluorierten Treibhausgasen und damit verbundene zusätzliche Maßnahmen festgelegt,
- Auflagen für das Inverkehrbringen bestimmter Erzeugnisse und Einrichtungen, die fluorierte Treibhausgase enthalten oder zu ihrem Funktionieren benötigen, festgelegt,

- Auflagen für bestimmte Verwendungen von fluorierten Treibhausgase festgelegt, und
- Mengenbegrenzungen für das Inverkehrbringen von teilfluorierten Kohlenwasserstoffen festgelegt.

Begriffsbestimmungen (Art. 2)
Im Sinne dieser Verordnung bezeichnet der Ausdruck

- **fluorierte Treibhausgase:**
  die in Tab. 4.6 aufgeführten teilfluorierten Kohlenwasserstoffe, perfluorierten Kohlenwasserstoffe, Schwefelhexafluorid und anderen Treibhausgase, die Fluor enthalten, oder Gemische, die einen dieser Stoffe enthalten;
- **teilfluorierte Kohlenwasserstoffe oder HFKW:**
  die in Tab. 4.6 aufgeführten Stoffe oder Gemische, die einen dieser Stoffe enthalten;
- **perfluorierte Kohlenwasserstoffe oder FKW:**
  die in Tab. 4.6 aufgeführten Stoffe oder Gemische, die einen dieser Stoffe enthalten;
- **Schwefelhexafluorid oder SF_6:**
  den in Tab. 4.6 aufgeführten Stoff oder Gemische, die diesen Stoff enthalten;
- **Treibhauspotenzial oder GWP („global warming potential"):**
  das Klimaerwärmungspotenzial eines Treibhausgases im Verhältnis zu dem von Kohlendioxid (CO_2), berechnet als das Erwärmungspotenzial eines Kilogramms eines Treibhausgases bezogen auf einen Zeitraum von 100 Jahren gegenüber dem entsprechenden Potenzial eines Kilogramms CO_2;
- **Tonne(n) CO_2-Äquivalent:**
  die Menge an Treibhausgasen, ausgedrückt als Produkt aus der Masse der Treibhausgase in metrischen Tonnen und ihrem Treibhauspotenzial;
- **Unternehmen:**
  jede natürliche oder juristische Person, die
  a. fluorierte Treibhausgase herstellt, verwendet, rückgewinnt, sammelt, recycelt, aufarbeitet oder zerstört;
  b. fluorierte Treibhausgase oder Erzeugnisse und Einrichtungen, die diese Gase enthalten, ein- oder ausführt;
  c. fluorierte Treibhausgase oder Erzeugnisse und Einrichtungen, die diese Gase enthalten oder zu ihrem Funktionieren benötigen, in Verkehr bringt;
  d. Einrichtungen, die fluorierte Treibhausgase enthalten oder zu ihrem Funktionieren benötigen, installiert, wartet, instand hält, repariert, auf Dichtheit kontrolliert oder stilllegt;
  e. der Betreiber der Einrichtung ist, die fluorierte Treibhausgase enthält oder zu ihrem Funktionieren benötigt;
  f. die in Tab. 4.7 aufgeführten Gase herstellt, einführt, ausführt, in Verkehr bringt oder zerstört;
  g. Erzeugnisse oder Einrichtungen, die in Tab. 4.7 aufgeführte Gase enthalten, in Verkehr bringt;

4

Tab. 4.6 Fluorierte Treibhausgase I

Stoff			
Industrielle Bezeichnung	Chemische Bezeichnung	Chemische Formel	GWP
Gruppe 1: teilfluorierte Kohlenwasserstoffe (HFKW)			
HFKW-23	Trifluormethan	CHF_3	14.800
HFKW-32	Difluormethan	CH_2F_2	675
HFKW-41	Fluormethan	CH_3F	92
HFKW-125	Pentafluorethan	CHF_2-CF_3	3500
HFKW-134	1,1,2,2-Tetrafluorethan	CHF_2-CHF_2	1100
HFKW-134a	1,1,1,2-Tetrafluorethan	CH_2F-CF_3	1430
HFKW-143	1,1,2-Trifluorethan	CH_2F-CHF_2	353
HFKW-143a	1,1,1-Trifluorethan	CH_3-CF_3	4470
HFKW-152	1,2-Difluorethan	CH_2F-CH_2F	53
HFKW-152a	1,1-Difluorethan	CH_3-HF_2	124
HFKW-161	Fluorethan	CH_3-CH_2F	12
HFKW-227ea	1,1,1,2,3,3,3-Heptafluorpropan	CF_3-CHF-CF_3	3220
HFKW-236cb	1,1,1,2,2,3-Hexafluorpropan	CH_2F-CF_2-CF_3	1340
HFKW-236ea	1,1,1,2,3,3-Hexafluorpropan	CHF_2-CHF-CF_3	1370
HFKW-236fa	1,1,1,3,3,3-Hexafluorpropan	CF_3-CH_2-CF_3	9810
HFKW-245ca	1,1,2,2,3-Pentafluorpropan	CH_2F-CF_2-CHF_2	693
HFKW-245fa	1,1,1,3,3-Pentafluorpropan	CHF_2-CH_2-CF_3	1030
HFKW-365mfc	1,1,1,3,3-Pentafluorbutan	CF_3-CH_2-CF_2-CH_3	794
HFKW-43-10mee	1,1,1,2,2,3,4,5,5,5-Decafluorpentan	CF_3-CHF-CHF-CF_2-CF_3	1640
Gruppe 2: perfluorierte Kohlenwasserstoffe (FKW)			
FKW-14	Tetrafluormethan	CF_4	7390
FKW-116	Hexafluorethan(Perfluorethan)	C_2F_6	12.200
FKW-218	Octafluorpropan(Perfluorpropan)	C_3F_8	8830
FKW-3-1-10(R-31-10)	Decafluorbutan(Perfluorbutan)	C_4F_{10}	8860
FKW-4-1-12(R-41-12)	Dodecafluorpentan(Perfluorpentan)	C_5F_{12}	9160
FKW.5-1-14(R-51-14)	Tetradecafluorhexan(Perfluorhexan)	C_6F_{14}	9300
FKW-c-318	Octafluorcyclobutan(Perfluorcyclobutan)	c-C_4F_8	10.300
Gruppe 3: andere perfluorierte Verbindungen			
	Schwefelhexafluorid	SF_6	22.800

- **Ausgangsstoff:**
  jedes fluorierte Treibhausgas oder jeden in Tab. 4.7 aufgeführten Stoff, dessen ursprüngliche Zusammensetzung während eines chemischen Umwandlungsprozesses vollständig verändert wird und dessen Emissionen unbedeutend sind.

Vermeidung von Emissionen fluorierter Treibhausgase (Art. 3)

Die absichtliche Freisetzung von fluorierten Treibhausgasen in die Atmosphäre ist untersagt, wenn diese Freisetzung für die vorgesehene Verwendung nicht technisch notwendig

Tab. 4.7 Fluorierte Treibhausgase II

Stoff		
Gebräuchliche/industrielle Bezeichnung	Chemische Formel	GWP
Gruppe 1: ungesättigte teil(chlor)fluorierte Kohlenwasserstoffe		
HFKW-1234yf	CF_3-CF=CH_2	4
HFKW-1234ze	trans-CHF=CH-CF_3	7
HFKW-1336mzz	CF_3-CH=CH-CF_3	9
HFKW-1336mzz	CF_3-CH=CH-CF_3	9
HFKW-1233zd	$C_3H_2ClF_3$	4,5
HFKW-1233xf	$C_3H_2ClF_3$	1
Gruppe 2: fluorierte Ether und Alkohole		
HFE-125	CHF_2-O-CF_3	14.900
HFE-134 (HG-00)	CHF_2-O-CHF_2	6320
HFE-143a	CH_3-O-CF_3	756
HCFE-235da2 (Isofluoran)	CHF_2-O-CHCl-CF_3	350
HFE-245ä2	CH_3-O-CF_2-CF_3	708
HFE-245fa2	CHF_2-O-CH_2-CF_3	659
HFE-254ä2	CH_3-O-CF_2-CHF_2	359
HFE-347 mcc3 (HFE-7000)	CH_3-O-CF_2-CF_2-CF_3	575
HFE-347pcf2	CHF_2-CF_2-O-CH_2-CF_3	580
HFE-356pcc3	CH_3-O-CF_2-CF_2-CHF_2	110
HFE-449s1 (HFE-7100)	C_4F_9-O-CH_3	297
HFE-569sf2 (HFE-7200)	C_4F_9-O-C_2H_5	59
HFE-43-10pccc124 (H-Galden 1040x) HG-11	CHF_2-O-CF_2-C_2F_4-O-CHF_2	1870
HFE-236ca12 (HG-10)	CHF_2-O-CF_2-O-CHF_2	2800
HFE-338pcc13 (HG-01)	CHF_2-O-CF_2-CF_2-O-CHF_2	1500
HFE-347mmy1	$(CH_3)_2CF$-O-CH_3	343
2,2,3,3,3-Pentafluorpropanol	CF_3-CF_2-CH_2-OH	42
Bis(trifluoromethyl)-Methanol	$(CF_3)_2CH$-OH	195
HFE-227ea	CF_3-CHF-O-CF_3	1540
HFE-236ea2 (Desfluoran)	CHF_2-O-CHF-CF_3	989
HFE-236fa	CF_3-CH_2-O-CF_3	487
HFE-245fa1	CHF_2-CH_2-O-CF_3	286
HFE-263fb2	CF_3-CH_2-O-CH_3	11
HFE-329mcc2	CHF_2-CF_2-O-CF_2-CF_3	919
HFE-338mcf2	CF_3-CH_2-O-CF_2-CF_3	552
HFE-338mmz1	$(CF_3)_2CH$-O-CHF_2	380
HFE-347mcf2	CHF_2-CH_2-O-CF_2-CF_3	374
HFE-356mec3	CH_3-O-CF_2-CHF-CF_3	101
HFE-356mm1	$(CF_3)_2CH$-O-CH_3	27
HF-356pcf2	CHF_2-CH_2-O-CF_2-CHF_2	265
HFE-356pcf3	CHF_2-O-CH_2-CF_2-CHF_2	502
HFE-365mcf3	CF_3-CF_2-CH_2-O-CH_3	11
HFE-374pc2	CHF_2-CF_2-O-CH_2-CH_3	557

(Fortsetzung)

4

Tab. 4.7 (Fortsetzung)

Stoff		
Gebräuchliche/industrielle Bezeichnung	Chemische Formel	GWP
	$-(CF_2)_4CH(OH)-$	73
Gruppe 3: andere perfluorierte Verbindungen		
Perfluorpolymethylisopropylether	CF_3-O-$CF(CF_3)CF_2$-O-CF-O-CF_3	10.300
Stickstofftrifluorid	NF_3	17.200
Trifluormethylschwefelpentafluorid	SF_5-CF_3	17.700
Perfluorcyclopropan	c-C_3F_6	17.340

ist. Betreiber von Einrichtungen, die fluorierte Gase enthalten, treffen Vorkehrungen, um die unbeabsichtigte Freisetzung dieser Gase zu verhindern. Sie ergreifen alle technisch und wirtschaftlich durchführbaren Maßnahmen, um Leckagen fluorierter Treibhausgase auf ein Mindestmaß zu begrenzen. Wird eine Leckage fluorierter Treibhausgase entdeckt, stellt der Betreiber sicher, dass die Einrichtung unverzüglich repariert wird. Wurde bei einer Einrichtung, für die eine Dichtheitskontrolle vorgeschrieben ist, eine Undichtigkeit repariert, gewährleistet der Betreiber, dass die Einrichtung innerhalb eines Monats nach der Reparatur von einer zertifizierten natürlichen Person geprüft wird, um zu bestätigen, dass die Reparatur erfolgreich war. Natürliche Personen, die die in Art. 10 genannten Tätigkeiten ausführen, müssen zertifiziert sein und Vorbeugemaßnahmen zur Verhinderung des Austretens fluorierter Treibhausgase treffen. Unternehmen, die die Installation, Wartung, Instandhaltung, Reparatur oder Stilllegung der in Art. 4 aufgeführten Einrichtungen vornehmen, müssen gemäß Art. 10 zertifiziert sein und Vorsorgemaßnahmen zur Verhinderung des Austretens fluorierter Treibhausgase treffen.

Dichtheitskontrollen (Art. 4)

Die Betreiber von Einrichtungen, die fluorierte Treibhausgase in einer Menge von fünf Tonnen CO_2-Äquivalent oder mehr enthalten, die nicht Bestandteil von Schäumen sind, stellen sicher, dass die Einrichtung auf Undichtigkeiten kontrolliert wird. Hermetisch geschlossene Einrichtungen, die fluorierte Treibhausgase in einer Menge von weniger als zehn Tonnen CO_2-Äquivalent enthalten, werden den Dichtheitskontrollen nicht unterzogen, sofern diese Einrichtungen als hermetisch geschlossen gekennzeichnet sind. Elektrische Schaltanlagen werden den Dichtheitskontrollen gemäß diesem Artikel nicht unterzogen, sofern sie eine der nachstehenden Bedingungen erfüllen:

- sie weisen eine geprüfte Leckagerate von weniger als 0,1 % pro Jahr auf, die in den technischen Spezifikationen des Herstellers aufgeführt und als solche auf der Kennzeichnung angegeben ist,
- sie sind mit einem Sensor zur Überwachung des Drucks oder der Gasdichte ausgestattet,
- sie enthalten weniger als 6 kg fluorierter Treibhausgase.

Dies gilt für Betreiber der folgenden Einrichtungen, die fluorierte Treibhausgase enthalten:

- ortsfeste Kälteanlagen,
- ortsfeste Klimaanlagen,
- ortsfeste Wärmepumpen,
- ortsfeste Brandschutzeinrichtungen,
- Kälteanlagen in Kühllastkraftfahrzeugen und -anhängern,
- elektrische Schaltanlagen,
- Organic-Rankine-Kreisläufe.

Für die Durchführung der Dichtheitskontrollen gelten die folgenden zeitlichen Abstände:

- bei Einrichtungen, die fluorierte Treibhausgase in einer Menge von fünf Tonnen CO_2-Äquivalent oder mehr, aber weniger als 50 Tonnen CO_2-Äquivalent enthalten, mindestens alle 12 Monate, oder mindestens alle 24 Monate, wenn ein Leckage-Erkennungssystem installiert ist,
- bei Einrichtungen, die fluorierte Treibhausgase in einer Menge von 50 Tonnen CO_2-Äquivalent oder mehr, aber weniger als 500 Tonnen CO_2-Äquivalent enthalten, mindestens alle sechs Monate, oder mindestens alle 12 Monate, wenn ein Leckage-Erkennungssystem installiert ist,
- bei Einrichtungen, die fluorierte Treibhausgase in einer Menge von 500 Tonnen CO_2-Äquivalent oder mehr enthalten, mindestens einmal alle drei Monate oder mindestens alle sechs Monate, wenn ein Leckage-Erkennungssystem installiert ist.`

Leckage-Erkennungssysteme (Art. 5)
Die Betreiber der in Art. 4 aufgeführten Einrichtungen, die fluorierte Treibhausgase in einer Menge von 500 Tonnen CO_2-Äquivalent oder mehr enthalten, stellen sicher, dass die Einrichtungen mit einem Leckage-Erkennungssystem versehen sind, das den Betreiber oder das ein Wartungsunternehmen bei jeder Leckage warnt. Die Betreiber der in Art. 4 aufgeführten Einrichtungen stellen sicher, dass die Leckage-Erkennungssysteme mindestens einmal alle 12 Monate kontrolliert werden, um ihr ordnungsgemäßes Funktionieren zu gewährleisten.

Führung von Aufzeichnungen (Art. 6)
Die Betreiber von Einrichtungen, für die gemäß Art. 4 eine Dichtheitskontrolle vorgeschrieben ist, führen für jede einzelne dieser Einrichtungen Aufzeichnungen, die die folgenden Angaben enthalten:

- Menge und Art der enthaltenen fluorierten Treibhausgase,
- Menge der fluorierten Treibhausgase, die bei der Installation, Instandhaltung oder Wartung oder aufgrund einer Leckage hinzugefügt wurde,

- Angaben dazu, ob die eingesetzten fluorierten Treibhausgase recycelt oder aufgearbeitet wurden, einschließlich des Namens und der Anschrift der Recycling- oder Aufarbeitungsanlage und gegebenenfalls deren Zertifizierungsnummer,
- Menge der rückgewonnenen fluorierten Treibhausgase,
- Angaben zum Unternehmen, das die Einrichtung installiert, gewartet, instand gehalten und, wenn zutreffend, repariert oder stillgelegt hat, einschließlich gegebenenfalls der Nummer seines Zertifikats,
- Zeitpunkte und Ergebnisse der nach Art. 4 durchgeführten Kontrollen,
- Maßnahmen zur Rückgewinnung und Entsorgung der fluorierten Treibhausgase, falls die Einrichtung stillgelegt wurde.

Für die Zwecke des Artikels 11 führen die Unternehmen, die fluorierte Treibhausgase liefern, Aufzeichnungen, die relevante Informationen über die Käufer von fluorierte Treibhausgasen enthalten, einschließlich des Folgenden:

- Nummern der Zertifikate der Käufer und
- jeweils erworbene Mengen fluorierter Treibhausgase.

Unternehmen, die fluorierte Treibhausgase liefern, bewahren diese Aufzeichnungen mindestens fünf Jahre lang auf. Unternehmen, die fluorierte Treibhausgase liefern, stellen diese Aufzeichnungen der zuständigen Behörde des betreffenden Mitgliedstaats oder der Kommission auf Anfrage zur Verfügung.

Emissionen von fluorierten Treibhausgasen im Zusammenhang mit der Herstellung (Art. 7)
Die Hersteller fluorierter Verbindungen treffen alle notwendigen Vorkehrungen zur bestmöglichen Begrenzung der Emissionen von fluorierten Treibhausgasen bei deren

- Herstellung,
- Beförderung und
- Lagerung.

Dies gilt auch in Fällen, in denen fluorierte Treibhausgase als Nebenprodukte erzeugt werden. Es ist untersagt, fluorierte Treibhausgase und Gase, die in Tab. 4.7 aufgeführt sind, in Verkehr zu bringen.

Rückgewinnung (Art. 8)
Die Betreiber von ortsfesten Einrichtungen oder von Kälteanlagen von Kühllastkraftfahrzeugen und -anhängern, die fluorierte Treibhausgase enthalten, die nicht Bestandteil von Schäumen sind, stellen die Rückgewinnung dieser Gase durch natürliche Personen, die gemäß Art. 10 zertifiziert sind, sicher, damit diese Gase recycelt, aufgearbeitet oder zerstört werden. Diese Verpflichtung gilt für die Betreiber der folgenden Einrichtungen:

- Kältekreisläufe von ortsfesten Kälteanlagen, ortsfesten Klimaanlagen und ortsfesten Wärmepumpen,
- Kältekreisläufe von Kälteanlagen von Kühllastkraftfahrzeugen und -anhängern,
- ortsfeste Einrichtungen, die Lösungsmittel auf der Basis fluorierter Treibhausgase enthalten,
- ortsfeste Brandschutzeinrichtungen,
- ortsfeste elektrische Schaltanlagen.

Ein Unternehmen, das einen Behälter mit fluorierten Treibhausgasen unmittelbar vor dessen Entsorgung verwendet, sorgt für die Rückgewinnung jeglicher Gasreste, um sicherzustellen, dass diese recycelt, aufgearbeitet oder zerstört werden. Die Betreiber von Erzeugnissen und Einrichtungen, einschließlich mobiler Einrichtungen, die fluorierte Treibhausgase enthalten, aber nicht aufgeführt sind, sorgen dafür, dass die Gase – soweit technisch realisierbar und keine unverhältnismäßigen Kosten entstehen – durch angemessen qualifizierte natürliche Personen rückgewonnen werden, damit sie recycelt, aufgearbeitet oder zerstört werden können, oder dass sie ohne vorherige Rückgewinnung zerstört werden.

Ausbildung und Zertifizierung (Art. 10)
Die Mitgliedstaaten stellen auf der Grundlage der Mindestanforderungen Zertifizierungsprogramme, einschließlich Bewertungsverfahren, auf oder passen diese an. Die Mitgliedstaaten gewährleisten, dass Ausbildungsmaßnahmen für natürliche Personen zur Verfügung stehen, die folgende Tätigkeiten ausführen:

- Installation, Wartung, Instandhaltung, Reparatur oder Stilllegung der in Art. 4 aufgeführten Einrichtungen,
- Dichtheitskontrollen der in Art. 4 aufgeführten Einrichtungen gemäß Art. 4,
- Rückgewinnung von fluorierten Treibhausgasen gemäß Art. 8.

Die Mitgliedstaaten gewährleisten, dass Ausbildungsprogramme für natürliche Personen zur Verfügung stehen, die auf der Grundlage der Mindestanforderungen fluorierte Treibhausgase aus Klimaanlagen von Kraftfahrzeugen rückgewinnen. Die Zertifizierungsprogramme und Ausbildungsmaßnahmen beinhalten

- einschlägige Verordnungen und technische Normen,
- die Vermeidung von Emissionen,
- die Rückgewinnung von fluorierten Treibhausgasen,
- die sichere Handhabung von Einrichtungen der Art und der Größe, die von dem jeweiligen Zertifikat abgedeckt werden,
- Informationen über einschlägige Technologien, die die Verwendung von fluorierten Treibhausgasen ersetzen oder verringern können, sowie deren sichere Handhabung.

Die Zertifikate der Zertifizierungsprogramme unterliegen der Bedingung, dass der Bewerber ein Bewertungsverfahren erfolgreich abgeschlossen hat. Die Mindestanforderungen für Zertifizierungsprogramme sind in den Verordnungen (EG) Nr. 303/2008 bis (EG) Nr. 306/2008 festgelegt. Die Mindestanforderungen für Ausbildungsbescheinigungen sind in der Verordnung (EG) Nr. 307/2008 festgelegt. In diesen Mindestanforderungen ist für jede Art von Einrichtungen festgelegt, welche praktischen Fertigkeiten und theoretischen Kenntnisse erforderlich sind, wobei gegebenenfalls zwischen den betreffenden Tätigkeiten unterschieden wird, und welche Bedingungen für die gegenseitige Anerkennung von Zertifikaten und Ausbildungsbescheinigungen bestehen. Die Mitgliedstaaten stellen auf der Grundlage der Mindestanforderungen Zertifizierungsprogramme für Unternehmen auf, die die Installation, Wartung, Instandhaltung, Reparatur oder Stilllegung der in Art. 4 aufgeführten Einrichtungen für andere Parteien durchführen, oder passen diese Programme an. Bestehende Zertifikate und Ausbildungsbescheinigungen, die gemäß der Verordnung (EG) Nr. 842/2006 ausgestellt wurden, bleiben unter den Bedingungen, unter denen sie ursprünglich ausgestellt wurden, gültig. Jedes Unternehmen, das ein anderes Unternehmen mit der Ausführung einer der aufgeführten Aufgaben beauftragt, unternimmt angemessene Schritte, um sicherzugehen, dass dieses im Besitz der für die Ausführung der erforderlichen Aufgaben notwendigen Zertifikate ist.

Beschränkungen des Inverkehrbringens (Art. 11)
Das Inverkehrbringen der in Anhang III der Verordnung aufgeführten Erzeugnisse und Einrichtungen ist ab dem in diesem Anhang angegebenen Zeitpunkt untersagt, wobei gegebenenfalls nach der Art oder dem Treibhausgaspotenzial des enthaltenen fluorierten Treibhausgases differenziert wird. Zum Zweck der Ausführung der Installation, Wartung, Instandhaltung oder Reparatur von Einrichtungen, die fluorierte Treibhausgase enthalten oder zu ihrem Funktionieren benötigen und für die eine Zertifizierung oder Bescheinigung erforderlich ist, dürfen fluorierte Treibhausgase nur an und von Unternehmen verkauft und gekauft werden, die Inhaber der entsprechenden Zertifikate oder Bescheinigung sind, oder an und von Unternehmen, die die Personen beschäftigen, die Inhaber eines Zertifikats oder einer Ausbildungsbescheinigung sind.

Kennzeichnung und Informationen über Erzeugnisse und Einrichtungen (Art. 12)
Erzeugnisse und Einrichtungen, die fluorierte Treibhausgase enthalten oder zu ihrem Funktionieren benötigen, werden nur mit Kennzeichnung in Verkehr gebracht. Dies gilt für:

- Kälteanlagen,
- Klimaanlagen,
- Wärmepumpen,
- Brandschutzeinrichtungen,
- elektrische Schaltanlagen,
- Aerosolzerstäuber, die fluorierte Treibhausgase enthalten, mit Ausnahme von Dosier-Aerosolen für die Verabreichung pharmazeutischer Wirkstoffe,

- alle Behälter für fluorierte Treibhausgase,
- Lösungsmittel auf der Grundlage fluorierter Treibhausgase,
- Organic-Rankine-Kreisläufe.

Die erforderliche Kennzeichnung enthält folgende Angaben:

- den Hinweis, dass das Erzeugnis oder die Einrichtung fluorierte Treibhausgase enthält oder zu seinem/ihrem Funktionieren benötigt,
- die anerkannte industrielle Bezeichnung des betreffenden fluorierten Treibhausgases oder, wenn diese nicht verfügbar ist, die chemische Bezeichnung,
- ab 1. Januar 2017 die Menge der im Erzeugnis oder in der Einrichtung enthaltenen fluorierten Treibhausgase oder die Menge fluorierter Treibhausgase, für die die Einrichtung ausgelegt wurde, ausgedrückt in Gewicht und CO_2-Äquivalent sowie das Treibhausgaspotenzial dieser Gase,
- den Hinweis, dass die elektrischen Schaltanlagen, wie in den technischen Spezifikationen des Herstellers angegeben, eine geprüfte Leckagerate von weniger als 0,1 % pro Jahr aufweisen.

Die Kennzeichnung ist deutlich lesbar und dauerhaft anzubringen entweder

- in unmittelbarer Nähe der Zugangsstellen für das Befüllen oder die Rückgewinnung der fluorierten Treibhausgase oder
- auf dem Teil des Erzeugnisses oder der Einrichtung, der das fluorierte Treibhausgas enthält. Die Kennzeichnung ist in den Amtssprachen des Mitgliedstaats abzufassen, in dem das Inverkehrbringen erfolgt.

Schäume und Polyol-Vorgemische, die fluorierte Treibhausgase enthalten, werden nicht ohne eine Kennzeichnung in Verkehr gebracht, auf der die fluorierten Treibhausgase mit Angabe der anerkannten industriellen Bezeichnung oder, wenn diese nicht verfügbar ist, der chemischen Bezeichnung angegeben sind. Die Kennzeichnung enthält den deutlichen Hinweis, dass der Schaum oder das Polyol-Vorgemisch fluorierte Treibhausgase enthält. Im Fall von Schaumplatten wird dies deutlich und dauerhaft auf den Platten angegeben. Aufgearbeitete oder recycelte fluorierte Treibhausgase werden mit einer Kennzeichnung versehen, auf der angegeben ist, dass es sich um aufgearbeitete oder recycelte Stoffe handelt, und auf der ferner die Fertigungsnummer sowie Name und Anschrift der Aufarbeitungs- oder Recyclingeinrichtung angegeben sind. Fluorierte Treibhausgase, die zur Zerstörung in Verkehr gebracht werden, werden mit einer Kennzeichnung versehen, auf der angegeben ist, dass der Inhalt des Behälters nur zerstört werden darf. Fluorierte Treibhausgase, die zur direkten Ausfuhr in Verkehr gebracht werden, werden mit einer Kennzeichnung versehen, auf der angegeben ist, dass der Inhalt des Behälters nur unmittelbar ausgeführt werden darf.

Fluorierte Treibhausgase, die zur Verwendung in Militärausrüstung in Verkehr gebracht werden, werden mit einer Kennzeichnung versehen, auf der angegeben ist, dass der Inhalt des Behälters nur zu diesem Zweck verwendet werden darf. Fluorierte Treibhausgase, die zum Ätzen von Halbleitermaterial oder zur Reinigung von Kammern für die chemische Beschichtung aus der Gasphase in der Halbleiterindustrie in Verkehr gebracht werden, werden mit einer Kennzeichnung versehen, auf der angegeben ist, dass der Inhalt des Behälters nur zu diesem Zweck verwendet werden darf. Fluorierte Treibhausgase, die zur Verwendung als Ausgangsstoff in Verkehr gebracht werden, werden mit einer Kennzeichnung versehen, auf der angegeben ist, dass der Inhalt des Behälters nur als Ausgangsstoff verwendet werden darf. Fluorierte Treibhausgase, die zur Herstellung von Dosier-Aerosolen für die Verabreichung pharmazeutischer Wirkstoffe in Verkehr gebracht werden, werden mit einer Kennzeichnung versehen, auf der angegeben ist, dass der Inhalt des Behälters nur zu diesem Zweck verwendet werden darf.

Beschränkung der Verwendung (Art. 13)
Die Verwendung von Schwefelhexafluorid für den Magnesiumdruckguss und beim Recycling von Magnesiumdruckguss-Legierungen ist untersagt. Die Verwendung von Schwefelhexafluorid zum Füllen von Fahrzeugreifen ist untersagt. Ab dem 1. Januar 2020 ist die Verwendung von fluorierten Treibhausgasen mit einem Treibhausgaspotenzial von 2500 oder mehr zur Wartung oder Instandhaltung von Kälteanlagen mit einer Füllmenge von 40 Tonnen CO_2-Äquivalent oder mehr untersagt.

Verringerung der Menge von in Verkehr gebrachten teilfluorierten Kohlenwasserstoffen (Art. 15)
Die Kommission gewährleistet, dass die Menge an teilfluorierten Kohlenwasserstoffen, die Hersteller und Einführer jährlich in der Union in Verkehr bringen dürfen, die nach Tab. 4.8 berechnete Höchstmenge für das jeweilige Jahr nicht überschreitet. Hersteller und Einführer gewährleisten, dass die nach Tab. 4.8 berechnete Menge an teilfluorierten Kohlenwasserstoffen, die von jedem einzelnen Hersteller und Einführer in Verkehr gebracht wird, ihre jeweils zugewiesene oder übertragene Quote nicht überschreitet. Dieser Artikel gilt nicht für Hersteller oder Einführer einer jährlichen Menge an teilfluorierten Kohlenwasserstoffen von weniger als 100 Tonnen CO_2-Äquivalent. Dieser Artikel gilt auch nicht für die folgenden Arten von fluorierten Treibhausgasen:

Tab. 4.8 Quoten für das Inverkehrbringen von teilfluorierten Kohlenwasserstoffen

Jahr	Prozentsätze für die Höchstmenge und die entsprechenden Quoten für das Inverkehrbringen von teilfluorierten Kohlenwasserstoffen
2015	100 %
2016–2017	93 %
2018–2020	63 %
2021–2023	45 %
2024–2026	31 %
2027–2029	24 %
2030	21 %

- teilfluorierte Kohlenwasserstoffe, die in die Union zur Zerstörung eingeführt werden,
- teilfluorierte Kohlenwasserstoffe, die von einem Hersteller als Ausgangsstoffe verwendet werden oder die von einem Hersteller oder Einführer direkt an Unternehmen zur Verwendung als Ausgangsstoffe geliefert werden,
- teilfluorierte Kohlenwasserstoffe, die von einem Hersteller oder Einführer direkt an Unternehmen zur Ausfuhr aus der Union geliefert werden, wenn diese teilfluorierten Kohlenwasserstoffe anschließend vor der Ausfuhr keiner weiteren Partei in der Union zur Verfügung gestellt werden,
- teilfluorierte Kohlenwasserstoffe, die von einem Hersteller oder Einführer direkt zur Verwendung in Militärausrüstungen geliefert werden,
- teilfluorierte Kohlenwasserstoffe, die von einem Hersteller oder Einführer direkt an ein Unternehmen geliefert werden, das sie zum Ätzen von Halbleitermaterial oder zur Reinigung von Kammern für die chemische Beschichtung aus der Gasphase in der Halbleiterindustrie verwendet,
- teilfluorierte Kohlenwasserstoffe, die von einem Hersteller oder einem Einführer direkt an ein Unternehmen, das Dosier-Aerosole für die Verabreichung pharmazeutischer Wirkstoffe herstellt, geliefert werden.

Zuweisung von Quoten für das Inverkehrbringen von teilfluorierten Kohlenwasserstoffen (Art. 16)
Die Kommission weist jedem Hersteller und jedem Einführer von 2015 an jährlich Quoten für das Inverkehrbringen von teilfluorierten Kohlenwasserstoffen zu. Quoten werden nur Herstellern oder Einführern zugewiesen, die in der Union ansässig sind oder einen in der Union ansässigen Alleinvertreter bestellt haben. Der Alleinvertreter hat alle Verpflichtungen für Hersteller und Einführer im Rahmen dieser Verordnung zu erfüllen.

Konsultationsforum (Art. 23)
Bei der Durchführung dieser Verordnung sorgt die Kommission für eine ausgewogene Beteiligung von Vertretern der Mitgliedstaaten und von Vertretern der Zivilgesellschaft, darunter Umweltorganisationen, Vertreter von Herstellern, Betreiber und zertifizierte Personen. Zu diesem Zweck richtet sie ein Konsultationsforum ein, damit diese Akteure zusammentreten und die Kommission im Zusammenhang mit der Durchführung dieser Verordnung, insbesondere hinsichtlich der Verfügbarkeit von Alternativen zu fluorierten Treibhausgasen und auch umweltbezogener, technischer, wirtschaftlicher und sicherheitsrelevanter Aspekte ihrer Verwendung, fachlich beraten können.

Mengenentwicklung
In Abb. 4.14 ist die Mengenentwicklung der fluorierten Treibhausgase bis 2030 dargestellt. Aufgrund der EU-Verordnung sinken die Mengen von 173,5 Millionen Tonnen CO_2-Äquivalente in 2007 auf 38×10^6 t CO_2-Äquivalente in 2030. Aufgrund dieser Entwicklung ist es für Unternehmen empfehlenswert, den Einsatz von fluorierten Treibhausgasen in jeglicher Form zu vermeiden.

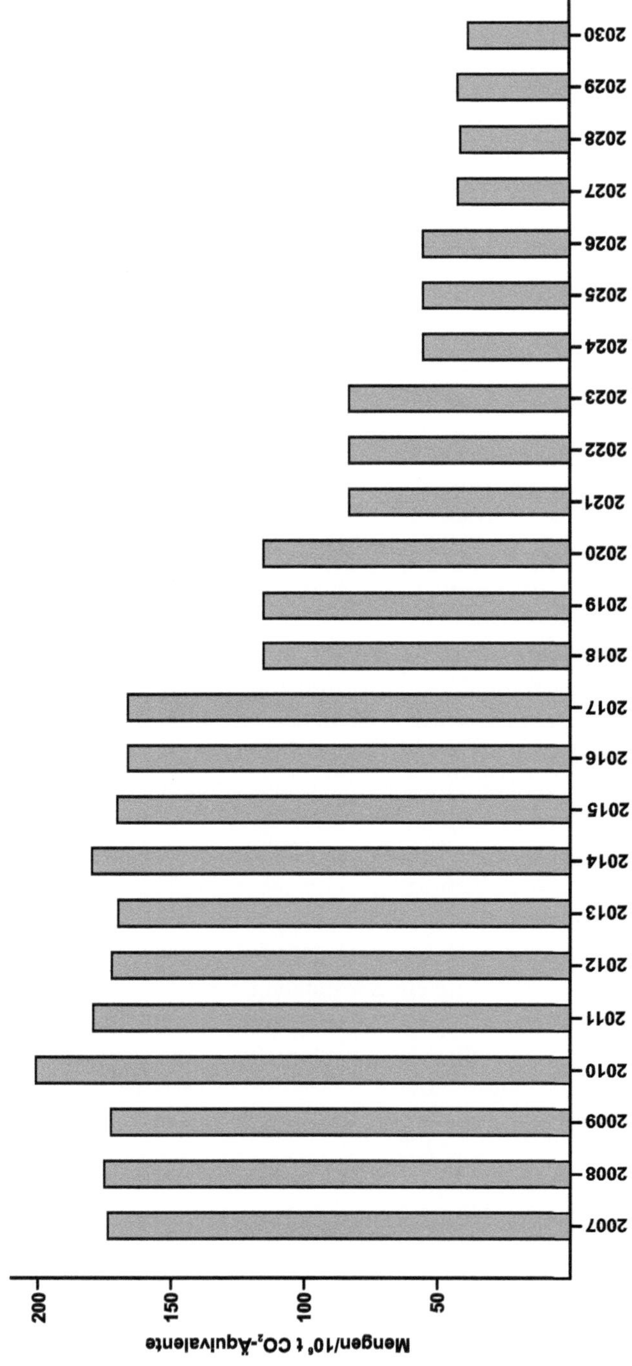

Abb. 4.14 Mengenentwicklung für fluorierte Treibhausgase in der Europäischen Union [21]

4.7 Chemikalien-Klimaschutzverordnung (ChemKlimaschutzV)

Anwendungsbereich (§ 1)
Diese Verordnung gilt ergänzend zu der Verordnung (EU) Nr. 517/2014 über fluorierte Treibhausgase.

Verhinderung des Austrittes von fluorierten Treibhausgasen in die Atmosphäre (§ 3)
Wer ortsfeste Einrichtungen im Sinne der Verordnung (EU) Nr. 517/2014 betreibt, hat sicherzustellen, dass der spezifische Kältemittelverlust der Einrichtung während des Normalbetriebs die folgenden Grenzwerte (Tab. 4.9) nicht überschreitet.

Die Betreiber von Einrichtungen haben den Zugang zu allen lösbaren Verbindungsstellen sicherzustellen, sofern dies technisch möglich und zumutbar ist. Dies gilt nicht für

- Einrichtungen mit hermetisch geschlossenen Systemen, die als solche gekennzeichnet sind und weniger als sechs Kilogramm fluorierte Treibhausgase enthalten,
- Einrichtungen im Steinkohlentiefbergbau und vergleichbare Anwendungen unter Tage.

Wer mobile Einrichtungen betreibt, die der Kühlung von Gütern beim Transport dienen und mindestens drei Kilogramm fluorierte Treibhausgase als Kältemittel enthalten, hat die Einrichtungen mindestens einmal alle zwölf Monate mittels geeigneten Geräts auf Dichtheit zu überprüfen. Über die Dichtheitsprüfungen hat der Betreiber Aufzeichnungen zu führen, wobei mindestens Art und Menge nachgefüllter oder rückgewonnener fluorierter Treibhausgase zu dokumentieren sind. Der Betreiber hat die Aufzeichnungen nach ihrer

Tab. 4.9 Grenzwerte für spezifische Kältemittelverluste

	Grenzwert
• im Falle von Kältesätzen mit einer Kältemittel-Füllmenge von mindestens 3 Kilogramm	1 %
• im Falle von nach dem 30. Juni 2008 am Aufstellungsort errichteten Anwendung:	
- mit einer Kältemittel-Füllmenge unter 10 Kilogramm	3 %
- mit einer Kältemittel-Füllmenge von 10 bis 100 Kilogramm	2 %
- mit einer Kältemittelfüllmenge über 100 Kilogramm	1 %
• im Falle von nach dem 30. Juni 2005 bis zum 30. Juni 2008 am Aufstellungsort errichteten Anwendung:	
- mit einer Kältemittel-Füllmenge unter 10 Kilogramm	6 %
- mit einer Kältemittel-Füllmenge von 10 bis 100 Kilogramm	4 %
- mit einer Kältemittelfüllmenge über 100 Kilogramm	2 %
• im Falle von bis zum 30. Juni 2005 am Aufstellungsort errichteten Anwendung:	
- mit einer Kältemittel-Füllmenge unter 10 Kilogramm	8 %
- mit einer Kältemittel-Füllmenge von 10 bis 100 Kilogramm	6 %
- mit einer Kältemittelfüllmenge über 100 Kilogramm	4 %

Erstellung mindestens fünf Jahre aufzubewahren und der zuständigen Behörde auf Verlangen vorzulegen. Wer Dienste zur Wartung oder Reparatur von Klimaanlagen in Fahrzeugen anbietet, darf solche Klimaanlagen, aus denen eine über das gewöhnliche Maß hinausgehende Menge des Kältemittels entwichen ist, nur mit fluorierten Treibhausgasen befüllen, wenn die Undichtigkeit zuvor beseitigt wurde.

Rückgewinnung und Rücknahme verwendeter Stoffe (§ 4)
Die Hersteller und Vertreiber von fluorierten Treibhausgasen sind verpflichtet, diese nach Gebrauch zurückzunehmen oder die Rücknahme durch einen von ihnen bestimmten Dritten sicherzustellen. Wer fluorierte Treibhausgase zurücknimmt oder als Betreiber einer Entsorgungsanlage fluorierte Treibhausgase entsorgt, hat über Art und Menge der zurückgenommenen oder entsorgten Stoffe und Zubereitungen sowie über deren Verbleib Aufzeichnungen zu führen. Die Aufzeichnungen sind nach ihrer Erstellung mindestens fünf Jahre lang aufzubewahren und der zuständigen Behörde auf Verlangen vorzulegen. Soweit der Betreiber einer Entsorgungsanlage nach § 49 des Kreislaufwirtschaftsgesetzes über die Entsorgung fluorierter Treibhausgase Register zu führen hat, werden die erforderlichen Aufzeichnungen durch die Register nach der Nachweisverordnung ersetzt.

Persönliche Voraussetzungen für bestimmte Tätigkeiten (§ 5)
Eine in Art. 10 der Verordnung (EU) Nr. 517/2014 aufgeführte Tätigkeit sowie die Rückgewinnung aus Klimaanlagen in Kraftfahrzeugen oder die Rückgewinnung aus anderen mobilen Kälte- und Klimaanlagen darf nur von Personen durchgeführt werden, die

- eine die betreffende Tätigkeit abdeckende Sachkundebescheinigung vorweisen können,
- über die zu der Tätigkeit erforderliche technische Ausstattung verfügen,
- zuverlässig sind und
- im Falle der Dichtheitskontrolle hinsichtlich dieser Tätigkeit keinen Weisungen unterliegen.

Eine Sachkundebescheinigung über die Befähigung für die jeweilige Tätigkeit wird Personen ausgestellt, die

- im Falle von Tätigkeiten an ortsfesten Kälte- und Klimaanlagen, Wärmepumpen oder Kälteanlagen in Kühllastkraftwagen oder -anhängern eine zu der jeweiligen Tätigkeit befähigende technische oder handwerkliche Ausbildung erfolgreich absolviert haben,
- im Falle von Tätigkeiten an Einrichtungen, die fluorierte Treibhausgase als Lösungsmittel enthalten, eine zu der jeweiligen Tätigkeit befähigende technische oder handwerkliche Ausbildung erfolgreich absolviert haben,
- im Falle von Tätigkeiten an ortsfesten Brandschutzeinrichtungen eine theoretische und praktische Prüfung bestanden haben,

- im Falle von Tätigkeiten an elektrischen Schaltanlagen
  - eine zu der jeweiligen Tätigkeit befähigende technische oder handwerkliche Ausbildung erfolgreich absolviert haben oder
  - Mindestanforderungen für die Zertifizierung von Personal, das Tätigkeiten im Zusammenhang mit der Rückgewinnung bestimmter fluorierter Treibhausgase aus Hochspannungsschaltanlagen ausübt,
- im Falle von Tätigkeiten an Klimaanlagen in Kraftfahrzeugen oder anderen mobilen Kälte- und Klimaanlagen an einem Trainingsprogramm teilgenommen haben.

Im Falle der Rückgewinnung von fluorierten Treibhausgasen aus Geräten nach Anhang I des Elektro- und Elektronikgerätegesetzes mit einer Füllmenge von mindestens drei Kilogramm fluorierten Treibhausgasen und mehr als 5 Tonnen CO_2-Äquivalenten in Betrieben, die als Entsorgungsfachbetriebe zertifiziert sind, ist eine zu dieser Tätigkeit befähigende technische oder handwerkliche Ausbildung nicht erforderlich. Zur Abnahme von Prüfungen und zur Erteilung von Sachkundebescheinigungen berechtigt sind die Handwerkskammern und Industrie- und Handelskammern.

Zertifizierung von Unternehmen (§ 6)
Unternehmen dürfen Tätigkeiten nach Art. 3 der Verordnung (EU) Nr. 517/2014 nur durchführen, wenn sie ein Unternehmenszertifikat vorweisen können. Die zuständige Behörde erteilt Unternehmen auf Antrag ein Unternehmenszertifikat. In das Unternehmenszertifikat sind mindestens folgende Angaben aufzunehmen:

- Sitz des Unternehmens,
- Bezeichnung des Standortes sowie der bescheinigten Tätigkeiten bezogen auf den Standort und seine Anlagen.

Ein Unternehmen, das ein eingetragener EMAS-Standort ist, erhält das genannte Unternehmenszertifikat, sofern aus der Umwelterklärung oder dem Bericht über die Umweltbetriebsprüfung hervorgeht, dass die Voraussetzungen eingehalten sind.

Kennzeichnung (§ 7)
Wer nach der Verordnung (EU) Nr. 517/2014 kennzeichnungspflichtige Erzeugnisse oder Einrichtungen für den Einsatz in Deutschland in Verkehr bringt, hat sicherzustellen, dass in Bedienungsanleitungen und in zu Werbezwecken genutzten Beschreibungen Informationen in deutscher Sprache enthalten sind. Wer aufgearbeitete oder recycelte fluorierte Treibhausgase abfüllt oder abgibt, hat sicherzustellen, dass die Behälter, in denen die Treibhausgase abgegeben werden, gekennzeichnet sind.

Sonstige Betreiberpflichten (§ 8)
Der Betreiber einer stationären Einrichtung darf ein anderes Unternehmen mit der Durchführung nur beauftragen, wenn das beauftragte Unternehmen die für die Ausführung der

betreffenden Tätigkeit erforderliche Bescheinigung oder das erforderliche Unternehmenszertifikat vorweisen kann. Beauftragt der Betreiber kein anderes Unternehmen, hat er sicherzustellen, dass diese Tätigkeiten durch natürliche Personen durchgeführt werden, die eine Sachkundebescheinigung vorweisen können. Der Betreiber von Kälteanlagen in Kühllastkraftfahrzeugen oder -anhängern hat sicherzustellen, dass Tätigkeiten von natürlichen Personen durchgeführt werden, die eine zu der jeweiligen Tätigkeit befähigende Sachkundebescheinigung vorweisen können. Der Betreiber von Klimaanlagen in Kraftfahrzeugen oder anderen mobilen Kälte- und Klimaanlagen hat sicherzustellen, dass die Rückgewinnung fluorierter Treibhausgase aus solchen Anlagen von natürlichen Personen durchgeführt wird, die eine zu der jeweiligen Tätigkeit befähigende Sachkundebescheinigung vorweisen können. Der Betreiber von elektrischen Schaltanlagen hat sicherzustellen, dass Tätigkeiten von natürlichen Personen durchgeführt werden, die eine zu der jeweiligen Tätigkeit befähigende Sachkundebescheinigung vorweisen können.

Inverkehrbringen, Verkauf und Kauf fluorierter Treibhausgase (§ 9)
Wer teilfluorierte Kohlenwasserstoffe in Verkehr bringt, bedarf der vorherigen Zuteilung einer Quote. Fluorierte Treibhausgase dürfen nur an Unternehmen verkauft und von Unternehmen gekauft werden, die eine Bescheinigung oder ein Unternehmenszertifikat vorweisen können oder, sofern eine Bescheinigung oder ein solches Zertifikat nicht vorgeschrieben ist, Personen beschäftigen, die eine Sachkundebescheinigung vorweisen können.

4.8 Aufgaben für die Praxis

- Erläutern Sie das Zustandekommen des sauren Regens.
- Wie haben sich die für den sauren Regen verantwortlichen Emissionen weltweit entwickelt?
- Welche Auswirkungen hat der saure Regen auf die Umwelt?
- Erläutern Sie den natürlichen Ozonkreislauf und die Bedeutung des Ozons für die Atmosphäre.
- Wie tragen anthropogen emittierte Substanzen zur Ozonzerstörung bei?
- Erläutern Sie den zeitlichen Verlauf zur Wiederherstellung der Ozonschicht.
- Erläutern Sie den natürlichen Treibhauseffekt und dessen Bedeutung für die Erwärmung der Erde.
- Wie tragen die anthropogen emittierten Treibhausgase zur Verstärkung des natürlichen Treibhauseffektes bei?
- Was sind die relevantesten Treibhausgase?
- Welche Auswirkungen auf Mensch und Umwelt sind durch die Klimaveränderungen zu erwarten?
- Welche Entwicklungen müssen die Pro-Kopf-Emissionen in Deutschland (und anderen Ländern) nehmen, um einen wirksamen Beitrag zum Klimaschutz zu leisten?

- Um die nachhaltige Entwicklung zu fördern, berücksichtigt das Kyoto-Protokoll gewisse Treibhausgase. Welche sind das und wie hoch ist ihr Treibhauspotenzial (Beispiele)?
- Welche ozonabbauenden Stoffe werden in Ihrem Unternehmen eingesetzt?
- Welche fluorierten Treibhausgase setzt Ihr Unternehmen z. B. in Kälte- und Klimaanlagen, Wärmepumpen, Brandschutzsystemen, Kraftfahrzeugen ein? Wie werden die Anlagen gewartet?

Literatur

1. Intergovernmental Panel on Climate Change (IPCC); *IPCC/TEAP Special Report: Safeguarding the Ozone Layer and the Global Climate System,* Cambridge University Press, **2006,** 978-0-512-68206-0
2. Umweltbundesamt (UBA); *1987 – 2017: 30 Jahre Montrealer Protokoll,* Juli 2017
3. World Meteorological Organization (WMO); *Scientific Assessment of Ozone Depletion: 2014, Global Ozone Research and Monitoring Projekt – Report No. 55,* **2014**
4. World Meteorological Organization (WMO); *WMO Greenhouse Gas Bulletin No. 13,* **30. October 2017**
5. Schönwiese, Ch.; *Klimaänderungen,* Springer, **1995,** 3-540-59096-X
6. United Nations Environment Programme (UNEP); *Climate in Peril – A popular guide to the latest IPCC reports,* **2009,** 978-82-7701-053-3
7. Umweltbundesamt (UBA); *Chronik weltweiter Temperaturen, Niederschläge und Extremereignisse seit 2010,* **März 2015**
8. Intergovernmental Panel on Climate Change (IPCC); *Climate Change 2007 – Impacts, Adaptation and Vulnerability,* Cambridge University Press, **2007,** 25-0-521-88010-7
9. Intergovernmental Panel on Climate Change (IPCC); *Klimaänderung 2007 Synthesebericht,* **2008,** 978-3-00-025397-3
10. Johansson, Th.B. et al.; *Global Energy Assessment (GEA),* Cambridge University Press, **2012,** 978-1-107-00519-8
11. Latif, M.; *Klimawandel und Klimadynamik,* UTB, **2009,** 978-3-8252-3178-1
12. Organisation for Economic Co-operation and Development (OECD); *OECD Environmental Outlook to 2050 – The Consequences of Inaction OECD,* **2012,** 978-92-64-12216-1
13. *National Institute of Standards and Technology (NIST),* NIST Chemistry WebBook, **28.03.2011**
14. Zeller, M. V.; Juszli, P. P.; *Vergleichsspektren von Gasen – Angewandte Infrarotspektroskopie Heft 11,* Bodenseewerk Perkin-Elmer & Co. GmbH, **1974**
15. Petit, J.R. et al.; *Climate and atmospheric history of the past 420.000 years from the Vostok ice core,* Antarctica Nature, 399, 429-436, **1999**
16. United Nations Environment Programme (UNEP); *Vital Climate Change Graphics,* UNEP, **2005,** 82-7701-031-1
17. Intergovernmental Panel on Climate Change (IPCC); *Climate Change 2007 – The Physical Science Basis,* Cambridge University Press, **2007,** 31-0-521-8809-1
18. NOAA Earth System Research Laboratory; *The NOAA annual greenhouse gas index (AGGI),* **2017**
19. Bundesministerium für Umwelt, Naturschutz und Reaktorsicherheit (BMU); *Klimaschutz in Zahlen,* **Juni 2015**
20. Umweltbundesamt (UBA); *Emissionen der von der UN-Klimarahmenkonvention abgedeckten Treibhausgase,* **2017**
21. Ercan, E.M.; *Global Warming Potential of a Smartphone,* Royal Institute of Technology, Stockholm, **2013**

Weiterführende Literatur

1. Abbasi, S.A.; Abbasi, T.; *Ozone Hole – Past, Present, Future,* Springer, **2017,** 978-1-4939-6708-7
2. *Beschluss (EU) 2016/1841 des Rates vom 5. Oktober 2016 über den Abschluss des im Rahmen des Rahmenübereinkommens der Vereinten Nationen über Klimaänderungen geschlossenen Übereinkommen von Paris im Namen der Europäischen Union,* **19.10.2016**
3. Brasseur, G.P.; Jacob, D.; Schuck-Zöller, S. (Hrsg.); *Klimawandel in Deutschland,* Springer-Spektrum, **2017,** 978-3-662-50396-6
4. Bundesministerium für Umwelt, Naturschutz und nukleare Sicherheit (BMU); *Klimaschutzplan 2050,* **Februar 2019**
5. *ChemKlimaschutzV – Chemikalien-Klimaschutzverordnung; Verordnung zum Schutz des Klimas vor Veränderungen durch den Eintrag bestimmter fluorierter Treibhausgase,* **14.02.2017**
6. *ChemOzonSchichtV – Chemikalien-Ozonschichtverordnung; Verordnung über Stoffe, die die Ozonschicht schädigen,* **20.10.2015**
7. Copernicus – Europe's eyes on Earth; *European State of the Climate 2018,* **2019**
8. Crastan, V.; *Weltweiter Energiebedarf und 2-Grad-Klimaziel,* Springer-Vieweg, **2016,** 978-3-662-53420-5
9. Deutscher Bundestag (Hrsg.); *Schutz der Erdatmosphäre – Eine internationale Herausforderung,* **1988**
10. Deutscher Wetterdienst (DWD); *Klimastatusbericht 2017,* **2017**
11. Enquete-Kommission des 12. Deutschen Bundestages; *Schutz der Erdatmosphäre,* **1995**
12. European Environment Agency (EEA); *Analysis of key trends and drivers in greenhouse gas emissions in the EU between 1990 and 2015, EEA Report No 8/2017,* **2017**
13. European Environment Agency (EEA); *Climate Change, impacts and vulnerability in Europe 2012, EEA Report No 12/2012,* **2012,** 978-92-9213-346-7
14. European Environment Agency (EEA); *Climate Change, impacts and vulnerability in Europe 2016, EEA Report Nr 1/2017,* **2017,** 978-92-9213-835-6
15. European Environment Agency (EEA); *Fluorinated greenhouse gases in 2017, EEA Report No 20/2017,* **2017,** 978-92-9213-928-5
16. European Environment Agency (EEA); *Production and Consumption of ozone-depleting substances,* **2017**
17. European Environment Agency (EEA); *Trends and projections in Germany 2017,* **November 2017**
18. Guderian, R.; *Handbuch der Umweltveränderungen und Ökotoxikologie Band 1B: Atmosphäre,* Springer, **2000,** 3-540-66185-9
19. Intergovernmental Panel on Climate Change (IPCC); *Climate Change 2001 – Impacts, Adaptation and Vulnerability,* Cambridge University Press, **2001,** 0-521-80768-9
20. Intergovernmental Panel on Climate Change (IPCC); *Climate Change 2001 – Synthesis Report,* Cambridge University Press, **2001,** 0-521-80770-0
21. Intergovernmental Panel on Climate Change (IPCC); *Climate Change 2001: The Scientific Basis,* Cambridge University Press, **2001,** 0-521-80767-0
22. Intergovernmental Panel on Climate Change (IPCC); *Climate Change 2007 – Mitigation of Climate Change,* Cambridge University Press, **2007,** 29-0-521-88011-4
23. Intergovernmental Panel on Climate Change (IPCC); *Climate Change 2014 – Synthesis Report,* **2015,** 978-92-9169-143-2
24. Jacob, D. et al.; *Klimaauswirkungen und Anpassung in Deutschland – Phase 1: Erstellung regionaler Klimaszenarien für Deutschland,* Umweltbundesamt, Texte 11/08, **2008**
25. Jäger, J.; *Was verträgt unsere Erde noch?,* Fischer, **2007,** 978-3-596-17270-2
26. Latif, M.; *Klima,* Fischer, **2006,** 978-3-596-16125-6

27. Mäder, C.; *Chronik weltweiter Temperaturen, Niederschläge und Extremereignisse seit 2010,* Umweltbundesamt (UBA), **März 2015**
28. Molina, M.J.; Rowland, F.S.; *Stratospheric sink for chlorofluoromethanes: chlorine atom-catalysed destruction of ozone,* Nature, 249, 810-812, **1974**
29. Münchner Rückversicherungs-Gesellschaft (Hrsg.); *Wetterkatastrophen und Klimawandel – Sind wir noch zu retten?,* pg Verlag, **2005,** 3-937624-80-5
30. Potting, J.; Bakkes, J. (Eds.); *The GEO-3 Scenarios 2002 – 2032,* UNEP, **2004,** 48-807-2384-7
31. Röth, E.-P.; *Ozonloch – Ozonsmog,* Pflaum, **2002,** 3-7905-0856-6
32. Seinfeld, J.H.; Pandis, S.N.; *Atmospheric Chemistry and Physics,* Wiley, **2016,** 978-1-118-94740-1
33. Smith, Th. M.; Smith, R. L.; *Ökologie,* Pearson, **2009,** 978-3-8273-7313-7
34. The Royal Society; *Ocean acidification due to increasing atmospheric carbon dioxid,* Clyvedon Press, **2005,** 0-85403-617-2
35. United Nations (UN); *The Paris Agreement on climate change,* **2015**
36. United Nations Environment Programme (UNEP); *Global Environment Outlook (GEO 4),* Progress Press, **2007,** 978-92-807-2872-9
37. United Nations Environment Programme (UNEP); *Kick the habit – A UN Guide to Climate Neutrality,* **2008,** 978-92-807-2926-9
38. United Nations Environment Programme (UNEP); *Vital Climate Graphics-Update,* **2005,** 82-7701-031-1
39. Umweltbundesamt (UBA); *Berichterstattung unter der Klimarahmenkonvention der Vereinten Nationen und dem Kyoto-Protokoll 2010 – Nationaler Inventarbericht zum Deutschen Treibhausgasinventar, 1990–2008,* Climate Change 03/2010, **2010**
40. Umweltbundesamt (UBA); *Die CO_2-Bilanz des Bürgers,* **Juni 2007**
41. Umweltbundesamt (UBA); *Klimaschutz in Deutschland bis 2030,* Texte 03/05, **2005**
42. Umweltbundesamt (UBA); *Klimaschutz in Deutschland: 40 %-Senkung der CO_2-Emissionen bis 2020 gegenüber 1990,* Texte 05/07, **2007**
43. Umweltbundesamt (UBA); *Vulnerabilität Deutschlands gegenüber dem Klimawandel, Climate Change 24/2015,* **2015**
44. Umweltbundesamt (UBA); *Wirksamkeit des Klimaschutzes in Deutschland bis 2020,* Texte 02/08, **2008**
45. VDI 2309 Blatt 1; *Ermittlung von Maximalen Immissionswerten-Grundlagen,* Beuth, **März 1983**
46. VDI 2310 Blatt 1; *Zielsetzung und Bedeutung der Richtlinien Maximale Immissions-Werte,* Beuth, **Oktober 1988**
47. *Verordnung (EG) Nr. 1005/2009 des Europäischen Parlaments und des Rates vom 16. September 2009 über Stoffe, die zum Abbau der Ozonschicht führen (Ozon-Verordnung),* **30.03.2017**
48. *Verordnung (EU) Nr. 517/2014 des Europäischen Parlaments und des Rates vom 16. April 2014 über fluorierte Treibhausgase und zur Aufhebung der Verordnung (EG) Nr. 842/2006,* **20.05.2014**
49. Wellburn, A.; *Luftverschmutzung und Klimaänderung,* Springer, **1997,** 75-540-61831-7
50. Wissenschaftlicher Beirat der Bundesregierung Globale Umweltveränderungen (WBGU); *Die Zukunft der Meere – zu warm, zu hoch, zu sauer,* **2006,** 77-936191-13-1
51. Wissenschaftlicher Beirat der Bundesregierung Globale Umweltveränderungen (WBGU); *Über Kyoto hinaus denken – Klimaschutzstrategien für das 21. Jahrhundert,* **2003,** 3-936191-03-04
52. World Meteorological Organization (WMO); *Scientific Assessment of Ozone Depletion: 2014, Global Ozone Research and Monitoring Projekt – Report No. 55,* **2014**
53. World Meteorological Organization (WMO); *WMO Statement on the State of the Global Climate in 2018,* **2019,** 978-92-63-11233-0
54. Zebisch, M. et al.; *Klimawandel in Deutschland – Vulnerabilität und Anpassungsstrategien klimasensitiver Systeme,* Umweltbundesamt, Texte 08/05, **2005**

Nachweis von Luftverunreinigungen 5

5.1 Probenahme

Mit modernsten Techniken können sehr genaue Stoffanalysen durchgeführt werden. Diese nützen jedoch nichts, wenn sich bereits bei der Probenahme ein Fehler einschleicht, der sich schließlich durch sämtliche Analyseschritte zieht und damit das Endergebnis von vornherein verfälscht. Zuverlässige Aussagen über die Qualität, Beschaffenheit oder Zusammensetzung eines bestimmten Materials können nur durch die konsequente Einführung eines Systems zur Qualitätssicherung gemacht werden, die alle Arbeitsschritte einer Analyse umfasst. In der Praxis kann es durch ungenaue oder falsche Analysenresultate zu entscheidenden Fehleinschätzungen kommen. Die Qualitätssicherung muss deshalb bei der Probenahme anfangen und bis zur Dokumentation der Analysenergebnisse reichen. Die Aufgabe des Analytikers besteht demnach nicht nur in der Ausführung der Analyse, sondern auch in der sorgfältigen Planung und in der Auswahl der am besten geeigneten Untersuchungsmethode. Die Durchführung der Probenahme, Konservierung und Lagerung sowie die Interpretation und Dokumentation der Analysenergebnisse gehören ebenfalls zum Verfahrensablauf einer analytischen Methode (Abb. 5.1).

Vor der eigentlichen Analyse muss die Zielsetzung für die analytische Untersuchung klar formuliert werden.

- Wo und wann soll etwas analysiert werden?
  Aus dieser Frage sind der Probenort, das Untersuchungsobjekt (Gase, Flüssigkeiten, Feststoffe sowie Luft, Wasser, Boden) und der Zeitpunkt herzuleiten. Mit dieser Frage ist die Probenahme verbunden.

Die Originalversion des Kapitels wurde revidiert. Ein Erratum ist verfügbar unter https://doi.org/10.1007/978-3-658-29147-1_16

G. Förtsch, H. Meinholz, *Handbuch Betrieblicher Immissionsschutz*,
https://doi.org/10.1007/978-3-658-29147-1_5

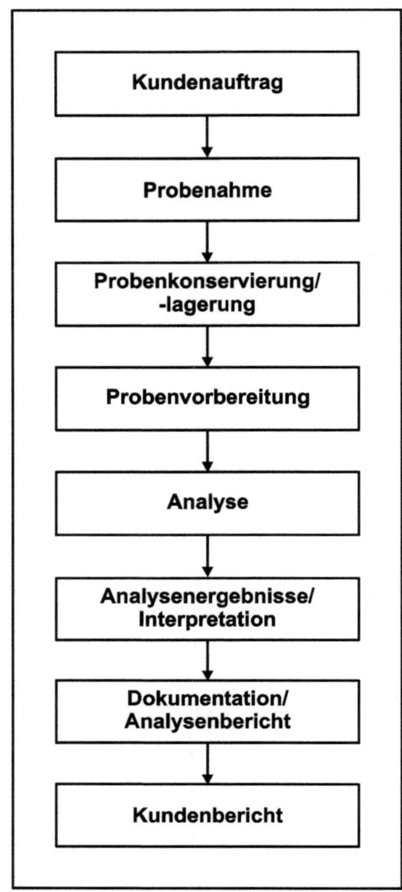

Abb. 5.1 Prozessablauf einer Analyse

- Was soll analysiert werden?
  Soll z. B. ein Summenparameter bestimmt, die Zusammensetzung der Probe analysiert oder die Strukturformel einer Substanz ermittelt werden? Mit dieser Frage sind die Probenlagerung, -konservierung und die Auswahl des analytischen Verfahrens verbunden.
- Wozu soll etwas analysiert werden?
  Werden die analytischen Daten z. B. als Kontrollmessung für die Steuerung von Prozessen benötigt? Soll mit ihnen die Einhaltung von Grenzwerten überprüft werden? Dienen die Messungen zur Charakterisierung bestimmter Produkteigenschaften? Mit dieser Frage sind die Interpretation der Analyseergebnisse und deren Dokumentation verbunden. Die einzelnen Prozessschritte der Analyse müssen jederzeit Auskunft über die Arbeitsweise und deren Durchführung geben können. Nur dann ist der analytische Prozess unter Kontrolle.

Probenahme von Gasen

Die Erfassung von Schadstoffen in der Luft ist ein wichtiger Aspekt im Umweltschutz. Dazu zählen z. B. globale Phänomene wie die Ozonzerstörung durch FCKW sowie der durch CO_2, CH_4 und andere gasförmige Stoffe verursachte Klimawandel. Regional und lokal sind z. B. die Emissionen und Immissionen von VOC oder CKW zu überwachen. Der Schutz des Menschen am Arbeitsplatz erfordert die Überprüfung des Arbeitsplatzgrenzwertes (AGW). So sind für jede Analyse gasförmiger Stoffe die individuellen Fragestellungen zu berücksichtigen. Damit sind immer die zeitliche (Zeitpunkt, Dauer, Häufigkeit der Probenahme) und räumliche (Ort der Probenahme) Repräsentanz sowie die Probenahmetechnik (Art der Probenahme und -geräte) festzulegen. Um die Konzentration der Luftverunreinigungen oder der Gefahrstoffe zu ermitteln, ist die genaue Kenntnis des Luftprobevolumens notwendig, das bei der Messung von Gasen und Dämpfen auf den Standardzustand umzurechnen ist. Bei der Probenahme können zwei Methoden zur Bestimmung des Luftvolumens eingesetzt werden. Bei der direkten Volumenmessung wird die Probe durch eine Pumpe einem Gasmengenzähler (Gasuhr) zugeführt. Bei der indirekten Volumenmessung werden der Volumenstrom (z. B. ml/min) und die Probenahmedauer (z. B. min) gemessen und daraus das Luftprobevolumen berechnet.

Bei der aktiven Probenahme (Aktivsammler) wird die Gasprobe mittels einer Pumpe zum Probenahmegerät gesaugt. Bei der passiven Probenahme (Passiv- oder Diffusionssammler) erfolgt der Probenahmetransport durch Diffusion. Bei der Festlegung der Messzeitintervalle erfolgt die Unterscheidung nach kontinuierlicher oder diskontinuierlicher Probenahme. Die Empfehlungen für die Messdauer erstrecken sich vom Minutentakt bis zur Dauerüberwachung und richten sich nach der Messaufgabe. Im Folgenden werden einige spezifische Probenahmesysteme für Gase beschrieben. Bei der Probenahme mit einem Diffusionssammler (Abb. 5.2) werden Probenbestandteile an Adsorptionsmaterialien (z. B. Aktivkohle) adsorbiert. Die Adsorption muss eine vollständige Aufnahme und unveränderte Speicherung sowie eine hohe Selektivität gegenüber dem Analyten besitzen. Gleichzeitig muss für die Messung die Desorption vollständig ablaufen.

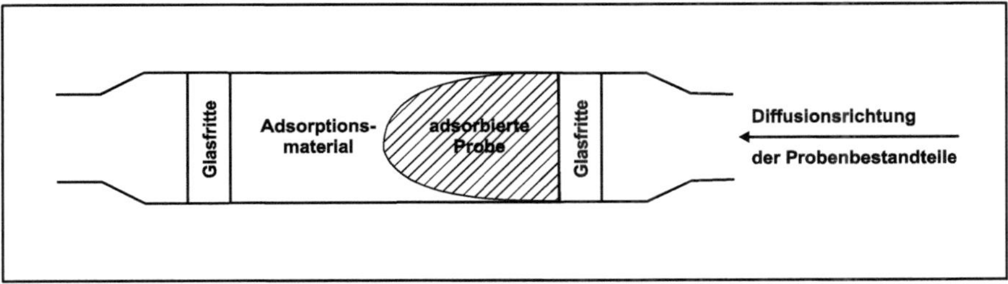

Abb. 5.2 Prinzipieller Aufbau eines Diffusionssammlers

Eine weitere Möglichkeit zur Probenahme besteht in der Verwendung von beschichteten Diffusionsabscheidern (Denudern). Sie ermöglichen die Analyse von Gasen (z. B. NH_3) neben partikelgebundenen Bestandteilen (z. B. NH_4^+). Die Innenwand des Denuders ist selektiv beschichtet. Für saure Gase kann Natriumcarbonat/Glycerin, für basische Gase Citronensäure/Glycerin verwendet werden. Die abgeschiedenen Gase (z. B. NH_3, SO_2, HCl) werden mit Wasser eluiert und können fotometrisch oder ionenchromatografisch bestimmt werden (Abb. 5.3).

In Flüssigkeiten absorbierbare Gase können mithilfe einer Waschflasche (Abb. 5.4) aufgefangen werden. Aufgrund der kleinen Gasblasen und der chemischen Reaktion mit der Waschflüssigkeit wird eine vollständige Absorption erreicht.

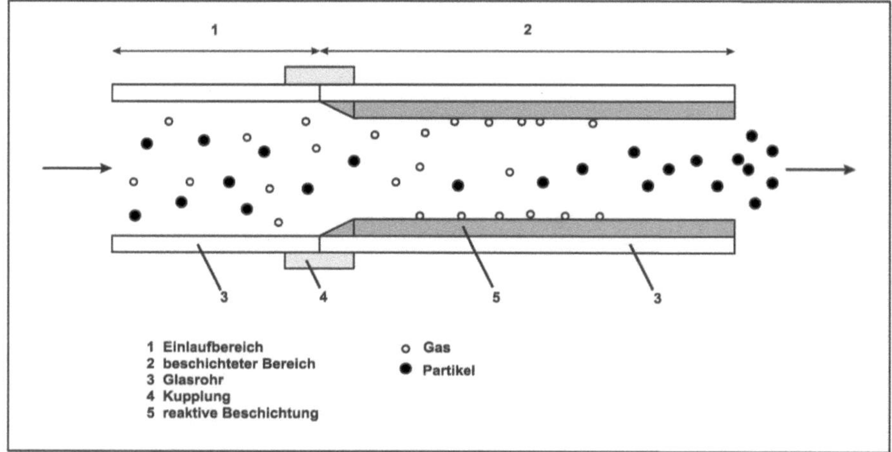

Abb. 5.3 Aufbau von Denudern [1]

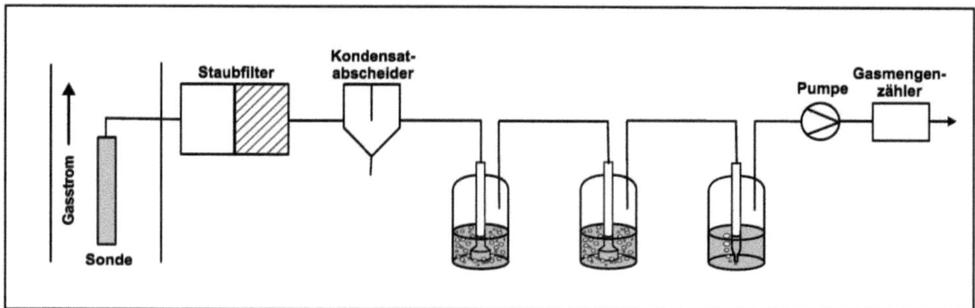

Abb. 5.4 Glasfritten- und Impinger-Waschflaschen

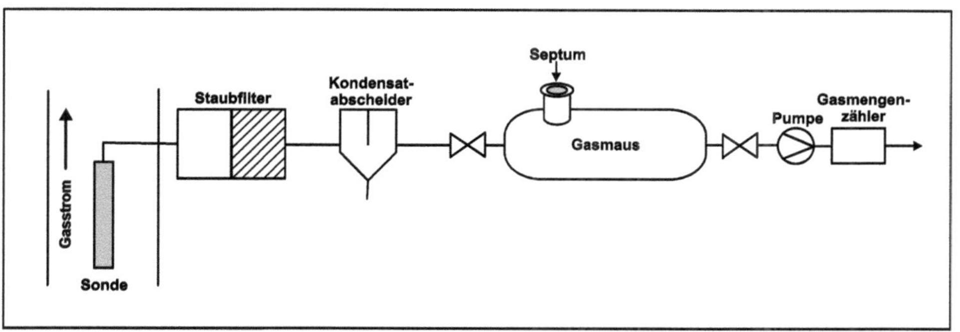

Abb. 5.5 Gassammelsystem mit einer Gasmaus

Bei der Probenahme mit einem Gassammelsystem (Abb. 5.5) wird das Gas für eine bestimmte Zeit durch das Sammelgefäß (Gasmaus) gepumpt und anschließend über die beiden Ventile verschlossen. Die Gasentnahme erfolgt für die weiteren Analyseschritte über die Ventile oder mit einer Spritze über das Septum.

Die Verwendung einer Sonde ergibt wegen ihres relativ geringen Volumens kleine Totzeiten und erschwert das Eindringen von Flüssigkeiten und Feststoffen. Förderpumpen sind meist in der Nähe des Analysators untergebracht, um eine gemeinsame Wartung der Pumpe und Analysengeräte zu ermöglichen. Der Durchfluss wird mit einem Nadelventil und einem Schwebekörperdurchflussmesser eingestellt. Mit einer zusätzlichen Druck- und Temperaturmessung lässt sich auf Standardbedingungen umrechnen. Undichtigkeiten im gesamten Probenahmesystem sind die größten Fehlermöglichkeiten. Dadurch wird Falschluft angesaugt und die zu bestimmende Probe verdünnt. Wird das gesamte Probenahme- und Analysensystem mit Stickstoff (N_2) beaufschlagt, lassen sich Undichtigkeiten über den eintretenden Sauerstoff (O_2) bestimmen und schrittweise eingrenzen. Enthält die Gasprobe Wasserdampf oder andere kondensierbare Gase, so können diese bei der Probenahme auskondensieren, wodurch mit entsprechenden Probenverlusten zu rechnen ist. So lösen sich z. B. Schwefeldioxid (SO_2) oder Ammoniak (NH_3) sehr gut in Wasser. Durch Kondensationseffekte und Reaktion mit Wasser kann es hier zu großen Messfehlern kommen.

5.2 UV/VIS-Spektroskopie

Die UV/VIS-Spektroskopie (Fotometrie) ist eine seit Jahrzehnten als Standardverfahren eingesetzte wichtige Analysenmethode. Sie kommt ohne komplizierte apparative Ausrüstung aus und liefert gute Ergebnisse. Im weitesten Sinne beschäftigt sich die Fotometrie mit der Messung von Lichtintensitäten. Da jede Substanz ein von der Molekülstruktur abhängiges charakteristisches Absorptionsspektrum besitzt, kann die Fotometrie auch zur Stoffcharakterisierung verwendet werden. In wässrigen Lösungen haben viele der zu analysierenden Verbindungen keine Eigenabsorption. Durch chemische Umsetzung mit

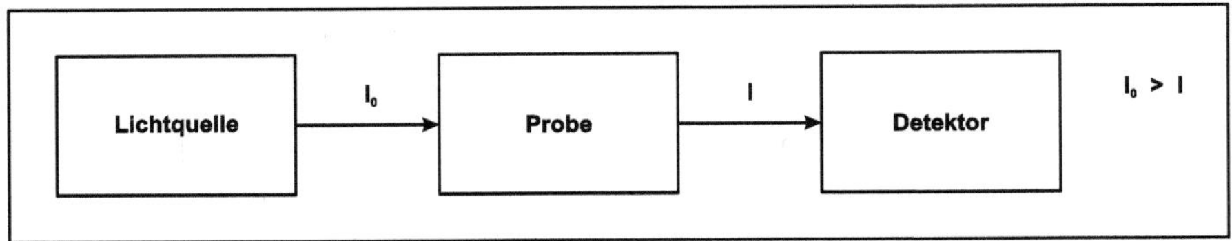

Abb. 5.6 Messprinzip eines Fotometers

einem spezifischen Reagenz lassen sich jedoch oft Messergebnisse erzielen. In der Fotometrie wird elektromagnetische Strahlung im Wellenlängenbereich von 180–780 nm verwendet. Ab 380 nm beginnt der sichtbare Bereich; darunter liegt der UV-Bereich. Die prinzipielle Messmethode der Fotometrie ist in Abb. 5.6 dargestellt. Von einer Lichtquelle wird Strahlung mit der Intensität I_0 durch die Probe gesandt. Ein Teil der Strahlung wird absorbiert und die austretende Strahlung mit der geringeren Intensität I durch einen Detektor gemessen.

Das Verhältnis zwischen eingestrahltem Licht (I_0) und austretendem Licht (I) wird als Durchlässigkeit (D) bezeichnet.

$$D = \frac{I}{I_0}$$

Die Durchlässigkeit der Probe ist immer $D \leq 1$; für völlig undurchlässige Proben ist $D = 0$. Häufig wird statt der Durchlässigkeit (D) der Transmissionsgrad (T) angegeben. Er gibt den prozentualen Anteil der Strahlungsintensität an, die die Probe verlässt.

$$T = \frac{I}{I_0} \cdot 100\%$$

Ein weiterer Begriff ist die Absorption (A), für die gilt:

$$A = 1 - T.$$

Sie gibt an, wie viel Prozent der Strahlung durch die Probe absorbiert wurde.

Lambert-Beer'sches Gesetz

Das Lambert-Beer'sche Gesetz liefert den grundlegenden Zusammenhang für eine fotometrische Konzentrationsbestimmung. Führt man den Begriff der Extinktion (E) ein:

$$E = -\lg \frac{I}{I_0},$$

so erhält man eine lineare Funktion für die Konzentrationsbestimmung, die durch den Nullpunkt verläuft (Abb. 5.7).

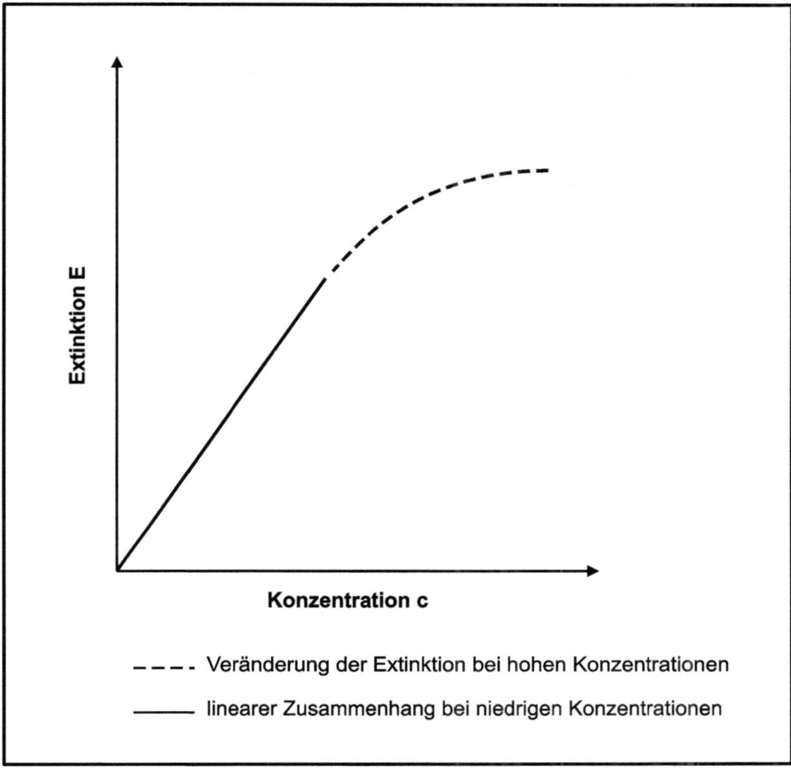

Abb. 5.7 Verlauf des Lambert-Beer'schen Gesetzes

$$E = \varepsilon \cdot c \cdot d$$

Die Größe ε ist der wellenlängenabhängige und stoffspezifische molare Extinktionskoeffizient, c die Konzentration der Messung und d die Schichtdicke der Küvette.

Das Lambert-Beer'sche Gesetz gilt nur für sehr verdünnte Lösungen. Bei höheren Konzentrationen ($c \geq 0{,}01$ mol/l) nimmt die Extinktion aufgrund von stärkeren Wechselwirkungen zwischen den Teilchen nicht mehr linear zu. Der Abstand zwischen den Molekülen ist so gering, dass die Elektronendichteverteilung und damit der Absorptionsquerschnitt für die Strahlung beeinflusst werden und es zu Abweichungen von der Linearität kommt.

Aufbau eines Fotometers

Für eine fotometrische Messung werden immer zwei Messungen durchgeführt. Die Probenlösung enthält alle Bestandteile wie Lösungsmittel, nachzuweisende Substanz und Inertstoffe. Um die Einflussfaktoren des Lösungsmittels und der Inertstoffe zu eliminieren, wird eine zusätzliche Messung mit einer Referenzlösung durchgeführt. Mit dieser Referenzlösung wird der Nullpunkt der Absorption eingestellt und dann die Probenlösung vermessen. Zur Messung werden in der Fotometrie zwei Arbeitsweisen unterschieden:

- Einstrahlfotometer und
- Zweistrahlfotometer.

Beim Einstrahlfotometer werden Referenzlösung und Probenlösung nacheinander vermessen. Beim Zweistrahlfotometer wird der Lichtstrahl der Lampe in zwei gleiche Strahlen geteilt. Ein Strahlenbündel durchstrahlt die Referenzlösung, das andere Strahlenbündel parallel die Probenlösung. Die beiden Strahlengänge von Referenz- und Probenküvette werden über Umkehrspiegel wieder zusammengeführt, zum Fotodetektor geleitet, in ein elektrisches Signal umgewandelt und angezeigt (Abb. 5.8).

Absorptionsspektrum

Die fotometrische Bestimmung einer Substanz geschieht bei einer substanzspezifischen Wellenlänge, die sich aus einem Absorptionsspektrum ermitteln lässt. Aus der Auftragung der Extinktion gegen die Wellenlänge erhält man eine Absorptionsbande, aus der der maximale Absorptionspeak entnommen werden kann. Abb. 5.9 zeigt das Absorptionsspektrum für die Nitratbestimmung. Dazu wird in schwefel-/phosphorsaurer Lösung das Nitration mit 2,6-Dimethylphenol zu 4-Nitro-2,6-Dimethylphenol umgesetzt.

$$\text{2,6-Dimethylphenol (OH; } H_3C, CH_3\text{)} + NO_3^- + H_3O^+ \longrightarrow \text{4-Nitro-2,6-Dimethylphenol (OH; } H_3C, CH_3\text{; } NO_2\text{)} + 2\,H_2O$$

Das Maximum der Absorption ist die substanzspezifische Absorptionswellenlänge, bei der die Kalibrierung und Probenmessung durchgeführt wird. In diesem Punkt ist die Änderung der Extinktion bezogen auf die Konzentration am größten. Somit kann eine maximale Messempfindlichkeit erzielt werden. Im gezeigten Beispiel liegt das Absorptionsma-

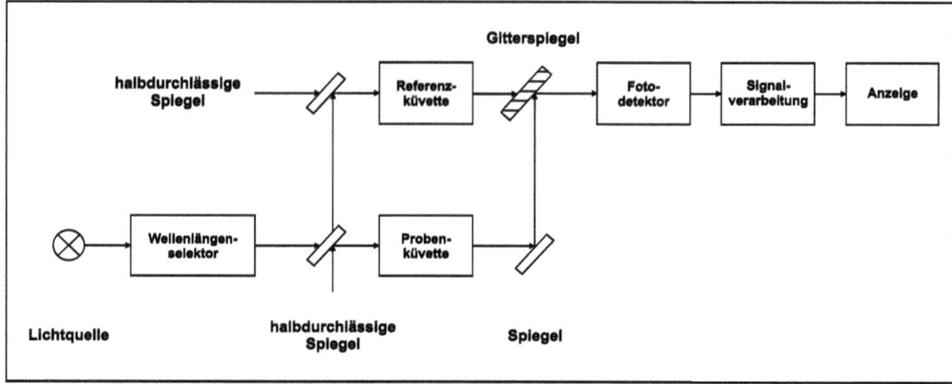

Abb. 5.8 Prinzipieller Aufbau eines Zweistrahlfotometers

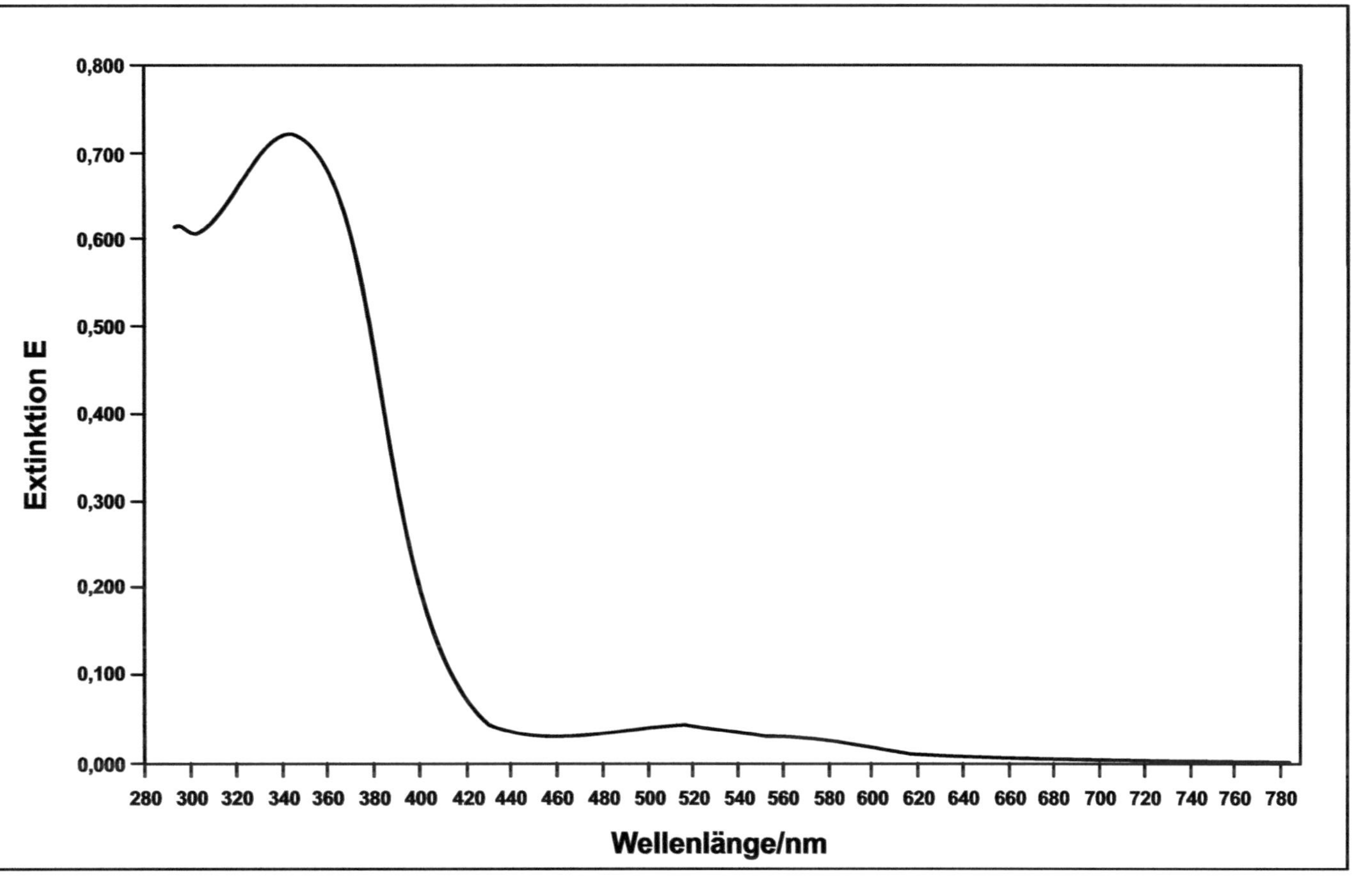

Abb. 5.9 Absorptionsspektrum der Nitratbestimmung

ximum bei 346 nm. Für Standardverfahren ist die Absorptionswellenlänge bekannt und braucht nicht separat ermittelt zu werden.

Kalibrierung und Messung

Für eine fotometrische Messung wird im 2. Schritt für verschiedene Stoffkonzentrationen eine Kalibriergerade aufgenommen. Die Standards sollten in ihrer Matrix (Lösungsmittel und Begleitstoffe) der Zusammensetzung der Probe entsprechen. Dazu werden fünf bis zehn Lösungen mit definierten Konzentrationen hergestellt und deren Extinktionswerte gegen die Konzentration aufgetragen. Der Konzentrationsbereich deckt den Bereich ab, der für die Analyse der Probe erwartet wird. Es sollte sich eine Gerade ergeben, die durch den Nullpunkt verläuft (Abb. 5.10). Eine Messung außerhalb des Kalibrierbereichs bei höheren Konzentrationen ist nicht erlaubt, da hier Abweichungen von der Linearität des Lambert-Beer'schen Gesetzes vorliegen können.

Erst nach diesen beiden vorbereitenden Schritten ist es möglich, in einem 3. Schritt eine Probe unbekannter Konzentration zu analysieren. Dazu wird die Extinktion dieser Probe bestimmt und im Diagramm mittels der Kalibriergeraden die zugehörige Konzentration abgelesen. Eine weitere, mathematische Berechnungsmöglichkeit ergibt sich durch direkte Verwendung des Lambert-Beer'schen Gesetzes. Für fotometrische Messungen ste-

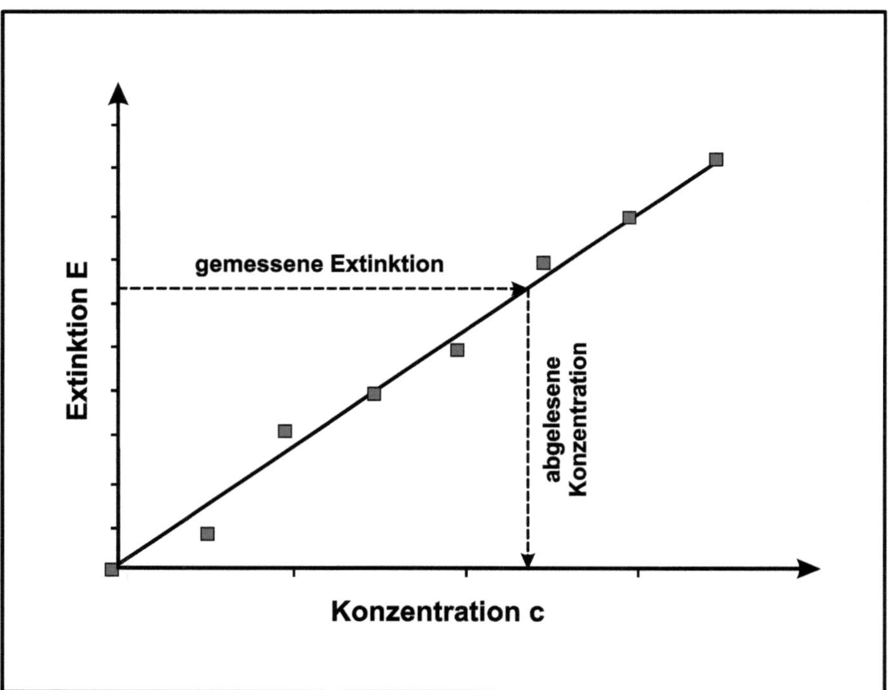

Abb. 5.10 Kalibriergerade und Ermittlung der Konzentration eines Stoffes

hen heute vollautomatische Fotometer zur Verfügung. Die Ermittlung der Absorptionswellenlänge und die Erstellung der Kalibriergeraden werden geräteintern mit einer entsprechenden Software ausgeführt. Auch gibt es für viele Substanzen stoffspezifische Küvettentests. In diesen Küvetten befinden sich chemische Substanzen, die sich mit dem zu bestimmenden Stoff zu einer spezifischen Verbindung umsetzen. Über einen Barcode an der Küvette erkennt das Fotometer die zu bestimmende Substanz, stellt automatisch die entsprechende Absorptionswellenlänge ein, misst die Extinktion und berechnet im dritten Schritt die Konzentration.

5.3 Infrarotspektroskopie (IR)

Spektroskopische Messmethoden sind in der Analytik weitverbreitet. Während die UV/VIS-Spektroskopie im Wellenlängenbereich von 180–780 nm hauptsächlich für die Untersuchung wässriger Systeme verwendet wird, werden gasförmige Proben mit der Infrarotspektroskopie (IR) zwischen 0,78–100 µm analysiert. Auch im IR-Bereich gilt für die Bestimmung der Stoffkonzentration das Lambert-Beer'sche Gesetz. Im Vergleich zum sichtbaren Licht oder zur UV-Strahlung ist die IR-Strahlung relativ energiearm. Während erstere Elektronenübergänge im Molekül hervorrufen, werden bei der infraroten Strahlung energieärmere Schwingungszustände der Atome im Molekül angeregt. Dabei lässt sich zwischen

- Streckschwingung und
- Deformationsschwingung

unterscheiden. Während sich bei der Streckschwingung die Bindungslänge zwischen zwei Atomen verändert, ändert sich bei der Deformationsschwingung der Bindungswinkel. In der IR-Spektroskopie hat es sich eingebürgert, anstelle der Wellenlänge λ die Wellenzahl $\tilde{\upsilon}$ aufzutragen. Es gilt folgender Zusammenhang:

$$E = h \cdot \nu \qquad \lambda \cdot \nu = c$$

$$= h \cdot \frac{c}{\lambda}$$

$$= h \cdot c \cdot \tilde{\nu} \qquad \text{mit } \tilde{\nu} = \frac{1}{\lambda}.$$

Die Wellenzahl $\tilde{\upsilon}$ ist umgekehrt proportional zur Wellenlänge λ und direkt proportional zur Schwingungsenergie E. Die Angabe erfolgt in der Einheit cm^{-1}. In der IR-Spektroskopie werden hautsächlich drei verschiedene Spektrometertypen verwendet:

- dispersive IR-Spektrometer,
- nichtdispersive IR-Spektrometer,
- Fourier-Transform-(FT-)Spektrometer.

Bei dispersiven IR-Spektrometern wird über Prismen- oder Gittermonochromatoren eine variable Selektion der Messwellenlänge vorgenommen. Das Prinzip der FT-Spektrometer beruht auf der spektralen Zerlegung der eingestrahlten polychromatischen IR-Strahlung über ein Interferometer. Dazu wird sie in zwei Teilstrahlen aufgespalten, die an einem feststehenden und einem beweglichen Spiegel reflektiert und nach Rekombination zur Interferenz gebracht werden. Eine Verschiebung des beweglichen Spiegels verändert die optische Weglänge, wodurch eine Phasendifferenz zwischen beiden Teilstrahlen und somit eine Änderung der Interferenzamplitude resultiert. Am Detektor wird der Verlauf der Strahlungsintensität in Abhängigkeit von der optischen Wegdifferenz registriert. Mit einem Computer erfolgt dann die rechnerische Umwandlung des Interferogramms (Fourier-Transformation) in ein normales IR-Spektrum.

Die nichtdispersive Infrarotspektroskopie (NDIR) hat sich besonders auf dem Gebiet der Gasanalyse bewährt und wird u. a. zur Umweltüberwachung eingesetzt. Das Grundprinzip der NDIR-Spektrometer beruht auf dem opto-akustischen Effekt. Dieser entsteht, wenn periodisch unterbrochene Wärmestrahlung (IR-Strahlung) in ein abgeschlossenes Gasvolumen eintritt. NDIR-Geräte sind deshalb mit einem Chopper zur Strahlungsmodulation versehen (Abb. 5.11). Die moduliert einfallende IR-Strahlung, regt die Gasmoleküle zu Schwingungen an und führt zu einer Erwärmung des Gases. Dadurch entstehen in der Messkammer Druckschwankungen, die über eine Membran oder einen Mikroströmungsfühler erfasst und in ein elektrisches Signal umgesetzt werden. Die NDIR-Technik erlaubt heute eine routinemäßige Emissions- und Immissionsmessung.

5.4 Gaschromatografie (GC)

Alle chromatografischen Trennverfahren beruhen auf einer wiederholten Verteilung der zu trennenden Komponenten zwischen zwei nicht mischbaren Phasen. Eine Phase ist nicht beweglich (stationär), während die bewegliche, mobile Phase den Transport der Probenkomponente durch die Säule bewerkstelligt. Die stationäre Phase kann fest oder flüssig sein, die mobile Phase flüssig oder gasförmig. Ist die mobile Phase flüssig, spricht man von der Flüssigchromatografie; ist sie gasförmig, wird von der Gaschromatografie gesprochen. Sehr oft ist in der Gaschromatografie die stationäre Phase eine Flüssigkeit. Vom Trägergas als mobiler Phase werden die Probenkomponenten durch die Chromatografiesäule transportiert. Aufgrund der physikalisch-chemischen Eigenschaften des Säulenmaterials kommt es zu einer Wechselwirkung zwischen den einzelnen Komponenten der Probe und dem Säulenmaterial. Aufgrund seiner inerten Natur passiert das Trägergas die Trennsäulen ohne größere Wechselwirkungen; die einzelnen Probenmoleküle benötigen dagegen eine längere Zeit. Aufgrund der unterschiedlichen Stärke der Wechselwirkungen kommt es letztlich zu einem unterschiedlichen Verweilzeitverhalten in der Säule und einer

Auftrennung der Probenkomponenten in einzelne Fraktionen. Die unterschiedlichen Verweilzeiten (Retentionszeiten) sind ein wichtiger Faktor für die qualitative Auftrennung der einzelnen Probenkomponenten. Im Chromatogramm treten sie als Peaks auf (Abb. 5.12).

Die Verweilzeit der mobilen Phase in der Säule wird als Totzeit t_M bezeichnet. Verlässt eine getrennte Komponente mit der mobilen Phase die Trennsäule und gelangt in den Detektor, steigt das Signal bis zu einem Maximum an und fällt dann wieder auf die Basislinie zurück. Im Chromatogramm erscheint ein Peak. In Abb. 5.13 ist beispielhaft das Chromatogramm eines Gasgemisches wiedergegeben.

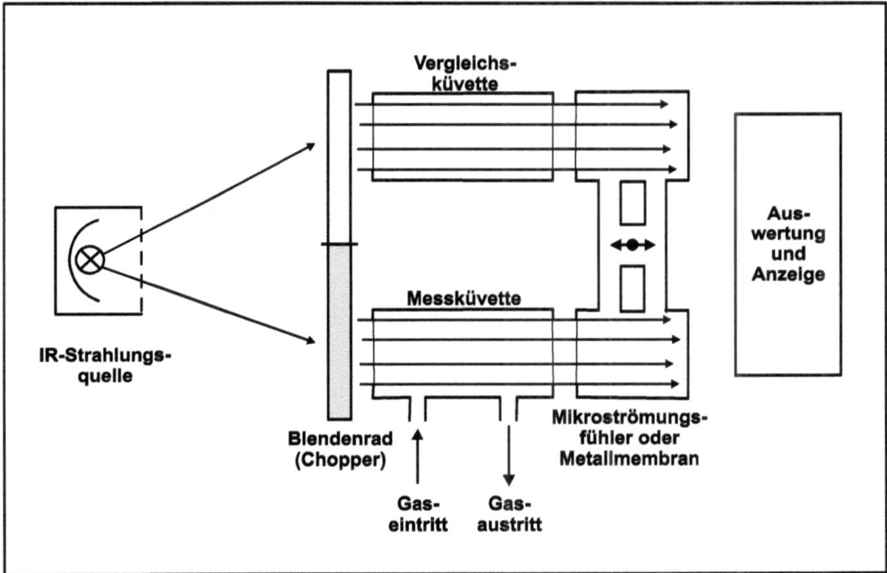

Abb. 5.11 Schematischer Aufbau eines NDIR-Gerätes [2]

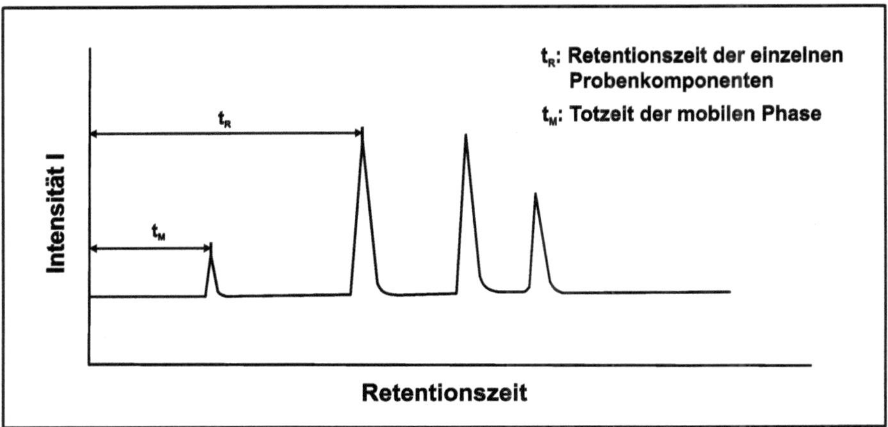

Abb. 5.12 Grundsätzliche Struktur eines Chromatogramms

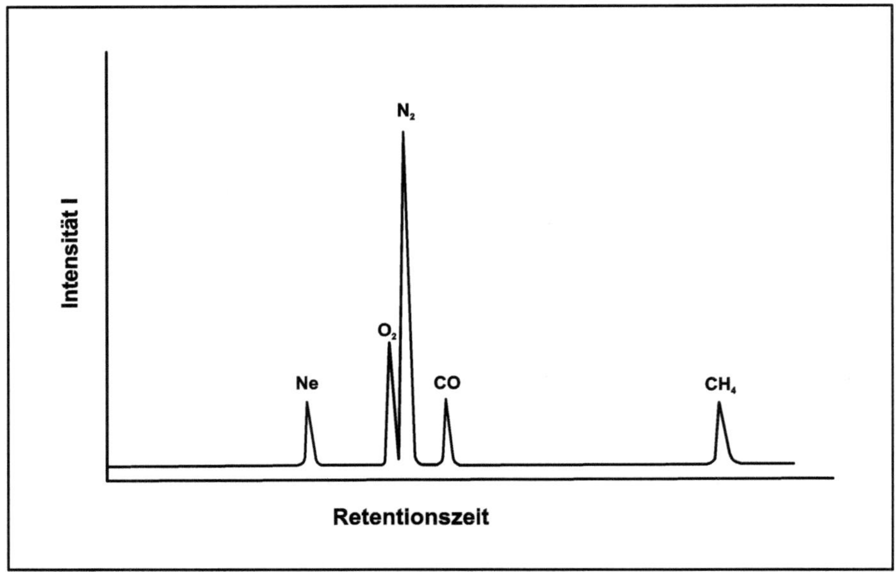

Abb. 5.13 Gaschromatogramm eines Gasgemisches

Die Auswertung eines Chromatogramms geschieht qualitativ und quantitativ. Nur die Nettoretentionszeit ist für die qualitative Charakterisierung der Substanz signifikant. Bei einer qualitativen Analyse werden durch Vergleiche mit Reinsubstanzen die Komponenten einer Probe identifiziert. Die quantitative Auswertung eines Chromatogramms geschieht über die Ermittlung der Peakhöhe oder der Peakfläche. Dazu muss jedoch vorher eine Kalibrierung vorgenommen werden. Bei der Kalibrierung mithilfe eines äußeren Standards muss die Reinsubstanz zur Verfügung stehen. Es werden Kalibrierlösungen mit abgestufter Konzentration hergestellt und separat chromatografiert. Bei der Kalibrierung mithilfe eines inneren Standards besitzt die Kalibriersubstanz ähnliche chromatografische Eigenschaften wie die zu bestimmende Substanz. Der innere Standard wird der Probe zugesetzt und zusammen mit dieser analysiert. Ein Gaschromatograf besteht im Wesentlichen aus drei Teilen (Abb. 5.14):

- dem Injektor,
- der Trennsäule,
- dem Detektor.

Die Gasversorgung liefert das Trägergas für die mobile Phase. Über Reduzierventile wird die notwendige Strömungsgeschwindigkeit eingestellt. Die am häufigsten verwendeten Gase sind Wasserstoff (H_2), Helium (He), Stickstoff (N_2) und eine Argon-Methan-Mischung.

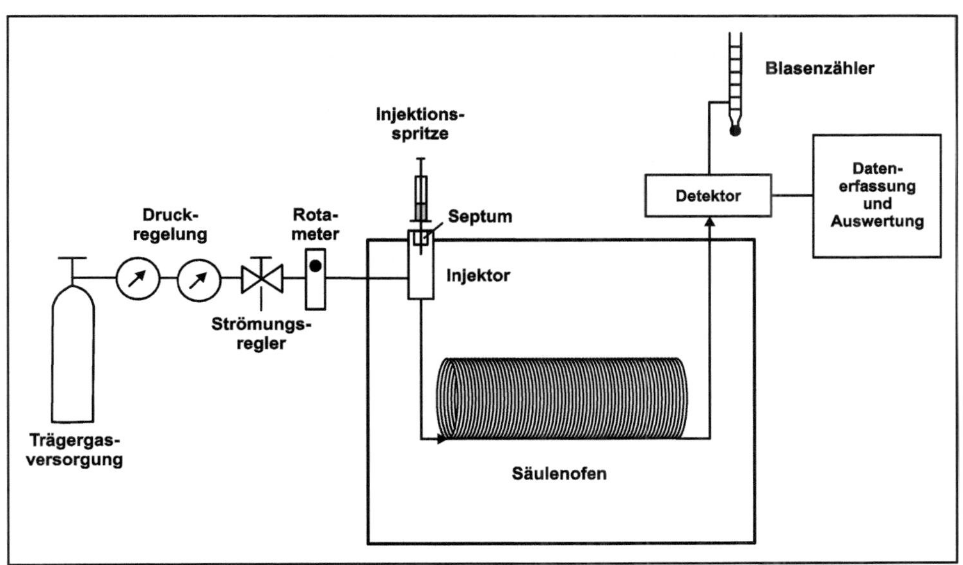

Abb. 5.14 Schematischer Aufbau eines Gaschromatografen

Über den Injektor wird die Probe in den Trägergasstrom eingebracht. Um ein schnelles Verdampfen der Probenkomponenten zu gewährleisten, ist er beheizt. Durch das Verdampfen wird die Probe in den gasförmigen Zustand überführt und vom Trägergasstrom idealerweise als Dampfpfropf auf die Trennsäule gebracht. Das einfachste Verfahren zum Aufbringen der Probe ist die Direktinjektion. Dabei wird die Probe in eine Spritze aufgezogen und anschließend durch ein Septum in den heißen Injektor gespritzt. Die Direktinjektion ist die älteste und einfachste Technik zum Aufbringen der Probe. Dabei gelangt das gesamte Volumen des Einspritzmaterials (1–5 µl) auf die Säule. Bei der Splitinjektion wird auch das gesamte Probenmaterial verdampft. Aufgrund eines geteilten Trägergasstroms gelangt aber nur ein Teil des Probendampfes auf die Trennsäule. In der Trennsäule wird die zu untersuchende Probe in die einzelnen Komponenten getrennt. Es gibt zwei wesentliche Typen chromatografischer Säulen, die

- gepackte Säule und
- Kapillarsäule.

Gepackte Trennsäulen haben einen relativ großen Innendurchmesser von 1–5 mm. Die Säulenlänge liegt zwischen 0,5–50 m. Gepackte Säulen sind mit einem feinkörnigen Adsorptionsmaterial (Adsorptionssäule) oder einem porösen Trägermaterial (Verteilungssäule) gepackt. Die Partikelgröße liegt bei 50–500 µm. Das Trägermaterial weist somit eine sehr große Oberfläche auf, um einen möglichst schnellen Stoffaustausch zwischen mobiler und stationärer Phase zu gewährleisten. Kapillarsäulen haben nur einen Innendurchmesser von 30–500 µm bei einer Länge von 1–200 m. Die stationäre Phase wird als flüssiger Film (Filmkapillarsäule) mit einer Schichtdicke von 0,05–10 µm aufgebracht. Bei der Schichtkapillarsäule ist die stationäre Phase ein auf der Innenseite der Trennsäule aufgetragenes festes Adsorbens, das eine 0,1–5 µm dicke Schicht bildet. Die Schichtkapillarsäule kann zusätzlich mit einer Flüssigkeit imprägniert sein.

Die stationäre Phase muss physikalisch und chemisch stabil sein. Sie darf nur einen geringen Dampfdruck besitzen und keiner Zersetzung bei hohen Temperaturen unterliegen. Durch Immobilisierung der stationären Phase mit der Oberfläche der Trennsäule lässt sich die Stabilität erhöhen. Gegenüber der mobilen Phase und den Probenkomponenten muss sie sich inert verhalten. Gleichzeitig soll sie über eine entsprechende Selektivität verfügen, um eine gute Trennung der einzelnen Probenbestandteile zu ermöglichen. Die Trennsäule befindet sich in einem beheizbaren Säulenofen, mit dem Temperaturen von 20–500 °C eingestellt werden können. Die Säulentemperatur ist ein wichtiger Faktor für die Trennung einer Probe. Nur Komponenten, die einen ausreichenden Dampfdruck besitzen, lassen sich mit der mobilen Phase durch die Trennsäule transportieren. Die Säulentemperatur darf allerdings nicht die maximal zulässige Temperatur für die stationäre Phase überschreiten, da diese sonst ausblutet und zerstört wird. Die Ofentemperatur kann während einer Analyse entweder konstant gehalten werden (isothermer Betrieb) oder mit einem entsprechenden zeitlichen Temperaturprogramm gefahren werden. Bei Probenkomponenten mit unterschiedlich hohen Siedepunkten wird der programmierte Temperaturverlauf so gewählt, dass sich die Probenkomponenten in möglichst kurzer Zeit optimal trennen.

Detektoren sind der dritte wichtige Bestandteil eines Gaschromatografen. Mit ihnen wird die Anwesenheit einer Substanz im Trägergas aufgezeigt. Die grafischen Resultate der Messung werden als Chromatogramm bezeichnet. Wichtige Detektoren sind der

- Flammenionisationsdetektor (FID),
- Wärmeleitfähigkeitsdetektor (WLD),
- massenspektrometrische Detektor (MSD).

Der Flammenionisationsdetektor (FID) ist ein vielfach eingesetzter Detektor. Die zur Signalerzeugung benötigten Ionen entstehen bei der Verbrennung organischer Kohlenwasserstoffgruppen. Er spricht daher fast auf alle organischen Verbindungen an. Nicht nachweisbar sind z. B. O_2, N_2, H_2, SO_2, CO_2, H_2O und Edelgase. Hier müssen andere Detektortypen verwendet werden. Der FID besteht aus einem Brenner, der ein Gemisch aus reiner Luft, Wasserstoff und Trägergas (z. B. N_2, He, H_2) als mobile Phase bei hohen Temperaturen verbrennt. Wenn Trägergas ohne Probenkomponenten durch die Flamme strömt, entstehen keine Ionen und es ist praktisch keine Leitfähigkeit der Flamme vorhanden. Im Chromatogramm ist dies dann die Basislinie. Wenn Substanzen eluiert werden, nimmt die Leitfähigkeit der Flamme zu. Das entstehende Signal wird im Chromatogramm als Peak dargestellt.

Der FID ist sehr einfach aufgebaut. Von Nachteil ist es, dass die vom Chromatografen kommende Probe durch die Verbrennung zerstört wird. Der Wärmeleitfähigkeitsdetektor (WLD) ist ein ebenfalls einfach gebauter Detektor. Er beruht auf einer Änderung des elektrischen Widerstandes eines beheizten Platin-, Gold- oder Wolframdrahtes. Dieser elektrische Widerstand ist abhängig von der Wärmeleitfähigkeit des Gases. Mit dem WLD lassen sich anorganische und organische Substanzen detektieren. Vorteil ist auch, dass die einzelnen Probenkomponenten nicht zerstört werden. Das Massenspektrometer (MSD) ist einer der leistungsstärksten Detektoren. Durch Beschuss mit Elektronen wird das Molekül in Fragmente zerlegt, die detektiert und analysiert werden. Eine weitere Möglichkeit der Ionisierung besteht im Beschuss mit chemischen Ionen. Auch durch diesen Detektor wird die Probensubstanz zerstört.

5.5 Prüfröhrchen

Prüfröhrchen sind einfach zu handhabende Messinstrumente zur Bestimmung einer Vielzahl von Stoffen. Prinzipiell enthält ein Glasröhrchen ein chemisches Präparat, das mit der zu messenden Substanz unter Farbänderung reagiert (Abb. 5.15). Die Spitzen des Röhrchens sind auf beiden Seiten abgeschmolzen, damit eine entsprechende Lagerzeit/Stabilität eingehalten werden kann. Vor der Messung werden die Glasspitzen abgebrochen und das Prüfröhrchen wird auf eine Pumpe gesteckt. Mit einer entsprechenden Anzahl von Pumpenhüben, die auf den Prüfröhrchen angegeben ist, wird die Luft durch das Röhrchen gesaugt. Die durch die chemische Reaktion auftretende Farbänderung ist ein Maß für die Konzentration des zu messenden Stoffes. Anhand der aufgedruckten Vergleichsskala lässt sie sich direkt ablesen.

Pumpenbetriebene Kurzzeitröhrchen erfordern Messzeiten von wenigen Minuten. Sie werden z. B. für Messungen an Gasleitungen, Lagertanks und zur Luftüberwachung eingesetzt. Bei pumpenlosen Diffusionsröhrchen diffundieren die zu messenden Gase in das Röhrcheninnere. Aufgrund des Tragekomforts eignen sie sich besonders zur personenbezogenen Messung, z. B. für den Arbeitsplatzgrenzwert (AGW). Die Grundlage direkt anzeigender Prüfröhrchen sind chemische Reaktionen des zu messenden Stoffes mit den Chemikalien der Füllung. Der Stoffumsatz verläuft in erster Näherung proportional zur Masse des reagierenden Gases. Meistens gelingt es, den Stoffumsatz in Form einer Farbanzeige darzustellen. In den Füllschichten der Prüfröhrchen kommen verschiedene Reaktionssysteme zum Einsatz. Für den Anwender ist die Frage der Selektivität von großer Bedeutung. So gehört z. B. die Bestimmung von Kohlendioxid (CO_2) mit Hydrazin ($H_2N - NH_2$) zu den selektiven Reaktionen. Die Messung wird in Anwesenheit von Kristallviolett als Indikator durchgeführt.

$$CO_2 + H_2N-NH_2 \xrightarrow{\text{(Kristallviolett)}} H_2N-NH-COOH$$

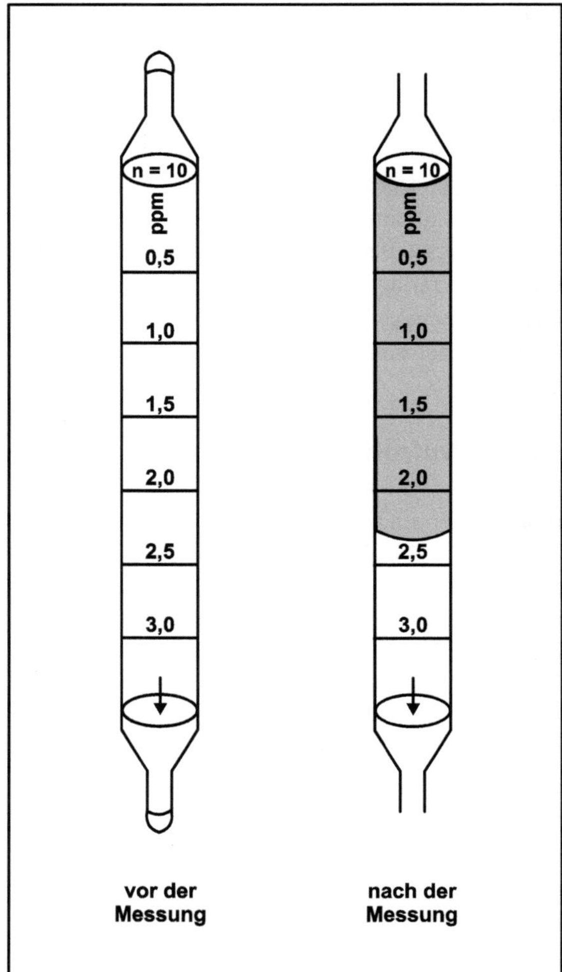

Abb. 5.15 Aufbau und Funktionsweise eines Prüfröhrchens [3]

Stickstoffdioxid (NO_2) und elementare Halogene (z. B. Cl_2) reagieren mit aromatischen Aminen unter Bildung intensiv gefärbter Verbindungen. Da hier mehrere Stoffe eine Farbreaktion hervorrufen können, ist die Reaktion nicht selektiv.

$$Cl_2 \quad + \quad \text{o-Toluidin} \quad \rightarrow \quad \text{orangefarbenes Reaktionsprodukt}$$

Wie bei jeder analytischen Bestimmung sind die Grenzen des verwendeten Verfahrens zu berücksichtigen. Eine wichtige Größe hinsichtlich der Selektivität ist die Kenntnis potenzieller Querempfindlichkeiten zu anderen Substanzen. Aber auch Faktoren, wie Messunsicherheit, Verzerrung der Anzeige, Lagerfähigkeit und Temperaturbeständigkeit, spielen für die Qualitätssicherung eine Rolle. So weisen Prüfröhrchen eine Messunsicherheit von 10–30 % auf. Für Expositionsmessungen an Arbeitsplätzen sind sie eher nur für qualitative Aussagen einsetzbar.

5.6 Olfaktometrie

Gerüche lassen sich nicht eindeutig objektiv erfassen. Die Grundlage für eine olfaktometrische Bestimmung ist die Ermittlung eines Testergebnisses durch ein Prüfkollektiv aus mehreren Personen. Deshalb spricht man bei der Olfaktometrie auch von einem sensorischen Verfahren. In einem Olfaktometer wird eine zu beurteilende Gasprobe mit geruchsfreier Luft verdünnt und den an der Messung teilnehmenden Personen über Nasenmasken oder Riechrohre zugeführt. Abb. 5.16 zeigt ein vereinfachtes Fließbild zur olfaktometrischen Bestimmung von Gerüchen. Prinzipiell kann ein Olfaktometer überall dort eingesetzt werden, wo Geruchsstoffgemische auftreten und deren Geruchseindruck zu bewerten ist. Anlass für eine olfaktometrische Messung sind meistens Geruchsbelästigungen z. B. von landwirtschaftlichen oder lebensmitteltechnischen Betrieben, Abfalldeponien, Kläranlagen. Aus den Messergebnissen lässt sich ermitteln, wie schnell und weit sich die Geruchsbelästigung ausbreitet. Darauf aufbauend müssen die entsprechenden Minderungsmaßnahmen ausgewählt werden. Grundsätzlich sind bei der Geruchsmessung zwei Arten von Probenahmen zu unterscheiden. Bei der dynamischen Probenahme wird die Geruchsprobe direkt von der Geruchsquelle in das Olfaktometer überführt. Diese Technik lässt sich nur bei einem zeitlich konstanten Konzentrationsniveau anwenden. Der Vorteil gegenüber der statischen Probenahme besteht darin, dass zwischen Probenahme und Messung wenig Zeit vergeht. Dadurch wird das Risiko einer Veränderung der Probe verringert.

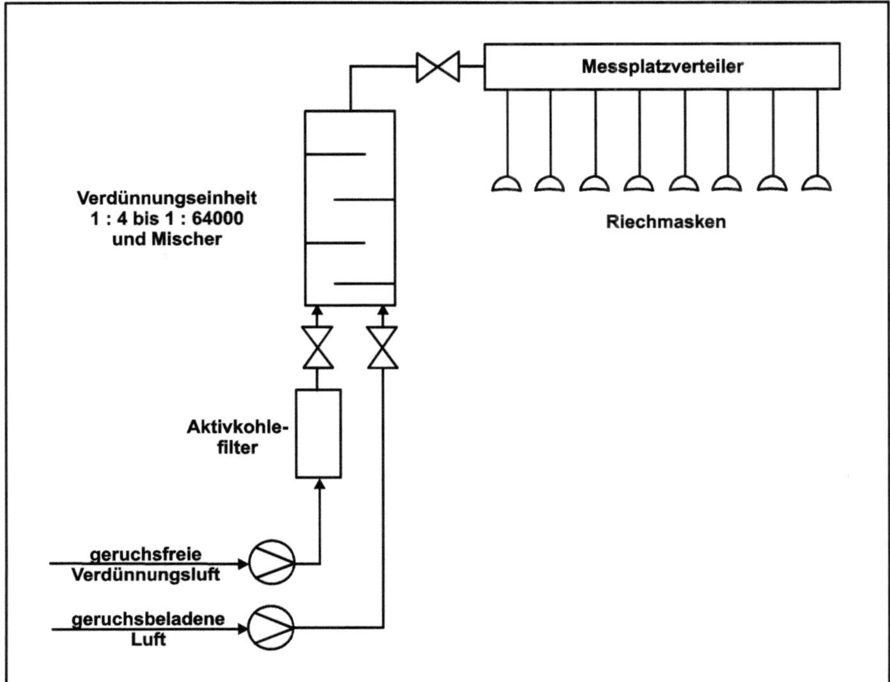

Abb. 5.16 Olfaktometrische Bestimmung von Gerüchen

5

Bei der statischen Probenahme wird die Geruchsprobe zunächst in einen Behälter gezogen. Die olfaktometrische Analyse findet zu einem späteren Zeitpunkt statt. Vorteil ist, dass Geruchsproben von allen Quellen genommen werden können. Nachteilig können mögliche Veränderungen der Geruchsprobe während des Transports und der Lagerung sein. Alle Teile des Olfaktometers, die mit dem Geruchsstoff in Berührung kommen, dürfen nur aus Glas, Edelstahl oder Polytetrafluorethylen (PTFE) hergestellt sein. Dies vermeidet weitestgehend Korrosion, Kontamination und Geruchsveränderungen. Außerdem lässt sich das Olfaktometer leichter reinigen. Da die Probenahme und die Empfindlichkeit der Prüfer erhebliche Fehlerquellen darstellen, gelten 20 %ige Abweichungen vom Sollwert der Verdünnungsverhältnisse als unkritisch. Maßgeblich für die Qualität der Messergebnisse sind die Empfindlichkeit, die Reproduzierbarkeit der Geruchsschwellenerkennung und die Konzentrationsfähigkeit der Prüfer. Für die an der Messung teilnehmenden Personen wird eine repräsentative Bevölkerungsvertretung ausgewählt.

Für die Festlegung der Geruchsschwelle einer Probe sind mindestens acht Prüfer einzusetzen. Zu Beginn einer olfaktometrischen Messreihe wird den Prüfern die zu untersuchende Geruchsprobe im unterschwelligen Bereich angeboten. Mit ansteigender Konzentration wird die Geruchsschwelle ermittelt. Die Geruchsschwelle liegt bei der Konzentration, die von 50 % der Prüfer als individueller Schwellenwert ermittelt wird. Beim Konstanzverfahren ist die Konzentrationsfolge der den Prüfern dargebotenen Geruchsproben zufälliger Natur. Zur Beurteilung des überschwelligen Reizes sollte der Prüfer höchstens 15 s benötigen. Zwischen den verschiedenen Konzentrationsreizen sollte mindestens eine Minute Pause liegen, um eine Adaption des Prüfers an die Geruchsprobe zu vermeiden. Zwischen den Konzentrationsstufen ist Neutralluft anzubieten. Die Messreihen sind mindestens zweimal zu wiederholen. Um eine Gefährdung für die Prüfer sicher auszuschließen, ist eine eventuelle Toxizität der Probe vorher zu bestimmen. Die Bewertungsstufen für den Geruchseindruck einer olfaktometrischen Messung folgen einer Intensitätsskala von 0 bis 6:

0:	nicht wahrnehmbar
1:	sehr schwacher Geruch
2:	schwacher Geruch
3:	deutlicher Geruch
4:	starker Geruch
5:	sehr starker Geruch
6:	extrem starker Geruch

5.7 Staubmessungen

Staubpartikel mit einem Durchmesser kleiner als 10–30 μm verbleiben relativ lange (bis zu einigen Tagen) in der Atmosphäre und werden daher als Schwebstaub bezeichnet. Für die Messung von Schwebstaub ist die Abscheidung an einem Filter mit anschließender Messung der Gewichtsänderung oder der Filterdicke am besten geeignet.

Beim High-Volume-Sampler (HVS) wird die zu untersuchende Luft mit einem Volumenstrom von bis zu 30 m^3/h über einen Filter gesaugt (Abb. 5.17). Low-Volume-Sampler (LVS) haben einen Volumenstrom von ca. 2 m^3/h. Das HVS-System ist durch eine hohe Durchsatzleistung gekennzeichnet. Es besitzt eine Filterbatterie, sodass über regelmäßige Filterwechsel eine tageszeitspezifische Staubanalyse möglich ist. Aufgrund der hohen Volumenströme sammelt sich genug Material an, um eine Analyse der einzelnen Staubfraktionen auf Schwermetalle und andere Inhaltsstoffe zu ermöglichen. Die Filter bestehen aus Glas- oder Quarzfasern, Polytetrafluorethylen (Teflon) oder ähnlichen Materialien. Die Filter müssen einen Abscheidegrad von mindestens 99,5 % aufweisen.

Vor der eigentlichen Probenahme muss jeder unbeladene Filter nach einer 48-stündigen Lagerung im Labor unter Normalbedingungen mehrmals gewogen werden. Gleiches geschieht mit dem beladenen Filter. Die Differenz der Massenmittelwerte liefert zusammen mit dem gemessenen Luftvolumen die Feinstaubkonzentration. Während High-Volume-Sampler nur die Gesamtmasse an Schwebstaub messen, sind Kaskadenimpaktoren (Abb. 5.18) in der

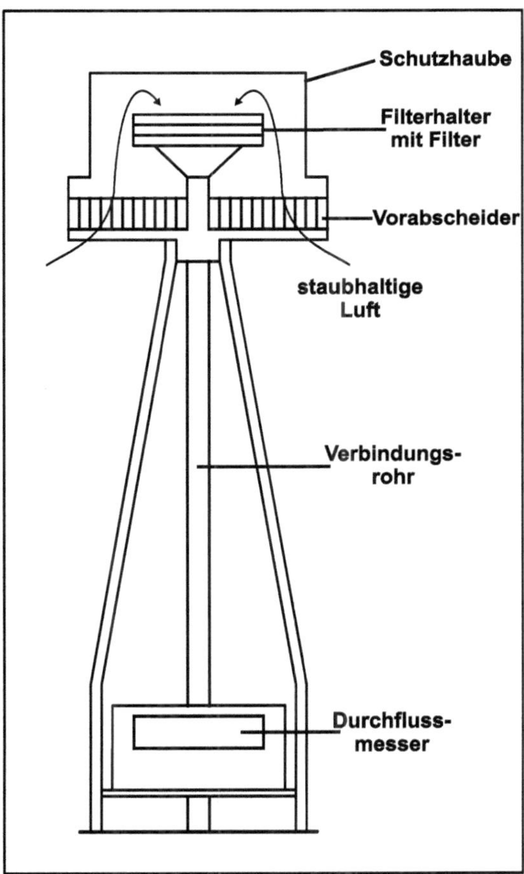

Abb. 5.17 High-Volume-Sampler zur Messung von Schwebstaub [4]

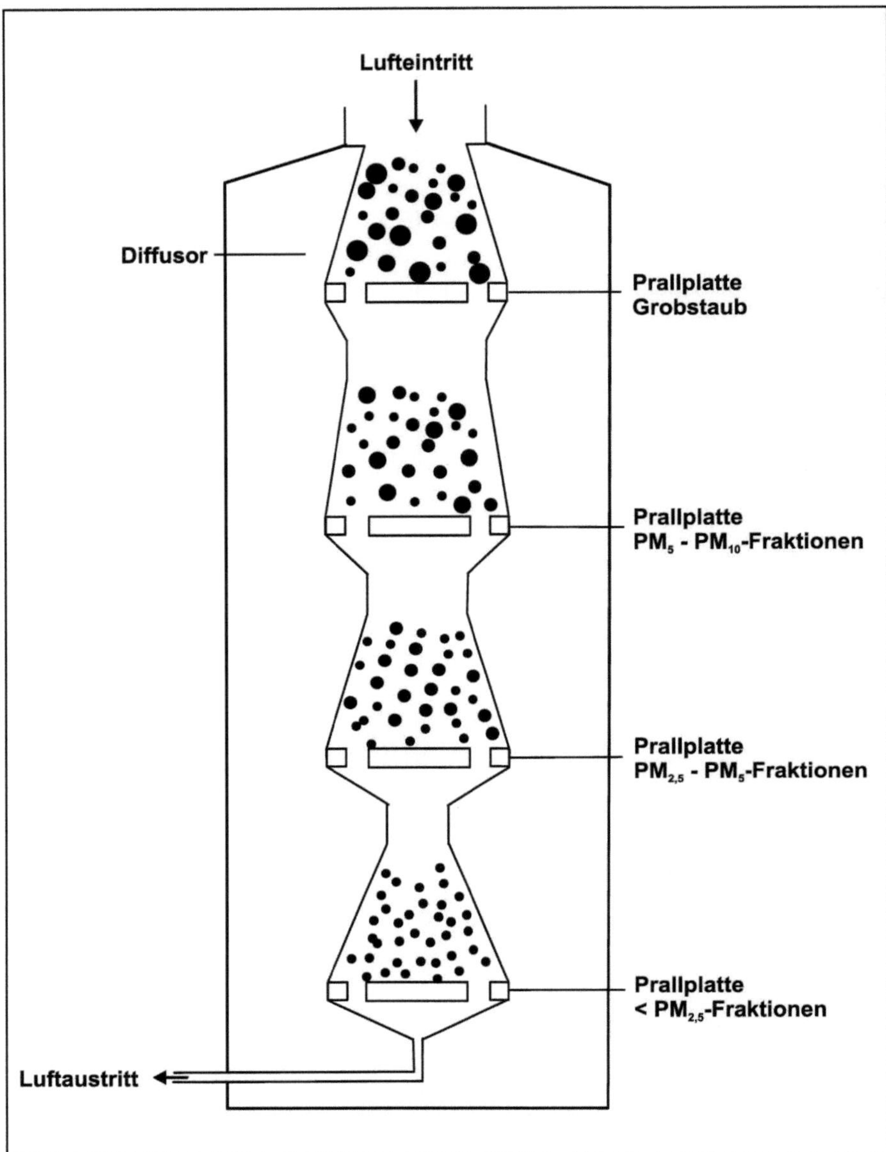

Abb. 5.18 Funktionsweise eines Kaskadenimpaktors [5]

Lage, einzelne Kornfraktionen abzuscheiden. Die zu untersuchende Luft wird über einen Durchlass auf eine aufeinanderfolgende Serie (Kaskade) von Prallplatten geführt. Mit abnehmendem Öffnungsdurchmesser werden immer kleiner werdende Korngrößen abgeschieden. Das Kaskadenimpaktorverfahren ermöglicht so eine detaillierte Untersuchung der Stäube auf ihre Korngröße und somit auf eine eventuelle Gesundheitsschädlichkeit.

5.8 Aufgaben für die Praxis

- Erläutern Sie den prinzipiellen Prozessablauf einer Analyse.
- Beschreiben Sie verschiedene Verfahren zur Probenahme von Gasen.
- Erläutern Sie das Prinzip der UV/VIS-Spektroskopie.
- Beschreiben Sie die Infrarotspektroskopie (IR).
- Wie funktioniert die Gaschromatografie (GC)?
- Welche analytischen Möglichkeiten bieten Prüfröhrchen?
- Wie lassen sich Gerüche olfaktometrisch bestimmen?
- Welche Möglichkeiten zur Messung von Stäuben existieren?

Literatur

1. VDI 3869 Blatt 3; *Probenahme mit beschichteten Diffusionsabscheidern (Denudern),* Beuth, **Oktober 2010**
2. Hoinkis, J.; Lindner, E.; *Chemie für Ingenieure,* Wiley-VCH, **2001,** 15-527-30279-4
3. Dräger Safety AG & Co. KGaA (Hrsg.); *Dräger-Röhrchen/CMS-Handbuch,* **2011,** 3-926-762-05-5
4. Baumbach, G.; *Luftreinhaltung*, Springer, **1993,** 3-540-56823-9
5. DIN EN ISO 23210; *Emissionen aus stationären Quellen – Ermittlung der Massenkonzentration von $PM_{10}/PM_{2,5}$ im Abgas – Messung der niedrigen Konzentrationen mit Impaktoren,* Beuth, **Dezember 2009**

Weiterführende Literatur

1. Baugh, P. (Hrsg.); *Gaschromatographie – eine anwenderorientierte Darstellung,* Vieweg, **1997,** 3-528-06657-1
2. Böcker, J.; *Chromatographie – Instrumentelle Analytik mit Chromatographie und Kapillarelektrophorese,* Vogel, **1997,** 3-8023-1582-0
3. Cammann, K.; *Instrumentelle Analytische Chemie,* Spektrum, **2001,** 3-8274-0057-0
4. DIN EN 1911-1; *Emissionen aus stationären Quellen – Bestimmung der Massenkonzentration von gasförmigen Chloriden, angegeben als HCl,* Beuth, Dezember 2010
5. DIN EN 13725; *Luftbeschaffenheit – Bestimmung der Geruchsstoffkonzentration mit dynamischer Olfaktometrie,* Beuth, **April 2006**
6. DIN EN 15483; *Luftqualität – Messungen in der bodennahen Atmosphäre mit FTIR-Spektroskopie,* Beuth, **Februar 2009**
7. DIN EN 16339; *Außenluft-Bestimmung der Konzentration von Stickstoffdioxid mittels Passivsammler,* Beuth, **November 2013**
8. DIN EN ISO 13199; *Bestimmung der Summe der flüchtigen organischen Verbindungen (TVOC) in Abgasen, die nicht aus Verbrennungsprozessen stammen – Nicht-dispersives Infrarot-Verfahren mit Konverter*, Beuth, **Februar 2013**
9. DIN EN ISO 14064-2; *Treibhausgase – Teil 2: Spezifikation mit Anleitung zur quantitativen Bestimmung, Überwachung und Berichterstattung von Reduktionen der Treibhausgasemissionen oder Steigerungen des Entzugs von Treibhausgasen auf Projektebene,* Beuth, **August 2017**

10. Ellner-Schubert, F. et al.; *Partikelemissionen aus Kleinfeuerungen für Holz und Ansätze für Minderungsmaßnahmen,* TFZ, **2010**
11. Kolb, B.; *Gaschromatographie in Bildern,* Wiley-VCH, **1999,** 3-527-29880-0
12. Lörß, W.; Handke, V.; *Emissionen und Maßnahmenanalyse Feinstaub 2000 – 2020,* Umweltbundesamt, Texte 38/07, **August 2007**
13. Niemeyer, B. et al; *Messung und Minimierung von Gerüchen,* Abfall aktuell, **2004,** 3-9808180-6-3
14. Otto, M.; *Analytische Chemie,* Wiley-VCH, **2006,** 978-3-527-31416-4
15. Skoog, D.A.; Holler, F.J.; Crouch, St.R.; *Instrumentelle Analytik,* Springer-Spektrum, **2013,** 978-3-642-38169-0
16. Umweltbundesamt (UBA); *Bauprodukte: Schadstoffe und Gerüche bestimmen und vermeiden,* **März 2007**
17. Umweltbundesamt (UBA); *Umwelt- und Gesundheitsanforderungen an Bauprojekte – Ermittlung und Bewertung der VOC-Emissionen und geruchlichen Belastungen,* Texte 16/07, **2007**
18. United Nations Environment Programme (UNEP); *Standardized Toolkit for Identification and Quantification of Dioxin and Furan Releases,* UNEP Chemicals, **May 2003**
19. VDI 2066 Blatt 1; *Gravimetrische Bestimmung der Staubbeladung*, Beuth, November 2006
20. VDI 2066 Blatt 10; *Messung der Emissionen von* PM_{10} *und* $PM_{2,5}$ *an geführten Quellen nach dem Impaktionsverfahren, Beuth,* **Oktober 2004**
21. VDI 2100 Blatt 1; *Außenluft-Gaschromatographische Bestimmung gasförmiger organischer Verbindungen – Grundlagen,* Beuth, **August 2017**
22. VDI 3481 Blatt 3; *Messen gasförmiger Emissionen – Messen von flüchtigen organischen Verbindungen, insbesondere von Lösungsmitteln mit dem Flammen-Ionisations-Detektor (FID),* Beuth, **Oktober 1995**
23. VDI 3866 Blatt 2; *Bestimmung von Asbest in technischen Produkten – Infrarotspektoskopisches Verfahren,* Beuth, **Oktober 2001**
24. VDI 3880; *Olfaktometrie – Statische Probenahme,* Beuth, **Oktober 2011**
25. VDI 3882 Blatt 1; *Olfaktometrie – Bestimmung der Geruchsintensität,* Beuth, **Oktober 1992**
26. VDI Wissensforum IWB GmbH (Hrsg.); *Gerüche in der Umwelt – Innenraum- und Außenluft,* VDI-Berichte 1995, **2007,** 978-3-18-091995-9

Maßnahmen zur Luftreinhaltung 6

6.1 Entschwefelung von Brennstoffen

Die Entschwefelung von Erdöl und Erdgas ist ein wichtiger Bestandteil zur Verbesserung der Luftqualität und zur Erhöhung der Lebensdauer von schwefelempfindlichen Katalysatoren. Abb. 6.1 zeigt ein vereinfachtes Verfahrensfließbild für die Entschwefelung von Erdölfraktionen. Der zu entschwefelnde Brennstoff wird mit Wasserstoff (H_2) vermischt und in einem Ofen auf ca. 400 °C erhitzt. Im Reaktor erfolgt an einem schwefelbeständigen Katalysator die Hydrierreaktion. Schwefelverbindungen werden dort mit Wasserstoff zu Schwefelwasserstoff (H_2S) umgewandelt.

$$R - CH_2 - SH + H_2 \rightarrow R - CH_3 + H_2S$$

Nicht umgesetzter Wasserstoff wird im Gasabscheider abgetrennt und wieder in den Kreislauf zurückgeführt. In einer Stripperkolonne wird das entschwefelte Produkt vom H_2S getrennt. Das schwefelwasserstoffhaltige Gas wird einem Waschturm zugeführt und mit einem Waschmittel von anderen gasförmigen Produkten abgetrennt.

Der so gewonnene Schwefelwasserstoff wird der nachgeschalteten Claus-Anlage zugeführt und dort zu elementarem Schwefel umgesetzt (Abb. 6.2). Dazu wird in der Claus-Anlage der Schwefelwasserstoff teilweise im Claus-Ofen verbrannt. Das entstehende Schwefeldioxid (SO_2) setzt sich mit unverbranntem Schwefelwasserstoff (H_2S) zu Schwefel (S) um. Die bei der Reaktion frei werdende Energie wird zur Dampferzeugung genutzt.

G. Förtsch, H. Meinholz, *Handbuch Betrieblicher Immissionsschutz*,
https://doi.org/10.1007/978-3-658-29147-1_6

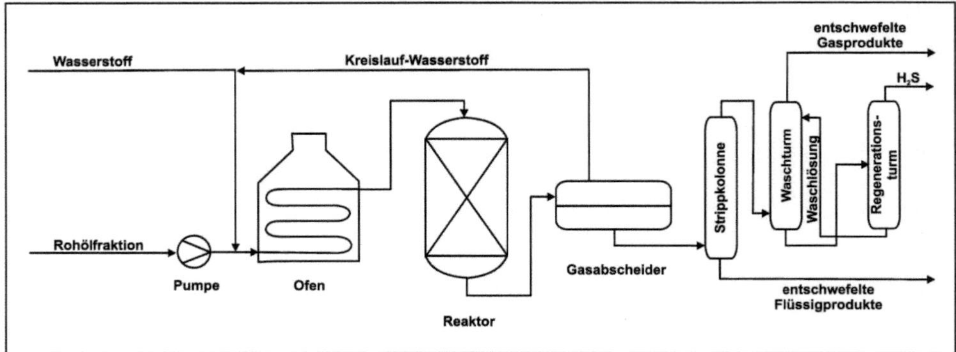

Abb. 6.1 Entschwefelung von Erdölfraktionen [1]

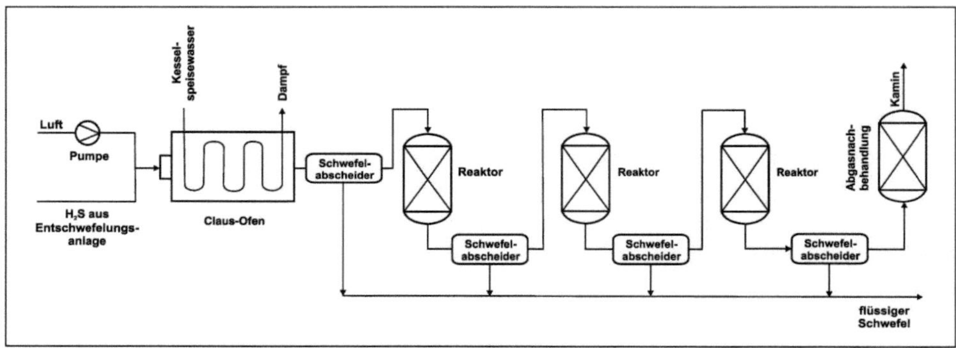

Abb. 6.2 Verfahrensprinzip einer Claus-Anlage [2]

$$\begin{array}{l} 2\,H_2S + 3\,O_2 \rightarrow 2\,SO_2 + 2\,H_2O \\ 4\,H_2S + 2\,SO_2 \rightarrow 6\,S + 4\,H_2O \\ \hline \Sigma: \quad 6\,H_2S + 3\,O_2 \rightarrow 6\,S + 6\,H_2O \end{array}$$

Durch eine Reihenschaltung mit 3 Reaktoren lässt sich ein Umsatz von ca. 99 % erzielen. Der anfallende flüssige Schwefel wird gesammelt und zu Schwefelsäure (H_2SO_4) verarbeitet.

6.2 Abscheidung von Stäuben und Aerosolen

6.2.1 Einleitung

Für die Staub- und Aerosolabscheidung steht eine Vielzahl von Abreinigungstechniken zur Verfügung. Um eine effektive und kostengünstige Abscheidung zu erzielen, muss vor der Auswahl des Verfahrens eine Reihe von Kenngrößen, wie

- Teilchengröße,
- Teilchengrößenverteilung,
- Schadstoffkonzentration,
- Volumenstrom,
- Massenstrom,

messtechnisch ermittelt werden. Grundsätzlich sind für die Abscheidung von Stäuben und Aerosolen vier Verfahrensprinzipien geeignet:

- Massenkraftabscheider,
- Nassabscheider (Wäscher),
- Filter,
- Elektroabscheider.

Die Leistung eines Abscheiders lässt sich durch verschiedene Größen charakterisieren. So ergibt sich der Gesamtabscheidegrad η_{ges} als Quotient aus der pro Zeiteinheit zugeführten Staubmenge $\dot{m}_{ein}$ und der pro Zeiteinheit abgeschiedenen Staubmenge $\dot{m}_{ab}$.

$$\eta_{ges} = \frac{\dot{m}_{ab}}{\dot{m}_{ein}} \leq 1$$

Während der Gesamtabscheidegrad nur eine Aussage über die gesamte abgeschiedene Staubmenge erlaubt, gibt der Fraktionsabscheidegrad $\eta_{\bar{x}}$ den Abscheidegrad als Funktion des Teilchendurchmessers an.

$$\eta_{\bar{x}} = \frac{\Delta \dot{m}_{ab}}{\Delta \dot{m}_{ein}}$$

$\bar{x}$ ist dabei der mittlere Teilchendurchmesser einer bestimmten Massenfraktion Δm, die in einer bestimmten Zeiteinheit zugeführt ($\Delta\dot{m}_{ein}$) bzw. abgeschieden ($\Delta\dot{m}_{ab}$) wird. Abb. 6.3 zeigt den Fraktionsabscheidegrad verschiedener Abscheidesysteme.

Da insbesondere die Abscheidung von Feinstäuben problematisch ist, ermöglicht der Fraktionsabscheidegrad $\eta_{\bar{x}}$ einen besseren Leistungsvergleich verschiedener Systeme. Letztlich muss die Reinigung bei geringen Investitions- und Betriebskosten möglichst effektiv sein.

6.2.2 Massenkraftabscheider

Massenkraftabscheider zeichnen sich durch einen einfachen Aufbau aus. Daraus resultieren relativ geringe Anschaffungs- und Betriebskosten. Sie sind besonders gut für die Abscheidung grober Partikel geeignet. So beträgt der Fraktionsabscheidegrad für einen mittleren Partikeldurchmesser von $\bar{x}$ = 20 µm ca. 80–90 %, für einen Partikeldurchmesser von $\bar{x}$ = 5 µm dagegen nur noch ca. 5–10 %. Deshalb liegt ihr Haupteinsatzgebiet in der Teil- bzw. Vorentstaubung von Gasen. Danach werden die verbleibenden Feinstäube mit anderen Verfahren weiter abgereinigt.

6

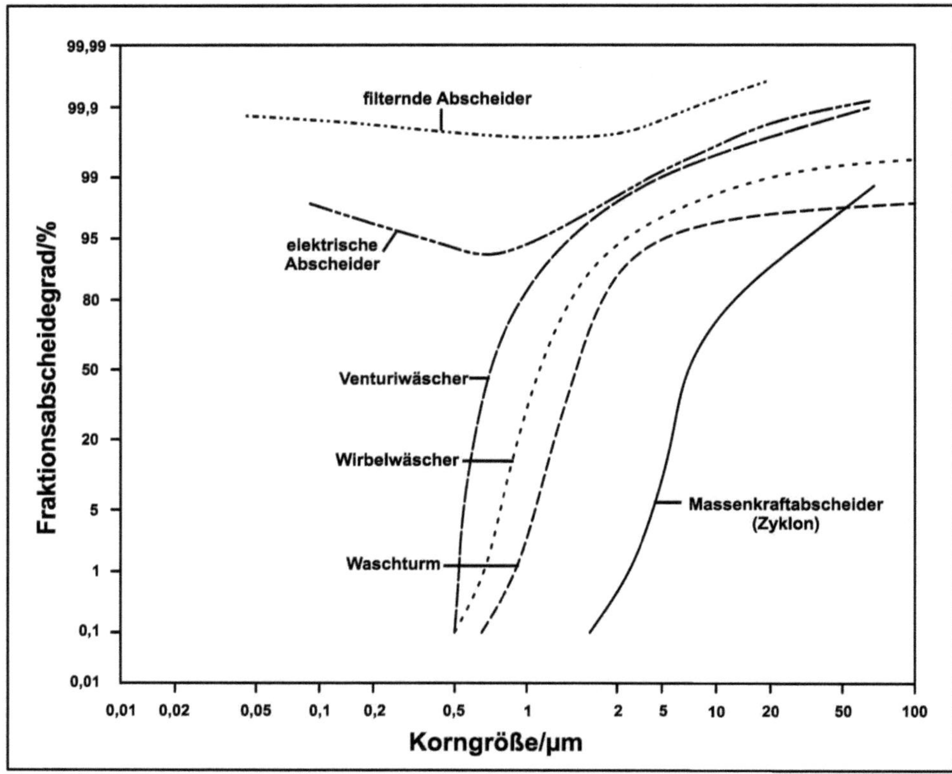

Abb. 6.3 Fraktionsabscheidegrad verschiedener Abscheidesysteme [3]

Massenabscheider scheiden Partikel mithilfe von Kräften (Schwerkraft, Fliehkraft etc.) ab. Die beste Abscheideleistung hat dabei der Zyklon als Fliehkraftabscheider. Das zu reinigende Rohgas strömt tangential in einen nach unten konisch zulaufenden Zylinder – den Zyklon – ein (Abb. 6.4). Dadurch wird das staubbeladene Gas in eine Kreisbewegung gezwungen und die Staubpartikel werden einer Zentrifugalkraft unterworfen. Die Staubpartikel schlagen sich an der Zyklonwand nieder und rutschen von dort aus in den Staubsammelbunker. Im Konus des Zyklons kehrt sich die Richtung des Gasstroms von außen nach innen um und er verlässt den Zyklon über das Tauchrohr als abgereinigtes Gas.

Der Zyklon besteht aus einem zylinderförmigen Behälter mit einem Einführstutzen für das Rohgas und einem konischen Unterteil zum Sammeln der abgeschiedenen Partikel. Der Staubsammelbehälter und der Abscheideraum sind durch den Apexkegel voneinander getrennt. Dieser Kegel verhindert, dass durch Gaswirbel Staubpartikel

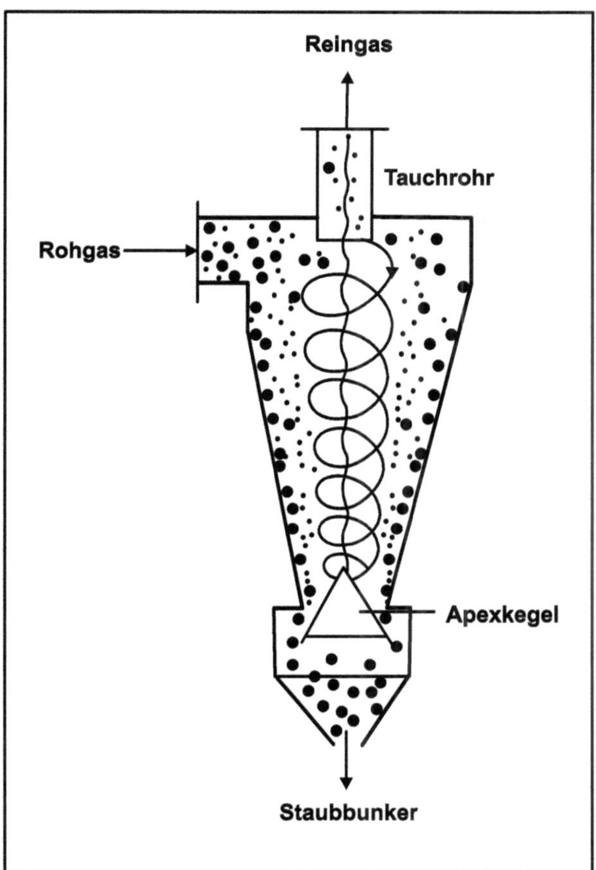

Abb. 6.4 Funktionsprinzip eines Zyklons [4]

aus dem Staubbunker herausgerissen werden. Zwischen Abscheideraum und Apexkegel ist nur ein Schlitz, durch den die abgeschiedenen Partikel in den Sammelbehälter fallen. Zentrale Bauteile im Zyklon sind das Tauchrohr und der Zyklondurchmesser. Durch Verringerung des Durchmessers erhöht sich die Zentrifugalkraft und damit verbessert sich der Fraktionsabscheidegrad. Das Tauchrohr beeinflusst ebenfalls die Abscheideleistung und den Druckverlust im Zyklon. Fliehkraftabscheider werden in den verschiedensten Größen gebaut. Aufgrund ihrer einfachen Bauweise, der hohen Betriebssicherheit und den niedrigen Betriebskosten lassen sie sich in vielen Industriezweigen einsetzen. Die Tropfenabscheidung aus Gasen oder die Abscheidung fester Stoffe aus Flüssigkeiten (Hydrozyklon) gehören ebenfalls zu den Anwendungsmöglichkeiten. Sind große Volumenströme zu reinigen, ist die Aufteilung eines großen Zyklons in mehrere kleinere Zyklone (Multizyklon) sinnvoll, da sich dadurch die Abscheideleistung verbessert.

6.2.3 Nassabscheider

Mithilfe von Nassabscheidern lassen sich staub- und gasförmige Schadstoffe aus einem Gas abtrennen. Aufgrund der relativ hohen Betriebskosten werden Nassabscheider bei kleinen Volumenströmen verwendet. Nachteilig ist außerdem die Verlagerung des Problems aus dem Umweltbereich *Luft* in das Medium *Wasser*. Es muss sich deshalb eine entsprechende Nachbehandlung anschließen. Entscheidend für eine gute Nassabscheidung sind der intensive Kontakt zwischen den Bestandteilen des Rohgases und der Waschflüssigkeit. Daher sind die im Wäscher erzielten Tröpfchendurchmesser und deren Anzahl sowie die Relativgeschwindigkeit der Tröpfchen zum Rohgas von besonderer Bedeutung für die Abscheideleistung. Die Grenzfläche zwischen der gasförmigen und der flüssigen Phase muss groß sein. In der Praxis sollten die Tröpfchendurchmesser zwischen 50 µm und 200 µm liegen. Je nach strömungstechnischer Konzeption werden Nassabscheider in

- Venturiwäscher,
- Strahlwäscher,
- Wirbelwäscher und
- Waschturm

unterschieden. Hochleistungswäscher wie der Venturiwäscher oder Strahlwäscher zerstäuben die Waschflüssigkeit in Tröpfchenform, wodurch eine hohe Relativgeschwindigkeit zwischen Gas und Flüssigkeit erzielt wird. Am anderen Ende der Leistungsskala steht der Waschturm. Hier ist die Wechselwirkung zwischen Gas und Flüssigkeit und damit der Wirkungsgrad relativ gering.

Von allen Nassabscheidern hat der Venturiwäscher die beste Abscheideleistung (Abb. 6.5). Der Fraktionsabscheidegrad beträgt für einen mittleren Partikeldurchmesser von $\overline{x}$ = 20 µm ca. 99,5 %, für einen Partikeldurchmesser von $\overline{x}$ = 1 µm ca. 80–85 %. Durch ein sich verengendes Rohr strömt das Rohgas, wobei aus strömungstechnischen Gründen das Gas an dieser Stelle die höchste Geschwindigkeit hat. An der Rohrverengung wird die Waschflüssigkeit eingedüst. Durch die hohe Gasgeschwindigkeit wird die Waschflüssigkeit mitgerissen und fein verteilt, sodass es zu einem intensiven Kontakt zwischen den Gasbestandteilen und der Waschflüssigkeit kommt. Im Diffusor wird die Strömungsgeschwindigkeit durch die Rohrerweiterung herabgesetzt und die Staubpartikel setzen sich ab. Venturiwäscher sind einfach gebaut und robust zu betreiben. Aufwendig ist der aufzubauende Gasdruck, da es im Diffusor zu erheblichen Druckverlusten kommt.

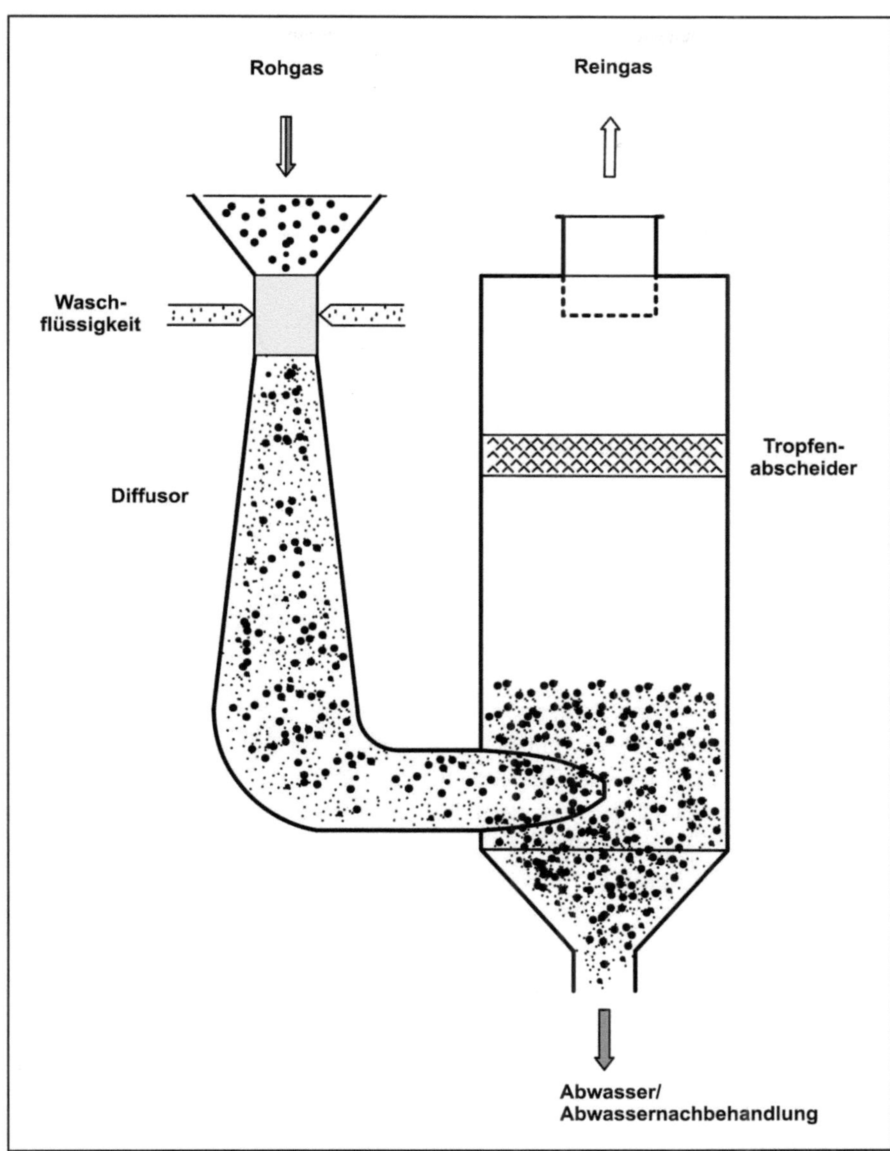

Abb. 6.5 Funktionsprinzip eines Venturiwäschers [5]

Ein ähnliches Funktionsprinzip wie der Venturiwäscher besitzt der Strahlwäscher (Abb. 6.6). Er arbeitet nach dem Prinzip der Wasserstrahlpumpe. Während beim Venturiwäscher die Energie über die Gasseite aufgebracht wird, geschieht dies beim Strahlwäscher über die Flüssigkeitsseite. Die eingedüste Waschflüssigkeit reißt das Gas mit und sorgt so für eine effektive Reinigung. Während beim Venturiwäscher ein möglichst gleichmäßiger Gasvolumenstrom vorliegen sollte, ist die Abscheidung beim Strahlwäscher relativ unabhängig vom Gasvolumenstrom.

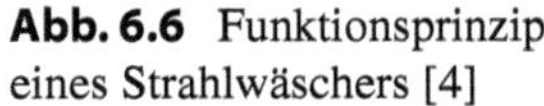

Abb. 6.6 Funktionsprinzip eines Strahlwäschers [4]

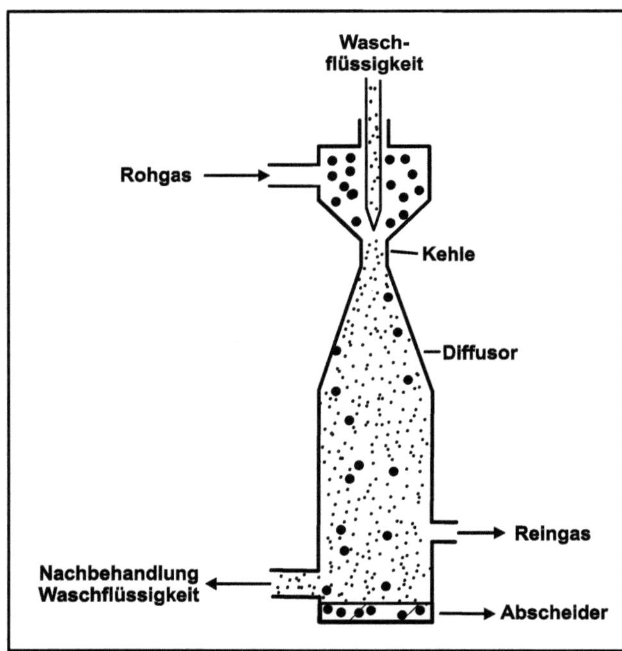

Beim Wirbelwäscher (Abb. 6.7) wird die Oberfläche der Waschflüssigkeit vom Rohgas angeströmt und aufgewirbelt. Durch Umlenkung des Gasstromes wird eine weitere gute Verwirbelung erzielt. Trotzdem ist die Abscheideleistung gegenüber dem Venturi- bzw. Strahlwäscher gering. So beträgt der Fraktionsabscheidegrad $\eta_{\bar{x}}$ für einen mittleren Partikeldurchmesser von $\bar{x} = 20\ \mu m$ ca. 99 %, für einen Partikeldurchmesser von $\bar{x} = 1\ \mu m$ ca. 40 %.

Bei Waschtürmen (Abb. 6.8) wird die Waschflüssigkeit von oben eingedüst. Durch entsprechende Einbauten oder Füllkörper wird eine möglichst große Flüssigkeitsoberfläche erreicht. Das Rohgas strömt im Gegenstrom von unten nach oben und vermischt sich dabei mit der Waschflüssigkeit. Von allen Nassabscheidern ist hier der Fraktionsabscheidegrad am geringsten. So beträgt er für einen mittleren Partikeldurchmesser von $\bar{x} = 20\ \mu m$ ca. 97 %, für einen Partikeldurchmesser von $\bar{x} = 1\ \mu m$ ca. 1 %.

6.2.4 Filter

Filternde Abscheider besitzen ein hohes Abscheidevermögen. Fast unabhängig von der Korngröße der abzuscheidenden Partikel liegt der Fraktionsabscheidegrad bei ca. 99,9 %. Daher besitzen Filter ein breites Spektrum an Anwendungsmöglichkeiten für die Abscheidung von Staubpartikeln aus Gasen. Allgemein wird bei der Filtration mit Abreinigungsfiltern zwischen der Tiefen- und der Oberflächenfiltration unterschieden (Abb. 6.9). Bei der Tiefenfiltration strömt das partikelbeladene Gas durch den Filter und die Staubpartikel werden im Filterin-

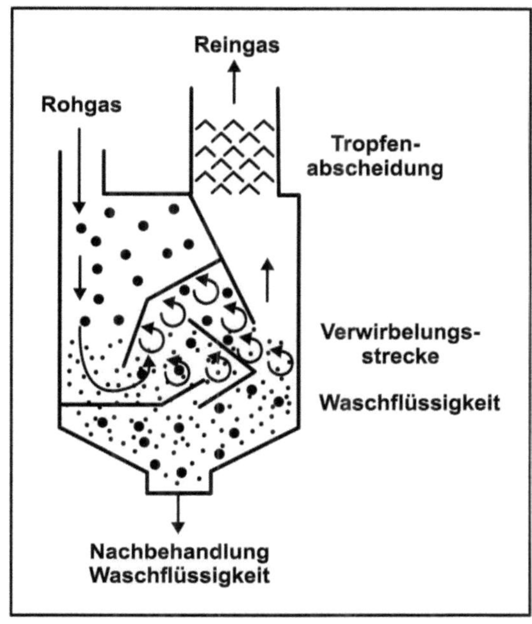

Abb. 6.7 Funktionsprinzip eines Wirbelwäschers

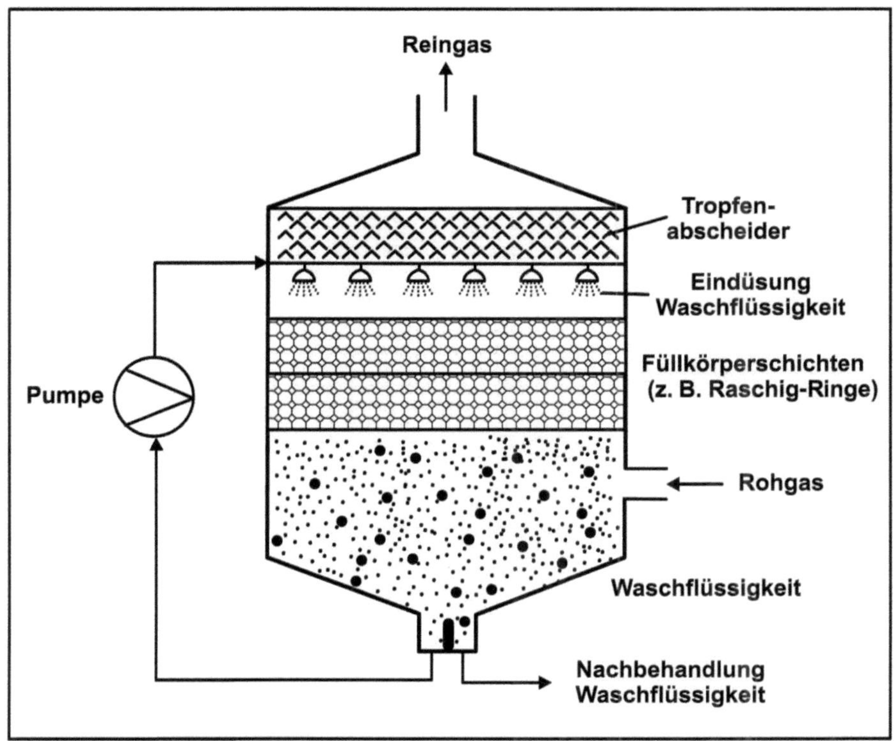

Abb. 6.8 Funktionsprinzip eines Waschturms

nern abgeschieden. Die Beladungskapazität solcher Speicherfilter ist relativ gering. Sie können deshalb nur bei geringen Partikelkonzentrationen (z. B. Reinraum-, Klimatechnik) eingesetzt werden. Nach der Beladung werden sie ausgetauscht. Sind die Filterporen vollständig beladen, verlagert sich der Filtrationsprozess an die Oberfläche des Filtermediums. Die zurückgehaltenen Partikel bilden eine Schicht aus, den sogenannten Filterkuchen. Der Filterkuchen selbst wirkt als Filterschicht und dominiert damit die eigentliche Filtration.

Eine betriebsrelevante Größe bei der Filtration ist der Druckverlust (Abb. 6.10). Das Filtermedium und der sich während der Filtration aufbauende Filterkuchen setzen der Durchströmung einen Widerstand entgegen, was einen Druckverlust zur Folge hat. Dieser Druckverlust setzt sich additiv aus dem Druckverlust des Filtermediums Δp (Filter) und dem Druckverlust des Filterkuchens Δp (Kuchen) zusammen.

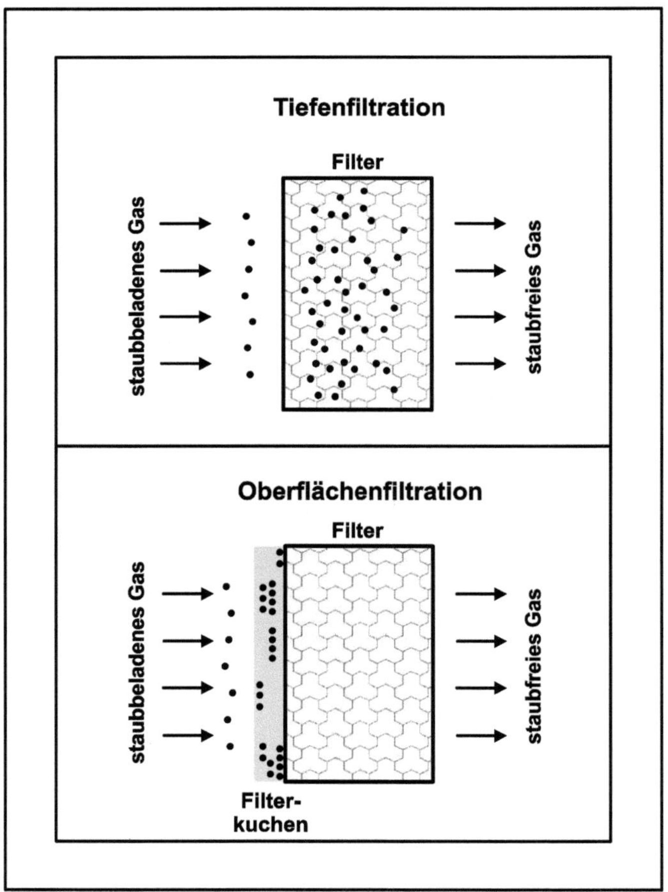

Abb. 6.9 Tiefen- und Oberflächenfiltration

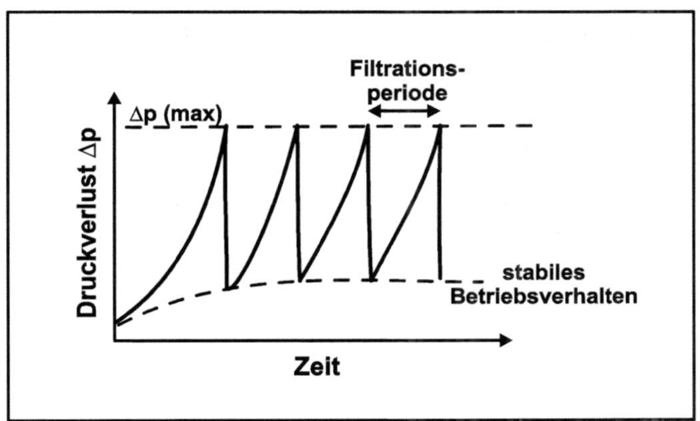

Abb. 6.10 Druckverlust im Filtermedium

Während der Tiefenfiltration ist der Druckverlust anfangs fast konstant. Durch das Zuwachsen der Filterporen steigt der Druckverlust steil an. Bei einer vorgegebenen Dicke des Staubkuchens bzw. bei einem maximalen Druckverlust wird das Filtermedium abgereinigt. Der Druckverlust und die damit verbundenen Regenerationszyklen sind maßgeblich für die Betriebskosten und müssen daher bekannt sein. Als Abreinigungsmethoden kommen grundsätzlich mechanische (z. B. Rütteln, Vibrieren) und/oder pneumatische (z. B. Rückspülen, Druckimpuls) Verfahren infrage. Am häufigsten wird eine pneumatische Abreinigung durch Rückspülen oder Druckimpuls angewandt. Die Abreinigung erfolgt in entgegengesetzter Richtung zur Filtration. Beim Rückspülen wird das Filtermedium über eine vorgegebene Zeit kontinuierlich mit Spülluft durchströmt (Abb. 6.11). Die Abreinigungsmethode mittels Druckimpuls erfolgt in der Regel im Onlinebetrieb. Durch den Druckimpuls bläht sich das flexible Filtermedium ruckartig auf und der Filterkuchen wird abgeworfen. Ziel der Abreinigung ist die vollständige Regenerierung des Filters, was aber aufgrund der Tiefenfiltration nur eingeschränkt möglich ist. Wenn sich über mehrere Filtrationsperioden annähernd derselbe Druckverlust einstellt, spricht man von einem stabilen Betriebsverhalten. Verändert sich der Druckverlust in Abhängigkeit von der Zeit, liegt ein instabiler Betrieb vor.

Gründe für ein instabiles Betriebsverhalten liegen im Phänomen der Rissbildung. Dabei wird der Filterkuchen nur teilweise abgereinigt. Der restliche Staubkuchen bleibt auf der Filteroberfläche zurück. Aufgrund der vorhandenen Inhomogenitäten erfolgt nun eine ungleichmäßige Durchströmung des Filters, was wiederum zu einer ungleichmäßigen Abreinigung des Filterkuchens im nächsten Abreinigungszyklus führt. Aufgrund der reduzierten Filterfläche wird der maximale Druckverlust schneller erreicht, wodurch es zu einer Verkürzung der Filtrationszyklen kommt (Abb. 6.12).

Filter gehören zu den ältesten Entstaubungsverfahren. Früher kamen hauptsächlich Naturprodukte (Wolle, Baumwolle) als Filtermaterial zum Einsatz. Sie besitzen jedoch keine besonders große Beständigkeit gegenüber Chemikalien und höheren Temperaturen. Durch den Einsatz von Kunstfasern (z. B. Polyester, aromatische Polyamide, Polytetrafluorethy-

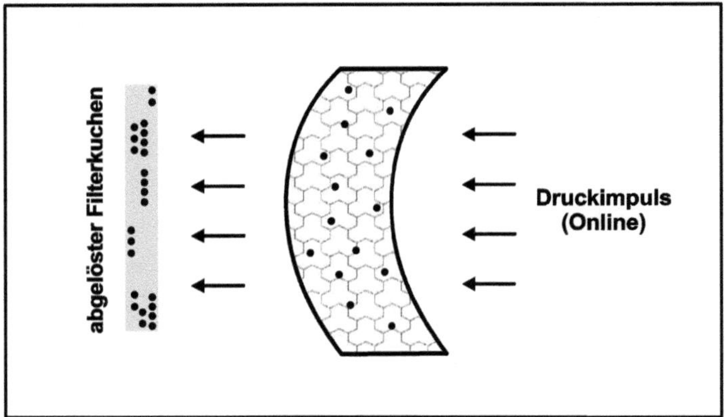

Abb. 6.11 Prinzip der Abreinigung

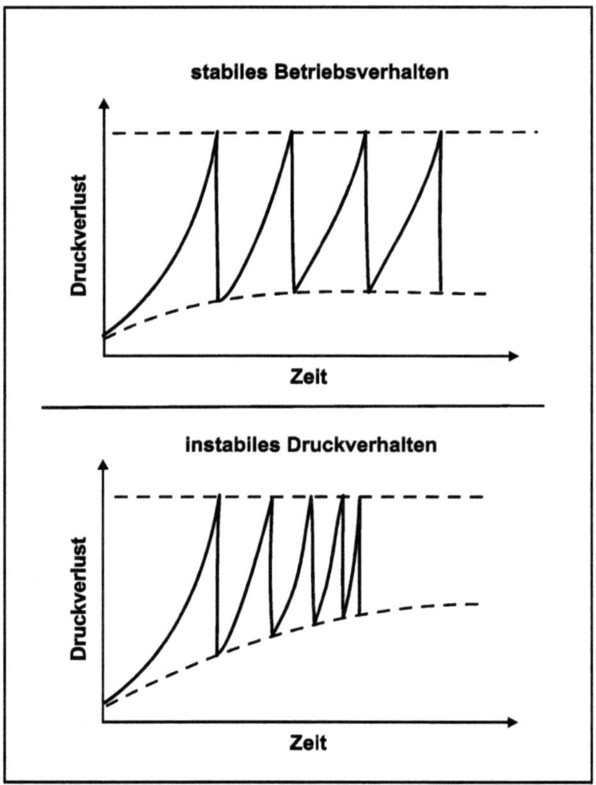

Abb. 6.12 Stabiles und instabiles Betriebsverhalten [6]

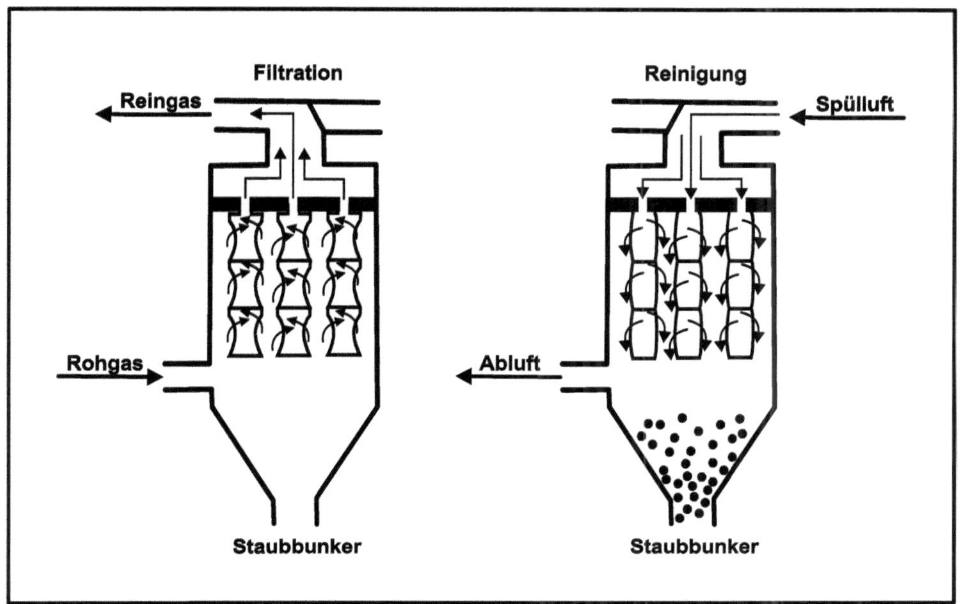

Abb. 6.13 Filtrations- und Abreinigungsvorgang bei einem Filter [7]

len) mit einer höheren Widerstandsfähigkeit gegenüber mechanischen und chemischen Einflüssen lässt sich der Einsatzbereich von Filtern deutlich erweitern. Die Temperaturbeständigkeit liegt bei ca. 100–200 °C. Noch höhere Temperaturbereiche lassen sich mit Glas-/Mineralfasern (≈ 300 °C) oder Stahlfasern (400–600 °C) erreichen. Starre Kornkeramiken aus Silikaten oder Siliziumcarbid halten bei der Rauchgasentstaubung Temperaturbelastungen von 800–1000 °C aus. Für die technische Auslegung von Abreinigungsfiltern wurden zahlreiche Bauarten entwickelt. Zu den wichtigsten zählen Schlauch- und Taschenfilter mit ihren diversen Bauformen (Abb. 6.13).

6.2.5 Elektroabscheider

Elektroabscheider werden zur Abreinigung großer Volumenströme und bei höheren Temperaturen z. B. in Kraftwerken, der Stahlerzeugung, der Zementindustrie eingesetzt. Die Staubpartikel werden elektrisch aufgeladen und an einer Niederschlagselektrode abgeschieden. Die Fraktionsabscheidegrade liegen bei ca. 95–99 %. Zur Aufladung der Staubpartikel wird an einer Sprühelektrode eine Gleichspannung von 30–100 kV angelegt. Durch die hohe Feldstärke werden die freigesetzten Elektronen stark beschleunigt und in den Gasraum gesprüht. Hier reagieren sie mit den vorhandenen Gasmolekülen. Ionisierte Gasmoleküle und Elektronen lagern sich an die Staubpartikel an und laden diese negativ auf. Aufgrund des elektrischen Feldes zwischen Sprüh- und Niederschlagselektrode werden die negativ aufgeladenen Staubpartikel quer zur Gasströmungsrichtung zur Niederschlagselektrode transportiert und dort abgeschieden. Abb. 6.14 zeigt den prinzipiellen Abreinigungsvorgang. Die abgeschiedenen Partikel werden an der Niederschlagselektrode entladen und bilden auf ihr eine Staubschicht mit einer Schichtdicke von 1–10 mm. Aufgrund der isolierenden Eigenschaften der Staubschicht muss daher die Elektrode in regelmäßigen Abständen durch Abklopfen (Trockenelektroabscheider) oder Abwaschen (Nasselektroabscheider) vom Staub befreit werden. Während des Abreinigungsvorgangs werden die Elektroabscheider kontinuierlich weiter betrieben. Elektroabscheider werden als Röhren- oder als Plattenabscheider gebaut. Röhrenabscheider bestehen aus parallel angeordneten Rohren, die senkrecht durchströmt werden. Innerhalb des Rohres befinden sich die drahtförmigen Sprühelektroden. Die Außenwände der Rohre bilden die Niederschlagselektrode. Bei Plattenabscheidern dienen senkrecht angeordnete Platten als Niederschlagselektroden, zwischen denen die Sprühelektroden angeordnet sind.

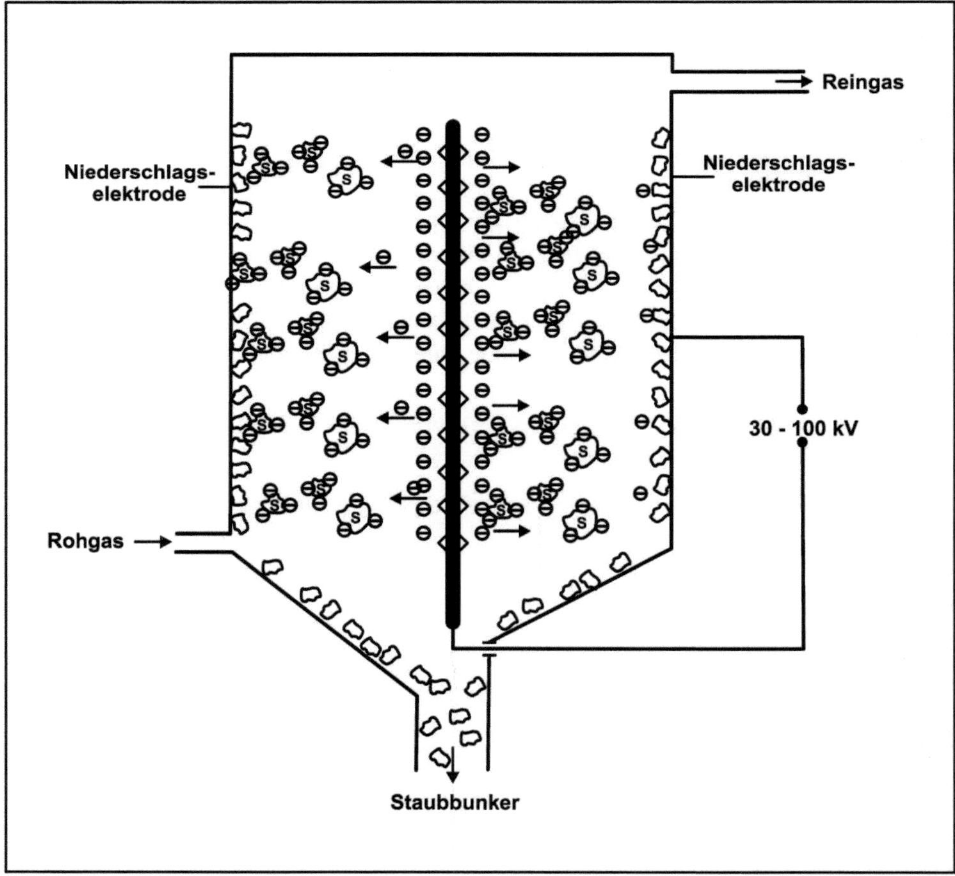

Abb. 6.14 Prinzipieller Abreinigungsvorgang mit Elektroabscheidern

6.3 Absorptionsverfahren

6.3.1 Physisorption

Bei der Absorption werden gasförmige Bestandteile in einer Waschflüssigkeit (Absorbens) aufgenommen und darin angereichert. Für die Aufkonzentrierung der Gaskomponenten und damit für die Effektivität des Absorptionsverfahrens ist die Auswahl der Waschflüssigkeit von entscheidender Bedeutung. Zwischen dem Absorptionsmittel und dem zu reinigenden Gas besteht ein Phasengleichgewicht, das sich mit dem Henry'schen Gesetz beschreiben lässt.

$$p_i = H \cdot c$$

Der Partikeldruck p_i einer bestimmten Komponente in der Gasphase ist in verdünnten Lösungen proportional zur gelösten Konzentration c der Komponente. H ist der stoffspezifische, temperaturabhängige Henry-Koeffizient, der Aussagen über die Löslichkeit der Gaskomponente im Absorbens ermöglicht. Je geringer der Henry-Koeffizient ist, umso geringer ist die Löslichkeit der Gaskomponente. Mit zunehmendem Druck und sinkender Temperatur steigt die Löslichkeit der gasförmigen Komponenten im Absorbens. Ein Absorptionsmittel muss in der Praxis bestimmten Anforderungen gerecht werden, um eine wirtschaftliche und umweltfreundliche Betriebsweise zu gewährleisten. Daher gelten für die Auswahl des Absorptionsmittels einige Kriterien:

- hohe Selektivität und gute Löslichkeit für die zu absorbierende Gaskomponente,
- niedriger Dampfdruck des Absorptionsmittels zur Vermeidung von Verlusten,
- geringe Toxizität und gutes Umweltverhalten in Fragen des Arbeits- und Umweltschutzes,
- einfache und gute Regenerierbarkeit.

Häufig eingesetzte Absorptionsmittel sind z. B.:

- Wasser (H_2O),
- Methanol (CH_3OH),
- N-Methylpyrrolidon (NMP),
- Polyethylenglykole (PEG).

6.3.2 Chemisorption

Oft ist das Phasengleichgewicht zwischen der Schadstoffkomponente in der Gasphase und in der Waschflüssigkeit nicht besonders günstig, was in der Auslegung eine sehr große Absorptionskolonne ergeben würde. Werden zudem noch hohe Anforderungen an die Restschadstoffkonzentrationen gestellt, gibt man zum Absorptionsmittel bestimmte Stoffe, die chemisch mit der Schadstoffkomponente aus dem Rohgas reagieren. Da durch die chemische Reaktion stets ein hohes Konzentrationsgefälle zwischen gasförmiger und flüssiger Phase erhalten bleibt, verlaufen die Stoffübergänge relativ schnell. Vorteile der Chemisorption sind daher die

- höhere Selektivität gegenüber der Schadstoffkomponente,
- geringere Menge an Absorptionsmittel und damit kleinere Absorptionskolonnen,
- höhere Reinheit des Restgases.

Da bei der Physisorption die Abtrennung von Gaskomponenten über druck- und temperaturabhängige Phasengleichgewichte geschieht, sind im Vergleich zur Chemisorption Verfahrensgrößen wie Druck und Temperatur bei der physikalischen Absorption viel wichtiger und genauer einzustellen. Bei der Chemisorption sollte ein möglichst hochwertiges Nebenprodukt entstehen, das sich wirtschaftlich nutzen lässt. Abb. 6.15 führt dazu einige Beispiele auf. Schwefeldioxid (SO_2) trägt maßgeblich zum sauren Regen bei und muss daher aus Abgasen entfernt werden. Bei den sogenannten Kalkwaschverfahren wird SO_2 mit Kalkstein ($CaCO_3$) umgesetzt, wobei als Reaktionsprodukt Gips ($CaSO_4 \bullet 2\,H_2O$) entsteht. Beim Einsatz von Na_2CO_3 oder verwandter Verbindungen als Absorptionsmittel lässt sich über eine Gleichgewichtsreaktion SO_2 aus dem Abgas entfernen. Das Schwefeldioxid kann zu Schwefelsäure weiterverarbeitet werden. Bei der Umsetzung mit Wasserstoffperoxid (H_2O_2) lassen sich aus SO_2- oder NO_x-haltigen Abgasen Schwefelsäure (H_2SO_4) bzw. Salpetersäure (HNO_3) gewinnen. Zur Verbesserung der Absorption der Stickoxide kann als Waschmittel verdünnte HNO_3 verwendet werden.

Wegen seiner guten Wasserlöslichkeit lässt sich Ammoniak (NH_3) relativ leicht entfernen. Durch Strippverfahren lässt es sich leicht zurückgewinnen. Aufgrund der guten Wasserlöslichkeit lassen sich auch Halogenwasserstoffe (z. B. HCl) gut mit Wasser als Absorptionsmittel aus Gasströmen entfernen. Dem Absorber wird als Produkt Salzsäure entnommen. Im Gegensatz dazu lässt sich Kohlendioxid (CO_2) schlecht mit Wasser entfernen. Das chemische Gleichgewicht liegt zu sehr auf der Eduktseite der Reaktionsgleichung.

$$H_2O + CO_2 \rightleftarrows H_2CO_3$$

Die Zugabe von basischen Absorbenzien verschiebt das Reaktionsgleichgewicht stark auf die Seite der Produkte. Als Absorptionsmittel lassen sich z. B. NaOH, Na_2CO_3, KOH oder K_2CO_3 in entsprechender Lösung verwenden. Schwefelwasserstoff (H_2S) lässt sich gut mit organischen Absorptionsmitteln entfernen. Als physikalisch wirkende Absorbenzien werden z. B. Methanol, N-Methylpyrrolidon oder Polyethylenglykole eingesetzt. Bei der H_2S-Chemisorption kommen z. B. Monoethanolamin (MEA) oder andere Ethanolamine (DEA, TEA) zum Einsatz.

Absorptionsmittel	Gaskomponente	Chemische Reaktion	Endprodukt
$CaCO_3$; $Ca(OH)_2$;CaO	SO_2	$2\,CaCO_3 + 2\,SO_2 + O_2 \longrightarrow 2\,CaSO_4 + 2\,CO_2$	$CaSO_4$ (Gips)
H_2O_2	SO_2	$H_2O_2 + SO_2 \longrightarrow H_2SO_4$	H_2SO_4
H_2O_2	NO_x	$3\,H_2O_2 + 2\,NO \longrightarrow 2\,HNO_3 + 2\,H_2O$ $H_2O_2 + 2\,NO_2 \longrightarrow 2\,HNO_3$	HNO_3
NaOH; Na_2CO_3	SO_2	$NaOH + SO_2 \leftrightarrows NaHSO_3$	SO_2; H_2SO_4
NH_3	SO_2	$4\,NH_3 + 2\,SO_2 + 2\,H_2O + O_2 \longrightarrow 2\,(NH_4)_2SO_4$	$(NH_4)_2SO_4$
H_2O	NH_3	$NH_3 + H_2O \leftrightarrows NH_4OH$	NH_4OH
H_2O	HCl	$H_2O + HCl \longrightarrow H_3O^+Cl^-$	HCl
NH_3	CO_2	$2\,NH_3 + CO_2 + H_2O \longrightarrow (NH_4)_2CO_3$	$(NH_4)_2CO_3$
NaOH; Na_2CO_3	CO_2	$2\,NaOH + CO_2 \longrightarrow Na_2CO_3 + H_2O$	Na_2CO_3 (Soda)
NaOH	H_2S	$2\,NaOH + H_2S \longrightarrow Na_2S + 2\,H_2O$	Na_2S
Monoethanolamin (MEA)	H_2S	$2\,HO-CH_2-CH_2-NH_2 + H_2S \leftrightarrows$ $2\,HO-CH_2-CH_2-NH_3^+ + S^{2-}$	H_2S

Abb. 6.15 Beispiele für Chemisorptionsverfahren

6.3.3 Absorptionsanlagen

Um die Absorption kontinuierlich betreiben zu können, bestehen entsprechende Anlagen aus zwei Hauptkomponenten, dem Absorber und dem Desorber (Abb. 6.16). Im Absorber wird der Schadstoff vom Absorptionsmittel aufgenommen und dadurch aufkonzentriert. Im Desorber wird der Schadstoff aus dem Absorptionsmittel ausgetrieben und dieses dadurch regeneriert.

Bei der Absorption von Schadgasen muss eine große Kontaktfläche zwischen der gasförmigen und der flüssigen Phase des Absorptionsmittels geschaffen werden. Bei den Kolonnenböden sind drei Grundtypen von wesentlicher Bedeutung (Abb. 6.17):

- Siebböden,
- Glockenböden,
- Ventilböden.

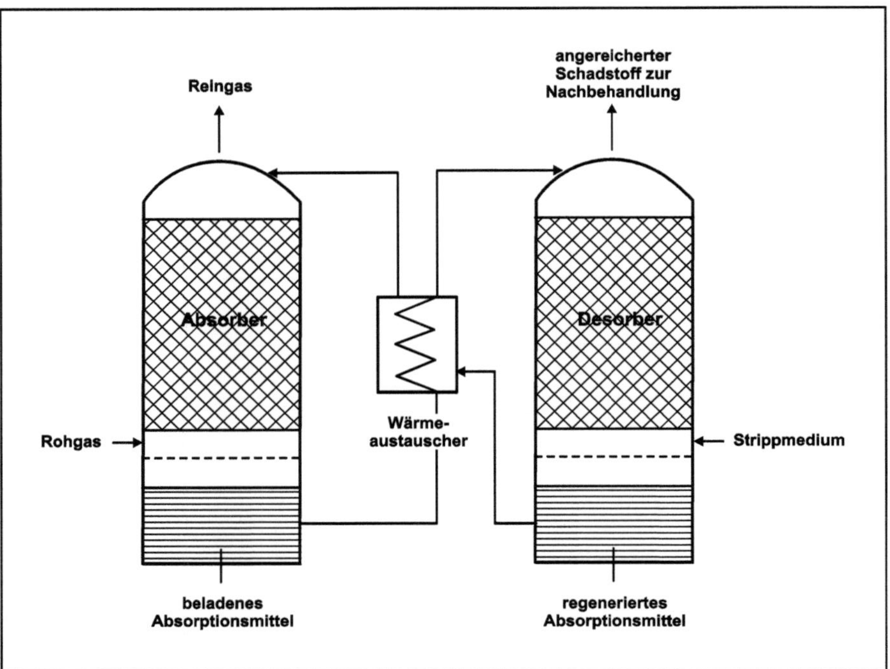

Abb. 6.16 Absorptionsanlage mit Absorber und Desorber

Beim Siebboden fließt die Waschflüssigkeit über ein Zulaufwehr auf den oberen Boden. Das schadstoffhaltige Gas strömt den Boden von unten an und bildet eine Sprudelschicht. Über das nächste Zulaufwehr gelangt die Waschflüssigkeit auf den unteren Boden. Bei zu kleinen Lochdurchmessern werden bei einer Reduzierung der Gasgeschwindigkeit nicht mehr alle Löcher durchströmt. Der Boden besitzt dann inaktive Zonen. Bei größeren Lochdurchmessern und beim Unterschreiten einer bestimmten Gasgeschwindigkeit kommt es zum Durchregnen der Flüssigkeit. Wenn dieser Vorgang länger andauert, läuft die Kolonne voll. Glockenböden und Ventilböden sind Weiterentwicklungen der Siebböden. Die Durchtrittsöffnungen sind abgedeckt. Bei Ventilböden werden die Ventile mit zunehmender Gasgeschwindigkeit geöffnet. Bei zu niedriger Belastung schließen sich die Ventile und verhindern so ein Herabregnen der Waschflüssigkeit. Bei Glockenböden strömt das Gas von unten durch den Glockenhals und wird unter der Glocke umgelenkt. Dadurch kommt es zu einer besseren Verwirbelung. Bei kleinen Gasgeschwindigkeiten bleibt der Flüssigkeitsstand auf dem Boden erhalten.

Aufgrund des einfachen Aufbaus und der guten Betriebseigenschaften sind Füllkörperkolonnen als Absorptionsapparate sehr weit verbreitet. Wie die Bodenkolonnen werden sie im Gegenstrom betrieben. Die abwärts strömende Waschflüssigkeit benetzt die Oberfläche der Füllkörper und bildet einen Flüssigkeitsfilm, in dem der Stoffaustausch stattfindet. Die Füllkörper werden als zufällige Schüttung oder als strukturiert angeordnete Packungen in

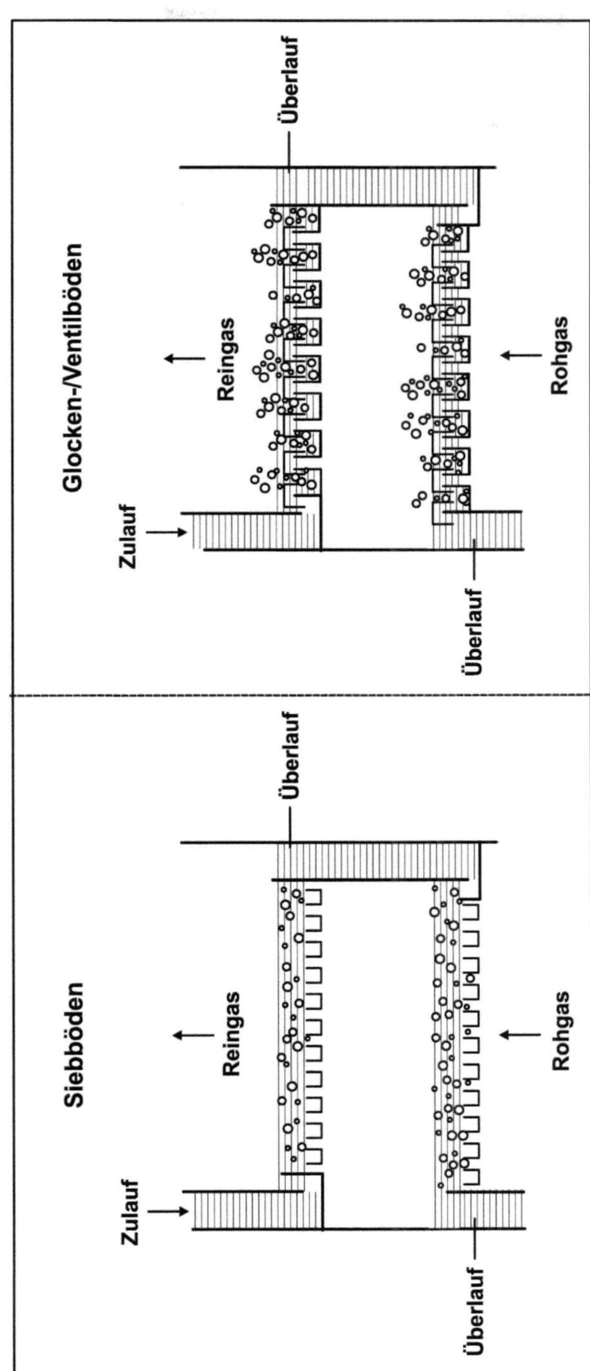

Abb. 6.17 Grundtypen von Kolonnenböden

die Absorptionskolonne gefüllt. Sie werden in verschiedenen Größen und Materialien (z. B. Glas, Keramik, Kunststoff, Metall) angeboten. Ihre Größe liegt meist im Bereich von 1/10 bis 1/20 des Kolonnendurchmessers. Um eine ausreichend homogene Verteilung der flüssigen bzw. gasförmigen Phase über den gesamten Kolonnenquerschnitt zu gewährleisten, werden die Füllkörper und damit die Fluidströme durch Einbauten (Auflageböden, Gitterroste, Profilböden, Zwischenwände) über den gesamten Kolonnenquerschnitt verteilt. Ein zusätzliches Problem stellt die sogenannte Randgängigkeit dar. Da das relative Lückenvolumen am Rand der Füllkörperschüttung größer ist, gelangt die Waschflüssigkeit mit zunehmender Lauflänge immer mehr dort hin. Daher werden Flüssigkeitssammler eingebaut, die das Absorptionsmittel wieder gleichmäßig über den gesamten Kolonnenquerschnitt verteilt.

In der Desorptionskolonne der Anlage werden die absorbierten Gase aus dem Absorptionsmittel entfernt und dieses regeneriert. Es kann dann erneut verwendet werden. Während bei der Absorption ein hoher Druck und eine niedrige Temperatur den Absorptionsvorgang begünstigen, ist es bei der Desorption genau umgekehrt. Bei einem Absorptionsverfahren muss ein Großteil der Energie für die Desorption aufgewendet werden. Die Wirtschaftlichkeit hängt somit maßgeblich von der Regenerierbarkeit des Waschmittels ab. Eine Regeneration des Waschmittels durch Druckminderung lässt sich dann erreichen, wenn sich im Absorber die Gase bei hohen Drücken angereicht haben. Dies ist z. B. bei der druckabhängigen Absorption von Kohlendioxid der Fall. Bei einer Verminderung des Drucks im Desorber verschiebt sich das Gleichgewicht nach links und CO_2 wird wieder freigesetzt.

$$K_2CO_3 \quad + \quad CO_2 \quad + \quad H_2O \quad \rightleftarrows \quad 2\,KHCO_3$$

Weitverbreitet ist die Regeneration durch Luft- oder Dampfstrippung. Dazu wird Luft oder Dampf in die zu regenerierende Waschflüssigkeit eingeblasen und der Schadstoff ausgetrieben. Durch den Regenerationsvorgang wird das Schadstoffproblem zunächst von der Flüssigkeitsphase (Waschmittel) in die Gasphase verlagert. Es muss daher immer eine Nachbehandlung durchgeführt werden. Die Strippung mit Luft bietet sich z. B. dann an, wenn die ausgetriebenen Schadstoffe anschließend verbrannt werden. Bei chlorierten Kohlenwasserstoffen (CKW) lässt sich die Dampfstrippung einsetzen, da Wasser und CKW zwei nicht miteinander mischbare flüssige Phasen bilden.

6.4 Adsorptionsverfahren

6.4.1 Physisorption und Chemisorption

Während die Absorption die Aufnahme von Teilchen in einer Flüssigkeit (Absorptionsmittel) behandelt, betrachtet die Adsorption die Anlagerung von Gasen oder Flüssigkeiten an einer Feststoffoberfläche (Adsorptionsmittel). Die Anreicherung von Molekülen an der Feststoffoberfläche ist auf unterschiedliche Bindungskräfte zurückzuführen. Die Physisorption beruht auf schwachen, physikalischen Wechselwirkungen, während es bei der Chemisorption zur Ausbildung einer stärkeren chemischen Bindung kommt. Die Physisorption liegt typischerweise im Bereich von 20–50 kJ/mol, was etwa der Kondensationswärme entspricht. Demgegenüber liegt die Chemisorption im Bereich von ca. 200–400 kJ/mol. Mit dieser Wärmetönung ist sie mit chemischen Reaktionen vergleichbar.

Physisorption

Bei der Physisorption kommt als Adsorptionsmittel eine Vielzahl von Feststoffen in Betracht. Einen weitverbreiteten Einsatz findet die leicht herzustellende Aktivkohle (A-Kohle). Eine Desorption, also die Umkehrung der Adsorption, ist mit geringem Energieaufwand verbunden und vollständig reversibel. Dies liegt daran, dass es zu keiner chemischen Veränderung der Festkörperoberfläche kommt. Bei der Physisorption können sich mehrere Schichten aus adsorbierten Teilchen aufbauen, wobei die Stärke der Wechselwirkungskräfte mit zunehmender Schichtdicke abnimmt. Abb. 6.18 zeigt die schematische Darstellung der verschiedenen Adsorptions- und Desorptionsvorgänge. Während es sich bei der Adsorption um einen exothermen Vorgang handelt, lässt sich die Desorption als endothermer Prozess nur unter Energieaufwand durchführen.

Der Adsorptionsvorgang sowie die wirkenden Adsorptionsmechanismen sind von verschiedenen Faktoren abhängig. Als Adsorptionsmittel kommen nur Materialen infrage, die eine große Oberfläche und damit eine entsprechende Adsorptionskapazität haben. Außerdem ist es wichtig, die einzelnen Komponenten hinsichtlich ihrer chemisch-physikalischen Eigenschaften aufeinander abzustimmen. Wie bei der Absorption nehmen auch Temperatur und Druck Einfluss auf die Adsorptionsvorgänge. Aufgrund der nur eingeschränkt zur Verfügung stehenden Feststoffoberfläche wird die Adsorption nur bei geringen Konzentrationen zur Entfernung von Schadstoffen aus Gasen oder Flüssigkeiten eingesetzt.

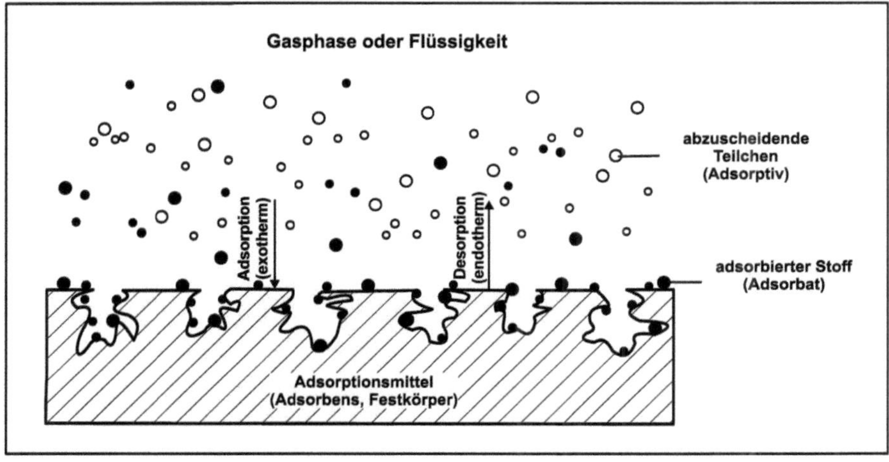

Abb. 6.18 Schematische Darstellung der Adsorption [8]

Die Chemisorption ist mit der Ausbildung einer chemischen Bindung verbunden. Aufgrund der eintretenden Bindungen kommt es zu einer chemischen Veränderung der Adsorptionsoberfläche. Weil die adsorbierten Stoffe nicht mehr in Wechselwirkung mit anderen Teilchen treten können, kommt es im Gegensatz zur Physisorption zur Ausbildung monomolekularer Adsorptionsschichten. Die Auswahl des Adsorptionsmittels hängt bei der Chemisorption vom zu adsorbierenden Stoff ab und ist stark eingeschränkt. Aufgrund der sich ausbildenden chemischen Bindungen ist die Chemisorption meist irreversibel oder nur unter hohem Energieaufwand rückgängig zu machen.

6.4.2 Adsorptionsgleichgewicht

Die abzuscheidenden Teilchen (Adsorptiv) der gasförmigen oder flüssigen Phase stehen mit den adsorbierten Teilchen (Adsorbat) auf der Festkörperoberfläche in einem Gleichgewicht. Um das Adsorptionsverhalten zu bestimmen, werden experimentell Adsorptionsisothermen aufgenommen und/oder nach unterschiedlichen Theorien berechnet. Die wichtigsten Gleichungen gehen auf Langmuir, Freundlich und Brunauer/Emmett/Teller (BET) zurück.

In diesem Zusammenhang ist der Bedeckungsgrad b eine wichtige Größe.

$$b = \frac{\text{Anzahl der besetzten Adsorptionsstellen}}{\text{Anzahl der vorhandenen Adsorptionsstellen}}$$

Ein Bedeckungsgrad von $0 < b < 1$ bedeutet, dass noch freie Adsorptionsstellen vorhanden sind. Bei einem Bedeckungsgrad von $b = 1$ hat sich eine vollständige monomolekulare Schicht ausgebildet. Bei Werten für $b > 1$ haben sich mehrlagige Schichten von adsorbierten Teilchen ausgebildet. Die Adsorptionsisotherme nach Langmuir ist mit einer monomolekularen Belegung der Festkörperoberfläche, die ideal homogen ist, verbunden. Adsorptions- und Desorptionsvorgänge stehen in einem Gleichgewicht. Abb. 6.19 zeigt mit Typ 1 den typischen Verlauf einer Langmuir-Adsorptionsisotherme. Bei höheren Drücken geht sie gegen 1, was die Ausbildung einer vollständigen monomolekularen Schicht anzeigt. Für technische Adsorptionsmittel trifft die Langmuir-Vorstellung nicht zu.

Die Freundlich-Isotherme beruht auf empirischen Beobachtungen. Sie liefert bei niedrigen Partialdrücken praxisnahe Ergebnisse. Ihr Verlauf entspricht dem in Abb. 6.19 gezeigten Typ 3. Die BET-Isotherme wird bei höheren Partialdrücken beobachtet, da bei diesen Bedingungen die Ausbildung mehrlagiger Schichten möglich ist. Sie eignet sich daher zur Beschreibung der Physisorption. Typische Verläufe von BET-Adsorptionsisothermen zeigen die Typen 2 und 4 in Abb. 6.19. Bei den Typen 1, 2 und 4 der Abb. 6.19 kommt es bei niedrigen Partialdrücken (Konzentrationen) bereits zu einem guten Adsorptionsverhalten. Sie sind daher für technische Adsorptionsverfahren gut geeignet. Bei den Typen 3 und 5 kommt es dagegen erst bei einer höheren Konzentration zu einer Adsorption.

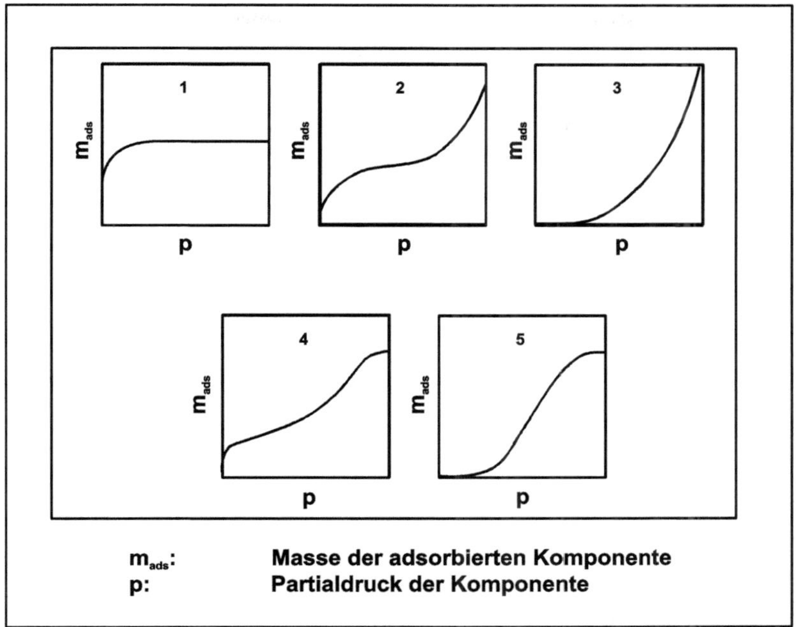

Abb. 6.19 Charakteristische Adsorptionsisothermen [1]

6.4.3 Adsorptionsmittel

Um zu einer optimalen Reinigung schadstoffhaltiger Luft zu gelangen, ist die Auswahl des Adsorptionsmittels von entscheidender Bedeutung. Dazu muss es einige Anforderungen erfüllen:

- hohes, selektives Adsorptionsvermögen gegenüber den zu adsorbierenden Stoffen,
- leichte Desorbierung nach der Beladung,
- hohe Temperatur- und Chemikalienbeständigkeit,
- hohe Festigkeit gegenüber den Belastungen der Adsorption-Desorption-Zyklen.

Adsorptionsmittel müssen über eine große innere Oberfläche verfügen. Gute Adsorptionsmittel verfügen über eine spezifische Oberfläche von ca. 1000 m^2/g.

Aktivkohlen

Aktivkohlen sind die wichtigsten und am meisten verwendeten Adsorptionsmittel. Sie werden aus kohlenstoffhaltigen Materialien (z. B. Torf, Sägemehl, Steinkohle) hergestellt. Die unterschiedlichen Porengrößen und -verteilungen können durch den Herstellungsprozess (Ausgangsmaterial, Temperatur, Dampf-, Gaseinwirkung) variiert werden. Sie legen die Adsorptionseigenschaften der jeweiligen Aktivkohle fest. Bei der Gasaktivierung wird das Ausgangsmaterial in Form von gepressten, zylindrischen Stäbchen (∅ = 1 – 4 mm) in einer Wasserdampf- oder CO_2-Atmosphäre auf 800–1000 °C erhitzt. Dadurch reagiert ein Teil des Kohlenstoffs:

$$C + H_2O \rightleftarrows CO + H_2,$$

$$C + CO_2 \rightleftarrows 2\,CO,$$

und bildet Poren aus. Bei der chemischen Behandlung wird das Ausgangsmaterial mit Chemikalien (z. B. H_3PO_4, $CaCl_2$) versetzt und anschließend extrahiert. Für die Beseitigung geringer Verunreinigungen (z. B. Gerüche) ist eine dritte Herstellungsart nützlich. Dazu wird poröses Polyurethan mit feinstkörniger Pulverkohle versetzt. Um die Adsorptionswirkung zu verstärken und irreversible Reaktionen durchführen zu können, kann die Aktivkohle nach ihrer Herstellung noch mit Chemikalien imprägniert werden.

Kieselgel

Kieselgel (Silicagel) besteht größtenteils aus Siliciumdioxid (SiO_2) und ist eine feste, sehr poröse Kieselsäure. Zur Herstellung werden Alkalisilicate mit Mineralsäuren umgesetzt. Die Porengröße und ihre Verteilung werden durch eine saure Waschung (enge Poren) oder alkalische Waschung (weite Poren) erzielt. Nach der Waschung wird das Gel bei Temperaturen von über 100 °C getrocknet. Bei Kieselgelen mit engen Poren kann die Temperatur sogar bis zu 400 °C betragen. Bei noch höheren Temperaturen bricht die Porenstruktur zunehmend zusammen. Der Vorteil engporiger Gele gegenüber weitporigen Kieselgelen liegt in einer höheren Aufnahmekapazität bei niedrigen Partialdrücken, jedoch erreichen sie bei höheren Partialdrücken schnell das Aufnahmemaximum. So kann die engporige Variante des Kieselgels bei wasserdampfgesättigter Luft ein Drittel des Eigengewichts an Wasser aufnehmen, die weitporige dagegen zwei Drittel. Aufgrund der hohen Kapazität für Wasserdampf werden Kieselgele vor allem als Trocknungsmittel eingesetzt.

Molekularsiebe (Zeolithe)

Zeolithe kommen sowohl in der Natur als auch in synthetischer Form vor. Zur Herstellung wird aus Kieselgel-(SiO_2-) und Aluminat-(Al_2O_3-)Komponenten ein Gel ausgefällt, das bei ca. 90 °C erhärtet. Die durchschnittliche Kristallgröße beträgt 1–10 µm. Die erhaltenen Kristalle können als Pulver verwendet oder mithilfe von Bindern zu stäbchen- oder kugelförmigen Granulaten verarbeitet werden. Bei Temperaturen von bis zu 500 °C werden die Zeolithe in ihren aktiven Zustand versetzt. Die Vorteile von Molekularsieben beruhen auf ihren großen, inneren Oberflächen, auf hohen elektrostatischen Kräften und auf dem Molekularsiebeffekt, durch den Moleküle unterschiedlicher Größe getrennt werden können. Aufgrund der starken Wechselwirkungskräfte eignen sich Molekularsiebe besonders gut zum Trocknen von Gasen, wie z. B. Luft oder Erdgas. Weitere Einsatzgebiete sind z. B. die Abtrennung von Kohlendioxid (CO_2) und Schwefelwasserstoff (H_2S) aus Erdgas. In Tab. 6.1 sind die Daten wichtiger Adsorptionsmittel und möglicher Anwendungsgebiete zusammengestellt. Aktivkohle weist sehr gute Eigenschaften auf und wird daher am meisten verwendet. Durch die Adsorption-Desorption-Zyklen zerfallen Aktivkohlestäbchen zu Pulver und erhöhen somit den Druckabfall. Durch Sieben werden feinpulverige Aktivkohlepartikel abgetrennt, aufgearbeitet oder verbrannt.

Abb. 6.20 zeigt typische Adsorptionsisothermen unterschiedlicher Adsorptionsmittel (Aktivkohle, hydrophiles und hydrophobes Molekularsieb) für Toluol und Wasserdampf. Die unterschiedlichen Adsorptionsverhältnisse sind deutlich zu erkennen. Während bei Toluol Aktivkohle die besten Adsorptionseigenschaften zeigt, ist dies bei Wasserdampf der hydrophile Zeolith.

Tab. 6.1 Adsorptionsmittel und ihre Anwendungsgebiete [9]

Adsorptionsmittel	Spezifische Oberfläche m^2/g	Anwendungsgebiet
Aktivkohle feinporig	1000–1500	Abluftreinigung, Geruchsbehandlung (z. B. Fischmehlfabriken, Kaffeeröstereien, Tierhaltung) Rückgewinnung von leichtsiedenden Stoffen
Aktivkohle mittelporig	700–1400	Rückgewinnung von Lösemitteln (z. B. Filmherstellung, Druckindustrie)
Aktivkohle weitporig	500–800	Entölen, Entfärben von Flüssigkeiten, Rückgewinnung von hochsiedenden Stoffen
Kieselgel engporig	600–800	Geruchsminderung, Trocknung
Kieselgel weitporig	250–500	Adsorption von Kohlenwasserstoffen
Zeolith hydrophil	500–1000	Trocknung, Gewinnung von Kohlenwasserstoffen
Zeolith hydrophob	500–750	Rückgewinnung von Lösemitteln

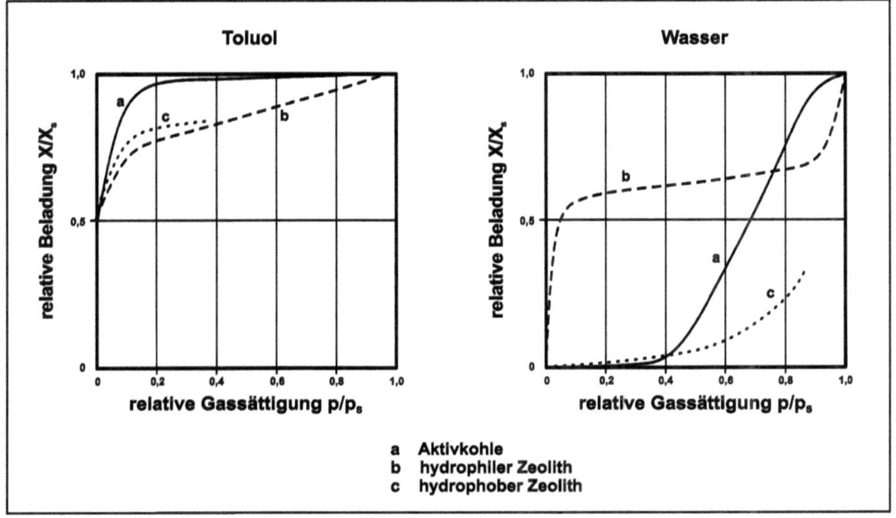

Abb. 6.20 Adsorptionsisothermen unterschiedlicher Adsorptionsmittel [8]

6.4.4 Betriebsweisen von Adsorptionsanlagen

Adsorber lassen sich diskontinuierlich oder kontinuierlich betreiben, wobei in der Arbeitsweise prinzipiell vier Arbeitsschritte zu unterscheiden sind:

1. Adsorption,
2. Desorption,
3. Trocknung,
4. Kühlung.

Im 1. Schritt strömt schadstoffbeladene Luft durch den Adsorber. Der Schadstoff wird adsorbiert und die Beladung des Adsorptionsmittels nimmt laufend zu. Mit einem Messgerät wird die Konzentration des Reingases gemessen, das den Adsorber verlässt. Wird die Durchbruchkonzentration erreicht, ist der Adsorber vollständig beladen und muss regeneriert werden. Die Regeneration des Adsorbers ist der 2. Schritt und wird als Desorption bezeichnet. Es muss Energie aufgewendet werden, um die adsorbierten Teilchen vom Adsorptionsmittel zu entfernen. Der Desorptionsvorgang wird durch Druckabsenkung und/oder Temperaturerhöhung begünstigt und stellt somit den Umkehrvorgang der Adsorption dar. Die Desorption erfolgt meistens in entgegengesetzter Richtung zum Adsorptionsvorgang. Durch eine Temperaturerhöhung wird die Beladung des Adsorptionsmittels herabgesetzt. Sie erfolgt entweder mit einem Inertgas oder oft mit Wasserdampf. Die Entfernung der desorbierten Komponente aus dem Gas kann mittels Kondensation erfolgen. Beim Druckwechselverfahren wird die Beladung des Adsorbens durch eine Druckminderung reduziert. Sie verläuft schneller als beim Temperaturwechselverfahren und hat sich besonders bei schwach adsorbierenden Substanzen bewährt. Wird das Adsorbens mit Wasserdampf regeneriert, muss es im 3. Schritt getrocknet werden. Bevor es neu beladen werden kann, ist im abschließenden 4. Schritt die optimale Adsorptionstemperatur einzustellen.

Beim diskontinuierlichen Adsorptionsbetrieb ist der Festbettadsorber mit seinen verschiedenen technischen Ausführungsformen die gängigste Adsorberart. Um den Festbettadsorber ohne Stillstandzeiten betreiben zu können, besteht die Anlage im Minimum aus zwei Adsorbern. Während im Adsorber 1 adsorbiert wird, wird der Adsorber 2 (Desorber) regeneriert. Er ist dann als Desorber geschaltet. Im nächsten Zyklus werden die Verhältnisse umgekehrt (Abb. 6.21). Obwohl der einzelne Adsorber diskontinuierlich betrieben wird, ergibt sich durch zwei oder mehr Adsorber insgesamt ein kontinuierlicher Betrieb.

Bei der kontinuierlichen Adsorption wird dem Adsorber laufend regeneriertes Adsorptionsmittel zugeführt und beladenes Adsorbens entnommen. Beim Wirbelschichtadsorber wird das Rohgas im Gegenstrom zum Adsorbens geführt. Beim Flugstromadsorber strömen Rohgas und Adsorbens in die gleiche Richtung. Die Abscheidung des Adsorptionsmittels erfolgt mit Zyklonen oder durch Filter. Eine dritte Möglichkeit besteht in der Queranströmung des Adsorbens durch das Rohgas. Dies ist das Prinzip des Wanderbettadsorbers. Eine weitere interessante Variante eines kontinuierlichen Adsorptionsverfahrens ist der Rotationsadsorber (Abb. 6.22). Der Adsorber ist als Rotor ausgebildet und auf einer Wabenstruktur befindet sich das Adsorptionsmittel. Das Rohgas durchströmt den Rotor, wobei die Schadstoffe adsorbiert werden. Die Regeneration des beladenen Adsorbens erfolgt

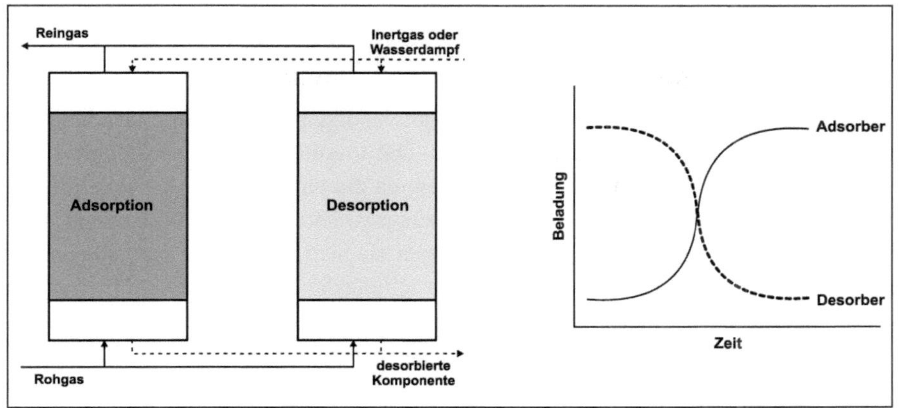

Abb. 6.21 Diskontinuierlich arbeitende Adsorptionsanlage [10]

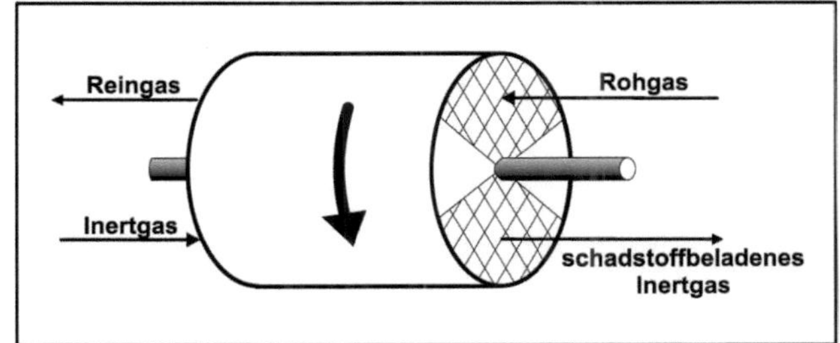

Abb. 6.22 Stetig betriebener Rotationsadsorber [3]

entgegen der Beladungsrichtung in einem anderen Rotorsektor. Durch die Rotordrehung lassen sich in verschiedenen Sektoren die vier Arbeitsschritte Adsorption → Desorption → Trocknung → Kühlung durchführen.

6.5 Thermische Nachverbrennung

Eines der effektivsten Reinigungsverfahren für schadstoffhaltige Abgase ist die thermische Nachverbrennung (TNV). Anorganische und organische Schadstoffe werden dazu im Luftstrom verbrannt (Abb. 6.23). Bei der thermischen Nachverbrennung gelangt das schadstoffhaltige Abgas über eine Mischeinrichtung zusammen mit Verbrennungsluft in einen Brennraum. Hier werden die Verbindungen eventuell mithilfe einer Stützfeuerung bei 700–1200 °C oxidiert. Die entstehende Abwärme wird über einen Wärmetauscher zurückgewonnen und das schadstoffhaltige Rohgas für den Verbrennungsprozess vorgewärmt. Die Verbrennungsprodukte werden an die Umgebung abgeführt (Abb. 6.24). Die messtechnische Überwachung kann z. B. mit einem Flammenionisationsdetektor (FID) erfolgen. Die Messung des Summenparameters *totaler organischer Kohlenstoff (TOC)* ist oftmals für die Kontrolle der Abreinigungsleistung ausreichend.

Um eine vollständige Verbrennung von Abgasen zu gewährleisten, müssen eine ausreichend hohe Verbrennungstemperatur, eine gute Vermischung von schadstoffhaltigem Rohgas/Verbrennungsluft/Zusatzbrennstoff und eine ausreichende Verweilzeit in der Brennkammer gegeben sein. Die Verweilzeiten und notwendigen Sauerstoffmengen hängen von der Schadstoffkonzentration in der Abluft ab. Die thermische Nachverbrennung ist ein sehr wirtschaftliches Abgasreinigungsverfahren, da die entstehende Abwärme für andere Prozesse z. B. in der Produktion oder für Heizungszwecke genutzt werden kann. Bei der richtigen Wahl der Verfahrensparameter zeichnet sie sich durch niedrige CO- und NO_x-Werte im Reingas aus. Zur Messung und Überwachung der Emissionen sind Probenahme-/Messstellen einzurichten, die eine repräsentative und messtechnisch einwandfreie Emissionsmessung ermöglichen. Die thermische Nachverbrennung bietet ein breites Anwendungsspektrum bzgl. der zu behandelnden Schadstoffe. Sie ist relativ unempfindlich gegenüber Konzentrationsschwankungen und Änderungen des Abgasvolumenstroms. Aufgrund der Bauweise der Anlage ist mit einem geringen Wartungsaufwand zu rechnen. Bei der thermischen Nachverbrennung wird die entstehende Wärme über die Trennwand eines Rohrbündel- oder Plattenwärmeaustauschers übertragen. Deren Wirkungsgrad beträgt ca. 70–80 %.

Reaktion	Verbrennungs-enthalpie $kJmol^{-1}$
$CO + ½O_2 \longrightarrow CO_2$	- 283
$H_2 + ½O_2 \longrightarrow H_2O$	- 286
$CH_4 + 2\,O_2 \longrightarrow CO_2 + 2\,H_2O$	- 890
$CH_3OH + 1½O_2 \longrightarrow CO_2 + 2\,H_2O$	- 726
(Benzol) $+ 7½O_2 \longrightarrow 6\,CO_2 + 3\,H_2O$	- 3268
(Toluol, C_6H_5–CH_3) $+ 9\,O_2 \longrightarrow 7\,CO_2 + 4\,H_2O$	- 3953
$CH_3-C(=O)-CH_3 + 4\,O_2 \longrightarrow 3\,CO_2 + 3\,H_2O$	- 1790
$H_2S + 1½O_2 \longrightarrow SO_2 + H_2O$	- 562

Abb. 6.23 Verbrennungsenthalpien ausgewählter Reaktionen

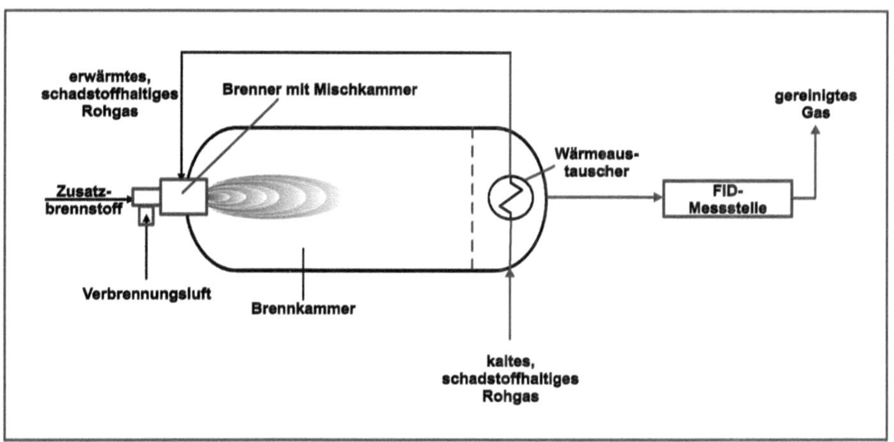

Abb. 6.24 Aufbau einer thermischen Nachverbrennungsanlage [3]

6

Ein hoher Wirkungsgrad von ca. 90–98 % lässt sich mit einer thermisch regenerativen Nachverbrennung (RNV) erreichen. Bei diesem Verfahren wird die bei der Verbrennung entstehende Wärme in einer keramischen Wärmetauschermasse aus Sattel- oder Wabenkörpern gespeichert. Im 1. Verfahrenstakt *Erwärmung* wird die schadstoffhaltige Abluft durch die Wärmespeichermasse in der Kammer auf Reaktionstemperatur (750–800 °C) gebracht. Das wärmespeichernde Material kühlt dabei durch das einströmende Rohgas ab. Durch einen Brenner kann das schadstoffhaltige Rohgas bei Bedarf auch noch weiter erwärmt werden. Im 2. Verfahrenstakt *Kühlung* gibt das Gas seine Wärme an die Wärmetauschermasse in der zweiten Kammer ab, wodurch sich diese bis zur Reaktionstemperatur von 750–800 °C erwärmt. Das gereinigte Abgas wird an die Umgebung abgegeben. Während die ersten beiden Kammern für *Erwärmung* bzw. *Kühlung* in Betrieb sind, wird die dritte Kammer gespült, bevor sie wieder für den 1. Verfahrenstakt zur Verfügung steht. Die Durchströmung der verschiedenen Kammern mit schadstoffhaltiger Abluft oder Spülluft wechselt etwa in einem Takt von 90–120 Sekunden. Aufgrund des höheren Wirkungsgrades einer RNV-Anlage bei der Wärmeübertragung hat diese gegenüber der TNV-Anlage einen geringeren Bedarf an Zusatzbrennstoffen. RNV-Anlagen sind besonders für gering konzentrierte Rohgasströme in einem kontinuierlichen Betrieb geeignet. TNV-Anlagen eignen sich auch für einen intermittierenden Betrieb und sind dann günstiger, wenn sich die entstehende Wärme sinnvoll nutzen lässt.

6.6 Katalytische Abgasreinigung

6.6.1 Grundlagen katalytischer Reaktionen

In der chemischen Industrie sind Katalysatoren der wichtigste Bestandteil chemischer Prozesse. Ohne ihren Einsatz wären zahlreiche Verfahren nicht durchführbar. Durch die Anwendung von Katalysatoren können Rohstoffe und Energie eingespart und die

Umweltbelastungen vermindert werden. Im Umweltschutz spielen Katalysatoren bei der Entstickung von Abgasen in Großkraftwerken oder bei der Reinigung von Autoabgasen eine wichtige Rolle. Durch ihren Einsatz werden z. B. Kohlenwasserstoffe, Kohlenmonoxid oder Stickoxide zu unschädlichen Stoffen umgewandelt. Im Umweltbereich werden vor allen Dingen heterogene Katalysatoren eingesetzt. Hier ist der Katalysator auf einem Trägermaterial aufgebracht und befindet sich in einer unterschiedlichen Phase als der Reaktionspartner. So liegt der Edelmetallkatalysator beim Auto in einer festen Phase vor, während die Verbrennungsabgase als gasförmige Phase vorliegen. Befinden sich Katalysator und Reaktionspartner in der gleichen Phase, so spricht man von homogenen Katalysatoren.

Bei einem heterogenen Katalysator besteht das Trägermaterial (z. B. Al_2O_3, Kieselgel oder Aktivkohle) aus einem porösen Feststoff mit einer sehr großen Oberfläche. Auf diesem Trägermaterial verteilt befinden sich mikroskopisch kleine Partikel des eigentlichen Katalysatormaterials. Damit die chemische Reaktion ablaufen kann, müssen die Ausgangsstoffe zum aktiven Katalysatorzentrum hin- und die entstehenden Produkte vom Katalysator wegtransportiert werden. In der technischen Praxis sind aus diesem Grund häufig die physikalischen Transportvorgänge und nicht die eigentliche chemische Reaktion bestimmend für die Umsetzungsgeschwindigkeit. Insgesamt laufen folgende Teilvorgänge ab (Abb. 6.25):

- Transport der Schadstoffe an die Grenzschicht der Katalysatoroberfläche (1),
- Diffusion der Schadstoffe durch die Grenzschicht in die Katalysatorpore (2),
- Adsorption an das aktive Katalysatorzentrum (3),
- chemische Reaktion am Katalysatorzentrum zu den Produkten (4),
- Desorption der entstandenen Produkte vom Katalysatorzentrum (5),
- Diffusion der Produkte aus der Katalysatorpore heraus und durch die Grenzschicht (6),
- Abtransport der Produkte durch die Gasströmung (7).

Damit es zu einer chemischen Reaktion zwischen Molekülen kommen kann, muss eine bestimmte Aktivierungsenergie E_a aufgewendet werden. Abb. 6.26 zeigt die energetischen Aspekte für eine katalytische bzw. nichtkatalytische Oxidationsreaktion von Kohlenmonoxid (CO). Bei der nichtkatalysierten Reaktion ist die Aktivierungsenergie ($E_{a,nk}$) größer als bei der katalysierten Reaktion ($E_{a,k}$).

Die frei werdende Reaktionswärme (Reaktionsenthalpie) ΔH ist negativ ($\Delta H < 0$), d. h., die Enthalpie der Produkte ΔH (Produkte) ist kleiner als die Enthalpie der Edukte ΔH (Edukte). Ist

$$\Delta H\left(\text{Produkte}\right) - \Delta H\left(\text{Edukte}\right) < 0,$$

wird Wärme frei und man spricht von einer exothermen Reaktion. Ist $\Delta H > 0$, liegt eine endotherme Reaktion vor. Der Katalysator verändert also den Mechanismus der betreffenden Reaktion. Entscheidend ist, dass die katalysierte Reaktion gegenüber der nichtkataly-

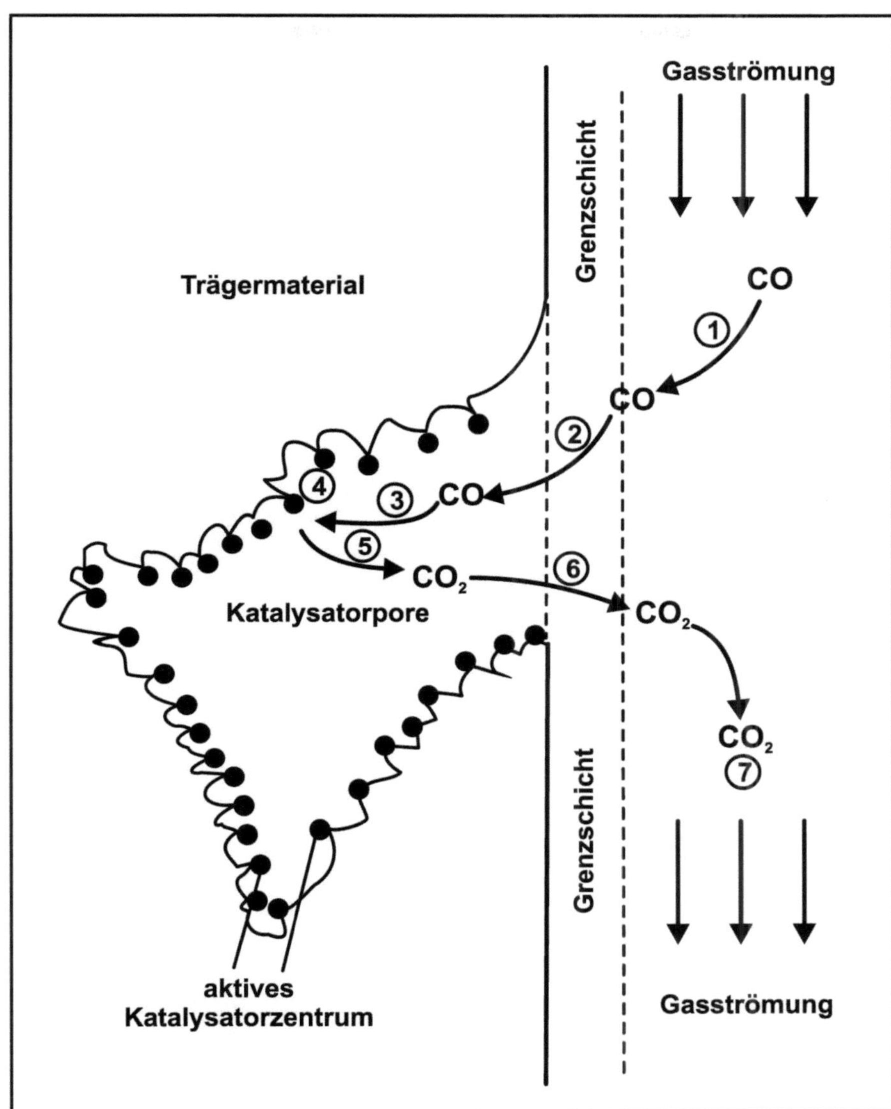

Abb. 6.25 Heterogene Katalyse am Beispiel $CO + \frac{1}{2}\,O_2 \rightarrow CO_2$ [9]

sierten Reaktion mit einer niedrigeren Aktivierungsenergie verläuft, was wiederum zu einer höheren Reaktionsgeschwindigkeit führt. Die exothermen bzw. endothermen Aspekte der Reaktion werden dagegen durch den Katalysator nicht beeinflusst.

Ob sich ein Katalysator für einen entsprechenden Abgasreinigungsprozess eignet, hängt von dessen Aktivität und Selektivität ab. Die Aktivität eines Katalysators ist eine reaktionsspezifische Eigenschaft. Sie ist ein Maß dafür, wie schnell die chemische

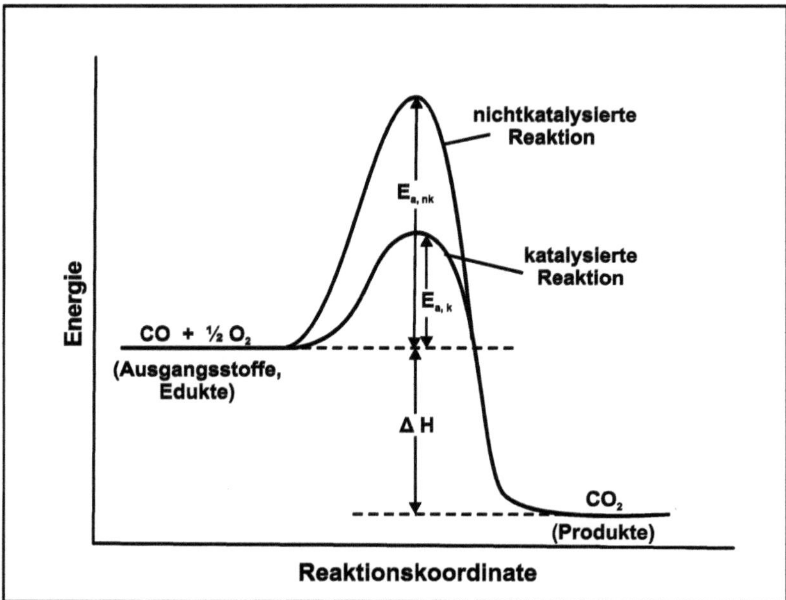

Abb. 6.26 Energiediagramm einer chemischen Reaktion

Reaktion abläuft. Kenngrößen dafür sind z. B. die Reaktionsgeschwindigkeit oder noch besser der Umsatz (U) einer Reaktion. Zur vollständigen Reinigung eines Abgases sollte der Umsatz innerhalb einer bestimmten Reaktionszeit möglichst 100 % betragen. Optimal wäre es, wenn am Katalysator nur Reaktionen ablaufen würden, die zu den gewünschten Produkten führen. Die Selektivität (S) gibt an, welcher Anteil der Ausgangsstoffe zum gewünschten Produkt umgesetzt wurde. Eine Selektivität von 100 % bedeutet, dass nur die gewünschten Produkte ohne Nebenprodukte entstehen. Das mathematische Produkt aus Umsatz (U) und Selektivität (S) ergibt die Ausbeute (A) einer chemischen Reaktion.

$$U \cdot S = A$$

Da Umsatz und Selektivität niemals zu 100 % erreicht werden, ist immer mit einem unvollständigen Reaktionsverlauf bzw. Nebenreaktionen zu rechnen. Die Bildung von Nebenprodukten, die eventuell noch schädlicher sind als die Ausgangsstoffe, ist unerwünscht und muss beim Einsatz von Katalysatoren beachtet werden. Katalysatoren haben eine begrenzte Lebensdauer. Obwohl er sich während einer chemischen Reaktion nicht verbraucht, können sich seine Eigenschaften im Laufe der Betriebszeit verändern. Durch Ablagerungen auf der Katalysatoroberfläche werden die Katalysatorporen verschlossen bzw. die aktiven Katalysatorzentren bedeckt. Durch thermische Einflüsse kann es zu Veränderungen im Katalysatorgefüge kommen. Einzelne Katalysatorkörner können sintern und sich die innere Oberfläche vermindern. Durch mechanische Einflüsse (z. B. Abrieb) werden die aktiven Katalysatorzentren vom Trägermaterial getrennt. Besonders kritisch sind chemische Einflüsse in Form einer Katalysatorvergiftung. Im Abgas enthaltene Katalysatorgifte reagieren mit dem aktiven Zentrum und setzen somit die Wirksamkeit des Katalysators herab.

Mithilfe einer speziellen Messtechnik lässt sich die abnehmende Aktivität des Katalysators bestimmen. Ein Anstieg der Schadstoffkonzentration im Reingas (z. B. CO) oder das Auftreten von Nebenprodukten können auf eine Aktivitätsminderung hindeuten. Katalysatoren, die während des Prozesses an Aktivität verlieren, lassen sich häufig regenerieren, bevor sie endgültig ausgetauscht werden müssen. So besteht z. B. bei der Belegung mit Koks die Möglichkeit, den Katalysator durch Abbrennen zu reaktivieren. Belegungen mit Salzen lassen sich durch Waschen mit Wasser, Säuren oder Laugen entfernen. Stark adsorbierende Stoffe lassen sich durch eine Temperaturerhöhung desorbieren. Idealerweise würde sich die Aktivität des Katalysators über die Betriebsdauer nicht verändern. Im realen Fall nimmt die Aktivität anfangs ab, um sich anschließend über einen längeren Zeitraum zu stabilisieren. Wenn die Katalysatoraktivität zu stark abnimmt, muss der Katalysator vollständig ausgetauscht werden.

6.6.2 Katalytische Nachverbrennung

Bei der katalytischen Nachverbrennung erhöht der Katalysator die Reaktionsgeschwindigkeit. Im Gegensatz zur thermischen Nachverbrennung kann gleichzeitig der Einsatz von Primärenergie verringert werden. Je nach Art der Schadstoffe im Abgas und der Art des Katalysators wird die katalytische Nachverbrennung bei 300–600 °C durchgeführt. Gegenüber der thermischen Nachverbrennung führt dies zu niedrigeren Energiekosten. Ein gravierender Nachteil ist jedoch die Empfindlichkeit des Katalysators gegenüber Katalysatorgiften. Dadurch kann es letztlich zu höheren Betriebskosten kommen. Aufgrund dieser Empfindlichkeiten hat die katalytische Nachverbrennung einen geringeren Marktanteil als die thermische Nachverbrennung. Aufgrund der allgemeinen Anforderungen an einen Katalysator (hoher Umsatz, hohe Selektivität, Unempfindlichkeit) werden Metalle oder Metalloxide am häufigsten bei der Abgasreinigung verwendet. Die katalytisch aktive Komponente wird fein verteilt auf Trägermaterialien aus Aluminiumoxid, Kieselgur oder Aktivkohle aufgebracht. Wesentliche Größen des Trägermaterials sind z. B. seine Porosität, die innere Oberfläche und die Verteilung der Porengröße. Dadurch ergeben sich hohe Raumgeschwindigkeiten, d. h. ein hohes Durchsatzvolumen an schadstoffhaltigem Abgas pro eingesetztem Katalysatorvolumen. Katalysatoren werden als kleine Formkörper (z. B. Kugeln, Stäbchen), als Wabenkörper oder als Netze hergestellt. In Abhängigkeit von den Betriebsbedingungen liegt die Lebensdauer eines Katalysators zwischen 2 und 5 Betriebsjahren. In Abb. 6.27 ist eine katalytische Nachverbrennungsanlage schematisch dargestellt.

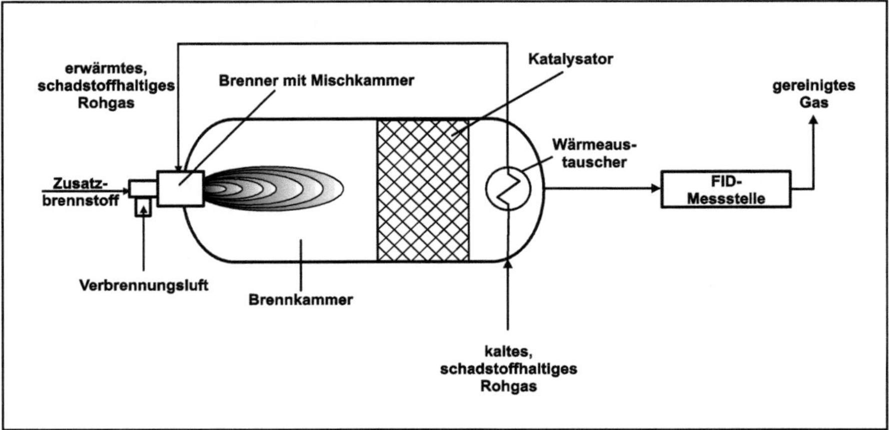

Abb. 6.27 Aufbau einer katalytischen Nachverbrennungsanlage [3]

Das Umsatzverhalten einer katalytischen Nachverbrennungsanlage hängt von zahlreichen Faktoren ab. Dazu zählen u. a.:

- Art und Konzentration des Schadstoffs,
- Anspring- oder Zündtemperatur,
- Betriebstemperatur,
- Art und Partikelgröße des Katalysators,
- spezifische Oberfläche des Trägermaterials,
- aktive Oberfläche des Katalysators,
- Raumgeschwindigkeit.

Ähnlich wie bei der thermischen Nachverbrennung steigt der Umsatz mit steigender Temperatur und sinkender Raumgeschwindigkeit $(\dot{v}_R)$. Die Raumgeschwindigkeit ist dabei der Quotient aus Abgasvolumenstrom $(\dot{V}_{Abgas})$ und Katalysatorvolumen ($V_{Katalysator}$).

$$\dot{v}_R = \frac{\dot{V}_{Abgas}}{V_{Katalysator}}$$

Mit der katalytischen Nachverbrennung können zahlreiche organische Verbindungen abgebaut werden. Bei Raumgeschwindigkeiten von 10.000–20.000 h^{-1} werden bei 300–500 °C fast vollständige Umsätze erzielt. Enthält das schadstoffhaltige Abgas Halogen-, Schwefel- oder Stickstoffverbindungen entstehen saure Oxidationsprodukte (z. B. HCl, SO_2, NO_x). Der katalytischen Nachverbrennung ist dann ein Gaswäscher nachzuschalten (Abb. 6.28). Mit Natronlauge (NaOH) werden die sauren Komponenten ausgewaschen.

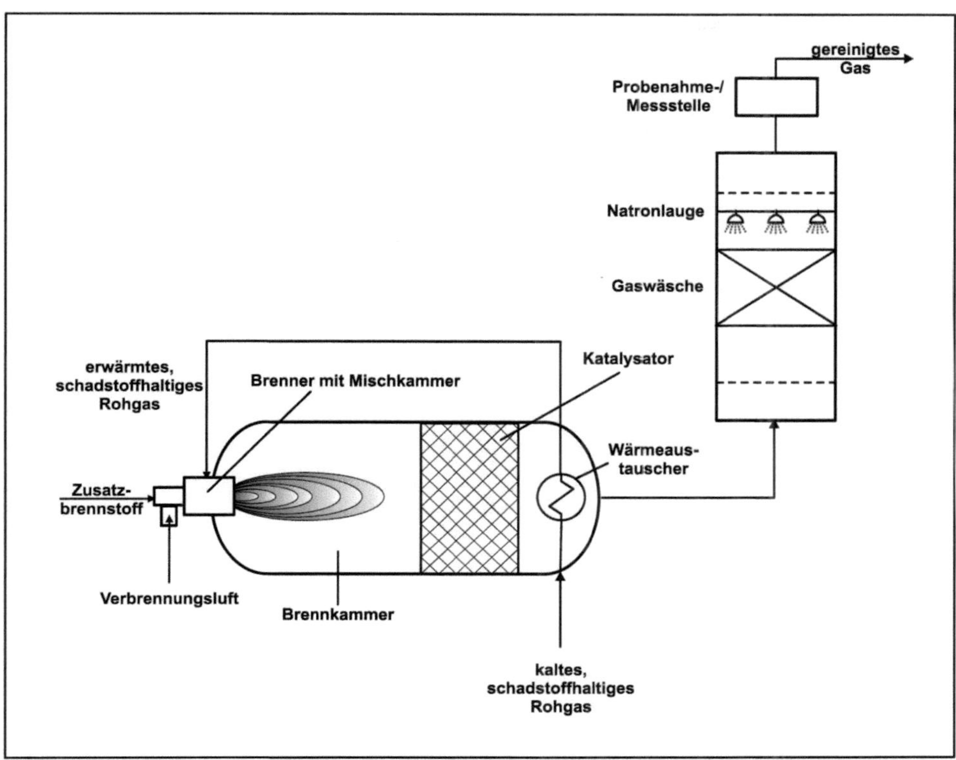

Abb. 6.28 Katalytische Nachverbrennung mit anschließender Gaswäsche

6.6.3 SCR-/SNCR-Verfahren

Bei der Verbrennung fossiler Energieträger kommt es zur Bildung von Stickoxiden (NO_x). Deren Emissionen werden durch selektive katalytische (SCR-Verfahren) bzw. nichtkatalytische Reduktion (SNCR-Verfahren) reduziert. Beim SCR-Verfahren werden die mit einem Reduktionsmittel versetzten stickoxidhaltigen Abgase an einem Katalysator unter Bildung von Stickstoff (N_2) und Wasserdampf (H_2O) reduziert. Beim SNCR-Verfahren findet die Reaktion ohne Katalysator statt. Während die Reaktionstemperaturen beim SCR-Verfahren bei 200–500 °C liegen, müssen beim SNCR-Verfahren deutlich höhere Temperaturen (800–1000 °C) angewendet werden. Bei beiden Verfahren werden zur Reduktion Ammoniak oder Harnstoff eingesetzt.

$$4\,NH_3 + 4\,NO + O_2 \rightarrow 4\,N_2 + 6\,H_2O$$

$$8\,NH_3 + 6\,NO_2 \rightarrow 7\,N_2 + 12\,H_2O$$

$$2\,CO(NH_2)_2 + 4\,NO + O_2 \rightarrow 4\,N_2 + 4\,H_2O + 2\,CO_2$$

$$2\,CO(NH_2)_2 + 2\,NO_2 + O_2 \rightarrow 3\,N_2 + 4\,H_2O + 2\,CO_2$$

Auch im Fall der Verwendung von Harnstoff als Reduktionsmittel erfolgt die eigentliche Reaktion mit Ammoniak, da sich unter den Reaktionsbedingungen Harnstoff thermisch zersetzt.

$$O{=}C(NH_2)_2 + H_2O \longrightarrow 2\,NH_3 + CO_2$$

Bei beiden Verfahren können unerwünschte Nebenreaktionen wie die direkte Oxidation von Ammoniak mit Sauerstoff oder die Bildung von Lachgas (N_2O) auftreten.

$$4\,NH_3 + 3\,O_2 \rightarrow 2\,N_2 + 6\,H_2O$$

$$2\,NH_3 + 2\,O_2 \rightarrow N_2O + 3\,H_2O$$

Der Umsatz an Stickoxiden liegt beim SCR-Verfahren bei über 90 %, beim SNCR-Verfahren dagegen nur bei ca. 70 %. In beiden Fällen ist daher mit Emissionen an nichtverbrauchtem Ammoniak (Ammoniakschlupf) zu rechnen. Beim SNCR-Verfahren ist aufgrund des geringeren Umsatzes mit einem höheren Ammoniakschlupf zu rechnen. Seine Vorteile liegen allerdings im geringeren Platzbedarf und aufgrund des fehlenden Katalysators in den niedrigeren Investitions- und Betriebskosten. Die wichtigste Rolle beim SCR-Verfahren spielt der Katalysator, der niedrigere Prozesstemperaturen, hohe Umsätze und die Unterdrückung unerwünschter Nebenreaktionen ermöglicht. In der Praxis werden Feststoffkatalysatoren in verschiedenen Formen (Hexagon, Quadrat, Dreieck) mit unterschiedlichen katalytisch aktiven Komponenten eingesetzt. Als Lösung mit den besten Eigenschaften haben sich Katalysatoren aus Mischoxiden verschiedener Übergangsmetalle (Titan-, Vanadium-, Eisenoxide) herausgestellt, denen andere Oxide (V, Mo, W, Ni, Co, Cu, Cr) zur Aktivitätssteigerung beigemischt werden können.

Die SCR-Katalysatoren werden technisch in zwei Varianten realisiert. Beim Vollkeramikmonolith werden die genannten Oxide mit Hilfsstoffen (Binder) als Strangpresskörper hergestellt. Beim Trägerkatalysator wird ein nichtaktiver Trägerkörper im Tauchverfahren beschichtet. Die Deaktivierung erfolgt bei SCR-Katalysatoren hauptsächlich durch Alterung (mechanische und thermische Belastung). Hauptprobleme sind Sintervorgänge, Oberflächenabtrag, Ablagerungen in Poren und Verstopfung der Strömungskanäle. Schädigende Wirkung haben z. B. SO_2/SO_3, die Ammoniumsulfate bilden und die Katalysatoroberfläche bedecken. Arsentrioxid (As_2O_3) ist ein besonderes Katalysatorgift, da es sich an den aktiven Zentren anlagert und diese blockiert. Die klassische Anwendung des SCR-Verfahrens ist die industrielle Rauchgasentstickung bei Feuerungsprozessen jeder

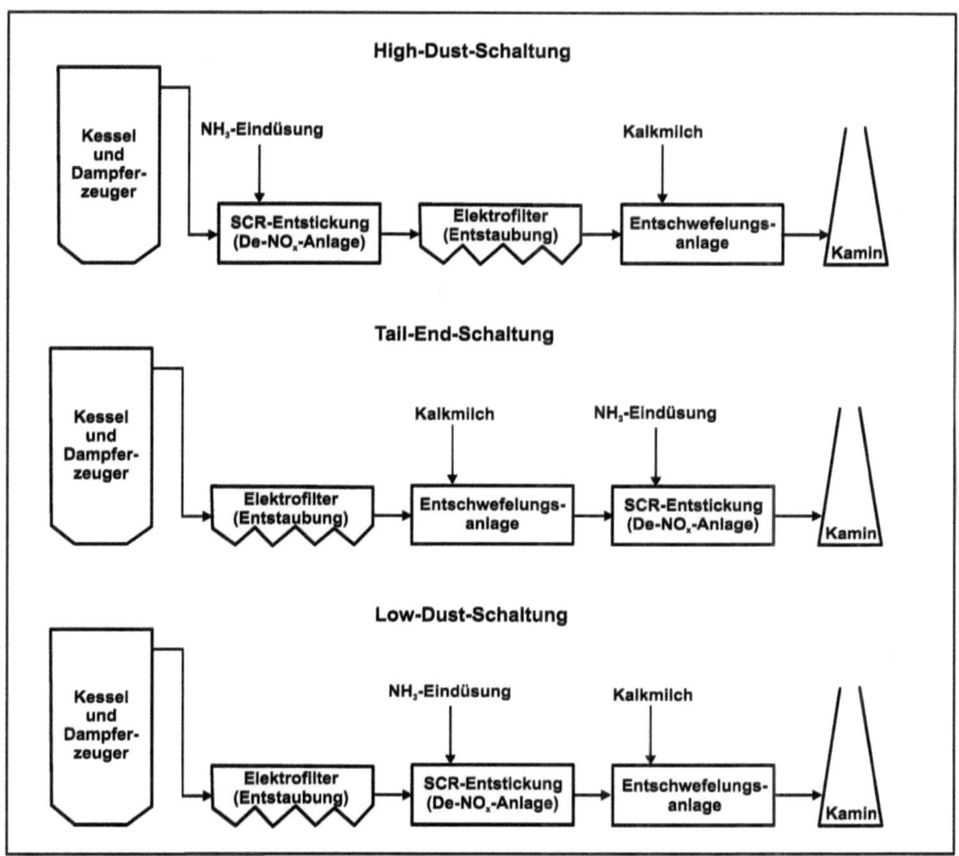

Abb. 6.29 Verfahrensprinzip der industriellen Rauchgasreinigung [11]

Art (z. B. Kraftwerke, Müllverbrennungsanlagen). Man spricht dann auch von De-NO_x-Anlagen. Hier werden hauptsächlich Platten- oder Wabenkatalysatoren mit Titan-/Wolfram-/Vanadiumoxiden eingesetzt. Für den Einbau des SCR-Katalysators hinter industriellen Feuerungen gibt es grundsätzlich mehrere Möglichkeiten der Anordnung (Abb. 6.29).

Der Vorteil der High-Dust-Schaltung liegt in der relativ hohen Temperatur des Abgases. Nachteilig sind die hohen Staub- und Schwefelbelastungen. Daher werden Vollkeramikkatalysatoren eingesetzt, die trotz des starken Oberflächenabtrags aufgrund mechanischer Reibung ausreichend lange aktiv bleiben. In der Tail-End-Schaltung ist die Katalysatorbelastung wesentlich geringer. Die Abgase müssen jedoch vor dem SCR-Prozess von 50–70 °C über Wärmetauscher wieder auf 350–400 °C aufgeheizt werden. In der Tail-End-Schaltung werden oft Trägerkatalysatoren eingesetzt. In der Low-Dust-Schaltung ist durch die vorgeschaltete Entstaubung die Staubbelastung des Katalysators wesentlich geringer. Das SNCR-Verfahren wird selten eingesetzt. Die

Anwendung beschränkt sich vor allem auf sehr heiße Abgase (1000 °C). Das Reduktionsmittel wird direkt in den Brennraum eingedüst. Zur Effizienzsteigerung des Verfahrens erfolgt die Einspritzung an mehreren Stellen nacheinander, da die Verweilzeit des Abgases meistens kleiner ist als die erforderliche Reaktionszeit. Zur Prozessregelung für das SCR- und SNCR-Verfahren kann eine Messung des NH_3-Gehaltes im Abgasstrom nach der Entstickung erfolgen, da der Ammoniakschlupf in direktem Zusammenhang mit dem Prozessverlauf steht.

6.6.4 Der Autoabgaskatalysator

Kraftstoffe (Benzin, Diesel) sind ein Gemisch aus verschiedenen aliphatischen und aromatischen Kohlenwasserstoffen. Bei der Vermischung mit Luft entsteht ein zündfähiges Gemisch. Bei einem Benzinfahrzeug mit Ottomotor wird dieses durch eine Fremdzündung mithilfe eines Zündfunkens entzündet. Bei einem Dieselmotor wird Luft verdichtet und anschließend der Dieselkraftstoff eingespritzt, wodurch es zur Selbstzündung des Diesel-Luft-Gemisches kommt. Die Qualität des Treibstoffs wird beim Benzin durch die *Oktanzahl (ROZ)* angegeben. Dazu wird willkürlich den Kohlenwasserstoffen n-Heptan die Oktanzahl 0 und i-Oktan die Oktanzahl 100 zugewiesen.

$CH_3 - CH_2 - CH_2 - CH_2 - CH_2 - CH_2 - CH_3$ n-Heptan ROZ = 0

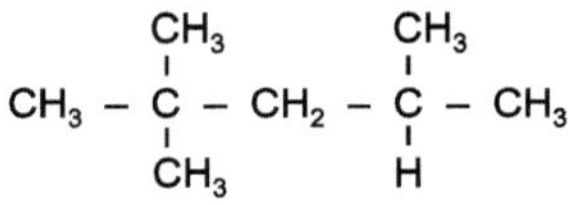

$CH_3 - C(CH_3)_2 - CH_2 - CH(CH_3) - CH_3$ i-Oktan ROZ = 100

Beim Dieselkraftstoff wird Ähnliches über die *Cetanzahl (CZ)* vorgenommen. Dazu wird der Verbindung α-Methylnaphthalin die Cetanzahl 0 und n-Hexadecan (Cetan) die Cetanzahl 100 zugeordnet.

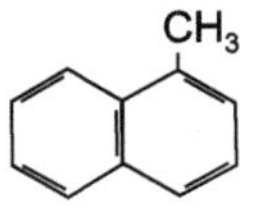

CH_3 α-Methylnaphthalin CZ = 0

$C_{16}H_{34}$ n-Hexadecan CZ = 100

Bei einer Verbrennung des Kraftstoffs in Motoren entstehen in der Hauptreaktion Kohlendioxid (CO_2) und Wasser (H_2O). Gleichzeitig wird Wärme freigesetzt, die zum Antrieb des Kraftfahrzeugs genutzt wird. Als Beispiel hierzu zwei Reaktionen für die Verbrennung von i-Oktan (C_8H_{18}) und Cetan ($C_{16}H_{34}$).

$$2\,C_8H_{18} + 25\,O_2 \rightarrow 16\,CO_2 + 18\,H_2O$$

$$2\,C_{16}H_{34} + 49\,O_2 \rightarrow 32\,CO_2 + 34\,H_2O$$

Die umweltbelastenden Komponenten des Verbrennungsprozesses sind teilverbrannte Kohlenwasserstoffe, Kohlenmonoxid (CO) und Stickoxide. Die Entstehung von CO ist eine Folge des Boudouard-Gleichgewichts.

$$C + CO_2 \rightleftarrows 2\,CO$$

Stickoxide (NO_x) entstehen bei den hohen Verbrennungstemperaturen durch Reaktion des Luftstickstoffs (N_2).

$$N_2 + O_2 \rightleftarrows 2\,NO$$

Bei Dieselmotoren kommt zusätzlich als umwelt- und gesundheitsrelevante Komponente die Emission von Partikeln hinzu. Aufgrund des im Kraftstoff enthaltenen Schwefels entsteht in einer weiteren Reaktion Schwefeldioxid (SO_2). Durch entsprechende gesetzgeberische Maßnahmen werden Emissionsgrenzwerte für Kohlenmonoxid (CO), Stickoxide (NO_x), Gesamtkohlenwasserstoff (HC) und Partikel (PM) festgelegt. Die Einhaltung dieser Emissionen lässt sich fahrzeugtechnisch bewerkstelligen. Zur Reduzierung der SO_2-Emission muss ein anderer Weg eingeschlagen werden. Hier setzt der Gesetzgeber direkt Grenzwerte für den Schwefelgehalt der Treibstoffe fest. Somit sind die Mineralölkonzerne zur Einhaltung verpflichtet. Die Entwicklung der europäischen Abgasgrenzwerte führte zu deutlichen Minderungen des Schadstoffausstoßes im Straßenverkehr (Tab 6.2). Ab dem 01.09.2014 müssen neu zugelassene Kraftfahrzeuge die EURO-VI-Abgasnorm erfüllen. Durch den Vergleich zwischen den Abgasnormen *EURO V* und *EURO VI* wird ersichtlich, dass die Abgasgrenzwerte für Kraftfahrzeuge mit Ottomotoren nicht verschärft werden. Die Herausforderungen für die Automobilhersteller liegen im Bereich der Dieselmotoren bei der Reduzierung von Stickoxiden (NO_x) und teilverbrannten Kohlenwasserstoffen (HC) mithilfe neuer Abgasnachbehandlungssysteme.

6.6.4.1 Dreiwegekatalysator

Der Katalysator besteht aus

- einem metallischen Behälter als Gehäuse,
- einer Quellmatte als Puffer gegen Erschütterungen,
- dem keramischen Wabenkörper als Katalysatorträger und
- der eigentlichen katalytisch aktiven Schicht.

Der Katalysatorträger ist mit einer Vielzahl dünnwandiger Kanäle durchzogen, die von den Autoabgasen durchströmt werden. Auf den Wänden der Kanäle ist eine hochporöse Schicht (Washcoat) aufgetragen. Der Washcoat ist die katalytische Komponente des Dreiwegekatalysators und dient als Träger der fein verteilt darin eingebetteten katalytisch aktiven Platingruppenmetalle (Platin, Palladium, Rhodium). Platin (Pt) und Palladium

Tab. 6.2 Emissionsgrenzwerte für Pkw [12]

EURO-Norm	Gültig ab	Schadstoffkomponenten CO mg/km		NO_x mg/km		(T) HC mg/km		NO_x + (T) HC mg/km		Partikel mg/km	
		Benzin	Diesel	Benzin	Diesel	Benzin	Diesel	Benzin	Diesel	Benzin	Diesel
EURO I	31.12.1992	3160	3160	-	-	-	-	1130	1130	-	180
EURO II	01.01.1996 (N) 01.01.1997 (A)	2200	1000	-	-	-	-	50	700	-	80
EURO III	01.01.2000 (N) 01.01.2001 (A)	2300	640	150	500	200	-	-	560	-	50
EURO IV	01.01.2005 (N) 01.01.2006 (A)	1000	500	80	250	100	-	-	300	-	25
EURO V	01.09.2009 (N) 01.01.2011 (A)	1000	500	60	180	100	-	-	230	5	5
EURO VI	01.09.2014 (N) 01.01.2015 (A)	1000	500	60	80	100	-	-	170	5	5

N: neue Fahrzeugtypen
A: alle Fahrzeuge

(Pd) beschleunigen die Oxidation der Kohlenwasserstoffe (HC) und von Kohlenmonoxid (CO), Rhodium (Rh) die Reduktion der Stickoxide (NO_x). Der Washcoat ist das Herzstück des Katalysators. Er schafft eine große Oberfläche, ist temperaturstabil und hat sauerstoffspeichernde Eigenschaften. Die Entwicklung bei der Herstellung von Katalysatorträgern zielt auf eine möglichst große Oberfläche, auf der die katalytische Reaktion ablaufen kann und das bei einem möglichst kleinen Volumen. Weitere Anforderungen an den Träger sind:

- geringer Abgasgegendruck,
- gute thermische Stabilität,
- schnelles Erreichen der Betriebstemperatur,
- hohe mechanische Festigkeit,
- kostengünstige Serienfertigung,
- gute Recycelbarkeit.

Die meisten Autoabgaskatalysatoren bestehen aus einem monolithischen Keramikträger (2 MgO • 2 Al_2O_3 • 5 SiO_2) mit quadratischen Kanälen. Bei der industriellen Herstellung werden Kaolin, Talk, Aluminiumoxide und Siliziumoxide mit Wasser und Additiven vermischt, im Extrudierverfahren verpresst, getrocknet und gebrannt. Auf den Keramikträger werden der Washcoat mit Ceroxid (Ce_2O_3) und Platingruppenmetalle (Pt, Pd, Rh) aufgebracht. Handelsübliche Katalysatorsysteme enthalten ca. 2 g Edelmetalle.

Luftzahl Lambda (λ)
Die Zusammensetzung der Motorabgase hängt im Wesentlichen vom Luftangebot für die Verbrennung ab. Dies wird durch die Luftzahl λ beschrieben. Sie gibt das Verhältnis der zugeführten praktischen Luftmenge zur für den Verbrennungsprozess notwendigen theoretischen Luftmenge an. λ ist eine dimensionslose Zahl. Es lassen sich drei Fälle unterscheiden.

$\lambda = 1$	Die zugeführte Luftmenge entspricht der theoretisch erforderlichen Menge für eine vollständige Verbrennung des Kraftstoffs.
$\lambda < 1$	Es besteht Luftmangel (fettes Gemisch) und damit unvollständige Verbrennung.
$\lambda > 1$	In diesem Bereich herrscht Luftüberschuss (mageres Gemisch) und somit vollständige Verbrennung.

Abb. 6.30 zeigt den Verlauf der Schadstoffemissionen in Abhängigkeit von der λ-Zahl. Ist die Luftzahl $\lambda > 1$ liegt ein Sauerstoffüberschuss (mageres Gemisch) vor. Kohlenwasserstoffe (HC) und Kohlenmonoxid (CO) werden nahezu vollständig umgesetzt.

$$HC + O_2 \rightarrow CO_2 + H_2O$$

$$2\,CO + O_2 \rightarrow 2\,CO_2$$

Aufgrund der oxidierenden Bedingungen werden jedoch kaum Stickoxide (NO_x) umgesetzt. Die Verhältnisse kehren sich bei einer Luftzahl $\lambda < 1$ (fettes Gemisch) um. Kohlenwasserstoffe und Kohlenmonoxid werden kaum umgesetzt. Stattdessen werden die Stickoxide (NO_x) nahezu vollständig umgewandelt.

$$2\,NO + 2\,CO \rightarrow N_2 + 2\,CO_2$$

Ein Optimum der Schadstoffumwandlung ergibt sich bei $\lambda \approx 1$. In diesem Bereich werden alle drei Schadstoffe mit über 90 % Umsatz zu unschädlicheren Produkten umgewandelt.

Motorleistung und Kraftstoffverbrauch haben ihr Optimum in einem anderen λ-Bereich. Um eine maximale Leistung zu erreichen, muss der λ-Wert bei ca. 0,9 liegen. Gleichzeitig kann man erkennen, dass bei Minimierung der Motorleistung (z. B. Bremsvorgang) der optimale λ-Wert bei ca. 1,1 liegt. Um diese zeitlichen Variationen im Fahrverhalten zu kompensieren, werden die Washcoats des Dreiwegekatalysators mit Ceroxid (Ce_2O_3) beschichtet. Wenn ein Sauerstoffüberschuss vorliegt, speichert Ceroxid einen Teil des Sauerstoffs, den es bei Sauerstoffunterschuss wieder abgeben kann. Ceroxid besitzt eine Pufferfunktion für Sauerstoff und glättet das Katalysatorverhalten.

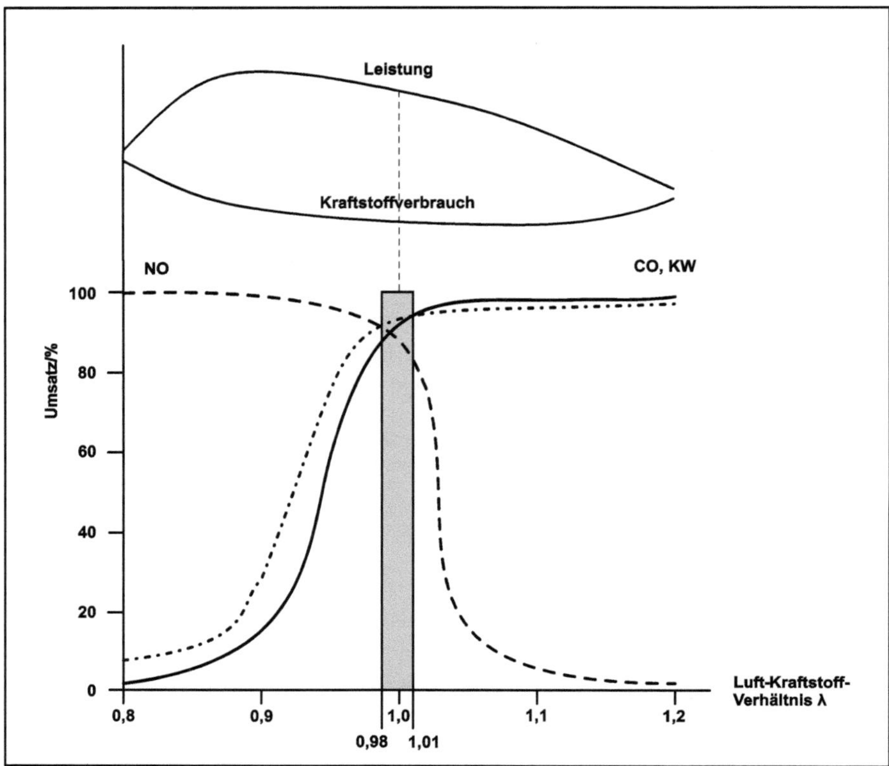

Abb. 6.30 Umsatzverhalten beim Dreiwegeautokatalysator [13]

Deaktivierung des Dreiwegekatalysators

Eine Deaktivierung des Katalysators führt zu einem schlechteren Umsatzverhalten. Die drei Schadstoffe (HC, CO, NO_x) werden nur noch unvollständig umgewandelt. Bei der mechanischen Deaktivierung führen Erschütterungen zu einem mechanischen Bruch im Trägermaterial. Die große katalytische Oberfläche wird verringert, der Gegendruck steigt an, was letztlich zu einem geringeren Wirkungsgrad in der Umwandlung führt. Bei der chemischen Deaktivierung reagieren Cer oder die Edelmetalle mit Verunreinigungen (z. B. Schwefel) und bilden Verbindungen mit einer geringeren katalytischen Aktivität. Um dies zu verhindern, muss der Schwefelgehalt im Kraftstoff deutlich reduziert werden. Dies ist über die *10. BImSchV – Verordnung über die Beschaffenheit und die Auszeichnung der Qualitäten von Kraft- und Brennstoffen* geregelt.

Die thermische Deaktivierung ist der Hauptfaktor für die Deaktivierung des Dreiwegekatalysators. Durch hohe Temperaturen lagern sich die Katalysatorpartikel zusammen und/oder sintern ins Trägermaterial. Beide Effekte verringern die aktive Oberfläche des Katalysators und lassen damit dessen Aktivität sinken. Mithilfe von Stabilisatoren (z. B. Zirconium-, Strontium-, Barium-, Lanthanoxiden) lässt sich die thermische

Deaktivierung minimieren. Moderne Motoren arbeiten mit einem leichten Sauerstoffüberschuss, wodurch der Wirkungsgrad verbessert wird. In diesem Fall muss NO_x zwischengespeichert werden, da die Reduktion nur im fetten Abgasgemisch ablaufen kann. Dazu enthält der Katalysator zusätzliche Stoffe (z. B. Bariumnitrat), die NO_x speichern können. Durch einen kurzzeitigen Betrieb des Motors mit Sauerstoffmangel werden die zwischengespeicherten Stickoxide zu Stickstoff reduziert und dadurch der Katalysator für den nächsten Speicherzyklus regeneriert.

6.6.4.2 Katalysatoren bei Dieselfahrzeugen

Wichtige Schadstoffkomponenten beim Dieselmotor sind Kohlenmonoxide (CO), Stickoxide (NO_x), Feinstaubpartikel (PM) und teilverbrannte Kohlenwasserstoffe (HC).

Dieseloxidationskatalysator (DOC)

Mithilfe eines Dieseloxidationskatalysators werden Schadstoffe wie teilverbrannte Kohlenwasserstoffe (HC) und Kohlenmonoxid (CO) umgesetzt. Die Oxidationsreaktionen laufen wie beim Dreiwegekatalysator ab. Die katalytische Beschichtung (Washcoat) enthält als Edelmetallkomponente Platin (Pt) und Palladium (Pd).

Dieselpartikelfilter (DPF)

Die von einem Dieselmotor emittierten Partikel können durch Filter effizient aus dem Abgas entfernt werden. Partikelfilter sind ähnlich wie Keramikträger für Katalysatoren aufgebaut, wobei das Abgas durch die porösen Keramikwände hindurchströmt (Abb. 6.31). Durch die abgelagerten Rußpartikel baut der Partikelfilter mit der Zeit einen immer höheren Strömungswiderstand auf, sodass er regeneriert werden muss. Beim *passiven Verfahren* wird der Ruß über eine katalytische Reaktion abgebrannt. Dazu wird ein Additiv zugesetzt, das die Zündfähigkeit des Rußes auf die üblichen Abgastemperaturen herabsetzt. Beim *aktiven Verfahren* wird der Partikelfilter auf die für die Rußverbrennung notwendige Temperatur aufgeheizt.

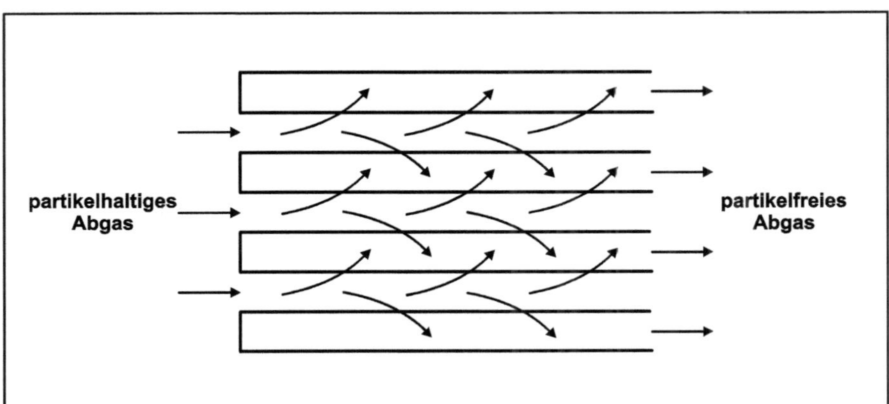

Abb. 6.31 Prinzip eines Partikelfilters

Partikelfilter sind üblicherweise wie die Keramikträger für den Dreiwegekatalysator aufgebaut. Durch Extrusionsverfahren werden ebenfalls Wabenkörper mit einer großen Anzahl an quadratischen Kanälen hergestellt, die abwechselnd durch Keramikstopfen verschlossen sind, wodurch das Abgas zur Diffusion durch die Keramikwände gezwungen wird. Bei einer vollständigen Beladung erfolgt eine Regeneration durch Abbrand der Partikel. Aufgrund des hohen Abgasgegendrucks ist beim Einsatz von Dieselpartikelfiltern mit einem höheren Kraftstoffverbrauch zu rechnen.

NO_x-Speicherkatalysatoren

Beim NO_x-Speicherkatalysator bestehen die aktiven Komponenten des Washcoats wie beim Ottomotor aus Oxiden und Carbonaten der Alkali- und schweren Erdalkalimetalle. Bei Dieselmotoren sind zusätzlich Oxide des Seltenerdmetalls Cer erforderlich. Die Reaktionen zur Emissionsminderung lassen sich in vier Schritte unterteilen. In der ersten Reaktion (Speicherphase, $\lambda > 1$) wird das entstandene Stickstoffmonoxid (NO) an edelmetallhaltigen Katalysatorkomponenten zu Stickstoffdioxid (NO_2) oxidiert.

$$2\,NO + O_2 \rightarrow 2\,NO_2$$

Im Anschluss daran reagiert NO_2 mit der NO_x-Speicherkomponente (z. B. Bariumcarbonat, $BaCO_3$) unter Freisetzung von Kohlendioxid (CO_2) und Bildung von Bariumnitrat.

$$4\,NO_2 + 2\,BaCO_3 + O_2 \rightarrow 2\,Ba(NO_3)_2 + 2\,CO_2$$

Durch einen Wechsel von Mager- und Fettbetrieb (Regenerationsphase, $\lambda < 1$) wird dem Katalysator im dritten Reaktionsschritt CO und HC zugeführt. Unter Freisetzung von NO wird die NO_x-Speicherkomponente zurückgebildet.

$$Ba(NO_3)_2 + CO \rightarrow BaCO_3 + 2\,NO + O_2$$

Im vierten und letzten Reaktionsschritt wird das freigesetzte Stickstoffmonoxid (NO) an Pt/Rh-haltigen Katalysatorkomponenten zu Stickstoff (N_2) reduziert. Als Reduktionsmittel fungieren CO und HC.

$$NO + CO + HC \rightarrow N_2 + CO_2 + H_2O$$

Der im Kraftstoff enthaltene Schwefel verringert durch die Bildung von Sulfaten die Speicherfähigkeit. Während der Regenerationsphase werden Sulfatverbindungen aufgrund ihrer höheren Stabilität nicht zersetzt. Eine Regenerierung ist in diesem Fall bei höheren Temperaturen notwendig. Entwicklungen gehen daher in Richtung schwefelarmer Kraftstoffe, erhöhter Schwefelresistenz des Katalysators und höherer thermischer Stabilität für die Schwefelregenerierung. Heute werden Dieselfahrzeuge mit einem sogenannten D-Kat-System ausgeliefert. Die wichtigsten Bestandteile sind der DPNR-Katalysator (Diesel Particulate NO_x-Reduction) und der Dieseloxidationskatalysator (DOC). Der

DPNR-Katalysator ist eine Kombination aus einem Dieselpartikelfilter und einem NO_x-Speicherkatalysator. Der Dieseloxidationskatalysator ist im Abgasstrom hinter dem DPNR-Katalysator angeordnet. Die bei der Verbrennung im Dieselmotor entstehenden Stickoxide werden durch die im DPNR-Katalysator enthaltene NO_x-Speicherkomponente gebunden. Der im Laufe der einzelnen Reaktionsschritte entstehende Sauerstoff oxidiert einen Teil der entstandenen Partikel. Der restliche Partikelanteil wird im nachgeschalteten Oxidationskatalysator oxidiert.

Selektive katalytische Reduktion (SCR-Verfahren)

Bei der selektiven katalytischen Reduktion handelt es sich um eine alternative Methode zum NO_x-Speicherkatalysator. Das Verfahren ähnelt prinzipiell dem beschriebenen SCR-/SNCR-Verfahren. Beim aktiven SCR-Katalysator wird zusätzlich ein Reduktionsmittel (Harnstoff) für die katalytische Reaktion benötigt. Das Reduktionsmittel wird vor dem Katalysator zugeführt. Der Verbrauch der wässrigen Harnstofflösung liegt bei 2–8 % des eingesetzten Dieselkraftstoffs. Mit einem aktiven SCR-Katalysator werden hohe Umsätze erzielt. Nachteilig ist das zusätzlich mitzuführende Reduktionsmittel. Das aktive SCR-Verfahren umfasst vier hintereinander geschaltete Katalysatoren. Im Vorkatalysator (V-Kat) werden die im Dieselmotor entstandenen Stickoxide (NO_x) zu Stickstoffdioxid (NO_2) oxidiert.

$$NO_x + O_2 \rightarrow NO_2$$

Im zweiten Katalysator, dem Harnstoffhydrolysekatalysator (H-Kat) wird die wässrige Harnstofflösung in Ammoniak umgewandelt.

$$O{=}C(NH_2)_2 + H_2O \longrightarrow 2\,NH_3 + CO_2$$

Der SCR-Katalysator reduziert im 3. Schritt das Stickstoffdioxid mithilfe des entstandenen Ammoniaks.

$$6\,NO_2 + 8\,NH_3 \rightarrow 7\,N_2 + 12\,H_2O$$

Wird durch den H-Kat zu viel Ammoniak erzeugt, das nicht vollständig mit NO_2 reagiert, muss sichergestellt werden, dass kein Ammoniak in die Atmosphäre gelangt. Diese Aufgabe übernimmt der Oxidationskatalysator, der Ammoniak in Stickstoff und Wasser umwandelt.

$$4\,NH_3 + 3\,O_2 \rightarrow 2\,N_2 + 6\,H_2O$$

Beim passiven SCR-Katalysator wird kein zusätzliches Reduktionsmittel benötigt. Hier werden die im Abgas noch vorhandenen teilverbrannten Kohlenwasserstoffe für die Reduktionsreaktion verwendet. Nachteilig beim passiven SCR-Katalysator sind die geringen Umsätze.

6

6.7 Biologische Abluftreinigung

Biologische Verfahren zur Abluftreinigung haben sich im Laufe der letzten Jahrzehnte stark etabliert. Bei diesen Verfahren werden organische Schadstoffe (z. B. Ketone, Amine, Carbonsäuren) durch Mikroorganismen zu Kohlendioxid (CO_2) und Wasser (H_2O) abgebaut.

$$\text{Schadstoffe} + \text{Luft}\left(O_2\right) \overset{\text{Mikroorganismen}}{\rightarrow} CO_2 + H_2O + \text{Biomasse}$$

Auch anorganische Stoffe wie Schwefelwasserstoff (H_2S) und Ammoniak (NH_3) lassen sich abbauen. Viele dieser Stoffe sind geruchsintensiv und liegen in niedrigen Konzentrationen vor. Derzeit werden drei Verfahrensvarianten eingesetzt:

- Biofilter,
- Biowäscher und
- Biorieselbettverfahren.

6.7.1 Biofilter und Biorieselbettreaktor

Beim Biofilter werden vorwiegend organische Geruchsstoffe durch Absorptionsprozesse aus der Gasphase in die wässrige Phase überführt. Von dort aus diffundieren sie in den von Mikroorganismen gebildeten Biofilm und werden dort abgebaut. Absorption und Abbau der Schadstoffe finden beim Biofilter am gleichen Ort statt. Abb. 6.32 zeigt den prinzipiellen Aufbau eines Biofilters. Für die Mikroorganismen werden z. B. Rindenmulch, Torf, Komposte, Blähton, Lava als Trägermaterial verwendet. Diese sind als Schüttschichten angeordnet, die vom schadstoffhaltigen Rohgas durchströmt werden. Maßgeblich sind Porenstruktur, -volumen, Korngröße sowie adsorptive/absorptive Eigenschaften des Biofiltermaterials. Es muss den Mikroorganismen eine große Aufwuchsfläche und optimale Wachstumsbedingungen bieten. Die Materialauswahl richtet sich im konkreten Anwendungsfall stark nach der praktischen Erfahrung.

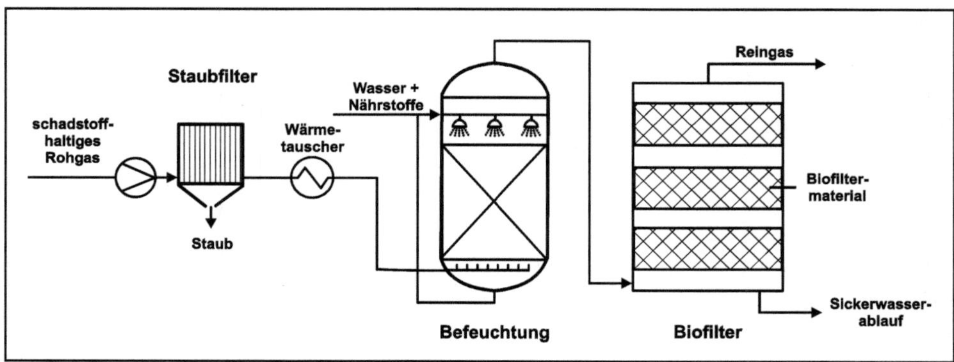

Abb. 6.32 Prinzipieller Aufbau einer Biofilteranlage

Da der mikrobielle Abbau von Schadstoffen nur im wässrigen Milieu erfolgen kann, müssen entsprechende Bedingungen (Temperatur, pH-Wert, Nährstoffe) eingestellt werden. Ein Biofilter besteht daher immer aus zwei verfahrenstechnischen Einheiten. In der technischen Stufe wird das Rohgas konditioniert und in der biologischen Stufe abgebaut. Durch Stäube kann die Abbauleistung des Biofilters stark abnehmen, da sich im Laufe der Zeit die Poren des Filtermaterials zusetzen können. Durch Trocknungsfilter oder Nassabscheider werden Stäube abgeschieden. Besonders sinnvoll ist der Einsatz von Wäschern, da so die Abluft auch gleichzeitig befeuchtet wird. Ein weiterer wichtiger Faktor für die Abbaugeschwindigkeit ist die Temperatur. So hemmen z. B. zu niedrige Temperaturen (<5 °C) oder zu hohe Temperaturen (>60 °C) den Abbau. Für gute Abbaugeschwindigkeiten sollten Temperaturen zwischen 20 °C und 40 °C eingehalten werden. Für einen guten Abbau der Schadstoffe sollte das eintretende Rohgas eine relative Luftfeuchtigkeit von ca. 95 % besitzen. Dadurch wird gleichzeitig eine ständige Befeuchtung des Filtermaterials gewährleistet. Trocknet dieses nämlich aus, passiert das Rohgas nahezu ungereinigt den Biofilter.

Da es sich beim Biofiltermaterial überwiegend um organische Stoffe handelt, werden sich diese im Laufe der Zeit zersetzen. Nach ca. 3–5 Jahren hat sich die Materialstruktur stark verschlechtert. Der Druckverlust steigt an, der Durchsatz und die Ablaufleistung sinken; das Filtermaterial muss ausgetauscht werden. Aufgrund der begrenzten Abbauleistung von Mikroorganismen ist ein relativ großes Filtervolumen notwendig. Der hohe Raumbedarf hat verschiedene Baukonstruktionen zur Folge. Der Flächenfilter ist die am häufigsten eingesetzte Bauform von Biofiltern. Bei Flächengrößen von ca. 2000 m^2 lassen sich Abluftströme bis 100.000 m^3/h reinigen. Über ein Luftverteilungssystem wird das Abgas durch die Biofilterschicht ($h = 0{,}5–1{,}5$ m) geleitet. Zu den großen Vorteilen des Flächenfilters gehören geringe Investitions- und Betriebskosten. Im Zuge von Wartungsarbeiten ist ein relativ einfacher Wechsel des Filtermaterials möglich. Nachteilig ist der große Platzbedarf. Durch Kanalbildung und teilweise Austrocknung des Filterbettes kann die Abbauleistung schwanken. Modifizierte Bauarten des Flächenfilters sind Hoch-, Etagen- oder Turmfilter. Ähnlich wie bei der Adsorption lassen sich Biofilter auch als Rotorfilter auslegen. Das Trägermaterial für die Mikroorganismen befindet sich innerhalb einer Filtertrommel, die sich (dis)kontinuierlich dreht. Die ständige Durchmischung des Filtermaterials verhindert Verstopfungen durch Staubablagerungen oder Rohgasdurchbrüche aufgrund von Kanalbildungen. Die Durchströmung des Rotorbiofilters erfolgt von außen nach innen. Auch die gleichmäßige Befeuchtung des Filtermaterials ist aufgrund der Rotationen einfacher. Der Biorieselbettreaktor ist eine spezielle Form des Biofilters. Im Gegensatz zum Biofilterverfahren enthält der Biorieselbettreaktor ein inertes Trägermaterial, das als Aufwuchsfläche für die Mikroorganismen dient. Auf der Oberfläche des Füllkörpers bilden die Mikroorganismen einen Biofilm aus. Da kein organisches Trägermaterial vorhanden ist, ist ein Wechsel des Filtermaterials nicht mehr erforderlich. Wie beim Biofilter müssen auch bei diesen Verfahren die richtigen Abbauparameter (Temperatur, relative Feuchtigkeit, Nährstoffgehalt etc.) eingehalten werden.

6.7.2 Biowäscher

Wie die Biofilter besteht der Biowäscher auch aus zwei verfahrenstechnischen Bauteilen. In der technischen Stufe werden die Schadstoffe aus dem Rohgas ausgewaschen und in der biologischen Stufe abgebaut (Abb. 6.33). Soweit es sich um den eigentlichen Waschvorgang handelt, entsprechen Auslegung und Wirkungswäsche des Wäschers den allgemeinen Grundlagen der Absorption. Dazu wird die schadstoffbeladene Abluft mit einer Waschflüssigkeit, die eine Suspension von Mikroorganismen enthält, in Kontakt gebracht. Um einen hohen Stoffaustausch zwischen Gas- und Flüssigphase zu ermöglichen, muss eine große Phasengrenzfläche erzeugt werden. In der Praxis werden als Absorptionswäscher meistens Strahl-, Venturi- oder Sprühwäscher eingesetzt.

Die Mikroorganismen nehmen das Absorptiv als Substrat auf und bauen unter aeroben Bedingungen die Schadstoffe ab. Somit erfolgt eine Regeneration der Waschflüssigkeit und es entsteht durch Zellteilung und -wachstum zusätzliche Biomasse. Diese Regeneration erfolgt in einem separaten oder auch in einem in den Wäscher integrierten Belebungsbecken. Bei einem Biowäscher muss die Luftversorgung ständig aufrechterhalten werden. Wenn die Sauerstoffzufuhr über den Biowäscher nicht ausreicht, muss das Belebungsbecken zusätzlich belüftet werden. Für die Auslegung sind Größen wie Raumbelastung und

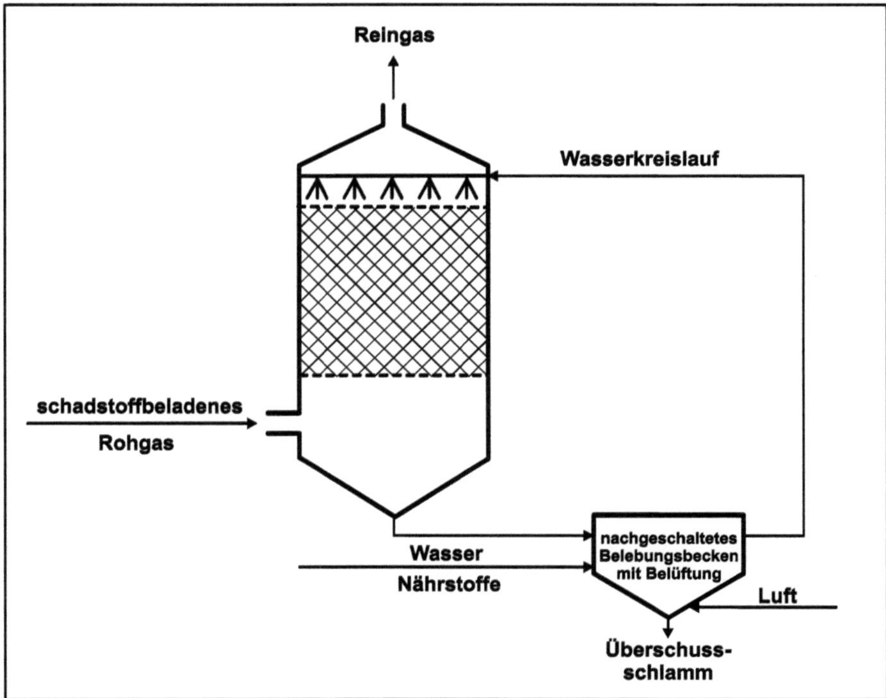

Abb. 6.33 Biowäscher mit nachgeschaltetem Belebungsbecken [14, 15]

Schlammtrockensubstanz maßgeblich. Im gesamten Biowäscher (Absorber-, Belebungsteil) sollten Mikroorganismen, Nährstoffe und Sauerstoff möglichst gleichmäßig verteilt sein.

6.7.3 Mikroorganismen

Alle Methoden der biologischen Abluftreinigung beruhen auf der Tätigkeit von Mikroorganismen. Um den Bestand und die Aktivität der Mikroorganismen zu sichern, sind optimale Lebens- und Wachstumsbedingungen zu schaffen. Temperatur, pH-Wert, Feuchtegehalt und Nährstoffe müssen dazu innerhalb bestimmter Grenzen eingehalten werden. Beim Biofilterverfahren sind die Mikroorganismen auf einer festen Struktur immobilisiert. Die notwendigen anorganischen Nährstoffe wie Stickstoff, Kalium, Phosphor und Spurenelemente befinden sich normalerweise in ausreichender Menge im Filtermaterial. Der Biofilter kann auch längere Stillstandzeiten überbrücken. In diesem Fall dient das organische Filtermaterial als Nährstoffquelle. Beim Biorieselbettreaktor wird ein inertes Trägermaterial verwendet. Die Feuchtigkeit und die notwendigen Nähr- und Mineralstoffe müssen hier über das Berieselungswasser zugeführt werden. Beim Biowäscherverfahren muss die Waschflüssigkeit die notwendigen Stoffe enthalten. Die Wachstumsrate der Mikroorganismen und die Abbaurate für die Schadstoffe in der Abluft hängen sehr stark von den Milieubedingungen

- Temperatur,
- pH-Wert,
- Feuchtegehalt,
- Nährstoffe

ab.

6

Temperatur
In der biologischen Abluftreinigung sind hauptsächlich mesophile Mikroorganismen zu finden. Sie sind in einem Temperaturbereich von 12–45 °C lebensfähig und haben ihren optimalen Arbeitsbereich bei 20–35 °C. Beim Abbau von Lösungsmitteln kommen thermophile Mikroorganismen vor, die nur relativ hohe Temperaturen vertragen. Sie leben bei Temperaturen von 40–70 °C und haben ihren optimalen Arbeitsbereich bei 45–60 °C. Es muss dann darauf geachtet werden, dass die Anlage kontinuierlich im thermophilen Betriebsbereich liegt. Die Temperaturgrenze zwischen diesen Mikroorganismen ist nicht starr. In einer Anlage können grundsätzlich beide Arten vorkommen. Welche Arten sich letztlich im Biofilter oder -wäscher befinden, hängt von der Temperatur des zu reinigenden Gases ab.

pH-Wert

Der optimale und tolerierbare pH-Bereich weist bei den einzelnen Mikroorganismen beträchtliche Unterschiede auf. Im neutralen Bereich (pH = 5,5–8) findet sich das breiteste Artenspektrum. Im alkalischen Bereich sind basophile Organismen (Bakterien) zu finden, im sauren Bereich dagegen acidophile Organismen (Hefen, Pilze). Wachstum und Stoffwechsel der Mikroorganismen führen fast immer auch zu einer Veränderung des pH-Wertes. Dieser muss daher durch Zugabe von Basen (z. B. Kalkmilch, Natronlauge) geregelt werden.

Feuchtegehalt

Da eine Mikroorganismuszelle aus ca. 70–80 % Wasser besteht, ist der richtige Feuchtegehalt für die in der Zelle ablaufenden Reaktionen eine wichtige Voraussetzung. Ansonsten kommt der gesamte Stoffwechsel zum Erliegen. Beim Biowäscher ist der Wasserbedarf vom Verfahrensprinzip her gedeckt. Probleme können nur auftreten, wenn das Waschwasser durch Verdunstung aufgesalzen wird. Dieses lässt sich durch eine Leitfähigkeitsmessung ermitteln und regeln. Beim Biofilter wird entweder das Filtermaterial gleichmäßig mit Wasser berieselt oder häufiger wird das Abgas in einem Befeuchter konditioniert.

Nährstoffe

Um die Schadstoffe umsetzen zu können, benötigen die Mikroorganismen außer Kohlenstoff aus der Abluft noch weitere Komponenten. Das sind insbesondere Stickstoff, Phosphor, Schwefel und verschiedene Spurenelemente. Ist einer dieser Stoffe nicht in ausreichendem Maße vorhanden, wird das Wachstum der Mikroorganismen gehemmt. Reicht z. B. das Filtermaterial nicht als Nährstoffquelle aus, muss zusätzlich gedüngt werden. Bei längeren Stillstandzeiten sind organische Filtermaterialien bedeutsam, da diese als Kohlenstoff- und Nährstoffquelle genutzt werden können.

Sauerstoffbedarf

Wenn der Abbau von Schadstoffen unter Sauerstoffatmosphäre verläuft, spricht man vom aeroben Abbau. So hat man es in der biologischen Abluftreinigung mit aeroben und fakultativ aeroben Mikroorganismen zu tun. Fakultativ aerobe Organismen können in der Anwesenheit von Sauerstoff existieren, müssen ihn aber nicht unbedingt nutzen. Je nach Sauerstoffgehalt können fakultative Mikroorganismen zwischen aeroben und anaeroben Stoffwechselvorgängen wechseln. Da bei anaeroben Bedingungen meistens geruchsrelevante Produkte anfallen, sind diese Bedingungen zu vermeiden. Der Biofilter oder -wäscher muss daher immer gut belüftet werden, um ihn ausreichend mit Sauerstoff zu versorgen.

Toxische Stoffe

Toxische Stoffe oder Stäube/Fette müssen vor der biologischen Verfahrensstufe entfernt werden. Für saure Schadstoffe (z. B. Halogenwasserstoffe, SO_2, H_2S) werden basische Calciumverbindungen, NaOH oder Aluminiumoxide als Absorptionsmittel verwendet, für basische Schadstoff (z. B. Amine, NH_3) dagegen verdünnte Schwefelsäurelösungen. Die Zusammensetzung der Mikroflora in den jeweiligen Abluftreinigungsanlagen ist sehr variabel und passt sich an die Zustände in der Anlage und an die Zusammensetzung der Abluft an. Daher ist in einer Anlage immer eine Mischung verschiedener Organismen zu finden. Durch Selektion vermehren sich nur diejenigen Mikroorganismen, die sich am besten an die Verhältnisse anpassen können. Es handelt sich also um ein offenes System, das sich immer wieder einer neuen Abgassituation anpassen kann. Die Mikroorganismen arbeiten häufig in einer Symbiose zusammen, indem der eine Organismus einen Stoff bis zu einer Zwischenstufe abbaut, die von einem anderen Organismus weiterverwertet werden kann. Diese Symbiose führt zu einer ständigen Anpassung und Verbesserung des biologischen Systems.

6.8 Aufgaben für die Praxis

- Wie funktioniert die Entschwefelung von fossilen Energieträgern?
- Beschreiben Sie das Prinzip eines Massenkraftabscheiders (Zyklons).
- Welche Funktionsweisen liegen Nassabscheidern zugrunde?
- Erläutern Sie das Prinzip der Staubfiltration.
- Welche Rolle spielen Elektroabscheider bei Maßnahmen zur Luftreinhaltung?
- Was versteht man unter Physisorption und Chemisorption?
- Beschreiben Sie das Funktionsprinzip eines Absorbers.
- Was versteht man unter einem Adsorptionsgleichgewicht?
- Warum besitzen unterschiedliche Adsorptionsmittel verschiedene Adsorptionsisothermen?
- Wie werden Adsorptionsanlagen betrieben?
- Welche Rolle kommt der thermischen Nachverbrennung im Immissionsschutz zu?
- Vergleichen Sie die katalytische Abgasreinigung mit der thermischen Nachverbrennung.
- Vergleichen Sie das SCR-Verfahren mit dem SNCR-Verfahren. Wo liegen jeweils Vor- und Nachteile?
- Wie funktioniert ein Autoabgaskatalysator für Benzinmotoren?
- Erläutern Sie die Funktionsweisen von Katalysatoren bei Dieselfahrzeugen.
- Erläutern Sie die Grundlagen der biologischen Abluftreinigung.

Literatur

1. European Commission (EC); *Best Available Techniques (BAT) – Reference Document for the Refining of Mineral Oil and Gas,* **2015,** 978-92-79-46198-9
2. VDI 3679 Blatt 2; *Abgasreinigung durch Absorption (Wäscher),* Beuth, **Juli 2014**
3. Fritz, W.; Kern, H.; *Reinigung von Abgasen,* Vogel, **1992,** 3-8023-1454-9
4. Stieß, M.; *Mechanische Verfahrenstechnik 2,* Springer, **1994,** 3-540-55852-7
5. Görner, K.; Hübner, K.; *Gasreinigung und Luftreinhaltung,* Springer, **2002,** 3-540-42006-1

6. VDI 3677 Blatt 3; *Filternde Abscheider – Heißgasfiltration,* Beuth, **November 2012**
7. VDI 2094; *Emissionsminderung Zementwerke,* Beuth, **März 2003**
8. VDI 3674; *Abgasreinigung durch Adsorption Prozessgas- und Abgasreinigung,* Beuth, **April 2013**
9. Brauer, H. (Hrsg.); *Handbuch des Umweltschutzes und der Umweltschutztechnik, Bd. 3: Behandlung von Abluft und Abgasen,* Springer, **1996,** 3-540-58060-3
10. Sattler, K.; *Thermische Trennverfahren,* VCH, **1995,** 3-527-28636-5
11. European Commission (EC); *Best Available Techniques (BAT) – Reference Document for the Large Combustion Plants,* **June 2013**
12. Umweltbundesamt (UBA); *Grenzwerte für Schadstoffemissionen von PKW,* **2010**
13. Feßler, D.K.; *Modellbasierte On-Board-Diagnoseverfahren für Drei-Wege-Katalysatoren,* Universität Karlsruhe, **2010**
14. Fischer, K. et al.; *Biologische Abluftreinigung,* expert, **1990,** 3-8169-0428-9
15. Ottow, J.; Bidlingmaier, W. (Hrsg.); *Umweltbiotechnologie,* Gustav Fischer, **1997,** 3-437-25230-5

Weiterführende Literatur

1. Baumbach, G.; *Luftreinhaltung,* Springer, **1994,** 978-3-540-56823-0
2. Beckmann, M.; *Beschreibung unterschiedlicher Techniken und deren Entwicklungspotenziale zur Minderung von Stickstoffoxiden im Abgas von Abfallverbrennungsanlagen und Ersatzbrennstoff-Kraftwerken hinsichtlich Leistungsfähigkeit, Kosten und Energieverbrauch,* Umweltbundesamt, Texte 71/2011, **2011**
3. Birkholz, F.; *Selektive katalytische Reduktion von Stickoxiden in Kraftfahrzeugen: Untersuchung der Einspritzung von Harnstoffwasserlösung,* Shaker, **2007,** 978-3-8322-6661-2
4. Basshuysen, R.v. (Hrsg.); *Ottomotor mit Direkteinspritzung und Direkteinblasung,* Springer-Vieweg, **2017,** 978-3-658-12214-0
5. Basshuysen, R.v.; Schäfer, F. (Hrsg.); *Handbuch Verbrennungsmotoren,* Springer-Vieweg, **2015,** 978-3-658-04677-4
6. Cartellieri, A.; *Entwicklung von Adsorptionstrennverfahren zur Geruchsminimierung,* VDI, **2005,** 3-18-384303-X
7. Dammann, B.; *Abluftreinigung von schwefelorganischen Gerüchen,* Abfall aktuell, **2005,** 3-9810064-2-9
8. Ebeling, N.; *Abluft und Abgas,* Wiley-VCH, **1999,** 3-527-29621-2
9. European Commission (EC); *Best Available Techniques (BAT) – Reference Document for Common Waste water and Waste Gas Treatment/Management Systems in the Chemical Sector,* **July 2014**
10. Födisch, H.; *Staubemissionstechnik,* expert, **2004,** 3-8169-2296-1
11. Förstner, W.; Köster, St.; *Umweltschutztechnik,* Springer-Vieweg, **2018,** 978-3-662-55162-2
12. Hagelüken, Ch. (Hrsg.); *Autoabgaskatalysatoren,* expert, **2005,** 3-8169-2488-3
13. Handte, J.-M.; *Abscheidung von Dioxinen/Furanen aus Abgasen in einem Sekundäraluminium-Schmelzwerk,* RWTH Aachen, **2008**
14. Heck, M. R.; Farrauto, R. J.; *Catalytic Air Pollution Control,* Wiley, **2009,** 978-0-470-27503-0
15. Hemmig, W.; *Verfahrenstechnik,* Vogel, **1980,** 3-8023-0084-X
16. Hertzberg, A.; *Betriebsstrategie für einen Ottomotor mit Direkteinspritzung und NO_x-Speicher-Katalysator,* Universität Karlsruhe, **2001**
17. Kast, W.; *Adsorption aus der Gasphase,* VCH, **1988,** 3-527-26719-0
18. Kobelt, G.; *Biologische Abluftreinigung,* Springer, **1995,** 3-540-62169-5

19. Kommission Reinhaltung der Luft (KRdL); *Biologische Abgasreinigung – Gase, Gerüche, Keime,* VDI-Berichte 1777, **2003,** 3-18-091777-5
20. Kraume, M.; *Transportvorgänge in der Verfahrenstechnik,* Springer, **2004,** 3-540-40105-9
21. Lacroix, A.; *Untersuchung eines Harnstoff-SCR-Systems zur Stickoxidminderung im Diesel-PKW-Praxiseinsatz,* Universität Kaiserslautern, **2005**
22. Löffler, F.; *Staubabscheiden,* Thieme, **1988,** 3-13-712201-5
23. Margesin, R.; Schneider, M.; Schinner, F.; *Praxis der biotechnologischen Abluftreinigung,* Springer, **1996,** 3-540-59335-7
24. Mayer, A. et al.; *Minimierung der Partikelemissionen von Verbrennungsmotoren,* expert, **2004,** 3-8169-2430-1
25. Menig, H.; *Emissionsminderung und Recycling,* ecomed, **1984,** 3-609-65620-4
26. Merker, G.P.; Teichmann, R. (Hrsg.); *Grundlagen Verbrennungsmotoren – Funktionsweise, Simulation, Messtechnik,* Springer-Vieweg, **2014,** 978-3-658-03194-7
27. Mersmann, A.; Kind, M.; Stichlmair J.; *Thermische Verfahrenstechnik,* Springer, **2005,** 3-540-23648-1
28. Schmider, E.-U.; Thurner, F.; *Destillation, Absorption, Extraktion,* Vieweg, **1998,** 3-528-06678-4
29. Schultes, M.; *Abgasreinigung,* Springer, **1996,** 3-540-60621-1
30. Stegmann, R.; Hensel, A.; *Biologische Abluftreinigung bei der Kompostierung,* Schmidt, **2004,** 3-503-07894-0
31. Steinberg, I.; *Untersuchungen zur Effizienzsteigerung von biologischen und nicht-thermischen Abluftreinigungsverfahren bei der biologischen Abfallbehandlung,* WAR, **2005,** 3-932518-66-7
32. Theloke, J.; *NMVOC – Emissionen aus der Lösemittelanwendung und Möglichkeiten zu ihrer Minderung,* VDI, **2005,** 3-18-325215-5
33. Umweltbundesamt (UBA); *Emissionen und Maßnahmenanalyse Feinstaub 2000–2020,* Texte 38/07, **2007**
34. Umweltbundesamt; *Integrierte Vermeidung und Verminderung der Umweltverschmutzung; (IVU) BVT-Merkblatt zu Abwasser- und Abgasbehandlung/-management in der chemischen Industrie,* **Februar 2003**
35. Umweltbundesamt (UBA); *Maßnahmen zur Reduzierung von Feinstaub und Stickstoffdioxid,* Texte 22/07, **2007**
36. VDI 2262 Blatt 3; *Luftbeschaffenheit am Arbeitsplatz, Minderung der Exposition durch luftfremde Stoffe – Lufttechnische Maßnahmen,* **Juni 2011**
37. VDI 2264; *Inbetriebnahme, Betrieb und Instandhaltung von Abscheideanlagen zur Abtrennung gasförmiger und partikelförmiger Stoffe aus Gasströmen,* Beuth, **Juli 2001**
38. VDI 2442; *Verfahren und Technik der thermischen Abgasreinigung,* Beuth, **Februar 2014**
39. VDI 3476 Blatt 1; *Verfahren der katalytischen Abgasreinigung – Grundlagen,* Beuth, **Juni 2015**
40. VDI 3476 Blatt 2; *Verfahren der katalytischen Abgasreinigung – Oxidative Verfahren,* Beuth, **Januar 2019**
41. VDI 3476 Blatt 3; *Verfahren der katalytischen Abgasreinigung – Selektive katalytische Reduktion,* Beuth, **Januar 2012**
42. VDI 3477; *Biologischen Abgasreinigung – Biofilter,* Beuth, **März 2016**
43. VDI 3478 Blatt 1; *Biologische Abgasreinigung – Biowäscher,* Beuth, **März 2011**
44. VDI 3478 Blatt 2; *Biologische Abgasreinigung – Biorieselbettreaktoren,* Beuth, **April 2008**
45. VDI 3676; *Massenkraftabscheider,* Beuth, **November 2018**
46. VDI 3677 Blatt 1; *Filternde Abscheider – Oberflächenfilter,* Beuth, **November 2010**
47. VDI 3677 Blatt 2; *Filternde Abscheider – Tiefenfilter aus Fasern,* Beuth, **Februar 2004**
48. VDI 3678 Blatt 1; *Elektrofilter – Prozessgas- und Abgasreinigung,* Beuth, **September 2011**
49. VDI 3678 Blatt 2; *Elektrofilter – Prozessluft- und Raumluftreinigung,* Beuth, **Dezember 2010**
50. VDI 3679 Blatt 3; *Nassabscheider – Tropfenabscheider,* Beuth, **August 2019**

51. VDI 3927 Blatt 1; *Abgasreinigung – Minderung von Schwefeloxiden, Stickstoffoxiden und Halogeniden aus Abgasen von Verbrennungsprozessen (Rauchgasen),* Beuth, **November 2015**
52. VDI 3927 Blatt 2; *Abgasreinigung – Minderung von anorganischen und organischen Spurenstoffen in Abgasen von Verbrennungsprozessen,* Beuth, **Mai 2015**
53. VDI Wissensforum (Hrsg.); *Lufterfassungseinrichtungen am Arbeitsplatz,* VDI-Berichte 1854, **2004,** 3-18-091854-3
54. VDI Wissensforum GmbH (Hrsg.); *Emissionsminderung 2008,* VDI-Berichte 2035, **2008,** 978-3-18-092035-1
55. VDI Wissensforum IWB GmbH (Hrsg.); *Fortschritte in der Luftreinhaltetechnik,* VDI-Berichte 1893, **2005,** 3-18-091893-4
56. Verein Deutscher Ingenieure (Hrsg.); *Biologische Abgasreinigung – Gase, Gerüche, Keime,* VDI-Berichte 1777, **2003,** 3-18-091777-5
57. Verein Deutscher Ingenieure (Hrsg.); *Fortschritte in der Luftreinhaltetechnik,* VDI-Berichte 1722, **2002,** 3-18-091722-9
58. VDI 3454 Blatt 1; *Emissionsminderung Claus-Anlagen,* Beuth, April **2012**
59. VDI 3679 Blatt 1; *Nassabscheider Grundlagen, Abgasreinigung von partikelförmigen Stoffen,* Beuth, **Juli 2014**
60. VDI 3679 Blatt 2; *Nassabscheider – Abgasreinigung durch Absorption (Wäscher),* Beuth, **Juli 2014**
61. VDI 3928; *Abgasreinigung durch Chemisorption,* Beuth, **Januar 2017**

Lärm und Vibrationen

7

7.1 Schutz der Arbeitnehmer

Nach der Richtlinie 2003/10/EG des Europäischen Parlaments und des Rates vom 6. Februar 2003 über Mindestvorschriften zum Schutz von Sicherheit und Gesundheit der Arbeitnehmer vor der Gefährdung durch physikalische Einwirkungen (Lärm) gilt Folgendes.

Begriffsbestimmungen (Art. 2)
Für diese Richtlinie gelten folgende Definitionen der als Gefahrenindikator verwendeten physikalischen Größen:

- **Spitzenschalldruck (p_{peak})** Höchstwert des momentanen C-frequenzbewerteten Schalldrucks;
- **Tages-Lärmexpositionspegel ($L_{EX,8h}$)** der über die Zeit gemittelte Lärmexpositionspegel für einen nominalen Achtstundentag. Erfasst werden alle am Arbeitsplatz auftretenden Schallereignisse einschließlich impulsförmigen Schalls;
- **Wochen-Lärmexpositionspegel ($L_{EX,8h}$)** der über die Zeit gemittelte Tages-Lärmexpositionspegel für eine nominale Woche mit fünf Achtstundentagen.

Expositionsgrenzwerte und Auslösewerte (Art. 3)
Über die Richtlinie 2003/10/EG werden die Expositionsgrenzwerte und die Auslösewerte in Bezug auf die Tages-Lärmexpositionspegel und den Spitzenschalldruck wie folgt festgesetzt:

- Expositionsgrenzwerte: $L_{EX,8h}$ = 87 dB(A) bzw. p_{peak} = 200 Pa
- Obere Auslösewerte: $L_{EX,8h}$ = 85 dB(A) bzw. p_{peak} = 140 Pa
- Untere Auslösewerte: $L_{EX,8h}$ = 80 dB(A) bzw. p_{peak} = 112 Pa

G. Förtsch, H. Meinholz, *Handbuch Betrieblicher Immissionsschutz*,
https://doi.org/10.1007/978-3-658-29147-1_7

Bei der Feststellung der effektiven Exposition der Arbeitnehmer unter Anwendung der Expositionsgrenzwerte wird die dämmende Wirkung des persönlichen Gehörschutzes des Arbeitnehmers berücksichtigt. Bei den Auslösewerten wird die Wirkung eines solchen Gehörschutzes nicht berücksichtigt.

Ermittlung und Bewertung der Risiken durch den Arbeitgeber (Art. 4)
Im Rahmen seiner Pflichten nimmt der Arbeitgeber eine Bewertung und erforderlichenfalls eine Messung des Lärms vor, dem die Arbeitnehmer ausgesetzt sind. Die Methoden und Geräte müssen den vorherrschenden Bedingungen angepasst sein, insbesondere unter Berücksichtigung der Merkmale des zu messenden Schalls, der Dauer der Einwirkung, der Umgebungsbedingungen und der Merkmale der Messgeräte. Die verwendeten Methoden können auch eine Stichprobenerhebung umfassen, die für die persönliche Exposition eines Arbeitnehmers repräsentativ sein muss. Die Bewertungen und Messungen müssen in angemessenen Zeitabständen sachkundig geplant und durchgeführt werden. Bei der Risikobewertung berücksichtigt der Arbeitgeber insbesondere Folgendes:

- Ausmaß, Art und Dauer der Exposition, einschließlich der Exposition gegenüber impulsförmigem Schall,
- Expositionsgrenzwerte und Auslösewerte,
- alle Auswirkungen auf die Gesundheit und Sicherheit von Arbeitnehmern, die besonders gefährdeten Risikogruppen angehören,
- alle Auswirkungen auf die Gesundheit und Sicherheit der Arbeitnehmer durch Wechselwirkungen zwischen Lärm und arbeitsbedingten ototoxischen (gehörschädigenden) Substanzen sowie zwischen Lärm und Vibrationen, soweit dies technisch durchführbar ist,
- alle indirekten Auswirkungen auf die Gesundheit und Sicherheit der Arbeitnehmer durch Wechselwirkungen zwischen Lärm und Warnsignalen bzw. anderen Geräuschen, die beachtet werden müssen, um die Unfallgefahr zu verringern,
- die Angaben des Herstellers der Arbeitsmittel über Lärmemissionen gemäß den einschlägigen Gemeinschaftsrichtlinien,
- die Verfügbarkeit alternativer Arbeitsmittel, die so ausgelegt sind, dass die Lärmerzeugung verringert wird,
- die Ausdehnung der Exposition gegenüber Lärm über die normale Arbeitszeit hinaus unter der Verantwortung des Arbeitgebers,
- einschlägige Informationen auf der Grundlage der Gesundheitsüberwachung sowie, im Rahmen des Möglichen, veröffentlichte Informationen,
- die Verfügbarkeit von Gehörschutzeinrichtungen mit einer angemessenen dämmenden Wirkung.

Der Arbeitgeber muss im Besitz einer Risikobewertung sein und ermitteln, welche Maßnahmen zu treffen sind. Die Risikobewertung ist regelmäßig zu aktualisieren, insbesondere wenn bedeutsame Veränderungen eingetreten sind, so dass sie veraltet sein könnte, oder wenn sich eine Aktualisierung aufgrund der Ergebnisse der Gesundheitsüberwachung als erforderlich erweist.

Maßnahmen zur Vermeidung oder Verringerung der Exposition (Art. 5)
Unter Berücksichtigung des technischen Fortschritts und der Verfügbarkeit von Mitteln zur Begrenzung der Gefährdung am Entstehungsort muss die Gefährdung aufgrund der Einwirkung von Lärm am Entstehungsort ausgeschlossen oder soweit wie möglich verringert werden. Die Verringerung dieser Gefährdung stützt sich auf die allgemeinen Grundsätze der Gefahrenverhütung. Dabei ist insbesondere Folgendes zu berücksichtigen:

- alternative Arbeitsverfahren, welche die Notwendigkeit einer Exposition gegenüber Lärm verringern,
- die Auswahl geeigneter Arbeitsmittel, die unter Berücksichtigung der auszuführenden Arbeit möglichst geringen Lärm erzeugen, einschließlich der Möglichkeit, den Arbeitnehmern Arbeitsmittel zur Verfügung zu stellen, für welche Gemeinschaftsvorschriften mit dem Ziel oder der Auswirkung gelten, die Exposition gegenüber Lärm zu begrenzen,
- Gestaltung und Auslegung der Arbeitsstätten und Arbeitsplätze,
- angemessene Unterrichtung und Unterweisung der Arbeitnehmer in der ordnungsgemäßen Handhabung der Arbeitsmittel zur weitestgehenden Verringerung ihrer Lärmexposition,
- technische Lärmminderung:
  - Luftschallminderung, z. B. durch Abschirmungen, Kapselungen, Abdeckungen mit schallabsorbierendem Material,
  - Körperschallminderung, z. B. durch Körperschalldämmung oder Körperschallisolierung,
- angemessene Wartungsprogramme für Arbeitsmittel, Arbeitsplätze und Arbeitsplatzsysteme,
- arbeitsorganisatorische Lärmminderung:
  - Begrenzung von Dauer und Ausmaß der Exposition,
  - zweckmäßige Arbeitspläne mit ausreichenden Ruhezeiten.

Auf der Grundlage der Risikobewertung muss der Arbeitgeber, sobald die oberen Auslösewerte überschritten werden, ein Programm mit technischen und/oder organisatorischen Maßnahmen zur Verringerung der Exposition gegenüber Lärm ausarbeiten und durchführen. Auf der Grundlage der Risikobewertung werden Arbeitsplätze, an denen Arbeitnehmer Lärmpegeln ausgesetzt sein können, welche die oberen Auslösewerte überschreiten, mit einer geeigneten Kennzeichnung versehen. Die betreffenden Bereiche werden ferner abgegrenzt und der Zugang zu ihnen wird eingeschränkt, wenn dies technisch möglich und aufgrund des Expositionsrisikos gerechtfertigt ist.

Persönlicher Schutz (Art. 6)
Können die mit einer Lärmexposition verbundenen Risiken nicht durch andere Maßnahmen vermieden werden, so wird den Arbeitnehmern ein geeigneter, ordnungsgemäß angepasster persönlicher Gehörschutz unter folgenden Bedingungen zur Verfügung gestellt und von ihnen benutzt:

- Wenn die Exposition gegenüber Lärm die unteren Auslösewerte überschreitet, stellt der Arbeitgeber den Arbeitnehmern persönlichen Gehörschutz zur Verfügung.
- Wenn die Exposition gegenüber Lärm die oberen Auslösewerte erreicht oder überschreitet, ist persönlicher Gehörschutz zu verwenden.
- Der persönliche Gehörschutz ist so auszuwählen, dass durch ihn die Gefährdung des Gehörs beseitigt oder auf ein Mindestmaß verringert wird.

Der Arbeitgeber unternimmt alle Anstrengungen, um für die Verwendung des Gehörschutzes zu sorgen, und ist für die Prüfung der Wirksamkeit der getroffenen Maßnahmen verantwortlich.

Begrenzung der Exposition (Art. 7)
Unter keinen Umständen dürfen bei der festgestellten Exposition der Arbeitnehmer die Expositionsgrenzwerte überschritten werden. Wird ungeachtet der zur Umsetzung der Richtlinie 2003/10/EG ergriffenen Maßnahmen eine Exposition festgestellt, die über den Expositionsgrenzwerten liegt, so werden vom Arbeitgeber

- unverzüglich Maßnahmen ergriffen, um die Exposition auf einen Wert unter den Expositionsgrenzwerten zu verringern,
- die Gründe für die Überschreitung des Expositionsgrenzwerts ermittelt,
- die Schutz- und Vorbeugemaßnahmen angepasst, um ein erneutes Überschreiten der Expositionsgrenzwerte zu verhindern.

Unterrichtung und Unterweisung der Arbeitnehmer (Art. 8)
Der Arbeitgeber stellt sicher, dass die Arbeitnehmer, die bei der Arbeit einer Lärmbelastung in Höhe der unteren Auslösewerte oder darüber ausgesetzt sind, und/oder ihre Vertreter Informationen und eine Unterweisung im Zusammenhang mit den durch die Exposition gegenüber Lärm entstehenden Risiken erhalten, die sich insbesondere auf Folgendes erstrecken:

- die Art derartiger Risiken,
- die ergriffenen Maßnahmen zur Beseitigung oder zur Minimierung der Gefährdung durch Lärm, einschließlich der Umstände, unter denen die Maßnahmen angewandt werden,
- die festgelegten Expositionsgrenzwerte und Auslösewerte,

- die Ergebnisse der Bewertungen und Messungen des Lärms zusammen mit einer Erläuterung ihrer Bedeutung und potenziellen Gefahr,
- die korrekte Verwendung des Gehörschutzes,
- das Erkennen und Melden der Anzeichen von Gehörschädigungen,
- die Voraussetzungen, unter denen die Arbeitnehmer Anspruch auf Gesundheitsüberwachung haben, und den Zweck der Gesundheitsüberwachung,
- sichere Arbeitsverfahren zur Minimierung der Exposition gegenüber Lärm.

Anhörung und Beteiligung der Arbeitnehmer (Art. 9)
Die Anhörung und Beteiligung der Arbeitnehmer und/oder ihrer Vertreter erfasst

- die Bewertung von Risiken und die Ermittlung der zu treffenden Maßnahmen,
- die Maßnahmen zur Beseitigung oder zur Minimierung der Gefährdung durch Lärm,
- die Auswahl persönlicher Gehörschutzeinrichtungen.

Gesundheitsüberwachung (Art. 10)
Ein Arbeitnehmer, der über den oberen Auslösewerten liegendem Lärm ausgesetzt ist, hat Anspruch darauf, dass sein Gehör von einem Arzt oder unter der Verantwortung eines Arztes von einer anderen entsprechend qualifizierten Person gemäß den einzelstaatlichen Rechtsvorschriften und/oder Gepflogenheiten untersucht wird. Vorbeugende audiometrische Untersuchungen stehen auch denjenigen Arbeitnehmern zur Verfügung, die über den unteren Auslösewerten liegendem Lärm ausgesetzt sind, wenn die Bewertung und die Messung auf ein Gesundheitsrisiko hindeuten. Ziel der Untersuchungen ist es, eine Frühdiagnose jeglichen lärmbedingten Gehörverlusts zu stellen und die Funktion des Gehörs zu erhalten. Die Mitgliedstaaten treffen Vorkehrungen, um sicherzustellen, dass für jeden Arbeitnehmer, der der Gesundheitsüberwachung unterliegt, persönliche Gesundheitsakten geführt und auf dem neuesten Stand gehalten werden. Die Gesundheitsakten enthalten eine Zusammenfassung der Ergebnisse der Gesundheitsüberwachung. Die Akten sind so zu führen, dass eine Einsichtnahme zu einem späteren Zeitpunkt unter Wahrung des Arztgeheimnisses möglich ist. Der zuständigen Behörde ist auf Verlangen eine Kopie der entsprechenden Akten zu übermitteln. Der einzelne Arbeitnehmer erhält auf Verlangen Einsicht in seine persönlichen Gesundheitsakten.

7.2 Lärm- und Vibrations-Arbeitsschutzverordnung

Anwendungsbereich (§ 1)
Diese Verordnung gilt zum Schutz der Beschäftigten vor tatsächlichen oder möglichen Gefährdungen ihrer Gesundheit und Sicherheit durch Lärm oder Vibrationen bei der Arbeit.

Begriffsbestimmungen (§ 2)

- **Lärm:**
  ist jeder Schall, der zu einer Beeinträchtigung des Hörvermögens oder zu einer sonstigen mittelbaren oder unmittelbaren Gefährdung von Sicherheit und Gesundheit der Beschäftigten führen kann.
- **Tages-Lärmexpositionspegel ($L_{EX,8h}$):**
  ist der über die Zeit gemittelte Lärmexpositionspegel bezogen auf eine Achtstundenschicht. Er umfasst alle am Arbeitsplatz auftretenden Schallereignisse.
- **Wochen-Lärmexpositionspegel ($L_{EX,40h}$):**
  ist der über die Zeit gemittelte Tages-Lärmexpositionspegel bezogen auf eine 40-Stundenwoche.
- **Spitzenschalldruckpegel ($L_{pC,peak}$):**
  ist der Höchstwert des momentanen Schalldruckpegels.
- **Vibrationen:**
  sind alle mechanischen Schwingungen, die durch Gegenstände auf den menschlichen Körper übertragen werden und zu einer mittelbaren oder unmittelbaren Gefährdung von Sicherheit und Gesundheit der Beschäftigten führen können. Dazu gehören insbesondere
  - mechanische Schwingungen, die bei Übertragung auf das Hand-Arm-System des Menschen Gefährdungen für die Gesundheit und Sicherheit der Beschäftigten verursachen oder verursachen können (Hand-Arm-Vibrationen), insbesondere Knochen- oder Gelenkschäden, Durchblutungsstörungen oder neurologische Erkrankungen, und
  - mechanische Schwingungen, die bei Übertragung auf den gesamten Körper Gefährdungen für die Gesundheit und Sicherheit der Beschäftigten verursachen oder verursachen können (Ganzkörper-Vibrationen), insbesondere Rückenschmerzen und Schädigungen der Wirbelsäule.
- **Tages-Vibrationsexpositionswert A(8):**
  ist der über die Zeit für Hand-Arm-Vibrationen und für Ganzkörper-Vibrationen gemittelte Vibrationsexpositionswert bezogen auf eine Achtstundenschicht.
- **Fachkundig:**
  ist, wer über die erforderlichen Fachkenntnisse zur Ausübung einer in dieser Verordnung bestimmten Aufgabe verfügt. Die Anforderungen an die Fachkunde sind abhängig von der jeweiligen Art der Aufgabe. Zu den Anforderungen zählen eine entsprechende Berufsausbildung oder Berufserfahrung jeweils in Verbindung mit einer zeitnah ausgeübten einschlägigen beruflichen Tätigkeit sowie die Teilnahme an spezifischen Fortbildungsmaßnahmen.
- **Stand der Technik:**
  ist der Entwicklungsstand fortschrittlicher Verfahren, Einrichtungen oder Betriebsweisen, der die praktische Eignung einer Maßnahme zum Schutz der Gesundheit und zur Sicherheit der Beschäftigten gesichert erscheinen lässt. Bei der Bestimmung des

Standes der Technik sind insbesondere vergleichbare Verfahren, Einrichtungen oder Betriebsweisen heranzuziehen, die mit Erfolg in der Praxis erprobt worden sind. Gleiches gilt für die Anforderungen an die Arbeitsmedizin und die Arbeitshygiene.

Gefährdungsbeurteilung (§ 3)

Bei der Beurteilung der Arbeitsbedingungen nach § 5 des Arbeitsschutzgesetzes hat der Arbeitgeber zunächst festzustellen, ob die Beschäftigten Lärm oder Vibrationen ausgesetzt sind oder ausgesetzt sein können. Ist dies der Fall, hat er alle hiervon ausgehenden Gefährdungen für die Gesundheit und Sicherheit der Beschäftigten zu beurteilen. Dazu hat er die auftretenden Expositionen am Arbeitsplatz zu ermitteln und zu bewerten. Der Arbeitgeber kann sich die notwendigen Informationen beim Hersteller oder Inverkehrbringer von Arbeitsmitteln oder bei anderen ohne weiteres zugänglichen Quellen beschaffen. Lässt sich die Einhaltung der Auslöse- und Expositionsgrenzwerte nicht sicher ermitteln, hat er den Umfang der Exposition durch Messungen festzustellen. Entsprechend dem Ergebnis der Gefährdungsbeurteilung hat der Arbeitgeber Schutzmaßnahmen nach dem Stand der Technik festzulegen. Die Gefährdungsbeurteilung umfasst insbesondere

- bei Exposition der Beschäftigten durch Lärm
  - Art, Ausmaß und Dauer der Exposition durch Lärm,
  - die Auslösewerte und die Expositionswerte,
  - die Verfügbarkeit alternativer Arbeitsmittel und Ausrüstungen, die zu einer geringeren Exposition der Beschäftigten führen (Substitutionsprüfung),
  - Erkenntnisse aus der arbeitsmedizinischen Vorsorge sowie allgemein zugängliche, veröffentlichte Informationen hierzu,
  - die zeitliche Ausdehnung der beruflichen Exposition über eine Achtstundenschicht hinaus,
  - die Verfügbarkeit und Wirksamkeit von Gehörschutzmitteln,
  - Auswirkungen auf die Gesundheit und Sicherheit von Beschäftigten, die besonders gefährdeten Gruppen angehören, und
  - Herstellerangaben zu Lärmemissionen sowie
- bei Exposition der Beschäftigten durch Vibrationen
  - Art, Ausmaß und Dauer der Exposition durch Vibrationen, einschließlich besonderer Arbeitsbedingungen, wie zum Beispiel Tätigkeiten bei niedrigen Temperaturen,
  - die Expositionsgrenzwerte und Auslösewerte,
  - die Verfügbarkeit und die Möglichkeit des Einsatzes alternativer Arbeitsmittel und Ausrüstungen, die zu einer geringeren Exposition der Beschäftigten führen (Substitutionsprüfung),
  - Erkenntnisse aus der arbeitsmedizinischen Vorsorge sowie allgemein zugängliche, veröffentlichte Informationen hierzu,
  - die zeitliche Ausdehnung der beruflichen Exposition über eine Achtstundenschicht hinaus,

- Auswirkungen auf die Gesundheit und Sicherheit von Beschäftigten, die besonders gefährdeten Gruppen angehören, und
- Herstellerangaben zu Vibrationsemissionen.

Die mit der Exposition durch Lärm oder Vibrationen verbundenen Gefährdungen sind unabhängig voneinander zu beurteilen und in der Gefährdungsbeurteilung zusammenzuführen. Mögliche Wechsel- oder Kombinationswirkungen sind bei der Gefährdungsbeurteilung zu berücksichtigen. Dies gilt insbesondere bei Tätigkeiten mit gleichzeitiger Belastung durch Lärm, arbeitsbedingten ototoxischen (gehörschädigenden) Substanzen oder Vibrationen, soweit dies technisch durchführbar ist. Zu berücksichtigen sind auch mittelbare Auswirkungen auf die Gesundheit und Sicherheit der Beschäftigten, zum Beispiel durch Wechselwirkungen zwischen Lärm und Warnsignalen oder anderen Geräuschen, deren Wahrnehmung zur Vermeidung von Gefährdungen erforderlich ist. Bei Tätigkeiten, die eine hohe Konzentration und Aufmerksamkeit erfordern, sind störende und negative Einflüsse infolge einer Exposition durch Lärm oder Vibrationen zu berücksichtigen. Der Arbeitgeber hat die Gefährdungsbeurteilung unabhängig von der Zahl der Beschäftigten zu dokumentieren. In der Dokumentation ist anzugeben, welche Gefährdungen am Arbeitsplatz auftreten können und welche Maßnahmen zur Vermeidung oder Minimierung der Gefährdung der Beschäftigten durchgeführt werden müssen. Die Gefährdungsbeurteilung ist zu aktualisieren, wenn maßgebliche Veränderungen der Arbeitsbedingungen dies erforderlich machen oder wenn sich eine Aktualisierung aufgrund der Ergebnisse der arbeitsmedizinischen Vorsorge als notwendig erweist.

Messungen (§ 4)
Der Arbeitgeber hat sicherzustellen, dass Messungen nach dem Stand der Technik durchgeführt werden. Dazu müssen

- Messverfahren und -geräte den vorhandenen Arbeitsplatz- und Expositionsbedingungen angepasst sein. Dies betrifft insbesondere die Eigenschaften des zu messenden Lärms oder der zu messenden Vibrationen, die Dauer der Einwirkung und die Umgebungsbedingungen,
- die Messverfahren und -geräte geeignet sein, die jeweiligen physikalischen Größen zu bestimmen, und die Entscheidung erlauben, ob die festgesetzten Auslöse- und Expositionsgrenzwerte eingehalten werden.

Die durchzuführenden Messungen können auch eine Stichprobenerhebung umfassen, die für die persönliche Exposition eines Beschäftigten repräsentativ ist. Der Arbeitgeber hat die Dokumentation über die ermittelten Messergebnisse mindestens 30 Jahre in einer Form aufzubewahren, die eine spätere Einsichtnahme ermöglicht. Messungen zur Ermittlung der Exposition durch Vibrationen sind zusätzlich durchzuführen.

Fachkunde (§ 5)
Der Arbeitgeber hat sicherzustellen, dass die Gefährdungsbeurteilung nur von fachkundigen Personen durchgeführt wird. Verfügt der Arbeitgeber nicht selbst über die entsprechenden Kenntnisse, hat er sich fachkundig beraten zu lassen. Fachkundige Personen können insbesondere der Betriebsarzt und die Fachkraft für Arbeitssicherheit sein. Der Arbeitgeber darf mit der Durchführung von Messungen nur Personen beauftragen, die über die dafür notwendige Fachkunde und die erforderlichen Einrichtungen verfügen.

Auslösewerte bei Lärm (§ 6)
Die Auslösewerte in Bezug auf den Tages-Lärmexpositionspegel und den Spitzenschalldruckpegel betragen:

- Obere Auslösewerte: $L_{EX,8h}$ = 85 dB(A) beziehungsweise $L_{pC,peak}$ = 137 dB(C),
- Untere Auslösewerte: $L_{EX,8h}$ = 80 dB(A) beziehungsweise $L_{pC,peak}$ = 135 dB(C).

Bei der Anwendung der Auslösewerte wird die dämmende Wirkung eines persönlichen Gehörschutzes der Beschäftigten nicht berücksichtigt.

Maßnahmen zur Vermeidung und Verringerung der Lärmexposition (§ 7)
Der Arbeitgeber hat die festgelegten Schutzmaßnahmen nach dem Stand der Technik durchzuführen, um die Gefährdung der Beschäftigten auszuschließen oder soweit wie möglich zu verringern. Dabei ist folgende Rangfolge zu berücksichtigen:

- Die Lärmemission muss am Entstehungsort verhindert oder soweit wie möglich verringert werden. Technische Maßnahmen haben Vorrang vor organisatorischen Maßnahmen.
- Diese Maßnahmen haben Vorrang vor der Verwendung von Gehörschutz.

Zu den Maßnahmen gehören insbesondere:

- alternative Arbeitsverfahren, welche die Exposition der Beschäftigten durch Lärm verringern,
- Auswahl und Einsatz neuer oder bereits vorhandener Arbeitsmittel unter dem vorrangigen Gesichtspunkt der Lärmminderung,
- die lärmmindernde Gestaltung und Einrichtung der Arbeitsstätten und Arbeitsplätze,
- technische Maßnahmen zur Luftschallminderung, beispielsweise durch Abschirmungen oder Kapselungen, und zur Körperschallminderung, beispielsweise durch Körperschalldämpfung oder -dämmung oder durch Körperschallisolierung,
- Wartungsprogramme für Arbeitsmittel, Arbeitsplätze und Anlagen,
- arbeitsorganisatorische Maßnahmen zur Lärmminderung durch Begrenzung von Dauer und Ausmaß der Exposition und Arbeitszeitpläne mit ausreichenden Zeiten ohne belastende Exposition.

Der Arbeitgeber hat Arbeitsbereiche, in denen einer der oberen Auslösewerte für Lärm ($L_{EX,8h}$, $L_{pC,peak}$) überschritten werden kann, als Lärmbereiche zu kennzeichnen und, falls technisch möglich, abzugrenzen. In diesen Bereichen dürfen sich Beschäftigte nur aufhalten, wenn das Arbeitsverfahren dies erfordert und die Beschäftigten eine geeignete persönliche Schutzausrüstung verwenden. Wird einer der oberen Auslösewerte überschritten, hat der Arbeitgeber ein Programm mit technischen und organisatorischen Maßnahmen zur Verringerung der Lärmexposition auszuarbeiten und durchzuführen.

Gehörschutz (§ 8)
Werden die unteren Auslösewerte trotz Durchführung der Maßnahmen nicht eingehalten, hat der Arbeitgeber den Beschäftigten einen geeigneten persönlichen Gehörschutz zur Verfügung zu stellen. Der persönliche Gehörschutz ist vom Arbeitgeber so auszuwählen, dass durch seine Anwendung die Gefährdung des Gehörs beseitigt oder auf ein Minimum verringert wird. Dabei muss unter Einbeziehung der dämmenden Wirkung des Gehörschutzes sichergestellt werden, dass der auf das Gehör des Beschäftigten einwirkende Lärm die maximal zulässigen Expositionswerte $L_{EX,8h} = 85$ dB(A) beziehungsweise $L_{pC,peak} = 137$ dB(C) nicht überschreitet. Erreicht oder überschreitet die Lärmexposition am Arbeitsplatz einen der oberen Auslösewerte, hat der Arbeitgeber dafür Sorge zu tragen, dass die Beschäftigten den persönlichen Gehörschutz bestimmungsgemäß verwenden. Der Zustand des ausgewählten persönlichen Gehörschutzes ist in regelmäßigen Abständen zu überprüfen. Stellt der Arbeitgeber dabei fest, dass die Anforderungen nicht eingehalten werden, hat er unverzüglich die Gründe für diese Nichteinhaltung zu ermitteln und Maßnahmen zu ergreifen, die für eine dauerhafte Einhaltung der Anforderungen erforderlich sind.

Expositionsgrenzwerte und Auslösewerte für Vibrationen (§ 9)
Für Hand-Arm-Vibrationen beträgt

- der Expositionsgrenzwert $A(8) = 5$ m/s^2 und
- der Auslösewert $A(8) = 2{,}5$ m/s^2.

Die Exposition der Beschäftigten gegenüber Hand-Arm-Vibrationen ist zu ermitteln und zu bewerten. Für Ganzkörper-Vibrationen beträgt

- der Expositionsgrenzwert $A(8) = 1{,}15$ m/s^2 in X- und Y-Richtung und $A(8) = 0{,}8$ m/s^2 in Z-Richtung und
- der Auslösewert $A(8) = 0{,}5$ m/s^2.

Die Exposition der Beschäftigten gegenüber Ganzkörper-Vibrationen ist zu ermitteln und zu bewerten.

Maßnahmen zur Vermeidung und Verringerung der Exposition durch Vibrationen (§ 10)
Der Arbeitgeber hat die festgelegten Schutzmaßnahmen nach dem Stand der Technik durchzuführen, um die Gefährdung der Beschäftigten auszuschließen oder soweit wie möglich zu

verringern. Dabei müssen Vibrationen am Entstehungsort verhindert oder soweit wie möglich verringert werden. Technische Maßnahmen zur Minderung von Vibrationen haben Vorrang vor organisatorischen Maßnahmen. Zu den Maßnahmen gehören insbesondere

- alternative Arbeitsverfahren, welche die Exposition gegenüber Vibrationen verringern,
- Auswahl und Einsatz neuer oder bereits vorhandener Arbeitsmittel, die nach ergonomischen Gesichtspunkten ausgelegt sind und unter Berücksichtigung der auszuführenden Tätigkeit möglichst geringe Vibrationen verursachen, beispielsweise schwingungsgedämpfte handgehaltene oder handgeführte Arbeitsmaschinen, welche die auf den Hand-Arm-Bereich übertragene Vibration verringern,
- die Bereitstellung von Zusatzausrüstungen, welche die Gesundheitsgefährdung aufgrund von Vibrationen verringern, beispielsweise Sitze, die Ganzkörper-Vibrationen wirkungsvoll dämpfen,
- Wartungsprogramme für Arbeitsmittel, Arbeitsplätze und Anlagen sowie Fahrbahnen,
- die Gestaltung und Einrichtung der Arbeitsstätten und Arbeitsplätze,
- die Schulung der Beschäftigten im bestimmungsgemäßen Einsatz und in der sicheren und vibrationsarmen Bedienung von Arbeitsmitteln,
- die Begrenzung der Dauer und Intensität der Exposition,
- Arbeitszeitpläne mit ausreichenden Zeiten ohne belastende Exposition und
- die Bereitstellung von Kleidung für gefährdete Beschäftigte zum Schutz vor Kälte und Nässe.

Der Arbeitgeber hat dafür Sorge zu tragen, dass bei der Exposition der Beschäftigten die Expositionsgrenzwerte nicht überschritten werden. Werden die Expositionsgrenzwerte trotz der durchgeführten Maßnahmen überschritten, hat der Arbeitgeber unverzüglich die Gründe zu ermitteln und weitere Maßnahmen zu ergreifen, um die Exposition auf einen Wert unterhalb der Expositionsgrenzwerte zu senken und ein erneutes Überschreiten der Grenzwerte zu verhindern. Werden die Auslösewerte überschritten, hat der Arbeitgeber ein Programm mit technischen und organisatorischen Maßnahmen zur Verringerung der Exposition durch Vibrationen auszuarbeiten und durchzuführen.

Unterweisung der Beschäftigten (§ 11)

Können bei Exposition durch Lärm die unteren Auslösewerte oder bei Exposition durch Vibrationen die Auslösewerte erreicht oder überschritten werden, stellt der Arbeitgeber sicher, dass die betroffenen Beschäftigten eine Unterweisung erhalten, die auf den Ergebnissen der Gefährdungsbeurteilung beruht und die Aufschluss über die mit der Exposition verbundenen Gesundheitsgefährdungen gibt. Sie muss vor Aufnahme der Beschäftigung und danach in regelmäßigen Abständen, jedoch immer bei wesentlichen Änderungen der belastenden Tätigkeit, erfolgen. Der Arbeitgeber stellt sicher, dass die Unterweisung in einer für die Beschäftigten verständlichen Form und Sprache erfolgt und mindestens folgende Informationen enthält:

- die Art der Gefährdung,
- die durchgeführten Maßnahmen zur Beseitigung oder zur Minimierung der Gefährdung unter Berücksichtigung der Arbeitsplatzbedingungen,

- die Expositionsgrenzwerte und Auslösewerte,
- die Ergebnisse der Ermittlungen zur Exposition zusammen mit einer Erläuterung ihrer Bedeutung und der Bewertung der damit verbundenen möglichen Gefährdungen und gesundheitlichen Folgen,
- die sachgerechte Verwendung der persönlichen Schutzausrüstung,
- die Voraussetzungen, unter denen die Beschäftigten Anspruch auf arbeitsmedizinische Vorsorge haben, und deren Zweck,
- die ordnungsgemäße Handhabung der Arbeitsmittel und sichere Arbeitsverfahren zur Minimierung der Expositionen,
- Hinweise zur Erkennung und Meldung möglicher Gesundheitsschäden.

Um frühzeitig Gesundheitsstörungen durch Lärm oder Vibrationen erkennen zu können, hat der Arbeitgeber sicherzustellen, dass ab dem Überschreiten der unteren Auslösewerte für Lärm und dem Überschreiten der Auslösewerte für Vibrationen die betroffenen Beschäftigten eine allgemeine arbeitsmedizinische Beratung erhalten.

7.3 Technische Anleitung zum Schutz gegen Lärm (TA Lärm)

Anwendungsbereich
Ergibt die Überwachung des Gehörs, dass ein Arbeitnehmer an einer bestimmbaren Gehörschädigung leidet, so überprüft ein Arzt oder, falls dieser es als erforderlich erachtet, ein Spezialist, ob die Schädigung möglicherweise das Ergebnis der Einwirkung von Lärm bei der Arbeit ist. Trifft dies zu, so gilt Folgendes:

- Der Arbeitnehmer wird von dem Arzt oder einer anderen entsprechend qualifizierten Person über die ihn persönlich betreffenden Ergebnisse unterrichtet.
- Der Arbeitgeber
  - überprüft die vorgenommene Risikobewertung,
  - überprüft die Maßnahmen zur Vermeidung oder Verringerung der Gefährdung,
  - berücksichtigt den Rat des Arbeitsmediziners oder einer anderen entsprechend qualifizierten Person oder der zuständigen Behörde und führt alle erforderlichen Maßnahmen zur Vermeidung oder Verringerung der Gefährdung durch, wozu auch die Möglichkeit zählt, dem Arbeitnehmer eine andere Tätigkeit zuzuweisen, bei der kein Risiko einer weiteren Exposition besteht,
  - trifft Vorkehrungen für eine systematische Gesundheitsüberwachung und sorgt für eine Überprüfung des Gesundheitszustands aller anderen Arbeitnehmer, die in ähnlicher Weise exponiert waren.

Die TA Lärm dient dem Schutz der Allgemeinheit und der Nachbarschaft vor schädlichen Umwelteinwirkungen durch Geräusche sowie der Vorsorge gegen schädliche Umwelteinwirkungen durch Geräusche. Sie gilt für Anlagen, die als genehmigungsbedürftige oder nicht genehmigungsbedürftige Anlagen den Anforderungen des Zweiten Teils des Bundes-Immissionsschutzgesetzes (BImSchG) unterliegen. Die Vorschriften der TA Lärm sind zu beachten

- für genehmigungsbedürftige Anlagen bei
  - der Prüfung der Anträge auf Erteilung einer Genehmigung zur Errichtung und zum Betrieb einer Anlage (§ 6 BImSchG) sowie zur Änderung der Lage, der Beschaffenheit oder des Betriebs einer Anlage (§ 16 BImSchG),
  - der Prüfung der Anträge auf Erteilung einer Teilgenehmigung oder eines Vorbescheids (§§ 8 und 9 BImSchG),
  - der Entscheidung über nachträgliche Anordnungen (§ 17 BImSchG) und
  - der Entscheidung über die Anordnung erstmaliger oder wiederkehrender Messungen (§ 28 BImSchG),
- für nicht genehmigungsbedürftige Anlagen bei
  - der Prüfung der Einhaltung des § 22 BImSchG im Rahmen der Prüfung von Anträgen auf öffentlich-rechtliche Zulassungen nach anderen Vorschriften, insbesondere von Anträgen in Baugenehmigungsverfahren,
  - Entscheidungen über Anordnungen und Untersagungen im Einzelfall (§§ 24 und 25 BImSchG),
- für genehmigungsbedürftige und nicht genehmigungsbedürftige Anlagen bei der Entscheidung über Anordnungen zur Ermittlung von Art und Ausmaß der von einer Anlage ausgehenden Emissionen sowie der Immissionen im Einwirkungsbereich der Anlage (§ 26 BImSchG).

7

7.3.1 Genehmigungsbedürftige Anlagen

Grundpflichten des Betreibers
Eine Genehmigung zur Errichtung und zum Betrieb einer genehmigungsbedürftigen Anlage ist nur zu erteilen, wenn sichergestellt ist, dass

- die von der Anlage ausgehenden Geräusche keine schädlichen Umwelteinwirkungen hervorrufen können und
- Vorsorge gegen schädliche Umwelteinwirkungen durch Geräusche getroffen wird, insbesondere durch die dem Stand der Technik zur Lärmminderung entsprechenden Maßnahmen zur Emissionsbegrenzung.

Die Genehmigung für die zu beurteilende Anlage darf auch bei einer Überschreitung der Immissionsrichtwerte aufgrund der Vorbelastung aus Gründen des Lärmschutzes nicht versagt werden, wenn der von der Anlage verursachte Immissionsbeitrag im Hinblick auf den Gesetzeszweck als nicht relevant anzusehen ist. Das ist in der Regel der Fall, wenn die von der zu beurteilenden Anlage ausgehende Zusatzbelastung die Immissionsrichtwerte am maßgeblichen Immissionsort um mindestens 6 dB(A) unterschreitet. Unbeschadet der Regelung im vorherigen Absatz soll für die zu beurteilende Anlage die Genehmigung wegen einer Überschreitung der Immissionsrichtwerte aufgrund der Vorbelastung auch dann nicht versagt werden, wenn dauerhaft sichergestellt ist, dass diese Überschreitung nicht mehr als 1 dB(A) beträgt. Unbeschadet der Regelungen in den vorherigen Absätzen soll die Genehmigung für die zu beurteilende Anlage wegen einer Überschreitung der Immissionsrichtwerte aufgrund der Vorbelastung auch dann nicht versagt werden, wenn durch eine Auflage sichergestellt ist, dass in der Regel spätestens drei Jahre nach Inbetriebnahme der Anlage Sanierungsmaßnahmen (Stilllegung, Beseitigung oder Änderung) an bestehenden Anlagen des Antragstellers durchgeführt sind, welche die Einhaltung der Immissionsrichtwerte noch gewährleisten. Die Genehmigung darf wegen einer Überschreitung der Immissionsrichtwerte nicht versagt werden, wenn infolge ständig vorherrschender Fremdgeräusche keine zusätzlichen schädlichen Umwelteinwirkungen durch die zu beurteilende Anlage zu befürchten sind.

Ergänzende Prüfung im Sonderfall
Liegen im Einzelfall besondere Umstände vor, die bei der Regelfallprüfung keine Berücksichtigung finden, nach Art und Gewicht jedoch wesentlichen Einfluss auf die Beurteilung haben können, ob die Anlage zum Entstehen schädlicher Umwelteinwirkungen relevant beiträgt, so ist ergänzend zu prüfen, ob sich unter Berücksichtigung dieser Umstände des Einzelfalls eine vom Ergebnis der Regelfallprüfung abweichende Beurteilung ergibt. Als Umstände, die eine Sonderfallprüfung erforderlich machen können, kommen insbesondere in Betracht:

- Umstände, z. B. besondere unterschiedliche Geräuschcharakteristiken verschiedener gemeinsam einwirkender Anlagen, die eine Summenpegelbildung zur Ermittlung der Gesamtbelastung nicht sinnvoll erscheinen lassen,
- Umstände, z. B. besondere betriebstechnische Erfordernisse, Einschränkungen der zeitlichen Nutzung oder eine besondere Standortbindung der zu beurteilenden Anlage, die sich auf die Akzeptanz einer Geräuschimmission auswirken können,
- sicher absehbare Verbesserungen der Emissions- oder Immissionssituation durch andere genannte Maßnahmen,
- besondere Gesichtspunkte der Herkömmlichkeit und der sozialen Adäquanz der Geräuschimmission.

7.3.2 Nicht genehmigungsbedürftige Anlagen

Grundpflichten des Betreibers
Nicht genehmigungsbedürftige Anlagen sind nach § 22 BImSchG so zu errichten und zu betreiben, dass

- schädliche Umwelteinwirkungen durch Geräusche verhindert werden, die nach dem Stand der Technik vermeidbar sind, und
- nach dem Stand der Technik zur Lärmminderung unvermeidbare schädliche Umwelteinwirkungen durch Geräusche auf ein Mindestmaß beschränkt werden.

Anforderungen bei unvermeidbaren schädlichen Umwelteinwirkungen
Als Maßnahmen kommen hierfür insbesondere in Betracht:

- organisatorische Maßnahmen im Betriebsablauf (z. B. keine lauten Arbeiten in den Tageszeiten mit erhöhter Empfindlichkeit),
- zeitliche Beschränkungen des Betriebs, etwa zur Sicherung der Erholungsruhe am Abend und in der Nacht,
- Einhaltung ausreichender Schutzabstände zu benachbarten Wohnhäusern oder anderen schutzbedürftigen Einrichtungen,
- Ausnutzen natürlicher oder künstlicher Hindernisse zur Lärmminderung,
- Wahl des Aufstellungsortes von Maschinen oder Anlagenteilen.

7.3.3 Anforderungen an bestehende Anlagen

Nachträgliche Anforderungen bei genehmigungsbedürftigen Anlagen
Bei der Prüfung der Verhältnismäßigkeit nach § 17 BImSchG hat die zuständige Behörde von den geeigneten Maßnahmen diejenige zu wählen, die den Betreiber am wenigsten belastet. Die zu erwartenden positiven und negativen Auswirkungen für den Anlagenbetreiber, für die Nachbarschaft und die Allgemeinheit sowie das öffentliche Interesse an der Durchführung der Maßnahme oder ihrem Unterbleiben zu ermitteln und zu bewerten. Dabei sind insbesondere zu berücksichtigen:

- Ausmaß der von der Anlage ausgehenden Emissionen und Immissionen,
- vorhandene Fremdgeräusche,
- Ausmaß der Überschreitungen der Immissionsrichtwerte durch die zu beurteilende Anlage,
- Ausmaß der Überschreitungen der Immissionsrichtwerte durch die Gesamtbelastung,
- Gebot zur gegenseitigen Rücksichtnahme,
- Anzahl der betroffenen Personen,
- Auffälligkeit der Geräusche,
- Stand der Technik zur Lärmminderung,
- Aufwand im Verhältnis zur Verbesserung der Immissionssituation im Einwirkungsbereich der Anlage,
- Betriebsdauer der Anlage seit der Neu- oder Änderungsgenehmigung der Anlage,

- technische Besonderheiten der Anlage,
- Platzverhältnisse am Standort.

Eine nachträgliche Anordnung darf ebenfalls nicht getroffen werden, wenn sich eine Überschreitung der Immissionsrichtwerte aus einer Erhöhung oder erstmaligen Berücksichtigung der Vorbelastung ergibt, die Zusatzbelastung weniger als 3 dB(A) beträgt und die Immissionsrichtwerte um nicht mehr als 5 dB(A) überschritten sind.

Mehrere zu einer schädlichen Umwelteinwirkung beitragende Anlagen unterschiedlicher Betreiber
Tragen mehrere Anlagen unterschiedlicher Betreiber relevant zum Entstehen schädlicher Umwelteinwirkungen bei, so hat die Behörde die Entscheidung über die Auswahl der zu ergreifenden Abhilfemaßnahmen und der Adressaten entsprechender Anordnungen nach pflichtgemäßem Ermessen unter Beachtung des Verhältnismäßigkeitsgrundsatzes zu treffen. Als dabei zu berücksichtigende Gesichtspunkte kommen insbesondere in Betracht:

- der Inhalt eines bestehenden oder speziell zur Lösung der Konfliktsituation erstellten Lärmminderungsplans nach § 47a BImSchG,
- die Wirksamkeit der Minderungsmaßnahmen,
- der für die jeweilige Minderungsmaßnahme notwendige Aufwand,
- die Höhe der Verursachungsbeiträge,
- Vorliegen und Grad eines etwaigen Verschuldens.

Ist mit der alsbaldigen Fertigstellung eines Lärmminderungsplans nach § 47a BImSchG zu rechnen, der für die Entscheidung von maßgebender Bedeutung sein könnte, und erfordern Art und Umfang der schädlichen Umwelteinwirkungen nicht sofortige Abhilfemaßnahmen, so kann die Behörde die Entscheidung im Hinblick auf die Erstellung des Lärmminderungsplans für eine angemessene Zeit aussetzen.

7.3.4 Immissionsrichtwerte

Immissionsrichtwerte für Immissionsorte außerhalb von Gebäuden
Die Immissionsrichtwerte für den Beurteilungspegel betragen für Immissionsorte außerhalb von Gebäuden in

	Tags	Nachts
• Industriegebieten	70 dB(A)	70 dB(A)
• Gewerbegebieten	65 dB(A)	50 dB(A)
• Urbanen Gebieten	63 dB(A)	45 dB(A)
• Kerngebieten, Dorfgebieten und Mischgebieten	60 dB(A)	45 dB(A)

(Fortsetzung)

	Tags	Nachts
• Allgemeinen Wohngebieten und Kleinsiedlungsgebieten	55 dB(A)	40 dB(A)
• Reinen Wohngebieten	50 dB(A)	35 dB(A)
• Kurgebieten, für Krankenhäuser und Pflegeanstalten	45 dB(A)	35 dB(A).

Einzelne kurzzeitige Geräuschspitzen dürfen die Immissionsrichtwerte am Tage um nicht mehr als 30 dB(A) und in der Nacht um nicht mehr als 20 dB(A) überschreiten.

Immissionsrichtwerte für Immissionsorte innerhalb von Gebäuden

Bei Geräuschübertragungen innerhalb von Gebäuden oder bei Körperschallübertragung betragen die Immissionsrichtwerte für den Beurteilungspegel für betriebsfremde schutzbedürftige Räume unabhängig von der Lage des Gebäudes in einem der genannten Gebiete

- tags 35 dB(A),
- nachts 25 dB(A).

Einzelne kurzzeitige Geräuschspitzen dürfen die Immissionsrichtwerte um nicht mehr als 10 dB(A) überschreiten. Weitergehende baurechtliche Anforderungen bleiben unberührt.

Beurteilungszeiten

Die Immissionsrichtwerte beziehen sich auf folgende Zeiten:

• tags	06:00 bis 22:00 Uhr,
• nachts	22:00 bis 06:00 Uhr.

Die Nachtzeit kann bis zu einer Stunde hinausgeschoben oder vorverlegt werden, soweit dies wegen der besonderen örtlichen oder wegen zwingender betrieblicher Verhältnisse unter Berücksichtigung des Schutzes vor schädlichen Umwelteinwirkungen erforderlich ist. Eine achtstündige Nachtruhe der Nachbarschaft im Einwirkungsbereich der Anlage ist sicherzustellen. Die Immissionsrichtwerte gelten während des Tages für eine Beurteilungszeit von 16 Stunden. Maßgebend für die Beurteilung der Nacht ist die volle Nachtstunde (z. B. 1:00 bis 2:00 Uhr) mit dem höchsten Beurteilungspegel, zu dem die zu beurteilende Anlage relevant beiträgt.

Gemengelagen

Wenn gewerblich, industriell oder hinsichtlich ihrer Geräuschauswirkungen vergleichbar genutzte und zum Wohnen dienende Gebiete aneinandergrenzen (Gemengelage), können die geltenden Immissionsrichtwerte auf einen geeigneten Zwischenwert der für die aneinandergrenzenden Gebietskategorien erhöht werden, soweit dies nach der gegenseitigen Pflicht zur Rücksichtnahme erforderlich ist. Die Immissionsrichtwerte für Kern-, Dorf- und Mischgebiete sollen dabei nicht überschritten werden. Es ist vorauszusetzen, dass der

Stand der Lärmminderungstechnik eingehalten wird. Für die Höhe des Zwischenwerts ist die konkrete Schutzwürdigkeit des betroffenen Gebiets maßgeblich. Wesentliche Kriterien sind die Prägung des Einwirkungsgebiets durch den Umfang der Wohnbebauung einerseits und durch Gewerbe- und Industriebetriebe andererseits, die Ortsüblichkeit eines Geräusches und die Frage, welche der unverträglichen Nutzungen zuerst verwirklicht wurde. Liegt ein Gebiet mit erhöhter Schutzwürdigkeit nur in einer Richtung zur Anlage, so ist dem durch die Anordnung der Anlage auf dem Betriebsgrundstück und die Nutzung von Abschirmungsmöglichkeiten Rechnung zu tragen.

7.4 Geräte- und Maschinenlärmschutzverordnung (32. BImSchV)

Inverkehrbringen (§ 3)
Geräte und Maschinen dürfen in Deutschland nur in Verkehr gebracht oder in Betrieb genommen werden, wenn der Hersteller oder sein in der Europäischen Gemeinschaft ansässiger Bevollmächtigter sichergestellt hat, dass

- jedes Gerät oder jede Maschine mit der CE-Kennzeichnung und der Angabe des garantierten Schallleistungspegels versehen ist,
- jedem Gerät oder jeder Maschine eine Kopie der EG-Konformitätserklärung beigefügt ist,
- für den Typ des Geräts oder der Maschine eine Kopie der EG-Konformitätserklärung der Europäischen Kommission übermittelt worden ist,
- der Typ des Geräts oder der Maschine einem Konformitätsbewertungsverfahren unterzogen worden ist,
- der garantierte Schallleistungspegel des Geräts oder der Maschine den zulässigen Schallleistungspegel nicht überschreitet.

Die CE-Kennzeichnung und die Angabe des garantierten Schallleistungspegels müssen sichtbar, lesbar und dauerhaft haltbar an jedem Gerät und jeder Maschine angebracht sein. Die Sichtbarkeit und Lesbarkeit der CE-Kennzeichnung und der Angabe des garantierten Schallleistungspegels darf durch andere Kennzeichnungen auf den Geräten und Maschinen nicht beeinträchtigt sein. Zeichen oder Aufschriften, die hinsichtlich der Bedeutung oder Form der CE-Kennzeichnung oder der Angabe des garantierten Schallleistungspegels irreführend sein können, dürfen nicht angebracht werden. Ist die beigefügte EG-Konformitätserklärung nicht in deutscher Sprache ausgestellt, muss ferner die Kopie einer deutschen Übersetzung beigefügt sein. Ist weder der Hersteller noch sein Bevollmächtigter in der Europäischen Gemeinschaft ansässig, gilt die Maßgabe, dass die genannten Anforderungen jeder sonstigen Person obliegen, die die Geräte und Maschinen in der Europäischen Gemeinschaft in Verkehr bringt oder in Betrieb nimmt.

Übermittlung der Konformitätserklärung (§ 4)
Der in Deutschland ansässige Hersteller oder andernfalls sein in Deutschland ansässiger Bevollmächtigter hat der nach Landesrecht zuständigen Behörde des Landes, in dem er seinen

Sitz hat, und der Europäischen Kommission eine Kopie der EG-Konformitätserklärung für jeden Typ eines Geräts und einer Maschine zu übermitteln, wenn Geräte und Maschinen dieses Typs in der Europäischen Gemeinschaft in Verkehr gebracht oder in Betrieb genommen werden.

Aufbewahrung und Übermittlung von Informationen aus der Konformitätsbewertung (§ 5)
Der in Deutschland ansässige Hersteller oder andernfalls sein in Deutschland ansässiger Bevollmächtigter hat nach Herstellung des letzten Geräts oder der letzten Maschine eines Typs zehn Jahre lang alle Informationen, die im Laufe des Konformitätsbewertungsverfahrens für den Geräte- oder Maschinentyp verwendet wurden, insbesondere die technischen Unterlagen, sowie ein Exemplar der EG-Konformitätserklärung aufzubewahren. Auf Verlangen hat er der nach Landesrecht zuständigen Behörde Einsicht in die Informationen zu geben und ihr Kopien der Informationen zur Verfügung zu stellen.

Betriebsregelungen für Geräte und Maschinen (§ 7)
In reinen, allgemeinen und besonderen Wohngebieten, Kleinsiedlungsgebieten, Sondergebieten, die der Erholung dienen, Kur- und Klinikgebieten und Gebieten für die Fremdenbeherbergung sowie auf dem Gelände von Krankenhäusern und Pflegeanstalten dürfen im Freien

7

- Geräte und Maschinen an Sonn- und Feiertagen ganztägig sowie an Werktagen in der Zeit von 20:00 Uhr bis 07:00 Uhr nicht betrieben werden,
- Geräte und Maschinen nach dem Anhang Nr. 02, 24, 34 und 35 an Werktagen auch in der Zeit von 07:00 Uhr bis 09:00 Uhr, von 13:00 Uhr bis 15:00 Uhr und von 17:00 Uhr bis 20:00 Uhr nicht betrieben werden, es sei denn, dass für die Geräte und Maschinen das gemeinschaftliche Umweltzeichen des Europäischen Parlaments und des Rates vergeben worden ist.

Betrieb in empfindlichen Gebieten (§ 8)
Die Länder können

- weitergehende Regelungen für Einschränkungen des Betriebs von Geräten und Maschinen in von ihnen als empfindlich eingestuften Gebieten treffen,
- unter Beachtung der allgemeinen Vorschriften des Lärmschutzes Regelungen zu weitergehenden Ausnahmen von Einschränkungen des Betriebs von Geräten und Maschinen treffen, soweit lärmarme Geräte und Maschinen eingesetzt werden, deren Betrieb nicht erheblich stört oder unter Abwägung öffentlicher und privater Belange sowie unter Berücksichtigung anderweitiger Lösungsmöglichkeiten Vorrang hat, oder der Betrieb im öffentlichen Interesse erforderlich ist.

Geräte und Maschinen, die in den Anwendungsbereich der Verordnung fallen, sind in Tab. 7.1 aufgeführt. Spalte 1 umfasst Geräte und Maschinen entsprechend dem Anwendungsbereich von Art. 12 der Richtlinie 2000/14/EG. Für diese Geräte und Maschinen gelten Geräuschemissionswerte. Spalte 2 umfasst Geräte und Maschinen entsprechend dem Anwendungsbereich von Art. 13 der Richtlinie 2000/14/EG. Diese Geräte und Maschinen unterliegen nur der Kennzeichnungspflicht.

Tab. 7.1 Geräte und Maschinen gemäß Richtlinie 2000/14/EG [1]

Nr.	Gerät/Maschine	Sp. 1*	Sp. 2**
01	Hubarbeitsbühne mit Verbrennungsmotor		X
02	Freischneider		X
03	Bauaufzug für den Materialtransport mit		
03.1	• Verbrennungsmotor	X	
03.2	• Elektromotor		X
04	Baustellbandsägemaschine		X
05	Baustellenkreissägemaschine		X
06	Tragbare Motorkettensäge		X
07	Kombiniertes Hochdruckspül- und Saugfahrzeug		X
08	Verdichtungsmaschine in der Bauart von		
08.1	• Vibrationswalzen und nichtvibrierende Walzen, Rüttelplatten und Vibrationsstampfer	X	
08.2	• Explosionsstampfer		X
09	Kompressor (< 350 kW)	X	
10	Handgeführter Betonbrecher und Abbau-, Aufbruch- und Spatenhammer	X	
11	Beton- und Mörtelmischer		X
12	Bauwinde mit		
12.1	• Verbrennungsmotor	X	
12.2	• Elektromotor		X
13	Förder- und Spritzmaschine für Beton und Mörtel		X
14	Förderband		X
15	Fahrzeugkühlaggregate		X
16	Planiermaschine (< 500 kW)	X	
17	Bohrgerät		X
18	Muldenfahrzeug (< 500 KW)	X	
19	Be- und Entladeaggregate von Silo- und Tankfahrzeugen		X
20	Hydraulik- und Seilbagger (< 500 kW)	X	
21	Baggerlader (< 500 kW)	X	
22	Altglassammelbehälter		X
23	Grader (< 500 kW)	X	
24	Grastrimmer/Graskantenschneider		X
25	Heckenschere		X
26	Hochdruckspülfahrzeug		X
27	Hochdruckwasserstrahlmaschine		X
28	Hydraulikhammer		X
29	Hydraulikaggregat	X	
30	Fugenschneider		X

(Fortsetzung)

Tab. 7.1 (Fortsetzung)

Nr.	Gerät/Maschine	Sp. 1*	Sp. 2**
31	Müllverdichter, der Bauart nach einem Lader mit Schaufel (< 500 kW)	X	
32	Rasenmäher mit Ausnahme von: • land- und forstwirtschaftlichen Geräten • Mehrzweckgeräten, deren Hauptantrieb eine installierte Leistung von mehr als 20 kW aufweist	X	
33	Rasentrimmer/Rasenkantenschneider	X	
34	Laubbläser		X
35	Laubsammler		X
36	Gegengewichtsstapler mit Verbrennungsmotor		
36.1	• geländegängiger Gabelstapler (Gegengewichtsstapler auf Rädern in erster Linie für naturbelassenes gewachsenes und aufgewühltes Gelände, z. B. auf Baustellen)	X	
36.2	• sonstiger Gegengewichtsstapler mit einer Tragfähigkeit von höchstens 10 Tonnen, ausgenommen Gegengewichtsstapler, die speziell für die Containerbeförderung gebaut sind		X
37	Lader (< 500 kW)	X	
38	Mobilkran	X	
39	Rollbarer Müllbehälter		X
40	Motorhacke (< 3 kW)	X	
41	Straßenfertiger		
41.1	• ohne Hochverdichtungsbohle	X	
41.2	• mit Hochverdichtungsbohle		X
42	Rammausrüstung		X
43	Rohrleger		X
44	Pistenraupe		X
45	Kraftstromerzeuger		
45.1	• < 400 kW	X	
45.2	• ≥ 400 kW		X
46	Kehrmaschine		X
47	Müllsammelfahrzeug		X
48	Straßenfräse		X
49	Vertikutierer		X
50	Schredder/Zerkleinerer		X
51	Schneefräse (selbstfahrend, ausgenommen Anbaugeräte)		X
52	Saugfahrzeuge		X
53	Turmdrehkran	X	
54	Grabenfräse		X
55	Transportbetonmischer		X
56	Wasserpumpe (nicht für Unterwasserbetrieb)		X
57	Schweißstromerzeuger	X	

*entsprechend dem Anwendungsbereich von Art. 12 der Richtlinie 2000/14/EG
**entsprechend dem Anwendungsbereich von Art. 13 der Richtlinie 2000/14/EG

7

7.5 Lärm und Vibrationen – naturwissenschaftliche Grundlagen

7.5.1 Einleitung

Ein fester, schwingender Körper wirkt auf die ihn umgebende Luft ein, wodurch der mittlere Abstand der Luftmoleküle verändert wird. Bewegt sich die Oberfläche des Körpers auf die Luft zu, so verringert sich der mittlere Abstand der Luftmoleküle und es entsteht ein Überdruck. Beim Zurückschwingen entsteht dementsprechend ein Unterdruck. Als Bezugspunkt für diese Druckschwankungen dient der normale atmosphärische Luftdruck von 1013 mbar ($1{,}013 \cdot 10^5$ Pa). Lösen sich die mehr oder weniger rhythmischen Druckzonen von der Oberfläche des festen, schwingenden Körpers, bewegen sich die Druckschwankungen als Wellenbewegungen durch die umgebende Luft. Es entstehen Schallwellen, die sich unter Normalbedingungen mit einer Schallgeschwindigkeit von 343 m/s ausbreiten.

Die Verdichtung der Luft durch den schwingenden Körper führt zu einem höheren Luftdruck, die Verdünnung zu einem geringeren Luftdruck. Diese Druckschwankungen sind jedoch äußerst gering. Selbst an der Schmerzgrenze des Gehörs betragen diese Luftdruckschwankungen nur ± 20 Pascal (Pa). Diese kleinen Abweichungen vom normalen Luftdruck werden als Schalldruck bezeichnet. In welcher Gestalt sich die Schallwellen ausbreiten, hängt von der Schallquelle ab. Die einfachste Schwingungsform, die Schallwellen annehmen können, ist eine Sinuskurve. Sinusförmige Schallwellen werden als Töne bezeichnet, die sich zu einem Klang verbinden. Schall mit einem beliebigen Druckverlauf wird als Geräusch bezeichnet, der im unerwünschten Fall als Lärm empfunden wird.

7.5.2 Das menschliche Ohr

Das Hörorgan des Menschen wird in drei große Bereiche unterteilt (Abb. 7.1), das

- äußere Ohr,
- Mittelohr,
- Innenohr.

Äußeres Ohr

Das äußere Ohr besteht aus der Ohrmuschel und dem Gehörgang. Die Ohrmuschel besteht aus Knorpelgewebe und hat durch ihre Form eine abschirmende Wirkung auf die von hinten einfallenden Schallwellen. Sie hilft damit dem Menschen beim Richtungshören. Ohne die Form der Ohrmuschel und des Gehörganges wäre ein räumliches Hören nicht möglich. Der von der Ohrmuschel eingefangene Schall wird durch den Gehörgang zum Trommelfell weitergeleitet.

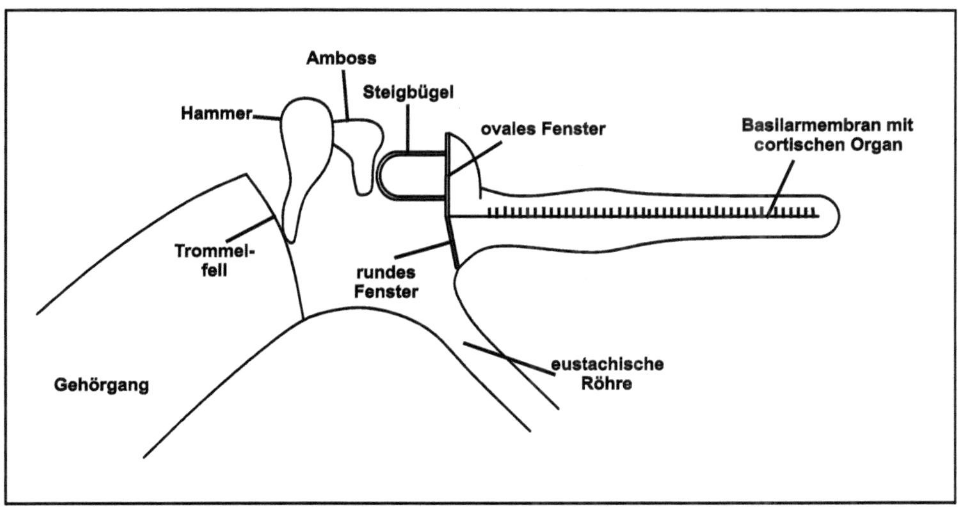

Abb. 7.1 Aufbau des menschlichen Gehörs

Mittelohr

Das Mittelohr besteht aus

- dem Trommelfell,
- den Gehörknöchelchen (Hammer, Amboss und Steigbügel)
- und einem Verbindungskanal zum Rachenraum (eustachische Röhre).

Das Mittelohr ist mit Luft gefüllt und hat den identischen Druck wie die Außenatmosphäre. Beim Schlucken oder Gähnen öffnet sich die ansonsten verschlossene eustachische Röhre, wodurch sich bei Luftdruckunterschieden ein Druckausgleich herstellen lässt. Das Mittelohr leitet auf mechanischem Weg die vom äußeren Ohr ankommenden Schallwellen an das Innenohr weiter. Die Schallwellen versetzen das Trommelfell in Schwingungen, die über Hammer und Amboss an den Steigbügel weitergegeben werden. Unter dem Steigbügel befindet sich die Steigbügelplatte. Diese als ovales Fenster bezeichnete elastische Fläche befindet sich zwischen Mittelohr und Innenohr. Äußeres Ohr und Mittelohr sind mit Luft gefüllt, das Innenohr dagegen mit Lymphflüssigkeit. Damit sind zwei unterschiedliche schallleitende Medien vorhanden, die unterschiedliche akustische Widerstände (Impedanzen) besitzen. Über die Gehörknöchelchen findet eine mechanische Anpassung der auftreffenden Schallwellen statt. Ansonsten würden beim Übergang von einem Medium (Luft) in das andere (Lymphflüssigkeit) ca. 98 % der auftreffenden Schallwellen reflektiert und somit für den Hörvorgang verloren gehen. Dabei wird am ovalen Fenster ein ca. 22-mal höherer Druck aufgebaut als am Trommelfell. Durch diese Anpassung wird der Verlust auf ca. 40 % reduziert.

Innenohr

Das Innenohr besteht aus der

- Schnecke und dem
- Gleichgewichtsorgan.

Letzteres ist zwar mit der Schnecke verbunden, spielt aber für den Hörvorgang keine Rolle. Die mit Lymphflüssigkeit gefüllte Schnecke schließt an das ovale Fenster an. Das Innere der Schnecke besteht aus dem Schneckengang, der durch eine in der Schneckenebene liegende Zwischenschicht getrennt ist. Diese Zwischenschicht reicht nur bis kurz vor das innere Spiralende, wodurch die beiden Spiralkanäle miteinander verbunden sind. Benachbart zum ovalen Fenster hat die Schnecke eine weitere Membran, das sogenannte runde Fenster. Durch die Schallwellen wird die Lymphflüssigkeit in der Schnecke hin- und hergeschoben. Diese Flüssigkeitsbewegungen führen an der Basilarmembran mit seinem cortischen Organ zu Querauslenkungen der Gehörnervenfaserenden. Dies löst Stoffwechselreaktionen aus, die zu entsprechenden elektrochemischen Potenzialen führen, die an das Gehirn weitergeleitet werden.

Schwingungen

Die Amplitude A einer Schallwelle ist ein Maß für die Stärke der Schwingung (Abb. 7.2). Je größer die Amplitude ist, umso lauter ist der Schall. Die Schwingungsdauer t ist die Zeit, nach der sich eine sinusförmige Schallwelle wiederholt. Der Kehrwert der Schwin-

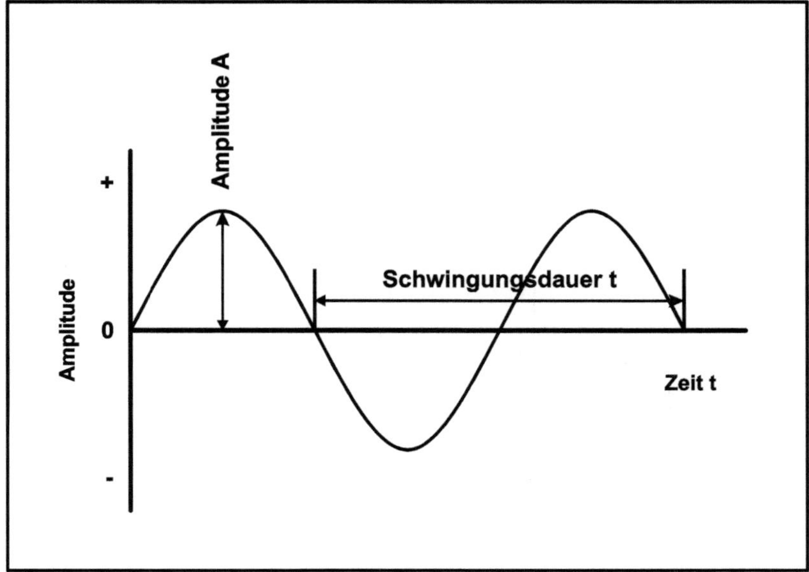

Abb. 7.2 Grundgrößen einer Schwingung

gungsdauer ist die Frequenz ν. Sie gibt die Anzahl der Schwingungen pro Sekunde an. Die resultierende Einheit (1/s) wird mit Hertz (Hz) bezeichnet. Die Frequenz bestimmt die Tonhöhe. Je größer die Frequenz, umso höher der Ton. Die Wellenlänge λ ergibt sich aus der Schallgeschwindigkeit v und der Frequenz ν.

$$v = \lambda \cdot \nu$$

Somit ist es möglich, für jede Frequenz die entsprechende Wellenlänge zu berechnen.

Das menschliche Ohr nimmt Geräusche nur in einem bestimmten Bereich von 20–16.000 Hz wahr. Schall mit Frequenzen unterhalb von 20 Hz (sehr tiefe Töne) wird als Infraschall bezeichnet und kann von Menschen teilweise als Vibrationen wahrgenommen werden. Schall mit Frequenzen über 20 kHz (sehr hohe Töne) wird als Ultraschall bezeichnet. Töne mit mittlerer Frequenz werden lauter als Töne mit niedriger oder hoher Frequenz empfunden. Im Frequenzbereich von 3000–4000 Hz (3–4 kHz) hat das menschliche Ohr seine größte Empfindlichkeit. Die leisesten Töne in diesem Bereich werden bereits dann gehört, wenn ihr effektiver Schalldruck bei nur $2 \cdot 10^{-5}$ Pascal (Pa) liegt. Das menschliche Gehör hat also eine sehr hohe Empfindlichkeit. Töne werden bereits dann gehört, wenn der Luftdruck nur um den zehnmilliardsten Teil seines Normalwertes schwankt. Auf der anderen Seite erreichen die lautesten vom Gehör noch zu verarbeitenden Geräusche Schalldrücke von 20 Pa (Schmerzgrenze).

7

7.5.3 Der Schall und seine Kenngrößen

Schalldruckpegel

Der vom Gehör zu erfassende Schalldruck umfasst sieben Zehnerpotenzen. Dieser Bereich ist für die Praxis unbequem zu handhaben. Es wird ein einfacheres Maß für die zahlenmäßige Beschreibung von Schallvorgängen benötigt. Dazu wird der Schalldruck p logarithmiert und in das Verhältnis zu einem international festgelegten Bezugswert $p_0 = 2 \cdot 10^{-5}$ Pa gesetzt. Der Bezugswert ist der gerade noch hörbare Schalldruck an der Hörschwelle. Das logarithmische Verhältnis von Schalldruck p zu Bezugswert p_0 wird als Schalldruckpegel L_p bezeichnet:

$$L_p \approx \lg \frac{p}{p_0}.$$

An der Hörschwelle ist die Größe $p/p_0 = 1$ und damit der Ausdruck $\lg p/p_0 = 0$. Durch diese Rechenoperation ergeben sich sehr kleine Werte für den Schalldruckpegel. Um aus der Proportionalität eine Gleichung zu erhalten, wird noch mit dem Faktor 20 multipliziert.

$$L_p = 20 \cdot \lg \frac{p}{p_0}$$

Die Einheit für den Schalldruckpegel ist das Bel nach A. G. Bell. In der Praxis ist es ausreichend mit Zehntel Bel zu rechnen. Daher erfolgt die Angabe des Schalldruckpegels als Dezibel (dB). Die menschliche Hörschwelle liegt bei 0 dB und erreicht ihre Schmerzgrenze bei 120 dB (Tab. 7.2).

Schallleistungspegel

Wird die abgestrahlte Schallenergie gemessen, die durch eine bestimmte Bezugsfläche hindurchtritt, so erhält man einen wichtigen Emissionskennwert, den Schallleistungspegel L_w. Je kleiner der Schallleistungspegel als Emissionswert ist, umso leiser ist die Anlage. Die zugehörige Immissionsgröße ist der Schalldruckpegel L_p. Je höher der Schalldruckpegel ist, umso größer ist die Gefahr für Gehörschäden. Er beschreibt den Schalldruck an einem bestimmten Ort und ist somit von der Entfernung zur Schallquelle abhängig. Sowohl Schalldruckpegel L_p als auch Schallleistungspegel L_w werden als logarithmische Verhältnisgröße in Dezibel (dB) angegeben. Ähnlich wie für den Schalldruckpegel L_p ergibt sich für den Schallleistungspegel L_w:

$$L_W = 10 \cdot \lg \frac{I}{I_0}.$$

Die Bezugsgröße I_0 beträgt 10^{-12} W/m². Aufgrund der logarithmischen Funktion erhöht sich die Schallintensität I um 100 % (Verdoppelung), wenn der Schallleistungspegel L_W um 3 Dezibel steigt. Er verringert sich um 50 %, wenn der Schallleistungspegel L_W um 3 Dezibel sinkt. Tab. 7.3 zeigt zum besseren Verständnis beispielhaft einige Werte.

Tab. 7.2 Vom Schalldruck zum Dezibel (dB)

Geräusch	Schalldruck p/Pa	Schalldruckpegel $L_P \approx \lg \frac{p}{p_0}$	Schalldruckpegel Dezibel (dB) $L_P = 20 \cdot \lg \frac{p}{p_0}$
Hörgrenze	$2 \cdot 10^{-5}$	0	0
Ruhe, Wald	$2 \cdot 10^{-4}$	1	20
Sprechen, Büro	$2 \cdot 10^{-2}$	3	60
Autoverkehr	$2 \cdot 10^{-1}$	4	80
Schmerzgrenze, startendes Flugzeug	$2 \cdot 10^{1}$	6	120

Tab. 7.3 Prozentuale Änderung der Schallintensität

Schalleistungspegel L_W	Erhöhung Schallintensität I
+ 10 dB	+ 1000 %
+ 5 dB	+ 316 %
+ 3 dB	+ 100 %
+ 1 dB	+ 26 %
– 1 dB	– 21 %
– 3 dB	– 50 %
– 5 dB	– 78 %
– 10 dB	– 90 %

7.5.4 Vom dB zum dB(A)

Das menschliche Gehör ist nicht für alle Schallfrequenzen gleich empfindlich. Entsprechend wird auch der frequenzabhängige Schalldruck als unterschiedlich laut empfunden. Abb. 7.3 zeigt die Hörbereiche des menschlichen Gehörs. Unsere Sprache liegt in einem Frequenzband zwischen 150–4000 Hz. Töne können wir in einem Frequenzbereich von 40–8000 Hz wahrnehmen. Insgesamt reicht die Gehörschwelle von 20–16.000 Hz. Die Schmerzschwelle liegt bei einem Schalldruckpegel von 120–140 dB.

Das Gehör ist bei Frequenzen von 1000 Hz sehr empfindlich und kann noch leiseste Geräusche wahrnehmen. Gegenüber tieferen Tönen ist das menschliche Ohr wesentlich unempfindlicher. Werden zwei Geräusche mit unterschiedlichen Frequenzspektren verglichen, wird vom Menschen das tieferfrequente Geräusch um ca. 20 dB leiser empfunden als das höherfrequente Geräusch. Ein tiefes Brummen wird bei gleichem Schalldruckpegel als weniger laut empfunden als ein hoher Pfeifton. Um Geräusche unabhängig von ihrer Frequenz als gleich laut einzustufen, wird der Schalldruckpegel daher über entsprechende Korrekturkurven angepasst. Diese Kurven wurden anhand von Hörversuchen mit gesunden Versuchspersonen erstellt (Abb. 7.4). Der sich aus der Grafik ergebende Korrekturwert wird zur gemessenen Lautstärke dazugezählt. Aus der Abbildung ergeben sich vier verschiedene Korrekturkurven, in Abhängigkeit vom Schalldruckpegel. Die A-Kurve ist für niedrige, die B-Kurve für mittlere, die C-Kurve für hohe Schalldruckpegel vorgesehen.

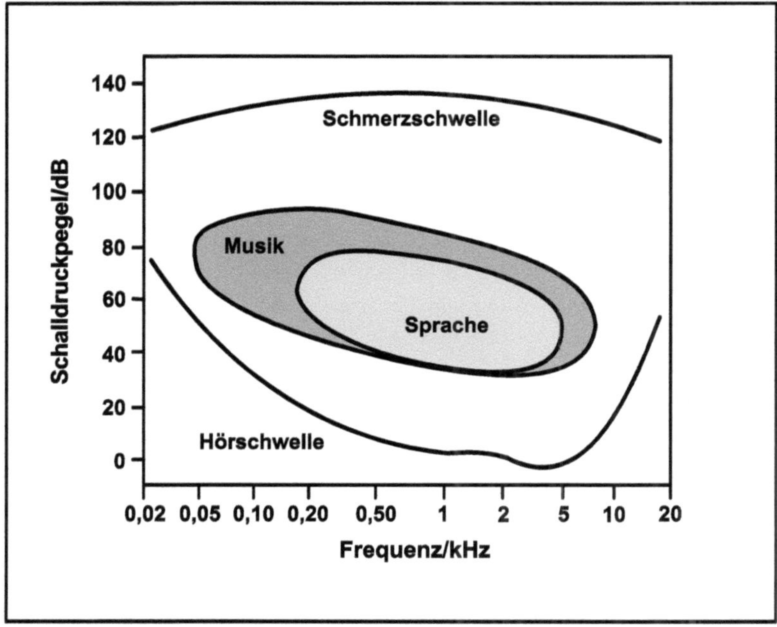

Abb. 7.3 Hörbereiche des menschlichen Ohrs [2]

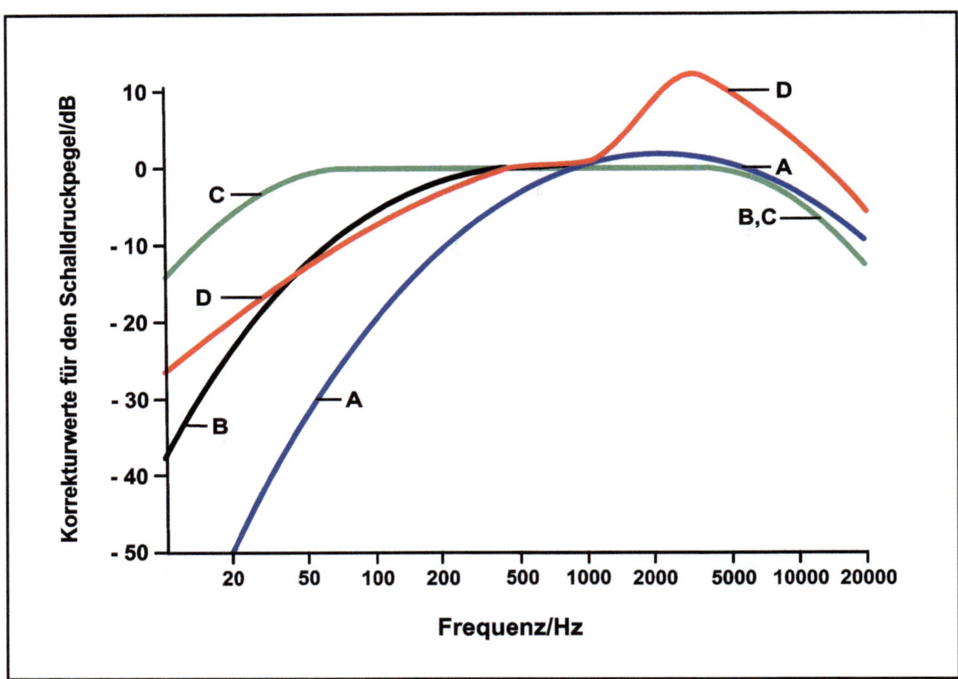

Abb. 7.4 Korrekturkurven für das frequenzabhängige Lautstärkeempfinden [2]

Die D-Kurve gilt für die Korrektur von Flugzeuglärm. In der Praxis wird oft die A-Korrekturkurve verwendet. Der sich nach der durchgeführten Korrektur ergebende Wert wird zur Unterscheidung vom Schalldruckpegel als A-Schalldruckpegel bezeichnet. Die Angabe der Zahlenwerte für die subjektiv empfundene Lautstärke erfolgt als dB(A).

Schalldruckpegelrechnungen

Eine Maschine im Betrieb erzeugt in der Regel ein zeitlich schwankendes Geräusch. Die Schallpegelmessung liefert daher zu verschiedenen Betriebszeiten verschiedene Lärmergebnisse. Der höchste Lärmpegel ist dann der Spitzen- oder Peakwert. Eine weitere Lärmpegelgröße ist der schlagartige Anstieg des Schalldruckpegels. Ein Impulsgeräusch (z. B. Knall) wird als unangenehmer empfunden als ein Dauergeräusch mit gleicher Schallenergie. In der Praxis stellt sich oft die Frage, wie sich der Lärmpegel durch zusätzliche Maschinen erhöht (Pegeladdition) bzw. durch Lärmschutzmaßnahmen verringert (Pegelsubtraktion). Aufgrund des logarithmischen Charakters des Schalldruckpegels können nicht einfach die Dezibelwerte addiert oder subtrahiert werden. Die Berechnung muss vielmehr über den Schallleistungspegel L_w erfolgen.

$$L_W = 10 \cdot \lg \frac{I}{I_0}$$

Dies soll an einem Beispiel verdeutlicht werden.

Beispiel Lärmpegeladdition

In einer Fabrikhalle stehen zwei Produktionsanlagen deren Schallleistungspegel L1 = 75 dB bzw. L2 = 80 dB betragen. Wie hoch ist die Lärmbelastung, wenn beide Anlagen in Betrieb sind?

$$L_W = 10 \cdot \lg \frac{I}{I_0}$$

$$I_1 = I_0 \cdot 10^{L1/10}$$

$$I_2 = I_0 \cdot 10^{L2/10}$$

$$\begin{aligned} I_{ges} &= I_1 + I_2 \\ &= I_0 \cdot 10^{0,1 \cdot L1} + I_0 \cdot 10^{0,1 \cdot L2} \\ &= \left(10^{0,1 \cdot L1} + 10^{0,1 \cdot L2}\right) \end{aligned}$$

$$\begin{aligned} L_{ges} &= 10 \cdot \lg \frac{I_{ges}}{I_0} \\ &= 10 \cdot \left(10^{0,1 \cdot L1} + 10^{0,1 \cdot L2}\right) \\ &\cong 81\,\text{dB} \end{aligned}$$

Beispiel Lärmpegelsubtraktion

Vom Lieferanten einer Produktionsanlage wird ein Schallleistungspegel von 83 dB zugesagt. Im Fertigungsbetrieb werden dagegen 85 dB gemessen. Nach Reklamation des Kunden wird die Produktionsanlage abgeschaltet und der Lärmpegel der verbleibenden Anlagen mit 81 dB gemessen. Erfüllt die Anlage die Lieferantenzusagen?

$$L_W = 10 \cdot \lg \frac{I}{I_0}$$

$$I_1 = I_0 \cdot 10^{L1/10}$$

$$I_2 = I_0 \cdot 10^{L2/10}$$

$$\begin{aligned} I_{ges} &= I_1 - I_2 \\ &= I_0 \cdot 10^{0,1 \cdot L1} - I_0 \cdot 10^{0,1 \cdot L2} \\ &= \left(10^{0,1 \cdot L1} - 10^{0,1 \cdot L2}\right) \end{aligned}$$

$$\begin{aligned} L_{ges} &= 10 \cdot \lg \frac{I_{ges}}{I_0} \\ &= 10 \cdot \left(10^{0,1 \cdot L1} - 10^{0,1 \cdot L2}\right) \\ &\cong 83\,\text{dB} \end{aligned}$$

7

Die Produktionsanlage hält somit die zugesagte Spezifikation ein. In der Praxis sind nicht immer alle lärmemittierenden Anlagen in Betrieb. In Abhängigkeit von Produktionsabläufen kommt es zu zeitlich unterschiedlich starken Lärmbelastungen. Die Einschätzung, ob ein Arbeitsplatz lärmbelastet oder -gefährdet ist, erfolgt auf der Basis der über einen Zeitraum von 8 Stunden gemittelten Schalldruckpegel. Diese als Beurteilungspegel bezeichneten Werte dürfen die vorgegebenen Grenzwerte nicht überschreiten. Gleiches gilt für kurzfristig auftretende Peakschalldruckpegel. Dies wird an folgendem Beispiel verdeutlicht.

Beispiel Lärmpegelmittelung
In einem metallverarbeitenden Betrieb werden nacheinander drei Arbeitsschritte mit entsprechender Lärmbelastung ausgeführt:

• Pressen;	$t_1 = 2$ h;	$L_1 = 85$ dB;
• Stanzen;	$t_2 = 1$ h;	$L_2 = 95$ dB;
• Schleifen;	$t_3 = 1$ h;	$L_3 = 90$ dB.

Danach beginnt der Fertigungszyklus von vorn. Wie hoch ist die Lärmbelastung während einer 8-Stunden-Schicht?

$$L_W = 10 \cdot \lg \frac{I}{I_0}$$

$$I_1 = I_0 \bullet 10^{L1/10}$$

$$I_2 = I_0 \bullet 10^{L2/10}$$

$$I_3 = I_0 \bullet 10^{L3/10}$$

$$I_{ges} = \frac{t_1 \cdot I_1 + t_2 \cdot I_2 + t_3 \cdot I_3}{t_1 + t_2 + t_3}$$

$$L_{ges} = 10 \cdot \lg \frac{I_{ges}}{I_0}$$

$$= 90{,}8\,\text{dB}$$

$$= 91\,\text{dB}$$

7.5.5 Gehörschädigungen durch Lärm

Die Schädigung des Gehörs zeigt sich darin, dass der Mensch schlechter hört. Da die Empfindlichkeit des Gehörs von Mensch zu Mensch schwankt, wird zur Ermittlung von Hörschäden die absolute Hörschwelle ermittelt. Bei der audiometrischen Untersuchung wird der Person über Kopfhörer ein Ton mit der jeweiligen Frequenz aufgespielt. Die Lautstärke wird so lange erhöht, bis die zu untersuchende Person den Ton hören kann. Der dann am Ohr anliegende Schalldruckpegel entspricht der Hörschwelle bei der jeweiligen Frequenz. Durch eine größere Zahl solcher Untersuchungen wurde eine Kurve als mittlere Hörschwelle festgelegt. Die Abweichung von der mittleren Hörschwelle gibt dann den Hörverlust in Abhängigkeit von der Frequenz an. Wirken Geräusche mit einem hohen Schallpegel auf das Ohr ein, kann es zu einer zeitweiligen Taubheit oder Schwerhörigkeit kommen. Nach Abschaltung des Geräusches bildet sich dies meistens zurück. Die Zeit für die Rückbildung ist abhängig vom Geräuschpegel und der Einwirkzeit. Das Gehör ist also in der Lage, sich zu regenerieren. Hält die Geräuschbelastung allerdings zu lange an, ermüden die Haarzellen im Innenohr und sterben letztendlich ab. Es kommt zu einem bleibenden Hörschaden. Die bei der Arbeit erworbene Lärmschwerhörigkeit ist als Berufskrankheit anerkannt. Da es für Lärmschwerhörigkeit keine Heilung gibt, sind präventive Vorkehrungen zu treffen. Diese beinhalten

- die Festlegung von Grenzwerten,
- die Ausweisung von Lärmbereichen,
- die Durchführung von Maßnahmen zur Lärmminderung,
- das Tragen von persönlichem Gehörschutz und
- die Durchführung von Vorsorgeuntersuchungen.

7

Lärmschwerhörigkeit kann im Berufsleben zu einem erhöhten Unfallrisiko führen. Gefahren- und Warnsignale werden überhört, die Kommunikation erschwert und die räumliche Orientierung eingeschränkt. Auch geringe Hörschäden beeinträchtigen den Menschen, da die Hörfähigkeit mit zunehmendem Alter zusätzlich abnimmt. Das Risiko eines Gehörschadens hängt vom Schallpegel und der Einwirkzeit ab. In der Abb. 7.5 ist der Schallpegel verschiedener Schallquellen dargestellt. Ab einem Schallpegel von 80 dB(A) muss Gehörschutz angeboten und ab 85 dB(A) vom Mitarbeiter verbindlich getragen werden. Allerdings können auch sehr laute Impulsgeräusche mit hohen Schallpegeln bereits bei einmaliger Einwirkung zu bleibenden Gehörschäden führen. Die Schädigung des Gehörs ist allerdings nicht die einzige Folge, die sich aus einer hohen Lärmbelastung ergibt. Sie erschwert die Verständigung untereinander und kann zu Sicherheitsrisiken am Arbeitsplatz führen. Durch die schlechteren Verständigungsmöglichkeiten werden Warnrufe und Gefahrensignale überhört oder zu spät erkannt. Dauernde Störgeräusche können auch zu psychischen Belastungen und zu erhöhtem Stress führen. Auch an Arbeitsplätzen, an denen der Mitarbeiter sich konzentrieren muss, wirkt sich die Lärmbelastung negativ aus.

7.5.6 Schalldämmung und Lärmminderung

Der wichtigste Weg zur Absenkung der Lärmbelastung im Unternehmen ist zuallererst die Beschaffung lärmarmer Anlagen. Wird dies versäumt, können alle weiteren Maßnahmen nur noch reparierender Natur sein. Um Lärmminderungsmaßnahmen gezielt zu ergreifen, sind die Aufnahme und Darstellung der Lärmbelastung in einem Lärmkataster sinnvoll.

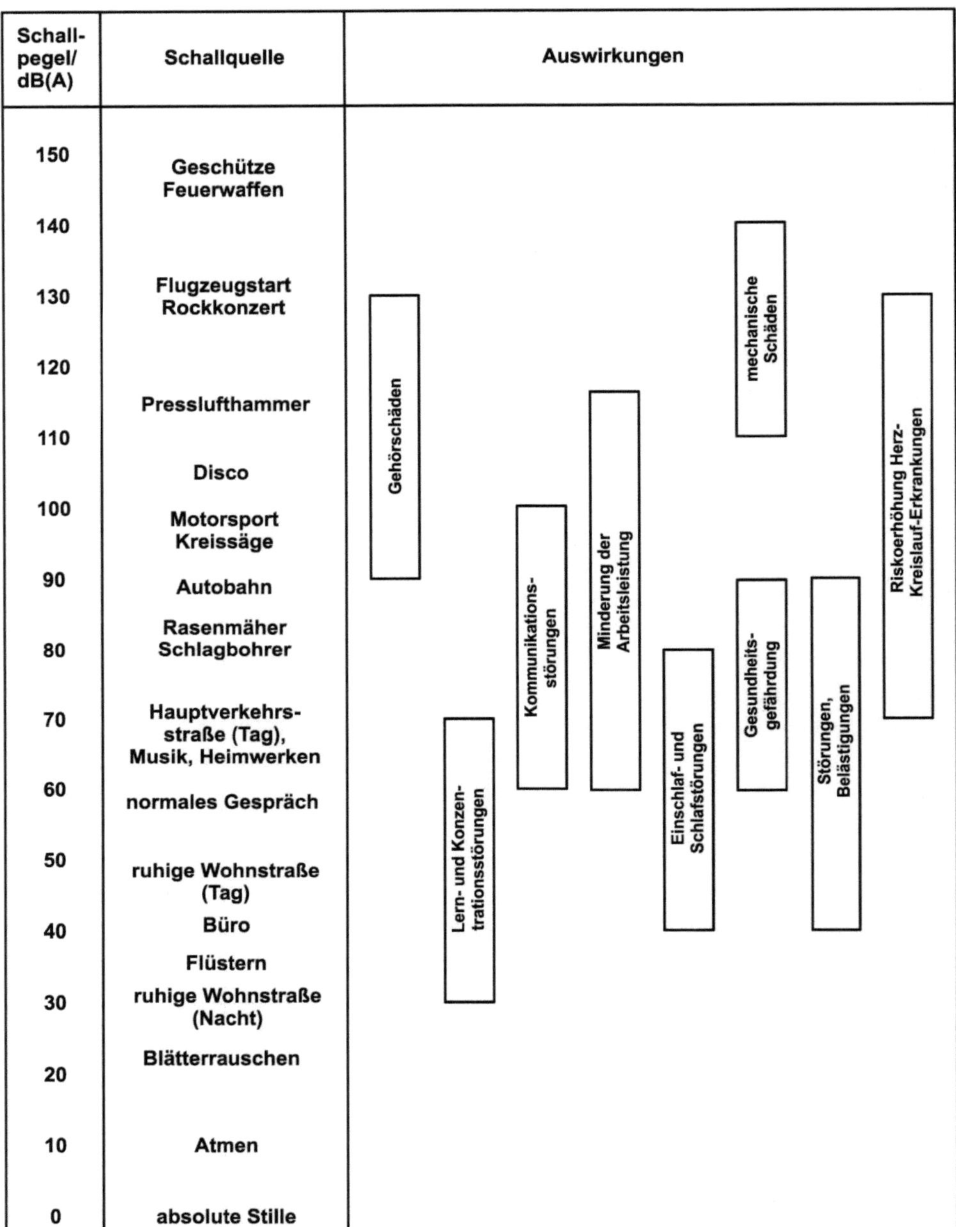

Abb. 7.5 Schallquellen und ihre Auswirkungen

Bei der Beschaffung einer neuen Anlage bzw. beim Ersatz einer alten Anlage liefert das Lärmkataster die notwendigen Grunddaten, um die zukünftige Lärmsituation abschätzen zu können. Bei der Bestellung einer neuen Maschine sollten im Kaufvertrag u. a. der Schallleistungspegel als Gewährleistung festgehalten werden. Nachträgliche schallabsorbierende Maßnahmen können direkt an der Anlage oder an der Raumauskleidung ansetzen. Wenn z. B. eine Schallwelle auf eine poröse Schicht auftritt, wandelt sich ein Teil der Schallenergie durch Reibung der Luftmoleküle in Wärme um. Die Schallwelle verliert durch Umwandlung von Bewegungsenergie in Wärmeenergie einen Teil ihrer Schadwirkung. Die Effektivität der Schallabsorption eines Materials wird durch dessen Absorptionsgrad α bestimmt. α ist das Verhältnis von absorbierter Schallenergie (W_{abs}) zu auftreffender Schallenergie (W_{auf}).

$$\alpha(\nu) = \frac{W_{abs}}{W_{auf}}$$

Bei idealer Reflexion der Schallwelle ist $W_{abs} = 0$ und dementsprechend $\alpha = 0$. Bei vollständiger Absorption ist $W_{abs} = W_{auf}$ und $\alpha = 1$. Da der Absorptionsgrad eine Funktion der Frequenz ν ist, sollte das verwendete Absorptionsmaterial im wichtigen Frequenzbereich von 1000 Hz einen Absorptionsgrad von $\alpha \approx 1$ haben, da hallige Räume mit klirrenden oder scheppernden Geräuschen unangenehm wirken. Wie bei der Erläuterung von dB(A) gezeigt, werden tiefere Frequenzen der Schallwellen als weniger unangenehm empfunden. Auch die Größe der schalldämmenden Fläche ist von Bedeutung. Da die von einer Anlage in den Raum abgestrahlten Schallwellen von anderen Einrichtungsgegenständen (Maschinen, Wände, Decken etc.) reflektiert werden, sorgt eine möglichst großflächige Dämmmaßnahme für eine gute Pegelminderung. Der Schallpegel am Arbeitsplatz setzt sich aus dem direkt von der Anlage abgestrahlten Anteil und dem diffusen Anteil zusammen. Letzterer kommt durch andere Schallquellen zustande, deren Schallpegel im Raum vielfach reflektiert werden und als Hintergrundpegel auftreten. Vielfach werden zur Schallabsorption in Fertigungsbetrieben senkrecht von der Decke herabhängende Platten aus entsprechenden Absorptionsmaterialien aufgehängt. In weniger lärmbelasteten Räumlichkeiten (Büro, öffentliche Gebäude etc.) werden perforierte Platten als waagerechte, abgehängte Decke befestigt.

Neben der Decke sind die Gestaltung der Mauerwände, das Errichten von Lärmtrennwänden und die Kapselung von Anlagen wichtige Schallschutzmaßnahmen. Die Höhe der Schallabsorption hängt u. a. vom Flächengewicht der Wand ab. Soll eine hohe Dämmwirkung direkt an der Anlage erzielt werden, so ist diese teilweise oder vollständig zu kapseln. Die Hülle kann aus einem 1,5–2 mm starken Stahlblech bestehen, die maschinenseitig mit 40–50 mm dickem Dämmmaterial ausgekleidet ist. Die Dicke der Absorptionsschicht hängt von der Frequenz der Schallemissionen ab. Bei einem mittleren bis hohen Frequenzbereich wird mit der angegebenen Schicht eine 90 %ige Schallabsorption erreicht. Für tiefere Schallfrequenzen muss die Schichtdicke erhöht werden. Um die Schallpegelminderung durch die Kapselung zu erzielen, ist der Kontakt der Dämmwand mit der Maschine zu vermeiden. Ansonsten kommt es zu Körperschallschwingungen. An der Maschinenoberfläche strahlen die schwingenden Teile dann Luftschallwellen ab. Auch Öffnungen in der Kapselung für Materialzufuhr und -abfuhr, Versorgungs- und Entsorgungsleitungen stellen Schwachpunkte dar. Diese Öffnungen müssen durch Schallschleusen/-dämpfer bzw. über elastische Elemente absorptionstechnisch besonders konstruiert sein, damit der aus der Kapselung austretende Schall hier möglichst vollständig absorbiert wird. Wenn die technischen Möglichkeiten zur Lärmminderung nicht ausreichen, muss dem Mitarbeiter persönlicher Gehörschutz zur Verfügung gestellt werden. Dies umfasst alle marktüblichen Versionen von Gehörstöpseln bis hin zu Ohrschützern. Im eigenen gesundheitlichen Interesse muss der Mitarbeiter darauf bestehen, dass ihm Gehörschutz zur Verfügung gestellt wird. Dann muss er den persönlichen Gehörschutz auch tragen. Andererseits muss die Führungskraft als verantwortungsvoller Vorgesetzter auf das Tragen von Gehörschutz achten und die Mitarbeiter dazu anhalten.

7.5.7 Vibrationen

Vibrationen sind Schwingungsquellen, die durch einen festen Körper (z. B. Stein, Beton, Metall, Holz) übertragen werden. Wird an einer vibrierenden Maschine über einen längeren Zeitraum gearbeitet, so stellt sich z. B. an der Hand ein Kribbeln ein, das schließlich in ein taubes Gefühl umschlägt. Die Übertragung der Vibrationswellen ist jedoch nicht auf die Hand beschränkt. Da der menschliche Körper zu ca. 80 % aus Wasser besteht, fungiert diese inkompressible Flüssigkeit als Schwingungsüberträger. Die oben angegebenen Vibrationen werden so über Hand und Arm auf den gesamten menschlichen Körper übertragen. Die Bindehaut der Gelenke sowie andere Gewebebestandteile werden dadurch einer dauerhaften, übermäßigen Belastung ausgesetzt. Es kommt zu einer übermäßigen Abnutzung der Gelenke, insbesondere des Knorpels. Wie bei der Lärmbelastung eines Arbeitnehmers wird auch die Belastung durch Vibrationen auf einen Zeitraum von 8 Stunden bezogen.

Hand-Arm-Vibrationen

Bei Hand-Arm-Vibrationen werden die drei Raumrichtungen x, y und z für die Bewertung betrachtet und die ermittelten Messwerte (Beschleunigung a) zum Vibrationsgesamtwert a_{hv} zusammengefasst. Wird der Auslösewert A(8 h) = 2,5 m/s^2 überschritten, muss der Arbeitgeber Maßnahmen zur Risikominimierung und zum vorbeugenden Gesundheitsschutz ergreifen. Dazu zählen z. B.

- Auswahl und Bereitstellung vibrationsarmer Arbeitsmittel,
- Aufstellung von Wartungsprogrammen für diese Arbeitsmittel,
- Begrenzung der Dauer/Intensität der Vibrationen mit entsprechenden Ruhezeiten,
- Unterweisung der Mitarbeiter und regelmäßige arbeitsmedizinische Untersuchungen.

Der maximale Expositionsgrenzwert für eine 8-Stunden-Schicht liegt bei A(8) = 5 m/s^2. Der Vibrationsgesamtwert a_{hv} schließt alle typischen Betriebszustände ein. Kann eine Maschine eine höhere Leistung erbringen, als für die Tätigkeit üblich ist, so wird dieser potenzielle Bereich für die Gesamtbetrachtung nicht berücksichtigt. In Abb. 7.6 sind typische Schwingungswerte für verschiedene Gerätetypen angegeben.

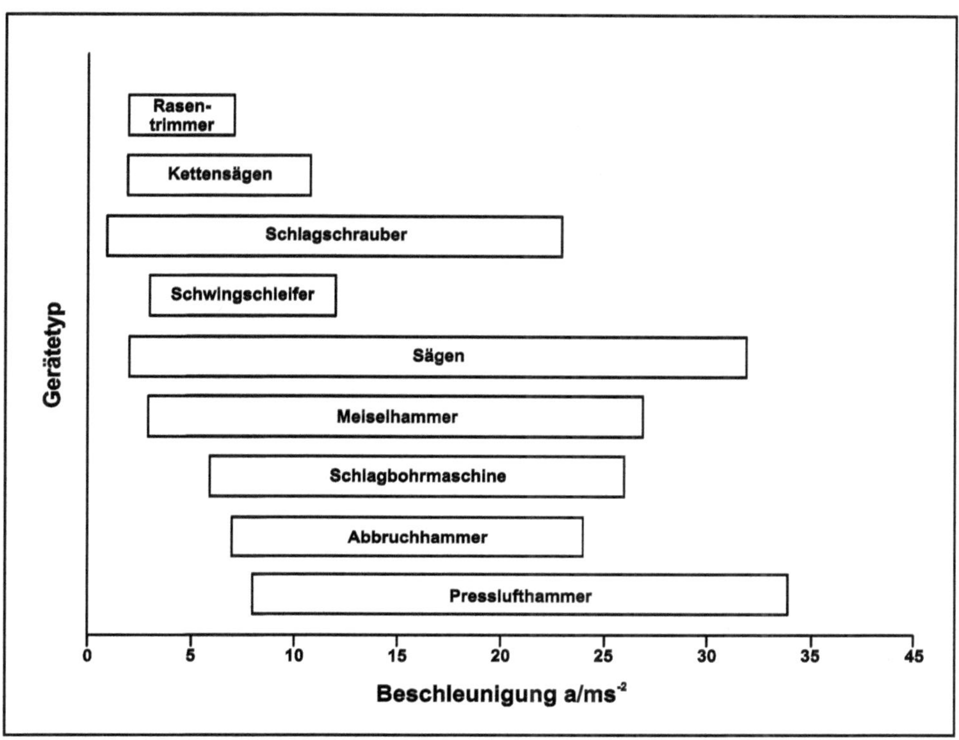

Abb. 7.6 Hand-Arm-Vibrationen für verschiedene Gerätetypen [3]

Im Rahmen einer Gefährdungsbeurteilung werden die auftretenden Vibrationsgesamtwerte a_{hv} in Abhängigkeit von der Arbeitszeit in drei Risikoklassen eingeteilt (Abb. 7.7). Liegt der ermittelte Risikokennfaktor EP (EP = Expositionspunkte) unter 100 Punkte, so sind keine Maßnahmen einzuleiten. Der Auslösewert von A(8) = 2,5 m/s^2 wird nicht überschritten. Liegt der EP-Faktor bei 100–400 wird der Auslösewert von A(8) = 2,5 m/s^2 überschritten. Es sind Maßnahmen erforderlich. Liegt der Risikofaktor bei EP > 400 Punkten wird der Expositionsgrenzwert von A(8) = 5 m/s^2 überschritten. Die Arbeit darf so nicht ausgeführt werden.

Nutzt ein Arbeitnehmer mehrere vibrationsbelastete Arbeitsgeräte, lassen sich die einzelnen Risikokennfaktoren bestimmen und addieren. Dies ist besonders in Werkstätten sinnvoll, wo die Mitarbeiter das benutzte Gerät häufiger wechseln.

Beispiel Ermittlung Risikoklassifizierung

In einem Baubetrieb werden von einem Mitarbeiter folgende Arbeitsgeräte benutzt:

• Abbruchhammer:	$t_1 = 0{,}5$ h;	$a_{hv} = 15$ m/s^2;
• Säge:	$t_2 = 1$ h;	$a_{hv} = 10$ m/s^2;
• Schlagschrauber:	$t_3 = 2$ h;	$a_{hv} = 5$ m/s^2.

Äquivalenter Schwingungswert $a_{hv,eq}/ms^{-2}$	Stunde	0,1	0,2	0,5	1	2	3	4	5	6	8
		Risikokennfaktoren									
2,5		1	3	6	13	25	38	50	63	75	100
3		2	4	9	18	36	54	72	90	108	144
3,5		2	5	12	25	49	74	98	123	147	196
4		3	6	16	32	64	96	128	160	192	256
4,5		4	8	20	41	81	122	162	203	243	324
5		5	10	25	50	100	150	200	250	300	400
5,5		6	12	30	61	110	182	242	303	363	484
6		7	14	36	72	144	216	288	360	432	576
6,5		8	17	42	85	169	254	338	423	507	676
7		10	20	49	98	196	294	392	490	588	784
7,5		11	23	56	113	225	338	450	563	675	900
8		13	26	64	128	256	384	512	640	768	1024
8,5		14	29	72	145	289	434	578	723	867	1156
9		16	32	81	162	324	486	648	810	972	1296
9,5		18	36	90	181	361	542	722	903	1083	1444
10		20	40	100	200	400	600	800	1000	1200	1600
10,5		22	44	110	221	441	662	832	1103	1323	1764
11		24	48	121	242	484	726	968	1210	1452	1936
11,5		26	53	132	265	529	794	1058	1323	1587	2116
12		29	58	144	288	576	864	1152	1440	1728	2304
12,5		31	63	156	313	625	938	1250	1563	1875	2500
13		34	68	169	338	676	1014	1352	1690	2028	2704
13,5		36	73	182	365	729	1094	1458	1823	2187	2916
14		39	78	196	392	784	1176	1568	1960	2352	3136
14,5		42	84	210	421	841	1262	1682	2103	2523	3364
15		45	90	225	450	900	1350	1800	2250	2700	3600
15,5		48	96	240	481	961	1442	1922	2403	2883	3844
16		51	102	256	512	1024	1536	2048	2660	3072	4096
16,5		54	109	272	545	1089	1634	2178	2723	3267	4356
17		58	116	289	578	1156	1734	2312	2890	3468	4624
17,5		61	123	306	613	1225	1838	2450	3063	3675	4800
18		65	130	324	648	1296	1944	2592	3240	2888	5184
18,5		68	137	342	685	1369	2054	2738	3423	4107	5476
19		72	144	361	722	1444	2166	2888	3610	4332	5776
19,5		76	152	380	761	1521	2282	3042	3803	4563	6084
20		80	160	400	800	1600	2400	3200	4000	4800	6400

Risikokennfaktor: < 100	**Tagesschwingungsbelastung < 2,5 ms^{-2}, Auslösewert nicht überschritten, keine Maßnahmen**
Risikokennfaktor: 100 - 400	**Tagesschwingungsbelastung 2,5 - 5 ms^{-2}, Auslösewert überschritten, Maßnahmen erforderlich**
Risikokennfaktor: > 400	**Tagesschwingungbelastung > 5 ms^{-2}, Expositionsgrenzwert überschritten**

Abb. 7.7 Risikoklassifizierung von Hand-Arm-Vibrationen über Expositionspunkte [4, 5]

Berechnung der Vibrationsbelastung und Bestimmung des Risikokennfaktors EP:

EP (Abbruchhammer)		=	225 Pkt.,
EP (Säge)		=	200 Pkt.,
EP (Schlagschrauber)		=	100 Pkt.,
Risikokennfaktor	EP	=	425 Pkt.

Der Risikokennfaktor fällt mit 425 Punkten in die höchste Risikoklasse. Dies ist gleichbedeutend mit einer Überschreitung des Expositionsgrenzwertes von A(8) = 5 m/s^2. Die Arbeit darf so nicht ausgeführt werden.

Ganzkörpervibrationen

Üblicherweise erfolgt die Übertragung von Ganzkörpervibrationen über die Füße oder das Gesäß. Erhöht werden die Belastungen, wenn die Person Stößen oder Ähnlichem ausgesetzt ist. Dies fördert insbesondere Erkrankungen des Becken- und Rückenbereichs, wobei auch andere Auslöser (z. B. unsachgemäßes Heben von Lasten) zu berücksichtigen sind. Eine Gefährdungsvibration berücksichtigt u. a.

- die Körperhaltung während der Anlagenbedienung,
- Möglichkeiten der Veränderung der Steh- oder Sitzposition,
- ungünstige Anordnung von Bedienelementen,
- schlecht einsehbaren Arbeitsvorgang, der zu Fehlhaltungen des Körpers zwingt.

Kombinieren sich ergonomische Faktoren mit Ganzkörpervibrationen, werden kritische Arbeitssituationen geschaffen. Auch bei Ganzkörpervibrationen gibt es Auslöse- und Grenzwerte. Es gibt im menschlichen Körper immer empfindlichere und verletzungsgefährdetere Bereiche, z. B. unsere Wirbelsäule. Da diese nur bedingt dehn- und stauchbar ist, muss aus medizinischen Gründen hier ein geringerer Grenzwert festgelegt werden. In Bezug auf Ganzkörpervibrationen wurden folgende Grenzwerte festgelegt:

• Auslösewert A(8):	x-y-z-Achse	= 0,5 m/s^2,
• Grenzwert A(8):	x-y-Achse	= 1,15 m/s^2,
• Grenzwert A(8):	z-Achse	= 0,8 m/s^2.

Diese Auslöse- und Grenzwerte sind um einiges niedriger als bei Hand-Arm-Vibrationen, was auf die erhöhten Gesundheitsrisiken von Ganzkörpervibrationen hinweist. Wie bei den Hand-Arm-Vibrationen gibt es auch hier Schwingungswerte für allgemein gebräuchliche Fahrzeuge (Abb. 7.8).

Im Rahmen einer Gefährdungsbeurteilung werden die auftretenden Vibrationsgesamtwerte a_W in Abhängigkeit von der Arbeitszeit in drei Risikoklassen eingeteilt (Abb. 7.9). Liegt der ermittelte Risikokennfaktor EP unter 100 Punkte, so sind keine Maßnahmen einzuleiten. Liegt der EP-Faktor in x- und y-Richtung bei 100–529 Punkten bzw. in z-Richtung bei 100–256 Punkten, wird der Auslösewert überschritten; es sind Maßnahmen erforderlich. Liegt der Risikofaktor in x- und y-Richtung bei EP > 529 Punkten bzw. in z-Richtung bei EP > 256 Punkten, wird der Expositionswert überschritten. Die Arbeit darf so nicht ausgeführt werden. Wurden erhöhte Vibrationen festgestellt, so muss bei Ganzkörper- und Hand-Arm-Vibrationen ein Minderungsprogramm initiiert und umgesetzt werden. Dabei sind die Hauptschwingungsquellen zu lokalisieren und im Rahmen

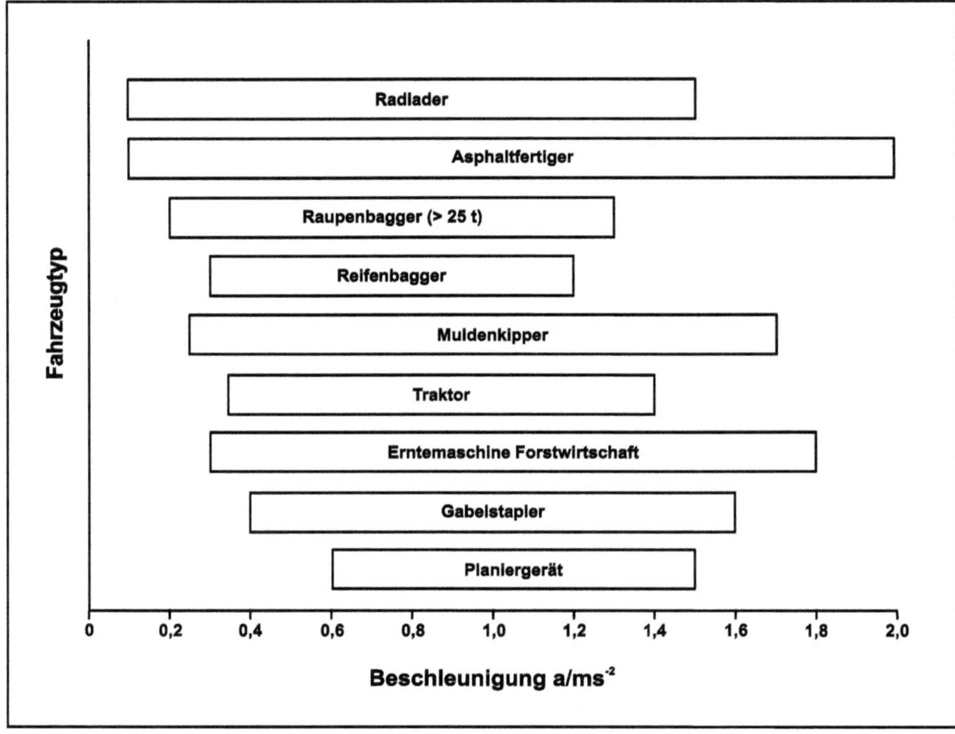

Abb. 7.8 Vibrationswerte für verschiedene Fahrzeuge [6]

eines Aktionsprogramms die notwendigen Maßnahmen zu entwickeln und umzusetzen. Technische Möglichkeiten zur Verringerung von Ganzkörpervibrationen in Fahrzeugen sind z. B. gefederte Schwingsitze. Um Erkrankungen vorzubeugen, muss trotz aller technischen Möglichkeiten regelmäßig eine arbeitsmedizinische Untersuchung erfolgen.

7.6 Aufgaben für die Praxis

- Wie kann der Schutz der Arbeitnehmer gegenüber Lärm und Vibrationen sichergestellt werden?
- Welche Anforderungen sind in einer Gefährdungsbeurteilung zu berücksichtigen?
- Welche Anforderungen werden an die Unterweisung der Mitarbeiter gestellt?
- Welche Bedeutung hat die Technische Anleitung zum Schutz gegen Lärm?
- Welche Bedeutung besitzen Immissionsrichtwerte?
- Welche Anforderungen werden zum Lärmschutz an Geräte und Anlagen gestellt?
- Erläutern Sie Aufbau und Funktion des menschlichen Ohres.

	x- und y-Richtung		z-Richtung	
Auslösewert eingehalten	Punktwert ≤ 100	grün	Punktwert ≤ 100	grün
Expositionsgrenzwert eingehalten	Punktwert ≤ 529	gelb	Punktwert ≤ 256	gelb
Expositionsgrenzwert überschritten	Punktwert > 529	rot	Punktwert > 256	orange

k(x,y) = 1,4; k(z) = 1

	Tägliche Einwirkungsdauer/Stunden										
$k \cdot a_w / ms^{-2}$	0,5	1	2	3	4	5	6	7	8	10	12
2,5	156	313	625	938	1250	1563	1875	2188	2500	3125	3750
2,4	144	288	576	864	1152	1440	1728	2016	2304	2880	3456
2,3	132	265	529	794	1058	1323	1587	1852	2116	2645	3174
2,2	121	242	484	726	968	1210	1452	1694	1936	2420	2904
2,1	110	221	441	662	882	1103	1323	1544	1764	2205	2646
2,0	100	200	400	600	800	1000	1200	1400	1600	2000	2400
1,9	90	181	361	542	722	903	1083	1264	1444	1805	2166
1,8	81	162	324	486	648	810	972	1134	1296	1620	1944
1,7	72	145	289	434	578	723	867	1012	1156	1445	1734
1,6	64	128	256	384	512	640	768	896	1024	1280	1536
1,5	56	113	225	338	450	563	675	788	900	1125	1350
1,4	49	98	196	294	392	490	588	686	784	980	1176
1,3	42	85	169	254	338	423	507	592	676	845	1014
1,2	36	72	144	216	288	360	432	504	576	720	864
1,1	30	61	121	182	242	303	363	424	484	605	726
1,0	25	50	100	150	200	250	300	350	400	500	600
0,9	20	41	81	12	162	203	243	284	324	405	486
0,8	16	32	64	96	128	160	192	224	256	320	384
0,7	12	25	49	74	98	123	147	172	196	245	294
0,6	9	18	36	54	72	90	108	126	144	180	216
0,5	6	13	25	38	50	63	75	88	100	125	150
0,4	4	8	16	24	32	40	48	56	64	80	96
0,3	2	5	9	14	18	23	27	32	36	45	54
0,2	1	2	4	6	8	10	12	14	16	20	24

Abb. 7.9 Risikoklassifizierung von Ganzkörpervibrationen über Expositionspunkte [5, 6]

- Erläutern Sie verschiedene Schallkenngrößen, wie Schalldruckpegel und Schallleistungspegel.
- Wie kommt man zum dB(A)?
- Wie addieren (subtrahieren) sich verschiedene Lärmpegel?
- Wie schädigt Lärm das Gehör?
- Erläutern Sie verschiedene Maßnahmen zur Lärmminderung.
- Erläutern Sie die Auswirkungen von Vibrationen auf den menschlichen Körper.

Literatur

1. Richtlinie 2000/14/EG *des Europäischen Parlaments und des Rates vom 8. Mai 2000 zur Angleichung der Rechtsvorschriften der Mitgliedstaaten über umweltbelastende Geräuschemissionen von zur Verwendung im Freien vorgesehenen Geräten und Maschinen;* **31.3.2009**
2. Becker, J. et al; *Lärm und Vibrationen am Arbeitsplatz,* Wirtschaftsverlag Bachem, **1995,** 3-89172-295-8
3. Griffin, M.J. et al; *Handbuch zum Thema Hand-Arm-Vibration,* EU Handbuch HAV, **31.07.2007**
4. CEN/TR 15350; *Mechanische Schwingungen – Anleitung zur Beurteilung der Belastung durch Hand-Arm-Schwingungen aus Angaben zu den benutzten Maschinen einschließlich Angaben von den Maschinenherstellern,* Beuth, **Dezember 2013**
5. Technische Regeln *zur Lärm- und Vibrations-Arbeitsschutzverordnung (TRLV); TRLV Vibrationen Teil 1: Beurteilung der Gefährdung durch Vibrationen,* **25.03.2015**
6. Griffin, M.J. et al; *Handbuch zum Thema Ganzkörper-Vibration,* EU Handbuch GKV, **09.05.2007**

Weiterführende Literatur

1. BGI 688 – *Lärm am Arbeitsplatz in der Metall-Industrie,* **11/2013**
2. *32. BImSchV – Geräte- und Maschinenlärmschutzverordnung; 32. Verordnung zur Durchführung des Bundes-Immissionsschutzgesetzes,* **31.08.2015**
3. Christ, E.; Fischer, S.; *Lärmminderung an Arbeitsplätzen,* Erich Schmidt, **2007,** 978-3-503-09359-5
4. Deutsche Gesetzliche Unfallversicherung (DGUV); *Anforderungen an Fachkundige für die Durchführung der Gefährdungsbeurteilung und für die Messung bei Vibrationsexposition nach § 5 der Lärm- und Vibrations-Arbeitsschutz-verordnung, DGUV-Grundsatz 309-013,* **Oktober 2017**
5. DIN 45645-2; *Ermittlung von Beurteilungspegeln aus Messungen, Teil 2: Ermittlung des Beurteilungspegels am Arbeitsplatz bei Tätigkeiten unterhalb des Regelbereichs der Gehörgefährdung,* Beuth, **September 2012**
6. DIN 45688; *Besondere Anforderungen an die Kompetenz von Prüflaboratorien für Geräusche und Erschütterungen im Bereich des Immissionsschutzes,* Beuth, **Juli 2014**
7. DIN 45696-2; *Ganzkörper-Schwingungen – Leitfaden zur Verringerung der Gefährdungen durch Schwingungen, Teil 2: Organisatorische Maßnahmen am Arbeitsplatz,* Beuth, **Februar 2006**
8. DIN EN ISO 5349-1; *Messung und Bewertung der Einwirkungen von Schwingungen auf das Hand-Arm-System des Menschen, Teil 1: Allgemeine Anforderungen,* Beuth, **Dezember 2001**
9. DIN EN ISO 5349-2; *Messung und Bewertung der Einwirkungen von Schwingungen auf das Hand-Arm-System des Menschen, Teil 2: Praxisgerechte Anleitung zur Messung am Arbeitsplatz,* Beuth, **Dezember 2015**

10. DIN EN ISO 9612; *Akustik-Bestimmung der Lärmexposition am Arbeitsplatz – Verfahren der Genauigkeitsklasse 2 (Ingenieurverfahren),* Beuth, **September 2009**
11. DIN EN ISO 9614-1; *Bestimmung der Schallleistungspegel von Geräuschquellen aus Schallintensitätsmessungen, Teil 1: Messungen an diskreten Punkten,* Beuth, **November 2011**
12. DIN EN ISO 11200; *Geräuschabstrahlung von Maschinen und Geräten, Leitlinien zur Anwendung der Grundnormen zur Bestimmung von Emissions-Schalldruckpegeln am Arbeitsplatz und an anderen festgelegten Orten,* Beuth, **Oktober 2014**
13. DIN EN ISO 13090-1; *Leitfaden zur Sicherheit von Prüfungen und Versuchen mit Menschen, Teil 1: Einwirkungen von mechanischen Ganzkörper-Schwingungen und wiederholten Stößen,* Beuth, **Oktober 1998**
14. DIN EN ISO 20643; *Mechanische Schwingungen – Handgehaltene und handgeführte Maschinen – Grundsätzliches Vorgehen bei der Ermittlung der Schwingungsemission,* Beuth, **Oktober 2012**
15. DIN EN ISO 80000-8; *Größen und Einheiten – Teil 8: Akustik,* Beuth, **Januar 2008**
16. Fuchs, H.V.; *Raum-Akustik und Lärm-Minderung,* Springer-Vieweg, **2017,** 978-3-662-53162-4
17. Giering, K.; *Lärmwirkungen – Dosis-Wirkungsrelationen, Umweltbundesamt,* Texte 13/2010, **2010**
18. Hecker, Ch. et al; *Lärm- und Vibrations-Arbeitsschutzverordnung, Kommentar,* Erich Schmidt, **2008,** 978-3-503-10011-8
19. LärmVibrationsArbSchV – *Lärm- und Vibrations-Arbeitsschutzverordnung; Verordnung zum Schutz der Beschäftigten vor Gefährdungen durch Lärm und Vibrationen,* **18.10.2017**
20. Lips, W.; *Strömungsakustik in Theorie und Praxis*, expert, **2008,** 978-3-8169-2807-2
21. Maue, J.; *0 Dezibel + 0 Dezibel = 3 Dezibel,* Erich Schmidt, **2009,** 978-3-503-11488-7
22. Maue, J.; *Lärmmessung im Betrieb,* Erich Schmidt, **2011,** 978-3-503-13007-8
23. Maute, D.; *Technische Akustik und Lärmschutz,* Hanser, **2006,** 978-3-446-40222-5
24. Neumann, J.; *Lärmmesspraxis am Arbeitsplatz und in der Nachbarschaft,* expert, **1997,** 978-3-8169-1278-1
25. N.N.; *Lärm am Arbeitsplatz,* Universum, **2006,** 978-3-89869-114-7
26. Richtlinie 2003/10/EG *des Europäischen Parlaments und des Rates vom 6. Februar 2003 über Mindestvorschriften zum Schutz von Sicherheit und Gesundheit der Arbeitnehmer vor der Gefährdung durch physikalische Einwirkungen (Lärm),* **21.11.2008**
27. Sanaz, M. K.; *Die Gesamtlärmbewertung im Immissionsschutzrecht,* Nomos, **2008,** 978-3-8329-3187-2
28. Schirmer, W.; *Technischer Lärmschutz,* Springer, **2006,** 978-3-540-25507-9
29. Sickert, P.; *Lärmschutz im Betrieb,* Universum, **2007,** 978-3-89869-201-4
30. TA Lärm – *Technische Anleitung zum Schutz gegen Lärm,* **08.06.2017**
31. VDI 2057-1; *Einwirkungen mechanischer Schwingungen auf den Menschen: Ganzkörperschwingungen,* Beuth, **August 2017**
32. VDI 2057-2; *Einwirkungen mechanischer Schwingungen auf den Menschen: Hand-Arm-Schwingungen,* Beuth, **Mai 2014**
33. VDI 3755; *Schalldämmung und Schallabsorption abgehängter Unterdecken,* Beuth, **Januar 2015**
34. VDI 3766; *Ultraschall-Arbeitsplatz-Messung, Bewertung, Beurteilung und Minderung*, Beuth, **September 2012**
35. VDI 3831; *Schutzmaßnahmen gegen die Einwirkung mechanischer Schwingungen auf den Menschen,* Beuth, **April 2012**
36. VDI Wissensforum IWB GmbH (Hrsg.); *Humanschwingungen – Auswirkungen auf Gesundheit – Leistung – Komfort*, VDI-Berichte 2002, **2007,** 978-3-18-092002-3

Energiemanagement und Energieaudit 8

8.1 Einführung

Prinzipiell lässt sich durch Managementsysteme der Nachhaltigkeitsgedanke in Unternehmen verankern und weiterentwickeln (Abb. 8.1). Dazu bieten die vier Managementsysteme

- Umweltmanagementsystem (UMS),
- Energiemanagementsystem (EnMS),
- Qualitätsmanagementsystem (QMS),
- Arbeits- und Gesundheitsschutz-Managementsystem (AMS bzw. A&GS)

hervorragende Möglichkeiten. Das Umwelt- und Energiemanagementsystem ist geradezu prädestiniert für diesen Zweck. Bei diesen Systemen steht der ökologische Aspekt im Vordergrund. Ressourceneffizienz, Produktverantwortung und Abfallwirtschaft, Energiewende und Klimawandel sind dazu einige Stichworte. Auch das Qualitätsmanagement dient der betrieblichen Nachhaltigkeit. Hier wird verstärkt der ökonomische Aspekt betrachtet. Kundenorientierung und -zufriedenheit, Qualität der Produkte und Dienstleistungen seien hier als Stichpunkte genannt. Ein weiteres zentrales Element ist das Managementsystem für Arbeits- und Gesundheitsschutz. Hier spielt der soziale Aspekt der Nachhaltigkeit eine wichtige Rolle. Die Vermeidung von Gefahren, die Sicherstellung der Gesundheit und alle Fragen des Arbeitsschutzes sind entsprechend zu behandelnde Punkte.

In den nachfolgenden Abschnitten werden die Anforderungen an Energiemanagementsysteme und Energieaudits näher betrachtet. Eine Gegenüberstellung der DIN EN ISO 14001 *Umweltmanagementsysteme* zur DIN EN ISO 50001 *Energiemanagementsysteme* zeigt die Gemeinsamkeiten zwischen beiden Managementsystemen auf. Dazu gehören die Normpunkte:

G. Förtsch, H. Meinholz, *Handbuch Betrieblicher Immissionsschutz*,
https://doi.org/10.1007/978-3-658-29147-1_8

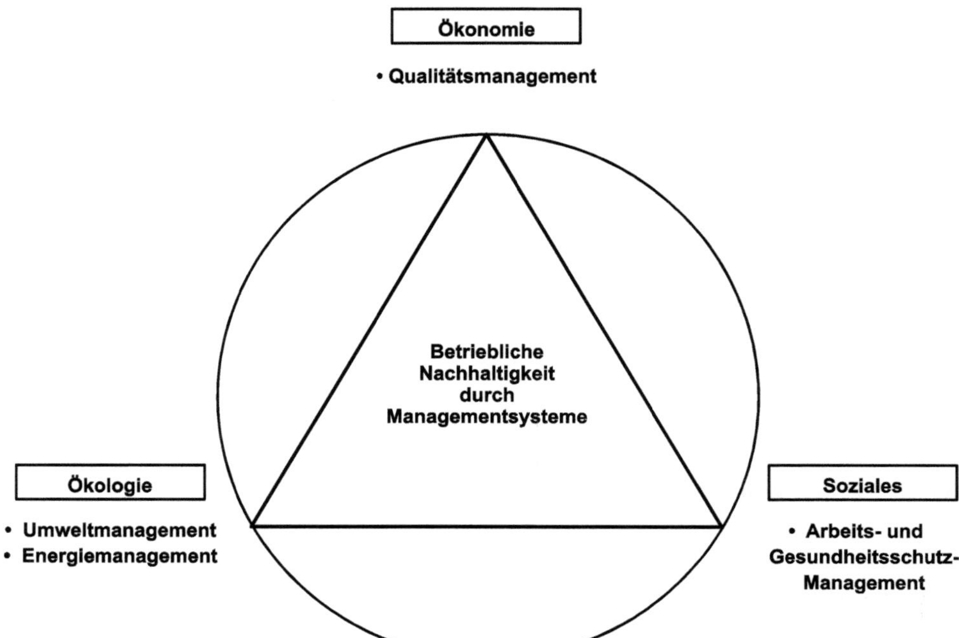

Abb. 8.1 Betriebliche Nachhaltigkeit durch Managementsysteme

- Kontext der Organisation,
- Führung,
- Planung,
- Unterstützung,
- Betrieb,
- Bewertung der Leistung,
- Verbesserung.

Energieaudits lassen sich nach zwei Normstandards durchführen. Die Anforderungen nach der DIN EN ISO 19001 *Leitfaden für Audits von Qualitätsmanagement – und/oder Umweltmanagementsystemen* werden im *Handbuch Betriebliches Umweltmanagement* beschrieben. In diesem Werk wird das Energieaudit gemäß DIN EN 16247 *Energieaudits* mit seinen 5 Teilen

- allgemeine Anforderungen,
- Gebäude,
- Prozesse,
- Transport,
- Kompetenz von Energieauditoren

behandelt. Die Anforderungen sind deshalb interessant, da

- DIN EN ISO 50001 Energiemanagementsysteme,
- EMAS-Umweltmanagementsysteme,
- DIN EN 16247 Energieaudits

finanzielle Rückerstattungen nach der Spitzenausgleich-Effizienzsystemverordnung (SpaEfV) ermöglichen.

8.2 Energiemanagementsysteme nach DIN EN ISO 50001

8.2.1 Einführung

Im Umweltmanagementsystem nach DIN EN ISO 14001 muss der Umweltaspekt Energie behandelt werden. Die heute verwendeten – überwiegend – fossilen Energieträger führen über ihre CO_2-Emissionen zu drastischen Umweltauswirkungen in Form des Klimawandels. Das Energiemanagementsystem nach DIN EN ISO 50001 lässt sich als Ergänzung bzw. Erweiterung eines Umweltmanagementsystems auffassen und in der Praxis realisieren. In der folgenden Übersicht (Tab. 8.1) findet sich in der linken Spalte die einheitliche Grundstruktur für Managementsysteme in Form der DIN EN ISO 14001 Umweltmanagementsysteme. Die rechte Spalte enthält die Anforderungen der DIN EN ISO 50001 Energiemanagementsysteme. In den folgenden Abschnitten wird die DIN EN ISO 50001 auf die DIN EN ISO 14001 bezogen und mit dieser verglichen.

Tab. 8.1 Gegenüberstellung DIN EN ISO 14001 und DIN EN ISO 50001

UmweltmanagementsystemeDIN EN ISO 14001		EnergiemanagementsystemeDIN EN ISO 50001	
4.	**Kontext der Organisation**	**4.**	**Kontext der Organisation**
4.1	Verstehen der Organisation und ihres Kontextes	4.1	Verstehen der Organisation und ihres Kontextes
4.2	Verstehen der Erfordernisse und Erwartungen interessierter Parteien	4.2	Verstehen der Erfordernisse und Erwartungen interessierter Parteien
4.3	Festlegen des Anwendungsbereichs des Umweltmanagementsystems	4.3	Festlegen des Anwendungsbereichs des Energiemanagementsystems
4.4	Umweltmanagementsystem	4.4	Energiemanagementsystem
5.	**Führung**	**5.**	**Führung**
5.1	Führung und Verpflichtung	5.1	Führung und Verpflichtung
5.2	Umweltpolitik	5.2	Energiepolitik
5.3	Rollen, Verantwortlichkeiten und Befugnisse in der Organisation	5.3	Rollen, Verantwortlichkeiten und Befugnisse in der Organisation

(Fortsetzung)

Tab. 8.1 (Fortsetzung)

UmweltmanagementsystemeDIN EN ISO 14001		EnergiemanagementsystemeDIN EN ISO 50001	
6.	**Planung**	**6.**	**Planung**
6.1	Maßnahmen zum Umgang mit Risiken und Chancen	6.1	Maßnahmen zum Umgang mit Risiken und Chancen
6.2	Umweltziele und Planung zu deren Erreichung	6.2	Ziele, Energieziele und Planung zu deren Erreichung
		6.3	Energetische Bewertung
		6.4	Energieleistungskennzahlen
		6.5	Energetische Ausgangsbasis
		6.6	Planung der Energiedatensammlung
7.	**Unterstützung**	**7.**	**Unterstützung**
7.1	Ressourcen	7.1	Ressourcen
7.2	Kompetenz	7.2	Kompetenz
7.3	Bewusstsein	7.3	Bewusstsein
7.4	Kommunikation	7.4	Kommunikation
7.5	Dokumentierte Information	7.5	Dokumentierte Information
8.	**Betrieb**	**8.**	**Betrieb**
8.1	Betriebliche Planung und Steuerung	8.1	Betriebliche Planung und Steuerung
		8.2	Auslegung
		8.3	Beschaffung
8.2	Notfallvorsorge und Gefahrenabwehr	---	
9.	**Bewertung der Leistung**	**9.**	**Bewertung der Leistung**
9.1	Überwachung, Messung, Analyse und Bewertung	9.1	Überwachung, Messung, Analyse und Bewertung der energiebezogenen Leistung und des EnMS
9.2	Internes Audit	9.2	Internes Audit
9.3	Managementbewertung	9.3	Managementbewertung
10.	**Verbesserung**	**10.**	**Verbesserung**
10.1	Allgemeines	---	
10.2	Nichtkonformität und Korrekturmaßnahmen	10.1	Nichtkonformität und Korrekturmaßnahmen
10.3	Fortlaufende Verbesserung	10.2	Fortlaufende Verbesserung

8.2.2 Ziele und Nutzen eines Energiemanagementsystems

Oberstes Ziel eines Energiemanagementsystems ist die Verbesserung der Energieeffizienz und -leistung im Unternehmen. Dazu ergeben sich mindestens einzuhaltende Anforderungen aus der Einhaltung von Rechtsvorschriften und aus ökonomischen Gründen. Energieverbrauchende Prozesse, Anlagen, Tätigkeiten, Produkte und Dienstleistungen sind zu analysieren und zu bewerten. Bei der Einführung eines Energiemanagementsystems kommt es daher auf die inhaltlichen Aspekte und fortlaufenden Verbesserungen an. Die energieorientierte Leistung eines Unternehmens lässt sich nur dann belegen, wenn sie messbar und transparent gemacht wird. Der Aufbau eines Energiemanagementsystems ist eine anspruchsvolle Aufgabe, die sich gut mit dem Projekt Umweltmanagementsystem verknüpfen lässt. In beiden Managementsystemen existieren vier Strukturelemente. Im Umweltmanagementsystem sind dies

- Führung,
- Umweltaspekte,
- Umweltcontrolling und
- Prozesse,

im Energiemanagementsystem sind dies (Abb. 8.2)

- Führung,
- Infrastruktur/Technologien,
- Energieträger und
- Prozesse.

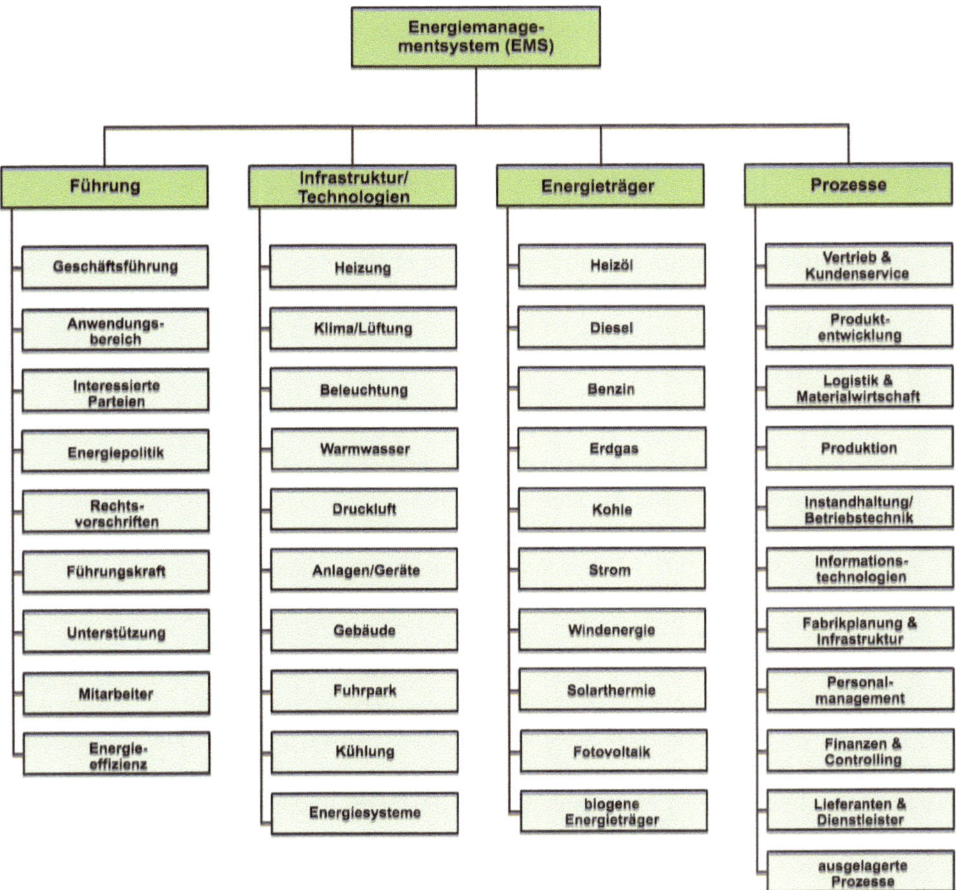

Abb. 8.2 Bestandteile eines Energiemanagementsystems

Im Strukturelement Führung sind die einzelnen Arbeitspakete zwischen einem Umweltmanagementsystem und einem Energiemanagementsystem vergleichbar. Das Arbeitspaket Geschäftsführung beschreibt die übergreifenden Aufgaben der Unternehmensleitung. Das Arbeitspaket Anwendungsbereiche beschreibt den Geltungsbereich des Energiemanagementsystems unter Berücksichtigung der interessierten Parteien. Wie die Umweltpolitik verfolgt die Energiepolitik langfristige strategische Ziele, die in betriebliche Energieziele zu übertragen sind. Geltende Rechtsvorschriften im Energiesektor sind von den verantwortlichen Führungskräften umzusetzen und einzuhalten. Unterstützung können sie durch einen Beauftragten für das Energiemanagement und die entsprechenden Fachfunktionen erhalten. Die Mitarbeiter sind für die ordnungsgemäße Ausführung der übertragenen Aufgaben zuständig. Zur Erfüllung müssen sie über die notwendigen Kompetenzen verfügen. Nur in einer konstruktiven Zusammenarbeit aller Beteiligten lässt sich die energetische Leistung (Energieeffizienz) steigern. Ein zweites Strukturelement umfasst die Infrastruktur und Technologien wie Gebäude, Anlagen, Fuhrpark, Heizung, Klima, Beleuchtung, Warmwasser und Druckluft mit ihren Energieverbräuchen und Einsparmöglichkeiten. Das dritte Strukturelement Energieträger behandelt Art und Menge der verwendeten Energieträger und ihre Substitutionsmöglichkeiten durch regenerative Energieträger. Die prozessbezogenen Anweisungen im Strukturelement Prozesse geben generelle umwelt- und energierelevante Anforderungen für die entsprechenden Tätigkeiten vor. Sie sind unternehmensspezifisch zu entwickeln.

8.2.3 Grundsätze und wesentliche Elemente

Das Energiemanagementsystem nach DIN EN ISO 50001 und die zu erzielenden fortlaufenden Verbesserungen der betrieblichen Energieeffizienz basieren auf fünf Grundsätzen (Abb. 8.3):

- Verpflichtungen und Führung durch die Geschäftsführung,
- Bestandsaufnahme des Istzustandes,
- Planung und Festlegung der Energieziele,
- Realisierung von Maßnahmen zur Verbesserung der Energieeffizienz und
- Erfolgskontrolle der Zielerreichung und Bewertung der Energieeffizienz.

Der Geschäftsführung kommt eine Vorbildfunktion im Energiemanagementsystem zu. Sie legt die strategischen Ziele in Form der unternehmensinternen Energiepolitik fest und stellt die notwendigen Ressourcen zur Verfügung. Im Zuge einer regelmäßigen Managementbewertung (Managementreview) bewertet sie die Zielerreichung und die Energieeffizienz des Unternehmens. Die Bestandsaufnahme des Istzustandes liefert einen Überblick über die bedeutendsten Energieaspekte in den einzelnen Prozes-

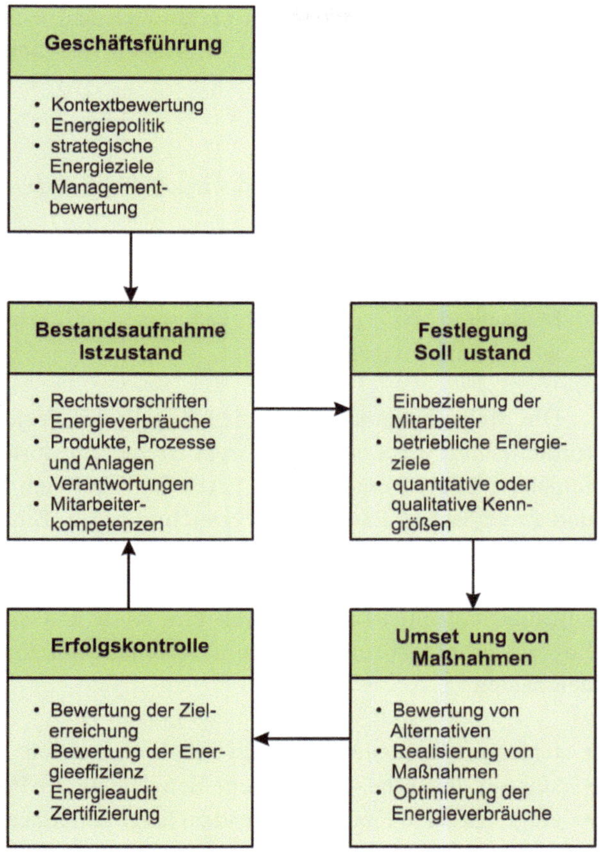

Abb. 8.3 Fortlaufender Verbesserungsprozess im Energiemanagementsystem

sen. Da jeder Prozess zuständige Mitarbeiter und verantwortliche Führungskräfte hat, sind die direkten Ansprechpartner zur Verbesserung der Energieeffizienz identifizierbar. So werden in diesem Projektabschnitt u. a. die einzelnen Energieverbräuche erhoben. Neben den Prozessen erfolgt auch eine energetische Betrachtung der Gebäude und der Anlagentechnik. Dieser Prozessschritt erfasst somit die momentan herrschende Praxis im Energiesektor des Unternehmens. Abgeleitet aus der unternehmerischen Energiepolitik und den strategischen Energiezielen liefern die betrieblichen (operativen) Energieziele eine Messlatte für die Energieeffizienz (Energieleistung) des Unternehmens. Energieziele sollten möglichst quantifizierbar und über Energieleistungskennzahlen (Energy Performance Indicators, EnPIs) bestimmbar sein. Wo dies nicht möglich ist, sind qualitative Beschreibungen zu verwenden. Aus dem Vergleich zwischen der energetischen Bestandsaufnahme und den angestrebten betrieblichen Energiezielen klafft eine Lücke. Um diese zu schließen, müssen Alternativen bewertet und Maßnahmen realisiert werden. Dabei erfolgen die Bewertungen unter wirtschaftlichen, ökologischen, rechtlichen und technologischen Aspekten. Die einzelnen Maßnahmen müssen mit Prioritäten versehen werden. Sinnvollerweise lassen sich 3 Klassen bilden:

- **Priorität A:**
  Maßnahme ist energetisch und wirtschaftlich sinnvoll,
- **Priorität B:**
  Maßnahme ist energetisch sinnvoll, wirtschaftlich nur eingeschränkt empfehlenswert,
- **Priorität C:**
  Maßnahme ist energetisch und unter Nachhaltigkeitsgesichtspunkten sinnvoll, wirtschaftlich dagegen nicht.

Die Maßnahmen sind nach den Regeln des Projektmanagements umzusetzen. Im fortlaufenden Verbesserungsprozess ist die realisierte Maßnahme einer bewussten Erfolgskontrolle zu unterziehen. Erst dann lässt sich bestimmen, ob die betrieblichen und strategischen Energieziele erreicht wurden. Ein internes Energieaudit untermauert diese skizzierte systematische Vorgehensweise und zeigt auf, ob sich die Energieeffizienz des Gebäudes/Prozesses/Unternehmens verbessert hat. Vielfach unterbleibt aufgrund verschiedener Faktoren eine systematische Betrachtung und Analyse der Energieverbräuche und der damit verbundenen Energieeffizienz. Zu diesen Gründen zählen

- fehlende Mitarbeiterressourcen und -kompetenzen,
- keine systemische, ganzheitliche Betrachtung der Prozesse,
- eingeschränkte Finanzmittel und zu lange Amortisationszeiten,
- fehlende Übersicht zu differenzierten Energieverbräuchen und -kosten,
- keine Potenzialbewertung und Erfolgskontrolle der umgesetzten Maßnahmen,
- kein energetisches Gesamtkonzept.

Aufgrund der genannten Punkte ist es erst recht sinnvoll, ein systematisches Energiemanagement im Unternehmen zu etablieren. Nur dann lassen sich Potenziale identifizieren und die Energieeffizienz des Unternehmens fortlaufend verbessern.

8.2.4 Kontext der Organisation

In Anlehnung an die DIN EN ISO 14001 werden folgende Punkte behandelt:

- Verstehen der Organisation und ihres Kontextes,
- Verstehen der Erfordernisse und Erwartungen interessierter Parteien,
- Festlegen des Anwendungsbereichs des Energiemanagementsystems und
- Energiemanagementsystem.

8.2.4.1 Die Organisation und ihre Kontexte

Das Energiemanagementsystem eines Unternehmens wird von einer Reihe interner und externer Faktoren bestimmt. Interne Kontextfaktoren sind z. B.:

- Geschäftsziele und Unternehmensstrategien,
- Managementpläne,
- Fragen der Nachhaltigkeit im Unternehmen,
- Optimierung von Prozessen,
- Verbesserung der Energieeffizienz,
- Anlagen und der Stand der Technik,
- Auswahl der Energieträger,
- Tätigkeiten und die Kompetenzen der Mitarbeiter,
- Erhöhung der Mitarbeitermotivation,
- Arbeitsbedingungen der Mitarbeiter,
- Wahrnehmung von Verantwortungen durch die Führungskräfte,
- Ökonomie, Wirtschaftlichkeit und Kosteneinsparungen,
- Wettbewerbsfähigkeit des Unternehmens,
- unternehmerische Risiken.

Externe Kontextfaktoren sind z. B.:

- Nachhaltigkeitsziele des Staates,
- Verminderung der Umweltauswirkungen,
- Treibhauseffekt und Klimawandel,
- gesellschaftspolitische Zusammenhänge,
- Gesetze und andere Rechtsvorschriften,
- Betriebsgenehmigungen und Auflagen,
- Überwachungsbehörden,
- Kundenwünsche, -bedürfnisse und -zufriedenheit im Zusammenhang mit energieeffizienten Produkten.

In Verbindung mit der Organisation und ihrer Kontexte sollten folgende Fragen beachtet werden:

- Wie ermittelt das Unternehmen die für sie relevanten Aspekte des Energiemanagementsystems?
- Welche internen Kontextfaktoren beeinflussen das Energiemanagementsystem?
- Welche externen Kontextfaktoren haben Einfluss auf das Energiemanagementsystem?
- Wie sind in diesem Zusammenhang Sachfaktoren (Prozesse, Anlagen, Tätigkeiten) einerseits und Humanfaktoren (Führungskräfte, Mitarbeiter, Kompetenzen) andererseits zu bewerten?
- Wie lassen sich die internen und externen Kontextfaktoren priorisieren bzw. gewichten?

8.2.4.2 Erfordernisse und Erwartungen interessierter Parteien

Unter dem Begriff interessierte Parteien lassen sich verschiedene Gruppen zusammenfassen:

- Gesetzgeber und Behörden,
- Versicherungen,
- Eigentümer und Aktionäre,
- Geschäftsführung und Führungskräfte,
- Mitarbeiter und deren Interessensvertretungen,
- Bürgerinitiativen und politische Parteien.

Jede dieser Gruppen hat direkt oder indirekt unterschiedliche Erwartungen an das Unternehmen. In Zeiten des Klimawandels und der Energiewende können diese Erwartungen zu einem unternehmensinternen Spannungsfeld im Nachhaltigkeitsdreieck – insbesondere zwischen Ökonomie und Ökologie – führen. Daher sind die relevanten interessierten Parteien zu identifizieren. Ihre Beweggründe und Interessen sollten ermittelt und verstanden werden. Folgende Fragen sind bzgl. interessierter Parteien zu beachten:

- Welche interessierten Parteien lassen sich im Energiemanagementsystem identifizieren?
- Welche Anforderungen stellen die jeweiligen Gruppen an das Unternehmen?
- Wie werden die Energieziele dadurch beeinflusst?
- Wie wirken sich die Energieziele auf die Energieeffizienz – mit Vor- und Nachteilen – aus?
- Wie werden rechtliche und andere Anforderungen ermittelt?
- Welche Anforderungen werden bzgl. Energieeinsatz, -verbrauch und -effizienz getroffen?

8.2.4.3 Anwendungsbereich des Energiemanagementsystems

Der Anwendungsbereich des Energiemanagementsystems sollte unter Beachtung des gesamten Lebenswegs eines Produkts bzw. einer Dienstleistung gesehen werden. Der Energieverbrauch muss über den gesamten Lebensweg berücksichtigt werden. Von daher ist es nicht ausreichend, nur das Unternehmen oder einzelne Standorte zu betrachten. Die Nutzung der Produkte/Dienstleistungen lässt sich als ausgelagerter Prozess ins Energiemanagementsystem integrieren. Von daher sind folgende Aspekte zu betrachten:

- Energierelevanz von Produkten und Dienstleistungen,
- Relevanz einzelner Prozessschritte und Anlagen,
- Bedeutung ausgelagerter Prozesse,
- Anforderungen an Lieferanten und Dienstleister,
- Kundenanforderungen und -zufriedenheit,
- Forderungen von interessierten Parteien.

Für den Anwendungsbereich des Energiemanagementsystems sind folgende Fragen interessant:

- Auf welcher Basis wurde der Anwendungsbereich des Energiemanagementsystems festgelegt?
- Welche Verantwortungen und Zuständigkeiten existieren im Anwendungsbereich?
- Bei welchen Prozessen, Anlagen und Tätigkeiten liegen bedeutende Energieaspekte vor?
- Bei welchen Produkten und Dienstleistungen spielen Energieaspekte über den gesamten Lebensweg eine wichtige Frage?
- Welche energierelevanten Prozessschritte wurden ausgelagert?
- Wie werden die Anforderungen des Energiemanagementsystems mit seinen Energieaspekten in die verschiedenen Geschäftsprozesse integriert?
- Wie werden Lieferanten und Dienstleister im Energiemanagementsystem berücksichtigt?

8.2.4.4 Energiemanagementsystem

Wie in jedem Managementsystem sind die relevanten Prozesse zu identifizieren und zu beschreiben. Es müssen die relevanten Prozessparameter und Leistungsindikatoren erfasst werden. Für die Prozesssteuerung sind geeignete Messmethoden und -mittel festzulegen. Die Messergebnisse erlauben eine Bewertung der Prozesse bzgl. deren Energieeffizienz. Zur fortlaufenden Verbesserung sind geeignete Maßnahmen auszuwählen und nach der Realisierung einer Erfolgskontrolle zu unterziehen. Es ist der Prozessverantwortliche mit seinen Kompetenzen, Befugnissen und Zuständigkeiten zu benennen. Für das Energiemanagementsystem und dessen Prozesse sind folgende Fragen zu beachten:

- Welche Prozesse sind besonders energierelevant?
- Wie wird das Energiemanagement in die einzelnen Prozesse integriert?
- Welche energierelevanten Prozessparameter und Leistungsindikatoren werden erfasst?
- Welche Messmethoden, -mittel und Ressourcen stehen zur Verfügung?
- Welche Verbesserungen der Energieeffizienz sind möglich bzw. wurden erzielt?
- Über welche Kompetenzen, Befugnisse und Zuständigkeiten verfügt der jeweilige Prozessverantwortliche?

8.2.5 Führung

In Anlehnung an die DIN EN ISO 14001 Umweltmanagementsysteme werden in diesem Abschnitt folgende Punkte behandelt:

- Führung und Verpflichtung,
- Energiepolitik,
- Rollen, Verantwortlichkeiten und Befugnisse.

8.2.5.1 Führung und Verpflichtung

Die Geschäftsführung muss ihre Unterstützung für ein Energiemanagement klar und deutlich darlegen. Dazu gehören die

- Festlegung des Anwendungsbereichs des Energiemanagementsystems,
- Festlegung einer Energiepolitik,
- Identifikation der Erwartungen und Anforderungen interessierter Parteien,
- Identifikation wichtiger interner und externer Themen,
- Benennung eines Managementbeauftragten,
- Umsetzung energierelevanter Maßnahmen,
- Erfüllung rechtlicher Anforderungen,
- Förderung der Mitarbeiterkompetenzen,
- Unterstützung der verantwortlichen Führungskräfte,
- Bereitstellung der benötigten Ressourcen,
- Sicherstellung der strategischen und betrieblichen Energieziele,
- Sicherstellung der Energieeffizienz für Prozesse und das Unternehmen,
- regelmäßige Durchführung von Managementreviews.

Für den Punkt Führung und Verpflichtung sind einige Fragen von zentraler Bedeutung:

- Wie nimmt die Geschäftsführung ihre Verpflichtungen im Energiemanagementsystem wahr?
- Wie wird im Geschäftsplan des Unternehmens das Energiemanagement berücksichtigt?
- Welche strategischen Energieziele und davon abgeleiteten betrieblichen Energieziele wurden verabschiedet?
- Welche Aufgaben, Befugnisse und Verantwortlichkeiten haben die Führungskräfte im Energiemanagementsystem?
- Welche Ressourcen werden für das Energiemanagementsystem und die Verbesserung der Energieeffizienz zur Verfügung gestellt?
- Wie werden die Mitarbeiter in Energiefragen unterstützt und geschult?
- Wie werden die erzielten Ergebnisse und Leistungen bewertet und interessierten Parteien (z. B. Mitarbeiter) zur Verfügung gestellt?
- Welche Managementreviews inkl. Ergebnisse wurden durchgeführt?

8.2.5.2 Energiepolitik

Die Energiepolitik ist eine strategische Ausrichtung des Unternehmens im Bereich der Ressource Energie. Diese Strategie steckt den Rahmen für Handlungen und Maßnahmen zur Erreichung der energiebezogenen Ziele ab. Sie muss auf eine Verbesserung der energiebezogenen Leistung aller Energieaspekte ausgerichtet sein. Diese sind zu ermitteln und unter wirtschaftlichen und umweltbezogenen Gesichtspunkten fortlaufend zu verbessern. In diesem Zusammenhang sind neben den ablauforganisatorischen und technologischen

Belangen auch die rechtlichen Anforderungen zu ermitteln und einzuhalten. Aus den strategischen Energiezielen sind betriebliche Ziele und Maßnahmen abzuleiten. Die Geschäftsführung stellt zur Zielerreichung die notwendigen wirtschaftlichen, technologischen und personellen Ressourcen zur Verfügung. Mithilfe eines Energiekatasters lassen sich Energieleistungskennzahlen ermitteln und Prioritäten festlegen. Im Rahmen eines Energieprogramms führt das Unternehmen eine regelmäßige Überprüfung seiner energiebezogenen Ziele durch und überprüft die Wirksamkeit der ergriffenen Maßnahmen. Um Multiplikatoreneffekte zu ermöglichen, werden gegenüber Mitarbeitern, Kunden, Lieferanten, Geschäftspartnern die Ziele, Maßnahmen und Erfolge dargestellt. Die folgenden Fragen sollten bei der Festlegung einer unternehmerischen, strategischen Energiepolitik berücksichtigt werden:

- Welche strategisch ausgerichtete Energiepolitik wurde durch die Geschäftsführung des Unternehmens verabschiedet?
- Welche strategischen Energieziele wurden festgelegt?
- Wie deckt diese Energiepolitik alle Unternehmensbelange (z. B. Gebäude, Anlage, Prozesse, Produkte, Dienstleister) ab?
- Welche Verpflichtungen zur fortlaufenden Verbesserung sind enthalten und wie werden diese erreicht?
- Wie wird die Energieeffizienz und -leistung gemessen und gesteigert?
- Welche Energieleistungskennzahlen existieren?
- Wie trägt der Erwerb energieeffizienter Produkte/Dienstleistungen zur Verbesserung der energiebezogenen Leistung bei?
- Welche Ressourcen werden für die Erfüllung der Energiepolitik zur Verfügung gestellt?
- Wie werden die rechtlichen und andere Verpflichtungen überwacht und erfüllt?
- Welche Auswirkungen haben rechtliche Vorschriften auf das Energiemanagement system?
- Welche rechtlichen Forderungen sind für die Energieaspekte von Tätigkeiten, Prozessen, Produkten etc. relevant?
- Wie werden die Energiepolitik und die erzielten Verbesserungen interessierten Kreisen (z. B. Kunden, Mitarbeitern, Geschäftspartnern) bekannt gemacht?
- Wie wird die Strategie im Energiesektor regelmäßig von der Geschäftsführung überprüft?

8.2.5.3 Rollen, Verantwortlichkeiten und Befugnisse

Die erfolgreiche Einführung eines Energiemanagementsystems und die kontinuierliche Weiterentwicklung der Energieeffizienz erfordern die Festlegung der Aufgaben, Verantwortlichkeiten und Befugnisse der Mitarbeiter. Die Aufgaben umfassen alle energierelevanten Unternehmensfunktionen, d. h., letztlich sind alle Kostenstellen und Mitarbeiter davon betroffen. Abgestuft sind die wesentlichen Verantwortlichkeiten der Führungskräfte und Mitarbeiter zu dokumentieren und mit diesen zu besprechen. Innerhalb ihrer Zuständigkeiten sollten Mitarbeiter aller Ebenen für die Energieeffizienz verantwortlich sein. Personen, deren Tätigkeiten erheblichen Einfluss auf den Energiebereich haben, müssen aufgrund der energierelevanten Tätigkeiten und Prozesse identifiziert werden. Dies kann durch Organisationspläne, Stellenbeschreibungen, Verfahrensanweisungen etc. geschehen. Unabhängig von der Unternehmensorganisation lassen sich allerdings einige grundlegende Verantwortungen im Energiebereich identifizieren:

- **Geschäftsführung:**
  Integration des Energiemanagements in die Unternehmensstrategie,
  Festlegung einer Projektorganisation für den Aufbau, die Realisierung und die Weiterentwicklung eines Energiemanagementsystems,
  Entwicklung der Energiepolitik und Festlegung der Strategie,
  Bereitstellung der benötigten Ressourcen (Finanzen, Mitarbeiter, Technologien),
- **Beauftragter des Managements:**
  Projektleiter zur Einführung und fortlaufenden Entwicklung eines Energiemanagementsystems,
  Etablierung eines Energiecontrollings,
- **Führungskräfte:**
  Erfüllung der rechtlichen Forderungen,
  Erreichung der Energieziele,
  Realisierung des Aktionsplans zum Energiemanagement,
- **Mitarbeiter:**
  Umsetzung der Maßnahmen,
  Einhaltung und Verbesserung der festgelegten Verfahren.

Die Gesamtverantwortung für das Energiemanagement des Unternehmens sollte bei einem Beauftragten der Unternehmensleitung liegen. Als oberster Projektleiter verfügt er über genügend Ressourcen, Fach- und Führungskompetenz, um zusammen mit seinem Projektteam die energiebezogenen Leistungen des Unternehmens fortlaufend zu verbessern. Regelmäßig erstattet er der Unternehmensleitung Bericht über die erzielten Fortschritte. In Abb. 8.4 findet sich ein mögliches Ernennungsschreiben. Für den Erfolg des Energiemanagementsystems müssen geeignete personelle, finanzielle und technologische Ressourcen zur Verfügung gestellt werden. Im Kräftedreieck zwischen Ökonomie, Ökologie und sozialer Verantwortung sind Kosten-Nutzen-Betrachtungen und entsprechende Abwägungen notwendig. Von daher werden sich immer gewisse Einschränkungen bei den potenziellen Maßnahmen ergeben. In diesem Zusammenhang sollten folgende Fragen bzgl. Verantwortlichkeiten und Befugnisse beachtet werden:

- Welche Fach- und Führungskompetenz besitzt der Beauftragte der Unternehmensleitung im Energiebereich?
- Wie nehmen die Führungskräfte ihre Verantwortung im Energiemanagement wahr?

- Welche Verantwortungen, Befugnisse und Kompetenzen haben die zuständigen Mitarbeiter?
- Welche Funktionen und Aufgaben hat ein Energiemanagementteam?
- Welche Aktionspläne und Maßnahmen existieren im Energiesektor?

Beauftragter für das Energiemanagement

Frau/Herr (Name, Vorname) ____________________

wird mit Wirkung vom ____________________

für das Unternehmen (Name, Sitz, Werk) ____________________

____

zur/zum Betriebsbeauftragten für das Energiemanagement bestellt.

Das Ziel der Tätigkeit ist die Anwendung, Aufrechterhaltung und Weiterentwicklung unseres Energiemanagementsystems, um damit eine dauerhafte Sicherung unserer firmeninternen Energieeffizienz zu gewährleisten.

Sie/Er nimmt folgende Aufgaben wahr:

- Weiterentwicklung energiepolitischer Ziele unseres Unternehmens.
- Beobachtung energiebezogener gesellschafts- und marktpolitischer Entwicklungen.
- Mitwirkung an und Beurteilung von Investitionen und deren Auswirkungen auf die Energieeffizienz.
- Entwicklung entsprechender ablauf- und aufbauorganisatorischer Konzepte.
- Planung und Begleitung von Energieaudits.
- Bearbeitung von Anfragen zum Energiemanagementsystem.
- Mithilfe bei der Erstellung des jährlichen Energieberichts.
- Erarbeitung und Überwachung des Energieprogramms zur Verbesserung der Energieeffizienz.
- Unterstützung der Unternehmensbereiche und Mitarbeiter in Energiefragen.

Im Rahmen ihrer/seiner Tätigkeit ist sie/er befugt:

- Erforderliche Informationen und Unterlagen aus allen Unternehmensbereichen anzufordern.
- Personal in Absprache mit dem jeweiligen Leiter der Einrichtung in Anspruch zu nehmen.
- Notwendige Stellungnahmen zu energierelevanten Entscheidungen abzugeben.

____________________	____________________
Datum, Ort	Unternehmer/Bevollmächtigter
____________________	____________________
Beauftragte(r) für das Energiemanagement	Betriebsrat

Abb. 8.4 Ernennungsschreiben für den Beauftragten für das Energiemanagement

- Welche Energieberichte werden regelmäßig für die Geschäftsführung und Verantwortungsträger erstellt?

8.2.6 Planung

In Anlehnung an die DIN EN ISO 14001 werden folgende Aspekte behandelt:

- Maßnahmen zum Umgang mit Risiken und Chancen,
- Ziele, Energieziele und Planung zu deren Erreichung,
- energetische Bewertung,
- Energieleistungskennzahlen,
- energetische Ausgangsbasis,
- Planung der Energiedatensammlung.

8.2.6.1 Maßnahmen zum Umgang mit Risiken und Chancen

Bei Planungsmaßnahmen für das Energiemanagementsystem sind alle bisher genannten Aspekte zu berücksichtigen. Mithilfe einer Stärken-Schwächen-Analyse sind die jeweiligen Chancen und Risiken (SWOT-Analyse) zu ermitteln. Die sich ableitenden Maßnahmen müssen eine Verbesserung der energiebezogenen Leistung und die Erreichung der festgelegten Energieziele ermöglichen. Unerwünschte Auswirkungen des Energieeinsatzes, z. B. Zunahme der Treibhausgasemissionen, sind zu vermeiden. Die sich aus der SWOT-Analyse ergebenden Maßnahmen sind regelmäßig auf ihre Wirksamkeit zu überprüfen. Folgende Fragen sind relevant:

- Welche Analyse zur Ermittlung der Stärken und Schwächen des Energiemanagementsystems wurden durchgeführt?
- Wo liegen Chancen und Risiken im Energiemanagementsystem?
- Welche Maßnahmen wurden aus der SWOT-Analyse abgeleitet?
- Wer trägt die Verantwortung für die Realisierung der identifizierten Maßnahmen?
- Wie haben die umgesetzten Maßnahmen zur Verbesserung der energetischen Leistung beigetragen?

8.2.6.2 Ziele, Energieziele und Planung zu deren Erreichung

Um die energetische Situation des Unternehmens zu verbessern und seine Energieeffizienz zu steigern, müssen strategische (langfristige) und betriebliche (kurz-, mittelfristige) Energieziele gesetzt werden. Diese Ziele müssen möglichst quantifiziert, messbar und mit Terminen versehen sein. Bei der Festlegung der Ziele sind die technologischen und ökonomischen Möglichkeiten des Unternehmens zu berücksichtigen. Die Zielerreichung ist durch eine regelmäßige Erfolgskontrolle zu überprüfen. Leistungsindikatoren können dabei als Bewertungsgrundlage dienen. Bei der Festlegung energiebezogener Ziele sollten folgende Fragen berücksichtigt werden:

- Wie werden die von der Unternehmensleitung festgelegten Energieziele über alle Managementebenen hinweg in Einzelziele aufgebrochen und kommuniziert?
- In welchem Zusammenhang stehen die Energieziele zur Energiepolitik?
- Wie wird die energiebezogene Leistung in die zukunftsbezogenen Planungen des Unternehmens mit einbezogen?
- Wie werden die gesetzlichen und anderen Forderungen bei der Festlegung und Bewertung der Ziele berücksichtigt?
- Wie berücksichtigt das Unternehmen finanzielle, betriebliche und geschäftliche Rahmenbedingungen?
- Welche quantitativen/qualitativen Ziele und Zielvorgaben enthalten die Energieziele?
- Wie werden die für die Umsetzung verantwortlichen Mitarbeiter in die Zielentwicklung einbezogen?
- Welche Energieleistungskennzahlen werden zur Leistungsbewertung aufgestellt?
- Wie werden die Energieziele regelmäßig bewertet und überwacht, um die erwünschte Verbesserung der energieorientierten Leistung zu erzielen?
- Wie sind die Verantwortungen zur Erreichung der Ziele festgelegt?
- Welche Mittel, Ressourcen und Zeiträume stehen für die Verwirklichung zur Verfügung?

8.2.6.3 Energetische Bewertung, energetische Ausgangsbasis (EnB) und Energieleistungskennzahlen (EnPI)

Für alle Tätigkeiten, Verfahren, Prozesse, Produkte und Dienstleistungen eines Unternehmens wird Energie benötigt. Ohne Energie läuft nichts. Der Einsatz von Energie in jeglicher Form hat direkte Auswirkungen auf die Umwelt. Die Ermittlung der Energieaspekte ist ein kontinuierlicher Prozess, der vergangene, gegenwärtige und zukünftige Auswirkungen erfasst. Der erste Schritt zu einer kontinuierlichen Verbesserung aller Energieaspekte besteht in einer Bestandsaufnahme aller Energieverbraucher. Diese Informationen sind in Form eines Energiekatasters zusammenzustellen. Das Kataster sollte folgende Punkte umfassen:

- Unternehmensbereich (Kostenstelle, Abteilung, Gebäude, Anlagen, Prozesse),
- Energieträger (Heizöl, Erdgas, Kohle, Strom, Dampf, regenerative Energien),
- Energieverbräuche (Mengen, Zählerstände, Betriebsstunden),
- Energiekosten (Rechnungen).

Aus der Erhebung lassen sich die Energieaspekte identifizieren, die den höchsten Energieverbrauch und die bedeutendsten Auswirkungen haben. Unter Berücksichtigung der Energiekosten und der Beiträge des Energieverbrauchs zur Umweltbelastung (z. B. Treibhauseffekt) lassen sich mit dem Energiekataster die größten Potenziale für Energieeinsparungen identifizieren. Die Erfassung der Energieverbräuche über Mengen und Kosten sollte möglichst über Kostenstellen oder Unternehmensbereiche erfolgen. Den zugehörigen Anlagen, Einrichtungen, Prozessen und Gebäuden werden die vergangenen und aktuellen Energieverbräuche zugeordnet.

Im Zusammenhang mit Auslastungen, Anlagenlaufzeiten und Betriebsstunden werden aus den absoluten Energieverbräuchen und -kosten relative Kenngrößen gebildet. Diese Energiekennziffern erlauben eine von der Auslastung bzw. den Produktionszahlen unabhängige Bewertung. Wenn entsprechende Informationen vorliegen, können Verbrauchs- und Kostentendenzen betrachtet und überprüft werden. Der Detaillierungsgrad der Untersuchungen sollte nicht übertrieben werden. Wichtig ist es, eine Übersicht zu erlangen, die wichtigsten Energieverbraucher zu identifizieren und Vorstellungen über das mögliche Energieeinsparpotenzial zu erhalten.

Der Einsatz von erneuerbaren Energien führt nicht zwangsläufig zu einer Verbesserung der energetischen Leistung. Was sich verbessert, ist eine positive Auswirkung auf die Umwelt, z. B. in der Reduzierung von Treibhausgasemissionen. Eine verstärkte unternehmerische Nutzung von erneuerbaren Energien ist daher unter zwei Gesichtspunkten zu betrachten und zu bewerten:

- Verbesserung der energiebezogenen Leistung,
- Reduzierung der negativen Umweltauswirkungen.

Diese Bewertung sollte relativ und absolut geschehen. In diesem Zusammenhang stellen sich folgende Fragen für die Bewertung der energetischen Ausgangsbasis und von Energieleistungskennzahlen:

- Wer ist verantwortlich für die regelmäßige Durchführung der energetischen Bewertung?
- Welche Verfahrensanweisungen liegen für die Durchführung der energetischen Bewertung, z. B. in Form von Energieaudits, vor?
- Welcher Istzustand liegt generell im Energiesektor vor?
- Wie werden jene Energieaspekte hinsichtlich ihrer Tätigkeiten, Produkte und Dienstleistungen ermittelt, die das Unternehmen überwachen kann?
- Welche Energieaspekte können bedeutende Auswirkungen auf die Umwelt haben?
- Wie werden die Energieaspekte bewertet?
- Wie lassen sich die Energieverbräuche messen, analysieren und bewerten?
- Wie wurde die energetische Ausgangsbasis (EnB) festgelegt?
- Was sind die wesentlichsten Energieflüsse im Unternehmen?
- Wie werden die Energieverbrauchsdaten aufbereitet und den verantwortlichen Personen präsentiert?
- Wie werden bedeutende Energieaspekte bei der Festlegung energiebezogener Ziele berücksichtigt?
- Welche energieintensiven Anlagen, Verfahren und Prozesse werden betrieben?
- Über welche Kompetenzen verfügen die zuständigen Mitarbeiter?
- Wie ist der energetische Zustand der Gebäude einzustufen?
- Welche Möglichkeiten zur Verbesserung der energiebezogenen Leistung ergeben sich aus dem Bewertungsverfahren?
- Welche Energieleistungskennzahlen (EnPI) sind aussagekräftig und weiterzuentwickeln?

- Wie wird sich der Energieverbrauch zukünftig entwickeln?
- Wie wird die energetische Bewertung regelmäßig aktualisiert?
- Wie werden die Durchführung der energetischen Bewertung und deren Ergebnisse dokumentiert?
- Welche Energieberichte liegen vor?

8.2.6.4 Planung der Energiedatensammlung

Die energetische Situation des Unternehmens muss regelmäßig gemessen und analysiert werden. In diesem Zusammenhang ist ein Soll-Ist-Vergleich der Energieverbräuche durchzuführen. Damit die energiebezogene Datensammlung belastbare Aussagen zulässt, müssen Messpunkte und -zeiträume sorgfältig geplant werden. Hier liegen oft große Herausforderungen für das Unternehmen vor. Aus Praxiserfahrungen heraus ist es oft schwierig, aussagekräftige, verbraucherbezogene Daten z. B. auf Prozesse, Anlagen oder Gebäude zu erhalten. Die notwendigen Maßnahmen zur Erreichung der Energieziele werden in einem Aktionsplan zum Energiemanagement zusammengefasst. Der Aktionsplan sollte folgende Punkte umfassen:

- Unternehmensbereich (Kostenstelle, Abteilung, Gebäude, Anlagen, Prozesse),
- Maßnahmen (organisatorische, technische),
- Ressourcen (Geld, Material, Mitarbeiter),
- Einsparpotenzial (Verbräuche, Kosten),
- Personal, Verantwortungen, Zuständigkeiten (Projektleiter, -mitarbeiter),
- Termine (Prioritäten, Anfangszeitpunkt, Meilensteine, Endtermin).

Hier sind für jede einzelne Maßnahme die Verantwortlichkeiten, Mittel und der Zeitrahmen für die Umsetzung festgelegt. Grundsätzlich sind bei neuen Produkt- und Verfahrensentwicklungen die Energieaspekte im Projektablauf zu berücksichtigen. Der Projektablauf umfasst Planung, Design, Produktion, Marketing und Entsorgung. Für Produkte sollte der energetische Aspekt bei Entwicklung, Materialeinsatz, Produktionsverfahren, Produktverwendung und -entsorgung beachtet werden. Bei der Entwicklung oder Veränderung technologischer Verfahren sind Planung, Design, Konstruktion, Installation, Betrieb und Stilllegung nach der besten verfügbaren Technik zu berücksichtigen. Aktionspläne zum Energiemanagement sollten dynamisch sein und regelmäßig überarbeitet werden. Die Erfolgskontrolle der Zielerreichung darf sich nie auf einen einzelnen Aspekt (z. B. Energie) beschränken. Sie ist immer ganzheitlich unter ökonomischen, sozialen und ökologischen Gesichtspunkten durchzuführen. Dann liefert sie eine gute Ausgangsbasis für den nächsten Zyklus im fortlaufenden Verbesserungsprozess. Einige Fragen, die bei der Planung von Maßnahmen zur Erstellung von Aktionsplänen zum Energiemanagement beachtet werden sollten:

- Welche Messpunkte und -zeiträume zur Ermittlung der Energieverbräuche existieren?
- Welche Ergebnisse liefern Soll-Ist-Vergleiche bzw. ein Energiebericht?

- Was sind die wesentlichsten energieverbrauchenden Prozesse, Anlagen und Gebäude?
- Wie werden aus den Energiedaten Maßnahmen und Aktionspläne abgeleitet?
- Wie werden vom Unternehmen Aktionspläne zum Energiemanagement entwickelt?
- Welche Aktionspläne zur Erreichung der Energieziele existieren?
- Wie werden in diesem Aktionsplan Personal, Finanzen und Termine festgelegt?
- Wie wird der Erfolg des Aktionsplans regelmäßig bewertet?
- Welche konkreten Maßnahmen werden erarbeitet und umgesetzt?
- Welche wirtschaftlichen Potenziale lassen sich realisieren?

8.2.7 Unterstützung

Zur wirkungsvollen Einführung eines Energiemanagementsystems und zur Durchführung der Aktionspläne zum Energiemanagement muss das Unternehmen entsprechende Instrumente entwickeln und einsetzen. Dazu berücksichtigt die DIN EN ISO 50001 folgende Punkte:

- Ressourcen,
- Kompetenz,
- Bewusstsein,
- Kommunikation und
- dokumentierte Information.

8.2.7.1 Ressourcen

Zur wirkungsvollen Einführung und Umsetzung eines Energiemanagementsystems muss die Geschäftsführung entsprechende Ressourcen zur Verfügung stellen. Nur dann kann mit den notwendigen Maßnahmen ein wichtiger unternehmerischer Beitrag zum Klimaschutz geleistet werden. Die fortlaufende Weiterentwicklung kann nur unter Berücksichtigung rechtlicher Anforderungen, der Erwartungen von Kunden, Mitarbeitern, Öffentlichkeit und ökonomischen Möglichkeiten erfolgen. Der Nutzen für die Umwelt und das Unternehmen sowie die Verfügbarkeit personeller und finanzieller Ressourcen sind gegeneinander abzuwägen. Einige Fragen zum Thema Ressourcen sind:

- Welche Ressourcen (Finanzen, Technologien, Mitarbeiter) stellt die Geschäftsführung im Energiemanagement zur Verfügung?
- Nach welchen Kriterien werden diese Ressourcen ausgewählt und eingesetzt?
- Wie hat sich die energetische Leistung des Unternehmens durch den Ressourceneinsatz verbessert?

8.2.7.2 Kompetenz

Im Rahmen eines Energiemanagementsystems muss eine systematische Kompetenzentwicklung der Mitarbeiter erfolgen. Über eine strukturierte Qualifikationsplanung und systematische Personalentwicklung sollten den Mitarbeitern die notwendigen fachlichen, methodischen und sozialen Kompetenzen vermittelt werden. Im Laufe der Zeit müssen sie die Vorgaben des Energiemanagementsystems und die Erreichung der Energieziele selbstständig und wirkungsvoll umsetzen können. Für die Ermittlung des Schulungsbedarfs sind folgende Schritte notwendig:

- Anforderungsprofil des Arbeitsplatzes,
- Ausbildung, Berufserfahrung und Kompetenzprofil des Mitarbeiters,
- Identifikation der Schulungs- und Personalentwicklungsmaßnahmen,
- Praxistransfer, Bewertung und Erfolgskontrolle der durchgeführten Schulung.

Das Niveau und die Einzelheiten der Schulung hängen von der Ausbildung und den Kenntnissen des Mitarbeiters ab. Sie ergeben sich aus dem Vergleich des Anforderungsprofils des Arbeitsplatzes mit dem Kompetenzprofil des Mitarbeiters. Die für das Unternehmen tätigen Auftragnehmer, Dienstleister und Subunternehmer müssen ebenfalls entsprechende Qualifikationsnachweise vorlegen. Für den Aspekt Kompetenzen im Energiemanagementsystem sind folgende Fragen relevant:

- Welche Kompetenzanforderungen sind für energierelevante Tätigkeiten notwendig?
- Wie wird der Schulungsbedarf für energierelevante Tätigkeiten ermittelt und dokumentiert?
- Welche Ausbildung und Berufserfahrung haben die Mitarbeiter bzgl. energetischer Belange?
- Wie ist sichergestellt, dass die Bedeutung der Energiepolitik und des Energiemanagementsystems verstanden wird?
- Wie werden den Mitarbeitern die Auswirkungen ihrer Tätigkeiten vermittelt und welchen Beitrag können sie zur Verbesserung der energiebezogenen Leistung leisten?
- Welche Aufgaben und Verantwortlichkeiten der Mitarbeiter liegen vor, damit die Energiepolitik und die Forderungen des Energiemanagementsystems eingehalten werden?
- Welches Weiterbildungsprogramm existiert im Energiesektor?
- Wie werden der Wissenstransfer und der Erfolg einer Weiterbildungsmaßnahme sichergestellt?
- Wie erkennen die Mitarbeiter, dass aufgrund verbesserter persönlicher Leistungen der Nutzen für die Umwelt und das Unternehmen steigt?

8.2.7.3 Bewusstsein

Die Geschäftsführung hat eine Schlüsselfunktion bei der Mitarbeitermotivation im Energiemanagementsystem. Sie muss die energiebezogenen Ziele und die Bedeutung der Energiepolitik erläutern. Die Mitarbeiter sind verpflichtet, die Vorgaben des Energiemanagementsystems in einen wirkungsvollen Verbesserungsprozess umzusetzen. Sämtliche Mitarbeiter eines Unternehmens sollten die Energieziele, für die sie verantwortlich sind, verstehen und umsetzen können. Insbesondere Mitarbeiter, deren Tätigkeiten bedeutende

Auswirkungen auf den Energiebereich haben, sind hier gefordert. Die erforderlichen Kenntnisse für energierelevante Arbeitsplätze sollten bei der Personalauswahl, -schulung und -entwicklung beachtet werden. Den entsprechenden Mitarbeitern muss bewusst werden, wie aufgrund ihrer persönlichen Leistungen die Energieeffizienz in ihrem Tätigkeitsbereich gesteigert werden kann. Sie müssen entsprechende Ausbildungen, Fähigkeiten und Kompetenzen besitzen, um ihren Aufgaben und Verantwortungen zur Erreichung der Energieziele und zur Umsetzung der Maßnahmen des Energiemanagementprogramms nachkommen zu können. Grundsätzlich müssen ihnen die möglichen ökonomischen und ökologischen Folgen bei Abweichungen von festgelegten Arbeitsabläufen klar sein. Einige Fragen, die bzgl. des Bewusstseins beachtet werden sollten:

- In welchem Umfang verstehen die Mitarbeiter die Energieziele und die Aktionspläne zum Energiemanagement des Unternehmens?
- Wie wird die Motivation zu eigenverantwortlichem Handeln gefördert?
- Wie werden Verbesserungsvorschläge seitens der Mitarbeiter berücksichtigt und umgesetzt?
- Wie wird energierelevantes Wissen vermittelt?
- Welche Schulungen werden zum Thema Energie und Energieeffizienz angeboten?
- Wie erkennt das Unternehmen den Beitrag der Mitarbeiter zur Steigerung der energiebezogenen Leistungen an?
- Wie wird das Bewusstsein bzgl. der Energiepolitik und der strategischen/betrieblichen Energieziele gefördert?
- Welche Anreize zur Änderung des Mitarbeiterverhaltens wurden geschaffen?
- Welche abteilungsbezogenen Energieworkshops werden durchgeführt?
- Welche Informationen werden den Mitarbeitern zur Energiesituation im Unternehmen zur Verfügung gestellt?

8.2.7.4 Kommunikation

Im Hinblick auf die energetischen Aspekte im Unternehmen müssen zwischen den einzelnen Abteilungen, den Führungsebenen und den Mitarbeitern Kommunikationsabläufe existieren. Über den Umfang der internen – und einer möglichen externen – Berichterstattung kann das Unternehmen selber entscheiden. Mögliche Informationen können umfassen:

- strategische und betriebliche Energieziele,
- Energieverbräuche und jährliche Trends,
- Maßnahmen und potenzielle Verbesserungen,
- ökonomische und ökologische Vorteile.

Die intern (und extern) veröffentlichten Informationen sollten nachprüfbar sein und ein zutreffendes Bild über die energiebezogenen Leistungen des Unternehmens liefern.

Sie sollten die Mitarbeiter zu weiteren Verbesserungsvorschlägen motivieren und sie an den Erfolgen angemessen beteiligen. Die Berichterstattung sollte die energetischen Aspekte der Tätigkeiten, Produkte, Prozesse und Dienstleistungen darlegen. Sie sollte das Bewusstsein der Mitarbeiter über Wege zur Erreichung der Energieziele und entsprechende Realisierungsmöglichkeiten von Maßnahmen aus dem Aktionsplan zum Energiemanagement stärken. Einige Fragen, die bzgl. der Kommunikation berücksichtigt werden sollten:

- Welche Informationen bzgl. Energie werden vom Unternehmen veröffentlicht?
- Welche Abläufe bzgl. der internen Kommunikation energierelevanter Aspekte existieren im Unternehmen?
- Wie werden Mitarbeiteranregungen entgegengenommen, bewertet und honoriert?
- Wie werden Auditergebnisse und andere Bewertungen mitgeteilt?
- Wie wird die kontinuierliche Verbesserung der energiebezogenen Leistungen durch die Berichterstattung unterstützt?
- Wie werden Verbesserungsvorschläge zum Energiemanagementsystem berücksichtigt?
- Wie werden von externen Kreisen Anfragen entgegengenommen, bearbeitet und beantwortet?
- Wie werden in Besprechungen energetische Aspekte thematisiert?
- Welche Informationen enthalten interne und externe Veröffentlichungen zum Thema Energie?
- Wie wird die Bedeutung des Energiemanagements im Unternehmen kommuniziert?

8.2.7.5 Dokumentierte Information

Die DIN EN ISO 50001 stellt entsprechende Anforderungen an die Dokumentation eines Energiemanagementsystems. Der Umfang der Dokumentation muss nutzbringend für das Unternehmen sein und keinen Selbstzweck erfüllen. Wesentliche Inhalte können z. B. sein:

- Organigramm des Unternehmens,
- Anwendungsbereich des Energiemanagementsystems,
- Planungsprozesse im Energiemanagementsystem,
- Energiepolitik und operative Energieziele,
- Tätigkeiten, Prozesse und Verfahren mit hoher Energierelevanz,
- technische Dokumentationen zu Versorgungseinrichtungen,
- Instandhaltungs- und Wartungspläne,
- Betriebsanleitung für Normalbetrieb und Notfallpläne,
- Energiekataster und Energieleistungskennzahlen.

Durch diese Informationen wird die Transparenz gefördert, wobei das Hauptaugenmerk auf einer Verbesserung der energiebezogenen Leistungen liegen sollte und nicht auf einem aufwendig gepflegten Dokumentationssystem. Die Leistungen eines internen/externen Projektleiters/Auditors/Zertifizierers zeigen sich an seinen inhaltlichen Arbeiten und nicht an der starren Einhaltung und Abprüfung von Formalismen. Die Fixierung auf Dokumentationen, Pflegen von Unterlagen und Lenkung von Dokumenten führt zu einem planwirtschaftlichen und unflexiblen Managementsystem. Das Unternehmen muss Verfahren für energiebezogene Aufzeichnungen führen. Dies kann z. B. umfassen:

- strategische und operative Ziele im Energiesektor,
- Maßnahmen aus dem Energiemanagementsystem,
- Informationen zu relevanten Rechtsvorschriften und anderen Anforderungen,
- Schulungsaktivitäten und Mitarbeiterkompetenzen,
- Messplanung und Durchführung zur Ermittlung der Energieverbräuche,
- Berichte zu Energieverbräuchen und zur energetischen Ausgangsbasis (EnB),
- Energieleistungskennzahlen (EnPI) zu Prozessen, Anlagen und Verfahren,
- Aufzeichnungen zu Prüf-, Kalibrier- und Wartungsaktivitäten,
- Messung, Auswertung und Dokumentation energierelevanter Parameter,
- Informationen für und über Lieferanten, Dienstleister und Auftragnehmer,
- Beschaffungsrichtlinien für energierelevante Einrichtungen, Anlagen und Produkte,
- Ergebnisse von Auditierungen,
- Bewertungen durch die Unternehmensleitung.

Der effektive Umgang mit der vielfältigen und komplexen Menge an Informationen ist ein Schlüsselelement für ein effizientes Energiemanagementsystem. Ein gutes Informationssystem schließt Mittel und Wege zur Kennzeichnung, Sammlung, Registrierung und Aufbewahrung von Daten, Informationen und Berichten ein. Einige Fragen, die im Zuge der dokumentierten Informationen berücksichtigt werden sollten:

- Welche Informationen zum Energiemanagementsystem werden dokumentiert?
- Welche Aufzeichnungen zu Energieaspekten hat bzw. braucht das Unternehmen?
- Welche Schlüsselindikatoren sind zu ermitteln und zu verfolgen, um die Energieziele zu erreichen?
- Wie stellt das Informationssystem den Mitarbeitern die benötigten Informationen zur Verfügung?
- Welche Energieberichte werden regelmäßig erstellt?
- Welchen ökonomischen, ökologischen und sozialen Nutzen für Unternehmen, Umwelt und Mitarbeiter hat die Dokumentation?

8.2.8 Betrieb

In der DIN EN ISO 50001 werden in diesem Abschnitt folgende Punkte behandelt:

- betriebliche Planung und Steuerung,
- Auslegung,

- Beschaffung.

8.2.8.1 Betriebliche Planung und Steuerung

Das Unternehmen muss seine Prozesse planen und steuern. Das gilt besonders für Prozesse, Anlagen und Gebäude, die besonders energierelevant sind. Aufgrund des wesentlichen Energieverbrauchs sind eindeutige Kriterien für deren Betrieb festzulegen. Dies betrifft sowohl den regulären Betrieb wie auch Anfahr- und Abfahrvorgänge, z. B. im Zuge von Instandhaltungsmaßnahmen oder Notfallvorgängen. Die entsprechenden Betriebs- und Steuerungsparameter sind regelmäßig zu messen, auszuwerten und zu dokumentieren. Folgende Fragen sind relevant:

- Wie werden betriebliche Prozesse geplant und gesteuert?
- Welche Prozesskriterien liegen für wesentliche, energierelevante Anlagen vor?
- Wie werden besonders energierelevante Anlagen instand gehalten?
- Ist den Mitarbeitern die Bedeutung der Einhaltung der Prozesskriterien bewusst?
- Wie werden die Daten besonders energierelevanter Prozesse erhoben, ausgewertet und die Ergebnisse dokumentiert?

8.2.8.2 Auslegung

Bei der Ablauflenkung von Prozessen und der Auslegung neuer Projekte werden die energierelevanten Aspekte ermittelt, die bedeutende Auswirkungen auf den Energieverbrauch haben oder haben können. Innerhalb der Organisationsstrukturen müssen die Verantwortlichen für diese Abläufe eindeutig bekannt sein. Abläufe, die zu bedeutenden Energieaspekten beitragen können, sind u. a.:

- Vertrieb und Kundenservice,
- Produktentwicklung,
- Logistik und Materialwirtschaft,
- Produktion,
- Instandhaltung und Betriebstechnik,
- Informationstechnologien,
- Fabrikplanung und Infrastruktur,
- Personalmanagement,
- Finanzen und Controlling,
- Lieferanten und Dienstleister,
- ausgelagerte Prozesse.

Für diese Abläufe sind dokumentierte Verfahren einzuführen, wenn deren Fehlen zu einer Nichterfüllung der Energiepolitik und der Energieziele führen könnte. Bei neuen oder veränderten Anlagen, Einrichtungen und Prozessen sind im Zuge des Projektmanagements entsprechende Auswirkungen auf das Energiemanagementsystem zu prüfen. Solche Projekte müssen zu einer Verbesserung der energiebezogenen Leistung und damit zu einer Verminderung der Umweltbelastung führen. Folgende Fragen sind im Zusammenhang mit der betrieblichen Planung und Steuerung bei der Ablauflenkung und der Auslegung neuer Projekte zu beantworten:

- Welche Abläufe und Tätigkeiten besitzen wesentliche Auswirkungen auf den Energieeinsatz?
- Wie werden diese Abläufe geplant und unter festgelegten Bedingungen betrieben?
- Wie werden die betrieblichen Vorgaben für Anlagen, Verfahren und Prozesse festgelegt?
- Wie werden neue und geänderte Anlagen, Verfahren und Prozesse ausgelegt, sodass es zu einer Verbesserung der energiebezogenen Leistung kommt?
- Welche betrieblichen Energieziele und Aktionspläne lassen sich für die energieintensivsten Bereiche aufstellen?
- Welche Prozesskriterien und Energieleistungskennzahlen lassen sich formulieren?
- Wie lassen sich neue oder veränderte Anlagen, Einrichtungen oder Prozesse unter energiebezogenen Gesichtspunkten optimieren?
- Über welchen technologischen Stand verfügen diese Prozesse?
- Wie werden Instandhaltungsaktivitäten ermittelt und berücksichtigt?
- Über welche Kompetenzen verfügen die eingesetzten Mitarbeiter?
- Welche zeitliche Entwicklung hat die energetische Leistung der Prozesse genommen?
- Welche energieintensiven Prozesse wurden ausgelagert?
- Wie werden energetische Aspekte im Lebensweg eines Produkts/einer Dienstleistung berücksichtigt?
- Wie werden die notwendigen Verfahren dokumentiert und den Mitarbeitern kommuniziert?

8.2.8.3 Beschaffung

Über das eigene Unternehmen hinaus sind im Beschaffungsprozess Forderungen an Zulieferer und Auftragnehmer zu stellen. So wird im Schneeballeffekt das Energiemanagementsystem ausgedehnt. Diese Forderungen beziehen sich auf Energiedienstleistungen bzw. auf den Einkauf von Energie. Einmal erworbene Anlagen oder Produkte lassen sich energetisch kaum oder nur schwer verbessern. Im Beschaffungsprozess muss daher ein besonderes Augenmerk auf die Energieeffizienz neuer Anlagen, Einrichtungen, DV-System, Produkte, Gebäude etc. gelegt werden. Für die Beschaffung sind folgende Fragen zu beachten:

- Wie werden energetische Aspekte bei der Beschaffung von Anlagen, Einrichtungen, Informationstechnologien etc. berücksichtigt?
- Wie wird der Energieverbrauch in der Betriebslebensdauer berücksichtigt?
- Welche Forderungen existieren an Lieferanten, Dienstleister und Auftragnehmer?
- Wie lässt sich die Beschaffung von Energie unter ökologischen und ökonomischen Belangen optimieren?

8.2.9 Bewertung der Leistung

Um die Wirksamkeit des Energiemanagementsystems zu gewährleisten, sollte das Unternehmen seine energieorientierte Leistung messen, überwachen und bewerten. Im Einzelnen sind zu berücksichtigen:

- Überwachung, Messung, Analyse und Bewertung der energiebezogenen Leistung und des Energiemanagementsystems (EnMS),
- internes Audit,
- Managementbewertung.

8.2.9.1 Überwachung, Messung, Analyse und Bewertung der energiebezogenen Leistung und des EnMS

Das Unternehmen muss über ein System zum Messen und Überwachen der Energieverbräuche verfügen. Von daher sind Arbeitsabläufe und Tätigkeiten, die eine bedeutende Auswirkung auf den Energieverbrauch haben können, regelmäßig zu überwachen. Mess- und Überwachungsgeräte sind regelmäßig zu kalibrieren und zu warten. Aufzeichnungen darüber sind z. B. in Betriebstagebüchern aufzubewahren. Überwachungs-, Kalibriervorgänge und Messungen sind zu analysieren, um den Erfolg von Maßnahmen zu erkennen und mögliche Verbesserungen zu identifizieren. Die Ermittlung geeigneter Indikatoren zur energetischen Leistung kann in Form betrieblicher Energy Performance Indicators (EnPIs) geschehen. Diese Energieindikatoren lassen sich als relative Kennziffern für alle Energiearten (z. B. Heizöl, Erdgas, Dampf, Strom, regenerative Energien) auf Produktionsmengen, Gebäudeflächen etc. erstellen. Die Bewertung der erzielten energetischen Leistung folgt dem in Abb. 8.5 gezeigten Kreislauf zur fortlaufenden Verbesserung. Die gemessenen und erhobenen Daten und Informationen sind aufzubereiten und zu analysieren. Aus dieser Datenaufbereitung und Analyse heraus lassen sich Kennzahlen bilden. Unter Berücksichtigung der Energieziele lassen sich über einen Soll-Ist-Vergleich Maßnahmen zur Steigerung der Energieeffizienz ableiten. Die Umsetzung der Maßnahmen geschieht nach den Prinzipien des Projektmanagements. Eine Erfolgskontrolle der realisierten Maßnahmen ermöglicht eine fortlaufende Verbesserung der Energieeffizienz des Unternehmens.

Einige Fragen, die im Zusammenhang mit Überwachung, Messung, Analyse und Bewertung beachtet werden sollten:

- Welche energetische Ausgangsbasis wird zur Bewertung der Energieeffizienz verwendet?
- Wie werden die Energieverbräuche gemessen und überwacht?
- Welche Verbesserungen der energiebezogenen Leistung (absolut, relativ) haben sich in den letzten Jahren ergeben?
- Existiert eine auf die Infrastruktur (Gebäude, Prozesse, Anlagen) abgestimmte Zählerstruktur?
- Wie werden die maßgeblichen Merkmale energierelevanter Arbeitsabläufe und Tätigkeiten regelmäßig überwacht und gemessen?

8

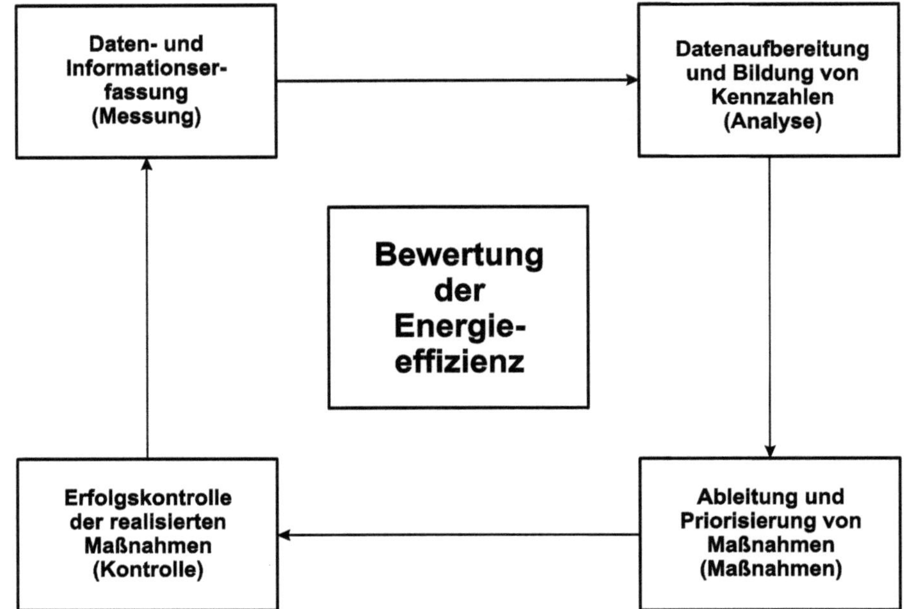

Abb. 8.5 Fortlaufender Verbesserungsprozess zur Steigerung der Energieeffizienz

- Welche spezifischen Indikatoren (EnPI) zur Messung der energetischen Leistung existieren?
- Wie werden die erreichten Leistungen und die energierelevanten Abläufe mit den Energiezielen verglichen?
- Wie werden Mess- und Überwachungseinrichtungen regelmäßig überprüft und kalibriert?
- Welche Konsequenzen werden aus der Analyse der Verbrauchsdaten gezogen?
- Wie wird die Wirksamkeit des Aktionsplans zur Erreichung der Energieziele bewertet?
- Wie werden Betriebsbegehungen dokumentiert?
- Welchen Berichtspflichten haben die Betriebsbeauftragten bzw. der Managementbeauftragte nachzukommen?

Bewertung der Einhaltung rechtlicher Anforderungen

Grundsätzlich muss das Unternehmen alle rechtlichen Verpflichtungen ermitteln, die es einzuhalten hat. Das gilt auch für den Energiesektor. Andere Forderungen können z. B. DIN-Normen, VDI-Richtlinien, Selbstverpflichtungen der Wirtschaft und Vereinbarungen mit Kunden und Lieferanten sein. Dazu gehören auch Abkommen und Übereinkünfte mit Behörden. Rechtliche Verpflichtungen und andere Anforderungen und die zugehörigen Energieaspekte können Tätigkeiten, Verfahren, Produkten und Dienstleistungen zugeordnet werden. Um die Erfüllung der rechtlichen Vorschriften zu gewährleisten, müssen eine regelmäßige Ermittlung und Dokumentation durchgeführt werden. Es sollte ein Verzeichnis aller relevanten Gesetze und Vorschriften eingerichtet und aufrechterhalten werden. Rechtsvorschriften können in Form von

- allgemeinen Gesetzen und Verordnungen,
- speziellen Rechtsvorschriften für Produkte und Dienstleistungen,
- speziellen Vorschriften und Vereinbarungen für bestimmte Branchen,
- Genehmigungen und Auflagen für den Betrieb am Standort

existieren. Für die Ermittlung von laufenden Rechtsänderungen können verschiedene Quellen genutzt werden, z. B.:

- Gesetzesblätter der EU, des Bundes und der Länder,
- Behörden auf allen Ebenen,
- Industrieverbände und -vereinigungen,
- Dienstleister und Anbieter von Datenbanken.

Die Einhaltung der Rechtsvorschriften ist Aufgabe der verantwortlichen Personen. Der gesamte Prozess bzw. rechtliche Verpflichtungen und andere Anforderungen werden im internen Audit überprüft. Folgende Fragen sollten beachtet werden:

- Wie ermittelt das Unternehmen die rechtlichen Verpflichtungen?
- Wer ist für die Erstellung und Aktualisierung des Rechtskatasters zuständig?
- Welche Rechtsvorschriften und anderen Anforderungen muss das Unternehmen einhalten?
- Welche behördlichen Auflagen liegen vor?
- Wie werden die relevanten Rechtsinformationen an die zuständigen Mitarbeiter/Führungskräfte weitergeleitet?
- Wie wird die Erfüllung der rechtlichen Vorgaben regelmäßig geprüft?

8.2.9.2 Internes Audit

Ein Audit ist ein systematischer und dokumentierter Prozess zur objektiven Ermittlung und Bewertung von Nachweisen. Es wird festgestellt, ob das Energiemanagementsystem des Unternehmens die selbst festgelegten Kriterien erfüllt. Audits sind deshalb regelmäßig durchzuführen. Das Auditprogramm muss auf den bedeutenden Energieaspekten des Unternehmens und den Ergebnissen vorangegangener Audits basieren. In einem vollständigen Auditprogramm müssen

- Tätigkeiten und Bereiche,
- Verantwortlichkeiten für die Leitung und Durchführung,
- Berichterstattung von Auditergebnissen,
- Kompetenz der Auditoren,

- Art der Durchführung des Audits

geregelt sein. Die Häufigkeit der Audits hängt von der Art des Betriebs, seinen Energieaspekten und potenziellen Auswirkungen ab. Audits können durch Mitarbeiter des Unternehmens und/oder durch externe Personen ausgeführt werden. In jedem Fall sollten die Auditoren in der Lage sein, das Audit objektiv und unparteiisch durchzuführen. Die Berichterstattung der Auditergebnisse an die Unternehmensleitung zeigt den Zustand des Energiemanagementsystems auf. Einige Fragen, die bzgl. des internen Audits beachtet werden sollten:

- Welche Anforderungen werden an das Energieaudit gestellt?
- Wie wird gewährleistet, dass der externe Auditor die richtigen Prioritäten im Energieaudit setzt?
- Welche Programme zur regelmäßigen Auditierung des Energiemanagementsystems existieren?
- Wie wird festgestellt, ob das Energiemanagementsystem die Anforderungen der DIN EN ISO 50001 erfüllt?
- Wie werden die ordnungsgemäße Implementierung und Aufrechterhaltung des Energiemanagementsystems festgestellt?
- Wie ist das Auditprogramm auf die Energierelevanz der betreffenden Tätigkeiten abgestellt?
- Welche Daten werden im Energieaudit erhoben?
- Wie werden Anwendungsbereich, Häufigkeit und Methoden der Auditierung bestimmt?
- Wie sind die Verantwortungen für die Durchführung von Energieaudits geregelt?
- Werden die Unternehmensbereiche auditiert, die bedeutende Auswirkungen auf den Energieverbrauch haben?
- Wie werden die Ergebnisse vorangegangener Energieaudits berücksichtigt?
- Welche Informationen erhalten die Unternehmensleitung und weitere verantwortliche/zuständige Personen über die Ergebnisse des Energieaudits?
- Wie ist sichergestellt, dass die internen/externen Auditoren über die notwendige fachliche Kompetenz im Energiebereich verfügen?
- Wie kommt die Geschäftsführung ihrer Unterstützungspflicht für das Energieaudit nach?
- Ergeben sich aus dem Auditbericht ökonomische und ökologische Potenziale zur kontinuierlichen Verbesserung im Energiemanagement?
- Welche Energieleistungskennzahlen werden aus dem Energieaudit heraus erstellt?

8.2.9.3 Managementbewertung

Das Unternehmen muss sein Energiemanagementsystem bewerten und fortlaufend verbessern. Dadurch soll insgesamt eine Verbesserung der Energieeffizienz erreicht werden. Die Bewertung sollte breit genug angelegt sein, um die energetischen Aspekte aller Tätigkeiten, Prozesse, Verfahren und Dienstleistungen zu erfassen. In die jährliche Bewertung sollten einbezogen werden:

- Eignung der strategischen Energiepolitik und der betrieblichen Energieziele,
- Einhaltung der rechtlichen Verpflichtungen,
- Änderungen von Prozessen, Verfahren und Produkten,
- Fortschritte in Wissenschaft und Technologie,
- Energieeffizienz des Unternehmens,
- Ergebnisse von Audits,
- Wirksamkeit von Korrektur- und Vorbeugungsmaßnahmen,
- Maßnahmen aus Aktionsplänen zum Energiemanagement,
- Bereitstellung von Ressourcen,
- Verbesserungsvorschläge aus früheren Managementreviews.

Das Konzept der fortlaufenden Verbesserungen ist ein wesentlicher Bestandteil eines Energiemanagementsystems. Der fortlaufende Verbesserungsprozess wird u. a. durch

- Verbesserungen des Energiemanagementsystems,
- Ursachenermittlung für Fehler und Unzulänglichkeiten,
- Pläne für Korrektur- und Verbesserungsmaßnahmen,
- Steigerung der Energieeffizienz durch Maßnahmen,
- Prozessverbesserungen und Verfahrensänderungen

erreicht. Die Einrichtung eines Energiemanagementsystems nach DIN EN ISO 50001 bedeutet, im fortlaufenden Verbesserungsprozess die Energieeffizienz des Unternehmens laufend zu verbessern. Für die Managementbewertung sollten folgende Fragen beachtet werden:

- Wie überprüft die Unternehmensleitung die Wirksamkeit des Energiemanagementsystems?
- Wie wird die energiebezogene Leistung in der strategischen Planung berücksichtigt?
- Wie werden vorangegangene Auditergebnisse im Review berücksichtigt?
- Wie werden die strategische Umweltpolitik und betrieblichen Energieziele angepasst?
- Wie wird die Energieeffizienz des Unternehmens verbessert?
- Welche Ergebnisse lieferten die bisherigen Managementreviews?
- Wie und von wem wird an die Geschäftsführung bzgl. der energiebezogenen Leistung und der Weiterentwicklung des Energiemanagementsystems berichtet?
- Wie werden ausgelagerte Prozesse berücksichtigt?
- Wie wird die Bewertung der energiebezogenen Leistung dokumentiert?
- Wie wird die Verpflichtung zur fortlaufenden Verbesserung der energiebezogenen Leistung überprüft?
- Wie werden notwendige Änderungen am Energiemanagementsystem umgesetzt?

8.2.10 Verbesserung

Mit dem Punkt Verbesserung schließt die DIN EN ISO 50001 ab. Von daher werden in diesem Abschnitt noch folgende Aspekte behandelt:

- Nichtkonformität und Korrekturmaßnahmen,
- fortlaufende Verbesserung.

8.2.10.1 Nichtkonformität und Korrekturmaßnahmen

Die Feststellungen, Schlussfolgerungen und Empfehlungen, die sich als Ergebnis aus Audits, Überwachungen und anderen Bewertungen ergeben, sind schriftlich festzuhalten. Für die notwendigen Korrektur- und Vorbeugungsmaßnahmen sind Verantwortlichkeiten, Ressourcen, Termine etc. zu nennen. Die Maßnahmen müssen den tatsächlichen und potenziellen Abweichungen entsprechend angemessen sein. Für die Untersuchung von Abweichungen sind folgende Aspekte einzubeziehen:

- Bestimmung der Ursachen für Abweichungen,
- Aufzeichnung der Ergebnisse,
- Bewertung von Lösungsalternativen und Auswahl von Maßnahmen,
- Überprüfung und Bewertung der Wirksamkeit der Maßnahmen.

Durch ein systematisches Vorgehen ist die Wirksamkeit der ergriffenen Maßnahmen sicherzustellen. Einige Fragen, die bzgl. Nichtkonformität und Korrekturmaßnahmen beachtet werden sollten:

- Wie werden Abweichungen vom Energiemanagementsystem untersucht und behandelt?
- Welche Korrekturmaßnahmen wurden in den letzten Jahren durchgeführt?
- Was waren die Ursachen für die notwendigen Maßnahmen?
- Wer trug die Verantwortung für die Umsetzung der Korrekturmaßnahmen?
- Wie werden die umgesetzten Maßnahmen auf ihre Wirksamkeit überprüft?

8.2.10.2 Fortlaufende Verbesserung

Im Sinne eines nachhaltigen Wirtschaftens und eines messbaren unternehmerischen Beitrags zum Klimaschutz muss das Unternehmen eine verbesserte energetische Leistung aufzeigen können. Um dieses strategische Ziel zu erreichen, muss das Energiemanagementsystem fortlaufend verbessert werden. Dies mündet in eine abschließende, einfach zu formulierende Frage bzgl. der fortlaufenden Verbesserung eines Energiemanagementsystems:

Was bringt's?

Tab. 8.2 Anzahl der Zertifizierungen nach DIN EN ISO 50001 Energiemanagementsysteme in 2017 [1]

Land	AnzahlZertifizierungen
Welt	22.870
Deutschland	**8314**
United Kingdom	3078
China	1567
Frankreich	938
Italien	857
Ungarn	610
Indien	608
Spanien	568
Tschechien	522
Russland	250

8.2.11 Zertifizierungen nach DIN EN ISO 50001

Tab. 8.2 zeigt die Anzahl der Zertifizierungen nach DIN EN ISO 50001 Energiemanagementsysteme in 2017. Weltweit wurden ca. 12.000 Zertifikate vergeben, wovon die Hälfte aus Deutschland stammt. Bisher beteiligen sich überwiegend europäische Nationen an dieser Managementnorm. Mit deutlichem Abstand folgen einige asiatische Länder.

8

8.3 Energieaudit gemäß DIN EN 16247

8.3.1 Einführung

Für die Durchführung eines Energieaudits nach DIN EN 16247 wurden bisher 5 Normen verabschiedet:

- DIN EN 16247-1
  Energieaudits – Teil 1: Allgemeine Anforderungen,
- DIN EN 16247-2
  Energieaudits – Teil 2: Gebäude,
- DIN EN 16247-3
  Energieaudits – Teil 3: Prozesse,
- DIN EN 16247-4
  Energieaudits – Teil 4: Transport,
- DIN EN 16247-5
  Energieaudits – Teil 5: Kompetenz von Energieauditoren.

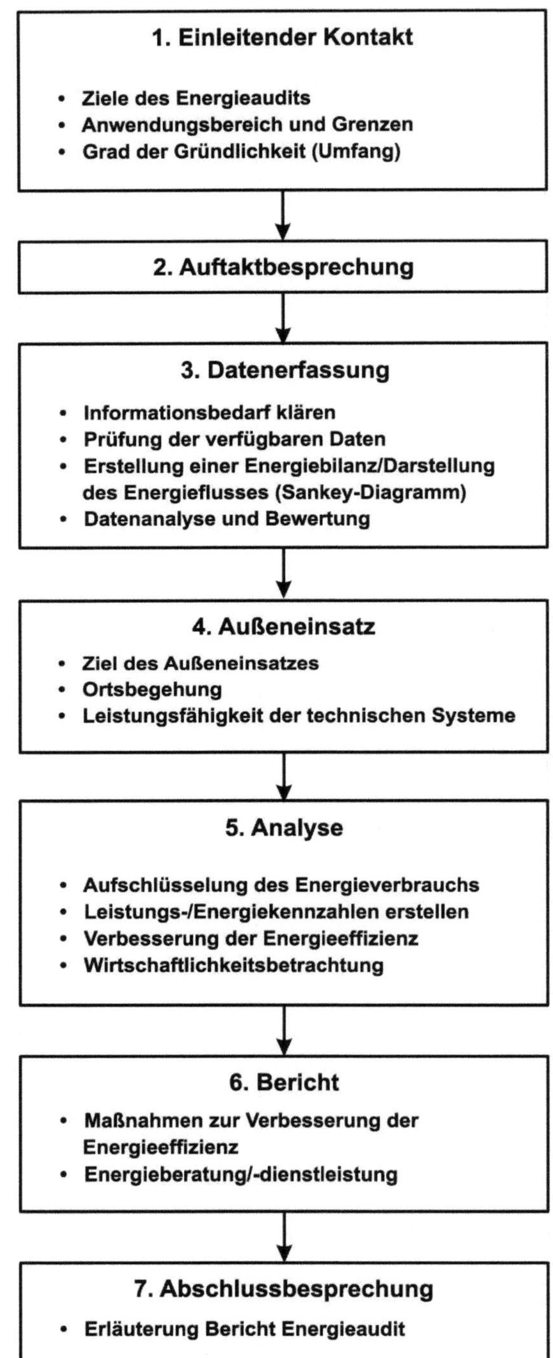

Abb. 8.6 Prozessablauf für ein Energieaudit

Die Normen DIN EN 16247-2 Gebäude und DIN EN 16247-3 Prozesse verfügen über einen eigenen Prozessablauf zur Durchführung eines Energieaudits. Dieser Ablauf weicht teilweise deutlich von der DIN EN 19011 Leitfaden für Audits von Qualitätsmanagement- und/oder Umweltmanagementsystemen ab. In Abb. 8.6 wird der Prozessablauf eines Energieaudits betrachtet. Erhebliche Abweichungen zum Umweltaudit gibt es besonders in den Abschnitten 3. Datenerfassung und 5. Analyse des Energieaudits. Hier wird eine teilweise sehr tiefgehende Datenerfassung, Analyse und Bewertung durch den Energieauditor erwartet. Um die aktuelle energetische Situation zu erfassen, muss er über die entsprechende messtechnische Ausrüstung verfügen. Er hat konkrete Möglichkeiten zur Verbesserung der Energieeffizienz aufzuzeigen. Diese Anforderungen lassen sich nur mit einer ingenieurmäßigen Beratung im Rahmen einer Dienstleistung im Energiesektor erfüllen. Insgesamt vermitteln die Normen zum Energieaudit den Eindruck, dass es sich um eine Mischung aus Audit, Messung und Analyse sowie einer ganzheitlichen Energieberatung handelt. Anwendung kann die Normenreihe zu DIN EN 16247 im Rahmen der Verordnung über Systeme zur Verbesserung der Energieeffizienz im Zusammenhang mit der Entlastung von der Energie- und der Stromsteuer in Sonderfällen (Spitzenausgleich – Effizienzsystemverordnung, SpaEfV) finden. In Anhang 1 der genannten Verordnung werden die inhaltlichen Anforderungen an einen Energieauditbericht entsprechend der DIN EN 16247-1 aufgeführt.

8.3.2 Spitzenausgleich-Effizienzsystemverordnung (SpaEfV)

Zweck, Anwendungsbereich (§ 1)
Die Spitzenausgleich-Effizienzsystemverordnung regelt Anforderungen an alternative Systeme zur Verbesserung der Energieeffizienz, die von kleinen und mittleren Unternehmen anstelle eines Energiemanagementsystems nach DIN EN ISO 50001 oder eines EMAS-Umweltmanagementsystems betrieben werden können.

Alternative Systeme zur Verbesserung der Energieeffizienz für kleine und mittlere Unternehmen (§ 3)
Als alternative Systeme zur Verbesserung der Energieeffizienz für kleine und mittlere Unternehmen gelten folgende Systeme:

- ein Energieaudit entsprechend den Anforderungen der DIN EN 16247-1 oder
- ein alternatives System gemäß der Spitzenausgleich-Effizienzsystemverordnung.

Nachweisführung im Regelverfahren (§ 4)
Voraussetzung für die Nachweisführung über den Betrieb eines alternativen Systems zur Verbesserung der Energieeffizienz durch ein kleines oder mittleres Unternehmen ist die Einhaltung der Anforderungen an einen Energieauditbericht. Die Nachweisfüh-

rung muss sich auf alle Unternehmensteile, Anlagen, Standorte, Einrichtungen, Systeme und Prozesse eines Unternehmens beziehen. Der Bericht des Energieaudits muss enthalten:

Zusammenfassung:

- Rangfolge der Möglichkeiten zur Verbesserung der Energieeffizienz,
- vorgeschlagenes Umsetzungsprogramm,

Hintergrund:

- allgemeine Informationen über die auditierte Organisation, den Energieauditor und die Energieauditmethodik,
- Kontext des Energieaudits,
- Beschreibung des/der auditierten Objekte(s),
- relevante Normen und Vorschriften,

Energieaudit:

- Beschreibung des Energieaudits mit Anwendungsbereich, Ziel und Gründlichkeit, Zeitrahmen und Grenzen,
- Informationen zur Datenerfassung
  - Messaufbau (aktuelle Situation),
  - Aussage, welche Werte verwendet wurden (und welche Werte davon gemessen und welche geschätzt sind),
  - Kopie der verwendeten Schlüsseldaten und der Kalibrierungszertifikate, soweit solche Unterlagen vorgeschrieben sind,
- Analyse des Energieverbrauchs,
- Kriterien für die Rangfolge von Maßnahmen zur Verbesserung der Energieeffizienz,

Möglichkeiten zur Verbesserung der Energieeffizienz:

- vorgeschlagene Maßnahmen, Empfehlungen, Plan und Ablaufplan für die Umsetzung,
- Annahmen, von denen bei der Berechnung von Einsparungen ausgegangen wurde, und die resultierende Genauigkeit der Empfehlungen,
- Informationen über anwendbare Zuschüsse und Beihilfen,
- geeignete Wirtschaftlichkeitsanalyse,
- mögliche Wechselwirkungen mit anderen vorgeschlagenen Empfehlungen,
- Mess- und Nachweisverfahren, die für eine Abschätzung der Einsparungen nach der Umsetzung der empfohlenen Möglichkeiten anzuwenden sind,

Schlussfolgerungen:

- Zusammenfassung der wichtigsten Erkenntnisse.

8.3.3 Kompetenz von Energieauditoren

Energieauditoren müssen über eine geeignete Erstausbildung, Arbeitserfahrung und Schulungsdauer verfügen. Die DIN EN 16247-5 *Energieaudits – Kompetenz von Energieauditoren* macht allerdings keine Aussagen über den jeweiligen Umfang. Energieauditoren müssen u. a. über Kenntnisse und Arbeitserfahrung auf folgenden Gebieten verfügen:

- Grundsätze von Energiemanagementsystemen,
- energiebezogene rechtliche und weitere Anforderungen,
- Energieversorgung, -quellen, -träger,
- Herstellung, Verteilung, Nutzung der verschiedenen Energieträger,
- Energiemerkmale von Prozessen, Gebäuden, Logistik, Produkten, Dienstleistungen,
- Kenntnisse energierelevanter Technologien, Betrieb, Instandhaltung,
- Berechnungs-, Simulations-, Analyseverfahren,
- Messtechnik, Datenerfassung, Auswertung,
- Möglichkeiten zur Energieeinsparung,
- Energieeinsatz und -verbrauch,
- Erhöhung der Energieeffizienz,
- Ermittlung von Energieleistungskennzahlen,
- Energiemarkt, Tarife, Tarifstrukturen,
- Wirtschaftlichkeitsberechnungen, Amortisation,
- Umweltaspekte, -auswirkungen,
- Treibhausgase, Klimawandel,
- Projektmanagement,
- Energieberatung, -dienstleistungen.

Die folgende Checkliste fasst einige wichtige Punkte bzgl. eines Energieauditors zusammen:

- Über welche Ausbildung, Berufserfahrung und Kompetenzen verfügt der Energieauditor?
- Welche Arbeitserfahrung hat der Energieauditor z. B. in industriellen Prozessen gesammelt?
- Welche (Auditoren-)Schulungen hat der Energieauditor in den letzten Jahren absolviert?
- Über welche messtechnische Ausrüstung verfügt der Energieauditor?
- Welche ingenieurmäßige Beratung und Dienstleistungen kann der Energieauditor anbieten?

8.3.4 Energieaudits von Gebäuden

Die DIN EN 16247-2 beschreibt die Anforderungen an ein Energieaudit von Gebäuden. Die Anforderungen umfassen nicht nur die Gebäudehülle, sondern auch die vorhandene Infrastruktur wie Heizung, Klimatechnik, Beleuchtung, Warmwasser, Druckluft und Anlagen. Damit ist durch den Energieauditor eine ganzheitliche Betrachtungsweise sicherzustellen. Er muss über die notwendigen Kompetenzen verfügen, um den Energieeinsatz für das Gebäude und seine Benutzung bewerten zu können. Die folgenden Abschnitte folgen dem Prozessablauf für ein Energieaudit. Wo sinnvoll und notwendig wird ein Vergleich zum Umweltaudit nach DIN EN ISO 19011 hergestellt.

Einleitender Kontakt

Die Anforderungen des Energieaudits sind prinzipiell mit denen des Umweltaudits vergleichbar. Wie bei jedem Audit müssen Auditziele festgelegt werden. Generelle, sich aus der Energiepolitik ergebende strategische Ziele sind die Verbesserung der absoluten und relativen Energieeffizienz, Verbesserung der Wirtschaftlichkeit und Kostensituation sowie eine Verminderung der Umweltauswirkungen. Diese strategischen Energieziele sind in betriebliche Ziele umzusetzen. Für die Durchführbarkeit des Energieaudits muss der Anwendungsbereich festgelegt und das Auditteam zusammengestellt werden. Mit dem Grad der Gründlichkeit ist Umfang und Durchdringungstiefe des Energieaudits gemeint. An dieser Stelle kommt es zu einem Unterschied zum Umweltaudit. Im Umweltaudit werden die Strukturen und Prozessabläufe des Umweltmanagementsystems auditiert, die eine Einhaltung der Umweltziele und eine Effizienzbewertung der Geschäftsprozesse, Umweltaspekte und -auswirkungen gewährleisten. Diesem Prinzip direkt vergleichbar ist die Auditierung eines Energiemanagementsystems. Die DIN EN 16247-2 Gebäude spricht in diesem Zusammenhang von einer groben Untersuchung. Wird eine gründlichere Untersuchung durchgeführt, findet ein Wechsel vom Auditcharakter hin zur Messung, Berechnung, Analyse und Beratungstätigkeit durch den Energieauditor statt. Entsprechend höher ist der zeitliche und finanzielle Aufwand.

Auftaktbesprechung

Die Anforderungen für das Energieaudit entsprechen grundsätzlich den Aspekten im Umweltaudit. Es werden Informationen zum Umfang und zur Durchführung des Audits gegeben und damit zusammenhängende Punkte geklärt.

Datenerfassung

Im Prozessablauf für ein Energieaudit ist dieser Punkt Programm. Es werden viele Daten zum Gebäude und zur Gebäudenutzung erfasst. Stichwortartig seien genannt:

- Energieverbrauchsdaten,
- zeitliche Frequenz der Datenerfassung,
- Zählerstände für Strom, Heizöl, Erdgas, Warmwasser etc.,
- Art und Größe der Gebäudehülle,

- technische Gebäudeausrüstung (z. B. Heizung, Klima, Lüftung),
- Nutzung des Gebäudes (z. B. Lager, Büro, Produktion),
- Gebäude- und Leistungskennzahlen.

Die vom Unternehmen zur Verfügung gestellten Daten muss der Energieauditor in einem ersten Schritt analysieren und bewerten. Dadurch sollen eine vorläufige Energiebilanz des Gebäudes und die zugehörigen Energieleistungskennzahlen ermittelt werden. Anhand der vorläufigen Ergebnisse schlägt der Energieauditor erste Maßnahmen zur Verbesserung der Energieeffizienz vor. Die Fokussierung auf Daten unterscheidet das Energieaudit sehr stark vom Umweltaudit. An dieser Stelle unterstützen die Normanforderungen die Tendenz zur Energieberatung.

Tab. 8.3 Übersicht zu den möglichen Arbeitspaketen im Strukturelement *Gebäude*

Gebäude	
Arbeitspaket	Ausgewählte Inhalte
Gebäudehülle	- Wärmedämmung - Durchlässigkeit/Dichtheit/Isolation - Fenster - Türen - Dach - Wände - Keller - Ladezonen
Heizung	- Erzeugung - Verteilung - Räume - Kessel - Speicherung
Kühlsysteme	- Erzeugung - Verteilung - Räume - Geräte - Speicherung
Klima/Lüftung	- Erzeugung - Verteilung - Klimatechnik
Warmwasser	- Erzeugung - Verteilung - Speicherung - Geräte

(Fortsetzung)

Tab. 8.3 (Fortsetzung)

Gebäude	
Arbeitspaket	Ausgewählte Inhalte
Beleuchtung	- Lampentyp - Beleuchtungssteuerung
Gebäudeautomation	- Verteilungsnetze - Beförderungssysteme - Aufzüge - Elektronischer Zutritt - Sicherheitseinrichtungen

Außeneinsatz

Die Audittätigkeit vor Ort beginnt immer mit einer Besprechung der beteiligten Personen. Die Anforderungen entsprechen denen des Umweltaudits. Die vorab erhobenen Daten werden vor Ort vom Energieauditor verifiziert. Er muss die Leistungsfähigkeit der technischen Systeme in einem Soll-Ist-Vergleich bewerten und Maßnahmen zur Steigerung der Energieeffizienz vorschlagen und konkretisieren.

Analyse

In diesem Auditschritt muss der Energieauditor den erhobenen Energieverbrauch inkl. Kosten und Emissionen (z. B. Treibhausgas CO_2, saure Gase SO_2, NO_x) aufschlüsseln und analysieren. Ziel ist es, das endgültige Potenzial zur Energieeinsparung und zur Effizienzsteigerung zu identifizieren. Tab. 8.3 bietet dazu einen vereinfachten Überblick zur Systemgrenze Gebäude, zu den Arbeitspaketen und den ausgewählten Möglichkeiten zur Steigerung der Energieeffizienz.

Die Systemgrenze Gebäude ist durch die Gebäudehülle (z. B. Mauerwerk, Fenster, Dach) gegeben. Der Energieinput wird im Gebäude zur Versorgung der technischen Infrastruktur und zur Sicherstellung einer angenehmen Arbeitsatmosphäre (z. B. Heizung, Klima, Beleuchtung) benötigt. Ein zweiter Bedarfsbereich sind die innerhalb des Gebäudes betriebenen Anlagen, die zur Erstellung unternehmensspezifischer Dienstleistungen und Produkte notwendig sind. Dazu gehören z. B. Produktionsanlagen, Ausstattungen der Informationstechnologien, Umweltschutzeinrichtungen. Für den energetischen Zustand spielen das Anlagenalter, die Betriebsstunden oder der Wartungszustand eine Rolle. Als Energieoutput jeglicher Energieform treten schließlich Wärmeverluste (Abwärme) auf. Aus den zur Verfügung stehenden Daten sind unternehmensspezifische, aussagekräftige Energieleistungskennzahlen zu bilden. Energieeffizienzmaßnahmen an Gebäuden lassen sich unter verschiedenen Gesichtspunkten betrachten. Die einfachsten Maßnahmen sind Mitarbeiterschulungen zur Aufklärung und Verhaltensänderung. Auch organisatorische Ablaufänderungen für einen energieeffizienten Betrieb lassen sich leicht umsetzen. Dazu zählen auch Verbesserungen im gesamten Energiemanagement des Gebäudes. Beispiele sind:

- verbesserte Instandhaltung,
- Optimierung der Betriebsstunden und Anlagenlaufzeiten,
- Erneuerung veralteter Anlagen,
- Anpassungen in der technischen Gebäudeausrüstung,
- Maßnahmen zur Reduzierung der Energieverluste,
- Maßnahmen zur Rückgewinnung von Energie,
- Maßnahmen an der Gebäudehülle.

Bei allen Investitionen sind entsprechende Wirtschaftlichkeitsberechnungen durchzuführen.

Bericht
Die Ergebnisse des Energieaudits mit entsprechenden Maßnahmen sind in einem Bericht zu beschreiben. Neben grundlegenden Informationen zum Gebäude werden auch die Ergebnisse zur technischen Gebäudeausrüstung und zu den vorhandenen Anlagen beschrieben. Die Möglichkeiten zur Verbesserung der Energieeffizienz sind aufzuführen. Im Umweltaudit stehen die Prozessabläufe des Umweltmanagementsystems im Vordergrund. Diese Prozessabläufe müssen ihre Eignung zur Verbesserung der Umweltleistung des Unternehmens beweisen. Im Energieaudit stehen Daten und deren Analyse im Mittelpunkt. Anhand dieser technischen Analysen werden Verbesserungen erzielt. Dadurch unterscheidet sich das Energieaudit in seinem Charakter und seiner Vorgehensweise deutlich von einem Umweltaudit. Es wäre besser, von einer Energieberatung zu sprechen.

Abschlussbesprechung
Nach Fertigstellung des Berichts findet laut Prozessablauf für ein Energieaudit eine Abschlussbesprechung statt. Auch hier werden deutliche Unterschiede zum Umweltaudit sichtbar. Dort findet die Abschlussbesprechung nach der Audittätigkeit vor Ort und vor der Erstellung des Auditberichts statt.

8.3.5 Energieaudits von Prozessen

Die DIN EN 16247-3 beschreibt die Anforderungen an ein Energieaudit von Prozessen. Dazu werden die eigentlichen Herstellungsverfahren und die peripher benötigten Anlagen (z. B. Energieerzeugung, Drucklufterzeugung, umwelttechnische Anlagen) betrachtet. Der Energieauditor muss über die notwendigen Kompetenzen verfügen, um eine ganzheitliche energetische Betrachtung der Prozesse vornehmen zu können. Wie im Abschn. 8.3.4 folgt die Beschreibung dem Prozessablauf für ein Energieaudit. In Anlehnung zu den dort gemachten Ausführungen werden prozessorientierte Bedingungen näher beschrieben und ergänzt.

Einleitender Kontakt

Um die Ziele des Energieaudits von Prozessen zu bestimmen, wird eine Beschreibung des Industriestandorts und der dort vorhandenen Herstellungsverfahren benötigt. Als Ansprechpartner sind die verantwortlichen Personen zu benennen.

Auftaktbesprechung

Es gelten die üblichen Bedingungen für Auditbesprechungen.

Datenerfassung

In diesem Abschnitt werden sämtliche Daten zum Herstellungsverfahren erfasst und analysiert. Herstellungsverfahren sind alle industriellen Verfahren zur Herstellung von Produkten. Von daher muss der Energieauditor über fundierte Kenntnisse der jeweiligen Branche (z. B. Chemie, Maschinenbau, Elektrotechnik, Kraftfahrzeuge, Raffinerie, Informationstechnologie) verfügen. An Daten und Informationen sind u. a. zu erheben:

- Beschreibung des Standorts,
- Produkte und Herstellungsverfahren,
- Art der Anlagen (Verfahrenstechnik),
- Prozessketten und -führung,
- Prozessmessung, -steuerung und -optimierung,
- Schnittstellen im Prozess,
- Betriebs-, Rüst- und Stillstandzeiten,
- Einsatzmaterialien,
- Produktmengen, -qualität und -ausschuss,
- eingesetzte Energien und deren Verbräuche,
- Tarife, Rechnungen und Kosten,
- Messungen und Überwachungen der Energieverbräuche,
- elektrotechnische Ausrüstungen,
- Wärmetauscher und Kühlaggregate,
- Druckluft- und Vakuumanlagen,
- Transporteinrichtungen,
- Gebäude, Heizung, Lüftung, Klima, Beleuchtung,
- Mitarbeiterausbildung, Berufserfahrung und Kompetenzen.

Letztlich sind alle energierelevanten Daten für den Prozess zu erfassen und auf Plausibilität zu prüfen. Wenn notwendig und sinnvoll sind neue Messstellen zur Bestimmung des Energieverbrauchs einzurichten. Die Daten liefern eine Energiebilanz des Prozesses und die Möglichkeit zur Aufstellung von Energieleistungskennzahlen. Damit ist die Basis zur Verbesserung der Energieeffizienz gegeben.

Außeneinsatz

Der Außeneinsatz entspricht den Anforderungen eines Umweltaudits. Wenn notwendig, führt der Energieauditor allerdings zusätzliche Messungen durch.

Tab. 8.4 Übersicht zu den möglichen Arbeitspaketen im Strukturelement *Prozesse*

Prozesse	
Arbeitspaket	Ausgewählte Inhalte
Herstellungsprozess	- Verfahrenstechnik - Fertigungskapazitäten - Prozessleistung - Prozessparameter - Produkte
Instandhaltung/Betriebstechnik	- Inbetriebnahme - Wartung - Inspektion - Instandsetzung - Anlagenverfügbarkeit
Energiemanagement	- Energieeinsatz - Energieverbrauch - Energieeffizienz - Energiebilanz - Energieleistungskennzahlen - Energieaudits
Materialien	- Materialauswahl - Primärrohstoffe - Sekundärrohstoffe - Roh-, Hilfs-, Betriebsstoffe - Materialeffizienz
Anlagen	- Druckluft - Verteilungsnetze - Kälteanlagen - Heizung, Klima, Lüftung (HKL) - Lüftungsanlagen - (Trink-)Warmwasser - Beleuchtungssysteme - Pumpen - elektrische Antriebe - Elektrotechnik
Informationstechnologien	- Rechenzentrum - Informations-/Kommunikationstechnik - Bürogeräte
Wärmerückgewinnung	- Prozesswärme - Prozesskälte

(Fortsetzung)

Tab. 8.4 (Fortsetzung)

Prozesse	
Arbeitspaket	Ausgewählte Inhalte
Führungskraft	- Zuständigkeiten und Verantwortungen - Aufgaben, Rechte und Pflichten - Festlegung/Erfüllung der Energieziele - Verbesserung der energetischen Leistung
Mitarbeiter	- Berufsausbildung und -erfahrung - Kompetenzen - Schulung - Bewusstsein
Logistik	- Fahrzeugflotte/-betrieb - Routenplanung/Versand - Fahrzeugwartung/Inspektion
Lieferanten & Dienstleister	- Lieferantenauswahl - ausgelagerte Prozesse - Lieferantenaudit

Analyse

Im Analyseschritt muss der Energieauditor den Prozess bilanzieren und Möglichkeiten zur Energieeinsparung aufzeigen. Dazu bestimmt er den optimalen Energiebedarf des Prozesses (Sollzustand) und vergleicht ihn mit dem tatsächlich vorgefundenen Energieverbrauch (Istzustand). Dieser Analyseschritt erfordert fundierte fachliche Kenntnisse über den Prozess und die Möglichkeiten zur Prozessoptimierung. Die Analyse muss Maßnahmen zur Steigerung der Energieeffizienz liefern. Sie lassen sich in

- technische Maßnahmen (T),
- organisatorische Maßnahmen (O),
- personenbezogene Maßnahmen (P)

unterteilen. Zu den technischen Maßnahmen gehören z. B. die Erneuerung veralteter Anlagen oder eine verbesserte Instandhaltung. Organisatorische Maßnahmen können in veränderten Prozessabläufen bestehen. Personenbezogene Maßnahmen umfassen Schulung und Bewusstseinsbildung bei den Mitarbeitern. Werden alle Maßnahmen umgesetzt, dürfte das Unternehmen ökonomisch und ökologisch einen „TOP-Zustand" im Energiemanagement erzielen. Tab. 8.4 zeigt dazu eine Übersicht zu möglichen Arbeitspaketen im Strukturelement Prozesse.

Bericht

Die Ergebnisse des Energieaudits und die Maßnahmen zur Steigerung der Energieeffizienz sind – wie bereits beschrieben – in einem Bericht darzustellen.

Abschlussbesprechung

Die Anforderungen an eine Abschlussbesprechung werden als bekannt vorausgesetzt. Wie beim Energieaudit von Gebäuden wäre es auch hier besser von einer Energieberatung zu sprechen.

8.4 Checkliste für ein Energieaudit

Der folgende Abschnitt enthält eine Checkliste zur Auditierung eines Energiemanagementsystems (Tab. 8.5). Für andere Managementsysteme (Qualität, Umwelt, Arbeits- und Gesundheitsschutz) lässt sich diese Checkliste leicht anpassen. Die folgende Aufstellung enthält die entsprechenden Anforderungen der DIN EN ISO 50001 zur Auditierung eines Energiemanagementsystems.

4. **Kontext der Organisation**
   - 4.1. Verstehen der Organisation und ihres Kontextes
   - 4.2. Verstehen der Erfordernisse und Erwartungen interessierter Parteien
   - 4.3. Festlegen des Anwendungsbereichs des Energiemanagementsystems
   - 4.4. Energiemanagementsystem
5. **Führung**
   - 5.1. Führung und Verpflichtung
   - 5.2. Energiepolitik
   - 5.3. Rollen, Verantwortlichkeiten und Befugnisse in der Organisation
6. **Planung**
   - 6.1. Maßnahmen zum Umgang mit Risiko und Chancen
   - 6.2. Ziele, Energieziele und Planung zu deren Erreichung
   - 6.3. Energetische Bewertung
   - 6.4. Energieleistungskennzahlen
   - 6.5. Energetische Ausgangsbasis
   - 6.6. Planung der Energiedatensammlung
7. **Unterstützung**
   - 7.1. Ressourcen
   - 7.2. Kompetenz
   - 7.3. Bewusstsein
   - 7.4. Kommunikation
   - 7.5. Dokumentierte Information
8. **Betrieb**
   - 8.1. Betriebliche Planung und Steuerung
   - 8.2. Auslegung
   - 8.3. Beschaffung
9. **Bewertung der Leistung**
   - 9.1. Überwachung, Messung, Analyse und Bewertung der energiebezogenen Leistung und des EnMS
   - 9.2. Internes Audit
   - 9.3. Managementbewertung
10. **Verbesserung**
    - 10.1. Nichtkonformität und Korrekturmaßnahmen
    - 10.2. Fortlaufende Verbesserung

Tab. 8.5 Checkliste für ein Energieaudit

Element 4.1: Verstehen der Organisation und ihres Kontextes					
Frage	**Istzustand**	**Maßnahmen**	**Verantwortlich**	**Termin**	**Status**
Wie ermittelt das Unternehmen die für es relevanten Energiezustände, die durch das Unternehmen beeinflusst werden können?					
Welche externen (z. B. rechtliche, technologische, wirtschaftliche, soziale, Behörden, Lieferanten, Dienstleister) Kontextfaktoren haben Einfluss auf das Energiemanagementsystem?					
Welche internen (z. B. Prozesse, Tätigkeiten, Produkte, Dienstleistungen, Führungsverantwortung, Mitarbeiterkompetenzen) Kontextfaktoren beeinflussen das Energiemanagementsystem?					
Wie können sich die internen und externen Kontextfaktoren auf die Ergebnisse des Energiemanagementsystems auswirken?					
Wie sind in diesem Zusammenhang Sachfaktoren (Prozesse, Anlagen, Finanzen) einerseits und Humanfaktoren (Mitarbeiterkompetenzen, -einsatz, -entwicklung) andererseits zu bewerten?					

Element 4.2: Verstehen der Erfordernisse und Erwartungen interessierter Parteien					
Frage	**Istzustand**	**Maßnahmen**	**Verantwortlich**	**Termin**	**Status**
Welche Parteien (z. B. Behörden, Kunden, Lieferanten, Eigentümer, Mitarbeiter, Bürgerinitiativen) haben Interesse am Energiemanagementsystem des Unternehmens?					
Welche Rolle spielen direkte Nachbarn/Anlieger im Energiemanagementsystem?					
Welche Erwartungen und Anforderungen stellen diese interessierten Parteien?					
Welche rechtlichen Anforderungen sind im Energiesektor zu berücksichtigen?					
Wie wirken sich die Erwartungen und Anforderungen auf den Energieträger, -verbrauch und die Energieeffizienz aus?					
Welche Energieziele resultieren aus den Erwartungen der interessierten Parteien?					
Wie hoch sind die Erwartungen der Mitarbeiter an das Energiemanagementsystem?					
In welchem Verhältnis stehen diese Anforderungen zu den Energiezielen und Energieleistungen des Unternehmens?					

(Fortsetzung)

Tab. 8.5 (Fortsetzung)

Element 4.3: Festlegen des Anwendungsbereichs des Energiemanagementsystems					
Element 4.4: Energiemanagementsystem					
Frage	**Istzustand**	**Maßnahmen**	**Verantwortlich**	**Termin**	**Status**
Für welche Organisationseinheiten (z. B. Unternehmen, Standort, Betrieb) gilt der Anwendungsbereich des Energiemanagementsystems?					
Bei welchen Prozessen/Tätigkeiten (inkl. ausgelagerter Prozessschritte) Produkten/Dienstleistungen liegen bedeutende Energieaspekte vor?					
Wie werden ausgelagerte Prozesse im Energiemanagement berücksichtigt?					
Welche Erwartungen verbinden die Prozessverantwortlichen mit dem Energiemanagementsystem?					
Wie wird der Lebensweg des Produkts/der Dienstleistungen im Energiemanagementsystem integrativ betrachtet und bewertet?					
Welche Rolle spielen interne/externe Kontextfaktoren, interessierte Parteien und Rechtsvorschriften (bindende Verpflichtungen) bei der Festlegung des Anwendungsbereichs?					
Wie kann das Energiemanagementsystem die Energieleistung des Unternehmens fortlaufend verbessern?					

Element 5.1: Führung und Verpflichtung					
Frage	**Istzustand**	**Maßnahmen**	**Verantwortlich**	**Termin**	**Status**
Wer trägt in der obersten Leitung (Geschäftsführung) die Verantwortung für das EnMS?					
Wie wird der Betriebsrat in den Aufbau und die Weiterentwicklung des Energiemanagementsystems eingebunden?					
Welche Energiepolitik und strategischen Energieziele wurden festgelegt?					
Wie werden die Anforderungen des EnMS in die Geschäftsprozesse integriert?					
Welche Ressourcen werden zur Verfügung gestellt?					
Wie wird die Bedeutung des EnMS vermittelt?					
Welche Ergebnisse in Bezug auf die Energieleistung werden erreicht?					
Wie werden Mitarbeiter in der fortlaufenden Verbesserung des EnMS unterstützt?					
Welche Aufgaben, Zuständigkeiten und Verantwortungen haben die Führungskräfte?					
Wie tragen die Führungskräfte zur Verbesserung der Energieleistung bei?					

(Fortsetzung)

8

Tab. 8.5 (Fortsetzung)

Element 5.2: Energiepolitik					
Frage	**Istzustand**	**Maßnahmen**	**Verantwortlich**	**Termin**	**Status**
Welche Energiepolitik hat die Unternehmensleitung festgelegt?					
Wie angemessen ist die Energiepolitik in Bezug auf Art, Umfang, Umweltauswirkungen ihrer Prozesse, Tätigkeiten, Produkte und Dienstleistungen?					
Welchen Rahmen liefert die Energiepolitik zur Festlegung von strategischen und betrieblichen Energiezielen?					
Welche energiebezogenen Ziele wurden für die einzelnen Unternehmensbereiche/ Abteilungen verabschiedet?					
Welche Verpflichtungen zum Umweltschutz und der Verhinderung von Umweltbelastungen sind enthalten?					
Welche Verpflichtungen zur fortlaufenden Verbesserung des EnMS und der Energieleistung enthält die Energiepolitik?					
Welche Verpflichtungen zur Einhaltung der relevanten Gesetze und Vorschriften sind enthalten?					
Wie wird die Energiepolitik Mitarbeitern, Kunden, Lieferanten und anderen interessierten Parteien zugänglich gemacht?					

Element 5.3: Rollen, Verantwortlichkeiten und Befugnisse in der Organisation					
Frage	**Istzustand**	**Maßnahmen**	**Verantwortlich**	**Termin**	**Status**
Wie nehmen alle Führungskräfte ihre Verantwortung im Energiemanagementsystem wahr?					
Wie sind die Aufgaben, Zuständigkeiten, Befugnisse und Verantwortlichkeiten festgelegt und bekannt gemacht worden?					
Welche Aufbau- und Ablauforganisation existiert im Unternehmen?					
Welches Energiemanagementteam existiert?					
Wer wurde als Beauftragter für das Energiemanagementsystem mit welchen Befugnissen bestellt?					
Über welche Kompetenzen verfügt der Energiemanagementbeauftragte (EMB)?					
Welche rechtlich geforderten Betriebsbeauftragte sind bestellt und geschult worden?					
Über welche Kompetenzen verfügen die einzelnen Betriebsbeauftragten?					
Welche Konsequenzen ergeben sich für die Führungskräfte, Mitarbeiter, EMB und Betriebsbeauftragte bei Nichteinhalten (umwelt-)rechtlicher Vorschriften?					
Welche Aktionspläne zur Verbesserung der energiebezogenen Leistung liegen vor?					

(Fortsetzung)

8

Tab. 8.5 (Fortsetzung)

Element 6.1: Maßnahmen zum Umgang mit Risiken und Chancen					
Frage	**Istzustand**	**Maßnahmen**	**Verantwortlich**	**Termin**	**Status**
Welche Tätigkeiten und Prozesse wirken sich besonders auf die energiebezogene Leistung des Unternehmens aus?					
Wie werden diese Tätigkeiten und Prozesse geplant und gesteuert?					
Welches Verfahren wird zur Risikobewertung verwendet und welche Ergebnisse liegen vor?					
Welche Auswirkungen können die Risiken auf die Funktionsfähigkeit des Energiemanagementsystems haben?					
Welche Auswirkungen können die Risiken auf die Energieziele und die Energieleistung des Unternehmens haben?					
Welche möglichen Notfallsituationen können auftreten?					
Wie werden die Mitarbeiter in die Notfallplanung einbezogen?					
Wie werden Verfahren zur Notfallvorsorge regelmäßig erprobt?					
Welche Alarm- und Gefahrenplanung existiert im Unternehmen?					
Wie wird die Notfallvorsorge – insbesondere nach Unfällen – regelmäßig überprüft und angepasst?					

Element 6.2: Ziele, Energieziele und Planung zu deren Erreichung					
Frage	**Istzustand**	**Maßnahmen**	**Verantwortlich**	**Termin**	**Status**
Welche strategischen bzw. betrieblichen Energieziele wurden unter Berücksichtigung der Energiepolitik festgelegt?					
Für welche Abteilungen wurden energiebezogene Ziele entwickelt?					
Wie werden die rechtlichen Vorschriften bei der Zielfindung berücksichtigt?					
Wie berücksichtigt das Unternehmen wirtschaftliche und soziale Rahmenbedingungen?					
Welche quantitativen bzw. qualitativen Ziele und Zeitvorgaben enthalten die Energieziele?					
Wie werden durch Erreichung der Energieziele die Umweltbelastungen reduziert bzw. die Energieleistungen verbessert?					
Welche technologischen, ökonomischen und sozialen Faktoren in Form von Mitarbeiterkompetenzen stehen für die Zielerreichung zur Verfügung?					
Welche Maßnahmen wurden in den letzten Jahren zum Erreichen der Energieziele umgesetzt?					

(Fortsetzung)

Tab. 8.5 (Fortsetzung)

Element 6.2: Ziele, Energieziele und Planung zu deren Erreichung					
Frage	**Istzustand**	**Maßnahmen**	**Verantwortlich**	**Termin**	**Status**
Wie wurde der Erfolg der realisierten Maßnahmen bewertet?					
Welche Maßnahmen sind für die Zukunft geplant?					
Welche Ressourcen (Material, Finanzen, Mitarbeiter) stehen für die Zukunft zur Verfügung?					
Wer ist im Rahmen des zugehörigen Projektmanagements für die Realisierung verantwortlich?					
Welche Verbesserungen der Energieleistung konnten in der Vergangenheit erreicht werden bzw. sind zukünftig geplant?					
Welche Ziele existieren für die Verbesserung von (ausgelagerten) Prozessen bzw. für Produkte?					
Welche Energieaspekte (Chancen) und Umweltauswirkungen (Risiken) sind mit den Maßnahmen verbunden?					

Element 6.3: Energetische Bewertung					
Frage	**Istzustand**	**Maßnahmen**	**Verantwortlich**	**Termin**	**Status**
Nach welchen Kriterien werden die Energieaspekte und Umweltauswirkungen von Prozessen und Produkten ermittelt?					
Wie wird der Energieverbrauch gemessen und analysiert?					
Welche Tätigkeiten und Prozesse sind besonders energierelevant?					
Wie werden die Energieaspekte und die damit verbundenen Umweltauswirkungen bewertet?					
Wie werden Energieaspekte bei gegenwärtigen und zukünftigen Planungen und Entwicklungen berücksichtigt?					
Welche Energieaspekte spielen bei ausgelagerten Prozessen eine Rolle?					
Welche Risiken sind mit den Energieaspekten verbunden?					
Wie werden bedeutende Energieaspekte bei der Festlegung von Energiezielen berücksichtigt?					
Wie hält das Unternehmen die energetische Bewertung zu bedeutenden Energieverbrauchern auf dem neuesten Stand?					

(Fortsetzung)

Tab. 8.5 (Fortsetzung)

Element 6.4: Energieleistungskennzahlen (EnPI)					
Element 6.5: Energetische Ausgangsbasis (EnB)					
Frage	**Istzustand**	**Maßnahmen**	**Verantwortlich**	**Termin**	**Status**
Welche Energieleistungskennzahlen existieren im Unternehmen?					
Welche Aussagekraft besitzen diese Energieleistungskennzahlen (EnPI)?					
Welche energetische Ausgangsbasis (EnB) liegt den Energieleistungskennzahlen zugrunde?					
Wie hat sich die energiebezogene Leistung des Unternehmens entwickelt?					
Welche Unterlagen liegen bzgl. der energetischen Ausgangsbasis (EnB) und der Energieleistungskennzahlen (EnPI) vor?					
Wie wird die Entwicklung der energiebezogenen Leistung des Unternehmens regelmäßig überprüft?					
Welche absoluten Werte bzgl. Energieträger, Energieverbräuche und Umweltauswirkungen liegen vor?					
Welche Bezugsbasis wurde für die Aufstellung relativer Werte gewählt?					
Welche Energieberichte werden regelmäßig erstellt?					

Element 6.6: Planung der Energiedatensammlung					
Frage	**Istzustand**	**Maßnahmen**	**Verantwortlich**	**Termin**	**Status**
Welche Planung zur Bestimmung der Energieverbräuche existiert?					
Welche Messeinrichtungen zur Bestimmung der Energieverbräuche existieren?					
Wie werden diese Messeinrichtungen überwacht und kalibriert?					
Wie wird der wesentliche Energieeinsatz („significant energy use", SEU) von Tätigkeiten, Anlagen und Prozessen geplant und bestimmt?					
Wie werden die energiebezogenen Daten ausgewertet und analysiert?					
Wie wird die Wirksamkeit von Aktionsplänen überwacht und bewertet?					
Wie werden die Plandaten (Soll) mit den Istwerten verglichen?					
Welche Korrekturmaßnahmen leiten sich aus diesem Soll-Ist-Vergleich ab?					

(Fortsetzung)

8

Tab. 8.5 (Fortsetzung)

Element 7.1: Ressourcen					
Frage	**Istzustand**	**Maßnahmen**	**Verantwortlich**	**Termin**	**Status**
Welche Ressourcen (Personal, Finanzen, Technologien) stehen für das Energiemanagementsystem zur Verfügung?					
Wie sind die Ressourcen mit den einzelnen Prozessen im Energiemanagementsystem verknüpft?					
Welche Rolle spielen Kunden, Mitarbeiter und Öffentlichkeit bei der Bereitstellung von Ressourcen?					
Nach welchen Kriterien werden die Ressourcen eingesetzt?					
Welche Rolle spielt der Produktlebensweg beim Ressourceneinsatz?					
Wie fließen Ressourcen bei ausgelagerten Prozessen in die Energieziele ein?					
Wie ist die Erfolgsquote in Bezug auf die Verbesserung der Energieleistung?					
Welche Energieaspekte (Chancen) und Umweltauswirkungen (Risiken) sind mit den Ressourcen verbunden?					

Element 7.2: Kompetenz

Frage	Istzustand	Maßnahmen	Verantwortlich	Termin	Status
Über welche Kompetenzen verfügen Führungskräfte, der Energiemanagementbeauftragte (EMB) und die Betriebsbeauftragten?					
Welche Mitarbeiter führen besonders energierelevante Tätigkeiten aus?					
Welche Berufsausbildung haben diese Mitarbeiter?					
Welche Kompetenzen sind für die Ausführung dieser Tätigkeiten notwendig?					
Wie werden die zugehörigen Mitarbeiterkompetenzen ermittelt?					
Wie wird der Weiterbildungsbedarf für Mitarbeiter systematisch ermittelt?					
Welches Weiterbildungsprogramm existiert im Energiemanagementsystem?					
Welche Mitarbeiter, deren Tätigkeiten bedeutende Umweltauswirkungen haben können, haben entsprechende Schulungen erhalten?					
Wie wird der Wissenstransfer einer Kompetenzschulung gewährleistet?					
Wie wird die Kompetenzentwicklung der Mitarbeiter nachgewiesen?					

(Fortsetzung)

Tab. 8.5 (Fortsetzung)

Element 7.3: Bewusstsein					
Frage	**Istzustand**	**Maßnahmen**	**Verantwortlich**	**Termin**	**Status**
Kennen die Mitarbeiter die Bedeutung der betrieblichen Energiepolitik?					
Sind den Mitarbeitern die Energieziele und die damit verbundenen Maßnahmen bekannt?					
Wie werden den Mitarbeitern die Umweltauswirkungen ihrer Tätigkeiten vermittelt?					
Welchen Beitrag leisten die Führungskräfte, um das Verantwortungsbewusstsein der Mitarbeiter zu stärken?					
Wie wird bei den Mitarbeitern das Verantwortungsbewusstsein für die Umwelt gefördert?					
Wie wird die Mitarbeitermotivation zu energieorientiertem Handeln gefördert?					
Wie erkennen die Mitarbeiter, dass aufgrund verbesserter persönlicher Leistung der Nutzen für die Umwelt steigt?					
Wie werden ausgelagerte Prozesse in das Kontextbewusstsein eingebunden?					
Welche Rolle spielen in diesem Zusammenhang Lieferanten und Dienstleister?					

Element 7.4: Kommunikation					
Frage	**Istzustand**	**Maßnahmen**	**Verantwortlich**	**Termin**	**Status**
Welche Abläufe bzgl. der internen Kommunikation energierelevanter Aspekte existieren im Unternehmen?					
Wie werden Mitarbeiter über wichtige Entwicklungen im betrieblichen Energiemanagement informiert?					
Wie werden von externen Parteien Anfragen entgegengenommen, bearbeitet und beantwortet?					
Welche Informationen bzgl. der Energieleistung des Unternehmens werden veröffentlicht?					
Welche Energieberichte werden für die Mitarbeiter/Kunden/Öffentlichkeit erstellt?					
Wie werden Mitarbeiteranregungen zur Verbesserung der Energieleistung honoriert?					
Wie werden die Ergebnisse von Begehungen und Audits kommuniziert?					
Wie werden die Ergebnisse von Managementreviews kommuniziert?					

(Fortsetzung)

Tab. 8.5 (Fortsetzung)

Element 7.5: Dokumentierte Informationen					
Frage	**Istzustand**	**Maßnahmen**	**Verantwortlich**	**Termin**	**Status**
Welche rechtlich vorgeschriebenen Dokumentationen sind auszuführen?					
Welche weiteren externen Informationen liegen vor?					
Welche Energieinformationen werden aufgezeichnet und dokumentiert?					
Welche Aufbewahrungszeiten wurden für verschiedene Energieinformationen festgelegt?					
Wie werden die Elemente des Energiemanagementsystems und ihre Wechselwirkungen beschrieben?					
Welchen Nutzen liefern die dokumentierten Informationen?					
Wie können energierelevante Dokumente identifiziert und aufgefunden werden?					
Wie werden ungültige Dokumente entfernt und deren unbeabsichtigter Gebrauch verhindert?					
Welche Verfahren existieren für die Erstellung und Änderung von Dokumenten?					
Welchen Zugriff haben Mitarbeiter auf dokumentierte Informationen?					

Element 8.1: Betriebliche Planung und Steuerung

Frage	Istzustand	Maßnahmen	Verantwortlich	Termin	Status
Welche Prozesse – inkl. ausgelagerter Prozesse – und Tätigkeiten besitzen wesentliche Energieaspekte und Umweltauswirkungen?					
Wie werden diese Prozesse geplant, betrieben und überwacht?					
Wie werden ausgelagerte Prozesse gesteuert und überwacht?					
Über welchen technologischen Stand verfügen die Prozesse?					
Nach welchen Kriterien wird die Energieleistung der Prozesse verbessert?					
Welche Anforderungen bzgl. Energieleistung werden an Lieferanten und Dienstleister gestellt?					
Wie lassen sich die Energiekosten systematisch auf die einzelnen Verbraucher umlegen und senken?					
Welche Umweltanforderungen werden über den gesamten Lebensweg an Produkte und Dienstleistungen gestellt?					
Welche Informationen über die Umweltauswirkungen von Prozessen und Produkten werden zur Verfügung gestellt?					

(Fortsetzung)

8

Tab. 8.5 (Fortsetzung)

Element 8.2: Auslegung					
Element 8.3: Beschaffung					
Frage	**Istzustand**	**Maßnahmen**	**Verantwortlich**	**Termin**	**Status**
Wie werden neue Anlagen und Prozesse ausgelegt und geplant?					
Wie werden bei der Beschaffung von Anlagen, Einrichtungen oder Dienstleistungen technologische, ökonomische und soziale Faktoren berücksichtigt?					
Wie wird die energiebezogene Leistung einer Anlage über deren Lebensdauer betrachtet und bewertet?					
Wie werden die Energieaspekte und Umweltauswirkungen von Anlagen im Beschaffungsprozess berücksichtigt?					
Welche Energieträger werden im Unternehmen eingesetzt?					
Wie werden die Umweltauswirkungen dieser Energieträger bei der Auslegung von Prozessen bewertet?					
Welchen Stellenwert haben die Umweltauswirkungen der Energieträger für den Beschaffungsprozess?					

Element 9.1: Überwachung, Messung, Analyse und Bewertung der energiebezogenen Leistung und des EnMS					
Frage	**Istzustand**	**Maßnahmen**	**Verantwortlich**	**Termin**	**Status**
Wie werden die maßgeblichen Merkmale energierelevanter Prozesse und Tätigkeiten überwacht und gemessen?					
Wie werden die Messeinrichtungen kalibriert und gewartet?					
In welchen Zeiträumen werden die Energieverbräuche gemessen und überwacht?					
Wie werden Aufzeichnungen ausgewertet und analysiert?					
Wie ist das gesamte System zur Überwachung, Messung, Analyse und Bewertung der Energieleistung strukturiert?					
In welchem Verhältnis stehen Aufwand und Nutzen zueinander?					
Wie lässt sich die energiebezogene Leistung durch die Messung und Analyse verbessern?					
Welchen rechtlichen Betreiberpflichten muss das Unternehmen nachkommen?					
Wie wird die Erfüllung der relevanten Rechtsvorschriften regelmäßig bewertet?					
Wie werden die erreichten Prozessleistungen über Energiekennzahlen mit den Energiezielen verglichen?					
Wie ermittelt das Unternehmen energierechtliche und andere Verpflichtungen?					
Welche Betriebsvereinbarungen spielen im Energiemanagementsystem eine Rolle?					
Wie werden die verantwortlichen Führungskräfte und zuständigen Mitarbeiter über die relevanten Vorschriften und Vereinbarungen informiert?					
Wie werden die Rechtsvorschriften den betroffenen Abteilungen/Prozessen/Anlagen zugeordnet?					
Wie wird die Erfüllung rechtlicher Vorgaben regelmäßig überprüft?					
Welche anderen Verpflichtungen sind für die Energieaspekte und Umweltauswirkungen der Prozesse, Tätigkeiten, Produkte und Dienstleistungen bindend?					
Wie werden die vertraglichen Beziehungen bzgl. ausgelagerter Prozesse/Lieferanten/Dienstleister berücksichtigt?					
Welche dokumentierten Informationen bzgl. Energieeinsatz, -verbrauch und -effizienz liegen vor?					

(Fortsetzung)

8

Tab. 8.5 (Fortsetzung)

Element 9.2: Internes Audit					
Frage	**Istzustand**	**Maßnahmen**	**Verantwortlich**	**Termin**	**Status**
Wie werden Betriebsbegehungen und deren Ergebnisse dokumentiert?					
Welchen Berichtspflichten haben Managementbeauftragte und Betriebsbeauftragte nachzukommen?					
Wie ist das Auditprogramm auf die Energierelevanz der betreffenden Prozesse und Tätigkeiten abgestellt?					
Welche grundsätzlichen Auditkriterien werden im internen EnMS-Audit berücksichtigt?					
Über welche Kompetenzen verfügen die internen Auditoren bzw. externen Zertifizierer?					
Welche Energieauditberichte liegen vor?					
Welche Maßnahmen ergaben sich aus zurückliegenden Energieaudits?					
Wer ist für die Umsetzung dieser Maßnahmen verantwortlich?					
Wie wird die Unternehmensleitung über die Ergebnisse des Energieaudits informiert?					
Wie sind die Verantwortungen für die Durchführung von Energieaudits geregelt?					

Element 9.3: Managementbewertung					
Frage	**Istzustand**	**Maßnahmen**	**Verantwortlich**	**Termin**	**Status**
Wie bewertet die Unternehmensleitung regelmäßig die Eignung und Wirksamkeit des EnMS?					
Wie werden die Ergebnisse vorangegangener Managementreviews berücksichtigt?					
Wie werden Veränderungen bei internen/externen Themen und Rechtsvorschriften eingebunden?					
Welche Rolle spielen die Energieleistung und der Erfüllungsgrad von Energiezielen im Managementreview?					
Welche Möglichkeiten zur fortlaufenden Verbesserung des Energiemanagementsystems werden aufgezeigt?					
Welche Schlussfolgerungen ergeben sich aus dem Managementreview bzgl. der strategischen Ausrichtung?					
Welche Entscheidungen zur Weiterentwicklung des Energiemanagementsystems wurden getroffen?					
Welche Ressourcen werden für die Weiterentwicklung des Energiemanagementsystems zur Verfügung gestellt?					
Wer ist für die Umsetzung der mit der Entscheidung verbundenen Maßnahmen verantwortlich?					

(Fortsetzung)

8

Tab. 8.5 (Fortsetzung)

Element 10.1: Nichtkonformität und Korrekturmaßnahmen					
Frage	**Istzustand**	**Maßnahmen**	**Verantwortlich**	**Termin**	**Status**
Welche Abweichungen vom Normalbetrieb traten in den letzten Jahren auf?					
Was waren die Ursachen für notwendige Korrekturmaßnahmen?					
Wie werden die umgesetzten Korrekturmaßnahmen auf ihre Wirksamkeit überprüft?					
Wer trägt für die Untersuchung der Abweichungen und deren Korrektur die Verantwortung?					
Wie werden Korrekturmaßnahmen und damit verbundene Änderungen des Energiemanagementsystems dokumentiert?					

Element 10.2: Fortlaufende Verbesserung					
Frage	**Istzustand**	**Maßnahmen**	**Verantwortlich**	**Termin**	**Status**
Wie lässt sich die Energieleistung des Unternehmens bestimmen?					
Welche Erfolge wurden in den letzten Jahren erzielt?					
Wie sieht die Weiterentwicklung des Energiemanagementsystems in den nächsten Jahren aus?					
Welche Verbesserungsvorschläge zur Erhöhung der energiebezogenen Leistung des Unternehmens wurden von den Mitarbeitern eingereicht?					
Existiert ein Verbesserungsvorschlagswesen im Unternehmen?					

8.5 Aufgaben für die Praxis

- Welche Grundsätze und Elemente sind in einem Energiemanagementsystem nach DIN EN ISO 50001 zu berücksichtigen?
- Welche strategischen und operativen Ziele sind mit einem Energiemanagementsystem verbunden?
- Erläutern Sie eine Reihe interner und externer Kontextfaktoren und ihre Auswirkungen auf das Unternehmen.
- Wie können interessierte Parteien die Ziele und Maßnahmen im Energiemanagementsystem beeinflussen?
- Erläutern Sie beispielhaft Verantwortungen und Zuständigkeiten im Energiemanagementsystem.
- Welche rechtlichen und anderen Anforderungen sind bei der Planung eines Energiemanagementsystems zu berücksichtigen?
- Welche Bedeutung kommt den Energieleistungskennzahlen zu?
- Was bedeuten relative und absolute Verbesserungen der energiebezogenen Leistung?
- Welche Energieziele und Aktionspläne existieren in ihrem Unternehmen?
- Wie lassen sich das Bewusstsein und die Kompetenz der Mitarbeiter bzgl. energierelevanter Fragestellungen steigern?
- Wie lassen sich die Leistungen in einem Energiemanagementsystem messen, analysieren und bewerten?
- Wodurch unterscheiden sich Energieaudits von Umweltaudits?
- Welche Kompetenzanforderungen werden an einen Energieauditor gestellt?
- Welchen Sinn und Zweck erfüllt die Managementbewertung?
- Welche Anforderungen werden an Energieaudits von Gebäuden gestellt?
- Welche Anforderungen werden an Energieaudits von Prozessen gestellt?
- Wo bestehen Schnittstellen zwischen dem Energieaudit von Gebäuden und Prozessen?

8

Literatur

1. Kals, J.; *Betriebliches Energiemanagement,* Kohlhammer, **2010**, 23-3-17-021133-9

Weiterführende Literatur

1. Bethe, A.; Pfeiffer, M. (Hrsg.); *Energieberatung und Energiemanagement,* Beuth, **2014,** 978-3-410-21745-9
2. Bundesministerium für Umwelt, Naturschutz und Reaktorsicherheit (BMU), Umweltbundesamt (UBA); *Energiemanagementsysteme in der Praxis – ISO 50001: Leitfaden für Unternehmen und Organisationen,* **Juni 2012**

3. Deutsche Energie-Agentur GmbH (dena); *Energieeffizienz in kleinen und mittleren Unternehmen,* **12/2013**
4. Deutsche Energie-Agentur GmbH (dena); *Handbuch für betriebliches Energiemanagement,* **12/2014**
5. *DIN EN 16247-1; Energieaudits – Teil 1: Allgemeine Anforderungen,* Beuth, **Oktober 2012**
6. DIN EN 16247-2; *Energieaudits – Teil 2: Gebäude,* Beuth, **August 2014**
7. DIN EN 16247-3; *Energieaudits – Teil 3: Prozesse,* Beuth, **August 2014**
8. DIN EN 16247-4; *Energieaudits – Teil 4: Transport,* Beuth, **August 2014**
9. DIN EN 16247-5; *Energieaudits – Teil 5: Kompetenz von Energieauditoren,* Beuth, **Juli 2015**
10. DIN EN ISO 14001; *Umweltmanagement – Umweltleistungsbewertung – Leitlinien,* Beuth, Dezember **2013**
11. DIN EN ISO 14031; *Umweltmanagement – Umweltleistungsbewertung – Leitlinien,* Beuth, **Dezember 2013**
12. DIN EN ISO 50001; *Energiemanagementsysteme – Anforderungen mit Anleitung zur Anwendung,* Beuth, **Dezember 2018**
13. DIN ISO 19600; *Compliance – Managementsysteme,* Beuth, **Dezember 2016**
14. DIN ISO 50003; *Energiemanagementsysteme – Anforderungen an Stellen, die Energiemanagementsystem auditieren und zertifizieren,* Beuth, **November 2016**
15. DIN ISO 50006; *Energiemanagementsysteme – Messung der energiebezogenen Leistung unter Nutzung von energetischen Ausgangsbasen (EnB) und Energieleistungskennzahlen (EnPI),* Beuth, **April 2017**
16. DIN ISO 50015; *Energiemanagementsysteme – Messung und Verifizierung der energiebezogenen Leistung von Organisationen,* Beuth, **April 2018**
17. Förtsch, G.; Meinholz, H.; *Handbuch Betriebliches Umweltmanagement,* Springer-Vieweg, **2018,** 978-3-658-19150-4
18. Geilhausen, M.; Bränzel, J.; Engelmann, D.; *Energiemanagement,* Springer, **2015,** 978-3-658-02833-6
19. Girbig, P. et al; *Energiemanagement gemäß DIN EN ISO 50001,* Beuth, **2013,** 978-3-410-22393-1
20. International Standard Organization (ISO); *The ISO Survey of Certifications,* **2019**
21. Petermann, J.Ph.E.; *Erfolgreiches Energiemanagement im Betrieb,* Springer-Vieweg, **2018,** 978-3-658-22479-0
22. Posch, W.; *Ganzheitliches Energiemanagement für Industriebetriebe,* Gabler, **2011,** 978-3-8349-2585-5
23. Reimann, B.; *Erfolgreiches Energiemanagement nach DIN EN ISO 50001,* Beuth, **2015,** 978-3-410-25360-0
24. *SpaEfV – Spitzenausgleich-Effizienzsystemverordnung; Verordnung über Systeme zur Verbesserung der Energieeffizienz im Zusammenhang mit der Entlastung von der Energie- und der Stromsteuer in Sonderfällen,* **31.10.2014**
25. Umweltbundesamt (UBA); *Gesamtwirtschaftliche Wirkungen von Energieeffizienzmaßnamen in den Bereichen Gebäude, Unternehmen und Verkehr,* Climate Change, 08/2009, **Oktober 2009**
26. Umweltbundesamt (UBA); *BVT-Merkblatt zu ökonomischen und medienübergreifenden Effekten, Juni 2005*
27. VDI 3807 Blatt 1; *Verbrauchskennwerte für Gebäude – Grundlagen,* Beuth, **Juni 2013**
28. VDI 3922; *Energieberatung für Industrie und Gewerbe,* Beuth, **Juni 1998**
29. VDI 4662; *Bildung, Implementierung und Nutzung von Energiekennwerten,* Beuth, **Februar 2015**
30. Wanke, A.; Treuz, St.; *Energiemanagement für mittelständische Unternehmen,* Deutscher Wirtschaftsdienst, **2001,** 3-87156-344-7
31. Wosnitza, F.; Hilgers, H.G.; *Energieeffizienz und Energiemanagement,* Springer-Spektrum, **2012,** 978-3-8348-1941-3

Europäisches Energierecht 9

9.1 Einführung

Mit der Energieeffizienz-Richtlinie 2012/27/EU hat sich die Europäische Union verpflichtet, bis 2050 eine CO_2-arme Wirtschaft zu realisieren. Mit diesem Ziel ist auch eine weitgehend emissionsfreie Stromerzeugung verbunden. Gegenüber 1990 sollen die Emissionen an Treibhausgasen bis 2050 um 80–95 % reduziert werden. Um dies zu erreichen, sind vielfältige Maßnahmen in den Bereichen Industrie, Gewerbe/Handel/Dienstleistungen, Verkehr und private Haushalte notwendig. Energieaudits und Energiemanagementsysteme können in diesem Zusammenhang eine wichtige Rolle spielen.

Die Anforderungen und die Nutzung erneuerbarer Energien werden in der EG-Richtlinie 2009/28/EG beschrieben. Es wird eine Verbesserung der Energieeffizienz angestrebt. Außerdem sollen erneuerbare Energien einen bestimmten Anteil am Energieverbrauch der Europäischen Union abdecken. Die Energiepreise sollen die externen Kosten für die Energieproduktion und den Energieverbrauch wiedergeben. Die Mitgliedstaaten der Europäischen Union erstellen nationale Aktionspläne, um einen Beitrag zur Erreichung der europäischen Energieziele zu leisten. Für Biokraftstoffe und flüssige Biobrennstoffe werden Nachhaltigkeitskriterien in Bezug auf Anbau, Verarbeitung, Transport und Vertrieb gestellt.

Die Ökodesign-Richtlinie 2009/125/EG stellt Forderungen an die umweltgerechte Produktgestaltung auf. Sie legt allgemeine Ökodesignanforderungen fest, die im Rahmen einer unternehmensinternen Entwurfskontrolle umzusetzen sind. Um die Realisierung zu gewährleisten, muss für die Konformitätsbewertung ein Managementsystem vorhanden sein. Die umweltorientierte Produktpolitik findet sich in verschiedenen Verordnungen wieder. Für einzelne Produktgruppen werden Energieeffizienzwerte festgeschrieben.

Einer der größten Energieverbraucher ist Heizung/Klima/Lüftung (HKL) für Gebäude. Hier wird mit der Richtlinie 2010/31/EU eine Verbesserung der Energie- und

G. Förtsch, H. Meinholz, *Handbuch Betrieblicher Immissionsschutz*,
https://doi.org/10.1007/978-3-658-29147-1_9

Kosteneffizienz angestrebt. Dazu sind Energieausweise auszustellen. Entsprechende Anforderungen an neue bzw. bestehende Gebäude sollen zur Verbesserung der Gesamtenergieeffizienz beitragen. Zu berücksichtigen sind auch gebäudetechnische Systeme (HKL-Anlagen), die regelmäßig einer Inspektion zu unterziehen sind. Um dies zu gewährleisten, darf nur unabhängiges Fachpersonal eingesetzt werden.

9.2 Energieeffizienz-Richtlinie 2012/27/EU

Die Europäische Union steht vor beispiellosen Herausforderungen, die auf die verstärkte Abhängigkeit von Energieimporten, knappen Energieressourcen sowie der Erfordernis, dem Klimawandel Einhalt zu gebieten, zurückzuführen sind. Energieeffizienz ist ein wertvolles Instrument, um diese Herausforderungen anzugehen. Sie verbessert die Versorgungssicherheit der Europäischen Union durch die Verringerung des Primärenergieverbrauchs sowie der Energieeinfuhren. Sie trägt dazu bei, Treibhausgasemissionen kostenwirksam zu senken und dadurch den Klimawandel abzumildern. Der Umstieg auf eine energieeffizientere Wirtschaft sollte auch die Verbreitung innovativer technologischer Lösungen beschleunigen.

Ziel ist es, Einsparungen beim Primärenergieverbrauch bis 2020 um 20 % zu erreichen. Die Projektionen ergaben für 2020 einen Primärenergieverbrauch von 1842 Mio. t Rohöläquivalente (RÖE). Bei einer Verringerung um 20 % ergeben sich 1474 Mio. t RÖE im Jahr 2020; dies entspricht einer Senkung um 368 Mio. t RÖE. Ferner trägt dies dazu bei, die Ziele für den Übergang zu einer wettbewerbsfähigen CO_2-armen Wirtschaft bis 2050, insbesondere durch eine Verringerung der Treibhausgasemissionen aus dem Energiesektor, und eine emissionsfreie Stromerzeugung bis 2050 zu erreichen. Die Gebäuderenovierungsquote muss erhöht werden, da der Gebäudebestand der Einzelsektor mit dem größten Energieeinsparpotenzial ist. Außerdem sind Gebäude entscheidend dafür, dass das Ziel der Union, die Treibhausgasemissionen bis 2050 um 80–95 % gegenüber 1990 zu senken, erreicht wird.

Um das Energieeinsparpotenzial zu nutzen, sollten die Mitgliedstaaten Programme aufstellen, mit denen die KMU ermutigt werden, sich einem Energieaudit zu unterziehen. Energieaudits sollten für große Unternehmen verbindlich sein und regelmäßig erfolgen, da die Energieeinsparungen erheblich sein können. Energieaudits sollten die einschlägigen europäischen oder internationalen Normen wie etwa EN ISO 50001 (Energiemanagementsysteme) oder EN 16247-1 (Energieaudits) oder – wenn ein Energieaudit inbegriffen ist – EN ISO 14000 (Umweltmanagementsysteme) berücksichtigen.

Gegenstand und Geltungsbereich (Art. 1)
Mit dieser Richtlinie wird ein gemeinsamer Rahmen für Maßnahmen zur Förderung von Energieeffizienz in der Union geschaffen, um sicherzustellen, dass das übergeordnete Energieeffizienzziel der Union von 20 % bis 2020 erreicht wird, und um weitere Energieeffizienzverbesserungen für die Zeit danach vorzubereiten. Bei den Anforderungen dieser

Richtlinie handelt es sich um Mindestanforderungen. Sie hindern die einzelnen Mitgliedstaaten nicht daran, strengere Maßnahmen beizubehalten oder zu ergreifen.

Begriffsbestimmungen (Art. 2)
Im Sinne dieser Richtlinie bezeichnet der Ausdruck

- **Primärenergieverbrauch:**
  den Bruttoinlandsverbrauch ohne nichtenergetische Nutzungsformen;
- **Endenergieverbrauch:**
  die gesamte an die Industrie, den Verkehrssektor, die Haushalte, den Dienstleistungssektor und die Landwirtschaft gelieferte Energie;
- **Energieeffizienz:**
  das Verhältnis von Ertrag an Leistung, Dienstleistungen, Waren oder Energie zu Energieeinsatz;
- **Energieeinsparungen:**
  die eingesparte Energiemenge, die durch Messung und/oder Schätzung des Verbrauchs vor und nach der Umsetzung einer Maßnahme zur Energieeffizienzverbesserung und bei gleichzeitiger Normalisierung der den Energieverbrauch beeinflussenden äußeren Bedingungen ermittelt wird;
- **Energieeffizienzverbesserung:**
  die Steigerung der Energieeffizienz als Ergebnis technischer, verhaltensbezogener und/oder wirtschaftlicher Änderungen;
- **Energieaudit:**
  ein systematisches Verfahren zur Erlangung ausreichender Informationen über das bestehende Energieverbrauchsprofil eines Gebäudes oder einer Gebäudegruppe, eines Betriebsablaufs oder einer industriellen oder gewerblichen Anlage in der Industrie oder im Gewerbe oder privater oder öffentlicher Dienstleistungen, zur Ermittlung und Quantifizierung der Möglichkeiten für kostenwirksame Energieeinsparungen und zur Erfassung der Ergebnisse in einem Bericht.

Energieeffizienzziele (Art. 3)
Jeder Mitgliedstaat legt ein nationales Energieeffizienzziel fest, das sich entweder auf den Primärenergie- oder den Endenergieverbrauch oder auf die Primärenergie- oder Endenergieeinsparungen oder auf die Energieintensität bezieht. Dabei drücken sie diese Ziele auch als absoluten Wert des Primärenergieverbrauchs und des Endenergieverbrauchs im Jahr 2020 aus und erläutern, wie und auf Grundlage welcher Daten dieser Wert berechnet wurde. Bei der Festlegung dieser Ziele berücksichtigen die Mitgliedstaaten Folgendes:

- der Energieverbrauch der Union im Jahr 2020 darf nicht mehr als 1483 Mio. t RÖE Primärenergie oder nicht mehr als 1086 Mio. t RÖE Endenergie betragen,
- die in dieser Richtlinie vorgesehenen Maßnahmen,

- die Maßnahmen zur Erreichung der gemäß Richtlinie 2006/32/EG verabschiedeten nationalen Energieeinsparziele und
- sonstige Maßnahmen zur Förderung der Energieeffizienz in den Mitgliedstaaten und auf Unionsebene.

Gebäuderenovierung (Art. 4)
Die Mitgliedstaaten legen eine langfristige Strategie zur Mobilisierung von Investitionen in die Renovierung des nationalen Bestands sowohl an öffentlichen als auch privaten Wohn- und Geschäftsgebäuden fest. Diese Strategie umfasst Folgendes:

- einen Überblick über den nationalen Gebäudebestand,
- die Ermittlung kostenwirksamer Renovierungskonzepte, je nach Gebäudetyp und Klimazone,
- Strategien und Maßnahmen, um kostenwirksame umfassende Renovierungen von Gebäuden anzuregen, einschließlich umfassender Renovierungen in mehreren Stufen,
- eine zukunftsgerichtete Perspektive, um Investitionsentscheidungen von Einzelpersonen, Bauwirtschaft und Finanzinstituten zu lenken,
- eine nachweisgestützte Schätzung der zu erwartenden Energieeinsparungen und weiter reichender Vorteile.

Vorbildcharakter der Gebäude öffentlicher Einrichtungen (Art. 5)
Jeder Mitgliedstaat sorgt dafür, dass ab dem 1. Januar 2014 jährlich 3 % der Gesamtfläche beheizter und/oder gekühlter Gebäude, die sich im Eigentum seiner Zentralregierung befinden und von ihr genutzt werden, mindestens nach den Mindestanforderungen an die Gesamtenergieeffizienz renoviert werden.

Beschaffung durch öffentliche Einrichtungen (Art. 6)
Die Mitgliedstaaten stellen sicher, dass die Zentralregierungen nur Produkte, Dienstleistungen und Gebäude mit hoher Energieeffizienz beschaffen, soweit dies mit den Aspekten Kostenwirksamkeit, wirtschaftliche Tragfähigkeit, Nachhaltigkeit im weiteren Sinne und technische Eignung sowie ausreichender Wettbewerb zu vereinbaren ist. Die Mitgliedstaaten ermuntern die öffentlichen Einrichtungen, auch auf regionaler und lokaler Ebene, unter gebührender Berücksichtigung ihrer jeweiligen Befugnisse und Verwaltungsstruktur dazu, dem Vorbild der Zentralregierungen zu folgen und nur Produkte, Dienstleistungen und Gebäude mit hoher Energieeffizienz zu beschaffen. Die Mitgliedstaaten ermuntern die öffentlichen Einrichtungen, bei der Vergabe von Dienstleistungsaufträgen, die in erheblichem Maße energieverbrauchsrelevant sind, die Möglichkeit zu prüfen, langfristige Energieleistungsverträge zu schließen, die langfristige Energieeinsparungen erbringen.

Energieaudits und Energiemanagementsysteme (Art. 8)
Die Mitgliedstaaten fördern die Verfügbarkeit von hochwertigen Energieaudits für alle Endkunden, die kostenwirksam sind und

- in unabhängiger Weise von qualifizierten und/oder akkreditierten Experten nach Qualifikationskriterien durchgeführt werden oder
- durchgeführt und nach innerstaatlichem Recht von unabhängigen Behörden überwacht werden.

Die Energieaudits können von hausinternen Experten oder Energieauditoren durchgeführt werden, sofern der betreffende Mitgliedstaat ein Qualitätssicherungs- und -überprüfungssystem eingerichtet hat, zu dem – soweit angemessen – auch gehört, dass jährlich nach dem Zufallsprinzip mindestens ein statistisch signifikanter Prozentsatz aller von ihnen durchgeführten Energieaudits ausgewählt wird. Um die hohe Qualität der Energieaudits und Energiemanagementsysteme zu gewährleisten, stellen die Mitgliedstaaten transparente und nichtdiskriminierende Mindestkriterien für Energieaudits auf.

- Sie basieren auf aktuellen, gemessenen, belegbaren Betriebsdaten zum Energieverbrauch und den Lastprofilen (für Strom).
- Sie schließen eine eingehende Prüfung des Energieverbrauchsprofils von Gebäuden oder Gebäudegruppen und Betriebsabläufen oder Anlagen in der Industrie ein, einschließlich der Beförderung.
- Sie basieren nach Möglichkeit auf eine Lebenszykluskostenanalyse anstatt auf einfachen Amortisationszeiten, um langfristige Einsparungen, Restwerte von langfristigen Investitionen und Abzinsungssätze zu berücksichtigen.
- Sie sind verhältnismäßig und so repräsentativ, dass sich daraus ein zuverlässiges Bild der Gesamtenergieeffizienz ergibt und sich die wichtigsten Verbesserungsmöglichkeiten zuverlässig ermitteln lassen.

Audits müssen detaillierte und validierte Berechnungen für die vorgeschlagenen Maßnahmen ermöglichen und so klare Informationen über potenzielle Einsparungen liefern. Die für Audits herangezogenen Daten müssen für historische Analysen und zur Rückverfolgung der Leistung aufbewahrt werden können. Energieaudits enthalten keine Klauseln, die verhindern, dass die Ergebnisse der Audits an qualifizierte/akkreditierte Energiedienstleister weitergegeben werden, sofern der Verbraucher keine Einwände erhebt. Die Mitgliedstaaten entwickeln Programme, die KMU dazu ermutigen, sich Energieaudits zu unterziehen und anschließend die Empfehlungen dieser Audits umzusetzen. Sie können Förderregelungen für KMU einführen, um die Kosten eines Energieaudits und der Umsetzung sehr kostenwirksamer Empfehlungen der Energieaudits zu decken. Die Mitgliedstaaten weisen KMU auch über ihre jeweiligen Verbände auf konkrete Beispiele dafür hin, wie ihre Unternehmen von Energiemanagementsystemen profitieren könnten. Sie entwickeln ferner Programme, um Haushalte durch geeignete Beratungsleistungen für den Nutzen dieser Audits zu sensibilisieren. Die Mitgliedstaaten fördern Ausbildungsprogramme zur Qualifizierung von Energieauditoren, um dafür zu sorgen, dass Experten in ausreichender Zahl zur Verfügung stehen. Die Mitgliedstaaten stellen sicher, dass Unternehmen, die kein KMU sind, Gegenstand eines Energieaudits sind, das bis zum 5. Dezember 2015 und mindestens alle vier Jahre nach dem vorangegangenen Energieaudit in unabhängiger und kostenwirksamer Weise von qualifizierten und/ oder akkreditierten Experten durchgeführt oder nach innerstaatlichem Recht von unabhängigen Behörden durchgeführt und überwacht wird. Unternehmen, die keine KMU sind und die ein von einer unabhängigen Einrichtung nach den einschlägigen europäischen oder internationalen Normen zertifiziertes Energiemanagementsystem oder Umweltmanagementsystem einrichten, sind von den Anforderungen freigestellt, sofern die Mitgliedstaaten sicherstellen, dass das betreffende Managementsystem ein Energieaudit umfasst. Energieaudits können eigenständig oder Teil eines umfassenderen Umweltaudits sein.

9.3 Förderung der Nutzung erneuerbarer Energien (RL 2009/28/EG)

Die Kontrolle des Energieverbrauchs in Europa sowie die vermehrte Nutzung von Energie aus erneuerbaren Energiequellen sind gemeinsam mit Energieeinsparungen und einer verbesserten Energieeffizienz wesentliche Elemente des Maßnahmenbündels, das zur Verringerung der Treibhausgasemissionen benötigt wird. Es ist anerkannt, welche Möglichkeiten Innovation und eine nachhaltige, wettbewerbsfördernde Energiepolitik für das Wirtschaftswachstum bieten. Die Energieproduktion aus erneuerbaren Quellen ist oft von den vor Ort oder in der Region angesiedelten kleinen und mittleren Unternehmen (KMU) abhängig. In den Mitgliedstaaten und ihren Regionen ergeben sich aus Investitionen in die lokale und regionale Produktion von Energie aus erneuerbaren Quellen bedeutende Wachstumschancen und Beschäftigungsmöglichkeiten.

Es ist angebracht, die dezentralen Technologien für erneuerbare Energietechnologien zu unterstützen. Mit der Entwicklung hin zur dezentralisierten Energieerzeugung sind viele Vorteile verbunden, beispielsweise die Nutzung vor Ort verfügbarer Energiequellen, eine bessere lokale Energieversorgungssicherheit, kürzere Transportwege und geringere übertragungsbedingte Energieverluste. Diese Dezentralisierung wirkt sich auch positiv auf die Entwicklung und den Zusammenhalt der Gemeinschaft aus, indem Erwerbsquellen und Arbeitsplätze vor Ort geschaffen werden. Die Nutzung landwirtschaftlicher Materialien wie Dung, Gülle sowie anderer tierischer und organischer Abfälle zur Erzeugung von Biogas bietet aufgrund des hohen Einsparpotenzials bei Treibhausgasemissionen signifikante Umweltvorteile sowohl bei der Wärme- und Elektrizitätserzeugung als auch bei der Verwendung als Biokraftstoff. Biogasanlagen können aufgrund des dezentralen Charakters und der regionalen Investitionsstruktur einen maßgeblichen Beitrag zur nachhaltigen Entwicklung im ländlichen Raum leisten und Landwirten neue Einkommensperspektiven eröffnen. In Anbetracht der Standpunkte des Europäischen Parlaments, des Rates und der Kommission ist es angebracht, verbindliche nationale Ziele festzulegen, die damit im Einklang stehen, dass der Anteil von Energie aus erneuerbaren Quellen am Energieverbrauch der Gemeinschaft im Jahr 2020 zu 20 % und im Verkehrssektor am Energieverbrauch der Gemeinschaft zu 10 % durch Energie aus erneuerbaren Quellen gedeckt wird.

Die Verbesserung der Energieeffizienz ist eines der Hauptziele der Gemeinschaft, die eine Steigerung der Energieeffizienz um 20 % bis 2020 anstrebt. Konzepte für Energieeffizienz und Energieeinsparung zählen zu den wirksamsten Methoden, mit denen die Mitgliedstaaten den prozentualen Anteil von Energie aus erneuerbaren Quellen steigern und somit die festgelegten Gesamtziele für Energie aus erneuerbaren Quellen leichter erreichen können. Ausgangspunkt für den indikativen Zielpfad sollte 2005 sein, da dies das letzte Jahr ist, für das zuverlässige Daten über den Anteil von Energie aus erneuerbaren Quellen vorliegen. Es ist anzustreben, dass die Energiepreise die externen Kosten der Energieproduktion und des Energieverbrauchs widerspiegeln, gegebenenfalls einschließlich der Umwelt-, Sozial- und Gesundheitskosten. Die Gemeinschaft und die Mitgliedstaaten sollten darauf hinarbeiten, den Gesamtenergieverbrauch im Verkehrssektor zu verringern und seine Energieeffizienz zu verbessern. Die wichtigsten Instrumente zur Verringerung des Energieverbrauchs im Verkehr bestehen in der Verkehrsplanung, der Förderung öffentlicher Verkehrsmittel, der Steigerung des Anteils der Elektrofahrzeuge an den insgesamt hergestellten Fahrzeugen und der Herstellung von energieeffizienteren kleineren Fahrzeugen mit geringerer Motorleistung.

Die Herstellung von Biokraftstoffen sollte auf nachhaltige Weise erfolgen und es sollten Nachhaltigkeitskriterien festgelegt werden. Die wachsende weltweite Nachfrage nach Biokraftstoffen und flüssigen Biobrennstoffen sollte nicht dazu führen, dass die Zerstörung von durch biologische Vielfalt geprägten Flächen gefördert wird. Diese endlichen Ressourcen sollten bewahrt werden. Daher müssen Nachhaltigkeitskriterien festgelegt werden, die sicherstellen, dass Biokraftstoffe und flüssige Biobrennstoffe nur infrage kommen, wenn garantiert werden kann, dass sie nicht von durch biologische Vielfalt geprägten Flächen stammen oder von Gebieten, die zu Naturschutzzwecken oder zum Schutz von seltenen, bedrohten oder gefährdeten Ökosystemen oder Arten ausgewiesen wurden.

Wenn Flächen mit hohem Kohlenstoffbestand im Boden oder in der Vegetation für den Anbau von Rohstoffen zur Herstellung von Biokraftstoffen oder flüssigen Biobrennstoffen umgewandelt werden, wird in der Regel ein Teil des gespeicherten Kohlenstoffs in die

Atmosphäre freigesetzt, was zur Bildung von Kohlendioxid führt. Die daraus resultierenden negativen Auswirkungen auf den Treibhauseffekt können die positiven Auswirkungen auf den Treibhauseffekt der Biokraftstoffe oder der flüssigen Biobrennstoffe aufheben, in einigen Fällen kann die Wirkung deutlich kontraproduktiv sein. Die vollständigen Kohlenstoffauswirkungen einer solchen Umwandlung sollten daher bei der Berechnung der Treibhausgasemissionseinsparung einzelner Biokraftstoffe und flüssiger Biobrennstoffe berücksichtigt werden. Dies ist erforderlich, um sicherzustellen, dass die Berechnung der Treibhausgasemissionseinsparung die Kohlenstoffauswirkungen der Verwendung von Biokraftstoffen und flüssigen Biobrennstoffen in vollem Umfang berücksichtigt.

Flächen sollten nicht zur Herstellung von Biokraftstoffen und flüssigen Biokraftstoffen umgewandelt werden, wenn der resultierende Kohlenstoffbestandsverlust nicht innerhalb einer angesichts der Dringlichkeit von Klimaschutzmaßnahmen vertretbaren Zeitspanne durch Treibhausgasemissionseinsparung infolge der Herstellung von Biokraftstoffen und flüssigen Biobrennstoffen ausgeglichen werden könnte. Die Mitgliedstaaten können die Verwendung von Biokraftstoffen, die zusätzliche Vorteile aufweisen – hierzu gehören auch die Vorteile der Diversifizierung durch Biokraftstoffe, die aus Abfällen, Reststoffen, zellulosehaltigem Non-Food-Material, lignozellulosehaltigem Material oder Algen sowie Pflanzen, die ohne Bewässerung in Trockengebieten zur Eindämmung der Wüstenbildung angebaut werden –, fördern.

Gegenstand und Anwendungsbereich (Art. 1)
Mit dieser Richtlinie wird ein gemeinsamer Rahmen für die Förderung von Energie aus erneuerbaren Quellen vorgeschrieben. In ihr werden verbindliche nationale Ziele für den Gesamtanteil von Energie aus erneuerbaren Quellen am Bruttoendenergieverbrauch und für den Anteil von Energie aus erneuerbaren Quellen im Verkehrssektor festgelegt. Gleichzeitig werden Regeln für statistische Transfers zwischen Mitgliedstaaten, gemeinsame Projekte zwischen Mitgliedstaaten und mit Drittländern, Herkunftsnachweise, administrative Verfahren, Informationen und Ausbildung und Zugang zum Elektrizitätsnetz für Energie aus erneuerbaren Quellen aufgestellt. Ferner werden Kriterien für die Nachhaltigkeit von Biokraftstoffen und flüssigen Biobrennstoffen vorgeschrieben.

Begriffsbestimmungen (Art. 2)
Im Sinne dieser Richtlinie bezeichnet der Ausdruck

- **Energie aus erneuerbaren Quellen:**
  Energie aus erneuerbaren, nichtfossilen Energiequellen, das heißt Wind, Sonne, aerothermische, geothermische, hydrothermische Energie, Meeresenergie, Wasserkraft, Biomasse, Deponiegas, Klärgas und Biogas;
- **aerothermische Energie:**
  Energie, die in Form von Wärme in der Umgebungsluft gespeichert ist;

- **geothermische Energie:**
  die Energie, die in Form von Wärme unter der festen Erdoberfläche gespeichert ist;
- **hydrothermische Energie:**
  Energie, die in Form von Wärme in Oberflächengewässern gespeichert ist;
- **Biomasse:**
  den biologisch abbaubaren Teil von Erzeugnissen, Abfällen und Reststoffen der Landwirtschaft mit biologischem Ursprung (einschließlich pflanzlicher und tierischer Stoffe), der Forstwirtschaft und damit verbundener Wirtschaftszweige einschließlich der Fischerei und der Aquakultur sowie den biologisch abbaubaren Teil von Abfällen aus Industrie und Haushalten;
- **Bruttoendenergieverbrauch:**
  Energieprodukte, die der Industrie, dem Verkehrssektor, Haushalten, dem Dienstleistungssektor einschließlich des Sektors der öffentlichen Dienstleistungen sowie der Land-, Forst- und Fischereiwirtschaft zu energetischen Zwecken geliefert werden, einschließlich des durch die Energiewirtschaft für die Elektrizitäts- und Wärmeerzeugung entstehenden Elektrizitäts- und Wärmeverbrauchs und einschließlich der bei der Verteilung und Übertragung auftretenden Elektrizitäts- und Wärmeverluste;
- **flüssige Biobrennstoffe:**
  flüssige Brennstoffe, die aus Biomasse hergestellt werden und für den Einsatz zu energetischen Zwecken, mit Ausnahme des Transports, einschließlich Elektrizität, Wärme und Kälte, bestimmt sind;
- **Biokraftstoffe:**
  flüssige oder gasförmige Kraftstoffe für den Verkehr, die aus Biomasse hergestellt werden;
- **lignozellulosehaltiges Material:**
  Material, das aus Lignin, Zellulose und Hemizellulose besteht, wie Biomasse aus Wäldern, holzartige Energiepflanzen sowie Reststoffe und Abfälle aus der Holz- und Forstwirtschaft;
- **zellulosehaltiges Non-Food-Material:**
  Rohstoffe, die überwiegend aus Zellulose und Hemizellulose bestehen und einen niedrigeren Lignin-Gehalt als lignozellulosehaltiges Material haben. Es umfasst Reststoffe von Nahrungs- und Futtermittelpflanzen (z. B. Stroh, Spelzen, Hülsen und Schalen), grasartige Energiepflanzen mit niedrigem Stärkegehalt (z. B. Weidelgras, Rutenhirse, Miscanthus, Pfahlrohr und Zwischenfrüchte vor und nach Hauptkulturen), industrielle Reststoffe (einschließlich Nahrungs- und Futtermittelpflanzen nach Extraktion von Pflanzenölen, Zucker, Stärken und Protein) sowie Material aus Bioabfall.

Verbindliche nationale Gesamtziele und Maßnahmen auf dem Gebiet der Nutzung von Energie aus erneuerbaren Quellen (Art. 3)
Die Mitgliedstaaten treffen Maßnahmen, um effektiv zu gewährleisten, dass ihr Anteil von Energie aus erneuerbaren Quellen den in Tab. 9.1 angegebenen Anteil erreicht oder übersteigt.

Tab. 9.1 Nationale Gesamtziele für den Anteil von Energie aus erneuerbaren Quellen am Endenergieverbrauch im Jahr 2020

	Anteil von Energie aus erneuerbaren Quellen am Bruttoendenergieverbrauch 2005	Zielwerte für den Anteil von Energie aus erneuerbaren Quellen am Bruttoendenergieverbrauch im Jahr 2020
Belgien	2,2 %	13 %
Bulgarien	9,4 %	16 %
Tschechische Republik	6,1 %	13 %
Dänemark	17,0 %	30 %
Deutschland	5,8 %	18 %
Estland	18,0 %	25 %
Irland	3,1 %	16 %
Griechenland	6,9 %	18 %
Spanien	8,7 %	20 %
Frankreich	10,3 %	23 %
Kroatien	12,6 %	20 %
Italien	5,2 %	17 %
Zypern	2,9 %	13 %
Lettland	32,6 %	40 %
Litauen	15,0 %	23 %
Luxemburg	0,9 %	11 %
Ungarn	4,3 %	13 %
Malta	0,0 %	10 %
Niederlande	2,4 %	14 %
Österreich	23,3 %	34 %
Polen	7,2 %	15 %
Portugal	20,5 %	31 %
Rumänien	17,8 %	24 %
Slowenien	16,0 %	25 %
Slowakische Republik	6,7 %	14 %
Finnland	28,5 %	38 %
Schweden	39,8 %	49 %
Vereinigtes Königreich	1,3 %	15 %

Jeder Mitgliedstaat gewährleistet, dass sein Anteil von Energie aus erneuerbaren Quellen bei allen Verkehrsträgern im Jahr 2020 mindestens 10 % seines Endenergieverbrauchs im Verkehrssektor entspricht.

Nationale Aktionspläne für erneuerbare Energie (Art. 4)

Jeder Mitgliedstaat verabschiedet einen Aktionsplan für erneuerbare Energie. Die nationalen Aktionspläne für erneuerbare Energiequellen enthalten die nationalen Gesamtziele der Mitgliedstaaten für die Anteile von im Verkehrs-, Elektrizitäts- sowie Wärme- und Kältesektor verbrauchter Energie aus erneuerbaren Quellen im Jahr 2020 – unter Berücksichtigung der Auswirkungen anderer politischer Maßnahmen für Energieeffizienz auf den Endenergieverbrauch. In Tab. 9.2 ist dazu der zu berücksichtigende Energiegehalt von Kraftstoffen aufgeführt.

Tab. 9.2 Energiegehalt von Kraftstoffen (Auswahl)

	Gewichtsspezifischer Energiegehalt (unterer Heizwert in MJ/kg)	Volumenspezifischer Energiegehalt (unterer Heizwert in MJ/L)
Bioethanol (aus Biomasse hergestelltes Ethanol)	27	21
Biomethanol (aus Biomasse hergestelltes Methanol zur Verwendung als Biokraftstoff)	20	16
Bio-DME (aus Biomasse hergestellter Dimethylether zur Verwendung als Biokraftstoff)	28	19
Biobutanol (aus Biomasse hergestelltes Butanol zur Verwendung als Biokraftstoff)	33	27
Biodiesel (Methylester eines pflanzlichen oder tierischen Öls mit Dieselkraftstoffqualität zur Verwendung als Biokraftstoff)	37	33
Hydriertes Pflanzenöl (thermochemisch mit Wasserstoff behandeltes Pflanzenöl)	44	34
Biogas (aus Biomasse und/oder aus dem biologisch abbaubaren Teil von Abfällen hergestelltes Brenngas, das durch Reinigung Erdgasqualität erreichen kann und für die Verwendung als Biokraftstoff bestimmt ist, oder Holzgas)	50	–
Ottokraftstoff	43	32
Dieselkraftstoffe	43	36

Nachhaltigkeitskriterien für Biokraftstoffe und flüssige Brennstoffe (Art. 17)
Biokraftstoffe und flüssige Biobrennstoffe dürfen nicht aus Rohstoffen hergestellt werden, die auf Flächen mit hohem Wert hinsichtlich der biologischen Vielfalt gewonnen werden, das heißt auf Flächen, die folgenden Status haben:

- Primärwald und andere bewaldete Flächen, das heißt Wald und andere bewaldete Flächen mit einheimischen Arten, in denen es kein deutlich sichtbares Anzeichen für menschliche Aktivität gibt und die ökologischen Prozesse nicht wesentlich gestört sind,
- ausgewiesene Flächen
  - durch Gesetz oder von der zuständigen Behörde für Naturschutzzwecke oder
  - für den Schutz seltener, bedrohter oder gefährdeter Ökosysteme oder Arten, die in internationalen Übereinkünften anerkannt werden oder in den Verzeichnissen zwischenstaatlicher Organisationen oder der Internationalen Union für die Erhaltung der Natur aufgeführt sind,
- Grünland mit großer biologischer Vielfalt, das heißt
  - natürliches Grünland, das ohne Eingriffe von Menschenhand Grünland bleiben würde und dessen natürliche Artenzusammensetzung sowie ökologische Merkmale und Prozesse intakt sind, oder
  - künstlich geschaffenes Grünland, das heißt Grünland, das ohne Eingriffe von Menschenhand kein Grünland bleiben würde und das artenreich und nicht degradiert ist, sofern nicht nachgewiesen wird, dass die Ernte des Rohstoffs zur Erhaltung des Grünlandstatus erforderlich ist.

Biokraftstoffe und flüssige Biobrennstoffe dürfen nicht aus Rohstoffen hergestellt werden, die auf Flächen mit hohem Kohlenstoffbestand gewonnen werden, das heißt auf Flächen, die folgenden Status haben:

- Feuchtgebiete, d. h. Flächen, die ständig oder für einen beträchtlichen Teil des Jahres von Wasser bedeckt oder durchtränkt sind,
- kontinuierlich bewaldete Gebiete, d. h. Flächen von mehr als einem Hektar mit über fünf Meter hohen Bäumen und einem Überschirmungsgrad von mehr als 30 % oder mit Bäumen, die auf dem jeweiligen Standort diese Werte erreichen können,
- Flächen von mehr als einem Hektar mit über fünf Meter hohen Bäumen und einem Überschirmungsgrad von 10 bis 30 % oder mit Bäumen, die auf dem jeweiligen Standort diese Werte erreichen können.

Biokraftstoffe und flüssige Biobrennstoffe dürfen nicht aus Rohstoffen hergestellt werden, die auf Flächen gewonnen werden, die Torfmoor waren.

Berechnung des Beitrags von Biokraftstoffen und flüssigen Biobrennstoffen zum Treibhauseffekt (Art. 19)
Die durch die Verwendung von Biokraftstoffen und flüssigen Biobrennstoffen erzielte Einsparung bei den Treibhausgasemissionen bestimmt sich nach Tab. 9.3.

Tab. 9.3 Beitrag von Biokraftstoffen und flüssigen Biobrennstoffen zum Treibhauseffekt (Auswahl)

Herstellungsweg des Biokraftstoffs	Standardwerte für die Minderung von Treibhausgasemissionen
Ethanol aus Zuckerrüben	52 %
Ethanol aus Weizen (Braunkohle als Prozessbrennstoff in KWK-Anlagen)	16 %
Ethanol aus Weizen (Erdgas als Prozessbrennstoff in konventioneller Anlage)	34 %
Ethanol aus Weizen (Erdgas als Prozessbrennstoff in KWK-Anlagen)	47 %
Ethanol aus Weizen (Stroh als Prozessbrennstoff in KWK-Anlage)	69 %
Ethanol aus Mais, in der Gemeinschaft erzeugt (Erdgas als Prozessbrennstoff in KWK-Anlage)	49 %
Ethanol aus Zuckerrohr	71 %
Biodiesel aus Raps	38 %
Biodiesel aus Sonnenblumen	51 %
Biodiesel aus Sojabohnen	31 %
Reines Rapsöl	57 %
Biogas aus organischen Siedlungsabfällen als komprimiertes Erdgas	73 %
Biogas aus Gülle als komprimiertes Erdgas	81 %
Biogas aus Trockenmist als komprimiertes Erdgas	82 %
Ethanol aus Weizenstroh	85 %
Ethanol aus Abfallholz	74 %
Ethanol aus Kulturholz	70 %
Fischer-Tropsch-Diesel aus Abfallholz	95 %

(Fortsetzung)

Tab. 8.5 (Fortsetzung)

Herstellungsweg des Biokraftstoffs	Standardwerte für die Minderung von Treibhausgasemissionen
Fischer-Tropsch-Diesel aus Kulturholz	93 %
Dimethylether (DME) aus Abfallholz	95 %
DME aus Kulturholz	92 %
Methanol aus Abfallholz	94 %
Methanol aus Kulturholz	91 %

In Abb. 9.1 sind typische Treibhausgasemissionen für Biokraftstoffe und flüssige Biobrennstoffe zusammengestellt. Dies betrifft die Pfade Anbau, Verarbeitung, Transport und Vertrieb.

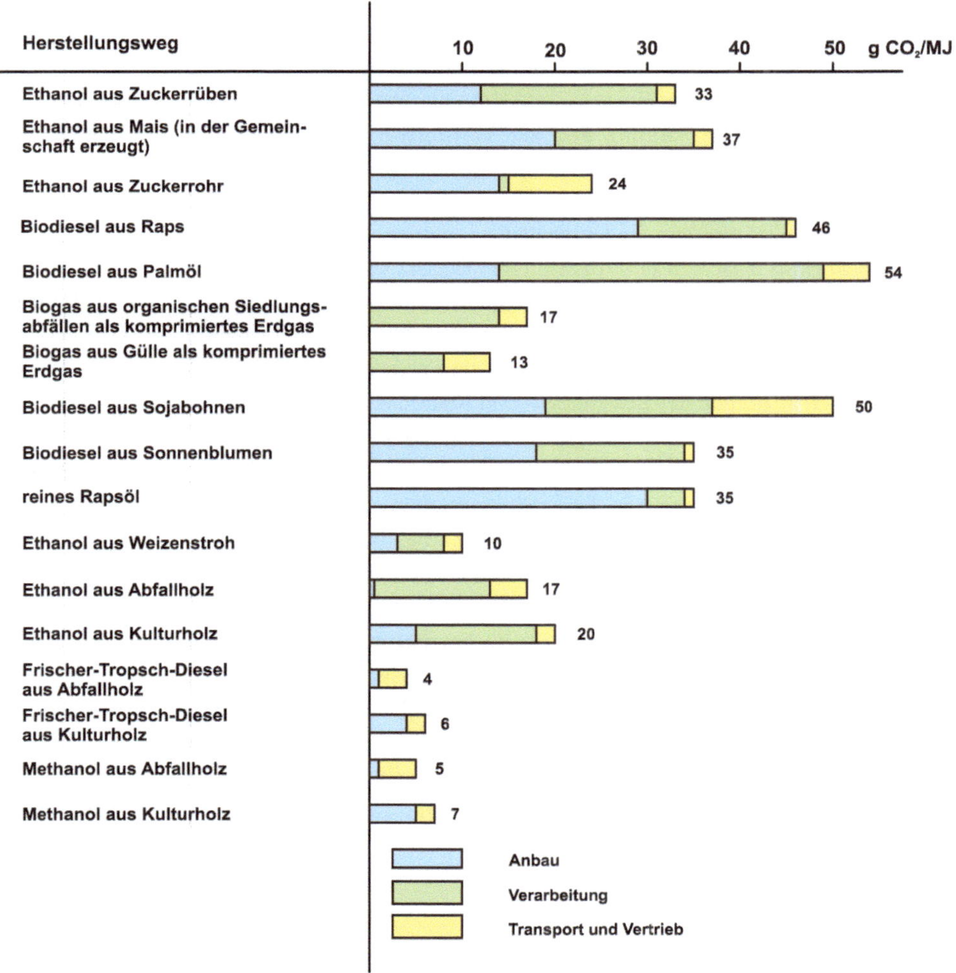

Abb. 9.1 Typische Treibhausgasemissionen (g CO_2/MJ) für Biokraftstoffe und flüssige Biobrennstoffe (Auswahl)

9

9.4 Ökodesign-Richtlinie 2009/125/EG

9.4.1 Einführung

Die umweltgerechte Gestaltung von Produkten ist wesentlicher Bestandteil der Gemeinschaftsstrategie zur integrierten Produktpolitik. Sie bietet als vorbeugender Ansatz zur Optimierung der Umweltverträglichkeit von Produkten und zur gleichzeitigen Erhaltung ihrer Gebrauchsqualität neue konkrete Chancen für Hersteller, Verbraucher und die Allgemeinheit. Maßnahmen sollten auf der Stufe der Gestaltung energieverbrauchsrelevanter Produkte ergriffen werden, da sich zeigt, dass auf dieser Stufe die während des Lebenszyklus auftretenden Umweltbelastungen vorgezeichnet und die meisten Kosten festgelegt werden. Mit dieser Richtlinie soll durch eine Minderung der potenziellen Umweltauswirkungen energieverbrauchsrelevanter Produkte ein hohes Umweltschutzniveau erreicht werden, was letztlich den Verbrauchern und anderen Produktnutzern zugute kommt. Eine nachhaltige Entwicklung erfordert auch die angemessene Berücksichtigung der gesundheitlichen, gesellschaftlichen und wirtschaftlichen Auswirkungen der geplanten Maßnahmen. Die Verbesserung der Energie- und Ressourceneffizienz von Produkten trägt zur Sicherheit der Energieversorgung und zur Verringerung der Nachfrage nach natürlichen Ressourcen bei, die beide Voraussetzungen für eine gesunde Wirtschaft und damit für eine nachhaltige Entwicklung sind.

Es wird das Ziel verfolgt, die Umweltauswirkungen von Produkten während ihres gesamten Lebenszyklus einschließlich Auswahl und Einsatz von Rohmaterialien, Fertigung, Verpackung, Transport und Vertrieb, Installierung und Wartung, Nutzung und Ende der Lebensdauer zu verringern. Durch die Berücksichtigung der Umweltauswirkungen während des gesamten Lebenszyklus bei der Gestaltung eines Produkts ist es möglich, den Umweltschutz einschließlich bezüglich der Ressourcen- und Materialeffizienz auf kostengünstige Weise zu verbessern und somit dazu beizutragen, die Ziele der thematischen Strategie für die nachhaltige Nutzung natürlicher Ressourcen zu erreichen. Die Regelungen sollten so flexibel sein, dass die Umwelterfordernisse in die Produktgestaltung unter Berücksichtigung technischer, funktionaler und wirtschaftlicher Erfordernisse einbezogen werden können. Es kann notwendig und gerechtfertigt sein, für bestimmte Produkte oder deren Umweltaspekte spezifische quantitative Ökodesign-Anforderungen festzulegen, um die von den Produkten verursachten Umweltauswirkungen auf ein Minimum zu begrenzen. Der Energieverbrauch energieverbrauchsrelevanter Produkte im Bereitschafts- oder ausgeschalteten Zustand sollte grundsätzlich, soweit angebracht, auf das für ihren ordnungsgemäßen Betrieb erforderliche Mindestmaß gesenkt werden. Die – auch auf internationaler Ebene – leistungsfähigsten auf dem Markt anzutreffenden Produkte und Technologien sollten als Referenz dienen und die Höhe von Ökodesign-Anforderungen sollte auf der Grundlage einer technischen, wirtschaftlichen und ökologischen Analyse festgelegt werden.

Gegenstand und Geltungsbereich (Art. 1)
Diese Richtlinie schafft einen Rahmen für die Festlegung gemeinschaftlicher Ökodesign-Anforderungen für energieverbrauchsrelevante Produkte mit dem Ziel, den freien Verkehr solcher Produkte im Binnenmarkt zu gewährleisten. Diese Richtlinie sieht die Festlegung von Anforderungen vor, die die von den Durchführungsmaßnahmen erfassten energieverbrauchsrelevanten Produkte erfüllen müssen, damit sie in Verkehr gebracht und/oder in Betrieb genommen werden dürfen. Sie trägt zur nachhaltigen Entwicklung bei, indem sie die Energieeffizienz und das Umweltschutzniveau erhöht und zugleich die Sicherheit der Energieversorgung verbessert.

Begriffsbestimmungen (Art. 2)

- **Energieverbrauchsrelevantes Produkt (Produkt):**
  einen Gegenstand, dessen Nutzung den Verbrauch von Energie in irgendeiner Weise beeinflusst und der in Verkehr gebracht und/oder in Betrieb genommen wird, einschließlich Teilen, die zum Einbau in ein unter diese Richtlinie fallendes energieverbrauchsrelevantes Produkt bestimmt sind, als Einzelteile für Endnutzer in Verkehr gebracht und/oder in Betrieb genommen werden und getrennt auf ihre Umweltverträglichkeit geprüft werden können;
- **Umweltaspekt:**
  einen Bestandteil oder eine Funktion eines Produkts, der (die) während des Lebenszyklus des Produkts mit der Umwelt in Wechselwirkung treten kann;
- **Umweltauswirkung:**
  eine einem Produkt während seines Lebenszyklus ganz oder teilweise zurechenbare Veränderung der Umwelt;
- **Lebenszyklus:**
  die Gesamtheit der aufeinander folgenden und miteinander verknüpften Existenzphasen eines Produkts von der Verarbeitung des Rohmaterials bis zur Entsorgung;
- **ökologisches Profil:**
  die Beschreibung – gemäß der für das Produkt einschlägigen Durchführungsmaßnahme – der einem Produkt während seines Lebenszyklus zurechenbaren, für seine Umweltauswirkung bedeutsamen Zufuhren und Abgaben (z. B. von Materialien, Emissionen und Abfällen), ausgedrückt in messbaren physikalischen Größen;
- **Umweltverträglichkeit:**
  eines Produkts das in den technischen Unterlagen dokumentierte Ergebnis der Bemühungen des Herstellers um die Umweltaspekte des Produkts;
- **Verbesserung der Umweltverträglichkeit:**
  den sich über mehrere Produktgenerationen erstreckenden Prozess der Verbesserung der Umweltverträglichkeit eines Produkts, wenn auch nicht unbedingt aller Umweltaspekte zugleich;

- **umweltgerechte Gestaltung (Ökodesign):**
  die Berücksichtigung von Umwelterfordernissen bei der Produktgestaltung mit dem Ziel, die Umweltverträglichkeit des Produkts während seines gesamten Lebenszyklus zu verbessern;
- **Ökodesign-Anforderung:**
  eine Anforderung an ein Produkt oder an seine Gestaltung, die zur Verbesserung seiner Umweltverträglichkeit bestimmt ist, oder die Anforderung, über Umweltaspekte des Produkts Auskunft zu geben;
- **allgemeine Ökodesign-Anforderung:**
  eine Ökodesign-Anforderung, die das gesamte ökologische Profil eines Produkts ohne Grenzwerte für einen bestimmten Umweltaspekt betrifft;
- **spezifische Ökodesign-Anforderung:**
  eine Ökodesign-Anforderung in Form einer messbaren Größe für einen bestimmten Umweltaspekt eines Produkts wie etwa den Energieverbrauch im Betrieb bei einer bestimmten Ausgangsleistung.

Durchführungsmaßnahmen (Art. 15)
Bei der Ausarbeitung eines Entwurfs einer Durchführungsmaßnahme geht die Kommission wie folgt vor:

- Sie prüft den Lebenszyklus des Produkts sowie alle seine bedeutsamen Umweltaspekte, unter anderem die Energieeffizienz. Der Umfang der Untersuchung der Umweltaspekte und der Durchführbarkeit von deren Verbesserungen steht im Verhältnis zu ihrer Bedeutung. Die Festlegung von Ökodesign-Anforderungen an die bedeutenden Umweltaspekte eines Produkts darf nicht aufgrund einer Unsicherheit bei anderen Aspekten unangemessen verzögert werden.
- Sie führt eine Bewertung der Auswirkungen auf die Umwelt, die Verbraucher und die Hersteller, einschließlich KMU, in Bezug auf Wettbewerbsfähigkeit (auch auf Märkten außerhalb der Gemeinschaft), Innovation, Marktzugang sowie Kosten und Nutzen durch.
- Sie trägt den von den Mitgliedstaaten für relevant erachteten nationalen Umweltvorschriften Rechnung.
- Sie führt eine geeignete Konsultation der Beteiligten durch.
- Sie erstellt auf der Grundlage der genannten Bewertung eine Begründung für den Entwurf der Durchführungsmaßnahme.
- Sie macht Terminvorgaben für die Durchführung, legt abgestufte Maßnahmen oder Übergangsmaßnahmen oder -zeiträume fest und berücksichtigt dabei insbesondere die möglichen Auswirkungen auf KMU oder auf spezifische, hauptsächlich von KMU hergestellte Produktgruppen.

Durchführungsmaßnahmen müssen alle nachstehenden Kriterien erfüllen.

- Es darf aus Sicht des Benutzers keine nennenswerten nachteiligen Auswirkungen auf die Funktionsweise des Produkts geben.
- Gesundheit, Sicherheit und Umwelt dürfen nicht beeinträchtigt werden.
- Es darf keine nennenswerten nachteiligen Auswirkungen für die Verbraucher geben, insbesondere hinsichtlich der Erschwinglichkeit und der Lebenszykluskosten des Produkts.
- Es darf keine nennenswerten nachteiligen Auswirkungen auf die Wettbewerbsfähigkeit der Industrie geben.
- Eine spezifische Ökodesign-Anforderung darf grundsätzlich nicht dazu führen, dass die Technik eines bestimmten Herstellers von allen anderen Herstellern übernommen werden muss.
- Sie dürfen den Herstellern keine übermäßige administrative Belastung aufbürden.

9.4.2 Methode zur Festlegung allgemeiner Ökodesign-Anforderungen (Anhang I)

Die allgemeinen Ökodesign-Anforderungen stellen auf die Verbesserung der Umweltverträglichkeit des Produkts ab und sind vor allem auf wesentliche Umweltaspekte des Produkts ausgerichtet, ohne Grenzwerte festzulegen. Das in diesem Anhang genannte Verfahren wird angewandt, wenn die Festlegung von Grenzwerten für das untersuchte Produkt ungeeignet ist.

9

Ökodesign-Parameter für Produkte

Die wesentlichen Umweltaspekte, soweit sie die Produktgestaltung betreffen, werden unter Berücksichtigung der nachstehenden Phasen des Lebenszyklus des Produkts festgelegt:

- Auswahl und Einsatz von Rohmaterial,
- Fertigung,
- Verpackung, Transport und Vertrieb,
- Installierung und Wartung,
- Nutzung und
- Ende der Lebensdauer, d. h. der Zustand eines Produkts am Ende seiner Erstnutzung bis zur endgültigen Entsorgung.

Für jede dieser Phasen ist – soweit relevant – Folgendes abzuschätzen:

- voraussichtlicher Verbrauch an Material, Energie und anderen Ressourcen wie etwa Frischwasser,
- voraussichtliche Immissionen in Luft, Wasser und Boden,

- voraussichtliche Umweltbelastung durch physikalische Einwirkungen wie Lärm, Schwingungen, Strahlung, elektromagnetische Felder,
- Menge der voraussichtlich entstehenden Abfallstoffe und
- Möglichkeiten der Wiederverwendung, des Recyclings und der Verwertung von Material und/oder Energie.

Die Verbesserung der genannten Umweltaspekte eines Produkts ist insbesondere nach folgenden Kriterien zu beurteilen, die bei Bedarf durch andere Kriterien ergänzt werden können:

- Masse und Volumen des Produkts,
- Verwendung von Recyclingmaterial,
- Verbrauch an Energie, Wasser und anderen Ressourcen während des Produktlebenszyklus,
- Verwendung von Stoffen, die gesundheits- und/oder umweltschädlich sind,
- Art und Menge der für die bestimmungsgemäße Nutzung und die ordnungsgemäße Wartung benötigten Verbrauchsmaterialien,
- Indikatoren der Wiederverwendbarkeit und Recycelbarkeit
  - Zahl der verwendeten Materialien und Bauteile,
  - Verwendung von Normteilen,
  - Zeitaufwand für das Zerlegen,
  - Komplexität der zum Zerlegen benötigten Werkzeuge,
  - Verwendung von Kennzeichnungsnormen für wieder verwendbare und recycelbare Bauteile und Materialien (einschließlich der Kennzeichnung von Kunststoffteilen nach ISO-Norm),
  - Verwendung leicht recycelbarer Materialien,
  - leichte Zugänglichkeit von wertvollen und anderen recycelbaren Bauteilen und Materialien,
  - leichte Zugänglichkeit von Bauteilen und Materialien, die gefährliche Stoffe enthalten,
- Verwendung gebrauchter Teile,
- Vermeidung technischer Lösungen, die der Wiederverwendung und dem Recycling von Bauteilen und vollständigen Geräten entgegenstehen,
- Indikatoren der Produktlebensdauer: garantierte Mindestlebensdauer, Mindestzeitraum der Lieferbarkeit von Ersatzteilen, Modularität, Nachrüstbarkeit, Reparierbarkeit,
- entstehende Mengen von Abfällen und gefährlichen Abfällen,
- Immissionen in die Atmosphäre (Treibhausgase, Säurebildner, flüchtige organische Verbindungen, Ozon abbauende Stoffe, persistente organische Schadstoffe, Schwermetalle, Fein- und Schwebstaubpartikel),
- Immissionen in das Wasser (Schwermetalle, Stoffe mit nachteiligen Auswirkungen auf die Sauerstoffbilanz, persistente organische Schadstoffe) und

- Immissionen in den Boden (insbesondere durch Austritt gefährlicher Stoffe bei der Nutzung von Produkten und durch Auswaschung von Schadstoffen nach ihrer Deponierung).

Anforderungen an die Bereitstellung von Informationen

In den Durchführungsmaßnahmen kann vorgeschrieben werden, dass der Hersteller Angaben zu machen hat, die den Umgang mit dem Produkt, seine Nutzung oder sein Recycling durch andere Stellen als den Hersteller beeinflussen können, wozu gegebenenfalls folgende Angaben gehören:

- Informationen des Konstrukteurs zum Herstellungsprozess,
- Informationen für Verbraucher über die wesentlichen Umweltaspekte und die Eigenschaften des Produkts. Diese Informationen sind dem Produkt beizufügen, wenn es in Verkehr gebracht wird, damit der Verbraucher verschiedene Produkte in ihren Umweltaspekten vergleichen kann;
- Informationen für Verbraucher darüber, wie das Produkt mit möglichst geringer Umweltbelastung zu installieren, zu nutzen und zu warten ist, wie es eine möglichst hohe Lebensdauer erreicht und wie es zu entsorgen ist, sowie gegebenenfalls Informationen über den Zeitraum der Lieferbarkeit von Ersatzteilen und die Nachrüstbarkeit der Geräte und
- Informationen über Entsorgungsbetriebe zu Zerlegung, Recycling oder Deponierung des Altprodukts. Die Informationen sind am Produkt selbst anzubringen, wo immer das möglich ist.

Anforderungen an den Hersteller

Hersteller von Produkten nehmen eine Analyse des Modells des Produkts für dessen gesamten Lebenszyklus vor, die die in der Durchführungsmaßnahme festgelegten, durch die Gestaltung des Produkts wesentlich beeinflussbaren Umweltaspekte prüft und auf realistischen Annahmen der üblichen Nutzungsbedingungen und der Verwendungszwecke des Produkts beruht. Weitere Umweltaspekte können freiwillig geprüft werden. Anhand der Ergebnisse dieser Analyse erstellt der Hersteller das ökologische Profil des Produkts. In ihm sind alle umweltrelevanten Produkteigenschaften und alle dem Produkt während seines Lebenszyklus zurechenbaren und als physikalische Größen messbaren Aufwendungen/Abgaben zu berücksichtigen. Anhand der Ergebnisse dieser Analyse bewerten die Hersteller Entwurfsalternativen und die erreichte Umweltverträglichkeit des Produkts anhand von Referenzwerten. Die Referenzwerte werden von der Kommission in der Durchführungsmaßnahme auf der Grundlage der während der Ausarbeitung dieser Maßnahme gesammelten Informationen ermittelt. Bei der Wahl einer bestimmten konstruktiven Lösung ist unter Beachtung aller geltenden Rechtsvorschriften ein sinnvoller

Kompromiss zwischen den verschiedenen Umweltaspekten und zwischen den Erfordernissen des Umweltschutzes und anderen Erfordernissen wie Sicherheit und Gesundheitsschutz, funktionalen Erfordernissen, Qualität, Leistung und wirtschaftlichen Aspekten, einschließlich Herstellungskosten und Marktfähigkeit, zu erreichen.

9.4.3 Methode zur Festlegung spezifischer Ökodesign-Anforderungen (Anhang II)

Spezifische Ökodesign-Anforderungen werden mit dem Ziel festgelegt, ausgewählte Umweltaspekte des Produkts zu verbessern. Es kann sich dabei gegebenenfalls um Anforderungen für die reduzierte Verwendung eines bestimmten Materials handeln, wie etwa der Begrenzung der Verwendung dieses Materials in den verschiedenen Stadien des Lebenszyklus des Produkts (z. B. Begrenzung des Wasserverbrauchs bei der Nutzung oder des Verbrauchs eines bestimmten Materials bei der Herstellung oder Mindestanforderungen für die Verwendung von Recyclingmaterial). Bei der Ausarbeitung der Durchführungsmaßnahmen mit spezifischen Ökodesign-Anforderungen ermittelt die Kommission je nach dem Produkt, das von der Durchführungsmaßnahme erfasst wird, die entsprechenden Ökodesign-Parameter und legt die Höhe dieser Anforderungen fest. In einer technischen, ökologischen und wirtschaftlichen Analyse ist eine Reihe auf dem Markt befindlicher Modelle auszuwählen, die für das betreffende Produkt repräsentativ sind. An ihnen sind die wirtschaftlich tragfähigen technischen Möglichkeiten zur Verbesserung der Umweltverträglichkeit des Produkts zu ermitteln, wobei darauf zu achten ist, dass die Leistung und der Verbrauchernutzen des Produkts nicht wesentlich gemindert werden. Im Rahmen der technischen, ökologischen und wirtschaftlichen Analyse werden zudem in Bezug auf die geprüften Umweltaspekte die besten auf dem Markt befindlichen Produkte und Technologien ermittelt. Das Abschneiden von auf internationalen Märkten verfügbaren Produkten und in der Gesetzgebung anderer Länder bestehende Referenzwerte sollten sowohl bei der Analyse als auch bei der Festlegung von Anforderungen berücksichtigt werden. Anhand der Ergebnisse dieser Analyse sind unter Berücksichtigung der technischen und wirtschaftlichen Machbarkeit und des Verbesserungspotenzials konkrete Maßnahmen zur Minimierung der Umweltauswirkung des Produkts zu treffen.

Die Anforderungen an die Energieeffizienz oder den Energieverbrauch im Betrieb sind so festzusetzen, dass die Lebenszykluskosten repräsentativer Modelle des Produkts für den Endnutzer möglichst niedrig sind, wobei die Auswirkungen auf die anderen Umweltaspekte zu berücksichtigen sind. Der Analyse der Lebenszykluskosten sind ein realer Diskontsatz, der auf den Angaben der Europäischen Zentralbank beruht, sowie eine realistische Produktlebensdauer zugrunde zu legen. Zu betrachten ist die Summe der Veränderungen des Kaufpreises (entsprechend den Veränderungen der Herstellungskosten) und der Betriebskosten, die sich aus den entsprechenden Möglichkeiten der technischen Verbesserung der als repräsentativ ausgewählten Modelle des Produkts über deren Lebensdauer ergeben. Die Betriebskosten sind in erster Linie Energiekosten und Kosten für andere Ressourcen wie Wasser und Waschmittel. Eine, die maßgeblichen Faktoren, wie etwa Kosten für Energie, andere Ressourcen, Rohmaterial und Fertigung sowie Diskontsätze, und bei Bedarf die externen Umweltkosten, einschließlich der vermiedenen Treibhausgasemissionen, betreffende Sensibilitätsanalyse ist vorzunehmen, um festzustellen, ob sich wesentliche Änderungen ergeben, und um die Schlussfolgerungen zu überprüfen. Die Anforderung ist entsprechend anzupassen. Der Verbrauch anderer Ressourcen wie Wasser kann auf ähnliche Weise analysiert werden. Bei der Ausarbeitung der technischen, ökologischen und wirtschaftlichen Analysen kann auf Informationen zurückgegriffen werden, die im Rahmen anderer Maßnahmen der Gemeinschaft gewonnen wurden. Gleiches gilt für Informationen aus bestehenden Programmen, die außerhalb der Gemeinschaft durchgeführt werden und auf die Festlegung spezifischer Ökodesign-Anforderungen an Produkte, die mit Wirtschaftspartnern der Europäischen Union gehandelt werden, abstellen. Die Anforderung darf erst nach Ablauf der für die Entwicklung eines neuen Produkts üblichen Zeit in Kraft treten.

9.4.4 Interne Entwurfskontrolle (Anhang IV)

In diesem Anhang wird das Verfahren beschrieben, nach dem der Hersteller oder sein Bevollmächtigter gewährleistet und erklärt, dass ein Produkt die Anforderungen der jeweils geltenden Durchführungsmaßnahme erfüllt. Die EG-Konformitätserklärung kann für ein Produkt oder mehrere Produkte ausgestellt werden und ist vom Hersteller aufzubewahren. Der Hersteller muss technische Unterlagen zusammenstellen, anhand deren es möglich ist, die Übereinstimmung des Produkts mit den Anforderungen der jeweils geltenden Durchführungsmaßnahme zu beurteilen. Die technischen Unterlagen enthalten insbesondere:

- eine allgemeine Beschreibung des Produkts und der Verwendung, für die es vorgesehen ist,
- die Ergebnisse der vom Hersteller durchgeführten Analyse der Umweltauswirkungen und/oder Verweise auf einschlägige Literatur oder Fallstudien, auf die der Hersteller sich bei der Bewertung, Dokumentierung und Gestaltung des Produkts gestützt hat,
- das ökologische Profil, sofern dies die Durchführungsmaßnahme verlangt,
- die Beschreibung der Umweltaspekte der Gestaltung des Produkts,
- eine Liste der Normen, die ganz oder teilweise angewandt wurden, und eine Beschreibung der Lösungen, mit denen den Anforderungen der jeweils geltenden Durchführungsmaßnahme entsprochen wird,
- die Angaben zu den umweltrelevanten Gestaltungsmerkmalen des Produkts und
- die Ergebnisse der Messungen zur Prüfung der Übereinstimmung des Produkts mit den Ökodesign-Anforderungen einschließlich Angaben zur Konformität dieser Messungen im Vergleich zu den Ökodesign-Anforderungen der jeweils geltenden Durchführungsmaßnahme.

9

Der Hersteller hat den Fertigungsprozess so zu gestalten und zu überwachen, dass das Produkt den genannten Angaben entspricht und die Anforderungen der jeweils geltenden Durchführungsmaßnahme erfüllt.

9.4.5 Managementsystem für die Konformitätsbewertung (Anhang V)

In diesem Anhang wird das Verfahren beschrieben, nach dem der Hersteller den Verpflichtungen nachkommt, gewährleistet und erklärt, dass ein Produkt die Anforderungen der jeweils geltenden Durchführungsmaßnahme erfüllt. Die EG-Konformitätserklärung kann für ein Produkt oder mehrere Produkte ausgestellt werden und ist vom Hersteller aufzubewahren. Für die Bewertung der Konformität des Produkts kann ein Managementsystem herangezogen werden, sofern der Hersteller die beschriebenen Umweltkomponenten darin einbezieht. In den nachfolgenden Abschnitten werden die Umweltkomponenten des Managementsystems und die Verfahren beschrieben, mit denen der Hersteller nachweisen kann, dass das Produkt die Anforderungen der jeweils geltenden Durchführungsmaßnahme erfüllt.

Umweltorientierte Produktpolitik

Der Hersteller muss nachweisen können, dass die Anforderungen der maßgebenden Durchführungsmaßnahme erfüllt sind. Ferner muss der Hersteller zur Verbesserung der Umweltverträglichkeit der Produkte ein Rahmenkonzept für die Festlegung von Umweltverträglichkeitszielen und -indikatoren und deren Überprüfung vorlegen können. Alle Maßnahmen, die der Hersteller trifft, um die Umweltverträglichkeit insgesamt durch Produktgestaltung und Gestaltung des Herstellungsprozesses zu verbessern und das Umweltprofil zu ermitteln, müssen strukturiert und schriftlich in Form von Verfahren und Anweisungen dokumentiert sein. Diese Verfahren und Anweisungen müssen insbesondere Folgendes in der Dokumentation hinreichend ausführlich beschreiben:

- die Liste der Dokumente, die zum Nachweis der Konformität des Produkts zu erstellen und gegebenenfalls bereitzustellen sind;
- die Umweltverträglichkeitsziele und -indikatoren sowie die Organisationsstruktur, die Verteilung der Zuständigkeiten und die Befugnisse der Geschäftsleitung und die Mittelausstattung in Bezug auf die Erfüllung und Beibehaltung dieser Ziele und Indikatoren;
- die nach der Fertigung durchzuführenden Prüfungen des Produkts auf Übereinstimmung mit den Umweltverträglichkeitsvorgaben;
- die Verfahren zur Kontrolle der vorgeschriebenen Dokumentation und zur Sicherstellung ihrer regelmäßigen Aktualisierung und
- das Verfahren, mit dem die Einbeziehung und Wirksamkeit der Umweltkomponenten des Managementsystems überprüft wird.

Planung
Der Hersteller hat Folgendes auszuarbeiten und zu aktualisieren:

- Verfahren zur Ermittlung des ökologischen Profils des Produkts,
- Umweltverträglichkeitsziele und -indikatoren, die bei der Wahl technischer Lösungen neben technischen und wirtschaftlichen Erfordernissen zu berücksichtigen sind, und
- ein Programm zur Erreichung dieser Ziele.

Durchführung und Unterlagen
Die Unterlagen zum Managementsystem müssen insbesondere Folgendes einhalten:

- Zuständigkeiten und Befugnisse sind festzulegen und zu dokumentieren, damit die umweltorientierte Produktpolitik wirksam durchgeführt werden kann, damit ihre Umsetzung schriftlich festgehalten wird und damit Kontrollen und Verbesserungsmaßnahmen möglich sind;
- die Methoden der Entwurfskontrolle und der Prüfung nach der Fertigung sowie die bei der Produktgestaltung zur Anwendung kommenden Verfahren und systematischen Maßnahmen sind schriftlich festzuhalten und
- der Hersteller muss Unterlagen erstellen und aktualisieren, in denen die wesentlichen Umweltkomponenten des Managementsystems und die Verfahren zur Prüfung aller benötigten Unterlagen beschrieben sind.

Die Unterlagen zu dem Produkt müssen insbesondere Angaben zu folgenden Aspekten enthalten:

- eine allgemeine Beschreibung des Produkts und der Verwendung, für die es vorgesehen ist;
- die Ergebnisse der vom Hersteller durchgeführten Analyse der Umweltauswirkungen und/oder Verweise auf einschlägige Literatur oder Fallstudien, auf die der Hersteller sich bei der Bewertung, Dokumentierung und Gestaltung des Produkts gestützt hat;
- das ökologische Profil, sofern dies die Durchführungsmaßnahme verlangt;
- die Ergebnisse der Messungen zur Prüfung der Übereinstimmung des Produkts mit den Ökodesign-Anforderungen einschließlich Angaben zur Konformität dieser Messungen im Vergleich zu den Ökodesign-Anforderungen der jeweils geltenden Durchführungsmaßnahme;
- Spezifikationen des Herstellers, in denen insbesondere angegeben wird, welche harmonisierten Normen angewandt wurden;
- die Angaben zu den umweltrelevanten Gestaltungsmerkmalen des Produkts.

Prüfungen und Abstellung von Mängeln
Der Hersteller muss

- alle erforderlichen Maßnahmen ergreifen, um sicherzustellen, dass das Produkt in Einklang mit den Gestaltungsspezifikationen und den Anforderungen der für das Produkt geltenden Durchführungsmaßnahme hergestellt wird;
- Verfahren ausarbeiten und aufrechterhalten, mit denen er auf Nichtkonformität reagiert und die dokumentierten Verfahren im Anschluss an die Abstellung der Mängel ändert, und
- mindestens alle drei Jahre eine umfassende interne Prüfung (Audit) des Managementsystems in Bezug auf dessen Umweltkomponenten durchführen.

9.4.6 Inhalt der Durchführungsmaßnahmen (Anhang VII)

In einer Durchführungsmaßnahme ist insbesondere Folgendes festzulegen:

- die genaue Definition der von ihr erfassten Produktart(en);
- die Ökodesign-Anforderung(en) an das (die) von ihr erfasste(n) Produkt(e), den Zeitpunkt des Inkrafttretens, eventuelle Stufen- oder Übergangsregelungen oder -fristen;
  - bei allgemeinen Ökodesign-Anforderungen die relevanten Phasen und Einzelaspekte als Richtschnur für die Bewertung der Verbesserungen in Bezug auf die festgelegten Umweltaspekte;
  - bei spezifischen Ökodesign-Anforderungen deren Höhe;
- die in Anhang I der Richtlinie genannten Ökodesign-Parameter, für die keine Ökodesign-Anforderung erforderlich ist;
- die Anforderungen an die Installation des Produkts, wenn diese einen unmittelbaren Einfluss auf dessen Umweltverträglichkeit hat;
- die anzuwendenden Messnormen und/oder Messverfahren; soweit verfügbar, sind harmonisierte Normen, deren Fundstellen im Amtsblatt der Europäischen Union veröffentlicht sind, anzuwenden;
- Angaben zur Konformitätsbewertung (CE-Kennzeichnung);
- die Informationen, die der Hersteller zu übermitteln hat, namentlich über die Einzelheiten der technischen Unterlagen, die erforderlich sind, um die Prüfung der Übereinstimmung der Produkte mit der Durchführungsmaßnahme zu erleichtern;
- die Länge der Übergangsfrist, während deren die Mitgliedstaaten das Inverkehrbringen und/oder die Inbetriebnahme von Produkten zulassen müssen, die zum Zeitpunkt der Verabschiedung der Durchführungsmaßnahme den in ihrem Hoheitsgebiet geltenden Vorschriften entsprechen;
- das Datum für die Bewertung und mögliche Änderung der Durchführungsmaßnahme unter Berücksichtigung der Schnelligkeit des technischen Fortschritts.

Die Durchführungsmaßnahmen müssen die in Anhang VII der Richtlinie genannten Elemente umfassen. Die von der Kommission bei der Ausarbeitung der Durchführungsmaßnahmen herangezogenen einschlägigen Studien und Analysen sollten der Öffentlichkeit zugänglich gemacht werden, wobei vor allem der leichte Zugang für und die leichte Benutzung durch interessierte KMU berücksichtigt werden sollte.

9.4.7 Produktgruppen

Im Rahmen der Ökodesign-Richtlinie wurden in den zurückliegenden Jahren mehrere EG-Verordnungen für verschiedene Produktgruppen erlassen, in denen Energieeffizienzwerte festgeschrieben wurden. In Tab. 9.4 sind diese Produktgruppen in einer Übersicht zusammengestellt.

Tab. 9.4 Verordnungen und Produktgruppen im Rahmen der Ökodesign-Richtlinie (Auswahl)

EG-Verordnungen	Produktgruppe
EG/1275/2008	Bereitschafts- und Aus-Zustand („stand by")
EG/278/2009	Externe Netzteile
EG/643/2009	Haushaltskühlgeräte
EU/347/2010	Hochdruckentladungslampen
EU/1015/2010	Haushaltswaschmaschinen
EU/1016/2010	Haushaltsgeschirrspülmaschinen
EU/327/2011	Ventilatoren
EU/206/2012	Raumklimageräte und Komfort-Ventilatoren
EU/622/2012	Umwälzpumpen
EU/932/2012	Haushaltswäschetrockner
EU/1194/2012	Lampen
EU/617/2013	Computer und Computerserver
EU/801/2013	Fernsehgeräte
EU/813/2013	Raumheizgeräte und Kombiheizgeräte
EU/814/2013	Warmwasserbereiter, -speicher
EU/2014/4	Elektromotoren
EU/548/2014	Kleinleistungs-, Mittelleistungs- und Großleistungstransformatoren
EU/1253/2014	Lüftungsanlagen
EU/2015/1189	Festbrennstoffkessel

9.5 Gesamtenergieeffizienz von Gebäuden (RL 2010/31/EU)

Auf Gebäude entfallen 40 % des Gesamtenergieverbrauchs der Europäischen Union. Der Sektor expandiert, wodurch sich sein Energieverbrauch weiter erhöhen wird. Daher sind die Senkung des Energieverbrauchs und die Nutzung von Energie aus erneuerbaren Quellen im Gebäudesektor wesentliche Maßnahmen, die zur Verringerung der

Energieabhängigkeit der Europäischen Union und der Treibhausgasemissionen benötigt werden. Zusammen mit einer verstärkten Nutzung von Energie aus erneuerbaren Quellen würden Maßnahmen zur Senkung des Energieverbrauchs es der Europäischen Union ermöglichen, ihrer langfristigen Verpflichtung, den weltweiten Temperaturanstieg unter 2 °C zu halten, sowie ihrer Verpflichtung, bis 2020 die Gesamttreibhausgasemissionen gegenüber den Werten von 1990 um mindestens 20 % bzw. im Fall des Zustandekommens eines internationalen Übereinkommens um 30 % zu senken, nachzukommen. Ein geringerer Energieverbrauch und die verstärkte Nutzung von Energie aus erneuerbaren Quellen spielen auch eine wichtige Rolle bei der Stärkung der Energieversorgungssicherheit, der Förderung von technologischen Entwicklungen sowie der Schaffung von Beschäftigungsmöglichkeiten und von Möglichkeiten der regionalen Entwicklung, insbesondere in ländlichen Gebieten. Es ist notwendig, konkretere Maßnahmen im Hinblick auf das große ungenutzte Potenzial für Energieeinsparungen in Gebäuden festzulegen. Bei Maßnahmen zur weiteren Verbesserung der Gesamtenergieeffizienz von Gebäuden sollte den klimatischen und lokalen Bedingungen sowie dem Innenraumklima und der Kosteneffizienz Rechnung getragen werden.

Die Gesamtenergieeffizienz von Gebäuden sollte nach einer Methode berechnet werden, die national und regional differenziert werden kann. Dabei sollten zusätzlich zu den Wärmeeigenschaften auch andere Faktoren von wachsender Bedeutung einbezogen werden, z. B. Heizungssysteme und Klimaanlagen, Nutzung von Energie aus erneuerbaren Quellen, passive Heiz- und Kühlelemente, Sonnenschutz, Raumluftqualität, angemessene natürliche Beleuchtung und Konstruktionsart des Gebäudes. Bei der Methode zur Berechnung der Energieeffizienz sollte nicht nur die Heizperiode eines Jahres, sondern die jährliche Gesamtenergieeffizienz eines Gebäudes zugrunde gelegt werden. Es ist ausschließlich Sache der Mitgliedstaaten, Mindestanforderungen an die Gesamtenergieeffizienz von Gebäuden und Gebäudekomponenten festzulegen. Diese Anforderungen sollten so gewählt werden, dass ein kostenoptimales Verhältnis zwischen den zu tätigenden Investitionen und den über die Lebensdauer des Gebäudes eingesparten Energiekosten erreicht wird. Es sollten entsprechende Vorkehrungen getroffen werden, damit die Mitgliedstaaten ihre Mindestanforderungen an die Gesamtenergieeffizienz von Gebäuden regelmäßig im Hinblick auf den technischen Fortschritt überprüfen können.

Größere Renovierungen bestehender Gebäude sind unabhängig von der Größe dieser Gebäude eine Gelegenheit für kosteneffiziente Maßnahmen zur Verbesserung der Gesamtenergieeffizienz. Aus Gründen der Kosteneffizienz sollte es möglich sein, die Mindestanforderungen an die Gesamtenergieeffizienz auf diejenigen renovierten Teile zu beschränken, die für die Energieeffizienz des Gebäudes am wichtigsten sind. Es müssen Maßnahmen ergriffen werden, um die Zahl der Gebäude zu erhöhen, die nicht nur die geltenden Mindestanforderungen an die Gesamtenergieeffizienz erfüllen, sondern noch energieeffizienter sind, um damit sowohl den Energieverbrauch als auch die Kohlendioxidemissionen zu senken. Hierzu sollten die Mitgliedstaaten nationale Pläne erstellen, um die Zahl der Niedrigstenergiegebäude zu erhöhen. Der öffentliche Sektor in den Mitgliedstaaten sollte auf dem Gebiet der Gesamtenergieeffizienz von Gebäuden eine

Vorreiterrolle übernehmen, und daher sollten die nationalen Pläne für Gebäude, die von Behörden genutzt werden, ehrgeizigere Ziele vorsehen.

Der Ausweis über die Gesamtenergieeffizienz sollte potenziellen Käufern und Mietern von Gebäuden oder Gebäudeteilen zutreffende Informationen über die Gesamtenergieeffizienz des Gebäudes sowie praktische Hinweise zu deren Verbesserung liefern. Es könnten Informationskampagnen durchgeführt werden, um die Eigentümer und Mieter noch stärker zu einer Verbesserung der Gesamtenergieeffizienz des Gebäudes oder der Gebäudeteile anzuregen. Zusätzlich sollten die Eigentümer und Mieter von Gewerbegebäuden zum Austausch von Informationen über den tatsächlichen Energieverbrauch angeregt werden, damit alle Daten für fundierte Entscheidungen über notwendige Energieeffizienzverbesserungen verfügbar sind. Zudem sollte der Ausweis über die Gesamtenergieeffizienz Angaben darüber enthalten, wie sich Heizung und Kühlung auf den Energiebedarf des Gebäudes sowie auf dessen Primärenergieverbrauch und dessen Kohlendioxidemissionen auswirken.

Gebäude, die von Behörden genutzt werden, und Gebäude mit starkem Publikumsverkehr sollten durch Einbeziehung von Umwelt- und Energieaspekten ein Vorbild darstellen, weshalb regelmäßig Energieausweise für sie erstellt werden sollten. Die Unterrichtung der Öffentlichkeit über die Gesamtenergieeffizienz sollte durch Anbringung der Energieausweise an gut sichtbaren Stellen unterstützt werden. Dies gilt insbesondere für Gebäude einer bestimmten Größe, in denen sich Behörden befinden oder starker Publikumsverkehr herrscht, wie Ladengeschäfte und Einkaufszentren, Supermärkte, Gaststätten, Theater, Banken und Hotels. In den letzten Jahren ist eine zunehmende Verwendung von Klimaanlagen in den Ländern Europas zu verzeichnen. Dies führt zu großen Problemen zu Spitzenlastzeiten mit der Folge, dass die Stromkosten steigen und die Energiebilanz beeinträchtigt wird. Vorrang sollte Strategien eingeräumt werden, die zur Verbesserung der thermischen Eigenschaften der Gebäude im Sommer beitragen. Hierzu sollte man sich auf Maßnahmen zur Vermeidung einer übermäßigen Erwärmung, wie Sonnenschutz und ausreichende Wärmekapazität der Gebäudekonstruktion, und auf Weiterentwicklung und Einsatz der passiven Kühlung konzentrieren, und zwar in erster Linie auf solche Maßnahmen, die zur Verbesserung der Qualität des Raumklimas und zur Verbesserung des Mikroklimas in der Umgebung von Gebäuden beitragen.

Die regelmäßige Wartung und Inspektion von Heizungs- und Klimaanlagen durch qualifiziertes Personal trägt zu einem korrekten Betrieb gemäß der Produktspezifikation bei und gewährleistet damit eine optimale Leistung aus ökologischer, sicherheitstechnischer und energetischer Sicht. Eine unabhängige Prüfung der gesamten Heizungs- und Klimaanlage sollte während ihrer Lebensdauer in regelmäßigen Abständen erfolgen, insbesondere vor einem Austausch oder einer Modernisierung. Ein gemeinsamer Ansatz bei der Erstellung von Energieausweisen für Gebäude und bei der Inspektion von Heizungs- und Klimaanlagen durch qualifiziertes und/oder zugelassenes Fachpersonal, dessen Unabhängigkeit auf der Grundlage objektiver Kriterien zu gewährleisten ist, werden dazu beitragen, gleiche Bedingungen für die Anstrengungen bei Energieeinsparungen im Gebäudesektor zu schaffen, und werden für die potenziellen Eigentümer oder Nutzer

Transparenz hinsichtlich der Gesamtenergieeffizienz auf dem Immobilienmarkt der Union schaffen. Installateure und Baufachleute sind für die erfolgreiche Umsetzung dieser Richtlinie von entscheidender Bedeutung. Daher sollte eine angemessene Zahl von Installateuren und Baufachleuten durch Schulung und andere Maßnahmen die angemessene Fachkompetenz für Installation und Einbau der erforderlichen Technik zur Verbesserung der Energieeffizienz und zur Nutzung erneuerbarer Energien erwerben.

Gegenstand (Art. 1)
Diese Richtlinie unterstützt die Verbesserung der Gesamtenergieeffizienz von Gebäuden in der Union unter Berücksichtigung der jeweiligen äußeren klimatischen und lokalen Bedingungen sowie der Anforderungen an das Innenraumklima und der Kosteneffizienz. Diese Richtlinie enthält Anforderungen hinsichtlich

- des gemeinsamen allgemeinen Rahmens für eine Methode zur Berechnung der integrierten Gesamtenergieeffizienz von Gebäuden und Gebäudeteilen,
- der Anwendung von Mindestanforderungen an die Gesamtenergieeffizienz neuer Gebäude und Gebäudeteile,
- der Anwendung von Mindestanforderungen an die Gesamtenergieeffizienz von
  - bestehenden Gebäuden, Gebäudeteilen und Gebäudekomponenten, die einer größeren Renovierung unterzogen werden,
  - Gebäudekomponenten, die Teil der Gebäudehülle sind und sich erheblich auf die Gesamtenergieeffizienz der Gebäudehülle auswirken, wenn sie nachträglich eingebaut oder ersetzt werden und
  - gebäudetechnischen Systemen, wenn diese neu installiert, ersetzt oder modernisiert werden,
- nationaler Pläne zur Erhöhung der Zahl der Niedrigstenergiegebäude,
- der Erstellung von Energieausweisen für Gebäude oder Gebäudeteile,
- regelmäßiger Inspektionen von Heizungs- und Klimaanlagen in Gebäuden und
- unabhängiger Kontrollsysteme für Ausweise über die Gesamtenergieeffizienz und Inspektionsberichte.

Festlegung einer Methode zur Berechnung der Gesamtenergieeffizienz von Gebäuden (Art. 3)
Die Gesamtenergieeffizienz eines Gebäudes ist anhand der berechneten oder tatsächlichen Energiemenge zu bestimmen, die jährlich verbraucht wird, um den unterschiedlichen Erfordernissen im Rahmen der üblichen Nutzung des Gebäudes gerecht zu werden, und wird durch den Energiebedarf für Heizung und Kühlung (Vermeidung von übermäßiger Erwärmung) zur Aufrechterhaltung der gewünschten Gebäudetemperatur und durch den Wärmebedarf für Warmwasser dargestellt. Die Gesamtenergieeffizienz eines Gebäudes ist auf transparente Weise darzustellen und muss zudem einen Indikator für die Gesamtenergieeffizienz und einen numerischen Indikator für den Primärenergieverbrauch auf der

Grundlage von Primärenergiefaktoren je Energieträger enthalten, die auf gewichtete nationale oder regionale Jahresdurchschnittswerte oder einen spezifischen Wert für die Erzeugung am Standort gestützt werden können. Bei der Festlegung der Berechnungsmethode sind mindestens folgende Aspekte zu berücksichtigen:

- die nachstehenden tatsächlichen thermischen Eigenschaften des Gebäudes, einschließlich der Innenbauteile
  - Wärmekapazität,
  - Wärmedämmung,
  - passive Heizung,
  - Kühlelemente und
  - Wärmebrücken,
- Heizungsanlage und Warmwasserversorgung, einschließlich ihrer Dämmcharakteristik,
- Klimaanlagen,
- natürliche oder mechanische Belüftung, die auch die Luftdichtheit umfassen kann,
- eingebaute Beleuchtung (hauptsächlich bei Nichtwohngebäuden),
- Gestaltung, Lage und Ausrichtung des Gebäudes, einschließlich des Außenklimas,
- passive Solarsysteme und Sonnenschutz,
- Innenraumklimabedingungen, einschließlich des Innenraum-Sollklimas,
- interne Lasten.

Bei der Berechnung wird, soweit relevant, der positive Einfluss folgender Aspekte berücksichtigt:

- lokale Sonnenexposition, aktive Solarsysteme und andere Systeme zur Erzeugung von Wärme und Elektrizität auf der Grundlage von Energie aus erneuerbaren Quellen,
- Elektrizitätsgewinnung durch Kraft-Wärme-Kopplung,
- Fern-/Blockheizung und Fern-/Blockkühlung,
- natürliche Beleuchtung.

Für die Berechnung sollten die Gebäude angemessen in folgende Kategorien unterteilt werden:

- Einfamilienhäuser verschiedener Bauarten,
- Mehrfamilienhäuser,
- Bürogebäude,
- Unterrichtsgebäude,
- Krankenhäuser,
- Hotels und Gaststätten,
- Sportanlagen,
- Gebäude des Groß- und Einzelhandels,
- sonstige Arten Energie verbrauchender Gebäude.

Festlegung von Mindestanforderungen an die Gesamtenergieeffizienz (Art. 4)
Die Mitgliedstaaten ergreifen die erforderlichen Maßnahmen, um sicherzustellen, dass im Hinblick auf die Erreichung kostenoptimaler Niveaus Mindestanforderungen an die Gesamtenergieeffizienz von Gebäuden oder Gebäudeteilen festgelegt werden. Bei der Festlegung der Anforderungen können die Mitgliedstaaten zwischen neuen und bestehenden Gebäuden und unterschiedlichen Gebäudekategorien unterscheiden. Diese Anforderungen tragen den allgemeinen Innenraumklimabedingungen Rechnung, um mögliche negative Auswirkungen, wie unzureichende Belüftung, zu vermeiden, und berücksichtigen die örtlichen Gegebenheiten, die angegebene Nutzung sowie das Alter des Gebäudes. Ein Mitgliedstaat ist nicht verpflichtet, Mindestanforderungen an die Gesamtenergieeffizienz festzulegen, die über die geschätzte wirtschaftliche Lebensdauer nicht kosteneffizient sind. Die Mindestanforderungen an die Gesamtenergieeffizienz sind in regelmäßigen Zeitabständen, die fünf Jahre nicht überschreiten, zu überprüfen und erforderlichenfalls zu aktualisieren, um dem technischen Fortschritt in der Bauwirtschaft Rechnung zu tragen. Die Mitgliedstaaten können beschließen, die genannten Anforderungen bei den folgenden Gebäudekategorien nicht festzulegen oder anzuwenden:

- Gebäude, die als Teil eines ausgewiesenen Umfelds oder aufgrund ihres besonderen architektonischen oder historischen Werts offiziell geschützt sind, soweit die Einhaltung bestimmter Mindestanforderungen an die Gesamtenergieeffizienz eine unannehmbare Veränderung ihrer Eigenart oder ihrer äußeren Erscheinung bedeuten würde,
- Gebäude, die für Gottesdienst und religiöse Zwecke genutzt werden,
- provisorische Gebäude mit einer Nutzungsdauer bis einschließlich zwei Jahren, Industrieanlagen, Werkstätten und landwirtschaftliche Nutzgebäude mit niedrigem Energiebedarf sowie landwirtschaftliche Nutzgebäude, die in einem Sektor genutzt werden, auf den ein nationales sektorspezifisches Abkommen über die Gesamtenergieeffizienz Anwendung findet,
- Wohngebäude, die weniger als vier Monate jährlich genutzt werden oder werden sollen, oder alternativ Wohngebäude, die für eine begrenzte jährliche Dauer genutzt werden oder werden sollen und deren zu erwartender Energieverbrauch weniger als 25 % des zu erwartenden Energieverbrauchs bei ganzjähriger Nutzung beträgt,
- frei stehende Gebäude mit einer Gesamtnutzfläche von weniger als 50 m^2.

Berechnung der kostenoptimalen Niveaus von Mindestanforderungen an die Gesamtenergieeffizienz (Art. 5)
Der Rahmen für eine Vergleichsmethode ermöglicht es den Mitgliedstaaten, die Gesamtenergieeffizienz von Gebäuden und Gebäudekomponenten zu bestimmen und die wirtschaftlichen Aspekte der die Gesamtenergieeffizienz betreffenden Maßnahmen zu ermessen sowie beides ins Verhältnis zu setzen, um das kostenoptimale Niveau zu ermitteln. Der Rahmen für eine Vergleichsmethode gestattet die Berücksichtigung folgender Faktoren:

- Nutzungsmuster,
- Außenklimabedingungen,

- Investitionskosten,
- Gebäudekategorie,
- Wartungs- und Betriebskosten (einschließlich der Energiekosten und -einsparungen) sowie gegebenenfalls
- Einnahmen aus der Energieerzeugung und Entsorgungskosten.

Für die Anwendung des Rahmens für eine Vergleichsmethode durch die Mitgliedstaaten sind auf der Ebene der Mitgliedstaaten in Parametern ausgedrückte allgemeine Bedingungen festzulegen. Nach dem Rahmen für eine Vergleichsmethode sind die Mitgliedstaaten zu Folgendem verpflichtet:

- Bestimmung von Referenzgebäuden, die durch ihre Auslegung und ihre geografische Lage, einschließlich der Innenraum- und Außenklimabedingungen, gekennzeichnet und repräsentativ sind. Als Referenzgebäude werden neue und bestehende Wohn- und Nichtwohngebäude herangezogen,
- Festlegung von Energieeffizienzmaßnahmen, die in Bezug auf die Referenzgebäude zu bewerten sind. Dabei kann es sich um Maßnahmen für einzelne Gebäude insgesamt, für einzelne Gebäudekomponenten oder für Kombinationen von Gebäudekomponenten handeln,
- Bestimmung des Endenergie- und des Primärenergiebedarfs der Referenzgebäude vor und nach Durchführung der definierten Energieeffizienzmaßnahmen,
- Berechnung der Kosten der Energieeffizienzmaßnahmen über die zu erwartende wirtschaftliche Lebensdauer in Bezug auf die Referenzgebäude.

Mit der Berechnung der Kosten der Energieeffizienzmaßnahmen über die zu erwartende wirtschaftliche Lebensdauer wird die Kosteneffizienz der verschiedenen Niveaus von Mindestanforderungen an die Gesamtenergieeffizienz von den Mitgliedstaaten bewertet. Dies ermöglicht die Festlegung kostenoptimaler Niveaus für die Anforderungen an die Gesamtenergieeffizienz.

Neue Gebäude (Art. 6)
Die Mitgliedstaaten ergreifen die erforderlichen Maßnahmen, um sicherzustellen, dass neue Gebäude die festgelegten Mindestanforderungen an die Gesamtenergieeffizienz erfüllen. Bei neuen Gebäuden gewährleisten die Mitgliedstaaten, dass vor Baubeginn die technische, ökologische und wirtschaftliche Realisierbarkeit des Einsatzes von hocheffizienten alternativen Systemen in Betracht gezogen und berücksichtigt wird:

- dezentrale Energieversorgungssysteme auf der Grundlage von Energie aus erneuerbaren Quellen,
- Kraft-Wärme-Kopplung,
- Fern-/Nahwärme oder Fern-/Nahkälte, insbesondere, wenn sie ganz oder teilweise auf Energie aus erneuerbaren Quellen beruht,
- Wärmepumpen.

Bestehende Gebäude (Art. 7)
Die Mitgliedstaaten ergreifen die erforderlichen Maßnahmen, um sicherzustellen, dass die Gesamtenergieeffizienz von Gebäuden, die einer größeren Renovierung unterzogen werden, erhöht wird. Die Anforderungen werden auf das renovierte Gebäude oder den renovierten Gebäudeteil als Ganzes angewandt. Zusätzlich oder alternativ hierzu können Anforderungen auf die renovierten Gebäudekomponenten angewandt werden. Des Weiteren ergreifen die Mitgliedstaaten die erforderlichen Maßnahmen, um sicherzustellen, dass die Gesamtenergieeffizienz einer Gebäudekomponente, die Teil der Gebäudehülle ist und sich erheblich auf deren Gesamtenergieeffizienz auswirkt und die nachträglich eingebaut oder ersetzt wird, die Mindestanforderungen an die Gesamtenergieeffizienz erfüllt, sofern dies technisch, funktionell und wirtschaftlich realisierbar ist.

Gebäudetechnische Systeme (Art. 8)
Die Mitgliedstaaten legen zur optimalen Energienutzung durch die gebäudetechnischen Systeme Systemanforderungen an die Gesamtenergieeffizienz, die ordnungsgemäße Installation und angemessene Dimensionierung, Einstellung und Überwachung der gebäudetechnischen Systeme fest, die in bestehenden Gebäuden eingebaut werden. Sie können diese Systemanforderungen auch auf neue Gebäude anwenden. Die Systemanforderungen werden für neue gebäudetechnische Systeme sowie für Ersetzung und Modernisierung von gebäudetechnischen Systemen festgelegt und insoweit angewandt, als dies technisch, funktionell und wirtschaftlich realisierbar ist. Die Systemanforderungen gelten mindestens für folgende Anlagen:

- Heizungsanlagen,
- Warmwasseranlagen,
- Klimaanlagen,
- große Lüftungsanlagen

oder Kombinationen dieser Anlagen. Die Mitgliedstaaten unterstützen die Einführung intelligenter Messsysteme bei der Errichtung oder einer größeren Renovierung von Gebäuden. Sie können gegebenenfalls auch die Installation aktiver Steuerungssysteme wie auf Energieeinsparungen ausgelegte Automatisierungs-, Regelungs- und Überwachungssysteme unterstützen.

Niedrigstenergiegebäude (Art. 9)
Die Mitgliedstaaten gewährleisten, dass

- bis 31. Dezember 2020 alle neuen Gebäude Niedrigstenergiegebäude sind und
- nach dem 31. Dezember 2018 neue Gebäude, die von Behörden als Eigentümer genutzt werden, Niedrigstenergiegebäude sind.

Die Mitgliedstaaten erstellen nationale Pläne zur Erhöhung der Zahl der Niedrigstenergiegebäude. Diese nationalen Pläne können nach Gebäudekategorien differenzierte Zielvorgaben enthalten.

Ausweise über die Gesamtenergieeffizienz (Art. 11)
Die Mitgliedstaaten legen die erforderlichen Maßnahmen fest, um ein System für die Erstellung von Ausweisen über die Gesamtenergieeffizienz von Gebäuden einzurichten. Der Ausweis über die Gesamtenergieeffizienz muss die Gesamtenergieeffizienz von Gebäuden und Referenzwerte wie Mindestanforderungen an die Gesamtenergieeffizienz enthalten, um den Eigentümern oder Mietern von Gebäuden oder Gebäudeteilen einen Vergleich und eine Beurteilung ihrer Gesamtenergieeffizienz zu ermöglichen. Der Ausweis über die Gesamtenergieeffizienz kann zusätzliche Angaben wie den Jahresenergieverbrauch von Nichtwohngebäuden und den Prozentanteil der Energie aus erneuerbaren Quellen am Gesamtenergieverbrauch enthalten. Der Ausweis über die Gesamtenergieeffizienz muss Empfehlungen für die kostenoptimale oder kosteneffiziente Verbesserung der Gesamtenergieeffizienz des Gebäudes oder Gebäudeteils enthalten, es sei denn, es gibt kein vernünftiges Potenzial für derartige Verbesserungen gegenüber den geltenden Anforderungen an die Gesamtenergieeffizienz. Die in dem Ausweis über die Gesamtenergieeffizienz enthaltenen Empfehlungen beziehen sich auf

- Maßnahmen im Zusammenhang mit einer größeren Renovierung der Gebäudehülle oder gebäudetechnischer Systeme und
- Maßnahmen für einzelne Gebäudekomponenten, die unabhängig von einer größeren Renovierung der Gebäudehülle oder gebäudetechnischer Systeme durchgeführt werden.

Die in dem Ausweis über die Gesamtenergieeffizienz enthaltenen Empfehlungen müssen an dem betreffenden Gebäude technisch realisierbar sein und können eine Schätzung der Amortisationszeiträume oder der Kostenvorteile während der wirtschaftlichen Lebensdauer enthalten. Der Ausweis über die Gesamtenergieeffizienz enthält einen Hinweis darauf, wo der Eigentümer oder der Mieter genauere Angaben, auch zu der Kosteneffizienz der in dem Ausweis über die Gesamtenergieeffizienz enthaltenen Empfehlungen, erhalten kann. Die Kosteneffizienz wird anhand einer Reihe von Standardbedingungen bestimmt, wie einer Bewertung der Energieeinsparungen, der zugrunde liegenden Energiepreise und einer vorläufigen Kostenschätzung. Zudem enthält der Ausweis Informationen über die zur Umsetzung der Empfehlungen zu unternehmenden Schritte. Dem Eigentümer oder Mieter können auch weitere Informationen zu verwandten Aspekten wie Energieaudits oder Anreize finanzieller oder anderer Art oder Finanzierungsmöglichkeiten gegeben werden. Für Gebäudeteile kann der Energieausweis ausgestellt werden

- auf der Grundlage eines gemeinsamen Energieausweises für das gesamte Gebäude oder
- auf der Grundlage der Bewertung eines anderen vergleichbaren Gebäudeteils mit den gleichen energiebezogenen Merkmalen in demselben Gebäude.

Für Einfamilienhäuser kann der Energieausweis auf der Grundlage der Bewertung eines anderen repräsentativen Gebäudes von ähnlicher Gestaltung, Größe und tatsächlicher Energieeffizienz ausgestellt werden, sofern diese Ähnlichkeit von dem Sachverständigen, der den Ausweis über die Gesamtenergieeffizienz ausstellt, garantiert werden kann. Die Gültigkeitsdauer des Ausweises über die Gesamtenergieeffizienz darf zehn Jahre nicht überschreiten.

Ausstellung von Ausweisen über die Gesamtenergieeffizienz (Art. 12)
Die Mitgliedstaaten stellen sicher, dass ein Ausweis über die Gesamtenergieeffizienz ausgestellt wird für

- Gebäude oder Gebäudeteile, die gebaut, verkauft oder an einen neuen Mieter vermietet werden, sowie
- Gebäude, in denen mehr als 500 m^2 Gesamtnutzfläche von Behörden genutzt werden und die starken Publikumsverkehr aufweisen. Am 9. Juli 2015 wird dieser Schwellenwert von 500 m^2 auf 250 m^2 gesenkt.

Die Mitgliedstaaten schreiben vor, dass bei Bau, Verkauf oder Vermietung von Gebäuden oder Gebäudeteilen der Ausweis über die Gesamtenergieeffizienz oder eine Kopie dieses Ausweises dem potenziellen neuen Mieter oder Käufer vorgelegt und dem neuen Mieter oder Käufer ausgehändigt wird. Wird ein Gebäude vor dem Bau verkauft oder vermietet, so können die Mitgliedstaaten verlangen, dass der Verkäufer eine Einschätzung der künftigen Gesamtenergieeffizienz des Gebäudes zur Verfügung stellt. In diesem Fall wird der Ausweis über die Gesamtenergieeffizienz spätestens dann ausgestellt, wenn der Bau des Gebäudes abgeschlossen ist. Die Mitgliedstaaten verlangen, dass bei Verkauf oder Vermietung von

- Gebäuden, für die ein Ausweis über die Gesamtenergieeffizienz vorliegt,
- Gebäudeteilen in einem Gebäude, für das ein Ausweis über die Gesamtenergieeffizienz vorliegt und
- Gebäudeteilen, für die ein Ausweis über die Gesamtenergieeffizienz vorliegt,

in den Verkaufs- oder Vermietungsanzeigen in den kommerziellen Medien der in dem Ausweis über die Gesamtenergieeffizienz des Gebäudes bzw. des Gebäudeteils angegebene Indikator der Gesamtenergieeffizienz genannt wird.

Aushang von Ausweisen über die Gesamtenergieeffizienz (Art. 13)
Die Mitgliedstaaten ergreifen Maßnahmen, um sicherzustellen, dass bei Gebäuden, für die ein Ausweis über die Gesamtenergieeffizienz ausgestellt worden ist und in denen mehr als 500 m^2 Gesamtnutzfläche von Behörden genutzt werden und die starken Publikumsverkehr aufweisen, der Ausweis über die Gesamtenergieeffizienz an einer für die Öffentlichkeit gut sichtbaren Stelle angebracht wird. Am 9. Juli 2015 wird dieser Schwellenwert von 500 m^2 auf 250 m^2 gesenkt. Die Mitgliedstaaten verlangen, dass bei Gebäuden, für die ein Ausweis über die Gesamtenergieeffizienz ausgestellt wurde und in denen mehr als 500 m^2 Gesamtnutzfläche starken Publikumsverkehr aufweisen, ein Ausweis über die Gesamtenergieeffizienz an einer für die Öffentlichkeit gut sichtbaren Stelle angebracht wird.

Inspektion von Heizungsanlagen (Art. 14)
Die Mitgliedstaaten ergreifen die erforderlichen Maßnahmen, um die regelmäßige Inspektion der zugänglichen Teile der zur Gebäudeheizung verwendeten Anlagen – beispielsweise Wärmeerzeuger, Steuerungssystem und Umwälzpumpe – mit Heizkesseln mit einer Nennleistung von mehr als 20 kW für Raumheizungszwecke zu gewährleisten. Diese Inspektion umfasst auch die Prüfung des Wirkungsgrads der Kessel und der Kesseldimensionierung im Verhältnis zum Heizbedarf des Gebäudes. Die Prüfung der Dimensionierung von Heizkesseln braucht nicht wiederholt zu werden, wenn in der Zwischenzeit an der betreffenden Heizungsanlage keine Änderungen vorgenommen wurden oder in Bezug auf den Wärmebedarf des Gebäudes keine Änderungen eingetreten sind. Die Mitgliedstaaten können die Häufigkeit der Inspektionen verringern bzw. die Inspektionen einschränken, wenn ein elektronisches Überwachungs- und Steuerungssystem vorhanden ist.

Je nach Bauart und Nennleistung der Heizungsanlage können die Mitgliedstaaten unterschiedliche Inspektionsintervalle festlegen. Sie berücksichtigen dabei die Kosten für die Inspektion der Heizungsanlage und die voraussichtlichen Einsparungen bei den Energiekosten, die sich aus der Inspektion ergeben können. Heizungsanlagen mit Heizkesseln, deren Nennleistung mehr als 100 kW beträgt, sind mindestens alle zwei Jahre einer Inspektion zu unterziehen. Bei Gasheizkesseln kann diese Frist auf vier Jahre verlängert werden. Alternativ können die Mitgliedstaaten Maßnahmen beschließen, um sicherzustellen, dass die Nutzer Ratschläge zum Austausch der Kessel, zu sonstigen Veränderungen an der Heizungsanlage und zu Alternativlösungen erhalten, um den Wirkungsgrad und die Zweckmäßigkeit der Dimensionierung des Heizkessels zu beurteilen.

Inspektion von Klimaanlagen (Art. 15)
Die Mitgliedstaaten ergreifen die erforderlichen Maßnahmen, um die regelmäßige Inspektion der zugänglichen Teile von Klimaanlagen mit einer Nennleistung von mehr als 12 kW zu gewährleisten. Die Inspektion umfasst eine Prüfung des Wirkungsgrads der Anlage und der Anlagendimensionierung im Verhältnis zum Kühlbedarf des Gebäudes. Die Prüfung der Dimensionierung braucht nicht wiederholt zu werden, wenn in der Zwischenzeit an der betreffenden Klimaanlage keine Änderungen vorgenommen wurden oder in Bezug auf den Kühlbedarf des Gebäudes keine Änderungen eingetreten sind. Ist ein elektronisches Überwachungs- und Steuerungssystem vorhanden, so können die Mitgliedstaaten die Häufigkeit der Inspektionen verringern bzw. die Inspektionen einschränken.

Je nach Bauart und Nennleistung der Klimaanlagen können die Mitgliedstaaten unterschiedliche Inspektionsintervalle festlegen. Sie berücksichtigen dabei die Kosten für die Inspektion der Klimaanlage und die voraussichtlichen Einsparungen bei den Energiekosten, die sich aus der Inspektion ergeben können. Die Mitgliedstaaten gewährleisten – soweit wirtschaftlich und technisch realisierbar –, dass die Inspektionen im Einklang mit den Inspektionen von Heizungsanlagen und anderen technischen Systemen und den in der Verordnung (EG) Nr. 842/2006 über bestimmte fluorierte Treibhausgase genannten Kontrollen auf Dichtheit durchgeführt werden. Alternativ können die Mitgliedstaaten Maßnahmen beschließen, um sicherzustellen, dass die Nutzer Ratschläge für den Austausch von Klimaanlagen oder für sonstige Veränderungen an der Klimaanlage erhalten, wozu auch Inspektionen zur Beurteilung des Wirkungsgrads und der Zweckmäßigkeit der Dimensionierung der Klimaanlage gehören können.

Berichte über die Inspektion von Heizungs- und Klimaanlagen (Art. 16)
Nach jeder Inspektion einer Heizungs- oder Klimaanlage ist ein Inspektionsbericht zu erstellen. Der Inspektionsbericht enthält das Ergebnis der durchgeführten Inspektion sowie Empfehlungen für kosteneffiziente Verbesserungen der Energieeffizienz der kontrollierten Anlage. Die Empfehlungen können sich auf einen Vergleich zwischen der Energieeffizienz der kontrollierten Anlage und der Energieeffizienz der besten verfügbaren und realisierbaren Anlage und einer Anlage ähnlicher Bauart stützen, deren relevante Bestandteile die nach den geltenden Vorschriften geforderte Energieeffizienz aufweisen. Der Inspektionsbericht wird dem Eigentümer oder dem Mieter des Gebäudes ausgehändigt.

Unabhängiges Fachpersonal (Art. 17)
Die Mitgliedstaaten stellen sicher, dass die Erstellung des Ausweises über die Gesamtenergieeffizienz von Gebäuden sowie die Inspektion von Heizungs- und Klimaanlagen in unabhängiger Weise durch qualifizierte und/oder zugelassene Fachleute erfolgt, die entweder selbstständig oder bei Behörden oder privaten Stellen angestellt sein können. Die Zulassung der Fachleute erfolgt unter Berücksichtigung ihrer Fachkenntnis. Die Mitgliedstaaten machen der Öffentlichkeit Informationen über die Ausbildung und Zulassung zugänglich. Die Mitgliedstaaten stellen sicher, dass entweder regelmäßig aktualisierte Listen qualifizierter und/oder zugelassener Fachleute oder regelmäßig aktualisierte Listen zugelassener Unternehmen, die die Dienste dieser Fachleute anbieten, der Öffentlichkeit zugänglich gemacht werden.

Unabhängiges Kontrollsystem (Art. 18)
Die Mitgliedstaaten gewährleisten, dass für die Ausweise über die Gesamtenergieeffizienz und die Inspektionsberichte für Heizungs- und Klimaanlagen unabhängige Kontrollsysteme eingerichtet werden. Die Mitgliedstaaten können separate Systeme für die Kontrolle der Ausweise über die Gesamtenergieeffizienz und der Inspektionsberichte für Heizungs- und Klimaanlagen einführen. Die Mitgliedstaaten verlangen, dass die genannten Ausweise über die Gesamtenergieeffizienz und Inspektionsberichte den zuständigen Behörden oder Stellen auf Aufforderung zur Verfügung gestellt werden.

Information (Art. 20)
Die Mitgliedstaaten ergreifen die erforderlichen Maßnahmen, um die Eigentümer oder Mieter von Gebäuden oder Gebäudeteilen über die verschiedenen Methoden und praktischen Verfahren zur Verbesserung der Gesamtenergieeffizienz zu informieren. Sie informieren die Eigentümer oder Mieter von Gebäuden insbesondere über Ausweise über die Gesamtenergieeffizienz und Inspektionsberichte, ihren Zweck und ihre Ziele, über kosteneffiziente Maßnahmen zur Verbesserung der Gesamtenergieeffizienz des Gebäudes

sowie gegebenenfalls über die zur Verbesserung der Gesamtenergieeffizienz des Gebäudes zur Verfügung stehenden Finanzinstrumente. Die Mitgliedstaaten gewährleisten, dass für diejenigen, die für die Umsetzung dieser Richtlinie zuständig sind, Anleitung und Schulung zur Verfügung stehen. Im Rahmen dieser Maßnahmen ist auf die Bedeutung der Verbesserung der Gesamtenergieeffizienz hinzuweisen und die Berücksichtigung einer optimalen Kombination von Verbesserungen der Energieeffizienz, der Verwendung erneuerbarer Energien und des Einsatzes von Fernwärme und Fernkühlung bei der Planung, dem Entwurf, dem Bau und der Renovierung von Industrie- oder Wohngebieten zu ermöglichen.

9.6 Aufgaben für die Praxis

- Benennen Sie wesentliche Ziele der Energieeffizienz-Richtlinie.
- Wie lässt sich eine CO_2-arme wettbewerbsfähige Wirtschaft realisieren?
- Welche Maßnahmen lassen sich in Ihrem Unternehmen zur Verbesserung der Energieeffizienz realisieren?
- Welche Möglichkeiten zur Förderung der Nutzung erneuerbarer Energien existieren?
- Wie hoch ist der Anteil erneuerbarer Energien in Ihrem Unternehmen?
- Welche Anforderungen enthält der nationale Aktionsplan für erneuerbare Energien?
- Welche Konsequenzen ergeben sich aus den Nachhaltigkeitskriterien für Biokraftstoffe?
- Welche Anforderungen stellt die Ökodesign-Richtlinie an die umweltgerechte Produktgestaltung?
- Bewerten Sie die Ökodesign-Anforderungen ausgewählter Produktgruppen.
- Welchen Beitrag kann ein Managementsystem zur nachhaltigen, umweltorientierten Produktentwicklung liefern?
- Welche Faktoren sind für die Bestimmung der Gesamtenergieeffizienz von Gebäuden zu berücksichtigen?
- Wie lässt sich die Gesamtenergieeffizienz von Gebäuden verbessern?
- Welche Systemanforderungen werden an gebäudetechnische Systeme gestellt?
- Welche Anforderungen müssen Energieausweise für Gebäude erfüllen?

9

Weiterführende Literatur

1. *Richtlinie 2009/28/EG des Europäischen Parlaments und des Rates vom*
2. *April 2009 zur Förderung der Nutzung von Energie aus erneuerbaren Quellen und zur Änderung und anschließenden Aufhebung der Richtlinien 2001/77/EG und 2003/30/EG,* **15.09.2015**
3. *Richtlinie 2009/125/EG des Europäischen Parlaments und des Rates vom*
4. *Oktober 2009 zur Schaffung eines Rahmens für die Festlegung von Anforderungen an die umweltgerechte Gestaltung energieverbrauchsrelevanter Produkte – Ökodesign-Richtlinie,* **14.11.2012**

5. *Richtlinie 2010/31/EU des Europäischen Parlaments und des Rates vom*
6. *Mai 2010 über die Gesamtenergieeffizienz von Gebäuden,* **18.06.2010**
7. *Richtlinie 2012/27/EU des Europäischen Parlaments und des Rates vom*
8. *Oktober 2012 zur Energieeffizienz, zur Änderung der Richtlinie 2009/125/EG und 2010/30/EU und zur Aufhebung der Richtlinie 2004/8/EG und 2006/32/EG – Energieeffizienzrichtlinie oder „EED“,* **28.05.2013**
9. *Richtlinie 2012/87/EU des Europäischen Parlaments und des Rates vom 25. Oktober 2012 zur Energieeffizienz, zur Änderung der Richtlinie 2009/125/EG und 2010/30/EU und zur Aufhebung der Richtlinien 2004/8/EG und 2006/32/EG (Energieeffizienzrichtlinie oder EED),* **14.06.2019**
10. *Richtlinie (EU) 2018/2001 des Europäischen Parlaments und des Rates vom 11. Dezember 2018 zur Förderung der Nutzung von Energie aus erneuerbaren Quellen,* **21.12.2018**

Nationales Energierecht 10

10.1 Einführung

Mit dem Gesetz über Energiedienstleistungen und andere Energieeffizienzmaßnahmen wird die allgemeine Erreichung von Energieeinsparzielen und Energieeinsparrichtwerten verfolgt. Entsprechende Maßnahmen müssen angemessen und wirtschaftlich sinnvoll sein. Energielieferanten sind verpflichtet ihre Endkunden über Energiedienstleister und Anbieter von Energieaudits bzw. Energieeffizienzmaßnahmen zu unterrichten. Unternehmen müssen regelmäßig Energieaudits durchführen, entweder im Rahmen eines Energie- oder Umweltmanagementsystems oder nach den Vorgaben der DIN EN 16247-1 Energieaudits. Für Personen, die ein Energieaudit durchführen, werden bestimmte Anforderungen an die Fachkunde gestellt.

Das Gesetz für den Ausbau erneuerbarer Energien (EEG 2017 Erneuerbare-Energien-Gesetz) enthält Vorgaben zur nachhaltigen Entwicklung der Energieversorgung. So soll der Anteil erneuerbarer Energien am Bruttostromverbrauch bis 2050 auf mindestens 80 % steigen. Im Wärmesektor stellt das Erneuerbare-Energien-Wärmegesetz (EEWärmeG) allgemeine Forderungen an die Weiterentwicklung von Technologien zur Erzeugung von Wärme und Kälte auf. Bis zum Jahr 2020 soll sich der Anteil erneuerbarer Energien am Endenergieverbrauch auf 14 % erhöhen. Um dieses Ziel zu erreichen, müssen Eigentümer von neu errichteten Gebäuden eine anteilige Bereitstellung erneuerbarer Energien gewährleisten. Der Geltungsbereich dieser nachzuweisenden Nutzungspflicht gilt – mit Ausnahmen – für alle Gebäude mit einer Nutzfläche von mehr als 50 m^2.

Die Einsparung von Energie in Gebäuden ist im Energieeinsparungsgesetz (EnEG) festgeschrieben. So werden Anforderungen an den energiesparenden Wärmeschutz und an die energiesparende Anlagentechnik gestellt. Ab dem 31.12.2020 sind Gebäude als Niedrigstenergiegebäude mit sehr guter Gesamtenergieeffizienz zu errichten. Dies betrifft auch den energiesparenden Betrieb von Anlagen wie Heizungs-, Klima-, Beleuchtungs- oder

G. Förtsch, H. Meinholz, *Handbuch Betrieblicher Immissionsschutz*,
https://doi.org/10.1007/978-3-658-29147-1_10

Warmwasseranlagen. Die Anforderungen sind durch eine sachkundige Bedienung und Instandhaltung zu erfüllen. Sie müssen den Stand der Technik erfüllen. Für die Gebäude sind aussagekräftige Energieausweise zu erstellen.

Ergänzt wird das Energieeinsparungsgesetz (EnEG) durch die Energieeinsparverordnung (EnEV). Ziel dieser Verordnung ist es, bis 2050 einen nahezu klimaneutralen Gebäudebestand zu erreichen. In den Anlagen zur Verordnung werden technische Details bzgl. der Anforderungen an Wohn- und Nichtwohngebäude gestellt. Bei allen Änderungen und Erweiterungen muss die energetische Qualität des Gebäudes erhalten und verbessert werden. Gleiches gilt für die Anlagentechnik wie Klimaanlagen, Heizkessel oder Warmwasseranlagen. Mit der Ausstellung von Energieausweisen dürfen nur fachkundige Personen beauftragt werden. Sie müssen sich regelmäßig fortbilden.

10.2 Gesetz über Energiedienstleistungen und andere Energieeffizienzmaßnahmen (EDL-G)

Anwendungsbereich (§ 1)
Dieses Gesetz findet Anwendung auf

- Anbieter von Energiedienstleistungen, Energieeffizienzmaßnahmen und Energieunternehmen,
- Endkunden,
- die öffentliche Hand einschließlich der Bundeswehr,
- Unternehmen, die keine Kleinstunternehmen, kleinen und mittleren Unternehmen sind.

Energieeinsparziele (§ 3)
Ziel der Maßnahmen nach diesem Gesetz ist es, die Effizienz der Energienutzung durch Endkunden in Deutschland mit Energiedienstleistungen und anderen Energieeffizienzmaßnahmen kostenwirksam zu steigern. Dazu legt die Bundesregierung Energieeinsparrichtwerte fest. Die Energieeinsparrichtwerte sollen durch wirtschaftliche und angemessene Maßnahmen erreicht werden. Maßnahmen sind wirtschaftlich, wenn generell die erforderlichen Aufwendungen innerhalb der üblichen Nutzungsdauer durch die eintretenden Einsparungen erwirtschaftet werden können. Bei Maßnahmen im Bestand ist die noch zu erwartende Nutzungsdauer zu berücksichtigen. Zur Erreichung der Energieeinsparrichtwerte sollen insbesondere:

- die erforderlichen Energieeffizienzmechanismen, Anreize und institutionellen, finanziellen und rechtlichen Rahmenbedingungen geschaffen sowie Markthemmnisse beseitigt werden, die der effizienten Energienutzung durch Endkunden entgegenstehen;
- die Voraussetzungen für die Entwicklung und Förderung eines Marktes für Energiedienstleistungen und für die Erbringung von anderen Energieeffizienzmaßnahmen für die Endkunden geschaffen werden.

Der öffentlichen Hand kommt bei der Energieeffizienzverbesserung eine Vorbildfunktion zu. Hierzu nimmt die öffentliche Hand Energiedienstleistungen in Anspruch und führt andere Energieeffizienzmaßnahmen durch, deren Schwerpunkt in besonderer Weise auf wirtschaftlichen Maßnahmen liegt, die in kurzer Zeit zu Energieeinsparungen führen. Die öffentliche Hand wird insbesondere bei ihren Baumaßnahmen unter Beachtung der Wirtschaftlichkeit über die Anforderungen zur Energieeffizienz in der Energieeinsparverordnung hinausgehen.

Information und Beratung der Endkunden (§ 4)
Energielieferanten unterrichten ihre Endkunden mindestens jährlich in geeigneter Form über die Wirksamkeit von Energieeffizienzmaßnahmen sowie über die für sie verfügbaren Angebote, die durch

- Energiedienstleister,
- Anbieter von Energieaudits, die unabhängig von den Energieunternehmen sind, und
- Anbieter von Energieeffizienzmaßnahmen

durchgeführt werden. Energieunternehmen stellen den Endkunden zusammen mit Verträgen, Vertragsänderungen, Abrechnungen oder Quittungen in klarer und verständlicher Form Kontaktinformationen zu Verbraucherorganisationen, Energieagenturen oder ähnlichen Einrichtungen, einschließlich Internetadressen, zur Verfügung, von denen sie Angaben über angebotene Energieeffizienzmaßnahmen, Endkunden-Vergleichsprofile sowie gegebenenfalls technische Spezifikationen von energiebetriebenen Geräten erhalten können.

Verbot der Behinderung oder Beeinträchtigung durch Energieunternehmen (§ 5)
Energieunternehmen haben alle Handlungen zu unterlassen, die

- die Nachfrage nach Energiedienstleistungen und anderen Energieeffizienzmaßnahmen behindern,
- die Erbringung oder Durchführung von Energiedienstleistungen und anderen Energieeffizienzmaßnahmen behindern oder
- die Entwicklung von Märkten für Energiedienstleistungen und von anderen Energieeffizienzmaßnahmen beeinträchtigen könnten.

Information der Marktteilnehmer (§ 6)
Die Bundesstelle für Energieeffizienz sorgt dafür, dass die Informationen über Energieeffizienzmechanismen und die zur Erreichung der Energieeinsparrichtwerte festgelegten finanziellen und rechtlichen Rahmenbedingungen transparent sind und den Marktteilnehmern umfassend zur Kenntnis gebracht werden. Sie veröffentlicht hierzu fortlaufend, mindestens alle zwei Jahre, Berichte.

Anbieterliste und Energieauditorenliste (§ 7)
Anbieter von Energiedienstleistungen, Energieaudits oder Energieeffizienzmaßnahmen können sich in eine bei der Bundesstelle für Energieeffizienz öffentlich geführte Anbieterliste eintragen lassen. Von den Energieunternehmen unabhängige Anbieter sind kenntlich zu machen. Voraussetzung für eine Eintragung ist, dass die Anbieter zuverlässig und fachkundig sind. Die Fachkunde eines Anbieters wird vermutet, wenn er in den letzten drei Jahren Energiedienstleistungen, Energieaudits oder Energieeffizienzmaßnahmen für mindestens zehn Endkunden durchgeführt hat. Anbieter von Energieaudits müssen zudem in unabhängiger Weise beraten. Personen, die die Voraussetzung zur Durchführung von Energieaudits erfüllen, können sich in eine beim Bundesamt für Wirtschaft und Ausfuhrkontrolle öffentlich geführte Liste eintragen lassen.

Verpflichtung zur Durchführung von Energieaudits (§ 8)
Unternehmen sind verpflichtet

- bis zum 5. Dezember 2015 ein Energieaudit durchzuführen und
- gerechnet vom Zeitpunkt des ersten Energieaudits mindestens alle vier Jahre ein weiteres Energieaudit durchzuführen.

Unternehmen sind von der Pflicht freigestellt, wenn sie zu dem maßgeblichen Zeitpunkt entweder

- ein Energiemanagementsystem eingerichtet haben oder
- ein Umweltmanagementsystem im Sinne der EMAS-Verordnung eingerichtet haben.

Anforderungen an Energieaudits; Verfügbarkeit von Energieaudits (§ 8a)
Das Energieaudit muss

- den Anforderungen der DIN EN 16247-1 entsprechen, wobei zu diesen Anforderungen gehört, dass das Unternehmen einen Verantwortlichen beziehungsweise Ansprechpartner zur Durchführung des Energieaudits vorsieht,
- auf aktuellen, kontinuierlich oder zeitweise gemessenen, belegbaren Betriebsdaten zum Energieverbrauch und zu den Lastprofilen basieren, wobei für gängige Geräte, für die eine Ermittlung des Energieverbrauchs mittels Messung nicht oder nur mit einem erheblichen Aufwand möglich ist, der Energieverbrauch auch durch nachvollziehbare Hochrechnungen von bestehenden Betriebs- und Lastkenndaten ermittelt werden kann und für Geräte zur Beleuchtung und für Bürogeräte eine Schätzung des Energieverbrauchs mittels anderer nachvollziehbarer Methoden vorgenommen werden kann,
- eine eingehende Prüfung des Energieverbrauchsprofils von Gebäuden oder Gebäudegruppen und Betriebsabläufen oder Anlagen in der Industrie einschließlich der Beförderung mit einschließen,

- nach Möglichkeit auf einer Lebenszyklus-Kostenanalyse anstatt auf einfachen Amortisationszeiten basieren und
- verhältnismäßig und so repräsentativ sein, dass sich daraus ein zuverlässiges Bild der Gesamtenergieeffizienz ergibt und sich die wichtigsten Verbesserungsmöglichkeiten zuverlässig ermitteln lassen.

Die für das Energieaudit verwendeten Daten müssen dem Unternehmen durch die das Energieaudit durchführende Person in einer Weise übermittelt werden, die es ihm ermöglicht, die Daten für historische Analysen und für die Rückverfolgung der Leistung aufzubewahren.

Anforderungen an die das Energieaudit durchführenden Personen (§ 8b)
Das Energieaudit ist von einer Person durchzuführen, die aufgrund ihrer Ausbildung oder beruflichen Qualifizierung und praktischen Erfahrung über die erforderliche Fachkunde zur ordnungsgemäßen Durchführung eines Energieaudits verfügt. Die Fachkunde erfordert

- eine einschlägige Ausbildung, nachgewiesen durch
  - den Abschluss eines Hochschul- oder Fachhochschulstudiums in einer einschlägigen Fachrichtung oder
  - eine berufliche Qualifikation zum staatlich geprüften Techniker oder zur staatlich geprüften Technikerin in einer einschlägigen Fachrichtung oder einen Meisterabschluss oder gleichwertigen Weiterbildungsabschluss und
- eine mindestens dreijährige hauptberufliche Tätigkeit, bei der praxisbezogene Kenntnisse über die betriebliche Energieberatung erworben wurden.

Das Energieaudit ist in unabhängiger Weise durchzuführen. Die das Energieaudit durchführende Person muss das Unternehmen, das sie beauftragt, hersteller-, anbieter- und vertriebsneutral beraten. Die das Energieaudit durchführenden Personen dürfen keine Provisionen oder sonstige geldwerte Vorteile von einem Unternehmen fordern oder erhalten, das Produkte herstellt oder vertreibt oder Anlagen errichtet oder vermietet, die bei Energiesparinvestitionen im auditierten Unternehmen verwendet werden. Wird das Energieaudit von unternehmensinternen Personen durchgeführt, so dürfen diese Personen nicht unmittelbar an der Tätigkeit beteiligt sein, die einem Energieaudit unterzogen wird. Unternehmensinterne Energieauditoren müssen in ihrer Aufgabenwahrnehmung unabhängig sein. Sie sind der Leitung des Unternehmens unmittelbar zu unterstellen und in dieser Funktion weisungsfrei. Sie dürfen wegen der Erfüllung ihrer Aufgaben als Energieauditoren nicht benachteiligt werden.

Nachweisführung (§ 8c)
Das Bundesamt für Wirtschaft und Ausfuhrkontrolle hat Stichprobenkontrollen zur Durchführung der Energieaudits durchzuführen. Der Nachweis über die Durchführung eines Energieaudits erfolgt über eine Bestätigung derjenigen Person, die das Energieaudit

durchgeführt hat. Wurde das Energieaudit von einer Organisation durchgeführt, die von der nationalen Akkreditierungsstelle als Konformitätsbewertungsstelle für die Zertifizierung von Energiemanagementsystemen nach der DIN EN ISO 50001 akkreditiert wurde, genügt als Nachweis der Qualifikation die entsprechende Akkreditierungsurkunde, sofern der als Energieauditor tätige Mitarbeiter der akkreditierten Organisation die Kompetenzanforderungen erfüllt, die nach den einschlägigen Akkreditierungsregeln für eine Berufung als Auditor für Energiemanagementsysteme vorausgesetzt werden. Wurde das Energieaudit von einem Umweltgutachter oder einer Umweltgutachterorganisation durchgeführt, genügt als Nachweis der Qualifikation die für den betreffenden Sektor ausgestellte Zulassungsurkunde für die Person, die das Energieaudit durchgeführt hat.

10.3 Erneuerbare-Energien-Gesetz (EEG 2017)

Zweck und Ziel des Gesetzes (§ 1)
Zweck dieses Gesetzes ist es, insbesondere im Interesse des Klima- und Umweltschutzes eine nachhaltige Entwicklung der Energieversorgung zu ermöglichen, die volkswirtschaftlichen Kosten der Energieversorgung auch durch die Einbeziehung langfristiger externer Effekte zu verringern, fossile Energieressourcen zu schonen und die Weiterentwicklung von Technologien zur Erzeugung von Strom aus erneuerbaren Energien zu fördern. Ziel dieses Gesetzes ist es, den Anteil des aus erneuerbaren Energien erzeugten Stroms am Bruttostromverbrauch zu steigern auf

- 40 bis 45 Prozent bis zum Jahr 2025,
- 55 bis 60 Prozent bis zum Jahr 2035 und
- mindestens 80 Prozent bis zum Jahr 2050.

Dieser Ausbau soll stetig, kosteneffizient und netzverträglich erfolgen. Das Ziel dient auch dazu, den Anteil erneuerbarer Energien am gesamten Bruttoendenergieverbrauch bis zum Jahr 2020 auf mindestens 18 Prozent zu erhöhen.

10.4 Erneuerbare-Energien-Wärmegesetz (EEWärmeG)

Zweck und Ziel des Gesetzes (§ 1)
Zweck dieses Gesetzes ist es, insbesondere im Interesse des Klimaschutzes, der Schonung fossiler Ressourcen und der Minderung der Abhängigkeit von Energieimporten, eine nachhaltige Entwicklung der Energieversorgung zu ermöglichen und die Weiterentwicklung von Technologien zur Erzeugung von Wärme und Kälte aus Erneuerbaren Energien zu fördern. Um den Zweck unter Wahrung der wirtschaftlichen Vertretbarkeit zu erreichen, verfolgt dieses Gesetz das Ziel, dazu beizutragen, den Anteil Erneuerbarer Energien am Endenergieverbrauch für Wärme und Kälte bis zum Jahr 2020 auf 14 Prozent zu erhöhen.

Begriffsbestimmungen (§ 2)
Erneuerbare Energien im Sinne dieses Gesetzes sind

- die dem Erdboden entnommene Wärme (Geothermie),
- die der Luft oder dem Wasser entnommene und technisch nutzbar gemachte Wärme mit Ausnahme von Abwärme (Umweltwärme),
- die durch Nutzung der Solarstrahlung zur Deckung des Wärmeenergiebedarfs technisch nutzbar gemachte Wärme (solare Strahlungsenergie),
- die aus fester, flüssiger und gasförmiger Biomasse erzeugte Wärme. Die Abgrenzung erfolgt nach dem Aggregatszustand zum Zeitpunkt des Eintritts der Biomasse in den Apparat zur Wärmeerzeugung. Als Biomasse im Sinne dieses Gesetzes werden nur die folgenden Energieträger anerkannt:
  - Biomasse im Sinne der Biomasseverordnung,
  - biologisch abbaubare Anteile von Abfällen aus Haushalten und Industrie,
  - Deponiegas,
  - Klärgas,
  - Klärschlamm im Sinne der Klärschlammverordnung,
  - Pflanzenölmethylester,

  und
- die dem Erdboden oder dem Wasser entnommene und technisch nutzbar gemachte oder aus Wärme technisch nutzbar gemachte Kälte (Kälte aus Erneuerbaren Energien).

Nutzungspflicht (§ 3)
Die Eigentümer von Gebäuden, die neu errichtet werden, müssen den Wärme- und Kälteenergiebedarf durch die anteilige Nutzung von Erneuerbaren Energien decken. Die öffentliche Hand muss den Wärme- und Kälteenergiebedarf von bereits errichteten öffentlichen Gebäuden, die sich in ihrem Eigentum befinden und grundlegend renoviert werden, durch die anteilige Nutzung von Erneuerbaren Energien decken.

Geltungsbereich der Nutzungspflicht (§ 4)
Die Pflicht gilt für alle Gebäude mit einer Nutzfläche von mehr als 50 Quadratmetern, die unter Einsatz von Energie beheizt oder gekühlt werden, mit Ausnahme von

- Betriebsgebäuden, die überwiegend zur Aufzucht oder zur Haltung von Tieren genutzt werden,
- Betriebsgebäuden, soweit sie nach ihrem Verwendungszweck großflächig und lang anhaltend offen gehalten werden müssen,
- unterirdischen Bauten,
- Unterglasanlagen und Kulturräumen für Aufzucht, Vermehrung und Verkauf von Pflanzen,
- Traglufthallen und Zelten,
- Gebäuden, die dazu bestimmt sind, wiederholt aufgestellt und zerlegt zu werden, und provisorischen Gebäuden mit einer geplanten Nutzungsdauer von bis zu zwei Jahren,

- Gebäuden, die dem Gottesdienst oder anderen religiösen Zwecken gewidmet sind,
- Wohngebäuden, die für eine Nutzungsdauer von weniger als vier Monaten jährlich bestimmt sind,
- sonstigen Betriebsgebäuden, die nach ihrer Zweckbestimmung auf eine Innentemperatur von weniger als 12 Grad Celsius oder jährlich weniger als vier Monate beheizt sowie jährlich weniger als zwei Monate gekühlt werden,
- Gebäuden, die Teil oder Nebeneinrichtung einer Anlage sind, die vom Anwendungsbereich des Treibhausgas-Emissionshandelsgesetzes erfasst ist, und
- Gebäuden der Bundeswehr.

Anteil Erneuerbarer Energien bei neuen Gebäuden (§ 5)
Bei Nutzung von solarer Strahlungsenergie wird die Pflicht dadurch erfüllt, dass der Wärme- und Kälteenergiebedarf zu mindestens 15 Prozent hieraus gedeckt wird. Bei Nutzung von gasförmiger Biomasse wird die Pflicht dadurch erfüllt, dass der Wärme- und Kälteenergiebedarf zu mindestens 30 Prozent hieraus gedeckt wird. Bei Nutzung von flüssiger Biomasse und fester Biomasse wird die Pflicht dadurch erfüllt, dass der Wärme- und Kälteenergiebedarf zu mindestens 50 Prozent hieraus gedeckt wird. Bei Nutzung von Geothermie und Umweltwärme wird die Pflicht dadurch erfüllt, dass der Wärme- und Kälteenergiebedarf zu mindestens 50 Prozent aus den Anlagen zur Nutzung dieser Energien gedeckt wird.

Anteil Erneuerbarer Energien bei grundlegend renovierten öffentlichen Gebäuden (§ 5a)
Bei Nutzung von gasförmiger Biomasse wird die Pflicht dadurch erfüllt, dass der Wärme- und Kälteenergiebedarf zu mindestens 25 Prozent hieraus gedeckt wird. Bei Nutzung sonstiger Erneuerbarer Energien wird die Pflicht dadurch erfüllt, dass der Wärme- und Kälteenergiebedarf zu mindestens 15 Prozent hieraus gedeckt wird.

10.5 Energieeinsparungsgesetz (EnEG)

Energiesparender Wärmeschutz bei zu errichtenden Gebäuden (§ 1)
Wer ein Gebäude errichtet, das seiner Zweckbestimmung nach beheizt oder gekühlt werden muss, hat, um Energie zu sparen, den Wärmeschutz so zu entwerfen und auszuführen, dass beim Heizen und Kühlen vermeidbare Energieverluste unterbleiben. Die Anforderungen können sich auf die Begrenzung des Wärmedurchgangs sowie der Lüftungswärmeverluste und auf ausreichende raumklimatische Verhältnisse beziehen. Bei der Begrenzung des Wärmedurchgangs ist der gesamte Einfluss der die beheizten oder gekühlten Räume nach außen und zum Erdreich abgrenzenden sowie derjenigen Bauteile zu berücksichtigen, die diese Räume gegen Räume abweichender Temperatur abgrenzen. Bei der Begrenzung von Lüftungswärmeverlusten ist der gesamte Einfluss der Lüftungseinrichtungen, der Dichtheit von Fenstern und Türen sowie der Fugen zwischen einzelnen Bauteilen zu berücksichtigen.

Energiesparende Anlagentechnik bei Gebäuden (§ 2)
Wer Heizungs-, raumlufttechnische, Kühl-, Beleuchtungs- sowie Warmwasserversorgungsanlagen oder -einrichtungen in Gebäude einbaut oder einbauen lässt oder in Gebäuden aufstellt oder aufstellen lässt, hat bei Entwurf, Auswahl und Ausführung dieser Anlagen und Einrichtungen dafür Sorge zu tragen, dass nicht mehr Energie verbraucht wird, als zur bestimmungsgemäßen Nutzung erforderlich ist. Für zu errichtende Gebäude können sich die Anforderungen beziehen auf

- den Wirkungsgrad, die Auslegung und die Leistungsaufteilung der Wärme- und Kälteerzeuger,
- die Ausbildung interner Verteilungsnetze,
- die Begrenzung der Warmwassertemperatur,
- die Einrichtungen der Regelung und Steuerung der Wärme- und Kälteversorgungssysteme,
- den Einsatz von Wärmerückgewinnungsanlagen,
- die messtechnische Ausstattung zur Verbrauchserfassung,
- die Effizienz von Beleuchtungssystemen, insbesondere den Wirkungsgrad von Beleuchtungseinrichtungen, die Verbesserung der Tageslichtnutzung, die Ausstattung zur Regelung und Abschaltung dieser Systeme,
- weitere Eigenschaften der Anlagen und Einrichtungen, soweit dies im Rahmen der Zielsetzung aufgrund der technischen Entwicklung erforderlich wird.

Die Anforderungen gelten entsprechend, soweit in bestehende Gebäude bisher nicht vorhandene Anlagen oder Einrichtungen eingebaut oder vorhandene ersetzt, erweitert oder umgerüstet werden. Bei wesentlichen Erweiterungen oder Umrüstungen können die Anforderungen auf die gesamten Anlagen oder Einrichtungen erstreckt werden. Außerdem können Anforderungen zur Ergänzung der genannten Anlagen und Einrichtungen mit dem Ziel einer nachträglichen Verbesserung des Wirkungsgrades und einer Erfassung des Energieverbrauchs gestellt werden.

Zu errichtende Niedrigstenergiegebäude (§ 2a)
Wer nach dem 31. Dezember 2020 ein Gebäude errichtet, das nach seiner Zweckbestimmung beheizt oder gekühlt werden muss, hat das Gebäude, um Energie zu sparen, als Niedrigstenergiegebäude zu errichten. Ein Niedrigstenergiegebäude ist ein Gebäude, das eine sehr gute Gesamtenergieeffizienz aufweist. Der Energiebedarf des Gebäudes muss sehr gering sein und soll, soweit möglich, zu einem ganz wesentlichen Teil durch Energie aus erneuerbaren Quellen gedeckt werden.

Energiesparender Betrieb von Anlagen (§ 3)
Wer Heizungs-, raumlufttechnische, Kühl-, Beleuchtungs- sowie Warmwasserversorgungsanlagen oder -einrichtungen in Gebäuden betreibt oder betreiben lässt, hat dafür Sorge zu tragen, dass sie so instand gehalten und betrieben werden, dass nicht mehr

Energie verbraucht wird, als zu ihrer bestimmungsgemäßen Nutzung erforderlich ist. Die Anforderungen können sich auf die sachkundige Bedienung, Instandhaltung, regelmäßige Wartung, Inspektion einschließlich Inspektionsberichten, die Berechtigung zur Durchführung von Inspektionen sowie die Anforderungen an die Qualifikation der inspizierenden Personen und auf die bestimmungsgemäße Nutzung der Anlagen und Einrichtungen beziehen.

Verteilung der Betriebskosten, Abrechnungsinformationen (§ 3a)
Die Bundesregierung wird ermächtigt, durch Rechtsverordnung vorzuschreiben, dass

- der Energieverbrauch der Benutzer von heizungs-, kühl- oder raumlufttechnischen oder der Versorgung mit Warmwasser dienenden gemeinschaftlichen Anlagen oder Einrichtungen erfasst wird,
- die Betriebskosten dieser Anlagen oder Einrichtungen so auf die Benutzer zu verteilen sind, dass dem Energieverbrauch der Benutzer Rechnung getragen wird,
- die Benutzer in regelmäßigen, im Einzelnen zu bestimmenden Abständen auf klare und verständliche Weise Informationen erhalten
  - über Daten, die für die Einschätzung, den Vergleich und die Steuerung des Energieverbrauchs und der Betriebskosten von heizungs-, kühl- oder raumlufttechnischen oder der Versorgung mit Warmwasser dienenden gemeinschaftlichen Anlagen oder Einrichtungen relevant sind, und
  - über Stellen, bei denen weitergehende Informationen und Dienstleistungen zum Thema Energieeffizienz verfügbar sind.

Sonderregelungen und Anforderungen an bestehende Gebäude (§ 4)
Ausnahmen gelten für Gebäude und Gebäudeteile, die nach ihrem üblichen Verwendungszweck

- wesentlich unter oder über der gewöhnlichen, durchschnittlichen Heizdauer beheizt werden müssen,
- eine Innentemperatur unter 15 Grad Celsius erfordern,
- den Heizenergiebedarf durch die im Innern des Gebäudes anfallende Abwärme überwiegend decken,
- nur teilweise beheizt werden müssen,
- eine überwiegende Verglasung der wärmeübertragenden Umfassungsflächen erfordern,
- nicht zum dauernden Aufenthalt von Menschen bestimmt sind,
- sportlich, kulturell, zu religiösen Zwecken oder zu Versammlungen genutzt werden,
- zum Schutze von Personen oder Sachwerten einen erhöhten Luftwechsel erfordern oder
- nach der Art ihrer Ausführung für eine dauernde Verwendung nicht geeignet sind.

Die Bundesregierung wird ermächtigt, durch Rechtsverordnung zu bestimmen, dass in bestehenden Gebäuden Heizkessel, die bei bestimmungsgemäßer Nutzung wesentlich mehr Energie verbrauchen als andere marktübliche Anlagen und Einrichtungen gleicher Funktion, außer Betrieb zu nehmen sind, wenn weniger belastende Maßnahmen, wie eine Pflicht zur nachträglichen Anpassung solcher Anlagen und Einrichtungen an den Stand der Technik, nicht zu einer vergleichbaren Energieeinsparung führen, auch wenn ansonsten für das Gebäude, die Anlage oder die Einrichtung keine Änderung durchgeführt würde. Die Maßnahmen müssen generell zu einer wesentlichen Verminderung der Energieverluste beitragen, und die Aufwendungen müssen durch die eintretenden Einsparungen innerhalb angemessener Fristen erwirtschaftet werden können.

Gemeinsame Voraussetzungen für Rechtsverordnungen (§ 5)
Die in den zu erlassenden Rechtsverordnungen aufgestellten Anforderungen müssen nach dem Stand der Technik erfüllbar und für Gebäude gleicher Art und Nutzung wirtschaftlich vertretbar sein. Anforderungen gelten als wirtschaftlich vertretbar, wenn generell die erforderlichen Aufwendungen innerhalb der üblichen Nutzungsdauer durch die eintretenden Einsparungen erwirtschaftet werden können. Bei bestehenden Gebäuden ist die noch zu erwartende Nutzungsdauer zu berücksichtigen. In den Rechtsverordnungen können sich die Anforderungen auch auf den Gesamtenergiebedarf oder -verbrauch der Gebäude und die Einsetzbarkeit alternativer Systeme beziehen sowie Umwandlungsverluste der Anlagensysteme berücksichtigen (Gesamtenergieeffizienz).

Energieausweise (§ 5a)
Die Bundesregierung wird ermächtigt, zur Umsetzung oder Durchführung von Rechtsakten der Europäischen Union durch Rechtsverordnung Inhalte und Verwendung von Energieausweisen auf Bedarfs- und Verbrauchsgrundlage vorzugeben und dabei zu bestimmen, welche Angaben und Kennwerte über die Energieeffizienz eines Gebäudes, eines Gebäudeteils, eines Bauteils oder von Anlagen oder Einrichtungen darzustellen sind. Die Vorgaben können sich insbesondere beziehen auf

- die Arten der betroffenen Gebäude, Gebäudeteile und Anlagen oder Einrichtungen,
- die Zeitpunkte und Anlässe für die Ausstellung und Aktualisierung von Energieausweisen,
- die Ermittlung, Dokumentation und Aktualisierung von Angaben und Kennwerten,
- die Angabe von Referenzwerten, wie gültige Rechtsnormen und Vergleichskennwerte,
- Empfehlungen für kosteneffiziente Verbesserungen der Energieeffizienz,
- die Verpflichtung, Energieausweise Behörden und bestimmten Dritten vorzulegen oder zu übergeben sowie Angaben aus Energieausweisen in Immobilienanzeigen in kommerziellen Medien, insbesondere bei Verkauf und Vermietung, zu nennen,
- den Aushang von Energieausweisen in Gebäuden mit starkem Publikumsverkehr und die Art der Gebäude,
- die Berechtigung zur Ausstellung von Energieausweisen einschließlich der Anforderungen an die Qualifikation der Aussteller sowie
- die Ausgestaltung der Energieausweise.

10.6 Energieeinsparverordnung (EnEV)

Zweck und Anwendungsbereich (§ 1)

Zweck dieser Verordnung ist die Einsparung von Energie in Gebäuden. In diesem Rahmen und unter Beachtung des gesetzlichen Grundsatzes der wirtschaftlichen Vertretbarkeit soll die Verordnung dazu beitragen, dass die energiepolitischen Ziele der Bundesregierung, insbesondere ein nahezu klimaneutraler Gebäudebestand bis zum Jahr 2050, erreicht werden. Neben den Festlegungen in der Verordnung soll dieses Ziel auch mit anderen Instrumenten, insbesondere mit einer Modernisierungsoffensive für Gebäude, Anreizen durch die Förderpolitik und einem Sanierungsfahrplan, verfolgt werden. Im Rahmen der dafür noch festzulegenden Anforderungen an die Gesamtenergieeffizienz von Niedrigstenergiegebäuden wird die Bundesregierung in diesem Zusammenhang auch eine grundlegende Vereinfachung und Zusammenführung der Instrumente, die die Energieeinsparung und die Nutzung erneuerbarer Energien in Gebäuden regeln, anstreben, um dadurch die energetische und ökonomische Optimierung von Gebäuden zu erleichtern. Diese Verordnung gilt

- für Gebäude, soweit sie unter Einsatz von Energie beheizt oder gekühlt werden, und
- für Anlagen und Einrichtungen der Heizungs-, Kühl-, Raumluft- und Beleuchtungstechnik sowie der Warmwasserversorgung von Gebäuden.

Der Energieeinsatz für Produktionsprozesse in Gebäuden ist nicht Gegenstand dieser Verordnung. Diese Verordnung gilt nicht für

- Betriebsgebäude, die überwiegend zur Aufzucht oder zur Haltung von Tieren genutzt werden,
- Betriebsgebäude, soweit sie nach ihrem Verwendungszweck großflächig und lang anhaltend offen gehalten werden müssen,
- unterirdische Bauten,
- Unterglasanlagen und Kulturräume für Aufzucht, Vermehrung und Verkauf von Pflanzen,
- Traglufthallen und Zelte,
- Gebäude, die dazu bestimmt sind, wiederholt aufgestellt und zerlegt zu werden, und provisorische Gebäude mit einer geplanten Nutzungsdauer von bis zu zwei Jahren,
- Gebäude, die dem Gottesdienst oder anderen religiösen Zwecken gewidmet sind,
- Wohngebäude, die für eine Nutzungsdauer von weniger als vier Monaten jährlich bestimmt sind oder für eine begrenzte jährliche Nutzungsdauer bestimmt sind, wenn der zu erwartende Energieverbrauch der Wohngebäude weniger als 25 Prozent des zu erwartenden Energieverbrauchs bei ganzjähriger Nutzung beträgt, und
- sonstige handwerkliche, landwirtschaftliche, gewerbliche und industrielle Betriebsgebäude, die nach ihrer Zweckbestimmung auf eine Innentemperatur von weniger als 12 Grad Celsius oder jährlich weniger als vier Monate beheizt sowie jährlich weniger als zwei Monate gekühlt werden.

Anforderungen an Wohngebäude (§ 3)
Zu errichtende Wohngebäude sind so auszuführen, dass der Jahres-Primärenergiebedarf für Heizung, Warmwasserbereitung, Lüftung und Kühlung den Wert des Jahres-Primärenergiebedarfs eines Referenzgebäudes gleicher Geometrie, Gebäudenutzfläche und Ausrichtung nicht überschreitet. Zu errichtende Wohngebäude sind so auszuführen, dass die Höchstwerte des spezifischen, auf die wärmeübertragende Umfassungsfläche bezogenen Transmissionswärmeverlusts nicht überschritten werden. Für das zu errichtende Wohngebäude und das Referenzgebäude ist der Jahres-Primärenergiebedarf nach einem festgelegten Verfahren zu berechnen. Das zu errichtende Wohngebäude und das Referenzgebäude sind mit demselben Verfahren zu berechnen. Zu errichtende Wohngebäude sind so auszuführen, dass die Anforderungen an den sommerlichen Wärmeschutz eingehalten werden. Technische Details finden sich in Anlage 1 dieser Verordnung.

Anforderungen an Nichtwohngebäude (§ 4)
Zu errichtende Nichtwohngebäude sind so auszuführen, dass der Jahres-Primärenergiebedarf für Heizung, Warmwasserbereitung, Lüftung, Kühlung und eingebaute Beleuchtung den Wert des Jahres-Primärenergiebedarfs eines Referenzgebäudes gleicher Geometrie, Nettogrundfläche, Ausrichtung und Nutzung nicht überschreitet. Zu errichtende Nichtwohngebäude sind so auszuführen, dass die Höchstwerte der mittleren Wärmedurchgangskoeffizienten der wärmeübertragenden Umfassungsfläche nicht überschritten werden. Für das zu errichtende Nichtwohngebäude und das Referenzgebäude ist der Jahres-Primärenergiebedarf nach einem festgelegten Verfahren zu berechnen. Das zu errichtende Nichtwohngebäude und das Referenzgebäude sind mit demselben Verfahren zu berechnen. Zu errichtende Nichtwohngebäude sind so auszuführen, dass die Anforderungen an den sommerlichen Wärmeschutz eingehalten werden. Technische Details finden sich im Anhang 2 dieser Verordnung.

Anrechnung von Strom aus erneuerbaren Energien (§ 5)
Wird in zu errichtenden Gebäuden Strom aus erneuerbaren Energien eingesetzt, darf dieser Strom von dem berechneten Endenergiebedarf abgezogen werden, soweit er

- im unmittelbaren räumlichen Zusammenhang zu dem Gebäude erzeugt wird und
- vorrangig in dem Gebäude unmittelbar nach Erzeugung oder nach vorübergehender Speicherung selbst genutzt und nur die überschüssige Energiemenge in ein öffentliches Netz eingespeist wird.

Dichtheit, Mindestluftwechsel (§ 6)
Zu errichtende Gebäude sind so auszuführen, dass die wärmeübertragende Umfassungsfläche einschließlich der Fugen dauerhaft luftundurchlässig entsprechend den anerkannten Regeln der Technik abgedichtet ist. Zu errichtende Gebäude sind so auszuführen, dass der zum Zwecke der Gesundheit und Beheizung erforderliche Mindestluftwechsel sichergestellt ist.

Mindestwärmeschutz, Wärmebrücken (§ 7)
Bei zu errichtenden Gebäuden sind Bauteile, die gegen die Außenluft, das Erdreich oder Gebäudeteile mit wesentlich niedrigeren Innentemperaturen abgrenzen, so auszuführen, dass die Anforderungen des Mindestwärmeschutzes nach den anerkannten Regeln der Technik eingehalten werden. Zu errichtende Gebäude sind so auszuführen, dass der Einfluss konstruktiver Wärmebrücken auf den Jahres-Heizwärmebedarf nach den anerkannten Regeln der Technik und den im jeweiligen Einzelfall wirtschaftlich vertretbaren Maßnahmen so gering wie möglich gehalten wird.

Änderung, Erweiterung und Ausbau von Gebäuden (§ 9)
Soweit bei beheizten oder gekühlten Räumen von Gebäuden Änderungen ausgeführt werden, sind die Änderungen so auszuführen, dass die Wärmedurchgangskoeffizienten der betroffenen Flächen die für solche Außenbauteile festgelegten Höchstwerte nicht überschreiten. Soweit

- Angaben zu geometrischen Abmessungen von Gebäuden fehlen, können diese durch vereinfachtes Aufmaß ermittelt werden,
- energetische Kennwerte für bestehende Bauteile und Anlagenkomponenten nicht vorliegen, können gesicherte Erfahrungswerte für Bauteile und Anlagenkomponenten vergleichbarer Altersklassen verwendet werden.

Hierbei können anerkannte Regeln der Technik verwendet werden. Technische Details finden sich in Anlage 3 dieser Verordnung.

Nachrüstung bei Anlagen und Gebäuden (§ 10)
Eigentümer von Gebäuden dürfen Heizkessel, die mit flüssigen oder gasförmigen Brennstoffen beschickt werden und vor dem 1. Oktober 1978 eingebaut oder aufgestellt worden sind, nicht mehr betreiben. Eigentümer von Gebäuden dürfen Heizkessel, die mit flüssigen oder gasförmigen Brennstoffen beschickt werden und vor dem 1. Januar 1985 eingebaut oder aufgestellt worden sind, ab 2015 nicht mehr betreiben. Eigentümer von Gebäuden dürfen Heizkessel, die mit flüssigen oder gasförmigen Brennstoffen beschickt werden und nach dem 1. Januar 1985 eingebaut oder aufgestellt worden sind, nach Ablauf von 30 Jahren nicht mehr betreiben.

Aufrechterhaltung der energetischen Qualität (§ 11)
Außenbauteile dürfen nicht in einer Weise verändert werden, dass die energetische Qualität des Gebäudes verschlechtert wird. Das Gleiche gilt für Anlagen und Einrichtungen. Energiebedarfssenkende Einrichtungen in Anlagen sind vom Betreiber betriebsbereit zu erhalten und bestimmungsgemäß zu nutzen. Anlagen und Einrichtungen der Heizungs-, Kühl- und Raumlufttechnik sowie der Warmwasserversorgung sind vom Betreiber sachgerecht zu bedienen. Komponenten mit wesentlichem Einfluss auf den Wirkungsgrad solcher Anlagen sind vom Betreiber regelmäßig zu warten und instand zu halten. Für die

Wartung und Instandhaltung ist Fachkunde erforderlich. Fachkundig ist, wer die zur Wartung und Instandhaltung notwendigen Fachkenntnisse und Fertigkeiten besitzt.

Energetische Inspektion von Klimaanlagen (§ 12)
Betreiber von in Gebäude eingebauten Klimaanlagen mit einer Nennleistung für den Kältebedarf von mehr als zwölf Kilowatt haben energetische Inspektionen dieser Anlagen durch berechtigte Personen durchführen zu lassen. Die Inspektion umfasst Maßnahmen zur Prüfung der Komponenten, die den Wirkungsgrad der Anlage beeinflussen, und der Anlagendimensionierung im Verhältnis zum Kühlbedarf des Gebäudes. Sie bezieht sich insbesondere auf

- die Überprüfung und Bewertung der Einflüsse, die für die Auslegung der Anlage verantwortlich sind, insbesondere Veränderungen der Raumnutzung und -belegung, der Nutzungszeiten, der inneren Wärmequellen sowie der relevanten bauphysikalischen Eigenschaften des Gebäudes und der vom Betreiber geforderten Sollwerte hinsichtlich Luftmengen, Temperatur, Feuchte, Betriebszeit sowie Toleranzen, und
- die Feststellung der Effizienz der wesentlichen Komponenten.

Die Inspektion ist erstmals im zehnten Jahr nach der Inbetriebnahme oder der Erneuerung wesentlicher Bauteile wie Wärmeübertrager, Ventilator oder Kältemaschine durchzuführen. Nach der erstmaligen Inspektion ist die Anlage wiederkehrend mindestens alle zehn Jahre einer Inspektion zu unterziehen. Inspektionen dürfen nur von fachkundigen Personen durchgeführt werden. Fachkundig sind insbesondere

- Personen mit berufsqualifizierendem Hochschulabschluss oder Fachhochschulen in den Fachrichtungen Versorgungstechnik oder Technische Gebäudeausrüstung mit mindestens einem Jahr Berufserfahrung in Planung, Bau, Betrieb oder Prüfung raumlufttechnischer Anlagen,
- Personen mit berufsqualifizierendem Hochschulabschluss oder Fachhochschulen in den Fachrichtungen Maschinenbau, Elektrotechnik, Verfahrenstechnik, Bauingenieurwesen oder einer anderen technischen Fachrichtung mit einem Ausbildungsschwerpunkt bei der Versorgungstechnik oder der Technischen Gebäudeausrüstung mit mindestens drei Jahren Berufserfahrung in Planung, Bau, Betrieb oder Prüfung raumlufttechnischer Anlagen.

Die inspizierende Person hat einen Inspektionsbericht mit den Ergebnissen der Inspektion und Ratschlägen in Form von kurz gefassten fachlichen Hinweisen für Maßnahmen zur kosteneffizienten Verbesserung der energetischen Eigenschaften der Anlage, für deren Austausch oder für Alternativlösungen zu erstellen. Die inspizierende Person hat den Inspektionsbericht unter Angabe ihres Namens, ihrer Anschrift und Berufsbezeichnung sowie des Datums der Inspektion und des Ausstellungsdatums eigenhändig oder durch Nachbildung der Unterschrift zu unterschreiben und dem Betreiber zu übergeben.

Inbetriebnahme von Heizkesseln (§ 13)
Heizkessel, die mit flüssigen oder gasförmigen Brennstoffen beschickt werden und deren Nennleistung mindestens vier Kilowatt und höchstens 40 Kilowatt beträgt, dürfen zum Zwecke der Inbetriebnahme in Gebäuden nur eingebaut oder aufgestellt werden, wenn sie mit der CE-Kennzeichnung versehen sind.

Verteilungseinrichtungen und Warmwasseranlagen (§ 14)
Zentralheizungen müssen beim Einbau in Gebäude mit zentralen selbsttätig wirkenden Einrichtungen zur Verringerung und Abschaltung der Wärmezufuhr sowie zur Ein- und Ausschaltung elektrischer Antriebe in Abhängigkeit von

- der Außentemperatur oder einer anderen geeigneten Führungsgröße und
- der Zeit

ausgestattet werden. Heizungstechnische Anlagen mit Wasser als Wärmeträger müssen beim Einbau in Gebäude mit selbsttätig wirkenden Einrichtungen zur raumweisen Regelung der Raumtemperatur ausgestattet werden. In Zentralheizungen mit mehr als 25 Kilowatt Nennleistung sind die Umwälzpumpen der Heizkreise beim erstmaligen Einbau und bei der Ersetzung so auszustatten, dass die elektrische Leistungsaufnahme dem betriebsbedingten Förderbedarf selbsttätig in mindestens drei Stufen angepasst wird, soweit sicherheitstechnische Belange des Heizkessels dem nicht entgegenstehen. Zirkulationspumpen müssen beim Einbau in Warmwasseranlagen mit selbsttätig wirkenden Einrichtungen zur Ein- und Ausschaltung ausgestattet werden.

Klimaanlagen und sonstige Anlagen der Raumlufttechnik (§ 15)
Beim Einbau von Klimaanlagen mit einer Nennleistung für den Kältebedarf von mehr als zwölf Kilowatt und raumlufttechnischen Anlagen, die für einen Volumenstrom der Zuluft von wenigstens 4000 Kubikmeter je Stunde ausgelegt sind, in Gebäude sowie bei der Erneuerung von Zentralgeräten oder Luftkanalsystemen solcher Anlagen müssen diese Anlagen so ausgeführt werden, dass

- die auf das Fördervolumen bezogene elektrische Leistung der Einzelventilatoren oder
- der gewichtete Mittelwert der auf das jeweilige Fördervolumen bezogenen elektrischen Leistungen aller Zu- und Abluftventilatoren

bei Auslegungsvolumenstrom den Grenzwert der Kategorie SFP 4 nach DIN EN 13779; 2007-09 nicht überschreitet. Beim Einbau von Anlagen in Gebäude und bei der Erneuerung von Zentralgeräten solcher Anlagen müssen, soweit diese Anlagen dazu bestimmt sind, die Feuchte der Raumluft unmittelbar zu verändern, diese Anlagen mit selbsttätig wirkenden Regelungseinrichtungen ausgestattet werden, bei denen getrennte Sollwerte für die Be- und die Entfeuchtung eingestellt werden können und als Führungsgröße mindestens die direkt gemessene Zu- oder Abluftfeuchte dient. Beim Einbau von Anlagen in

Gebäude und bei der Erneuerung von Zentralgeräten oder Luftkanalsystemen solcher Anlagen müssen diese Anlagen mit Einrichtungen zur selbsttätigen Regelung der Volumenströme in Abhängigkeit von den thermischen und stofflichen Lasten oder zur Einstellung der Volumenströme in Abhängigkeit von der Zeit ausgestattet werden.

Ausstellung und Verwendung von Energieausweisen (§ 16)
Wird ein Gebäude errichtet, hat der Bauherr sicherzustellen, dass ihm, wenn er zugleich Eigentümer des Gebäudes ist, oder dem Eigentümer des Gebäudes ein Energieausweis unter Zugrundelegung der energetischen Eigenschaften des fertig gestellten Gebäudes ausgestellt und der Energieausweis oder eine Kopie hiervon übergeben wird. Die Ausstellung und die Übergabe müssen unverzüglich nach Fertigstellung des Gebäudes erfolgen. Soll ein mit einem Gebäude bebautes Grundstück, ein grundstücksgleiches Recht an einem bebauten Grundstück oder Wohnungs- oder Teileigentum verkauft werden, hat der Verkäufer dem potenziellen Käufer spätestens bei der Besichtigung einen Energieausweis oder eine Kopie hiervon vorzulegen. Die Vorlagepflicht wird auch durch einen deutlich sichtbaren Aushang oder ein deutlich sichtbares Auslegen während der Besichtigung erfüllt. Der Verkäufer muss den Energieausweis oder eine Kopie hiervon spätestens unverzüglich dann vorlegen, wenn der potenzielle Käufer ihn hierzu auffordert. Unverzüglich nach Abschluss des Kaufvertrags hat der Verkäufer dem Käufer den Energieausweis oder eine Kopie hiervon zu übergeben.

Pflichtangaben in Immobilienanzeigen (§ 16a)
Wird eine Immobilienanzeige in kommerziellen Medien aufgegeben und liegt zu diesem Zeitpunkt ein Energieausweis vor, so hat der Verkäufer sicherzustellen, dass die Immobilienanzeige folgende Pflichtangaben enthält:

- die Art des Energieausweises: Energiebedarfsausweis oder Energieverbrauchsausweis,
- den im Energieausweis genannten Wert des Endenergiebedarfs oder Endenergieverbrauchs für das Gebäude,
- die im Energieausweis genannten wesentlichen Energieträger für die Heizung des Gebäudes,
- bei Wohngebäuden das im Energieausweis genannte Baujahr und
- bei Wohngebäuden die im Energieausweis genannte Energieeffizienzklasse.

Bei Nichtwohngebäuden ist bei Energiebedarfs- und bei Energieverbrauchsausweisen als Pflichtangabe der Endenergiebedarf oder Endenergieverbrauch sowohl für Wärme als auch für Strom jeweils getrennt aufzuführen.

Grundsätze des Energieausweises (§ 17)
Der Aussteller hat Energieausweise auf der Grundlage des berechneten Energiebedarfs (Energiebedarfsausweis) oder des erfassten Energieverbrauchs (Energieverbrauchsausweis) auszustellen. Es ist zulässig, sowohl den Energiebedarf als auch den

Energieverbrauch anzugeben. Energieausweise sind vom Aussteller unter Angabe seines Namens, seiner Anschrift und Berufsbezeichnung sowie des Ausstellungsdatums eigenhändig oder durch Nachbildung der Unterschrift zu unterschreiben. Vor Übergabe des neu ausgestellten Energieausweises an den Eigentümer hat der Aussteller die zugeteilte Registriernummer einzutragen.

Empfehlungen für die Verbesserung der Energieeffizienz (§ 20)
Der Aussteller des Energieausweises hat dem Eigentümer im Energieausweis Empfehlungen für Maßnahmen zur kosteneffizienten Verbesserung der energetischen Eigenschaften des Gebäudes (Energieeffizienz) in Form von kurz gefassten fachlichen Hinweisen zu geben (Modernisierungsempfehlungen), es sei denn, solche Maßnahmen sind nicht möglich. Die Modernisierungsempfehlungen beziehen sich auf Maßnahmen am gesamten Gebäude, an einzelnen Außenbauteilen sowie an Anlagen und Einrichtungen.

Ausstellungsberechtigung für bestehende Gebäude (§ 21)
Zur Ausstellung von Energieausweisen für bestehende Gebäude sind nur berechtigt:

- Personen mit berufsqualifizierendem Hochschulabschluss oder Fachhochschulen in
  - den Fachrichtungen Architektur, Hochbau, Bauingenieurwesen, Technische Gebäudeausrüstung, Physik, Bauphysik, Maschinenbau oder Elektrotechnik oder
  - einer anderen technischen oder naturwissenschaftlichen Fachrichtung mit einem Ausbildungsschwerpunkt auf einem der genannten Gebiete,
- Personen im Bereich Architektur der Fachrichtung Innenarchitektur,
- Personen, die für ein zulassungspflichtiges Bau-, Ausbau- oder anlagentechnisches Gewerbe oder für das Schornsteinfegerwesen die Voraussetzungen zur Eintragung in die Handwerksrolle erfüllen, sowie Handwerksmeister der zulassungsfreien Handwerke dieser Bereiche und Personen, die aufgrund ihrer Ausbildung berechtigt sind, ein solches Handwerk ohne Meistertitel selbständig auszuüben,
- staatlich anerkannte oder geprüfte Techniker, deren Ausbildungsschwerpunkt auch die Beurteilung der Gebäudehülle, die Beurteilung von Heizungs- und Warmwasserbereitungsanlagen oder die Beurteilung von Lüftungs- und Klimaanlagen umfasst,
- Personen, die nach bauordnungsrechtlichen Vorschriften der Länder zur Unterzeichnung von bautechnischen Nachweisen des Wärmeschutzes oder der Energieeinsparung bei der Errichtung von Gebäuden berechtigt sind, im Rahmen der jeweiligen Nachweisberechtigung.

  Voraussetzung für die Ausstellungsberechtigung ist

- während des Studiums ein Ausbildungsschwerpunkt im Bereich des energiesparenden Bauens oder nach einem Studium ohne einen solchen Schwerpunkt eine mindestens zweijährige Berufserfahrung in wesentlichen bau- oder anlagentechnischen Tätigkeitsbereichen des Hochbaus,

- eine erfolgreiche Fortbildung im Bereich des energiesparenden Bauens oder
- eine öffentliche Bestellung als vereidigter Sachverständiger für ein Sachgebiet im Bereich des energiesparenden Bauens oder in wesentlichen bau- oder anlagentechnischen Tätigkeitsbereichen des Hochbaus.

Die Anforderungen an die Inhalte der Fortbildung umfassen

- Bestandsaufnahme und Dokumentation des Gebäudes, der Baukonstruktion und der technischen Anlagen,
- Beurteilung der Gebäudehülle,
- Beurteilung der Heizungs- und Warmwasserbereitungsanlagen,
- Beurteilung von Lüftungs- und Klimaanlagen,
- Beurteilung von raumlufttechnischen Anlagen und sonstigen Anlagen zur Kühlung,
- Beurteilung von Beleuchtungs- und Belichtungssystemen,
- Erbringung der Nachweise,
- Grundlagen der Beurteilung von Modernisierungsempfehlungen einschließlich ihrer technischen Machbarkeit und Wirtschaftlichkeit.

Verantwortliche (§ 26)
Für die Einhaltung der Vorschriften dieser Verordnung ist der Bauherr verantwortlich, soweit in dieser Verordnung nicht ausdrücklich ein anderer Verantwortlicher bezeichnet ist. Für die Einhaltung der Vorschriften dieser Verordnung sind im Rahmen ihres jeweiligen Wirkungskreises auch die Personen verantwortlich, die im Auftrag des Bauherrn bei der Errichtung oder Änderung von Gebäuden oder der Anlagentechnik in Gebäuden tätig werden.

Private Nachweise (§ 26a)
Wer geschäftsmäßig an oder in bestehenden Gebäuden Arbeiten

- zur Änderung von Außenbauteilen,
- zur Dämmung oberster Geschossdecken oder
- zum erstmaligen Einbau oder zur Ersetzung von Heizkesseln und sonstigen Wärmeerzeugersystemen, Verteilungseinrichtungen oder Warmwasseranlagen oder Klimaanlagen oder sonstigen Anlagen der Raumlufttechnik

durchführt, hat dem Eigentümer unverzüglich nach Abschluss der Arbeiten schriftlich zu bestätigen, dass die von ihm geänderten oder eingebauten Bau- oder Anlagenteile den Anforderungen dieser Verordnung entsprechen (Unternehmererklärung). Mit der Unternehmererklärung wird die Erfüllung der Pflichten nachgewiesen. Die Unternehmererklärung ist von dem Eigentümer mindestens fünf Jahre aufzubewahren. Der Eigentümer hat die Unternehmererklärungen der nach Landesrecht zuständigen Behörde auf Verlangen vorzulegen.

Aufgaben des bevollmächtigten Bezirksschornsteinfegers (§ 26b)
Bei heizungstechnischen Anlagen prüft der bevollmächtigte Bezirksschornsteinfeger als Beliehener im Rahmen der Feuerstättenschau, ob

- Heizkessel, die außer Betrieb genommen werden mussten, weiterhin betrieben werden und
- Wärmeverteilungs- und Warmwasserleitungen sowie Armaturen, die gedämmt werden mussten, weiterhin ungedämmt sind.

Bei heizungstechnischen Anlagen, die in bestehende Gebäude eingebaut werden, prüft der bevollmächtigte Bezirksschornsteinfeger im Rahmen der bauordnungsrechtlichen Abnahme der Anlage oder, wenn eine solche Abnahme nicht vorgesehen ist, als Beliehener im Rahmen der ersten Feuerstättenschau nach dem Einbau außerdem, ob

- die Aufrechterhaltung der energetischen Qualität gewährleistet ist,
- Zentralheizungen mit einer zentralen selbsttätig wirkenden Einrichtung zur Verringerung und Abschaltung der Wärmezufuhr sowie zur Ein- und Ausschaltung elektrischer Antriebe ausgestattet sind,
- Umwälzpumpen in Zentralheizungen mit Vorrichtungen zur selbsttätigen Anpassung der elektrischen Leistungsaufnahme ausgestattet sind,
- bei Wärmeverteilungs- und Warmwasserleitungen sowie Armaturen die Wärmeabgabe begrenzt ist.

Der bevollmächtigte Bezirksschornsteinfeger weist den Eigentümer bei Nichterfüllung der Pflichten schriftlich auf diese Pflichten hin und setzt eine angemessene Frist zu deren Nacherfüllung. Werden die Pflichten nicht innerhalb der festgesetzten Frist erfüllt, unterrichtet der bevollmächtigte Bezirksschornsteinfeger unverzüglich die nach Landesrecht zuständige Behörde. Die Erfüllung der Pflichten kann durch Vorlage der Unternehmererklärungen gegenüber dem bevollmächtigten Bezirksschornsteinfeger nachgewiesen werden. Es bedarf dann keiner weiteren Prüfung durch den bevollmächtigten Bezirksschornsteinfeger.

10.7 Aufgaben für die Praxis

- Welche Anforderungen sind im deutschen Energieeffizienz-Aktionsplan hinterlegt?
- Welche Anforderungen werden an die Durchführung von Energieaudits gestellt?
- Welche Fachkunde müssen Energieauditoren besitzen?
- Welche quantitativen Einsparziele sind mit dem Erneuerbare-Energien-Gesetz verbunden?
- Welche Energieeinsparungen hat Ihr Unternehmen in den letzten Jahren erzielt?
- Welche Maßnahmen zur Energieeinsparung will Ihr Unternehmen zukünftig umsetzen?

- Wie lässt sich die Energieeinsparung im Wärmesektor realisieren?
- Wie können die Eigentümer von Gebäuden ihrer Nutzungspflicht nachkommen?
- Welche Gebäude fallen (nicht) unter die Nutzungspflicht?
- Welche Standards werden an Niedrigstenergiegebäude gestellt?
- Wie lässt sich ein energiesparender Betrieb von Anlagen sicherstellen?
- Welche Informationen müssen Energieausweise enthalten?
- Welche Bedeutung kommt einem nahezu klimaneutralen Gebäudebestand zu?
- Welche technischen Anforderungen zur Energieeinsparung werden an Wohn- bzw. Nichtwohngebäude gestellt?
- Wie lässt sich die energetische Qualität von Gebäuden bei Änderungen/Erweiterungen aufrechterhalten?
- Welche Anforderungen werden an die Anlagentechnik gestellt?
- Welche Kenntnisse müssen fachkundige Personen aufweisen?

Weiterführende Literatur

1. *EDL-G – Gesetz über Energiedienstleistungen und andere Energieeffizienzmaßnahmen,* **17.02.2016**
2. *EEG 2017 – Erneuerbare-Energien-Gesetz; Gesetz für den Ausbau erneuerbarer Energien,* **22.12.2016**
3. *EEWärmeG – Erneuerbare-Energien-Wärmegesetz; Gesetz zur Förderung Erneuerbarer Energien im Wärmeberich,* **20.10.2015**
4. *EnEG – Energieeinsparungsgesetz; Gesetz zur Einsparung von Energie in Gebäuden,* **04.07.2013**
5. *EnEV – Energieeinsparverordnung; Verordnung über energiesparenden Wärmeschutz und energiesparende Anlagentechnik in Gebäuden,* **24.10.2015**
6. EVPG – *Energieverbrauchsrelevante-Produkte-Gesetz; Gesetz über die umweltgerechte Gestaltung energieverbrauchsrelevanter Produkte,* **31.08.2015**
7. KWKG – *Kraft-Wärme-Kopplungsgesetz; Gesetz für die Erhaltung, die Modernisierung und den Ausbau der Kraft-Wärme-Kopplung,* **22.12.2016**

Der Energiebedarf der Welt 11

11.1 Einführung

Ohne Energie läuft nichts. Energie ist eines der zentralen Elemente in einem System. Die Bedürfnisse der Menschheit lassen sich nur durch eine ausreichende Bereitstellung von Energie befriedigen. Dazu werden heute zahlreiche Energieträger wie

- Öl,
- Gas,
- Kohle (Stein- und Braunkohle),
- Kernenergie,
- Wasserkraft,
- Geothermie,
- Fotovoltaik,
- Solarthermie,
- Windkraft,
- biogene Energieträger sowie
- Abfälle

eingesetzt. Abb. 11.1 zeigt die zeitliche Entwicklung des weltweiten Energiebedarfs über die letzten 40 Jahre. Angegeben ist der Energiebedarf in Millionen Tonnen Öläquivalenten (Mtoe).

In diesem Zeitraum hat sich der weltweite Energiebedarf von 6200 Mtoe auf 14.000 Mtoe mehr als verdoppelt. Die wichtigsten Energieträger sind die fossilen Energieträger Öl, Gas und Kohle. In 2015 beträgt ihr Anteil an der Energieerzeugung rund 80 %.

G. Förtsch, H. Meinholz, *Handbuch Betrieblicher Immissionsschutz*,
https://doi.org/10.1007/978-3-658-29147-1_11

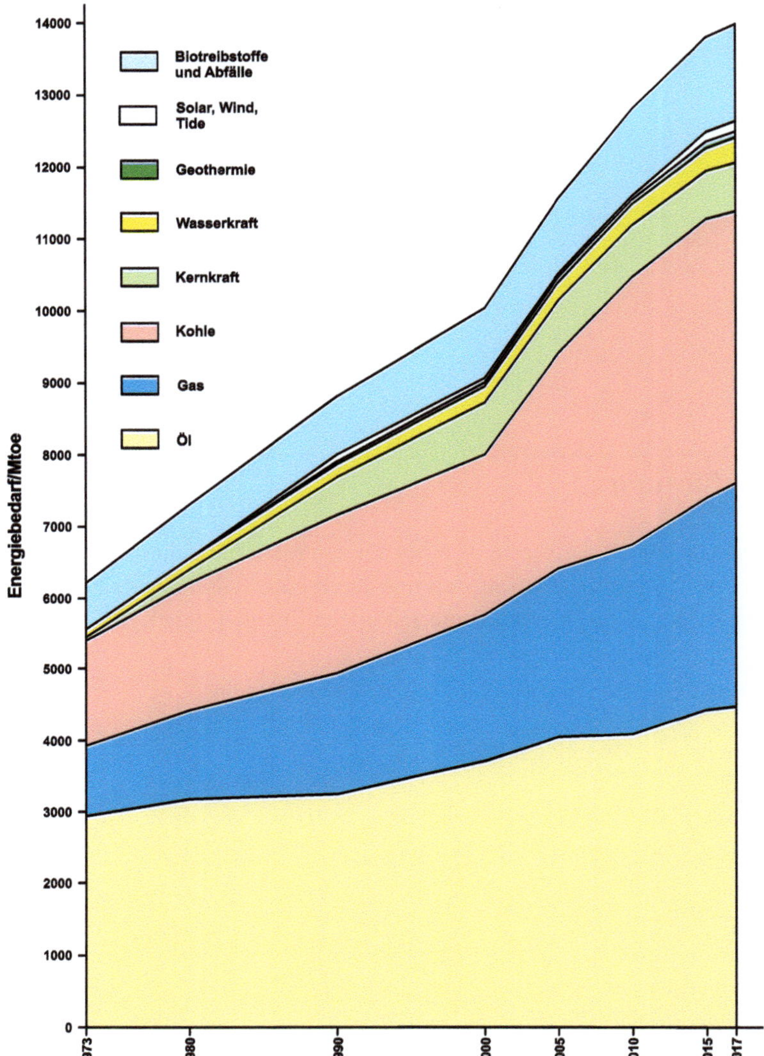

Abb. 11.1 Beiträge der einzelnen Energieträger zur Deckung des Energiebedarfs [1, 2]

Welchen prozentualen Beitrag die einzelnen Energieträger leisten, zeigt Abb. 11.2. Seit 1980 geht der Erdölanteil kontinuierlich zurück. Dafür steigen die Beiträge von Erdgas und Kohle an. 1980 betrug der Anteil fossiler Energieträger 85 %, 2017 liegt er bei 82,6 %. Biogene Energieträger und Abfälle leisten einen Beitrag von ca. 10 %, gefolgt von der Kernenergie mit 5 %. Der Anteil weiterer regenerativer Energieträger ist noch sehr klein (4,1 %).

Der prozentuale Anteil der einzelnen Energieträger kann ein schiefes Bild liefern. Aufgrund der Verdoppelung des Energiebedarfs kommt es im Zeitraum von 1980 bis 2016 auch zu einem absoluten Anstieg der einzelnen Energieträger (Tab. 11.1). So ist der Verbrauch an Erdöl um 40 % gestiegen; der von Gas und Kohle hat sich mehr als

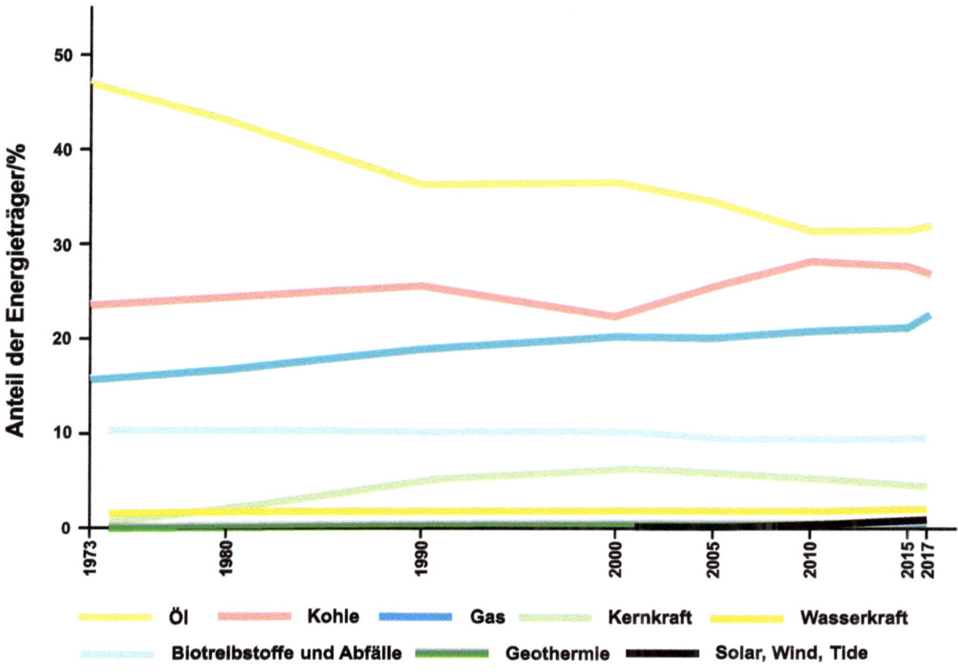

Abb. 11.2 Prozentuale Beiträge der einzelnen Energieträger zum Energiebedarf [3]

Tab. 11.1 Jahresvergleich der einzelnen Energieträger in Mtoe [3]

Energieträger	1980/Mtoe	2016/Mtoe
Öl	3173,56	4473,27
Gas	1240,61	3032,41
Kohle	1799,65	3764,82
Kernenergie	186,38	679,65
Wasserkraft	147,62	349,22
Geothermie	12,40	80,58
Solar, Wind, Tide	0,071	145,05
Biotreibstoffe und Abfall	741,64	1344,87
Summe	7301,93	13.763,99

verdoppelt. Der verstärkte Einsatz der fossilen Energieträger hat zu steigenden CO_2-Emissionen geführt und heizt den Klimawandel an.

Wagt man einen Ausblick in die Zukunft, so ergeben sich für zwei Szenarien:

- Fortschreibung der gegenwärtigen Politik,
- nachhaltige Entwicklung,

folgende Ergebnisse (Tab. 11.2).

11

Tab. 11.2 Beiträge der einzelnen Energieträger in 2 Szenarien zum Primärenergieverbrauch.(Angaben in Millionen Tonnen Öläquivalent (Mtoe) [4])

Energieträger	Vergleichsjahr	Gegenwärtige Politik		Nachhaltige Entwicklung	
	2017	2025	2040	2025	2040
Öl	4435	4902	5570	4334	3156
Gas	3107	3616	4804	3454	3433
Kohle	3750	3998	4769	3045	1597
Kernenergie	688	803	951	861	1293
Wasserkraft	353	413	514	431	601
Biogene Energieträger	727	906	1181	976	1427
Sonstige erneuerbare Energien	254	479	948	648	2132
Feste Biomasse	658	666	591	396	77
Summe	13.972	15.782	19.328	14.146	13.715
Prozentualer Anteil fossiler Energieträger	81 %	79 %	78 %	77 %	60 %

Mit der gegenwärtigen Politik wird der Verbrauch an fossilen Energieträgern weiter ansteigen. Bis zum Jahr 2040 steigt der Verbrauch an Öl von gegenwärtig 4435 Mtoe auf 5570 Mtoe. Der Verbrauch an Kohle wächst von 3750 Mtoe auf 4769 Mtoe an, der von Erdgas von 3107 Mtoe auf 4804 Mtoe. Mit diesem Verbrauchsanstieg sind gravierende Klimaänderungen verbunden. Um das Pariser Klimaziel eines Temperaturanstiegs von 2 °C einzuhalten, müssen die CO_2-Emissionen deutlich reduziert werden. Die notwendigen Reduktionen finden sich im Szenario *nachhaltige Entwicklung* wieder. Während der absolute Verbrauch an Erdgas nur leicht ansteigt, sinken die Verbräuche von Erdöl und Kohle deutlich ab. Der Erdölverbrauch reduziert sich von 4435 Mtoe auf 3156 Mtoe, der von Kohle halbiert sich von 3750 Mtoe auf 1597 Mtoe. Andererseits wächst der Ausbau der Kernenergie von 688 Mtoe auf 1293 Mtoe an. Die regenerativen Energieträger werden einen wachsenden Beitrag zum Energiebedarf liefern. Von 1992 Mtoe in 2017 wächst er auf 4236 Mtoe in 2040 an, d. h., er steigt von 14,3 % auf 30,9 % am gesamten Energiebedarf.

11.2 Reserven, Ressourcen und Reichweiten

Die heutige, weltweite Energieerzeugung basiert auf den konventionellen Energieträgern:

- Erdöl,
- Erdgas,
- Kohle und
- Kernbrennstoffe.

Die gesamten Vorräte eines Energieträgers werden in Reserven und Ressourcen unterteilt. Bei Reserven handelt es sich um bekannte Bestände, die mit derzeitigen technischen und wirtschaftlichen Möglichkeiten gewonnen werden können. Ressourcen sind nichtbekannte Vorräte, die abgeschätzt werden müssen, oder Bestände, deren Förderung momentan außerhalb der technischen und wirtschaftlichen Möglichkeiten liegt. Um ungefähr abschätzen zu können, wie lange die bekannten Reserven genutzt werden können, wird als Kennzahl die *statische Reichweite* gebildet. Sie ist das Verhältnis der Energievorräte zum jährlichen Verbrauch. Nach derzeitigem Kenntnisstand ergeben sich folgende statischen Reichweiten für die jeweiligen Energieträger (Abb. 11.3).

Erdöl ist einer der wichtigsten Energieträger. Verwendung findet es u. a. als Treibstoff, Heizöl oder Chemierohstoff. Die größten Reserven und Ressourcen befinden sich im Nahen Osten und in Nord-/Südamerika. Bei den gegenwärtigen Reserven beträgt die statische Reichweite 50 Jahre. Unter Berücksichtigung von Ölsanden, Schieferöl etc. liegt die Reichweite der Ressourcen bei ca. 80 Jahren. Von daher ist auf Jahrzehnte hinaus Erdöl vorhanden, dessen Substitution aus Umwelt- und Nachhaltigkeitsgründen allerdings verstärkt vorangetrieben werden muss. Für Erdgas sieht die Verfügbarkeit der Ressourcen noch besser aus. Während die statische Reichweite für die Erdgasreserven 55 Jahre beträgt, reichen die Ressourcen nochmals für weitere 180 Jahre. Die größten Erdgasressourcen liegen in Russland, China, Nordamerika und Australien.

Bei Kohlen wird zwischen Hartkohle und Weichbraunkohle unterschieden. Hartkohlen (Steinkohle, Hartbraunkohle, Anthrazit) haben einen Energiegehalt von $\geq$ 16.500 kJ/kg, Weichbraunkohle dagegen von < 16.500 kJ/kg. Nach Erdöl ist Kohle weltweit der zweitwichtigste Energieträger. Die Reserven an Hartkohle reichen noch für gut 130 Jahre. Die Ressourcen betragen ca. 18.000 Milliarden Tonnen. Bei einer Förderung von ca. 7 Milliarden Tonnen

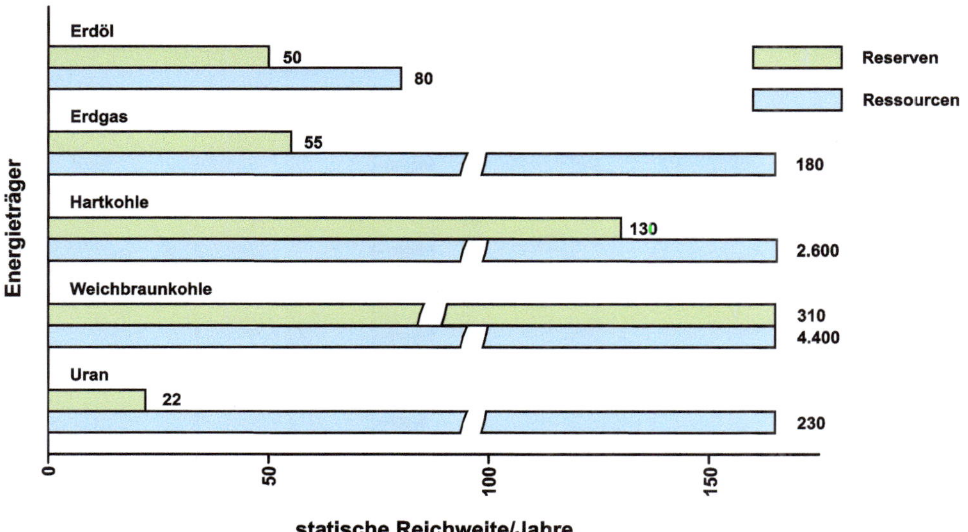

Abb. 11.3 Statische Reichweite konventioneller Energieträger [5]

reichen die Ressourcen für rund 2600 Jahre. Hartkohle findet überwiegend als Koks- und Kraftwerkskohle Verwendung. Ein vergleichbares Bild ergibt sich für Weichbraunkohle. Hier reichen die Reserven für 310 Jahre und die Ressourcen für weitere 4400 Jahre. Aufgrund ihres Energie- und Wassergehalts wird Weichbraunkohle meistens zur Stromerzeugung eingesetzt. Die Verwendung von Uran findet in Atomreaktoren mit all ihren Risiken statt. Die gegenwärtigen Reserven reichen für 22 Jahre. Die Ressourcen liegen bei 1337 Millionen Tonnen. Bei einer Förderung von 60.000 Tonnen reichen die Ressourcen für weitere 230 Jahre. Ein weiterer Kernbrennstoff wäre Thorium, das bisher nicht genutzt wird.

11.3 Erdöl

Erdöl besteht aus einem komplexen Gemisch an verschiedensten Kohlenwasserstoffen. Je höher die Molmasse dieser Verbindungen ist, umso größer ist der Verarbeitungsaufwand. Bevorzugt werden daher leichte Erdöle, im Gegensatz zu Ölsanden/-teeren, verarbeitet. Im Rohöl sind immer geringe Mengen an Schwefel-, Stickstoff-, Sauerstoff- und Metallverbindungen enthalten. Für die Verwendung muss es daher entsprechenden Raffinerieprozessen unterzogen werden. So entstehen Flüssiggas, Benzine, Diesel und Heizöle, Schweröle, Bitumen und eine Reihe weiterer Produkte. Weltweit haben sich die Verbrauchsmengen auf relativ hohem Niveau eingependelt. Sie liegen bei rund 4,4 Milliarden Tonnen pro Jahr. In Abb. 11.4 sind die weltweiten Daten für die Erdölförderung und -reserven zusammengestellt. Mit zunehmender technologischer Entwicklung wachsen die Erdölreserven an, da aus Ressourcen Reserven werden. Gegenwärtig betragen die Erdölressourcen 230 × 10^9 Tonnen. Dividiert man diesen Wert durch die jährlichen Produktions- bzw. Verbrauchsmengen, so ergibt sich eine statische Reichweite der Erdölreserven von ca. 50 Jahren.

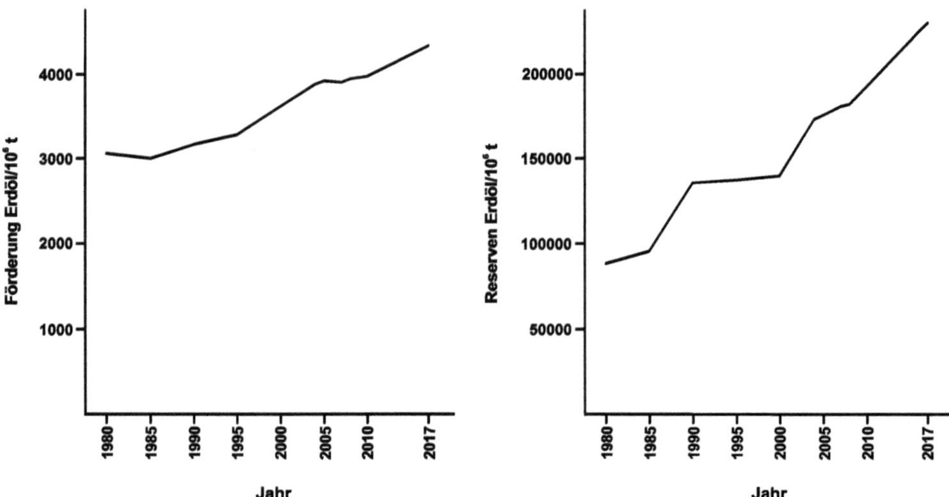

Abb. 11.4 Fördermengen und Reserven an Erdöl in Millionen (10^6) Tonnen [6–8]

11.4 Erdgas

Erdgas tritt häufig zusammen mit Erdöl auf. Je nach Ort des Vorkommens kann es Verunreinigungen (z. B. Schwefelverbindungen) enthalten und muss daher vor der Weiterleitung zum Verbraucher aufbereitet werden. Als fossiler Energieträger dient es hauptsächlich zur Beheizung, Gewinnung industrieller Prozesswärme (z. B. Dampf) und zur Stromerzeugung. In der chemischen Industrie wird durch Umsetzung mit Wasserdampf:

$$CH_4 + H_2O \rightleftarrows CO + 3H_2,$$

$$CO + H_2O \rightleftarrows CO_2 + H_2,$$

Wasserstoff (H_2) und Synthesegas (CO/H_2) gewonnen. Synthesegas ist z. B. Ausgangsmaterial für die Herstellung von Methanol (CH_3OH).

$$CO + 2H_2 \rightarrow CH_3OH$$

Die Förderung von Erdgas spielt in Deutschland nur eine marginale Rolle. Die großen Förderregionen liegen im Nahen Osten, Nordamerika und Russland (Sibirien). Weltweit haben sich die Verbrauchsmengen seit 1980 mehr als verdoppelt. Sie liegen gegenwärtig bei 3600×10^9 m³. In Abb. 11.5 sind die weltweiten Daten für die Erdgasförderung und -reserven zusammengestellt. Gegenwärtig betragen die Erdgasreserven 190×10^{12} m³. Dividiert man diesen Wert durch die jährlichen Produktions- bzw. Verbrauchsmengen, so ergibt sich eine statische Reichweite der Erdgasreserven von ca. 55 Jahren.

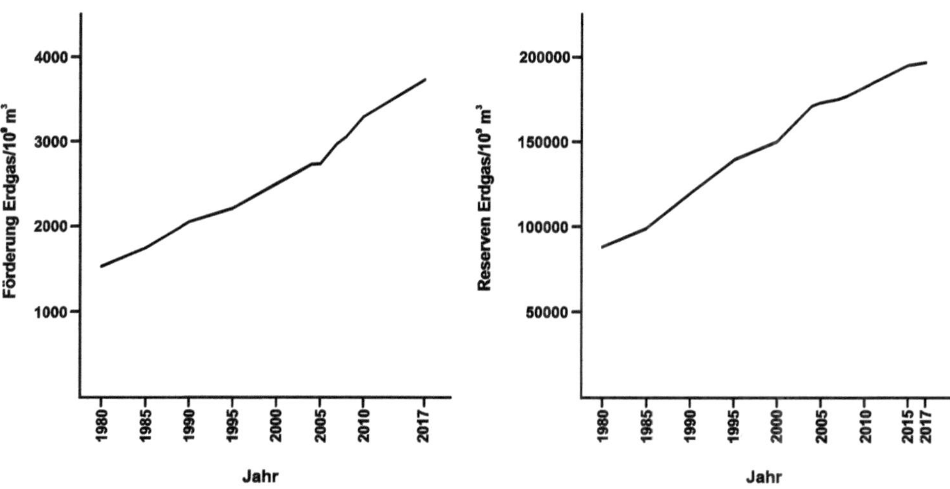

Abb. 11.5 Fördermengen und Reserven an Erdgas in Milliarden (10^9) Kubikmeter [6, 7, 9]

11.5 Kohle

Kohle wird überwiegend zur Strom- und Dampferzeugung sowie zum Heizen verwendet. Außerdem dient sie zur Gewinnung von Kohlenwasserstoffen, Koks, Briketts, Grafit etc. Kohle kommt je nach Alter und Lagerstätte in zwei unterschiedlichen Qualitäten vor als

- Steinkohle,
- Braunkohle.

Steinkohle ist die ältere und wertvollere Form. Ihr Heizwert ist ca. 2,5-mal so hoch wie der von Braunkohle. Braunkohle ist die geologisch jüngere Kohlensorte und trägt ihren Namen aufgrund der bräunlichen Färbung. Um die verschiedenen Kohlequalitäten vergleichen zu können, wird die Definition 1 „tonne coal equivalent" (1 tce) vorgenommen. Es gilt weiter:

$$1\,\text{tce} = 0{,}7\ \text{tonne oil equivalent}\,(1\,\text{toe}),$$

$$1\,\text{tce} = 29{,}3076 \times 10^9\ \text{J} = 29{,}3076\,\text{GJ}.$$

Während die Förderung von Steinkohle in Deutschland seit Jahrzehnten zurückgeht, ist eine sehr deutliche Zunahme der Steinkohleproduktion für China zu verzeichnen. Gleiches gilt für die weltweite Steinkohleförderung. Steinkohle wird noch auf lange Sicht einer der wichtigsten Energieträger bleiben, was sich auch in steigenden CO_2-Emissionen niederschlagen muss. In Abb. 11.6 sind die weltweiten Daten für die Kohleförderung und die entsprechenden Reserven zusammengestellt. Gegenwärtig betragen die geschätzten Kohlereserven ca. 1000×10^9 Tonnen.

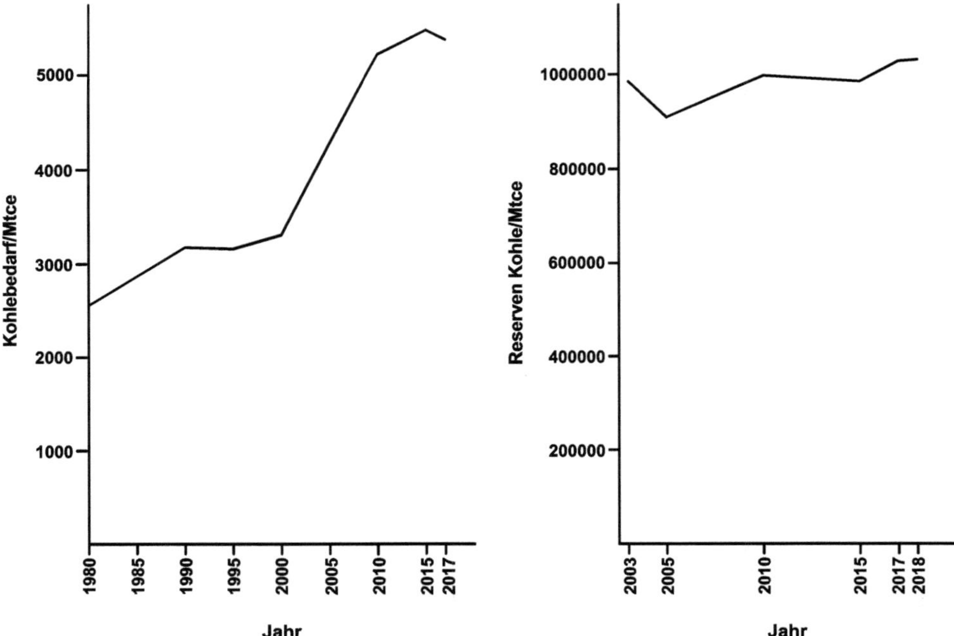

Abb. 11.6 Fördermengen und Reserven an Kohle [1, 10]

11.6 Kernenergie

Kernenergie spielt in vielen Ländern eine wichtige Rolle bei der Energieerzeugung (Stromerzeugung), obwohl die Umweltauswirkungen bekannt sind. Durch die Entstehung radioaktiver Spaltprodukte ist die Endlagerung der Abfälle bis heute nicht gelöst. Sichere Einschlusszeiten von Millionen Jahren können realistischerweise nicht gewährleistet werden. Zukünftige Generationen werden mit den radioaktiven Altlasten noch lange leben müssen. In Abb. 11.7 ist die Energieerzeugung durch Kernkraftwerke in Millionen Tonnen Öläquivalente (Mtoe) angegeben. Seit 1973 ist ein deutlicher Anstieg zu verzeichnen, der sich seit den 2000er-Jahren auf rund 700 Mtoe eingependelt hat. Der Rückgang in 2015 ist der Katastrophe in Fukushima und der zeitweisen Abschaltung der Kernkraftwerke in Japan geschuldet.

11.7 Regenerative Energien

Regenerative Energien spielen in der Energieerzeugung eine immer stärkere Rolle. In diesem Abschnitt werden zusammengefasst dargestellt (Abb. 11.8):

- Wasserkraft,
- Geothermie,
- Solar, Wind etc.,
- Biotreibstoffe und Abfälle.

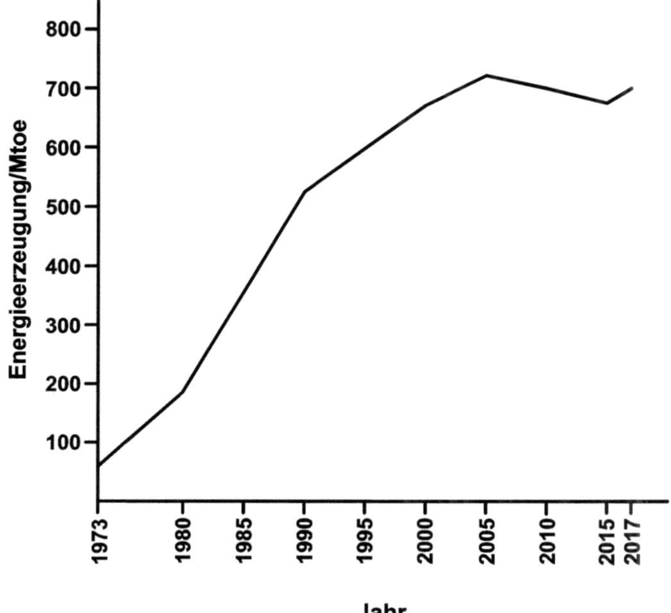

Abb. 11.7 Energieerzeugung durch Kernkraftwerke [1, 2]

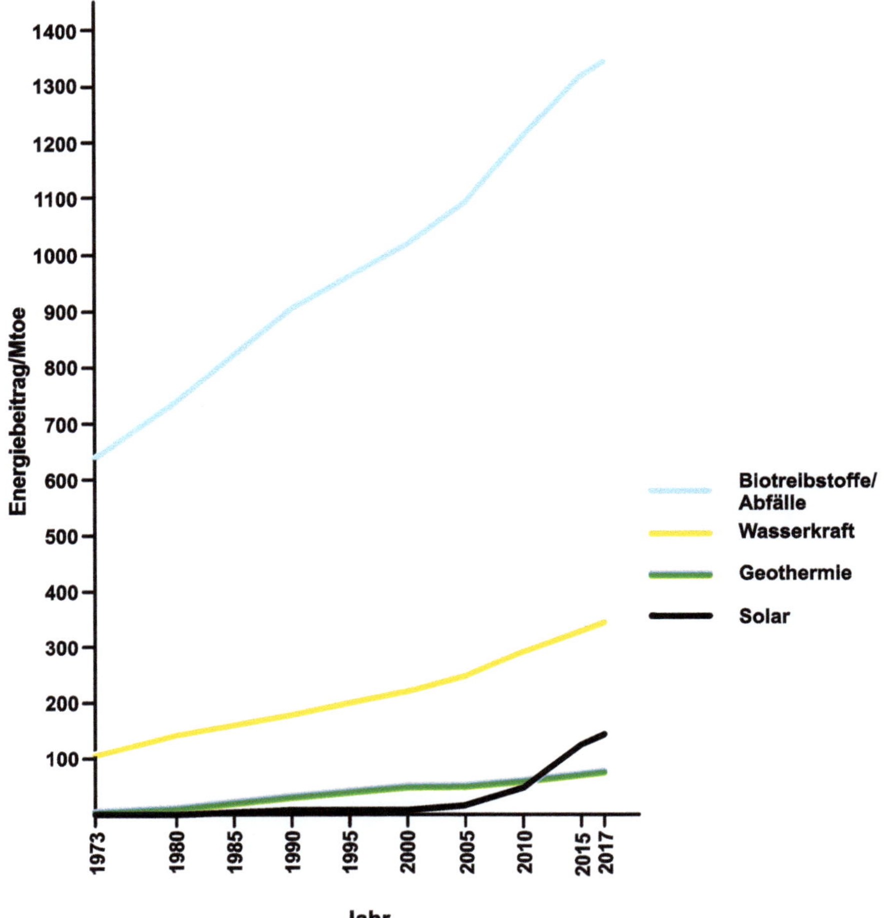

Abb. 11.8 Betrag regenerativer Energieträger zur Energieerzeugung [1, 2]

Die Energieerzeugung durch Wasserkraftwerke beträgt ca. 330 Mtoe. Demgegenüber liefert die Geothermie einen geringen Beitrag von rund 70 Mtoe. Solare Energieerzeugung (Fotovoltaik, Solarthermie) wächst seit der Jahrtausendwende rasant an und wird weiterhin an Bedeutung gewinnen. Biotreibstoffe/Abfälle sind ein weiterer wichtiger regenerativer Energieträger mit einem Beitrag von ca. 1300 Mtoe.

11.8 Aufgaben für die Praxis

- Welchen Beitrag leisten die einzelnen Energieträger zum Energiebedarf der Weltbevölkerung?
- Wie hat sich der Beitrag der fossilen Energieträger in der Vergangenheit geändert?

- Welche Erkenntnisse ergeben sich aus Zukunftsszenarien für den Energiebedarf der Welt und damit für den Klimawandelt?
- Welche Aussagen lassen sich bzgl. der Reserven, Ressourcen und statischen Reichweiten für fossile Energieträger treffen?
- Wie stehen Reserven und Fördermengen an Erdöl zueinander?
- Welche Rolle spielt Erdgas heute und zukünftig in der Energieversorgung?
- Wie lassen sich aus Kohle Erdölprodukte gewinnen?
- Welche Maßnahmen sind notwendig, um die Entsorgung radioaktiver Abfälle sicherzustellen?
- Welche Umweltauswirkungen sind mit regenerativen Energieträgern verbunden?

Literatur

1. International Energy Agency (IEA); *Key world energy statistics,* **2018**
2. International Energy Agency (IEA); *World energy balances,* **2018**, 978-92-64-30156-6
3. International Energy Agency (IEA); *Renewables Information,* **2018,** 978-92-64-30116-0
4. Johansson, Th. B. et al. (Eds.); *Global Energy Assessment (GEA),* Cambridge University Press, **2012,** 978-0-521-18293-5
5. Bundesanstalt für Geowissenschaften und Rohstoffe (BGR); *Energiestudie 2016 Reserven, Ressourcen und Verfügbarkeit von Energierohstoffen,* **2016**
6. BP p.l.c.; *BP Statistical Review of World Energy,* **June 2017**
7. ExxonMobil Central Europe Holding GmbH, *Oeldorado,* **2009**
8. International Energy Agency (IEA); *Oil Information,* **2018,** 978-92-64-30118-4
9. International Energy Agency (IEA); *Natural Gas Information,* **2018,** 978-92-64-30124-5
10. International Energy Agency (IEA); *Coal Information,* **2018,** 978-92-64-30122-1

Weiterführende Literatur

1. European Environment Agency (EEA); *Global Megatrends assessment,* Technical report No 11/2015, **2015,** 978-92-9213-688-8
2. International Energy Agency (IEA); *CO_2 Emissions From Fuel Combustion,* **2016,** 978-92-64-25855-6
3. International Energy Agency (IEA); *World Energy Outlook 2018.* **2018,** 978-92-64-30677-6
4. International Energy Agency (IEA); *World Energy Statistics,* **2018,** 978-92-64-30126-9
5. Organisation für wirtschaftliche Zusammenarbeit und Entwicklung (OECD); *OECD-Umweltausblick bis 2030,* **2008**

11

Der Energiebedarf für Deutschland 12

12.1 Einführung

Deutschland schöpft seinen Energiebedarf noch heute überwiegend durch die Verwendung fossiler Energieträger und der Kernenergie. Letztere ist auf absehbare Zeit ein Auslaufmodell. Um einen nationalen Beitrag gegen den Klimawandel zu leisten, müssen erhebliche Maßnahmen zur Substitution der fossilen Energieträger getätigt werden. Bis 2050 hat sich die Bundesregierung dazu ambitionierte Klimaschutz- und Energieziele gesetzt (Tab. 12.1). Im Vergleich zu 1990 sollen die Treibhausgasemissionen bis 2050 um mindestens 80–95 % reduziert werden. Dazu ist eine Reduktion des Energieverbrauchs und eine Steigerung der Energieeffizienz notwendig. So soll der Primärenergieverbrauch im Vergleich zu 2008 bis zum Jahr 2050 um 50 % sinken. Der Bruttostromverbrauch soll sich im gleichen Zeitraum um 25 % verringern. Für die Reduktion des Wärmebedarfs sind keine längerfristigen Ziele vorhanden, obwohl er einer der wesentlichen Energieverbraucher ist. Neben Strom und Wärme spielt der Verkehr eine weitere wichtige Rolle. Bis 2050 soll sich hier der Endenergieverbrauch um 40 % vermindern.

Diese Ziele sind nur bei gleichzeitigem Ausbau der erneuerbaren Energien erreichbar. So soll deren Anteil am Bruttoendenergieverbrauch von 18 % in 2020 auf 60 % in 2050 steigen. Auch im Strombereich sind erhebliche Steigerungen notwendig. In 2050 soll ihr Anteil mindestens 80 % am Bruttostromverbrauch betragen. Die Ziele im Wärmesektor sind weniger herausfordernd. Bis 2020 soll der Anteil erneuerbarer Energien hier 14 % betragen.

G. Förtsch, H. Meinholz, *Handbuch Betrieblicher Immissionsschutz*,
https://doi.org/10.1007/978-3-658-29147-1_12

Tab. 12.1 Klimaschutz und Energieziele in Deutschland [1]

Zeitraum Kategorie	2020	2025	2030	2035	2040	2045	2050
Treibhausgasemissionen im Vergleich zu 1990	Min. −40 %		Min. −55 %		Min. −70 %		Min. −80 % bis −95 %
Reduktion des Energieverbrauchs und Steigerung der Energieeffizienz							
• Primärenergieverbrauch im Vergleich zu 2008	−20 %						−50 %
• Bruttostromverbrauch im Vergleich zu 2008	−10 %						−25 %
• Wärmebedarf im Vergleich zu 2008	−20 %						
• Endenergieverbrauch Verkehr im Vergleich zu 2005	−10 %						−40 %
Anteil erneuerbarer Energien am							
• Bruttoendenergieverbrauch	18 %		30 %		45 %		60 %
• Bruttostromverbrauch	Min. 35 %	40–45 %	Min. 50 %	55–60 %	Min. 65 %		Min. 80 %
• Wärmeverbrauch	14 %						

12.2 Primärenergieverbrauch

Primärenergie ist der Energieinhalt aller eingesetzten Energieträger wie Stein-, Braunkohle, Erdöl, Erdgas, Kernenergie, erneuerbare Energien oder andere Energieträger. Sie können direkt eingesetzt oder über Umwandlungsprozesse in Sekundärenergieträger (z. B. Koks, Heizöl, Benzin, Strom, Wärme) umgewandelt werden. Dem Endverbraucher stehen sie als Endenergie zur Verfügung.

Abb. 12.1 zeigt die Entwicklung des Primärenergieverbrauchs (PEV) nach Energieträgern. Seit 1990 ist der PEV von 14.900 Petajoule (PJ; 10^{15} J) auf 13.400 PJ gefallen. Nach den Zielen der Bundesregierung soll er über 11.500 PJ in 2020 auf 7190 PJ in 2050 zurückgehen. Die prozentualen Anteile der jeweiligen Energieträger sind in Abb. 12.2 dargestellt. Von 1990 bis 2016 ist der Anteil fossiler Energieträger (Mineralöl, Stein-, Braunkohle, Erdgas) von 87,4 % auf 80,1 % gefallen. Während sich der Anteil von Mineralöl kaum verändert hat, ist der Einsatz von Stein- und Braunkohle stark zurückgegangen. Dafür ist der Anteil an Erdgas und erneuerbaren Energien entsprechend gestiegen.

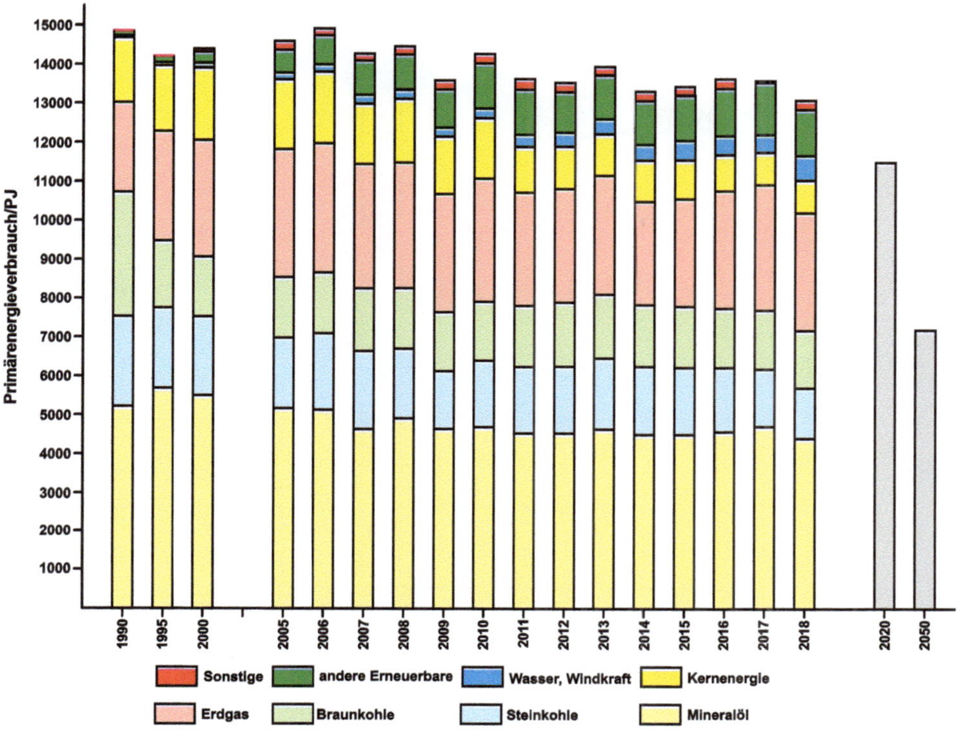

Abb. 12.1 Entwicklung des Primärenergieverbrauchs nach Energieträger [2–4]

12.3 Endenergieverbrauch

Der Endenergieverbrauch nach Energieträger ist in Abb. 12.3 dargestellt. Wichtige Energieträger sind

- Kraftstoffe (Verkehr),
- Heizöl (Wärme),
- Gas (Wärme, Strom),
- Strom.

Kraftstoffe werden im Verkehr eingesetzt. Während Heizöl überwiegend zur Wärmeerzeugung genutzt wird, wird Gas zur Wärme- und Stromerzeugung verwendet. Kraftstoffe (29,0 %), Gas (26,1 %) und Strom (20,3 %) sind die wichtigsten Endenergieträger.

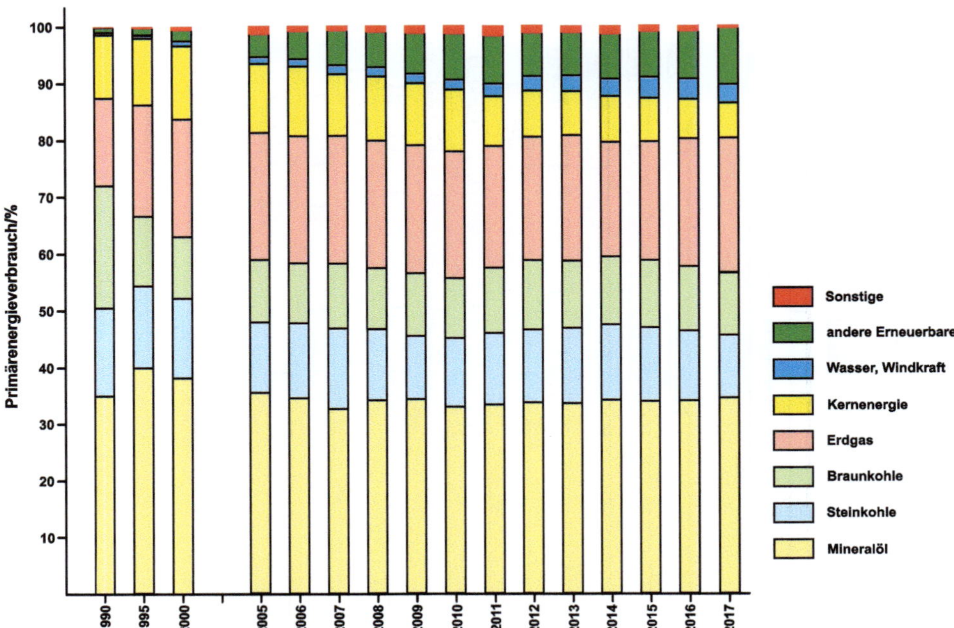

Abb. 12.2 Prozentualer Anteil der einzelnen Energieträger am Primärenergieverbrauch [2, 4]

Die Entwicklung des Endenergieverbrauchs nach Sektoren zeigt Abb. 12.4. Er verteilt sich prozentual auf die vier Bereiche

- Industrie (29,0 %),
- Verkehr (29,5 %),
- Haushalte (25,8 %) und
- Gewerbe, Handel, Dienstleistungen (15,7 %).

Betrachtet man die Endenergieverbräuche nach den vier Sektoren, so ergibt sich folgendes Bild. In der Industrie sind Strom und Gase die wichtigsten Energieträger. Die Verwendungsgebiete sind die Erzeugung von Prozesswärme und von mechanischer Energie (Antriebe). Für Gewerbe, Handel und Dienstleistungen spielen Strom, Erdgase und Mineralölprodukte eine wichtige Rolle. Sie werden besonders zur Erzeugung von Raumwärme, für die Beleuchtung,

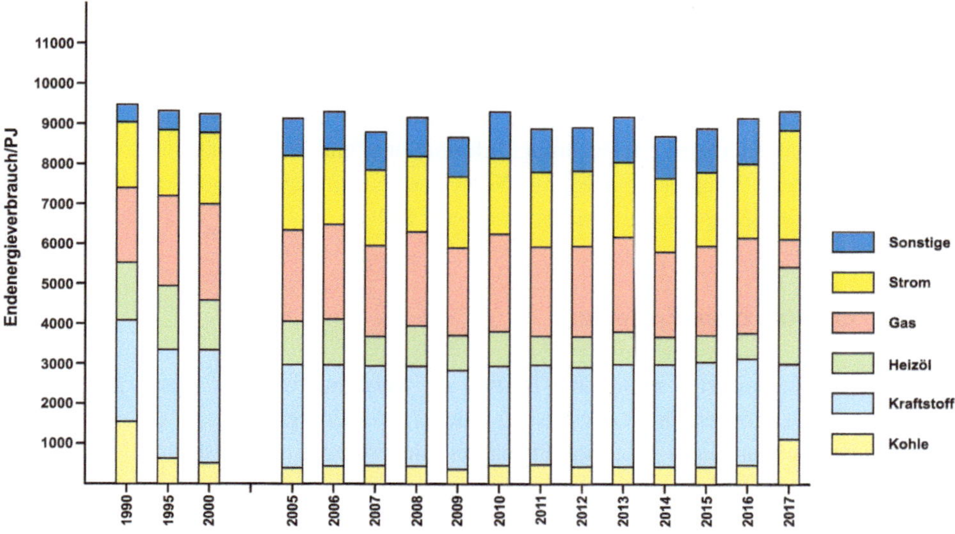

Abb. 12.3 Endenergieverbrauch nach Energieträgern [2, 4, 5]

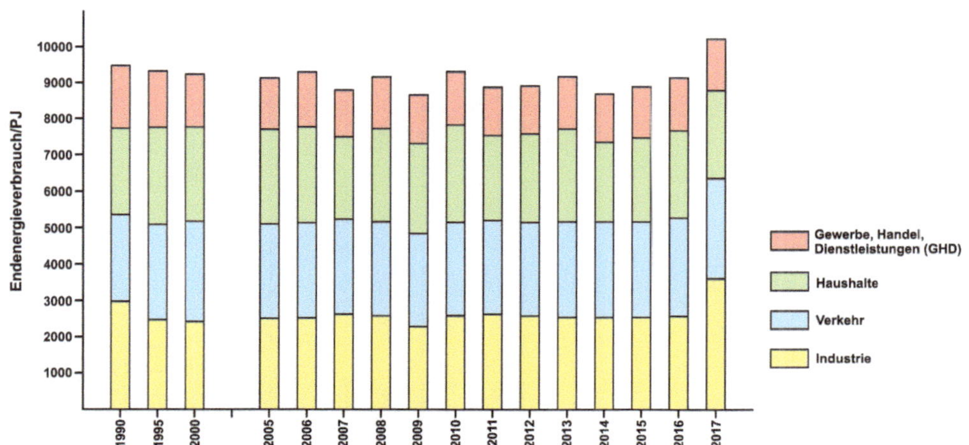

Abb. 12.4 Entwicklung des Endenergieverbrauchs nach Sektoren [3–5]

Informations- und Kommunikationstechnik sowie zur Erzeugung von mechanischer Energie eingesetzt. Im Haushaltssektor sind Strom, Erdgase und Mineralölprodukte wichtige Endenergieträger. Erneuerbare Wärme/Fernwärme wird ebenfalls immer wichtiger. Anwendung finden diese Energieträger zur Erzeugung von Raumwärme/Warmwasser und für entsprechende Stromanwendungen (Beleuchtung, Informations- und Kommunikationstechnik, mechanische Energie). Hauptenergieträger im Verkehrssektor sind eindeutig Mineralölprodukte. Erneuerbare Energien spielen hier bisher kaum eine Rolle.

12.4 Erneuerbare Energien

Um einen nennenswerten nationalen Beitrag zur Verminderung der Auswirkungen des Klimawandels zu leisten, muss der Ausbau erneuerbarer Energien massiv unterstützt werden. Momentan liegt deren Anteil am Primärenergieverbrauch erst bei 12,6 % (Abb. 12.5).

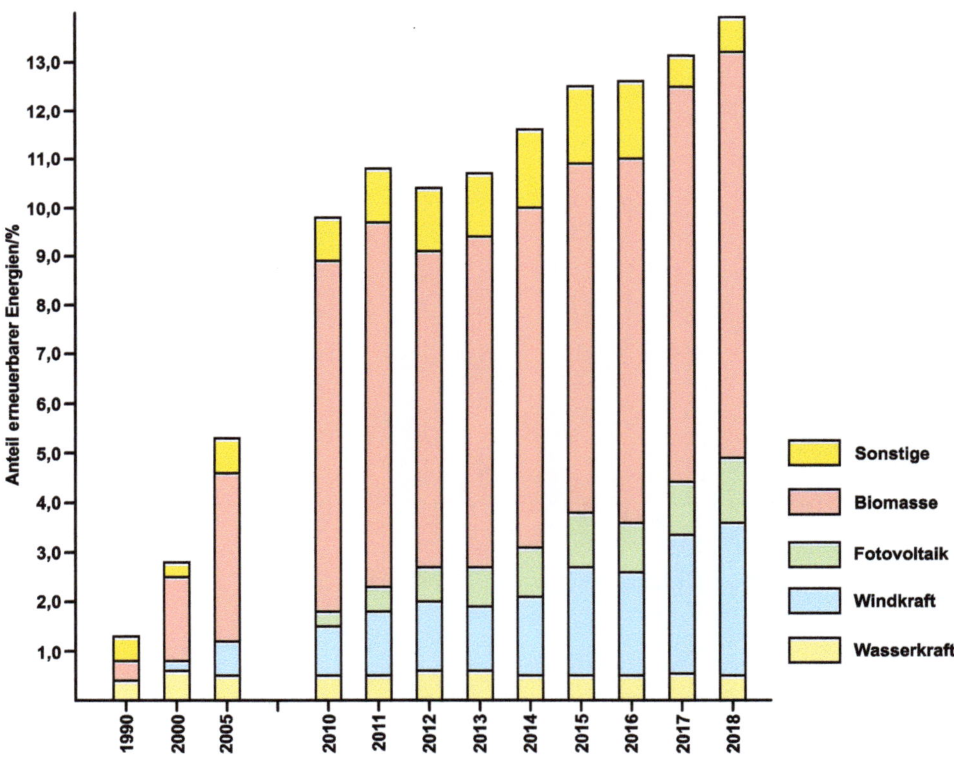

Abb. 12.5 Prozentualer Anteil erneuerbarer Energien am Primärenergieverbrauch [2, 5, 6]

Der Beitrag der einzelnen erneuerbaren Energieträger ergibt sich aus der Grafik. Windkraft mit 2,1 % Anteil und Fotovoltaik mit 1,0 % Anteil am Primärenergieverbrauch haben ihre größten Potenziale noch vor sich.

Die Stromerzeugung aus erneuerbaren Energien hat sich in den letzten Jahren rasant entwickelt. Ihr Anteil betrug 31,6 % im Jahr 2015. Besonders stark haben sich die Windenergie an Land, der Einsatz von Biomasse und die Fotovoltaik entwickelt (Abb. 12.6). Der Einsatz von Wasserkraft bleibt relativ konstant, während der Einsatz der Windenergie auf See erst seit einigen Jahren wächst. Geothermie spielt für die Stromerzeugung keine Rolle.

Auch die Erzeugung von Wärme aus erneuerbaren Energien hat sich in den letzten Jahren deutlich entwickelt. Den Hauptbeitrag mit ca. 10 % liefert heute die feste Biomasse, während die flüssige Biomasse keine Rolle spielt. Der Einsatz von gasförmiger Biomasse bzw. Geothermie/Umweltwärme liefert einen Beitrag von ca. 1,6 % bzw. 1 % (Abb. 12.7).

Der prozentuale Anteil erneuerbarer Energien im Verkehrssektor ist relativ gering. Aufgrund rechtlicher Vorgaben müssen dem entsprechenden Treibstoff Biodiesel bzw. Bioethanol zugefügt werden. Diese beiden liefern momentan die bedeutendsten Beiträge. Pflanzenöl und Biomethan spielen keine Rolle. Der Ausbau elektrisch angetriebener Fahrzeuge geht schleppend voran, sodass dieser Anteil nur bei ca. 0,6 % liegt (Abb. 12.8).

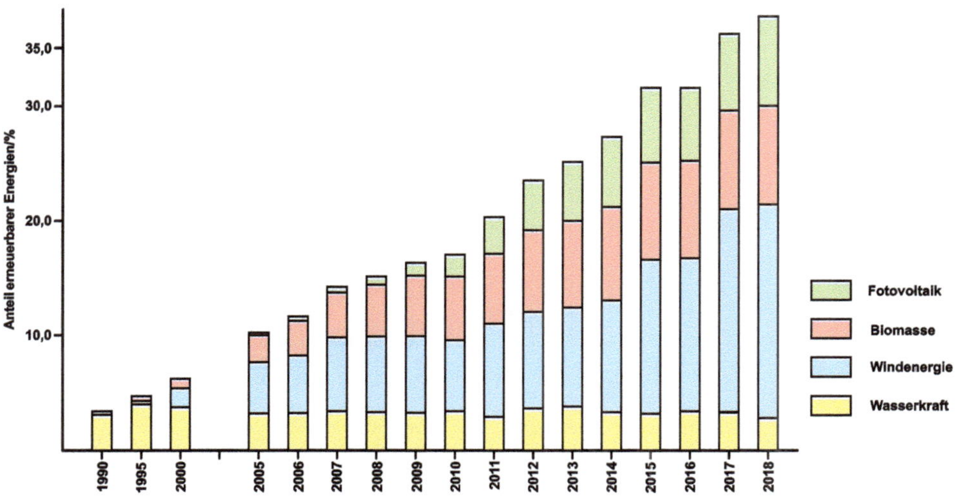

Abb. 12.6 Prozentualer Anteil der erneuerbaren Energien am Bruttostromverbrauch [1, 7, 8]

12

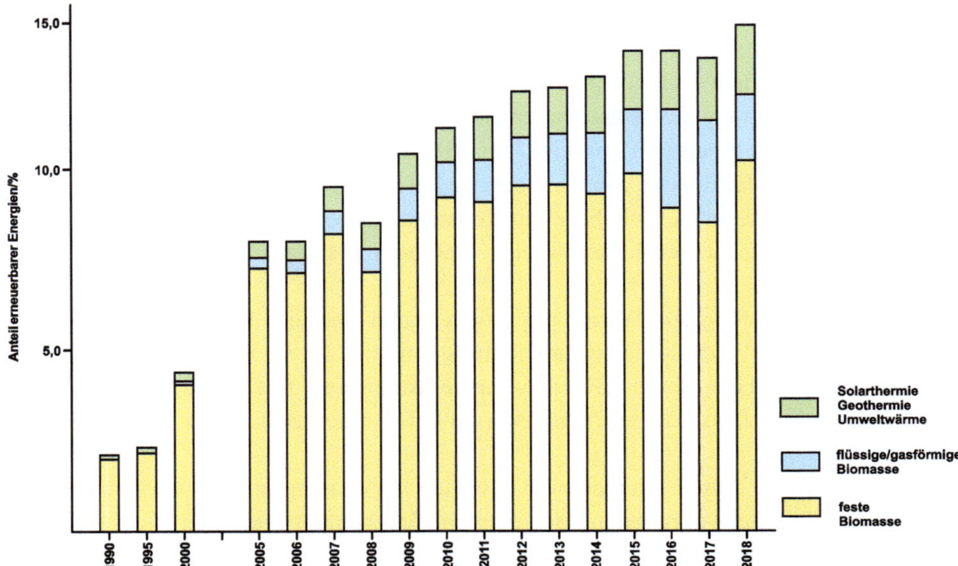

Abb. 12.7 Prozentualer Anteil der erneuerbaren Energien am Endenergieverbrauch von Wärme [1, 7, 8]

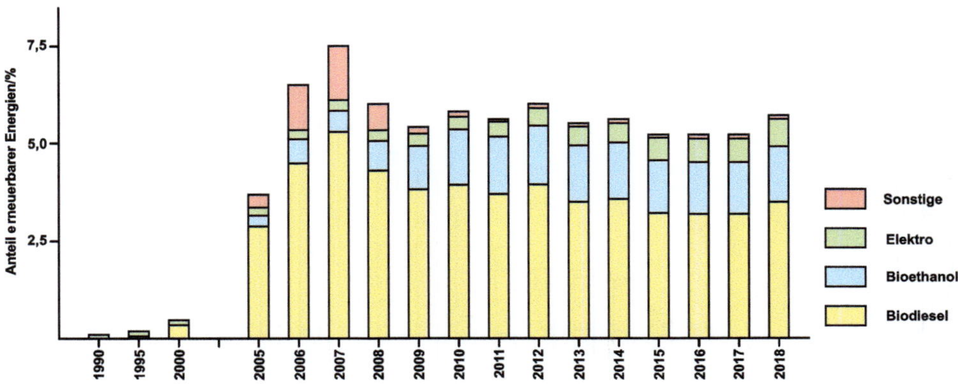

Abb. 12.8 Prozentualer Anteil der erneuerbaren Energien im Verkehrssektor [1, 7, 8]

12.5 Aufgaben für die Praxis

- Werden die Klimaschutz- und Energieziele für Deutschland erreicht? Vergleichen Sie die Ziele mit der gegenwärtigen Situation.
- Welchen Anteil haben fossile Energieträger am Primärenergieverbrauch in Deutschland?
- Wie sieht der Endenergieverbrauch im Vergleich zum Primärenergieverbrauch aus?
- Wie entwickelt sich der Endenergieverbrauch in den Sektoren Industrie, Verkehr und Haushalte?
- Welche Anwendungsbereiche in der Industrie verbrauchen die meiste Endenergie?
- Wofür werden im Sektor Gewerbe, Handel, Dienstleistungen (GHD) Strom, Gase und Mineralölprodukte verwendet?
- Wo lassen sich im privaten Haushalt Energieeinsparungen erzielen?
- Welche Möglichkeiten zur Substitution von Mineralölprodukten existieren im Verkehrssektor?
- Welchen Anteil haben die erneuerbaren Energien am Primärenergieverbrauch in Deutschland?
- Welche erneuerbaren Energien liefern den höchsten Beitrag in der Stromerzeugung?
- Wie lässt sich im Wärmesektor der Anteil erneuerbarer Energien erhöhen?
- Welche Umweltauswirkungen sind mit biogenen Energieträgern im Verkehrssektor verbunden?
- Welche Umweltauswirkungen sind mit Elektrofahrzeugen verbunden?

Literatur

1. Bundesministerium für Umwelt, Naturschutz, Bau und Reaktorsicherheit (BMU); *Klimaschutz in Zahlen,* **Juni 2015**
2. Bundesministerium für Wirtschaft und Energie (BMWi); *Energiedaten Gesamtausgabe,* **22.01.2019**
3. Bundesministerium für Wirtschaft und Energie (BMWi); *Energieeffizienz in Zahlen,* **Mai 2017**
4. Bundesministerium für Wirtschaft und Energie (BMWi); *Gesamtausgabe der Energiedaten – Datensammlung des BMWi,* **04.10.2017**
5. Bundesministerium für Wirtschaft und Energie (BMWi); *Zahlen und Fakten Energiedaten,* **14.08.2018**
6. Günther, M.; *Energieeffizienz durch Erneuerbare Energien,* Springer-Vieweg, **2015,** 978-3-658-06752-6
7. Bundesministerium für Wirtschaft und Energie (BMWi); *Zeitreihen zur Entwicklung erneuerbarer Energien in Deutschland,* **Februar 2018**
8. Umweltbundesamt (UBA); *Erneuerbare Energien in Deutschland,* **März 2019**

Weiterführende Literatur

1. Arbeitsgemeinschaft Energiebilanzen e.V.; *Auswertungstabellen zur Energiebilanz Deutschland 1990 bis 2016,* **September 2017**
2. Kaltschmitt, M. et al. (Eds.); *Renewable Energy Systems,* Springer, **2013,** 10-1-4614-5819-7
3. Sauer, A.; Bauernhausl, Th. (Hrsg); *Energieeffizienz in Deutschland – eine Metastudie,* Springer-Vieweg, **2016,** 978-3-662-48882-9
4. Umweltbundesamt (UBA); *Übersicht zur Entwicklung der energiebedingten Emissionen und Brennstoffeinsätze in Deutschland 1990 – 2017,* **März 2018**
5. *Climate Change 26/2019,* **Juni 2019**

13 Biogene Energieträger

13.1 Einführung

Biogene Energieträger können in einem gewissen Rahmen einen Beitrag zur Energieversorgung leisten. In Abb. 13.1 findet sich dazu eine entsprechende Übersicht. Der Input zu biogenen Energieträgern besteht aus

- nachwachsenden Rohstoffen,
- Ernterückständen,
- organischen Nebenprodukten,
- Abfällen.

Nachwachsende Rohstoffe wie Mais, Getreide (z. B. Weizen), Zuckerrüben/-rohr oder Ölpflanzen (z. B. Raps) werden landwirtschaftlich angebaut, um aus diesen Naturprodukten die jeweiligen Energieträger zu gewinnen. Während der Ernte fallen entsprechende Rückstände (z. B. Stroh) an. In der Forstwirtschaft ist dies Restholz beim Holzeinschlag. Als organische Nebenprodukte können Gülle oder Exkremente zur Gewinnung biogener Energieträger genutzt werden. Im Bereich der Siedlungswirtschaft lassen sich Klärschlamm und Bioabfälle nutzen. Nach der Ernte anfallende Stoffe müssen gesammelt und transportiert werden. Sie sind durch verfahrenstechnische Prozesse entsprechend aufzubereiten. Bei Verfahren wie der Herstellung von Pellets sind eine Zerkleinerung und Pressung notwendig. Andere Einsatzmaterialien müssen, damit sie gelagert werden können, konditioniert und getrocknet werden. Durch unterschiedliche Behandlungsschritte wie

- thermochemische,
- physikalisch-chemische,
- biochemische

G. Förtsch, H. Meinholz, *Handbuch Betrieblicher Immissionsschutz*,
https://doi.org/10.1007/978-3-658-29147-1_13

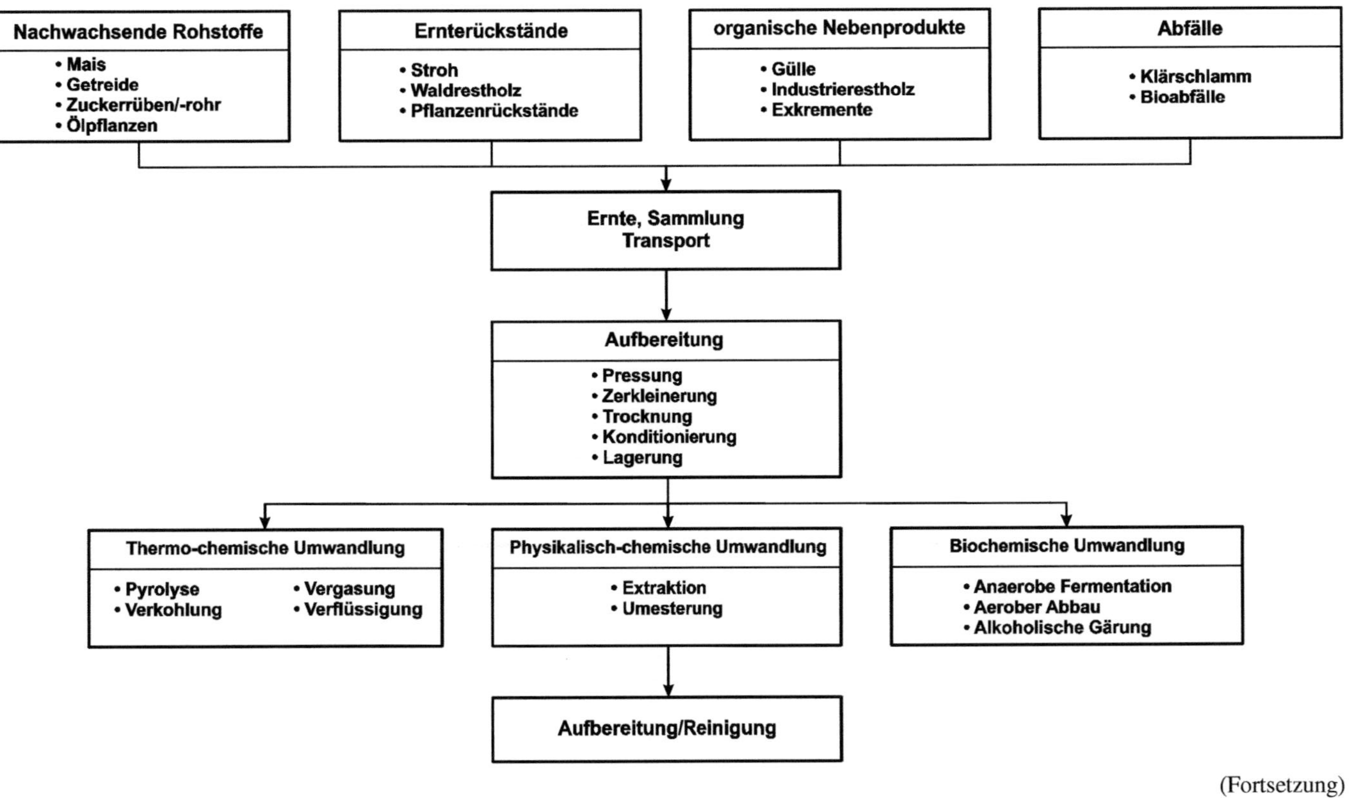

(Fortsetzung)

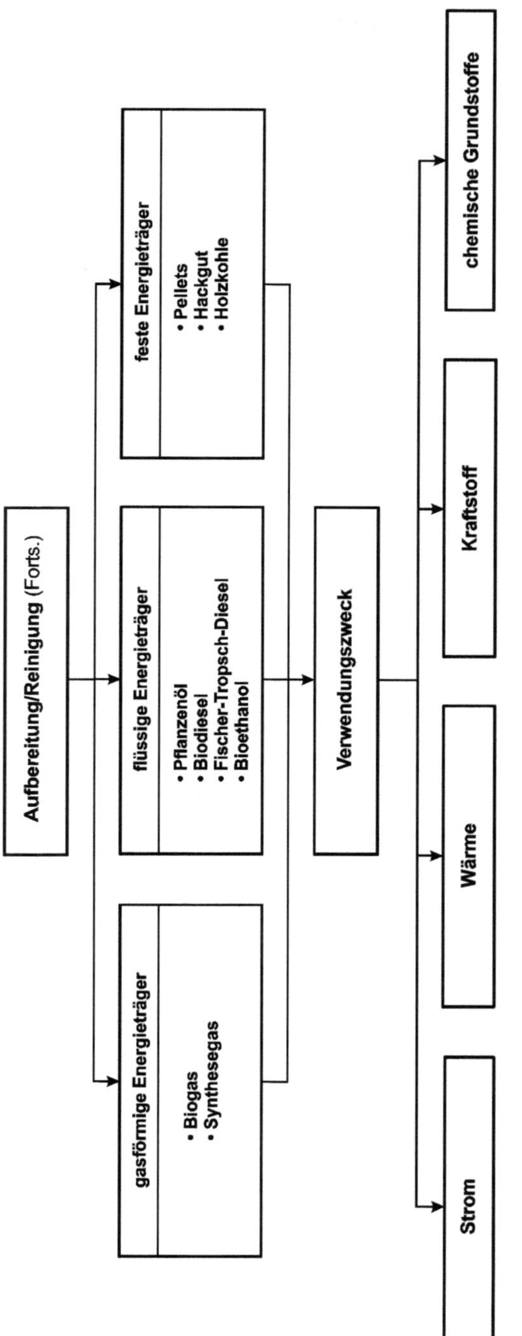

Abb. 13.1 Übersicht zu biogenen Energieträgern [1–3]

Umwandlung werden gasförmige, flüssige oder feste Brennstoffe erzeugt. Bei der thermochemischen Umwandlung werden organische Ausgangsmaterialien durch Pyrolyse, Vergasung, Verkohlung unter Wärmezufuhr in biogene Energieträger umgewandelt. Bei der Pyrolyse steht eine möglichst hohe Ausbeute an flüssigen Brennstoffen im Vordergrund. Im Gegensatz dazu liefert die Vergasung überwiegend gasförmige Brennstoffe (z. B. Synthesegas). Bei der Verkohlung wird organisches Material unter Sauerstoffausschluss in kohlehaltige Produkte (z. B. Holzkohle) umgewandelt. Durch physikalisch-chemische Umwandlungsverfahren werden flüssige Energieträger erzeugt. Bei den Ausgangsstoffen handelt es sich um ölhaltige Pflanzen, wie zum Beispiel Raps. Diese werden in einem ersten Verfahrensschritt gepresst, um die ölhaltigen Bestandteile zu erhalten. Alternativ ist auch eine Extraktion zur Gewinnung des Pflanzenöls möglich. Das Extraktionsmittel wird destillativ zurückgewonnen. Die verbleibenden Pflanzenrückstände können als Futtermittel Verwendung finden. Soll das Pflanzenöl dem Dieselkraftstoff beigemischt werden, müssen über Raffinerieprozesse (Umesterung, Hydrierung, Isomerisierung) die entsprechenden Treibstoffspezifikationen eingestellt werden. Die biochemische Umwandlung führt zu flüssigen und gasförmigen Energieträgern. Die anaerobe Fermentation ist ein erprobtes Verfahren zur Herstellung von Biogas (Methan, CH_4). Wichtige Ausgangsstoffe sind Mais und andere organische Stoffe wie Gülle oder Klärschlamm. Durch die alkoholische Gärung wird Bioethanol (Ethanol, C_2H_5OH) gewonnen. Nach destillativer Abtrennung des Alkohols und Reinigung lässt er sich Benzin zumischen. Wichtige Ausgangsstoffe sind Zuckerrohr/-rüben und stärkehaltige Pflanzen (Getreide, Mais). Je nach Einsatzgebiet der biogenen Energieträger werden Strom, Wärme, Kraftstoffe oder weitere chemische Grundstoffe erzeugt. So lassen sich aus Synthesegas (CO/H_2) nach bekannten Verfahren z. B. Methanol (CH_3OH), Fischer-Tropsch-Diesel, Methan (CH_4) oder Dimethylether (CH_3-O-CH_3) gewinnen.

13.2 Biomasseverordnung (BiomasseV)

Aufgabenbereich (§ 1)
Diese Verordnung regelt für den Anwendungsbereich des Erneuerbare-Energien-Gesetzes, welche Stoffe als Biomasse gelten, welche technischen Verfahren zur Stromerzeugung aus Biomasse in den Anwendungsbereich des Gesetzes fallen und welche Umweltanforderungen bei der Erzeugung von Strom aus Biomasse einzuhalten sind.

Anerkannte Biomasse (§ 2)
Biomasse sind Energieträger aus Phyto- und Zoomasse. Hierzu gehören auch aus Phyto- und Zoomasse resultierende Folge- und Nebenprodukte, Rückstände und Abfälle, deren Energiegehalt aus Phyto- und Zoomasse stammt. Biomassen sind insbesondere:

- Pflanzen und Pflanzenbestandteile,
- aus Pflanzen oder Pflanzenbestandteilen hergestellte Energieträger, deren sämtliche Bestandteile und Zwischenprodukte aus Biomasse erzeugt wurden,

- Abfälle und Nebenprodukte pflanzlicher und tierischer Herkunft aus der Land-, Forst- und Fischwirtschaft,
- Bioabfälle im Sinne von § 2 der Bioabfallverordnung,
- aus Biomasse durch Vergasung oder Pyrolyse erzeugtes Gas und daraus resultierende Folge- und Nebenprodukte,
- aus Biomasse erzeugte Alkohole, deren Bestandteile, Zwischen-, Folge- und Nebenprodukte aus Biomasse erzeugt wurden,
- Treibsel aus Gewässerpflege, Uferpflege und -reinhaltung,
- durch anaerobe Vergärung erzeugtes Biogas.

Nicht als Biomasse anerkannte Stoffe (§ 3)
Nicht als Biomasse gelten:

- fossile Brennstoffe sowie daraus hergestellte Neben- und Folgeprodukte,
- Torf,
- gemischte Siedlungsabfälle aus privaten Haushaltungen sowie ähnliche Abfälle aus anderen Herkunftsbereichen einschließlich aus gemischten Siedlungsabfällen herausgelöste Biomassefraktionen,
- Altholz mit Ausnahme von Industrierestholz,
- Papier, Pappe, Karton,
- Klärschlämme im Sinne der Klärschlammverordnung,
- Hafenschlick und sonstige Gewässerschlämme und -sedimente,
- Textilien,
- tierische Nebenprodukte,
- Deponiegas,
- Klärgas,
- Ablaugen der Zellstoffherstellung.

Technische Verfahren (§ 4)
Als technische Verfahren zur Erzeugung von Strom aus Biomasse gelten einstufige und mehrstufige Verfahren der Stromerzeugung durch folgende Arten von Anlagen:

- Feuerungsanlagen in Kombination mit Dampfturbinen-, Dampfmotor-, Stirlingmotor- und Gasturbinenprozessen, einschließlich Organic-Rankine-Cycle-(ORC)-Prozessen,
- Verbrennungsmotoranlagen,
- Gasturbinenanlagen,
- Brennstoffzellenanlagen,
- andere Anlagen, die wie die genannten technischen Verfahren im Hinblick auf das Ziel des Klima- und Umweltschutzes betrieben werden.

Soweit eine Stromerzeugung aus Biomasse nur durch eine Zünd- oder Stützfeuerung mit anderen Stoffen als Biomasse möglich ist, können auch solche Stoffe eingesetzt werden. In Anlagen darf bis zu einem Anteil von 10 vom Hundert des Energiegehalts auch

Klärgas oder durch thermische Prozesse unter Sauerstoffmangel erzeugtes Gas (Synthesegas) eingesetzt werden, wenn das Gas (Synthesegas) aus Klärschlamm im Sinne der Klärschlammverordnung erzeugt worden ist.

Umweltanforderungen (§ 5)
Zur Vermeidung und Verminderung von Umweltverschmutzungen, zum Schutz und zur Vorsorge vor schädlichen Umwelteinwirkungen und zur Gefahrenabwehr sowie zur Schonung der Ressourcen und zur Sicherung des umweltverträglichen Umgangs mit Abfällen sind die für die jeweiligen technischen Verfahren sowie den Einsatz der betreffenden Stoffe geltenden Vorschriften des öffentlichen Rechts einzuhalten.

13.3 Mengenentwicklung biogener Energieträger

In diesem Abschnitt werden die biogenen Energieträger

- Biodiesel,
- Bioethanol,
- Biogas (Biomethan)

näher betrachtet. Die Hauptverwendung für Biodiesel und Bioethanol findet sich im Verkehrssektor, während Biogas überwiegend zur Strom- und Wärmeerzeugung eingesetzt wird. Die zeitliche Entwicklung des Endenergieverbrauchs für Biodiesel/-ethanol in Deutschland im Verkehrssektor findet sich in Abb. 13.2. Pflanzenöl und Biomethan spielen keine Rolle. Betrachtet man die Mengen, so wurden in 2017 2,056 Mio. Tonnen Biodiesel und $1{,}154 \times 10^6$ Tonnen Bioethanol verbraucht. Die entsprechenden Mengen für Pflanzenöl lagen bei 4000 Tonnen, die für Biogas (Biomethan) bei 28.000 Tonnen.

Die weltweite Produktion der beiden wichtigsten Biokraftstoffe (Biodiesel, Bioethanol) ist in Abb. 13.3 dargestellt. Hauptproduzent von Bioethanol sind die USA mit 60×10^6 m^3 gefolgt von Brasilien mit ca. 28 Millionen m^3. In Deutschland beträgt der Verbrauch rund $1{,}5 \times 10^6$ m^3.

In den Bereichen der Bruttostromerzeugung und des Endenergieverbrauchs für Wärme und Kälte stellt sich die Situation anders dar. Vergleicht man die drei genannten biogenen Energieträger miteinander, so nimmt das Biogas (Biomethan) eindeutig eine bedeutendere Position ein. In 2017 trugen biogene flüssige Brennstoffe mit 537 GWh zur Bruttostromerzeugung bei, Biogas (Biomethan) mit 32.500 GWh deutlich mehr (Abb. 13.4). Im Sektor Wärme/Kälte betrug der Beitrag von biogenen flüssigen Brennstoffen zum Endenergieverbrauch in 2017 2177 GWh, der Beitrag von Biogas (Biomethan) dagegen 17.184 GWh. Der Anteil von biogenen flüssigen Brennstoffen zu Biogas (Biomethan) beträgt in den beiden genannten Sektoren Strom und Wärme/Kälte 5 % bzw. 95 %.

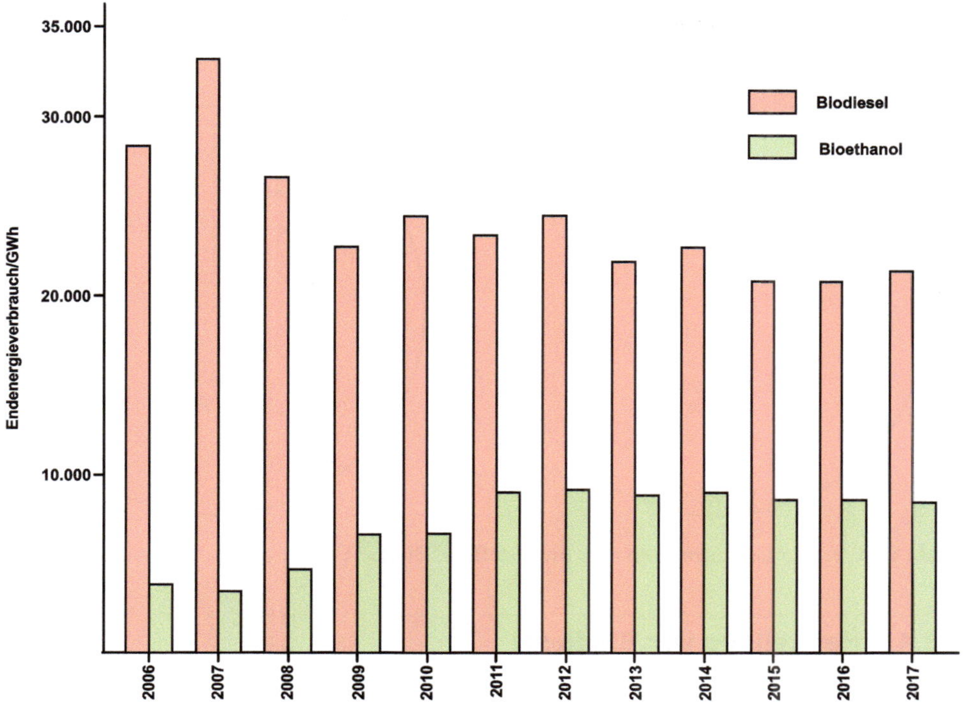

Abb. 13.2 Endenergieverbrauch biogener Energieträger im Verkehrssektor [4]

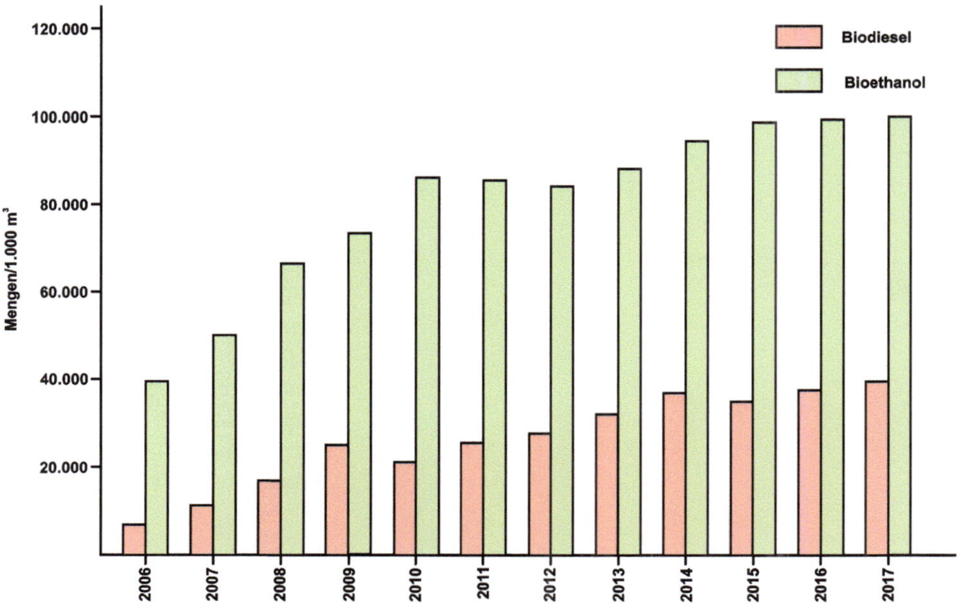

Abb. 13.3 Weltweite Biokraftstoffproduktion [5]

13

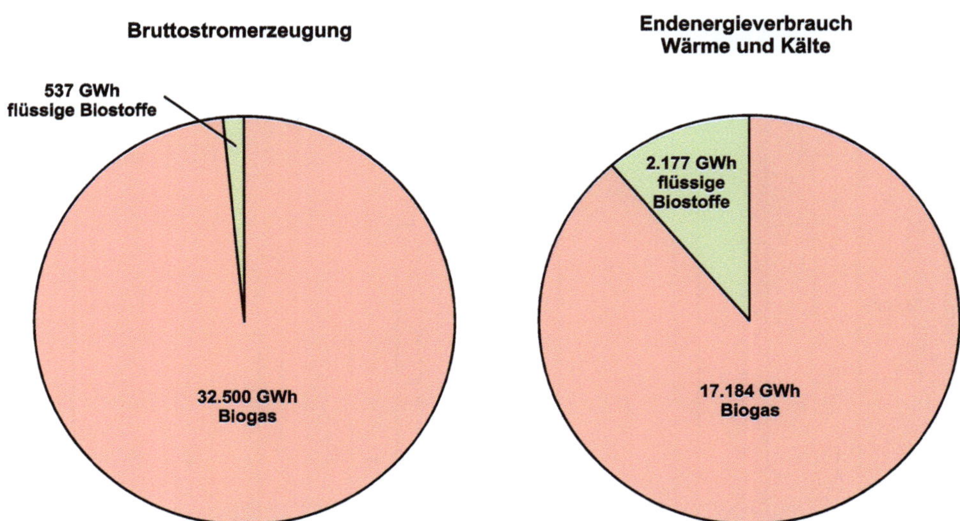

Abb. 13.4 Verhältnis biogener flüssiger Brennstoffe zu Biogas (Biomethan) in 2017 (Angaben GWh)

13.4 Herstellung von Biodiesel

Für die Herstellung von Biodiesel wird in Deutschland hauptsächlich Rapsöl verwendet. Natürliches Rapsöl enthält Esterverbindungen des Glycerins mit verschiedenen Carbonsäuren (Tab. 13.1). Diese Verbindungen werden als Triglyceride bezeichnet.

Zur Gewinnung von Biodiesel werden die Rapssamen ausgepresst und das erhaltene Pflanzenöl von Polysacchariden/Biopolymeren befreit. Die natürlichen Triglyceridester werden katalytisch mit Methanol zu Fettsäuremethylester (FAME) und Glycerin umgesetzt. Als Katalysator werden alkalische Verbindungen (NaOH, KOH, CH_3ONa) eingesetzt.

Tab. 13.1 Zusammensetzung von Rapsöl [6]

Carbonsäure	Massenanteil/%
Palmitinsäure	1–5
Stearinsäure	1–4
Ölsäure	50–65
Linolsäure	15–30
Linolensäure	5–13
Eicosensäure	1–3
Erucasäure	0–2

$$\begin{array}{l} CH_2-O-C(=O)-R \\ | \\ CH-O-C(=O)-R \\ | \\ CH_2-O-C(=O)-R \end{array} \quad + \quad 3\ CH_3OH \quad \underset{}{\overset{\text{(Katalysator)}}{\rightleftharpoons}}$$

Triglycerid   Methanol

$$3\ CH_3-O-C(=O)-R \quad + \quad \begin{array}{l} CH_2-OH \\ | \\ CH-OH \\ | \\ CH_2-OH \end{array}$$

Fettsäure-methylester (FAME)   Glycerin

Der ausgepresste Rapskuchen wird als Futtermittel verwendet. Das anfallende Glycerin wird aufgereinigt und z. B. im Kosmetik- oder Pharmasektor verwendet. Im folgenden Abschnitt wird die Herstellung von Biodiesel anhand des LURGI-Verfahrens erläutert (Abb. 13.5). Die Umesterung des Glycerinesters zu Methylestern geschieht in zwei Stufen (Reaktor 1 + 2), da sich dadurch die Gesamtausbeute erhöht. Das Pflanzenöl (Triglycerid) wird im Reaktor 1 mit 35–45 % des gesamten Methanols sowie 30–50 % des Katalysators versetzt. Die restlichen Anteile werden dem zweiten Reaktor zugeführt. Die beiden Reaktoren bestehen aus einem Rührbereich und einem Abscheiderbereich. Aus dem ersten Abscheider wird eine schwere, glycerinreiche Phase abgezogen und der Methanolrückgewinnung zugeführt. In dieser Rektifikationskolonne wird Methanol zurückgewonnen und wieder dem Umesterungsprozess zugeführt. Die Glycerinphase des 2. Reaktors enthält noch Methanol und Katalysator. Sie wird in den ersten Reaktor geleitet. Das Reaktionsgemisch aus Reaktor 2 wird zur weiteren Behandlung in eine Waschkolonne überführt. Die Zugabe von Säure neutralisiert den Katalysator und spaltet entstandene Seifen. Wasserlösliche Komponenten wie Methanol, Glycerin und Seifen werden ausgewaschen. Der gewaschene Biodiesel (FAME) wird mittels Vakuum getrocknet. Das verwendete Waschwasser wird der Methanolrückgewinnung zugeführt. Das Glycerin-Wasser-Gemisch aus der Methanolrektifikationskolonne wird destillativ getrennt und das anfallende Rohglycerin entsprechend seinem Verwendungszweck weiter aufgearbeitet.

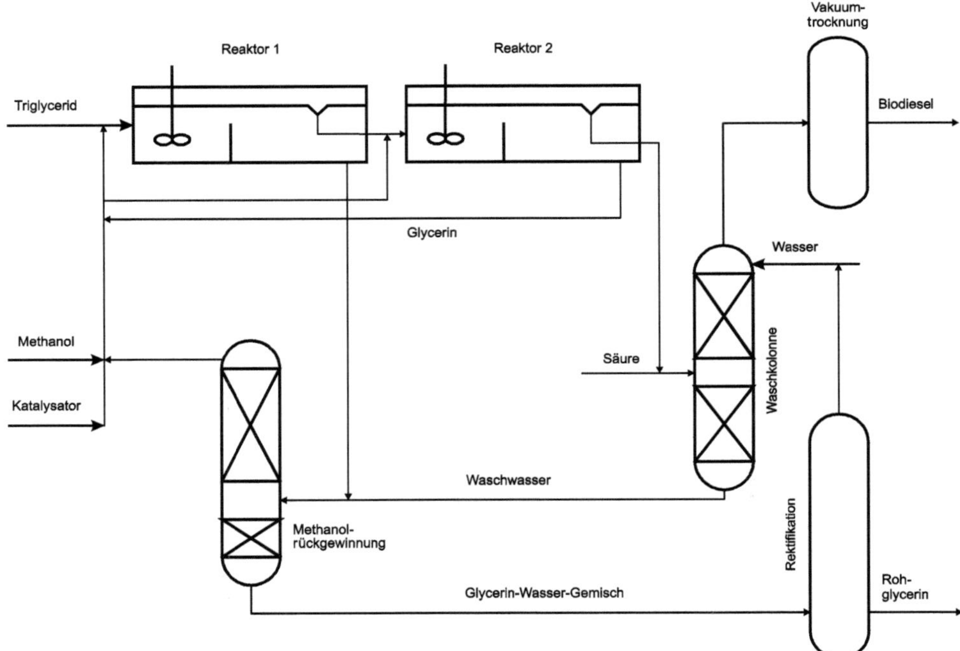

Abb. 13.5 Herstellung von Biodiesel (FAME) nach dem LURGI-Verfahren [6, 7]

13.5 Herstellung von Bioethanol

Bioethanol lässt sich prinzipiell aus biogenen Materialien herstellen die Zucker-, Stärke- und/oder Zellulosebestandteile enthalten. Dabei lässt sich der Prozess in drei wesentliche Prozessabschnitte unterteilen (Abb. 13.6):

- Auswahl der Rohstoffe,
- Herstellung des zuckerhaltigen Substrates,
- Gewinnung von Ethanol.

13.5.1 Auswahl der Rohstoffe

Als zuckerhaltige Biomasse werden in Deutschland Zuckerrüben verwendet. Als weiteres Ausgangsmaterial wird in anderen Ländern (z. B. Brasilien) Zuckerrohr verwendet. Als stärkehaltige Biomasse kommt Getreide (Weizen, Roggen, Gerste, Triticale, Mais) in Betracht. Während in Deutschland hauptsächlich Weizen verwendet wird, dient in den USA Mais als Rohstoffbasis zur Erzeugung von Bioethanol. Abb. 13.7 zeigt beispielhaft die Verwendung von Getreide im Wirtschaftsjahr 2016/2017 in Deutschland. Von insgesamt 44.247 Millionen Tonnen werden rund 25 Millionen Tonnen als Tierfutter verwendet. Für die energetische Verwendung werden knapp $4{,}8 \times 10^6$ Tonnen (ca. 11 %) eingesetzt.

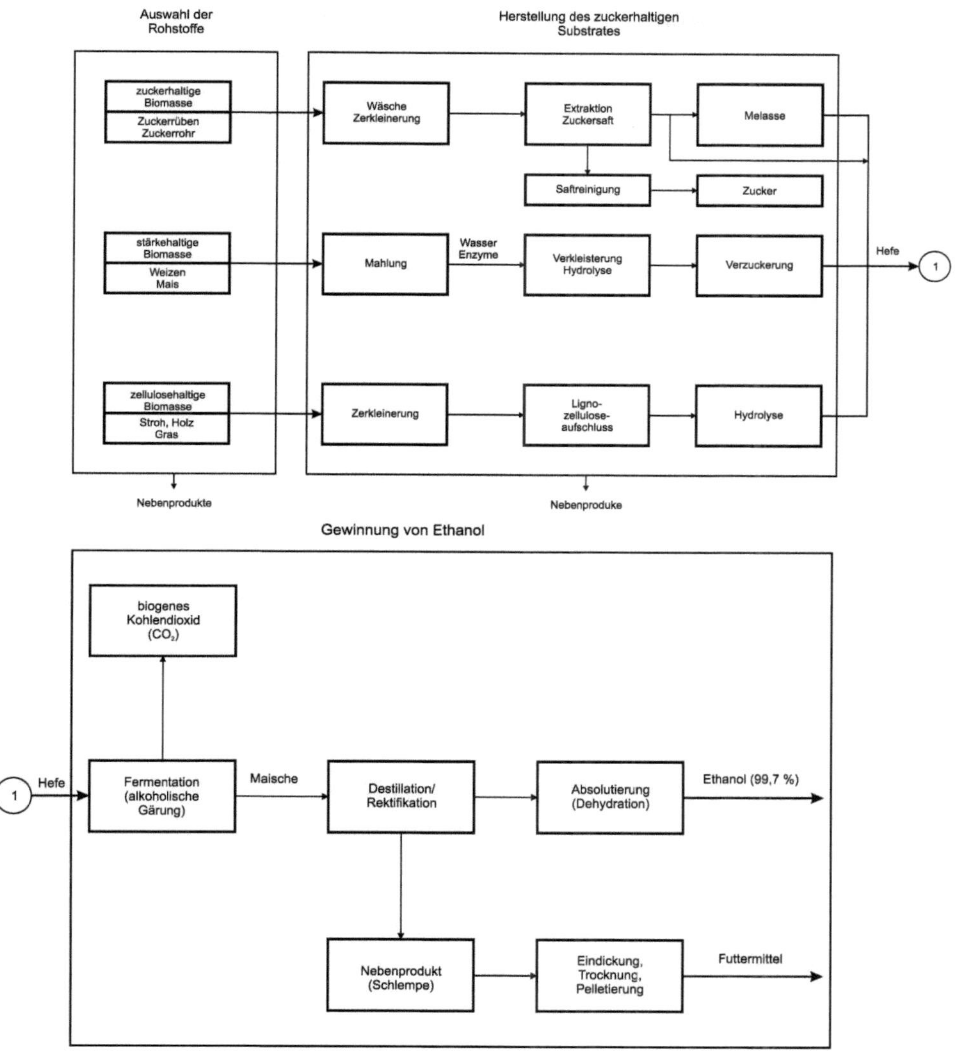

Abb. 13.6 Prozessablauf zur Herstellung von Bioethanol [2]

Zellulosehaltige Materialien wie Stroh, Holz oder andere organische Rückstände werden aus wirtschaftlichen Gründen kaum eingesetzt.

13.5.2 Herstellung des zuckerhaltigen Substrates

Aus den jeweiligen Rohstoffen sind über verschiedene verfahrenstechnische Prozesse zuckerhaltige Substrate zu gewinnen, die sich für die Ethanolerzeugung eignen. Am einfachsten lassen sich diese aus Zuckerrüben gewinnen.

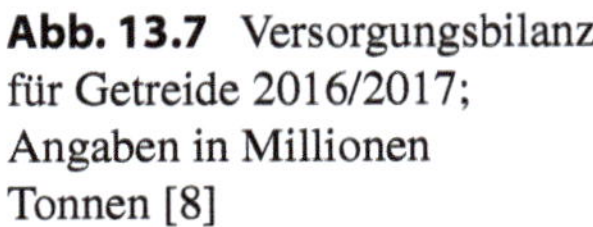

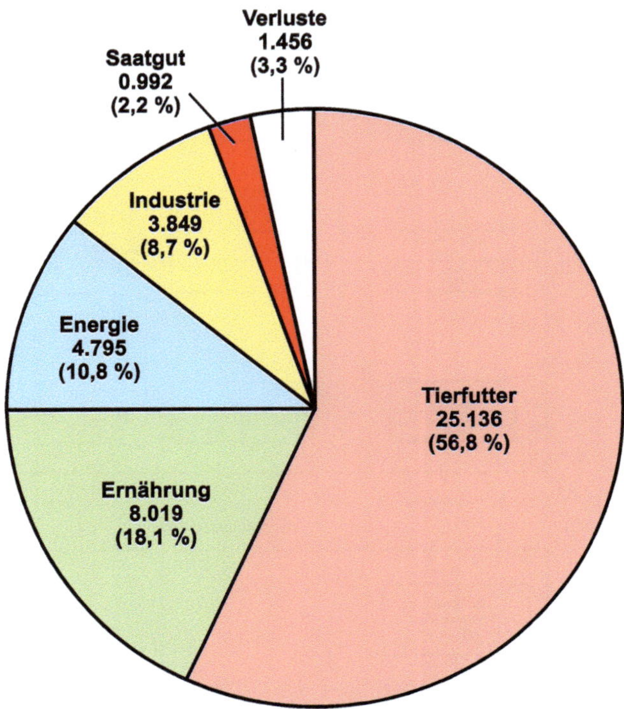

Abb. 13.7 Versorgungsbilanz für Getreide 2016/2017; Angaben in Millionen Tonnen [8]

Zuckerrüben

Nach der Ernte von Zuckerrüben (Industrierüben) erfolgt in den Zuckerfabriken eine gründliche Waschung zur Entfernung anhaftender Bodenbestandteile. Zur Saftgewinnung werden sie zu Zuckerrübenschnitzel zerkleinert und mit heißem Wasser ausgelaugt. Durch diesen Extraktionsprozess wird die enthaltene Saccharose nahezu vollständig herausgelöst. Das Produkt dieses Prozessschrittes ist ein Rohsaft der noch weitere organische und anorganische Stoffe enthält. Zur Saftreinigung werden Kalkmilch $Ca(OH)_2$ und Kohlendioxid CO_2 zugesetzt, wodurch die unerwünschten Begleitstoffe ausgefällt werden. Sie werden abgetrennt und können in der Landwirtschaft verwertet werden. Die Zuckerrübenschnitzel werden ausgepresst, getrocknet und als Viehfutter verwendet. Der erhaltene Dünnsaft wird zu Dicksaft eingedampft. Nach Zusatz von Impfkristallen kristallisiert Zucker aus. An den Zuckerkristallen noch anhaftender Sirup wird durch Zentrifugieren abgetrennt. Als Endprodukt erhält man Kristalle welche getrocknet und in klimatisierten Silos gelagert werden. Aus dem Dicksaft lässt sich ca. die Hälfte des Zuckers auskristallisieren. Als Nebenprodukt entsteht Zuckerrübenmelasse. Melasse lässt sich unter entsprechenden Bedingungen gut lagern und steht ganzjährig für die Gewinnung von Bioethanol zur Verfügung.

Getreide

Beim Einsatz von Getreide als Rohstoff muss die vorhandene Stärke zuerst zu Zucker abgebaut werden. Stärke ist eine organische Verbindung die aus Glucoseeinheiten besteht.

In Tab. 13.2 ist die Zusammensetzung von Mais und verschiedenen Getreidesorten für trockenes Material aufgeführt.

Nach der Mahlung werden dem Mehl Wasser und Enzyme zugesetzt. Um ein optimales Arbeiten der Enzyme zu gewährleisten, muss das Gemisch (Maische) auf eine bestimmte Temperatur und einen bestimmten pH-Bereich eingestellt werden. Diese Parameter sind abhängig vom verwendeten Enzym. Beim Erhitzen nehmen die Stärkekörner Wasser auf, werden dadurch gelöst und es kommt zur Kleisterbildung (Verflüssigung). Aufgrund der Verkleisterung kann die Stärke durch die Enzyme abgebaut werden. Um die Stärke in vergärbaren Zucker umzuwandeln, kommen verschiedene Enzyme zum Einsatz. Es erfolgt zunächst eine Verflüssigung mit α-Amylasen und anschließend eine Verzuckerung mit Glucoamylasen und β-Amylasen.

Zellulosehaltige Materialien

Zellulosehaltige Biomasse wie Stroh, Holz oder Gras enthalten ebenfalls Glucoseeinheiten. Aufgrund der natürlich vorliegenden Struktur ist die Umwandlung in ein zuckerhaltiges Substrat ein ökonomisch und technologisch aufwendiger Prozess. Im 1. Schritt wird der zellulosehaltige Rohstoff zerkleinert. Mit verschiedenen physikalisch-chemischen Prozessschritten wird die Zellstruktur aufgebrochen. Bei der säurekatalysierten Hydrolyse wird verdünnte oder konzentrierte Schwefelsäure verwendet. Aufgrund der Verwendung von Schwefelsäure schließt sich ein aufwendiger Aufarbeitungsprozess zur Gewinnung der Zuckerlösung und zur Säurerückgewinnung an. Bei der enzymatischen Hydrolyse wird der Zellverbund physikalisch aufgebrochen. Nach Zugabe von geringen Mengen Schwefelsäure (0,5–1 %) wird die wässrige Reaktionsmischung auf 200–250 °C erwärmt. Der sich aufbauende Druck wird schlagartig entspannt, wodurch die Zellstruktur des Rohstoffs zerstört wird. Diese Zellulosemaische wird auf einen leicht sauren pH-Wert (pH = 5–7) eingestellt und enzymatisch abgebaut.

13.5.3 Gewinnung von Ethanol

Die Herstellung von Ethanol aus dem gewonnenen zuckerhaltigen Substrat geschieht durch einen Fermentationsprozess. Dazu wird die zuckerhaltige Maische mit Hefe versetzt.

Tab. 13.2 Prozentuale Zusammensetzung von trockenem Mais bzw. Getreidesorten

Sorte				
Inhalt	Weizen	Gerste	Roggen	Mais
Stärke	62–70	52–64	52–65	65–72
Zucker	–	–	–	2,2
Protein	12–14	10–11	10–15	9–12
Fett	3	2,5–3	2–3	4,5
Zellwand	11,4	14	–	9,6
Asche	2	2,3	2	1,5

Durch sie wird die Glucose in Ethanol und das Nebenprodukt Kohlendioxid (CO_2) umgewandelt. CO_2 kann im Lebensmittelsektor Verwendung finden.

$$\underset{\text{Glucose}}{C_6H_{12}O_6} \xrightarrow{\text{(Hefe)}} 2\ \underset{\text{Ethanol}}{C_2H_5OH} + 2\ \underset{\text{Kohlendioxid}}{CO_2}$$

Sobald eine gewisse Ethanolkonzentration im Fermenter erreicht ist, wirkt das Ethanol für die Hefezellen als Zellgift und die Ethanolproduktion kommt zum Stillstand. Nach einer gewissen Reaktionsdauer wird deshalb der nächste Prozessschritt (Destillation/Rektifikation) zur Abtrennung des entstandenen Ethanols eingeleitet. Bei der Destillation wird im Gleichstrom ein Bioethanol-Wasser-Gemisch entfernt. Zurück bleibt ein nährstoffreiches Nebenprodukt – die Schlempe. Diese wird eingedickt, getrocknet und pelliert und als Futtermittel verwendet. Eine weitere Einsatzmöglichkeit besteht im Einsatz der Schlempe zur Erzeugung von Biogas. Bei der Rektifikation wird das Bioethanol-Wasser-Gemisch nach dem Prinzip der Gegenstromdestillation (Rücklaufprinzip) bis zum azeotropen Gemisch (94,6 % Ethanol) aufkonzentriert. Wird wasserfreier Alkohol (> 99,7 % Ethanol) benötigt, so lässt sich dieser mittels Adsorption des Wassers an Molekularsieben gewinnen.

13.5.4 Bioethanolproduktion und -verwendung

In Deutschland werden ca. 740.000 Tonnen Bioethanol pro Jahr produziert (Abb. 13.8). In 2016 stammen davon 534.589 Tonnen aus Futtergetreide und 191.270 Tonnen aus Industrierüben (Zuckerrüben). Andere Rohstoffe bilden mit einer Einsatzmenge von 12.310 Tonnen eine stark untergeordnete Rolle. Bioethanol wird allerdings nicht nur als Kraftstoff (66 %) eingesetzt. Weitere Verwendungsgebiete finden sich im chemisch-technischen Bereich (21 %) als Lösungsmittel, Träger für Geruchsstoffe (Parfüm, Deodorant), als Brennstoff oder als Zusatz für Reinigungs- oder Frostschutzmittel. In der Nahrungsmittelindustrie (13 %) ist ein Einsatzgebiet die Herstellung von Essigsäure (Essig).

13.6 Gewinnung von Biogas

13.6.1 Biochemische Grundlagen der Biogaserzeugung

Der Abbau von organischen Abfällen zu Biogas erfolgt in vier Phasen, wobei der Abbau bestimmter Moleküle nicht immer nur einer Stufe bzw. bestimmten Mikroorganismen zugeordnet werden kann. Es handelt sich vielmehr um einen komplexen Vorgang, an dem Organismen in verschiedenen Phasen beteiligt sind. Die spezialisierten methanbildenden Organismen können nur wenige Stoffe zu Methan umwandeln und sind daher nicht in der

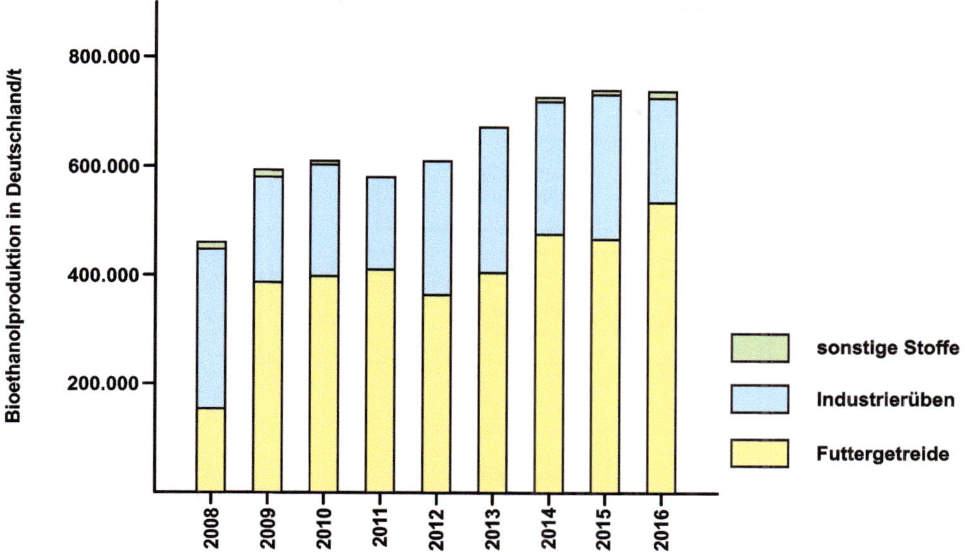

Abb. 13.8 Produktion von Bioethanol [9]

Lage, Abfälle, die überwiegend aus Polymeren wie Zellulose und Polysacchariden bestehen, direkt in Methan umzuwandeln. Sie sind beim Abbau auf andere Mikroorganismen angewiesen, die ihnen die nötigen Substrate durch Abbau der komplexen Verbindungen bereitstellen. Abb. 13.9 gibt einen Überblick über den vierstufigen anaeroben Abbau von komplexen polymeren Substanzen zu Methan.

Hydrolysephase

In der Hydrolysephase, die den ersten Schritt im anaeroben Abbauprozess beschreibt, werden komplexe Polymere zu kurzkettigen Verbindungen abgebaut. In organischen Abfällen ist eine Vielzahl verschiedener Kohlenhydrate, Eiweiße und Fette enthalten. Kohlenhydrate kommen in organischen Abfällen in Form von Zuckern, Hemizellulose, Zellulose, Pektin, Stärke und Lignin vor, die überwiegend zu Monosacchariden wie Glucose abgebaut werden. Die unterschiedlichen Kohlenhydrate sind unterschiedlich effizient hydrolysierbar. Während zum Beispiel Hemizellulose sehr schnell zerlegt wird, kann Lignin nahezu nicht hydrolysiert werden. Die Eiweißverbindungen unterscheiden sich in ihrem Abbau hinsichtlich des breiteren Spektrums an möglichen Abbauprodukten. Hierbei können verschiedene Aminosäuren entstehen. Aufgrund ihrer molekularen Komplexität erfolgt der Abbau von Eiweißen allerdings wesentlich langsamer als der Abbau von Kohlenhydraten. Die Gruppe der Fette ist in jedem Abfall enthalten, da nahezu jede Zellwand Phospholipide enthält. Fette können vollständig hydrolysiert werden, jedoch läuft der Vorgang aufgrund der Komplexität der Verbindungen langsam ab.

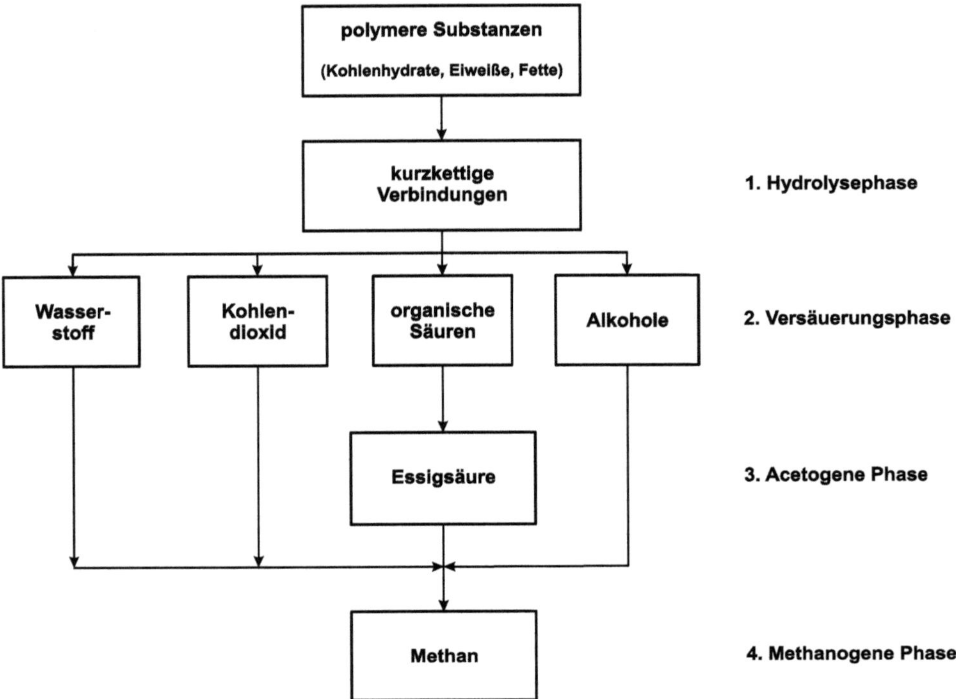

Abb. 13.9 Vierstufiger anaerober Abbau

Versäuerungsphase

Die Mikroorganismen der versäuernden Phase werden als Primärgärer bezeichnet. Sie wandeln die in der Hydrolysephase produzierten Monomere zu verschiedenen Produkten wie Essig-, Propion-, Butter-, Milch-, Ameisensäure, H_2/CO_2 um. Einige dieser Verbindungen (Essigsäure, H_2, CO_2) können direkt von methanbildenden Bakterien zu Biogas umgesetzt werden.

Acetogene Phase

Die in den vorangegangenen Phasen entstandenen Produkte werden von den sogenannten sekundären Gärern zum einen zu Essigsäure (Acetat) und zum anderen zu H_2/CO_2 umgesetzt. Das entstehende Acetat und teilweise auch H_2/CO_2 werden direkt von den Methanbakterien weiterverwendet. Der Großteil des H_2/CO_2 wird allerdings von homoacetogenen Bakterien zu Acetat überführt, was wiederum den Methanbakterien als Substrat dient.

Methanogene Phase

Die letzte Phase im anaeroben Abbauprozess ist die methanogene Phase. Bereits in den vorangegangenen Phasen sind immer wieder Produkte entstanden, die den methanogenen Bakterien als Substrat dienen können. In der aktuellen Phase steht den Methanbildnern aufgrund der Stoffwechselvorgänge in der acetogenen Phase eine große Menge Substrat in Form von Acetat und H_2 zur Verfügung, das diese zu Methan (CH_4) und Kohlendioxid (CO_2) umsetzen.

13.6.2 Betriebsparameter bei der anaeroben Abfallbehandlung

Damit Mikroorganismen bei der anaeroben Abfallbehandlung ihre Substrate optimal verwerten können, müssen physikalische und chemische Bedingungen ihrer Umwelt eingehalten werden. Da sich Umweltfaktoren teilweise unterschiedlich auf Mikroorganismen auswirken, können bestimmte Bedingungen für den einen Mikroorganismus optimal sein, während sie für einen anderen tödlich sind. Allerdings können sie auch gewisse Schwankungen bzw. Abweichungen von den optimalen Bedingungen tolerieren. Zu den Umweltfaktoren, die das Wachstum und die Aktivität der Mikroorganismen beeinflussen, zählen zum Beispiel die Temperatur, der pH-Wert, die Durchmischungsintensität, die Substratzusammensetzung sowie der Gehalt an hemmenden und toxischen Stoffen.

Einfluss der Temperatur
Da chemische und somit auch biochemische Reaktionen abhängig von der Temperatur ablaufen, stellt diese einen der wichtigsten Parameter bei anaeroben Abbauvorgängen dar. Bei welcher Temperatur das Optimum der jeweiligen Reaktion liegt bzw. wie stark sie vom Optimum abweichen darf, damit sich Mikroorganismen vermehren oder überleben können, ist von Organismus zu Organismus verschieden. Die Geschwindigkeit chemischer und enzymatischer Reaktionen nimmt mit steigender Temperatur zu, was bedeutet, dass die Stoffwechselaktivität von Mikroorganismen erhöht wird. Allerdings können eine Temperaturerhöhung und die damit verbundene Steigerung der Zellaktivität nur bis zu einem Temperaturoptimum fortgeführt werden. Ist eine vom Organismus abhängige Temperaturobergrenze erreicht, beginnt die Veränderung oder Denaturierung der aktiven Struktur der Proteine und führt zu einer Inaktivierung der ursprünglichen Stoffwechselaktivität des Enzyms. Ebenso wie eine obere Temperaturgrenze lässt sich auch ein Temperaturminimum festlegen, bei dem die Transportprozesse im Organismus zu langsam sind, um einen Umsatz zu ermöglichen. Alle Mikroorganismen besitzen unterschiedliche Temperaturoptima, anhand derer sie klassifiziert werden können. Psychrophile Mikroorganismen haben ihr Optimum bei niedrigen (unter 20 °C), mesophile bei mittleren (20–40 °C) und thermophile bei hohen Temperaturen (über 40 °C). Die Bakterien der Hydrolyse- bzw. Versäuerungsphase sind relativ temperaturunempfindlich. Die Methanbildung verläuft dagegen in zwei Temperaturbereichen optimal (Abb. 13.10). Die mesophilen Methanbildner haben ihr Temperaturoptimum bei 32–42 °C, die thermophilen Methanbildner dagegen bei 50–58 °C. Viele Biogasanlagen werden heute bei 38–42 °C betrieben.

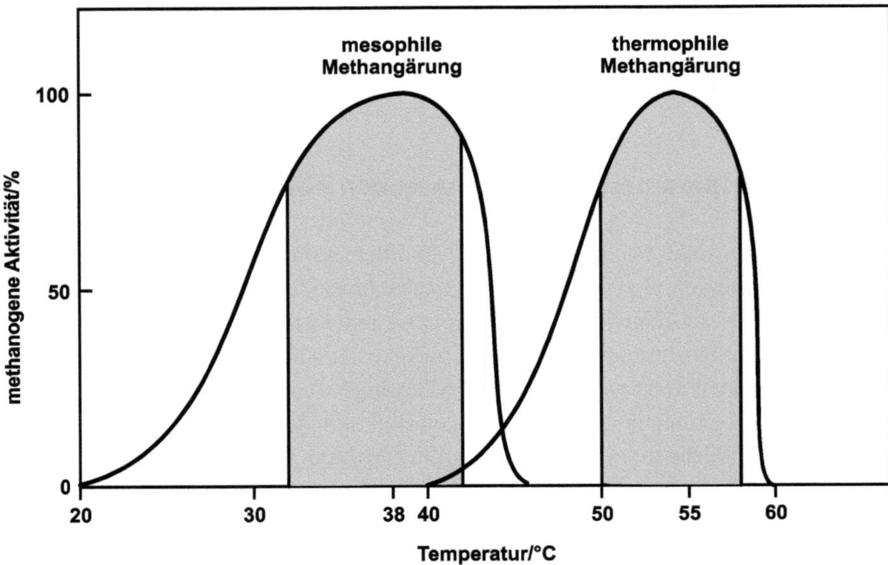

Abb. 13.10 Einfluss der Temperatur auf die Methanbildungsaktivität [10]

Einfluss des pH-Wertes

Neben einem Temperaturoptimum hat jeder Mikroorganismus auch einen pH-Wert, bei dem er optimal wachsen kann. Mikroorganismen, die ihr pH-Optimum im sauren Bereich haben, werden als azidophil bezeichnet, die im alkalischen Bereich lebenden als alkaphil. Bei der anaeroben Betriebsweise ist ein pH-Wert von 6,8 bis 7,5 einzuhalten. Bakterien der Versäuerungsphase zeigen eine größere pH-Toleranz, während der pH-Wert der Methanbildner nicht stark vom Optimum abweichen darf. Da der pH-Wert in Abhängigkeit von der Substratzusammensetzung stark vom Optimum abweichen kann, stellt dies ein Problem dar. Auch die von den Mikroorganismen durchgeführten Umsetzungsreaktionen können pH-Verschiebungen hervorrufen. Beim anaeroben Abbau von Kohlenstoffverbindungen entstehen als Endprodukte Kohlendioxid und Methan. Das gebildete Kohlendioxid steht im Gleichgewicht mit der Flüssigkeit und wirkt in einer wässrigen Lösung als schwache Säure. Bei der anaeroben Betriebsweise ist der CO_2-Gehalt höher und führt dadurch zu einer höheren Konzentration an gelöster Kohlensäure. Um den pH-Wert von 6,8–7,5 einzuhalten, werden je nach Substratzusammensetzung und der Menge an gelöstem Kohlendioxid Laugen zur Neutralisation zu dosiert.

Einfluss der Durchmischung

Um eine hohe Aktivität der Mikroorganismen bezüglich des Abbaus zu erreichen, muss eine ausreichende Versorgung mit abbaufähigem Substrat gewährleistet sein. Außerdem müssen die Stoffwechselprodukte der Mikroorganismen abgeführt werden, damit sich die Stoffwechselvorgänge nicht durch Abbauprodukte gegenseitig hemmen. Daher ist es notwendig, eine optimale Durchmischung einzustellen, die zu einer hohen Aktivität des Abbaus, aber gleichzeitig auch zu keiner Zerstörung der Bakterien führt. Hierbei kann zwischen zwei Arten der Durchmischung unterschieden werden. Bei einer starken Durchmischung herrschen ein optimaler Stofftransport sowie ein homogener Zustand bezüglich der Temperatur, der Stoffverteilung und des pH-Wertes. Die hohe Scherkraftbelastung einer solchen Prozessführung wirkt sich jedoch negativ auf die methanogenen Bakterien aus. Im Gegensatz dazu sind bei einer schwachen Durchmischung die Bakterien weniger durch Scherkräfte belastet. Es besteht jedoch die Gefahr der Bildung von Ablagerungen, vor allem bei Einsatzstoffen mit hohem Gehalt an Fetten/Ölen, absetzbaren Stoffen und Fällungsprodukten. Auch der Stofftransport ist nicht optimal.

Einfluss der Substratzusammensetzung

Ziel ist es, aus den eingesetzten Stoffen (Substraten) die größtmögliche Menge an Methan zu gewinnen. Dafür ist es sinnvoll in erster Linie leicht verdauliche Verbindungen als Substrat einzusetzen und den Bakterien ein ausgewogenes Nährstoffverhältnis von C:N:P zur Verfügung zu stellen. Daneben ist auch der Einsatz von Spurenelementen von großer Bedeutung. Spurenelemente kommen zwar nur zu einem sehr geringen Anteil von unter 0,01 % in Zellen von Lebewesen vor. Trotz dieser kleinen Mengen sind sie aber unentbehrlich für das Wachstum und das Überleben von Organismen. Wichtige Spurenelemente für den anaeroben Abbauprozess sind Chrom, Mangan, Eisen, Kobalt, Kupfer, Zink, Selen, Molybdän, Iod, Nickel, Arsen und Fluor. Daneben spielen Nährstoffe wie Stickstoff, Schwefel, Phosphor, Kalium, Calcium und Magnesium eine wichtige Rolle. Normalerweise sind in Abfällen ausreichende Mengen an Spurenelementen und Nährstoffen vorhanden. Sollte dies nicht der Fall sein, so ist eine Zudosierung dieser Elemente notwendig. Durch die chemische Zusammensetzung und die Art des Substrats werden die auf die Biomasse einwirkenden Faktoren, wie z. B. der pH-Wert oder die hemmende Konzentration bestimmter Abbauprodukte, und die Qualität/Menge des erzeugten Biogases festgelegt. Bei den verschiedenen in Biogasanlagen eingesetzten Substraten handelt es sich um landwirtschaftliche Stoffe, organische Reststoffe aus der Industrie und kommunale und gewerbliche Abfallstoffe. Bei den landwirtschaftlichen Substraten handelt es sich um verschiedene Sorten energiereicher Pflanzen, zu denen unter anderem Mais, Futterrüben und Kleegras gehören, und um organische Abfälle aus der Tierhaltung (Mist, Gülle).

Die Trockenmassegehalte dieser Substratgruppen können aufgrund natürlich vorkommender Schwankungen stark abweichen und führen zu unterschiedlichen Biogaserträgen. Daher sollte die Beschaffenheit des zu vergärenden Substrats gleichmäßig sein. Gut geeignete Co-Substrate sind Reststoffe der Pflanzenproduktion (z. B. Kartoffeln, Rübenblätter), da sie einen hohen Kohlenstoffanteil und eine hohe Verdaulichkeit besitzen. Heutzutage werden auch nachwachsende Rohstoffe (NaWaRO) zur Energiegewinnung eingesetzt. Hierzu zählen unter anderem Silomais, Getreidepflanzen, Gräser mit hohem Biomasseertrag, Rüben sowie weitere Feldfrüchte. Ziel dieser Art von Energiegewinnung ist es, einen hohen Methanertrag bei gleichzeitig geringen Anbau-, Ernte- und Verarbeitungskosten zu erreichen. Organische Reststoffe aus der Industrie können in Biogasanlagen eingesetzt werden, weil sie oft niedrige Trockenmassegehalte haben und biologisch leicht abzubauen sind. Prozessrückstände aus der Lebensmittelindustrie sind z. B. Abfälle aus der Lebensmittelherstellung und -verarbeitung. Glycerin, welches als Nebenprodukt bei der Umesterung von Biodiesel entsteht, lässt sich ebenfalls einsetzen. Abfälle aus kommunalen und gewerblichen Reststoffen können bei der Biogasgewinnung nur dann als Substrate eingesetzt werden, wenn sie strukturschwach und wasserreich sind und wenig Schadstoffe enthalten. Unter die schwer vergärbaren Reststoffe fallen Abfälle aus der Biotonne. Diese besitzen eine zu hohe Schadstoffbelastung und zudem eine heterogene Zusammensetzung. Anders verhält es sich bei Reststoffen aus dem Gastronomiebereich. Aufgrund der nahezu homogenen Zusammensetzung und einem sehr hohen Trockenmassegehalt von ungefähr 90 % liefern Abfälle aus Backfabriken und Konditoreien hohe Methanerträge.

Hemmung durch Sauerstoff

Der anaerobe Abbau von organischen Verbindungen findet unter Ausschluss von Sauerstoff statt. Strikt anaerobe methanogene Bakterien können nur in einem sauerstofffreien Milieu wachsen. Bereits geringe Sauerstoffkonzentrationen führen zu einer Hemmung ihres Stoffwechsels und damit zu einer geringeren Methanproduktion. Daneben gibt es auch fakultative anaerobe Mikroorganismen die sowohl in Gegenwart von Sauerstoff als auch in dessen Abwesenheit wachsen können. Um den Eintrag von Luftsauerstoff und somit die Hemmung der Methanbakterien zu vermeiden, wird die Biogaserzeugung in geschlossenen Reaktionsräumen durchgeführt.

Hemmung durch Schwefelverbindungen

In einem Anaerobreaktor entsteht Methan zum einen aus Kohlendioxid und Wasserstoff und zum anderen aus Essigsäure. Diese Reaktionen werden von Methanbakterien durchgeführt.

$$CO_2 + 4\,H_2 \rightarrow CH_4 + 2\,H_2O$$

$$CH_3COOH \rightarrow CH_4 + CO_2$$

Ist im Abfall zusätzlich noch Sulfat vorhanden, setzen sulfatreduzierende Bakterien das Sulfat (SO_4^{2-}) zu Schwefelwasserstoff (H_2S) um.

$$SO_4^{2-} + 4\,H_2 \rightarrow H_2S + 2\,H_2O + 2\,OH^-$$
$$SO_4^{2-} + CH_3COOH \rightarrow H_2S + 2\,HCO_3^-$$

Aus den Gleichungen wird ersichtlich, dass Methanbakterien und sulfatreduzierende Bakterien um dieselben Substrate Wasserstoff und Essigsäure konkurrieren, wobei die Reaktionen zur Sulfatreduktion bevorzugt ablaufen, sodass bei einer erhöhten Sulfatkonzentration nur eine verminderte Methanbildung erfolgt. Der gebildete Schwefelwasserstoff ist sehr toxisch und wirkt als Zellgift, was zu einer Hemmung des Abbaus führt.

Hemmung durch Schwermetalle
Manche Schwermetalle, wie z. B. Quecksilber, Kupfer oder Silber, wirken bereits in geringen Konzentrationen stark toxisch auf Enzyme. Sie binden die SH-Gruppen der Enzyme und bewirken damit eine Veränderung der Proteinstruktur. Ab wann ein Schwermetall hemmend oder toxisch wirkt, ist für jede Metallart verschieden und hängt sowohl von der Konzentration des Metalls als auch von den chemischen und physikalischen Eigenschaften der Umgebung ab. Eine durch Schwermetalle hervorgerufene hemmende Wirkung spiegelt sich in einer verringerten Methangasproduktion wider. Eine Hemmung kann mit einer Schwermetallsulfidfällung behoben werden. Dabei werden die Schwermetalle durch eine gezielte Zudosierung als schwer lösliche Metallsulfide ausgefällt,

$$Hg^{2+} + H_2S \rightarrow HgS + 2\,H^+,$$

$$2\,Ag^+ + H_2S \rightarrow Ag_2S + 2\,H^+,$$

so dass sie in dieser Form keine toxischen Eigenschaften mehr besitzen.

13.6.3 Verfahrenstechnik der anaeroben Substratbehandlung

Ursprünglich war das Einsatzgebiet der Biogasanlagen auf tierische Exkremente in der Landwirtschaft, Schlammstabilisierung in kommunalen Kläranlagen und Abwässer mit hoher organischer Fracht beschränkt. Durch große Fortschritte im Bereich der Reaktortechnik wurden weitere Einsatzmöglichkeiten entwickelt. In Abb. 13.11 ist ein allgemein gehaltenes Fließschema einer anaeroben Anlage zur Erzeugung von Biogas dargestellt.

Substrataufbereitung
Um den biologischen Vergärungsprozess wirtschaftlich gestalten zu können, ist die Substrataufbereitung unerlässlich. Sie sorgt dafür, dass sich das Substrat für die im Prozess eingesetzten Bakterien in einem optimal vorbereiteten Zustand befindet. Die Aufbereitung des zu vergärenden Materials wird anlagenspezifisch aus verschiedenen verfahrenstechnischen Schritten wie Zerkleinern, Trennen/Sortieren oder Mischen zusammengestellt. Manche Abfälle erfordern zudem eine Hygienisierung vor dem Vergären. Störstoffe, wie z. B. Schwermetalle oder Steine, sind abzutrennen, um einen reibungslosen Anlagenbetrieb zu gewährleisten. Manche Substrate erfordern vor dem Vergärungsprozess eine Hygienisierung. Dazu werden meistens Rührkessel mit Mantelheizung und mechanischem Rührwerk verwendet, deren Sterilisierungsprogramm automatisch abläuft. Die Entleerung erfolgt nachdem die erforderliche Hygienisierungstemperatur und -zeit für das jeweilige Füllgut erreicht sind. Mithilfe von Wärmetauschern kann dann im Gegenstrom das neue Material vorgewärmt werden. Da die Befüllung und Entleerung diskontinuierlich erfolgen, müssen für einen konstanten Zulauf zur Vergärungsanlage mindestens zwei Hygienisierungsbehälter betrieben werden.

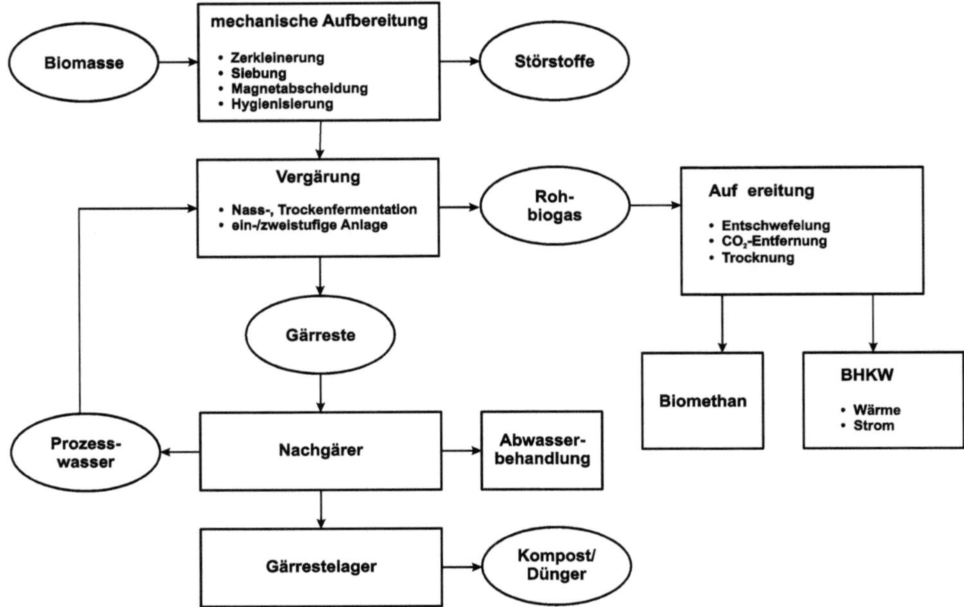

Abb. 13.11 Prozessablauf einer anaeroben Abfallbehandlungsanlage

13.6.4 Vergärungsverfahren

Aufgrund des Wassergehalts im Reaktor kann zwischen zwei Verfahrensprinzipien, der Nass- und Trockenfermentation unterschieden werden. Die Nassvergärung findet unter einer Rückführung von Prozesswasser statt, sodass eine Maische mit einem Feststoffgehalt von 8–15 % entsteht. Bedingung hierfür ist jedoch, dass die Masse rühr- und pumpfähig bleibt. Die Trockensubstanz (TS) der Trockenvergärung liegt im Bereich von 20–40 %, was ungefähr dem Ausgangsgehalt der organischen Abfälle entspricht. Dies kann Vorteile in der Prozessführung bieten. Bei einer TS von über 40 % tritt ein Wassermangel auf, der zu Prozessstörungen führt.

Einstufige Nassfermentation
Bei diesem Verfahren werden meistens voll durchmischte Reaktoren in mesophiler oder thermophiler Betriebsweise verwendet. Hydrolyse und Methanbildung finden simultan im Reaktor statt. Der aufbereitete Biomüll wird mit einem Trockensubstanzgehalt von 8–15 % in den Reaktor gepumpt und dort fermentiert. Ein Teil des Prozesswassers wird dazu benutzt, den organischen Abfall mit Bakterien anzuimpfen. Einstufige Nassvergärungsreaktoren werden mechanisch durch Rührwerke oder pneumatisch durch Einpressen von Biogas durchmischt. Einstufige Verfahren haben den Vorteil, dass sich die Betriebsführung und die Verfahrensgestaltung sehr einfach und kostengünstig gestalten

lassen. Alle Abbaureaktionen finden in einem Reaktor statt. Dadurch sind Anpassungen an das Wachstumsmilieu einzelner Mikroorganismen nur eingeschränkt möglich. Die Verweilzeit ist länger als in zweistufigen Verfahren und der Wirkungsgrad ist etwas niedriger.

Zweistufige Nassfermentation

Im Falle eines zweistufigen Verfahrens erfolgt vor der Methanisierung eine Abtrennung der nichthydrolysierten Feststoffe. Zweistufige Reaktoren haben die Möglichkeit, für Hydrolyse und Methanisierung den jeweils beteiligten Mikroorganismen angepasste Bedingungen zu bieten. Dies erhöht den Abbaugrad und die Stabilität des Systems und somit letztlich auch den Wirkungsgrad. Schadstoffe können ebenfalls leichter abgetrennt werden. Demgegenüber stehen höhere Kosten durch den gesteigerten maschinellen und apparativen Aufwand und laufend höhere Prozesskosten. Die nichthydrolysierten, abgetrennten Feststoffe müssen aus geruchlichen Gründen einer aeroben Nachbehandlung (Kompostierung) unterzogen werden, um die enthaltenen kurzkettigen Fettsäuren abzubauen. Daher muss dieser Mehraufwand trotz prozesstechnischer Vorteile im Vergleich zum einstufigen Verfahren auch berücksichtigt werden.

Trockenfermentation

Die meisten einstufigen Trockenvergärungsanlagen weisen im Betrieb eine Pfropfenströmung auf. Die Reaktoren sind entweder siloartige Vertikalreaktoren oder horizontale Gärkanalreaktoren (Abb. 13.12).

Bei Vertikalreaktoren wird das vorbehandelte organische Material von oben zugeführt und die Gärreste werden von Förderschnecken am Boden aus dem Reaktor entfernt. Gärkanalreaktoren sind nahezu vollständig gefüllt. Langsam drehende Förderschnecken bewirken eine Quervermischung des Materials und transportieren es zum Reaktorausgang. Bei der einstufigen Trockenfermentation werden Störstoffe aus dem Biomüll abgeschie-

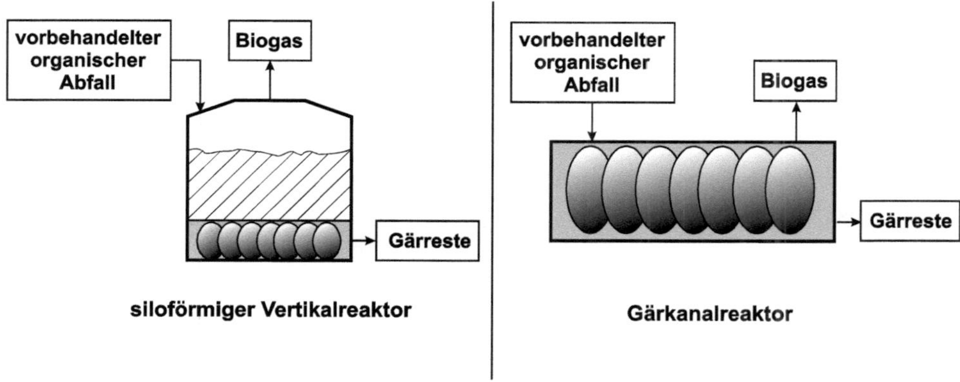

Abb. 13.12 Reaktoren für die einstufige Trockenvergärung

Tab. 13.3 Zusammensetzung von Biogasen

Verbindung	Konzentration/Vol.-%
Methan (CH_4)	40–75
Kohlendioxid (CO_2)	25–60
Stickstoff (N_2)	< 7
Sauerstoff (O_2)	< 2
Wasserstoff (H_2)	< 1
Schwefelwasserstoff (H_2S)	< 1

den. Die Feinfraktion wird direkt in den Fermenter gepumpt, während die grobe Fraktion zuerst zerkleinert wird. Durch Zugabe von Prozesswasser wird ein Trockensubstanzgehalt von 20–40 % eingestellt. Durch Einpressen von Biogas wird der Fermenterinhalt fortlaufend durchmischt. Nach drei Wochen Verweilzeit bei mesophiler Prozessführung werden die Gärreste entnommen, anschließend entwässert und nach erneuter mechanischer Aufbereitung einer Nachkompostierung unterzogen. Bei der zweistufigen Trockenfermentation werden Hydrolyse- und Methanisierungsreaktion getrennt. Vom Prinzip her ähnelt sie der entsprechenden Nassfermentation.

13.6.5 Vergärungsprodukte

Bei der Erzeugung von Biogas fallen als Nebenprodukte noch Gärreste an. Außerdem muss das Biogas aufbereitet werden, während die Gärreste als Dünger oder Kompost Verwendung finden können. Das nach der Vergärung erhaltene Biogas ist in seiner Zusammensetzung abhängig von den Eingangsstoffen und der Auslegung der Anlage (Tab. 13.3).

Zur Entfernung des giftigen Schwefelwasserstoffs (H_2S) erfolgt nach dem Fermentationsprozess eine Entschwefelung. Vorhandener Wasserdampf lässt sich durch Abkühlen auskondensieren. Kohlendioxid (CO_2) lässt sich mittels Druckwasserwäsche entfernen.

13.7 Aufgaben für die Praxis

- Was wird unter biogenen Energieträgern verstanden?
- Was sind NaWaRo?
- Erläutern Sie die Prozesskette zu biogenen Energieträgern.
- Welche Prozesse zur thermochemischen, physikalisch-chemischen und/oder biochemischen Umwandlung existieren?
- Wie haben sich Biodiesel und Bioethanol mengenmäßig national und global entwickelt?
- Erläutern Sie die Verwendungszwecke für Biodiesel, -ethanol und Biogas.
- Wie wird Biodiesel hergestellt?
- Wie lässt sich Bioethanol gewinnen?
- Erläutern Sie die Erzeugung von Biogas.

Literatur

1. Deutsches Biomasseforschungszentrum (DBFZ); *Analyse und Bewertung ausgewählter zukünftiger Biokraftstoffoptionen auf der Basis fester Biomasse,* DBFZ Report Nr. 9, **2011**
2. Kaltschmitt, M.; Hartmann, H.; Hofbauer, H. (Hrsg.); *Energie aus Biomasse,* Springer-Vieweg, **2016,** 978-3-662-47437-2
3. Sachverständigenrat für Umweltfragen (SRU); *Klimaschutz durch Biomasse,* Erich Schmidt, **Juli 2007,** 978-3-503-10602-8
4. Bundesministerium für Wirtschaft und Energie (BMWi); *Zeitreihen zur Entwicklung der erneuerbaren Energien in Deutschland,* **Februar 2018**
5. Crop Energies AG; *Biokraftstoffproduktion weltweit,* **25.03.2017**
6. Schaaf, T.; *Herstellung von Biodiesel mit neuartigen, flüssigen Katalysatoren,* **2008**
7. Air Liquide; *BIODIESEL – Ultra Low in Precipitates,* **September 2017**
8. Bundesanstalt für Landwirtschaft und Ernährung (BLE); *Versorgungsbilanz für Getreide – Wirtschaftsjahr 2016/2017,* **2017**
9. Bundesverband der deutschen Bioethanolwirtschaft e.V. (BDB); *Die deutsche Bioethanolwirtschaft in Zahlen,* **06/2017**
10. VDI 3475 Blatt 5; *Biologische Abfallbehandlungsanlagen – Vergärung und Nachbehandlung, Beuth,* **Dezember 2013**

Weiterführende Literatur

1. Arnold, K. et al.; *BioCouple – Kopplung der stofflichen/energetischen Nutzung von Biomasse,* **Juni 2011**
2. *Biokraft-NachV; Biokraftstoff-Nachhaltigkeitsverordnung, Verordnung über Anforderungen an eine nachhaltige Herstellung von Biokraftstoffen,* **04.04.2016**
3. *BiomasseV; Biomasseverordnung, Verordnung über die Erzeugung von Strom aus Biomasse,* **13.10.2016**
4. *BioSt-NachV; Biomassestrom-Nachhaltigkeitsverordnung, Verordnung über Anforderungen an eine nachhaltige Herstellung von flüssiger Biomasse zur Stromerzeugung,* **13.10.2016**
5. Demirbas, A.; *Biofuels,* Springer, **2009,** 978-1-84882-010-4
6. Deublin, D.; Steinhauser, A.; *Biogas from Waste and Renewable Resources,* Wiley-VCH, **2008,** 978-3-527-31841-4
7. Die Bundesregierung; *Roadmap Bioraffinerien,* **Oktober 2014**
8. European Environment Agency (EEA); *How much bioenergy can Europe produce without harming the Environment?,* EEA Report No 7/2006, **2006,** 92-9167-849-x
9. European Parliament; *The Impact of Biofuels on Transport and the Environment, and their Connection with Agricultural Development in Europe,* **2015**
10. Graf, F.; Bajohr, S.; *Biogas-Erzeugung, Aufbereitung, Einspeisung*, Deutscher Industrieverlag, **2013,** 978-3-8356-3363-6
11. International Energy Agency (IEA); *Technology Roadmap – Delivering Sustainable Bioenergy,* **2017**
12. Knothe, G.; Krahl, J.; v. Gerpen, J.; *The Biodiesel Handbook,* AOCS Press, **2010,** 978-1-893997-62-2
13. Kuratorium für Technik und Bauwesen in der Landwirtschaft e.V. (KTBL); *Gasausbeute in landwirtschaftlichen Biogasanlagen,* **2005**
14. Müller-Langer, F. et al.; *Analyse und Evaluierung von Anlagen und Techniken zur Produktion von Biokraftstoffen,* Institut für Energetik und Umwelt gGmbH, **2007**

15. Prinz, N.; et al.; *Innovative Techniken: Beste verfügbare Techniken in ausgewählten Sektoren Teilvorhaben 5: Ermittlung des Standes der Technik der Herstellung von Biokraftstoffen unter Berücksichtigung der verschiedenen Produktionstechniken und Umweltauswirkungen,* Umweltbundesamt (UBA), Texte 20/2016, **Februar 2016**
16. Quaschning, V.; *Erneuerbare Energien und Klimaschutz,* Hanser, **2013,** 978-3-446-43809-5
17. Reinhardt, G. et al.; *Ökobilanzen zu BTL: Eine ökologische Einschätzung,* IFEU, **Mai 2006**
18. Shell Deutschland Oil GmbH (Hrsg.); *Nach Super E10: Welche Rolle für Bio-kraftstoffe?,* **September 2012**
19. Thrän, D.; Pfeiffer, D. (Hrsg.); *Meilensteine 2030 – Elemente und Meilensteine für die Entwicklung einer tragfähigen und nachhaltigen Bioenergiestrategie,* **09.07.2015**
20. TRGS *529; Tätigkeiten bei der Herstellung von Biogas*, Beuth, **Februar 2015**
21. Umweltbundesamt; *Ökobilanzen ausgewählter Biotreibstoffe,* Wien, **2012**
22. Umweltbundesamt (UBA); *Aktuelle Entwicklung und Perspektiven der Biogasproduktion aus Bioabfall und Gülle, Texte 41/2019,* **November 2018**
23. Umweltbundesamt (UBA); *Biogasanlagen – Sicherheitstechnische Aspekte und Umweltauswirkungen,* **März 2019**
24. United Nations Environment Programme (UNEP), *Assessing Biofuels,* **2009,** 978-92-807-3052-4
25. VDI 3475 Blatt 4; *Biogasanlagen in der Landwirtschaft – Vergärung von Energiepflanzen und Wirtschaftsdünger,* Beuth, **Juli 2007**
26. VDI 3896; *Aufbereitung von Biogas auf Erdgasqualität,* Beuth, **Juni 2014**
27. v.d. Voet; Lifset, J.R.; Luo, L.; *Life-cycle assessment of biofuels, convergence and divergence,* Biofuels 1(3), 435–449, **2010**
28. Wissenschaftlicher Beirat der Bundesregierung Globale Umweltveränderungen (WBGW); *Welt im Wandel – Zukunftsfähige Bioenergie und nachhaltige Landnutzung,* **2009,** 978-3-936191-21-9
29. Zah, R. et al.; *Harmonisation and extension of the bioenergy inventories and assessment,* Empa, **27.05.2014**
30. Zah, R. et al.; *Ökobilanz von Energieprodukten: ökologische Bewertung von Biotreibstoffen,* **22. Mai 2007**

14 Umweltrelevanz von Energieträgern

Mit dem Pariser Klimaschutzabkommen wurde eines der weltweit wichtigsten Abkommen getroffen, um die zukünftigen ökologischen, ökonomischen und sozialen Herausforderungen auf dem Planeten Erde zu meistern. Nur in einer gemeinsamen Anstrengung kann es gelingen, die weltweiten Umweltschäden zu minimieren bzw. zu verhindern. Dazu bedarf es einer deutlichen Verhaltensänderung jeder einzelnen Person und jedes einzelnen Unternehmens. Es ist nicht ausreichend, nur nach technischen Lösungen zu suchen. Die Einstellung des Menschen zu seiner sozialen Mitwelt und ökologischen Umwelt muss sich ändern. So kann sich auch die ökonomische Sichtweise nicht nur auf Finanzaspekte, Wirtschaftswachstum und Gewinn beschränken. Es ist dringend geboten, eine ganzheitliche Sichtweise zu ergreifen.

Trotz des Klimaschutzabkommens wird es in den nächsten Jahrzehnten zu einem weiteren Temperaturanstieg und zu einem Klimawechsel kommen. Es ist z. B. mit einer Veränderung der Niederschläge, mit zunehmenden Wetterextremen und einer Veränderung der Ökosysteme zu rechnen. Dies wird Auswirkungen auf alle Teile der Bevölkerung, auf die Unternehmen und die Umwelt haben. Die Herausforderungen sind immens. Unsere heutige auf fossilen Energieträgern basierende Energieerzeugung wird sich vollkommen wandeln. Diese Energiewende betrifft Bereiche wie die Strom- und Wärmeerzeugung, den Verkehrssektor oder industrielle Prozesse wie Stahlerzeugung und die chemische Industrie. Mit diesem Wandel werden tief greifende Veränderungen unserer Produktionsweisen und unserer Konsumgewohnheiten verbunden sein. Erst dann ist eine wirkliche Energiewende – eine Zeitenwende – möglich.

Der anstehende Klimawandel ist nur eines der Probleme im lokalen, regionalen und globalen Umweltschutz. Während die durch Emissionen bedingten Luftverunreinigungen in den Industrienationen durch entsprechende Technologien auf einen sehr niedrigen Stand verringert wurden, ist die Situation in wirtschaftlich aufstrebenden Ländern eine

G. Förtsch, H. Meinholz, *Handbuch Betrieblicher Immissionsschutz*,
https://doi.org/10.1007/978-3-658-29147-1_14

vollkommen andere. Aufgrund des Wirtschaftswachstums ist mit einer weiteren Belastung an Luftschadstoffen zu rechnen. Dies hat direkte negative Auswirkungen auf die Umwelt und die Gesundheit der Menschen. Hier sind zwingend Maßnahmen zur Verminderung der Umweltauswirkungen zu ergreifen.

14.1 Ökologischer Fußabdruck

Ein Maßstab für die Umweltbelastung ist der ökologische Fußabdruck. Im Vergleich zur Biokapazität des Planeten beschreibt er die Umweltauswirkungen durch sechs Faktoren:

- **Weideland:**
  bildet die für Grasland und Viehzucht benötigten Flächen ab.
- **Wald:**
  entspricht den Waldflächen.
- **Bebautes Land:**
  die Fläche, die für Häuser, Industrie, Verkehrswege in Anspruch genommen wird.
- **Ackerland:**
  sind alle landwirtschaftlich genutzten Flächen.
- **Fischgründe:**
  bildet die Fläche ab, die den Fischfang gewährleistet.
- **Kohlenstoff:**
  die zur Absorption der emittierten CO_2-Mengen benötigten Flächen.

Wie der ökologische Fußabdruck wird auch die Biokapazität des Planeten anhand der Faktoren Weideland, Wald, bebautes Land, Ackerland und Fischgründe berechnet. Als weltweit einheitliche Messgröße wird der globale Hektar verwendet. Er entspricht einem Hektar Fläche mit durchschnittlicher biologischer Produktivität. Um die unterschiedliche Fruchtbarkeit von Flächen (z. B. Ackerland oder Wüste) vergleichbar zu machen, werden die vorhandenen Flächen in Hektar über Ertragsfaktoren und Äquivalenzfaktoren in globale Hektarflächen (gha) umgerechnet.

Abb. 14.1 stellt einen Zusammenhang zwischen der globalen Biokapazität und dem ökologischen Fußabdruck her. Für die Biokapazität steht dem Menschen nur diese eine Erde zur Verfügung. Sie ist in der Abbildung der Vergleichsmaßstab zum ökologischen Fußabdruck. Zurzeit beträgt die Biokapazität etwa 1,8 gha/Person. Seit 1970 liegt der ökologische Fußabdruck über diesem Wert, mit steigender Tendenz. Momentan beträgt der ökologische Fußabdruck 2,7 gha/Person, d. h., die Biokapazität des Planeten wird um 50 % überschritten. Ohne Gegensteuerung würde der Mensch zur Mitte des Jahrhunderts drei Erden zur Befriedigung seiner Bedürfnisse benötigen. Das kann nur zu einem (teilweisen) Zusammenbruch entsprechender sozialer und ökologischer Systeme führen.

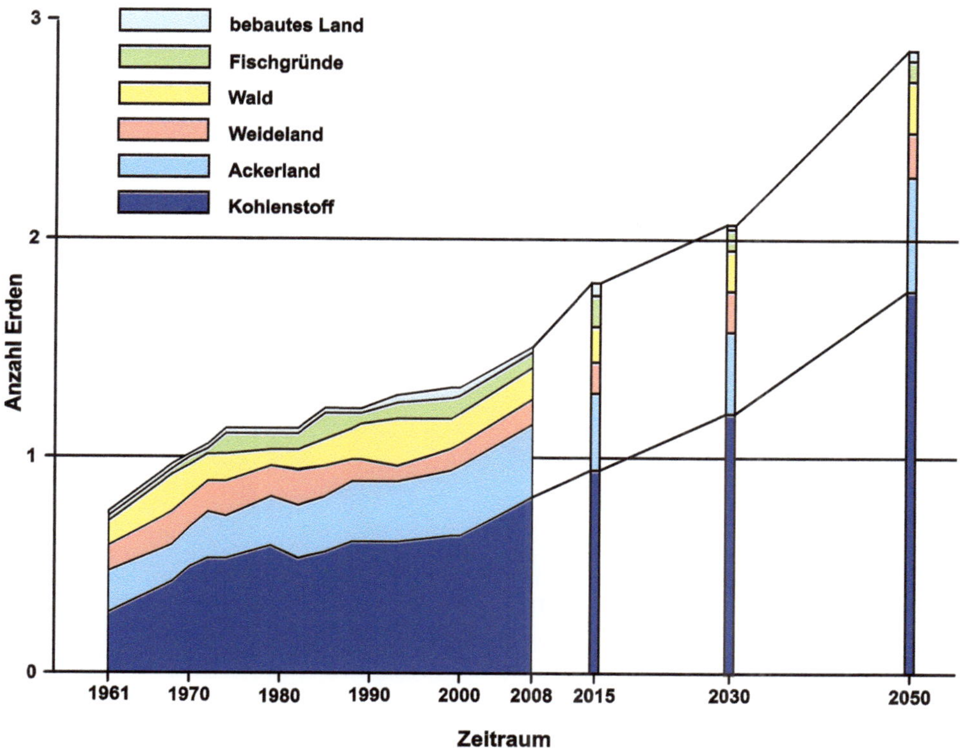

Abb. 14.1 Zeitliche Entwicklung des ökologischen Fußabdrucks [1]

Die ökologische Überlastung ist das Ergebnis eines übermäßigen Verbrauchs an natürlichen Ressourcen. Die größten Umweltauswirkungen gehen dabei von unserer kohlenstoffbasierten Wirtschaftsweise aus. Der Einsatz der fossilen Energieträger trägt rund zur Hälfte zum ökologischen Fußabdruck bei, da die Natur nicht in der Lage ist, das emittierte CO_2 vollständig zu absorbieren. Die Folgen der ansteigenden CO_2-Konzentrationen sind unmittelbar als Klimawandel spürbar. Die Abb. 14.2 zeigt den ökologischen Fußabdruck für Deutschland. Durch die Erhaltung und Verbesserung der Biodiversität hat sich die deutsche Biokapazität leicht erhöht. Deutlich verbessert hat sich der ökologische Fußabdruck. Seit Anfang der 1970er-Jahre ist eine Abnahme der Umweltbelastungen zu verzeichnen. Trotzdem ist der ökologische Fußabdruck immer noch doppelt so hoch wie die Biokapazität. Weitere Maßnahmen sind somit unumgänglich, um ein ökologisches Gleichgewicht zu erzielen.

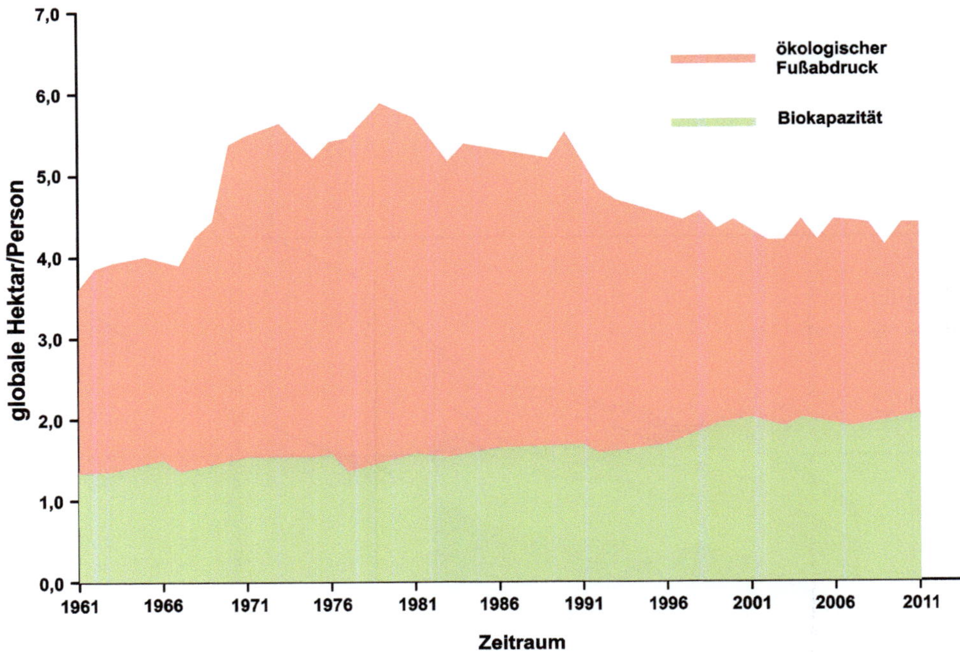

Abb. 14.2 Biokapazität und ökologischer Fußabdruck für Deutschland [2]

14.2 Carbon Footprint

Der Carbon Footprint ist ein Teil des ökologischen Fußabdrucks. Im Kontext des Unternehmens lässt sich daraus ein Nutzen ziehen:

- Bewusstsein für die Treibhausgasemissionen und deren Umweltauswirkungen,
- Normierung der Energieträger und des Energieverbrauchs auf eine einheitliche Größe,
- Identifizierung von Maßnahmen zur Energieeinsparung und zur Reduktion von Emissionen,
- Entwicklung einer unternehmerischen Klimastrategie.

Durch die relativ einfache Berechnung und leichte Verständlichkeit hat der Carbon Footprint eine gute Akzeptanz und regt zu einem Nachdenken und Umdenken bzgl. des ökologischen Verhaltens an. Er lässt sich unter drei Aspekten betrachten:

- Personal Carbon Footprint,
- Product Carbon Footprint,
- Corporate Carbon Footprint.

Personal Carbon Footprint
Im Personal Carbon Footprint werden die von einem einzelnen Menschen verursachten direkten und indirekten CO_2-Emissionen bzw. die CO_2-Äquivalente gemessen. Zur Erstellung werden treibhausgasrelevante Felder aus den Bereichen Wohnen, Mobilität, Ernährung, Konsum etc. berücksichtigt. Zur individuellen Berechnung bietet das Umweltbundesamt unter uba.CO2-rechner.de eine entsprechende Möglichkeit an.

Product Carbon Footprint
Beim Product Carbon Footprint werden die Treibhausgasemissionen entlang des gesamten Produktlebenszyklus betrachtet. Es wird der gesamte Lebensweg von der Rohstoffgewinnung über die Produktherstellung und -nutzung bis hin zur Entsorgung berücksichtigt. Aus der Ermittlung des Product Carbon Footprint kann ein Unternehmen folgende Vorteile ziehen:

- Transparenz in der Wertschöpfungskette,
- Relevanz des Produkts bzgl. seiner Umweltauswirkungen,
- Identifizierung von Optimierungsmaßnahmen entlang der gesamten Prozesskette.

Corporate Carbon Footprint
Der Corporate Carbon Footprint bezieht sich auf alle direkten und indirekten Treibhausgasemissionen eines Unternehmens. Das Ziel liegt in der Quantifizierung der gesamten unternehmensbedingten Emissionen. Der Unternehmensbezug schließt auch ausgelagerte Prozesse und Lieferanten/Dienstleister mit ein. Auch hier ergeben sich Möglichkeiten zur Prozessoptimierung im gesamten Unternehmen. Für kleine und mittlere Unternehmen (KMU) bietet der standortbezogene oder unternehmensbezogene Corporate Carbon Footprint einige Vorteile, da er sich aus den einzelnen Treibhauskategorien relativ leicht erstellen lässt. In den nachfolgenden Ausführungen wird er auf die DIN ISO 50006 bezogen. Diese Norm fordert die Ermittlung einer energetischen Ausgangsbasis und die Aufstellung von Energieleistungskennzahlen. Dabei ist die energetische Ausgangsbasis ein zeitlicher (z. B. Bezugsjahr) und räumlicher (z. B. Standort) Referenzpunkt. Er dient als Basis, um einen Vergleich der energiebezogenen Leistung zu ermöglichen. In einem 1. Schritt ist dazu der Bilanzierungsraum für das Unternehmen mit seinen einzelnen Bestandteilen und Prozessen festzulegen. Abb. 14.3 zeigt dazu ein Beispiel.

Der Standort des Unternehmens ist mit seinen einzelnen Gebäuden und (Teil-)Prozessen dargestellt. Als Hauptenergiequellen werden Strom und Erdgas genutzt. Daneben fallen noch Kraftstoffe für den Fuhrpark an. Weitere klimarelevante Stoffe werden nur in geringen Mengen verbraucht. Über das jeweilige Treibhauspotenzial lassen sie sich in CO_2-Äquivalente umrechnen. Im Beispielfall werden sie nicht weiter berücksichtigt. Die Energieträger Strom, Gas und Kraftstoffe werden einerseits auf eine einheitliche energetische Basis (kWh) bezogen. Andererseits lassen sie sich über Emissionsfaktoren auf die Masse an emittiertem CO_2 – und damit auf den Carbon Footprint – normieren. In den Tab. 14.1, Tab. 14.2 und Tab. 14.3 finden sich Übersichten der Emissionsfaktoren für die Strom- und Wärmeerzeugung sowie für den Kraftstoffeinsatz. Mithilfe der aufgeführten Normen lassen sich Audits zur fortlaufenden Verbesserung des Energiemanagements durchführen.

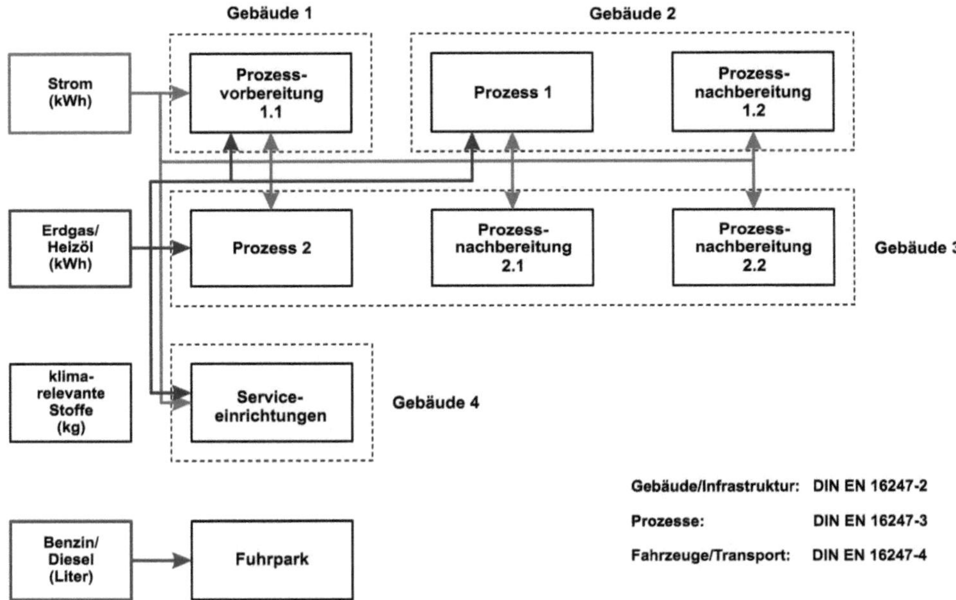

Abb. 14.3 Bilanzräume und Prozesse im Unternehmen (Beispiel)

Tab. 14.1 Emissionsfaktoren der Stromerzeugung [3]

Energieträger	Emissionsfaktor m(CO_2-Äquivaltente) in g/kWh
Rohbraunkohle	414,4
Steinkohle	391,1
Erdgas	243,5
Öl	315,4
Kernenergie	22,4
Fotovoltaik	67,3

(Fortsetzung)

Tab. 14.1 (Fortsetzung)

Energieträger	Emissionsfaktor m(CO_2-Äquivaltente) in g/kWh
Windenergie	
- onshore	10,6
- offshore	6,09
Wasserkraft	
- Laufwasser	2,7
- Pumpspeicher	25,7
Feste Biomasse	
- Altholz	20,2
- Pellets	50,5
Biomethan	
- Abfall, Reststoff	146,6
- Gülle	139,3
- Energiepflanzen	178,4
Klärschlamm	8,64
Klärgas	54,2
Deponiegas	50,0

Tab. 14.2 Emissionsfaktoren der Wärmeerzeugung (Industrie; [3])

Energieträger	Emissionsfaktor m(CO_2-Äquivalente) in g/kWh
Braunkohlebriketts	443,6
Steinkohlen	427,8
Erdgas	246,8
Heizöl/Diesel	317,9
Fernwärme	310,9
Feste Biomasse	
- Altholz	15,7
- Restholz (Mix)	23,9
- Pellets (Mix)	22,0
- Waldrestholz (Mix)	29,3
Biomethan	
- Abfall, Reststoff	137,8
- Gülle	130,5
- Energiepflanzen	169,7
Solarthermie	
- Flachkollektor	22,4
- Vakuumröhren	26,9
Wärmepumpe Luft-Wasser	
- Elektro	200,6
- Erdgas	54,3
Klärschlamm	10,8
Klärgas (Mix)	35,2
Deponiegas	36,4

Tab. 14.3 Emissionsfaktoren im Verkehrssektor [3]

Energieträger	Emissionsfaktor m(CO_2-Äquivalente) in g/kWh
Diesel	301,3
Ottokraftstoff	301,3
Erdgas	250,5
Biodiesel	
- Raps	95,8
- Soja/Sonnenblumen	80,7
- Palmöl	63,7
- Abfall, Reststoff	19,3
Bioethanol	
- Getreide	58,3
- Mais	46,3
- Zuckerrüben	79,4
- Zuckerrohr	34,8
- Abfall, Reststoff	166,7
Biomethan	
- Abfall, Reststoff	28,0

Tab. 14.4 Carbon Footprint für ein Unternehmen

Energieträger	Energieverbrauch/MWh	Treibhausgasemissionen/t CO_2-Äquivalente
Strom	3900	1100
Wärme	4800	1240
Kraftstoff	220	70
Summe	8920	2410

In einem kleinen oder mittelständischen Unternehmen ist es ausreichend, sich auf den Standort zu beschränken. Über entsprechende Messstellen lassen sich die Energieverbräuche für einzelne Gebäude, Prozesse oder Anlagen bestimmen. Sehr oft sind die notwendigen Messpunkte nicht vorhanden und müssen nachgerüstet werden. Sonst können die Energieverbräuche nur geschätzt bzw. über die Anschlusswerte der Anlage und deren Betriebsdauer ermittelt werden. Aus den jeweiligen Energieverbräuchen in kWh und den Emissionsfaktoren in g(CO_2-Äq.) pro kWh lassen sich die emittierten CO_2-Äquivalente (CO_2-Äq.) berechnen. Der sich in der Summe ergebende Carbon Footprint für das Unternehmen kann einerseits als energetische Ausgangsbasis und andererseits als Energieperformanceindikator eingesetzt werden. In Tab. 14.4 sind beispielhaft die Daten für ein Unternehmen zusammengefasst.

Aus einer Detailanalyse des Energiesektors heraus lassen sich Energieeffizienzpotenziale und Möglichkeiten zur Verminderung der Treibhausgasemissionen identifizieren.

14.3 Umweltrelevanz von fossilen und regenerativen Energieträgern

In diesem Abschnitt werden die Umweltauswirkungen verschiedener fossiler und regenerativer Energieträger miteinander verglichen. Dazu werden die Daten der Probas-Datenbank des Umweltbundesamtes verwendet. Innerhalb der fossilen Energieträger werden Stein- und Braunkohle sowie Erdgas und Erdöl betrachtet. Zum Vergleich wird die regenerative Energiegewinnung durch Wasser- und Windkraft sowie durch Solarenergie (Fotovoltaik) untersucht. Durch die Gegenüberstellung ausgewählter Emissionswerte soll dargestellt werden, wie die regenerativen Energieträger abschneiden. Alle Daten beziehen sich auf das Jahr 2010.

Kohle hat in Deutschland und der Welt einen großen Anteil an der Energieerzeugung (Strom, Wärme). Dabei sind die Emissionen bei der Verwendung von Braunkohle bzw. Steinkohle zu unterscheiden. In Abb. 14.4 werden die Emissionen bzgl. Kohlendioxid (CO_2), Methan (CH_4), Stickoxide (NO_x) und Schwefeldioxid (SO_2) miteinander verglichen. Für den Braunkohleprozess wurde ein Kraftwerk mit 600 MW Leistung, einem Nutzungsgrad von 43 % und einer Betriebsdauer von 30 Jahren zugrunde gelegt. Beim Steinkohlekraftwerk handelt es sich um ein Kraftwerk mit einer Dampfturbinenleistung von 700 MW, einem Nutzungsgrad von 45,4 % und einer Betriebsdauer von 30 Jahren. Bei der Verwendung von rheinischer Braunkohle sind die CO_2-Emissionen im Vergleich zur Steinkohle um rund 30 % höher. Ein großer Unterschied liegt in den Methanemissionen, die bei Steinkohle deutlich höher sind. Beim Steinkohleabbau wird Grubengas freigesetzt, das hauptsächlich aus Methan besteht und in die Atmosphäre entweicht. Bei beiden Energieträgern sind die NO_x- und SO_2-Emissionen relativ gering.

Die Windenergie ist eine tragende Säule der Energiewende. Sie hat sich rasant entwickelt und liefert einen bedeutenden Beitrag zur Stromerzeugung. Je höher die mittlere Windgeschwindigkeit am Standort und je größer die Rotoren, desto größer ist der Ertrag. Gut vergleichen lassen sich Windkraftanlagen im Binnenland, an der Küste (onshore) und auf dem Meer (offshore). Abb. 14.5 zeigt auch hier die CO_2-, CH_4-, NO_x- und SO_2-Emissionen der verschiedenen Anlagentypen. Sie lassen sich direkt mit den fossilen Energieträgern aus Abb. 14.4 vergleichen. Für die regenerative Energieerzeugung wurde eine Windkraftanlage mit 2,2 MW Leistung und einer Lebensdauer von 20 Jahren betrachtet. Die Windkraftanlage im Binnenland weist durchgehend die schlechtesten Werte auf. Nahe beieinander liegen die Emissionswerte für Onshore- und Offshoreanlagen. Die Begründung liegt in den unterschiedlichen Windkraftverhältnissen an den jeweiligen Standorten. Im Binnenland ist die durchschnittliche Windgeschwindigkeit niedriger. Nur durch große Masthöhen und größere Rotordurchmesser ist ein wirtschaftlicher Betrieb möglich. Der notwendige höhere Materialein-

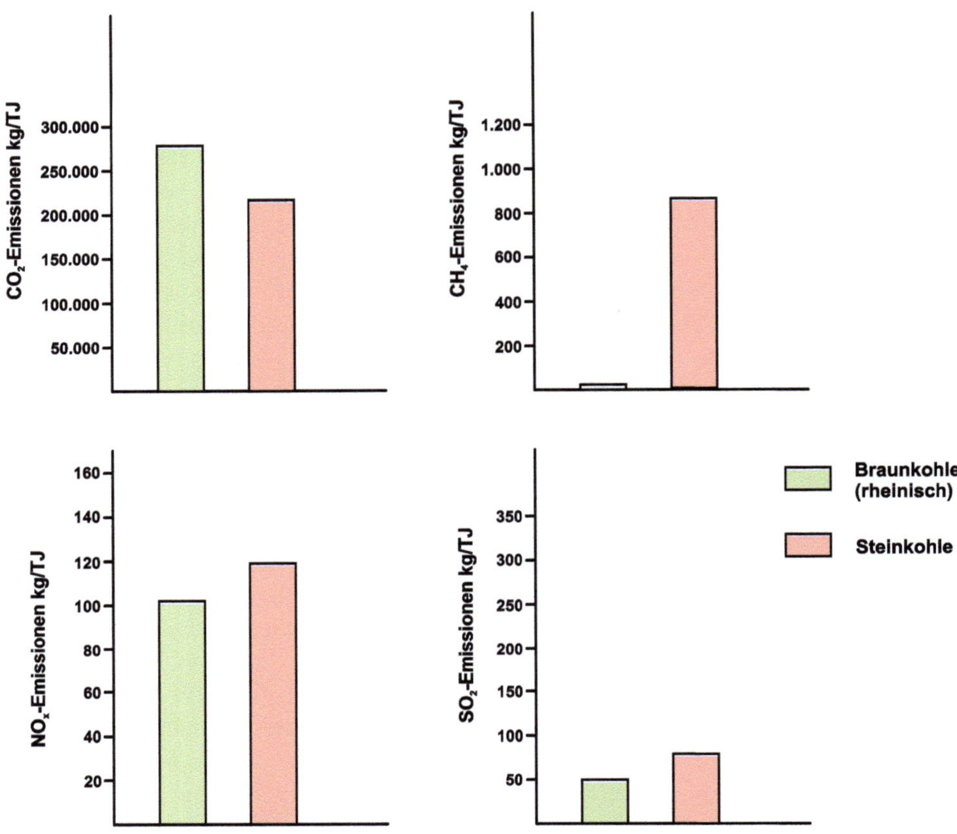

Abb. 14.4 Vergleich der Emissionswerte für Kohle [4]

satz und die ungünstigeren Windverhältnisse sind der Grund für die höheren Emissionen bei Anlagen im Binnenland. Die Emissionen für Onshore- und Offshoreanlagen liegen nahe beieinander, wobei die auf dem Meer errichteten Windkraftanlagen leicht schlechter abschneiden. Der Grund liegt im höheren Materialbedarf bei auf dem Meer errichteten Anlagen, da diese stärkeren Wind- und Wetterverhältnissen standhalten müssen.

Im folgenden Abschnitt werden die CO_2-Emissionen der fossilen Energieträger

- Steinkohle,
- Braunkohle (rheinisch),
- Erdgas (GuD),
- Leichtöl (GuD)

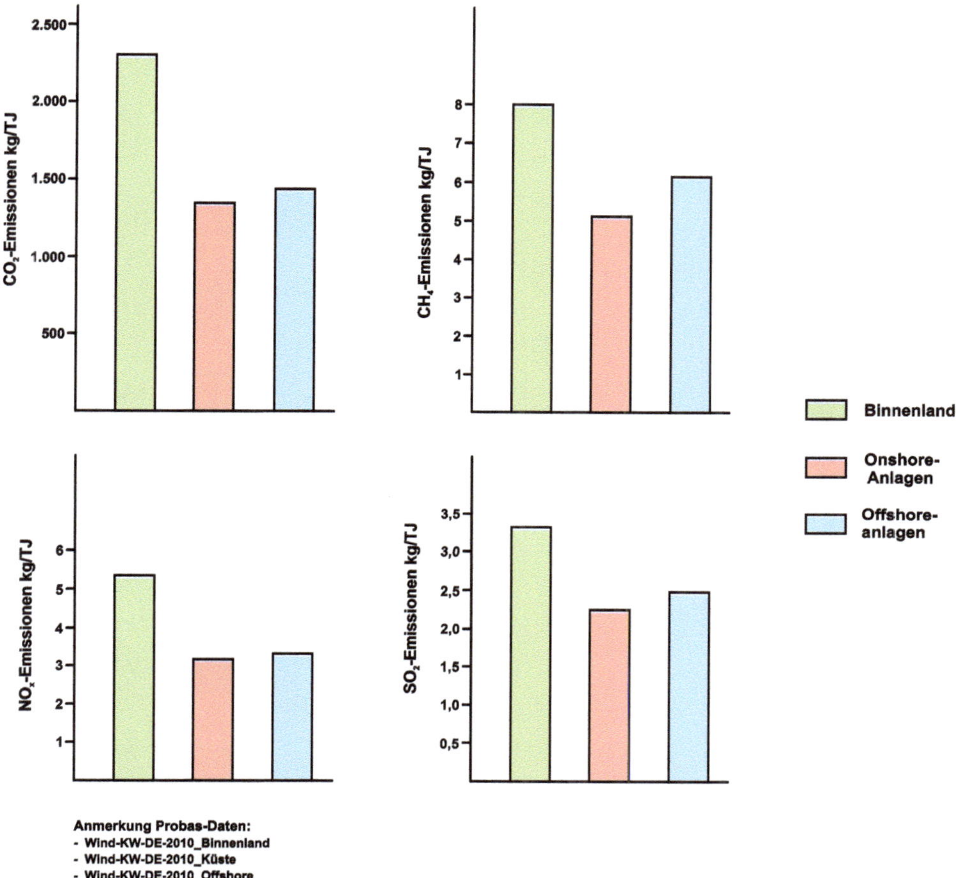

Abb. 14.5 Vergleich der Emissionswerte für Windkraft [4]

mit den CO_2-Emissionen der regenerativen Energieträger

- Windkraft (offshore),
- Windkraft (Binnenland),
- Wasserkraft,
- Fotovoltaik (polykristallin)

verglichen (Abb. 14.6). Die Unterschiede sind deutlich zu erkennen. Bei den fossilen Energieträgern sticht die Kohle im negativen Sinne heraus. Von allen fossilen Energieträgern hat Erdgas die niedrigsten CO_2-Emissionen. Trotzdem liegen selbst diese deutlich über den CO_2-Emissionen der regenerativen Energieträger. Dort schneidet die Windkraft am besten ab. Der höhere Wert für die Fotovoltaik erklärt sich aus dem energieintensiven Prozess zur Gewinnung von polykristallinem Silicium. Der Herstellungsprozess basiert auf dem Einsatz von fossilen Energieträgern.

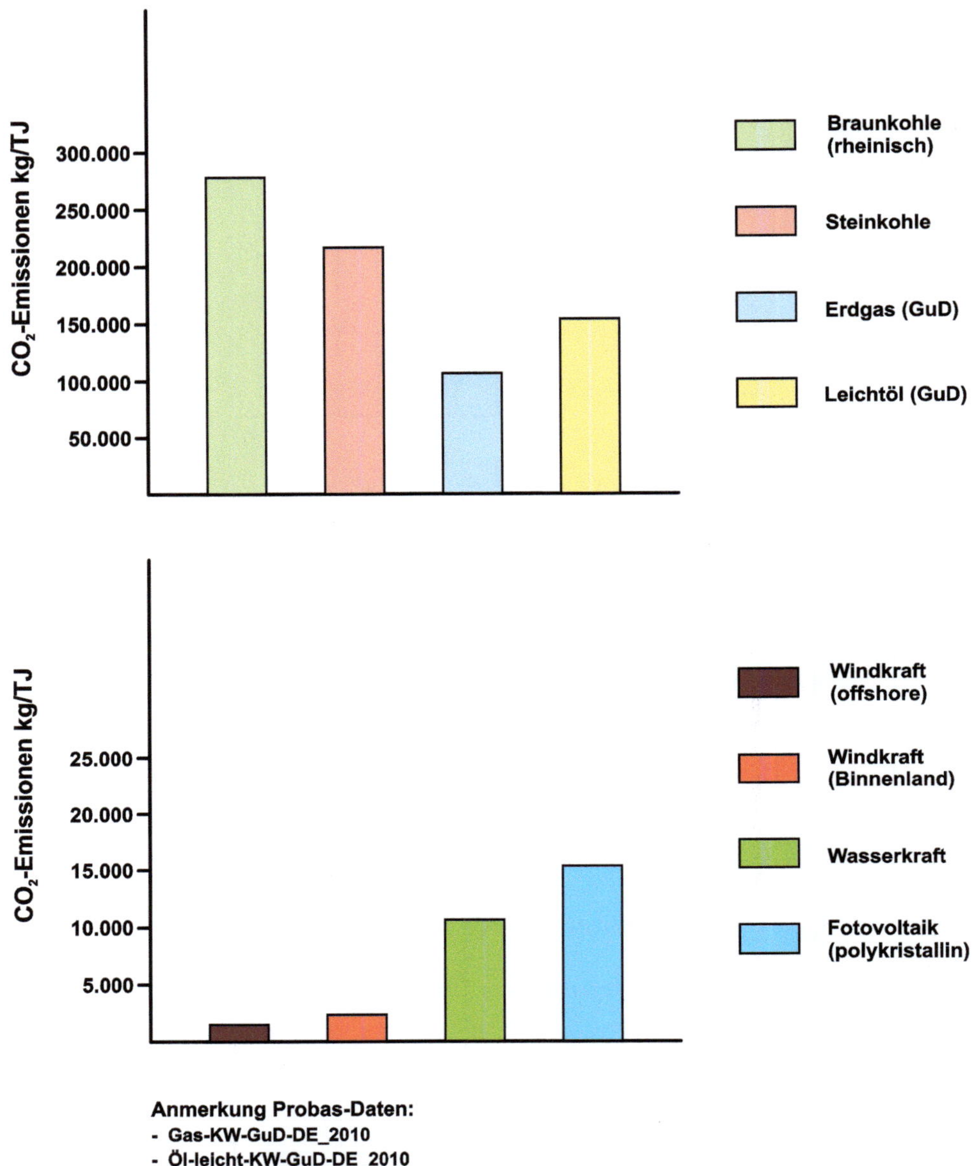

Abb. 14.6 Vergleich der CO_2-Emissionen fossiler zu regenerativen Energieträgern [4]

In Abb. 14.7 wird ein entsprechender Vergleich für die NO_x-Emissionen dargestellt. Auch hier sind die Unterschiede zwischen fossilen und regenerativen Energieträgern deutlich zu erkennen. Bei den fossilen Energieträgern zeigt die rheinische Braunkohle die niedrigsten NO_x-Emissionen. Bei den regenerativen Energien schneidet – wie bei den CO_2-Emissionen – die Windkraft am besten ab.

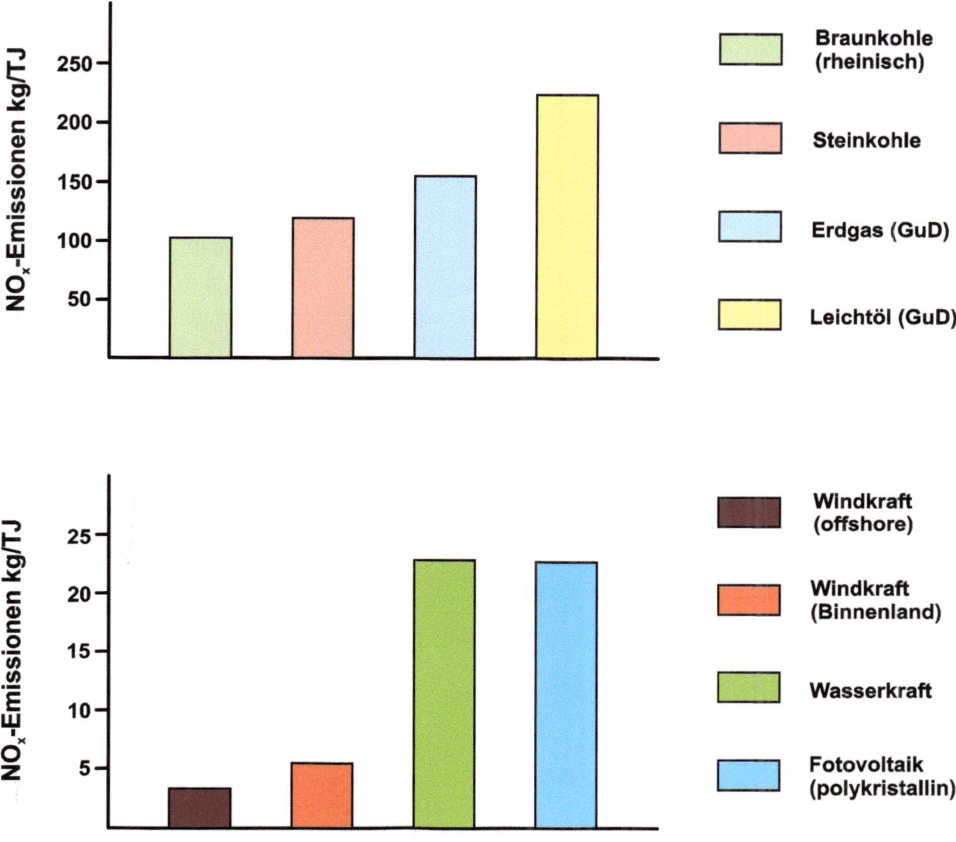

Abb. 14.7 Vergleich der NO_x-Emissionen fossiler zu regenerativen Energieträgern [4]

14.4 Umweltrelevanz biogener Energieträger

Wie jeder Prozess und jedes Produkt haben auch biogene Energieträger eine Auswirkung auf die Umwelt. Für eine Bewertung der Umweltauswirkungen sind verschiedene Stoffe in ihren Umweltaspekten zu vergleichen (Abb. 14.8). Bezugsgröße für die vergleichende Bewertung sind die Umweltauswirkungen von Benzin im Schweizer Mix (CH-mix). Im Rahmen der Bewertungsstudie wurden fünf Klassen gebildet:

- mehr als 67 % über Referenz (dunkelrot),
- 5–67 % über Referenz (hellrot),
- Referenz (Benzin, CH-mix),
- 5–40 % unter Referenz (hellgrün),
- mehr als 40 % unter Referenz (dunkelgrün).

14

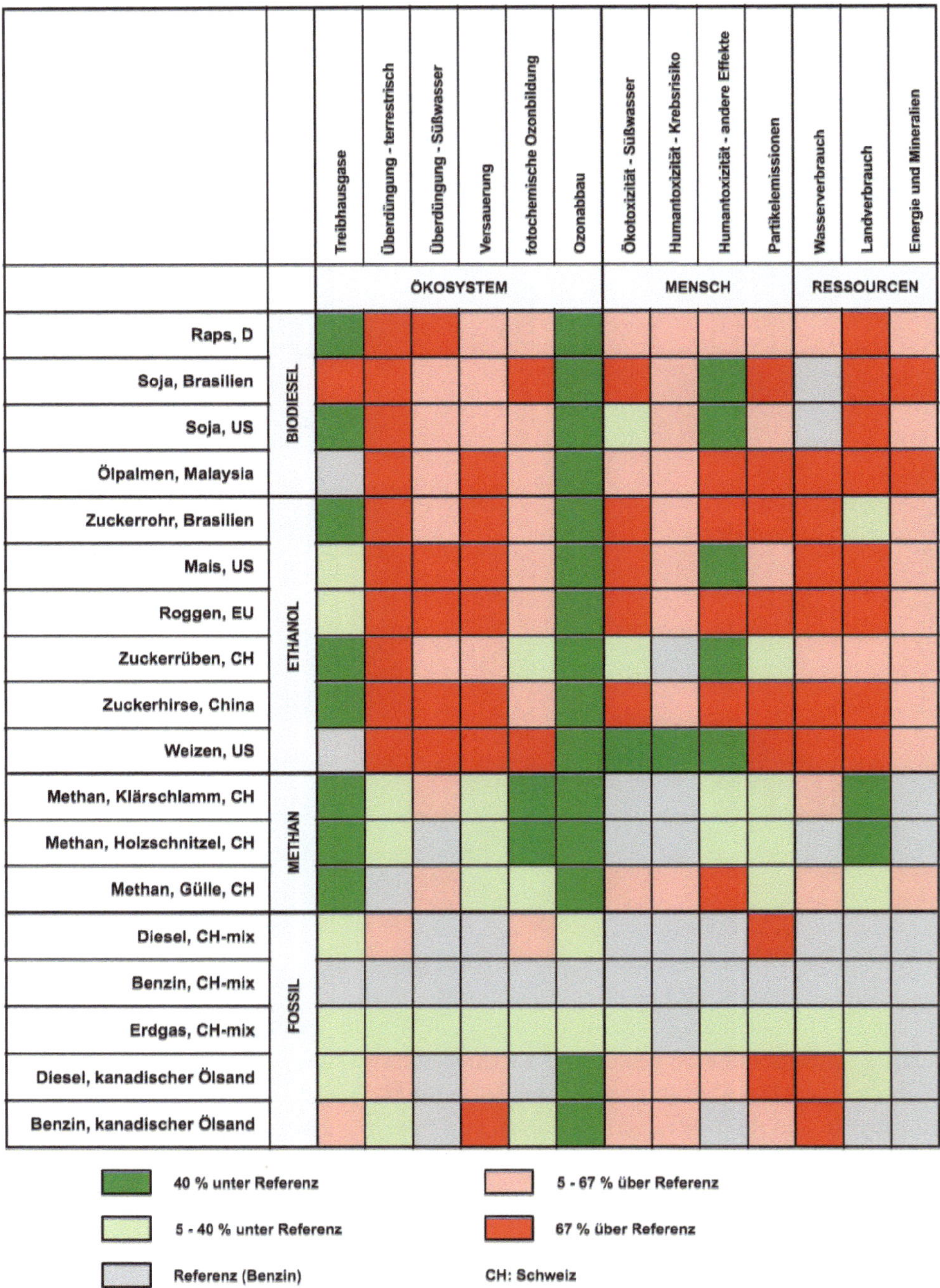

Abb. 14.8 Umweltauswirkungen biogener Energieträger [5, 6]

Zusammenfassend lässt sich nach den Ergebnissen der schweizerischen Bewertungsstudie für biogene Energieträger festhalten:

- die Emissionen an Treibhausgasen sind für biogene Energieträger im Vergleich zur Referenzgröße Benzin (CH-mix) überwiegend geringer,
- Vergleichbares gilt für den Ozonabbau,
- alle anderen Umweltaspekte zeigen teilweise erheblich größere Umweltauswirkungen als die Referenz,
- Erdgas und Methan aus Klärschlamm, Holzschnitzel und Gülle schneiden besser ab als die Referenzgröße Benzin (CH-mix),
- Diesel (CH-mix) sowie Diesel und Benzin aus kanadischen Ölsanden schneiden schlechter ab als die Referenz.

Es lässt sich festhalten, dass nur wenige Biotreibstoffe umweltfreundlicher sind als Benzin. Umweltbelastungen werden von den Treibhausgasen (Klimawandel) zu anderen Umweltaspekten und -auswirkungen verschoben.

14.5 Aufgaben für die Praxis

- Wie können Sie die Umweltrelevanz biogener Energieträger bewerten?
- Erläutern Sie die Bedeutung des ökologischen Fußabdrucks.
- Wie lässt sich der Carbon Footprint für ein Unternehmen anwenden?
- Welche Aussagekraft kommt den Emissionsfaktoren der Strom- bzw. Wärmeerzeugung zu?
- Vergleichen Sie die Umweltrelevanz fossiler und regenerativer Energieträger.
- Worin liegen die Vor-/Nachteile biogener Energieträger bzgl. ihrer Umweltrelevanz?

Literatur

1. WWF International, *Living Planet Report 2012,* **2012,** 978-2-940443-37-6
2. Global Footprint Network; *Footprint der Nationen,* **2015**
3. Umweltbundesamt (UBA); *Emissionsbilanz erneuerbarer Energieträger – Bestimmung der vermiedenen Emissionen im Jahr 2017,* Climate Change 23/2018, **2018**
4. Umweltbundesamt (UBA); *Prozessorientierte Basisdaten für Umweltmanagementsysteme (Pro Bas),* **2019**
5. Zah, R. et al.; *Ökobilanz von Energieprodukten: ökologische Bewertung von Biotreibstoffen,* **22. Mai 2007**
6. Zah, R. et al.; *Harmonisation and extension of the bioenergy inventories and assessment,* Empa, **27.05.2014**

Weiterführende Literatur

1. Council on Environmental Quality (Ed.); *Global 2000 – Der Bericht an den Präsidenten,* Zweitausendeins, **1980**
2. DIN EN ISO 14064-1; *Treibhausgase – Teil 1: Spezifikation mit Anleitung zur quantitativen Bestimmung und Berichterstattung von Treibhausgasemissionen und Entzug von Treibhausgasen auf Organisationsebene,* Beuth, **August 2017**
3. DIN ISO 50006; *Energiemanagementsysteme – Messung der energiebezogenen Leistung unter Nutzung von energetischen Ausgangsbasen (EnB) und Energieleistungskennzahlen (EnPI),* Beuth, **April 2017**
4. Europäische Umweltagentur (EUA); *Die Umwelt in Europa – Zustand und Ausblick 2015,* EUA, **2015,** 978-92-9213-513-3
5. European Environment Ageny (EEA); *Environmental indicator report 2016,* EEA Report No. 30/2016, **2016,** 978-92-9213-832-5
6. Ewing, B. et al.; *Ecological Footpring Atlas 2010, Global Footprint Network,* **Oktober 2010**
7. Münchener Rückversicherungs-Gesellschaft (Munich Re); *Naturkatastrophen 2015 – Analysen, Bewertungen, Positionen,* **2016**
8. Organisation for Economic Co-operation and Development (OECD); *OECD – Umweltausblick bis 2050 – Die Konsequenzen des Nichthandelns, OECDpublisching,* **2012,** 978-92-64-17280-7
9. Statistisches Bundesamt; *Nachhaltige Entwicklung in Deutschland, Indikatorenbericht 2014,* **April 2014**
10. Umweltbundesamt (UBA); *Emissionsbilanz erneuerbarer Energieträger – Bestimmung der vermiedenen Emissionen im Jahr 2016,* Climate Change 23/2017, **2017**
11. Umweltbundesamt (UBA); *Entwicklung der spezifischen Kohlendioxid-Emissionen des deutschen Strommix in den Jahren 1990 – 2018,* Climate Change 10/2019, **2019**
12. Umweltbundesamt (UBA); *Wissenschaftliche Untersuchung und Bewertung des Indikators ökologischer Fußabdruck,* Texte 46/07, **2007**

Maßnahmen zur Steigerung der Energieeffizienz 15

15.1 Einführung

Steinkohle, Rohöl, Erdgas, Kernbrennstoffe etc. sind natürlich vorkommende Energieträger (Primärenergieträger), die noch keinen Veränderungen unterlagen. In ihrer natürlichen Form sind sie für die meisten Anwendungen nicht nutzbar. Sie müssen in eine verwendbare Form umgewandelt werden. Diese Sekundärenergieträger kommen als Endenergie zum Verbraucher, der sie als Nutzenergie gebrauchen kann. Durch alle Umwandlungsschritte kommt es zu Verlusten (Abb. 15.1). Am Ende der Umwandlungskette steht ca. $\frac{1}{3}$ der Primärenergie als Nutzenergie zur Verfügung. Zwei Drittel der ursprünglich eingesetzten Energie gehen als Wärmeenergie verloren.

Der Energieverbrauch verteilt sich auf die vier Segmente

- Industrie,
- Verkehr,
- Haushalte,
- Gewerbe, Handel, Dienstleistungen (GHD).

Die Bereiche Industrie bzw. Verkehr verbrauchen 29 % bzw. 29,5 % der Endenergie (Abb. 15.2) und sind damit die Hauptverbraucher. An dritter Position befinden sich die Haushalte mit 25,8 %. Gewerbe, Handel und Dienstleistungen (GHD) verbrauchen laut Statistik 15,7 % der Endenergie.

Die wichtigsten Endenergieträger für die Industrie finden sich in Abb. 15.3. Hauptenergieträger sind fossile Energieträger wie Erdgas, Stein- und Braunkohle sowie Mineralöl. Auch für die Erzeugung von Strom und Fernwärme sind fossile Energieträger die Basis. Erneuerbare Energien spielen noch eine untergeordnete Rolle.

G. Förtsch, H. Meinholz, *Handbuch Betrieblicher Immissionsschutz*,
https://doi.org/10.1007/978-3-658-29147-1_15

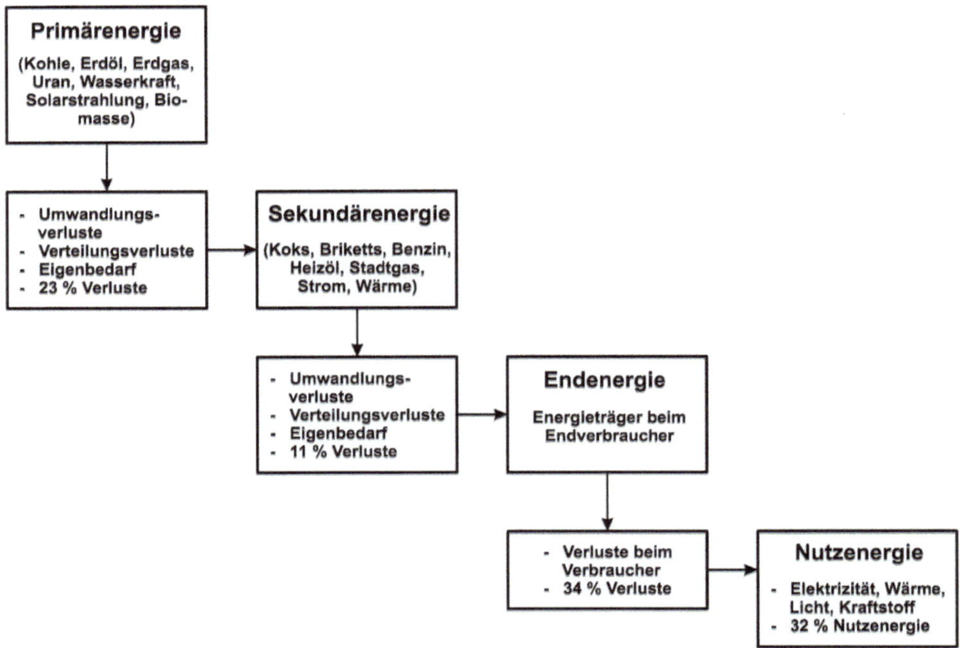

Abb. 15.1 Prozesskette der Energieumwandlung [1]

Abb. 15.2 Statistische Verteilung der Endenergie auf Verbraucherklassen

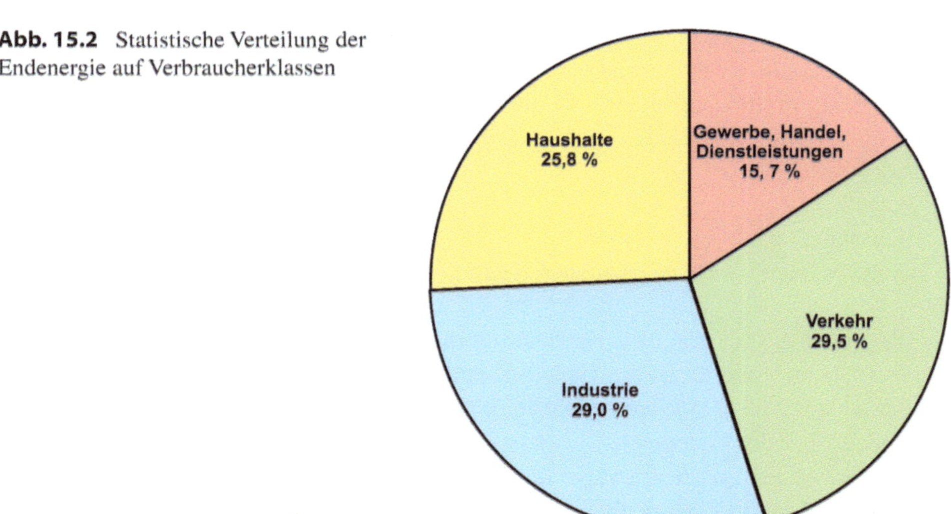

Für die vier Bereiche Industrie, Verkehr, Haushalte und Gewerbe, Handel, Dienstleistungen (GHD) sind in Abb. 15.4 die Verwendungsbereiche für die Endenergie dargestellt. Im Bereich der Industrie ist es mit ¾ die Erzeugung von Wärme (Raum-, Prozesswärme, Warmwasser). Es folgt mit 21,8 % die Verwendung von Strom in Motoren

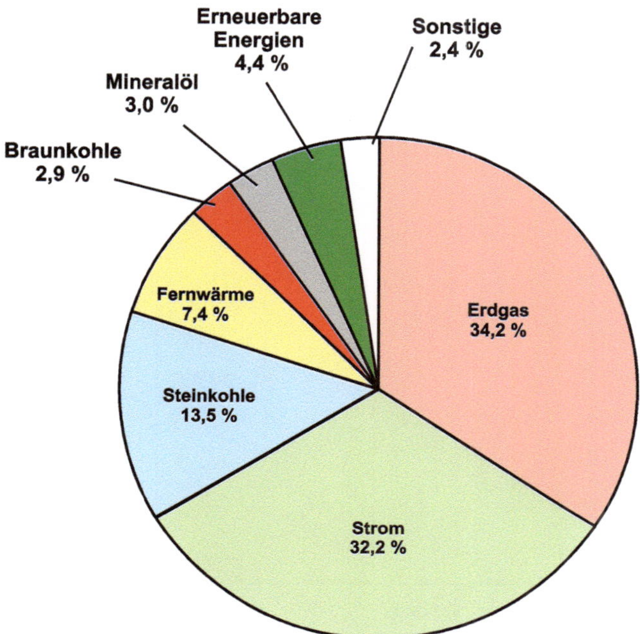

Abb. 15.3 Anteile der Energieträger an der Endenergie in der Industrie [2]

(mechanische Energie). Im Sektor Verkehr sind Hauptenergieträger fossile Treibstoffe wie Benzin und Diesel. Für Haushalte spielen die Erzeugung von Raumwärme (66,8 %) und die Verwendung von elektrischer Energie (16,4 %) eine wichtige Rolle. Auch für den letzten Sektor (Gewerbe, Handel, Dienstleistungen) steht die Erzeugung von Raumwärme im Vordergrund. Zusammenfassend lässt sich festhalten, dass drei Nutzenergien eine bedeutende Rolle spielen:

- Elektrizität,
- Wärme und
- Treibstoffe.

Bezüglich des Endenergieverbrauchs und der Möglichkeiten zur Steigerung der Energieeffizienz wird zwischen Prozesstechnologien und Querschnittstechnologien unterschieden. Dabei sind Prozesstechnologien branchenspezifische Technologien. Unter Querschnittstechnologien werden branchenübergreifend einsetzbare Technologien (z. B. Motoren, Beleuchtung, Wärmeerzeugung) verstanden. In Abb. 15.5 sind für den Stromverbrauch branchenspezifische Anteile dargestellt. Vielfach sind es branchenübergreifende Technologien, die für den Stromverbrauch verantwortlich zeichnen. Von daher liegt in diesen Bereichen ein entsprechendes Effizienzpotenzial vor.

Betrachtet man die einzelnen Anwendungsgebiete des Stromverbrauchs, so ergibt sich die in Abb. 15.6 dargestellte Verteilung. Während die branchenspezifischen Prozesstech-

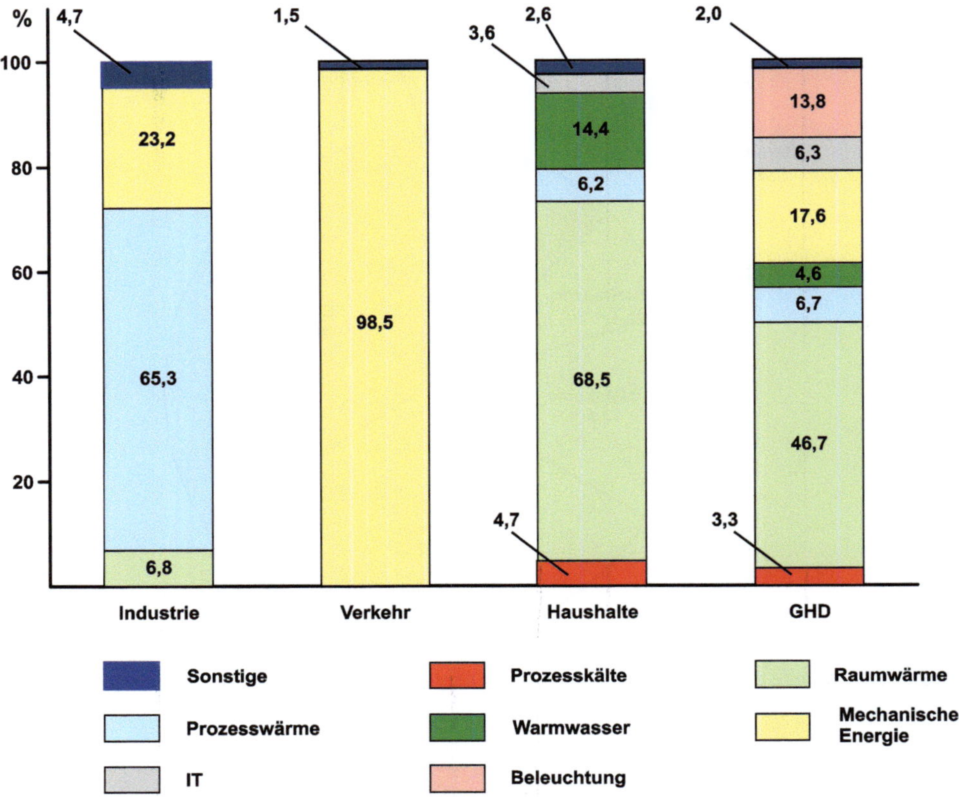

Abb. 15.4 Anwendungsbereiche für die Endenergie [3]

nologien 27 % des Stroms verbrauchen, tragen andere Motoranwendungen mit 68 % zum Verbrauch bei. Dies sind Querschnittstechnologien wie Drucklufterzeugung, Ventilatoren, Pumpen oder andere Motoranwendungen. Effizienten Elektromotoren kommt daher eine besondere Bedeutung zu.

Um Energieeffizienzmaßnahmen zu identifizieren und zu realisieren, müssen vier Zieldimensionen betrachtet werden:

- wirtschaftliche Ziele,
- organisatorische Ziele,
- rechtliche Ziele,
- technische Ziele.

Wirtschaftliche Unternehmensziele stehen heute im Vordergrund der Unternehmenspolitik. Energiebezogene Kennziffern helfen die Energiekosten zu steuern und zu senken. Entsprechende Kriterien zur Bewertung der Wirtschaftlichkeit von Energieeffizienzmaß-

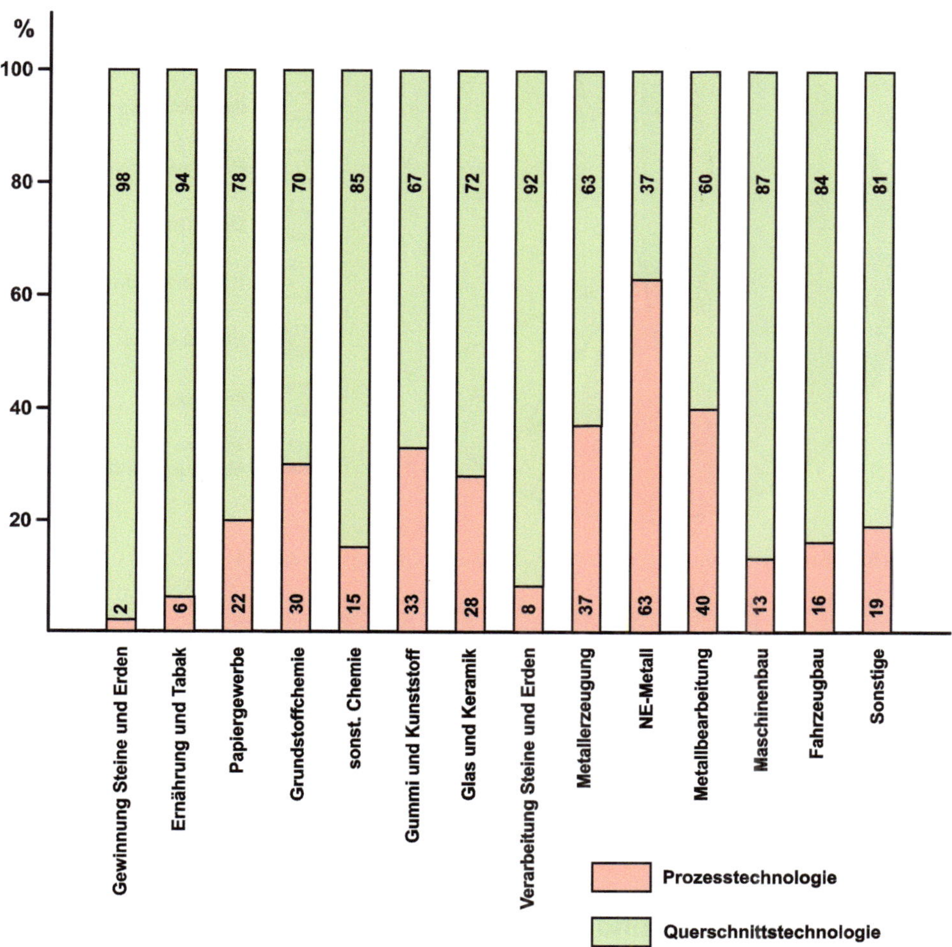

Abb. 15.5 Anteil des Stromverbrauchs bzgl. Prozess- und Querschnittstechnologie [4]

nahmen ermöglichen eine ökonomische und ökologische Betrachtung der notwendigen Investitionen. Organisatorische Ziele beziehen sich auf die Verantwortung der Führungskräfte und die Sensibilisierung der Mitarbeiter. Wenn seitens der Geschäftsführung dem Umweltaspekt Energie die notwendige Aufmerksamkeit geschenkt wird, kommt es im Unternehmen zu einer Verhaltensänderung aller Beteiligten. Informations- und Schulungsmaßnahmen können diesen Prozess unterstützen. Rechtliche Ziele bestehen in der Einhaltung der geltenden Rechtsvorschriften. Darüber hinaus müssen unternehmensinterne ökologische Ziele die vom Unternehmen verursachten Umweltauswirkungen weiter reduzieren. Ein Energiemanagementsystem und Energieaudits können die Basis zur Erreichung dieser Ziele sein. Technische Ziele beziehen sich auf Prozesse, Anlagen und

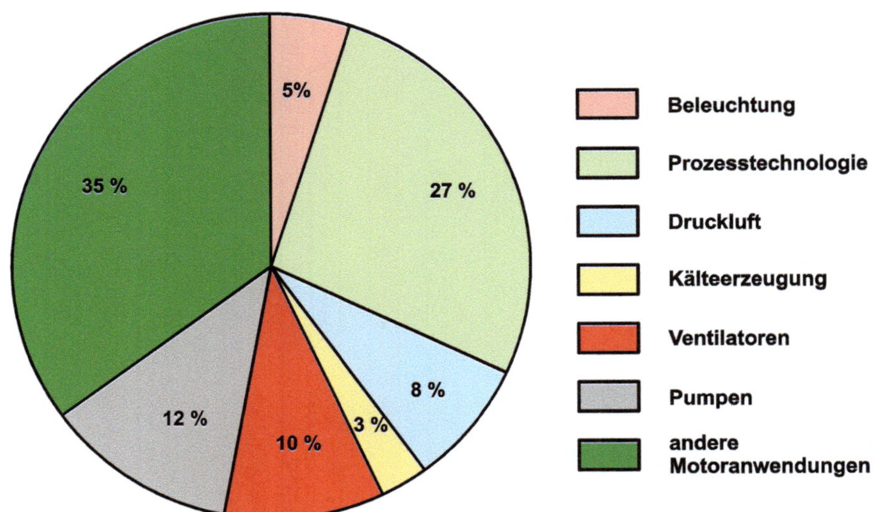

Abb. 15.6 Stromverbrauch in der Industrie nach Anwendungsgebieten [4]

Produkte. Prozesse sind zu optimieren und Anlagen müssen energieeffizient beschafft und betrieben werden. Dazu ist eine energetische Betrachtung des gesamten Lebenswegs sinnvoll. Vergleichbares gilt für die Produkte, die material- und energieeffizient sein müssen. Im Sinne eines Nachhaltigkeitsprozesses im Unternehmen sind somit im Sektor Energie auch ökonomische, ökologische und soziale Potenziale ganzheitlich zu betrachten und zu realisieren.

15.2 Prozesswärme und Wärmerückgewinnung

Bei einer großen Anzahl von Prozessen in der Industrie wird Wärme benötigt. Dabei lassen sich drei Temperaturbereiche unterscheiden:

- **T > 500 °C:**
  Prozesse der Grundstoffindustrie (Metallherstellung, Gießereien, Glasindustrie, Crackprozesse in der Raffinerie, Zementindustrie);
- **T = 200–500 °C:**
  thermische Nachverbrennung, chemische Industrie, Raffinerieprozesse, Destillation, Brennöfen;
- **T < 200 °C:**
  Trocknungsprozesse, Kraft-Wärme-Anlagen (Blockheizkraftwerke, BHKW), Papierindustrie, Nahrungsmittelindustrie.

In Abhängigkeit der unternehmensinternen Prozesse kommen verschiedene Energieträger zur Erzeugung von Prozesswärme zum Einsatz (Abb. 15.7). Vielfach wird gleichzeitig Raumwärme erzeugt. Wenn notwendig lässt sich über Wärme auch Kälte erzeugen. In diesem Zusammenhang sind die wichtigsten Energieträger:

- Erdgas,
- Heizöl,
- Braun-, Steinkohle,
- Abfälle,
- Fernwärme,
- regenerative Energieträger,
- Strom.

Die über Raum- bzw. Prozesswärme und Strom zur Verfügung gestellte Nutzenergie wird letztlich zu Abwärme. Wenn technologisch möglich und wirtschaftlich sinnvoll, sollte diese einer Energierückgewinnung zugeführt werden. So lassen sich z. B. bei Druckluftanlagen, raumlufttechnischen Anlagen (RLT) oder Anlagen der Informationstechnologie (IT-Anlagen) bis zu 90 % der Abluftwärme zur Vorwärmung von Frischluft oder für Heizzwecke verwenden. Die Möglichkeiten der Energierückgewinnung hängen vom Temperaturniveau ab (Tab. 15.1) und reichen von der Raumheizung bis hin zur Stromerzeugung.

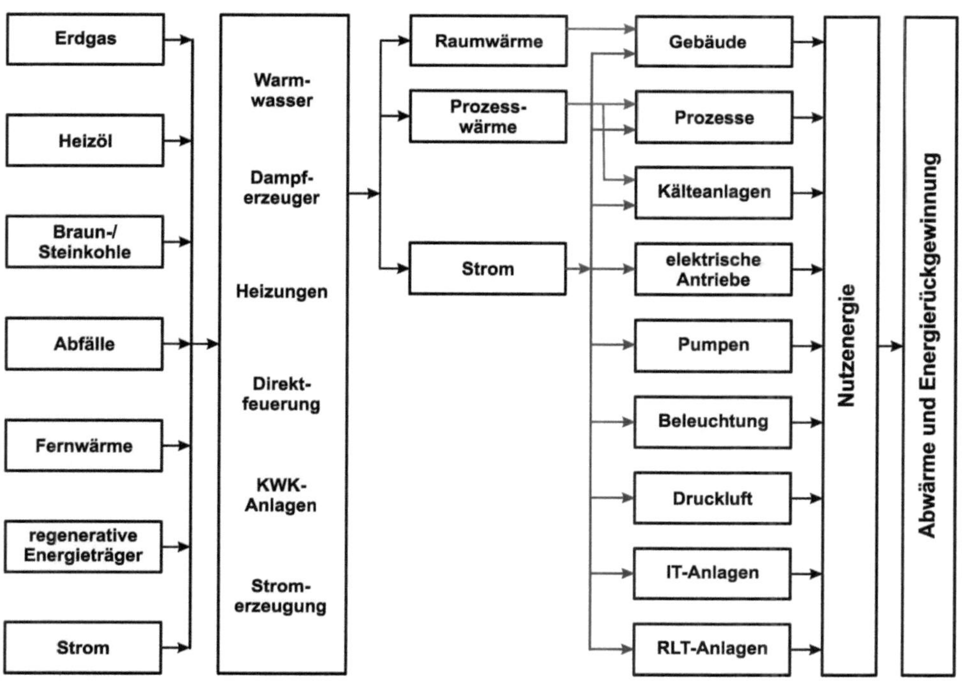

Abb. 15.7 Energiefluss in Industriebetrieben [5]

15

Tab. 15.1 Nutzungsmöglichkeiten von Abwärme [6]

Temperatur	Nutzungsmöglichkeiten
250–540 °C	Stromerzeugung mittels Dampfprozesse
125–400 °C	Speisewasservorwärmung Verbrennungsluftvorwärmung
125–275 °C	Produktionsprozesse Trocknungsprozesse
80–160 °C	Kältererzeugung
75–125 °C	Brauchwassererwärmung Heizung/Warmwasser Trocknung
30–75 °C	Raumheizung Wasservorwärmung

Grundsätzlich lässt sich Abwärme für verschiedene Einsatzzwecke wie

- Stromerzeugung,
- Prozesswärmenutzung,
- Kälteerzeugung,
- Raumheizung,
- Warmwassererzeugung,
- Fernwärme

nutzen. Je höher das Temperaturniveau der Abwärme, umso höher sind die Verwertungsmöglichkeiten (z. B. Stromerzeugung). Die Abwärme sollte während des Jahres kontinuierlich zur Verfügung stehen. Idealerweise ist der Energieinhalt der Abwärme genau so groß wie der Energiebedarf der Abwärmesenken (Nutzungsmöglichkeiten). Bevor die entstandene Abwärme für weitere Einsatzzwecke genutzt wird, sind zuerst Optimierungsmaßnahmen zur Vermeidung von Abwärme durchzuführen. Dazu zählen u. a. Untersuchungen bzgl.

- Dimensionierung und Steuerung der Anlagen,
- ineffizienter Prozessparameter und falschen Temperaturniveaus,
- fehlerhafter Berücksichtigung von Betriebszeiten, z. B. von An- und Abfahrzeiten oder Stillstandzeiten,
- mangelhafter Wartung der Anlagen,
- unzureichender Isolierung von Anlagen/-teilen,
- mangelnden Fachwissens und Kompetenzen der Mitarbeiter.

So lässt sich durch verschiedene Effizienzmaßnahmen der Energiebedarf deutlich reduzieren.

15.3 Prozesskälte

Besonders in der Nahrungsmittelindustrie besteht zur Lebensmittelkühlung und -tiefkühlung ein großer Bedarf an Kälteanwendungen. Zur Erzeugung von Prozesskälte finden u. a.

- Kompressionskälteanlagen und
- Absorptionskälteanlagen

Verwendung. Abb. 15.8 zeigt den Kreisprozess für eine Kompressionskälteanlage. Gasförmiges Kältemittel wird mithilfe eines Kompressors verdichtet, wodurch Druck und Temperatur ansteigen. Unter Wärmeabfuhr wird das verdichtete Kältemittel in einem Kondensator verflüssigt. Bei Reduktion des Drucks mit einem Reduzierventil kühlt sich das Kältemittel ab und nimmt im Verdampfer Wärme aus dem Prozess auf. Das gasförmige Kältemittel strömt zum Kompressor und der Prozess beginnt von vorne.

Absorptionskälteanlagen unterscheiden sich in einem Punkt von Kompressionskälteanlagen. Der Kompressor wird durch einen Lösungskreislauf ersetzt (Abb. 15.9). Das Lösungsmittel absorbiert das Kältemittel. In einer LiBr-Lösung ist Wasser das Kältemittel, in einer NH_3-Lösung ist es Ammoniak. Die während der Absorption freigesetzte Wärme wird an die Umgebung abgegeben. Um das Kältemittel zurückzugewinnen, wird es in einem

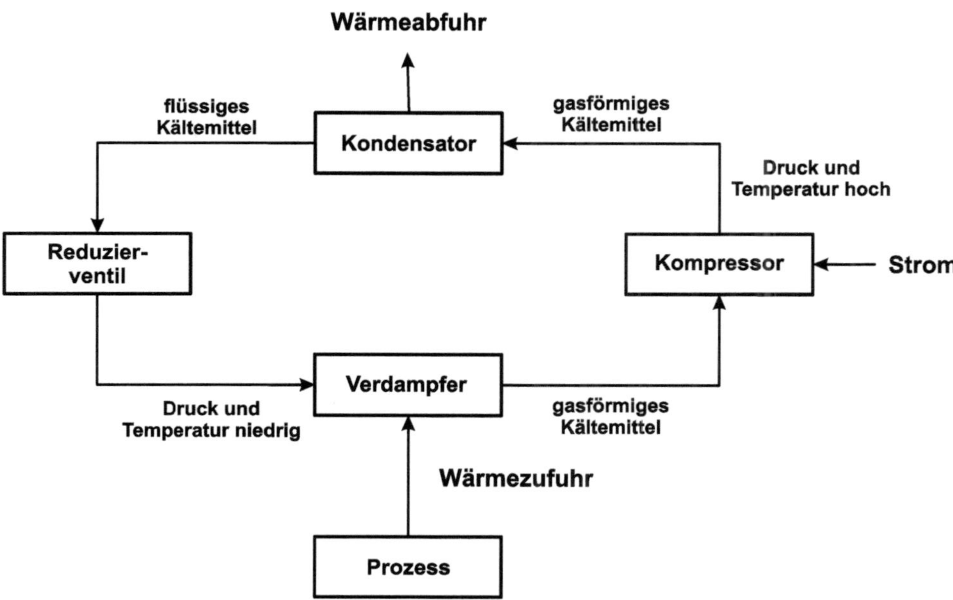

Abb. 15.8 Kreisprozess einer Kompressionskälteanlage [7]

15

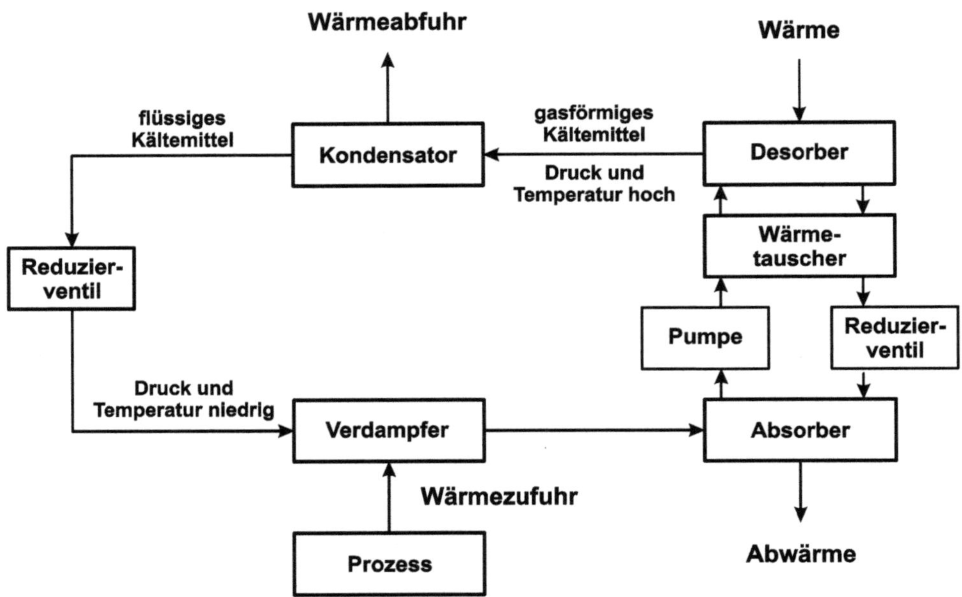

Abb. 15.9 Kreisprozess einer Absorptionskälteanlage [7]

Desorber ausgetrieben. Die für den Desorptionsvorgang benötigte Wärme wird als Prozesswärme oder über Wärmerückgewinnung zur Verfügung gestellt. In der Möglichkeit, nicht benötigte Abwärme in Kälte umzuwandeln, besteht der große Vorteil einer Absorptionskälteanlage.

15.4 Gebäude, Heizung, Warmwasser

Die Energieeffizienzstrategie für Wohngebäude legt ihren Schwerpunkt auf den Wärmebedarf. Dieser ist eindeutig vom Alter der Gebäude abhängig. Abb. 15.10 zeigt dazu die Verteilung des Wohngebäudebestands klassifiziert nach Baualter. Abb. 15.11 vergleicht dazu den flächenbezogenen Endenergieverbrauch.

Wichtigster Energieträger für die Beheizung und Erzeugung von Warmwasser ist Erdgas mit 44,4 %, gefolgt von Heizöl mit 24,7 % (Abb. 15.12). Die erneuerbaren Energien nehmen mit 15,0 % einen mittleren Rang ein. Die Substitution der fossilen Energieträger ist die große Herausforderung für die nächsten Jahrzehnte.

Wie bei allen Gebäuden spielt der Zustand der Gebäudehülle bei Büro-, Gewerbe- und Industriegebäuden bzgl. der Energieeffizienz eine wichtige Rolle. Ausrichtung des Gebäudes, dessen Geometrie und die Wärmedämmung sind einige prinzipielle Faktoren bei Neubauten. Im existierenden Fabrikgebäudebestand sind nur eingeschränkte Effizienzmaßnahmen möglich. Vielfach steht die Abführung von Wärmelasten im Fokus eines Fabrikgebäudes. Mögliche Maßnahmen zur Verbesserung der Energieeffizienz betreffen z. B.:

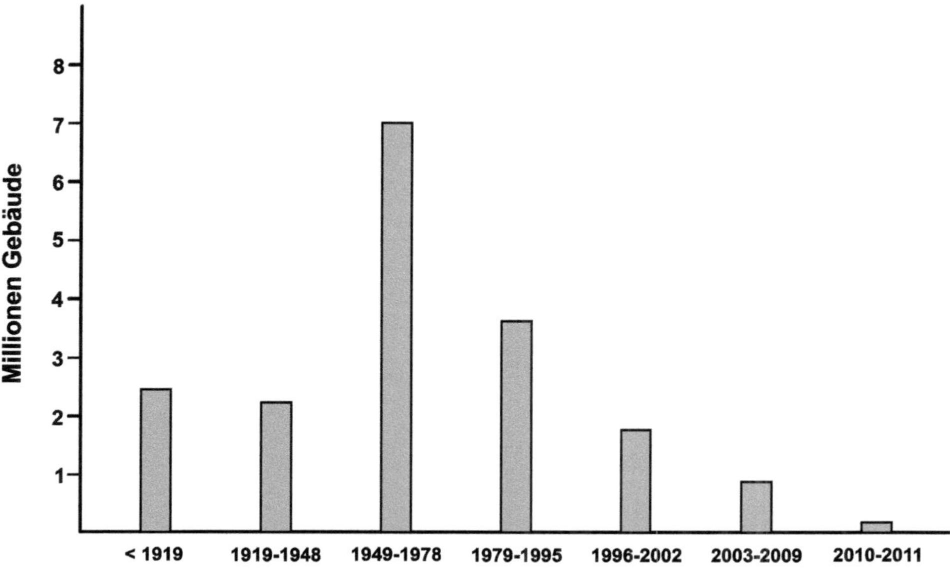

Abb. 15.10 Verteilung des Wohngebäudebestands klassifiziert nach Baualter [8]

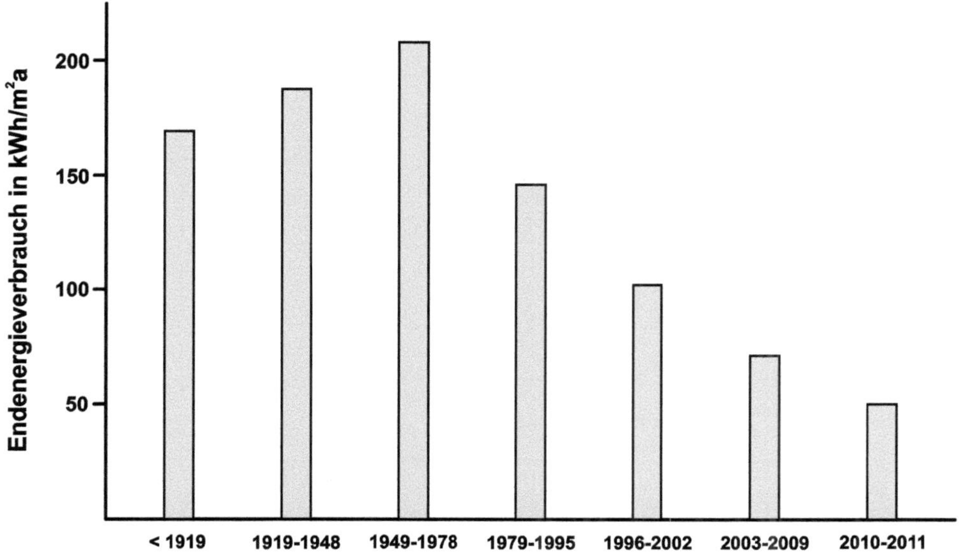

Abb. 15.11 Flächenbezogener Endenergieverbrauch für den Gebäudebestand [8]

- Dämmung der Außenwände,
- Fenster mit guten Isolationseigenschaften,
- Reduktion der Wärmeverluste bei Lüftungsanlagen,
- Rolltore mit hoher Luftdichtheit und kurzen Türöffnungszeiten.

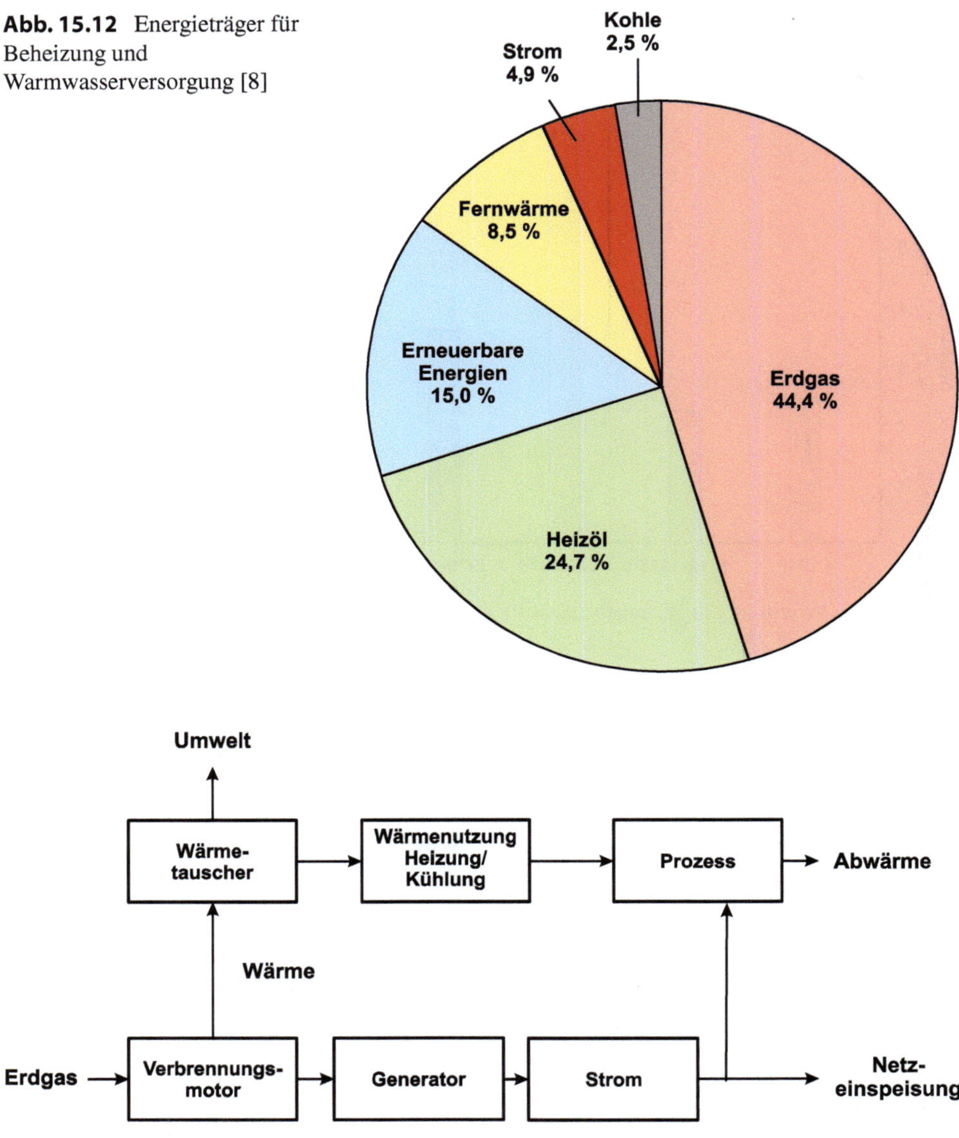

Abb. 15.12 Energieträger für Beheizung und Warmwasserversorgung [8]

Abb. 15.13 Funktionsweise eines Blockheizkraftwerks [7, 9]

Mittels Solarthermie lässt sich Warmwasser für sanitäre Zwecke oder als Heizwärme zur Verfügung stellen. Andere Möglichkeiten bietet die Wärmerückgewinnung oder der Einsatz von Blockheizkraftwerken (Abb. 15.13). Ein Verbrennungsmotor liefert über einen Generator Strom und Wärme für den Prozess. Wenn im Sommer keine Wärme für Heizzwecke benötigt wird, kann mithilfe von Absorptionskältemaschinen aus der Wärme Kälte erzeugt werden.

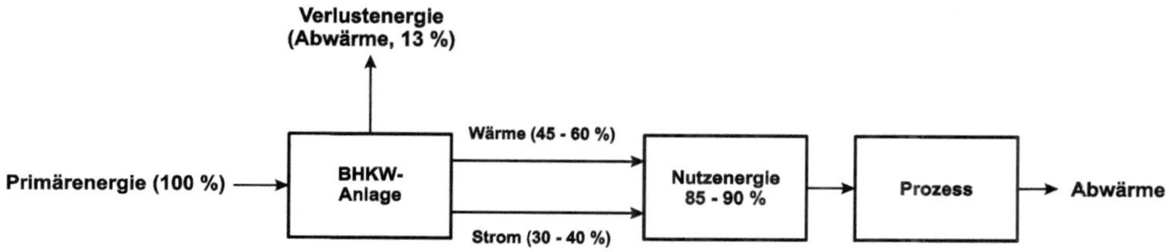

Abb. 15.14 Ausnutzung der Primärenergie mit einer BHKW-Anlage [9]

Die Energieausnutzung einer BHKW-Anlage beträgt 85–90 % (Abb. 15.14). Je nach Anlagengröße beträgt der Wärmeanteil 45–60 %, der elektrische Anteil 30–40 %.

15.5 Elektrische Antriebe

Effiziente Elektromotoren sind ein Schlüsselbaustein zur Reduktion von Energieverbräuchen, da sie in zahlreichen technologischen Anwendungen zu finden sind. Sie verursachen ca. 70 % des Stromverbrauchs im Unternehmen. Über die Lebensdauer eines Elektromotors betrachtet entfallen nur 10 % der Kosten auf die Anschaffung, aber 90 % auf den Stromverbrauch. Von daher sind Maßnahmen zur Steigerung der Energieeffizienz sinnvoll. Fehlende Wartung, Verluste durch fehlende Abstimmung zwischen den technischen Komponenten sowie falsch gewählte Betriebsarten (Teil-, Volllast) sind Faktoren, die zur Reduktion der Effizienz bei Elektroantrieben führen. Während bei separat gekauften Elektromotoren der Wirkungsgrad als Entscheidungskriterium herangezogen wird, ist dies bei kompletten Anlagen selten der Fall. Hier sollten die Wirkungsgrade der elektrischen Antriebe Teil des Lastenhefts sein. Seit 2009 sind die Wirkungsgrade im Leistungsbereich von 0,75–375 kW in vier Klassen IE1–IE4 eingeteilt (Abb. 15.15). Ab 2011 müssen neu verkaufte Elektromotoren einen Mindestwirkungsgrad IE2 aufweisen. Wichtig für einen effizienten Einsatz von elektrischen Antrieben ist neben einem Elektromotor mit einem hohen Wirkungsgrad immer die Betrachtung des Gesamtsystems und dessen Auslastung bzw. Optimierung. In diesem Zusammenhang wird das mögliche Einsparpotenzial auf 20–30 % geschätzt.

15.6 Pumpen

Im privaten und unternehmerischen Bereich werden in vielen Fällen Pumpen eingesetzt. Bei der Auslegung des Pumpensystems ist die Förderaufgabe ganzheitlich zu betrachten. Neben dem zu fördernden Medium mit seinen Eigenschaften und den Fördermengen sind Förderwege und -höhe zu bewerten. Sie sind auf ein Minimum zu reduzieren, da mit zunehmenden Werten die Energiekosten steigen. Auf enge Bögen

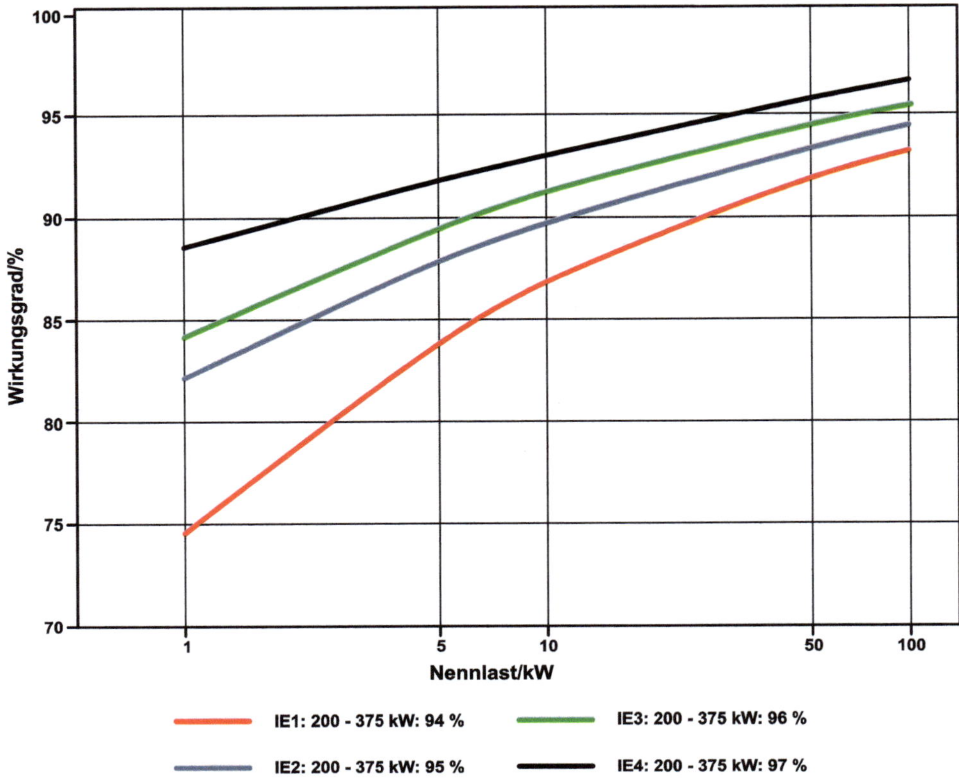

Abb. 15.15 Wirkungsgrade IE1–IE4 für Elektromotoren [10, 11]

oder zu knappe Dimensionierungen der Rohrleitungen ist zu verzichten. Dies führt zur Erhöhung des Strömungswiderstandes bzw. zu höheren Strömungsgeschwindigkeiten und damit zu einem höheren Energieverbrauch. Bei der Optimierung eines Pumpensystems ist eine ganzheitliche Systembetrachtung notwendig. Diese umfasst u. a. Behälter, Rohrleitungen, Armaturen, Motor/Getriebe/Pumpen, Mess- und Regelsysteme sowie weitere verfahrenstechnische Anlagen. Ziel der Auslegung dürfen keine geringen Investitionskosten sein. Es müssen vielmehr die gesamten Kosten über den Lebenszyklus betrachtet werden. Abb. 15.16 zeigt eine Aufteilung der Kosten über den Systemlebenszyklus. Die Energiekosten des laufenden Betriebs sind deutlich höher als die Anschaffungskosten. Zum Vergleich zeigt Abb. 15.17 die Lebenszykluskosten für wasserführende Pumpensysteme (z. B. Heizungsumwälzpumpen). Hier sind die Energiekosten gegenüber den Anschaffungskosten nochmals deutlich höher. Um bei Pumpen das entsprechende Potenzial ausschöpfen zu können, bedarf es immer einer gesamtheitlichen Betrachtung. Dann lassen sich Einsparpotenziale von durchschnittlich 30 % realisieren.

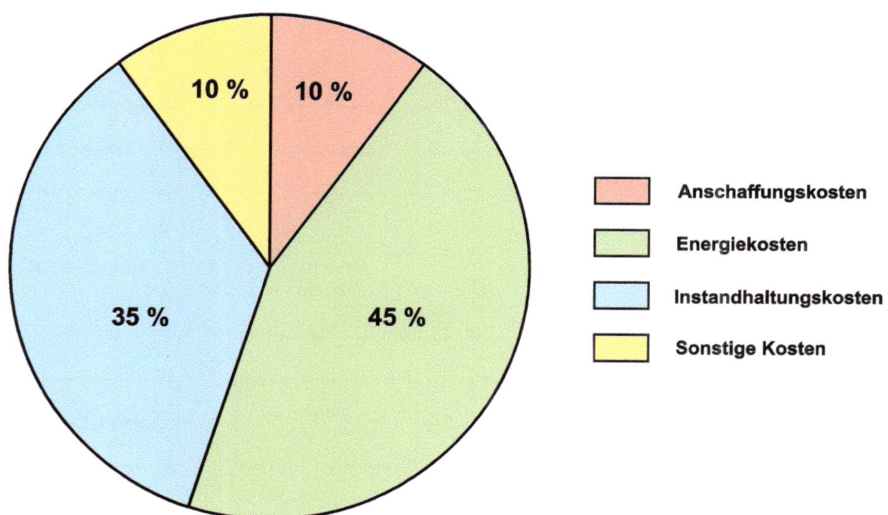

Abb. 15.16 Beispielhafte Aufteilung der Kosten über den Systemlebenszyklus [12]

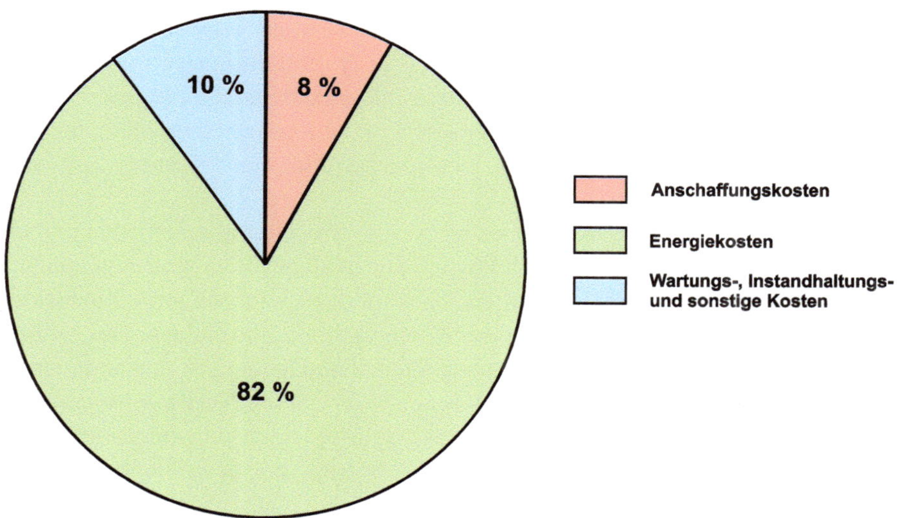

Abb. 15.17 Lebenszyklus für wasserführende Pumpensysteme [13]

15.7 Druckluft

Druckluft wird in vielen Unternehmen und Anwendungen eingesetzt. Beispiele finden sich in der Pneumatik, als Transportmedium zum Heben oder Positionieren oder als Prozessluft. Den prinzipiellen Aufbau eines Druckluftsystems zeigt Abb. 15.18. Damit sind auch die einzelnen Anlagenkomponenten für die Optimierungsaufgaben benannt.

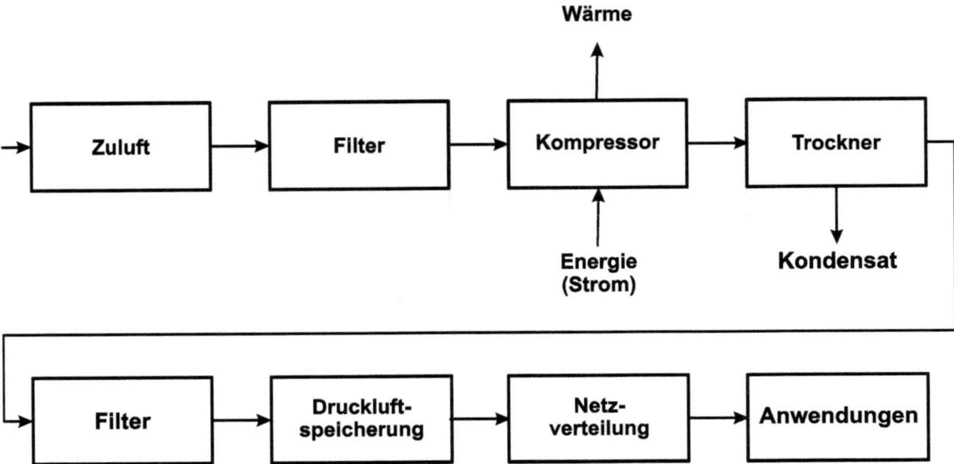

Abb. 15.18 Prinzipieller Aufbau einer Druckluftanlage [7, 14]

Im gesamten Lebenszyklus einer Druckluftanlage entfallen ca. ¾ der Kosten auf die eingesetzte Energie. Optimierungspotenziale bieten veraltete oder überdimensionierte Kompressoren. Diese sind vielfach mehr Heizung als Drucklufterzeuger. Durch eine intelligente Steuerung lassen sich Anlaufphasen und Teillastbetriebszeiten reduzieren und somit Leerlaufverluste vermeiden. Der Arbeitsdruck ist auf das benötigte Minimum zu beschränken. Die entstehende Wärme ist idealerweise über eine Wärmerückgewinnung anderweitig zu nutzen.

Bei der Kompression fällt Kondensat an, das im Trockner abgeschieden und einer entsprechenden Behandlung zugeführt wird. Die Anlagenfilter sind regelmäßig zu warten und zu tauschen. Der Druckluftspeicher sollte ausreichend groß dimensioniert sein, um eine häufige Spitzenleistung des Kompressors zu vermeiden. Das Leitungsnetz ist regelmäßig auf Leckagen zu überprüfen. Die Dichtigkeit des Systems lässt sich leicht bei ruhendem Betrieb am Wochenende feststellen. Vorher wird die Anlage auf den gewünschten Druck eingestellt. Druckverluste lassen sich einerseits über den Druckabfall messen, andererseits bei Stille im Betrieb akustisch durch Zischgeräusche feststellen.

Um Druckverluste im Leitungsnetz zu begrenzen, sollten stets strömungsoptimierte Anschlüsse, Ventile und Filter eingesetzt werden. Ebenfalls ist auf eine ausreichende Dimensionierung der Rohrquerschnitte zu achten. Temporär nicht benötigte Druckluftstränge müssen sich vom Gesamtsystem abtrennen lassen. Lange Druckluftleitungen vom Kompressor bis zur Anwendung tragen ebenfalls zum Druckverlust bei. Während der Einsatz von Druckluft technisch einfach ist, ist er aufgrund der Energieverluste im System eine teure Angelegenheit. Bei der Anwendung ist von daher auf möglichst geringe Arbeitsdrücke und auf eine effiziente Druckluftnutzung zu achten. Wenn möglich sind technische alternative Lösungen ohne Drucklufteinsatz zu bevorzugen. Bei Optimierung des Gesamtsystems lassen sich die Energiekosten so um 30–50 % senken.

15.8 Beleuchtung

Ohne Beleuchtung kommt heute kein Arbeitsplatz aus. So werden an die Beleuchtung bestimmte Anforderungen gestellt. Zu den lichttechnischen Gütemerkmalen gehören u. a.:

- Beleuchtungsniveau,
- Leuchtdichteverteilung,
- Begrenzung der Direkt- und Reflexblendung,
- Lichtfarbe und Farbwiedergabe,
- Flimmerfreiheit.

Mindestanforderungen an die Beleuchtung werden in der *ASR A3.4* Beleuchtung bzw. in der *DIN EN 12464* gestellt. In Tab. 15.2 sind einige ausgewählte Beleuchtungsstärken für verschiedene Sehaufgaben zusammengestellt.

Tab. 15.2 Beleuchtungsstärken für verschiedene Sehaufgaben [15, 16]

Bereich	Sehaufgabe	Beleuchtungsstärke/lx
Verkehrswege	Verkehrsflächen und Flure ohne Fahrzeugverkehr	50
	Verkehrsflächen und Flure mit Fahrzeugverkehr	150
	Treppen, Aufzüge	100
	Laderampen, -bereiche	150
Lager	Versand- und Verpackungsbereiche	300
Allgemeine Bereiche	Kantinen	200
	Pausen-, Aufenthaltsräume	200
	Wasch-, Umkleideräume, Toiletten	200
	Erste-Hilfe-Räume	500
Büros	Archive	200
	Ablegen, Kopieren	300
	Schreiben, Lesen, Datenverarbeitung	500
Chemische Industrie, Kunststoff- und Gummiindustrie	Arbeitsplätze in verfahrenstechnischen Anlagen	300
	Arzneimittelherstellung	500
Elektroindustrie	Kabel- und Drahtherstellung	300
	Mittelfeine (z. B. Schalttafeln) Montagearbeiten	500
	Sehr feine (z. B. Messinstrumente) Montagearbeiten	1000
	Elektronikwerkstätten, Prüfen, Justieren	1500
Metalle und -verarbeitung, Gießereien und Metallguss	Galvanisieren	300
	Oberflächenbearbeitung und Lackierung	750
Automobilbau	Karosseriebau und Montage	500
	Lackieren, Spritz- und Schleifkabinen	750
	End-, Oberflächenkontrolle	1000

Um mögliche Energieeinsparungen zu identifizieren, sind in einem 1. Schritt die Beleuchtungsanforderungen (Soll) festzulegen. Der Vergleich zur Bestandsaufnahme (Ist) ermöglicht dann die Identifizierung von technisch-organisatorischen Maßnahmen. Beispiele für Energieeinsparungsmaßnahmen sind:

- Verwendung von energieeffizienten Leuchtmitteln, z. B. LED-Technik,
- Ausnutzung des Tageslichts,
- nutzungs- und tageslichtabhängige Lichtsteuerung,
- möglichst Direktbeleuchtung bei der Tätigkeit,
- helle, reflektierende Arbeitsflächen und Räume,
- regelmäßige Reinigung der Leuchten,
- Sensibilisierung der Mitarbeiter.

Insgesamt liegt das Einsparpotenzial bei 30–70 %.

15.9 Informations- und Kommunikationstechnologie

Ein Unternehmen kann sich ohne IT-Technologie nicht im Wettbewerb behaupten. Die vermehrte Anwendung führt allerdings zu einem höheren Stromverbrauch (Abb. 15.19). Betrug früher der Anteil am Stromverbrauch ca. 5 %, so liegt er heute bei rund 20 %, Tendenz steigend. Ohne entsprechende Maßnahmen können die Stromkosten in der Zukunft auf 50 % des Gesamtverbrauchs steigen. Dieser Mehrverbrauch wurde in Unternehmen lange Zeit nur gering oder überhaupt nicht beachtet. Eine mögliche Ursache mag im Slogan der *Green-IT* liegen.

Abb. 15.20 zeigt einen möglichen Stromverbrauch für ein Rechenzentrum. 50 % entfallen auf die IT-Hardware und ein weiteres Viertel auf die notwendige Kühlung. Luftverteilung, unterbrechungsfreie Stromversorgung (USV) und weitere Anteile tragen zu den restlichen 25 % bei.

Zentrales Element in der IT sind die Server, deren Auslastung möglichst hoch sein sollte, da der Stromverbrauch auch im Leerlaufbetrieb relativ hoch liegt. Es sollte überprüft werden, ob die installierten Anwendungen und gespeicherten Daten im vorhandenen Umfang benötigt werden. Eine Konsolidierung kann zur Abschaltung überzähliger Server führen. Wenige größere und leistungsstärkere Server sind energieeffizienter als mehrere kleine. Grundsätzlich muss die IT-Hardware eine hohe Energieeffizienz besitzen. Ein weiterer Ansatzpunkt zur Energieeinsparung liegt im Bereich der Kühlung und Klimatisierung. Für den Serverbetrieb müssen bestimmte Temperaturen eingehalten werden. Dazu ist die Zuluft- und Ablufttemperatur festzulegen. Die eingestellte Temperaturdifferenz wirkt sich direkt auf den Energieverbrauch und damit auf die Kosten aus. So werden für die elektronischen Komponenten Ablufttemperaturen von 25–28 °C empfohlen. Im Winter kann die warme Abluft außerdem zu Heizzwecken verwendet werden.

Die unterbrechungsfreie Stromversorgung (USV) ist für den Betrieb eines Rechenzentrums von großer Bedeutung. Von daher sollte sie einen möglichst hohen Wirkungs-

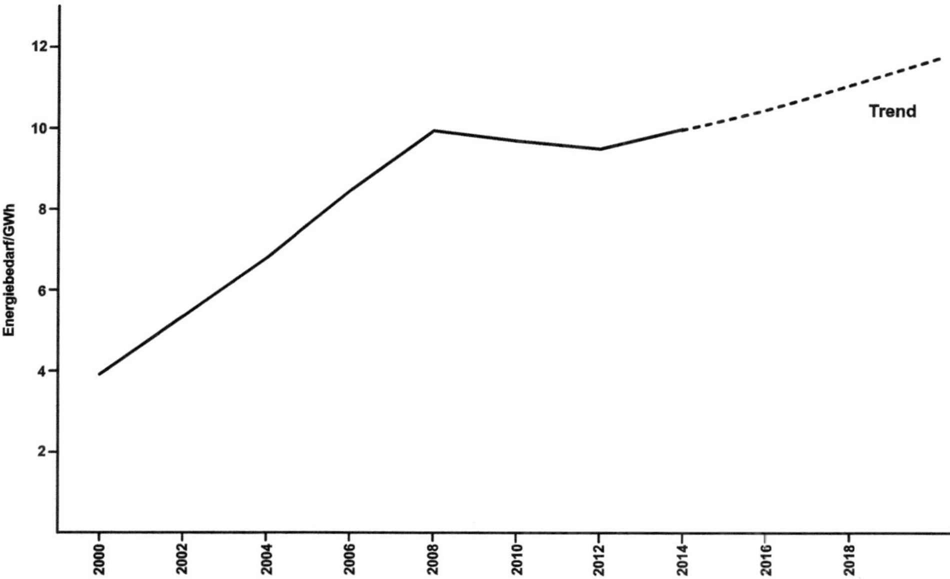

Abb. 15.19 Entwicklung des Stromverbrauchs der Server und Rechenzentren in Deutschland [17]

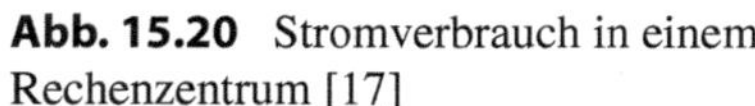

Abb. 15.20 Stromverbrauch in einem Rechenzentrum [17]

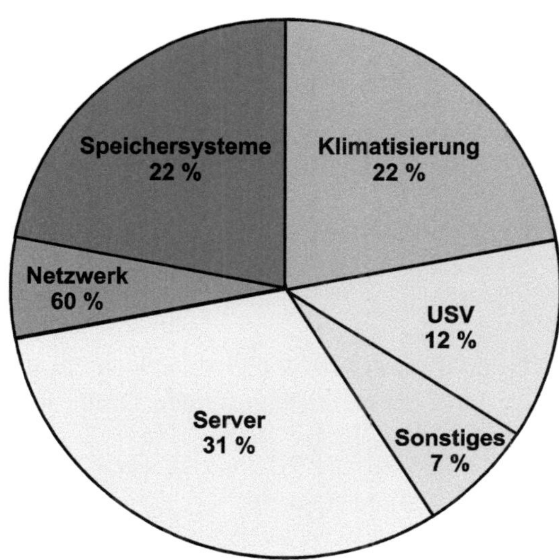

grad besitzen. Hier sind heute Werte zwischen 96 % und 98 % möglich. Ohne Personal Computer (PC), Laptop und eine entsprechende Büroinfrastruktur ist heute kein Arbeiten mehr möglich. Maßnahmen zur Energieeinsparung lassen sich in diesem Bereich in zwei Kategorien einteilen:

- Beschaffung energieeffizienter Hardware,
- Sensibilisierung der Mitarbeiter.

Ein einfaches Entscheidungskriterium im Rahmen der Beschaffung ist das Energy-Star-Programm. Ursprünglich von der US-amerikanischen Umweltbehörde (EPA) entwickelt, wurde es auch von der Europäischen Union übernommen. Die Sensibilisierung der Mitarbeiter über stromsparendes Verhalten in der Benutzung der IT-Geräte trägt ebenfalls zur Energieeinsparung bei. Dies betrifft z. B. das Abschalten der Geräte bei Nichtgebrauch oder den Stand-by-Betrieb. Wie Praxisbeispiele zeigen, sind bereits mit einfachen Maßnahmen Energieeinsparungen von 20 % möglich. Bei einer Analyse des gesamten IT-Systems lassen sich Einsparungen von 40–75 % erzielen.

15.10 Raumlufttechnische Anlagen (RLT)

RLT-Anlagen dienen zur Aufbereitung, Zuführung und Abführung von Raumluft, sodass die geforderte Luftqualität in den Räumlichkeiten (z. B. Büros, Fertigungseinrichtungen) gewährleistet ist. Sie kommen dort zum Einsatz, wo die geforderte Luftqualität nicht durch natürliche Lüftung erreicht werden kann. Eine raumlufttechnische Anlage muss entsprechend den Anforderungen fünf Grundfunktionen erfüllen:

- Lüftung,
- Heizung,
- Kühlung,
- Befeuchtung,
- Entfeuchtung.

Sie ist so auszulegen, dass Anforderungen an

- Gesundheitsschutz,
- Prozess und Produkte,
- Umweltschutz

erfüllt werden. Um für den Mitarbeiter ein gutes Raumklima zu schaffen, müssen mehrere Faktoren berücksichtigt werden. Dazu zählen:

- Lufttemperatur und Wärmestrahlung,
- relative Luftfeuchtigkeit,
- Luftströmung und -geschwindigkeit,
- subjektiver Eindruck bzgl. Luftfrische.

Die Anforderungen an den Arbeitsschutz umfassen u. a. die Einhaltung der geforderten Arbeitsplatzgrenzwerte. Prozessanforderungen beziehen sich auf die eingesetzten Anlagen (Technologien) und die herzustellenden Produkte (z. B. Halbleiter, Lebensmittel). Bezüglich der Anforderungen an den Umweltschutz sind die Schadstofffrachten in der Abluft und deren Auswirkungen zu beachten. Abb. 15.21 zeigt die grundlegenden Bestandteile einer raumlufttechnischen Anlage. Die benötigte Zuluft kann entsprechend den Bedingun-

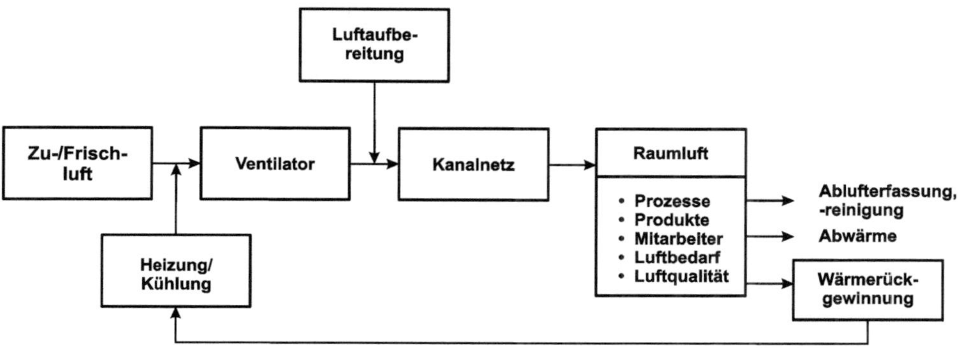

Abb. 15.21 Bestandteile einer RLT-Anlage [18, 19]

gen beheizt oder gekühlt werden. Mithilfe eines Ventilators wird sie über das Kanalnetz den Räumlichkeiten zugeführt. Wenn notwendig kann die benötigte Raumluft über Befeuchter/Trockner aufbereitet werden.

Die Abluft wird entsprechend den Anforderungen gefasst und wenn notwendig gereinigt. Vorhandene Abwärme lässt sich über eine Wärmerückgewinnung zur energetischen Vorbehandlung der Zuluft (Frischluft) verwenden. Aus sicherheitstechnischen Gründen unterliegt das Kanalnetz besonderen brandschutzrechtlichen Anforderungen. Im Brandfall muss ein Übergreifen auf andere Brandschutzabschnitte verhindert werden. Mögliche Energieeinsparpotenziale ergeben sich aus einer Reihe von Maßnahmen. Zuerst ist die benötigte Luftwechselrate zu überprüfen und der Volumenstrom an den tatsächlichen Bedarf anzupassen. Durch den Einsatz einer geeigneten Mess-, Steuer- und Regelungstechnik lassen sich Ventilatoren und das gesamte RLT-System optimieren. Die Kanalquerschnitte, -geometrien und -einbauten sind zu überprüfen. Die Möglichkeiten zur Wärmerückgewinnung wurden bereits erwähnt. Eine regelmäßige Wartung sollte selbstverständlich sein. So lassen sich Energieeinsparungen in der Lüftungstechnik von ca. 25 % erzielen.

15.11 Personen- und Güterverkehr

Verkehrsträger benötigen ca. 30 % der Endenergie und tragen dadurch erheblich zum Klimawandel bei. Die Abhängigkeit von fossilen Energieträgern (Benzin, Diesel, Kerosin, Flüssig-, Erdgas) ist mit 93 % enorm. Hier muss es in den nächsten Jahrzehnten zu einem gravierenden Systemwechsel kommen. Umso mehr, da der Personen- und Güterverkehr in der Zukunft weiter zunehmen wird. Im Personenverkehr werden in Deutschland ca. 1200 Mrd. Personenkilometer pro Jahr zurückgelegt. Davon trägt der motorisierte Individualverkehr (Pkw, Zweirad) mit 75 % den Hauptanteil (Abb. 15.22) bei. Öffentlicher Personenverkehr und Schienenverkehr haben einen Anteil von je 7 %. Die Benutzung des Fahrrads und der Fußwege mit je 3 % sind deutlich unterrepräsentiert. Deren Anteile müssen zukünftig deutlich steigen, der des Individualverkehrs sehr stark zurückgehen. Im Personenverkehr spielt nicht nur der Beitrag eine wichtige Rolle. Auch die Lärmbelastung,

15

die Zerstückelung und Versiegelung der Landschaft führen zu einer Verminderung der Lebensqualität.

Im Güterverkehr beträgt die Verkehrsleistung ca. 650 Mrd. Tonnenkilometer. Der Straßenverkehr hat hier einen Anteil von 71,7 %, gefolgt vom Schienenverkehr mit 17,3 % (Abb. 15.23). Andere Verkehrsträger wie Binnenschifffahrt, Pipelines und Luftverkehr

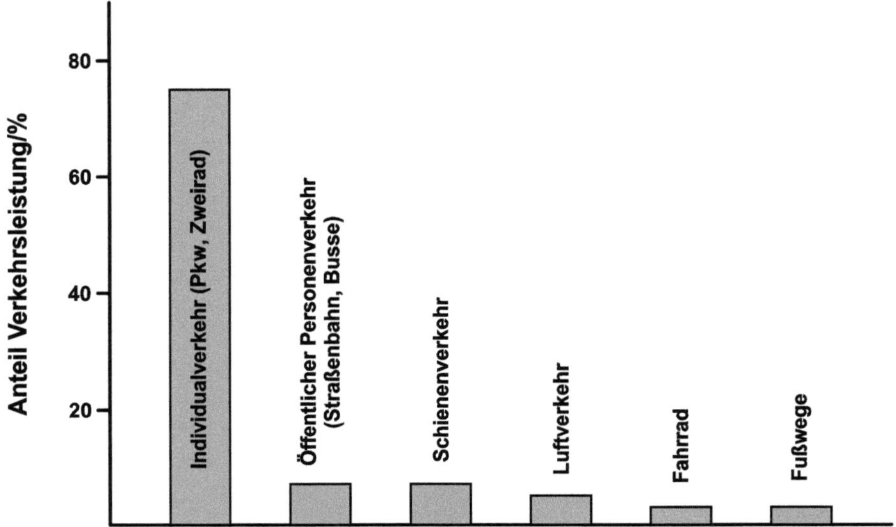

Abb. 15.22 Prozentuale Anteile der Verkehrsleistung im Personenverkehr [20]

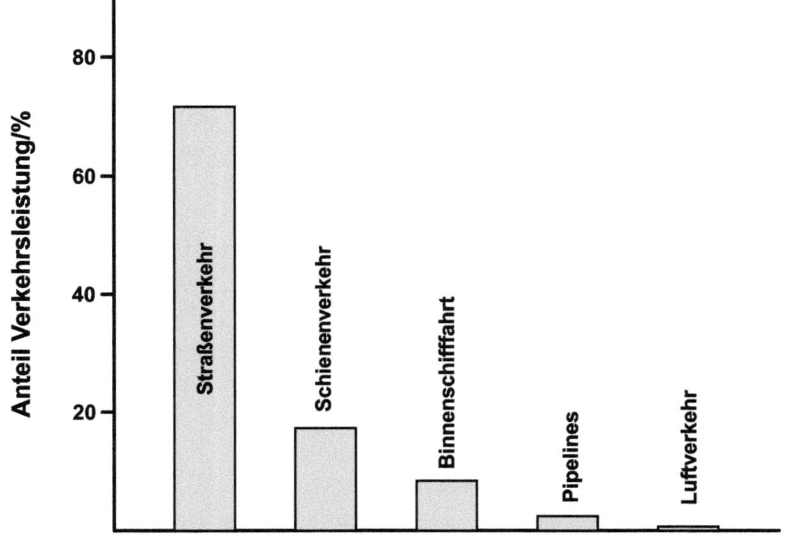

Abb. 15.23 Prozentuale Anteile der Verkehrsleistung im Güterverkehr [20]

kommen auf einen Anteil von rund 11 %. Zukünftig muss der Lkw-Verkehr deutlich reduziert werden. Güter sind auf andere Verkehrsträger zu verlagern.

Im Hinblick auf den Klimawandel ist die Betrachtung des spezifischen Energieverbrauchs im Personen- und Güterverkehr nützlich. Den höchsten Energieverbrauch mit 0,55 kWh je Personen- bzw. Tonnenkilometer haben Pkw (Abb. 15.24). Im öffentlichen Personenverkehr schwankt der Wert zwischen 0,36 kWh (Straßenbahn, S-Bahn, U-Bahn) und 0,27 kWh (Schienenpersonenverkehr). Für den Bereich des Güterverkehrs verbrauchen Lkw 0,38 kWh, der Schienengüterverkehr 0,11 kWh bzw. die Binnenschifffahrt 0,13 kWh. Die Verkehrswende muss daher zu einem wesentlich geringeren spezifischen Energieverbrauch im Personen- und Güterverkehr führen.

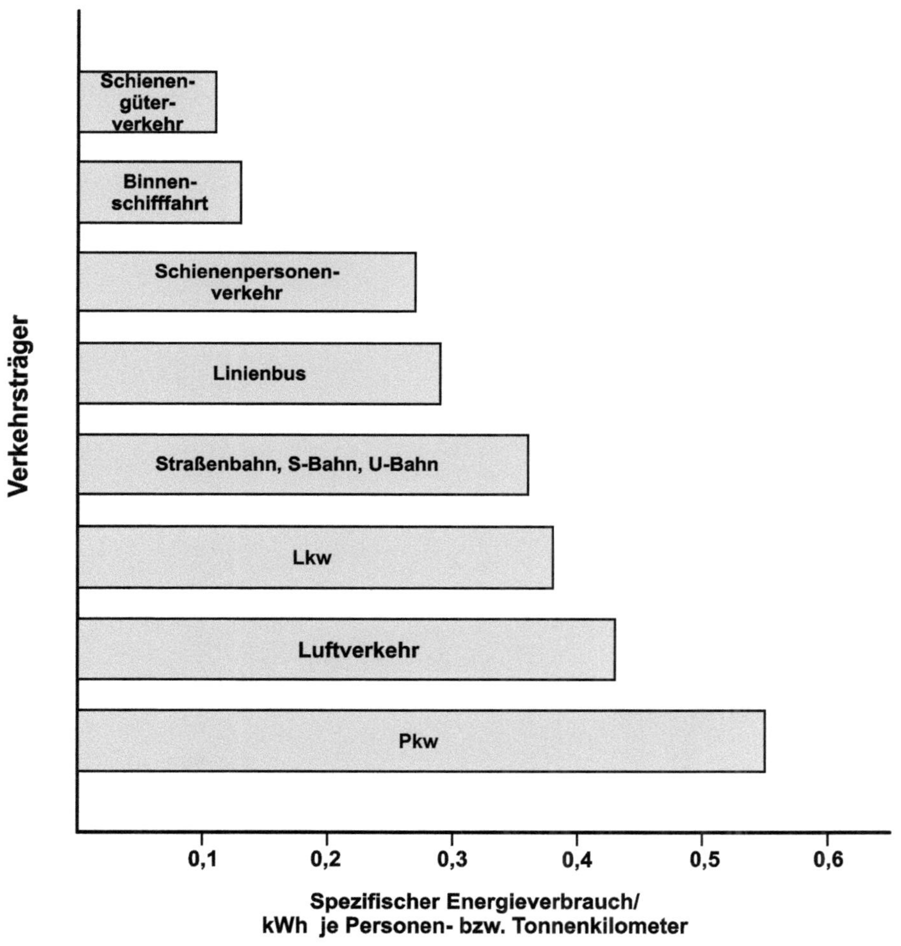

Abb. 15.24 Spezifischer Energieverbrauch im Personen- und Güterverkehr [21]

Die Umweltrelevanz der einzelnen Verkehrsträger wird besonders deutlich, wenn die Verkehrsleistung gegen den spezifischen Energieverbrauch je Personen- bzw. Tonnenkilometer aufgetragen wird (Abb. 15.25). Es ist deutlich zu erkennen, dass der Pkw-Verkehr die höchste Umweltrelevanz besitzt. Fahrrad und Fußweg sind dagegen sehr umweltfreundlich.

Im Verkehrssektor müssen die fossilen Energieträger langfristig substituiert werden. Primär wird dies im Zuge der Elektromobilität über regenerativ erzeugten Strom geschehen. Biogene Treibstoffe (Biodiesel, Bioethanol) können einen gewissen Beitrag übernehmen. In diesem Zusammenhang sind die nichtklimarelevanten Umweltauswirkungen zu berücksichtigen. Eine Wasserstoffenergiewirtschaft wird auf lange Sicht nur eine untergeordnete Rolle spielen. Erst wenn genügend regenerativer Strom im Überschuss vorhanden ist, kommt eine Erzeugung von Wasserstoff infrage.

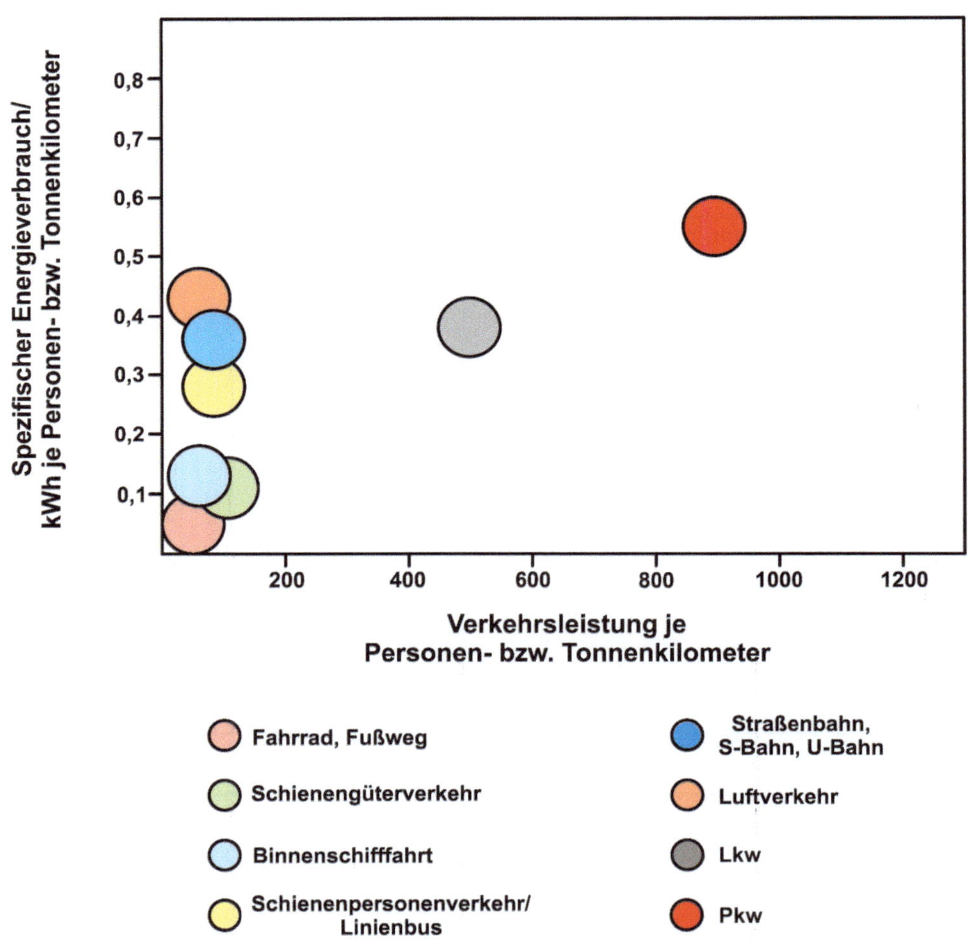

Abb. 15.25 Umweltrelevanz im Personen- und Güterverkehr [21]

15.12 Aufgaben für die Praxis

- Wie verteilen sich die Anteile der einzelnen Energieträger an der Endenergie?
- Wie groß sind die Anteile der Energieträger in ihrem Unternehmen?
- Was sind die wichtigsten Anwendungsgebiete für die Endenergie?
- Was sind die wichtigsten Anwendungsgebiete in Ihrem Unternehmen?
- Was versteht man unter Prozess- und Querschnittstechnologien?
- Welche Möglichkeiten existieren zur Rückgewinnung von Wärme?
- Erläutern Sie Verfahren zur Erzeugung von Prozesskälte.
- Welche Möglichkeiten zum Einsatz einer Kraft-Wärme-Kopplung (BHKW-Anlage) existieren in Ihrem Unternehmen?
- Welche Mindestenergieeffizienz (Wirkungsgrade) wird an Elektromotoren gestellt?
- Erläutern Sie den Systemlebenszyklus am Beispiel von Pumpen.
- Wie lässt sich bei Druckluftanlagen die Energieeffizienz erhöhen?
- Erläutern Sie die Bedeutung der Beleuchtungsstärke für den Arbeitsplatz.
- Wie lässt sich der Strombedarf von Rechenzentren und generell der Informations- und Kommunikationstechnologie reduzieren?
- Welche Bedeutung besitzen raumlufttechnische Anlagen?
- Welche Möglichkeiten zur Reduzierung der Umweltauswirkungen existieren im Verkehrssektor?

Literatur

1. Pehnt, M. (Hrsg.); *Energieeffizienz,* Springer, **2010,** 978-3-642-14250-5
2. Bundesministerium für Wirtschaft und Energie (BMWi); *Energieeffizienz in Zahlen,* **2017**
3. Bundesministerium für Umwelt (BMU); *Energieverbrauch nach Anwendungsbereichen in Deutschland,* **2015**
4. Sauer, H. Bauernhansl, Th. (Hrsg.); *Energieeffizienz in Deutschland – eine Metastudie,* Springer-Vieweg, **2016,** 978-3-662-48882-9
5. Oehme, I. et al.; *Umweltgerechte Gestaltung energiebetriebener Produkte, Umweltbundesamt (UBA), Texte 21/2009,* **2009**
6. Deutsche Energie-Agentur (dena); *Erfolgreiche Abwärmenutzung im Unternehmen,* **12/2014**
7. Müller, et al.; *Energieeffiziente Fabriken planen und betreiben,* Springer, **2013,** 978-3-540-89643-2
8. Bundesministerium für Wirtschaft und Energie (BMWi); *Sanierungsbedarf im Gebäudebestand,* **Dezember 2014**
9. Wanke, A.; Trenz, St.; *Energiemanagement für mittelständische Unternehmen,* Deutscher Wirtschaftsdienst, **2001,** 3-87-156-344-7
10. Deutsche Energie-Agentur (dena); *Elektrische Motoren in Industrie und Gewerbe: Energieeffizienz und Ökodesign-Richtlinie,* **07/2010**
11. *Verordnung (EG) Nr. 640/2009 der Kommission vom 22. Juli 2009 zur Durchführung der Richtlinie 2005/32/EG des Europäischen Parlaments und des Rates im Hinblick auf die Festlegung von Anforderungen an die umweltgerechte Gestaltung von Elektromotoren,* **20.12.2016**

12. Verband Deutscher Maschinen- und Anlagenbau e.V. (VDMA); *Pumpen Lebens-Zyklus-Kosten,* **2003,** 978-3-8163-0472-2
13. Deutsche Energie-Agentur (dena); *Pumpensysteme,* **2017**
14. Schmid; Ch.; *Energieeffizienz in Unternehmen,* vdf, **2004,** 3-7281-2951-8
15. DIN EN 12464-1; *Licht und Beleuchtung – Beleuchtung von Arbeitsstätten – Teil 1: Arbeitsstätten in Innenräumen,* Beuth, **August 2011**
16. *Technische Regeln für Arbeitsstätten (ASR); ASR A3.4 Beleuchtung,* **10.04.2014**
17. Bundesverband Informationswirtschaft, Telekommunikation und neue Medien e.V. (Bitkom e.V.); *Energieeffizienz in Rechenzentren,* **2015**
18. Deutsche Energie-Agentur (dena); *Infoblätter Lufttechnik,* **2017**
19. Fraunhofer-Institut Systemtechnik und Innovationsforschung (FhG-ISI); *Druckluft effizient,* **August 2003**
20. Statistisches Bundesamt (Destatis); *Verkehr auf einen Blick,* **April 2013**
21. Agentur für Erneuerbare Energien e.V. (Hrsg.); *Energiewende im Verkehr – Potenziale für erneuerbare Mobilität,* **März 2014**

Weiterführende Literatur

1. Bayerisches Landesamt für Umwelt (LfU); *Leitfaden für effiziente Energienutzung in Industrie und Gewerbe,* **November 2009**
2. Blesl, M.; Kessler, A.; *Energieeffizienz in der Industrie,* Springer-Vieweg, **2013,** 978-3-642-36513-3
3. Bundesministerium für Umwelt (BMU); *Energieeffizienz – Die intelligente Energiequelle,* **Juli 2009**
4. Deutsche Energie-Agentur (dena); *Energieeffizienz in kleinen und mittleren Unternehmen,* **12/2015**
5. Deutsche Energie-Agentur (dena); *Handbuch für betriebliches Energiemanagement,* **12/2014**
6. Deutsche Energie-Agentur (dena); *Hintergrundpapier: Energieverbrauch und Energieträger im Straßenverkehr bis 2025,* **04/2013**
7. Deutsche Energie-Agentur (dena); *Leistung steigern, Kosten senken: Energieeffizienz im Rechenzentrum,* **02/2012**
8. DIN EN 16247-2; *Energieaudits – Teil 2: Gebäude,* Beuth, **August 2014**
9. DIN EN 16247-3; *Energieaudits – Teil 3: Prozesse,* Beuth, **August 2014**
10. European Commission (EC); *Reference Document on Best Available Techniques for Energy Efficiency,* **February 2009**
11. Hessisches Ministerium für Wirtschaft, Verkehr und Landesentwicklung; *Praxisleitfaden Energieeffizienz in der Produktion,* **Mai 2009**
12. International Energy Agency (IEA); *Energy Technology Perspectives* 2017, **2017,** 978-92-64-27597-3
13. Junge, M.; *Energieeffizienz mit System,* LOG_X, **2012,** 978-3-932298-47-9
14. Hesselbach, J.; *Energie- und klimaeffiziente Produktion,* Springer-Vieweg, **2012,** 978-3-8348-0448-8
15. Kaltschmitt, M.; Streicher, W.; Wiese, A. (Hrsg.); *Erneuerbare Energien,* Springer, **2013,** 978-3-642-03248-6
16. Kausch, P. et al (Hrsg.); *Energie und Rohstoffe – Gestaltung unserer nachhaltigen Zukunft,* Spektrum, **2011,** 978-3-8274-2797-7
17. Neugebauer, R. (Hrsg.); *Handbuch Ressourcenorientierte Produktion,* Hanser, **2014,** 978-3-446-43008-2
18. Quaschning, V.; *Regenerative Energiesysteme,* Hanser, **2019,** 978-3-446-46113-0

19. VDI 3802-1; *Raumlufttechnische Anlagen für Fertigungsstätten,* Beuth, September 2014
20. Verl, A.; Bauernhansl, Th.; *Energieeffizienz in der Produktion, Fraunhofer-Institut für Produktionstechnik und Automatisierung (IPA),* **22. Mai 2012**
21. Wietschel et al. (Hrsg.); *Energietechnologien 2050 – Schwerpunkte für Forschung und Entwicklung Fraunhofer-Institut für System- und Innovationsforschung (ISI),* **2010,** 978-3-8396-0084-9
22. Wüstenrot Stiftung (Hrsg.); *Solarthermie,* **2014,** 978-3-933249-89-0

Erratum zu: Handbuch Betrieblicher Immissionsschutz

Erratum zu: G. Förtsch, H. Meinholz, *Handbuch Betrieblicher Immissionsschutz*, https://doi.org/10.1007/978-3-658-29147-1

In Kapitel 3 wurden die Gleichungen auf Seite 187 bis 206 wie folgt korrigiert:

- Die zuerst veröffentlichten Gleichungen:

  (S. 187) $H_2O + CO_2 \quad H_2CO_3$

  (S. 187) $H_2O + H_2CO_3 \quad H_3O^+ + HCO_3$

  (S. 188) $C + CO_2 \quad 2\,CO$

  wurden korrigiert und lauten nun:

  $$H_2O + CO_2 \rightleftarrows H_2CO_3$$

  $$H_2O + H_2CO_3 \rightleftarrows H_3O^+ + HCO_{3^-}$$

  $$C + CO_2 \rightleftarrows 2\,CO$$

- Die zuerst veröffentlichte Gleichung:

  (S. 194, Tab. 3.1) 10–2 – 10–8

  wurde korrigiert und lautet nun:

  $$10^{-2} - 10^{-8}$$

- Die zuerst veröffentlichte Gleichung:

  (S. 199) $SO_2 + H_2O \quad H_2SO_3$

  wurde korrigiert und lautet nun:

  $$SO_2 + H_2O \rightleftarrows H_2SO_3$$

Die aktualisierten Versionen der Kapitel finden Sie unter
https://doi.org/10.1007/978-3-658-29147-1
https://doi.org/10.1007/978-3-658-29147-1_3
https://doi.org/10.1007/978-3-658-29147-1_4
https://doi.org/10.1007/978-3-658-29147-1_5

G. Förtsch, H. Meinholz, *Handbuch Betrieblicher Immissionsschutz*,
https://doi.org/10.1007/978-3-658-29147-1_16

• Die zuerst veröffentlichten Gleichungen:

(S. 205) $N_2 + O_2 \quad 2NO$

$$2NO_2 \quad N_2O_4$$
$$2NO_2 \quad 2NO + O_2$$

(S. 206) $NH_3 + H_2O \quad NH_4OH$

wurden korrigiert und lauten nun:

$$N_2 + O_2 \rightleftarrows 2NO$$

$$2NO_2 \rightleftarrows N_2O_4$$

$$2NO_2 \rightleftarrows 2NO + O_2$$

$$NH_3 + H_2O \rightleftarrows NH_4OH$$

In Kapitel 4 wurde das Wort auf Seite 276 wie folgt korrigiert:

Das zuerst veröffentlichte Wort:

Schwefelhexyfluorid

wurde korrigiert und lautet nun:

Schwefelhexafluorid

In Kapitel 5 wurde die Gleichung auf Seite 312 wie folgt korrigiert:

• Die zuerst veröffentlichte Gleichung:

$$Cl_2 + O^{-}\text{Toluidin} \rightarrow \text{orangefarbenes Reaktionsprodukt}$$

wurde korrigiert und lautet nun:

$$Cl_2 + \text{o-Toluidin} \rightarrow \text{orangefarbenes Reaktionsprodukt}$$

Im Stichwortverzeichnis wurde der Eintrag „EAuslösewert, Lärm 381“ gelöscht und die Seitenzahl 381 auf Seite 639 bei „Auslösewert, Lärm“ ergänzt.

Anhang: Einheiten und Umrechnungsfaktoren

Tab. A.1 Dezimalstellen

Dezimalstellen		
10^{-18}	atto	a
10^{-15}	femto	f
10^{-12}	pico	p
10^{-9}	nano	n
10^{-6}	micro	µ
10^{-3}	milli	m
10^{-2}	centi	c
10^{-1}	deci	d
10^{1}	deca	da
10^{2}	hecto	h
10^{3}	kilo	k
10^{6}	mega	M
10^{9}	giga	G
10^{12}	tera	T
10^{15}	peta	P
10^{18}	exa	E

Tab. A.2 Energieeinheiten

Energieeinheiten					
	1 PJ	Mtce	Mtoe	Tcal	TWh
1 PJ (10^{15} J)	1	0,0341	0,0239	238,8	0,2778
1 Mtce	29,308	1	0,7	7000	8,14
1 Mtoe	41,869	1,429	1	10.000	11,63
1 Tcal	0,004187	0,000143	0,0001	1	0,001163
1 TWh	3,6	0,123	0,0861	859,8	1

Mtoe: „million metric tons of oil equivalent“
Mtce: „million metric tons of coal equivalent“

G. Förtsch, H. Meinholz, *Handbuch Betrieblicher Immissionsschutz*,
https://doi.org/10.1007/978-3-658-29147-1

Tab. A.3 Normzustand

Normzustand	
Temperatur	T = 273,15 K T = 0 °C
Druck	p = 1,01325 bar p = 101325 Pa (Pascal)
Molares Normvolumen	$V_m = \frac{V}{n} = 22{,}41410 \pm 0{,}00019\ \mathrm{L/mol}$

Tab. A.4 Emissionsangaben

Emissionsangaben	
Die folgenden Emissionsangaben sind auf T = 273,15 K und p = 101,3 kPa bezogen	
Abgasvolumen/-strom	V (m³) bzw. $\dot{V}$ (m³/h)
Emissionen	$\frac{\text{Masse der emittierten Stoffe}}{\text{Volumen}} \left(\frac{\mathrm{mg}}{\mathrm{m}^3}\right)$
Emissionsmassenstrom	$\frac{\text{Masse des einzelnen Stoffes}}{\text{Zeit}} \left(\frac{\mathrm{kg}}{\mathrm{h}}\right)$
Emissionsfaktor	$\frac{\text{Masse des einzelnen Stoffes}}{\text{Masse der erzeugten oder verarbeiteten Produkte}} \left(\frac{\mathrm{kg}}{\mathrm{kg}}\right)$
Emissionsgrad	$\frac{\text{Masse emittierter Stoff}}{\text{Gesamtmasse Brenn – oder Einsatzstoff}} \cdot 100\%$

Tab. A.5 Immissionsangaben

Immissionsangaben	
Die folgenden Immissionsangaben sind auf T = 293,15 K und p = 101,3 kPa bezogen	
Immissionen	$\frac{\text{Masse der luftverunreinigenden Stoffe}}{\text{Volumen der verunreinigten Luft}} \left(\frac{\mathrm{mg}}{\mathrm{m}^3}\right)$
Deposition	$\frac{\text{Masse des einzelnen Stoffes}}{\text{Fläche}} \cdot \text{Zeit} \left(\frac{\mathrm{mg}}{\mathrm{m}^2} \cdot \mathrm{d}\right)$

Stichwortverzeichnis

A
Abfallbehandlungsanlage
  anaerobe 583, 588
  biologische 114
Abfallmitverbrennungsanlage 98
Abfallverbrennungsanlage 98
Abgas 100, 118, 132
Abgasreinigungseinrichtung 118, 132, 144
  katalytische 347
Abgasverlust 67, 71, 132
Ableitbedingungen 144
Abluftreinigung, biologische 364
Abreinigungsfilter 326
Absorber 335
Absorptionsanlage 335
Absorptionskälteanlage 617
Absorptionsmittel 333, 335
Absorptionsverfahren 333
acidophile Organismen 368
Adsorptionsanlage 344
Adsorptionsgleichgewicht 340
Adsorptionsisotherme 343
Adsorptionsmittel 339, 341
Adsorptionsverfahren 338
Äquivalenzfaktor 182
Aerosol 222
Aerosolabscheidung 320
Aggregationsregel 135
Aktionsplan
  für erneuerbare Energie 494
  zum Energiemanagement 433
Aktivierungsenergie 348
Aktivkohle 341
Alarmplan 89
Ammoniak 53, 138, 206, 353, 363
Amplitude 396
Anlage 8
  Änderung 20
Anlage genehmigungsbedürftige 10, 29
Anlagenbetrieb 35, 74
Anlagengenehmigung 10
Anlage nicht genehmigungsbedürftige 25
Anlagenregister 153
Antragsinhalt 34
Antragsunterlagen 34
Arbeitnehmerschutz 373
Arbeits- und Gesundheitsschutz-Managementsystem 415
Atmosphäre 1
Audit 443
Auditprogramm 443
Ausbeute 350
Auslösewert
  Lärm 373, 381
  Vibrationen 382
Autoabgaskatalysator 356

B
basophile Organismen 368
Bauartzulassung 64
Bedeckungsgrad 340
Beleuchtung 625
Beleuchtungsstärke 625
Beschaffungsprozess 440
Betreiberpflichten 81
Betriebsbereich 8
Betriebsorganisation 158
Betriebsregelungen für Geräte und Maschinen 391

G. Förtsch, H. Meinholz, *Handbuch Betrieblicher Immissionsschutz*,
https://doi.org/10.1007/978-3-658-29147-1

Beurteilungspegel 402
Beurteilungszeit 389
Bewusstsein 435
Bezirksschornsteinfeger 542
Bezugssauerstoffgehalt 133, 135
Bilanzraum 598
Biobrennstoff 133, 493, 553
  Nachhaltigkeitskriterien 495
Biodiesel 574
Bioethanol 576, 580
Biofilter 364
Biofilteranlage 364
Biofiltermaterial 365
Biogas 580
Biogasanlage 491, 583
Biokraftstoff 493
  Nachhaltigkeitskriterien 495
  Produktion 573
Biomasse 493, 563, 570
Biorieselbettverfahren 364
Biowäscher 366
Blockheizkraftwerk 620
Boudouard-Gleichgewicht 188
Braunkohle 552
Brennstoff 68, 133
Brennwertgerät 67, 134
Bruttoendenergieverbrauch 493, 494
Bundes-Immissionsschutzgesetz 7
BVT-Merkblatt 9, 170
BVT-Schlussfolgerungen 10, 172

C
Carbon Footprint 596
CE-Kennzeichnung 390
Cetanzahl 356
Chemilumineszenzanalysator 213
chemische Reinigungsanlage 75
Chemisorption 333, 340

D
Dampfstrippung 338
Desorber 335
Desorption 339
Dibenzodioxin 182
Dibenzofuran 182
Dieselmotor 361
Dieseloxidationskatalysator 361
Dieselpartikelfilter 361
Dioxin 106, 225
Dioxinemission 231
Distickstoffoxid 204
Distickstoffpentoxid 206
Domino-Effekt 93
DPNR-Katalysator 363
Dreiwegekatalysator 357
Druckluft 623
Druckverlust 328
Druckwechselverfahren 344
Durchbruchkonzentration 344

E
EG-Konformitätserklärung 390
Eigenkontrolle 76
Einzelraumfeuerungsanlage 67
Elektroabscheider 331
Elektromotor 621
Emissionen 8, 67
  diffuse 118
Emissionen Messung 60
Emissionsbandbreite 10
Emissionsbegrenzung 72
Emissionserklärung 60
Emissionsfaktor 598
Emissionsgrenzwert 100, 119, 134, 177
Emissionskataster 154
Emissionswert 55, 157
  Vergleich 602
Emmissionsbegrenzung 54
Endenergieträger 609
Endenergieverbrauch 487, 559
energetische Ausgangsbasis 431
energetische Bewertung 431
Energie
  aerothermische 492
  erneuerbare 490, 553, 562
  geothermische 493
  hydrothermische 493
Energieaudit 416, 444, 487, 526
  Auditorenliste 526
  Checkliste 459, 460
  Gebäude 452
  gemäß DIN EN 16247 447
  Prozesse 455
Energieauditor 451
Energieausweis 533, 539

Energiebedarf
Deutschland 557
Welt 545
Energiebericht 433
Energiedatensammlung 433
Energiediagramm 350
Energiedienstleistung 524
Energieeffizienz 38, 418, 487, 540
Energieeffizienzmaßnahme 454
Energieeffizienz-Richtlinie
EU 486
Energieeffizienzverbesserung 442, 449, 487, 609
Energieeffizienzziel 487
Energieeinsparung 487
Energieeinsparungsgesetz 530
Energieeinsparverordnung 534
Energieeinsparziel 524
Energiekataster 431
Energiekosten 431
Energieleistungskennzahlen 431
Energiemanagementsystem 417, 419, 489
Anwendungsbereich 424
dokumentierte Information 437
fortlaufende Verbesserung 446
Verantwortlichkeiten 446
Energiepolitik 426
Energieprogramm 427
Energierecht
Europa 485
national 523
Energieträger 431, 545, 548, 559
biogene 567, 605
erneuerbare 563
Umweltrelevanz 601
Energieumwandlung 610
Energieunternehmen 524
Energieverbrauch 431, 557
Energieverbraucher 431
Energieziele 430, 557
Energy Performance Indicator 421
Entschwefelung 319
Entstaubungsverfahren 329
Entwicklungsvorhaben 520, 550
Entwurfskontrolle 505
Erdatmosphäre 2
Erderwärmung 260
Erdgas 551
Erdölfraktion 319
Ernergieeffizienzmaßnahme 524
Erneuerbare-Energien-Gesetz (EEG) 528
Erneuerbare-Energien-Wärmegesetz (EEWärmeG) 528
Ethanol 576, 579
eustachische Röhre 395
Exosphäre 4
Expositionsgrenzwert
Lärm 373
Vibrationen 382
Extraktionsanlage 76

F

Fachkunde 166, 378, 381
Feinstaub 54, 223
Feuerungsanlage 66, 131
Feuerungswärmeleistung 67, 134
Filter 326
Filterkuchen 328
Filtermedium 328
Flammenionisationsdetektor 345
Fluochlorkohlenwasserstoffe 218
Fluorchlorbromkohlenwasserstoffe 218
Fluorchlorkohlenwasserstoffe 250
Fluorkohlenwasserstoffe 218, 219
Fluorwasserstoff 53
Fortbildung 167
Fotolyse 185
Fotometrie 299
Frequenz 399
Führung 426
Führungskraft 428
Furan 106, 225

G

Ganzkörpervibration 409
Gaschromatografie 306
Gasfeuerungsanlage 69
Gasöl 134
Gasturbinenanlage 131
Gebäudebestand 619
Gebäuderenovierung 488
Gefährdungsbeurteilung 379
Gefahrenabwehrplan 89
Gefahrenverhütung 375
Gehörknöchelchen 395
Gehörschädigung 377, 384, 402
Gehörschutz 376, 382, 406
Gemengelage 389

Genehmigung 10, 44
Erlöschen 23
Nebenbestimmungen 18
Genehmigungsantrag 32, 174
Genehmigungsantrag Bekanntmachung und Erörterung 40
Genehmigungsauflagen 176
Genehmigungsbescheid 18, 45
Genehmigungsverfahren 16, 24, 31, 96
vereinfachtes 23
Genehmigungsverfahren störfallrechtliches 27
Genehmigungsvoraussetzungen 13
Genehmigung Widerruf 25
Geothermie 554
Geräuschemissionswert 392
Geruchsprobe 313
Gesamtenergieeffizienz 509
Geschäftsführung 428
Gesundheitsakte 377
Gesundheitsgefährdung 383
Gesundheitsüberwachung 377
Getreide 578
Gleichgewichtsorgan 396
Glockenboden 335
Grundofen 68
Grundpflichten 81
Güterverkehr 629

H
Halogenkohlenwasserstoffe 78, 218
Hand-Arm-Vibration 406
Harnstoff 353, 363
Heizkessel 538
Heizungsanlage 519
Henry-Koeffizient 333
Hertz 397
High-Dust-Schaltung 355
Hörbereich 399
Hörgrenze 398
Holzschutzmittel 67
Holzstaub 79

I
Immissionen 8
Immissionsort 388
Immissionsrichtwert 388
Immissionsschutzbeauftragter 161, 165
Immissionswert 52, 157
Impedanz 395
Industrieemissions-Richtlinie 31, 159, 170
Information der Öffentlichkeit 91
Infrarotspektroskopie 305
Innenohr 396
IT-Technologie 626

K
Kalkwaschverfahren 334
Katalysator 347
Katalysatorgift 351
Katalysatoroberfläche 350
Katalyse 349
Kernenergie 553
Kieselgel 342
Klimaanlage 519, 537
Klimaveränderung 260
Körperschallminderung 375
Kohle 552
Kohlendioxid 187
Kohlenmonoxid 188
Kohlenstoffkreislauf 190
Koloniezahl, allgemeine 124
Kolonnenboden 335
Kommunikation 436
Kompetenz 434
Kompressionskälteanlage 617
Konformitätsbewertung 391, 506
Korrekturkurve Lärmbewertung 399
Korrekturmaßnahmen 446
Kühlturm 123
Kundenanforderungen 424

L
Lachgas 354
Lärm 373, 394
Lärmexposition 375
Lärmexpositionspegel 373
Lärmminderung 375, 381, 403
Lärmpegel
Addition 401
Mittelung 402
Subtraktion 401
Lärmschutzmaßnahmen 400
Lärmschwerhörigkeit 403
Lambert-Beer'sches Gesetz 300
Lebenszyklus 499
Legionellen 124

Leistungsindikator 425
Low-Dust-Schaltung 355
Luftdruck 394
Luftdruckschwankung 394
Lufthülle 1
Luftqualität 154
Luftreinhalteplan 154
Luftschallminderung 375
Luftstrippung 338
Luftverunreinigung 8, 186, 241, 295
Luftzahl (Lambda) 359
Lymphflüssigkeit 395

M
Managementbeauftragter 428
Managementbewertung 444
Managementreview 420
Managementsystem 425
Massenkraftabscheider 321
Mehrstofffeuerung 135, 144
Mesosphäre 4
Messbericht 151
Messeinrichtung 71, 109, 150
Messplatz 108, 149
Messung 60, 145, 380
Messung aus besonderem Anlass 60
Messung erstmalige/wiederkehrende 61
Messung kontinuierliche 61
Messverfahren 109, 150
Methanbildung 583
Methankreislauf 195
Mikroorganismen 367, 583
Mischfeuerung 135, 144
Mitarbeiter 428
Mitarbeiterkompetenzen 426
Mitarbeitermotivation 435
Mittelohr 395
Molekularsieb 342

N
Nachhaltigkeit 415
Nachhaltigkeitskriterien 485, 495
Nachverbrennung
  katalytische 351
  thermische 345
Nanopartikel 223
Nassabscheider 123, 324
Nasselektroabscheider 332
Nassfermentation 588
nationaler Aktionsplan für erneuerbare Energie 494
Nennwärmeleistung 67
Nichtkonformität 446
Nichtwohngebäude 535
Niedrigstenergiegebäude 516, 531
NOx-Speicherkatalysator 362
Nutzungsgrad 68
Nutzwasser 124

O
Oberflächenbehandlungsanlage 74
Oberflächenfiltration 326
Ökodesign
  Anforderung 500
  Parameter 501
  Richtlinie 498
ökologischer Fußabdruck 594
Ölderivat 68
Ölfeuerungsanlage 69
Ohr 394
Oktanzahl 356
Olfaktometrie 313
Organisationskontext 422
Organisationsplan 428
Ozon 215, 244
Ozonabbaupotenzial 253
Ozonkreislauf 215
Ozonschicht 220, 248
Ozonzerstörung 244

P
Partei, interessierte 424
Partialdruck 340
Partikelfilter 361
Partikelgröße 222
Personalentwicklungsmaßnahmen 435
Personenverkehr 629
Physisorption 333, 338
Plattenabscheider 332
Polychlordibenzodioxin (PCDD) 225
Polychlordibenzofuran (PCDF) 225
polyzyklische aromatische Kohlenwasserstoffe 234
Primärenergie 558
Primärenergieverbrauch 487, 548, 558
Probenahme 295

Produktgruppe 509
Produktpolitik 506
Prozessauslagerung 424
Prozesskälte 617
Prozessparameter 425
Prozesswärme 614
Prüfröhrchen 311
Pumpe 621

Q
Qualifikationsnachweis 435
Qualitätsmanagementsystem 415

R
Raffineriebrennstoff 135
Rapsöl 574
Rauchgasreinigung 355
Raumlufttechnik 538
raumlufttechnische Anlage 628
Reaktionsenthalpie 348
Reaktionswärme 348
Rechenzentrum 626
Rechtskataster 443
Rechtsvorschrift 443
Reichweite 548
Reserve 548
Ressourcen 434, 548
Risikobewertung 374
Risikokennfaktor 407
Risikoklassifizierung 407
Röhrenabscheider 332
Rohstoffe, nachwachsende 567
Rußzahl 68

S
saurer Regen 241
Schadstoffdeposition 53
Schadstoffkomponenten 358
Schadstoffliste 180
Schallabsorption 405
Schalldämmung 403
Schalldruck 397
Schalldruckpegel 397
    Rechnungen 400
Schallemission 405
Schallenergie 405
Schallintensität 398
Schallleistungspegel 398, 401
Schallquelle 404
Schallschutzmaßnahmen 65, 405
Schallwelle 405
Schmerzgrenze 397
Schutzabstand 387
Schutzausrüstung 382
Schutzmaßnahmen 37
Schwebstaub 222, 314
Schwefeldioxid 53, 198
Schwefelhexafluorid 199
Schwefelkreislauf 200
Schwefeltrioxid 199
Schwingung 396
SCR-Katalysator 354
SCR-Verfahren 353, 363
Selektivität 350
Sicherheitsabstand 8
Sicherheitsbericht 87
Sicherheitsmanagementsystem 85
Sicherheitstechnik 81
Siebboden 335
SNCR-Verfahren 353
Spitzenschalldruck 373
Spitzenschalldruckpegel 378
Sprühelektrode 332
Stärken-Schwächen-Analyse 430
Stand der Technik 9, 378
Staub 54, 222
Staubabscheidung 320
Staubmessung 314
Steinkohle 552
Stellenbeschreibung 428
Stickoxid 53, 204, 207
Stickstoffdioxid 205
Stickstoffkreislauf 206
Stickstoffmonoxid 205
Stilllegung 23, 29
Störfall 81
Störfallbeauftragter 163, 165
Störfall-Verordnung 80
Stoffe erbgutverändernde 59
Stoffe gasförmige anorganische 55
Stoffe geruchsintensive 59
Stoffe krebserzeugende 57
Stoffe organische 56
Stoffe reproduktionstoxische 59
Stoffe staubförmige anorganische 54
Strahlwäscher 325

Stratosphäre 3
Strippung 338
Stromerzeugung 485
SWOT-Analyse 430

T

Tail-End-Schaltung 355
TA Lärm 384
TA Luft 51
Teilgenehmigung 15, 47
Textilausrüstungsanlage 75
Thermosphäre 4
Tiefenfiltration 326
Toxizitätsäquivalenzfaktor 227
Treibhauseffekt 260, 265, 496
Treibhausgase 267
  Biokraftstoffe 497
  fluorierte 271
  Pro-Kopf-Emissionen 270
Treibhauspotenzial 267
Trockenelektroabscheider 332
Trockenfermentation 589
Trommelfell 395
Troposphäre 3, 185

U

Überwachung 71, 77, 145
Überwachungsplan 95, 159
Überwachungssystem 81, 94
Umsatz 350
Umweltaspekt 499
Umweltauswirkung 417, 499, 594
Umweltcontrolloing 419
Umwelteinwirkung, schädliche 8, 51
Umweltinspektion 172, 179
Umweltmanagementsystem 415, 417
Umweltqualitätsnorm 171, 178
Umweltrelevanz 601
Umweltverschmutzung 171
Umweltverträglichkeit 32, 38, 49, 499
Untersagung 23, 28
Unterweisung 376
UVP-Bericht 38
UV/VIS-Spektroskopie 299

V

Ventilboden 335
Venturiwäscher 324
Verbesserungsvorschlag 437
Verbrennungsenthalpie 346
Verbrennungsmotoranlage 131
Verdampfungsbrenner 70
Verdunstungskühlanlage 123
Verfahrensanweisung 428
Vergärungsanlage 587
Vergärungsprodukt 590
Vergärungsverfahren 588
Verkehrssektor 600
Verkehrsträger 629
Verweilzeit 187
Vibration 378, 406
Vibrationsgesamtwert 406
Vibrationswelle 406
VOC-Quelle 194
VOC-Verordnung 118
Vorbescheid 16, 47
Vortragsrecht 163

W

Wärme 492
Wärmerückgewinnung 614
Warmwasseranlage 538
Waschflüssigkeit 124
Waschmittel 338
Waschturm 326
Washcoat 357
Wirbelwäscher 326
Wohngebäude 535
Wohngebäudebestand 619

Z

Zellulose 579
Zeolith 342
Zerstäubungsbrenner 71
Zertifizierung 447
Zuckerrüben 578
Zukunftstechnik 10, 172, 180
Zweistoffmotoranlage 135
Zyklon 322

MIX
Papier aus verantwortungsvollen Quellen
Paper from responsible sources
FSC® C105338

If you have any concerns about our products,
you can contact us on
ProductSafety@springernature.com

In case Publisher is established outside the EU,
the EU authorized representative is:
Springer Nature Customer Service Center GmbH
Europaplatz 3, 69115 Heidelberg, Germany

Printed by Libri Plureos GmbH
in Hamburg, Germany